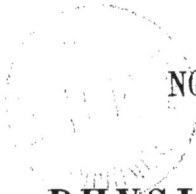

NOUVEAUX ÉLÉMENTS

DE

PHYSIOLOGIE HUMAINE

II

A

TRAVAUX DU MÊME AUTEUR

De l'habitude en général. Thèse pour le doctorat en médecine. Montpellier, 1856, in-4.

Anatomie générale et physiologie du système lymphatique. Thèse de concours pour l'agrégation. Strasbourg, 1863, in-4.

Nouveaux éléments d'anatomie descriptive et d'embryologie par H. BEAUNIS et A. BOUCHARD. 3e édition. Paris, 1880, 1 vol. gr. in-8, XVI-1072 p. avec 456 figures noires ou coloriées, dessinées d'après nature. — Traduction espagnole.

Impressions de campagne, 1870-1871, Siège de Strasbourg, Campagne de la Loire, Campagne de l'Est. (*Gazette médicale de Paris*, 1871-1872.)

De l'organisation du service sanitaire dans les armées en campagne. Paris, 1872, in-8.

Programme d'un cours de physiologie fait à la faculté de médecine de Strasbourg. Paris, 1872, 1 vol. in-18.

Note sur l'application des injections interstitielles à l'étude des fonctions des centres nerveux. Paris, 1872, in-8. (*Gazette médicale de Paris*, 1872.)

Remarques sur un cas de transposition générale des viscères. Paris, 1874, in-8. (*Revue médicale de l'Est*, 1874.)

La force et le mouvement. (*Revue scientifique*, 1874.)

Les principes de la physiologie. Leçon d'ouverture du cours de physiologie. Nancy, 1875, in-8.

Précis d'anatomie et de dissection par H. BEAUNIS et A. BOUCHARD. Paris, 1877, in-12. — Traduction espagnole, traduction italienne.

Claude Bernard. Leçon d'ouverture du cours de physiologie. Paris, 1878, in-8.

La physiologie de l'esprit et la pathologie de l'esprit, d'après MAUDSLEY. (*Revue scientifique*, 1879.)

6249-78 — CORBEIL, typ. et stér. CRÉTÉ.

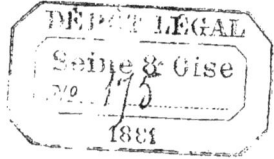

NOUVEAUX ÉLÉMENTS

DE

PHYSIOLOGIE HUMAINE

COMPRENANT LES PRINCIPES

DE LA PHYSIOLOGIE COMPARÉE ET DE LA PHYSIOLOGIE GÉNÉRALE

PAR

H. BEAUNIS

MÉDECIN-MAJOR DE PREMIÈRE CLASSE DES HOPITAUX MILITAIRES
PROFESSEUR DE PHYSIOLOGIE A LA FACULTÉ DE MÉDECINE DE NANCY

Deuxième édition entièrement refondue

TOME SECOND

Avec 288 figures intercalées dans le texte

PARIS

LIBRAIRIE J.-B. BAILLIÈRE ET FILS

19, rue Hautefeuille, près du boulevard Saint-Germain

1881

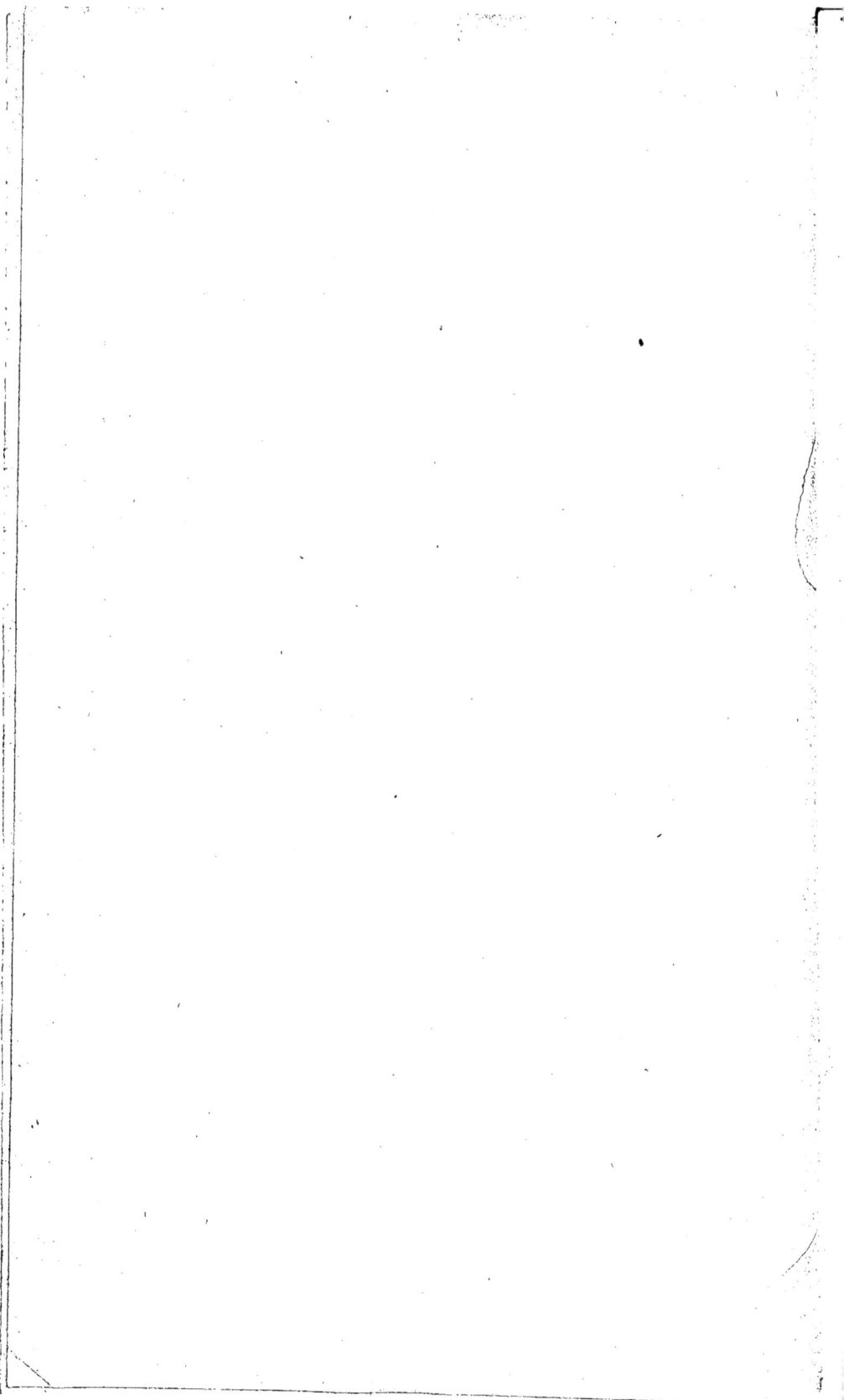

NOUVEAUX ÉLÉMENTS

DE PHYSIOLOGIE

PHYSIOLOGIE DE LA NUTRITION (suite)

RESPIRATION

Procédés pour recueillir et étudier les gaz de la respiration. — Les procédés varient suivant qu'on veut étudier la respiration totale (par les poumons et par la peau) ou seulement la respiration pulmonaire ou la respiration cutanée. Dans tous ces procédés, on dose directement les quantités de gaz absorbés ou éliminés. C'est ce qu'on a appelé la *méthode directe*, employée pour la première fois par Lavoisier.

A. **Appareils pour la respiration totale.** — 1° *Appareil de Scharling.* Il se compose d'une caisse hermétiquement fermée dans laquelle on peut placer un homme ou un animal; l'air entraîné par un aspirateur traverse avant d'y entrer un récipient contenant de la potasse qui absorbe l'acide carbonique; l'air expiré passe par de l'acide sulfurique (qui retient l'eau) et par une solution de potasse.

2° *Appareil de Régnault et Reiset* (fig. 226). Dans cet appareil, l'animal est placé sous une cloche dans laquelle la composition de l'air reste uniforme, l'acide carbonique étant absorbé au fur et à mesure de sa production, tandis que l'oxygène consommé se renouvelle continuellement. L'appareil comprend les parties suivantes : 1° la cloche dans laquelle l'animal respire, A ; 2° l'appareil qui fournit l'oxygène, B, C ; 3° l'appareil d'absorption de l'acide carbonique, D. La cloche (1) dans laquelle est placé l'animal est mastiquée sur un plateau qui ferme son ouverture inférieure et maintenue à une température constante par de l'eau placée dans le manchon (2). A sa partie supérieure, la cloche présente une tubulure par laquelle passent plusieurs tubes de communication; un tube (3) communique avec l'appareil à oxygène et sert à introduire dans la cloche l'oxygène qui a traversé un flacon laveur (4) ; deux autres tubes (5) et (8) la font communiquer avec l'appareil d'absorption de l'acide carbonique; un de ces tubes est en rapport par un tube (6) avec un manomètre à mercure (7) muni à sa partie inférieure d'un robinet par lequel on peut extraire, pendant l'expérience, une partie de l'air de la cloche; enfin, un petit manomètre (10) donne à chaque instant, grâce au tube (9), la pression de l'air dans la cloche.

L'appareil qui fournit l'oxygène, B, a la disposition suivante : il se compose de trois ballons semblables (12), munis à leur partie inférieure d'un robinet (13) et possédant une capacité connue entre les points de repère (16) et (17). Ces ballons sont remplis d'une solution concentrée de chlorure de calcium qui ne dissout que des traces d'oxygène. A leur partie inférieure, ils communiquent, par un tube (14), avec un réservoir C, qui contient du chlo-

Fig. 226. — Appareil de Régnault et Reiset.

rure de calcium et dans lequel le liquide est maintenu au niveau constant par des ballons renversés (18). Pour remplir d'oxygène les ballons (12) de l'appareil B, on met la tubulure (15) en communication avec une source d'oxygène, et on ouvre le robinet (13); le chlorure de calcium s'écoule et le ballon se remplit d'oxygène jusqu'au trait inférieur (17); on ferme alors le robinet. Pour faire arriver cet oxygène dans la cloche, on ouvre le robinet du réservoir C; le chlorure de calcium s'écoule par le tube (14), remplit le ballon (12) et en chasse peu à peu l'oxygène qui passe dans le flacon laveur (4) et de là, par le tube (3), dans la cloche; quand l'oxygène du premier ballon est épuisé, on se sert des deux autres ballons. — L'appareil à absorption d'acide carbonique, D, se compose de deux pipettes (19) et (20), réunies par un tube de caoutchouc (21) et contenant une solution de potasse : un mécanisme particulier permet de leur imprimer un mouvement de va et vient, de telle façon que quand l'une s'élève, l'autre descend; si, par exemple, la pipette (20) s'élève, le niveau du liquide baisse, et l'air contenu dans la cloche est aspiré, en même temps l'autre pipette (19) s'abaisse et le niveau du liquide baisse dans son intérieur, comprime l'air de la cloche et le chasse dans le vase (20); la première agit donc comme pompe aspirante, la seconde comme pompe foulante et ainsi de suite alternativement; l'acide carbonique se trouve ainsi absorbé dans la pipette (20), qui s'élève, et le liquide de la pipette (19) qui s'abaisse chasse dans la cloche l'air dépourvu d'acide carbonique, de sorte que l'air de la cloche conserve une composition uniforme. Cet appareil permit à Régnault et Reiset d'apprécier d'une façon rigoureuse les quantités d'oxygène consommé, d'acide carbonique exhalé et les variations de la quantité d'azote dans un temps donné. Il reste le modèle des appareils de ce genre, et les modifications que certains auteurs, et en particulier Ludwig, lui ont fait subir ne sont que des modifications spéciales pour lesquelles je renvoie aux mémoires originaux. Seegen et Nowak ont récemment employé un appareil construit sur le même modèle, mais dans lequel toutes les fermetures se font par le mercure, ce qui les rend absolument hermétiques (*Arch.* de Pflüger, t. XIX, p. 370 et pl. IV). Jolyet et Regnard ont modifié l'appareil de Régnault et Reiset de façon à le rendre plus pratique et ont construit un appareil analogue pour l'étude de la respiration des poissons (*Arch.* de physiol., 1877, p. 53).

3° *Appareil de Pettenkofer.* — Cet appareil est construit à peu près sur le même principe que l'appareil de Régnault et Reiset (1), mais il a des proportions grandioses, et la cloche est remplacée par une chambre assez spacieuse pour qu'un homme puisse y séjourner pendant des heures. L'air qui a servi à la respiration entraîné et traverse un compteur à gaz; mais, dans l'impossibilité d'absorber tout l'acide carbonique de cette énorme quantité d'air, une portion de cet air est détournée dans un appareil particulier, et son acide carbonique est dosé avec la baryte. Comme ce courant d'air dérivé est proportionnel au courant principal, on en déduit facilement la quantité totale d'acide carbonique. Cet appareil permet d'expérimenter sur l'homme et sur de grands animaux, mais il est beaucoup moins exact et ne permet de doser que l'acide carbonique et la vapeur d'eau. Voit a fait construire une réduction de cet appareil un peu modifié pour de petits animaux. (On trouvera une description et des figures très détaillées de l'appareil dans : Gorup-Besanez, *Phys. chem.*, 3e éd., 1874.)

B. Appareils pour la respiration pulmonaire. — 1° *Procédé de Prout.* — L'expérimentateur inspire par le nez et expire dans une cloche plongée dans une cuve d'eau saturée de sel. L'air expiré peut ensuite être conduit dans une éprouvette graduée ou dans un eudiomètre où on l'analyse. — 2° *Appareil de Valentin et Brünner.* — L'expérimentateur inspire par le nez et expire par la bouche à l'aide d'un embout qui s'applique hermétiquement. L'air expiré traverse un tube rempli d'amiante imbibée d'acide sulfurique et où il se dépouille de sa vapeur d'eau et est recueilli dans un flacon dont il chasse peu à peu l'air atmosphérique. L'appareil est disposé de façon à permettre ensuite l'analyse facile de l'air expiré. — 3° *Appareil d'Andral et Gavarret.* — Il se compose de trois ballons dans lesquels le vide a été fait avant l'expérience; ces ballons communiquent avec un tube qui aboutit à un masque imperméable qui s'applique hermétiquement sur la figure de l'expérimentateur; le masque est muni d'un tube latéral avec un robinet qui établit la communication de l'appareil avec l'air extérieur; on applique le masque et on ouvre le robinet latéral ainsi que le robinet des ballons; l'air extérieur appelé par le vide pénètre dans l'appareil et c'est dans ce courant d'air, dont on règle la vitesse et qui parcourt le masque, que se fait la respiration. Des soupapes empêchent de refluer à l'extérieur l'air expiré qui se rend dans les ballons. Cet appareil, quoique difficile à manier et très compliqué, a donné d'excellents résultats entre les mains des auteurs. — 4° *Appareils de Ludwig, Kowalesky et Sanders-Ezn.* — Pour la

(1) Le renouvellement de l'air se fait, comme dans une chambre chauffée par un poêle, par les interstices de l'appareil et par de petites fenêtres.

description de l'appareil qui rappelle par certains points l'appareil de Régnault et Reiset, je renverrai aux mémoires originaux (voir aussi : Cyon, *Methodik*, p. 228 et pl. XXVIII, fig. 1).

5° *Appareil de W. Müller*. — C'est certainement l'appareil le plus simple et le plus commode pour les recherches de ce genre. Il se compose de deux flacons (fig. 227) contenant un

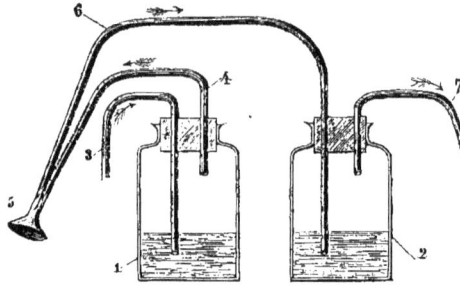

Fig. 227. — *Appareil de W. Müller*.

peu de liquide, eau ou mercure. On respire par l'embout (5). La direction des flèches indique la marche du courant d'air. L'air inspiré arrive par le tube (3) dans le flacon (1) et de là dans le tube (4) ; l'air expiré passe par le tube (6), arrive dans le flacon (2) et sort par le tube (7). Le tube inspirateur (3) peut être mis en communication soit avec un gazomètre rempli d'un mélange gazeux quelconque, soit avec un compteur à gaz ; le tube expirateur (7) peut se rendre, soit à un compteur, soit à un appareil d'analyse, si on veut analyser les produits de l'air expiré. L'embout (5) s'applique sur la bouche, et le nez est hermétiquement fermé. Sur les animaux on peut remplacer l'embout par un tube qui s'introduit directement dans la trachée.

C. **Appareils pour la respiration cutanée.** — Pour recueillir exclusivement les produits de la respiration cutanée, on emploie les appareils pour la respiration totale, mais en prenant la précaution de conduire à l'extérieur, par un des moyens indiqués en B, les produits de la respiration pulmonaire. On peut aussi, en plaçant un membre seulement dans un manchon disposé d'une façon analogue aux appareils décrits plus haut, étudier la respiration des différentes régions localisées de la peau.

Pour les procédés d'analyse des gaz de la respiration, voir les traités de chimie et d'analyse chimique.

Méthode indirecte. — La méthode indirecte employée par Boussingault conduit d'une autre façon à la connaissance de la quantité des gaz inspirés et expirés. On soumet un animal à la ration d'entretien ; on pèse les aliments solides et liquides introduits dans le tube digestif ; on pèse d'un autre côté tout ce qu'il perd par les selles et les urines ; en retranchant la seconde quantité de la première, on a la perte que l'animal a faite par la respiration et par la peau. Cette méthode peut servir à contrôler la méthode directe.

Bibliographie. — Prout : Ann. of phil., 1813. — Valentin et Brünner : Arch. für phys. Heilk., 1843. — Andral et Gavarret : *Rech. sur la quantité d'acide carbonique exhalé par le poumon* (Ann. de chim., et de phys., 1843). — Régnault et Reiset : *Rech. chimiques sur la respiration des animaux*, (id., 1849). — M. Pettenkofer : *Ueber den Respirations und Perspirationsapparat im physiolog. Institute zu München* (Baier. Akad. Sitzungsber., 1860). — E. Smith : *Exper. inquiries into the chemical and other phenomena of respiration* (Philos. Transact., 1859). — M. Pettenkofer : *Ueber einen neuen Respirationsapparat*, 1861. — Id. : *Ueber die Respiration* (Ann. d. Chem., 1862). — Grouven : *Phys. chem. Futterungsversuche*, 1864. — Kowalesky : *Ueber die Maasbestimmung der Athmungsgase durch ein neues Verfahren* (Ber. d. sächs. Ges., 1866). — Sanders-Ezn : *Der respiratorische Gasaustausch*, etc. (Ber. d. sächs. Ges., 1867). — W. Henneberg : *Ueber eine Fehlerquelle beim Gebrauch der Pettenkofer'schen Apparats* (Ber. der. chem. Ges., 1870). — Liebermeister : *Unters.*, etc. (Arch. für Klin. Med., t. VII, 1870). — C. Voit : *Beschreibung eines Apparates zur Untersuchung der gasförmigen Ausscheidungen des Körpers* (Zeit. für Biol.,

t. XI, 1875). — C. Voit, Ernst et J. Forster : *Ueber die Bestimmung des Wassers mittelst des Pettenkofer'schen Respirations-Apparates* (id.). — G. v. Liebig : *Ueber die Sauerstoff-aufnahme in den Lungen bei gewöhnlichem und erhöhten Luftdruck* (Arch. de Pflüger, t. X, 1875). — F. Jolyet et P. Régnard : *Rech. phys. sur la respiration des animaux aquatiques* (Arch. de physiol., 1877). — Seegen et Nowak : Arch. de Pflüger, t. XIX, 1879.

La respiration, prise dans son acception la plus générale, consiste essentiellement en un échange gazeux entre l'organisme et le milieu extérieur (air ou eau). Dans cet échange, qui, chez les animaux supérieurs, se fait entre le milieu extérieur et le sang, l'animal absorbe de l'oxygène et élimine de l'acide carbonique et de la vapeur d'eau, et dans ce processus, le sang veineux se transforme en sang artériel. Cette absorption et cette élimination gazeuse ne se font pas *exclusivement* dans une seule région ; elles se font par toute la surface de l'organisme, et jusque dans les liquides sécrétés on retrouve de l'acide carbonique, indice d'une véritable respiration ; mais ces phénomènes respiratoires sont beaucoup plus intenses dans certaines régions déterminées, qui sont alors disposées d'une façon spéciale et constituent un appareil particulier, *poumons* (et *trachées*) ou *branchies*, suivant que l'animal respire dans l'air ou dans l'eau.

1° Respiration pulmonaire.

Les poumons ont la structure des glandes en grappe ; mais, au point de vue physiologique, ils peuvent être considérés comme constitués par une membrane vasculaire dont l'étendue égale la surface de la totalité des vésicules pulmonaires ; l'ensemble des bronches ou l'arbre aérien serait alors représenté par un cône qui aurait cette surface pour base et dont le sommet tronqué serait formé par la trachée (fig. 228).

L'échange gazeux respiratoire se passe entre le sang situé à la partie interne de cette membrane et l'air situé à sa partie externe dans le cône aérien. Mais pour que cet échange gazeux s'accomplisse avec assez d'intensité et de rapidité pour les besoins de l'organisme, il faut,

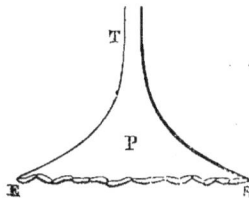

Fig. 228. — *Schéma du cône pulmonaire* (*).

d'une part, que le sang, en contact avec la surface pulmonaire, se renouvelle de façon à pouvoir absorber continuellement de nouvelles quantités d'oxygène et éliminer de nouvelles quantités d'acide carbonique et de vapeur d'eau ; il faut, d'autre part, que l'air se renouvelle pour débarrasser les voies aériennes de l'acide carbonique exhalé et y introduire de l'air chargé d'oxygène ; il faut qu'il y ait à la fois circulation sanguine et circulation gazeuse ; cette circulation gazeuse dans les voies aériennes constitue ce qu'on a appelé la *ventilation pulmonaire*.

Mais tandis que, dans la circulation sanguine pulmonaire, le sang vei-

(*) T, trachée. — P, cavité du poumon. — E, B, surface respiratoire (Kuss).

neux chargé d'acide carbonique arrive par une voie, l'artère pulmonaire, et une fois transformé en sang artériel, s'en va par une autre voie, veines pulmonaires, dans la ventilation gazeuse pulmonaire il n'en est pas ainsi ; la même voie, bronches et trachée, sert à l'exhalation de l'acide carbonique et à l'introduction de l'oxygène ; il n'y a qu'un simple mouvement de va et vient, de soufflet, par lequel l'air chargé d'acide carbonique et de vapeur d'eau (air expiré) est expulsé pour être remplacé par l'air atmosphérique (air inspiré); et comme les poumons ne se vident jamais complètement de l'air qu'ils contiennent, il s'ensuit qu'il y a toujours mélange d'une partie de l'air expiré avec l'air inspiré. L'acte par lequel les poumons se vident incomplètement de l'air chargé d'acide carbonique et de vapeur d'eau a reçu le nom d'*expiration*, et on a donné le nom d'*inspiration* à l'acte par lequel l'air atmosphérique pénètre dans l'arbre aérien.

Le mécanisme de l'inspiration et de l'expiration, le rôle joué dans ces deux actes par le poumon, le thorax et les puissances musculaires, en un mot, les *phénomènes mécaniques* de la respiration seront étudiés avec les mouvements ; il ne s'agira ici que des phénomènes physico-chimiques de la respiration.

Nous étudierons successivement le rôle de l'air, du sang, du poumon dans la respiration, les échanges gazeux respiratoires, absorption d'oxygène, élimination d'acide carbonique, d'azote et de vapeur d'eau, et les variations de ces échanges gazeux dans les diverses conditions de l'organisme.

a. — DE L'AIR DANS LA RESPIRATION.

1. — *Air inspiré.*

Nous inspirons en moyenne un demi-litre ou 500 centimètres cubes d'air à chaque inspiration, ce qui donne par heure 360 litres environ et 9,000 en vingt-quatre heures (Voir : *Mécanique respiratoire*). Il est donc important d'étudier à ce point de vue la composition et les propriétés de l'air atmosphérique.

L'air atmosphérique contient, sur 100 parties :

	En volume.	En poids.
Oxygène.........	20,9	23
Azote...........	79,1	77
	100,0	100

Il contient en outre des traces d'acide carbonique et de la vapeur d'eau.

La quantité d'*acide carbonique* varie de 2 à 3 dix-millièmes. Elle est plus forte dans les lieux habités et plus grande la nuit que le jour.

La *vapeur d'eau* contenue dans l'air s'y trouve à l'état de vapeur invisible ou à l'état de vapeur vésiculaire. La quantité varie suivant la température, et cette quantité peut être d'autant plus considérable que la température est plus élevée ; aussi en général est-elle plus grande en été qu'en hiver.

L'*état hygrométrique* ou l'humidité de l'air ne dépend pas seulement de la proportion de vapeur d'eau qu'il contient, mais surtout de ce fait que cet air est plus ou moins près de son point de saturation ; aussi l'air est-il plus sec en été qu'en hiver, quoique la quantité absolue de vapeur d'eau y soit plus forte. Cet état hygrométrique s'exprime par la *fraction de saturation*, c'est-à-dire par la quantité de vapeur d'eau contenue dans l'air divisée par la quantité de vapeur d'eau que l'air peut contenir à saturation à la même température.

Indépendamment de ces substances, l'air peut contenir des poussières minérales, des produits de décomposition, des substances organiques, du carbonate d'ammoniaque, de l'hydrogène proto-carboné, de l'acide azotique, de l'azotite d'ammoniaque (Schœnbein), de l'ozone, de l'antozone, des principes volatils d'origine organique, des germes organiques, etc.

Deux conditions ont de l'influence sur la respiration, la température et la pression.

La *température* de l'air atmosphérique présente d'assez grandes variations. Quand l'air est dilaté par la chaleur, nous inspirons un air plus raréfié, autrement dit la quantité d'oxygène que nous inspirons est moindre. Chaque inspiration fait entrer dans les poumons environ un demi-litre d'air, et $0^l,104$ d'oxygène à la température de 0°. A + 40°, ce demi-litre d'air ne contient plus que $0^l,0915$ d'oxygène. En effet, le coefficient de dilatation de l'air est 0,00367, et 100 volumes d'air à 0° occupent 114 volumes à + 40°. Aussi, quand la température s'élève d'une façon notable, sommes-nous obligés, pour compenser cette dilatation de l'air inspiré et retrouver la quantité d'oxygène nécessaire, d'augmenter le nombre et la profondeur des respirations.

La *pression* de l'air atmosphérique est de 760 millimètres en moyenne au niveau de la mer, mais ce qui intéresse le physiologiste au point de vue de l'échange des gaz, c'est, non pas la pression barométrique totale, mais la *pression partielle* de chacun des gaz de l'air et spécialement de l'oxygène. Ces pressions partielles sont proportionnelles aux quantités de gaz contenues dans l'air atmosphérique : Ainsi :

$$\text{La pression de l'oxygène} \ldots\ldots = \frac{760 \times 20,8}{100} = 158 \text{ millimètres.}$$

$$\text{La pression de l'azote} \ldots\ldots = \frac{760 \times 79,2}{100} = 601 \text{ millimètres.}$$

$$\text{La pression de l'acide carbonique} \ldots = \frac{760 \times 0,00025}{100} = 0,002 \text{ millimètres.}$$

On verra plus loin que les pressions partielles ne sont plus tout à fait les mêmes dans l'intérieur des poumons.

2. — Air expiré.

L'air expiré a la composition suivante que je rapproche de celle de l'air inspiré :

	Air expiré.	Air inspiré.
Oxygène	15,4	20,9
Azote	79,3	79,1
Acide carbonique	4,3	»
	99	100

Il se distingue donc par les caractères suivants de l'air inspiré :

1° Il contient moins d'oxygène ;

2° Il contient plus d'acide carbonique ; la présence de cet acide carbonique dans l'air expiré se démontre d'une façon très simple ; il suffit de souffler par un tube dans de l'eau de chaux ou de baryte ; l'eau se trouble immédiatement par formation d'un carbonate insoluble qui se précipite ;

3° Il contient un peu plus d'azote ;

4° Il est saturé de vapeur d'eau qui provient des muqueuses pulmonaire et bronchique. Aussi, quand cet air expiré arrive dans un air extérieur à température basse comme en hiver, la vapeur d'eau se précipite-t-elle sous forme d'un nuage de vapeur vésiculaire.

Gréhant a indiqué un procédé pour déterminer l'état hygrométrique de l'air expiré. On remplit d'eau à + 38° un cube de Leslie qui offre une face argentée et contient un thermomètre voisin de la paroi brillante ; on agite légèrement le cube dont l'eau se refroidit peu à peu ; on souffle alors obliquement sur la paroi argentée, et il arrive un moment où un dépôt de rosée se forme sur cette face ; pour éviter le refroidissement du courant d'air expiré et de la surface argentée, l'expiration se fait par un tube fixé dans une cloche appliquée sur le cube de Leslie et entourée d'ouate. Dès qu'il se forme un dépôt de rosée persistant, on note la température du thermomètre. On constate ainsi que l'air expiré est sensiblement saturé de vapeur d'eau.

L'air expiré contient en outre de petites quantités d'ammoniaque (Davy), qu'on a supposé provenir de la décomposition de substances dans la cavité buccale, mais qui, d'après Lossen, se retrouveraient dans l'air de la trachée ; en 24 heures on en exhalerait $0^{gr},0104$. On y a constaté aussi des traces d'hydrogène carboné et sulfuré passés de l'intestin dans le sang, de substances volatiles, etc. La présence du chlorure de sodium, du chlorhydrate d'ammoniaque, de l'acide urique, des urates de soude et d'ammoniaque, signalés par Wiederhold, est plus que douteuse.

La *température* de l'air expiré est à peu près constante, de + 36° environ ; il y a cependant de légères différences suivant la température extérieure ; ces différences peuvent atteindre 1 degré entre l'été et l'hiver (Valentin). Cette température est toujours plus basse que celle de l'aisselle ou que la température prise sous la langue. Weyrich a trouvé sur 200 observations prises d'après le procédé de Gréhant une moyenne de 36°,35, la température moyenne de l'aisselle étant de 37°,47. Quand on inspire par la bouche, la température de l'air expiré est toujours un peu plus faible que quand on inspire par le nez (Gréhant).

Le *volume* de l'air expiré est à peu près égal au volume de l'air inspiré, mais s'il en est ainsi, c'est à cause de la dilatation de l'air expiré due à l'augmentation de température et à la vapeur d'eau. En réalité, si on suppose les deux airs réduits à la même température et desséchés, le volume de l'air expiré est un peu moindre que celui de l'air inspiré, comme 99 : 100. Ceci tient à ce fait, déjà reconnu par Lavoisier, que dans la respiration il disparaît plus d'oxygène qu'il n'en revient sous forme d'acide carbonique. Ainsi il disparaît dans la respiration 20,9 — 15,4 = 5,5 d'oxygène tandis qu'il n'est éliminé que 4,3 d'acide carbonique.

Procédé pour déterminer la température de l'air expiré. — *Pr. de Gréhant.* Un thermomètre à mercure, bien sensible, à petit réservoir, est maintenu dans un tube de verre à l'aide de deux bouchons percés de trous ; ce tube est muni d'un embout qui s'applique sur la bouche et donne passage à l'air expiré, l'inspiration se faisant par le nez. Le tube de verre est introduit lui-même dans un autre tube plus large, et l'intervalle entre les deux est occupé par du coton.

Bibliographie. — Reuling : *Ueber den Ammoniakgehalt der expirirten Luft,* 1854. — Cl. Bernard : *De l'élim. de l'hydrogène sulfuré par la surf. pulm.* (Arch. de méd., 1857). — E. Wiederhold : *Die Ausscheidung fester Stoffe durch die Lungen* (Deut. Klinik, 1858). — L. Thiry : *Ueber den Ammoniakgehalt des Blutes, des Harns und der Expirationsluft* (Zeit. für rat. Med., t. XVII, 1862). — Barret : *On a physical analysis of the human breath* (Phil. mag., 1864). — J. Davy : *Some observ. on the blood,* etc. (Edinb. new phil. journ., 1864). — Zabelin : *Ueber die Bildung von salpetrigsäuren Ammoniak aus Wasser,* etc. (Ann. d. Chem. und Pharm., t. CXXX, 1864). — W. Kühne et H. Strauch : *Ueber das Vorkommen von Ammoniak im Blute* (Centralblatt, 1864). — Gréhant : *Rech. physiques sur la respiration* (Journ. de l'Anat., 1864). — W. Weyrich : *Beob. über die unmerkliche Wasserausscheidung der Lungen und ihr Verhältniss zur Hautrespiration,* 1865. — H. Lossen : *Ueber die Ausscheidung von Ammoniak durch die Lungen* (Zeit. für Biol., t. I, 1865). — M. Bachl : *Ueber die Ausscheidung von Ammoniak durch die Lungen* (id., t. V, 1869). — S. L. Schenk : *Das Ammoniak unter den gasförmigen Ausscheidungsproducten* (Arch. de Pflüger, 1870). — A. Ransome : *On the organic matter of human breath in health and disease* (Journ. of anat., t. IV, 1870). — A. Schmidt : *Die Ausscheidung des Weingeistes durch die Respiration* (Centralbl., 1875).

3. — *Masse gazeuse des poumons.*

A. **Procédés pour mesurer la capacité vitale** d'Hutchinson. — 1° *Spiromètre d'Hutchinson* (fig. 229 et 230). — Le spiromètre d'Hutchinson est construit sur le principe des gazomètres d'usine à gaz. Il se compose d'un réservoir rempli d'eau dans lequel plonge une cloche renversée (20) munie à sa partie supérieure d'une ouverture (16) qui se ferme à volonté par un bouchon (17). Cette cloche est suspendue par des cordes (11) qui s'enroulent sur des poulies (18) et équilibrée par des poids (12) de façon à se maintenir en équilibre à quelque hauteur qu'elle soit placée. Un tube en U est ajouté à l'appareil ; une de ses branches est intérieure, située dans l'axe du réservoir et remonte jusqu'au niveau de l'eau du réservoir et jusqu'à la partie supérieure de la cloche ; l'autre branche, extérieure au réservoir, se continue avec un tube de caoutchouc (14) terminé par un embout (19). Après avoir fait une inspiration la plus profonde possible, la personne en expérience adapte l'embout à sa bouche et fait une expiration forcée, le nez étant hermétiquement fermé ; l'air expiré arrive dans la cloche par le tube en U, la soulève (fig. 230), et la quantité du soulèvement, mesurée par une règle graduée (15) donne le volume de l'air expiré ou la capacité vitale. — 2° *Spiromètre de Schnepf* (fig. 231). Schnepf a modifié avantageusement le spiromètre d'Hutchinson. La construction est la même, mais la cloche n'est équilibrée que par un seul contre-poids, et la chaîne qui le supporte est formée d'anneaux inégaux qui compensent les variations que subit le poids de la cloche suivant qu'elle plonge plus ou moins dans l'eau du réservoir.

On a imaginé un grand nombre d'appareils spirométriques, pour la description desquels je renverrai aux traités de diagnostic médical et de séméiologie : tels sont le *spiromètre* de Boudin, le *pneumatomètre* de Bonnet, basé sur le principe du compteur à gaz, le *pneusimètre à hélice* de Guillet construit sur le modèle des anémomètres, les *spiromètres* doubles de Holmgren et Leven, le *spirométrographe* de Tschiriew, etc. Panum a ajouté au spiromètre un appareil écrivant de façon à pouvoir enregistrer les indications fournies par l'instrument. Je me contenterai de décrire l'*anapnographe* de Bergeon et de Kastus. Cet appareil (fig. 232) est disposé de la façon suivante : Une valve ou lame mobile, V, en aluminium, forme la partie postérieure d'une boîte rectangulaire mise en communication en A avec un tube respiratoire terminé par un embout. L'axe de rotation de la valve porte un levier très léger, S, qui écrit sur une bande de papier animée d'un mouvement uniforme tous les mouvements de la valve. Des ressorts réglés par les boutons R, R, ramènent la valve dans la position d'équilibre. La personne en expérience applique l'embout sur le nez, et à chaque mouvement de respiration (inspiration et expiration), les variations de pression de l'air des voies aériennes se transmettent à l'air de la boîte rectangulaire et amènent des mouvements de va-et-vient de la valve V inscrits par le levier S. L'anapnographe, qui a été depuis perfectionné par Bergeon, donne non seulement la pression, mais la quantité d'air inspiré et expiré, et la vitesse du courant d'air.

B. **Capacité pulmonaire.** — *Procédé de Gréhant.* — Ce procédé est basé sur ce fait reconnu par Régnault et Reiset, que l'hydrogène n'est absorbé qu'en très petite quantité par les

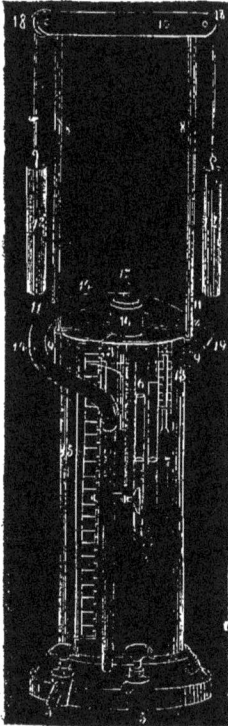

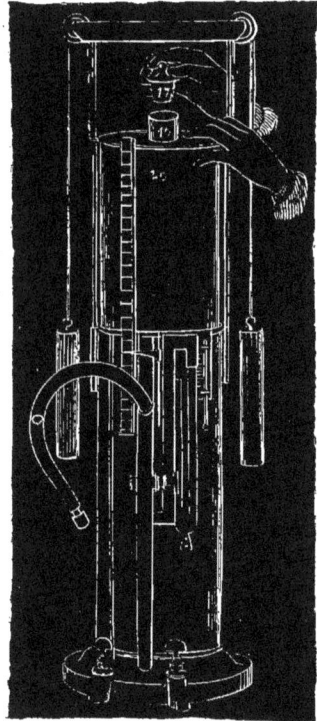

Fig. 229. — *Spiromètre d'Hutchinson.*   Fig. 230. — *Spiromètre d'Hutchinson.*

poumons. On fait passer dans une cloche de 3 à 4 litres pleine d'eau un litre d'hydrogène pur, c'est-à-dire une quantité égale à une large inspiration ; la cloche est munie à sa partie supérieure d'un robinet et d'un tube de verre réunis par un caoutchouc. La personne en expérience introduit le tube dans la bouche, les narines étant hermétiquement fermées, et respire l'hydrogène de la cloche, qui reçoit aussi l'air expiré ; on ouvre le robinet de la cloche à la fin d'une expiration et on le ferme après 4 ou 5 respirations. On a alors dans la cloche un mélange homogène, d'hydrogène, d'oxygène, d'azote et d'acide carbonique dont on fait l'analyse par les procédés ordinaires ; ce mélange, comme s'en est assuré Gréhant, est identique comme proportion d'hydrogène avec l'air des poumons ; autrement dit l'hydrogène, après 5 expirations faites dans la cloche, est distribué uniformément dans les poumons et dans la cloche ; il n'y a donc plus qu'une proportion à faire, proportion dont on connaît trois termes, la quantité pour 100 d'hydrogène de la cloche à la fin de l'expérience et la quantité d'hydrogène $= 1000$ au début de l'expérience ; il est facile d'en tirer le quatrième terme, savoir : le volume d'air contenu dans les poumons et dans la cloche, et par suite la capacité pulmonaire. Si, par exemple, l'air de la cloche à la fin de l'expérience renferme 2,35 centimètres cubes d'hydrogène pour 100, on aura la proportion :

$$23,5 : 100 :: 1000 : x = \frac{100 \times 1000}{23,5} = 4,255.$$

x = 4,255 représente le volume d'air contenu dans les poumons et dans la cloche, et la quantité d'air contenue dans les poumons après une inspiration d'un litre sera 4,255 — 1000 = 3,255 ; ce sera la capacité pulmonaire.

Pour avoir le volume absolu des poumons, il faudra naturellement faire la correction ba-

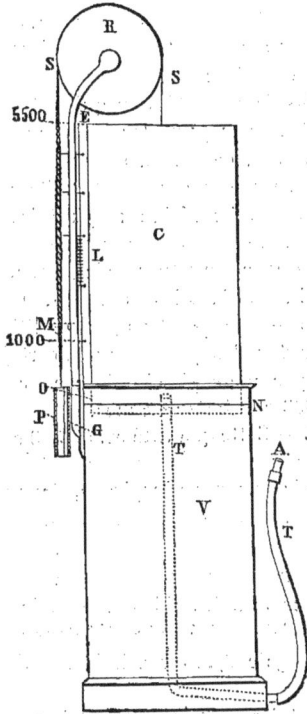

Fig. 231. — *Spiromètre de Schnepf* (*).

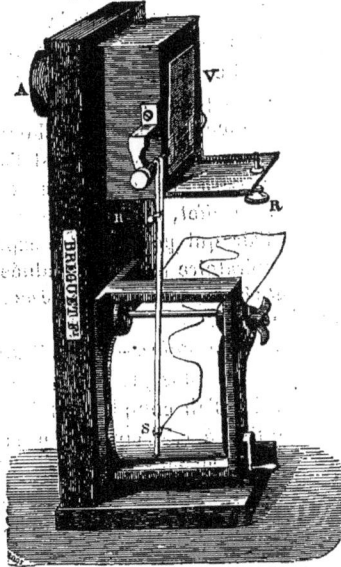

Fig. 232. — *Anapnographe de Bergeon et Kastus.*

rométrique et la correction de température. Soit V le volume à t degrés, f la tension maximum de la vapeur d'eau à t, T la température de l'air expiré, F la tension maximum de la vapeur d'eau à T degrés, H la pression barométrique, a le coefficient de dilatation des gaz, V^a le volume absolu de l'air des poumons, on a la formule suivante :

$$V^a = \frac{V(1 + Ta)(H - f)}{(1 + ta)(H - F)}$$

La capacité pulmonaire peut aussi s'apprécier directement sur le cadavre, en adaptant à la trachée un tube qui se rend dans une cloche sous le mercure. On ouvre alors les parois thoraciques et les plèvres, les poumons s'affaissent et chassent l'air qu'ils contenaient dans la cloche où on peut le mesurer.

Le volume de la masse gazeuse contenue dans les poumons varie suivant

(*) V, cylindre de laiton. — T,T, tube respiratoire. — A, embout. — C, cloche ou gazomètre. — P, contrepoids. — S, chaîne. — R, poulie. — L, échelle graduée. — M, montant. — G, gaine qui soutient l'échelle. — N, niveau du liquide du réservoir. — E, fond du gazomètre. — O, partie inférieure ouverte du gazomètre.

l'état d'inspiration ou d'expiration dans lequel se trouvent les poumons et suivant l'amplitude de ces deux actes. Dans les inspirations les plus profondes, le volume de la masse gazeuse chez un homme vigoureux, bien conformé, peut être évalué à 4,970 centimètres cubes. Mais pour bien comprendre les phénomènes respiratoires, il faut fractionner cette masse gazeuse en portions correspondantes aux divers actes respiratoires. On peut à ce point de vue la diviser en quatre parties :

a) *Résidu respiratoire, air résidual.* — C'est la quantité d'air qui reste dans les poumons après une expiration la plus forte possible ; c'est la partie stationnaire ou constante de la masse gazeuse ; ce résidu respiratoire, variable suivant les différents états du corps, repos, mouvement, taille, etc., est de 1,200 centimètres cubes en moyenne. Le résidu respiratoire ne s'échappe que quand le poumon se vide complètement, quand par exemple on fait une incision aux parois thoraciques avec ouverture de la plèvre.

b) *Réserve respiratoire.* — C'est l'air qui reste dans les poumons, en sus du résidu respiratoire, après une expiration ordinaire. Dans les conditions normales, en effet, nous laissons toujours dans les poumons une certaine quantité d'air qui pourrait être expulsée par une expiration forcée ; cette réserve respiratoire peut être évaluée à 1,600 centimètres cubes.

c) *Quantité normale d'air inspiré ou expiré.* — Cette quantité est de 500 centimètres cubes.

d) *Air complémentaire.* — C'est l'excès d'air que nous inspirons, dans les inspirations les plus profondes possibles en sus de la quantité normale. Cette quantité d'air complémentaire est de 1,670 centimètres cubes.

Les quantités b, c, d, constituent la partie mobile ou variable de la masse gazeuse. Leur ensemble $b+c+d$ forme ce que Hutchinson appelle la *capacité vitale* du poumon ; c'est la quantité d'air expiré ou inspiré dans une respiration la plus profonde possible. Elle égale 3,770 centimètres cubes chez un homme vigoureux.

Le résidu respiratoire et la réserve respiratoire $a+b$ constituent la *capacité pulmonaire* de Gréhant. Elle est de 2,800 centimètres cubes en moyenne. Le tableau suivant résume ces diverses notions :

Volume maximum de l'air des poumons = 4,970 c. c.	a Résidu respiratoire = 1,200 c. c.	Capacité pulmonaire = 2,800 c. c.
	b Réserve respiratoire = 1,600 —	
	c Air normal....... = 500 —	Capacité vitale..... = 3,770
	d Air complément^re.. = 1,670 —	

La capacité vitale varie de 2 litres et 1/2 à 4 litres ; chez un homme vigoureux, elle est d'environ 3,770 centimètres cubes. Chez la femme, elle est plus faible, 2,500 centimètres cubes environ. D'après Schnepf, un enfant de 3 ans a une capacité vitale de 400 centimètres cubes ; elle augmente par année de 260 centimètres cubes (plus même entre 14 et 17 ans) et diminuerait à partir de 20 ans. D'après d'autres observations, elle augmenterait jusqu'à l'âge de 35 ans.

La capacité vitale augmente avec la taille (Hutchinson) et la circonférence de la poitrine (Arnold). Chez l'adulte, elle s'accroît de 60 centimètres cubes (40 chez la femme) par centimètre de taille. Le tableau suivant, emprunté à Vierordt, donne la capacité vitale chez les adultes pour les différentes tailles (1).

Taille en centimètres.			Capacité vitale en centimètres cubes.
154,5	à	157	2,635
157	à	159,5	2,841
159,5	à	162	2,982
162	à	164,5	3,167
164,5	à	167	3,287
167	à	169,5	3,484
169,5	à	172	3,560
172	à	174,5	3,634
174,5	à	177	3,842
177	à	179,5	3,884
179,5	à	182	4,034
182			4,454

Le *mouvement* augmente le volume de l'air expiré. Si on représente par 1 le volume de l'air expiré dans le décubitus dorsal, on aura les chiffres suivants (Smith):

Décubitus dorsal...........	1
Station assise..............	1,18
Lecture....................	1,26
Station debout.............	1,33
Marche lente...............	1,9
Marche rapide..............	4,0
Course....................	7,0

Composition de la masse gazeuse des poumons. — La masse gazeuse des poumons n'a pas une composition uniforme; elle n'est pas la même dans les diverses parties des voies aériennes. L'air contenu dans les couches profondes est plus pauvre en oxygène, plus riche en acide carbonique et en vapeur d'eau. Si l'on fractionne en deux portions l'air expiré, la première portion, qui vient des parties supérieures de l'arbre aérien, contient moins d'acide carbonique (3,7 p. 100) que la deuxième (5,4 p. 100) qui vient des parties plus profondes (Vierordt). De cette différence de composition, il résulte que, même en l'absence de tout mouvement respiratoire, il s'établit dans les voies respiratoires des courants de diffusion, un courant d'oxygène allant de haut en bas, et un courant d'acide carbonique allant de bas en haut. Si on arrête complètement tout mouvement de respiration et qu'on mette par la bouche grande ouverte les poumons en communication avec un réservoir d'air, on y trouve au bout d'un certain temps des quantités appréciables d'acide carbonique. Ce sont ces courants qui, dans les cas d'hibernation et de mort apparente, suffisent pour entretenir la respiration sans ventilation pulmonaire. Mais ce sont là des cas

---

(1) Panum a étudié ce qu'il appelle la *position vitale moyenne des poumons*; ce n'est pas autre chose que la ligne moyenne intermédiaire entre les points extrêmes, d'ascension et de descente des courbes obtenues avec son spiromètre écrivant (voir plus haut). Cette position vitale moyenne varierait avec les différentes attitudes du corps. Loven, qui a répété les expériences de Panum, n'a pu obtenir que des résultats trop variables pour en tirer des conclusions.

exceptionnels et, à l'état normal, pour entretenir la vie, il faut une respiration et par suite une ventilation plus active (1).

L'air des vésicules pulmonaires doit être plus chargé d'acide carbonique que l'air expiré. Il est difficile de l'évaluer d'une façon précise. Cependant, en ayant égard à la composition des dernières fractions de l'air expiré, on pourrait admettre 7 à 8 p. 100 d'acide carbonique ; cette composition est du reste variable, et dans l'inspiration la proportion d'acide carbonique doit être moins considérable et se rapprocher de la composition de l'air expiré. En effet, dans l'inspiration, les vésicules pulmonaires se dilatent et leur cavité se remplit de l'air plus pur des divisions bronchiques.

Le renouvellement de l'air dans les poumons se fait de la façon suivante : A chaque inspiration 500 centimètres cubes d'air, en moyenne, pénètrent dans les poumons. Cet air pur ne parvient pas du premier coup jusqu'aux vésicules pulmonaires, il n'arrive que dans les premières divisions bronchiques où les courants de diffusion s'établissent rapidement entre lui et l'air vicié plus profondément situé. L'expiration qui fait suite à cette inspiration renvoie 500 centimètres cubes d'air vicié sur lesquels 170 centimètres cubes d'air pur sont rejetés avec l'air vicié contenu antérieurement dans les poumons. En effet, en remplaçant l'air pur, d'après le procédé de Gréhant, par de l'hydrogène, on retrouve 170 centimètres cubes d'hydrogène dans l'air expiré. Il est donc resté dans les poumons, après une expiration normale, 330 centimètres cubes d'air pur, à peu près les deux tiers de l'air inspiré. Cet air, ainsi introduit par une inspiration, se répartit uniformément dans les poumons avec une grande rapidité, en cinq respirations environ.

Gréhant appelle *coefficient de ventilation* le chiffre qu'on obtient en divisant la quantité d'air pur introduit dans les poumons en une inspiration par la capacité pulmonaire ou la quantité d'air contenue dans les poumons avant cette inspiration ; ce chiffre est de 0,11 environ ; c'est-à-dire que 100 centimètres cubes de l'air des poumons reçoivent à chaque inspiration 11 centimètres cubes d'air pur renfermant $2^{cc},35$ d'oxygène.

Le coefficient de ventilation augmente avec le volume de l'inspiration, comme le prouve le tableau suivant emprunté à Gréhant :

VOLUME de L'INSPIRATION.	VOLUME de L'EXPIRATION.	VOLUME D'HYDROGÈNE expiré.	VOLUME D'HYDROGÈNE conservé.	VOLUME DES POUMONS après l'expirat.	COEFFICIENT de VENTILATION.
centim. cubes.				litres.	
300	345	161,5	138,5	2,295	0,060
500	475	180	320	2,365	0,135
600	625	231,2	368,8	2,315	0,159
1,000	1,300	464,1	535,9	2,04	0,263

On voit, d'après ce tableau, que l'augmentation du coefficient de venti-

(1) Ces courants sont aidés du reste par les mouvements imprimés à l'air des voies aériennes par les mouvements du cœur (voir : *Mouvements du cœur*).

lation n'est proportionnelle à l'augmentation du volume de l'inspiration qu'à partir d'un certain chiffre, un demi-litre à peu près, tandis que, pour les inspirations au-dessous d'un demi-litre, il n'en est plus ainsi. Aussi des inspirations peu profondes ne renouvellent-elles que d'une façon très incomplète l'air des poumons. Par exemple, 18 inspirations, d'un demi-litre chacune, et qui font pénétrer dans les poumons 9 litres d'air pur, renouvellent l'air des poumons plus complètement que 36 inspirations de 300 centimètres cubes, qui font cependant pénétrer dans les poumons 10^l,800, près de 11 litres d'air. De là l'utilité de la gymnastique respiratoire.

Bibliographie. — Hutchinson : *On the capacity of the lungs and on the respiratory functions* (Trans. of the med. chir. soc., 1848). — G. Simon : *Ueber die Menge der ausgeathmeten Luft bei verschiedenen Menschen und ihre Messung durch das Spirometer*, 1848. — Albers : *Nothwendige Correctionen bei Anwendung des Spirometers* (Wien. med. Woch., 1852). — Fabius : *De spirometro ejusque usu*, 1853. — Fabius : *Spirometrische Beobacht* (Zeit. für rat. Med., 1854). — Schneevogt : *Ueber den praktischen Werth des Spirometers* (Zeit. für rat. Med., 1854). — Arnold : *Ueber die Athmungsgrosse des Menschen*, 1855. — Hecht : *Essai sur le spiromètre*, 1855. — Schnepf : *Note sur un nouveau spiromètre*, etc. (Comptes rendus, 1856). — Bonnet : *Application du compteur à gaz à la mesure de la respiration* (id.). — Guillet : *Description d'un spiromètre* (id.). — E. Smith : *On the quantity of air inspired at every 5, 15 and 30 minutes of the day and night*, etc. (Lancet, 1857). — Schnepf : *Considér. physiol. sur l'acte de la respiration* (Gaz. méd., 1857). — Id. : *Infl. de l'âge sur la capacité vitale du poumon* (id.). — Id. : *Infl. de la taille sur la cap. vitale* (id.) — E. Smith : *Inquiries into the phenomena of respiration* (Proceed. of the royal society, t. IX, 1859). — Gréhant : *Mesure du volume des poumons de l'homme* (Comptes rendus, 1860, et : Ann. des sc. nat., 1860). — E. J. Bonsdorff : *Forsok att bestämma Lungornes vital capacitet*, etc., 1860. — Radclyffe-Hall : *Obs. with Hutchinson's spirometer* (Trans. of the prov. med. and surg. assoc., t. XVIII). — Gréhant : *Du renouvellement de l'air dans les poumons de l'homme* (Comptes rendus, 1862). — E. Bowmann : *A cheap spirometer* (Med. times and gaz., 1864). — Gréhant : *Rech. physiques sur la respir. de l'homme* (Journ. de l'anat., t. I, 1864). — P. Bert : *Prétendue influence de la taille des animaux sur l'intensité de leurs phénomènes respiratoires* (Gaz. méd., 1868). — L. Bergeon et Ch. Kastus : *Nouvel appareil enregistreur de la respiration* (Gaz. méd. et Gaz. hebd., 1868). — C. W. Müller : *Die vitale Lungencapacität*, etc. (1868 et : Zeit. für rat. Med., t. XXXIII). — Panum : *Unt. über die physiologischen Wirkungen der comprimirten Luft* (Arch. de Pflüger, t. I, 1868). — A. Rattray : *On some of the more important physiological changes induced in the human economy by change of climate* (Proceed. of the royal soc., 1871). — Loven : *Nagra unders. of ver Lungornos vitala medelställning* (Nord. Med. Ark, 1872). — F. Holmgren : *Om en spirograph* (Upsala läkar. for., t. VIII, 1873). — S. Tschiriew : *Le spirométrographe, nouvel appareil pour enregistrer la profondeur des mouvements respiratoires* (Journ. de méd. milit., 1876, en russe).

4. — *Pression de l'air dans les poumons.*

Pour les *Procédés,* voir : *Mécanique respiratoire.*

Dans l'inspiration, la pression de l'air des voies aériennes est *négative,* c'est-à-dire moindre que la pression atmosphérique ; le mercure monte dans la branche interne ou respiratoire du manomètre (en communication avec la trachée), et s'abaisse dans la branche externe ; cette pression négative est de — 1 millimètre de mercure dans la respiration calme, de — 57 millimètres dans une respiration profonde.

Dans l'expiration, la pression est *positive* et le mercure monte dans la branche externe de 2 à 3 millimètres dans l'expiration calme, de **87** et plus dans les expirations profondes. On voit que la pression d'expiration est toujours supérieure à la pression d'inspiration.

Il est facile maintenant de calculer avec ces données les chiffres des pressions partielles de l'oxygène et de l'acide carbonique dans l'air inspiré et expiré ; c'est ce que donne le tableau suivant :

	PRESSION DE L'AIR.	PRESSION PARTIELLE (1)	
		de L'OXYGÈNE.	de l'acide CARBONIQUE.
Inspiration............	calme......... 760 — 1 = 759ᵐᵐ	157ᵐᵐ	0ᵐᵐ,004
	profonde...... 760 — = 703	146	0 ,004
Expiration............	calme......... 760 + 2 = 762	117	31 ,5
	profonde...... 760 + 87 = 847	130	66 ,4

Mais ces chiffres ne donnent pas les pressions partielles les plus importantes à connaître, celles de l'oxygène et de l'acide carbonique dans les vésicules pulmonaires. Ces pressions sont très difficiles à déterminer, vu l'incertitude dans laquelle nous sommes sur la composition réelle de l'air des vésicules pulmonaires. Sa composition varie assez peu dans l'inspiration et dans l'expiration calme, mais dans les inspirations profondes elle se rapproche de celle de l'air inspiré, et dans les expirations elle s'en éloigne le plus. Les chiffres suivants représentent la composition approximative de l'air des vésicules, eu égard à sa proportion d'oxygène et d'acide carbonique dans les diverses phases d'une respiration. Je donne en même temps les pressions partielles correspondantes :

	OXYGÈNE		ACIDE CARBONIQUE	
	PROPORTION p. 100.	PRESSION partielle.	PROPORTION p. 100.	PRESSION partielle.
Inspiration calme.........	17	129 mill.	4	30 mill.
Inspiration profonde......	20	140 »	1	7 »
Expiration calme..........	16	121 »	5	38 »
Expiration profonde......	13	110 »	8	67 »

b. — DU SANG DANS LA RESPIRATION.

Le sang présente plusieurs conditions essentielles au point de vue des échanges gazeux respiratoires : sa composition chimique, la proportion des gaz qu'il contient et la pression de ces gaz, enfin la quantité de sang qui traverse le poumon en un temps donné.

(1) Les pressions partielles, P, ont été calculées d'après la formule suivante, H représentant la pression de l'air inspiré ou expiré, Q la quantité de gaz pour 100 volumes :

$$P = \frac{H \times Q}{100},$$

on a pris le chiffre 4, 3 p. 100 pour la quantité d'acide carbonique dans l'air expiré.

1° *Composition du sang.* — Certains principes du sang ont de l'affinité chimique pour les gaz respiratoires ; ce sont d'une part l'hémoglobine, de l'autre certains sels du plasma.

L'*hémoglobine* fixe l'oxygène et constitue avec lui une combinaison, l'oxyhémoglobine (voir pages 256 et 289). Un gramme d'hémoglobine absorbe 1,52 centimètre cube d'oxygène (Hüfner).

Certains *sels du plasma* fixent l'acide carbonique ; tels sont le carbonate de soude et peut-être le phosphate de soude du plasma (Fernet). En outre, les globules rouges ont la propriété de fixer une certaine quantité d'acide carbonique en une combinaison encore inconnue (A. Schmidt, Mathieu, Zuntz, etc.).

2° *Proportion des gaz du sang.* — La composition des gaz du sang a été donnée, page 288. Au point de vue de la respiration, ce qui serait essentiel à connaître, ce serait la quantité des gaz dans le sang des capillaires du poumon. Cette quantité, impossible à déterminer expérimentalement d'une façon précise, est certainement analogue sinon identique à celle qui est dans le sang veineux du cœur droit, et serait par conséquent la suivante : oxygène, 8 — acide carbonique, 48 — azote, 2 (pour 100 volumes, à 0° et 760 mill. de pression).

3° *Pression des gaz du sang.* — Cette pression est difficile à évaluer exactement.

Procédés pour apprécier la pression des gaz du sang. — Si on agite du sang avec une quantité déterminée d'oxygène ou d'acide carbonique, la tension de ces gaz, après l'agitation, donne la mesure de la tension des gaz dans le sang ; en effet, on connaît la quantité de gaz primitif et sa tension, la quantité de gaz abandonnée par le sang et la tension du mélange ; on en tire facilement la tension du gaz dans le sang. Pflüger et Strassburg ont employé pour mesurer cette tension un appareil particulier, l'*aérotonomètre* pour la description duquel je renvoie au mémoire original (*Archives de Pflüger*, VI° vol., p. 65).

On peut apprécier la tension de l'acide carbonique des *capillaires du poumon* de la façon suivante (Wolffberg) : A l'aide d'un instrument particulier, *cathéter pulmonaire*, on isole à volonté sur l'animal vivant l'air d'un lobe du poumon dans lequel la circulation continue à se faire ; la respiration continue dans tout le reste du poumon ; au bout d'un certain temps, quand la pression s'est égalisée entre l'acide carbonique du sang des capillaires et celui qui est contenu dans le lobule pulmonaire, on analyse le gaz de cette partie isolée et on a ainsi la quantité et par suite la tension de l'acide carbonique dans le sang des capillaires pulmonaires (*Archives de Pflüger*, IV° vol., p. 465). Gaule a dans ces derniers temps employé un appareil dont on trouvera la description et le dessin dans les *Arch. für Physiol.*, 1878, p. 496.

On est arrivé par ces méthodes (Strassburg) aux chiffres suivants (chien) :

	TENSION de l'oxygène.	TENSION de l'acide carbonique.	PROPORTION d'oxygène p. 100.	PROPORTION d'acide carbonique p. 100.
Sang artériel............	29mm,6	21 mill.	3,9	2,8
Sang veineux............	22mm,0	41	2,9	5,4

La tension de l'acide carbonique dans le sang des capillaires du poumon est égale à celle qu'il a dans le sang veineux du cœur droit (Wolffberg), par conséquent on peut lui appliquer la valeur donnée dans le tableau pour le sang veineux.

Chez l'homme, ces chiffres seraient probablement trop faibles ; les proportions d'acide carbonique contenu dans l'air des vésicules paraissent en effet dépasser 5,4 p. 100 et atteindre 8 p. 100 environ, et la pression des gaz du sang dans les capillaires est plus considérable. Aussi, sans pouvoir donner des chiffres précis, peut-être faudrait-il doubler (?) les chiffres précédents pour avoir la valeur *approximative* de la pression des gaz dans les capillaires du poumon. On aurait alors pour les tensions chez l'homme :

	TENSION de l'oxygène.	TENSION de l'acide carbonique.
Sang artériel....................................	59^{mm},2	42 mill.
Sang veineux...................................	44^{mm},0	82

Ce qui complique cette question du rôle de la pression des gaz du sang dans la respiration, c'est qu'une partie de ces gaz est combinée à l'hémoglobine (oxygène) et aux sels (acide carbonique), et que, à cet état de combinaison, les gaz sont en partie, et dans une certaine mesure difficile à déterminer, sous la dépendance de la pression, pour ce qui concerne leur absorption et leur élimination. D'autre part il intervient, comme on le verra plus loin, des influences (actions chimiques, dissociation) qui les soustraient jusqu'à un certain point aux influences purement physiques.

4° *Quantité du sang.* — A chaque systole, le ventricule droit envoie dans le poumon 180 grammes de sang veineux, de sorte que, pendant la durée d'une respiration, il *passe* par les capillaires du poumon environ 700 grammes de sang veineux (1), ce qui ne donne pas loin de 20,000 litres par jour.

c. — SURFACE RESPIRATOIRE.

La surface respiratoire est constituée par les vésicules pulmonaires dont le nombre est approximativement de 1,700 à 1,800 millions qui représentent une surface totale de 200 mètres carrés environ (2). Les capillaires sanguins occupent les trois quarts de cette surface, soit 150 mètres carrés (Küss). La base du cône pulmonaire peut donc être considérée comme formée par une nappe sanguine d'épaisseur égale au diamètre des capillaires du poumon (0^{mm},008 en moyenne), nappe sanguine qui se renouvelle continuellement, et qu'on peut évaluer à un litre environ (3).

On verra plus loin quel rôle on a fait jouer au tissu pulmonaire lui-même dans les échanges gazeux respiratoires.

(1) Si l'on admet 4 systoles dans la durée d'une respiration : 180 × 4 = 720.
(2) Quelques auteurs ont donné des chiffres beaucoup plus faibles (Valentin, Schwann).
(3) Le chiffre de 2 litres donné par Küss me paraît trop considérable.

d. — ÉCHANGES GAZEUX.

Les échanges gazeux entre le sang et l'air intra-pulmonaire se font, en grande partie, d'après les lois physiques de l'absorption et de la diffusion des gaz. Mais il ne faut pas croire à un véritable échange tel que le supposait Magnus, à un déplacement direct de l'acide carbonique par l'oxygène. Quand un gaz, de l'oxygène par exemple, est en présence d'un liquide, l'absorption de ce gaz dépend uniquement, toutes choses égales d'ailleurs, de l'excès de pression de l'oxygène extérieur sur la pression de l'oxygène dissous dans le liquide, et la présence dans ce liquide d'un gaz différent, comme l'hydrogène, sera sans influence. Il en est de même pour la diffusion d'un gaz absorbé. Si on place un liquide contenant de l'acide carbonique en présence d'une atmosphère d'oxygène, l'acide carbonique s'échappera comme dans le vide, et si l'atmosphère extérieure renferme de l'acide carbonique, le gaz dissous s'échappera tant que sa pression dépassera la pression partielle du gaz *de même nature* que contient cette atmosphère. L'essentiel, dans ces phénomènes respiratoires, sera donc de connaître les pressions partielles des gaz dans le sang et dans l'air des vésicules, puisque ces pressions sont une des causes déterminantes des échanges gazeux.

Mais les gaz du sang ne sont pas seulement en simple dissolution physique, ils sont encore, pour une part plus forte pour l'oxygène, plus faible pour l'acide carbonique, à l'état de combinaison lâche avec certains principes du sang, et par conséquent leurs échanges sont, à ce point de vue, soumis à des lois différentes des lois physiques. Cependant, même dans ce cas, vu l'instabilité de leur combinaison, leur absorption et leur élimination sont, dans de certaines limites, sous la dépendance de la pression.

Ces échanges gazeux consistent en quatre actes principaux : absorption d'oxygène, élimination d'acide carbonique, d'azote et de vapeur d'eau. Mais auparavant je rappellerai en quelques mots les lois principales de l'osmose gazeuse, de la diffusion et de l'absorption des gaz.

A. — *Osmose gazeuse.*

Absorption des gaz. — L'*absorption des gaz par les liquides* se fait d'après les lois suivantes. Pour un même gaz, un même liquide et une même température, le *volume* de gaz absorbé ou dissous par un *volume* donné de liquide est constant, quelle que soit la pression sous laquelle s'opère la solution. Comme, d'après la loi de Mariotte, la densité d'un gaz est proportionnelle à la pression, il en résulte que le *poids* de gaz absorbé par un *poids* déterminé de liquide est proportionnel à la pression sous laquelle a lieu l'absorption. On appelle *coefficient d'absorption ou de solubilité* d'un gaz pour un liquide, le volume de ce gaz que dissout l'unité de volume du liquide ; ce coefficient diminue avec la température et à l'ébullition du liquide = 0. L'absorption des gaz par les liquides se mesure à l'aide des instruments appelés *absorptiomètres* (absorptiomètres de Henry, de Bunsen, etc.). L'acide carbonique, l'ammoniaque, sont très facilement absorbés ; l'oxygène, l'azote, l'hydrogène le sont en très faible proportion.

L'*absorption des gaz par les solides* consiste en une simple condensation du gaz à la surface du solide. Cette condensation, qui s'accompagne d'un dégagement de chaleur, est naturellement plus prononcée pour les corps poreux, comme le charbon, la mousse de platine et surtout quand la calcination a chassé l'air condensé à leur surface. L'intensité de l'absorption dépend de la nature du corps solide et de celle du gaz et l'ordre suivant lequel se rangent les différents gaz est à peu près le même que pour les liquides.

Diffusion des gaz. — Quand deux gaz sont en présence dans un espace clos, soit par exemple deux ballons réunis par un tube intermédiaire, il s'établit un double courant jusqu'à ce que les deux gaz soient uniformément répartis dans l'espace clos ; ce courant s'arrête dès que l'homogénéité du mélange est complète. La diffusion des gaz est complètement indépendante de leur densité et les deux gaz en présence n'exercent aucune pression l'un sur l'autre. Chaque gaz se répand dans le ballon occupé par l'autre gaz comme dans le vide et comme si l'autre gaz n'existait pas. Inversement si un liquide se trouve en présence d'un mélange de plusieurs gaz, l'absorption de chacun des gaz a lieu d'après les lois générales de l'absorption des gaz, c'est-à-dire qu'elle est proportionnelle à la pression *partielle* de chaque gaz considéré comme s'il était seul.

Osmose gazeuse. — Quand on interpose entre les deux gaz une cloison poreuse (lame de gypse, membrane, etc.), la diffusion se fait comme dans le cas précédent, mais avec des différences tenant à la pression des gaz, à leur densité, à la nature du diaphragme et à la dimension de ses pores. Aussi le phénomène est-il beaucoup plus complexe. D'après Graham, les gaz diffusent à travers une cloison poreuse avec une vitesse inversement proportionnelle à la racine carrée de leurs densités. Bunsen a montré que la valeur trouvée était toujours un peu plus faible que ne le voulait la théorie. Quand les membranes au lieu d'être sèches sont humides, l'absorption du gaz par le liquide imbibant doit précéder sa diffusion osmotique. L'osmose gazeuse à travers les membranes animales a été peu étudiée. Je mentionnerai cependant celles de Faust, J. Béclard et surtout celles de Boulland faites à l'aide d'un appareil, l'*osmopneumètre*, construit avec la tunique fibreuse de l'estomac de la grenouille. Boulland a constaté que l'azote attire à lui tous les gaz essayés et ne s'endosmose vers aucun d'eux ; l'endosmose la plus forte vers l'azote est celle de l'acide carbonique ; l'oxygène (et l'air aussi par conséquent) attire de même à lui la plupart des gaz et spécialement l'acide carbonique. On voit l'intérêt que ces recherches présentent au point de vue de l'échange des gaz dans la respiration.

Bibliographie. — DALTON : *Eine neue Theorie*, etc. (Gilbert's Ann., 1802). — HENRY : *Exper. on the quantity of gases absorbed by water*, etc. (Phil. trans., 1803). — ID. : *Vers. über die Gasmengen*, etc. (id., 1805). — BERTHOLLET : *Sur le mélange réciproque des gaz* (Méd. de phys. et de chimie de la Soc. d'Arcueil, 1809). — GRAHAM : *Notice of the singular influence of a bladder* (The quart. journ. of. sc., 1829). — ID. : *Ueber das Eindringen der Gase in einander*, etc. (Pogg. Ann., 1829). — ID. : *Ueber das Gesetz der Diffusion der Gase* (id., 1833). — ID. : *On the law of the diffusion of gases* (The Lond. and Ed. phil. mag., 1833). — FAUST : *Vers. und Beob. über die Endosmose*, etc. (Froriep's Notizen, 1831). — BUNSEN : *Ueber das Gesetz der Gasabsorption* (Ann. d. Chem., 1835). — DRAPER : *Gaseous diffusion* (The Lond. and Ed. phil. mag., 1837). — ID. : *Diffusionsversuch* (Pogg. Ann., 1838). — BÉCLARD : *Rech. expér. sur les conditions physiques de l'endosmose* (Comptes rendus, 1851). — BUNSEN : *Ueber das Gesetz*, etc. (Ann. d. Chem., 1855). — JAMIN : *Note sur l'endosmose des gaz* (Comptes rendus, 1856). — BUNSEN : *Gasometrische Methoden*, 1857. — R. BRINMEYR : *Ueber die Diffusion der Gase durch feuchte Membranen*, 1857. — MATTEUCCI : *Sur la diffusion des gaz à travers certains corps poreux* (Comptes rendus, 1863). — Th. Graham : *Ueber die Absorption und dialytische Scheidung der Gase durch colloïdale Scheidewande* (Ann. d. Chem. und Pharm., 1867). — N. de Khanikoff et V. Louguinine : *Expér. pour vérifier la loi de Henry et Dalton sur l'absorption des gaz* (id.). — Boulland : *De la contractilité physique* (Journ. de Robin, 1873). — Dufour : Comptes rendus, 1874. — S. v. Wrobleski : *Ueber die Diffusion der Gase durch absorbirende Substanzen*, 1876. — Gréhant : *Sur l'endosmose des gaz à travers les poumons détachés* (Gaz. méd., 1877). — Exner : Pogg. Ann., t. CLV, 1877. — Charpentier : *L'osmose,* 1878.

B. — Absorption d'oxygène.

Chaque inspiration d'un demi-litre fait pénétrer dans les poumons 100 centimètres cubes d'oxygène qui, par la diffusion, pénètrent peu à peu jusque dans les parties profondes des bronches et dans les vésicules. Cette diffusion se fait assez rapidement pour que 34 centimètres cubes ou un tiers seulement de l'oxygène introduit soient éliminés avec l'air expiré ; deux tiers, ou 66 centimètres cubes d'oxygène, restent dans les poumons, et une fois dans les vésicules, cet oxygène se trouve en contact avec la muqueuse et les capillaires sanguins. Nous absorbons ainsi en 24 heures 516,500 centimètres cubes (à 0° et 760 mill. de pression) équivalant à 744 grammes d'oxygène.

Deux conditions interviennent dans l'absorption de l'oxygène, l'affinité chimique et la pression. C'est par l'affinité chimique que l'hémoglobine des globules rouges s'empare de l'oxygène au fur et à mesure que cet oxygène est absorbé par le plasma sanguin ; mais cette absorption par le plasma est elle-même sous l'influence des lois physiques ; il est probable, en effet, que l'oxygène, pour arriver aux globules rouges, doit d'abord se dissoudre dans le plasma sanguin, et si ce plasma ne dégage que des traces d'oxygène par le vide, c'est que les globules le débarrassent rapidement de l'oxygène absorbé. La pression joue donc ici un rôle essentiel, et le tableau suivant, qui donne les pressions de l'oxygène dans l'air des vésicules et dans le sang, indique sous quelle pression se fait l'absorption de ce gaz par le sang dans les divers actes respiratoires.

	TENSION DE L'OXYGÈNE		DIFFÉRENCE.
	dans les capillaires des poumons.	dans l'air des vésicules.	
Inspiration calme...............	44 mill.	129 mill.	85 mill.
Inspiration profonde...........	44 »	140 »	96 »
Expiration calme	44 »	121 »	77 »
Expiration profonde...........	44 »	110 »	66 »

On voit par ce tableau que l'absorption de l'oxygène se fait dans l'inspiration comme dans l'expiration, mais plus faiblement dans cette dernière. Il faut cependant remarquer que, dans ce tableau, la pression de l'oxygène dans les capillaires a été supposée la même dans l'inspiration et dans l'expiration (voir : *Circulation*). L'affinité des globules rouges pour l'oxygène explique comment il se fait qu'on puisse continuer à respirer dans une atmosphère très raréfiée, et comment, lorsqu'on fait respirer un animal dans un espace clos, l'oxygène finit par disparaître, même quand cet espace clos était primitivement rempli d'oxygène pur.

L'absorption d'oxygène augmente par le mouvement; Hirn a trouvé les chiffres suivants pour les quantités d'oxygène absorbées par heure dans le repos et dans le mouvement :

	AGE.	POIDS DU CORPS.	REPOS.	MOUVEMENT.
Homme..................	42 ans.	63 kilogr.	27 gr. 7	120 gr. 1
Homme..................	42	85 »	31 8	142 9
Homme......	47	73 »	27 0	128 2
Homme..................	18	52 »	39 1	100 0
Femme..................	18	62 »	27 0	108 0

Le froid augmente aussi l'absorption d'oxygène.

C. — *Élimination d'acide carbonique.*

Une expiration d'un demi-litre renvoie 21,5 centimètres cubes d'acide carbonique environ, ce qui donne pour 24 heures 455,500 centimètres cubes ou 900 grammes d'acide carbonique.

L'élimination de l'acide carbonique du sang par la surface pulmonaire se fait, pour la plus grande partie, en vertu des lois physiques de la diffusion, et la pression réciproque de l'acide carbonique dans le sang et dans l'air des vésicules pulmonaires joue le principal rôle. Le tableau suivant donne ces tensions :

	TENSION DE L'ACIDE CARBONIQUE		DIFFÉRENCE.
	dans le sang des capillaires.	dans l'air des vésicules.	
Inspiration calme..............	82 mill.	30 mill.	52 mill.
Inspiration profonde...........	82 »	7 »	75 »
Expiration calme..............	82 »	38 »	44 »
Expiration profonde............	82 »	67 »	15 »

L'élimination de l'acide carbonique se fait donc principalement au moment de l'inspiration, et plus la pression de l'acide carbonique extérieur diminuera, plus l'élimination sera rapide. C'est à quoi on arrive par des inspirations profondes qui, produisant une énergique ventilation, chassent l'air vicié des vésicules et le remplacent par de l'air pur presque dépourvu d'acide carbonique. Quand, au contraire, la ventilation pulmonaire s'arrête, l'acide carbonique s'accumule dans les poumons, sa pression augmente dans les vésicules pulmonaires, et il peut même arriver un point où, sa pression équilibrant celle de l'acide carbonique du sang, ce dernier n'est plus éliminé. On peut même artificiellement, en faisant respirer un animal dans une atmosphère d'oxygène contenant 30 p. 100 d'acide carbonique, voir une absorption d'acide carbonique par le sang, la pression de l'acide carbonique dans les vésicules dépassant alors celle de l'acide carbonique du sang.

Le dégagement de l'acide carbonique dans la respiration a-t-il lieu uniquement sous l'influence de l'excès de pression ou bien intervient-il d'autres conditions ? Des recherches récentes tendent à prouver que l'oxygène n'est pas sans influence sur ce phénomène. Si on agite du sang avec de l'oxygène, il dégage plus d'acide carbonique que si on l'agite dans le vide ou avec un autre gaz. L'acide carbonique ainsi éliminé est probablement celui qui se trouve fixé dans les globules rouges (Mathieu et Urbain, Setschenow) et qui se trouve déplacé par l'oxygène. Il semble en effet que les globules rouges contiennent une substance qui a la propriété d'expulser l'acide carbonique, substance qui serait suivant les uns l'hémoglobine (Preyer, Gaule), suivant d'autres les acides gras produits par sa décomposition (Hoppe-Seyler). On a admis aussi dans le tissu même du poumon un corps (acide pneumique (?) de Robin et Verdeil), qui chasserait l'acide carbonique.

Mais l'existence de l'acide pneumique n'a jamais été démontrée ; cependant, d'après les expériences de Müller, le tissu du poumon jouerait un certain rôle, et faciliterait l'élimination de l'acide carbonique ; il est vrai que ces expériences présentent des conditions très complexes et des causes d'erreur presque inévitables.

Pour l'influence de la dissociation, voir : *Théories de la respiration.* Comme on l'a vu plus haut, le volume de l'oxygène absorbé dans la respiration est plus considérable que celui de l'acide carbonique éliminé pendant le même temps, et comme des volumes égaux d'oxygène et d'acide carbonique contiennent la même quantité d'oxygène, il s'ensuit qu'une partie de l'oxygène absorbé est employée dans le corps d'une autre façon. Le rapport entre l'acide carbonique éliminé et l'oxygène absorbé $\frac{CO_2}{O} = 0,916$ dans les conditions ordinaires de respiration normale ; mais ce rapport est susceptible de varier dans des limites assez étendues.

Variations de l'acide carbonique expiré suivant les divers états de l'organisme. — 1° *Age*. L'exhalation d'acide carbonique paraît augmenter jusqu'à 30 ans et diminuerait ensuite. Le tableau suivant, d'Andral et Gavarret, donne la quantité d'acide carbonique exhalé en 24 heures pour différents âges :

Age.	Quantité d'acide carbonique exhalé en grammes.
8 ans	440
15 —	765
16 —	949
18 à 20 —	1002
20 à 40 —	1072
40 à 60 —	887
60 à 80 —	808

Mais il faut remarquer que le poids de l'enfant est bien plus faible que celui de l'adulte, et que si on rapporte la quantité d'acide carbonique éliminé au poids du corps, un même poids d'enfant élimine presque le double d'acide carbonique qu'un même poids d'adulte. — 2° *Sexe*. D'une façon générale, l'élimination d'acide carbonique est plus considérable chez l'homme que chez la femme. La différence serait surtout marquée à l'époque de la puberté où elle serait presque du double (Andral et Gavarret). Sanson a constaté aussi sur les grands animaux (cheval, bœuf) une exhalation plus considérable d'acide carbonique chez les mâles. — 3° *Constitution*. Chez les individus vigoureux les échanges gazeux sont plus intenses; ils absorbent plus d'oxygène et éliminent plus d'acide carbonique. — 4° *Taille*. D'après les recherches de Régnault et Reiset (voir: *Physiologie comparée de la respiration*), l'élimination d'acide carbonique est en raison inverse de la taille et c'est chez les plus petites espèces que la respiration est la plus active. Cependant d'après Bert la taille seule ne suffirait pas pour expliquer les différences trouvées. Le tableau suivant de Scharling fait saisir ces différences, en même temps que celles dues à l'âge:

SEXE.	AGE.	POIDS DU CORPS en kilogr.	ACIDE CARBONIQUE ÉLIMINÉ PAR HEURE.	
			QUANTITÉ absolue.	PAR KILOGR. du poids du corps.
Masculin......	35 ans.	65	35 gr 5	0 gr 51
Masculin......	28 »	82	36 6	0 45
Masculin......	16 »	57,7	34 3	0 59
Féminin........	17 »	55,7	25 3	0 45
Masculin......	9 » 7 m.	22	20 3	0 92
Féminin........	10 »	23	19 1	0 88

Influences fonctionnelles. — 1° *Nombre des respirations*. — Si on augmente le nombre des respirations en leur conservant la même profondeur (un demi-litre environ), la quantité absolue d'acide carbonique exhalé s'accroît, mais pas dans la même proportion que le nombre des respirations.

Nombre de respirations par minute.	Quantité d'air expiré en centimètres cubes.	Quantité d'acide carbonique expiré en cent. cubes.	Acide carbonique pour 100 volumes d'air expiré.
12	6,000	258	4,3
24	12,000	420	3,5
48	24,000	744	3,1
96	48.000	1,392	2,9

2° *Profondeur de la respiration*. — Si l'on augmente la profondeur des respirations, à fréquence égale (12 par minute), la quantité absolue d'acide carbonique augmente, mais pas dans la même proportion que la profondeur.

QUANTITÉ D'AIR EXPIRÉ en cent. cubes.	ACIDE CARBONIQUE EXPIRÉ en centimètres cubes.	ACIDE CARBONIQUE p. 100 volumes d'air expiré.
500	21	4,3
1,000	36	3,6
1,500	51	3,4
2,000	64	3,2
3,000	72	2,4

3° *Durée de la pause expiratoire.* — Quand les respirations s'arrêtent pendant un certain temps, l'air des poumons se charge de plus en plus d'acide carbonique. Cette augmentation d'acidecarbonique est d'abord rapide, puis plus lente, et varie en outre suivant la profondeur des respirations. Dans la première série, A, la quantité de l'air expiré était de 1,800 centimètres cubes, dans la seconde, B, de 3,600 centimètres cubes.

DURÉE de la respiration en secondes.	A. AIR EXPIRÉ = 1800 c. cubes. QUANTITÉ d'acide carbonique expiré		B. AIR EXPIRÉ = 3600 c. cubes. QUANTITÉ d'acide carbonique expiré	
	en cent. cubes.	p. 100.	en cent. cubes.	p. 100.
20	108.5	6.03	183	5.09
25	111.2	6.18	»	»
30	115.0	6.39	»	»
40	119.0	6.62	205	5.71
50	119.0	6.62	»	»
60	120.9	6.72	228	6.34
80	»	»	240	6.67
100	»	»	265	7.38

4° *Alimentation.* — L'*inanition* diminue la quantité d'acide carbonique. L'alimentation au contraire l'augmente notablement en augmentant la profondeur des respirations, car la proportion centésimale d'acide carbonique de l'air expiré ne varie pour ainsi dire pas. Cet accroissement de l'acide carbonique de l'air exhalé se montre une demi-heure environ après le repas, de sorte que la courbe des variations de l'acide carbonique présente deux maxima et correspond exactement à la courbe des variations de la quantité d'air expiré (Vierordt).

La quantité d'acide carbonique expiré croît avec le carbone contenu dans les aliments ; les hydrocarbonés et les acides végétaux en fournissent plus que les graisses et les albuminoïdes et le quotient $\frac{CO^2}{O}$ se rapproche de l'unité. En effet, l'oxygène contenu dans les hydrocarbonés suffit pour transformer tout leur hydrogène en eau, et dans le cas d'une nourriture amylacée, presque tout l'oxygène inspiré reparaît sous forme d'acide carbonique; pour les graisses et les albuminoïdes, au contraire, une partie de l'oxygène sert à former d'autres principes (eau, urée, etc.). Le tableau suivant résume l'influence des divers aliments sur l'acide carbonique expiré ; les trois premières colonnes I, II, III, donnent la proportion de carbone, d'hydrogène et d'oxygène contenues dans 100 parties d'aliments ; la colonne IV, la quantité d'oxygène qu'il faut ajouter pour leur combustion complète ; la colonne V, combien sur 100 parties d'oxygène absorbé il s'en retrouve dans l'acide carbonique formé ; la colonne VI, combien 100 parties d'oxygène oxydent d'aliments simples.

	I CARBONE.	II HYDROGÈNE.	III OXYGÈNE.	IV OXYGÈNE à ajouter.	V O. dans l'acide carbonique.	VI QUANTITÉS d'aliments oxydés.
Acide malique......	41,38	3,45	55,17	82,78	110,53	120,80
Sucre.............	40,00	6,66	53,34	106,67	100,00	93,75
Amidon...........	44,45	6,17	49,38	118,52	100,00	84,37
Albumine.........	47,48	4,98	13,14	153,31	82,60	65,21
Graisse	78,13	11,74	10,13	292,14	71,32	34,23

Les alcooliques, le thé, le café, diminueraient l'élimination d'acide carbonique (Prout, Vierordt, Perrin). L'injection de substances facilement oxydables dans le sang (glycérine, lactates) augmenterait l'absorption d'oxygène et l'exhalation d'acide carbonique (Ludwig et Scheremetjewsky).

5° *Mouvement musculaire.* — L'exercice musculaire augmente l'élimination d'acide carbonique. Pettenkofer et Voit ont, chez un adulte, trouvé 832 grammes d'acide carbonique pour 24 heures pendant le repos, et 980 grammes pour un travail modéré. Mais cette quantité peut être portée beaucoup plus haut, tripler (Smidt) et arriver au point qu'il y ait dans l'acide carbonique expiré plus d'oxygène que la respiration n'en a introduit. Si sur un chien on produit artificiellement le tétanos des membres inférieurs, la quantité d'acide carbonique expiré augmente considérablement (Sczelkow); voici les chiffres d'acide carbonique par minute pour quelques expériences (en centimètres cubes):

Repos.	4,97	7,85	10,58	6,99
Tétanos.	13,69	17,62	19,25	19,61

Le même auteur, dans ses analyses comparatives de sang veineux des muscles en repos et des muscles tétanisés, a constaté que le sang des muscles tétanisés contenait toujours plus d'acide carbonique et presque toujours moins d'oxygène que celui des muscles en repos (1).

Dans les heures qui suivent immédiatement l'exercice musculaire, il y a une légère augmentation (un vingtième) de l'acide carbonique, à moins que l'exercice ne soit poussé jusqu'à la fatigue extrême. Le travail dynamique augmente plus la proportion d'acide carbonique que le travail statique (Speck).

6° *Sommeil.* — Le sommeil diminue l'exhalation d'acide carbonique. Pour 100 parties d'acide carbonique en 24 heures, il y a 58 p. 100 pour le jour et 42 p. 100 pour la nuit. Cet écart augmente considérablement s'il y a eu avant le sommeil un travail musculaire énergique. Ainsi, dans une journée de repos, un homme éliminait par jour 533 grammes d'acide carbonique pour les 12 heures de jour et 395 grammes dans la nuit; dans une journée de travail il éliminait 856 (jour) et 353 (nuit) grammes (Pettenkofer et Voit). Ces auteurs avaient constaté dans un certain nombre d'expériences qu'à la diminution de l'exhalation d'acide carbonique pendant le sommeil, correspondait une augmentation dans l'absorption de l'oxygène et en avaient conclu que pendant le sommeil une partie de l'oxygène absorbé s'emmagasinait dans l'organisme pour être ensuite utilisée pendant la

---

(1) Voir, page 450, le tableau des analyses. Dans ce tableau, le quotient $\frac{CO^2}{O}$ s'obtient en divisant la différence de l'acide carbonique du sang veineux et du sang artériel par la différence de l'oxygène des deux espèces de sang.

veille ; mais dans des expériences ultérieures, ils n'ont plus retrouvé les mêmes rapports, de sorte que leur conclusion première ne peut être admise sans réserve (1). La quantité d'acide carbonique diminue aussi dans l'*hibernation*.

7° *Menstruation*. — Après la ménopause, l'exhalation d'acide carbonique présente une augmentation temporaire qui est suivie plus tard de la diminution graduelle due aux progrès de l'âge. La *grossesse* accroît aussi l'exhalation d'acide carbonique.

8° *Température propre du corps*. — Toutes les causes qui diminuent la température propre du corps (refroidissement artificiel, section de la moelle, application d'un vernis imperméable sur la peau, etc.) diminuent l'exhalation d'acide carbonique (Erler) ; au contraire, tout ce qui augmente cette température (réchauffement artificiel, fièvre, etc.) produit l'effet inverse. A ces variations de l'acide carbonique correspondent en général des variations de même sens de l'oxygène absorbé ; cependant, comme le fait remarquer Pflüger et comme semblent l'indiquer les analyses des gaz du sang de Mathieu et Urbain, la proportionnalité entre l'oxygène et l'acide carbonique est loin d'être parfaite. Quant à cette influence de la température, elle est évidemment très complexe, car la température agit à la fois sur la tension des gaz du sang, sur la fréquence des mouvements respiratoires, sur leur profondeur et sur l'innervation de ces mouvements. Dans leurs analyses des gaz du sang, Matthieu et Urbain ont constaté dans les cas de refroidissement une diminution d'oxygène et une augmentation d'acide carbonique dans le sang artériel ; dans les cas d'élévation de température, au contraire, une augmentation d'oxygène et une diminution d'acide carbonique. Dans ce dernier cas, ils ont trouvé aussi entre l'oxygène du sang artériel et celui du sang veineux une différence plus grande que celle qui existe à la température normale.

Influences extérieures. — 1° *Variations journalières*. Les variations journalières paraissent dues en grande partie aux influences combinées de l'alimentation, du repos et du travail musculaire et du sommeil et ont été déjà étudiées à ce point de vue avec ces diverses causes. Le tableau suivant, emprunté à Vierordt, donne les variations horaires de l'exhalation d'acide carbonique :

(1) Voici les chiffres de Pettenkofer et Voit: l'individu en expérience était un homme de 28 ans pesant 6 kilogrammes ; il restait 24 heures dans l'appareil, les heures de nuit allaient de 6 heures du soir à 6 heures du matin ; dans l'expérience I, le travail était à peu près nul pendant le jour ; dans l'expérience II, le travail de jour était poussé jusqu'à la fatigue.

		CO^2 EXHALÉ.	O ABSORBÉ.	CO^2 %.	O %.
I	Jour......................	532,9	234,6	58 %	33 %
	Nuit......................	378,6	474,3	42 %	67 %
	Total.............	911,5	708,9		
II	Jour......................	884,6	294,8	69 %	31 %
	Nuit......................	399,6	659,7	31 %	69 %
	Total.....	1284,2	954,5		

HEURES.	NOMBRE de pulsations par minute.	NOMBRE de respirations par minute.	VOLUME de l'air expiré par minute.	VOLUME de l'acide carbonique expiré.	PROPORTION % de l'acide carbonique de l'air expiré.
9	73,8	12,1	6090 cc	264 cc	4,32 %
10	70,6	11,9	6295	282	4,47
11	69,6	11,4	6155	278	4,51
12	69,2	11,5	5578	243	4,36
1	81,5	12,4	6343	276	4,35
2	84,4	13,0	6799	291	4,27
3	82,2	12,3	6377	279	4,37
4	77,8	12,2	6179	265	4,21
5	76,2	11,7	6096	252	4,13
6	75,2	11,6	5789	238	4,12
7	74,6	11,1	5428	229	4,22

Les maxima d'acide carbonique correspondent au déjeuner (9 heures) et surtout au dîner (12 heures et demie). Cependant, même en l'absence de tout repas, on observe en général une augmentation d'acide carbonique dans les premières heures de l'après-midi. — 2° *Température extérieure.* L'abaissement de la température extérieure augmente l'absorption d'oxygène et l'élimination d'acide carbonique, tant que la température propre de l'individu en expérience ne subit pas de variations notables. Cet accroissement des échanges gazeux par le froid, déjà observé par Crawford, Lavoisier et Séguin, etc., a été confirmé, soit sur les animaux, soit sur l'homme par les recherches récentes de Colasanti, Finkler, Carl Theodor, etc. Le tableau suivant, emprunté à Colasanti, fait ressortir ce fait pour le cobaye :

	TEMPÉRATURE EXTÉRIEURE.	ABSORPTION de O par kilog. d'animal et par heure.	ÉLIMINATION de CO² par kilog. d'animal et par heure.	RAPPORT de O de CO² à O² absorbé.
Première série........	16,9	1086,8 cc	937,01 cc	0,86
	7,03	1496,66	1202,44	0,80
Deuxième série........	21,3	1134,3	992,8	0,88
	7,8	1643,4	1457,1	0,88

Chaque série est la moyenne de dix expériences. Le tableau suivant, de Voit, montre qu'il en est de même chez l'homme (les chiffres se rapportent à une période de six heures) :

TEMPÉRATURE extérieure.	CO² expiré en grammes.	TEMPÉRATURE extérieure.	CO² expiré en grammes.
4.4	210	23.7	164.8
6.5	206	24.2	166.5
9.2	192	26.7	160.0
14.3	155	30.0	170.6
16.2	158.3	»	»

Les bains agissent dans le même sens que la température (Lehmann). Chez les animaux à sang froid, les effets produits sont tout différents, et on observe chez eux une augmentation d'exhalation de l'acide carbonique qui marche parallèlement à l'augmentation de température ; mais cela tient à ce que chez eux la température propre varie avec la température extérieure (Schulz).

3° *Lumière.* — La lumière favorise les échanges gazeux ; les animaux placés dans l'obscurité absorbent moins d'oxygène et éliminent moins d'acide carbonique (Moleschott). Pflüger et v. Platen ont montré que le même effet se produisait quand, au lieu de placer les animaux dans l'obscurité, on empêchait la lumière d'arriver à la rétine. Dans ces cas, comme on le verra plus loin (voir : *Respiration cutanée*), la lumière influence à la fois l'exhalation pulmonaire et l'exhalation cutanée.

Pour l'influence de la *pression barométrique* sur les échanges gazeux, voir : *Action des milieux sur l'organisme.*

L'action des *substances toxiques et médicamenteuses* sur les échanges gazeux est assez peu connue ; d'ailleurs la plupart de ces substances n'agissent sur ces échanges que par leur influence sur les mouvements respiratoires ou sur le sang. On a vu plus haut l'action des alcooliques.

D. — *Exhalation d'azote.*

L'air expiré contient presque toujours un peu plus d'azote que l'air inspiré (Régnault et Reiset).

Azote.

Air inspiré........................... 79,2 p. 100
Air expiré........................... 79,8 p. 100

Il y a donc, dans l'acte de la respiration, élimination d'azote. Cet azote peut être évalué à 7 ou 8 grammes (600 centimètres cubes) par jour. Il peut provenir de deux sources :

1° D'après certains auteurs, Dulong, Despretz, Boussingault, etc., il proviendrait soit de l'azote de l'alimentation, soit plutôt de la désassimilation des albuminoïdes de l'organisme ; si on soumet un animal à la ration d'entretien et qu'on lui donne alors une nourriture de viande, tout l'azote ingéré ne se retrouve pas dans les urines et les excréments ; il y a un *déficit d'azote* qui serait compensé par une exhalation d'azote par les poumons. Bischoff et Voit, dans leurs expériences, n'ont pas constaté cette exhalation d'azote par les poumons ; mais elle a été constatée par Régnault et Reiset, Hugo Schulz et tout récemment encore par Seegen et Nowak à l'aide de leur appareil et ne peut être mise en doute (1).

2° L'azote proviendrait de l'air introduit avec les aliments et serait absorbé dans le canal intestinal et passerait de là dans le sang.

Le coefficient d'absorption du sang pour l'azote est très faible, et, à l'état normal, le sang paraît être saturé d'azote. Régnault et Reiset ont, chez l'animal à jeun, observé une inversion complète de la règle, c'est-à-dire une absorption d'azote dans la respiration.

(1) Ces deux auteurs ont trouvé les chiffres suivants pour la quantité d'azote (en grammes) exhalée par heure et par kilogramme d'animal :

Lapin..................	0,0050	Poulet..................	0,0082
Chien..................	0,0079	Pigeon	0,008

E. — *Exhalation de vapeur d'eau.*

Nous exhalons par jour environ 330 grammes de vapeur d'eau par la surface pulmonaire.

La vapeur d'eau éliminée avec l'air expiré provient de deux sources : 1° de l'eau du sang (a) ; 2° de l'eau contenue déjà dans l'air inspiré (b). La température de l'air expiré ne variant pour ainsi dire pas, et la vapeur d'eau s'y trouvant très près de son point de saturation, il s'ensuit que la proportion de vapeur d'eau de l'air expiré reste toujours la même, et que par conséquent la quantité d'eau perdue par le sang dépendra, à profondeur de respiration égale, de l'état hygrométrique de l'air inspiré. En effet, si la quantité $a + b$ est constante, a ne pourra varier que si b varie en sens inverse.

La quantité *absolue* de vapeur d'eau éliminée par les poumons augmente avec la profondeur et la durée des respirations. Le froid, une diminution de pression barométrique, la sécheresse de l'atmosphère, produisent le même effet.

Bibliographie des échanges gazeux. — MAGENDIE : *Mém. sur la transpirat. pulmonaire* (N. Bull. de la Soc. philom., 1811). — PROUT : *Obs. on the quantity of carbonic acid gas emitted*, etc. (Ann. of. philos., 1813 et 1814). — NASSE : *Ueber das Athmen* (Arch. de Meckel, 1816). — BRESCHET ET MILNE-EDWARDS : *Recherches sur l'exhalation pulmonaire* (Ann. d. sc. nat., 1826). — COLLARD DE MARTIGNY : *Rech. expér. et critiques sur l'absorption et l'exhalat. pulmonaires* (Journ. de Magendie, 1830). — ANDRAL ET GAVARRET : *Rech. sur la quantité d'acide carbonique exhalé par le poumon* (Ann. de chim. et de phys., 1843). — SCHARLING : *Rech. sur la quantité d'acide carbonique exhalé par l'homme dans les vingt-quatre heures* (Ann. de chim. et phys., 1843). — VALENTIN ET BRÜNNER : *Ueber das Verhältniss der bei Athmen des Menschen ausgeschiedenen Kohlensäure zu dem durch jenen Process aufgen. Sauerstoff* (A. f. phys. Heilk., 1843). — VIERORDT : *Rech. expér. concernant l'influence de la fréquence des mouvements respiratoires sur l'exhalation de l'acide carbonique* (Comptes rendus, 1844). — HANNOVER : *De quantitate relativa et absoluta acidi carbonici ab homine sano et œgroto exhalati*, 1845. — VIERORDT : *Physiol. des Athmens mit besonderer Rücksicht*, etc., 1845. — MOLESCHOTT : *Vers. zur Bestimmung des Wassergehalts der vom Menschen ausgeathmeten Luft* (Holl. Beitr., 1849). — REGNAULT ET REISET : *Rech. chimiques sur la respiration des animaux* (Ann. de Chim. et de Phys., 1849). — MOLESCHOTT : *Ueber den Einfluss des Lichtes auf die Menge der vom Thierkörper ausgeschiedene Kohlensäure* (Wien. Woch., 1855). — MOLESCHOTT ET SCHELSKE : *Ueber die Menge der ausgeschiedenen Kohlensäure*, etc. (Unt. zur Naturl., 1856). — G. HARLEY : *On the condition of the oxygen absorbed into the blood during respiration* (Proceed. of the royal society, t. XII, 1855). — MOLESCHOTT : *Ueber den Einfluss der Wärme auf die Kohlensäure-Ausscheidung der Frösche* (Unt. zur Naturl., 1857). — G. VALENTIN : *Wirkung der Zusammengezogenen Muskeln auf die sie umgebenden Luftmassen* (Arch. für phys. Heilk., 1857). — E. SMITH : *Exper. on the phenomena of respiration* (Lancet, 1859). — ID. : *On the influence of exercise on respiration* (Edinb. med. journ., 1859). — ID. : *Exper. on the action of food on respiration* (Lancet, 1859). — ID. : *id.* (Philos. Transact., 1859). — ID. : *Résumé de recherches expér. sur la respiration* (Journ. de la phys., 1860). — PETTENKOFER ET VOIT : *Unters. über die Respiration* (Ann. d. Chem., 1862). — ID. : *Ueber Bestimmung des in der Respiration ausgeschiedenen Wasserstoff und Grubengases* (id.). — DELBRUCK : *Sur la quantité d'air indispensable à la respiration pendant le sommeil* (Comptes rendus, 1862). — HUSSON : *id.* (id., 1863). — J. REISET : *Rech. chimiques sur la respiration des animaux* (Ann. de chimie et de phys., t. LXIX, 1863). — M. PERRIN : *De l'influence des boissons alcooliques prises à doses modérées sur le mouvement de la nutrition* (Comptes rendus, 1864). — M. PETTENKOFER : *Bemerk. über die chem. Unt. von Reiset über die Respiration* (Munch. Sitzber., 1864). — H. GROUVEN : *Phys. chem. Futterungsversuche*, 1864. — LOSSEN : *Ueber den Einfluss der Zahl und Tiefe der Athembewegungen auf die Aus-*

scheidung der Kohlensäure durch die Lungen (Zeit. für Biol., t. II, 1866). — KOWALESKY : Ueber die Maasbestimmung der Athmungsgase durch ein neues Verfahren (Ber. d. sächs. Ges., 1866). — M. PETTENKOFER ET C. VOIT : Ueber die Kohlensäureausscheidung und Säuerstoffaufnahme während des Wachens und Schlafens beim Menschen (Münch. Akad. Ber., 1866). — ID. : id. (id., 1867). — W. HENNEBERG : Ueber einige wesentliche Unterschiede im thierischen Respirationsprocesse bei Tag und bei Nacht (Landwirth. Versuchsstat. v. Nobbe, t. VIII, 1866). — H. SANDERS-EZN : Der respiratorische Gasaustausch bei grossen Temperaturveränderungen (Ber. d. sächs. Ges., 1867). — C. SPECK : Unters. über die willkürlichen Veränderungen des Athemprocesses (Arch. für wiss. Heilk., t. III, 1867). — J. REISET : Rech. chimiques sur la respiration des animaux d'une ferme (Comptes rendus, 1868). — P. L. PANUM : Unters. über die physiol. Wirkungen der comprimirten Luft (Arch. de Pflüger, t. I, 1868). — SCHEREMETJEWSKI : Ueber die Aenderung des respiratorischen Gasaustausches durch die Zufügung verbrennlicher Molecule zum Kreisenden Blute (Ber. d. sächs. Ges., 1868). — E. BERG : Ueber den Einfluss der Zahl und Tiefe der Athembewegungen auf die Ausscheidung der Kohlensäure durch die Lungen, 1869. — J. J. MÜLLER : Ueber die Athmung in der Lunge (Ber. d. sächs. Ges., 1869). — LOSSEN : Bem. zu der Abhandl. von E. Berg. über den Einfluss der Zahl, etc. (Zeit. für Biol., t. VI 1870). — C. LIEBERMEISTER : Unters. üb. die quantitativen Veränderungen der Kohlensäurereproduction beim Menschen (Arch. für Klin. Med., t. VII, 1870). — W. HENNEBERG : Unters. über die Respiration des Rindes und Schafes (Journ. für Landwirth, t. IV, et : Centralbl., 1870). — WORM MÜLLER : Ueber die Spannung des Sauerstoffs der Blutscheiben (Ber. d. sächs. Ges., 1870). — ZUNTZ : Ueber die Bindung der Kohlensäure im Blute (Berl. klin. Wochensch., 1870). — O. BERNSTEIN : Der Austausch von Gasen zwischen arteriellen und venösen Blute (Ber. d. sächs. Ges., 1870). — F. BAUMSTARK : Ueber Oxydation von Fett in der Lunge (Berl. klin. Wochensch., 1870). — SPECK : Unt. über Sauerstoffverbrauch und Kohlensäure-Aussthmung der Menschen (Ges. zur Beforder. d. Naturwiss. zu Marburg, 1871). — S. WOLFSBERG : Ueber die Spannung der Blutgase in den Lungencapillaren (Arch. de Pflüger, t. V, 1871). — DONDERS : Der Chemismus der Athmung, ein Dissociationsprocess (id., t. V, 1871). — STRASSBURG : Die Topographie der Gasspannungen im thierischen Organismus (id., t. VI, 1872). — WOLFFBERG : Ueber die Athmung der Lunge (id.). — NUSSBAUM : Fortgesetzte Unters. über die Athmung der Lunge (Arch. de Pflüger, t. VII, 1873). — L. LEHMANN : 40 Badetage (Arch. de Virchow, t. LVIII, 1873). — STRASSBURG : Ueber die Ausscheidung der Kohlensäure nach Aufnahme von Chinin (Arch. für exp. Pat., t. II, 1874). — H. v. BOECK et J. BAUER : Ueber den Einfluss einiger Arzneimittel auf den Gasaustausch bei Thieren (Zeit. für Biol., t. X, 1874). — R. POTT : Vergleich. Unters. über die Magenverhältnisse der durch die Respiration und Perspiration ausgeschiedenen Kohlensäure, etc., 1875. — H. ELER : Ueber das Verhältniss der Kohlensäure-Abgabe zum Wechsel der Körpertemperatur, 1785. — G. WERTHEIM : Ueber den Lungengasaustausch in Krankheiten (D. Arch. für Klin. Med., t. XV, 1875). — SPECK : Unt. über Sauerstoffverbrauch und Kohlensäureausscheidung des Menschen (Centralbl., 1876). — A. SANSON : Rech. expér. sur la respiration pulmonaire chez les grands mammifères domestiques (Comptes rendus, t. LXXXII). — JOLYET ET RÉGNARD : Note sur une nouvelle méthode pour l'étude de la respiration des animaux aquatiques (Gaz. méd., 1876). — PFLÜGER : Ueber den Einfluss der Temperatur auf die Respiration der Kaltblüter (Arch. de Pflüger, t. XIV, 1877). — SEEGEN ET NOWAK : Vers. über die Ausscheidung von gasförmigen Stickstoff, etc. (Sitzb. d. Wien. Akad., t. LXXI). — JOLYET ET RÉGNARD : Des modifications apportées dans la respiration sous l'influence de conditions déterminées (Gaz. méd., 1877). — H. SCHULZ : Ueber das Abhängigkeitsverhältniss zwischen Stoffwechsel und Korpertemperatur bei den Amphibien (id.). — COLASANTI : Ueber den Einfluss der umgebenden Temperatur auf den Stoffwechsel der Warmblüter (id.). — ZUNTZ : Ueber die Respiration des Saugethierfötus (id.). — E. ORTHMANN : Ueber den Stoffwechsel entbluteter Frösche (id., t. XV). — J. GAULE : Die Kohlensäurespannung im Blute, im Serum und in der Lymphe (Arch. für Phys., 1878). — K. MÜLLER : Kohlensäureausscheidung des Menschen bei verkleinerter Lungenoberfläche (Zeit. für Biol., t. XIV, 1878). — E. LEYDEN ET A. FRANKEL : Ueber die Grösse der Kohlensäureausscheidung im Fieber (Med. Centralbl., 1878). — C. VOIT : Ueber die Wirkung der Temperatur der umgebenden Luft auf die Zersetzungen im Organismus der Warmblüter (Zeit. für Biol., t. XIV, 1878). — TH. CARL : Ueber den Einfluss der Temperatur der umgebenden Luft auf die Kohlensäureausscheidung, etc. (id.). — SPECK : Ueber den Einfluss der Athemmechanik und des Sauerstoffdrucks auf den Sauerstoffverbrauch (Arch. de Pflüger, t. XIX, 1879). — J. SEEGEN ET J. NOWAK : Vers. über die Ausscheidung von gasförmigen Stickstoff aus dem im Körper umgesetzten Eiweisstoffen (Arch. de Pflüger, t. XIX, 1879). — FRAENKEL : Ueber den respiratorischen Gasaustausch im Fieber (Arch. für Phys., 1879). — RÉGNARD : Rech. expér. sur les variat. pat.

des combustions respiratoires, 1879. — Setschenow : *Die CO²-bindenden Stoffe des Blutes* (Centralbl., 1879). — W. Velten : *Ueber Oxydation im Warmblüter bei subnormalen Temperaturen* (Arch. de Pflüger, t. XXI, 1880).

e. — RESPIRATION DANS UNE ENCEINTE FERMÉE.

Quand on fait respirer un animal dans une enceinte fermée où par conséquent le renouvellement de l'oxygène est impossible, l'air de cette enceinte perd peu à peu son oxygène et se charge de quantités de plus en plus considérables d'acide carbonique ; tant que la proportion d'oxygène de l'*air confiné* ne tombe pas au-dessous de 15 p. 100, la respiration reste normale ; à 7,5 pour 100, les inspirations sont très profondes ; à 4,5 pour 100, la respiration est très difficile, et à 3 p. 100 l'asphyxie est imminente. Dans ce cas, l'asphyxie est lente, et le sang, après la mort, ne contient presque plus d'oxygène, les tissus continuant à enlever l'oxygène du sang (respiration interne), tandis que cet oxygène n'est plus remplacé. La rapidité de l'asphyxie dépend de la quantité d'oxygène contenue dans l'espace clos ; aussi la ligature de la trachée, qui réduit cet espace clos à l'air intra-pulmonaire, est-elle suivie d'asphyxie presque immédiate. Quand l'espace clos est plus étendu, il peut arriver que, la quantité d'oxygène restant suffisante pour entretenir la vie, la tension de l'acide carbonique de l'espace clos dépasse la tension de l'acide carbonique du sang ; dans ce cas, au lieu d'une élimination, on peut observer une absorption d'acide carbonique. Les effets de l'asphyxie qui seront décrits avec la *mécanique* respiratoire sont dus à la fois et au manque d'oxygène et à l'accumulation d'acide carbonique dans le sang (voir : *Toxicologie physiologique*).

Quand la viciation de l'air confiné est graduelle, l'organisme acquiert une certaine tolérance qui lui permet de vivre dans un milieu qui tuerait immédiatement un autre organisme introduit sans transition dans ce milieu. Si on place un oiseau sous une cloche sur le mercure, et qu'au bout de 2 à 3 heures on y introduise un autre oiseau, le nouveau venu est pris de convulsions et tombe tandis que le premier oiseau continue à respirer (Cl. Bernard).

La durée de la vie dans l'air confiné dépend de la composition à un instant donné (proportion d'oxygène et d'acide carbonique) et de l'espèce animale (1). Ainsi les canards par exemple présentent une remarquable résistance à l'asphyxie. Il en est de même des fœtus et des nouveau-nés (Harvey), ce qui, d'après P. Bert, tiendrait à ce que les tissus du nouveau-né consomment, à poids égal, beaucoup moins d'oxygène que les tissus de l'adulte ; pour le canard son immunité relative aux causes d'asphyxie serait due à l'énorme quantité de sang que contiennent ses tissus.

Dans la respiration dans une enceinte fermée, il y a non seulement diminution de la quantité d'oxygène et augmentation de l'acide carbonique, mais il y a encore dégagement de produits volatils (ammoniaque, hydrogène carboné, hydrogène sulfuré, matières organiques, acides gras volatils, etc.), dont quelques-uns sont encore très peu connus et qui donnent à l'air confiné d'une salle remplie de monde une odeur caractéristique (ex. : salle de bal). Dans ce cas, la quantité d'acide carbonique ne dépasse guère 7 à 8 pour 1000, et la gêne qu'éprouve dans cette atmosphère un nouveau venu ne dépend pas de cette proportion d'acide carbonique, puisqu'on peut respirer artificiellement dans un mélange plus riche en acide carbonique et plus pauvre en oxygène. Cependant la proportion d'acide carbonique peut servir de guide pour la pureté de l'air ; l'air est impur et a une odeur sensible quand la

---

(1) Voir à ce sujet le tableau de la page 510 des : *Leçons sur la respiration* de Paul Bert.

proportion de l'acide carbonique atteint 1 pour mille; pour que l'air d'une salle soit pur, pour que la salle soit bien ventilée, la proportion d'acide carbonique ne doit pas dépasser 0,7 pour mille. L'air ordinaire contient environ 0,3 pour mille d'acide carbonique. Nous expirons par heure 12 litres d'acide carbonique ; pour diluer cet air expiré de façon à le ramener aux proportions de 0,7 d'acide carbonique pour mille, il faudrait près de 18,000 litres d'air, si cet air était tout à fait exempt d'acide carbonique : mais il en contient déjà 0,3 pour mille, et il en faudra par conséquent beaucoup plus. On a constaté que pour un adulte, dans les conditions ordinaires, il fallait 60 mètres cubes d'air. (Pettenkofer.) La ventilation doit donc fournir par heure et par tête 60 mètres cubes d'air pur pour que la respiration se fasse dans de bonnes conditions, et cette ventilation est surtout indispensable dans les salles où sont réunis beaucoup d'individus, salles d'hôpitaux, théâtres, écoles, casernes, etc.

La respiration des gaz délétères sera étudiée dans le chapitre de la Toxicologie physiologique.

Pour l'*apnée*, la *dyspnée* et l'*asphyxie*, voir : *Mécanique respiratoire*.

Bibliographie. — Collard de Martigny : *De l'action du gaz acide carbonique sur l'économie animale* (Arch. de méd., 1827). — Legallois : *Expér. physiol. tendant à faire connaître le temps pendant lequel les animaux peuvent être sans danger privés de respiration*, 1835. — Leblanc : *Rech. sur la composition de l'air confiné* (Ann. de chim. et de phys., 1842). — Snow : *On the pathol. effect of atmosphere vitiated by carbonic acid gas and by diminution of oxygen* (Edinb. med. and surg. journ., 1846). — Maschka : *Das Leben der Neugeborenen ohne Athmen* (Prag. Viertelj. für prakt. Heilk., 1874). — W. Müller : *Beitr. zur Theorie der Respiration* (Ann. d. Chemie und Pharm., t. CVIII, 1858). — Brown-Séquard : *Rech. expér. et cliniques sur quelques questions relatives à l'asphyxie* (Journ. de physiol., t. II, 1859). — Valentin : *Ueber Athmen im abgeschlossenen Raume* (Zeit. für rat. Med., t. X, 1860). — Bert : *Mém. sur l'asphyxie des animaux dans l'air* (Rev. méd., 1865). — Demarquay : *Note sur l'action physiologique de l'acide carbonique* (Comptes rendus, 1865). — G. Valentin : *Bemerk. über die gleichzeitige Aufnahme von Kohlensäure und Sauerstoff bei dem Athmen des Frosches im geschlossenen Raume* (Zeit. für Biol., t. XII, 1876). — F. M. Raoult : *Infl. de l'acide carbonique sur la respiration des animaux* (Ann. de Chimie et de Phys., t. IX, 1876). — A. Hogyes : *Ueber den Einfluss des behinderten Lungengaswechsels beim Menschen auf den Stickstoffgehalt des Harns* (Arch. de Virchow, t. LXXIV, 1878). — C. Friedlander et E. Herter : *Ueber die Wirkungen der Kohlensäure auf den thierischen Organismus* (Zeit. für phys. Chemie, t. II, 1878).

f. — NUTRITION DU POUMON.

Au point de vue chimique, les poumons se rapprochent des organes glandulaires. Ils contiennent 796,05 p. 100 d'eau, 198,19 de matières organiques et 9 parties de cendres. Les matières organiques comprennent des substances albuminoïdes, de la mucine provenant des glandes bronchiques, de la lécithine, de la leucine, de la taurine (surtout dans le poumon de bœuf), de la guanine, de l'acide urique, de l'inosite, de la matière glycogène chez le fœtus, du pigment. Les substances inorganiques consistent en phosphates de sodium et de potassium, chlorure de sodium et de notables quantités de fer.

Il est probable qu'il se passe dans le tissu pulmonaire les mêmes processus chimiques que dans les autres tissus. En tout cas, Scheremétjewski, en faisant passer dans un poumon frais de chien du sang artériel du même animal, a vu ce sang sortir avec les caractères du sang veineux et a constaté une diminution d'oxygène et une augmentation d'acide carbonique.

La *sécrétion des glandes bronchiques* (crachats) est très peu abondante à l'état normal, filante, riche en mucine; on y trouve habituellement des débris épithéliaux et des globules blancs.

Pour la *circulation pulmonaire*, voir mécanique circulatoire.

g. — THÉORIES DE LA RESPIRATION.

La respiration consiste essentiellement, comme l'a démontré Lavoisier et comme on l'a vu plus haut, en une absorption d'oxygène par le sang et en une élimination d'acide carbonique et de vapeur d'eau, et c'est à ces échanges gazeux qu'on doit attribuer exclusivement le nom de respiration. Cependant on donne souvent aussi ce nom aux combustions qui se passent ou sont supposées se passer dans le sang; mais en admettant même que les oxydations se fassent dans le sang, il n'y a là qu'un des actes intimes de la nutrition et non un acte respiratoire. Ce qui a fait confondre ces deux choses, respiration (échanges gazeux) et combustion, c'est que les successeurs de Lavoisier, regardant le poumon comme le siège des combustions intimes, identifièrent les phénomènes d'échanges gazeux et de combustion organique sous le nom de respiration; mais aujourd'hui que l'indépendance de ces deux actes est démontrée, il est impossible de les réunir sous le même nom.

La *respiration interne* des tissus, constatée pour la première fois par Spallanzani et déjà étudiée page 281, consiste en un véritable échange gazeux, absorption d'oxygène, élimination d'acide carbonique; mais il y a en même temps combustion réelle, destruction de principes constituants ou accessoires des tissus, tandis que dans la respiration externe, le plasma sanguin et le globule rouge ne subissent pas de modification chimique appréciable ou de destruction.

Donders rattache l'absorption de l'oxygène et l'élimination de l'acide carbonique aux phénomènes de *dissociation* (voir page 183). Pour l'oxygène, l'oxyhémoglobine est le corps en état de dissociation; dans les poumons, sous l'action de la pression partielle de l'oxygène dans l'air des alvéoles la combinaison d'oxyhémoglobine se forme; puis dans les capillaires de la grande circulation, quand cette oxyhémoglobine arrive en présence des tissus pauvres en oxygène elle se dissocie et leur cède son oxygène. Pour l'acide carbonique, c'est suivant les uns avec la paraglobuline, suivant les autres avec le carbonate de soude du plasma que se fait la combinaison; dans tous les cas, cette combinaison se dissocie dans les poumons à cause de la faible pression de l'acide carbonique des alvéoles et se reforme dans les capillaires généraux en présence des tissus dans lesquels l'acide carbonique se trouve sous une forte pression.

Quant aux théories anciennes de la respiration, elles n'ont plus qu'un intérêt historique et ne peuvent trouver place dans le cadre de ce livre.

Bibliographie. — Mayow : *Tractatus quinque*, 1674. — Lavoisier : *Mém. de l'Acad. des sciences*, 1787 et 1789. — H. Davy : *Rech. chimiq. et philos.*, etc. (Ann. de chimie, 1802). — Spallanzani : *Mém. sur la respiration*, 1803. — W. Müller : *Beitr. zur Theorie des Respirations* (Ann. d. Chem. und Pharm., 1858). — E. Pflüger : *Ueber die Diffusion des Sauerstoffes, den Ort und die Gesetze der Oxydationsprocesse im thierischen Organismus* (Arch. de Pflüger, 1872). — Id. : *Nachtrag zu meiner Abhandlung : Ueber die Diffusion*, etc. (id.). — Donders : *Le chimisme de la respiration considéré comme phénomène de dissociation* (Arch. Néerl., t. VII, 1873). — Pflüger : *Ueber den Einfluss der Athemmechanik auf den Stoffwechsel* (Arch. de Pflüger, t. XIV, 1877).

2° Respiration cutanée.

La surface cutanée présente une étendue de 15,000 centimètres carrés environ (Sappey). Malgré cette étendue, l'importance des échanges respiratoires est très faible chez les animaux supérieurs. Il n'en est pas de même chez les animaux inférieurs; ainsi chez la grenouille, la respiration cutanée est très active et suffit pour entretenir l'existence; aussi survivent-elles très bien à l'extirpation des poumons et même, après cette opération, l'exhalation d'acide carbonique n'en paraît pas diminuée. (Regnault et Reiset.)

Les échanges respiratoires de la peau consistent en une absorption d'oxygène et une élimination d'acide carbonique et de vapeur d'eau. L'exhalation d'azote n'est pas démontrée.

1° *Absorption d'oxygène.* — La quantité d'oxygène absorbée par la peau est à celle absorbée par les poumons :: 1 : 127, et du reste cette quantité d'oxygène est toujours plus faible que celle qui se trouve dans l'acide carbonique exhalé.

2° *Élimination d'acide carbonique.* — L'élimination d'acide carbonique par la peau peut être évaluée à 10 grammes en 24 heures (1). Cet acide carbonique peut provenir soit directement du sang (respiration cutanée proprement dite), soit de l'acide carbonique de la sueur, passé dans ce liquide par transsudation dans l'acte de la sécrétion et dégagé par l'acide de la sueur. On ne sait si les diverses régions du corps éliminent la même proportion d'acide carbonique. Röhrig a obtenu, pour le bras, $0^{gr},033$ par heure.

L'élimination d'acide carbonique augmente avec la température et par l'exercice musculaire. La lumière augmente aussi l'exhalation d'acide carbonique (Moleschott, Platen, etc.), et cette augmentation s'observe même chez les grenouilles privées de poumons (Fubini); Fubini et Ronchi ont constaté la même action chez l'homme en plaçant l'avant-bras dans un appareil hermétiquement fermé et muni d'un aspirateur.

Les recherches de J. Béclard, de Moleschott, de Pott (faites, il est vrai, sur l'exhalation totale de l'acide carbonique), ont montré que les divers rayons du spectre n'avaient pas à ce point de vue la même intensité d'action. D'après Pott, les rayons jaunes seraient les plus actifs; d'après Moleschott et Fubini, ce seraient les rayons violets (voir : *Action des milieux, Lumière*).

3° *Élimination de vapeur d'eau.* — L'élimination de vapeur aqueuse par la peau se confond avec la sécrétion de la sueur, et il est difficile de dire, dans la quantité d'eau totale éliminée par la peau, la part qui revient à la sécrétion sudorale et celle qui pourrait revenir à une simple exhalation cutanée, comparable à l'exhalation pulmonaire. La difficulté est d'autant plus grande que, tant que la sécrétion sudorale reste dans des limites restreintes, l'éva-

(1) Les chiffres donnés par les auteurs varient dans des limites considérables comme le montre l'énumération suivante : Reinhardt : 2,23; Aubert : 3,87; Fubini et Ronchi : 6,80; Gerlach : 8,49; Abernethey et Rohrig : 14; Scharling : 32,08.

poration la fait disparaître immédiatement et que la sueur ne se présente
sous forme liquide sur la surface de la peau que lorsque sa sécrétion
atteint une certaine intensité. Röhrig a trouvé pour le bras 1^{gr},667 de vapeur d'eau exhalée par heure, ce qui donnerait par jour, pour toute la surface cutanée, une élimination de 200 grammes environ de vapeur d'eau. Il
est vrai que, d'après les recherches de Reinhardt, les diverses régions du
corps n'exhalent pas la même quantité de vapeur d'eau ; ainsi cette exhalation est plus considérable pour les joues et le front que pour le bras et
l'épaule, pour la main que pour l'avant-bras.

Tout ce qui augmente la quantité du sang des capillaires de la peau
(température, vêtements chauds, mouvement musculaire, etc.), la sécheresse et l'agitation de l'air augmentent l'exhalation de vapeur d'eau. Il en
est de même de la digestion, de l'exercice musculaire, du travail cérébral.
Elle diminue par la fatigue et pendant la nuit. D'après Weyrich les causes
internes agissent avec beaucoup plus d'énergie que les causes extérieures
(humidité de l'atmosphère, température, etc.), auxquelles il attribue très
peu d'influence.

La *respiration intestinale* qui présente une certaine importance chez
quelques animaux, comme chez le *cobitis fossilis* ou loche des étangs, n'a à
peu près aucune importance chez l'homme.

D'après Weyrich, l'évaporation de l'eau par la peau augmente de 6 heures
du matin à 11 heures (avec une légère dépression entre 7 et 8 heures),
baisse de 11 à 1 heure, remonte ensuite jusqu'à 2 et 3 heures et baisse de
nouveau pour atteindre un point culminant entre 7 et 8 heures du soir ; en
somme, elle suit à peu près la même marche que la respiration pulmonaire.

Application d'un enduit imperméable sur la peau. — Quand on recouvre
la peau d'un animal d'un enduit imperméable (gélatine, vernis, etc.), cet animal ne
tarde pas à succomber ; chez les lapins il suffit, pour que la mort arrive, que l'enduit
couvre un sixième seulement de la surface cutanée. La survie est plus longue chez
les gros animaux, chez lesquels la surface de la peau est plus petite par rapport au volume du corps. Les animaux présentent, au bout de quelques heures, de
la dyspnée ; la respiration et le pouls diminuent de fréquence ; on constate une
baisse dans l'exhalation d'acide carbonique et dans l'absorption de l'oxygène (mais
en moindre proportion) ; il survient de la paralysie et des convulsions ; la température (dans le rectum) s'abaisse à 19° ou 20°, et d'après Laschkewitsch, les parties
vernies sont plus chaudes et c'est surtout par elles que se fait la déperdition de
chaleur ; les urines sont albumineuses. A l'autopsie, on trouve une congestion inflammatoire des vaisseaux de la peau des parties vernies et des organes parenchy-
mateux, reins, foie, cœur, muscles, etc. ; des hémorrhagies des séreuses et du
tissu cellulaire sous-cutané, des ecchymoses et quelquefois des ulcérations de l'estomac ; les reins sont souvent dégénérés et dans le tissu cellulaire sous-cutané des
parties vernies on trouve de l'œdème, une infiltration de globules blancs et des
cristaux de phosphate ammoniaco-magnésien.

La cause de la mort n'est pas encore bien expliquée. Pour Krüger, Laschkewitsch, etc., elle est due au refroidissement de l'animal par un excès de déperdition
de chaleur. Cette déperdition de chaleur plus considérable a été constatée au calo-

rimètre ; ainsi, d'après Krüger, en représentant par 100 la perte de chaleur des animaux sains, on aurait 190 pour celle des animaux rasés et 258 pour celle des animaux vernis. En effet, si on empêche cette déperdition de chaleur en entourant l'animal de corps mauvais conducteurs ou si on réchauffe artificiellement l'animal, on empêche ou on retarde les accidents. Cette action préservative de la température a cependant été niée par Edenhuizen et Socoloff. Ce qui parle aussi en faveur de cette opinion adoptée aujourd'hui par la majorité des physiologistes, c'est que les accidents et les lésions ont une certaine analogie avec ce qu'on constate dans la mort par le froid. D'après d'autres auteurs, les accidents seraient dus à la rétention de principes volatils nuisibles (*perspirabile retentum*) qui n'auraient pu être éliminés, et par conséquent à une sorte d'intoxication. Cependant l'injection du sang d'animaux ainsi traités dans les veines d'un autre animal n'a pas d'effet nuisible, si ce n'est de faire apparaître l'albumine dans les urines, ce qui peut arriver, comme l'ont montré Mosler et Kierulf, avec de simples injections d'eau distillée. Pour Edenhuizen le principe ainsi retenu dans l'organisme ne serait autre que l'ammoniaque ; il aurait constaté sur des animaux vernis, que les parties de la peau non vernies dégageaient de l'ammoniaque, et que leur sang en contenait plus qu'à l'état normal ; l'existence de cristaux de phosphate ammoniaco-magnésien mentionnée plus haut viendrait à l'appui de cette opinion. Lang croit à une intoxication urémique due à ce que l'eau, que les poumons ne suffisent plus à éliminer, s'accumule dans les canalicules urinifères qu'elle obstrue. La mort n'est pas due non plus aux troubles respiratoires, car les symptômes sont différents de ceux de l'asphyxie.

Chez l'homme, Senator a pu recouvrir la plus grande partie de la surface cutanée d'un enduit imperméable sans déterminer d'accidents. Il est vrai que c'était dans des cas de fièvre typhoïde, de convalescence de rhumatisme articulaire, etc., en un mot dans des cas où la température propre du corps était plus élevée qu'à l'état normal.

Bibliographie. — Dodart : *Mém. sur la transpiration* (Mém. Ac. d. sc., 1696). — Cruikshank : *Exp. on the insensible perspir.*, 1779). — Lavoisier et Séguin : *Mém. sur la transpiration* (Mém. Ac. des sc., 1796). — Collard de Martigny : *Rech. expér. sur l'exhalation gazeuse de la peau* (Journ. de Magendie, 1830). — Fourcault : *Infl. des enduits imperméables sur la durée de la vie* (Comptes rendus, 1843). — C. L. v. Erlach : *Vers. über die Perspiration einiger mit Lungen athmender Wirbelthiere*, 1846. — G. Valentin : *Ueber Athmen nach Unterdrückung der Hautausdünstung und die belebenden Wirkungen höherer Wärmegrade* (Arch. für phys. Heilk., t. II, 1858). — Edenhuizen : *Beitr. zur Phys. der Haut* (Götting. Nachricht., 1861). — Weyrich : *Die unmerkliche Wasserverdunstung der menschlichen Haut*, 1862. — Weyrich : *Beob. über die unmerkliche Wasserausscheidung*, etc., 1865. — W. Berg : *Unters. über die Hautathmung des Frosches*, 1868. — Reinhard : *Beob. über die Abgabe von Kohlensäure und Wasserverdunst durch die Respiratio cutanea* (Zeit. für Biol., t. V, 1869). — Laschkewitsch : *Ueber die Ursachen der Temperaturerniedrigung bei Unterdrückung der Hautperspiration* (Arch. für Anat., 1868). — Krieger : *Unters. und Beob. über die Entstehung von entzündlichen und fieberhaften Krankheiten* (Zeit. für Biol., t. V, 1869). — O. Leichtenstern : *Vers. über das Volumen der unter verschiedenen Umständen ausgeathmeten Luft* (Zeit. für Biol., t. VII, 1871). — H. Aubert : *Unt. über die Menge der durch die Haut des Menschen ausgeschiedenen Kohlensäure* (Arch. de Pflüger, t. VI, 1872). — C. Lang : *Die Ursache des Todes nach unterdrückter Hautausdünstung bei Thieren* (Arch. für Heilk., t. XIII, 1872). — N. Socoloff : *Versuche über das Ueberziehen der Thiere mit Substanzen welche die Hautrespiration verhindern* (Centralbl., 1872). — Id. : *Influence de l'arrêt provoqué de la respiration cutanée sur l'organisme animal*, 1874 (en russe). — W. Laschkewitsch : *Remarques sur le travail précédent* (Med. Anzeiger, 1874, en russe). — Socoloff : *Ueber den Einfluss*, etc. (Arch. für pat. Anat., t. LXIII, 1875). — Fr. Erismann : *Zur Physiologie der Wasserverdunstung von der Haut* (Centralbl., 1875). — Fubini et Ronchi : *Della perspirazione di anidride carbonica nell' uomo* (Arch. per le sc. med., t. I, 1876). — Fubini : *Respiration cutanée* *des grenouilles, sous le point de vue de l'influence de la lumière* (Comptes rendus, t. LXXXIII, 1876). — SENATOR : *Was wirkt das Firnissen der Haut beim Menschen* (Arch. für pat. Anat., t. LXX, 1878). — LOMIKOWSKI : *De la cause des altérations des organes internes chez les animaux par suite de la suspension de la perspiration cutanée* (Journ. de l'Anat., 1878).

Physiologie comparée de la respiration. — Les recherches les plus importantes sur cette question ont été faites par Regnault et Reiset. Le tableau suivant, emprunté à ces auteurs, donne les quantités en poids d'oxygène, d'acide carbonique et d'azote de la respiration pour une heure de durée et pour 1 kilogramme de chaque espèce animale.

	OXYGÈNE ABSORBÉ	ACIDE CARBONIQUE exhalé.	AZOTE EXHALÉ.
Lapins.................	0gr 883	1gr 109	0gr 0042
Chiens.................	1 183	1 195	0 0078
Marmotte..............	0 986	1 016	0 0093
Poule.................	1 035	1 368	0 0076
Moineau..............	9 595	10 583	0 0089
Bec-croisé............	10 974	11 930	0 0000
Verdier...............	11 371	11 334	0 2456
Lézard................	0 1916	0 1978	0 0041
Grenouille............	0 0900	0 0910	0 0000
Salamandre...........	0 0850	0 1130	0 0000
Hanneton.............	1 0190	1 1360	0 0087
Vers de terre.........	0 1013	0 1078	0 0007

L'inspection de ce tableau montre à première vue quelle est la différence d'intensité des échanges respiratoires dans les diverses classes d'animaux. La respiration des oiseaux est beaucoup plus active que celle des mammifères, celle des mammifères et celle des insectes plus que celle des animaux à sang froid. L'intensité des échanges respiratoires paraît être aussi, pour une même classe, en rapport inverse de la taille de l'animal.

Les échanges gazeux de l'hibernation ont été étudiés par Valentin. Le tableau suivant donne les principaux résultats (marmotte) par kilogramme d'animal et par heure :

	CO_2 EN GRAMMES		O EN GRAMMES.		RAPPORT DE O à CO_2.
Sommeil profond... ...	0.0144	1.0	0.0238	1.0	1 : 1,65
Sommeil ordinaire.....	0.033	2.3	0.047	2.0	1 : 1,39
Sommeil léger.........	0.125	8.7	0.144	6 1	1 : 1,15
Assoupissements.......	0.569	39.6	0.575	24.2	1 : 0,01
Réveil................	1.076	74.7	0.973	41.0	1 : 0,90

La respiration des poissons a été étudiée principalement par Joly et Régnard. Leur respiration est beaucoup moins active que celle des mammifères et, de même que ces derniers, ils éliminent toujours moins d'acide carbonique qu'ils n'absorbent d'oxygène. Quant aux chiffres des échanges gazeux chez ces animaux, je renverrai au mémoire original. La vessie natatoire des poissons contient en moyenne 80 à 95 p. 100 d'azote et 1 à 5 p. 100 d'oxygène et d'acide carbonique.

Bibliographie. — VAUQUELIN : *Obs. chim. et physiol. sur la respiration des insectes et* *des vers* (Ann. de chimie, 1792). — DE HUMBOLDT ET PROVENÇAL : *Rech. sur la resp. des poissons* (Mém. de la soc. d'Arcueil, 1809). — DULK : *Unt. über. die in den Huhneneiern enthaltene Luft* (Schweigger's Jahrb., 1830). — SCHWANN : *De necessitate aeris atmospherici ad evolutionem pulli in ovo*, 1834. — MARCHAND : *Ueber die Respiration des Frosches* (Journ. für prakt. Chem., 1844). — VALENTIN : *Beitr. zur Kenntniss des Winterschlafs der Murmelthiere* (Unt. zur Naturl., 1856-57). — J. BAUMGARTNER : *Der Athmungsprocess im Ei*, 1861. — A. MOREAU : *Sur l'air de la vessie natatoire des poissons* (Comptes rendus, 1863). — ALBINI : *Sulla respiratione nelle rane*, 1866. — F. BIDDER : *Beob. an curarisirten Froschen* (Arch. für Anat.. 1868). — P. BERT : *Ablation chez un axolotl des branchies et des poumons* (Gaz. méd., 1868). — GRÉHANT : *Rech. physiol. sur la respiration des poissons*, (1870 et : Journal de l'anat., 1870). — FR. SCHULTZE : *Ueber den Gasgehalt der Schwimmblase einiger Süsswasserfische Deutschlands* (Arch. de Pflüger, t. V, 1871). — GRÉHANT : *Rech. sur la respiration des poissons* (Comptes rendus, 1872). — W. MÜLLER : *Das Athmen der Frösche* (Arch. für Anat., 1872). — ID. : *Ein Käfer-Eudiometer* (Pogg. Ann., 1872). — QUINQUAUD : *Expér. relatives à la respiration des poissons* (Comptes rendus, 1873). — W. MÜLLER : *Das Athmen der Frösche* (Ber. d. d. chem. Ges., 1873). — O. BÜTSCHLI : *Ein Beitray zur Kenntniss des Stoffwechsels, insb. der Respiration bei den Insekten* (Arch. für Anat., 1874). — F. JOLYET ET P. RÉGNARD : *Sur une nouvelle méthode pour l'étude de la respiration des animaux aquatiques* (Comptes rendus, t. LXXXII). — ID. : *Rech. phys. sur la respiration des animaux aquatiques* (Arch. de physiol., 1877). — RÉGNARD : *Phén. de la respiration chez le cobitis* (Soc. de Biologie, 1877).

Bibliographie générale de la respiration. — SWAMMERDAM : *Tractatus phys. anat. med. de respiratione*, 1867. — J. MAYOW : *Tractatus quinque*, etc., 1669-74. — PRIESTLEY : *Experiments and observations on different Kinds of air*, 1775. — ID. : *Obs. on respiration* (Philos. Transact., 1776). — LAVOISIER : *Expériences sur la respiration des animaux*, etc. (Mém. de l'Acad. des sc., 1777). — LAVOISIER ET SÉGUIN : *Mém. sur la respiration* (id., 1789). — SPALLANZANI : *Mém. sur la respiration*, 1803. — DEMARQUAY : *Essai de pneumatologie médicale*, 1865. — P. BERT : *Leçons sur la physiologie de la respiration*, 1869.

SÉCRÉTIONS

SÉCRÉTION URINAIRE.

1° Caractères de l'urine.

A. **Procédés pour recueillir les urines.** — *Cathétérisme.* — Chez les lapins, il suffit de comprimer la vessie pour obtenir une émission d'urine, Köhler a dans ces derniers temps pratiqué une exstrophie vésicale artificielle chez ces animaux pour étudier l'action des diurétiques (*Rech. sur quelques diurétiques*, 1878). — Recueillir directement l'urine qui s'écoule par les uretères (pour le procédé opératoire, voir : *Mécanisme de la sécrétion urinaire*). — Pour avoir les urines de 24 heures, on place les animaux dans des cages spéciales dont le fond est à jour et constitué par une sorte de grillage inoxydable ; les urines s'écoulent dans un vase placé au-dessous ; le fond de la cage peut être aussi formé par une glace épaisse inclinée, qui conduit les urines jusqu'à un trou placé à un des angles de la cage. On peut encore habituer les chiens à émettre leurs urines à heures fixes.

B. **Caractères des principes les plus importants de l'urine.** l° **Urée.** — L'urée, CH^4Az^2O (voir p. 140), cristallise en prismes soyeux quadrangulaires terminés par des surfaces obliques, ou en fines aiguilles blanches. Elle est inodore, de saveur fraîche et amère ; soluble dans l'eau et l'alcool ; presque insoluble dans l'éther. Sa réaction est neutre. Elle n'est pas précipitée par l'acétate ni le sous-acétate de plomb ; elle précipite par l'azotate mercurique. Le réactif de Millon, l'eau chlorée, l'hypochlorite et l'hypobromite de sodium la décomposent en azote et acide carbonique. Elle est facilement décomposable en acide carbonique et ammoniaque (chaleur, fermentation de l'urine, acides, etc.).

L'acide azotique précipite l'urée en cristaux octaédriques et en tables losangiques et hexagonales d'azotate d'urée (fig. 233) ; l'acide oxalique donne des cristaux lamelleux ou prismatiques d'oxalate d'urée (fig. 234). — *Préparation de l'urée.* — L'urine est évaporée à consistance sirupeuse, et traitée par l'alcool ; la solution alcoolique est évaporée, la masse cristalline qui se dépose est reprise par l'alcool ordinaire, évaporée, redissoute dans l'alcool absolu qui abandonne les cristaux d'urée par l'évaporation lente. Au lieu d'alcool on peut ajouter de l'acide nitrique qui précipite l'azotate d'urée ; le sel, redissous dans l'eau, est purifié par le charbon animal, décomposé par le carbonate de baryte et l'urée est séparée par l'alcool absolu. — *Réactifs de l'urée.* — Ajouter au liquide concentré qui contient l'urée un peu d'acide azotique ; il se forme des cristaux d'azotate d'urée reconnaissables au microscope. — Chauffer quelques cristaux d'urée dans un tube d'essai bien sec et quand il ne se dégage plus d'ammoniaque, ajouter quelques gouttes de solution de potasse et de sulfate de cuivre ; il

se produit une coloration rouge violette (*réaction du biuret*). — *Dosage de l'urée.* — a) *Procédé de Liebig.* On emploie une liqueur titrée d'azotate mercurique ; on reconnaît que toute l'urée est précipitée quand l'addition du réactif indicateur, carbonate de soude, produit une coloration jaune. — b) *Pr. de Lecomte.* On décompose l'urée par l'hypochlorite de sodium en acide carbonique et azote, et on mesure l'azote produit. — c) *Pr. d'Yvon.* Le principe est le même, mais on emploie l'hypobromite de sodium.

Fig. 233. — *Azotate d'urée.*　　　　Fig. 234. — *Oxalate d'urée.*

Esbach a simplifié ce procédé et l'a rendu plus pratique (*Bull. de thérapeutique*, 1874.) — d) *Pr. de Millon.* On décompose l'urée par l'acide azoteux en acide carbonique et azote, et on mesure l'acide carbonique ; Gréhant se sert de la pompe à mercure pour recueillir les gaz. — e) *Pr. de Bunsen.* On transforme l'urée en carbonate d'ammonium en la chauffant dans un tube scellé, et on dose le carbone à l'état de carbonate de baryum. Il a été donné dans ces derniers temps divers procédés de dosage de l'urée applicables principalement à la clinique et pour lesquels je renvoie aux ouvrages spéciaux, ainsi du reste que pour les détails d'analyse. Il y a des différences notables entre les résultats donnés par les divers procédés (voir : *Analyses de l'urine*).

2° **Acide urique.** — L'acide urique, $C^5H^4Az^4O^3$ (voir p. 121), se présente sous la forme d'une poudre cristalline, incolore quand il est pur, mais ordinairement colorée en jaune ou en brun. Cristaux microscopiques ; tables rhomboédriques, prismes à 4 pans ou lames à 6 côtés. Insipide, inodore ; très peu soluble dans l'eau ; insoluble dans l'alcool et dans l'éther. Par l'eau bromée il se transforme en urée et alloxane : $C^5H^4Az^4O^3 + Br^2 + 2H^2O = CH^4Az^2O + C^4H^2Az^2O^4 + 2HBr$ (E. Hardy) ; l'alloxane donne par l'oxydation de l'urée et de l'acide carbonique : $C^4H^2Az^2O^4 + 2O + H^2O = CH^4Az^2O + 3CO^2$. Bouilli avec de l'eau et de l'oxyde de plomb, l'acide urique donne de l'allantoïne et de l'acide carbonique : $C^4H^4Az^4O^3 + H^2O + O = C^4H^6Az^4O^3 + CO^2$. Dans de certaines conditions d'oxydation, il donne de l'acide oxalurique, $C^3H^4Az^2O^4$. L'ozone le transforme directement en urée, acide carbonique et ammoniaque. (Gorup-Besanez.) Les *urates* sont en général acides et peu solubles. Les acides acétique et chlor-

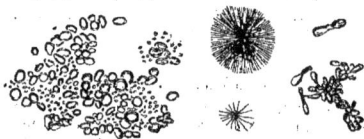

Fig. 235. — *Urate acide de sodium.*

hydrique en précipitent l'acide urique sous forme cristalline. L'*urate acide de soude* (fig. 235) se trouve, dans les sédiments urinaires, en poudre amorphe et en petites sphères recouvertes de prismes aiguillés. L'*urate acide d'ammoniaque* est en poudre amorphe, foncée, grenue. L'*urate acide de chaux* constitue une poudre blanche, amorphe, difficilement soluble dans l'eau. — *Préparation de l'acide urique.* — On ajoute à l'urine de l'acide chlorhydrique (20 c. c. par litre) ; l'acide urique se dépose au bout de quelques jours ; on décante, on dissout les cristaux par l'acide sulfurique concentré et on les précipite par l'addition d'eau. Pour l'avoir en grandes masses on le retire ordinairement du guano ou des

PHYSIOLOGIE DE LA NUTRITION. 793

excréments de serpents. — *Réactions de l'acide urique.* — Mettre un peu de la substance à examiner dans un verre de montre, ajouter deux gouttes d'acide nitrique, chauffer et évaporer à siccité. Si la substance est de l'acide urique, elle se dissout dans l'acide nitrique et donne par l'évaporation un résidu jaune, puis rouge, qui devient rouge-pourpre si on y ajoute une goutte d'ammoniaque caustique, et bleu violet si on ajoute de la soude ou de la potasse (*réaction de la murexide*). — Dissoudre la substance à examiner dans un peu de solution de soude, et filtrer; ajouter au liquide du chlorhydrate d'ammoniaque en excès; il se fait un précipité d'urate d'ammoniaque qui, par l'addition d'acide chlorhydrique, laisse déposer des cristaux d'acide urique. — Une solution alcaline d'acide urique ou d'urates réduit le nitrate d'argent; si on met sur un papier imprégné de nitrate d'argent une goutte de liquide contenant de l'acide urique, il se forme une tache jaune ou noire (R. de Schiff). — Si on ajoute à une solution iodée d'hypochlorite de sodium un peu de solution d'acide urique, il se produit une coloration rosée qui disparaît par un excès de soude (R. de Dietrich). — En chauffant avec la liqueur de Barreswill (voir: *Glycogénie*) une solution alcaline d'acide urique ou d'urates, il se précipite de l'urate d'oxydule de cuivre blanc et de l'oxydule de cuivre rouge ; ce précipité peut être confondu avec celui que donne le glucose avec la même liqueur. — Examen microscopique des cristaux. — *Dosage de l'acide urique.* — On précipite l'acide urique par l'acide chlorhydrique concentré (5 c. c. p. 100 c.c. d'urine), on recueille le précipité et on le pèse. Fokker et Salkowski ont modifié ce procédé.

3° **Acide hippurique.** — L'acide hippurique, $C^9H^9AzO^2$ (voir p. 130), cristallise en gros prismes quadrangulaires, terminés par deux ou quatre facettes et quelquefois en fines aiguilles agglomérées. Il est inodore, de saveur faiblement amère, peu soluble dans l'eau froide et dans l'éther, soluble dans l'eau bouillante et l'alcool, insoluble dans le chloroforme, la benzine, le sulfure de carbone. Il réduit la solution alcoolique de sulfate de cuivre. Ses sels cristallisent facilement et sont pour la plupart solubles dans l'eau et dans l'alcool. Chauffé à 240° il se décompose en acide cyanhydrique, acide benzoïque et nitro-benzile. Par l'ébullition avec les acides minéraux et les bases, il se décompose en acide benzoïque et glycocolle; la fermentation (fermentation de l'urine) produit le même effet. — *Préparation.* — On le retire de l'urine de cheval ou de vache qu'on traite pendant quelques minutes par l'ébullition avec du lait de chaux en excès. Le liquide encore chaux est filtré, évaporé au 1/10° de son volume et saturé d'acide chlorhydrique; les cristaux d'acide hippurique se précipitent; on les dissout dans une solution de soude, et on ajoute à la solution bouillante du permanganate de potassium et on précipite de nouveau par l'acide chlorhydrique. On peut aussi extraire de l'acide hippurique de l'urine de l'homme après l'ingestion d'acide benzoïque. — *Réactions de l'acide hippurique.* — Évaporer la substance à examiner avec un excès d'acide nitrique et chauffer le résidu; il se dégage une odeur d'amandes amères; cette réaction lui est commune avec l'acide benzoïque (R. de Lücke). — Chauffé avec de la chaux hydratée, il donne de la benzine et de l'ammoniaque. — Examen microscopique des cristaux.

4° **Créatinine.** — La créatinine, $C^4H^7Az^3O$ (voir p. 159) cristallise en prismes allongés, brillants, incolores. Elle a une saveur alcaline. Elle est soluble dans l'eau, l'alcool, peu soluble dans l'éther, ses solutions bleuissent la teinture de tournesol. Elle s'unit aux acides et aux sels, et déplace l'ammoniaque de ses combinaisons avec les acides. Elle forme avec le chlorure de zinc un chlorure double de zinc et de créatinine reconnaissable au microscope (fig. 236). Chauffée en solution aqueuse ou alcaline elle se transforme en créatine en prenant de l'eau, inversement cette dernière se transforme en créatinine par l'action des acides. — *Réactions.* — Acidulée par l'acide nitrique, sa solution donne par l'acide phospho-molybdique un précipité jaune, cristallin, soluble dans l'acide nitrique chaud. — Examen microscopique des cristaux obtenus en ajoutant à sa solution une solution de chlorure de zinc.

Fig. 236. — *Chlorure double de zinc et de créatinine.*

5° **Acide oxalique.** — L'acide oxalique, $C^2H^2O^4$ (voir p. 96) se trouve dans l'urine à l'état d'oxalate de calcium (fig. 16, p. 98) dont les cristaux sont facilement reconnaissables au microscope (octaèdres tétragones rappelant par leur forme une enveloppe de lettres).

6° Urobiline. — L'urobiline ou *hydrobilirubine*, $C^{32}H^{40}Az^4O^7$ (voir p. 167) obtenue par le procédé de Maly, se présente sous l'aspect d'une poudre rouge-brun foncé, soluble dans l'eau et l'alcool, peu soluble dans l'éther; ses solutions concentrées sont rouge-brun, étendues elles ont une teinte rosée. Elle se dissout dans le chloroforme (solution rouge-jaunâtre), dans les alcalis (solution jaune comme l'urine devenant rouge par l'addition d'acides). Les solutions acides (rouges) d'urobiline donnent au spectroscope une bande foncée entre *b* et F, bande qui pâlit par l'addition d'ammoniaque et reparaît de nouveau, un peu déviée à gauche quand on ajoute à la solution ammoniacale une ou deux gouttes de chlorure de zinc; la solution zinc-ammoniacale d'urobiline se distingue par sa couleur rosée et une belle fluorescence verte.

Préparation. — Précipiter l'urine par l'acétate de plomb; laver le précipité, le chauffer plusieurs fois avec l'alcool et le décomposer par l'alcool contenant de l'acide sulfurique. La solution est saturée par l'ammoniaque, précipitée par le chlorure de zinc et le précipité est traité de nouveau de la même façon par l'ammoniaque, l'acétate de plomb et l'alcool. L'extrait alcoolique est ensuite traité par le chloroforme qui dissout l'urobiline. Il faut agir sur de très grandes quantités d'urine. Maly a obtenu artificiellement l'urobiline par la réduction de la bilirubine (amalgame de sodium et acide chlorhydrique). — *Réactions.* — Coloration que ses solutions prennent par l'ammoniaque et les acides. — Caractères de sa solution ammoniacale traitée par le chlorure de zinc. — Examen spectroscopique.

7° Indican. — L'indican (voir p. 168) est différent de l'indican végétal; il appartient au groupe des acides sulfo-conjugués et serait, d'après Baumann et Brieger, un acide indoxyl-sulfurique, de la formule $C^8H^6AzSO^4K$ (sel de potassium). Il se présente sous forme d'une masse sirupeuse brun-clair, de saveur amère, nauséeuse, soluble dans l'eau, l'alcool et l'éther. Par la chaleur, il se décompose en se colorant en violet. Une solution acidulée d'indican bleuit par l'addition de chlorure de calcium (formation de bleu d'indigo). Pour déceler la présence de l'indican dans l'urine, on ajoute à une très petite quantité d'urine de l'acide chlorhydrique fumant et 2 à 3 gouttes d'acide nitrique; en chauffant, le mélange prend une coloration rouge-violet et il se forme des cristaux de bleu d'indigo et de rouge d'indigo. On peut aussi ajouter à l'urine deux parties d'acide nitrique, chauffer à 70° et agiter avec du chloroforme; ce dernier dissout l'indigo formé et la solution violette montre au spectroscope une raie d'absorption entre C et D.

8° Phénol. — Le phénol, C^6H^6O (voir p. 113) se trouve dans l'urine à l'état d'acide sulfo-conjugué, *acide phénolsulfurique*, $C^6H^5SO^4H$, et combiné au potassium. Le phénolsulfate de potassium cristallise en feuillets blanc-brillant, solubles dans l'eau, peu solubles dans l'alcool. Par l'action des acides, il se dédouble en acide sulfurique et en phénol. Chauffé rapidement, il fond, se dissout dans l'eau et par le perchlorure de fer prend une coloration rouge. L'eau brômée détermine dans ses solutions un précipité blanc de tribromphénol (dosage du phénol). Additionné d'ammoniaque ou d'aniline, il prend une teinte bleue sous l'influence de l'hypochlorite du sodium (r. de Jacquemin). — L'acide *crésolsulfurique*, $C^6H^4CH^3SO^4H$, accompagne ordinairement l'acide phénolsulfurique.

9° Pyrocatéchine. — La pyrocatéchine, $C^6H^4(OH)^2$, se trouve quelquefois dans l'urine et aussi à l'état d'acide sulfo-conjugué. Dans ce cas l'urine au bout d'un certain temps paraît brun-foncé dans ses couches supérieures et devient brun-noir par l'addition d'alcalis; elle réduit les solutions ammoniacales de nitrate d'argent et de mercure et la solution alcaline de sulfate de cuivre; cette action n'a plus lieu quand l'urine a été précipité par l'acétate de plomb, ce qui la distingue de l'urine glycosurique. La pyrocatéchine en solution aqueuse donne avec le perchlorure de fer une coloration vert émeraude qui passe au violet si on ajoute de l'acide tartrique et ensuite de l'ammoniaque. Pour les caractères, les réactions et le dosage de glucose, voir : glycogénie pour ceux des substances minérales, et le dosage de l'azote total (voir les traités de chimie physiologique; voir en particulier : Neubauer et Vogel).

L'urine est sécrétée par les reins. Chez l'homme, à l'état normal, c'est un liquide limpide jaune-pâle ou jaune-ambré, d'une odeur aromatique caractéristique, d'une saveur salée et un peu amère. Elle est fluide comme de l'eau et la mousse qu'elle forme par l'agitation disparaît rapidement. Sa densité varie de 1,005 à 1,030. Sa réaction est ordinairement acide. Sa quantité, très variable du reste, est d'environ 1000 à 1400 centimètres cubes par jour, ce qui donne à peu près 20 centimètres cubes par kilogramme de poids vif. L'urine ne contient pas d'éléments anatomiques, sauf accidentellement quelques lamelles épithéliales provenant des voies urinaires. Sa température est de 35° à 37° c.

La *couleur* de l'urine varie suivant son degré de concentration, sa quantité, l'alimentation, etc.; celle du matin est plus foncée; celle du repas l'est un peu moins; celle des boissons est presque incolore (*urina potus*); celle des femmes est plus pâle que celle des hommes; celle du nouveau-né est tout à fait incolore (sauf la première émission); dans l'enfance elle est jaune-pâle. La couleur de l'urine normale tient à l'urobiline ou à son chromogène et à quelques autres matières colorantes. A l'état pathologique l'urine présente des changements notables dans sa coloration. Beaucoup de matières colorantes animales ou végétales peuvent passer dans l'urine (matières colorantes de la bile et du sang, séné, rhubarbe, etc.). La *transparence* de l'urine peut être troublée par des débris épithéliaux, de la graisse (urines chyleuses), des dépôts (urates, oxalates, etc.), des globules de mucus, etc. Beaucoup d'urines présentent une *fluorescence* blanchâtre bien nette. Au spectroscope, quelques-unes montrent après (et même sans) l'addition d'un acide les raies de l'urobiline.

La *densité* de l'urine dépend de la proportion relative d'eau et de matières solides et par suite elle est habituellement en raison inverse de la quantité d'urine. Chez le nouveau-né, elle diminue les premiers jours après la naissance, puis remonte peu à peu au bout de quelques jours. On a cherché à calculer la quantité de principes solides de l'urine d'après sa densité; pour cela on multiplie les deux derniers chiffres de la densité (soit 20 si la densité = 1,020) par 2 (Trapp), 2,2 (Loebisch), 2,33 (Haeser), 2,3092 (E. Ritter); mais ce procédé ne donne que des résultats approximatifs.

La *réaction* de l'urine est due au phosphate acide de sodium et ne paraît pas due à un acide libre, car elle ne donne pas de précipité avec l'hyposulfite de sodium. L'urine donne quelquefois la réaction *amphotère*, c'est-à-dire qu'elle rougit faiblement le papier bleu de tournesol et bleuit le papier rouge, fait encore inexpliqué. La réaction acide de l'urine augmente par l'inanition, l'exercice musculaire, l'ingestion d'acides; elle diminue et peut devenir neutre et même alcaline après le repas (par suite de l'élimination d'acide produite pour la sécrétion du suc gastrique?), par l'ingestion de carbonates alcalins, de sels d'acides végétaux, de phénol, par les bains chauds, etc. L'urine des femmes est quelquefois alcaline par suite du mélange des sécrétions vaginales; celle du nouveau-né est neutre ou très faiblement acide. L'acidité de l'urine normale correspond à 2 à 4 grammes d'acide oxalique en vingt-quatre heures.

La *quantité* d'urine varie suivant un grand nombre de conditions. Après la naissance, le premier jour, elle n'est que de quelques centimètres cubes; vers la fin du premier mois elle atteint 200 à 300 c. c.; entre 3 et 5 ans, on trouve en moyenne 750 c. c. pour les garçons, 800 pour les filles (soit près de 60 c. c. par kilogramme de poids vif). Elle augmente après les repas et surtout après les boissons et diminue pendant le sommeil. Elle est aussi en relation intime avec la quantité d'eau éliminée par la peau et les poumons. Elle diminue par les sueurs et quand la pression sanguine baisse; elle s'accroît au contraire quand la pression augmente dans l'artère rénale ou par l'ingestion de certaines substances passant facilement dans l'urine (urée, sucre, sel, etc.), par la digitale, les diurétiques, etc.

Réactions chimiques de l'urine. — Par l'addition d'acide chlorhydrique l'urine devient plus foncée, prend une odeur caractéristique et dépose au bout de 24 à 48 heures des cristaux d'acide urique. En ajoutant à de l'acide chlorhydrique un tiers seulement de son volume d'urine celle-ci se colore en rouge cerise, brun-rouge ou violet ou bleu (indigo). Par l'addition d'acide nitrique il se forme à la limite des deux liquides un anneau rouge grenat (urophéine d'Heller) et en mélangeant les deux liquides l'urine paraît plus foncée ; avec l'acide sulfurique elle se fonce ; l'acide picrique en précipite des cristaux d'acide urique ; acidulée par l'acide nitrique et traitée ensuite par l'acide phosphomolybdique et l'ébullition elle prend une couleur bleu-indigo ; les alcalis la troublent en précipitant les phosphates alcalins-terreux ; elle décolore l'iodure d'amidon ; elle se trouble par le chlorure de baryum ; elle précipite par le nitrate d'argent, l'acétate de plomb, l'oxalate d'ammoniaque ; une solution étendue d'azotate de mercure y détermine un trouble qui disparaît par l'agitation ; chauffée avec une solution ammoniacale d'oxyde de cuivre, elle la décolore.

Composition chimique de l'urine. — L'urine renferme environ 60 grammes en moyenne de parties solides en 24 heures, soit 40 grammes de matières organiques et 20 grammes de matières inorganiques. Elle contient, outre de l'eau, les substances suivantes :

1° Des *principes azotés* qui proviennent de la désassimilation des matières albuminoïdes ou de leurs dérivés ; ces principes sont, en première ligne l'urée, puis l'acide urique, la créatinine, l'acide hippurique, des traces de xanthine, d'acide oxalurique, quelquefois de l'allantoïne ;

2° Des *principes non azotes*, qui se trouvent en quantité beaucoup plus faible ; acide oxalique, acide lactique, du glucose ; quelquefois des traces d'acides gras volatils, de l'acide succinique ;

3° Des *acides sulfo-conjugués*, qui constituent un groupe à part ; indican, acides phénolsulfurique et crésolfurique, acide sulfopyrocatéchique ;

4° Des *matières colorantes*, urobiline ou son chromogène, et probablement d'autres matières colorantes encore peu connues ;

5° Des *substances inorganiques*, chlorure de sodium et de potassium, phosphates acides de sodium, de chaux et de magnésie, sulfates alcalins ; des traces d'ammoniaque et de fer ;

6° Des *gaz*, consistant surtout en acide carbonique, azote et un peu d'oxygène (1).

Pour les proportions de ces divers principes dans l'urine, voir : *Analyses de l'urine.*

Outre ces principes constituants normaux de l'urine on y rencontre encore un certain nombre de substances qui ne s'y présentent qu'exceptionnellement ou en très faible quantité ou dont la présence est encore douteuse. C'est ainsi qu'on y trouverait normalement un peu d'albumine, des peptones, un ferment saccharifiant

(1) Dans ses analyses récentes Zawilsky n'a pas constaté la présence de l'oxygène.

(*néphrozymase* de Béchamp), du sulfocyanure de potassium, un acide volatil indéterminé (Schönbein), une substance déviant à gauche le plan de polarisation (Haas), des acides biliaires (Dragendorff, Naunyn), de l'acide cryptophanique (Thudichum), du diamide lactylique de Baumstark, de l'eau oxygénée (Schönbein), des traces d'acides silicique et nitrique provenant des boissons, etc. On y rencontre dans certains cas de la mucine, de l'inosite, de l'hypoxanthine, de la leucine, de la tyrosine, de la cystine, de la graisse, du sucre de lait (nourrices), de l'acide formique, de l'alcool, de l'acétone, de l'hyposulfite de soude, etc. Après l'ingestion d'acides végétaux elle renferme des carbonates alcalins. Dans certains cas pathologiques, elle peut contenir en plus ou moins grande quantité du sang (hématurie), de l'albumine (albuminurie), les matières colorantes et les acides de la bile (ictère), du glucose (diabète), etc.

Abandonnée à elle-même, l'urine se fonce après son émission ; ce changement de coloration paraît dû à une absorption d'oxygène (Pasteur) et à une oxydation de la matière colorante. Puis l'urine se recouvre peu à peu d'une pellicule blanchâtre, et acquiert une réaction acide plus prononcée (*fermentation urinaire acide*), en même temps que se déposent des cristaux jaune-rougeâtres d'acide urique, d'urates et d'oxalate de chaux ; d'après Schérer, il y aurait formation d'acide lactique et d'acide acétique par dédoublement de la matière colorante sous l'influence d'un ferment mycodermique analogue au *M. cerevisiæ* (levûre de bière). Plus tard la *fermentation ammoniacale* s'établit sous l'influence d'un ferment spécial, constitué par une torulacée (*micrococcus ureae* de Cohn) dont les globules ont $0^{mm},0015$ de diamètre (Van Tieghem) ; l'urée se transforme en carbonate d'ammoniaque ; l'urine devient alcaline, plus pâle, prend une odeur ammoniacale et il se dépose en même temps des phosphates et oxalates terreux, de l'urate d'ammoniaque et du phosphate ammo-

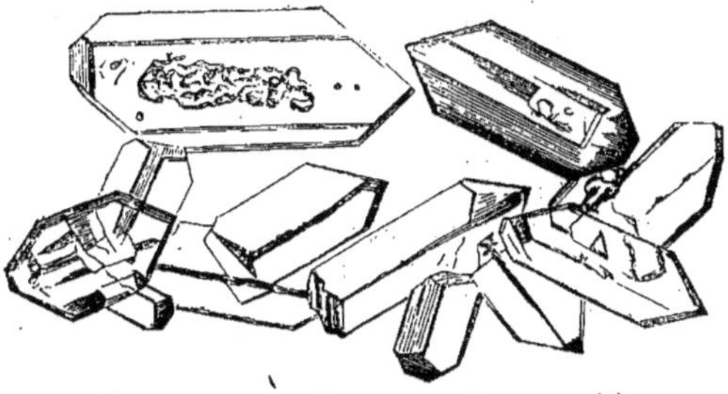

Fig. 235. — *Phosphate ammoniaco-magnésien.*

niaco-magnésien (fig. 235). Les recherches de Cazeneuve et Livon ont prouvé que la fermentation (acide ou ammoniacale) de l'urine ne s'établit pas dans la vessie tant qu'on empêche l'accès de germes (ferments) provenant de l'extérieur. En suspendant à l'air une vessie prise sur l'animal vivant après la ligature de l'urèthre, l'urine qu'elle contient ne se putréfie pas tandis que celle qui transsude à travers les membranes vésicales fourmille de vibrions et de torulacées. Musculus a isolé de l'urine ammoniacale un ferment soluble, *ferment de l'urée,* qui décompose l'urée en acide carbonique et ammoniaque et qui est probablement produit par les organismes inférieurs mentionnés plus haut (1). Cette fermentation ammoniacale est très rapide dans les cas de catarrhe vésical.

(1) Miquel a récemment décrit un nouveau ferment figuré de l'urée, dans l'eau d'égout ; c'est un *bacillus* constitué par des filaments très grêles.

Les *sédiments urinaires* ou dépôts qui se forment dans l'urine abandonnée à elle-même peuvent être divisés, abstraction faite des sédiments organisés qui ne se rencontrent que dans les cas pathologiques, en sédiments des urines acides et sédiments des urines alcalines.

Les *sédiments des urines acides*, quand ils sont *cristallisés*, peuvent être constitués par l'acide urique, l'oxalate de chaux, la cystine (très rare) qui se reconnaissent facilement au microscope; quand ils sont *amorphes* ils peuvent être formés par des urates et disparaissent alors par la chaleur pour reparaître par le refroidissement de l'urine ou par des phosphates de calcium et dans ce cas ils se dissolvent par l'addition d'acide acétique et ne disparaissent pas par l'ébullition. Dans les *urines alcalines*, les sédiments *cristallisés* peuvent être dus à de l'urate acide d'ammoniaque, à du phosphate ammoniaco-magnésien, solubles tous deux, sans effervescence, dans les acides, ou à du carbonate de calcium qui fait effervescence avec les acides ; tous les trois sont du reste reconnaissables au microscope à la forme de leurs cristaux ; le phosphate de magnésium accompagne quelquefois le phosphate ammoniaco-magnésien. Les sédiments *amorphes* peuvent être formés par du phosphate tribasique ou du carbonate de calcium. Les urines *neutres* ou très faiblement acides présentent quelquefois des cristaux de phosphate neutre de calcium.

Conditions d'apparition et variations des différents principes de l'urine. — J'étudierai successivement à ce point de vue les principes azotés, les principes non azotés, les acides sulfo-conjugués, les matières colorantes et les sels.

A. **Principes azotés.** — 1° *Urée.* — La quantité d'urée éliminée en 24 heures est d'environ 22 à 43 grammes chez l'homme, soit en moyenne 34 grammes, ce qui donne 0,5 gr. par kilogramme de poids vif ; pour la femme la quantité est plus faible, 16 à 28 grammes par jour, ce qui donne une moyenne de 25 grammes et 0,4 par kilogramme de poids vif. Ces chiffres sont du reste susceptibles de variations dues non seulement aux conditions qui seront étudiées plus loin, comme l'alimentation par exemple, mais encore aux procédés d'analyse employés ; c'est ce que prouve le tableau suivant qui donne comparativement les chiffres d'urée (pour 24 heures), trouvés par le procédé de l'hypobromite et par le procédé de Liebig, tableau que je dois à l'obligeance de E. Ritter, de Nancy (1).

	NOMBRE de personnes dont l'urine a été soumise à l'analyse.	Procédé de L'HYPOBROMITE.	Procédé de LIEBIG.
1° Hommes ; nourriture de soldat.	8	24g,10	31g,15
2° Hommes, 97 kil.; nourriture richement azotée..........	2	27 ,15	40 ,14
3° Femmes, 62 kil., 5.............	2	22 ,10	31 ,18
4° Étudiant, 20 ans, 79 kil.......	1	24 ,13	32 ,14
5° Hommes, nourriture d'hôpital (repos)...................	4	18 ,24	26 ,19
6° Infirmiers de Maréville........	2	24 ,18	34 ,17

(1) Les chiffres représentent les moyennes de plusieurs analyses faites sur chaque individu.

La quantité d'urée excrétée est plus forte relativement chez l'enfant et sa proportion (par kilogr. de poids vif) diminue par les progrès de l'âge comme on le voit par le tableau suivant.

	QUANTITÉ en 24 heures en grammes.	QUANTITÉ par kilogramme de poids vif, en grammes.
Nouveau-né (1er jour)......................		0,205
— (10e jour)......................		0,092
Garçons (de 3 à 6 ans)......................	14 à 16,5	1.02 à 1,09
Filles (de 3 à 5 ans)......................	13 à 14,5	0,98
Garçons (de 7 à 9 ans)......................	18 à 20	0,81

Dans la vieillesse la proportion d'urée baisse notablement. La quantité d'urée est à peu près proportionnelle à la quantité d'urine et les deux courbes suivent la même marche et présentent les mêmes variations ; si on élimine par le jeûne l'influence de l'alimentation, on constate que le maximum d'urée excrétée correspond à l'après-midi, le minimum au matin. L'alimentation a la plus grande influence sur l'élimination de l'urée ; elle augmente après le repas, atteint son maximum au bout de 6 heures et diminue ensuite ; cette augmentation est en rapport avec la richesse en azote des substances alimentaires et quand l'organisme est soumis à la ration d'entretien, la proportion d'azote contenue dans l'urée correspond presque exactement à celle que renferment les aliments. Un régime fortement azoté peut faire monter la quantité d'urée jusqu'à 60 à 90 grammes en 24 heures, un régime végétal la faire baisser au-dessous de 20 grammes. Cependant même dans l'inanition absolue, l'urée ne disparaît jamais de l'urine. L'influence de l'exercice musculaire sur l'excrétion de l'urée a été très controversée ; il semble cependant acquis que si elle est à peine influencée par l'exercice modéré, elle augmente quand l'exercice est poussé jusqu'à la fatigue. Pavy a vu sur des marcheurs anglais la quantité d'urée monter jusqu'à 77, 5 grammes en 24 heures après une marche forcée de 109 milles (175 kilomètres). D'après Byasson le travail cérébral augmenterait la quantité d'urée ; le sommeil produit l'effet inverse. La menstruation la diminue et cette diminution, qui débute 1 à 2 jours avant, se prolonge quelques jours après la menstruation. La proportion d'urée augmente par l'ingestion d'eau (boissons abondantes, diurétiques), de chlorure de sodium, de substances azotées (urée, acide urique, glycocolle, etc.), de sels ammoniacaux, de protoxyde d'azote (E. Ritter), par la transfusion (Landois), par l'injection de sucre dans le sang (Richet et Moutard-Martin) ; elle diminue au contraire sous l'influence des antimoniaux, de l'acide arsénieux, du phosphore (E. Ritter), de la quinine (V. Boeck), de l'iodure de potassium (Rabuteau), de l'essence de térébenthine, de la digitale, de l'éther, du tabac, du carbonate de soude, etc. ; l'action du thé et du café est controversée ; d'après Roux, l'urée diminuerait ; d'après Hammond ces substances seraient sans influence sur la proportion d'urée.

2° *Acide urique.* — La proportion d'acide urique éliminée en vingt-quatre heures est d'environ 0,5 à 0,8 grammes chez l'homme, soit en moyenne de 0,6 grammes, ce qui donne 0,008 grammes par kilogramme de poids vif; chez la femme la quantité est plus faible. L'urine du nouveau-né en contient plus que celle de l'adulte (jusqu'à 1,3 p. 100). L'alimentation a une influence marquée sur l'excrétion de l'acide urique ; sa proportion peut monter à 1 gramme et 1gr,5 par jour par une nourriture animale et tomber à 0gr,30 par une alimentation végétale. On observe aussi des variations journalières correspondantes ; après le repas, sa quantité augmente rapidement, puis baisse et atteint un chiffre qui reste constant jusqu'au repas suivant. Il manque dans l'urine des herbivores où il est remplacé par l'acide hippurique. L'influence de l'exercice musculaire et d'autres conditions fonctionnelles est encore incertaine. Le sulfate de quinine, à fortes doses, diminue la proportion d'acide urique (Ranke). Il en est de même du chlorure de sodium, du carbonate et sulfate de soude, de l'iodure de potassium, de la caféine, des inhalations d'oxygène, du protoxyde d'azote (E. Ritter), des boissons abondantes (Genth). Il augmente sous l'influence des antimoniaux, de l'acide arsénieux, du phosphore, de l'oxyde de carbone (E. Ritter). Il n'y a pas, comme on le voit, parallélisme entre l'élimination de l'urée et celle de l'acide urique et il a même été impossible jusqu'ici de préciser les influences qui peuvent modifier le rapport de ces deux substances dans l'urine. Le rapport de l'acide urique à l'urée est de 1 : 36 pour une nourriture animale, 1 : 27,5 pour une alimentation mixte, 1 : 22 pour une nourriture végétale (E. Ritter).

3° *Acide hippurique*. — L'acide hippurique existe en faible proportion (0,3 à 1,0 gramme) dans l'urine normale, surtout après l'ingestion de certaines substances alimentaires, prunes de reine-claude, baies de myrtille, asperges, lait, etc.; cependant, d'après quelques auteurs, il ne disparaîtrait jamais, même après une nourriture composée exclusivement de viande. Il s'y rencontre en bien plus grande quantité après l'ingestion des acides benzoïque, quinique et cinnamique. Il se trouve dès le premier jour dans l'urine du nouveau-né. L'urine des herbivores en contient de très fortes proportions qui augmentent quand on fait entrer dans leur alimentation le foin, le son, la paille, la substance cuticulaire (Meissner). D'après Weismann, sa proportion diminue quand la désassimilation nutritive est accélérée et quand l'élimination de l'acide carbonique par les poumons augmente.

4° *Créatinine*. — La quantité de créatinine éliminée en vingt-quatre heures varie de 0,5 à 1,3 gramme chez l'adulte ; elle est un peu plus faible chez les femmes. L'urine des nouveau-nés nourris uniquement de lait ne paraît pas en contenir ; chez les enfants de 10 à 12 ans la moyenne par jour est de 0,387 gramme, chez le vieillard, de 0,5 à 0,6 gramme. Sa quantité augmente avec la proportion de viande de l'alimentation ; par l'inanition, elle subit une diminution notable.

5° *Autres substances azotées*. — La *xanthine* se rencontre dans l'urine après les bains sulfureux ; d'après Neubauer on en trouverait dans l'urine normale environ 0,003 p. 1000. L'*acide oxalurique* existerait en petite quantité dans l'urine à l'état d'oxalurate d'ammoniaque. L'*allantoïne* se trouve dans l'urine du nouveau-né dans les premiers jours après la naissance ; on a constaté aussi sa présence dans la grossesse après l'ingestion de grandes quantités de tannin, et quelquefois à la suite d'une alimentation de viande. La *cystine* a été trouvée dans quelques cas sans qu'on ait pu la rattacher à une cause déterminée (Niemann a rassemblé cinquante-trois cas de cystinurie). Ce sont toutes ces substances azotées, plus l'acide hippurique, qu'on désigne habituellement sous le nom de *matières extractives azotées* ; mais comme ces substances ne peuvent être dosées directement dans les analyses d'urine, les chiffres par lesquels on les représente habituellement n'ont aucune valeur (1).

B. **Principes non azotés.** — L'*acide oxalique* existe dans l'urine à l'état d'oxa-

_____

(1) Le seul procédé pratique est dans ce cas de doser l'azote total de l'urine, et d'en retrancher l'azote afférent à l'urée, à l'acide urique, à la créatinine et à l'ammoniaque ; la différence représente l'azote des matières extractives (Voir : E. Ritter, *Des modifications chimiques que subissent les sécrétions*, etc.; thèse du doctorat ès sciences, Paris, 1872).

late de chaux et en très faible proportion, à peine en élimine-t-on 20 milligr. en vingt-quatre heures ; il augmente par l'ingestion de toutes les substances qui contiennent des oxalates (oseille, tomates, épinards), ou de celles qui peuvent en donner par leur oxydation, comme l'acide citrique. D'après Szczerbakow, la présence de l'acide oxalique dans l'urine serait due à la décomposition d'une substance qui préexisterait dans l'urine et qui serait l'acide oxalurique ou un corps très voisin.

L'*acide lactique* (sarcolactique) se montre dans l'urine après un travail musculaire intense ; il s'y trouverait toujours à l'état normal d'après Brücke et Lehmann. L'existence du *sucre* dans l'urine a été très controversée et est encore en discussion ; elle a été admise par un grand nombre d'auteurs (Brücke, Blot, Bence-Jones, etc.), mais combattue par Friedlander, Seegen et beaucoup d'autres chimistes. En tout cas, Külz n'a pu l'isoler en agissant sur 200 litres d'urine. Le sucre apparaît, et quelquefois en très forte proportion, dans l'urine dans les cas de glycosurie ou diabète sucré (voir : *glycogénie*). L'urine des nourrices présente souvent, surtout à la suite de la stagnation du lait dans les conduits galactophores et de sa résorption, une certaine proportion de sucre de lait (0,17 à 1,6 p. 100). L'*inosite* a été quelquefois rencontrée dans l'urine diabétique au lieu de glucose ; Strauss et Külz ont constaté sa présence après l'ingestion de boissons abondantes. L'*acide succinique* a été trouvé dans l'urine après une nourriture de viande et de graisse (Meissner), après l'ingestion d'asperges, d'alcooliques.

C. **Acides sulfo-conjugués**. — L'*indican* se trouve en quantité très variable dans l'urine humaine ; d'une façon générale tout ce qui prolonge le séjour des aliments azotés dans l'intestin accroît sa proportion. Une nourriture animale, l'ingestion d'indol, la ligature de l'intestin augmentent l'indican de l'urine. L'indican paraît exister, même pendant l'inanition, dans l'urine des carnivores, mais en très faible quantité ; dans l'urine des herbivores, il ne se rencontre que pour certains genres d'alimentation (herbe fraîche ; lapin) ; cependant chez certains herbivores, comme le cheval, l'indican existe en quantité considérable. L'homme n'excrète par jour que 4 à 20 milligr. d'indigo. Les *phénolsulfates* forment environ le dixième des sulfates éliminés par l'urine ; d'après Brieger nous excrétons par jour 0,003 à 0,028 gram. de phénol. Cette quantité augmente sous l'influence d'un régime végétal, par l'ingestion de phénol, de tyrosine, de benzol, d'indol, etc. Ils sont plus abondants dans l'urine des herbivores. L'*acide chrésolsulfurique* accompagne ordinairement l'acide phénolsulfurique. L'*acide sulfopyrocatéchique* ne se présente que dans quelques cas dans l'urine humaine.

D. **Matières colorantes**. — L'*urobiline* n'existe à l'état d'urobiline véritable que dans le dixième des urines normales ; ordinairement on ne trouve que son chromogène qui ne donne aucune raie au spectroscope et qui lui donne naissance par oxydation. L'urobiline est en forte proportion dans les urines fébriles. Thudichum a décrit une autre matière colorante, l'*urochrome*, qu'il considère comme la matière colorante normale de l'urine et qui, en s'oxydant à l'air, formerait l'*uroérythrine* qui colore souvent en rouge les dépôts d'urate de soude.

E. **Substances inorganiques**. — 1° *Chlorure de sodium*. — Le *chlore* se trouve en grande partie dans l'urine à l'état de *chlorure de sodium*. L'homme en excrète par jour en moyenne 11,5 gram. (10 à 16), soit 0,176 par kilogr. de poids vif ; la proportion est plus faible chez les femmes, plus faible encore chez les enfants ; elle présente du reste de grandes variétés individuelles. Le chlorure de sodium présente deux maxima : l'un dans la matinée, l'autre dans l'après-midi ; par l'inanition, il peut tomber à 2 à 3 grammes en vingt-quatre heures, mais il ne disparaît jamais complètement ; il augmente par l'alimentation, surtout par la viande, par les boissons, par l'ingestion de sel marin ou de sels de potasse, par l'exercice musculaire, par le travail cérébral ; il diminue pendant le sommeil. — 2° *Phosphates.* La quantité d'acide phosphorique éliminé par jour est en moyenne de 2,8 gr. (2,5 à 3,5), soit 0,044 par kilogr. de poids vif ; un tiers de cet acide phosphorique est uni à la chaux et à la magnésie. Le maximum des phosphates tombe dans l'après-midi, puis leur proportion baisse pendant la nuit et arrive à son minimum dans la matinée. Ils augmentent par l'alimentation et surtout par une nourriture animale, par les boissons (vin, bière), par le travail musculaire, par l'ingestion de phosphates, de carbonates alcalins, de substances excitantes, etc. La diminution de phosphates pendant la nuit et pendant le sommeil n'est pas admise par tous les auteurs, Kaup et Sick admettent au contraire une augmentation. Dans une série de recherches sur l'élimination des phosphates, j'ai constaté les faits suivants ; sur 42 journées, 27 fois la proportion de phosphates de l'urine était plus forte dans les heures de jour (lever) que dans les heures de nuit (coucher), 13 fois la proportion était plus forte pour les heures de nuit ; deux fois il y avait égalité entre le jour et la nuit ; la moyenne de ces 42 journées était de 0,091 gram. par heure de jour et de 0,082 gram. par heure de nuit (voir, pour les détails, l'appendice). L'influence du travail cérébral est aussi controversée ; d'après Sülzer et Strübing, il y aurait augmentation de phosphates ; cette augmentation a été constatée dans certaines névropathies, dans l'hypochondrie, à la suite d'excès de coït (E. Ritter, thèse de Garnier : *Sur le système nerveux,* 1877) ; on les a trouvés diminués dans l'aliénation mentale, chez les maniaques (Mendel), dans l'épilepsie dans l'intervalle des attaques ; j'ai constaté aussi cette diminution chez des déments. D'après Edlefsen il n'y a pas parallélisme entre l'élimination des phosphates et celle de l'azote de l'urine. L'élimination des phosphates est plus faible pendant la grossesse et chez les enfants à l'époque de la croissance. — 3° *Sulfates.* L'homme élimine par jour par l'urine 2,1 gram. d'acide sulfurique (1,5 à 2,5), soit 0,032 par kilogr. de poids vif. Cette proportion est un peu plus faible chez les femmes. Le maximum des sulfates se rencontre dans l'après-midi après le repas ; leur quantité s'accroît par l'alimentation animale, par l'exercice musculaire, par l'ingestion de soufre, d'acide sulfurique, de sulfates ; elle diminue par une alimentation végétale, pendant la grossesse ; l'ingestion de taurine ne l'augmente pas (sauf chez le lapin). D'après Künkel 60 à 70 p. 100 du soufre ingéré avec les aliments reparaissent dans l'urine sous forme d'acide sulfurique. — 4° *Ammoniaque.* La proportion d'ammoniaque de l'urine est de 0,7243 gram. en moyenne en 24 heures. Cette proportion augmente par certains aliments (asperges), par l'ingestion d'acides (chez le chien). L'urine de lapin contient moins d'ammoniaque que l'urine acide d'homme et de chien.

TABLEAU :

Analyses de l'urine. — Le tableau suivant donne des analyses d'urine d'après J. Vogel et Kerner (1) :

	I		II
	En 24 heures.	Pour 1,000 part. d'urine.	En 24 heures.
Quantité d'urine.............................	1,500,00	1,000,00	1.491,00
Eau.................................	1,440,00	960,00	»
Parties solides	60,00	40,00	»
Urée.................................	35,00	23,30	38,10
Acide urique......................	0,75	0,50	0,94
Chlorure de sodium....................	16,50	11,00	16,80
Acide phosphorique....................	3.50	2,30	3,42
Acide sulfurique......................	2,00	1,30	2,48
Phosphates terreux....................	1,20	0,80	1,35
Ammoniaque............................	0,65	0,40	0,83
Acide libre........................	3,00	2,00	1,95

Variations de la composition de l'urine. — A. *Variations suivant les divers états de l'organisme.* — 1° *Age.* L'urine des nouveau-nés pendant les 10 premiers jours présente des caractères particuliers ; d'après Martin et Ruge, sa quantité est représentée par les chiffres suivants :

Jours............................	1	2	3	4	5	6	7	8	9	10
Quantité en centimètres cubes....	12	12	23	39	35	55	51	55	31	61

Celle des 5 premiers jours est troublée par des globules muqueux, des lamelles épithéliales et des urates ; elle devient ensuite claire et transparente ; sa réaction est ordinairement faiblement acide (Martin et Ruge), neutre d'après Parrot et Robin. Sa densité et la proportion p. 100 de principes solides qu'elle contient diminue régulièrement du premier au dixième jour, à l'exception de l'acide phosphorique qui augmente. Elle renferme de l'urée (3,03 par litre), de l'acide urique, qui augmente jusqu'au troisième jour, puis diminue peu à peu, de l'allantoïne, de l'acide hippurique, pas de créatinine (quand la nourriture se compose exclusivement de lait), quelquefois de l'albumine (d'après Parrot et Robin), des chlorures (0,88 par litre), des phosphates (0,14 à 0,32 par litre), des sulfates. Du dixième au 60° jour, l'urine se rapproche peu à peu de l'urine normale ; cependant elle est encore neutre et présenterait, d'après Cruse, des rapports intimes avec le poids de l'enfant ; la quantité totale d'urine augmente avec le poids de l'enfant, ainsi que celle de l'urée et du chlorure de sodium ; la densité de l'urine s'accroît aussi peu à peu. De 3 à 7 ans la quantité d'urine en 24 heures atteint 750 (garçons) et 700 centimètres cubes (filles) ; mais eu égard au poids du corps les enfants en sécrètent 1 fois et demie plus qu'un adulte (59 c. c. par kilogr. de poids vif). Cette urine renferme en moyenne 24 grammes de parties solides par jour. L'urine du vieillard présente quelques différences avec celle de l'adulte ; la proportion d'urée est plus faible (quelquefois de moitié) ; il en est de même de la créatinine ; du reste les différences de conditions d'existence influencent naturellement chez lui la composition de l'urine. — 2° *Sexe.* — Chez la femme la quantité d'urine et la propor-

(1) Les analyses I sont dues à Vogel et représentent la moyenne de plusieurs analyses faites sur l'urine de divers individus. L'analyse II, de Kerner, est la moyenne d'analyses de l'urine recueillie pendant 8 jours sur un homme de 23 ans pesant 72 kilogrammes.

tion des divers principes solides est habituellement un peu plus faible que chez l'homme. Les différences sexuelles de la composition de l'urine commencent déjà à se montrer dans les premiers jours après la naissance. Le tableau suivant donne, en grammes, d'après Mosler, les quantités d'urine et de ses principes constituants chez l'enfant, l'homme et la femme :

	ENFANT.		FEMME.		HOMME.	
	en 24 heures.	par kilogr.	en 24 heures.	par kilogr.	en 24 heures.	par kilogr.
Quantité d'urine....	1526	78	1812	42,3	1875	39,9
Urée..............	18,89	0,95	25,79	0,61	36,2	0,75
Chlorure de sodium.	8,6	0,44	13,05	0,302	15,6	0,326
Acide sulfurique....	1,01	0,06	1,966	0,046	2,65	0,053
Acide phosphorique.	2,97	0,162	4,164	0,097	4,91	0,504

B. *Variations fonctionnelles*. — 1° *Alimentation*. Les boissons augmentent non seulement la quantité d'eau de l'urine, mais aussi la quantité des sels, sans augmenter dans la même proportion le chiffre de l'urée et de l'acide urique, d'où diminution relative de ces deux principes. Une alimentation animale rend l'urine acide, et augmente la quantité d'urée, d'acide urique, de créatinine, de sulfates, de phosphates et de chlorures ; l'alimentation végétale rend l'urine alcaline (urine des herbivores) ; sous son influence, on constate un accroissement de l'acide hippurique, de l'acide oxalique, des carbonates, de la potasse, de la soude et de la glycose (alimentation féculente). L'inanition rend l'urine des herbivores acide, et l'acide hippurique y est remplacé par l'acide urique. — 2° *Digestion*. L'urine émise trois heures environ après le repas (urine de la digestion ou du chyle) est dense, colorée, moins abondante, et elle présente déjà les variations de quantité des divers principes, suivant la nature de l'alimentation, variations qui ont été étudiées précédemment. On a vu plus haut l'influence des repas sur la réaction de l'urine. — 3° *Sueur*. Il y a une sorte de balancement entre la sécrétion de la sueur et la sécrétion urinaire : quand l'une augmente, l'autre diminue ; mais ce balancement ne s'exerce que dans des limites assez restreintes et porte surtout sur la quantité d'eau. — 4° L'influence de l'*exercice musculaire* a été très controversée. L'acide de l'urine augmente (acide lactique) ; en même temps il paraît y avoir aussi augmentation d'urée (voir : *Variations de l'urée*, page 798), du moins dans certaines conditions, de chlorures, de sulfates, de phosphates ; l'acide urique au contraire éprouverait une diminution ; la créatinine ne paraît pas influencée. — 5° Le *travail intellectuel* exerce sur la composition de l'urine une action encore peu précisée ; d'après Byasson, il y aurait augmentation d'urée, de phosphates, de chlorure de sodium et diminution d'acide urique ; mais ces recherches méritent confirmation. — 6° Le *sommeil* diminue la quantité d'urine ; en même temps, l'urée, le chlorure de sodium, les sulfates sont en plus faible quantité ; contrairement à l'assertion de Kaupp et de quelques auteurs, il en est de même des phosphates, d'après mes recherches mentionnées plus haut, page 802. — 7° *Grossesse*. L'urine est moins dense, plus aqueuse, moins acide, et subit plus facilement la fermentation ammoniacale ; l'urée et le phosphate de chaux ne paraissent pas diminués ; elle contient quelquefois un peu d'albumine, du glucose et de l'allantoïne. La *kyestéine* ou *gravidine*, qu'on regardait autrefois comme un principe albuminoïde spécial à l'urine des femmes enceintes, n'est qu'une pellicule irisée constituée par des cristaux de phosphate ammoniaco-magnésien mélangés à des champignons microscopiques. Cependant quelques auteurs la considèrent comme une substance analogue à la caséine. L'urine des nour-. rices contient souvent du sucre de lait comme on l'a vu plus haut, page 801.

C. *Variations dues aux causes extérieures.* — 1° *Variations journalières.* Les variations journalières de l'urine dépendent en partie des repas ; cependant, même dans l'inanition, on a observé un maximum et un minimum qui coïncident à peu près exactement avec ceux observés chez l'homme dans le premier cas. Voici, d'après Weigelin, les chiffres donnés pour les quantités d'urine, d'urée et de chlorure de sodium aux différentes heures de la journée (moyenne de 6 jours) :

HEURES		QUANTITÉ d'urine.	URÉE.	CHLORURE de sodium.	OBSERVATIONS
12 à 2	Nuit.	58 c. c.	2,611 gr.	0,165 gr.	
2 à 4		57 min.	2,535 min.	0,160 min.	
4 à 6		68	2,741	0,260	
6 à 8		94	2,989	0,378	7 h. Lever et déjeuner.
8 à 10	Jour.	110	3,133	0,492	
10 à 12		188	3,650	0,741	
12 à 2		216	3,976	0,775 max.	12 h. 15 Dîner.
2 à 4		298 max.	4,348 max.	0,691	
4 à 6		150	3,370	0,490	
6 à 8	Nuit.	112	3,046	0,341	
8 à 10		110	3,568	0,358	8 h. Souper.
10 à 12		72	2,792	0,246	11 h. Coucher.

2° *Température.* L'élévation de la température extérieure diminue la quantité d'urine qui devient plus concentrée ; les quantités d'urée, de chlorure de sodium subissent aussi une diminution. — 3° *Passage des substances dans l'urine.* Les métaux et les sels métalliques insolubles ne reparaissent pas dans l'urine ; on y retrouve inaltérés un certain nombre de sels alcalins (carbonates, sulfates, borates, nitrates, silicates, chlorures, iodures et bromures) ; le cyanoferrure et le sulfocyanure de potassium ; les sels solubles d'antimoine, de bismuth, d'arsenic, de mercure, d'argent et d'or ; l'acide oxalique, le phénol, l'acide pyrogallique ; les acides biliaires, l'urée, la créatinine ; la morphine, la quinine, la strychnine, la caféine, etc. ; beaucoup de matières colorantes (carmin, campêche, gomme-gutte, etc.) ; la santonine, le sucre, l'alcool (seulement en partie). Les sels des acides organiques s'y retrouvent en grande partie à l'état de carbonates, les hyposulfites et les sulfures à l'état de sulfates ; l'acide tannique à l'état d'acide gallique, l'acide malique à l'état d'acide succinique, les iodates et les bromates à l'état d'iodures et de bromures. Enfin beaucoup de substances ingérées donnent naissance par synthèse en s'unissant à des substances existant dans l'organisme à des corps nouveaux qu'on retrouve dans l'urine ; tel est l'acide hippurique qui paraît dans l'urine après l'ingestion d'acide benzoïque ; tels sont les acides sulfo-conjugués, etc., etc.

Physiologie comparée. — 1° *Carnivores.* L'urine des carnivores a à peu près la même composition que l'urine humaine. Elle est claire, fortement acide, riche en urée, pauvre en acide urique. Par une alimentation exclusivement végétale elle peut prendre le caractère de l'urine des herbivores. L'urine de *chien* contient, outre les parties constituantes ordinaires, un acide particulier, l'*acide kynurénique*, $C^{20}H^{14}Az^2O^6+2H^2O$, elle renferme beaucoup d'indican, souvent de l'allantoïne, de la cystine et de l'acide succinique, et une plus forte proportion de sulfocyanures et de sels ammoniacaux que l'urine humaine. L'urine de *chat* contient aussi des hyposulfites et de l'allantoïne. — 2° *Herbivores*. L'urine des herbivores est trouble, jaunâtre, alcaline et fait effervescence avec les acides; le trouble est dû à un dépôt de carbonates et d'oxalates de chaux tenus en suspension ; elle renferme peu de phosphates terreux, de chlorure de sodium et d'ammoniaque, beaucoup de potasse. L'acide urique y manque ou ne s'y trouve qu'en très faible proportion ; par contre on y rencontre de fortes proportions d'acide hippurique. Par l'inanition, pendant l'allaitement, par une nourriture de viande, l'urine devient acide ; elle renferme de l'acide urique tandis que l'acide hippurique disparaît. L'urine du *bœuf* contient beaucoup d'indican, de l'acide benzoïque, des traces de taurine et d'hypoxanthine, de l'inosite, deux acides particuliers, huileux, odorants, les acides *damalurique*, $C^7H^{12}O^2$ et *damolurique*. L'urine de *cheval* renferme beaucoup d'acides sulfo-conjugués et spécialement d'indican, de la pyrocatéchine, de la coumarine ; ses sédiments consistent en carbonates et oxalates de chaux, et phosphate de magnésie. L'urine de *lapin* contient une assez forte proportion d'acides sulfo-conjugués, de l'acide succinique, du sulfocyanure de potassium, très peu d'ammoniaque ; elle renferme quelquefois une substance qui réduit la liqueur de Barreswill. Elle devient acide au bout de 2 à 3 jours d'inanition. L'urine de *porc* est claire au moment de l'émission, mais se trouble très rapidement par la transformation des carbonates acides en carbonates neutres. Elle contient 2 p. 100 d'urée ; par contre l'acide urique et l'acide hippurique paraissent y manquer et on n'y trouve que des traces de créatinine. — 3° *Oiseaux*. L'urine de ces animaux se mélange dans le cloaque avec les excréments ; elle est blanche, crayeuse, quelquefois colorée ; elle consiste en urée, acide urique, créatinine, guanine. — 4° L'urine des *reptiles* ressemble à celle des oiseaux et consiste en acide urique presque pur avec un peu d'urate d'ammoniaque et de phosphate de chaux. Celle de quelques espèces de *tortues* contient de l'acide hippurique. L'urine des grenouilles est claire, limpide et renferme de l'urée.

Bibliographie. — BERZELIUS : Ann. de chimie, t. LXXXVIII, 1813. — W. PROUT : *Sur la nature de quelques-uns des principes immédiats de l'urine* (Ann. de chim. et de phys., t. X, 1819). — WÖHLER : *Rech. sur le passage des substances dans l'urine* (Journ. des sc. et instit. méd., t. I). — G. DUVERNAY : *Chem. med. Unters. über den menschlichen Urin*, 1835. — G. O. REES : *On the analysis of the blood and urin*, 1836. — MAC-GREGOR : *An exper. inquiry into the comparative state of urea*, etc. (Lond. med. Gaz , 1837). — LECANU : *Nouv. rech. sur l'urine humaine* (Mém. de l'Acad. roy. de méd., 1840). — LIEBIG : *Ueber die Constitution des Harnes* (Ann. d. Chem. und Pharm., 1844). — V. BIBRA : *Ueber den Harn einiger Pflanzenfresser* (*ibid.*, 1845). — BOUSSINGAULT : *Rech. sur la constit. de l'urine des an. herbivores* (Ann. de chim. et de physique, t. XV, 1845). — HEINTZ : *Ueber das Kreatin im Harne* (Poggend. Ann., t. LXX, 1847). — J. STRAHL ET LIEBERKÜHN : *Harnsäure im Blut*, etc., 1848. — H. BENCE JONES : *Contrib. to the chemistry of the urine* (Philos. Transact., 1848-49). — SOKOLOFF : *Notiz über Anwesenheit des Kreatinin in Pferdeharne* (Ann. d. Chem. und Pharm., t. LXXVIII, 1851). — A. DECHAMBRE : *Note sur la présence habituelle du sucre dans l'urine des vieillards* (Gaz. méd., 1852). — GRÜNER : *Die Ausscheidung des Schwefelsäure durch den Harn*, 1852. — A. HEGAR : *Ueber Ausscheidung der Chlorverbindungen durch den Harn*, 1852. — KLETZINSKY : *Versuche über den Uebergang von Farbstoffen in den Harn* (Heller's Arch., 1852). — SCHERER : *Vergleich. Unters. der in 24 Stunden durch den Harn austretenden Stoffe* (Würzburg Verhandl., 1852). — A. T. LANG : *De adipe in urina*, 1852. — SIEGMUND : *De ureæ excretione*, 1853. — W. CLARE : *Experim. de excretione acidi sulfurici per urinam*, 1854. — P. EYLANDT : *De acidorum sumptorum vi in urinæ acorem*, 1854. — R. RUDOLPH : *De urina sanguinis, potus et chyli*, 1854. — RUMMEL : *Beitr. zu den vergleich. Unters. der in 24 Stunden durch den Harn ausgeschiedenen Stoffe* (Würzburg. Verhandl., 1854). — FALK : *Harnuntersuchungen* (Deutch. Klinik., 1855). — KAUPP : *Beitr. zur Physiol. des Harns* (Arch. für physiol., Heilk., 1856). — BEIGEL : *Unters. über die Harn und Harnstoffmengen*, etc., 1856. — J. C. DRAPER : *Ueber das Verhältniss der Harnstofferzeugung zur Muskelbewegung* (Schmidt's Jahrbuch., t. CXII, 1856). — FALCK : *Ueber den Einfluss des Weins auf die*

Harnbereitung (Deut. Klin., 1856). — Roussin : *Sur l'absence de l'ac. hippurique dans l'urine de cheval* (Comptes rendus, 1856). — Leconte : *Rech. sur l'urine des femmes en lactation* (Comptes rendus, 1857). — Wiederhold : *Ueber das Vorkommen von Zucker im Harn der Wöchnerinnen*, etc. (Deut. Klinik., 1857). — Th. Kirsten : *Ueber das Vorkommen von Zucker im Harn der Schwangern*, etc. (Monatsber. für Geburtskunde, t. IX, 1857). — Heynsius : *Ueber die Entstehung und Ausscheidung von Zucker* (Arch. für die l:öll. Beitr., t. I, 1857). — F. Mosler : *Unters. üb. den Einfluss des innerlichen Gebrauchs*, etc. (Arch. v. Vogel, t. III, 1857). — C. Hecker : *Einig. Bem. üb. den sog. Harnsäureinfarct in den Nieren neugeborner Kinder* (Arch. für pat. Anat., t. XI, 1857).' — H. Krabbe : *Om Phosphorsyre*, etc., 1857. — P. Sick : *Vers. üb. die Abhängigkeit des Phosphorsäuregehaltes des Urins von der Phosphorsäurezufuhr* (Arch. für physiol. Heilk., 1857). — Cl. Gigon : *Rech. exp. sur l'albuminurie normale* (Union méd., 1857). — A. Becquerel : *De la non-existence de l'albumine dans les urines normales* (Comptes rendus, 1857). — Hayden : *On the physiolog. relations of albumine* (Dublin hosp. Gaz., 1857). — G. Kerner : *Ueber das phys. Verhalten der Benzoesäure* (Arch. für wiss. Heilk., t. III, 1858). — W. Hallwachs : *Ueber den Uebergang der Bernsteinsäure in den Harn* (Ann. d. Chem. und Pharm., t. CVI, 1858). — Ranke : *Beob. und Vers. über die Ausscheidung der Harnsäure*, 1858. — Hammond : *Ueber die Ausscheidung der Phosphorsäure* (Arch. für wiss. Heilk., t. IV, 1858). — E. Brücke : *Ueber die Vorkommen von Zucker im Harn* (Wien. Sitzungsber., t. XXIX, 1858). — Id. : *Ueber die Glycosurie der Wöchnerinnen* (Wien. med. Wochensch., 1858). — Kletzinsky : *Ueber die Hypochlorite, Hyposulfite und die Benzoesäure*, etc. (Oesterr. Zeit. für prakt. Heilk., 1858). — Haughton : *On the natural constituents of the healthy urine of man* (The Dublin quarterly journ., 1859). —. R. Wreden : *Ueber die quant. Bestimmung der Hippursäure* (Journ. für prakt. Chem., t. LXXVII, 1859). — J. Planer : *Ueber die Gase des Harns* (Zeit. d. Ges. d. Aerzte zu Wien, 1859). — P. Sick : *Vers. üb. d. Abhangigkeit des Schwefelsäuregehalts des Urins von der Schwefelsäurezufuhr*, 1859. — Wiederhold : *Die physiol. Glycosurie* (Deut. Klinik, 1858). — Leconte : *Sur la rech. du sucre dans l'urine* (Journ. de la Physiol., t. II, 1859). — Boedeker : *Mittheil.*, etc. (Zeit. für rat. Med., t. VII, 1859). — Id. : *Ein Beitr. zur Kenntniss des Stoffwechsels*, etc. (Zeit. für rat. Med., t. X, 1860). — W. Seller : *On the determination of the proportion of solids in the urine* (Edinb. med. journ., 1860). — C. Neubauer : *Beitr. zur Harnanalyse* (Arch. d. wiss. Heilk., t. V, 1860). — A. ab. Haxthausen : *Acidum phosphoricum urinæ*, etc., 1860. — H. Bamberger : *Ist Ammoniak normaler Harnbestandtheil* (Wurzb. med. Zeit., t. I, 1860). — W. Roberts : *Observ. on some daily changes of the urine* (Ed. med. Journ., 1860). — R. H. Ferber : *Der Einfluss vorübergehender Wasserzufuhren auf Menge und Kochsalzgehalt des Urins* (Arch. d. Heilk., 1860). — Bergholz : *Ueber die Harnmenge bei Bewegung*, etc. (Arch. für Anat., 1861). — C. Neubauer : *Ist Ammoniak ein normaler Harnbestandtheil* (Journ. für prakt. Chemie, t. LXXXIII, 1861). — W. Heintz : *Ueber das Vorkommen des Ammoniaks im Harn* (Wurzb. med. Zeit., t. II, 1861). — H. Bamberger : *id.* (*ibid.*). — Wulfius : *Ueb. den Nachweis von Salpetersäure im Harn*, 1862. — Loebe : *Beitr. zur Kenntniss des Kreatinins* (Journ. für prakt. Chem., t. LXXXV, 1861). — C. Neubauer : *Ueber Kreatinin* (Ann. d. Chem., t. CXIX, 1861). — N. Iwanoff : *Beitr. zu der Frage über die Glycosurie der Schwangeren*, etc., 1861. — Bence-Jones : *Ueber die Entdeckung des Zuckers im Urine* (Journ. für prakt. Chem., t. LXXXV, 1861). — W. Moss : *On the action of potash, etc., on the urine* (Amer. Journ. of med. sc., t. XLI, 1861). — Bence-Jones : *On the simultaneous variations of hippuric and uric acids* (Journ. of the chem. soc., 1862). — Thiry : *Ueber den Ammoniakgehalt des Blutes*, etc. (Zeit. für. rat. Med., t. XVII, 1862).—B. Wicke : *id.* (*ibid.*). — J. Lohrer : *Ueber den Uebergang der Ammoniaksalze in den Harn*, 1862. — Tuchen : *Ueber die Anwesenheit des Zuckers im normalen Harn* (Arch. für pat. An., t. XXV, 1862). — J. de Vries : *Bijd. tot de kennis der suikers*, 1862. — E. Schunk : *On sugar in urin* (Phil. magaz., 1862). — F. Zinsser : *Ueb. das Verhältniss der phosphorsauren Erden zu den phosphorsäuren Alkalien im Harn*, 1862. — Haughton : *On the natural constants of the healthy urine of man* (The Dublin quart. Journ. of med. sc., 1862). — E. Nicholson : *On the specific gravity of urine as a measure of its solid constituents* (Journ. of the chem. soc., 1863). — Braxton Hicks : *Remarks on kiestine* (Guy's hosp. rep., 1861). — A. Stopczanski : *Ueber Bestimmung des Kreatinins im Harn* (Wien. med. Wochensch., 1863). — Thudichum : *Res. on the phys. variations of the quantity of hippuric acid*, etc. (Journ. of the chem. soc., 1864). — E. Reinson : *Unters. üb. die Ausscheidung des Kali und Natron*, 1864. — Schönbein : *Chem. Mittheil.* (Ber. d. Münch. Akad., 1864). — E. Morin : *Rech. sur les gaz libres de l'urine* (Journ. de pharm., 1864). — W. Winternitz : *Beob. üb. die Gesetze der täglichen Harn und Harnstoff-Ausscheidungen* (Med. Jahrb., t. IV, 1864. — W. Marcet : *On a colloid acid, a normal constituent of human urine* (Proceed. of the roy. soc., t. XIII, 1865). —

A. Béchamp : Sur la matière albuminoïde ferment de l'urine (Comptes rendus, 1865). — Friedlander : Ueber den vermeintl. Zuckergehalt des Harns (Arch. d. Heilk., t. VI, 1865). — Duchek : Ueber den Ammoniakgehalt des Harnes (Wochbl. d. Zeit. d. k. Ges. d. Aerzte in Wien, 1864). — Rautenberg : Vers. üb. Harnstoff und Ammoniak-Bestimmung im Harn (Ann. d. Chem. u. Pharm., t. CXXXIII, 1865). — A. Béchamp : Sur la ferment. de l'urine normale (Comptes rendus, 1865). — Schönbein : Ueber die nächste Ursache der alkalischen Gährung des menschlichen Harns (Journ. für prakt. Chem., t. CXIII, 1865). — Van Tieghem : Sur la ferment. ammoniacale (Comptes rendus, 1864). — J. Ranke : Tetanus, 1865. — L. Playfair : On the food of man, etc. (Med. Times and Gaz., 1865). — F. C. Donders : Spierarbeid en Warmte-ontwikkeling, etc. (Nederl. Arch. voor Genees., 1865). — Helfreich : Ueber die Pathogenese des Diabetes, 1866. — M. Foster : Notes on amylolytic ferments (Journ. of anat., 1866). — F. Oehren : Ueber das Vorkommen der Chinasäure in Galium mollugo, 1865. — Dohrn : Zur Kenntniss des Harns des menschlichen Fœtus und Neugebornen (Monatsch. für Geburtskunde, etc., t. XXIX, 1867). — H. Huppert : Die Ursache der sauren Reaction des Harns (Arch. d. Helk., t. VIII, 1867). — Klüpfel : Ueber die Acidität des Harns, etc. (Med. chem. Unters. v. Hoppe-Seyler, 1868). — A. Riesel : Ueber die Phosphorsäure-Ausscheidung im Harn, etc. (ibid.). — Koppe : Ueber Ammoniakausscheidung durch die Nieren, 1868. — Edlefsen : Ueber die Schichtung des Harns in der menschlichen Harnblase (Arch. de Pflüger, 1870). — E. Salkowski : Unt. üb. die Ausscheidung der Alkalisalze (Arch. für pat. An., t. LII, 1871). — C. J. Engelmann : Schwefelsäure und Phosphorsäure-Ausscheidung bei körperlicher Arbeit (Arch. für An., 1871). — A. Sawicki : Ist der absolute Säuregehalt der Harnmenge an einem Arbeitstage grösser als an einem Ruhetage? (Arch. de Pflüger, 1872). — G. Gaetgens : Zur Frage der Ausscheidung freier Säure durch den Harn (Centralblatt, 1872). — H. Byasson : Ét. sur les causes de la réaction acide de l'urine normale (Journ. de l'Anat., 1872). — E. Mendel : Die Phosphorsäure im Urin von Gehirnkranken (Arch. für Psychiatrie, 1872). — E. Roux : Des variations dans la quantité d'urée, etc. (Comptes rendus, t. LXXVII, 1873). — Rabuteau : Des variations de l'urée, etc. (ibid.). — De Sinéty : Rech. sur l'urine pendant la lactation (Gaz. méd., 1873). — Müller Kolsman : Ueber den Einfluss der Hautthätigkeit auf die Harnabsonderung (Arch. für exper. Pat., t. I, 1873). — Baumstark : Ueber einen neuen Bestandtheil des Harns (Ber. d. d. chem. Ges., t. VII, 1873). — Vulpian : De l'oxalate de chaux dans l'urine (Gaz. méd., 1873). — Panum : Om Urinstof og Urinsecretionen, Kurve, etc. (Nord. med. Ark., t. VI, 1874). — F. Schenk : Ueber den Einfluss der Muskelarbeit auf die Eiweisszersetzung (Arch. für exp. Pat., t. II, 1874. — F. A. Falk : Welches Gesetz beherrscht die Harnstoffausscheidung des auf absolute Carenz gesetzten Hundes, 1875. — Musculus : Sur un papier réactif de l'urée (Comptes rendus, t. LXXVIII, 1875). — Martin, A. Ruge et Biedermann : Unt. des Harns während der ersten 10 Lebenstage (Centralbl., 1875). — Hempel : Die Glycosurie im Wochenbett (Arch. f. Gynäk., t. VIII, 1875). — Zuelzer : Ueber die relativen Gewichtsmengen einzelner Harnbestandtheile (Ber. d. d. chem. Ges., t. VIII, 1875). — E. Külz : Ueber den Schwefelhaltigen Körper des Harns (Sitzungsber. d. Ges. zu Marburg, 1875). — Bogomoloff : Zur Harnfarbstofflehre (Centralbl., 1875). — Dagrève : Des matières colorantes de l'urine (Gaz. méd., 1875). — H. Haas : Eine links drehende Substanz im normaler Harn (Centralbl., 1876). — E. Külz : Ist der Traubenzucker ein normaler Harnbestandtheil (Arch. de Pflüger, t. XIII). — Malygin : Du sucre dans l'urine normale, 1876 (en russe). — F. Pavy : On the recognition of sugar in healthy urine (Guy's hosp. Rep., 1876). — Kleinwachter : Das Verhalten des Harns im Verlaufe des normalen Wochenbettes (Arch. f. Gynäk., t. IX, 1876). — Parrot : Robin : Ét. prat. sur l'urine normale des nouveau-nés (Comptes rendus, t. LXXXII, 1876). — Musculus : Ueber die Gährung des Harnstoffes (Arch. de Pflüger, t. XII, 1876). — Id. : Sur le ferment de l'urée (Comptes rendus, t. LXXXII, 1876). — Pasteur et Joubert : Sur la fermentation de l'urine (Comptes rendus, t. LXXXIII, 1876). — Béchamp : id. (ibid.). — Bastian : id. (ibid.). — Janowski : Rapports de l'acidité de l'urine avec le travail musculaire, 1876 (en russe). — Strampell : Ueber das Vorkommen von unterschwefliger Säure im Harn des Menschen (Arch. d. Heilk., t. XVII, 1876). — Zülzer : Ueber das Verhältniss der Phosphorsäure zum Stickstoff im Urin (Arch. de Virchow, t. LXVI, 1876). — P. Stäbing : Ueber die Phosphorsäure im Urin (Arch. f. exp. Pat., t. VI, 1876). — Zawilski : Ueber tension des gaz dans le corps, etc. (Acad. d. sc. de Cracovie, 1876; en polonais). — A. Künkel : Ueber den Stoffwechsel des Schwefels (Arch. de Pflüger, t. XIV, 1877). — Hofmeister : Ueber Lactosurie (Zeit. für phys. Chem., t. I, 1877). — V. Johannovnsky : Ueber den Zuckergehalt im Harne der Wöchnerinnen (Arch. f. Gynäk., t. XII, 1877). — Quincke : Ueber den Einfluss des Schlafes auf die Harnabsonderung (Arch. für exper. Pat., t. VIII, 1877). — Cazeneuve et Livon : Nouv. rech. sur la fermentation ammoniacale de l'urine (Revue mensuelle, 1877). — Pasteur et Joubert : Note sur l'altération de l'urine (Comptes rendus, t. LXXXIV, 1877). — BASTIAN : *Sur la fermentation de l'urine* (ibid.). — ZÜLZER : *Ueber die Chloride des Harns* (Centralbl., 1877). — BERTRAM : *Ueber die Ausscheidung der Phosphorsäure bei den Pflanzenfressern* (Zeit. f. Biol., t. XIV, 1878). — L. PERL : *Ueber die Resorption der Kalksalze* (Arch. de Virchow, t. LXXIV, 1878). — E. W. HAMBURGER : *Ueber die Aufnahme und Ausscheidung des Eisens* (Zeit. f. phys. Chem., t. II, 1878). — F. SCHAFFER : *Ueber die Ausscheidung des dem Thierkörper zugeführten Phenols* (Journ. für prakt. Chem., 1878). — E. SALKOWSKI : *Ueber den Einfluss der Verschliessung des Darmkanals auf die Bildung der Carbolsäure* (Arch. de Virchow, t. LXXIII). — BAUMANN : *Ueber die Aetherschwefelsäuren der Phenole* (Zeit. f. phys. Chemie, t. II, 1878). — VALENTIN : *Einiges über Brechungscöefficienten des Harns* (Arch. de Pflüger, t. XVII, 1878). — EDLEFSEN : *Ueber das Verhältniss der Phosphorsäure zum Stickstoff im Urin* (Med. Centralbl., 1878). — BOUCHON : *Contrib. à l'étude de l'excrétion de l'acide phosphorique total* (Rev. mensuelle, 1877). — CRUSE : *Ueber das Verhalten des Harns bei Säuglingen* (Jahr. f. Kinder, 1877). — A. POLLAK : *Zur Frage des Zucker und Eiweissgehaltes im Säuglinsharne* (ibid.). — CRUSE : *id.* (ibid.). — E. SALKOWSKY : *Ueber das Vorkommen von Allantoin und Hippursäure im Hundeharn* (Ber. d. d. chem. Ges., t. XI, 1878). — W. LEUBE : *Ueber die Ausscheidung von Eiweiss im Harn des gesunden Menschen* (Arch. de Virchow, t. LXXII, 1878). — ID. : *Ueber das Vorkommen von Paralbumin im Harn*, etc. (Sitzungsber. d. med. Soc. zu Erlangen, 1878). — P. MIGUEL : *Sur un nouveau ferment figuré de l'urée* (Bull. de la Soc. chimiq., t. XXXI, 1879). — VALMONT : *Ét. sur la cause des variations de l'urée dans quelques maladies du foie*, 1879. — P. MIGUEL : *Nouv. rech. sur le bacillus ferment de l'urée* (Bull. de la Soc. chim., t. XXXII, 1879). — BAUMANN ET PREUSSE : *Ueber die dunkle Farbe des Carbolharns* (Arch. für Physiol., 1879). — E. STEINAUER : *Ueber eine im normalen Harn vorkommende gechlorte organische Substanz* (ibid.). — A. AUERBACH : *Zur Kenntniss der Ausscheidung des Phenols* (ibid.). — ABELES : *Ueber den Zuckergehalt des normalen menschlichen Harns* (Centralbl., 1879). — SEEGEN : *id.* (ibid.). — MAIXNER : *Ueber Peptonurie* (ibid.). — KALTENBACH : *Lactosurie der Wöchnerinnen* (Zeit. für phys. Chem., t. II, 1879). — SASSEZKI : *Ueber den Einfluss des Schwitzens*, etc. (Pétersb. med. Wochensch., 1879, et : Centralbl., 1879). — FUSTIER : *Essai sur la réaction de l'urine*, 1879. — R. MALY : *Abwehr in Angelegenheit des Hydrobilirubins* (Arch. de Pflüger. t. XX, 1879). — DISQUÉ : *id.* (ibid., t. XXI, 1880). — E. PFLÜGER : *Ueber die quant. Bestimmung des Harnstoffes ibi* (‹.). — TH. DEECKE : *Urea and phosphoric acid in the urine in anaemia* (Amer. Journ. of insanity, 1879). — LEUBE : *Ueber die Ammoniakausscheidung im Harn* (Erlang. med. Sitzungsber., 1879). — LÉPINE ET JACQUIN : *Sur l'excrétion de l'acide phosphorique par l'urine* (Rev. mensuelle, 1879). — GEORGES : *Ueber die unter physiol. Bedingungen eintretende Alkalescenc des Harns* (Arch. für exper. Pat., 1879).

2° Mécanisme de la sécrétion urinaire.

Procédés opératoires. — 1° *Néphrotomie* ou *extirpation du rein* (Prévost et Dumas, 1823). — On peut arriver sur le rein de deux façons, par la paroi abdominale antérieure, ou par la paroi postérieure. Dans le *premier procédé*, le péritoine est ouvert et on a à craindre des accidents de péritonite ; on arrive du reste facilement sur les reins, après avoir incisé l'abdomen sur la ligne médiane et récliné avec précaution la masse intestinale pour mettre le rein à découvert ; le rein gauche est plus facilement abordable que le rein droit, qui est caché par le foie. Dans le *second procédé*, qui est meilleur, le péritoine n'est pas lésé ; on fait l'incision de la paroi postérieure de l'abdomen le long du bord externe du carré des lombes, et on arrive assez facilement sur le rein. Chez le chien, le rein gauche est un plus bas que le rein droit et de ce côté l'incision doit être plus rapprochée de la colonne vertébrale. Le même procédé est applicable à la plupart des animaux. En général, la mort arrive un à deux jours après la néphrotomie. Après l'opération, l'urée s'accumule dans le sang (*urémie*) et une partie de cette urée s'élimine par la surface intestinale.

2° *Ligature des uretères.* — Même procédé opératoire. Après cette opération, l'urée s'accumule aussi dans le sang. La ligature temporaire de l'uretère est suivie d'une exagération de la sécrétion (M. Hermann).

3° *Ligature des vaisseaux du rein.* — Même procédé. L'opération est suivie aussi d'accidents urémiques et l'urée s'accumule dans le sang ; la sécrétion est arrêtée, le rein s'hyperhémie quelques heures après la ligature de l'artère et de la veine. La ligature de l'artère seule a pour résultat l'arrêt de la sécrétion, à moins que la circulation ne soit rétablie par les anastomoses des artères capsulaires du rein avec les artères lombaires, surrénales et spermatiques. Ordinairement, la ligature de l'artère produit la gangrène du rein et amène rapidement la mort. La ligature temporaire produit aussi la nécrose des éléments constituants du rein et spécialement des cellules épithéliales des canalicules, tandis que les glomérules restent normaux (Litten) ; les urines sont albumineuses. La ligature de la veine rénale détermine l'atrophie du rein ; il y a diminution de l'urine qui devient albumineuse et plus tard arrêt de la sécrétion.

4° *Destruction des nerfs du rein.* — On peut détruire les nerfs du rein qui accompagnent l'artère rénale par une constriction temporaire de cette artère ; mais il vaut mieux s'éloigner autant que possible du rein et détruire le plexus rénal entre les vaisseaux et les capsules surrénales. (Ustimowitsch.): Voir (*Grand sympathique.*)

5° *Procédés pour faire varier la pression sanguine dans le rein.* — a. *Augmentation.* — Ligature de l'aorte au-dessous de l'origine de l'artère rénale ; rétrécissement de la veine cave au-dessus de l'embouchure des veines rénales par une ligature incomplète (Corrent). En outre, on peut employer tous les moyens qui augmentent la pression sanguine générale (injection dans les veines, etc.). Toutes les fois que la pression augmente dans les artères rénales, l'albumine paraît dans les urines (et quelquefois le sucre). b. *Diminution.* — Section de la moelle ; saignées.

6° *Circulation artificielle du rein.* — On peut pratiquer sur des reins frais des circulations artificielles soit avec de l'eau, soit avec du sérum ou du sang défibriné, et recueillir le liquide qui s'écoule par l'uretère.

La connaissance anatomique du rein est indispensable pour comprendre la physiologie de la sécrétion urinaire (1). Deux choses surtout sont importantes à connaître : la disposition des conduits sécréteurs et la circulation glandulaire.

Les *conduits urinifères*, dont la longueur est d'environ 0^m,052 (Schweigger-Seidel) commencent aux *corpuscules de Malpighi*, s'infléchissent (*canaux contournés*), puis envoient dans la substance médullaire une anse (*anse d'Henle*) qui remonte ensuite dans la substance corticale ; là ils s'infléchissent de nouveau (*canaux d'union*) pour se jeter dans les *canaux droits* et aboutir enfin à la papille rénale par le *canal papillaire*. Les caractères de l'épithélium varient dans les divers points de ces conduits. Dans les corpuscules de Malpighi, l'épithélium est pavimenteux ; il est granuleux et d'aspect glandulaire dans les canaux contournés, la branche ascendante plus large de l'anse d'Henle et dans les canaux d'union et son protoplasma se divise en fibrilles parallèles (*bâtonnets* d'Heidenhain) qui donnent à cet épithélium un aspect particulier ; il est clair et transparent au contraire dans les canaux droits et dans la partie descendante étroite de l'anse d'Henle.

La *circulation rénale* présente plusieurs particularités importantes au point de vue de la sécrétion urinaire. En premier lieu le *vaisseau efférent* du glomérule de Malpighi constitue, comme l'a montré Bowmann, un petit *vaisseau porte* (2) intermédiaire entre le réseau capillaire du glomérule et le réseau capillaire général du rein qui entoure les canaux urinifères. Ce vaisseau efférent, qui a la structure et la signification d'une artère, est d'un calibre inférieur au calibre du vaisseau afférent. Il en résulte ce fait, très important pour le mécanisme de la sécrétion, que la pression dans le glomérule est plus forte que dans les capillaires généraux, tandis qu'elle est plus faible dans les capillaires qui entourent les canalicules. En outre la plus grande partie des capillaires de la substance médullaire et une partie de ceux de l'écorce reçoivent le sang directement des branches de l'artère rénale (*artérioles droites*) et sans qu'il passe par les glomérules, de sorte que les variations de calibre de ces artérioles peuvent influencer la quantité de sang qui passe par les glomérules. La situation des deux vaisseaux, afférent et efférent, influe aussi sur la circulation des glomérules ; le vaisseau efférent naît du centre du glomérule tandis que les capillaires provenant du vaisseau afférent sont situés

(1) Voir la figure demi-schématique des *Nouveaux éléments d'anatomie* de Beaunis et Bouchard ; 3e édit. p. 803, fig. 302.

(2) On appelle *vaisseau porte* un vaisseau intermédiaire entre deux réseaux capillaires, comme la *veine porte* proprement dite.

à la périphérie ; aussi une augmentation de pression dans le vaisseau afférent favorise la circulation dans la partie centrale du glomérule et l'écoulement du sang par le glomérule tandis qu'une augmentation de pression dans le vaisseau efférent comprime les vaisseaux périphériques et entrave la circulation du glomérule. Enfin, d'après les recherches de Ludwig, les canalicules ne sont pas en rapport immédiat avec les capillaires, sauf au niveau du glomérule, mais plongent dans les espaces lymphatiques qui occupent le tissu connectif interstitiel ; la réplétion de ces espaces peut aussi comprimer les vaisseaux et les canalicules urinifères.

Quand la pression sanguine (artérielle) augmente, la pression et la vitesse du sang augmentent dans les glomérules en proportion beaucoup plus forte que dans les capillaires qui entourent les canalicules. Au contraire, quand la circulation veineuse est entravée, c'est surtout sur les capillaires des canalicules que se fait sentir l'augmention de pression qui en résulte ; cependant, même dans ce cas, il y a toujours, contrairement à l'opinion de Runenberg, augmentation de pression dans les glomérules. La disposition fasciculée des vaisseaux droits et des canalicules urinifères dans la *couche limitante* intermédiaire à l'écorce et à la substance médullaire, fait que la réplétion des vaisseaux amène une compression des canalicules et la réplétion des canalicules une compression des vaisseaux.

La *quantité de sang* du rein est assez considérable. Ranke, sur le lapin, a trouvé 2 p. 100 de la totalité du sang ou 10 p. 100 du poids du rein. Quant à la quantité de sang qui traverse les reins en vingt-quatre heures, elle est à peu près impossible à évaluer d'une façon précise ; cependant on peut l'évaluer approximativement à 130 kilogrammes (voir : *circulation*). Valentin, Brown-Séquard et surtout Poiseuille ont donné des chiffres beaucoup plus forts.

Il est intéressant de comparer la composition de l'urine, du plasma sanguin et du sérum lymphatique, c'est ce que donne le tableau suivant (pour 100 parties) :

	URINE.	PLASMA sanguin.	SÉRUM lymphatique.
Eau...................................	960,00	901,51	957,61
Matières albuminoïdes...................	»	81,92	32,02
Fibrine................................	»	8,06	»
Urée..................................	23,30	0,15	»
Acide urique..........................	0,50	»	»
Chlorure de sodium....................	11,00	5,546	5,65
Acide phosphorique....................	2,30	0,192	0,02
Acide sulfurique......................	1,30	0,129	0,08
Phosphates terreux....................	0,80	0,516	0,20

La comparaison des cendres de l'urine, du sérum sanguin et du sérum lymphatique n'est pas moins instructive.

POUR 100 PARTIES.	URINE.	SÉRUM sanguin.	SÉRUM lymphatique.	SANG total.
Chlorure de sodium...................	67,26	72,88	76,70	61,99
Potasse..........................	13,64	2,95	1,49	12,70
Soude............................	1,33	12,93	17,66	2,03
Chaux............................	1,15	2,28	»	1,68
Magnésie.........................	1,34	0,27	1,00	0,99
Acide phosphorique...................	11,21	1,73	1,33	9,36
Acide sulfurique....................	4,06	2,10	1,00	1,70
Oxyde de fer......................	»	0,26	»	8,06

On voit, par ces tableaux, quelle différence il y a entre les proportions des vers principes de l'urine d'une part, du sang et de la lymphe de l'autre.

La comparaison du sang de l'artère rénale et du sang de la veine donne résultats importants. Cl. Bernard a constaté que, pendant l'activité du rein sang de la veine rénale est rouge comme du sang artériel, et il rattache cette loration à l'activité glandulaire ; quand la sécrétion est arrêtée, au contraire sang reprend les caractères du sang veineux ; l'analyse des gaz du sang de la ve rénale lui a donné des résultats concordants ; voici les chiffres trouvés pend la sécrétion et pendant l'arrêt de la sécrétion :

	OXYGÈNE.	ACIDE carbonique.
Pendant la sécrétion (sang rouge)......................	17cc,26	3cc,13
Pendant l'arrêt de la sécrétion (sang noir).............	6 ,40	6 ,40

Les chiffres suivants, trouvés par Mathieu et Urbain, diffèrent un peu de c de Cl Bernard :

	SANG RÉNAL DE CHIEN			SANG RÉNAL DE LAPIN	
	Artériel.	Veineux.	Veineux.	Artériel.	Veineux.
Oxygène...............	23cc,60	12cc,55	20cc,17	15cc,58	11cc,00
Acide carbonique.....	49 ,78	30 ,26	16 ,00	48 ,84	28 ,88

Le sang perdrait donc de l'acide carbonique pendant son passage dans le re D'après Cl. Bernard, le sang artériel en passant dans le rein perdrait très p d'oxygène, fait en désaccord avec les expériences de Schmidt citées plus loin l'action oxydante du rein. Fleischhauer, qui a répété les expériences de Cl. B nard, ne rattache pas la coloration rouge du sang veineux à l'activité glandulai si, par l'excitation du grand nerf splanchnique, on produit dans la glande d intervalles de repos et d'activité, la couleur du sang ne varie pas et le sang ne viendrait noir que par l'exposition de l'organe à l'air.

Le sang veineux du rein contient très peu de fibrine et se coagule difficileme et seulement après une longue exposition à l'air. Brown-Séquard admet mê une destruction de fibrine dans le rein. Simon donne l'analyse suivante du sa du rein :

	SANG ARTÉRIEL.	SANG VEINEUX.
Eau.......................	790	778
Résidu solide...............	210	222
Albumine...................	90,30	99
Fibrine.....................	8,28	0

Enfin, fait très important et bien constaté aujourd'hui, le sang de la veine rénale contient moins d'urée que le sang de l'artère (Picard).

L'*activité nutritive et glandulaire du rein* a été très controversée, comme on le verra à propos du mécanisme de la sécrétion ; cependant on trouve dans le rein un certain nombre de produits de désassimilation azotés qui indiqueraient *à priori* une nutrition active : xanthine, hypoxanthine, leucine, tyrosine, créatine, taurine, et spécialement de la cystine qui n'existerait que dans le rein. D'autre part, d'après les expériences de A. Schmidt, le rein aurait une action oxydante assez énergique ; en faisant passer du sang chaud, à l'abri de l'air, dans un rein frais, il a vu le rein former, pour vingt-quatre heures, 752 cent. cubes = 0^{gr},53 d'acide carbonique (à 0° et 1 mètre de pression). Le tissu du rein a une réaction acide, même quand l'urine est alcaline.

Mécanisme de la sécrétion rénale. — Il est impossible d'adopter aujourd'hui une théorie exclusive pour expliquer le mécanisme de la sécrétion rénale. En effet, il y a à la fois, dans cette sécrétion, filtration et intervention de l'activité épithéliale glandulaire ; seulement la difficulté est de faire exactement la part de ces deux actes. Il y a trois théories principales sur le mécanisme de cette sécrétion, la théorie de Bowmann, celle de Ludwig et celle de Küss.

1° *Théorie de Bowmann.* — Les glomérules de Malpighi laissent filtrer seulement la partie aqueuse de l'urine ; les principes solides de l'urine, formés dans le rein ou pris du sang, sont sécrétés par les cellules glandulaires des canalicules et entraînés par l'eau qui traverse ces canalicules. Il est assez difficile de comprendre comment, dans cette filtration de l'eau du sang, il ne passe pas en même temps les sels du sang qui présentent la plupart une si grande diffusibilité ; aussi Bowmann lui-même, puis V. Wittich et Donders ont-ils modifié cette théorie en admettant que les principes salins filtraient avec l'eau dans les glomérules et que les cellules épithéliales des canalicules ne faisaient que sécréter l'urée et l'acide urique. R. Heidenhain, dans des expériences récentes, revient à l'opinion de Bowmann et cherche à établir l'indépendance de l'élimination aqueuse et de l'excrétion des parties solides de l'urine ; ces deux actes se passeraient réellement dans des parties différentes du rein. On peut, en effet, d'après lui, arrêter la sécrétion d'eau par les reins sans entraver l'élimination des substances solides injectées dans le sang (indigotate de soude, urate de soude). Cette élimination, ainsi que celle des sels de l'urine se ferait par l'épithélium grenu des canaux contournés et de la partie large de l'anse de Henle. (*Archives de Pflüger*, t. IX, page 1.)

2° *Théorie de Ludwig.* — Dans cette théorie, la pression sanguine joue le rôle principal ; sous l'influence de cette pression, le sérum sanguin filtre à travers les parois des capillaires du glomérule, moins les albuminates et les graisses ; le fluide transsudé contient donc l'eau, les sels et les matières extractives du sang ; une fois arrivé dans les canalicules, ce liquide transsudé se trouve en contact avec l'épithélium des canalicules et avec la lymphe qui entoure ces canalicules, lymphe plus concentrée que le liquide transsudé ; les lymphatiques et les capillaires qui entourent les canalicules jouent le rôle d'un appareil de résorption qui reprend une partie des principes filtrés (eau et sels), jusqu'à ce que l'équilibre endosmotique soit rétabli. Ludwig ne faisait jouer primitivement aucun rôle à l'activité glandulaire ; les expériences de Goll, faites sous sa direction, tendaient à prouver que la pression sanguine seule était en jeu ; la quantité d'urine augmente en effet avec la pression, et la concentration de l'urine est en rapport inverse de la vitesse de la sécrétion et ne dépasse jamais un certain chiffre. Cependant, les différences de proportion des principes de l'urine et du sang ne peuvent s'expliquer uniquement par les lois physiques, et il faut nécessairement faire intervenir pour une part, même si on admet la théorie de Ludwig, l'activité glandulaire elle-même. Une difficulté de cette théorie, c'est d'expliquer pourquoi dans la filtration à travers le glomérule, l'albumine ne passe pas avec les autres principes ; ce serait, d'après Ludwig, parce que l'albumine diffuse très difficilement avec les liquides acides et se trouve en présence de l'acide libre de l'urine qui serait formé dans le rein ; mais en tout cas ce ne serait pas dans le glomérule que se formerait cet acide, et c'est le glomérule qui est le lieu de la filtration. Une autre difficulté de la théorie de la filtration, c'est l'énorme quantité de liquide qui devrait transsuder et être repris par le sang pour fournir la proportion d'urée sécrétée en vingt-quatre heures. En outre, si cette théorie était exacte, il devrait toujours y avoir parallélisme entre la quantité d'urine et la quantité d'urée excrétée ; or, dans un certain nombre de cas, il n'en est pas ainsi ; en diminuant le calibre de l'artère rénale on voit la proportion relative d'urée diminuer dans l'urine. Enfin, d'après la théorie de Ludwig, le courant aqueux de résorption des canalicules vers les capillaires doit cesser quand la concentration de l'urine égale celle du plasma sanguin ; il y aurait donc une limite pour la concentration de l'urine et elle ne pourrait jamais devenir plus concentrée, que le plasma sanguin ; or, en prenant de l'urine de chien et du sérum de sang de chien et en les plaçant dans un endosmomètre, Hoppe-Seyler a vu l'urine augmenter de volume en attirant l'eau du sérum ; elle était donc plus concentrée que ce dernier ; il est vrai que dans ce cas l'influence de la fibrine est laissée de côté.

3° *Théorie de Küss.* — La théorie de Küss se rapproche par certains points de celle de Ludwig. Seulement il évite la difficulté signalée tout à l'heure et admet que le sérum sanguin filtre en totalité à travers les glomérules, comme dans une transsudation séreuse ordinaire. Puis l'albumine est résorbée dans les canalicules ; l'urine serait donc du sérum, moins l'albumine. Cette résorption de l'albumine serait due à l'activité vitale des cellules épithéliales, et cette résorption est aidée par la faible pression du sang dans les capillaires péricanaliculaires. Cette théorie expliquerait pourquoi dans les kystes du rein, formés à la suite d'oblitération des canaux urinifères, on trouve non de l'urine, mais de la sérosité albumineuse, et comment, dans les cas où par suite d'altération épithéliale dans les maladies du rein, cet épithélium ne pouvant plus résorber l'albumine, l'albumine paraît dans les urines (albuminurie). Certaines expériences récentes de Posner et de Ribbert viendraient à l'appui de cette opinion ; après l'injection d'albumine dans le sang de lapin, l'albumine n'est éliminée que par les glomérules et on la retrouve dans les corpuscules de Malpighi sur les reins durcis par l'alcool (1) ; il en est de même après la ligature temporaire de l'artère rénale. Il est vrai que dans ces cas on a affaire à un phénomène pathologique et non à un acte normal. Une autre difficulté de cette théorie est d'expliquer la résorption de l'albumine par l'épithélium des canalicules.

On voit, par ce résumé, que toutes les théories sont passibles d'objections et qu'il est à peu près impossible, dans l'état actuel de la science, de se faire une idée précise et certaine du mécanisme intime de la sécrétion urinaire. Il faut donc, pour le moment, se contenter d'étudier les conditions de cette sécrétion. Ces conditions sont au nombre de trois principales : pression sanguine, état du sang, activité épithéliale.

(1) Schwartz avait déjà vu sur des reins de porc, en injectant de l'eau dans l'artère rénale, que le liquide recueilli par l'uretère était neutre ou alcalin, albumineux, et admettait aussi que l'albumine était sécrétée dans les glomérules et résorbée dans les canalicules.

La *pression sanguine* a un rôle essentiel dans la sécrétion en agissant principalement sur la quantité d'urine.

Pour que la sécrétion se fasse, il faut que cette pression soit plus forte que la pression du liquide contenu dans les canalicules urinifères. Aussi est-ce la différence entre ces deux pressions et l'excès de la première sur la seconde qui détermine la sécrétion. Quand cette différence diminue ou s'égalise, soit en diminuant la pression sanguine (section de la moelle, saignées), soit en augmentant la pression dans les canalicules (ligature de l'uretère), la sécrétion urinaire diminue et peut même s'arrêter tout à fait. L'effet inverse se produit quand cette différence s'accroît, comme par l'augmentation de la pression sanguine (ligature de l'aorte au-dessus de l'artère rénale, injection d'eau dans le sang, etc.). La pression dans l'artère rénale est d'environ 120 à 140 millimètres de mercure.

Toutes les causes qui peuvent influencer la pression sanguine dans l'artère rénale agissent indirectement sur la sécrétion urinaire. On comprend alors facilement le mode d'action de certaines conditions qui paraissent au premier abord sans relation avec cette sécrétion. C'est ainsi que la quantité d'urine peut être accrue par l'augmentation d'activité du cœur, par la diminution du calibre total des vaisseaux (contraction *à frigore* des vaisseaux de la peau, ligature ou compression de grosses artères, etc.), par l'accroissement de la masse du sang (boissons, injections d'eau dans les veines, etc.); diminuée par les causes inverses, diminution d'activité du cœur, excitation des pneumogastriques, action de la chaleur sur la peau, sueurs abondantes, etc. L'influence de l'innervation sera étudiée plus loin.

L'accroissement de pression sanguine ne fait pas seulement hausser la quantité d'eau de l'urine, elle fait hausser encore les principes solides, mais pas dans une aussi forte proportion.

L'*état du sang* n'a pas moins d'influence. La composition du sang oscille autour d'une certaine moyenne; toutes les fois que cette moyenne est dépassée, toutes les fois que des principes déjà existants dans le sang s'y trouvent en excès, ou que des principes nouveaux y sont introduits, ces principes sont éliminés et le rein est la principale voie de cette élimination. C'est ainsi que les boissons augmentent la proportion d'eau de l'urine; c'est ainsi qu'après l'ingestion dans le sang de chlorure de sodium (Kaupp), de phosphate et de sulfate de soude (Sick), ces substances apparaissent dans l'urine en proportions variables, suivant la dose administrée. La glycosurie se montre quand la glycose dépasse 0,6 p. 100 dans le sang. Enfin, le passage dans l'urine des substances diffusibles introduites dans l'organisme se fait avec une très grande rapidité (Wœhler.) On comprend alors comment il peut se faire qu'il y ait tant de différence entre les urines des herbivores et celles des carnivores, l'état du sang étant sous l'influence immédiate de l'alimentation. Les reins ont donc une véritable action dépuratrice et antitoxique. Aussi quand on empêche l'élimination urinaire par la néphrotomie ou la ligature de l'uretère, les accidents toxiques se montrent bien plus rapidement; tandis que, si les voies urinaires éliminent le poison au fur et à mesure de son absorption, l'empoisonnement ne se produit pas; c'est ce qui arrive, par exemple, si le curare est introduit dans l'estomac (Cl. Bernard; Hermann.) Cette influence de la composition du sang se montre non seulement par l'élimination par l'urine de la substance même qui se trouve en excès dans le sang, mais elle se traduit encore par l'augmentation de la quantité totale de l'urine. Cet effet peut même se produire pour de faibles pressions sanguines, comme lorsqu'on injecte en même temps dans les vaisseaux de l hydrate de chloral et du carbonate de soude.

L'*activité des cellules glandulaires* du rein et leur rôle dans la sécrétion sont encore très controversés. On ne peut cependant mettre en doute aujourd'hui cette activité ; seulement s'exerce-t-elle pour la sécrétion (théorie de Bowmann), où pour la résorption (théories de Ludwig et de Küss)? C'est là une des premières questions à résoudre et sur laquelle il est bien difficile de se prononcer. Cependant l'aspect granuleux de l'épithélium des canaux contournés semble le rapprocher des épithéliums glandulaires, et porterait à lui faire jouer un rôle dans la sécrétion, tandis que, d'autre part, la longueur des canalicules urinifères (52 millimètres) et leur trajet tortueux parleraient en faveur d'une véritable résorption qui se ferait, dans ce cas, par les parties de ces canaux pourvues d'un épithélium transparent.

Origine des principes de l'urine et lieu de leur formation. — 1° Urée. L'origine de l'urée a été étudiée page 142 et suivantes (voir aussi pages 128 et 158); je n'étudierai ici que le lieu de formation de l'urée et les éléments de l'organisme qui lui donnent naissance par leur désassimilation. On a longtemps discuté la question de savoir si l'urée était formée dans le rein ; mais il est démontré aujourd'hui que l'urée ou au moins la plus grande partie de l'urée ne se forme pas dans le rein ; le sang de la veine rénale contient moins d'urée que celui de l'artère (Picard, Gréhant), après l'extirpation des reins, l'urée s'accumule dans le sang et dans les organes (1), d'après les expériences de Voit, Meissner, Grehant, etc., et quoique les recherches de Zalesky et de quelques autres auteurs aient donné des résultats contraires, le fait n'en paraît pas moins constaté aujourd'hui. La même accumulation s'observe après la ligature des uretères. Cependant Hoppe-Seyler semble admettre encore la production d'urée dans le rein. Rosenstein a cherché à résoudre la question en extirpant un seul rein pour voir si la diminution d'étendue de la surface glandulaire diminuerait la quantité d'urée ; or la quantité d'urée est restée la même qu'avant l'extirpation.

Voit place dans les muscles le lieu de formation de l'urée et il s'appuie entr'autres sur ce fait que, dans le choléra, les muscles contiennent plus d'urée que le sang. Picard a tout récemment soutenu la même opinion ; d'après ses analyses, les muscles contiennent plus d'urée que le sang, le foie et le cerveau, surtout au moment de la digestion, et ces deux derniers organes en contiennent plus que le sang ; il y aurait d'après lui, pendant la digestion, production d'urée dans les muscles, le cerveau et le foie, tandis que, pendant l'inanition, elle ne se formerait que dans les muscles et le cerveau.

Addison, Führer, Ludwig, etc., la font provenir de la destruction des globules rouges et, d'après Landois, ce serait là une des causes de l'augmentation d'urée après la transfusion. Cette opinion se rattache à celle qui place dans le foie le lieu de production de l'urée, théorie qui sera exposée à propos de la physiologie du foie. Enfin Gscheidlen, se basant sur la proportion d'urée dans la rate, proportion supérieure à celle du sang, incline à voir dans cet organe un des lieux de formation de l'urée. En résumé, ce qui ressort de positif des faits qui précèdent c'est que, très probablement l'urée peut provenir de la désassimilation de toutes les substances albuminoïdes de l'organisme ; mais comme l'activité des échanges nutritifs dans les différents tissus est encore peu connue, on ne peut dire quelle

(1) Voici les chiffres de Gréhant: 1re *expérience :* quantité d'urée dans le sang artériel normal du chien = 0,026 °/₀ ; quantité 3 h. après l'extirpation des reins = 0,045 °/₀ ; quantité 27 h. après = 0,206 °/₀. — 2e *expérience :* quantité avant l'extirpation = 0,088 °/₀ ; 4 h. après l'extirpation = 0,093 °/₀ ; 27 h. après = 0,276 °/₀. — 3e *expérience :* avant l'extirpation = 0,074 °/₀ ; 5 h. après = 0,106 ; 21 h. après = 0,167 °/₀. — 4e *expérience* (ligature des uretères) : avant la ligature = 0,063 °/₀ ; 19 heures après la ligature = 0,171 °/₀.

part prennent chacun d'eux à la formation de l'urée ; cependant, eu égard à la masse du tissu musculaire et à l'activité nutritive des globules rouges, du foie, de la rate, du cerveau, on peut supposer avec juste raison qu'ils jouent un rôle essentiel dans la production de l'urée. Mais dans l'état ordinaire, il est probable qu'une partie de l'urée et peut-être la plus forte provient des albuminoïdes de l'alimentation (albumine circulante), sans qu'il y ait besoin que ces albuminoïdes aient été préalablement *organisés* et aient fait partie constituante des tissus.

2° *Acide urique.* — Le lieu de formation de l'acide urique (Voir p. 124 pour son origine) est encore indéterminé. Il n'est guère possible de le placer dans le rein, quoique Zalewski ait cherché à soutenir cette opinion par une série d'expériences sur les oiseaux et les reptiles. Après la ligature de l'uretère, il se forme des dépôts d'acide urique dans le rein et dans d'autres organes, tandis qu'après la néphrotomie ces dépôts sont très peu prononcés ; en outre, d'après lui, on ne trouverait pas d'acide urique dans le sang de ces animaux à l'état normal. Mais Meissner a montré que cet acide urique y existe en réalité, seulement il faut prendre des quantités de sang plus considérables que celles qu'avait essayées Zalewski, et l'analyse chimique est très délicate. Pawlinoff, d'autre part, a constaté qu'après la ligature des vaisseaux du rein, les dépôts d'acide urique continuent à se faire dans les autres organes et que le rein en est tout à fait exempt, preuve certaine que le rein n'est pas le lieu de formation de l'acide urique et ne sert qu'à éliminer cet acide à mesure qu'il lui est apporté par le sang. Les relations de l'acide urique avec la guanine, la sarcine, la xanthine et l'existence de ces différents corps dans les glandes (foie, pancréas), la rate, le thymus, les muscles (sarcine, xanthine), ont conduit à voir dans ces divers organes le lieu d'origine de l'acide urique, et en effet Meissner en a placé le siège principal dans le foie pour les oiseaux et les reptiles, tandis qu'il formerait de l'urée chez les mammifères. Ranke le fait provenir de la rate, et se base sur ce fait que la quinine, à fortes doses, diminue la quantité d'acide urique et sur les cas de leucémie splénique avec augmentation d'acide urique ; mais l'extirpation de la rate ne fait baisser en rien la proportion d'acide urique de l'urine (Cl. Bernard), et, sauf les cas mentionnés ci-dessus, l'acide urique ne se trouve pas en plus grande quantité dans l'urine dans les maladies de la rate. D'autres auteurs, se basant sur des faits pathologiques, ont rattaché sa production à la désassimilation des globules blancs (augmentation d'acide urique dans la leucémie) ou à celle des tissus connectifs (dépôts uratiques de la goutte). Pawlinoff croit qu'il provient surtout des vaisseaux, ou autrement dit du sang ; après la ligature des uretères, les dépôts d'urates partent des vaisseaux lymphatiques et sanguins ; d'après lui l'acide urique se trouverait dans le sang sous la forme d'urate de sodium neutre qui est beaucoup plus soluble que le sel acide ; cet urate neutre est facilement décomposé par l'acide carbonique (des tissus) et transformé en sel acide moins soluble qui se dépose. La proportion d'acide urique et d'urates dans le sang et dans l'urine serait, d'après Treskin, en rapport avec l'alcalinité du sang ; les alcalis décomposent énergiquement l'acide urique tant en solution alcaline que dans l'organisme animal ; ainsi chez le pigeon, l'addition de carbonate de soude fait baisser de moitié la quantité d'acide urique des excréments ; c'est chez les oiseaux dont le sérum est faiblement alcalin que l'on trouve la plus forte proportion d'acide urique, tandis que chez les herbivores, dont le sang est très alcalin, il n'y a que peu ou pas d'acide urique.

3° *Acide hippurique.* — L'origine et le lieu de formation de l'acide hippurique ont été étudiés pages 130 et suivantes. On a vu que, contrairement à ce qui se passe pour l'urée et l'acide urique, le rein semblerait être le foyer le plus important de la production de l'acide hippurique. Cependant il ne se forme pas uniquement dans les reins, car Salomon, après l'extirpation des reins chez le lapin, a trouvé de l'acide hippurique dans le sang, les muscles et le foie après l'ingestion de glycocolle et d'acide benzoïque ou d'acide benzoïque seul (1).

4° *Créatinine.* — La créatinine (Voir p. 157) provient de la créatine ; mais son lieu de formation, placé par quelques physiologistes dans le rein, présente encore quelques doutes.

5° *Acides sulfo-conjugués.* — L'origine de l'*indican* a été étudiée page 169, et il est bien prouvé aujourd'hui qu'il provient de l'indol formé dans l'intestin. L'*acide phénolsulfurique* a le même lieu d'origine, comme on l'a vu (page 114). Il est probable, d'après les recherches récentes de Baumann et Brieger, que le phénol provient en grande partie de la tyrosine ; en effet l'ingestion de cette substance augmente la quantité de phénol de l'urine, et la putréfaction de la tyrosine avec le pancréas (à l'abri de l'air) fournit du phénol ; mais le phénol ainsi produit ne serait pas du phénol vrai, C^6H^6O, mais du paracrésol, C^7H^8O. D'un autre côté, en donnant à un chien du paracrésol, Weyl en a retrouvé une partie dans l'urine sous forme d'acide paroxybenzoïque, $C^6H^4.OH.COOH$, qui lui-même peut se transformer dans l'organisme en phénol et acide carbonique. On aurait ainsi d'après lui la filiation du phénol à la tyrosine. Quant au lieu de formation de ces acides sulfo-conjugués et à l'endroit où se fait l'union de l'acide sulfurique et du second facteur, il n'a pas encore été fait de recherches suffisantes pour arriver à un résultat. D'après Baumann et Brieger, ce ne serait pas dans les reins, comme on l'avait supposé ; car après la ligature des uretères on ne constate pas d'accumulation d'acide phénolsulfurique dans le sang ; cependant on ne la constate pas non plus après la ligature des artères rénales.

6° *Matière colorante.* — L'origine de l'urobiline a été étudiée page 167. On a vu qu'elle provient de la transformation de la bilirubine.

7° *Acide de l'urine.* — Le mode de formation de l'acide de l'urine est encore peu connu. D'après Maly, il y aurait là un simple phénomène de diffusion ; si on soumet à la dialyse un mélange neutre de mono- et de biphosphate de soude, le phosphate acide passe plus vite que le phosphate alcalin ; un phénomène semblable se passerait dans la sécrétion rénale et, par suite, il n'y aurait pas lieu de recourir à une formation d'acide dans le rein, comme on le fait habituellement. Il est vrai dans ce cas on peut se demander pourquoi le même phénomène ne se passe pas dans toutes les sécrétions, et il semble difficile par conséquent de nier absolument le rôle de l'activité épithéliale dans la sécrétion de l'acide. L'acidité de l'urine paraît liée jusqu'à un certain point à la sécrétion de l'acide du suc gastrique. On a vu plus haut que l'acidité de l'urine diminuait au moment de la sécrétion gastrique ; chez des chiens porteurs de fistules gastriques, quand on lave l'estomac par un courant d'eau pour enlever le suc gastrique, l'urine devient alcaline après chaque lavage ; il en est de même dans les cas de dilatation

---

(1) Je noterai ici, à propos de l'origine de l'acide hippurique, que le glycocolle semble provenir, en grande partie, chez les herbivores, de la *bétaïne* (lycine, triméthylglycocolle) qui se rencontre dans un grand nombre de substances qui servent à leur alimentation (navets encore verts, betteraves, feuilles du *Lycium barbarum*, etc.). Le glycocolle en effet peut se former de la bétaïne par remplacement de trois H par trois CH^3, comme le montrent les formules suivantes :

Glycocolle.	Bétaïne.
$CH^2\ AzH^2$	$CH\cdot\ Az\ (CH^3)^3$
$\|$	$\|$
$CO\ OH$	$CO\ O$

de l'estomac, traités par la pompe stomacale ; l'urine devient alcaline malgré une nourriture animale (Quincke).

Innervation du rein. — L'innervation du rein est encore très obscure. La section du plexus rénal a donné des résultats contradictoires ; tandis que Pincus a observé un arrêt de la sécrétion et Hermann pas autre chose qu'un peu d'albuminurie, Cl. Bernard et Eckhard ont constaté de la polyurie. V. Wittich distingue dans le plexus rénal les nerfs sécréteurs qui se trouveraient entre l'artère et la veine rénale, et les nerfs vaso-moteurs qui accompagneraient l'artère ; la destruction des premiers ne produirait rien, sauf un peu d'albumine dans l'urine, tandis que celle des seconds produirait l'albuminurie et la dégénérescence de la glande ; cependant Bert et Ranvier n'ont pas vu d'altération du rein à la suite de la section du plexus rénal. La section du grand splanchnique augmente, chez le chien, la sécrétion urinaire (Cl. Bernard, Eckhard), et produit en même temps la congestion du rein (Vulpian) ; l'excitation de son bout périphérique arrête la sécrétion et fait pâlir les vaisseaux de l'organe, double action qui s'explique parce que le grand splanchnique contient les nerfs vaso-moteurs du rein. Les filets sympathiques autres que le grand splanchnique sont sans action sur le rein.

D'après Peyrani, la section du sympathique cervical diminuerait la quantité d'urine, son excitation électrique au contraire en déterminerait l'augmentation. Le pneumogastrique paraît être sans influence ; cependant Cl. Bernard a constaté dans quelques expériences une augmentation d'urine et une congestion du rein par l'excitation du pneumogastrique au-dessous du diaphragme. La section de la moelle cervicale arrête la sécrétion rénale en abaissant la pression sanguine, et cet arrêt de sécrétion se produit même quand les splanchniques ont été coupés (Eckhard). L'excitation du bout inférieur de la moelle a le même résultat, en rétrécissant les artères du rein (excitation des vaso-moteurs) ; mais si on a sectionné préalablement les splanchniques pour empêcher cette action vaso-motrice, l'excitation de la moelle détermine une augmentation de sécrétion en accroissant la pression artérielle (Grützner). La piqûre du plancher du quatrième ventricule produit la polyurie qui s'accompagne d'albuminurie ou de glucosurie suivant que la lésion porte plus haut ou plus bas (Cl. Bernard) ; d'après Eckhard, cette action se produirait encore après la section des splanchniques ; cette polyurie disparaît quand on coupe la moelle cervicale ou dorsale. Il est difficile de dire à quelle cause tient cette polyurie ; elle ne paraît pas due à une augmentation de pression artérielle, car cette pression n'est pas plus forte qu'auparavant ; elle ne peut être due non plus, comme on l'a vu plus haut, à une action vaso-motrice par l'intermédiaire des splanchniques ; peut-être faudrait-il admettre une excitation d'un centre vaso-dilatateur pour les vaisseaux du rein. Eckhard a vu, chez le lapin, la polyurie se produire par l'excitation (mécanique, chimique, électrique) de certaines parties du cervelet (deuxième lobule du vermis, de bas en haut). Cette polyurie, qui s'accompagnait souvent de diabète, disparaissait par la section des splanchniques.

On voit que jusqu'ici les seules influences nerveuses constatées pour la sécrétion rénale sont des influences vaso-motrices et peut-être vaso-dilatatrices, et que l'existence de nerfs sécréteurs proprement dits n'a pu encore être démontrée d'une façon positive : Eckhard admet cependant dans le cerveau et probablement dans la moelle allongée des centres d'innervation pour la sécrétion urinaire ; cependant chez les grenouilles la destruction des centres nerveux (à l'exception de la moelle allongée) n'arrête pas la sécrétion urinaire (Bidder).

Le curare, à fortes doses, arrête la sécrétion urinaire ; dans ce cas elle peut reprendre par l'injection de carbonate de soude dans les veines. D'après Onimus et Legros, les courants d'induction (à travers la partie supérieure du corps) diminuent la quantité d'urine ; il en serait de même du courant ascendant, tandis que le courant descendant produit l'effet inverse. L'excitation de la peau par la teinture d'iode, l'électricité, etc., fait diminuer chez le lapin la quantité d'urine avec augmentation d'urée et apparition de l'albumine ; quand elle est forte, elle produit des altérations du rein (V. Wolkenstein).

Il y a une sorte de balancement entre la sécrétion des deux reins, de sorte que la sécrétion est plus active tantôt dans un rein, tantôt dans l'autre. Les mêmes alternatives se produisent pour les parties solides de l'urine.

Pour l'excrétion urinaire, voir : Physiologie du mouvement.

Urémie. — Après l'extirpation des reins ou la ligature des uretères, on observe une série de phénomènes désignés sous le nom d'accidents urémiques ou urémie et consistant en abattement, coma, délire, crampes, vomissements, etc. La cause de ces accidents a été très controversée. On les a attribués d'abord à la rétention de l'urée, et Gallois, Hammond et beaucoup d'autres expérimentateurs ont vu des accidents analogues aux accidents urémiques se produire après l'injection d'urée dans les veines ; mais les expériences d'autres physiologistes ont donné des résultats contraires, et Feltz et Ritter ont prouvé que les accidents tenaient dans ces cas à la présence d'ammoniaque dans l'urée et qu'ils n'étaient jamais déterminés par l'urée pure. Cependant P. Picard dans ces derniers temps, ainsi qu'Elers et Gœmann auraient vu les accidents se produire, mais seulement par des doses très fortes. Du reste chez les oiseaux qui présentent aussi les accidents urémiques, la rétention de l'urée ne peut être invoquée pour expliquer les accidents. L'intoxication urémique a été aussi attribuée au carbonate d'ammoniaque qui se produirait dans le sang par la décomposition de l'urée (amoniémie) ; mais cette transformation, admise par Frerichs, n'a pas lieu (Feltz et Ritter) ; elle n'a lieu que dans le tube intestinal, et en effet le carbonate d'ammoniaque ainsi formé se retrouve dans les vomissements et dans les selles ; il est vrai qu'une petite partie de ce carbonate d'ammoniaque peut être résorbée, passer dans le sang et on peut même en constater des traces dans l'air expiré ; mais il ne s'y trouve jamais qu'en très faible quantité et d'ailleurs, comme l'ont montré Oppler et Munk, les accidents déterminés par l'ammoniémie sont différents de ceux de l'urémie ; ce sont des phénomènes d'excitation et on n'observe jamais de coma. L'acide urique, la créatinine, le succinate de soude, les matières extractives, les produits d'oxydation de l'urobiline ont été invoqués sans que l'expérience ait confirmé ces diverses hypothèses. D'après les recherches de Feltz et Ritter, la plus grande part reviendrait aux sels de potasse. Traube voit dans l'urémie un œdème aigu du cerveau. Il paraît assez probable que plusieurs facteurs, encore à déterminer, entrent en jeu dans la production des accidents urémiques.

Pour la glycosurie, voir : Physiologie du foie.

Bibliographie. — Nysten : De la sécrétion des urines (Rech. de physiol., 1811). — Prevost et Dumas : Examen du sang et de ses actions dans les divers phénomènes de la vie, 1821. — Chossat : Mém. sur l'analyse des fonctions urinaires (Journ. de physiol. de Magendie, t. V, 1825). — Mayer : Sur l'extirpation des reins (Journ. complém. du Dict. des sc. méd., t. XXVII, 1826). — Wilson : London Gaz. med., 1833. — Ludwig : Beitr. zur Lehre von Mechanismus der Harnsecretion, 1845. — Hyrtl : Beitr. zur Phys. der Harnsecretion (Zeit. der Ges. der Aerzte zu Wien, 1846). — Bernard et Barreswill : Sur les voies de l'élimination de l'urée après l'extirpation des reins (Arch. gén. de méd., 1847).

— Krahmer : *Die physiol. Bedeutung der Harnbereitung* (Journ. für prakt. Chem., t. XLI, 1847). — H. Scheven : *Ueber die Ausscheidung der Nieren und deren Wirkung*, 1848. — C. E. Loebell : *De conditionibus, quibus secretiones in glandulis perficientur*, 1849. — Stannius : *Vers. üb. die Ausschneidung der Nieren* (Arch. für phys. Heilk., t. IX, 1850). — Hessling : *Histol. Beitr. zur Lehre von der Harnabsonderung,* 1851. — J. Schultz : *De arteriæ renalis subligatione*, 1851. — F. Goll : *Der Einfluss des Blutdrucks auf die Harnabsonderung*, 1853. — Kierulf : *Einige Versuche über die Harnsecretion* (Zeit. für rat. Med., t. III, 1853). — Frerichs et Staedler : *Ueber das Vorkommen von Allantoïn in Harn bei gestörter Respiration* (Müller's Arch., 1854). — Picard : *De la présence de l'urée dans le sang*, 1856. — F. Dornblüth : *Einige Bemerk. über den Mechanismus der Harnsecretion* (Zeit. für rat. Med., t. VIII, 1856). — V. Wittich : *Ueber Harnsecretion und Albuminurie* (Arch. für pat. Anat., t. X, 1856). — Pincus : *Exper. de vi nervi vagi et sympathici ad vasa, etc.*, 1856. — A. Heynsius : *Zur Theorie der Harsecretion* (Arch. für die höll. Beitr., 1857). — Virchow : *Einig. Bemerk. üb. die Circulationsverhältnisse in den Nieren* (Arch. für pat. Anat., t. XI, 1857). — O. Beckmann : *Zur Kenntniss der Niere* (ibid.). — Hammond : *Ueber die Injection von Harnstoff*, etc. (Schmidt's Jahrb., t. XCIX, 1858). — Isaacs : *Rech. sur la structure et la physiol. du rein* (Journ. de la physiol., t. I, 1858). — Id. : *Sur la fonction des corpuscules de Malpighi* (ibid.). — R. Hartner : *Beitr. zur Physiol. der Harnabsonderung*, 1858. — Cl. Bernard : *Sur les variations de couleur dans le sang veineux des organes glandulaires* (Journ. de la Physiol., t. I, 1858). — Poiseuille et Gobley : *Rech. sur l'urée* (Comptes rendus, 1859). — E. Schwarz : *Beitr. zur Lehre von der Ausscheidung des Harnstoffs in den Nieren*, 1859. — F. Hoppe : *Ueber die Bildung des Harns* (Arch. für pat. Anat., t. XVI, 1859). — M. Hermann : *Vergleichung des Harns aus den beiden gleichzeitig thätigen Nieren* (Wien. Sitzungsber., t. XXXVI, 1859). — Id. : *De effectu sanguinis diluti in secretionem urinæ*, 1859. — Id. : *Ueber den Einfluss der Blutverdünnung auf die Secretion des Harns* (Arch. für pat. An., t. XVII, 1859). — H. Weikart : *Vers. üb. die Wirkungsart der Diuretica* (Arch. d. Heilk., t. II, 1860). — Hammond : *On uræmic intoxication* (Amer. Journ. of med. sciences, t. XLI, 1861). — S. Oppler : *Beitr. zur Lehre von der Urämie* (Arch. für pat. An., t. XXI, 1861). — W. Morland : *On the morbid effects of the retention in the blood of the elements of the urinary secretion* (Amer. Journ. of med. sc., 1861). — Hermann : *Ueber den Einfluss des Blutdruckes auf die Secretion des Harns* (Wien. Sitzungsber., 1861). — W. Bischoff : *Zur Frage nach den Harnstoffbestimmungen* (Zeit. für rat. Med., t. XIV, 1861). — V. Wittich : *Ueber die Abhängigkeit der Harnsecretion von den Nerven* (Königsb. med. Jahrb., t. III, 1861). — A. Petroff : *Zur Lehre von der Urämie* (Arch. für pat. Anat., t. XXV). — Weikart : *Vers. üb. die Harnabsonderung* (Arch. d. Heilk., 1862). — P. Munk : *Ueber Urämie* (Berl. klin. Wochensch., 1864). — M. Perls : *Qua vi insufficientia renum symptomata uræmica efficiat*, 1864. — Henle : *Zur Physiol. der Niere* (Nachr. d. Götting. Univers., 1863). — C. Ludwig : *Einige neue Beziehungen zwischen dem Bau und der Function der Niere* (Wien. Sitzber., t. XLVIII, 1863). — Overbeck : *Ueber den Eiweissharn* (ibid., t. XLVII). — E. Bidder : *Beitr. zur Lehre von der Function der Nieren*, 1862. — J. W. Kühne et H. Strauch : *Ueber das Vorkommen von Ammoniak im Blute* (Centralblatt, 1864). — E. Rosenthal : *Ueber Albuminurie bei Inanition* (Wochenbl. d. Ges. d. Aerzte in Wien, 1864). — J. Ch. Lehmann : *Ueber die durch Einspritzungen von Hühnereiweiss in's Blut hervorgebrachte Albuminurie* (Arch. für pat. An., t. XXX, 1864). — B. J. Stokvis : *Hühnereiweiss und Serumeiweiss*, etc. (Centralbl., 1864). — Traube : *Ueber fieberhafte Gesichtsröthe*, etc. (Deut. Klinik, 1864). — C. Heymann : *Zur Ehrensettung des Harnstoffs* (ibid.). — N. Zalewski : *Unt. üb. den urämischen Process*, 1865. — G. Meissner : *Ber. üb. Vers. die Urämie betreffend* (Zeit. für rat. Med., t. XXVI, 1865). — Frerichs : *Unt. üb. den urämischen Process*, 1865. — C. G. Hüfner : *Zur vergleich. Anat. und Physiol. der Harnkanälchen*, 1866. — A. Schmidt : *Die Athmung innerhalb des Blutes* (Ber. d. sächs. Ges., 1867). — Perls : *Beob. über die Wirkung des Kreatinins*, etc. (Berl. Klin. Wochensch., 1868). — C. Voit : *Bemerk. über Urämie* (Zeit. für Biol., t. IV, 1868). — Fede : *Contribuzioni alla fisiologia della digestione*, etc., 1868. — J. P. Suquet : *D'une circulation du sang spéciale au rein des animaux vertébrés*, etc., 1867. — Correnti : *Studi critici e contribuzioni alla patogenesi dell' albuminuria*, 1868. — Gréhant : *Urémie* (Gaz. méd., 1869). — Eckhard : *Unt. üb. Hydrurie* (Beitr. zur An. und Phys., 1869 et 1870). — Legros et Onimus : *Influence des courants électriques sur l'élimination de l'urée* (Comptes rendus, 1869). — Knoll : *Ueber die Beschaffenheit des Harns nach der Splanchnicussection* (Eckhard's Beitr., t. VI, 1870). — C. Peyrani : *Le sympathique par rapport à la sécrétion des urines* (Comptes rendus, 1870). — Eckhard : *Unt. üb. Hydrurie* (Eckhard's Beitr., t. VI, 1871). — Ustimowitsch : *Exper. Beitr. zur Theorie der Harnabsonderung* (Ber. d. sächs. Ges. d. Wiss., 1870). — Rosenstein :

Ueber die Betheiligung der Nieren an der Harnstoffbildung (Centralblatt, 1871). — FLEI-SCHHAUER : *Ueber einige Eigenschaften des Nierenvenenblutes* (Eckhard's Beitr., t. VI, 1871). — GRÉHANT : *Excrétion de l'urée par les reins* (Rev. scientif., 1872). — P. HEMPELN : *Der urämische Process* (Dorp. med. Zeit., t. IV, 1873). — A. HOGYES : *Exper. nat. Beitr. zur Kenntniss der Circulationsverhältnisse in den Nieren* (Arch. für exper. Pat., t. I, 1873). — W. V. KNIRIEM : *Beitr. zur Kenntniss der Bildung des Harnstoffes* (Zeit. für Biol., t. X, 1874). — HEIDENHAIN : *Vers. über den Vorgang der Harnabsonderung* (Arch. de Pflüger, t. IX, 1873). — V. WITTICH : *Beitr. zur Physiol. der Nieren* (Arch. für mikr. Anat., t. XI, 1873). — QUINCKE : *Dilatatio ventriculi*, etc. (Correspbl. für schweiz. Aerzte, 1874). — HOPPE-SEYLER : *Einfache Darstellung von Harnfarbstoff aus Blutfarbstoff* (Ber. d. d. chem. Ges., t. VII, 1873). — J. ZIELENKO : *Ueber den Zusammenhang zwischen Verenge-rung der Aorta und Erkrankung der Nierenparenchyms* (Arch. de Virchow, t. LXI, 1873). — FELTZ ET RITTER : *Ét. exper. sur l'ammoniémie* (Journ. de l'Anat., 1874). — GRÜTZNER : *Beitr. zur Physiol. der Harnsecretion* (Arch. de Pflüger, t. XI, 1875). — SZCZERBAKOW : *Lieu de formation de l'acide oxalique* (Journ. militaire ; 1875 ; en russe). — A. v. VOL-KENSTEIN : *Exper. Unt. üb. d. Wirkung der Hautreize auf die Nierenabsonderung* (Cen-tralbl., 1876). — BUCHHEIM : *Ueber die Ausscheidung der Säuren durch die Nieren* (Arch. de Pflüger, t. XII, 1876). — R. MALY ET FR. POSCH : *Ueber die Anderung der Reaktion durch Diffusion*, etc. (Wien. med. Wochensch., 1876). — STEIN : *Ueber alkalischen Harn*, etc. (Arch. für klin. Med., t. XVIII, 1876). — BROUARDEL : *L'urée et le foie* (Arch. de physiol., 1873). — M. JAFFE : *Ueber die Ausscheidung des Indicans*, etc. (Arch. de Virchow, t. LXX, 1877). — ID. : *Ueber das Verhalten der Benzoesäure im Organismus der Vogel* (Ber. d. d. chem. Ges., t. X, 1877). — E. SALKOWSKI : *Weitere Beiträge zur Theorie der Harnstoff-bildung* (Zeit. für phys. Chem., t. I, 1878). — HALLERVORDEN : *Ueber das Verhalten des Am-moniaks im Organismus*, etc. (Arch. für exp. Pat., 1878). — O. SCHMIEDEBERG : *Ueber das Verhaltniss des Ammoniaks*, etc. (*ibid.*). — MUNK : *Ueber das Verhalten des Salmiaks im Organismus* (Zeit. für phys. Chem., t. II, 1878). — P. PICARD : *Rech. sur l'urée* (Comptes rendus, t. LXXXVII, 1878). — W. SCHRÖDER : *Ueber die Verwandlung des Ammoniaks in Harnsäure in Organismus des Huhns* (Zeit. für phys. Chem., t. II, 1878). — LANDOIS : *Beitr. zur Transfusion* (Deut. Zeit. für Chir., 1878). — CHRISTIANI : *Ueber das Verhalten von Phenol*, etc. (Zeit. für phys. Chem., t. II, 1878). — CHRISTIANI ET BAUMANN : *Ueber den Ort der Bildung der Phenolschwefelsäure*, etc. (*ibid.*). — V. FELTZ ET E. RITTER : *Expér. démontrant que l'urée pure ne détermine jamais d'accidents convulsifs* (Comptes rendus, t. LXXXVI, 1878). — C. PREUSSE : *Ueber die Entstehung des Brenzcatechins im Thierkörper* (Zeit. für phys. Chem., t. II, 1878). — P. PICARD : *Rech. sur l'urée des organes* (Comptes rendus, t. LXXXVII, 1878). — TH. TRESKIN : *Ueber den Einfluss der Alkalien und alka-lischen Flussigkeiten auf die Zersetzung der Harnsäure* (en russe ; anal. dans Schwalbe, 1878). — NEWMANN : *On some physical exper. relating to the function of the kidney* (Proc. R. Soc. Ed., 1878). — NUSSBAUM : *Ueber die Secretion der Niere* (Arch. de Pflüger, t. XVI et XVII, 1878). — DE SINÉTY : *Production de l'urée* (Soc. de biol., 1878). — REUFLET : *Contrib. à l'étude du rôle du foie dans la production de l'urée*, 1879. — E. ET H. SAL-KOWSKI : *Ueber die Faulnissproducte des Eiweisses*, etc. (Arch. für Physiol., 1879). — CH. RICHET ET MOUTARD-MARTIN : *Infl. du sucre injecté dans les veines sur la sécrétion ré-nale* (Comptes rendus, 1879). — BRIEGER : *Zur Kenntniss des physiologischen Verhaltens des Brenzcatechin*, etc. (Arch. für Physiol., 1879). — H. BIBBERT : *Ueber die Eiweissaus-scheidung durch die Nieren* (Centralbl., 1879). — STADELMANN : *Ueber die Umwandlung der Chinasäure in Hippursäure*, etc. (Arch. für exper. Pharm., t. X, 1879). — 'LOEW : *Ueber die Quelle des Hippursäure im Harn der Pflanzenfressern* (Journ. für prakt. Chem., t. XIX, 1879). — MORAT ET ORTILLE : *Note sur les altérat. du sang dans l'urémie* (Comptes rendus, 1879). — FIESSINGER : *De l'élimination des éléments sulfurés par les urines*, 1879. — GRÉ-HANT : *Sur l'activité physiolog. des reins* (Soc. de biol., 1879). — LITTEN : *Exper. auf dem Gebiete der Nieren-Physiol.* (Berl. Klin. Woch., 1878). — E. SALKOWSKI : *Ueber die Bildung von Harnstoff aus Amidosäuren* (Berl. phys. Ges., 1879). — PICARD : *La sécrétion rénale* (Rev. scient., 1879). — D. DE JONGE : *Weit. Beitr. üb. das Verhalten des Phenols im Thier-körper* (Zeit. für phys. Chem., t. III). — E. BAUMANN : *Ueber die Entstehung des Phenols im Thierkörper* (*ibid.*). — P. PICARD : *Sur la cause des phén. nerveux dans l'urémie* (Soc. de biol., 1879). — ADAMKIEWICZ : *Das Schicksal des Ammoniak in gesunden*, etc. (Arch. de Virchow, t. LXXVI). — LITTEN : *Ueber functionnelle Alteration der Nierengefässe*, etc. (Centralbl., 1880). — SALOMON : *Ueber den Ort der Hippursäurebildung* (Zeit. für phys. Chem., t. III). — BAUMANN ET BRIEGER : *Ueber Indoxyl-Schwefelsäure* (*ibid.*). — LITTEN : *Unt. üb. den hämorrhagischen Infurct*, etc. (Zeit. für klin. Med., t. I). — FELTZ ET RITTER : *De l'urémie expérimentale* (Revue médic. de l'Est, 1880).

Bibliographie générale. — FOURCROY ET VAUQUELIN : *Mém. pour servir à l'hist. nat.*

chimique et méd. de l'urine (Ann. de chim., t. XXXI et XXXII). — Proust : *Expér. sur l'urine* (*ibid.*, t. XXXVI). — A. Becquerel : *Séméiotique des urines*, 1841. — A. Winter : *Beitr. zur Kenntniss der Urinabsonderung bei Gesunden*, 1852. — Mosler : *Beitr. zur Kenntniss der Urinabsonderung*, 1853. — Hill-Hassall : *The urine in health and disease*, 1858 ; 2e édit., 1863. — E. A. Parkes : *The urine*, etc., 1860. — G. Harley : *Lectures on the urine* (Med. Times, 1864).

SÉCRÉTION DE LA SUEUR

1° Caractères de la sueur.

Manière de recueillir la sueur. — On place le sujet, sauf la tête, dans une étuve à fond métallique et on recueille la sueur qui découle du corps (Favre). Pour avoir la sueur de telle ou telle partie du corps, d'un membre, par exemple, on entoure ce membre d'un manchon de verre ou de caoutchouc dont les bords s'adaptent parfaitement à la peau (Anselmino). *Chez les animaux*, comme il en est beaucoup qui ne suent pas (lapin, rat, souris) ou que difficilement (chien), il faut s'adresser à certaines espèces, cheval, chat, etc. En général il faut choisir les parties dépourvues de poils (parties plantaires du chat et du chien ; groin du porc, etc.) Le nez et la lèvre supérieure des ruminants, du chat, du chien, etc. fournissent une sécrétion qui, quoique provenant de glandes en grappe, présente tous les caractères de la sueur. Quand la quantité de sueur est trop faible pour être recueillie, ce qui est la plupart du temps le cas chez les animaux, on place sur la partie dont on veut observer la sécrétion un fragment de papier de tournesol.

La sueur est un liquide transparent, incolore, d'une odeur caractéristique, variable suivant les divers points de la peau, d'une saveur salée. Sa densité est de 1,004. Sa réaction est acide d'après la plupart des auteurs, sauf à l'aisselle, où elle est neutre ou alcaline. Cependant, d'après les recherches récentes de Luchsinger et Trümpy, sa réaction normale est alcaline et son acidité est due aux acides gras provenant de la matière sébacée qui se mêle à la sueur ; en prenant des précautions convenables, ainsi à la paume des mains par exemple, qui est dépourvue de glandes sébacées, elle est toujours alcaline ; il en est de même à la région plantaire du chat et du chien, pour la sueur du cheval, etc. Sa quantité est très variable ; la moyenne est de 700 à 900 grammes par jour ; mais, sous des influences diverses, elle monte facilement à 1,500 et même 2,000 grammes, et en forçant la sécrétion (étuves et boissons abondantes), on peut obtenir des chiffres dix fois plus considérables. La sueur ne contient pas d'éléments anatomiques, mais seulement des lamelles épidermiques détachées de la peau.

Caractères chimiques. — La sueur possède en moyenne 10 p. 1,000 de parties solides, dont la moitié est constituée par des principes minéraux où dominent les chlorures alcalins. Les *substances azotées* de la sueur sont formées presque exclusivement par l'urée ; sa quantité pour 1,000 parties de sueur serait de 0,044 d'après Favre, de 1,55 d'après Funke ; elle contiendrait en outre des traces d'albumine (Leube). L'ammoniaque trouvée dans la sueur paraît provenir de la décomposition des matières azotées. Quant à l'*acide sudorique* ou *hydrotique* admis par Favre, son existence est encore douteuse. Les principes *non azotés* consistent en acides gras volatils (formique, acétique, butyrique, propionique, caproïque, etc.) qui donnent à la sueur, surtout dans certaines régions, une odeur caractéristique ; on y trouve en outre de l'acide lactique (?), de la cholestérine et des graisses neutres qui proviennent en partie des glandes sébacées. On y a signalé la présence de *matières colorantes* indéterminées. Les substances *minérales* sont, en première ligne, le chlorure de sodium, puis le chlorure de potassium, des phosphates et des sulfates alcalins, des phosphates terreux et des traces de fer. La sueur contient en outre de l'acide carbonique libre et un peu d'azote.

Le tableau suivant donne des analyses de la sueur par Favre, Schottin et Funke :

POUR 1,000 PARTIES.	FAVRE.	SCHOTTIN.	FUNKE.
Eau..........................	995,573	977,40	988,40
Matières solides................	4,427	22,60	11,60
Épithélium.....................	»	4,20	2,49
Graisse........................	0,013	»	»
Lactates.......................	0,317	»	»
Sudorates......................	1,562	«	»
Matières extractives............	0,005	11,30	«
Urée..........................	0,044	»	1,55
Chlorure de sodium............	2,230	3,60	»
Chlorure de potassium..........	0,024	»	»
Phosphate de soude............	traces.	»	»
Sulfates alcalins...............	0,011	1,31	»
Phosphates terreux.............	traces.	0,39	»
Sels en général................	»	7,00	4,36

On voit, en comparant ces analyses à celle de l'urine, qu'il y a une assez grande différence de composition, quantitativement surtout, entre la sueur et l'urine.

Variations de la sueur. — 1° *Variations locales.* La sueur de certaines régions a une odeur spéciale, caractéristique (aisselle, pieds). La sueur des pieds contient plus de principes fixes et de potasse spécialement que celle des bras. — 2° *Composition.* Quand la quantité de sueur augmente, la proportion pour 100 d'urée, de sels, et d'albumine augmente, tandis que les autres principes diminuent (Leube). La composition de la sueur peut varier aussi dans certaines affections ; c'est ainsi qu'elle contient de la glucose dans le diabète, de la matière colorante biliaire dans l'ictère (?), de l'acide urique dans l'arthritis. Dans quelques cas (*chromhydrose*) elle présente une coloration spéciale, bleue ou rouge qui peut tenir à des causes variables, indigo, matière colorante bleue indéterminée (sueurs bleues), matière colorante rouge, sang (sueurs rouges), pigment noir (sueurs brunes ou noires), etc. La *durée de la sécrétion* a de l'influence sur la composition de la sueur. Les premières parties sont plus riches en acides gras, les dernières en sels minéraux. La quantité d'urée augmente, mais pas proportionnellement, avec la quantité de sueur. La sueur est, du reste, d'autant plus concentrée que la quantité de la sécrétion est moins considérable. — 2° *Variations fonctionnelles.* L'alimentation, et surtout une nourriture animale, augmente la sécrétion sudorale ; les boissons, et surtout les boissons chaudes et alcooliques, ont un effet encore plus marqué. On a signalé plus haut les rapports de la sueur avec la sécrétion urinaire. Tout ce qui active la circulation, spécialement la circulation cutanée, tout ce qui détermine un appel de sang à la peau (bains chauds, vêtements épais et mauvais conducteurs du calorique, frictions, etc.) provoque une abondante transpiration. Il en est de même de l'exercice musculaire. Les affections psychiques, crainte, honte, douleur, etc., ont aussi une influence bien connue sur la production de la sueur et surtout des sueurs locales. — 3° *Variations pour causes extérieures.* Une température élevée de l'air atmosphérique, son état d'agitation qui renouvelle les couches en contact avec la peau, sa sécheresse, favorisent la sécrétion de la sueur en amenant une évaporation plus rapide. — 4° *Passage de substances dans la sueur.* L'iode, l'iodure de potassium, les acides arsénieux et arsénique, l'alcool, le sulfate de quinine, les acides benzoïque (en partie transformé en acide hippurique), succinique, tartrique, se retrouvent dans la sueur ; certaines matières odorantes, l'ail, par exemple, s'éliminent *en partie* par la sueur.

Rôle physiologique de la sueur. — La sueur est en première ligne un liquide d'excrétion, et quoique la quantité de ses principes solides soit très faible, ce rôle de sécrétion éliminatrice paraît cependant avoir une certaine importance, sans qu'on puisse en déterminer la signification d'une façon précise. En outre la sueur a, par son évaporation, une influence très grande sur la régularisation de la température du corps (Voir : *Chaleur animale*).

Bibliographie. — Schottin : *De sudore*, 1851. — Id. : *Ueber die Ausscheidung von Harnstoff durch den Schweiss* (Arch. für phys. Heilk., 1851). — Id. : *Ueber die chemischen Bestandtheile des Schweisses* (ibid., 1852). — Favre : *Rech. sur la composition de la sueur chez l'homme* (Arch. gén. de méd., 1853). — C. Fiedler : *De secretione ureæ per cutem*, etc., 1854. — Gillibert : *Rech. pour servir à l'histoire de la sueur* (Journ. des conn. méd. prat., 1854). — Drasche : *Ueber den Harnstoffbeschlag der Haut*, etc. (Zeit. d. k. k. Ges. d. Aerzte zu Wien, 1856). — Funke : *Beitr. zur Kenntniss der Schweisssecretion* (Unters. zur Naturl., t. IV, 1857). — G. H. Meissner : *De sudoris secretione*, 1859. — J. Rouyer : *Note sur l'éphidrose parotidienne* (Journ. de la physiologie, t. II, 1859). — Bergounhioux : *Obs. de sueur parotidienne* (Gaz. méd., 1859). — J. Ranke : *Kohlenstoff und Stickstoffausscheidung des ruhenden Menschen* (Arch. für Anat., 1862. — L. Meyer : *Notiz über einige Bestandtheile des Schweisses* (Stud. des phys. Instit. zu Breslau, 1862). — G. Bergeron et Lemattre : *De l'élimination des médicaments par la sueur* (Arch. de méd., 1864). — Schwarzenbach : *Blauer Schweiss eines Tetanischen* (Schweizer Zeit. für Heilk., 1864). — Le Roy de Méricourt : *Mém. sur la chromhydrose* (Journ. de Robin, 1864). — Coppés : *Obs. d'un cas de chromhidrose* (Gaz. hebd., 1864). — Germain : *Chromidrose* (ibid., 1866). — Collmann : *Ein Fall von Cyanidrosis* (Würzb. med. Zeit., 1867). — W. Leube : *Ueber Eiweiss im Schweiss* (Centralbl., 1869 et Arch. für pat. Anat., t. XLVIII). — H. v. Kaupp et T. Jürgensen : *Ueber Harnstoffausscheidung auf den äussern Haut* (Deut. Arch. für klin. Med., 1869). — A. W. Foot : *Two cases of chromhidrosis* (Dublin quart. journ. of med. sc., 1869). — W. Leube : *Nachtrag*, etc. (Arch. für pat. Anat., 1870). — G. Deininger : *Zur Casuistik der Harnstoffausscheidung auf der äussern Haut* (Arch. für klin. Med., t. VII, 1878). — O. Berger : *Ein Fall von Ephidrosis unilateralis* (Arch. für pat. Anat., 1878). — Trumpy et Luchsinger : *Besitzt normaler menschlicher Schweiss wirklich säure Reaction* (Arch. de Pflüger, t. XVIII, 1878). — Vulpian : *Rech. montrant que la sueur des pulpes digitales est alcaline chez le chien comme chez le chat* (Gaz. méd., 1879).

2° Sécrétion de la sueur.

La sueur est sécrétée par des glandes en tube, *glandes sudoripares*, dont le cul-de-sac sécréteur, replié sur lui-même, constitue une sorte de glomérule glandulaire, situé dans la couche profonde du derme cutané. A son passage à travers la couche épidermique, le canal excréteur des glandes sudoripares est dépourvu de

membrane propre, et l'épithélium est en contact direct avec les cellules épidermiques. Le tube sécréteur du glomérule présente une couche musculaire dont les
fibres lisses sont situées, d'après les recherches récentes de Ranvier, entre l'épithélium sécréteur et la membrane propre du tube. Ces glandes sont disséminées
sur toute la surface de la peau et plus ou moins serrées, suivant les régions ; leur
nombre est évalué à plus de deux millions (Krause, Sappey), et on a calculé que
leur surface sécrétante représentait le quart environ de la surface sécrétante des
reins.

La sécrétion de la sueur paraît être une sécrétion par filtration ; on trouve bien,
dans les premières parties recueillies, des débris épithéliaux, mais ils proviennent
de la couche cornée de l'épiderme, dont les parcelles sont entraînées par la sueur
plutôt que des parties profondes du cul-de-sac sécréteur. La desquamation épithéliale, quoique plus fréquente dans les glandes sudoripares que dans le rein,
n'entre donc que pour une part très faible dans la sécrétion.

Outre l'activité épithéliale, deux conditions essentielles interviennent dans la
sécrétion de la sueur : la circulation et l'innervation.

Tout ce qui augmente la pression du sang dans les capillaires de la peau augmente la production de la sueur ; c'est ainsi qu'agissent la chaleur, qui dilate les
artérioles et les capillaires de la peau, l'exercice musculaire, les boissons abondantes qui accroissent la proportion d'eau dans le sang, et enfin toutes les causes
qui font hausser la pression sanguine totale. C'est de cette façon qu'agissent les
substances dites *diaphorétiques*. En outre un certain nombre de substances excitent
directement la production de la sueur ; telles sont la pilocarpine (jaborandi), la
muscarine, la nicotine, la physostigmine, la morphine, l'opium, l'ammoniaque ;
l'atropine produit l'effet contraire. La persistance du froid ou de la chaleur para-
lyseraient aussi les glandes sudoripares (Luchsinger).

L'*innervation* des glandes sudoripares a été très étudiée dans ces deux dernières
années par Vulpian, Luchsinger, Nawrocki, Adamkiewicz, etc. Pour ces glandes,
comme pour la plupart des autres glandes, on peut distinguer deux espèces de
nerfs, des nerfs *vasculaires* et des nerfs *sécréteurs* proprement dits (*excito-sudoraux*
de Vulpian). Habituellement la sécrétion s'accompagne d'une dilatation vasculaire
et par conséquent il y a l'intervention simultanée des deux sortes d'innervations ;
mais il n'en est pas toujours ainsi, comme le prouve l'exemple des *sueurs froides*
de l'agonie et de certains accès fébriles ; on peut du reste provoquer la sudation
sur un membre amputé et par conséquent privé de circulation, et Nitzelnadel
a vu l'excitation électrique du nerf cubital produire la sécrétion de sueur en même
temps qu'un abaissement de température. Il y a donc, comme pour les glandes
salivaires, indépendance entre les deux actes.

Le mécanisme d'action des *nerfs vasculaires* est encore très obscur, et il est
difficile de dire si la dilatation vasculaire qui accompagne ordinairement la sécrétion est due à une paralysie des nerfs vaso-moteurs ou à une excitation des nerfs
vaso-dilatateurs, et la plupart des expériences ont été expliquées des deux façons ;
telle est l'expérience si connue de Dupuy dans laquelle la section du sympathique
cervical provoque chez le cheval la sudation dans le côté correspondant de la face
et du cou ; il est tout aussi difficile d'expliquer comment la galvanisation du
sympathique cervical chez l'homme produit tantôt de la sudation, tantôt au contraire l'arrêt de la sueur dans le côté de la face et dans le bras correspondants.
(M. Meyer, Nitzelnadel.)

Les *nerfs glandulaires et sudoripares* ont été déterminés pour certaines régions.
Pour les membres postérieurs du chat ils se trouvent dans le tronc de l'ischiatique ;

l'excitation du bout périphérique de ce nerf détermine la sudation ; la sécrétion de sueur diminue au contraire après sa section, mais on peut la faire reparaître en excitant le nerf par l'action de la pilocarpine, de la chaleur, une semaine et plus après la section. Les fibres sudorales de l'ischiatique proviennent de la moelle par les racines antérieures et pour une très petite partie du sympathique abdominal (Vulpian). Pour le membre antérieur du même animal, elles sont contenues dans le médian et dans le cubital et ont la même provenance (moelle et sympathique) que celles du membre postérieur. Pour la face, Luchsinger les fait provenir du sympathique (groin du porc, cheval) et ces fibres sudorales iraient s'accoler aux rameaux du trijumeau. Adamkiewicz a vu, il est vrai, chez l'homme l'excitation du facial à travers la peau produire la sécrétion de la sueur ; mais Luchsinger a trouvé toujours ce nerf sans action, tandis que l'excitation du sous-orbitaire déternait la production de sueur (porc).

La situation des *centres sudoripares* n'est pas encore déterminée d'une façon positive. Luchsinger admet des centres spinaux, dans la moelle lombaire ou dorso-lombaire pour les membres postérieurs (chat ; entre la 9e et la 13e vertèbre dorsale), dans la moelle cervicale pour les membres antérieurs. Nawrocki avait nié l'existence de ces centres, mais, d'après Luchsinger, les résultats négatifs constatés par cet auteur après la section de la moelle tiennent à ce que l'animal était encore sous le coup du *choc* de l'opération ; si l'on attend quelques jours pour laisser à l'excitabilité nerveuse le temps de reparaître, on voit que, après la section de la moelle à la hauteur de la neuvième vertèbre dorsale, la sudation s'établit dans les pattes de derrière quand on provoque la dyspnée (voir plus loin). La moelle allongée paraît aussi renfermer des centres sudoripares ; par son excitation, la sécrétion de sueur apparaît aux quatre pattes (chat), même trois quarts d'heure après la mort (Adamkiewicz). Le même auteur a obtenu la sudation par l'excitation de la partie corticale et moyenne du cervelet.

Ces centres sudoripares, quelle que soit du reste leur situation, entrent en activité par *action réflexe*. Ainsi la sudation se produit dans la patte de derrière (chat) par l'excitation du bout central de l'ischiatique, du crural, du péronier du côté opposé ; l'excitation du bout central du plexus brachial provoque la sueur de la patte symétrique et des pattes de derrière. L'irritation des nerfs sensitifs de la peau, son excitation thermique, celle de certaines muqueuses (vinaigre sur la muqueuse buccale, etc.) peuvent produire le même effet ou déterminer des sueurs locales ; il en est de même des influences psychiques (émotions morales, peur, etc.). Ces centres sudoripares peuvent être aussi excités *directement*, ainsi par l'asphyxie et la dyspnée (interruption de la respiration artificielle), par l'abord de sang très chaud (45°), par certains poisons, pilocarpine, nicotine, physostigmine.

Plusieurs de ces poisons peuvent aussi agir *localement* sur les glandes sudoripares (Strauss, Cloetta). En injectant sous la peau de l'homme 2 à 4 milligrammes de pilocarpine, on observe une sécrétion de sueur localisée au point injecté ; cette sueur locale disparaît par l'injection sous-cutanée d'atropine (Strauss).

Il peut se produire aussi pour la sécrétion sudorale des *phénomènes d'arrêt* ; mais il est difficile de dire si ces phénomènes tiennent à l'action de véritables nerfs d'arrêt. Ces nerfs sont cependant admis par certains auteurs, en particulier par Vulpian, et seraient contenus principalement dans le cordon du sympathique. Ainsi après la section de ce nerf la sueur produite par la pilocarpine coule avec plus d'abondance et, d'après le même auteur, l'expérience de Dupuy mentionnée page 826 devrait s'interpréter de la même façon.

Outre les nerfs vasculaires et glandulaires, il y a probablement des filets spéciaux agissant sur les fibres musculaires des conduits sécréteurs et servant à évacuer le produit de sécrétion une fois formé.

L'*excrétion de la sueur* est continue comme la sécrétion elle-même, et la sueur, refoulée vers l'orifice du canal excréteur par les parties nouvellement sécrétées, arrive peu à peu dans le segment du canal qui traverse la couche épithéliale ; là, le canal ne possède plus de paroi propre, et cette disposition anatomique doit favoriser le passage de la sueur par imbibition dans les interstices des cellules épidermiques les plus superficielles qui, à ce niveau, ont perdu leur adhérence intime ; il y a là en effet, selon l'expression de Küss, une sorte de couche poreuse dans laquelle la sueur s'étale et se perd comme un fleuve dans les sables, en donnant à la peau cette moiteur qu'elle possède dans l'état de santé. Une fois arrivée dans cette couche, la sueur disparaît par l'évaporation en constituant ce qu'on a appelé *perspiration insensible*, et ce n'est que lorsque la quantité de sueur devient considérable et dépasse la capacité d'imbibition de la couche poreuse superficielle que la sueur apparaît sous forme de gouttelettes à l'orifice des conduits sudoripares. Cette perspiration insensible par la couche épidermique explique l'erreur de Krause et Meissner, qui croient que les glandes sudoripares ne servent pas à l'élimination de la sueur, et que cette élimination se fait par les papilles cutanées et à travers l'épiderme ; pour eux les glandes sudoripares seraient le siège d'une sécrétion sébacée, moins dense seulement que celle des glandes sébacées ordinaires.

L'existence de *courants électriques* dus à la sécrétion sudorale a déjà été mentionnée, page 480.

Bibliographie. — DUPUY : *Obs. et expér. sur l'enlèvement des ganglions gutturaux des nerfs trisplanchniques* (Journ. de méd., 1816). — G. MEISSNER : (Ber. üb. die Fortschritte der Anat., etc., 1857). — J. v. DEEN : *Over de theorie van G. Meissner, etc.* (Nederl. Tijdschr. voor Geneesk., 1859). — W. LEUBE : *Ueber den Antagonismus zwischen Harn und Schweisssecretion* (Arch. für klin. Med., t. VII, 1870). — TH. W. ENGELMANN : *Ueber die elektromotorischen Kräfte der Froschhaut*, etc. (Arch. de Pflüger, t. IV). — SCHIEFFERDECKER : *Trophische Störungen nach peripheren Verletzungen* (Berl. klin. Wochensch., 1871). — KENDALL ET LUCHSINGER : *Zur Theorie der Secretionen* (Arch. de Pflüger, 1875). — LUCHSINGER : *Neue Vers. zu einer Lehre von der Schweisssecretion* (ibid., t. XIV, 1875). — AUBERT : *Sur les glandes sudoripares* (Gaz. méd., 1877). — B. LUCHSINGER : *Die Wirkungen von Pilocarpin und Atropin auf die Schweissdrüsen der Katze* (Arch. de Pflüger, t. XV, 1877). — ID. : *Die Schweissfasern für die Vorderpfote der Katze* (ibid., t. XVI, 1878). — ID. : *Die Erregbarkeit der Schweissdrüsen als Function ihrer Temperatur* (ibid., t. XVIII, 1878). — ID. : *Ueber Schweissnerven für die Vorderpfote der Katze* (Centralbl., 1878). — VULPIAN : *Sur l'action du syst. nerveux sur les glandes sudoripares* (Comptes rendus, t. LXXXVI, 1878). — ID. : *Sur la provenance des fibres excito-sudorales contenues dans le nerf sciatique du chat* (ibid.). — ID. : *Sur la provenance des fibres nerveuses excito-sudorales des membres antérieurs du chat* (ibid.). — ID. : *Rech. expér. sur les fibres nerveuses sudorales du chat* (ibid., t. LXXXVII, 1878). — ID. : *Comparaison entre les glandes salivaires et les glandes sudoripares* (ibid.). — ID. : *Sur quelques phénomènes d'action vaso-motrice* (ibid.). — ID. : *Faits expérimentaux montrant que les sécrétions sudorales abondantes ne sont pas en rapport nécessaire avec une suractivité de la circulation cutanée* (ibid.). — ADAMKIEWICZ : *Die Secretion des Schweisses*, 1878. — F. NAWROCKI : *Zur Innervation der Schweissdrüsen* (Centralbl., 1878). — ID. : *Weitere Unt. über den Einfluss des Nervensystems auf die Schweissabsonderung* (ibid.). — L. HERMANN ET B. LUCHSINGER : *Ueber die Secretionsströme der Haut bei der Katze* (Arch. de Pflüger, t. XVII, 1878). — MARMÉ : *Exp. Beitr. zur Wirkung des Pilocarpin* (Götting. Nachr., 1878). — RENAUT : *Note sur l'épithélium des glandes sudoripares* (Gaz. méd., 1878). — COYNE : *Sur les terminaisons des nerfs dans les glandes sudoripares de la patte du chat* (Comptes rendus, 1878). — NAWROCKI : *Schweisserregende Gifte* (Centralbl., 1879). — APOLANT : *Ueber einen Fall von einseitigen Schwitzen* (Berl. klin. Woch., 1878). — STRAUSS : *Contrib. à la physiol. des sueurs locales* (Gaz. méd., 1879). — ADAMKIEWICZ : *Zur Lehre von der Schweisssecretion* (Verhandl. d. Berlin. phys. Ges., 1879). — BOCHEFONTAINE : *Expér. sur des chiens nouveau-nés* (Gaz. méd., 1879). — RANVIER : *Sur la structure des glandes sudoripares* (Comptes rendus, 1879 et Gaz. méd., 1880). — G. HERMANN : *Contribution à l'étude des glandes sudoripares* (Gaz. méd., 1880).

SÉCRÉTION LACRYMALE

Les larmes sont sécrétées par la glande lacrymale. Elles constituent un liquide incolore, d'une saveur salée, de réaction alcaline. Elles contiennent environ 10 p. 1,000 de principes solides, qui consistent en un peu de mucus ou d'albumine (*dacryoline*), précipitable par la chaleur, des traces de graisse et des sels minéraux. Ces derniers sont presque exclusivement formés par du chlorure de sodium et par une très petite proportion de phosphates alcalins et terreux. L'analyse suivante donne, d'après Lerch, la composition des larmes:

Eau......................................	982,00
Albumine et traces de mucus....................	5,00
Chlorure de sodium.....................	13,00
Autres sels minéraux........................	0,20
	1000,20

Les glandes lacrymales sont des glandes en grappe analogues aux glandes salivaires. Les acini sont tapissés par un épithélium glandulaire et séparés du réseau capillaire par des lacunes qui ne sont probablement autre chose que des espaces lymphatiques. La terminaison des nerfs est inconnue.

La sécrétion lacrymale est continue, et, sauf certaines circonstances spéciales, très peu abondante. Elle se fait par filtration, sans qu'une desquamation épithéliale intervienne et ne s'accompagne pas d'une sécrétion de mucine. La mucine indiquée dans les analyses provient vraisemblablement des glandes de Meibomius.

La pression sanguine a une influence directe sur cette sécrétion ; c'est de cette façon que le rire, les efforts, la toux, le vomissement, etc., provoquent la sécrétion lacrymale en gênant ou en arrêtant la circulation veineuse.

Le rôle de l'innervation a été bien étudié par Herzenstein et Wolferz. A l'état physiologique, cette sécrétion se produit par action réflexe, et le point de départ du réflexe peut se trouver, soit dans une excitation des première et deuxième branches du trijumeau (conjonctive, fosses nasales, etc.), soit dans une excitation rétinienne (lumière), soit dans une influence morale. Les réflexes déterminés par l'excitation des branches du trijumeau ne se produisent que sur la glande du côté correspondant ; ceux produits par l'excitation lumineuse sont bilatéraux. On peut produire expérimentalement la sécrétion lacrymale réflexe par l'excitation des branches sus-mentionnées du trijumeau.

Le nerf sécréteur principal de la glande est le nerf lacrymal ; l'excitation de son bout périphérique provoque des larmes abondantes (lapin, chien, mouton); sa section est suivie, au bout d'un certain temps, d'une sécrétion continuelle (sécrétion paralytique ?); le réflexe nasal persiste après cette section. Le nerf lacrymal n'est donc pas le seul nerf sécréteur; le filet lacrymal du nerf temporo-malaire et le sympathique du cou ont aussi une action directe sur la sécrétion; cependant Demtschenko n'a pu obtenir de sécrétion par l'excitation du nerf sous-cutané malaire.

La fève de Calabar augmente la sécrétion lacrymale.

Une fois sécrétées, les larmes sont étalées sur la partie antérieure du globe oculaire, et la partie qui ne disparaît pas par l'évaporation s'engage dans les voies lacrymales ou déborde les paupières et coule le long des joues quand la sécrétion est trop abondante.

Bibliographie. — HERZENSTEIN : *Zur Physiologie der Thränensecretion* (Centralbl. 1867, et Arch. für Anat., 1867). — ID. : *Beitr. zur Physiol. und Therapie der Thränen* *organe*, 1868. — P. Wolferz : *Exp. Unlers. über die Innervationswege der Thränendrüse*, 1871. — Demtschenko : *Zur Innervation der Thränendrüsen* (Arch. de Pflüger, t. VI, 1872).

SÉCRÉTION DU LAIT

1° Caractères du lait.

Caractères des principes les plus importants du lait. — 1° *Caséine*. — La caséine se prépare en traitant le lait par de l'acide chlorhydrique ou de l'acide acétique ; le précipité est recueilli, traité par l'eau froide et débarrassé de la graisse par l'alcool et l'éther. La caséine pure se présente, à l'état sec, sous forme d'une poudre blanc de neige, peu soluble dans l'eau, rougissant la teinture de tournesol (Hammarsten) ; elle est soluble dans l'eau qui contient du carbonate de chaux dont elle chasse l'acide carbonique. Elle est soluble aussi dans l'eau alcalinisée ; elle précipite par l'alcool (à froid), les acides acétique, lactique, phosphorique, etc. (à moins que la solution ne contienne un excès de phosphate alcalin), par le sulfate de magnésium, le chlorure de calcium, les sels métalliques, etc. Elle ne précipite pas par la chaleur. La solubilité de la caséine dans le lait est due à son union avec le phosphate de calcium. D'après Hammarsten, la caséine différerait de l'albuminate de potasse (obtenu en traitant l'albumine de l'œuf par la potasse) parce qu'elle contient du phosphore (nucléine) et par la façon dont elle se comporte avec le *lab* (Voir p. 683). La caséine du lait de femme se coagulerait plus difficilement que celle du lait de vache par l'acide carbonique et l'acide acétique et serait au contraire plus facilement coagulable par le suc gastrique. Abandonnée à elle-même en grandes masses, la caséine se transforme en partie en graisse. La caséine se dose en général par différence. Pour les procédés de dosage par l'alcool, le tannin, etc., voir les traités de chimie et les mémoires spéciaux. Ces divers procédés donnent des chiffres assez différents.

2° *Beurre*. — La graisse du lait est un mélange de tripalmitine, trioléine et tristéarine. Le dosage de la matière grasse du lait peut se faire par plusieurs procédés — *a. Crémomètre*. Le crémomètre est une éprouvette graduée divisée en 100 parties dans laquelle on verse parties égales d'eau et de lait additionné d'une pincée de carbonate acide de sodium ; la crème se réunit à la surface du liquide et on mesure sa hauteur en centièmes. — *b. Lacsobutyromètre de Marchand.* Cet instrument (fig. 238 et 239) se compose d'un tube divisé en trois parties de 10 centimètres chacune ; on remplit le tube de lait jusqu'à la division 10, en ajoutant deux gouttes de soude caustique destinée à empêcher la coagulation des matières albuminoïdes : on verse ensuite de l'éther jusqu'à la division 20, puis de l'alcool à 90° jusqu'à la division 30, en agitant chaque fois ; on bouche alors le tube et on le place dans un bain-marie (fig. 239) où on le maintient quelque temps à 40°. La matière grasse forme alors une couche dont la hauteur se mesure par le nombre de divisions qu'elle occupe à la partie supérieure du tube (fig. 238). Chaque division correspond à 2,33 grammes de beurre par litre de lait ; il faut en outre ajouter au produit le nombre 12,6 qui représente la quantité de beurre en solution dans le mélange d'alcool et d'éther. — *c. Lactoscope de Donné.* Le *lactoscope* (fig. 240) permet d'apprécier la richesse du lait en beurre par son opacité. Il se compose de deux tubes rentrant l'un dans l'autre et terminés par deux glaces qui peuvent s'écarter ou se rapprocher au moyen d'un pas de vis. On remplit l'appareil d'un mélange de lait et d'eau par un petit entonnoir, et on regarde à travers l'appareil une bougie placée à 1 mètre de distance ; le mélange est

Fig. 238. — *Lactobutyromètre.*   Fig. 239. — *Lactobutyromètre.*

obtenu en ajoutant successivement et par portions à 100 centimètres cubes d'eau, la quantité de lait nécessaire pour que la flamme de la bougie ne soit plus visible ; une table annexée à l'appareil donne, d'après la quantité de lait qu'il a fallu ajouter, la quantité de beurre contenue dans un litre de lait. — Lehmann a indiqué un procédé basé sur la filtration

Fig. 240. — *Lactoscope de Donné.*

de toutes les parties du lait à travers des lames poreuses d'argile à l'exception de la caséine et du beurre, procédé qui lui a servi aussi pour doser la caséine.

3° *Sucre de lait.* — Le sucre de lait se prépare en concentrant par l'évaporation le petit-lait et en l'abandonnant à lui-même ; le sucre de lait cristallise et les cristaux sont purifiés par les procédés ordinaires. Ces cristaux, qui appartiennent au système rhomboédrique, sont durs, incolores, d'une saveur faiblement sucrée. Ils sont solubles dans l'eau, insolubles dans l'alcool et l'éther. Il dévie à droite le plan de polarisation. Il brunit par la potasse à chaud, et réduit la liqueur de Barreswill et l'oxyde de bismuth. Les acides étendus le transforment en un mélange de glucose et galactose, $C^6H^{12}O^6$, facilement fermentescible. Avec la levûre de bière il subit la fermentation alcoolique, après transformation préalable en galactose ; en présence des matières azotées et d'un alcali (caséine et craie) il subit la fermentation lactique. Le *dosage* du sucre de lait se fait soit par la liqueur de Barreswill (Voir : *Glycogénie*), soit par le polarimètre. Gscheidlen a récemment indiqué des procédés de dosage du sucre de lait basés sur les colorations (jaune rougeâtre à brun-rouge) que prennent les solutions de sucre de lait quand on les chauffe avec de la soude.

Pour les procédés généraux d'analyse du lait, voir les traités de chimie.

Numération des globules du lait (Bouchut). — Se fait par les mêmes procédés que la numération des globules du sang (Voir p. 243).

Le lait est sécrété par les glandes mammaires de la femme. C'est un liquide opaque, blanc pur, blanc jaunâtre ou blanc bleuâtre, d'une odeur spéciale, d'une saveur douce et sucrée. Sa densité est de 1,028 à 1,034 à 15°. Sa réaction, à l'état frais, est alcaline et due probablement au phosphate basique de soude ; cependant on le trouve souvent acide ; cette réaction a été l'objet de nombreuses discussions ; d'après Soxhlet, il aurait la réaction *amphotère*, rougirait le papier bleu et bleuirait le papier rouge. L'acidité du lait tient dans ce cas au phosphate acide de soude et à l'acide carbonique. Le lait contient en suspension des globules graisseux, globules du lait, qui lui donnent son opacité et constituent par conséquent une véritable émulsion. La quantité de lait sécrété par jour est très variable ; d'après Lampérierre, elle serait en moyenne de 1,350 grammes c'est-à-dire environ 22 grammes par kilogramme de poids du corps. Cette sécrétion commence à la fin de la grossesse et dure environ sept à dix mois (période de la lactation). Le lait sécrété pendant la grossesse et les premiers jours après l'accouchement a reçu le nom de *colostrum*.

Composition chimique du lait. — Le lait renferme en moyenne 110 à 130 parties de principes solides pour 1,000. Il contient, outre de l'eau, les substances suivantes :

1° Des *principes azotés* et spécialement de la *caséine* (4 p. 100) et un peu d'*albumine ordinaire* (albumine du sérum) ;

2° Des *matières grasses* qui constituent la *crème* et le *beurre* et se trouvent dans le lait sous forme de globules, *globules du lait* (2,5 p. 100) ;

3° Du *sucre de lait* (4,5 p. 100) et un *ferment* (ferment lactique) ;

4° Des traces de *matières extractives* et en particulier d'urée ;

5° Des *sels minéraux*, en quantité assez faible (2 p. 100) ; ils consistent en chlorures, phosphates et carbonates alcalins, et sulfates de chaux et de magnésie ; on y a trouvé aussi des traces de fer, de silice, de fluorures métalliques, de sulfocyanures (?), etc.

6° Des *gaz* consistant surtout en acide carbonique (7 p. 100) et un peu d'azote et d'oxygène.

La *caséine* et l'*albumine ordinaire* paraissent être les seules substances albuminoïdes existant dans le lait. C'est du moins ce qui semble résulter des recherches récentes d'Hammarsten et de quelques autres auteurs. La *lacto-protéine* de Millon et Commaille paraît être un mélange de caséine et d'albumine ; la *galactine* de Selmi est de l'albumine impure. Cependant Béchamp admet dans le lait trois substances albuminoïdes distinctes.

Les *globules du lait* sont sphériques, fortement réfringents, d'une grosseur variant depuis 0mm,001 jusqu'à un diamètre de 0mm,025 ; leur densité est moindre que celle du lait, et celle des gros globules est plus faible que celle des petits ; aussi montent-ils les premiers à la surface (*crème*). L'existence d'une membrane d'enveloppe à la surface de ces globules est encore controversée. D'après certains auteurs, ils posséderaient une membrane formée par une mince couche de caséine (*membrane haptogène*) ; cette membrane se formerait de la façon suivante : il y aurait au point de contact de la graisse et d'une solution albumineuse alcaline saponification de la graisse et précipitation de l'albumine qui, par la perte de son alcali, est devenue insoluble (Ascherson, v. Wittich). On a invoqué aussi les faits suivants en faveur de l'existence d'une membrane. Si l'on agite du lait avec de l'éther, la membrane d'enveloppe s'opposant à ce que l'éther dissolve la matière grasse, le lait conserve son caractère d'émulsion ; mais si on traite d'abord le lait par la soude qui dissout l'enveloppe albumineuse, l'éther dissout la matière grasse et le lait devient transparent, presque aqueux. Il est vrai que d'une part on peut interpréter le fait d'une façon différente (Robin, *Leçons sur les humeurs*, 2e édit., p. 490), et que de l'autre, en employant de très grandes quantités d'éther et le laissant longtemps en contact, la matière grasse se dissout sans addition préalable de soude. Le battage du lait pour la fabrication du beurre a été aussi invoqué ; ce battage aurait pour effet de déchirer la membrane des globules et de permettre à la matière grasse de se rassembler pour constituer le beurre. Enfin Schwalbe, en employant l'acide osmique (qui noircit la graisse), aurait constaté l'existence de cette membrane. D'un autre côté, un certain nombre de faits sont contraires à cette opinion. Ainsi de Sinéty, en traitant du lait frais par la rosaniline qui colore les substances albuminoïdes coagulées, n'a pu voir de membrane sur les globules du lait, tandis qu'elle était bien visible sur les globules de colostrum, ou sur les globules laiteux du lait conservé déjà depuis quelque temps. Quelle est alors la cause qui, en l'absence de toute membrane, maintient la graisse du lait à l'état d'émulsion ? Donné, et plus tard Kehrer admirent que la caséine se trouvait dans le lait, non à l'état de dissolution, mais à l'état de masse colloïde, muqueuse, simplement gonflée (*substance' interglobulaire* de Kehrer) ; mais cet état demi-solide de la caséine ne peut être constaté. D'après Quincke, la cause du maintien des émulsions doit être recherchée uniquement dans les différences de tension qui se produisent à la surface des gouttelettes de graisse plongées dans un liquide albumineux. Chaque gouttelette de graisse s'entourerait d'une couche liquide de caséine dissoute dont la persistance serait due à des causes purement physiques (Voir p. 740). Outre les globules du lait, on trouve quelquefois des noyaux et des globules présentant encore sur leurs bords des restes de protoplasma cellulaire.

Le *ferment lactique* qui détermine la fermentation lactique du sucre de lait existe dans le lait dont il est peut être extrait par la dialyse, l'alcool et la glycérine. C'est ce ferment qui existe dans le *lab* (Voir p. 643).

D'après beaucoup d'auteurs les *sulfates* n'existeraient pas dans le lait normal. J'ai pu cependant constater à plusieurs reprises, avec E. Ritter, l'existence dans du lait de vache absolument pur de sulfates qui ne pouvaient provenir des boissons données à l'animal. Le même fait a été observé par Musso et F. Schmidt. D'après ce dernier auteur, ils proviendraient des albuminoïdes de l'alimentation. Il n'en est pourtant pas toujours ainsi ; car ils existaient en proportion assez notable chez une vache soumise à un jeûne presque complet.

On a trouvé en outre dans le lait de la cholestérine, de l'alcool (Béchamp), des acides butyrique, lactique, acétique, des substances odorantes solubles dans le sulfure de carbone (Millon et Commaille), etc. L'iode, les iodures, les bromures, les sulfates alcalins, les sels de fer, de zinc, de mercure (non, d'après Kohler), de plomb, de bismuth, d'antimoine, l'opium, l'indigo, les essences d'anis, d'ail, d'absinthe, beaucoup de substances odorantes peuvent passer dans le lait. Dans quelques cas le lait prend une coloration bleue due soit à des organismes inférieurs (*Vibrio cyanogeneus, Penicillium glaucum*), soit à la production de matières colorantes.

Le lait peut filtrer à travers des membranes poreuses ou des plaques d'argile ; dans ce cas, les globules et une partie de la caséine restent sur le filtre. Par la cuisson, le lait se recouvre d'une pellicule blanche, qui se renouvelle après avoir été enlevée. Elle consiste en caséine devenue insoluble et se forme même à l'abri de l'air et de l'oxygène : elle paraît liée à une évaporation trop rapide de la couche supérieure du liquide. En même temps l'albumine du lait passe à l'état insoluble. Tous les acides coagulent le lait ; l'acide acétique et l'acide tartrique redissolvent le coagulum. Cette coagulation ne peut se faire que si on ajoute assez d'acide pour dépasser le point de neutralisation de l'alcali de la caséine. La présure (muqueuse stomacale) agit de même sur le lait, et, d'après O. Hammarsten, le ferment qui coagule la caséine, et auquel il donne le nom de *lab*, est distinct de celui qui transforme le sucre de lait en acide lactique. Cette coagulation par le *lab*, qui peut se faire même quand le lait est alcalin, dédoublerait la caséine en caséine insoluble (fromage) contenant de la nucléine et par conséquent phosphorée et en albumine soluble qui reste dans le petit-lait. La coagulation du lait de femme par les acides ne se fait pas comme pour le lait de vache ; la caséine, au lieu de se précipiter en masses granuleuses, forme de fins flocons blanc grisâtre. La coagulation par le *lab* ne se fait jamais non plus d'une façon complète.

Variations spontanées du lait abandonné à lui-même. — Le lait laisse d'abord échapper une partie de l'acide carbonique qu'il contient, ce qui produit une sorte de bouillonnement du liquide. Puis, par le repos, le lait se divise en deux parties, une couche supérieure, *crème*, jaunâtre, plus opaque, et une couche sous-jacente, bleuâtre, plus aqueuse, et qui contient encore une forte proportion de globules graisseux. Cette montée de la crème est à peu près complètement terminée au bout de douze heures. La crème se forme d'autant plus vite que la température extérieure est plus basse. En général, le lait doit donner 10 à 16 centimètres cubes de crème au crémomètre.

Coagulation spontanée du lait. — Abandonné dans un endroit frais, le lait se coagule spontanément; cette coagulation est due à la production d'acide lactique par transformation du sucre de lait, et en même temps le lait devient acide; le caillot est constitué par la caséine et la graisse, et il reste un liquide acide, un peu verdâtre, le petit-lait, qui contient les sels, du sucre de lait, de la graisse et un peu de caséine soluble. La transformation de lactose en acide lactique a lieu sous l'influence d'un ferment qui, suivant les uns, préexisterait dans le lait (*microzymas* du lait de Béchamp), suivant d'autres viendrait de l'extérieur (Pasteur); cependant le ferment paraît exister dans le lait; car ce dernier subit la fermentation lactique, quoique lentement, dans un tube fermé à l'abri de l'air, et on a vu plus haut (page 833) que le ferment a pu être isolé du lait. La coagulation est plus rapide dans le lait de vache que dans le lait de femme. Elle est favorisée par la chaleur; elle est empêchée par l'essence de moutarde, l'ammoniaque, le bicarbonate de soude (1 pour mille), l'acide salicylique, la glycérine. — Laissé longtemps à l'air, le lait absorbe de l'oxygène et émet de l'acide carbonique; en trois jours, il absorbe un volume d'oxygène plus grand que son propre volume.

Par le battage (25 à 40 chocs par minute) du lait ou de la crème, les globules du lait se réunissent et constituent le *beurre*; la température de 14° est la plus favorable à la production du beurre. Les deux tiers environ de la graisse du lait passent dans le beurre.

Analyses du lait. — Le tableau suivant donne plusieurs analyses du lait de femme par différents auteurs :

Pour 100 parties.	FR. SIMON.	BECQUEREL ET VERNOIS.	JOLY ET FILHOL.	TIDY.	GERBER.	TOLMATSCHEFF.	BRUNNER.	CHRISTEN.
Eau................	883,6	889,08	874,6	878,1	890,5		900,0	872,4
Parties solides. ...	116,4	110,92	124,8	121,9	109,5		100,0	127.5
Caséine............	34,3	39,24	9,8		17,9	22,1	6,3	19,0
Albumine..........	»	»	»	35,1				
Beurre............	25,3	26,66	47.5	40,2	33.0	25,4	17,3	43,2
Sucre de lait......	48,2	43,64	59,1	42,6	53,9	50,8	62,3	59,7
Sels minéraux.....	2,3	1,38	1,1	2,8	4,2	»	»	2,8

Pour l'analyse des cendres, voir : *Physiologie comparée.*

Variations de composition du lait. — A. *Variations suivant les divers états de l'organisme.* — 1° *Age.* Le tableau suivant, emprunté à Becquerel et Vernois, fait connaître l'influence de l'âge sur la composition du lait; j'y joins des analyses du lait sécrété les premiers jours après la naissance chez les nouveau-nés des deux sexes (*lait de sorcières*), fait curieux déjà signalé par Morgagni:

Pour 1,000 parties.	De 15 à 20 ans.	De 20 à 25 ans.	De 25 à 30 ans.	De 30 à 35 ans.	De 35 à 40 ans.	LAIT DE NOUVEAU-NÉ.		
						QUÉVENNE	GENSER	FAYE
Eau..............	869,85	886,91	892,96	888,06	894,94	894,00	957,05	»
Parties solides.....	130,15	113,09	107,04	111,94,	105,06	106,00	42,95	»
Caséine........	55,74	38,73	36,53	42,33	42,07	22,00	5,57	5,6
Albumine.........	»	»	»	»	»	»	4,90	4,9
Beurre...........	37,38	28,21	23,48	28,64	22,33	14,00	14,56	14,6
Sucre de lait......	35,23	44,72	45,77	39,55	39,60	62,20	9,56	9,6
Sels............	1,80	1,43	1,46	1,44	1,06	3,40	8,26	8,3

Il y aurait donc une diminution de la caséine de 20 à 30 ans et une augmentation du sucre de lait ; la quantité du beurre serait plus forte de 15 à 20 ans et diminuerait ensuite. Le *lait des nouveau-nés* a une couleur jaune ou blanc mat et ressemble au colostrum ; il contient des globules graisseux et des corpuscules granuleux. L'influence de l'âge sur la quantité du lait a été peu étudiée. Les chiffres suivants, empruntés à Fleischmann, donnent en litres la quantité de lait sécrété par an par une vache après le premier veau, le deuxième, le troisième, etc.

1er veau	1530	8e veau	1880
2e veau	1790	9e veau	1650
3e veau	1970	10e veau	1190
4e veau	2140	11e veau	950
5e veau	2303	12e veau	820
6e veau	2350	13e veau	600
7e veau	2120	14e veau	480

2° *Constitution.* Les recherches sont encore trop peu nombreuses sur ce sujet et elles se contredisent sur plusieurs points ; Lhéritier a trouvé le lait des brunes plus riche en principes solides, graisse, beurre et sucre ; mais Becquerel et Vernois n'ont pas retrouvé ces différences. — 3° *Race.* Le lait des animaux de race pure paraît plus abondant. Il semble y avoir aussi à ce point de vue une sorte d'antagonisme entre les divers principes du lait ; les laits riches en caséine sont pauvres en beurre, et inversement ; le même antagonisme se retrouve souvent dans le lait de femme. — 4° Sourdat avait cru trouver une composition différente pour le lait des mamelles de droite et de gauche ; le lait de la mamelle droite était plus riche en parties solides ; mais le fait n'a pas été confirmé par Brunner.

B. *Variations fonctionnelles.* — 1° *Alimentation.* Une nourriture substantielle augmente la quantité de lait ; les boissons ont le même effet. Une nourriture exclusivement animale augmente la proportion de graisse du lait, un peu celle de la caséine, et diminue celle du sucre, sans cependant l'abaisser autant qu'on le croyait (Ssubotin). Une nourriture végétale diminue sa quantité, fait baisser la caséine et le beurre et accroît la proportion de sucre de lait : une alimentation très riche en graisse n'augmente pas la quantité de beurre et, si elle est portée trop loin, elle diminue et peut même supprimer tout à fait la sécrétion lactée. Le tableau suivant fait ressortir cette influence de l'alimentation :

TABLEAU :

	F. SIMON.		DECAISNE.		P. SUBBOTIN.	
	LAIT DE FEMME.		LAIT DE FEMME.		LAIT DE CHIENNE.	
	Aliment. très pauvre.	Aliment. très riche en viande.	Aliment. très pauvre.	Aliment. très riche.	Aliment. de pommes de terre.	Aliment. de viande.
Eau....................	914,0	880,6	883,0	857,9	829,53	772,61
Parties solides............	86,0	119,4	117,0	142,1	170,47	227,39
Albumine.................			24,1	26,5	39,24	39,67
Caséine.................	35,5	37,5			42,51	51,99
Graisse.................	8,0	34,0	29,8	44,6	49,82	106,39
Sucre...................	39,5	45,1	60,7	67,1	34,15	24,92
Matières extractives........					4,75	4,42
Sels...................			2,4	3,9		

2º *Colostrum.* — Au début de la période de la lactation, le lait a des caractères particuliers et a reçu le nom de *colostrum*; on donne aussi ce nom au produit de sécrétion que fournit la glande avant l'accouchement. Le colostrum est acidule, d'une coloration jaune qui devient blanche vers le quatrième jour, visqueux, d'une densité de 1056 en moyenne. Il renferme, outre des globules graisseux, des éléments particuliers, *globules de colostrum*, de 0^{mm},013 à 0^{mm},04 de diamètre, constitués par des globules de graisse enfermés dans une membrane de cellule et pourvus d'un noyau ; ils peuvent présenter des mouvements amœboïdes. Ces globules disparaissent dans les huit premiers jours. Le colostrum contient de l'albumine qui se coagule par la chaleur (1) et disparaît au bout de quelques jours, de la caséine d'abord en très faible quantité, puis en proportion plus forte quand l'albumine disparaît, du beurre en quantité variable; le sucre de lait, d'abord en très petite quantité, atteint au bout de quelques jours sa proportion normale; les sels y sont les premiers jours en plus forte proportion que dans le lait et on y constate la présence des sulfates. Le tableau suivant donne, d'après Clemm, des analyses du colostrum de femme.

POUR 1,000 PARTIES.	COLOSTRUM.			
	17 jours avant terme.	9 jours avant terme.	24 heures ap. la naissance.	2 jours ap. la naissance.
Eau......................	851,72	858,00	842,99	867,00
Parties solides...............	148,28	142,00	157,01	133,00
Caséine..................	»	»	»	21,82
Albumine.................	74,77	80,00	»	traces.
Beurre..................	30,24	30,00	»	48,63
Sucre de lait...............	43,69	43,00	»	60,99
Sels minéraux..............	4,48	5,40	5,12	non déterminés.

3º *Période de la lactation.* — Le lait n'a pas la même composition pendant toute la période de la lactation; la caséine et le beurre augmentent jusqu'au deuxième

(1) J'ai eu occasion d'observer tout récemment un colostrum recueilli sur une vache immédiatement après le part et après la délivrance, il était jaune, tellement visqueux qu'on pouvait renverser le vase qui le contenait, il se prenait en masse par la chaleur, et contenait des sulfates.

mois et diminuent, la première à partir du dixième mois, le second à partir du cinquième ou du sixième; le sucre diminue dans le premier mois et augmente à partir du huitième ; enfin les sels augmentent dans les cinq premiers mois et diminuent ensuite progressivement. La quantité du lait décroît aussi à mesure que l'on s'éloigne de l'époque de l'accouchement. — 4° *Séjour dans la mamelle*. Le lait qui a séjourné dans la mamelle est plus riche en principes fixes; les dernières portions recueillies sont toujours plus riches en beurre et en caséine. Ainsi Péligot, en analysant du lait d'ânesse après avoir recueilli séparément les trois portions de la traite, a obtenu les chiffres suivants :

	1re PORTION.	2e PORTION.	3e PORTION.
Beurre...............	0,96	1,02	1,52
Sucre de lait.........	6,50	6,48	6,50
Caséine..............	1,76	1,95	2,95
Parties solides.......	9,22	10,45	10,94
Eau.................	90,78	89,55	89,66

On a attribué l'augmentation du beurre dans les dernières portions de la traite à ce que les globules graisseux monteraient à la partie supérieure de la cavité du trayon comme dans la formation de la crème; mais cette explication ne peut s'appliquer au lait de femme, qui présente la même particularité. Il est plus probable que l'excitation produite sur le mamelon par la succion de l'enfant ou par la traite détermine une suractivité de la sécrétion glandulaire et que les dernières portions recueillies proviennent de cette sécrétion. — 5° La *grossesse*, quand elle ne tarit pas la sécrétion lactée, ne modifie pas sensiblement sa composition. Pendant la période de la lactation, la *menstruation* est en général suspendue; quand elle persiste, le lait, aux époques menstruelles, paraît plus riche en principes fixes (caséine et sels). — 6° *Exercice*. Le repos augmente la quantité de lait et la proportion de beurre; de là l'influence de la stabulation. — 7° Les *affections psychiques* ont sur la sécrétion lactée une action bien connue des médecins, mais sur laquelle la chimie ne nous apprend rien.

C. *Variations dues aux causes extérieures*. — 1° *Variations journalières*. Le lait du soir est plus riche en principes solides et surtout en beurre; il contient le double de beurre que celui du matin et un peu plus de caséine. Boedeker a trouvé les chiffres suivants pour les différentes heures de la journée.

	JANVIER.		AVRIL.		
	LAIT du matin.	LAIT du soir.	LAIT du matin.	LAIT de midi.	LAIT du soir.
Parties solides...............	10,25	11,78	10,03	10,80	13,40
Eau........................	89,75	88,22	89,97	89,20	86,60
Graisse.....................	2,43	3,64	2,17	2,63	5,42
Sucre......................	4,10	4,41	4,30	4,72	4,19
Albumine...................	0,44	0,62	0,44	0,32	0,31
Caséine....................	2,51	2,30	2,24	2,36	2,70
Sels.......................	0,75	0,81	0,83	0,72	0,78

2° *Température*. L'élévation de la température paraît augmenter la quantité du lait.

Physiologie comparée. — Le lait des *herbivores* est ordinairement alcalin; quelquefois cependant il a la réaction amphotère. Le lait de *vache* présente les caractères généraux décrits plus haut. La coagulation ne se fait pas, comme pour le lait de femme, en flocons blanc grisâtre, mais en masses blanchâtres irrégulières. Il contient plus de potasse que le lait de femme. Le lait de *chèvre* est plus épais, jaunâtre; la crème se sépare plus difficilement. Celui de *brebis* présente les mêmes caractères. Le lait de *chamelle* ressemble au lait de vache, mais il est plus pauvre en beurre, plus riche en sucre et en sels. Le lait de *jument* est alcalin; sa caséine se précipite, comme pour le lait de femme, en flocons fins qui tombent au fond du vase; il contient en outre de l'albumine et un corps analogue aux peptones. Dans certaines contrées (Tartarie) on lui fait subir la fermentation alcoolique dans laquelle la caséine se transforme en partie en caséine soluble, et on obtient ainsi une boisson fermentée, le *koumys*, employée aujourd'hui en thérapeutique. Le lait des juments des steppes du sud de la Russie renferme moins de beurre et de parties solides que celui des juments ordinaires. Le lait d'*ânesse* est très pauvre en parties solides et spécialement en beurre; ses globules sont très petits; sa composition se rapproche de celle des juments des steppes. Le lait de *truie* est épais, filant. Le lait des *carnivores* est en général acide, plus riche en graisse que celui des herbivores.

Le tableau suivant donne la composition du lait de plusieurs animaux :

Pour 1,000 parties.	VACHE.	CHÈVRE.	BREBIS.	JUMENT ordinaire.	JUMENT des steppes.	ANESSE.	TRUIE.	CHIENNE.
Eau...............	865,6	867,6	838,6	828,4	904,3	910,2	823,6	791,7
Parties solides.....	134,4	132,4	161,4	171,6	95,7	89,8	176,4	208,3
Beurre............	40,3	44,8	58,5	68,7	13,1	12,6	64,4	85,5
Caséine...........	35,0	29,2	55,8	16,4	16,5	20,2	60,9	49,6
Albumine..........	5,8	13,1			3,5			37,3
Sucre.............	46,0	39,1	40,3	86,5	54,2	57,0	40,4	27,1
Sels..............	7,3	6,2	6,8		2,9		10,6	3,2
Peptones..........					5,5			

L'analyse des *cendres* donne les résultats suivants pour le lait de femme et le lait de vache; j'en rapprocherai l'analyse des cendres des globules du sang, d'après C. Schmidt.

POUR 1,000 PARTIES.	FEMME.	VACHE.	GLOBULES DU SANG.
Sodium........................	4,21	6,38	18,26
Potassium.....................	31,59	24,71	39,76
Chlore........................	19,06	14,39	18,10
Oxyde de calcium..............	18.78	17,31	
Oxyde de magnésium...........	0,87	1,90	56,5
Acide phosphorique............	19,00	29,13	
Acide sulfurique,.............	2,64	1,15	
Oxyde de fer..................	0,10	0,33	0,81
Silice........................	traces.	0,09	

Si on range les différents laits d'après leur richesse, on a le tableau suivant :

PARTIES SOLIDES.		BEURRE.		CASÉINE ET ALBUMINE.		SUCRE ET SELS.	
Chienne.......	208,3	Chienne.......	85,5	Chienne.......	86,9	Jument ord....	86,5
Truie.......	176,4	Jument ord....	68,7	Truie.........	60,9	Jum. des stepp.	57,1
Jument ordin..	171,6	Truie........	64,4	Brebis........	55,8	Anesse........	57,0
Brebis.........	161,4	Brebis.......	58,5	Chèvre........	42,3	Vache.........	53,8
Vache.........	134,4	Chèvre........	44,8	Vache.........	40,8	Truie.........	51,0
Chèvre.......	132,4	Vache........	40,3	Femme........	39,2	Brebis.	46,9
Femme.......	110,9	Femme.......	26,7	Anesse........	20,2	Chèvre........	45,3
Jument des step.	95,7	Jum. des stepp	13,1	Jum. des stepp.	20,0	Femme........	45,0
Anesse.......	89,8	Anesse........	12,6	Jument ord....	16,4	Chienne.......	30,3

Rôle physiologique du lait. — Le lait constitue la seule nourriture du nouveau-né et ne peut être complètement remplacé par aucun aliment. Il contient toutes les substances nécessaires à la constitution, à la réparation des tissus et à l'activité vitale, albuminates, hydrocarbonés, graisses et sels minéraux, et il les contient en proportions différentes de celles qui seraient nécessaires à l'alimentation d'un adulte; il y a surtout à remarquer la grande quantité de graisses et de phosphates terreux.

Bibliographie. — Donné : *Du lait*, 1837. — Doyère : *Du lait*, etc., 1852. — Vernois et Becquerel : *Du lait chez la femme dans l'état de santé et de maladie*, 1853. — Heynsius : Nederl. Lancet, t. V, 1856. — Boedecker : *Ueber die normale Aenderung der Kuhmilch*, etc. (Ann. d. Chem. und Pharm., t. XCVII, 1856). — Wicke : *Ueber den Wasser und Fettgehalt der Ziegenmilch zu verschiedenen Tageszeiten* (ibid., t. XCVIII, 1856). — Gubler : *Mém. sur la sécrétion et la composition du lait chez les enfants nouveau-nés* (Gaz. méd., 1856). — Joly et Filhol : *Rech. sur le lait* (Mém. de l'Acad. de Belgique, 1856). — Vernois et Becquerel : *Anal. du lait des principaux types de vaches laitières*, etc. (Union méd., t. XI, 1857). — Filhol et Joly : *Anal. du lait de brebis appartenant à différentes races* (Comptes rendus, 1858). — Possenti : *Studi chimici sul latte* (Lo sperimentale, 1859). — J. Hoppe : *Unt. üb. die Bestandtheile der Milch* (Arch. für pat. Anat., t. XVII, 1859). — Sullivan : *On the change of Caseine into Albumen* (The Atlantis, 1859). — Boedecker : *Die Zusammensetzung der Frauenmilch* (Zeit. für rat. Med., t. X, 1860). — J. Setschenow : *Pneumatologische Notizen* (ibid.). — H. v. Baumhauer : *Ueber die Zusammensetzung der unverfälschten Milch* (Journ. für prakt. Chem., 1861). — A. Müller : *Ueber die süsse Milchgährung*, etc. (ibid., t. LXXXII). — Millon et Commaille : *Anal. du lait* (Comptes rendus, 1864). — Id. : *Nouvelle substance albuminoïde contenue dans le lait* (ibid.). — Dancel : *De l'influence de l'eau dans la production du lait* (ibid., 1865). — Millon et Commaille : *De la caséine du lait* (ibid.). — J. Lefort : *Sur l'existence de l'urée dans le lait des animaux herbivores* (ibid., 1866). — Commaille : *Anal. du lait de chatte* (ibid.). — Ssubotin : *Ueber den Einfluss der Nahrung*, etc. (Centralbl., 1866). — E. Kemmerich : *Unt. über die Bildung der Milchfette* (ibid.). — Ssubotin : *Zur Frage über die Anwesenheit der Peptone im Blut und Chylusserum* (Zeit. für rat. Med., t. XXXIII, 1868). — C. M. Tidy : *On human milk* (Clinical lectures of the London hospital, t. IV, 1868). — F. Stohmann : *Ueber die Ernährungsvorgänge des Milch producirenden Thieres* (Journ. für Landwirth, 1868, et Zeit. für Biol., 1870). — Bistrow : *Der Uebergang des Eisens in die Milch* (Arch. für pat. Anat., t. XLV, 1868). — Zahn : *Unt. über die Eiweisskörper der Milch* (Arch. de Pflüger, t. II, 1869). — A. Kehrer : *Zur Morphologie des Caseïns* (Arch. für Gynäk. et Centralbl., 1870). — W. Fleischmann : *Studien über die Milch* (Landwirth. Versuchsstat., 1871). — Bogomoloff : *Ueber die Zusammensetzung der Milch* (Centralbl., 1871). — Dumas : *Note sur la constitution du lait* (Bibl. univ. de Genève, t. XLI, 1871). — C. Schwalbe : *Filtration des Caseïns* (Centralbl., 1872). — Id. : *Ueber die Membran der Milchkügelchen* (Arch. für mikr. Anat., t. VIII, 1872). — A. Kehrer : *Ueber die angeblichen Albumin hüllen der Milchkügelchen* (Arch. für Gynäk., 1872). — Soxhlet : *Beitr. zur phys. Chemie der Milch* (Journ. für prakt. Chem., t. VI, 1872). — Schukowski : *Zur Analyse der Frauenmilch* (Ber. d. d. chem. Ges., 1872). — Mathieu et Urbain : *Du rôle des gaz dans la coagulation du lait* (Comptes rendus, t. LXXV, 1872). — Rabuteau et Papillon : *Rech. sur les propriétés an-

tifermentescibles du silicate de soude (ibid.). — W. Heintz : *Ueber die Ursachen der Coagu-*
lation des Milchcaseins, etc. (Journ. für prakt. Chem., t. XI, 1872). — Béchamp : *Sur les*
microzymas normaux du lait (Comptes rendus, t. LXXVI, 1873). — Id. : *Sur l'alcool et*
l'acide acétique normaux du lait (ibid.). — J. Vogel : *Ueber das Verhalten der normalen*
Milch zum Lakmusfarbstoff (N. Repert. für Pharm., 1873). — F. Brunner : *Ueber die Zu-*
sammensetzung der Frauenmilch (Arch. de Pflüger, t. VII, 1873). — A. Schukowski :
Notiz über den Fettgehalt der Frauenmilch (Zeit. für Biol., t. IX, 1873). — O. Hammarsten :
Om mjölk-ystningen, etc. (Upsala läkar. förhandl., t. VIII, 1873 et IX, 1874). — A. Vogel :
Ueber das Gerinnen der Milch (N. Repert. für Pharm., t. XXIII, 1874). — Kappeller :
Unt. üb. das Casein, 1874. — A. Schmidt : *Ein Beitrag zur Kenntniss der Milch*, 1874. —
M. Lowit : *Ueber die quantitative Bestimmung des Milchfettes* (Arch. de Pflüger, t. IX,
1874). — De Sinéty : *Rech. sur les globules du lait* (Arch. de physiol., 1874). — Id. : *Sur*
l'ablation des mamelles chez les animaux, etc. (Gaz. méd., 1874). — Ph. Biedert :
Neue Unt. und klin. Beob. über Menschen und Kuhmilch (Arch. de Virchow, 1874). —
G. Bunge : *Der Kali, Natron und Chlorgehalt der Milch* (Zeit. für Biol., 1874). — Nencki :
Ueber den Stickstoff und Eiweissgehalt der Frauen und Kuhmilch (Ber. d. d. chem. Ges.,
t. VIII, 1875). — O. Hammarsten : *Om lösligt*, etc. (Upsal. läkar. förh., t. XI, 1875). —
A. H. Smee : *Notizen über gesunde und ungesunde Milch* (Ber. d. d. chem. Ges., t. VIII,
1875). — Th. v. Genser : *Unt. des Sekretes der Brustdrüse eines neugebornen Kindes*
(Jahr. für Kinderheilk., 1875). — Hammarsten : *Om Lactoprotein* (Nordiskt med. Ark.,
t. VIII, 1876). — Lundberg : *Smörre bidrag*, etc. (Upsala läkar. for., t. XI, 1876). —
L. Liebermann : *Ueber den Stickstoff und Eiweissgehalt der Frauen und Kuhmilch* (Med.
Jahrb., 1876). — J. Puls : *Ueber quantit. Eiweissbestimmungen des Blutserums und der*
Milch. (Arch. de Pflüger, t. XIII, 1876). — F. Soxhlet : *Unters. über die Natur der Milch-*
kügelchen, etc. (Landw. Versuchs-St., 1876). — Fleischmann : *Ueber die Werthlichkeit*
der mikroskopischen Frauenmilch Untersuchung (Jahrb. für Pædiatrik, 1876). —
C. Hennig : *Ueber die Reaktion der Kuhmilch* (Jahrb. für Kinderheilk., 1876). — W. Kirch-
ner : *Beitr. zur Kenntniss der Kuhmilch*, 1877. — H. Ritthausen : *Neue Methode zur*
Analyse der Milch (Journ. für prakt. chem., 1877). — G. Musso : *Ueber die Bestimmung*
des Stickstoffs in der Milch (Zeit. für anal. Chem., 1877). — Sten Stenberg : *Naagra*, etc.
(Nord. med. Arkiv., 1877). — Manetti et Musso : *Ueber die Art und Weise die Menge des*
durch Lab gerinnbaren Käsestoffes in der Milch zu bestimmen (Zeit für anal. Chem., 1877).
— J. Lehmann : *Ueber eine neue Methode der Casein und Fettbestimmung in der Milch*
(Ann. Chem. Pharm., 1877). — E. Bouchut : *Note sur la numération des globules du lait*
(Comptes rendus, 1877). — R. Gscheidlen : *Mittheilung zweier einfacher Methoden, der*
Zuckergehalt der Milch zu bestimmen (Arch. de Pflüger, 1877). — Haro : *Rech. expér. sur*
l'écoul. du lait (Rev. méd. de l'Est, 1878). — Schreiner : *Ueber Kuhmilch* (Chem. Cen-
tralbl., 1878). — G. Musso : *Ueber die Gegenwart von Sulfaten und Sulfocyanuten in der*
Kuhmilch (Ber. d. d. chem. Ges., 1878). — F. Schmidt : *Ueber den Gehalt der Milch am*
Schwefelsäure (J. für Landwirth., 1878). — H. Weiske ; M. Schrodt et Dehmel : *Vers. üb.*
den Einfluss des Futters auf Qualität und Quantität des Milchfettes (ibid.). — Musso et
Menozzi : *Stud. sull' albumina del latte* (Rendic. del R. Ist. Lomb., t. XI, 1878). —
C. Richet : *Sur la fermentation lactique du sucre de lait* (Comptes rendus, 1878). — Faye :
Nord. med. Ark., t. VIII. — Adam : *Nouv. procédé d'analyse du lait* (Journ. de pharmacie,
t. XXVIII, 1878). — Marchand : *Et. sur la fermentation lactique* (Associat. française ; Con-
grès de Paris, 1878).

2° Sécrétion du lait.

Les glandes mammaires sont des glandes en grappe. Hors l'état de lactation, les
culs-de-sac sécréteurs sont tapissés par des cellules polygonales ordinaires ; mais
pendant la lactation, ces cellules subissent des modifications anatomiques qui ont
été étudiées récemment par Partsch et Heidenhain sur la chienne. A ce point de
vue, il faut distinguer l'état de la glande pendant la sécrétion du colostrum et
pendant celle du lait.

Sécrétion du colostrum. — Un certain nombre de cellules glandulaires deviennent
sphériques, volumineuses, plus transparentes ; leur noyau se rapproche de la périphérie de la cellule ; c'est de ces cellules que proviendraient les globules de colostrum. Rauber, au contraire, les fait provenir de globules blancs qui auraient

pénétré par migration dans les alvéoles et auraient subi la dégénérescence graisseuse, opinion déjà émise par Robin.

Sécrétion du lait. — Les cellules glandulaires deviennent plus claires, volumineuses, cylindriques ; leurs noyaux se multiplient et on voit apparaître dans leur
intérieur des gouttelettes de graisse qui font souvent saillie du côté de la lumière
de l'alvéole glandulaire ; bientôt toute la partie saillante du protoplasma cellulaire
tombe avec le globule graisseux qu'il entoure, le protoplasma se dissout dans le
liquide sécrété, et le globule grais-
seux devient libre, restant encore
quelquefois entouré de fragments de
protoplasma. En même temps que la
partie superficielle de la cellule prend
ainsi part à la sécrétion, sa partie
profonde se régénérerait, de sorte qu'il
y aurait aux deux pôles de la cellule
glandulaire un processus nutritif inverse. Cette transformation sécrétoire
et cette régénération sont activées
par la succion du nouveau-né. On

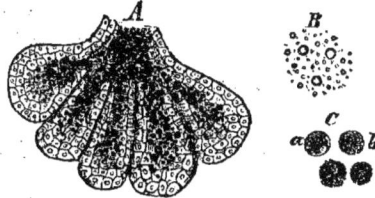

Fig. 241. — *Glande mammaire pendant
la lactation.*

voit que cette opinion s'écarte de l'opinion ancienne qui assimilait la sécrétion
lactée à la sécrétion sébacée (Voir *Sécrétion sébacée*). D'après cette dernière théorie, les cellules les plus profondes des culs-de-sac sécréteurs s'infiltreraient de
gouttelettes graisseuses, tandis que dans la lumière des conduits excréteurs les
globules graisseux seraient en liberté. Les cellules infiltrées de graisse se détrui-
raient en mettant en liberté la graisse et seraient remplacées par de nouvelles
cellules ; il y aurait à la fois dégénérescence graisseuse et desquamation épithéliale.

Origine des principes du lait. — 1° *Formation de la graisse.* Les recherches
anatomiques mentionnées plus haut ont montré que la graisse paraît dans les
cellules glandulaires qui l'expulsent dans la cavité de l'alvéole. Il semble donc
qu'on soit en droit de conclure que cette graisse est un produit de transformation
du protoplasma glandulaire. On a vu, en effet, qu'une alimentation azotée augmente
les matières grasses du lait, et il est bien prouvé aujourd'hui que le lait peut contenir plus de graisse que l'alimentation n'en introduit dans l'organisme (Kemmerich).
D'autre part, Hoppe-Seyler et Blondeau ont constaté dans le lait sorti de la glande
ainsi que dans le fromage une formation de graisse aux dépens de la caséine ; il
est vrai que, dans ce cas, il ne s'agirait pas, d'après Kemmerich, d'un processus
physiologique, mais d'une fermentation produite par des champignons microscopiques. Cependant, en admettant cette transformation d'albuminates en graisse
dans la glande, que deviennent les principes azotés qui résultent de ce dédoublement ? Il est probable alors qu'ils seraient résorbés, car on ne les retrouve plus
dans le lait ou en trop petite quantité (urée, matières extractives). La graisse de
l'alimentation ne paraît pas, d'après cela, contribuer à la formation de la graisse
du lait, et on a vu, en effet, qu'une alimentation riche en graisse fait plutôt
baisser la quantité de beurre. Cependant il y aurait quelques réserves à faire sur
ce point, au moins chez les herbivores ; d'après les recherches de Voit, toute la
graisse du lait ne peut être formée dans la glande elle-même, et on est forcé

(*) A. Lobule glandulaire. — B. Globules de lait. — C. colostrum : *a*, cellule à granules graisseux bien
nets ; *b*, la même dont le noyau disparaît. — Grossiss. 280 (Virchow.)

d'admettre qu'une partie provient des graisses du sang, quelle que soit du reste la provenance de ces graisses.

2° *Formation de la caséine.* — La caséine provient évidemment de l'albumine. Dans le colostrum il y a fort peu de caséine dans les premiers jours et une forte proportion d'albumine ; puis, à mesure que le lait acquiert ses caractères définitifs, on voit la proportion de caséine augmenter pendant que l'albumine diminue pour disparaître presque complètement. Cette transformation de l'albumine en caséine se fait même dans le lait sorti de la glande, comme l'a constaté Kemmerich, et serait due à un ferment isolé par Däbnhardt. En faisant digérer de l'albumine avec du carbonate de soude et de la glande mammaire fraîche de cobaye, il a obtenu une substance analogue à la caséine. Dans cette transformation de l'albumine en caséine, l'albumine perd son soufre, qui, contrairement à l'assertion généralement admise, se retrouve dans le lait, et, si l'on admet les résultats d'Hammarsten, cette albumine désulfatée (caséine soluble) s'unirait à une substance dérivée du protoplasma cellulaire et contenant de la nucléine (caséine insoluble) pour constituer la caséine du lait (Voir p. 833).

3° *Sucre de lait.* Le sucre de lait se forme certainement dans la glande mammaire sans qu'on sache d'une façon précise s'il se forme aux dépens du glucose du sang ou des albuminoïdes. Cette question a du reste été déjà étudiée, page 111.

Innervation de la glande mammaire. — L'influence de l'innervation est démontrée par les rapports des glandes mammaires avec les organes génitaux, par l'action des émotions morales sur la sécrétion et la composition du lait, par la suractivité imprimée à la sécrétion par la traite ou la succion du nouveau-né ; mais les expériences physiologiques n'ont donné que des résultats incertains. Eckhard, par la section du nerf spermatique externe qui se rend au pis de la chèvre, n'a vu survenir aucune modification de la sécrétion, et de Sinéty, sur le cobaye, est arrivé au même résultat. Cependant Röhrig a constaté une influence réelle de l'innervation sur la sécrétion mammaire. Chez la chèvre le nerf spermatique externe fournit au pis trois espèces de rameaux : 1° des filets aux vaisseaux ; 2° un filet au mamelon, rameau papillaire ; 3° un ou deux filets à la substance glandulaire, rameaux glandulaires. La section du rameau papillaire relâche le mamelon sans modifier la sécrétion ; l'excitation de son bout périphérique érige le mamelon, celle du bout central augmente la sécrétion par action réflexe. La section des nerfs glandulaires ralentit la sécrétion qui s'accélère par leur excitation. La section des rameaux vasculaires augmente la sécrétion d'une façon considérable, leur excitation périphérique l'arrête. Pour lui il y a un rapport intime entre la sécrétion et la pression sanguine, et il ne croit pas qu'il y ait de nerfs sécréteurs proprement dits ; il n'admet que des nerfs moteurs agissant soit sur les fibres lisses du mamelon, soit sur celles des conduits, des nerfs excito-réflexes et des vaso-moteurs. Laffont, dans ses expériences sur la chienne, a vu l'excitation périphérique du nerf mammaire augmenter notablement la sécrétion du mamelon correspondant et croit à l'existence de nerfs sécréteurs et vaso-dilatateurs.

L'application de courants induits sur la mamelle peut augmenter et même faire reparaître la sécrétion du lait (Becquerel, Auber). Le jaborandi accroît aussi la sécrétion lactée.

L'*excrétion* du lait se fait sous l'influence de la succion exercée par le nouveau-né, aidée par la contraction des fibres lisses des conduits excréteurs.

Bibliographie. — Will : *Ueber die Milchabsonderung*, 1850. — Eckhard : Beitr. zur Anat., 1855. — Heynsius : *Ueber die Entstehung und Ausscheidung von Zucker* (Arch. für d. höll. Beitr., 1857). — Becquerel : *Infl. de l'électricité sur la sécrétion lactée* (Gaz. des hôpitaux, 1857). — Auber : *Production de la sécrétion lactée par l'électricité* (Union méd., 1857). — Pignatari : *Rech. et considér. sur l'origine du sucre de lait* (Gaz. méd., 1858). — Blondeau : *Et. chimique du fromage de Roquefort* (Ann. de chim. et de phys., 1864). — E. Kemmerich : *Beitr. zur Kenntniss der phys. Chemie des Milch*(Centralbl., 1867). — C. Voit : *Ueber die Fettbildung im Thierkörper* (Sitzber. d. k. bayer. Akad., 1867). — Kemmerich : *Beitr. zur phys. Chemie der Milch* (Arch. de Pflüger, t. II, 1869). — C. Voit : *Ueber die Fettbildung im Thierkörper* (Zeit. für Biol., t. V, 1869). — F. Stohmann : *Ueber einige Vörgang der Ernährung des milchproducirenden Thieres* (Zeit. d. Landwirth. Ver. d. Prov. Sachsen, 1869). — Dahnhardt : *Zur Caseinbildung in der Milchdrüse* (Arch. de Pfluger, 1870). — M. Fleischer : *Ueber die Fettbildung im Thierkörper* (Arch. für pat. Anat., t. LI, 1870). — A. Röhrig : *Exper. Unt. über die Physiologie der Milchabsonderung* (Arch. de Virchow, t. LXVII, 1876). — Eckhard : Beitr. zur Anat., 1877. — H. Schmidt : *Zur Lehre von der Milchsecretion*, 1877. — Partsch : Breslauer ärzt. Zeit. 1879. — De Sinéty : *De l'innervation de la mamelle* (Gaz. méd., 1879). — Laffont : *Rech. sur la sécrétion et l'innervation vaso-motrice de la mamelle* (Gaz. méd., 1879). — Rauber : *Ueber den Ursprung der Milch*, 1879. — C. Partsch : *Ueber den feineren Bau der Milchdrüse*, 1880.

SÉCRÉTION SÉBACÉE

La *matière sébacée* est une matière huileuse, semi-liquide qui, à l'air, se solidifie en une sorte de masse graisseuse blanche. Au microscope, on y trouve des cellules adipeuses, de la graisse libre, des lamelles épithéliales et quelquefois des cristaux de cholestérine.

La matière sébacée contient de l'eau, une matière albuminoïde analogue à la caséine, de la graisse (30 p. 100) qui consiste surtout en palmitine et oléine, des savons (palmitates et oléates alcalins), de la cholestérine, des sels inorganiques, chlorures et phosphates alcalins, et surtout des phosphates terreux.

Le *cérumen*, sécrété par les glandes cérumineuses du conduit auditif externe, est une substance onctueuse, jaunâtre, amère, constituée principalement par des gouttelettes graisseuses, mélangées à des lamelles épidermiques et à des cellules adipeuses. Il contient chez l'homme, d'après Pétrequin et Chevalier, pour 1,000 parties : eau, 100; matières grasses, 260; corps solubles dans l'eau, 140; corps solubles dans l'alcool, 380; corps insolubles, 120.

La matière sébacée lubrifie les cheveux et les rend moins hygroscopiques; elle a la même action sur l'épiderme et le rend imperméable à l'eau.

La matière sébacée est sécrétée par les glandes du même nom. Ces glandes sont annexées aux poils, sauf en quelques régions (face interne du prépuce et couronne du gland, vestibules et petites lèvres) et existent sur toute la surface du corps, à l'exception de la paume des mains, de la plante des pieds, du dos des troisièmes phalanges et du gland. Ces glandes, construites sur le type un peu modifié des glandes en grappe, produisent la matière sébacée par le mécanisme qui a été décrit pour la glande mammaire. Les cellules profondes des culs-de-sac sécréteurs s'infiltrent de graisse; ces granulations graisseuses augmentent peu à peu de volume, se réunissent en gouttelettes; les cellules se détachent alors de la membrane propre et sont refoulées par les cellules nouvellement formées; plus

on se rapproche de l'embouchure du canal excréteur, plus les gouttelettes graisseuses deviennent volumineuses ; la membrane et le noyau finissent par disparaître, et la sécrétion ne consiste plus alors qu'en une matière grasse mélangée de
détritus épithéliaux. Il y a donc à la fois dans cette sécrétion transformation graisseuse du protoplasma cellulaire et desquamation épithéliale.

ABSORPTIONS LOCALES

Les conditions générales de l'absorption ont été étudiées page 573 et
suivantes, et la part des membranes connectives et des épithéliums dans
ce phénomène a été indiquée dans les chapitres spéciaux consacrés à ces
deux tissus (pages 338 et 382). Ici il ne s'agira que des absorptions locales,
et comme les plus importantes au point de vue physiologique ont été étudiées dans les chapitres de la digestion (Voir : *Absorption alimentaire* et *Absorption sécrétoire*) et de la respiration, il suffira de quelques mots pour les passer
en revue.

1° *Absorption cutanée*. — Il faut distinguer, dans la question de l'absorption cutanée, l'absorption des gaz, celle des liquides et celle des solides.

L'absorption des gaz et des substances volatiles par la peau est incontestable. On peut empoisonner un animal en le plongeant jusqu'au cou dans
une atmosphère d'hydrogène sulfuré, si on prend soin que le gaz ne puisse
pénétrer par les voies pulmonaires. Bichat avait déjà sur lui-même observé
l'absorption de gaz putrides par la peau. Carpenter, dans sa *Physiologie*,
cite des augmentations de poids constatées sur des jockeys soumis à l'en-
traînement après un séjour dans une atmosphère saturée d'humidité. La
voie d'absorption des gaz par la peau est encore incertaine (surface épidermique, glandes sudoripares ?).

L'absorption des liquides et des substances dissoutes est beaucoup plus
controversée. Pour l'eau et les solutions aqueuses, deux causes principales
s'opposent à l'absorption: 1° la matière sébacée qui recouvre la peau empêche l'eau de pénétrer dans l'épaisseur de l'épiderme ; ainsi, dans un bain,
voit-on les gouttes d'eau glisser sur la peau sans la mouiller, comme sur un
vernis, si on n'a pas préalablement enlevé cette couche sébacée ; 2° l'imbibition de l'épiderme se fait avec une très grande lenteur, même sur les
parties dépourvues de glandes sébacées (paume des mains, plante des
pieds, etc.), et cette imbibition est la première condition de l'absorption.
Aussi, l'absorption de l'eau et des substances dissoutes dans l'eau ne se fait-
elle qu'en très petite quantité et seulement par les régions dépourvues de
matière sébacée, à moins que des lavages réitérés, des solutions alcalines,
ou des dissolvants appropriés (alcool, éther, chloroforme), n'aient enlevé
cette matière grasse ou qu'elle n'ait disparu avec la couche épidermique superficielle, à l'aide de frictions énergiques. Les recherches de Parisot, Deschamps, Delore, Oré, et de beaucoup d'autres expérimentateurs, prouvent
qu'il ne faut pas compter d'une façon régulière sur l'absorption des substances contenues dans les bains médicamenteux, à moins que la peau ne
présente des solutions de continuité.

La pénétration des substances solides a été constatée pour certaines substances; par exemple, après les applications de pommade mercurielle, on retrouve les globules de mercure, en partie transformés en sublimé, dans les follicules pileux et dans les glandes sébacées et sudoripares (Neumann), et dans les couches épidermiques. Cette pénétration est favorisée par les actions mécaniques, comme le frottement.

Quand la peau a été dépouillée de sa couche épidermique cornée, l'absorption se fait au contraire avec une très grande rapidité (*méthode endermique*).

2° *Absorption par le tube digestif.* — L'eau, les substances en dissolution dans l'eau, l'alcool, etc., sont absorbés dans toute l'étendue du tube digestif. Seulement la rapidité de l'absorption varie suivant les substances et suivant les régions. L'intestin grêle et le gros intestin paraissent absorber en général plus facilement que l'estomac; et même, d'après quelques physiologistes, l'estomac chez certaines espèces animales, le cheval par exemple, serait réfractaire à l'absorption (Colin); on sait que l'eau ingérée séjourne très longtemps dans la panse du chameau. Du reste, la lenteur de l'absorption peut, dans quelques cas, donner le change et faire supposer une non-absorption; ainsi on avait cru d'abord que le curare n'était pas absorbé par l'estomac; il l'est cependant, mais avec assez de lenteur pour que les symptômes de l'empoisonnement ne se produisent pas, le poison étant éliminé au fur et à mesure par les urines; mais si on empêche cette élimination par l'extirpation des reins, l'intoxication se produit (Cl. Bernard, Hermann). Les virus et les venins ne paraissent pas être absorbés par la muqueuse digestive; aussi peut-on impunément, si l'épiderme buccal est intact, sucer la plaie faite par la morsure d'une vipère ou d'un chien enragé.

La pénétration de substances solides (globules sanguins, grains d'amidon, matières colorantes, etc.) par l'intestin dans les chylifères et dans les capillaires sanguins a été très agitée dans ces dernières années, mais les expériences, quelque nombreuses qu'elles soient, n'ont pas encore donné des résultats précis, et je me contenterai de les mentionner ici (Voir: *Digestion*).

3° *Absorption pulmonaire.* —Les gaz et les substances volatiles sont absorbés avec la plus grande rapidité par les voies aériennes, et cette absorption n'est guère moins rapide pour l'eau et pour les substances dissoutes dans l'eau. On peut en injecter jusqu'à 40 grammes et plus dans la trachée d'un lapin sans déterminer d'accidents graves, et, dans un cas, il a fallu injecter 40 litres d'eau dans la trachée d'un cheval pour parvenir à l'asphyxier.

Les substances solides peuvent pénétrer aussi dans les poumons et se retrouver jusque dans les ganglions bronchiques (charbon, silice).

La *muqueuse oculaire* absorbe aussi avec une très grande rapidité les substances dissoutes (Gosselin).

4° *Absorption vésicale.* — L'absorption vésicale a été admise par presque tous les physiologistes, et on en voyait un exemple dans la concentration de l'urine dans la vessie; Küss au contraire, en se basant sur ses expériences, répétées sous sa direction par Susini, conclut à l'imperméabilité absolue de l'épithélium vésical. Ces conclusions sont loin d'être acceptées par tous les auteurs, et elles ne pourront l'être que quand les expériences auront été multipliées. Treskin, au contraire, a fait des recherches qui tendraient à démontrer une absorption d'urée dans la vessie pendant le séjour de l'urine dans cet organe. Pour la *muqueuse vaginale*, l'absorption ne présente pas de doute.

5° *Absorption glandulaire.* — Cl. Bernard a montré que les conduits excréteurs des glandes absorbaient facilement les substances toxiques et médicamenteuses, principalement quand les glandes étaient à l'état de repos (Voir : *Sécrétions*).

6° *Absorption par les séreuses.* — Les séreuses absorbent avec facilité, comme le prouvent les expériences physiologiques et les faits pathologiques. Cette absorption est favorisée par les conditions mécaniques dans lesquelles se trouvent ces membranes : ainsi, dans la plèvre, l'absorption est favorisée par l'inspiration (Dybkowski), dans le péritoine par l'expiration (Ludwig et Schweigger-Seidel).

Le passage de particules solides de la cavité des séreuses dans les lymphatiques a été démontré par Recklinghausen et confirmé par la plupart des expérimentateurs, pour la séreuse péritonéale. Cette pénétration se ferait par des ouvertures (stomates) placées entre les cellules endothéliales du péritoine qui recouvre le centre phrénique.

7° *Absorption par le tissu cellulaire.* — Le tissu cellulaire absorbe avec une très grande rapidité l'eau et les solutions aqueuses ; il vient, comme vitesse d'absorption, après la muqueuse respiratoire. Aussi cette propriété est-elle utilisée fréquemment en médecine dans les injections dites sous-cutanées, lorsqu'on a besoin de faire pénétrer très rapidement un médicament dans le sang.

Bibliographie. — Absorption cutanée. — NEUBAUER : *Vers. über die phys. Wirkung des Kochbrunnens* (Arch. v. Vogel, 1856). — F. DURIAU : *Rech. expér. sur l'absorption et l'exhalation par le tégument externe*, 1856. — POULET : *Rech. expér. sur cette question : l'eau et les substances dissoutes*, etc. (Comptes rendus, 1856). — DITTRICH : *Ueber das Diffusionsvermögen der äusseren Haut* (Deut. Klinik., 1856). — LERSCH : *Kritik*, etc. (Deut. Klinik., 1856). — LÖSCHNER : *Balneologische Skizzen* (Prag. Vierteljahr., 1856). — BRAUNE : *De cutis facultate iodum resorbendi*, 1856. — SERFYS : *De l'absorption par le tégument externe*, 1862. — L. PARISOT : *Rech. expér. sur l'absorption par le tégument externe* (Comptes rendus, 1863). — DESCHAMPS : *Sur la question de l'absorption de médicaments par la peau saine* (ibid.). — WILLEMIN : *Nouv. rech. expér. sur l'absorption cutanée* (Arch. de méd. 1864). — WALLER : *Ueber Absorption durch die äussere Haut* (Prag. med. Wochensch. 1864). — ZÜLZER : *Ueber die Absorption durch die äussere Haut* (Centralbl., 1864). — DELORE : *De l'absorption des médicaments par la peau saine* (Journ. de la physiol., t. VI, 1864). — BARTHÉLEMY : *De l'absorption cutanée*, 1864. — RÉVEIL : *Rech. sur l'osmose*, 1865. — C. DE LAUBÈS : *Rech. expér. sur les phénomènes d'absorption pendant le bain*, 1865. — ORÉ : *Nouv. Rech. sur l'action physiologique des bains* (Gaz. méd., 1865). — MOUGEOT : *De l'absorption cutanée* (Rev. méd., 1865). — SCOUTETTEN : *De l'absorption cutanée* (Comptes rendus, 1866). — CH. HOFFMANN : *Expér. sur l'absorption cutanée* (ibid., 1867). — B. RITTER : *Ueber das Verhalten der menschlichen Haut*, etc. (Arch. für wiss. Heilk., t. III, 1867). — ROUSSIN : *Rech. sur l'absorption cutanée* (Union méd., 1867). — DUPAY : *Une voie d'absorption* (ibid.). — CLEMENS : *Ueber die Wirkungsweise der Bäder* (Arch. für wiss. Heilk., t. III, 1867). — LERSCH : *Ueber die Aufsaugung der Salze im Bade*, 1868. — RABUTEAU : *Rech. sur l'absorption cutanée* (Gaz. hebd., 1869). — CHIZONSZCZWESKI : *Ueber Resorption aus Badern* (Berl. klin. Wochensch., 1870). — NEUMANN : *Ueber die Aufnahme des Quecksil-*

bers, etc. (Vien. med. Wochen., 1871). — A. v. WOLKENSTEIN : *Zur Frage über die Resorption der Haut* (Centralbl., 1875).

Autres absorptions locales. — GOSSELIN : *Mém. sur le trajet intra-oculaire des liquides absorbés à la surface de l'œil* (Gaz. méd , 1856).— DYBKOWSKI : *Ueber Aufsaugung und Absonderung der Pleurawand* (Ber. d. k. sächs. Ges., 1866). — C. LUDWIG ET F. SCHWEIGGER-SEIDEL : *Ueber das Centrum tendineum des Zwerchfells (ibid.).* — DEMARQUAY : *Rech. sur l'absorption des médicaments* (Union méd., 1867). — SUSINI : *De l'imperméabilité de l'epithélium vésical*, 1867. — GIGON : *Note sur l'élimination des liquides, etc. (ibid.).* — C. VOIT : *Ueber die Aufsaugung eiweissartiger Substanzen im Dickdarm* (Ber. d. k. baier. Akad., 1868). — C. VOIT ET J. BAUER : *Ueber die Aufsaugung im Dick und Dünndarm* (Zeit. für Biol., t. V, 1869). — A. MENZEL ET H. PERCO : *Ueber die Resorption von Nahrungsmitteln vom Unterhautzellgewebe aus* (Wien. med. Wochensch., 1869). — P. BERT : *Absorption vésicale* (Gaz. méd., 1870). — J. KARMEL : *Die Resorptionsfähigkeit der Mundhöhle* (Deut. Arch. f. klin. Med., t. XII, 1873). — J. KRUEG : *Künstliche Ernährung durch subcutane Injectionen* (Wien. med. Woch., 1875). — E. W. HAMBURGER : *Ueber die Resorption von Arzneistoffen durch die Vaginalschleimhaut* (Prag. Viertelj., t. CXXX, 1876).

PHYSIOLOGIE DU FOIE

La fonction du foie comme organe sécréteur de la bile a été étudiée avec les sécrétions digestives (Voir page 702. Mais le foie agit en outre à la façon d'une glande vasculaire sanguine dans la glycogénie et joue probablement aussi un rôle important par rapport au globule sanguin et peut-être dans la formation de la graisse et de l'urée.

a. — GLYCOGÉNIE.

La question de la glycogénie n'existait pas avant les travaux de Cl. Bernard (1849), et presque toutes les découvertes essentielles sur ce sujet (formation du sucre dans le foie, présence de la matière glycogène, action du système nerveux, etc.) sont dues au physiologiste français.

La question de la glycogénie hépatique peut se résumer ainsi. Le foie contient une substance, substance glycogène, qui se transforme en sucre dans cet organe sous l'influence d'un ferment. Ce sucre est versé dans le sang par les veines sus-hépatiques et oxydé dans les capillaires de certains organes. La substance glycogène peut provenir de l'alimentation ou être fabriquée directement par le foie aux dépens du sang. Nous étudierons successivement : la substance glycogène du foie et sa formation, la transformation de la substance glycogène en sucre, le passage de ce sucre dans le sang, le mode et le lieu de destruction de ce sucre, les conditions diverses et surtout nerveuses qui influent sur ces phénomènes ; enfin le dernier paragraphe comprendra l'étude de la glycogénie dans les tissus et dans le placenta, quoique cette étude ne se rattache qu'indirectement à la physiologie du foie. On verra aussi plus loin quelles réserves il y a lieu peut-être de faire à cette doctrine classique de la glycogénie.

1° Substance glycogène du foie.

Préparation de la substance glycogène. — 1° *Procédé de Cl. Bernard.* Le foie est divisé en lanières minces qu'on jette dans l'eau bouillante; les fragments de foie sont alors broyés dans un mortier et cuits pendant un quart d'heure dans un peu d'eau. On exprime dans un linge ou sous une presse cette bouillie de foie cuit, on ajoute un peu de noir animal et on filtre. Il passe un liquide opalin dont on précipite la matière glycogène par quatre à cinq fois son volume d'alcool à 38 ou 40 degrés ; le précipité est lavé plusieurs fois à l'alcool. Pour le purifier, on le fait bouillir avec une solution de potasse caustique concentrée, on précipite par l'alcool et l'excès de potasse qui adhère au précipité est enlevé par l'acide acétique. — 2° *Procédé de Brücke.* Le foie est plongé dans l'eau bouillante; quand il est durci, on le broie dans un mortier et la bouillie qui en résulte est cuite une demi-heure dans l'eau ; on décante le liquide laiteux et on le remplace par de l'eau et on fait bouillir et ainsi de suite tant que l'eau prend une teinte opaline. On rassemble ces divers liquides et, après les avoir refroidis et filtrés, on ajoute alternativement de l'acide chlorhydrique et de l'iodure mercuro-potassique, tant qu'il se forme un précipité, et on filtre. Le liquide filtré est traité par l'alcool qui précipite la matière glycogène; celle-ci est recueillie, lavée plusieurs fois à l'alcool et purifiée par les procédés ordinaires.

Caractères de la substance glycogène. — La substance glycogène (*hépatine* de Pavy, *zoamyline* de Rouget, *amidon animal*) a pour formule $C^6H^{10}O^5$ ou un multiple $(C^{30}H^{50}O^{25})$ et est un isomère de l'amidon et de la dextrine. C'est une poudre blanche amorphe, inodore, insipide, insoluble dans l'alcool et l'éther, soluble dans l'eau bouillante en donnant un liquide opalin (1). Cette solution dévie fortement à droite le plan de polarisation. L'addition d'un alcali fait disparaître l'opalescence. Avec l'iodure de potassium ioduré la substance glycogène prend une coloration rouge qui disparaît par la chaleur pour reparaître par le refroidissement. Le solution ne réduit pas la liqueur de Barreswill; elle précipite par l'acétate de plomb, ce qui la distingue de la dextrine ; par l'ébullition avec les acides étendus, elle se transforme en dextrine et en glucose; avec les ferments diastasiques animaux ou végétaux, la salive, le sang, etc., elle subit la même modification (Voir page 661). Le charbon animal enlève toute la substance glycogène de ses solutions.

Dosage de la substance glycogène. — 1° Le procédé de Brücke peut être employé pour doser la substance glycogène. — 2° Goldstein a employé une méthode colorimétrique basée sur la coloration produite par une solution de substance glycogène sur une solution d'iodure de potassium ioduré. — 3° On a aussi transformé la matière glycogène en glucose par les acides ou la fermentation et dosé le glucose par les procédés ordinaires. On n'est pas sûr ainsi que toute la substance glycogène ait été transformée en glucose. Le procédé de Brücke est le plus exact.

La substance glycogène se trouve à l'état amorphe dans les cellules hépathiques et non, comme l'avait cru Schiff, à l'état de granulations (amidon animal) ; ce fait, signalé par Rouget en 1859, l'a été de nouveau par C. Bock et A. F. Hoffmann, qui ont insisté sur les réactions microchimiques de cette substance glycogène ; elle existe dans les cellules hépatiques, surtout dans celles qui correspondent aux veines sus-hépatiques, et dans ces cellules s'accumule surtout autour du noyau, comme le montre la coloration de ces cellules par l'iode. Cette substance glycogène y existe surtout au moment de la digestion ; les cellules hépatiques sont alors volumineuses, entourées d'une membrane à double contour et pourvues d'un gros noyau, tandis qu'à jeun elles sont petites, granuleuses, à membrane très mince (Kayser).

La quantité de glycogène du foie varie suivant les espèces animales; elle est en moyenne de 1,5 à 4 p. 100. Le tableau suivant, emprunté à Mac-Donnell, donne la quantité de glycogène du foie chez divers animaux; on a en regard le poids du corps de l'animal par rapport au foie en considérant le poids du foie comme égal à 1. (Les chiffres donnés par quelques autres auteurs sont un peu plus forts) :

(1) Ce n'est pas cependant une solution véritable comme le prouve l'examen à la lumière polarisée.

	RAPPORT du poids du corps à celui du foie.	QUANTITÉ de glycogène pour 100.
Chien..	30	4,5
Chat...	19	1,5
Lapin..	35	3,7
Cabiai...	21	1,4
Rat..	26	2,5
Hérisson..	27	1,5
Pigeon..	44	2,5

Le glycogène existe chez tous les animaux vertébrés et invertébrés. Sa quantité dans le foie atteint son maximum quelques heures après l'alimentation et varie en outre, comme on le verra plus loin, suivant la nature de l'alimentation ; l'inanition le diminue et le fait même disparaître presque complètement si elle se prolonge, complètement même suivant quelques auteurs, sauf pendant l'hibernation, où il s'accumule dans le foie. Après la mort, il disparaît très rapidement du foie en se transformant en glycose ; aussi pour le démontrer faut-il agir très rapidement et arrêter la fermentation par l'alcool ou l'ébullition. Les animaux recouverts d'un enduit imperméable perdent très vite leur glycogène qui reparaît par la calorification artificielle. La substance glycogène diminue dans le foie après la ligature du canal cholédoque ; elle disparaît par la fièvre, dans un certain nombre de maladies, par l'injection de carbonate de soude dans les branches de la veine porte (Pavy), par l'acide arsénieux, le nitrite d'amyle, la nitrobenzine, etc.

L'origine de la substance glycogène du foie présente certaines obscurités. Cependant on peut la concevoir de la façon suivante : Le foie fabrique du glycogène aux dépens de l'alimentation et en dehors de l'alimentation.

L'origine alimentaire du glycogène est aujourd'hui hors de doute, mais à ce point de vue les divers aliments ont une influence différente. Les hydrocarbonés, les sucres (sucre de canne, glycose, sucre de lait, sucre de fruit, inuline), augmentent la quantité de glycogène du foie, et comme ces diverses sortes d'aliments sont absorbés dans l'intestin à l'état de glycose, c'est en réalité cette glycose qui, apportée au foie par la veine porte, se transforme en glycogène par l'action des cellules hépatiques ; il y a là une simple déshydratation, le glycogène étant un anhydride de la glycose, comme le démontre l'équation suivante :

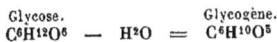

$$\overset{\text{Glycose.}}{C^6H^{12}O^6} \quad - \quad H^2O \quad = \quad \overset{\text{Glycogène.}}{C^6H^{10}O^5}$$

La mannite au contraire, l'inosite, l'érythrite, la quercite n'ont aucune action.

Une expérience de Cl. Bernard, confirmée par Schöpffer, démontre bien cette action du foie sur la glycose qui lui arrive par la veine porte. Si on injecte de la glycose dans la veine jugulaire, le sucre en excès dans le sang passe dans l'urine ; si on l'injecte dans une branche de la veine porte (veine rectale), le sucre ne passe plus dans les urines, il est arrêté au passage par le foie où il est utilisé pour la fabrication du glycogène. Mais il ne faut pas en injecter une trop grande quantité ;

sans cela le foie ne peut arrêter tout le sucre injecté qui *déborde* et dont l'excès se retrouve dans les urines.

L'action des graisses est beaucoup plus douteuse et niée par la plupart des observateurs ; cependant Salomon a vu l'augmentation du glycogène par l'ingestion d'huile d'olive. La glycérine, injectée dans l'intestin, produit une augmentation de glycogène du foie, et on s'est demandé si le glycogène ne proviendrait pas de la glycérine formée par le dédoublement des graisses (Van Deen) ; mais la plupart des expériences ne s'accordent pas avec cette théorie et semblent prouver que la graisse, prise seule, fait baisser les proportions d'amidon hépatique. En injections sous-cutanées, la glycérine reste sans influence sur le glycogène du foie. (Luchsinger.)

Pour les aliments azotés, la plupart des physiologistes admettent avec Cl. Bernard la production de glycogène aux dépens des substances albuminoïdes de l'alimentation. Cl. Bernard, Naunyn, V. Mering, etc., ont constaté en effet l'apparition de la substance glycogène dans le foie d'animaux soumis à une nourriture exclusivement azotée et S. Wolffberg a vu (poulets) que la proportion de glycogène du foie augmentait quand on augmentait la proportion d'albuminoïdes dans l'alimentation. Dans ce cas, les albuminoïdes se dédoubleraient en substance glycogène et une matière azotée (urée), hypothèse qui sera examinée plus loin.

Outre l'origine alimentaire de la substance glycogène il semble certain aujourd'hui que cette substance peut se former en dehors de l'alimentation (Cl. Bernard); ainsi, pendant l'hibernation, le glycogène s'accumule dans le foie des animaux hibernants, quoiqu'ils ne prennent aucune nourriture, et si chez les animaux éveillés l'inanition fait disparaître la substance glycogène, cela tient probablement à ce que cette substance est utilisée au fur et à mesure de sa formation et n'a pas le temps de s'accumuler dans le foie. En outre, Cl. Bernard a constaté que chez les oiseaux, sur lesquels l'opération réussit plus facilement, la ligature de la veine porte n'empêche pas la formation de la substance glycogène du foie ; cependant l'artère hépatique peut, dans ce cas, suffire pour apporter au foie les produits de la digestion absorbés dans l'intestin et passés du système veineux dans le système artériel.

Aux dépens de quelles substances se forme, en dehors de l'alimentation, la substance glycogène du foie ! La question est difficile à résoudre. La comparaison du sang apporté par la veine porte et du sang de la veine hépatique ne donne que des résultats peu précis, d'autant plus qu'il serait impossible de décider si les principes disparus dans le premier ont servi à la production du glycogène ou à la production de la bile. Est-ce aux dépens du sang ou de la substance même des cellules hépatiques que se forme la substance glycogène ? La première hypothèse paraît plus probable, car dans un foie privé de sang par le lavage, on ne voit pas se former de substance glycogène ; il est vrai que dans ce cas la transformation de la substance glycogène en sucre est tellement rapide qu'il est difficile de dire si tout le sucre ainsi formé correspond bien à la quantité de glycogène existant dans le foie, ou si une partie de ce sucre n'est pas due à une formation nouvelle de glycogène suivie de transformation glycosique immédiate.

La présence de la glycocolle dans les acides biliaires et la composition de cette substance ont suggéré à Heynsius et Kühne une hypothèse ingénieuse ; la glycocolle se dédoublerait en urée et en glycose d'après l'équation suivante, glycose qui se transformerait à son tour en glycogène :

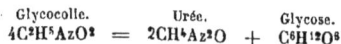

$$\underset{\text{Glycocolle.}}{4C^2H^5AzO^2} = \underset{\text{Urée.}}{2CH^4Az^2O} + \underset{\text{Glycose.}}{C^6H^{12}O^6}$$

Ces deux auteurs ont vu, en effet, l'ingestion de la glycocolle augmenter la quanlité de substance glycogène du foie en même temps que l'urée augmentait aussi dans le foie et dans l'urine, et l'on verra plus loin que l'urée est très probablement un des produits de l'activité hépatique.

Weiss et quelques autres physiologistes ont admis pour la formation de la substance glycogéné une théorie qu'on peut appeler *théorie de l'épargne*. D'après cette théorie qui laisse indécis le mode de formation du glycogène, les aliments et en particulier les hydrocarbonés et les sucres n'auraient pas d'influence directe sur la formation du glycogène ; ils ne feraient qu'empêcher son oxydation et n'agiraient par conséquent que comme substances très oxydables, en détournant l'oxygène et en l'empêchant de s'attaquer au glycogène, qui alors, grâce à leur intervention, s'accumulerait dans le foie. Mais si cette théorie était vraie, la même action devrait être produite par toute substance facilement oxydable, quelle qu'elle soit, graisse, acides organiques, etc., ce qui n'est pas. Maydl a invoqué aussi, à l'appui de la théorie de l'épargne, ce fait que, quelle que soit leur provenance (sucre de fruit, sucre de canne, sucre de lait, inuline, etc.), les substances glycogènes trouvées dans le foie ont les mêmes caractères. Mais d'une part cette identité est loin d'être admise par tous les auteurs et d'autre part ces diverses substances passent toutes ou presque toutes à l'état de glycose avant d'arriver au foie.

D'après Teffenbach les hydrocarbonés ne se transformeraient pas directement en substance glycogène, ils ne feraient qu'augmenter l'activité du foie à la manière d'un excitant spécial. Heidenhain parait disposé à se ranger à cette opinion et invoque en sa faveur le fait que chez les diabétiques soumis à une alimentation féculente la quantité de sucre augmente dans des proportions beaucoup plus fortes que celles qui correspondent à la quantité de féculents ingérés.

Bibliographie. — HENSEN : *Ueber die Zuckerbildung in der Leber* (Verh. d. phys. med. Ges. in Würzburg, t. VII, 1856). — ID. : *id.* (Arch. für pat. Anat., t. XI, 1857). — PELOUZE : *Sur la matière glycogène* (Comptes rendus, t. I, 1857). — SCHIFF : *Mittheilungen* (Arch. für phys. Heilk., 1857). — KÉKULÉ : *Ueber den zuckerbildenden Stoff der Leber* (Verh. d. naturl. med. Ver. zu Heidelberg, 1858). — NASSE : *Ueber einige Verschiedenheiten im Verhalten der Leber*, etc. (Arch. für wiss. Heilk., t. IV, 1858). — SCHIFF : *De la nature des granulations qui remplissent les cellules hépatiques* (Comptes rendus, 1859). — CL. BERNARD : *Leçon sur la matière glycogène du foie* (Union méd., 1859). — BENVENISTI : *Sul diabete*, 1858. — A. SANSON : *Sur l'existence de la matière glycogène dans tous les organes des herbivores* (Journ. de la physiol., t. II, 1859). — CL. BERNARD : *De la matière glycogène chez les animaux dépourvus de foie* (Gaz. méd., 859). — KÜTHE : *Zur Function der Leber* (Stud. d. phys. Inst. zu Amsterdam, 1861). — HEYNSIUS : *Die Quelle des Leberzuckers* (id.). — TSCHERINOFF : *Ueber die Abhängigkeit des Glycogengehalts der Leber von der Ernährung* (Sitzungsber. d. kais. Akad., 1865). — TSCHERINOFF : *Zur Lehre von der Zuckerharnvuhr* (Centralbl., 1867). — ZIMMER : *Ein Beitrag zur Lehre vom Diabetes mellitus* (Deut. Klinik., 1867). — BUFALINI ET BACHERINI : *Dell' azione comparativa di alcuni fermenti animali sul glicogeno epatico* (Gianuzzi, Ricerche di physiol. della r. univ. di Siena, 1868). — DAHNHARDT : *Zur Glycogenbildung in der Leber* (Arb. aus d. Kieler phys. Inst., 1869). — STROTSCHERBAKOFF : *Ueber Glycogen* (Ber. d. ch. Ges. 1870). — LUCHSINGER : *Zur Glycogenbildung in der Leber* (Centralbl., 1872). — BOCK ET A. HOFMANN : *Ueber das mikrochemische Verhalten der Leberzellen* (Arch. de Virchow, 1872). — W. DOCK : *Ueber die Glykogenbildung in der Leber* (Arch. de Pflüger, 1872). — MANASSÉIN : *Chem. Beitr. zur Fieberlehre* (Arch. de Virchow, 1872). — S. WEISS : *Ueber die Quelle des Leberglycogens* (Akad. d. Wiss. zu Wien., 1873). — SCHÖPFFER : *Beitr. zu Kenntniss der Glykogenbildung in der Leber* (Arch. für exp. Pat., t. I, 1873). — LOMIKOWSKY : *Ueber den Einfluss des doppelkohlensauren Natrons auf den Organismus der Hunde* (Berl. klin. Wochensch., 1873). — LUCHSINGER : *Ueber Glycogenbildung in der Leber* (Arch. de Pflüger, t. VIII, 1873). — SALOMON : *Ueber die Bildung des Glykogens in der Leber* (Arch. de Virchow, t. LXI, 1874). — ID. : *Der Glykogengehalt der Leber beim neugebornen Kinde* (Centralbl., 1874). — STROKOWSKY : *Sur la question du glycogène insoluble de Dähnhardt* (Indicat. med. de Moscou; en russe, 1873). — P. PICARD : *Obs. sur la glycogénie* (Gaz. méd., 1874). — V. WITTICH : *Zur Statik des Leberglycogens* (Centralbl., 1875). — ID. : *Ueber den Glycogengehalt* der Leber nach Unterbindung des Ductus choledochus (id.). — E. Külz : Ueber den Einfluss einiger Substanzen auf die Glykogenbildung (Ges. d. Naturwiss. zu Marburg, 1876). — E. Külz et E. Frerichs : Ueber den Einfluss der Unterbindung des Ductus choledochus auf den Glycogengehalt der Leber (Arch. de Pflüger, t. XIII). — S. Wolffberg : Ueber den Ursprung und die Aufspeicherung des Glycogens (Zeit. für Biol., t. XII, 1876). — J. Forster : Ueber die Abstammung des Glycogens im Thierkörper (Sitzungsber. d. bayr. Akad., 1876). — V. Mering : Ueber Glycogenbildung in der Leber (Arch. de Pflüger, t. XIV, 1877). — Cl. Bernard : Crit. expér. sur le mécanisme de la formation du sucre dans le foie (Ann. de chim. et de phys., t. XII, 1877, et : Comptes rendus, t. LXXXV, 1877). — Abeles : Beitr. zur Kenntniss der Glykogens (Med. Jahrb., 1877). — Kleinschmidt : Ein Beitr. zur Lehre von der Glycogenbildung in der Leber, 1878. — Böhm et Hoffmann : Ueber die Einwirkung von defibrinirtem Blute auf Glycogenlösungen (Arch. für exp. Pat., t. X, 1878). — Fornara : Lo Sperimentale, 1877. — Luchsinger : Notizen zur Phys. des Glycogens (Arch. de Pflüger, t. XVIII). — C. Schulz : Beitr. zur Geschichte des Glycogens, 1877. — Kayser : Ueber mikrosk. Veranderungen der Leberzellen während der Verdaung (Breslaerzt. Zeit., 1879). — Maydl : Ueber die Abstammung des Glycogens (Zeit. für phys. Chem., t. III).

2° Sucre du foie.

Procédé de dosage du sucre du foie. — Comme la substance glycogène du foie se transforme très rapidement en glycose, il faut avant tout, dans le foie qu'on veut examiner, empêcher cette transformation. Le meilleur procédé est de plonger le foie dans l'alcool à 80° bouillant et de l'y laisser dix minutes en l'écrasant ; le liquide d'ébullition est concentré et évaporé à siccité ; le résidu est repris par l'eau distillée, filtré et traité par les procédés ordinaires (liqueur de Barreswill, etc.) qui seront mentionnés plus loin (voir : Sucre du sang). Pour rechercher le sucre dans le foie de l'animal vivant, il faut prendre des précautions particulières ; l'abdomen doit être ouvert le plus rapidement possible, le foie doit être extrait immédiatement et plongé de suite par fragments dans l'alcool bouillant ; l'animal ne doit pas être chloroformé et il faut autant que possible éviter des mouvements trop brusques et désordonnés.

Préparation du ferment hépatique. — *Procédé de Cl. Bernard.* Le foie débarrassé du sang qu'il contient par une injection intra-vasculaire est broyé, et délayé dans quatre ou cinq fois son poids de glycérine pure et laissé ainsi deux à trois jours ; la solution, filtrée, contient le ferment et peut se conserver indéfiniment. Pour obtenir le ferment il suffit de le précipiter par l'alcool et de le redissoudre dans l'eau.

Le sucre se trouve dans le foie à l'état de glycose, et cette glycose se forme dans le foie lui-même aux dépens de la substance glycogène. Cette formation de sucre dans le foie a été démontrée par Cl. Bernard à l'aide de plusieurs expériences dont la plus importante est celle du *lavage du foie* (1855). On extrait le foie d'un animal qui vient d'expirer, et on fait passer à travers ce foie par la veine porte un courant d'eau froide ; cette eau de lavage est d'abord sucrée, puis le sucre y diminue peu à peu et finit par disparaître ; le foie à ce moment ne contient plus de glycose ; si on l'abandonne alors à lui-même, la glycose s'y reforme de nouveau, et on constate en même temps que la substance glycogène qu'il contenait disparaît graduellement. Cette formation de glycose *post mortem* dans le foie est accélérée par la chaleur, arrêtée par une température de 0°, ainsi que par une température élevée (température de l'ébullition). Les chiffres suivants, empruntés à Dalton, donnent une idée de la rapidité de cette glycogénie *post mortem ;* il a trouvé dans un cas les quantités suivantes de glycose dans le foie après l'extraction de l'organe sur l'animal vivant :

Après   5 secondes................   1,8 p. 1,000
  —   15 minutes................   6,8   —
  —   1 heure...................   10,3   —

Cette formation de glycose dans le foie aux dépens de la substance glycogène a-t-elle lieu aussi pendant la vie? D'après les expériences de Cl. Bernard, le doute ne serait pas possible. Si sur un chien nourri avec de la viande, dépourvue de sucre, on prend du sang, avec les précautions voulues indiquées dans les travaux de Cl. Bernard, dans la veine porte et dans la veine sus-hépatique, on constate que la veine porte ne contient pas de glycose, tandis que le sang des veines hépatiques en contient toujours une certaine quantité; il s'est donc formé du sucre entre la veine porte et la veine sus-hépatique, et ce sucre ne peut s'être formé que dans le foie. Du reste, la constatation directe a été faite, et l'analyse d'un fragment de foie pris sur l'animal vivant a montré la présence du sucre d'une façon incontestable: seulement ce sucre se trouve en très petite quantité, parce qu'il passe au fur et à mesure dans le sang des veines sus-hépatiques (1).

Les conclusions de Cl. Bernard ont été attaquées par un certain nombre de physiologistes et en particulier par Pavy, Schiff, etc. D'après eux la formation de sucre aux dépens de la matière glycogène ne serait qu'un phénomène cadavérique et ne se produirait pas pendant la vie, sauf dans des conditions anormales. En prenant sur l'animal vivant un fragment de foie, on n'y trouverait jamais de glycose, contrairement à l'assertion de Cl. Bernard. Lussana, Tieffenbach, Seegen, etc., sont aussi arrivés sur ce point à un résultat négatif. Dans un certain nombre de recherches sur ce sujet faites sur des animaux adultes ou nouveau-nés (chien, chat, cobaye, pigeon), le foie pris avec les précautions indiquées plus haut fournissait un liquide qui, dans la plupart des cas, ne réduisait pas la liqueur de Barreswill, tandis que la réduction avait lieu quand le foie n'était pris qu'au bout de quelques minutes. Dans les cas où la réduction avait lieu avec le foie pris immédiatement, l'animal avait été chloroformé ou s'était livré à des mouvements brusques qui avaient certainement produit des troubles de la respiration et de la circulation du foie. Mes expériences me porteraient donc à restreindre dans des limites assez étroites cette production de sucre dans le foie pendant la vie.

La *quantité* de sucre du foie augmente chez les animaux bien nourris, sous l'influence de l'éther, du chloroforme, de la morphine, par l'interruption de la circulation hépatique ou toutes les causes qui troublent cette circulation, après la ligature du canal cholédoque (Moos). Elle diminue au contraire et peut même disparaître par l'inanition, dans l'intoxication par le curare (?), par la ligature de la veine porte (Cl. Bernard a cependant obtenu un résultat différent). Dans l'hibernation, le sucre ne disparaît pas du foie.

Quel est maintenant le mécanisme de la formation du sucre aux dépens de la matière glycogène? Cette transformation est une fermentation véritable. Tous les ferments diastatiques, suc pancréatique, salive, les tissus animaux altérés, opèrent cette transformation. Dans le cas spécial, ce ferment existe dans les cellules hépatiques dont il peut être extrait, même sur un foie exsangue, par les procédés d'extraction de la ptyaline. Ce ferment hépatique est détruit par l'ébullition: aussi, quand on projette dans l'eau bouillante un fragment de foie, la transformation du glycogène en glycose ne se fait plus, le ferment étant détruit; mais elle recommence si on ajoute un ferment diastatique.

(1) L'extirpation du foie sur les grenouilles, pratiquée par Moleschott, n'est pas suivie d'une accumulation de sucre dans le sang, preuve que le foie est bien le lieu de formation de la glycose.

L'origine de ce ferment hépatique est encore douteuse. Il paraît venir du sang et être fixé par les cellules hépatiques, mais où le sang le prend-il? Est-ce la ptyaline résorbée dans l'intestin? Est-ce un simple produit formé au moment de la destruction des tissus (Lépine), ou des globules sanguins (Van Tiegel)? Ce dernier observateur a vu en effet que les globules, *au moment de leur destruction*, transforment le glycogène en glycose à la température de 35°; la même chose se passerait dans les capillaires du foie. Je rappellerai aussi que la bile contient un ferment diastatique qui pourrait aussi jouer un rôle dans cette transformation de glycogène en glycose. On a vu plus haut que le glycogène diminue dans le foie, tandis que le sucre augmente par la ligature du canal cholédoque (voir aussi page 721). D'après Schiff, le ferment hépatique ne se formerait qu'après la mort dans le sang ou pendant la vie dans le sang stagnant ou ralenti.

En résumé, tout en admettant dans ses traits généraux la théorie de Cl. Bernard sur la formation du sucre dans le foie, il me semble que de nouvelles expériences sont nécessaires pour préciser dans quelles limites et dans quelles conditions cette production de sucre a lieu pendant la vie, et à l'état normal.

Bibliographie. — LERSCH : *Ueber den physiologischen Zuckergehalt der Lebersubstanz* (Rhein. Monatschrift, 1850). — CHAUVEAU : *Sur la formation de sucre dans l'économie animale* (Gaz. hebd., t. III, 1856). — POGGIALE : *Action des alcalis sur le sucre dans l'économie animale* (Comptes rendus, 1856). — ORÉ : *Infl. de l'oblitération de la veine porte sur la sécrétion de la bile*, etc. (Comptes rendus, 1856). — CL. BERNARD : *Infl. de l'alcool et de l'éther*, etc. (Gaz. méd., 1856). — STOKVIS : *Ueber Zuckerbildung in der Leber* (Wien. med. Wochensch., 1857). — JONES : *Investigations*, etc. (Smithsonian contrib., t. VIII, 1857). — SCHIFF : *Mittheilungen*, etc. (Arch. für phys. Heilk., 1857). — VALENTIN : *Beitr. zur Kenntniss des Winterschlafes*, etc. (Unt. zur Naturl., 1857). — CL. BERNARD : *Sur le mécanisme physiologique de la formation du sucre dans le foie* (Comptes rendus, 1857). — FIGUIER : *Expériences*, etc. (Gaz. hebd., t. IV, 1857). — COZE : *Note sur l'influence des médicaments sur la glycogénie* (Comptes rendus, 1857). — PAVY : *On the alleged sugar forming of the liver* (Guy's hosp. reports, 1858). — ID. : *The influence of diet on the liver* (id.). — BERTHELOT ET DE LUCA : *Rech. sur le sucre formé par la matière glycogène* (Gaz. méd., 1859). — COLIN : *De la glycogénie animale* (Comptes rendus, 1859). — MOOS : *Unt. und Beob. über den Einfluss der Pfortaderentzündung auf die Bildung der Galle und des Zuckers*, 1859. — V. DEEN : *Ueber Bildung von Zucker aus Glycerin* (Arch. für höll. Beitr., t. III, 1861). — H. HUPPERT : *Ueber eine angebliche Bildung von Zucker aus Glycerin* (Arch. der Heilk., t. III, 1861). — J. DE VRIES : *Bijdrage tot de kennis der suikers*, 1862. — VAN DEEN : *Over veranderingen*, etc. (Nederl. Tijdschrift voor Geneesk., 1861). — HEYNSIUS : *Over de omzettingsproducten von Glycerin* (id.). — ID. : *Ueber die Zersetzungsproducte von Glycerin* (Arch. de höll. Beitr., t. III, 1862). — PERLS : *Ueber die Verwandlung des Glycerins in Zucker* (Journ. für prakt. Chem., t. LXXXVIII, 1862). — FOSTER : *Notes on amylolytic ferments* (Journ. of anat., 1866). — A. EULENBURG : *Zur Frage über die Zuckerbildung in der Leber* (Berl. klin. Wochensch., 1867). — LUSK : *On the origin of diabetes*, etc. (New-York med. journ. 1870). — DALTON : *Sugar formation in the liver*, 1871. — E. TIEGEL : *Ueber eine Fermentwirkung des Blutes* (Arch. de Pflüger, 1872). — V. WITTICH : *Ueber das Leberferment* (id., t. VII, 1873). — PLOSZ ET TIEGEL : *Ueber das saccharificende Ferment des Blutes* (id.). — LUSSANA : *Ueber die Glycogenie der Leber* (Centralbl., 1875). — W. EBSTEIN ET J. MÜLLER : *Ueber den Einfluss der Säuren und Alkalien auf das Leberferment* (Ber. d. d. chem. Ges., t. VIII, 1875). — CL. BERNARD : *Crit. expér. sur la fonction glycogénésique du foie* (Ann. de chim. et de phys., t. XI, 1877). — SEEGEN ET KRATSCHMER : *Beitr. zur Kenntniss der saccharificirenden Fermente* (Arch. de Pflüger, t. XIV, 1877).

3° Sucre du sang (Glycémie).

Caractères de la glucose. — La glucose, $C^6H^{12}O^6$, ou sucre de raisin est un corps solide, blanc, inodore, de saveur faiblement sucrée, cristallisant en masses mamelonnées composées de feuillets rhomboèdriques. Elle est soluble dans l'eau et l'alcool bouillant, peu soluble dans l'alcool froid, insoluble dans l'éther. Elle dévie à droite la lumière polarisée. L'acide azotique étendu, à chaud, transforme la glucose en acide saccharique et acide oxalique. L'acide sulfurique concentré ne la brunit pas. Les bases forment avec la glucose des combinaisons solubles (glucosates) analogues aux sels. Quand on ajoute à une solution de glucose un peu de potasse et de sulfate de cuivre, le liquide prend une belle coloration bleue et par la chaleur il se fait un précipité pulvérulent jaune d'hydrate d'oxydule de cuivre ou rouge d'oxydule de cuivre anhydre (Réaction de Trommer). Dans les mêmes conditions, le sous-nitrate de bismuth donne un précipité noir-olive (R. de Böttger), le cyanure de mercure (R. de Knapp), l'iodure double de mercure et de potassium (R. de Sachsse) donnent un précipité noir. Quand on verse dans une solution de glucose une solution d'indigo alcalinisée par du carbonate de sodium, la liqueur devient d'abord pourpre, puis jaune par l'ébullition ; en agitant la liqueur elle devient bleue pour se décolorer par le repos (R. de Mulder). En chauffant une solution de glucose avec quelques gouttes de molybdate ou de tungstate d'ammoniaque, et acidulant avec de l'acide chlorhydrique, le liquide se colore en bleu (R. d'Huizinga). Avec la levûre de bière (à 25° surtout) la glucose subit la fermentation alcoolique ; $C^6H^{12}O^6 = 2(C^2H^6O) + 2CO^2$. Avec le fromage, le lait aigri, les matières albuminoïdes en putréfaction, elle subit d'abord la fermentation lactique, puis la fermentation butyrique.

Procédés de dosage de la glycose. — A. *Fermentation*. On ajoute un peu de levûre de bière à un volume connu du liquide à examiner et on détermine la quantité d'acide carbonique produit par l'augmentation de poids d'un tube de Liebig contenant de la potasse ou de l'acide sulfurique et traversé par le courant gazeux dégagé. Ce procédé ne présente pas une précision suffisante. — B. *Procédés chimiques.* — 1° *Dosage par la liqueur de Barreswill ou de Fehling.* Cette liqueur s'obtient en ajoutant 40 grammes de sulfate de cuivre cristallisé dissous dans 160 c. c. d'eau à un mélange d'une solution aqueuse de 160 grammes de sel de Seignette et de 600 c. c. de lessive de soude caustique de densité de 1,12. On étend exactement à 1154, 4 c. c. ; 10 c. c. du liquide obtenu sont réduits par 0,05 gram. de glucose. On introduit 10 c. c. de réactif dans une capsule, on l'étend avec 40 c. c. d'eau et on chauffe à 70°-80°. On ajoute alors goutte à goutte, à l'aide d'une burette, le liquide à examiner, dédoublé avec de l'eau, jusqu'à ce que la coloration bleue ait disparu. La réaction est terminée quand le liquide de la capsule ne réduit pas la liqueur de Barreswill et quand il ne précipite pas en rose le cyanure jaune, après neutralisation avec l'acide acétique. La quantité de glucose contenue dans un litre d'urine = 0,05 × 1000 divisé par la quantité d'urine employée en cent. cubes (1). Dans la liqueur de Barreswill primitive la potasse remplaçait la soude caustique. — 2° *Procédé de Knapp.* La liqueur de Knapp s'obtient en dissolvant 10 grammes de cyanure de mercure dans 100 grammes de lessive de soude de densité 1,14 et étendant au litre ; 40 c. c. sont réduits par 0,5 gram. de glucose. On procède comme avec la liqueur cupro-potassique. — D. *Procédés optiques. Examen au polarimètre.* Pour l'emploi des polarimètres et en particulier du *saccharimètre de Soleil*, voir les traités de physique.

Dosage du sucre dans le sang. — *Procédé de Cl. Bernard.* Ce procédé exige les objets suivants : six capsules de porcelaine de 20 grammes avec leur tare, un support avec une lampe à l'alcool, une balance, une petite presse pour presser le caillot, une burette divisée (fig. 242), du sulfate de soude en petits cristaux, un flacon de liqueur de Barreswill (2) et un flacon de potasse caustique en pastilles. On pèse préalablement 20 gram. de sulfate de soude dans chacune des capsules ; cela fait on prend le sang dont on veut doser le sucre et on en pèse 20 gram. que l'on mélange exactement aux 20 gram. de sulfate de soude. On porte alors la capsule sur le support et on fait cuire le mélange ; l'opération est terminée quand la mousse qui surmonte le caillot est parfaitement blanche et que ce dernier ne présente plus de points rougeâtres. On retire alors du feu et on rétablit sur la balance le poids primitif en ajoutant de l'eau pour compenser la perte due à l'évaporation. Le tout est jeté dans la petite presse dont on tourne lentement la vis ; le liquide passe au-dessus du plateau compresseur et on le verse sur un filtre qui surmonte la burette. Pendant que le liquide filtre, on verse dans le petit ballon (2, fig. 242) qui est au-dessous de la burette 1 c. c. de liqueur bleue ; on ajoute 10 à 12 pastilles de potasse et 20 grammes d'eau distillée. On purge ensuite la burette dont on serre la pince inférieure pour empêcher tout écoulement. On met sur le ballon le bouchon de caoutchouc qui donne passage au tube qui termine la burette et à un second tube coudé ayant un caoutchouc muni d'une pince à pression continue (4) et servant de dégagement pour la vapeur. On porte le liquide à l'ébullition ; on

(1) J'ai suivi le procédé indiqué par E. Ritter dans ses cours à la Faculté de médecine de Nancy.

(2) La composition de la liqueur employée par Cl. Bernard est la suivante : sulfate de cuivre, 36,40 gram. ; sel de Seignette, 200 gram. ; lessive de soude (24° Baumé), 300 c. c. On ajoute de l'eau en quantité suffisante pour faire un litre à 15° C.

laisse alors tomber le liquide contenu dans la burette, d'abord rapidement, puis goutte à goutte ; on voit alors le liquide bleu du ballon se décolorer de plus en plus et devenir parfaitement limpide, ce qui se reconnaît en observant les bulles de vapeur qui se dégagent.

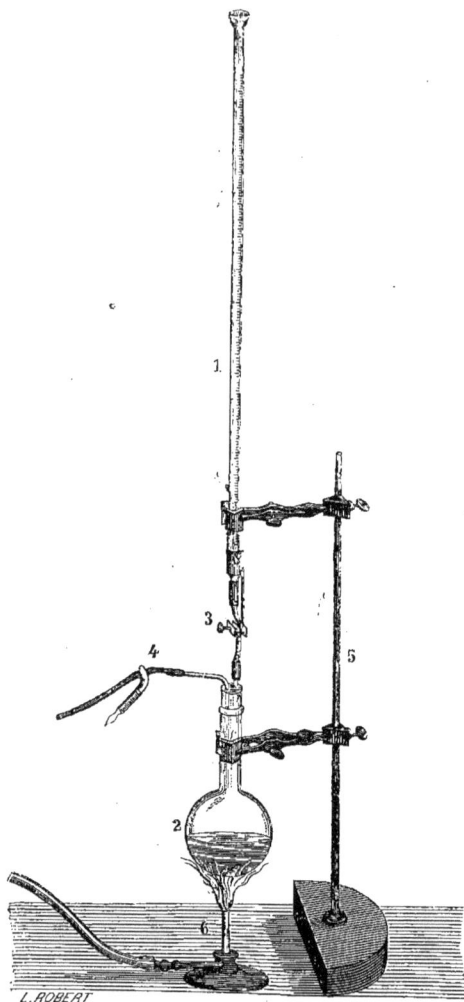

Fig. 242. — *Ballon et burette pour le dosage du sucre* (*).

Le dosage est alors terminé et on lit sur la burette la quantité du liquide écoulé, soit n cent. cubes. La formule $S = \dfrac{8}{n}$ fait connaître en grammes le poids de sucre contenu dans 1 kilogr.

(*) 1, burette ; 3, son orifice inférieur fermé par une pince à pression ; 2, ballon chauffé par le bec de gaz (6) et dans lequel s'opère la réaction ; 4, tube pour le dégagement de la vapeur et dont l'ajutage en caoutchouc est pincé ensuite par une pince à pression pour empêcher l'entrée de l'air.

de sang. Le procédé de Cl. Bernard a été critiqué par Pavy et Cazeneuve (Voir pour les réponses à ces objections : Dastre, *De la glycémie asphyxique*, 1879).

D'après les faits mentionnés plus haut et si l'on admet la théorie de Cl. Bernard, le foie verserait incessamment dans le sang une certaine quantité de glucose. La présence du sucre dans le sang avait été déjà constatée dans le diabète par Mac-Grégor (1837), et dans le cas d'alimentation féculente, par Bouchardat (1837), mais c'est Cl. Bernard qui le premier démontra la présence du sucre dans le sang indépendamment de l'alimentation, et par conséquent sa production par l'organisme animal (1849). Il faut donc distinguer à ce point de vue l'état du sang en dehors d'une alimentation sucrée et son état pendant une alimentation qui fournit directement de la glycose.

Dans le premier cas, si, par exemple, on nourrit un chien avec de la viande tout à fait dépourvue de sucre, on ne trouve pas de sucre dans le sang de la veine porte, on en trouve dans le sang des veines hépatiques, et ce sucre ainsi fourni par le foie se retrouve dans la veine cave inférieure, le cœur droit, et, *en même quantité*, dans le sang artériel; puis dans le sang veineux qui revient des capillaires généraux (jugulaire, veine cave inférieure au-dessous du foie, etc.), la quantité du sucre est moindre que dans le sang artériel. Le sucre versé dans le sang par le foie n'a donc pas disparu en partie dans les capillaires du poumon, mais il a disparu dans les capillaires généraux.

Quand l'alimentation fournit de la glycose absorbée dans l'intestin, les conditions changent; cette glycose ainsi absorbée se retrouve dans la veine porte en quantité variable suivant l'alimentation, et quand cette alimentation sucrée ou féculente est très abondante, la proportion de sucre dans la veine porte peut dépasser celle qui existe dans les veines sus-hépatiques, mais la proportion de sucre dans tous les autres segments du système vasculaire ne varie pas et reste ce qu'elle était dans le cas précédent. En résumé, dans la veine porte la quantité de sucre est variable et dépend de l'alimentation; dans la veine sus-hépatique et dans le reste du système vasculaire, elle est constante et indépendante de l'alimentation. La proportion normale du sucre dans le sang serait la suivante, d'après Cl. Bernard :

Homme	0,90 p. 1,000
Bœuf	1,27
Veau	0,99
Cheval	0,91

La saignée augmente cette proportion; l'inanition l'accroît un peu au début, puis la diminue. Sa proportion augmente dans le sang asphyxique (Dastre). La quantité de sucre du sang présente une assez grande constance; quand cette quantité dépasse une certaine limite (0,4 à 0,6 p. 100), le sucre apparaît dans les urines, il y a glycosurie ou diabète. Le foie serait donc l'organe chargé de régler la proportion de sucre dans le sang. Aussi après la ligature de la veine porte ou dans les cas de cirrhose hépatique amenant son oblitération il suffit de l'ingestion de quelques grammes de sucre pour que le diabète se produise, tandis qu'à l'état normal il en faut de 50 à 80 grammes.

Les expériences de Cl. Bernard ont trouvé des contradicteurs dans un certain nombre de physiologistes. C'est ainsi que Pavy, V. Mering, etc., n'ont pu constater dans le sang des différentes circonscriptions de l'appareil vasculaire les différences constatées par Cl. Bernard et sur lesquelles se base sa théorie. Je rappellerai ici que Bock et Hoffmann ont vu le sucre du sang disparaître par la ligature du canal thoracique. Il me paraît cependant difficile de nier la valeur des observations de Cl. Bernard et de ne pas admettre que le sang des veines hépatiques renferme en général un peu plus de sucre que le sang de la veine porte.

Le sucre du sang paraît être surtout contenu dans le sérum.

Bibliographie. — LEHMANN : *Anal. comparées du sang de la veine porte et du sang des veines hépatiques* (Arch. de méd., 1855). — ID. : *Unters. über die Constitution des Blutes* (Sächs. Ges. zu Leipzig, 1856). — J. STOKVIS : *Bijdragen tot de kennis von de suikervorming*, etc., 1856. — CHAUVEAU : *Nouv. rech. sur la fonction glycogénique* (Comptes rendus, 1856). — H. BONNET : *Obs. sur la glycogénie* (Gaz. méd., 1857). — LEHMANN : *Ueber die Bildung des Zuckers in der Leber* (Schmidt's Jahrb., t. XCVII, 1857). — A. MOREAU : *Expér. relatives à la glycogène* (Gaz. méd., 1858). — CL. BERNARD : *De la présence du sucre dans le sang de la veine porte* (Comptes rendus, 1859). — MAC DONNELL : *On the formation of sugar* (The amer. journ. of med. sc., 1862). — ABELES : *Der physiologische Zuckergehalt des Blutes* (Wien. med. Jahrb., 1876). — CL. BERNARD : *Critique expér. sur la formation du sucre dans le sang*, etc. (Comptes rendus, t. LXXXII, 1875). — PAVY : *Eine neue Methode, um die Quantität des Zuckers im Blute zu bestimmen* (Centralbl., 1877). — ID. : *Die Physiologie des Zuckers*, etc. (id.). — BÖHM ET A. HOFMANN : *Ueber das Verhalten des Glykogens nach Injection desselben in den Blutkreislauf* (Arch. für exp. Pat., t. VII, 1877). — ID. : *Ueber die Einwirkung von defibrinirtem Blute auf Glykogenlösungen* (Arch. für exp. Pat., t. X, 1878). — DASTRE : *Sur la détermination du sucre dans le sang* (Progrès méd., 1877). — BLEILE : *Ueber den Zuckergehalt des Blutes* (Arch. für Physiol., 1879). — DASTRE : *De la glycémie asphyxique*, 1879.

4° Destruction du sucre dans le sang.

Que devient la glycose ainsi introduite dans le sang? Cette glycose est, comme on le sait, très oxydable, surtout en présence des alcalis, et en effet, si on met en contact avec du sang du sucre interverti (mélange de glycose et de lévulose), et qu'on l'examine au polarimètre, on constate aisément, par l'intensité de la déviation, la disparition graduelle de la glycose. Ce n'est cependant pas cette altérabilité qui rend compte de la disparition dans le sang, car la proportion de glycose reste sensiblement constante dans toute l'étendue du système artériel (1) ; c'est dans le trajet des capillaires que le sucre disparaît et seulement dans les capillaires généraux. En effet, les analyses comparatives du sang du cœur droit et du cœur gauche ont montré dans les deux la même proportion de sucre et prouvé, contre l'opinion admise d'abord par Pavy et quelques autres physiologistes, qu'il n'y a pas de glycose oxydée dans les capillaires du poumon. Cette destruction du sucre a lieu exclusivement dans les capillaires généraux, mais dans quels organes? Les recherches modernes tendent à faire admettre que cette destruction du sucre se fait surtout dans les muscles (Cl. Bernard, Tieffenbach, Weiss, etc.); le sucre formé dans le foie serait le combustible des muscles qui l'emploieraient pendant leur contraction. Si on augmente l'activité d'un membre en excitant le nerf de ce membre, le sucre se détruit

(1) Tieffenbach a cependant trouvé une décroissance du sucre du sang artériel à mesure qu'on s'éloigne du cœur.

en plus grande quantité dans le sang. On verra plus loin que les muscles contiennent aussi une certaine quantité de substance glycogène ; or, si on tétanise une des jambes d'une grenouille, les muscles de cette jambe contiennent moins de glycogène que les muscles de la jambe non tétanisée (Weiss). J'ai mentionné plus haut, p. 409, les expériences de Chandelon. Dans cette hypothèse, le diabète qui succède à l'administration du curare pourrait peut-être s'expliquer par la paralysie musculaire qu'il occasionne, les muscles paralysés ne pouvant utiliser le sucre fourni par le foie. Je dois dire cependant que le diabète par le curare est susceptible d'autres interprétations.

On voit que, d'après cette théorie, le sucre du sang aurait une influence très grande sur le travail musculaire et par conséquent aussi sur la température animale, quoique cette dernière influence ait été niée par Schiff, qui n'a pas trouvé d'abaissement de température chez les grenouilles dont le foie était dépourvu de sucre. Mais ce n'est pas là le seul rôle qui lui ait été attribué. Pour les uns, il aurait une signification histogénétique et jouerait un rôle dans la formation des tissus ; d'autres, au contraire, y voient un produit de désassimilation (Rouget). On a prétendu encore, sans preuves suffisantes, qu'il empêchait l'infiltration du tissu du poumon ; mais la seule théorie acceptable est celle qui a été exposée plus haut, sans cependant nier d'une façon absolue le rôle histogénétique admis par quelques auteurs.

Bibliographie. — Pavy : *Ueber die normaler Zerstörung des Zuckers im thierischen Organismus* (Guy's hosp. reports, 1855). — Harley : *Contrib. to the physiology of saccharine urine* (Brit. and foreign med. chir. Rewiew, t. XXXIX, 1857). — Jeannel : *Rech. comparat. sur les alcalis et les carbonates alcalins*, etc. (Gaz. méd., 1857). — Winogradoff : *Beitr. zur Lehre vom Diabetes mellitus* (Arch. für pat. An., t. XXVII, 1863). — Ogle : *A hypothesis as to ultimate destination of glycogen* (Saint-George's hosp. reports, t. III, 1868). — Estor et Saint-Pierre : *Nouv. expér. sur les combustions respiratoires* (Comptes rendus, t. LXXVI, 1873). — Pawlinoff : *Zur Frage von der Zuckerharnruhr* (Arch. für pat. Anat., t. LXIV, 1875). — Th. Chandelon : *Ueber die Einwirkung der Arterienunterbindung und die Nervendurchschneidung auf den Glykogengehalt der Muskeln* (Arch. de Pflüger, t. XIII, 1876). — Demant : *Beitr. zur Lehre über die Zersetzung des Glycogens in den Muskeln* (Zeit. für phys. Chemie, 1879). — H. Bimmermann : *Ueber die Umwandlung der Stärke im thierischen Organismus* (Arch. de Pflüger, t. XX).

5° Influence du système nerveux sur la glycogénie.

L'influence du système nerveux sur la glycogénie, malgré les nombreuses expériences faites sur ce sujet, est encore très obscure.

Cl. Bernard a démontré, par une expérience célèbre, que la piqûre du plancher du quatrième ventricule, au niveau des origines du pneumogastrique, produit un diabète temporaire qui dure 5 à 6 heures environ chez le lapin, un peu plus chez le chien (voir : *Innervation*). D'après Dock, ce diabète ne se produirait pas chez les animaux dont le foie est dépourvu de matière glycogène à la suite de l'inanition, et le même observateur a constaté que chez ces animaux l'ingestion de sucre ne fait pas reparaître le glycogène dans le foie, mais si l'ingestion de sucre a lieu avant la piqûre le diabète se produit (Seelig). Le diabète qui succède à l'opération se produit non seulement chez les mammifères, mais chez les oiseaux et les animaux à sang froid. La piqûre du quatrième ventricule ne produit plus le diabète si on a sectionné primitivement les splanchniques ; mais si la section de ces nerfs est faite *après* la piqûre, le diabète ne s'en produit pas moins. Ce qui prouve que, dans le cas de piqûre diabétique, le sucre de l'urine provient bien du foie, c'est que le sucre cesse d'apparaître dans l'urine après la ligature du foie, et que la piqûre diabétique ne réussit pas chez les grenouilles d'hiver dont le foie est dépourvu de sucre (Schiff). La piqûre diabétique augmente la quantité de sucre du sang et le fait apparaître dans la bile dont la sécrétion serait ralentie (Jeanneret). Wickham-Legg a vu, sur des chats, le diabète manquer, quand il avait fait préalablement la ligature des conduits biliaires. Il en serait de même, d'après Luchsinger, en faisant ingérer de la glycérine avant la piqûre, fait contredit cependant par Eckhard.

L'excitation du bout central du pneumogastrique, celle du dépresseur (Filehne, Laffont), la section des fibres de l'anneau de Vieussens et la destruction du ganglion cervical inférieur et du premier ganglion thoracique (Cyon et Aladoff), l'excitation de la moelle produisent le diabète. Le même effet serait déterminé par l'arrachement du spinal (Schiff), la section du ganglion cervical supérieur (Pavy), l'extirpation du ganglion cœliaque (Munk), la section du splanchnique (quelquefois), par l'excitation du deuxième lobule de la partie moyenne du cervelet (Eckhard).

L'interprétation de l'expérience de Cl. Bernard est assez difficile. Après l'opération, les vaisseaux du foie sont dilatés et gorgés de sang, de sorte que le diabète semble devoir être rapporté à des troubles de l'innervation vasculaire, d'autant plus que des centres vaso-moteurs se trouvent dans la même région. Il y aurait dans ce cas paralysie vasculaire du foie. Mais cette paralysie ne paraît pas due à la destruction d'un centre vaso-moteur, puisque le diabète n'est que temporaire; il serait plutôt dû à une excitation de nerfs vaso-dilatateurs analogues aux fibres de la corde du tympan qui dilatent les artères de la glande sous-maxillaire (Cl. Bernard). C'est à cette dernière opinion que se rattache Laffont, en se basant sur ses expériences. D'après cet auteur la piqûre du plancher du quatrième ventricule agirait en irritant les centres vaso-dilatateurs du foie, et la disparition du diabète s'expliquerait par l'altération que ces centres subiraient par l'hémorrhagie consécutive à la piqûre et la paralysie vaso-dilatatrice qui en est la conséquence. Ces nerfs vaso-dilatateurs, partant du bulbe, descendraient dans la moelle jusqu'à la hauteur de la première paire des nerfs dorsaux et sortiraient par les deux ou trois premières paires dorsales pour se jeter dans la chaîne sympathique et les nerfs splanchniques; l'arrachement de ces nerfs empêche en effet le diabète de se produire après la piqûre du quatrième ventricule. Le diabète dû à l'excitation du dépresseur, du pneumogastrique, de nerfs sensitifs, n'est qu'un diabète réflexe dû à l'excitation des centres vaso-dilatateurs. Picard a vu la glycosurie se produire par l'excitation du bout périphérique des nerfs qui se rendent au foie.

Quant à la question de savoir comment la vascularisation plus grande du foie agit pour produire le diabète, il est assez difficile de se prononcer. On admet généralement que cette vascularisation favorise le contact du ferment avec la substance glycogène.

L'influence de l'innervation sur la formation de la substance glycogène dans le foie a été peu étudiée. Les premières expériences remontent à Cl. Bernard qui constata, sur le lapin, qu'après la section de la moelle entre la dernière cervicale et la première dorsale, le sucre disparaissait du sang et du foie, tandis que la substance glycogène au contraire s'accumulait dans cet organe. J. Meyer, dans des recherches récentes, a repris cette question, en se servant de lapins soumis à l'inanition pour faire disparaître le glycogène du foie et auxquels il faisait des injections intra-veineuses de glucose. Il est arrivé aux résultats suivants : 1° la section de la moelle entre la cinquième et la sixième vertèbre cervicale empêche la formation de glycogène dans le foie ; 2° la section entre la dernière cervicale et la première dorsale augmente la production de glycogène dans le foie sans diminuer la proportion de sucre du sang ; 3° la section entre la deuxième et la troisième vertèbre dorsale diminue la formation de la substance glycogène.

Bibliographie. — KÜHNE : *Ueber künstlich erzeugten Diabetes bei Fröschen* (Nachr. v. d. Univers. zu Göttingen, 1856). — ID. : *Ueber künstliche Diabetes bei Fröschen*, 1856. — SCHIFF : *Ber. über einige Versuche, um den Ursprung des Harnzuckers*, etc. (Nach. d. Univ. zu Göttingen, 1856). — GUITARD : *De la glycosurie*, 1856. — LEUDET : *De l'influence des maladies cérébrales sur la production du diabète* (Comptes rendus, 1857). — ITZIGSOHN : *Fall von Diabetes traumaticus* (Arch. für pat. An., t. XI, 1857). — CL. BERNARD : *Leçons sur le système nerveux*, 1858. — Moos : *Unters. über die zuckerbildende Function der Leber* (Arch. für wiss. Heilk., t. IV, 1858). — SCHIFF : *Unters. über die Zuckerbildung in der Leber*, 1859. — W. PAVY : *On lesions of the nervous system producing diabetes* (Phil. mag., 1860). — L. CORVISART ET J. WORMS : *Union méd.*, 1860. — J. LUYS : *Diabète spontané* (Gaz. méd., 1860). — R. HEIDENHAIN : *Aendert sich die Gallensecretion bei künstlichen Diabetes?* (Stud. d. phys. Inst. zu Breslau, t. II, 1862). — F. PLOCH : *Ueber den Diabetes nach Durchschneidung des N. Splanchnicus*, 1863. — MARCUAL : *Sur les lésions cérébro-spinales consécutives au diabète* (Comptes rendus, 1863). — C. ECKHARD : *Die Stellung der Nerven beim künstlichen Diabetes* (Beitr. zur Anat., t. IV, 1867). — ID. : *Der Diabetes nach Curarevergiftung* (Beitr. zur Anat., t. VI, 1870). — ID. : *Unt. über Hydrurie* (id.). — E. CYON ET ALADOFF : *Die Rolle der Nerven bei Erzeugung von künstlichem Diabetes* (Acad. de Saint-Pétersbourg, t. VIII, 1871). — ECKHARD : *Unt. über Hydrurie* (Beitr. zur Anat., 1871). — WICKHAM-LEGG : *Ueber die Folgen des Diabetesstiches nach dem Zuschnüren der Gallengänge* (Arch. für exp. Pat., t. II, 1874). — M. BERNHARDT : *Ueber dem Zuckerstich der Vögel* (Arch. de Virchow, t. LIX, 1874). — ECKHARD : *Macht die subcutane Injection von Glycerin den Zuckerstich unwirksam* (Centralbl., 1876). — J. MAYER : *Beitr. zur Lehre von der Glycogenbildung in der Leber* (Arch. de Pflüger, t. XVII, 1878). — FILEHNE : *Melliturie nach Depressor-Reizung* (Centralbl., 1878). — PICARD : *Expér. pour servir à l'histoire physiologique du foie* (Gaz. méd., 1879). — J. MAYER : *Weiterer Beitr. zur Lehre von der Glycogenbildung in der Leber* (Arch. de Pflüger, t. XX). — LAFFONT : *Rech. sur la vascularisation du foie*, etc. (Soc. de biol. et : Comptes rendus, 1880). — ID. : *De l'excitabilité du nerf dépresseur*, etc. (Soc. de biol., 1880).

6° Glycogénie embryonnaire et histologique.

La découverte de la substance glycogène dans le foie par Cl. Bernard fut bientôt suivie d'une autre découverte qui donna à cette question de la glycogénie une extension inattendue. Cl. Bernard, puis Rouget, rencontrèrent en effet cette substance glycogène dans le placenta et successivement dans plusieurs des tissus de l'embryon, muscles, poumons, épithélium de la peau et des muqueuses, etc., et cette substance glycogène disparaissait à mesure que le foie augmentait de volume et d'activité, de façon qu'à la naissance on n'en trouvait guère plus que dans les muscles.

Tandis que, chez les oiseaux, c'est la vésicule ombilicale qui est chez l'embryon le siège principal de la fonction

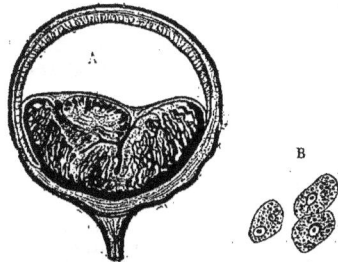

Fig. 243. — *Disposition des cellules glycogéniques dans le placenta du lapin* (*).

glycogénique, chez les mammifères cette fonction se localise dans l'allantoïde et dans le placenta. Ainsi, chez les rongeurs à placenta discoïde, la substance glycogène est incluse dans des *cellules glycogéniques* (fig. 243) situées entre le placenta fœtal et le placenta maternel sur les villosités des vaisseaux allantoïdiens. Chez les

(*) A, coupe de la corne utérine et du placenta en place. — B, cellules glycogéniques du placenta isolées.

carnivores à placenta annulaire ou *zonaire*, on les trouve sur les bords de la zone placentaire. Chez les ruminants elles s'accumulent en formant à la surface interne de l'amnios des plaques (fig. 244 et 245) qui disparaissent vers la fin de la vie intra-

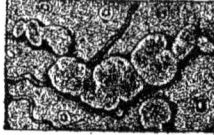

Fig. 244 et 245. — *Plaques glycogéniques de l'amnios du fœtus de veau dans leur plein développement.*

utérine par dégénérescence graisseuse des cellules qui les composent (fig. 247).
Après la naissance, la substance glycogène a été constatée dans les muscles, les globules de la lymphe, les globules blancs, la rate, les poumons, les reins, etc.
Les faits précédents permettent donc de concevoir la question de la glycogénie

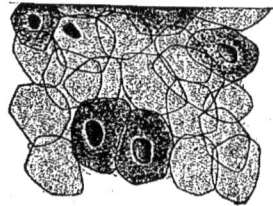

Fig. 246. — *Cellules glycogéniques de l'amnios*   Fig. 247. — *Cellules glycogéniques en voie
du fœtus du veau.*   de dégénérescence graisseuse.*

à un point de vue beaucoup plus général que ne l'avait cru au début Cl. Bernard.
Dans ce cas, la substance glycogène devrait être considérée comme une partie essentielle des tissus animaux au même titre que la graisse et les albuminoïdes (Rouget, Woroschiloff), et le foie ne serait que le foyer par excellence de la fabrication de la substance glycogène et de la glycose.

Bibliographie. — Heynsius : *Ueber die Entstehung und Ausscheidung von Zucker* (Arch. für höll. Beitr., t. I, 1857). — Cl. Bernard : *Sur une nouvelle fonction du placenta* (Comptes rendus, 1859). — Serres : *Des corps glycogéniques dans la membrane ombilicale des oiseaux* (id.). — Rouget : *De la substance amylacée amorphe dans les tissus des embryons* (Comptes rendus, 1859). — Cl. Bernard : *Sur une nouvelle fonction du placenta* (id.). — Rouget : *Des substances amyloïdes* (Journ. de la physiol., t. II, 1859). — Cl. Bernard : *De la matière glycogène considérée comme condition de développement*, etc. (id.). — Id. : *Évolution du glycogène dans l'œuf des oiseaux* (Comptes rendus, t. LXXV, 1872). — Moriggia : *Einige Unters. über den Traubenzucker im thierischen Organismus* (Unters. zur Naturl., t. XI, 1875). — Abeles : *Verbreitung des Glycogens im thierischen Organismus* (Centralblatt, 1876). — Salomon : *Unt. betreffend das Vorkommen von Glycogen in Eiter und Blut* (Deut. med. Wochensch., 1877). — Woroschiloff : *Sur la proportion de glycogène dans les divers organes* (Ges. d. Naturf. in Kasan, 1878 ; en russe). — Certes : *La glycogénèse chez les infusoires* (Comptes rendus, 1880).

7° Du diabète physiologique.

Le diabète est caractérisé par la présence du sucre de raisin (sucre de diabète) dans l'urine (1). On a vu plus haut (page 859) sous quelles conditions expérimentales il se produit et quelle interprétation on a essayé de lui donner. Ce diabète physiologique diffère du diabète pathologique par un certain nombre de caractères et en particulier par ce fait que le diabète physiologique est toujours temporaire et n'a qu'une courte durée.

La piqûre du quatrième ventricule et les autres actions nerveuses mentionnées à cette occasion ne sont pas du reste les seules causes qui puissent déterminer le diabète. Il peut en effet être produit par un certain nombre de substances qui très probablement agissent aussi par l'intermédiaire du système nerveux ; tels sont le chloroforme, l'éther, le chloral, le sulfure de carbone, le nitrite d'amyle, le curare, l'oxyde de carbone, la morphine, etc.

On a cherché à interpréter à l'aide du diabète physiologique le mécanisme et la pathogénie du diabète pathologique ; mais le mécanisme même du premier est encore trop obscur pour qu'on puisse arriver à une conclusion positive et la permanence du second montre qu'il y a des différences profondes entre les deux états. Cependant dans certains cas le diabète pathologique est consécutif à des lésions nerveuses (coups sur la tête, blessures de la moelle allongée, etc.) et est produit évidemment par le même mécanisme que le diabète expérimental (2).

Bibliographie. — Blot : *De la glycosurie physiologique chez les femmes en couches* (Comptes rendus, 1856). — Limpert et Falck : *Unt. üb. die Ausscheidung des Zuckers* (Arch. für pat. Anat., t. IX, 1856). — Rosenstein : *Ein Fall von Diabetes* (Arch. für pat. An., t. XII, 1857). — Owen Rees : *Croonian lectures* (Lancet, 1857). — Kletzinsky : *Ueber die im Blute der Diabetiker herrschende Oxydation* (Wien. med. Wochensch., 1858). — Griesinger : *Stud. über Diabetes* (Arch. für phys. Heilk., 1858). — A. Freundt : *Nunc bilis secretio artificiali diabete mutetur quæritur*, 1861. — Pavy : *On the influence of alcalis*, etc. (Guy's hosp. reports, 1861). — Id. : *The influence of an acid* (id.). — Winogradoff : *Ueber künstlichen und natürlichen Diabetes* (Arch. für pat. Anat., t. XXIV, 1862). — Mialhe : *Rech. sur les fonctions chimiques des glandes* (Gaz. méd., 1866). — M. Popper :

(1) Pour les procédés de dosage du sucre dans l'urine, voir p. 855.

(2) L'étude des diverses hypothèses émises sur la pathogénie du diabète n'a aucun intérêt au point de vue physiologique. Je me contenterai d'une simple énumération. A. *La cause du diabète réside dans le foie.* — 1° L'activité du foie est diminuée (foie gras ; ou par toute autre cause) et il ne transforme pas en glycogène le sucre provenant de l'alimentation (Zimmer, Tscherinow). — 2° L'amidon hépatique passe dans la circulation et est transformé en sucre dans le sang (Pavy). — 3° La production du sucre est augmentée dans le foie par l'augmentation de l'activité hépatique, par le contact prolongé du ferment avec les cellules hépatiques, par une production exagérée de ferment (stagnation ou ralentissement du sang). — 4° La circulation hépatique est accélérée et les cellules hépatiques n'ont pas le temps de transformer en glycogène tout le sucre apporté par la veine porte (Luchsinger). — 5° Le diabète est dû à une excitation des ramifications périphériques du pneumogastrique dans le foie (Harley). — B. *Le diabète est dû à une oxydation incomplète du sucre.* — Le défaut d'oxydation est dû lui-même : — 1°, à la diminution de capacité respiratoire des globules rouges (Voit, Bock et Hoffmann) ; — 2° à un trouble général de l'assimilation (Rosenstein, Schultze) ; — 3° à un trouble de la respiration (Reynoso) ; — 4° à l'inactivité musculaire (Winogradoff) ; — 5° à l'alcalescence trop faible du sang (Mialhe). — C. *Le diabète est dû à un trouble de nutrition.* — 1° Les organes ont perdu la faculté d'assimiler le sucre (Seelig). — 2° La désassimilation des tissus et en particulier de leur substance glycogène est exagérée (Sanson, Rouget). — D. *La digestion des féculents se fait avec trop de rapidité dans l'intestin* (Bouchardat). — E. *Le diabète tient à une influence nerveuse dont le siège est dans la moelle allongée et les origines du pneumogastrique.* — F. *Le diabète est dû à une affection du pancréas* (Pipper).

Das Verhältniss des Diabetes zu Pancreasleiden (Oest. Zeit. für prakt. Heilk., 1868). — Tscherinow : *Zur Lehre von dem Diabetes mellitus* (Arch. für pat. Anat., t. XLVII, 1869). — Senff : *Ueber den Diabetes nach der Kohlenoxydathmung,* 1869. — Seegen : *Der Diabetes mellitus,* 1870. — Bock et Hoffmann : *Ueber eine neue Entstehungsweise von Mellituries* (Arch. für Anat., 1871). — Naunyn : *Beitr. zur Lehre vom Diabetes mellitus,* 1874. — Seelig : *Vergleich. Unt. üb. den Zuckerverbrauch,* etc., 1873. — Jeanneret : *L'urée dans le diabète artificiel,* 1872. — Rupstein : *Ueber das Auftreten des Acetons bei Diabetes* (Centralbl., 1874). — E. Külz : *Beitr. zur Pat. und Therapie des Diabetes,* etc., 1875. — Bouchardat : *De la glycosurie,* 1875. — Lussana : *Sulla glucosuria* (Giorn. ven. di scienze med., 1875). — Cl. Bernard : *Leçons sur le diabète,* 1877. — Lécorché : *Traité du diabète,* 1877. — Boehm et Hoffmann : *Beitr. zur Kenntniss des Kohlehydratstoffwechsels* (Arch. für exper. Pat., t. VIII, 1878).

b. — AUTRES FONCTIONS DU FOIE.

Outre le rôle du foie dans la sécrétion biliaire et dans la glycogénie, on a attribué à cet organe des fonctions très diverses; je ne parlerai ici que de celles qui s'appuient sur des faits physiologiques.

1° *Du foie comme organe producteur de graisse.* — Le foie est, comme le prouvent les faits pathologiques, très sujet à la dégénérescence graisseuse, et les cellules hépatiques ont une aptitude toute spéciale à se charger de graisse (fig. 248) dans certaines conditions même physiologiques; dans ces cas, l'infiltration graisseuse débute en général par les cellules périphériques du lobule (fig. 249), c'est-à-dire les plus rapprochées des rameaux de la veine porte. Cette production de graisse dans le foie paraît se faire dans des conditions qui la rattacheraient intimement à la glycogénie. En effet, d'après Tschérinoff, la matière glycogène

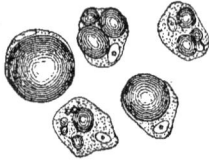

Fig. 248. — *Cellules hépatiques infiltrées de graisse.*

donnerait naissance non seulement à de la glycose, mais encore à de la graisse. Cette graisse serait très oxydable, comme celle qu'on rencontre dans l'huile de foie

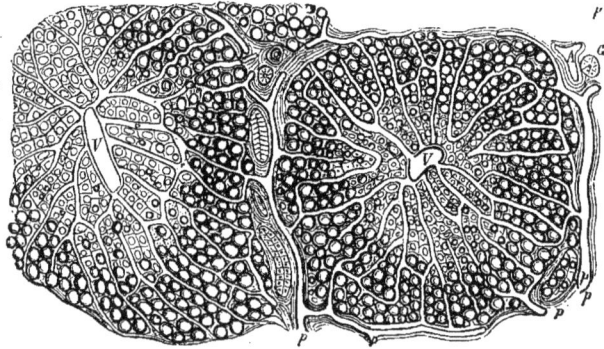

Fig. 249. — *Foie gras* (*).

de morue par exemple, et épargnerait par conséquent une certaine quantité d'oxygène ou mieux diminuerait le besoin d'oxygène de la respiration. Il y aurait donc

(*) V, veines centrales. — *p,* branches interlobulaires de la veine-porte. — A, branches artérielles, G, canaux biliaires.

sous ce rapport, et c'est ce qui existe en réalité, balancement entre le foie et le poumon. Partout où la respiration est peu active (embryon, poissons) le foie est très volumineux; c'est l'inverse dans les conditions contraires; ainsi les oiseaux ont une respiration très active et le foie très petit (Neumann). Pendant la période de la lactation, le foie est aussi très riche en graisse; seulement, à l'inverse du foie gras ordinaire, la graisse, d'après de Sinéty, s'accumulerait de préférence dans les cellules centrales du lobule.

2° *Du foie comme organe hématopoïétique*. — On a attribué au foie un double rôle dans la constitution des globules sanguins; il serait, pour les uns, formateur, pour les autres destructeur, enfin pour quelques physiologistes il aurait à la fois les deux rôles.

Il est très probable, en premier lieu, qu'il y a dans le foie destruction des globules rouges. En effet, la bilirubine dérive de l'hémoglobine en perdant du fer (voir page 165), et les globules sanguins rencontrent dans les acides biliaires qui se forment dans le foie des agents de destruction; enfin Naunyn, en injectant une solution d'hémoglobine dans la veine porte, a vu cette hémoglobine se transformer en bilirubine. D'autre part, Lehmann, en s'appuyant surtout sur les caractères des globules sanguins et leur proportion dans le sang de la veine porte et dans le sang des veines sus-hépatiques, a cru pouvoir conclure à la formation dans le foie de globules rouges; les globules dans les veines hépatiques seraient plus petits, plus sphériques, moins résistants à l'eau, en un mot auraient des caractères plus jeunes. Mais les recherches ne sont pas assez précises pour qu'on puisse en tirer une conclusion positive. Cependant si on réfléchit que le fer perdu par l'hémoglobine pour se transformer en bilirubine doit se retrouver quelque part et qu'il ne se rencontre ni dans le tissu hépatique, ni dans la bile (qui n'en renferme que des quantités infinitésimales), on est porté à admettre que ce fer est repris pour entrer dans la constitution des globules sanguins de nouvelle formation.

3° *Formation d'urée dans le foie*. — D'après Meissner, qui soutient une opinion déjà émise par Heynsius et Küthe, l'urée se formerait principalement dans le foie; le foie contient toujours en effet une assez forte proportion d'urée; si, à l'exemple de Cyon, on fait passer un courant de sang à travers le foie, ce sang contient plus d'urée, tandis que la quantité d'urée du foie diminue, et Gscheidlen a répété avec le même résultat l'expérience de Cyon, tout en obtenant des chiffres plus faibles. Meissner insiste aussi sur ce fait que, dans l'atrophie aiguë du foie, l'urée disparaît de l'urine. Mais, d'après Hüppert, Beneke et Meissner lui-même, cette urée ne se produirait pas aux dépens du tissu même du foie, mais aux dépens des globules rouges; sa formation serait liée à la destruction de ces globules et il y aurait alors un lien intime entre la formation de la bilirubine, de la substance glycogène et de l'urée. Cependant cette production d'urée dans le foie est contredite par un certain nombre d'expériences. C'est ainsi que I. Munk dans quatre expériences a trouvé plus d'urée dans le sang que dans le foie; de même, d'après Gscheidlen, le sang des veines sus-hépatiques ne contient pas plus d'urée que le sang veineux général et il n'a pas vu non plus d'accumulation d'urée dans le foie abandonné à lui-même après son extirpation. P. Picard, sur ce dernier point, est pourtant arrivé à des résultats opposés. Le même auteur admet que le foie ne produit de l'urée qu'au moment de la digestion, tandis qu'il ne s'en forme pas pendant l'inanition; mais en tout cas, le foie n'est pas le seul lieu de production de l'urée, car chez les grenouilles on en retrouve encore dans l'urine après l'extirpation du foie et chez les animaux à jeun, le cerveau, les muscles, etc., contiennent plus d'urée que le foie. Les expériences récentes de Stolnikow parlent aussi en faveur d'une production d'urée dans le foie ; en électrisant cet organe chez l'homme et le chien, il a constaté une augmentation d'urée dans l'urine et en électrisant un mélange de foie frais haché et de sang défibriné, il a trouvé dans le mélange une forte proportion d'urée qui ne se rencontrait pas quand on ne pratiquait pas l'électrisation.

4° *Rapports de la sécrétion biliaire et de la glycogénie*. — Morel, Handfield Jones, Henle ont cherché à localiser dans des parties différentes du foie la sécrétion biliaire et la formation de la substance glycogène ; celle-ci se formerait dans les cellules hépatiques, la bile dans les conduits biliaires, et le foie serait composé de deux glandes enchevêtrées, une glande vasculaire sanguine glycogénésique (cellules hépatiques et veine-porte) et une glande biliaire (canaux biliaires avec leurs glandes en grappe et artère hépatique). A l'appui de cette opinion, adoptée par Küss et Duval, on peut invoquer la continuation de la sécrétion biliaire dans la cirrhose et le foie gras, malgré les altérations des cellules hépatiques. Mais il me semble que ces exemples tirés de la pathologie ne sont pas absolument probants; il peut se faire en effet que les altérations ne soient pas assez étendues pour empêcher la sécrétion biliaire. D'autre part les recherches récentes sur l'histologie du foie et l'existence incontestable des canalicules biliaires capillaires démontrent l'union intime et la dépendance réciproque des deux glandes glycogénique et biliaire. Enfin, dans certains cas, la matière colorante biliaire peut être décelée dans les cellules hépatiques.

A mon avis, le rôle du foie dans ces deux ordres de faits physiologiques doit être compris de la façon suivante en se basant sur la façon dont se fait la circulation hépatique (voir page 713). Les cellules hépatiques sont évidemment le lieu de formation de la substance glycogène ; pour la sécrétion biliaire au contraire, il faut l'intervention des deux appareils glandulaires, cellules des lobules hépatiques, canaux biliaires avec leurs glandes en grappe.

Les glandes en grappe des conduits biliaires reçoivent du sang artériel et sous une forte pression, par conséquent dans des conditions favorables pour une filtration sanguine, pour une sortie du sang de l'eau et des principes salins en solution dans le sérum. Ce sont donc probablement ces glandes en grappe qui fournissent la partie aqueuse et les sels de la bile.

Dans les lobules, au contraire, on trouve les conditions les plus défavorables à la filtration, mais en revanche, la lenteur du courant sanguin favorise le contact prolongé des cellules hépatiques avec le sang, et par suite la formation aux dépens des matériaux fournis par ce dernier de principes élaborés dans les cellules, et, en effet, comme on l'a vu plus haut, les principes spéciaux de la bile se retrouvent dans les cellules hépatiques à côté de la substance glycogène. Cependant, l'artère hépatique contribue aussi au réseau capillaire du lobule, et son rôle s'explique facilement ; il y a là, dans la partie centrale du lobule, une filtration aqueuse qui se fait sous une forte pression, et l'eau qui a passé de cette façon dans les canalicules biliaires capillaires dilue et entraîne la matière colorante et les acides biliaires formés aux dépens de la veine porte dans la partie périphérique du lobule et les fait arriver ainsi dans les canaux biliaires périlobulaires.

D'après cette théorie, les deux appareils prendraient donc part à la sécrétion biliaire, mais une part déterminée, et on comprend alors comment les physiologistes qui ont voulu attribuer cette sécrétion exclusivement à un des deux vaisseaux n'ont pu que se heurter à des expériences contradictoires. Ces expériences ont été mentionnées page 714 et il est inutile d'y revenir. Cependant, il est un point qui demande quelques éclaircissements et qui paraît au premier abord en désaccord avec la théorie. Cartains expérimentateurs, Moos entre autres, ont vu la sécrétion continuer après l'oblitération de la veine porte, mais ont trouvé la bile plus épaisse et moins aqueuse ; on aurait tort d'en inférer que la veine porte fournit la partie aqueuse de la sécrétion ; en effet, l'oblitération de la veine porte supprime environ les neuf dixièmes du sang qui traverse les lobules ; le réseau lobulaire doit donc être fourni en entier par l'artère hépatique ; le calibre de ce réseau est beaucoup trop considérable pour cette artère ; il en résultera donc une grande diminution de pression non seulement dans le réseau capillaire du lobule, mais dans les capillaires des glandes en grappe, et comme la filtration est sous l'influence immédiate de la pression sanguine, la pression diminuant, la filtration diminuera aussi dans les glandes en grappe et la bile deviendra moins aqueuse. L'arrêt de la sécrétion biliaire observé après l'oblitération rapide de la veine porte peut s'expliquer de la même façon.

5° *Action antitoxique du foie.* — Schiff et Lautenbach admettent, d'après leurs expériences, que le foie a la propriété de détruire certains poisons organiques. Ainsi une dose de nicotine qui injectée dans les veines ou dans le tissu cellulaire sous-cutané déterminerait la mort reste sans effet ou ne produit que des effets bien moins marqués quand on l'injecte dans l'intestin ou dans une branche de la veine porte ; de même de la nicotine triturée avec un fragment de foie perdrait en partie de ses propriétés toxiques. La neutralisation des propriétés toxiques est encore plus marquée avec l'hyosciamine. Lautenbach a obtenu les mêmes résultats avec la conicine, avec le venin du cobra. Schiff admet qu'à l'état normal, l'organisme animal produit, comme résultat de la métamorphose régressive de quelques-uns de ses tissus, une substance narcotique ou vénéneuse très énergique, qui se détruit dans le foie auquel elle est conduite par la circulation veineuse. Après la ligature de la veine porte ou après l'extirpation du foie, cette substance s'accumule dans le corps. Cette hypothèse de Schiff et de Lautenbach n'a pas encore été soumise à la vérification. Cependant je dois dire que, pour ce qui concerne la nicotine, les expériences faites dans mon laboratoire par René ont donné des résultats contraires à ceux de ces deux auteurs.

6° *Circulation hépatique.* Les conditions de la circulation hépatique ont déjà été étudiées page 713 ; je n'aurai que peu de chose à y ajouter en ce qui concerne spécialement la circulation veineuse. Rosapelly, dans une série d'expériences, a mesuré comparativement la tension dans les veines sus-hépatiques et dans la veine porte, et a toujours trouvé la tension plus forte dans cette dernière que dans les veines sus-hépatiques ; la différence de tension des deux vaisseaux est plus accentuée au moment de l'inspiration. Rosapelly a mesuré aussi la vitesse de la circulation hépatique par le procédé d'Héring (voir : *Mécanique circulatoire*) et a trouvé une vitesse moyenne de 4 à 5 millimètres par seconde. D'après Flugge, sur un chien pesant 20 kilogrammes la quantité de sang qui passerait en une minute par le foie pourrait être évaluée à 500 grammes.

7° *Chimie du foie.* — La réaction du foie frais est alcaline ; elle devient acide après la mort. Le foie renferme 60 à 70 p. 100 d'eau. Débarrassées du sang par une injection glacée de solution salée, les cellules hépatiques contiennent les substances suivantes : des principes albuminoïdes (albumine, myosine), de la nucléine, des matières extractives azotées (xanthine, hypoxanthine, acide urique, urée), de l'acide lactique, de la substance glycogène, du sucre de raisin, un ferment hépatique, de la graisse, de la matière colorante, des substances minérales et spécialement des phosphates de potasse et de soude et du phosphate de fer.

Le tableau suivant donne les analyses du foie de l'homme et de quelques animaux par V. Bibra :

POUR 1,000 PARTIES.	HOMME.	BOEUF.	VEAU.
Eau............................	761,7	713,9	728,0
Matières solides................	238,3	286,1	272,0
Tissus insolubles...............	94,4	121,3	110,4
Albumine soluble...............	24,0	16,9	19,0
Glutine........................	33,7	65,1	47,2
Matière extractive.............	60,7	53,1	71,5
Graisse.......................	25,0	29,6	23,9

Les cendres du foie, d'après Oidtmann, ont la composition suivante ; j'y joins deux analyses des cendres de la rate, par le même auteur, comme point de comparaison :

POUR 1,000 PARTIES.	FOIE d'adulte (h.)	FOIE d'enfant.	RATE d'homme.	RATE de femme.
Potasse............................	25,23	34,72	9,60	17,51
Soude..............................	14,51	11,27	44,33	35,32
Magnésie...........................	0,20	0,07	0,49	1,02
Chaux..............................	3,61	0,33	7,48	7,30
Chlore.............................	2,58	4,21	0,54	1,31
Acide phosphorique.................	50,18	42,75	27,10	18,97
Acide sulfurique...................	0,92	0,91	2,54	1,44
Silice.............................	0,27	0,18	0,17	0,72
Oxyde de fer.......................	2,74		7,28	5,82
Oxydes métalliques.................	0,16	5,45	0,14	0,10

On voit, en comparant cette analyse à celle des cendres de tissu musculaire, qu'il y a une grande ressemblance dans leur composition. Les métaux, autres que le fer, trouvés dans le foie sont du manganèse, du cuivre et du plomb, qui sont introduits par l'alimentation. En outre, on retrouve dans le foie les autres métaux ingérés : mercure, zinc, arsenic, antimoine.

La *graisse* du foie est sujette à de grandes variations. Frerichs a démontré que la quantité de graisse du foie est sous la dépendance immédiate de l'alimentation : il excisa un fragment de foie sur un chien et vit, après vingt-deux heures d'une nourriture riche en graisse, une augmentation de la graisse du foie ; il observa aussi l'effet inverse en diminuant la graisse de l'alimentation (1).

Bibliographie. — WEBER : *Ueber die Bedeutung der Leber für die Bildung der Blutkörperchen des Embryonen* (Zeit. für rat. Med., t. VI, 1846). — MOOSBRUGER : *Ueber die physiologische Bedeutung der Leber* (Wurtemb. Correspondenzbl., t. XIX, 1849). — G. WYLD : *The liver* (London journ. of med., 1852). — LEREBOULLET : *Mém. sur la structure intime du foie* (Mém. de l'Acad. de Méd., t. XVII, 1853). — KÖLLIKER : *Vorkommen einer physiologischen Fettleber bei saugenden Thieren* (Verh. d. phys. med. Ges. in Würtzburg, 1856). — HIRT : *Ueber das numerische Verhältniss zwischen weissen und rothen Blutzellen* (Müller's Arch., 1856). — GLUGE : *Note sur le foie gras* (Acad. de Belgique, t. XXIV).

(1) Pour la composition du sang de la veine porte et des veines hépatiques, voir p. 309.

Berlin : *Notiz über die physiologische Fettleber* (Arch. für die höll. Beitr., 1857). — Virchow : *Ueber das Epithel der Gallenblase* (Arch. für pat. Anat., t. XI, 1857). — V. Maack : *Zur Pathogenesis der Chlorose* (Arch. für wiss. Heilk., t. IV, 1858). — E. Schottin : *Ueber einige künstliche Umwandlungsproducte durch die Leber* (Arch. für phys. Heilk., t. II, 1858). — Frerichs : *Klinik der Leberkrankheiten*, 1858. — Vulpian : *Sur les effets des excitations produites directement sur le foie et sur les reins* (Gaz. méd., 1858). — Heynsius : *Bijdrage tot de kennis van de stofwisseling in de lever* (Nederl. Tijdschrift voor Geneesk., 1859). — Henle : *Zur Physiologie der Leber* (Nachricht. d. Univers. zu Götting. 1861). — A. Froehde : *Ueber eine Oxydationsspaltung der Choloidinsäure*, etc. (Zeit. für chem. und Pharm., 1864). — David : *Ein Beitrag zur Frage über die Gerinnung des Lebervenenblutes*, etc., 1866. — Chrzonszczewsky : *Zur Anat. und Physiol. der Leber* (Arch. für pat. Anat., t. XXXV, 1866). — Accolas : *Essai sur l'origine des canalicules hépatiques*, etc., 1867. — G. Meissner : *Der Ursprung der Harnsäure* (Zeit. für rat. Med., t. XXXI, 1868). — O. Naumann : *Ueber die Bedeutung des Leberfettes* (Arch. für Anat., 1871). — Sinéty : *De l'état du foie chez les femelles en lactation* (Comptes rendus, t. LXXV, 1872). — Rosapelly : *Causes et mécanisme de la circulation du foie*, 1873. — Plosz : *Ueber die eiweissartigen Substanzen der Leberzelle* (Arch. de Pflüger, t. VII, 1873). — Konkol-Yasnopolsky : *Ueber die Fermentation der Leber* (Arch. de Pflüger, t. XII, 1876). — Flugge : *Ueber den Nachweis des Stoffwechsels in der Leber* (Zeit. für Biol., t. XIII, 1877). — Drosdoff : *Vergl. chem. Analyse des Blutes der vena portæ und der venæ hepaticæ* (Zeit. für phys. Chem., t. I, 1877). — Lautenbach : *On a new function of the liver* (Philad. med. Times, 1877). — Schiff : *Sur une nouvelle fonction du foie* (Biblioth. univ., 1877). — Stolnikow : *Die Schwankungen des Harnstoffgehaltes des Urins in Folge von Reizung der Leber durch electrischen Strom* (Petersb. med. Wochensch., 1879). — P. Picard : *Sur les phénomènes consécutifs à la ligature de la veine-cave inférieure au-dessus du foie* (Comptes rendus, 1880).

Bibliographie générale. — Cl. Bernard : *Nouvelle fonction du foie*, 1853. — Id. : *Leçons de physiologie*, t. I, 1854-55. — Figuier : *Sur la fonction glycogénique du foie* (Gaz. hebd., 1855). — Cl. Bernard : *Leçons sur les substances toxiques*, etc., 1857. — Sanson : *Mém. sur la formation du sucre* (Comptes rendus, 1857). — Id. : *Note sur la formation physiologique du sucre* (id.). — Id. : *Rech. sur la glycogénie* (Gaz. méd., 1857). — Bérard : *Mém. sur la formation physiologique du sucre* (Gaz. hebd., 1857). — Id. : *Du siège de la glycogénie* (Gaz. méd., 1857). — Chauveau : *Formation physiologique du sucre* (id.). — Figuier : *Nouveaux faits*, etc., contre l'existence de la fonction glycogénique du foie (Gaz. méd., 1857). — Brachet : *De la glycogénie hépatique*, 1856. — Cl. Bernard : *Leçons sur les propriétés physiologiques des liquides de l'organisme*, 1859. — Poiseuille et Lefort : *De l'existence du glycose dans l'organisme animal* (Gaz. méd., 1858). — Sanson : *De l'origine du sucre dans l'économie animale* (Journ. de la physiologie, t. I, 1858). — Poggiale : *Sur la formation de la matière glycogène* (id.). — M' Donnell : *On the physiology of diabetic sugar*, etc. (The Dublin quart. journ., 1859). — Schiff : *Unt. über die Zuckerbildung in der Leber*, 1859. — Harley : *The saccharine function of the liver* (Med. times und gaz., 1860). — Colin : *De la production du sucre dans ses rapports avec la résorption de la graisse*, etc. (Comptes rendus, 1860). — Pavy : *Res. on the nature and treatment of diabetes*, 1862. — Mac Donnell : *Om the amyloid substanz of the liver* (Amer. journ. of the med. sc., 1863). — Mac Donnell : *Rech. phys. sur la matière amylacée des tissus fœtaux et du foie* (Comptes rendus, 1865). — F. Ritter : *Ueber das Amylum und den Zucker der Leber* (Zeit. für rat. Med., t. XXIV, 1865). — Schiff : *Sulla glicogenia animale*, 1866. — Id. : *Nouv. rech. sur la glycogénie animale* (Journ. de l'anat., 1866). — Mac Donnell : *Obs. on the functions of the liver*, 1865. — W. Tieffenbach : *Ueber die Existenz der glycogenen Function der Leber*, 1869. — Zimmer : *Der Diabetes mellitus*, 1871. — Weiss : *Zur Statik des Glycogens* (Wien. Akad. Ber., 1871). — Bock et Hoffmann : *Experimentalstudien über Diabetes*, 1874. — Luchsinger : *Exper. Hemmung einer Fermentwirkung des lebenden Thieres* (Arch. de Pflüger, t. XI, 1875). — Id. : *Exp. und krit. Beitr. zur Physiologie und Pathologie des Glykogens*, 1875. — Id. : *Notizen zur Physiologie des Glycogens* (Arch. de Pflüger, t. XVIII, 1878). — Ford : *On the influence of temperatur upon the transformations of glycogen*, etc. (New-York med. journ., 1878). — Finn : *Exp. Beitr. zur Glycogen und Zuckerbildung in der Leber* (Phys. med. Ges. in Wurzburg, t. XI).

PHYSIOLOGIE DES GLANDES VASCULAIRES SANGUINES.

La physiologie de ces organes est encore très obscure, cependant un lien étroit les rattache tous entre eux, c'est qu'ils jouent un rôle essentiel dans la formation des globules blancs.

Tous ces organes peuvent être considérés comme des dérivés plus ou moins perfectionnés du tissu connectif, tel qu'on doit le comprendre d'après les données modernes (voir page 337), et leur structure générale se réduit en dernière analyse à des lacunes connectives dont les mailles, infiltrées de globules blancs, sont constituées par du tissu réticulé et s'abouchent avec les origines des capillaires lymphatiques. Si l'on suit la série progressive de modifications anatomiques que ces organes présentent en se perfectionnant, on trouve d'abord le degré le plus simple, ce qu'on peut appeler l'*infiltration lymphoïde diffuse*, dans laquelle le tissu connectif réticulé s'infiltre de globules blancs, comme la muqueuse intestinale; dans un degré plus avancé, l'infiltration lymphoïde est *circonscrite*, elle se dégage du tissu ambiant et forme une petite granulation arrondie ou *follicule clos;* tels sont les corpuscules de Malpighi de la rate. Mais ces follicules clos ne restent pas ainsi isolés; ils se réunissent, ils s'*agminent* en masses plus ou moins volumineuses, comme dans les *plaques de Peyer* de l'intestin. Enfin, dans un degré de développement supérieur, ils constituent de véritables organes, *amygdales, glandes lymphatiques, thymus*, etc., pour trouver en dernier lieu, dans la *rate* (1) qui occupe le sommet de la série, leur maximum de développement. (Voir aussi sur ce sujet, Beaunis et Bouchard, *Anatomie*, 3ᵉ édit., p. 867.)

L'élément caractéristique de tous ces organes, leur produit commun, c'est le globule blanc, et si son mode de formation n'est pas encore bien éclairci au point de vue histologique, il n'y a plus aujourd'hui de doute sur le lieu de sa formation.

Il est probable qu'il faut séparer de cette catégorie d'organes lymphoïdes un certain nombre d'organes rangés habituellement parmi les glandes vasculaires sanguines. La glande thyroïde, par exemple, paraît avoir des rapports intimes avec la circulation cérébrale et n'être autre chose qu'un diverticulum de cette circulation. D'autre part, les capsules surrénales et la glande pituitaire semblent, par leurs connexions et leur mode de développement, se rattacher surtout au système nerveux du grand sympathique. Enfin, il est encore quelques petits organes, glande coccygienne, ganglion intercarotidien, dont la fonction est encore indéterminée.

On n'étudiera donc dans ce chapitre que les organes lymphoïdes, glandes lymphatiques, thymus, rate, etc., en rapport avec la production des globules blancs.

_____

(1) La rate des sauriens et des reptiles représente la transition entre les glandes lymphatiques et la rate des vertébrés supérieurs.

1° Physiologie des organes lymphoïdes.

Les organes lymphoïdes (infiltration lymphoïde, follicules clos, glandes lymphatiques, etc.) ont pour rôle essentiel la formation des globules blancs. Ces globules blancs, formés dans les mailles du tissu réticulé par un mécanisme encore inconnu, sont versés dans les radicules lymphatiques et passent de là dans le courant sanguin. Il est possible cependant que des globules blancs soient formés en dehors de ces organes lymphoïdes et dans les lacunes mêmes du tissu connectif, ce qui se comprend facilement si l'on réfléchit que les organes lymphoïdes ne sont, comme on l'a vu plus haut, qu'une transformation du tissu connectif réticulé ; ce tissu connectif, sous une influence particulière, une irritation par exemple, prolifère, et le produit de cette prolifération est une formation de globules blancs, une infiltration lymphoïde diffuse. Aussi peut-on trouver des globules blancs dans la lymphe avant même que cette lymphe n'ait traversé un ganglion.

2° Physiologie de la rate.

L'étude anatomique de la rate donne des indications précieuses pour sa physiologie ; l'identité des corpuscules de Malpighi et des follicules clos révèle *à priori* son rôle d'organe formateur de globules blancs, rôle confirmé par les faits physiologiques et pathologiques. Mais cette fonction n'est pas la seule qu'on puisse attribuer à la rate, et son intervention dans les phénomènes de nutrition et en particulier dans l'hématopoïèse paraît plus complexe que celle des organes lymphoïdes proprement dits.

Le *volume* de la rate éprouve des modifications très rapides qui correspondent à l'activité circulatoire de l'organe et à son innervation. Il présente en effet, à ce double point de vue, une disposition sur laquelle Vulpian a insisté ; le volume de la rate dépend de deux conditions antagonistes : 1° la pression du sang dans l'artère splénique, pression qui distend les mailles de la rate ; 2° la contraction tonique des fibres lisses des trabécules qui tend à rétrécir ces mailles ; si on détruit le plexus nerveux qui entoure l'artère, on paralyse les fibres lisses des trabécules et la rate se dilate sous l'influence de la pression sanguine qui n'est plus équilibrée par la contraction des fibres lisses ; si on lie l'artère en respectant le plexus, le gonflement de la rate ne se produit pas (Bochefontaine) ; si on lie à la fois le plexus et l'artère, la rate se gonfle par reflux veineux. (A. Moreau.) Ces variations de volume de la rate correspondront donc aux variations de la circulation abdominale, et toutes les fois que cette circulation sera activée (digestion, course, etc.) la rate en ressentira plus que tout autre organe le contre-coup.

La rate n'est pas seulement très dilatable, elle est contractile. Cette *contractilité* de la rate a été constatée directement chez l'homme, et chez les animaux. Cette contractilité, comme l'ont montré les recherches de Cl. Bernard, Schiff, Tarchanoff, Bochefontaine, est sous l'influence de l'innervation. L'excitation du plexus splénique, du plexus cœliaque, du grand splanchnique gauche, du ganglion semilunaire, du grand sympathique, de la partie supérieure de la moelle épinière, du bulbe, la faradisation de l'écorce cérébrale (Bochefontaine), l'électrisation à travers la peau (homme) produisent sa contraction par action directe. Cette contraction se fait encore par action réflexe si on excite le bout central du pneumogastrique, du laryngé supérieur ou des nerfs sensitifs (ischiatique, médian). Le vomissement, la nausée, l'asphyxie produisent le même résultat. La quinine, la strychnine, le camphre, l'eucalyptus, le seigle ergoté (?), l'eau froide sont encore des constricteurs de la rate. La contraction de la rate chasse directement le sang des veines spléniques, qui sont intimement adhérentes au tissu trabéculaire (Fick), et la pression sanguine augmente à ce moment dans la veine splénique. Le curare empêche cette contraction (Bulgak). La section des nerfs de la rate produit, comme on l'a vu plus haut, la dilatation de l'organe.

Le poids et le volume de la rate augmentent au moment de la digestion ; Schönfeld, dans ses expériences sur des lapins, a trouvé que le maximum du poids de la rate se présentait cinq heures après le repas ; la rate est sujette par conséquent à une véritable intermittence fonctionnelle.

L'étude comparée du sang de l'artère et de la veine, et celle de la pulpe splénique, ont donné des résultats intéressants pour la physiologie de cet organe. La pulpe splénique contient des éléments de plusieurs sortes : 1° des globules blancs ; 2° des globules granuleux plus volumineux, de nature indéterminée ; 3° des globules rouges ; 4° des formes de transition entre les globules blancs et les globules rouges ; 5° des cellules qui contiennent des globules rouges ou des débris de ces globules et dont la signification a été très discutée, on les a regardées comme des globules rouges en voie de destruction ; en réalité ce sont des globules rouges enfermés dans des globules blancs amœboïdes, comme le sont les corps étrangers, les grains d'amidon, par exemple, qui peuvent se trouver en contact avec ces globules blancs (voir page 216).

Le sang de la veine splénique contient plus de globules blancs que le sang de l'artère ; ainsi Hirt a trouvé dans l'artère un globule blanc pour 2200 rouges, et dans la veine, un pour 60 globules rouges ; mais Tarchanoff et Swaen ont obtenu des résultats différents et trouvé peu de différence à ce point de vue entre le sang de l'artère et le sang de la veine. Ils ont constaté en outre, fait confirmé par Kelsch chez l'homme, que la dilatation de la rate (par paralysie nerveuse) s'accompagne d'une diminution dans la quantité des globules blancs du sang, probablement par accumulation mécanique de ces globules dans la rate. Le sang de la veine splénique est aussi moins coagulable, quoique, d'après Béclard et Gray, il renferme plus de fibrine, fait nié par Funke. Estor et Saint-Pierre y ont trouvé moitié moins d'oxygène pendant la digestion que pendant le jeûne.

La composition chimique de la rate donne des renseignements précieux pour sa physiologie. A l'état frais, elle est alcaline. Elle contient, d'après Oidtmann, pour 1,000 parties, 775 parties d'eau, 180 à 300 de matières organiques, et 5 à 9,5 de cendres. Parmi les matières organiques, on rencontre des substances azotées, leucine, tyrosine (?), xanthine, hypoxanthine, taurine, acide urique, des acides succinique, acétique, formique, lactique et butyrique, de l'inosite (en quantité considérable ; Cloetta), de la cholestérine. L'analyse des cendres de la rate a été donnée page 868. Un fait à remarquer et sur lequel je reviendrai plus loin, c'est la forte proportion de fer et de potassium qu'elle contient.

L'extirpation de la rate, faite plusieurs fois avec succès chez l'homme et qui réussit très bien chez les animaux, ne donne pas de résultats très nets au point de vue de la physiologie, et il n'y a pas lieu de s'en étonner, puisque les autres organes lymphoïdes peuvent dans ce cas la suppléer dans la formation des globules blancs. Cependant Mosler a observé une diminution des globules blancs. L'hypertrophie des ganglions lymphatiques s'est montrée dans quelques cas ; l'excrétion de l'urée augmente (Friedleben) ; la proportion des principes solides du sang diminuerait (Becquerel et Rodier) ainsi que la quantité de fer (Maggiorani) ; mais en tout cas, un fait certain, c'est que la santé générale n'en est pas atteinte et que les animaux se retrouvent très vite dans les mêmes conditions qu'avant l'opération; ils semblent même engraisser plus facilement (Stinstra). D'après P. Picard et Malassez, il y aurait après l'extirpation de la rate diminution passagère du nombre des globules rouges et de leur richesse en hémoglobine. D'après les mêmes auteurs, cette extirpation ne serait innocente que chez les jeunes animaux et serait mortelle chez l'animal âgé.

On avait cru remarquer une régénération de la rate après son extirpation (Philipeaux); mais, d'après les expériences de Peyrani, il est probable que cette régénération ne se produit pas même quand l'extirpation a été incomplète (1).

D'après les données précédentes, les fonctions de la rate peuvent être comprises de la façon suivante.

1° Elle sert à la *formation des globules blancs* comme tous les autres organes lymphoïdes.

2° Il paraît se faire en outre dans la rate une *formation des globules rouges*, ou plutôt la transformation des globules blancs en globules rouges paraît s'effectuer dans cet organe d'une façon plus ou moins complète (Schönfeld, Kölliker, Funke). C'est du moins ce qu'on est en droit de conclure de l'existence dans la pulpe splénique des formes de transition, mentionnées plus haut, entre les globules blancs et les globules rouges. Cette opinion trouve un appui dans les expériences récentes de P. Picard et Malassez. Ces observateurs ont constaté en effet que le sang veineux de la rate dilatée (par section nerveuse) est plus riche en globules rouges et en hémoglobine que le sang de l'artère; il y a dans la rate formation de globules et d'hémoglobine, et cette formation se constate dans la masse splénique isolée; enfin P. Picard a constaté dans le tissu de la rate l'existence des matériaux des globules sanguins et en particulier du fer et du potassium; un poids donné de rate contient d'après ses recherches plus de potassium et plus de fer qu'un poids égal de sang. Enfin, après l'extirpation de la rate, le sang serait moins riche en globules et en hémoglobine.

3° Beaucoup de physiologistes, Kölliker, Ecker, Béclard, etc., ont admis aussi que la rate était un lieu de *destruction des globules rouges*. Cette opinion s'appuie surtout sur les formes cellulaires particulières qu'on rencontre dans la pulpe splénique, globules rouges plus ou moins altérés enfermés dans des globules amœboïdes, globules rouges libres altérés ou fragments de globules. L'existence de fer dans la rate, invoquée par P. Picard en faveur de la formation de globules rouges, pourrait aussi être invoquée en faveur de leur destruction, surtout si ce fer se présente, comme le dit Nasse, à l'état de granulations jaunâtres constituées par de l'oxyde de fer et un peu de phosphate de fer, et de substance organique;

(1) Dans un cas d'extirpation incomplète de la rate sur une lapine pleine, le fragment de rate laissé dans l'abdomen (le huitième environ de la rate normale) ne s'était pas régénéré au bout de cinq mois et demi environ. Je trouvai à sa place un petit corps blanc-jaunâtre de la grosseur d'une noisette; en l'incisant je vis qu'il formait une sorte de kyste à parois assez épaisses, rempli par une matière blanche, molle, analogue à du suif, insoluble dans l'éther et le chloroforme; au microscope et traitée par l'acide chromique étendu, cette matière se composait de globules blancs un peu anguleux et déformés par la pression réciproque. Il est probable que les globules blancs formés dans le fragment de la rate resté dans l'abdomen, ne pouvant plus être entraînés par la circulation, s'étaient accumulés pendant que le réticulum de la pulpe splénique se résorbait. L'appendice cœcal, très riche, comme on sait, chez le lapin en follicules clos, était congestionné, très vascularisé et pourvu de deux glandes lymphatiques qui lui étaient intimement accolées. Le sang, le foie et les autres organes n'offraient rien de particulier. L'animal était bien nourri et très gras. Cette lapine mit bas, 26 jours après l'opération, quatre petits à terme dont trois moururent immédiatement.

ces granulations existent surtout chez les vieux animaux. Il est difficile, sur ces simples données, d'affirmer cette destruction de globules, sans qu'on puisse cependant la nier d'une façon absolue. Des recherches plus précises permettront seules de décider la question.

4° L'influence de la rate sur la *formation du ferment pancréatique albuminoïde* (théorie de Schiff) a été examinée page 696.

5° L'influence de la rate sur la *formation de l'urée* a été mentionnée page 816.

6° Le rôle probable de la rate dans la *réserve organique des albuminoïdes* a été mentionné page 591.

7° La rate joue le rôle de *diverticulum par rapport à la circulation abdominale,* et en particulier pour la circulation du foie et de l'estomac (Gray, Dobson, Longet, etc.). Il y a en effet des relations intimes entre les fonctions de la rate et celles du foie. Drosdoff et Botscheschkarow ont vu en effet, quand ils déterminaient la contraction de la rate par l'excitation de ses nerfs, le foie devenir plus rouge, plus dur, plus volumineux, en un mot être le siège d'une véritable congestion sanguine; en même temps la quantité des globules blancs du foie augmentait après chaque contraction de la rate.

Sasse croit que la rate n'a qu'une signification embryogénique, comme les mamelles chez le mâle.

La *moelle osseuse*, d'après les recherches de Neumann, Bizzozero, Hoyer, se rapprocherait beaucoup de la rate et servirait aussi à la formation des globules blancs et à leur transformation en globules rouges. On y rencontre une grande quantité de globules blancs et les mêmes formes de transition que dans la pulpe splénique.

Les *fonctions du thymus* sont très obscures. Elles paraissent identiques à celles des ganglions lymphatiques; mais les expériences n'ont donné jusqu'ici que des résultats incertains dont il est impossible de tirer une conclusion.

Bibliographie. — **Rate.** — Hodgkin : *On the use of the spleen* (Edinb. med. and surg. Journ., t. XVIII, 1822). — Cheek : *De variis conjecturis quoad lienis utilitatem,* 1832. — Giesker : *Anat. phys. Unt. über die Milz,* 1835. — Leusinger : *De functione lienis,* 1835. — Marcus : *id.,* 1838. — Poelmann : *Mém. sur la structure et les fonctions de la rate* (Bull. de la Soc. de méd. de Gand, 1846). — J. Béclard : *Sur la composition du sang qui revient de la rate* (Ann. de chim. et de phys., 1847). — Landis : *Beitr. zur Lehre über die Verrichtungen der Milz,* 1847. — J. Béclard : *Rech. expér. sur les fonctions de la rate et de la veine-porte* (Arch. gén. de méd., 1848). — Schlottmann : *Nonnulla de lienis functione,* 1848. — Tigri : *Della funzione della milza,* 1848-49. — A. Dittmar : *Ueber periodische Volumensveränderungen der menschlichen Milz,* 1850. — O. Funke : *Ueber das Milzvenenblut* (Zeit. für rat. Med., 1851). — B. Beck : *Ueber die Structur und Function der Milz,* 1852. — Hughes Bennett : *On the function of the spleen,* etc. (Month. Journ. of med. sc., 1852). — Böhm : *Ueber die Physiologie der Milz,* 1854. — Schönfeld : *Diss. physiol. de functione lienis,* 1854. — Stinstra : *Commentatio physiol. de liene,* 1854. — Estor et Saint-Pierre : *Expér. propres à faire connaître le moment où fonctionne la rate,* 1855. — H. Gray : *On the structure and the use of the spleen,* 1854. — A. Sasse : *De milt,* etc., 1855. — Eberhard : *Beitr. zur Morphol. und Function der Milz,* 1855. — Hirt : *Ueber das numerische Verhältniss zwischen weissen und rothen Blutkörperchen* (Arch. de Müller, 1856). — Kölliker : *Function der Milz* (Verh. d. phys. med. Ges. in Wurzburg, 1856). — Jaschkowitz : *Beitr. zur exper. Pat. der Milz* (Arch. für pat. Anat., t. XI, 1857). — Fick : *Zur Mechanik der Blutbewegung in der Milz* (Arch. für Anat., 1859). — Draper : *Sur les modifications des globules du sang dans la rate* (Journ. de la physiol., t. I, 1858). — Eggel : *De exstirpatione lienis,* 1859. — Peyrani : *Anat. e fisiologia della milza,* 1860. — Siven : *Om Mjeltens Anatomi och fysiologi,* 1861. — Maggiorani : *Sur les fonctions de la rate* (Comptes rendus, 1861). — M. Schiff : *Ueber die Function der Milz* (Mitth. d. Berner naturf. Ges., 1861). — Philipeaux : *Régénération de la rate* (Comptes rendus, 1861). — Peyrani : *id.* (Gaz. hebd., 1861). — Maggiorani : Comptes rendus, 1864. — Estor et Saint-Pierre : *Expér. propres à faire connaître le moment où fonctionne la* rate (Comptes rendus, 1865 et journal de Robin, 1865). — Philipeaux : *Note sur la régénération de la rate* (Comptes rendus, 1865). — Peyrani : *Sur la non-régénération de la rate* (id., 1866). — Philipeaux : *Expér.*, etc. (id.). — Oehl : *Zur Physiologie der Milz* (Schmidt's Jahrb., 1869). — Mosler : *Ueber die Function der Milz* (Centralbl., 1871). — Id. : *Ueber die Wirkung von Eucalyptus globulus auf die Milz* (Deut. Arch. für klin. Med., 1872). — Id. : *Ueber die Wirkung des kalten Wassers auf die Milz* (Arch. de Virchow, t. LVI, 1872). — Bochefontaine : *Contrib. à l'étude de la physiologie de la rate* (Arch. de physiol., t. V, 1873). — V. Tarchanoff : *Ueber die Innervation der Milz*, etc. (Arch. de Pflüger, t. VIII, 1873). — Bochefontaine : *Note sur quelques expériences relatives à l'influence que la ligature de l'artère splénique exerce sur la rate* (Arch. de physiol., 1874). — Malassez et P. Picard : *Rech. sur les modifications qu'éprouve le sang dans son passage à travers la rate*, etc. (Comptes rendus, 1874). — Nasse : *Ueber Eisengehalt der Milz* (Ges. d. Naturw. zu Marburg, 1873). — P. Picard : *Du fer dans l'organisme* (Comptes rendus, t. LXXIX, 1874). — Drosdow et Botschetschkarow : *Die Contraction der Milz*, etc. (Petersb. med. Anzeig.; dans : Jahresber. für Anat. und Phys., 1875). — Bochefontaine : *Sur la contraction de la rate produite par la faradisation de l'écorce grise du cerveau* (Gaz. méd., 1875). — Tarchanoff et Swaen : *Des globules blancs dans le sang des vaisseaux de la rate* (Arch. de phys., 1875). — Malassez et Picard : *Rech. sur les fonctions de la rate* (Comptes rendus, 1875). — Id. : *id.* (Gaz. méd., 1875). — J. Bulgak : *Ueber die Contractionen und die Innervation der Milz* (Med. Centralbl., 1876). — Malassez et Picard : *Rech. sur les fonctions de la rate* (Comptes rendus, 1876). — P. Picard : *Sur les matières albuminoïdes des organes et de la rate en particulier* (id., 1878). — Picard et Malassez : *De la splénotomie et de l'énervement de la rate* (Soc. de biol., 1878). — Id. : *Des altérations des globules sanguins consécutives à l'extirpation de la rate* (id.). — Pouchet : *Note sur la constitution du sang après l'ablation de la rate* (Gaz. méd., 1878). — P. Picard : *Sur les changements de volume de la rate* (Comptes rendus, 1879). — Id. : *Les fonctions de la rate* (Rev. scientif., 1879). — Masoin : *Production artificielle d'atrophies congénitales de la rate* (Bull. de l'Acad. de Belgique).

Thymus. — J. Simon : *A physiological essay on the thymus gland*, 1845. — H. G. Wright : *On the functions and uses of the thymus gland* (The Lancet, 1850). — Id. : *The use of the thymus gland* (Lond. journ. of med., 1852). — Friedleben : *Die Physiol. der Thymusdrüse*, etc., 1858. — His : *Function der Thymus* (Verhandl. d. Naturforsch. Ges. in Basel, 1860). — Rainey : Saint-Thomas Hosp. Reports, 1876.

Bibliographie générale. — Liégeois : *Anat. et physiol. des glandes vasculaires sanguines*, 1860. — Beaunis : *Anat. générale et physiologie du système lymphatique*, 1863. — Fossion : *Des fonctions de la rate, du corps thyroïde, du thymus et des capsules surrénales* (Bull. de l'Acad. de Belgique, 1866). — Ricou : *Mém. sur l'anat. et la physiologie de la rate et du corps thyroïde* (Mém. de méd. et de chirurgie militaire, 1869).

STATIQUE DE LA NUTRITION

A. — *Bilan des entrées et des sorties.*

On peut, en donnant à un animal une quantité convenable d'aliments, compenser exactement les pertes de l'organisme; il y a alors équilibre parfait entre les entrées et les sorties, entre le gain et la perte. Chez l'homme, ce cas ne peut guère se réaliser expérimentalement, mais on peut très bien le concevoir au point de vue théorique et l'on a pu ainsi, en se basant sur les données physiologiques, établir pour l'organisme humain dans des conditions moyennes le bilan exact de la recette et de la dépense. C'est ce bilan que présentent, pour 24 heures, les deux tableaux suivants empruntés à Vierordt. Le premier tableau donne en grammes le chiffre des différents aliments introduits dans l'organisme et de l'oxygène inspiré. Le second tableau donne les pertes de l'organisme par les poumons, la peau, l'urine et les excréments.

I. — ENTRÉES.

	TOTAL.	CARBONE.	HYDROGÈNE	AZOTE.	OXYGÈNE.
Oxygène inspiré.........................	744,1	»	»	»	741,11
Albuminoïdes............................	120	64,18	8,60	18,88	28,34
Graisses................................	90	70,20	10,26	»	9,54
Amidon.................................	330	146,82	20,33	»	162,85
Eau....................................	2818	»	»	»	»
Sels...................................	32	»	»	»	»
	4134,1	281,20	39,19	18,88	944,84

II. — SORTIES (1).

	TOTAL.	EAU.	CARBONE.	HYDROGÈNE	AZOTE.	OXYGÈNE.	SELS.
Respiration............	1229,9	330	248,8	»	?	651,15	»
Peau.................	669,8	660	2,6	»	»	7,2	»
Urine.................	1766,0	1700	{ 6,8 } { 3,0 }	{ 2,3 } { 1,0 }	15,8 »	{ 9,1 } { 2,0 }	- 26
Fèces................	172,0	128	20,0	3,0	3,0	12,0	6
Eau formée dans l'organisme...........	296,3	»	»	32,89	»	263,41	»
	4134	2818	281,2	39,19	18,8	944,8	32

On voit, d'après le tableau des entrées, que dans l'alimentation les principes azotés sont aux principes non azotés dans le rapport de 1 à 3 1/2.

Ce rapport est en effet à peu près conservé dans les rations alimentaires employées pour les adultes dans les différents pays.

Le second tableau montre que la respiration élimine 32 p. 100, la peau 17 p. 100, l'urine 46,5 p. 100, les fèces 4,5 p. 100 environ de la totalité des produits éliminés.

La part que prennent les différents organes et les différents tissus de l'organisme dans les phénomènes de nutrition n'a pu encore être faite d'une façon satisfaisante, et il a été jusqu'ici impossible de dresser pour chaque organe, comme on l'a fait pour l'organisme entier, le bilan de la recette et de la dépense, autrement dit la statique de la nutrition ; on sait seulement que cette nutrition est plus active dans certains organes que dans d'autres sans qu'on puisse cependant la formuler en chiffres précis.

Il est très rare que l'égalité indiquée plus haut existe entre les entrées et les

(1) Les chiffres supérieurs placés entre accolades sur la ligne de l'Urine correspondent aux éléments des principes azotés, les chiffres inférieurs, aux éléments des principes non azotés. Les 296gr,3 d'eau formés dans l'organisme ont été comptés à part pour faciliter la comparaison de l'eau ingérée avec l'alimentation et de l'eau éliminée.

sorties, de sorte qu'en réalité, même chez l'adulte qui a atteint sa croissance, le corps ne peut se maintenir dans le *statu quo* et subit continuellement des variations, soit en plus, soit en moins, variations qui cependant, dans les conditions normales, ne sont jamais assez considérables pour que son poids augmente ou diminue d'une quantité notable. Les variations de cet équilibre entre les entrées et les sorties peuvent tenir soit aux premières soit aux secondes. Si l'apport alimentaire augmente sans que cette augmentation soit compensée par une élimination correspondante, le poids du corps augmentera et il augmentera proportionnellement à l'excès de la recette sur la dépense. Si au contraire l'élimination s'accroît sans que la dépense soit couverte par une introduction suffisante d'aliments, l'organisme perd de son poids et cette perte est en rapport avec le degré d'écart qui existe entre les sorties et les entrées.

Enfin les variations, soit dans les entrées, soit dans les sorties, peuvent porter non pas seulement sur la totalité des produits qui les composent, mais exclusivement sur quelques-uns de ces produits. Ainsi, par exemple, il pourra y avoir privation totale d'aliments comme dans l'inanition absolue, ou bien on pourra, au lieu de priver un animal de toute alimentation, retrancher seulement dans sa nourriture certains principes, tels que les albuminoïdes, les sels, etc., en y conservant tous les autres ; il se produira dans ce cas des troubles particuliers aussi intéressants à étudier pour le physiologiste que pour le médecin.

Il en sera de même pour les produits d'élimination ; quoique nous ne puissions agir que d'une manière très incomplète sur l'élimination des produits de déchet comparativement avec la facilité que nous avons de varier l'alimentation, nous pouvons cependant, dans de certaines limites, diminuer ou augmenter l'intensité des diverses excrétions et arriver ainsi à des résultats physiologiques importants.

Dans la plupart des cas, on ne retrouve pas dans les excrétions (fœces et urine) l'équivalent de l'azote ingéré ; il y a *déficit d'azote*. Ce déficit d'azote se retrouve dans l'air expiré (voir page 781), la sueur et les produits épidermiques éliminés.

Il peut être important pour l'étude des actes nutritifs dans les différents organes de connaître le poids des organes et des tissus les plus importants du corps ; voici ces poids, en grammes, d'après les recherches de Krause et de E. Bischoff :

	Grammes.		Grammes.
Muscles et tendons..............	35,158	Vessie et pénis...............	190
Squelette frais................	9,753	Pancréas....................	88
Peau et tissu adipeux...........	7,404	Langue avec ses muscles..........	83
Sang........................	5,000	Larynx, trachée et bronches.......	79
Foie........................	1,856	OEsophage...................	51
Cerveau....................	1,430	Parotides	50
Poumons....................	1,200	Moelle épinière...............	36
Intestin grêle................	780	Testicules...................	36
Gros intestin................	480	Glandes sous-maxillaires.........	18
Gros vaisseaux................	361	Prostate....................	18
Reins.......................	292	Yeux.......................	15
Cœur.......................	292	Glande thyroïde..............	15
Troncs nerveux...............	290	Capsules surrénales............	11
Rate.......................	246	Thymus.....................	7
Estomac....................	202	Glandes sublinguales...........	6

Le tableau suivant donne, d'après plusieurs auteurs, les proportions des organes chez un certain nombre d'espèces, proportions rapportées à un kilogramme de poids vif :

	BISCHOFF	P. FALCK.	(1)	A. FALCK.	P. FALCK.	EMANUEL.
	Homme.	Chien.	Chat.	Lapin.	Poulet.	Oie.
Poids total...................	1000	1000	1000	1000	1000	1000
Appareil de mouvement.........	724,5	538,0	612,64	669,23	659,0	546,2
Appareil d'assimilation.........	57,7	138,5	142,57	135,31	86,0	113,8
Téguments....................	88,0	216,0	131 60	121,32	167,0	260,4
Appareil circulatoire...........	74,1	60,0	53,81	41,99	42,5	56,2
Appareil sensoriel..............	31,7	23,4	23,11	14,65	7,0	4,7
Appareil urinaire..............	9,0	8,8	10,08	8,19	6,0	7,1
Appareil respiratoire...........	9,4	12,3	9,43	5,75	6,0	9,6
Appareil sexuel................	2,0	1,3	0,81	2,17	24,5	1,5
Glandes vasculaires sanguines....	3,4	5,0	2,75	0.88	1,0	0,4

Bibliographie. — HILDESHEIM : *Die Normaldiät*, 1856. — VOLZ : *Ueber die Gewichtsverhältnisse des Urins*, etc. (Amt. Ber. üb. die XXXIV Versamml. deut. Naturf. zu Carlsruhe, 1859). — VOLKMANN : *Die Mischungsverhältnisse des menschlichen Körpers* (Naturf. Ges. zu Halle, 1873). — J. FORSTER : *Beitr. zur Ernährungsfrage* (Zeit. für Biol., t. IX). — F. A. FALK : *Unt. über die quantit. Verhältnisse der Organe des Kaninchens und der Katze* (Beitr. zur Phys., t. I, 1875).

B. — *Influence de l'alimentation sur la nutrition.*

1° Inanition.

Dans l'inanition (privation absolue d'aliments), la substance de l'organisme se détruit peu à peu ; la désassimilation continue à se faire dans les
tissus et les organes et, pour réparer ces pertes, ceux-ci ne peuvent s'a-
dresser qu'au milieu intérieur, au sang ; mais le sang cesse bientôt, faute
d'alimentation, de fournir aux tissus les principes nécessaires à leur réparation. Il arrive donc un moment où il n'y a plus que désassimilation sans
assimilation correspondante ; à partir de ce moment, les organes et les tissus perdent de leur poids, seulement cette perte de poids n'est pas la même
pour les divers organes ; elle se fait très rapidement pour ceux dans lesquels la nutrition est très active, beaucoup moins vite pour ceux où la
nutrition est très lente. Cependant, deux autres conditions interviennent
encore : d'une part la nature chimique même du tissu ; d'autre part, la nature des principes réparateurs que le tissu doit prendre dans le sang.
Ainsi la graisse, substance très oxydable, disparaît la première dans l'organisme, d'autant plus que la faible proportion de graisse contenue dans
le sang est loin de suffire à une réparation même incomplète du tissu adi-
peux. Les substances albuminoïdes, au contraire, perdront moins rapidement de leur poids, tant à cause de leur désassimilation plus lente qu'à
cause de la provision d'albumine qu'ils trouvent dans le sérum sanguin. Le
sang sera donc le premier atteint dans l'inanition ; pourtant, à cause de sa
fixité de composition, les proportions de ses divers principes constituants
ne varient pas autant qu'on pourrait le supposer au premier abord. Il di-

(1) Moyennes de C. Schmidt, Voit et Falck.

minue de quantité, se concentre, perd de son albumine, tandis que la quantité relative des globules rouges et de fibrine ne varie pas sensiblement; mais il y a diminution absolue du nombre des globules rouges. Parmi les organes et les tissus, ceux qui sont le siège de la réserve organique (voir page 589) sont atteints d'abord par l'inanition; puis, quand cette réserve a disparu, les autres organes diminuent à leur tour. Les deux tableaux suivants empruntés à Chossat et à Voit, donnent la perte de poids pour cent subie par les différents organes à la fin de l'inanition.

	CHOSSAT.	VOIT.
Graisse	93,3	97,0
Sang	75,0	27,0
Rate	71,4	66,7
Pancréas	64,1	50,0
Foie	52,0	53,7
Cœur	44,8	32,6
Muscles	42,3	30,5
Reins	31,9	25,9
Os	16,7	13,9
Centres nerveux	1,9	9,2

En même temps, les sécrétions diminuent de quantité et deviennent plus concentrées; l'urine est fortement acide, même chez les herbivores, et la proportion de l'urée baisse d'abord vite, puis plus lentement, jusqu'à la mort. Les échanges gazeux respiratoires sont moins intenses, la proportion d'acide carbonique expiré devient plus faible ainsi que l'absorption d'oxygène; seulement, les oxydations dans l'organisme portant alors surtout sur la graisse, une partie de l'oxygène absorbé ne se retrouve pas sous forme d'acide carbonique. Ces troubles de nutrition s'acompagnent de troubles correspondants dans la production de forces vives; la température s'abaisse et cet abaissement serait, d'après Chossat, de 0,3 degrés par jour pour les animaux à sang chaud; l'activité musculaire perd peu à peu de son énergie, et cette faiblesse générale atteint bientôt le cœur et les muscles inspirateurs; les respirations sont plus rares, le pouls faible et moins fréquent. L'innervation, et surtout l'innervation cérébrale, paraît le moins atteinte; c'est du moins, ce qui semble résulter de ce fait que les fonctions intellectuelles s'exercent presque jusqu'à la mort et que le cerveau est de tous les organes celui qui perd le moins de son poids. La mort dans l'inanition arrive au bout d'un temps variable, suivant les espèces animales et les conditions individuelles; chez l'homme, les chiffres donnés sont très différents, et il est difficile de préciser une moyenne : on cite des cas dans lesquels la vie s'est prolongée jusqu'à trois semaines. Chez les oiseaux et les petits mammifères la mort arrive, en général, au bout de neuf jours; elle est plus rapide chez les jeunes animaux, et d'autant plus lente que le corps est plus riche en graisse. Chez les animaux à sang froid, l'inanition peut être supportée beaucoup plus longtemps : ainsi, des grenouilles peuvent vivre plus de neuf mois sans nourriture.

Le tableau suivant, emprunté à Bidder et Schmidt, donne une idée de la façon dont se fait la nutrition chez un animal à jeun (chat) :

	POIDS du corps.	EAU BUE.	QUANTITÉ d'urine.	URÉE.	SUBSTANCES inorganiques de l'urine.	EXCRÉMENTS desséchés.	CARBONE expiré.	EAU de l'urine et des fèces.
1	2464	»	98	7,9	1,3	1,2	13,9	91,4
2	2297	11,5	54	5,3	0,8	1,2	12,9	50,5
3	2210	»	45	4,2	0,7	1,1	13	42,9
4	2172	68,2	45	3,8	0,7	1,1	12.3	43
5	2129	»	55	4,7	0,7	1,7	11,9	54,1
6	2024	»	44	4,3	0,6	0,6	11,6	44,1
7	1946	»	40	3,8	0,5	0,7	11	37,5
8	1873	»	42	3,9	0,6	1,1	10,6	40
9	1782	15,2	42	4	0,5	1,7	10,6	41,4
10	1717	»	35	3,3	0,4	1,3	10,5	34
11	1695	4	32	2,9	0,5	1,1	10,2	30,9
12	1634	22,5	30	2,7	0,4	1,1	10,3	29,6
13	1570	7,1	40	3,4	0,5	0,4	10,1	36,6
14	1518	3	41	3,4	0,5	0,3	9,7	38
15	1434	»	41	2,9	0,4	0,3	9,4	38,4
16	1389	»	48	3	0,4	0,2	8,8	45,5
17	1335	»	28	1,6	0,4	0,3	7,8	26,6
18	1267	»	13	0,7	0,1	0,3	6,1	12,9
	— 1197	131,5	775	65,9	9,8	15,8	190,8	731,4

L'animal, au moment de sa mort, avait perdu 1197 grammes. Dans cette perte les albuminoïdes entraient pour 17,01 p. 100, la graisse pour 11,05 p. 100, l'eau pour 71,91 p. 100.

On peut rapprocher de l'inanition les phénomènes d'hibernation. Pendant l'hibernation, qui peut durer jusqu'à 163 jours, l'animal ne prend aucune nourriture et il est intéressant de rapprocher des chiffres donnés plus haut les chiffres ci-dessous, qui indiquent, d'après Valentin, la perte de poids pour cent subie par les différents organes à la fin de l'hibernation (marmotte).

Graisse............................... 99,31
Glande d'hibernation..................... 68,78
Foie............,................,............... 58,74
Muscles............................... 30,00
Os............................... 11,69

Pour les reins et le cerveau la perte était presque insensible.

Bibliographie. — Chossat : *Rech. expér. sur l'inanition*, 1843. — Schuchardt : *Quædam de effectu quem privatio singularum partium nutrimentum constituentium exercet in organismum ejusque partes*, 1847. — Heumann : *Microscopische Unters. an hungernden und erhungerten Tauben*, 1850. — Bidder et Schmidt : *Die Verdauungssäfte*, 1852. — Enzmann : *Die Ernährung der Organismen im hungernden Zustande*. 1856. — Valentin : *Beitr. zur Kenntniss des Winterschlafes* (Unt. zur Naturl., 1856, 1857, 1858). — Anselmier : *De l'autophagie artificielle* (Comptes rendus, 1859). — C. Voit : *Ueber die Verschiedenheiten der Eiweisszersetzung beim Hungern* (Zeit. für Biol., t. II, 1866). — Manassein : *Zur Lehre von der Inanition* (Centralbl., 1868). — J. Seegen : *Unt. über einige Factoren des Stoffumsatzes während des Hungerns* (Wien. Akad. Ber., 1871). — E. A. Falk : *Welches Gesetz beherrschl* *die Harnstoffausscheidung des auf absolute Carenz gesetzten Hundes*, 1874. — ID. : *Phys. Stud. über die Ausleerungen des auf absolute Carenz gesetzten Hundes* (Beitr. zur Physiol., t. I, 1875). — ID. : *Der inanitielle Stoffwechsel* (Arch. für exp. Pat., t. VII, 1877). — W. ZÜLZER : *Bemerk. über einige Verhältnisse des Stoffwechsels im Fieber und Hungerzustande* (Berl. klin. Wochensch., 1877). — SCHIMANSKI : *Der Inanitions und Fieberstoffwechsel der Hühner* (Zeit. für phys. Chem., t. III).

2° Alimentation insuffisante.

L'alimentation peut être insuffisante de deux façons : ou bien elle peut contenir tous les aliments simples indispensables pour la nutrition de l'individu (eau, sels, albuminoïdes, hydrocarbonés et graisses), mais en quantité trop faible, ou bien l'un ou l'autre de ces aliments simples peut manquer complètement.

Dans le premier cas (*inanition*), les phénomènes se rapprochent beaucoup de ceux de l'inanition proprement dite ; seulement, leur intensité et leur rapidité d'apparition sont en rapport avec la quantité du déficit alimentaire. Cette inanition lente peut même se prolonger presque indéfiniment sans que la mort en soit la terminaison nécessaire, si, comme dans la misère, la proportion d'aliments, insuffisante pour développer dans sa plénitude l'activité vitale, suffit cependant pour entretenir l'existence.

Dans le second cas, quand un des aliments simples mentionnés plus haut vient à manquer complètement, et le cas ne se réalise guère que dans des recherches expérimentales, il survient des phénomènes particuliers qui ont été étudiés par plusieurs physiologistes et surtout par Pettenkofer et Voit, phénomènes qui donnent des indications précieuses sur les actes intimes de la nutrition.

1° *Privation d'eau dans l'alimentation*. — La privation absolue d'eau (boissons et eau des aliments solides) dans l'alimentation d'un animal équivaut bientôt à une inanition complète ; les sécrétions ne tardent pas à s'arrêter, spécialement la sécrétion rénale ; l'élimination par la peau et les poumons paraît aussi diminuer ; enfin la mort arrive avec les accidents qui ont été indiqués page 359.

2° *Privation de sels dans l'alimentation*. — La privation absolue de sels dans l'alimentation amène des troubles profonds dans l'organisme, troubles dont il a été déjà parlé dans le chapitre des aliments (page 360). Quand la suppression, au lieu de porter sur l'ensemble des principes minéraux, porte sur un seul de ces principes (chlorure de sodium, potasse, etc.), les accidents varient suivant le rôle alimentaire de chacun d'eux (voir page 360 et suivantes).

3° *Privation d'albuminoïdes dans l'alimentation*. — Une nourriture composée exclusivement de graisse ou d'hydrocarbonés, à l'exclusion de tout principe azoté, ne peut suffire longtemps pour entretenir l'existence. Le fait le plus important, dans ce cas, c'est la diminution de l'urée, diminution plus marquée encore avec les hydrocarbonés qu'avec la graisse. Cette diminution d'urée tient non seulement à l'absence d'aliments azotés, mais encore à une désassimilation moins active des substances albuminoïdes de l'organisme; en effet la quantité d'urée excrétée est plus faible qu'elle ne le serait dans l'inanition pure et simple; la graisse introduite par l'alimentation a donc détourné à son profit une partie des oxydations internes et épargné d'autant la consommation des principes azotés de l'organisme.

4° *Privation d'aliments non azotés.* — Chez les herbivores et les omnivores, les aliments azotés, ingérés seuls à l'exclusion des hydrocarbonés et des graisses, ne peuvent suffire à l'existence, leurs organes digestifs n'étant pas disposés pour digérer et absorber la quantité d'albuminoïdes nécessaires pour l'entretien de la vie. Mais chez les carnivores il n'en est pas de même, et les albuminoïdes, à eux seuls, peuvent suffire, au moins pendant un certain temps, à condition qu'ils en ingèrent des quantités considérables. Ainsi Pettenkofer et Voit ont pu maintenir un chien de 30 à 35 kilogrammes dans le *statu quo* pendant 49 jours, en lui donnant par jour 1500 grammes de viande (dégraissée).

Dans ces conditions, la quantité d'urée excrétée dépend de l'alimentation, et tout l'azote de la viande ingérée se retrouve sous forme d'urée dans l'urine.

Quand on augmente encore la ration de viande, il arrive un moment où l'animal engraisse; tout l'azote de l'alimentation reparaît bien dans l'urine à l'état d'urée, mais il n'en est pas de même du carbone qui ne se retrouve pas intégralement dans l'urine et dans les produits de l'expiration : une partie du carbone ingéré a donc servi à la formation de la graisse.

Le tableau suivant donne une idée des recherches de Bischoff et Voit sur ce sujet et montre à quelles proportions peut monter, dans ces conditions, la production de l'urée. Les expériences ont été faites sur un chien : les chiffres donnent les quantités en grammes pour vingt-quatre heures :

VIANDE INGÉRÉE.	EAU INGÉRÉE.	QUANTITÉ D'URINE.	QUANTITÉ D'URÉE.	CHANGEMENT de poids du corps.
0	185	194	12 — 15	— 462
176	0	266	26,8	— 405
300	0	318	32,6	— 335
600	0	457	49,0	— 206
900	0	643	67,8	— 126
1,200	0	819	88,6	— 12
1,500	0	996	109,0	»
1,800	198	1,150	106,5	+ 18
2,000	84	1,304	130,7	+ 142
2,200	0	1,411	154,8	+ 122
2,500	270	1,799	172,7	+ 284
2,660	0	1,677	181,4	+ 210
2,900	0	1,540	175,6	+ 440

Parmi les substances albuminoïdes, il en est une, la gélatine, dont la valeur alimentaire a été très controversée. Cependant, il est prouvé aujourd'hui que *donnée seule*, elle ne peut suffire pour entretenir l'existence et ne peut suppléer les autres principes azotés; mais si elle est employée conjointement avec d'autres albuminoïdes, elle permet, tout en diminuant la proportion de ces derniers, d'arriver au même résultat. Ainsi, dans les expériences de C. Voit, un chien qui, avec un régime de 500 grammes de viande et 200 grammes de lard par jour, perdait

136 grammes de son poids, n'en perdait plus que 84 pour un régime composé de 300 grammes de viande, 200 grammes de lard et 100 grammes de gélatine, et n'en perdait plus que 32 si l'on ajoutait 200 grammes de gélatine au lieu de 100.

Bibliographie. — Bouchardat : *De l'alimentation insuffisante*, 1852. — Ph. Schaffer : *De animalium aqua iis adempta nutritione*, 1852. — C. Ph. Falk et Th. Schaffer : *Der Stoffwechsel im Körper durstender, durststillender und verdurstender* (Arch. für phys. Heilk., t. XIII, 1854). — Rummel : *Vers. über den Einfluss vegetabilischer Nahrungsmittel auf den Stoffwechsel* (Verh. d. phys. med. Ges. in Würzb., 1856). — Giebel : *Gewichtsverlust des eigenen Körpers bei verminderter Nahrungszufuhr* (Zeit. für die ges. Naturwiss., t. XXXI, 1868). — J. Forster : *Vers. über die Bedeutung des Aschebestandtheile in der Nahrung* (Zeit. für Biol., t. IX, 1873). — J. Kurtz : *Ueber Entziehung von Alkalien aus dem Thierkörper*, 1874. — Dusart : *De l'inanition minérale* (Gaz. méd., 1874). — North : *An account of two experiments illustrating the effects of starvation*, etc. (The journ. of physiol., t. I).

3° Alimentation mixte.

1° *Albuminoïdes et graisses*. — On a vu plus haut que si on donne à un carnivore une alimentation exclusivement azotée, il en faut une quantité considérable par jour ($1/_{25}$ à $1/_{20}$ du poids de l'animal) pour qu'il se maintienne dans le *statu quo*, et une quantité plus considérable pour qu'il engraisse. Si au contraire on ajoute de la graisse à l'alimentation, les mêmes résultats peuvent être obtenus avec une quantité trois à quatre fois plus petite d'albuminoïdes.

Le tableau suivant donne un résumé des recherches de Voit et Pettenkofer sur cette question. Les expériences ont été faites sur un chien de 30 kilogrammes environ. Les deux premières colonnes donnent les quantités de viande et de graisses ingérées par jour ; la troisième, la quantité d'albuminoïdes (de l'alimentation et de l'organisme) détruite par la désassimilation nutritive ; la quatrième, la quantité d'albuminoïdes gagnée (—) ou perdue (+) par le corps ; la cinquième, la quantité de graisse détruite ; la sixième, la quantité de graisse gagnée (—) ou perdue (+) par l'organisme. Toutes ces quantités sont évaluées en grammes :

I VIANDE ingérée.	II GRAISSE ingérée.	III ALBUMINE détruite.	IV ALBUMINE du corps.	V GRAISSE détruite.	VI GRAISSE du corps.
400	200	449,7	— 49,7	159,4	+ 40,6
500	100	491,2	+ 8,8	66,0	+ 34,0
500	200	517,4	— 17,4	109,2	+ 90,8
800	350	635,0	+ 165,0	135,7	+ 214,3
1,500	30	1,457,2	+ 42,8	.	+ 32,4
1,500	60	1,500,6	— 0,6	20,6	+ 39,4
1,500	100	1,402,2	+ 97,8	8,8	+ 91,1
1,500	150	1,455,1	+ 41,8	14,3	+ 135,7

L'inspection seule de ce tableau montre de suite quelle influence l'addition de graisse à l'alimentation azotée exerce sur la désassimilation des albuminoïdes et de la graisse et sur le gain de l'organisme par rapport à ces deux ordres de substances. Quant à l'interprétation théorique des résultats obtenus, elle est encore trop incertaine pour pouvoir être discutée ici, et je ne puis que renvoyer aux mémoires originaux.

Un fait constant dans l'addition de graisse à l'alimentation azotée, c'est la diminution de l'urée. Cette diminution est très sensible dans le tableau suivant que Vierordt tire des expériences de Bischoff, Voit et Pettenkofer, tableau qu'on peut rapprocher de celui de la page 882. Les quantités sont évaluées en grammes :

VIANDE ingérée.	GRAISSE ingérée.	URÉE en 24 heures.	CHANGEMENTS de poids du corps.
150	250	15,6	— 16
400	200	31,3	»
500	250	31,7	+ 148
800	350	45,1	»
1,000	250	60,7	+ 218
1,500	250	98,3	+ 294
1,800	250	120,7	+ 245
1,800	350	93,0	»
2,000	350	135,7	»

2° *Albuminoïdes et hydrocarbonés.* — L'addition d'hydrocarbonés (amidon, sucre, etc.) à l'alimentation azotée a des effets comparables, sur certains points, à ceux que produit l'addition de la graisse. La désassimilation des substances azotées est enrayée, ainsi que celle de la graisse de l'organisme, et la production de l'urée baisse d'une façon plus marquée qu'avec la graisse.

Le tableau suivant, comparable à celui qui a été dressé pour les albuminoïdes et la graisse, donne les résultats obtenus par Pettenkofer et Voit :

I	II	III	IV	V	VI	VII
VIANDE ingérée.	HYDRO-CARBONÉS ingérés.	ALBUMINE détruite.	ALBUMINE du corps.	GRAISSE détruite.	GRAISSE du corps.	HYDRO-CARBONÉS détruits.
400	250	436	— 36	18	— 8	210
400	250	393	+ 7	25	— 25	227
400	400	413	— 13	»	+ 45	344
500	200	568	— 68	»	+ 25	167
500	200	537	— 37	»	+ 16	182
500	200	530	— 30	»	+ 14	167
800	450	608	+ 182	»	+ 69	379
1,500	200	1,475	+ 25	»	+ 47	172
1,800	450	1,469	+ 331	»	+ 122	379
2,500	0	2,512	+ 12	»	+ 57	0

Bibliographie. — F. Hoppe : *Ueber den Einfluss des Rohrzuckers auf die Verdaung und Ernährung* (Arch. für pat. Anat., t. X, 1856). — M. Pettenkofer et Voit : *Ueber die Producte der Respiration*, etc. (Ann. d. Chem. und Pharm., 1863). — C. Voit : *Die Eiweiss-umsatz bei Ernährung mit reinem Fleisch* (Zeit. für Biol., t. III, 1867). — M. v. Pettenkofer et C. Voit : *Respirationsversuche am Hunde bei Hunger und ausschliesslicher Fettzufuhr* id., t. V, 1869). — C. Voit : *Ueber Eiweissumsatz bei Zufuhr von Eiweiss und Fett*, etc. (id.). — Id. : *Ueber den Einfluss der Kohlenhydrate*, etc. (id.). — E. Bischoff :

Versuche über die Ernährung mit Brod (*id.*). — C. Voit : *Ueber die Unterscheide der animalischen und vegetabilischen Nahrung*, etc. (Münch. Akad. Ber., 1869). — M. v. Pettenkofer et C. Voit : *Ueber die Zersetzungsvorgänge im Thierkörper bei Fütterung mit Fleisch* (Zeit. für Biol., t. VII, 1871). — C. Voit : *Ueber die Bedeutung des Leimes bei der Ernährung* (*id.*, t. VIII, 1872). — M. v. Pettenkofer et C. Voit : *Ueber die Zersetzungsvorgänge im Thierkörper bei Fütterung mit Fleisch und Fett* (*id.*, t. IX, 1873). — Id. : *Ueber die Zersetzungsvorgänge im Thierkörper bei Fütterung mit Fleisch und Kohlehydraten und mit Kohlehydraten allein* (*id.*). — Woroschiloff : *Die Ernährungsfähigkeit der Erbsen und des Fleisches*, etc. (Berl. klin. Woch., 1873). — C. Voit : *Bemerk. über die Bedeutung des leimgebenden Gewebes für die Ernährung* (Zeit. für Biol., t. X, 1874). — C. P. Falk : *Exper. Stud. über den Einfluss des Fleischgenusses auf die Produktion und Elimination des Harnstoffes* (Beitr. zur Physiol., t. I, 1875). — L. Hermann et Th. Escher : *Ueber den Ersatz des Nahrungseiweisses durch Leim und Tyrosin* (Vierteljahrs. d. nat. Ges. zu Zürich, t. XXI, 1876).

4° Alimentation exagérée.

Il y a alimentation exagérée quand la quantité d'aliments introduite dans l'organisme dépasse la quantité nécessaire pour couvrir les pertes de cet organisme. Cet accroissement de l'alimentation peut porter, du reste, soit sur l'ensemble des principes alimentaires, soit sur quelques-uns seulement de ces principes.

Dans l'alimentation en excès, il peut se présenter plusieurs cas :

1° Ou bien l'élimination augmente proportionnellement à la quantité de matériaux ingérés ; l'équilibre subsiste toujours entre les entrées et les sorties, et le corps ne perd ni ne gagne de son poids ; c'est ce qui arrive, par exemple, quand un excès d'alimentation est compensé par un accroissement d'exercice musculaire ;

2° L'accroissement de l'élimination ne compense pas l'accroissement des matériaux de nutrition ingérés ; la désassimilation est inférieure à l'assimilation ; une partie des principes alimentaires est conservée dans l'organisme sans servir à la réparation de matériaux de déchet, et le corps augmente de poids ;

3° Enfin, les aliments ingérés peuvent dépasser la faculté digestive et la puissance d'absorption de l'organisme ; dans ce cas, l'excès d'aliments ingérés se retrouve dans les excréments sans avoir été modifié par la digestion. Il y a, en effet, pour chaque individu, une *limite maximum* de ration alimentaire, limite qu'on ne peut dépasser sans amener des troubles correspondants dans la santé générale, et cette limite maximum varie pour chaque espèce d'aliments simples ; elle est facilement atteinte pour la graisse et les albuminoïdes, plus difficilement pour les sels et pour l'eau.

5° De la nutrition chez les herbivores et chez les carnivores.

Les recherches citées dans les paragraphes précédents et dont les résultats ont été donnés sous forme de tableaux, ont été faites presque toutes sur un carnivore, le chien, et quoique les actes intimes de nutrition soient, au fond, les mêmes chez les herbivores et les carnivores, il y a cependant chez les deux classes une répartition différente des *ingesta* et des *excreta* quoique on puisse aboutir toujours de part et d'autre à l'équilibre entre les entrées et les sorties.

Le tableau suivant donne, d'après Boussingault, la balance des entrées et des sorties pour le cheval dans une période de vingt-quatre heures :

	ENTRÉES	SORTIES		
		Par les fèces.	Par l'urine.	Par la perspiration.
Eau.................	17,364,7	10,745,0	1,018,0	5,611,7
Carbone... ...	3,938,0	1,364,7	108,7	2,465,0
Hydrogène.............	446,5	179,8	11,5	255,0
Oxygène.....	3,209,2	1,328,8	34,1	1,846,1
Azote................	139,4	77,6	37,8	24,0
Cendres...............	672,2	573,6	109,9	— 123

La différence entre les herbivores et les carnivores est surtout bien visible si on examine pour chacun d'eux combien, pour 100 parties d'eau, de carbone, d'hydrogène, etc., introduites, il y en a d'éliminées par les excréments, l'urine et la perspiration. C'est ce que montre le tableau suivant pour un carnivore (chat) et pour un herbivore (cheval) :

ENTRÉES Pour 100 parties.	SORTIES.					
	Par les excréments.		Par l'urine.		Par la perspiration.	
	CHEVAL.	CHAT.	CHEVAL.	CHAT.	CHEVAL.	CHAT.
Eau...........................	61,8 %	1,2 %	5,9 %	82,9 %	32,3 %	15,9 %
Carbone...........	34,6	1,2	2,7	9,5	62,7	89,4
Hydrogène...................	40,3	1,1	2,5	23,2	57,2	75,6
Azote........................	55,7	0,2	27,1	99,1	17,2	0,7
Oxygène.....................	41,4	0,2	1,0	4,1	57,6	95,7
Cendres.....................	85,5	92,9	16,2	7,1	»	»
Soufre.....................		50,0		50,0	»	»

La première conclusion à tirer de ce tableau c'est que, chez les herbivores, comme le montre la colonne des excréments, il n'y a guère que 45 p. 100 des aliments introduits qui soient absorbés, ce qui tient évidemment à la constitution même et à la nature des substances végétales qui entrent dans leur alimentation et qui contiennent toujours une grande proportion de principes réfractaires. Un autre fait, c'est l'importance de l'urine, comme voie d'élimination, chez les carnivores. Si on recherche quelle est la proportion de principes *assimilés* éliminés par l'urine et par la perspiration chez les herbivores et les carnivores, on trouve les chiffres suivants :

PRINCIPES ASSIMILÉS pour 100 parties.	ÉLIMINATION			
	par l'urine.		par la perspiration.	
	CHEVAL.	CHAT.	CHEVAL.	CHAT.
Eau	12,8 %	83,9 %	87,2 %	16,1 %
Carbone	4,3	9,6	95,7	90,4
Hydrogène	4,2	23,4	95,8	76,6
Azote	61,2	99,2	38,8	0,8
Oxygène	1,7	4,2	98,3	95,8

Chez les herbivores, la proportion des substances azotées de l'alimentation par rapport aux substances non azotées est à peu près de 1 à 8 ou 9.

La nutrition chez les *omnivores* sera, *à priori*, intermédiaire entre celle des herbivores et des carnivores, et plus ou moins rapprochée des uns ou des autres, suivant la prédominance des substances végétales ou animales dans l'alimentation.

Bibliographie. — TH. BISCHOFF ET C. VOIT : *Die Gesetze der Ernährung des Fleischfressers*, 1860. — ID. : *Unt. über die Ernährung bei einem Fleischfresser* (Münch. gelehrte Anzeig., 1859). — W. HENNEBERG UND F. STOHMANN : *Beitr. zur Begründung einer rationellen Fütterung der Wiederkäuer*, 1860-1863. — W. HENNEBERG : *Fütterungsversuche mit Ochsen* (Journ. für Landwirthsch., 1859). — STOHMANN : *Ueber die Ernährungsvorgänge des Milch producirenden Thieres* (Journ. für Landwirth., 1868-1869). — ID. : *Ueber einige Vorgänge der Ernährung des Milch producirenden Thieres* (Zeit. des landwirth. Central-Vereines der Prov. Sachsen, 1868-1869). — ID. : *Ueber die Stickstoff-Einnahmen und Ausgaben bei milchgebenden Ziegen* (Centralbl., 1869). — ID. : *Ueber die Ernährungsvorgänge des Milch producirenden Thieres* (Zeit. für Biol., t. VI, 1870). — W. HENNEBERG : *Neue Beitr. zur Begründung einer rationellen Fütterung der Wiederkäuer*, 1870-72. — BUNGE : *Ueber die Bedeutung des Kochsalzes*, etc. (Zeit. für Biol., t. IX, 1873). — E. v. WOLFF : *Resultate von in Hohenheim ausgeführten Fütterungsversuchen* (Ber. d. d. chem. Ges., 1873). — F. STOHMANN : *Biol. Studien*, 1873.

C. — Origine des principes constituants des tissus.

La formation des éléments anatomiques et des tissus est si intimement liée à la connaissance de leur structure qu'elle ne peut trouver place que dans les traités d'histologie proprement dits. Il ne s'agira ici que de la formation des principes immédiats de nos tissus, c'est-à-dire de la façon dont les diverses espèces d'aliments simples que nous ingérons arrivent à être assimilés et à entrer dans la constitution de l'organisme.

Ces principes immédiats de nos tissus peuvent, abstraction faite de l'eau et des principes minéraux, se diviser en trois classes qui correspondent en réalité aux trois groupes principaux d'aliments simples, albuminoïdes, graisses, hydrocarbonés. La question de la formation et de la provenance des hydrocarbonés dans l'organisme ayant été déjà traitée dans le chapitre de la glycogénie, il ne reste donc à étudier que l'origine des albuminoïdes et des graisses.

1° Origine des albuminoïdes de l'organisme.

Les albuminoïdes de l'organisme proviennent exclusivement des aliments azotés; d'après la théorie courante, ces aliments sont transformés en peptones avant d'être assimilés, passent à l'état de peptones dans le sang et s'y transformeraient d'une façon encore inconnue, en albumine du sérum. Une autre théorie, basée sur des expériences récentes, a cependant été formulée par Fick dans ces derniers temps. On a vu plus haut (page 742) que, d'après les recherches de Brücke et de quelques autres physiologistes, une partie de l'albumine de l'alimentation pourrait être absorbée à l'état d'albumine sans passer par la transformation en peptones. D'après Fick, c'est l'albumine ainsi absorbée directement qui servirait seule à la réparation des tissus et à la formation des substances albuminoïdes de l'organisme. Les peptones, au contraire, une fois arrivées dans le sang, n'entreraient pas dans la constitution des tissus et seraient détruites dans le sang en donnant par leur dédoublement des produits azotés (urée) et des produits non azotés qui sont peut-être les matériaux d'oxydation employés dans les muscles et dans d'autres organes. Si, en effet, on injecte des peptones dans les veines d'un animal, on en retrouve, au bout de quelques heures, tout l'azote dans l'urine, et, suivant Goldstein (mais les expériences sont trop peu nombreuses et peu concluantes), après l'extirpation des reins, avec injection de peptones, l'urée s'accumule dans le sang et le foie, en quantité beaucoup plus forte qu'après l'extirpation simple ou l'extirpation avec injection d'albumine dans les veines. Fick insiste surtout sur une raison théorique qui a une certaine valeur ; après un repas de viande, l'augmentation de la quantité d'urée (10 à 12 fois plus forte qu'avant le repas) ne peut s'expliquer que si on attribue cette production d'urée à une transformation directe des peptones absorbées (1).

C'est l'albumine du sérum sanguin et de la lymphe qui fournit les substances albuminoïdes des tissus, myosine, kératine, élasticine, glutine, etc. ; mais la façon dont s'opère cette transformation nous est complètement inconnue. La chimie physiologique nous apprend qu'on peut passer, par transitions insensibles, de l'albumine soluble à l'albumine solide, et que le degré de résistance et de solidité de la substance paraît tenir, pour une forte part, à la proportion des sels qu'elle contient; elle nous apprend que dans la kératine, l'élasticine, la glutine, les proportions de soufre, de carbone et d'azote, sont différentes de celles qui existent dans les albuminoïdes proprement dits ; mais jusqu'ici elle n'est pas parvenue à reproduire artificiellement, à l'aide de l'albumine du sérum, une seule de ces substances. Rochleder a bien cru obtenir de la chondrine en chauffant de l'albumine à l'abri de l'air avec l'acide chlorhydrique, mais le produit obtenu différait de la chondrine véritable.

Pour la formation de l'hémoglobine voir page 260.

2° Origine de la graisse de l'organisme.

L'origine de la graisse de l'organisme est une des questions les plus controver-

(1) Rudzki avait cru voir que l'albumine pouvait se former aux dépens des produits de décomposition des albuminoïdes et des hydrocarbonés. Oertmann a montré que les résultats de Rudzki tenaient à une erreur d'expérimentation. D'après Escher et Hermann, un mélange de gélatine et de tyrosine pourrait remplacer l'albumine dans l'alimentation (on sait que la gélatine fournit les mêmes produits de décomposition que l'albumine, à l'exception de la tyrosine).

sées de la physiologie de la nutrition, et la part des trois principaux groupes d'aliments simples dans la production de la graisse est loin d'être faite d'une façon précise. Nous allons étudier spécialement à ce point de vue les graisses, les hydrocarbonés et les albuminoïdes.

1° *Graisses.* — La graisse de l'alimentation contribue évidemment à la formation de la graisse des organes et des tissus. Il ne peut y avoir de doute à ce sujet, et même en admettant qu'une partie de cette graisse soit directement oxydée sans entrer dans la constitution des tissus, l'excès de la graisse ingérée s'accumule toujours dans l'organisme. Seulement les formes intermédiaires par lesquelles passent la graisse absorbée en nature et la graisse absorbée à l'état de savons pour aller se déposer dans les éléments anatomiques, nous sont absolument inconnues. Chez les carnivores, la graisse de l'alimentation suffit pour couvrir la graisse de l'organisme ; mais chez les herbivores (et chez les carnivores qui engraissent), il n'en est pas ainsi, et il faut de toute nécessité qu'une partie de la graisse du corps provienne des autres groupes d'aliments simples.

2° *Hydrocarbonés.* — Plusieurs faits parlent en faveur de la production de la graisse aux dépens des hydrocarbonés, théorie soutenue surtout par Liebig. Les carnivores maigres engraissent très vite si on ajoute des hydrocarbonés à leur alimentation ; les abeilles, qui ont une nourriture presque exclusivement sucrée, produisent de la cire, corps très rapproché des corps gras, et on connaît l'action engraissante de la bière, qui est très riche en dextrine. D'après Liebig, une partie des hydrocarbonés de l'alimentation serait oxydée, l'autre partie serait transformée en graisse. Il y a cependant plusieurs objections à faire à cette théorie. D'abord, ni dans l'organisme, ni en dehors de l'organisme, cette transformation directe des hydrocarbonés en graisse n'a pu être obtenue. Ensuite, même au point de vue chimique, quoique les deux groupes de corps aient un certain nombre de produits de décomposition communs, acides acétique, butyrique, carbonique, eau, etc., il est difficile de concevoir comment pourrait se faire cette transformation. D'un autre côté, les hydrocarbonés, pris seuls, diminuent la graisse au lieu de l'augmenter, et si les abeilles, par exemple, produisent de la cire avec une alimentation sucrée, c'est qu'elles ingèrent en même temps des albuminoïdes ; car si ces albuminoïdes viennent à leur manquer, la production de cire s'arrête.

Comment expliquer alors l'influence, incontestable cependant, des hydrocarbonés sur la formation de la graisse ? D'après les recherches modernes, cette influence devrait se comprendre de la façon suivante : Les hydrocarbonés ne contribuent pas *directement* à la formation de la graisse ; leur action n'est qu'indirecte, ils agissent comme aliments très oxydables et protègent ainsi contre l'oxydation la graisse produite par le dédoublement des albuminoïdes. (Voit.)

3° *Albuminoïdes.* — La production de la graisse aux dépens des albuminoïdes, admise par Boussingault, est aujourd'hui généralement acceptée par les physiologistes. Des faits chimiques assez nombreux parlent en faveur de cette hypothèse. Ainsi, dans les cadavres, le *gras de cadavre* ou *adipocire*, constitué essentiellement par de l'acide palmitique, provient évidemment de la décomposition des albuminoïdes des tissus. Blondeau a constaté dans le fromage de Roquefort une formation de graisse aux dépens de la caséine, et Kemmerich a vu la même transformation s'opérer dans le lait sorti de la glande et exposé à l'air. Chez les animaux en lactation, c'est un fait aujourd'hui bien positif que l'alimentation azotée augmente la quantité de graisse du lait, tandis qu'elle diminue par une alimentation grasse ou amylacée. En plaçant des larves de mouches sur des matières protéiques (albumine, sang coagulé) Hofmann a constaté au bout de quelques jours qu'elles contenaient dix fois plus de graisse qu'au moment où il les avait placées sur la substance protéique. Enfin on peut soumettre un animal à un régime tel (viande et graisse) que la graisse formée dans l'organisme ne puisse provenir en totalité de la graisse de l'alimentation. On a voulu encore citer, à l'appui de la transformation des albuminoïdes en graisse, ce fait que des cristallins ou des substances azotées, introduits dans la cavité péritonéale, subissaient la dégénérescence graisseuse ; mais des expériences ultérieures ont montré qu'il y avait là un mécanisme d'un autre genre et que c'était une simple infiltration graisseuse qu'on observait aussi quand on plaçait dans le ventre des fragments de bois poreux ou de moelle de sureau. Quoi qu'il en soit, la formation de graisse aux dépens des albuminoïdes est aujourd'hui parfaitement démontrée, et les faits cités plus haut rendent très probable que cette transformation se produit physiologiquement dans l'organisme. Pettenkofer et Voit ont vu que dans une alimentation de viande tout l'azote reparaît dans les excrétions, tandis qu'il n'en est pas de même du carbone, qui reste en partie dans l'organisme pour entrer probablement dans la constitution de la graisse.

Il y a donc dans la formation de la graisse dédoublement des albuminoïdes en principes gras et principes azotés ; ces derniers seuls étant éliminés au fur et à mesure que ce dédoublement se produit.

Reste une question à résoudre, celle de savoir si ce dédoublement porte sur les albuminoïdes des tissus ou sur ceux de l'alimentation ; mais cette question paraît actuellement insoluble.

D'après tout ce qui précède, la question de l'engraissement doit être envisagée de la façon suivante. Il y a deux sources pour la production de la graisse dans l'organisme : 1° la graisse de l'alimentation ; 2° les substances albuminoïdes de l'alimentation (directement ou indirectement). Cette production de graisse aux dépens des albuminoïdes est sous l'influence immédiate d'une condition nouvelle, des plus importantes au point de vue pratique ; cette graisse ainsi formée est très oxydable et serait détruite, au fur et à mesure de sa formation, par les combustions internes, si une cause puissante n'intervenait pour empêcher cette oxydation. C'est ici que se place le rôle des hydrocarbonés ; ils détournent vers eux l'oxygène et, par leur oxydation, épargnent l'oxydation de la graisse nouvellement formée qui alors s'accumule dans les tissus. Tout ce qui diminue les oxydations internes, défaut d'exercice, certaines affections respiratoires, agira aussi dans le même sens et favorisera la production de la graisse.

Pour *l'influence du système nerveux sur la nutrition*, voir : nerfs trophiques. *L'influence du mouvement musculaire sur la nutrition* a été étudiée pages 447 et suivantes.

Bibliographie. — Boussingault : *Rech. expér. sur le développement de la graisse* (Ann. de chim. et de phys., t. XIV, 1845). — J. Liebig : *Ueber die Fettbildung im Thierorganismus* (Ann. d. Pharm., t. LIV, 1845). — Persoz : *Note sur la formation de la graisse dans les oies* (Comptes rendus, 1845). — G. Ville : *Des aliments hydrocarbonés* (Journ. de méd. de Lyon, 1845). — Juette : *De adipis genesi*, 1850. — Husson : *Unt. über Fettbildung in Proteinstoffen* (Götting. gelehrte Anzeigen, 1853). — C. Voit : *Ueber die Fettbildung im Thierkörper* (Sitzungsber. d. bayer. Akad., 1867). — Radziejewsky : *Exper. Beitr. zur Fettresorption* (Arch. für pat. Anat., t. XLIII, 1868). — G. Kühn : *Ueber die Fettbildung im Thierkörper* (Nobbe's Landwirth. Versuchsstat., 1868). — C. Voit : *Ueber die Fettbildung* (Zeit. für Biol., t. V, 1869). — M. Fleischer : *Ueber Fettbildung im Thierkörper* (Arch. für pat. Anat., t. LI, 1870). — V. Subbotin : *Beitr. zur Physiol. des Fettgewebes* (Zeit. für Biol., t. VI, 1870). — Fr. Hofmann : *Der Uebergang von Nahrungsfett in die Zellen des Thierkörpers* (id., t. VIII, 1872). — Radziejlwski : *Zusatz zu den : Experimentellen Beitr. zur Fettresorption* (Arch. de Virchow, t. LXVI, 1872). — H. Weiske et E. Wildt : *Unt.*

über Fettbildung im Thierkörper (Zeit. für Biol., t. X, 1874). — A. RÖHRIG : *Ueber die Zusammensetzung und das Schicksal der in das Blut eingetretenen Nährfette* (Ber. d. k. sächs. Ges., 1874). — R. RUDZKI : *Die Synthese der Eiweissstoffe im thierischen Organismus* (Saint-Petersb. med. Wochensch., 1876). — J. FORSTER : *Ueber den Ort des Fettausatzes im Thiere bei verschiedener Futterungsweise* (Zeit. für Biol., t. XII, 1876). — R. BÖEHM ET F. A. HOFFMANN : *Ueber den Verbrauch der Kohlehydrate im thierischen Organismus* (Centralbl., 1876).

Bibliographie générale. — BOUSSINGAULT : *Économie rurale*, 1844. — DUMAS ET BOUSSINGAULT : *Essai de statique chimique des êtres organisés*, 1844. — LIEBIG : *Lettres sur la chimie* (trad. franç.), 1847. — J. MULDER : *Die Ernahrung in ihrem Zusammenhang mit der Volksgeist*, 1847. — J. PAGET : *Lectures on nutrition, hypertrophy and atrophy*, 1847. — BOUCHARDAT : *De l'alimentation des habitants des campagnes* (Ann. d'agriculture, 1848). — GLUGE : *Poids et mesures des organes de l'homme* (Acad. des sc. de Bruxelles, 1848). — FRERICHS : *Ueber das Maas des Stoffwechsels*, etc. (Arch. de Müller, 1849). — BARRAL : *Statique chimique des animaux*, 1850. — DE GASPARIN : *Note sur le régime alimentaire des mineurs belges* (Comptes rendus, 1850). — MOLESCHOTT : *Physiologie des Stoffwechsels*, 1851. — LIEBIG : *Nouvelles lettres sur la chimie* (trad. franç.), 1852. — MOLESCHOTT : *Der Kreislauf des Lebens*, 1852. — C. PH. FALCK : *Beitr. zur Kenntniss der Wachstumsgeschichte der Thierkörper* (Arch. für pat. Anat., 1854). — LEHMANN : *Einige Notizen, die Ernährung betreffend* (Arch. von Vogel, t. III, 1856). — LAUN : *Ueber die Grösse des täglichen Gewichtsverlustes des menschlichen Körpers* (Unt. zur Naturl., t. II, 1857). — F. MOSLER : *Unt. über den Einfluss des innerlichen Gebrauchs verschiedener Quantitäten von gewöhnlichen Trinkwasser auf den Stoffwechsel* (Arch. v. Vogel, t. III, 1857). — VOIT : *Phys. chem. Untersuchungen*, 1857. — O. FUNKE : *Beitr. zur Kenntniss der Schweiss-Secretion* (Unt. zur Naturl., 1857). — BOTKIN : *Zur Frage von dem Stoffwechsel der Fette*, etc. (Arch. für pat. Anat., t. XV, 1858). — J. C. LEUCHS : *Die Ernährung*, 1860. — BARTSCH : *Beob. über den Stoffwechsel Neugeborner* (Arch. d. wiss. Heilk., t. V, 1860). — C. SCHMIDT : *Ueber die chemische Constitution und den Bildungsprocess der Lymphe und Chylus*, 1860. — C. VOGT : *Unt. über die Absonderung des Harnstoffs*, etc. (Unt. zur Naturl., 1861). — C. SPECK : *Ermöglicht der Harnstoffgehalt des Harns allein sichere Schlüsse auf die Vorgänge im Stoffwechsel* (Arch. d. Heilk., t. II, 1861). — W. BISCHOFF : *Zur Frage nach den Harnstoffbestimmungen bei Unters. über den Stoffwechsel* (Zeit. für rat. Med., t. XIV, 1861). — O. SCHNEIDER : *Einige Beobacht. über den Stoffwechsel*, etc., 1861. — C. VOIT : *Ueber den Stickstoffkreislauf im thierischen Organismus* (Ann. d. chem. und Pharm., 1862). — WINTERNITZ : *Beob. über die Gesetze der täglichen Harn und Harnstoff-Ausscheidungen*, etc. (Med. Jahrbucher, 1864). — B. LAWES : *On the chemistry of the feeding of animals*, etc. (Dublin quart. journ. of science, 1864). — GROUVEN : *Phys. chem. Futterungsversuche*, etc., 1864. — ROUSSIN : *De l'assimilation des substances isomorphes* (Journ. de pharm. et de chimie, t. XLIII, 1864). — C. VOIT : *Die Gesetze der Zersetzungen der Stickstoffhaltigen Stoffe im Thierkörper* (Zeit. für Biol., t. I, 1865). — ID. : *Unt. über die Ausscheidungswege der stickstoffhaltigen Zersetzungsproducte aus dem thierischen Organismus* (id., t. II, 1866). — SEEGEN : *Ueber die Ausscheidung des Stickstoffs*, etc. (Akad. d. wiss. zu Wien, t. LV, 1867). — C. VOIT : *Ueber die Theorien der Ernährung*, 1868. — SIEWERT : *Ueber den Stickstoffumsatz der im Körper verbrauchten Eiweisskörper* (Zeit. für die ges. Naturwiss., t. XXXI, 1868). — C. VOIT : *Ueber die Ausscheidungswege der stickstoffhaltigen Zersetzungsproducte* (Zeit. für Biol., t. IV, 1868). — G. MEISSNER : *Ueber Ernährung und Stoffwechsel der Hühner* (Zeit. für rat. Med., t. XXXI, 1868). — C. VOIT : *Bemerk. über die sogenannte Luxus-consumption* (Zeit. für Biol., t. IV, 1868). — E. SCHULZE ET M. MARCKER : *Ueber die sensiblen Stickstoffeinnahmen und Ausgaben der volljährigen Schäfes* (Centralbl., 1869, et : Journ. für Landwirth., t. V). — J. SEEGEN : *Zur Frage über die Ausscheidung des Stickstoffs der im Körper zersetzten Albuminate* (Wien. Akad. Ber., 1871). — C. VOIT : *Ueber die Grösse der Eiweisszersetzung nach Blutentziehungen* (Münch. Akad. Ber., 1871). — ID. : *Ueber die Verwerthung gewisser Aschebestandtheile im Thierkörper* (id.). — PARKES : *Further exper. on the effect of diet and exercise on the elimination of nitrogen*, etc. (Proceed. of the roy. Soc., 1871). — HOPPE-SEYLER : *Ueber den Ort der Zersetzung von Eiweiss und anderen Nährstoffen im thierischen Organismus* (Arch. de Pflüger, t. VII, 1873). — PANUM : *Undersögelser*, etc. (Nordiskt med. Arkiv., t. IX, 1874). — S. TSCHIRIEW : *Der tägliche Umsatz der verfütterten und der transfundirten Eiweissstoffe* (Arb. aus d. phys. Anstalt zu Leipzig, 1875). — FORSTER : *Beitr. zur Lehre von der Eiweisszersetzung im Thierkörper* (Zeit. für Biol., t. XI, 1875). — FRANKEL : *Ueber den Einfluss der verminderten Sauerstoffzufuhr zu den Geweben auf den Eiweisszerfall im Thierkörper* (Centralbl., 1875 et : Arch. de Virchow, t. LXVII, 1876). — PFLÜGER : *Ueber Temperatur und Stoffwechsel der Saugethiere* (Arch. de Pflüger, t. XII, 1876). — HOPPE-

Seyler : *Ueber die Stellung der physiologischen Chemie zur Physiologie im Allgemeinen* (Zeit. für phys. Chemie, t. I, 1877). — E. Pflüger : *H. Pr. C. Voit und die Beziehungen der Athembewegungen zu dem Stoffwechsel* (Arch. de Pflüger, t. XIV, 1877). — Id : *Ueber Wärme und Oxydation der lebendige Materie* (id., t. XVIII, 1878). — W. Camerer et O. Hartmann : *Der Stoffwechsel eines Kindes im ersten Lebensjahre* (Zeit. für Biol., t. XIV, 1878). — C. Voit : *Unters. der Kost in einigen offentlichen Anstalten*, 1877. — Ch. Richet : *De la nutrition* (Progrès méd., 1879). — C. Voit : *Ueber die Wirkung der umgebenden Luft auf die Zersetzungen in Organismus der Warmblüter* (Zeit. für Biol., t. XIV).

CHAPITRE II

PHYSIOLOGIE DU MOUVEMENT.

Les organismes vivants sont des producteurs de forces vives. Ces forces vives, comme on l'a vu dans les prolégomènes, ne sont en réalité que des modes divers de mouvement, mouvement qui se dégage tantôt sous forme de travail mécanique extérieur, tantôt sous forme de chaleur ou d'électricité, tantôt enfin sous cette forme plus obscure et plus mystérieuse encore à laquelle on donne habituellement le nom de force nerveuse ou d'innervation.

PRODUCTION DE TRAVAIL MÉCANIQUE.

Le travail mécanique est produit dans l'organisme par les muscles, qui constituent les organes *actifs* du mouvement. Les conditions générales de la contraction musculaire ont déjà été étudiées dans la Physiologie générale ; il ne s'agira donc ici que des muscles considérés comme moteurs mécaniques et des effets qu'ils produisent, comme forces motrices, par leur application aux parties mobiles du corps et en particulier aux diverses pièces du squelette qui constituent les organes *passifs* du mouvement. La mécanique animale n'a pas, en réalité, d'autres lois que la mécanique ordinaire, seulement la complexité des organes actifs ou passifs qui entrent en jeu dans un acte déterminé rend très difficile le calcul des puissances et des résistances, et explique pourquoi, malgré les remarquables travaux des frères Weber, d'Helmholtz, de Marey, de Giraud-Teulon et de quelques autres physiologistes, la théorie mathématique des mouvements dans l'organisme animal reste encore à faire. Ainsi, pour ne citer qu'un exemple, il est bien démontré aujourd'hui que les surfaces articulaires n'appartiennent jamais à des courbures parfaitement déterminées et mathématiquement calculables ; elles ne sont qu'approximativement sphériques, cylindriques, héliçoïdes, etc., et il est par conséquent à peu près impossible de les faire rentrer dans une formule générale.

Les puissances musculaires s'appliquent non seulement sur les leviers solides constitués par les os pour produire les mouvements partiels ou totaux du corps, mais ils s'appliquent encore soit sur des liquides, comme dans la circulation du sang, soit sur des masses gazeuses, comme dans la ventilation pulmonaire, de sorte que la même puissance, la contraction musculaire, détermine des effets très différents suivant la disposition de l'appareil sur lequel la puissance est appliquée.

1° Station et locomotion.

L'organisme humain est composé en grande partie d'organes et de tissus mous, peu résistants, incapables par eux-mêmes de maintenir la forme du corps contre les puissances extérieures et en particulier contre la pesanteur. Cette rigidité, cette persistance de la forme, indispensables aux diverses manifestations de l'activité vitale, le corps les doit aux os dont l'ensemble constitue le squelette. Ces os sont articulés entre eux de façon à permettre des déplacements partiels ou totaux de l'organisme (mouvements partiels des membres, mouvements de locomotion, etc.), sans que la résistance et la solidité du tout soient compromises.

La mécanique du squelette et la mécanique articulaire sont donc essentielles à connaître quand on veut étudier le mécanisme de la station et de la locomotion. Mais la physiologie des os et des articulations est si intimement liée à l'anatomie de ces organes qu'il est impossible de les étudier à part, et cette étude est faite dans les traités d'anatomie auxquels je renvoie, tant pour la physiologie générale des articulations que pour celle des diverses articulations prises en particulier (Voir : Beaunis et Bouchard, *Anatomie*, 1re édition, page 138).

1. — *Mécanique musculaire.*

Quand deux os sont réunis par une articulation et qu'un muscle va de l'un à l'autre, il peut se présenter deux cas : ou bien le muscle est rectiligne ou bien il est réfléchi.

Dans le premier cas, si le muscle est rectiligne, le muscle, en se contractant, tendra à rapprocher ses deux points d'insertion et la résultante du raccourcissement de toutes ses fibres pourra être représentée par une ligne idéale qui figurera graphiquement le muscle lui-même et sa direction. Les os peuvent aussi être représentés par des lignes idéales figurant l'axe de l'os. Le muscle, en se contractant, exerce une traction égale sur ses deux points d'insertion, et tend à les déplacer l'un vers l'autre d'une quantité égale ; mais les obstacles qui s'opposent à ce déplacement peuvent différer à chacun des deux points d'insertion, de façon que l'un d'eux peut se déplacer seulement d'une quantité très faible ou même rester immobile ; de là la distinction des insertions d'un muscle en *insertion fixe* et *insertion mobile* ; mais ces mots n'ont en réalité qu'une valeur toute relative ; l'insertion fixe pourra dans certaines circonstances devenir insertion mobile et *vice versa* ; cependant pour la plupart des muscles, une des insertions joue le plus habituellement le rôle de point fixe, et c'est en général celle qui est la plus rapprochée de l'axe du tronc ou de la racine des membres.

Si le muscle est réfléchi, il pourra arriver deux cas : 1° ou bien le point de réflexion est mobile et les insertions sont fixes; alors ce point de réflexion

se rapprochera d'une droite joignant les deux points d'insertion du muscle; c'est de cette façon qu'agissent les muscles curvilignes à insertion
fixe qui compriment les organes contenus dans une cavité; 2° ou bien le
point de réflexion est fixe; alors chacune des insertions se rapproche du
point de réflexion et nous rentrons dans le cas des muscles à direction
rectiligne; ici du reste, comme ci-dessus, une des insertions du muscle
peut être fixe, et l'autre se rapproche seule du
point de réflexion; dans ce cas, le muscle peut,
au point de vue physiologique, être considéré
comme partant de son point de réflexion.

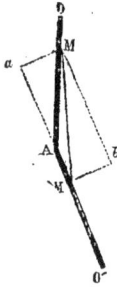

I

Si maintenant nous examinons les différentes positions qu'un muscle en état de contraction peut imprimer à un os mobile par rapport à un os fixe, nous
trouverons les cas suivants (fig. 248):

1° *Le muscle fait avec l'os mobile un angle aigu*, MM'A
(fig. 248, I). Le muscle MM' tire le point mobile M' dans
la direction M'M; il représente une force qu'on peut
décomposer en deux composantes: 1° l'une M'a, parallèle à l'os mobile et se confondant avec son axe, tend à
presser cet os contre l'os fixe dans l'articulation A;
cette partie de la force est donc complètement perdue
pour le mouvement; 2° l'autre composante M'b, perpendiculaire à l'os mobile, entraîne le point mobile M'
dans la direction M'b; celle-là est seule utile. En comparant les deux figures I et I', on voit que plus l'angle
intercepté par les deux os est obtus, plus il y a de force
perdue, et qu'à mesure que cet angle se rapproche d'un
angle droit, la quantité de force utilisée M'b devient plus
grande;

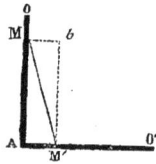

I'

2° *Le muscle fait avec l'os mobile un angle droit* (II).
Dans ce cas toute la force est utilisée, et le point mobile M' est tiré dans la direction même du muscle M'M;
c'est ce qu'on appelle le *moment* d'un muscle.

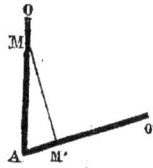

II

3° *Le muscle fait avec l'os mobile un angle obtus* AM'M
(III). Nous retrouvons là encore les deux composantes
comme dans le premier cas: 1° l'une M'a tire le point
mobile M' dans la direction M'a, et tend à écarter l'os
mobile de l'os fixe dans l'articulation A; c'est donc l'inverse de ce que nous avons vu précédemment; mais son
effet est toujours perdu pour le mouvement de l'os;
l'autre composante M'b tire le point M' dans la direction M'b et possède seule un effet utile. On comprend
maintenant l'utilité des saillies articulaires sur lesquelles les tendons se réfléchissent; en augmentant l'angle
d'incidence du muscle sur l'os mobile, elles favorisent
d'autant l'action de la force motrice.

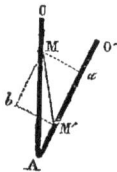

III

Fig. 250. — *Positions d'un os
mobile par rapport à un os
fixe.*

Il est facile de trouver avec cette construction, l'intensité de la force utilisée à
chaque instant de la contraction quand on connaît la force du muscle. Il suffit en-

effet de donner à la ligne MM′ la valeur de la force du muscle et de construire le rectangle des forces comme dans les figures ci-jointes; on aura immédiatement la valeur des deux composantes M′a et M′b en comparant leur longueur à celle de la diagonale du rectangle M′M.

Il est important de remarquer que, suivant qu'un muscle sera au début ou à la fin de sa contraction, il y aura pression des surfaces articulaires les unes contre les autres ou tendance à l'écartement de ces surfaces. Beaucoup de muscles ne passent pas par les trois positions que nous avons étudiées, et cessent d'agir avant d'avoir atteint leur moment, c'est-à-dire le point où leur traction s'exerce perpendiculairement à l'os mobile. Quoi qu'il en soit, tous les mouvements imprimés à un os par la contraction d'un muscle, peuvent être ramenés à un des trois cas précédents.

Nous avons supposé un muscle tendu sur une seule articulation et allant d'un os à l'os contigu; mais il y a des muscles tendus sur plusieurs articulations et dont les contractions peuvent par conséquent s'exercer sur plusieurs os à la fois. Ici le problème est plus complexe; on peut toujours, il est vrai, apprécier l'action d'un muscle sur une articulation donnée, en supposant toutes les autres fixes; mais on n'a pas là ce qui se passe en réalité, et ces mouvements, que nous supposons se faire successivement, se font simultanément et se modifient les uns les autres.

Dans tous ces mouvements, l'os mobile représente un levier dont le point d'appui est à l'articulation avec l'os fixe, la puissance au lieu d'insertion du muscle moteur, la résistance, en un point quelconque variable où vient s'appliquer la résultante des actions de la pesanteur et des obstacles au déplacement de l'os mobile (résistance des antagonistes, tension des parties molles, etc.), et suivant les positions respectives de ces trois points, l'os mobile représentera un levier du premier, du deuxième ou du troisième genre.

Dans le levier du premier genre, le point d'appui se trouve entre la puissance et la résistance. C'est ce qui arrive, par exemple, dans l'équilibre de la tête sur la colonne vertébrale (fig. 249); le point d'appui A correspond à l'articulation occipito-atloïdienne; la résistance R se trouve en avant de l'articulation sur une perpendiculaire abaissée du centre de gravité de la tête qui par son poids tend à s'incliner en avant; la puissance P est en arrière, au point d'insertion des muscles de la nuque. La colonne vertébrale, dans ses différentes pièces, le tronc sur le bassin, la jambe sur le pied, représentent un levier du même genre. Le levier du premier genre peut être appelé le *levier de la station*. Il se présente exceptionnellement, chez l'homme, dans certains mouvements; ainsi dans le mouvement d'extension de l'avant-bras sur le bras, le point d'appui est à l'articulation du coude, la puissance derrière l'articulation à l'insertion

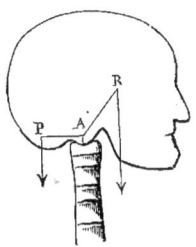

Fig. 251. — *Levier du premier genre (équilibre de la tête sur la colonne vertébrale)*.

du triceps, la résistance (poids de l'avant-bras) en avant de l'articulation.

Dans le levier du second genre, la résistance est entre la puissance et le point d'appui. Dans ce levier, le bras de levier (1) de la puissance est toujours plus long que le bras de levier de la résistance; ce levier est très avantageux au point de vue de la force puisque, les forces étant inversement proportionnelles à leurs bras de le-

(1) On appelle *bras de levier* la distance qui sépare le point d'appui du point d'application de la force (puissance ou résistance).

vier, il suffira d'une force médiocre pour vaincre une résistance considérable; mais il est désavantageux au point de vue de la vitesse, car les vitesses ou les déplacements des points d'application des deux forces sont proportionnelles à leurs bras de levier. Ainsi, si le bras de levier de la puissance = 10 et celui de la résistance = 1, il suffira d'une force égale à 1 kilogramme pour déplacer une résistance de 10 kilogrammes, mais le point d'application de la puissance se déplacera de 10 mètres pendant que celui de la résistance ne se déplacera que de 1 mètre. Le levier du second genre est donc le *levier de la force*. Il ne se présente que rarement dans la machine animale ; cependant on le rencontre quelquefois, par exemple quand on se soulève sur la pointe des pieds (fig. 250); le point d'appui se trouve au point du contact des orteils avec le sol ; la puissance à l'insertion du tendon d'Achille, la résistance est représentée par le poids du corps dont le point d'application se trouve à l'articulation tibio-tarsienne. Le levier du second genre se rencontre dans la plupart des instruments de travail dont l'homme se sert, ainsi dans la brouette, dans le maniement du levier pour soulever une pierre, etc.

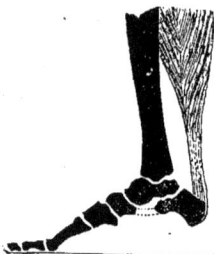

Fig. 252. — *Levier du second genre (soulèvement du talon par le tendon d'Achille).*

Dans le levier du troisième genre, la puissance est entre le point d'appui et la résistance. A l'inverse du précédent, le bras de levier de la résistance est toujours plus considérable que celui de la puissance, et s'il est avantageux au point de vue de la vitesse, il est désavantageux au point de vue de la force. Aussi le levier du troisième genre est-il le *levier de la vitesse*. C'est aussi celui qui est le plus employé dans les mouvements chez l'homme. Ainsi dans la flexion de l'avant-bras sur le bras, le point d'appui est à l'articulation du coude, la puissance à l'insertion des fléchisseurs (biceps et brachial antérieur), la résistance (poids de l'avant-bras) à la partie moyenne de l'avant-bras, et le même genre de levier se retrouve dans la plupart de nos mouvements (fig. 248).

Un muscle n'agit jamais seul, tous les segments osseux dont se compose le squelette ayant une certaine mobilité les uns sur les autres ; pour qu'un muscle déplace par une de ses extrémités un os donné, il faut que l'autre extrémité soit immobile et que par suite l'os qui lui donne attache soit fixé par d'autres muscles, et ainsi de suite, de proche en proche jusqu'aux parties centrales du squelette; pour les mouvements peu énergiques, cette fixation, n'ayant pas besoin d'être absolue, s'opère soit par l'influence mécanique de la pesanteur, soit par des contractions tellement faibles qu'elles passent inaperçues et que tout se fait à notre insu ; mais cette énergie paraît dans toute son intensité quand nous voulons exécuter un mouvement exigeant un très grand déploiement de force musculaire ; alors tous les muscles entrent en contraction, et le squelette forme un tout rigide et inflexible qui donne un point d'appui solide aux muscles spécialement chargés du mouvement à exécuter ; c'est ce qu'on voit, par exemple, dans l'effort.

Les mouvements produits par la contraction musculaire peuvent être envisagés de deux façons différentes : 1° on peut avoir égard aux mouvements d'un os isolé sur un autre os, autrement dit, aux mouvements qui se passent dans une articulation ; 2° on peut avoir égard aux divers mouvements que peut produire un muscle donné, en le supposant agir isolément.

Les mouvements d'un os sur un autre sont en général le fait, non pas d'un seul, mais de plusieurs muscles dits *congénères* ; c'est ainsi qu'on a pu créer des groupes de fléchisseurs, d'extenseurs, etc., qui agissent probablement tous à la fois dans un mouvement.

Les effets produits par la force musculaire sont très variables ; ce seront, tantôt un mouvement imprimé à un corps en repos, tantôt un changement de forme d'un corps, tantôt des transformations ou des annihilations de mouvement, etc. ; mais, quels qu'ils soient, ces effets peuvent toujours se réduire à une *poussée* ou à une *traction* et par suite s'évaluer en poids, ce qui permet leur comparaison avec toutes les autres actions mécaniques. Il sera donc facile de mesurer la force déployée par un muscle ou par un organisme.

Dans bien des cas, cette force peut se mesurer directement à l'aide d'appareils ou *dynamomètres*, dont le plus usité est le dynamomètre de Régnier. Il se compose d'un ressort élastique ovale dont les deux branches se rapprochent par la pression dans le sens de son petit axe ou par la traction dans la direction de son grand axe. Le degré de rapprochement des deux branches du ressort (degré correspondant à la force musculaire déployée) est indiqué par la déviation d'une aiguille sur une échelle divisée et dont les divisions correspondent à des poids déterminés. D'après Quételet, le maximum de pression, pour un homme de moyenne taille, est de 70 kilogrammes ; la force développée par la traction est à peu près du double.

Le travail mécanique de l'homme s'évalue habituellement, comme celui des animaux et des machines, en kilogrammètres. Le kilogrammètre ou unité de travail est la quantité de travail nécessaire pour élever 1 kilogramme à 1 mètre de hauteur dans l'unité de temps (en une seconde). En effet, pour connaître l'effet utile d'un mouvement, il ne suffit pas de connaître le travail produit, mais il faut savoir en combien de temps le travail a été accompli. Or, les observations pratiques ont montré qu'un ouvrier de force ordinaire peut fournir 7 kilogrammètres environ par seconde ; mais comme les muscles ne peuvent se contracter continuellement, et qu'un ouvrier ne peut guère dépasser utilement huit heures de travail par jour, on a pour vingt-quatre heures le chiffre de 2,3 kilogrammètres par seconde.

Le travail produit n'est pas le même pour les différentes espèces animales. Le tableau suivant donne pour l'homme et pour quelques animaux la quantité de kilogrammètres produits en huit heures de travail ; la dernière colonne donne la quantité de travail par kilogramme d'animal et par seconde.

	POIDS MOYEN.	TRAVAIL de 8 heures en kilogrammètres.	TRAVAIL par seconde et par kil. en kilogrammètres.
Homme	70 kilos	316,800	0,157
Bœuf	280 —	1,382,400	0,172
Ane	168 —	864,000	0,178
Mulet	230 —	1,497,600	0,222
Cheval	280 —	2,102,400	0,261

La quantité de travail produite varie naturellement suivant la façon dont la force musculaire est utilisée.

Cette quantité de travail est bien plus considérable, comparativement au poids du corps, chez de petits animaux, ainsi chez les insectes ; Plateau, dans ses curieuses expériences sur ce sujet, a vu que certains insectes peuvent traîner 20 (abeille), 23 (hanneton) et jusqu'à 40 fois leur poids (voir aussi page 462).

2. — *Station.*

On appelle station cet état d'équilibre du corps dans lequel il peut se maintenir un certain temps sans se déplacer. Il y a plusieurs espèces de station, suivant l'attitude prise par l'organisme : station debout, station assise, décubitus ou station couchée, etc., mais, dans toutes, la condition essentielle pour l'équilibre de la station, c'est que la perpendiculaire abaissée du centre de gravité du corps tombe dans la base de sustentation, et le maximum de stabilité est atteint quand cette perpendiculaire rencontre le centre même de la base de sustentation. On sait qu'on appelle base de sustentation le polygone formé par la réunion des points d'appui extrêmes par lesquels le corps touche le sol. J'insisterai surtout ici sur la station droite, la plus importante de toutes, et dont l'analyse suffira pour faire comprendre facilement toutes les autres.

Il y a trois conditions essentielles à considérer dans la station droite : le centre de gravité du corps, la base de sustentation et enfin la façon dont la ligne de gravité est maintenue dans la base de sustentation.

1° *Centre de gravité du corps.* — Le centre de gravité du corps peut être déterminé expérimentalement par les mêmes procédés que pour tous les autres corps solides. Borelli faisait coucher un homme sur une planche placée en équilibre sur un couteau horizontal comme un fléau de balance, de façon que la planche ainsi chargée restât en équilibre ; le centre de gravité se trouvait dans le plan passant par l'arête du couteau ; la situation du centre de gravité dans le plan antéro-postérieur et surtout dans le plan transverso-vertical (frontal) est plus difficile à déterminer expérimentalement : cependant on peut y arriver en partie pratiquement, en partie par des raisons théoriques. Le centre de gravité du corps se trouve au niveau du promontoire (E. Weber), ou, d'après Meyer, dans le canal de la deuxième vertèbre sacrée. Harless le place un peu plus bas ; en représentant par 1,000 la hauteur totale de l'homme, la distance du vertex au centre de gravité serait = 414, celle de ce dernier à la plante des pieds serait = 586. Chez les femmes il est situé un peu plus bas, un peu plus haut au contraire chez l'enfant.

On peut déterminer de la même façon les centres de gravité des différentes parties du corps. Ainsi le centre de gravité du tronc (les jambes enlevées) se trouve sur la ligne qui va de l'appendice xiphoïde à la 8e vertèbre dorsale (la 10e d'après Horner), et dans un plan transversal qui passe un peu en arrière de l'axe des têtes des fémurs.

La position du centre de gravité du corps varie naturellement suivant la position qu'on donne au corps et à ses différentes parties et encore plus suivant les fardeaux dont on le charge et la façon dont ces fardeaux sont portés. De là les attitudes diverses prises dans ces cas suivant le mode de chargement, attitudes qui ont toutes pour but de ramener la ligne de gravité dans la base de sustentation ; de là ces mouvements de compensation si marqués surtout quand la base de sustentation est très étroite, comme dans la station sur un seul pied ou dans les expériences d'équilibre.

2° *Base de sustentation.* — La base de sustentation est constituée dans la station droite ordinaire uniquement par les pieds, et varie de grandeur suivant l'écartement des pieds. Cette base de sustentation s'agrandit singulièrement, et avec elle la stabilité, dans la station assise et surtout dans le décubitus. La diminution de cette base dans la station sur un seul pied ou sur la pointe des pieds, par exemple, s'accompagne au contraire d'une diminution correspondante dans l'équilibre du corps, la moindre oscillation portant la ligne de gravité en dehors de la base de sustentation et rendant la chute imminente.

3° *Maintien de la ligne de gravité dans la base de sustentation.* — Si la contraction musculaire était seule chargée de maintenir la ligne de gravité dans la base de sustentation, la fatigue interviendrait bientôt et la station ne pourrait être maintenue longtemps ; c'est en effet ce qui arrive dans certaines attitudes, comme dans la station accroupie. Pour que la station puisse se prolonger, il faut donc que d'autres conditions interviennent et que l'action musculaire soit réduite au minimum. Ces conditions se rencontrent dans la disposition même des articulations combinées avec l'action de la pesanteur. Toutes les articulations du tronc et des jambes sont maintenues dans l'extension par le poids même des divers segments du corps, de façon que le corps représente un tout rigide en équilibre sur l'astragale et supporté par la voûte plantaire.

Cette rigidité se produit de la façon suivante dans les différentes articulations qui représentent toutes des leviers du premier genre.

La tête est en équilibre sur l'atlas et son centre de gravité tombe un peu en avant de l'axe de rotation de l'articulation occipito-atloïdienne ; ici les muscles de la nuque interviennent, mais l'effort qu'ils ont à faire est très faible à cause de la faible longueur du bras de levier de la résistance (distance de la ligne de gravité à l'articulation).

L'action musculaire intervient aussi dans le maintien de la rectitude du rachis, surtout dans certaines conditions, ainsi quand, après le repas, le poids des viscères tend à l'incliner fortement en avant.

Le centre de gravité du tronc tombe un peu en arrière de l'axe de rotation des fémurs ; mais la chute du corps en arrière est empêchée par la tension du ligament de Bertin et du tenseur du *fascia lata* ; en outre, ce dernier ligament ainsi que le ligament rond et, d'après Duchenne, les petits et moyens fessiers s'opposent à une inclinaison latérale.

Dans l'articulation du genou, le centre de gravité des parties supérieures du corps tombe très peu en arrière de l'axe de rotation, et l'articulation est maintenue dans l'extension par le tenseur du *fascia lata* et sa bandelette aponévrotique et par le triceps fémoral.

Tout le corps, jusqu'à l'articulation tibio-tarsienne, forme ainsi un tout rigide dont la solidité est maintenue pour une grande partie par la tension même des ligaments et pour une faible part par l'action musculaire, et ce tout rigide est en équilibre sur l'astragale ; mais cet équilibre est très instable, car le centre de gravité du système se trouve bien au-dessus du point d'appui, puisqu'il est situé au niveau du promontoire.

Aussi, à cause de la longueur du levier, les plus faibles déplacements dans l'articulation tibio-tarsienne se traduisent-ils à l'extrémité du levier, c'est-à-dire à la tête, par des oscillations d'une amplitude considérable. Ces oscillations peuvent être enregistrées directement si on adapte au sommet de la tête un pinceau vertical qui trace sur un papier tendu horizontalement au-dessus du sujet en expérience les mouvements de va-et-vient ou d'oscillation que le corps exécute pendant la station. Il est facile de mesurer ainsi les déplacements que subit le centre de gravité du corps. Ces oscillations sont dues évidemment à des contractions musculaires inconscientes (et peut-être aussi aux mouvements de la circulation et de la respiration) et surtout aux contractions des muscles de l'articulation tibio-tarsienne. Ce sont en effet ces muscles qui rétablissent à chaque instant l'équilibre et ramènent dans la base de sustentation la ligne de gravité du corps qui tend à s'en écarter, et, malgré la précision des contractions musculaires, il est bien difficile que la contraction ne dépasse pas quelquefois la limite voulue. La sensibilité musculaire ou mieux le sens musculaire joue donc un rôle essentiel dans la station, puisque c'est par lui que nous avons la notion du degré de contraction nécessaire pour rétablir l'équilibre (Voir : *Sens musculaire*).

Mais la sensibilité musculaire n'intervient pas seule dans le maintien de l'équilibre dans la station ; deux autres ordres de sensations interviennent aussi, des sensations tactiles d'une part, des sensations visuelles de l'autre.

L'astragale qui supporte tout le corps repose sur la voûte plantaire et par conséquent sur la peau du talon d'une part et sur celle qui recouvre les têtes des métatarsiens de l'autre. Il y a donc là des sensations de pression qui se produisent à chaque instant et qui se produisent avec une intensité variable, suivant les déplacements du centre de gravité. En effet, si le centre de gravité se déplace en avant, la ligne de gravité tombera sur la tête des métatarsiens, et la sensation de pression sera plus forte à ce niveau qu'au niveau du talon ; les sensations tactiles de la plante du pied peuvent donc nous avertir des déplacements du centre de gravité et exciter par conséquent les mouvements nécessaires pour ramener ce centre de gravité dans la station. Aussi voit-on, quand la sensibilité de la plante du pied est émoussée, par exemple par un bain froid ou à la suite de maladies, les oscillations du corps augmenter d'amplitude, et par conséquent la stabilité de l'ensemble diminuer.

Les sensations visuelles ont un effet analogue ; la fixation des objets qui nous entourent rend la station plus stable et facilite l'équilibre ; les oscillations augmentent d'amplitude dans l'obscurité ou quand on ferme les yeux, et cette amplitude acquiert un degré considérable quand, comme dans certaines maladies, l'ataxie locomotrice par exemple, la sensibilité musculaire est en même temps abolie.

On admet en général deux modes principaux de station droite, la station symétrique et la station insymétrique.

Dans la *station symétrique*, le poids du corps repose également sur les deux jambes, et le centre de gravité du corps se trouve dans un plan antéro-postérieur qui partage le corps en deux moitiés symétriques. Dans ce mode de station, dont on donne habituellement pour type la *position militaire*, l'action musculaire joue un rôle considérable, aussi ne peut-elle être maintenue longtemps sans fatigue.

Dans la *station insymétrique* ou *station hanchée*, le poids du corps repose sur une seule jambe, placée dans l'extension, et le centre de gravité du corps tombe sur l'articulation tibio-tarsienne de ce pied. L'autre jambe un peu fléchie, placée ordinairement en avant de la précédente, n'appuie que très légèrement sur le sol ; elle ne supporte en rien le poids du corps et ne sert qu'à rétablir l'équilibre par des mouvements presque imperceptibles. Ce mode de station est beaucoup plus avantageux que le précédent, puisqu'il exige beaucoup moins d'action musculaire ; aussi les oscillations y sont-elles beaucoup plus faibles que dans la station symétrique. La position hanchée est la position naturelle, celle que nous prenons instinctivement quand la station se prolonge au delà de certaines limites.

Bibliographie. — W. Parow : *Studien über die physikalischen Bedingungen der auf-rechten Stellung*, etc. (Arch. für pat. Anat., t. XXXI, 1864). — H. Meyer : *Die Mechanik des Sitzens*, etc. (Arch. für pat. Anat., t. XVIII, 1867). — Welcker : *Tractus ilio-tibialis fasciæ latæ beim Menschen* (Arch. de Reichert, 1875). — A. Harrison : *Ueber die aufrechte Stellung des Menschen* (Amer. Journ., 1877).

3. — Locomotion. — Marche et course.

Il est absolument impossible, dans un ouvrage élémentaire, d'étudier en détail les mouvements multiples que le corps humain peut exécuter par l'action des muscles sur les diverses pièces du squelette. Les *mouvements partiels* ou *sur place*, quelque compliqués qu'ils soient, peuvent toujours être analysés avec facilité quand on connaît exactement la physiologie des articulations et l'action des muscles ou groupes musculaires qui meuvent une articulation donnée, et les éléments de cette étude se trouvent dans tous les traités d'anatomie. Quant aux *mouvements d'ensemble* ou de *locomo-tion* proprement dits, tels que la marche, la course, le saut, la natation, etc., on se bornera ici à donner une idée générale de la marche et de la course, renvoyant pour le reste aux traités spéciaux de gymnastique médicale.

1° Marche.

Procédés d'exploration. — A. **Procédés des frères Weber.** — La marche s'exé-cutait sur un sol horizontal de 40 mètres de long. La longueur et la durée moyenne du pas s'obtenaient en divisant la longueur du trajet par le nombre de pas et par le temps employé à les parcourir. Le temps de l'*appui* de la jambe était indiqué par une montre à tierces encastrée dans le sol et dont le bouton, saillant au dehors, demeurait abaissé tant que le pied restait en contact avec lui par l'intermédiaire d'une planchette mince. La durée de l'oscillation de la jambe s'obtenait en retranchant la durée de l'appui de la durée d'un pas double. L'inclinaison du tronc se mesurait à l'aide d'une lunette installée à 100 mètres sur le côté de la carrière parcourue, lunette dont l'oculaire mobile contenait un fil qu'on pouvait faire coïncider avec l'image d'une ligne tracée à l'avance sur le tronc. Enfin l'amplitude des oscillations verticales du tronc était mesurée en observant un point du tronc au moyen d'une lunette horizontale munie d'un micromètre.

B. **Procédés de Marey.** — Marey a imaginé plusieurs appareils pour enregistrer direc-tement ces mouvements. Les principaux appareils de Marey sont les suivants : 1° une *chaussure ex-ploratrice* (fig. 253) destinée à enregistrer la pres-sion du pied sur le sol ; l'intérieur de la semelle contient une chambre à air qui communique avec un tambour à levier ; à chaque pression du pied sur le sol, l'air est comprimé dans cette chambre à air et cette pression, transmise à l'air du tambour, soulève le levier inscripteur ; on peut aussi dis-poser dans la semelle deux chambres à air corres-pondant, l'une au talon, l'autre à la partie anté-rieure du pied de façon à enregistrer séparément les appuis du talon et de la pointe (voir fig. 258) ;

Fig. 253. — *Chaussure exploratrice des appuis du pied sur le sol.*

2° un *appareil explorateur des oscillations verti-cales* (fig. 254) ; il est formé par un tambour à le-vier placé sur une planchette qu'on assujettit au-dessus de la tête du sujet en expérience ; le levier du tambour est chargé d'une masse de plomb qui agit par son inertie ; quand le corps s'élève en oscillant verticalement, la masse de plomb résiste et force la membrane du tambour à s'abaisser, la pression se transmet au levier du tambour qui s'élève ; le contraire arrive quand le corps descend ; 3° un *cylindre enregistreur portatif* avec deux tambours qui communiquent chacun avec un des appareils précédents ; le sujet en expérience (fig. 255) porte ces différents appareils et peut ainsi enregistrer les mouvements de la marche, de la course, du saut, etc., à différentes vitesses et dans toutes les conditions possibles. Les tracés des figures 259 et 261, empruntés à Marey, ont été pris avec ces appareils. — Carlet dans ses expériences sur la marche a employé, outre ces appareils, un *appareil explorateur des mouvements oscillatoires du tronc*, et un *appareil explorateur des mouvements d'inclinaison*

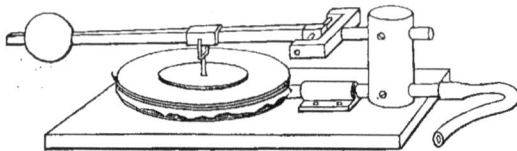

Fig. 254. — *Explorateur des réactions dans la marche et la course.*

du tronc pour la description desquels je renvoie au mémoire original. La marche se faisait sur un chemin circulaire d'une circonférence de 20 mètres environ et parfaitement horizontal. L'appareil enregistreur se composait d'un cylindre vertical fixé sur l'axe du manège, et de tambours à levier communiquant par des tubes en

caoutchouc avec les divers appareils explorateurs. — Pour inscrire les mouvements de la marche pendant un temps très long et sur un espace de longueur considérable, Marey a imaginé un instrument particulier, l'*odographe* (fig. 256). L'odographe se compose d'un cylindre vertical tournant d'une manière uniforme sous l'action de rouages d'horlogerie placés dans son intérieur. Le cylindre est recouvert d'un papier gradué millimétriquement, et sa vitesse est calculée de façon que chaque millimètre corresponde à une minute par exemple. Parallèlement à l'axe du cylindre se meut, de bas en haut, un style inscripteur actionné par une vis qui se trouve dans la colonne creuse qui répond au style inscripteur ; cette vis est mise elle-même en mouvement par les mouvements alternatifs de va-et-vient de la membrane d'un tambour analogue aux tambours à levier et communiquant avec la chambre à air de la chaussure exploratrice ; à chaque tour de vis, le style s'élève de 1/2 millimètre. Une disposition particulière fait que le style, une fois arrivé au sommet de la colonne, retombe au bas de celle-ci et recommence une ascension nouvelle ; on peut ainsi écrire pendant plusieurs tours du cylindre sans que les tracés se confondent (Voir pour les détails : Marey, *Méthode graphique*, pages 183 et 490). L'odographe a été appliqué à l'inscription de mouvements divers (marche des voitures, des trains de chemin de fer, de moteurs quelconques, etc.) et les courbes fournies par l'instrument donnent les notions les plus précises sur les espaces parcourus,

Fig. 255. — *Coureur muni de chaussures exploratrices et portant l'appareil inscripteur du rythme de son allure* (Marey).

les vitesses absolues et relatives, les accélérations et les ralentissements, les arrêts de mouvement, etc.

C. Procédés de H. Vierordt. — La marche s'effectue sur des bandes de papier posées sur le sol ; une ligne tracée d'avance sur le papier indique la direction de la marche. La chaussure contient pour chaque pied trois chambres remplies d'un liquide coloré, différent pour le pied gauche et pour le pied droit, et correspondant l'une au talon, les deux autres à la partie antérieure du pied; chaque appui du pied sur le sol laisse donc sur le papier une triple empreinte (*Procédé des empreintes*); ces empreintes font connaître: la longueur du pas, la position de chaque pied, l'angle que fait l'axe de chaque pied avec la ligne de direction de la marche, l'écartement des pieds. Pour étudier les soulèvements et les abaissements des diverses parties du corps, des feuilles de papier verticales sont tendues latéralement le long du champ de marche, et des tubes horizontaux placés à différentes hauteurs (calcanéum, trochanter, etc.) injectent sur ces feuilles des liquides colorés (*Procédé des injections*).

La marche se distingue de la course parce que le corps ne quitte jamais le sol. Chaque jambe porte alternativement le poids du corps et le pousse en avant de façon à déterminer le mouvement de progression en faisant changer à chaque instant la base de sustentation.

Si (fig. 257) nous décomposons les forces qui entrent en action dans la marche, G représentant le centre de gravité du corps, nous voyons que deux forces agissent sur ce centre de gravité, G :

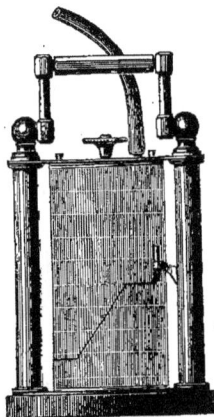

Fig. 256. — *Odographe.*

1° l'une, représentée par la jambe JG, fait équilibre à la pesanteur ; 2° l'autre, produite par l'extension de la jambe J'G, pousse le centre de gravité dans la direction GF, et peut se décomposer en deux composantes, l'une verticale, GV, qui tend à porter en haut le centre de gravité ; c'est à elle qu'est due la légère oscillation verticale constatée dans la marche ; l'autre horizontale, GH, qui détermine la progression. Les deux jambes représentent alors un triangle dont l'hypoténuse J'G est constituée par la jambe postérieure étendue, la perpendiculaire JG ou le grand côté, par la jambe qui supporte le poids du corps ; le petit côté J'J représente la longueur d'un pas. Cependant Marey considère cette longueur comme un demi-pas seulement et donne le nom de *pas* à la *série de mouvements qui s'exécutent entre deux positions semblables d'un même pied*.

J'étudierai successivement les mouvements du pied dans la marche, le pas, les mouvements des membres inférieurs, les mouvements du tronc, les mouvements des membres.

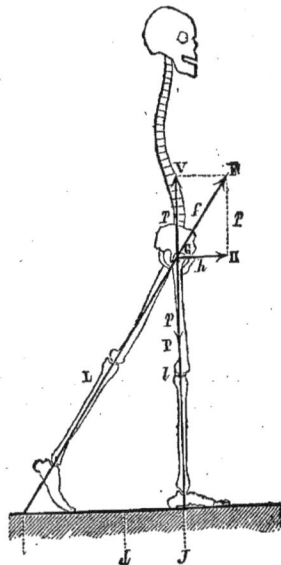

Fig. 257. — *Forces qui entrent en jeu dans la marche.*

A. **Mouvements du pied dans la marche.** — Dans la marche naturelle le pied commence à se poser sur le sol par le talon, puis il continue son mouvement en s'appliquant par toute la plante et se déroule en s'appuyant fortement sur la partie antérieure pour se détacher enfin par la pointe. Le temps pendant lequel le pied appuie sur le sol, depuis son poser jusqu'à son lever, constitue un *temps d'appui* ou une *foulée*.

La figure 258, empruntée à Carlet, permet d'analyser facilement les mouvements des pieds pendant la marche. P.*d* représente le tracé du pied droit, P.*g* celui du pied gauche, le sens de la marche étant indiqué par la direction de la flèche. Pour chaque tracé, le soulèvement de la courbe correspond à l'appui du

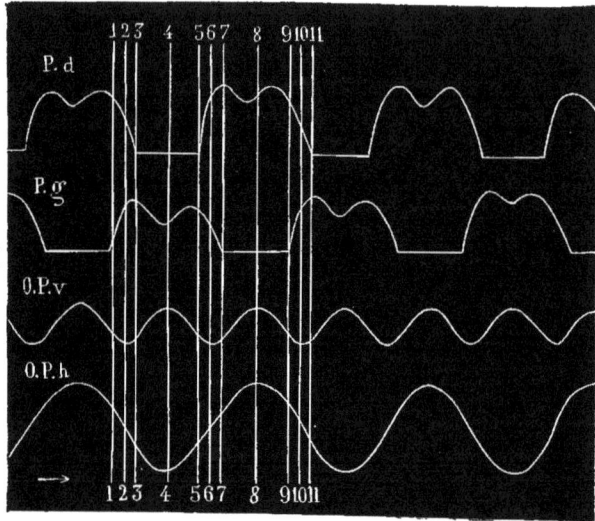

Fig. 258. — *Graphique représentant les mouvements des deux pieds et les mouvements oscillatoires du pubis pendant la marche.*

pied sur le sol, et ce soulèvement comprend lui-même deux saillies dont la première correspond à l'appui du talon, la deuxième à l'appui de la pointe. Le trait horizontal qui sépare les soulèvements répond au temps pendant lequel le pied ne touche pas le sol et oscille. Si on examine ces tracés, on voit que, au moment où le talon gauche se pose sur le sol (ligne 1), la pointe du pied droit y est encore ; pendant tout ce temps (1 à 3), le corps repose sur les deux jambes (*temps de double appui*). Alors le pied droit quitte le sol et oscille (3 à 5), tandis que le pied gauche est à l'appui complet (*temps d'appui unilatéral*). Après avoir achevé son oscillation, le pied droit se pose sur le sol par le talon (ligne 5) tandis que la pointe du pied gauche y est encore ; le corps repose de nouveau sur les deux jambes (*temps de double appui* 5 à 7) et ainsi de suite ; seulement les mouvements des deux pieds alternent successivement ; on peut exprimer littéralement ces mouvements de la façon suivante :

	DOUBLE PAS				
	PAS		PAS		
	Temps de double appui.	Temps d'appui unilatéral.	Temps de double appui.	Temps d'appui unilatéral.	Temps de double appui.
	1°	2°	3°	4°	1°
Pied droit.... Pied gauche..	Appui de la pointe. Appui du talon.	Lever Appui.	Appui du talon. Appui de la pointe.	Appui. Lever.	Appui de la pointe. Appui du talon.

On voit facilement sur la figure 258 que, dans la marche, le temps de l'oscillation d'un pied, 3 à 5, est toujours plus court que le temps d'appui du pied opposé 1 à 7. Carlet a constaté aussi dans ses expériences que la pression du pied sur le sol est plus forte pendant la progression que pendant la station, que cette pression augmente avec la grandeur des pas, et que cette augmentation de pression ne dépasse pas un poids de 20 kilogrammes.

B. Du pas. — Le *double pas* de Marey comprend, comme il a été dit plus haut, la série de mouvements qui s'exécutent entre deux positions semblables d'un même pied, comme on le voit par le tableau ci-dessus. Le *pas ordinaire* comprend le temps du double appui, plus le temps de l'oscillation de la jambe (1 à 5, fig. 258). Il y a deux choses principales à considérer dans le pas, sa longueur et sa durée.

1° *Longueur du pas.* — Dans le triangle rectangle JGJ' (fig. 257), où J'J représente la longueur du pas, J'J sera d'autant plus considérable que JG sera plus court et l'hypoténuse J'G plus longue. La longueur du pas sera donc plus grande si : 1° la jambe portante JG se fléchit pour abaisser le point G ; aussi le tronc est-il d'autant plus bas qu'on marche plus vite, et si : 2° la jambe étendue J'G est plus longue ; les personnes à longues jambes

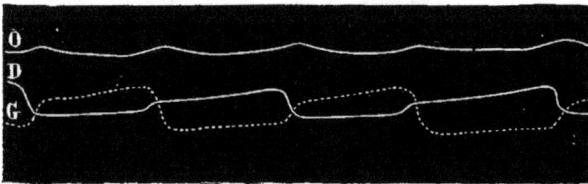

Fig. 259. — *Graphique de la marche rapide* (Marey) (*).

et à grand pied font de plus grandes enjambées. Carlet a constaté que, à mesure que la longueur des pas augmente, les appuis de la pointe accusent

(*) D, mouvements du pied droit. — G, mouvements du pied gauche. — O, oscillations verticales. L'ascension des courbes D et G correspond au moment où les pieds appuient sur le sol, la descente des courbes au moment où les pieds sont détachés du sol.

une augmentation de pression, tandis que les appuis du talon restent sensiblement les mêmes. Cela tient à ce que le tronc, s'abaissant de plus en plus au moment où la pointe seule du pied touche le sol, nécessite une augmentation de pression de la partie antérieure du pied qui doit soulever le tronc.

2° *Durée ou nombre des pas.* — La durée du pas diminue, comme l'ont montré les frères Weber, à mesure que la longueur du pas augmente. C'est cette durée qui détermine la rapidité de la marche. Comme on l'a vu plus haut, la durée d'un pas égale le temps de double appui, plus le temps d'appui unilatéral ; plus la marche est rapide, plus le temps de double appui diminue (fig. 259). Dans la marche très rapide même, d'après le Weber, ce temps pourrait être réduit à zéro et la jambe se détacherait du sol dès que l'autre commence à s'y poser. Cependant Carlet n'a pu constater ce résultat et a vu au contraire que, même dans la marche la plus rapide, le temps de double appui n'était jamais nul.

Le tableau suivant donne, d'après Weber, les rapports entre la durée et la longueur du pas et la vitesse de la marche :

DURÉE du pas en secondes.	LONGUEUR du pas en millimètres.	VITESSE de la marche par seconde en millimètres.
0,335	851	2,397
0,417	804	1,928
0,480	790	1,646
0,562	724	1,288
0,604	668	1,106
0,668	629	942
0,846	530	627
0,966	448	464
1,050	398	379

La figure suivante, empruntée à Marey, montre bien les mouvements des pieds

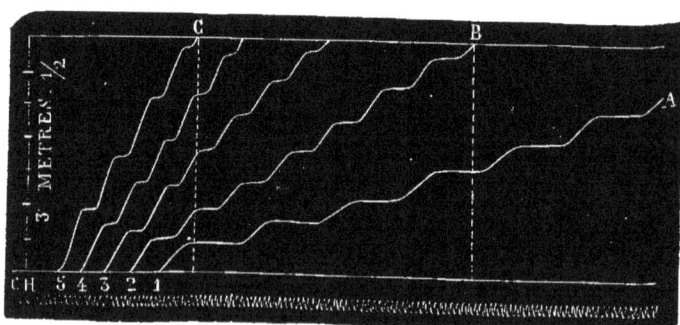

Fig. 260. — *Mouvements d'un des pieds à différentes allures* (Marey).

aux différentes allures. A correspond à la marche la plus lente, B à la marche ordinaire, C à la course rapide. L'espace total parcouru était de 3 mètres et demi ; les vibrations d'un diapason de 10 vibrations doubles par seconde (bas de la figure) indiquent les durées ; les lignes horizontales du tracé correspondent aux appuis du pied sur le sol et à son immobilité, les lignes obliques à l'oscillation du pied. Les longueurs du pas se mesurent par la projection de ces lignes obliques sur les ordonnées, la durée du pas par la projection des deux lignes, horizontale et oblique, sur la ligne des abscisses (vibrations du diapason). On voit facilement comment la longueur du pas augmente avec la vitesse de l'allure.

C. **Mouvements des membres inférieurs.** — Au début du pas, l'une des jambes, *jambe portante* ou *active*, est située au-dessous du centre de gravité du corps, l'autre, *jambe oscillante*, est placée plus en arrière, comme dans la figure 257. A partir de cette position, chacune des deux jambes prend les positions suivantes pendant la durée d'un pas.

Au moment où le pied se pose sur le sol, la jambe (*jambe portante*) est étendue ou très légèrement fléchie. D'après Carlet, immédiatement après le poser, la jambe se fléchit dans l'articulation du genou, mais elle s'étend presque aussitôt, et son extension est complète au moment où le talon quitte le sol. Il se produit ainsi un allongement du membre qui peut aller jusqu'au septième de sa longueur et qui pousse le tronc en haut et en avant. Quand l'extension de la jambe est arrivée à son maximum, le pied quitte le sol par la flexion du genou, le pied et les orteils restant étendus, et la jambe passe à l'état de *jambe oscillante*.

La *jambe oscillante*, une fois détachée du sol, oscille d'arrière en avant en même temps qu'elle est portée et entraînée en avant par le mouvement du tronc.

D'après les frères Weber, la jambe oscillerait comme un pendule composé, et d'après des lois purement physiques ; la durée des oscillations dépendrait uniquement de la longueur de la jambe, et l'isochronisme des oscillations assurerait la régularité de la marche. Cependant les recherches de Duchenne, Marey, Carlet, ont démontré que l'intervention musculaire est incontestable et qu'il est impossible de la nier, par exemple pour le psoas iliaque et le tenseur du *fascia lata* (flexion de la cuisse), le couturier (flexion de la jambe), etc. L'examen de la figure 260 montre bien du reste que le mouvement de la jambe ne ressemble pas à l'oscillation d'un pendule, car ce mouvement se traduit par une ligne droite et est donc uniforme dans toute sa durée. Mais les forces physiques n'en jouent pas moins un rôle essentiel dans la marche, et épargnent d'autant l'action musculaire ; ainsi la pression atmosphérique, qui maintient au contact les surfaces articulaires coxo-fémorales, fait à peu près équilibre au poids de la jambe (Weber).

Le moment où la jambe oscillante se pose sur le sol varie dans les divers modes de marche lente ou rapide ; mais, dans la marche ordinaire, la jambe termine son oscillation et se pose sur le sol un peu après qu'elle a dépassé la verticale du centre de gravité.

Pendant ces mouvements des jambes, le grand trochanter (représentant l'extrémité supérieure) du membre inférieur exécute des oscillations dans le sens horizontal et dans le sens vertical. *Horizontalement*, le grand trochanter gauche se porte à gauche au moment où le pied gauche appuie sur le sol, à droite au moment où la jambe gauche oscille ; en outre, au milieu de la période d'appui unilatéral, les deux trochanters se trouvent dans un même plan vertical perpendiculaire au chemin ; à tout autre instant de la marche, cette condition cesse d'avoir lieu et le trochanter de la jambe postérieure se trouve situé derrière celui de la jambe antérieure. *Verticalement*, le grand trochanter gauche par exemple s'élève et atteint son maximum d'ascension au moment où la jambe gauche oscille, s'abaisse légèrement au moment où le pied gauche se pose sur le sol, se relève un peu au milieu de la période d'appui unilatéral et redescend ensuite pour atteindre son minimum de hauteur au moment du double appui et avant que la jambe gauche se détache du sol. Les minima d'élévation correspondent donc toujours au moment du double appui. On voit donc que les deux trochanters sont soumis à un double mouvement de bascule par lequel l'un s'élève ou s'abaisse par rapport à l'autre, en même temps qu'il s'approche ou s'éloigne de lui. A mesure que la grandeur des pas augmente, les oscillations verticales du grand trochanter augmentent aussi, mais, contrairement à l'opinion de Weber, uniquement parce que le niveau des minima s'abaisse graduellement, les maxima restant tous situés à la même hauteur (Carlet). L'amplitude des oscillations verticales du trochanter est d'environ 69 millimètres.

D. Mouvements du tronc. — Le tronc exécute dans la marche quatre sortes de mouvements, des mouvements d'oscillation, des mouvements d'inclinaison, des mouvements de rotation, des mouvements de torsion.

1° *Mouvements d'oscillation du tronc.* — Carlet a étudié ces mouvements en prenant la symphyse du pubis comme point d'exploration. Le pubis, outre le mouvement en avant dans la direction du chemin parcouru, exécute des oscillations dans le sens horizontal de droite.à gauche, et *vice versâ*, et des oscillations dans le sens vertical. *Horizontalement* (fig. 258, O. P. *h.*), le tronc (ou le pubis) est à son maximum d'écart à gauche (ligne 4) quand le pied gauche est au milieu de sa période d'appui, et à son maximum d'écart à droite (ligne 8) quand le pied droit est au milieu de sa période d'appui ; dans la marche naturelle, l'écart transversal des pieds restant le même, l'amplitude des oscillations horizontales du pubis est sensiblement constante quand la grandeur des pas augmente (1). *Verticalement* (fig. 258, O. P. *v.*), le pubis descend au début de la période de double appui (lignes 1, 5, 9), et pendant la seconde moitié de l'appui unilatéral (lignes 4 à 5 et 8 à 9) ; il s'élève à la fin de la période de double appui (lignes 3, 7, 11), et pendant la première moitié de l'appui unilatéral (3 à 4, 7 à 8) ; autrement dit, le maximum d'élévation du pubis a lieu quand un des pieds est au milieu de la période d'appui, et l'autre au milieu de son oscillation ; son minimum d'élévation a lieu quand les deux pieds sont au milieu de leur période de double appui. Si l'on dresse, avec Carlet, la courbe des mouvements du pubis (2), on peut dire que, dans l'espace de deux appuis consécutifs, il décrit une M ronde majuscule, considérablement surbaissée, dans le plan vertical, et une S italique couchée, considérable-

(1) D'après Carlet, la courbe des oscillations horizontales du pubis est une sinusoïde considérablement surbaissée.
(2) Si l'on construit la trajectoire du pubis dans l'espace, on voit qu'on peut la regarder comme étant inscrite dans un demi-cylindre creux au fond duquel se trouvent les minima et sur les bords duquel viennent se terminer tangentiellement les maxima (Carlet, *Mém. cité*, p. 62).

ment allongée, dans le plan horizontal. L'amplitude des oscillations verticales du pubis est d'environ 37 millimètres au moment où le pubis atteint le maximum de son oscillation verticale (moment où le talon quitte le sol), il s'élève d'environ 10 millimètres au-dessus de la position qu'il occupe dans la station.

2° *Mouvements d'inclinaison du tronc.* — A chaque pas, le tronc s'incline alternativement du côté du membre à l'appui, et cette inclinaison latérale arrive à son maximum au moment où l'oscillation verticale du tronc atteint son maximum du même côté. En même temps le tronc s'incline en avant en faisant avec la verticale un angle qui ne dépasse pas 10 degrés. Cette inclinaison augmente avec la grandeur du pas.

3° *Mouvements de rotation du tronc.* — Quand les bras sont fixés au tronc, l'un des côtés du bassin et l'épaule correspondante sont animés de mouvements de rotation dans le même sens. Ces mouvements de rotation du tronc correspondent aux oscillations horizontales du grand trochanter (voir page 907). L'allure de l'homme rappelle dans ce cas l'amble des quadrupèdes.

4° *Mouvements de torsion du tronc.* — Quand les bras sont libres, l'un des côtés du bassin et l'épaule correspondante sont animés de mouvements de rotation en sens contraire ; les bras oscillent en sens inverse des jambes, ce sont les mouvements de torsion du tronc. Dans ce cas, l'allure de l'homme rappelle la marche ordinaire des quadrupèdes. Les muscles spinaux des lombes jouent un rôle considérable dans les mouvements du tronc.

5° *Mouvements des membres supérieurs.* — Ces mouvements, comme il vient d'être dit, n'ont lieu que quand les bras sont libres et consistent en des oscillations qui se font en sens inverse des oscillations des jambes. Cette oscillation du bras n'est pas, comme l'a démontré Duchenne, une simple oscillation pendulaire et est sous la dépendance de l'action musculaire (deltoïde) (1).

2° Course.

Tandis que dans la marche, même la plus rapide, il y a un temps pendant lequel les deux pieds touchent le sol (temps de double appui), dans la course il y a un temps pendant lequel les deux jambes sont détachées du sol et le tronc suspendu en l'air. Les principaux points par lesquels le mécanisme de la course diffère de celui de la marche sont les suivants.

Le mouvement d'extension de la jambe est beaucoup plus fort que dans la marche, de sorte que le tronc se trouve projeté en avant et détaché du sol ; les deux jambes, devenues libres, suivent le mouvement de translation du corps en avant et oscillent en même temps d'arrière en avant; pendant ce temps de suspension, la jambe qui a donné l'impulsion est située un peu en arrière de l'autre et, quand celle-ci se pose sur le sol pour projeter à son tour le tronc en avant et, en haut, la première continue son mouvement d'oscillation.

Le corps exécute aussi pendant la course des oscillations verticales qui,

(1) Le travail accompli dans la marche a été évalué en kilogrammètres par Hildebrand. Il a trouvé 7,215 kilogrammètres pour un pas de 80 centim. de longueur (homme de 76 kilos et de 88 cent. de longueur de jambe) et 4^k,333 pour un pas de 48 centim. de long, ce qui donne dans le premier cas (2 pas par seconde) 51,948 kilogrammètres par heure, et dans le second cas (un pas par seconde) 15,588 kilogrammètres; le travail ordinaire d'un ouvrier en 24 heures qui égale environ 300,000 kilogrammètres équivaudrait ainsi à 33 kilomètres.

d'après Weber, seraient plus faibles que dans la marche. Ce serait le contraire d'après les tracés de Marey (fig. 261). Les oscillations verticales correspondraient non aux *levés*, mais aux appuis ; le corps commencerait à s'élever au moment où le pied frappe le sol, atteindrait son maximum d'é-

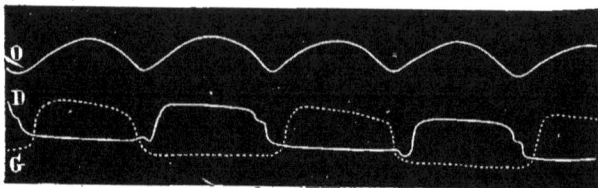

Fig. 261. — *Graphique de la course: course peu rapide* (Marey).

lévation au milieu de l'appui du pied et redescendrait pour tomber à son minimum au moment où le pied se lève et avant que l'autre pied ait posé sur le sol. Il n'y aurait donc pas de saut ou de projection violente du corps en haut, comme le comprenait Weber. Le temps de suspension tiendrait seulement à ce que les jambes se retirent du sol par l'effet de leur flexion, au moment où le corps se trouve à son maximum d'élévation.

La vitesse de la course peut aller jusqu'à quatre mètres et demi et plus par seconde ; des coureurs peuvent même parcourir neuf mètres par seconde, mais sans pouvoir soutenir cette vitesse.

La figure suivante, empruntée à Marey, donne les espaces parcourus par le corps aux différentes allures.

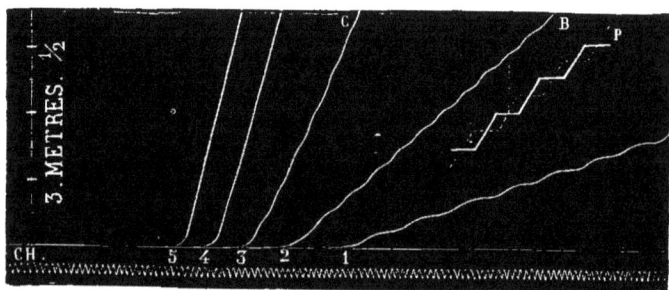

Fig. 262. — *Inscription des mouvements de translation du corps aux différentes allures* (*).

L'inclinaison générale de la courbe indique la vitesse de l'allure (1A, marche lente ; 2B, marche plus rapide ; 3C, course, etc.). Les ondulations des lignes indiquent les accélérations de vitesse reçues par le corps, accélérations qui coïncident avec le milieu de l'appui de chaque pied (ligne P). On voit que ces ondulations sont bien plus fortes dans la marche lente que dans la marche rapide et que le mouvement de translation du corps s'uniformise par l'effet de la vitesse.

(*) Ce tracé a été pris en attachant à la ceinture une corde qui transmettait à l'enregistreur le mouvement de transport du tronc.

Bibliographie. — CHABRIER : *Mém. sur les mouv. progressifs de l'homme et des animaux* (Journ. des progrès des sc. méd., 1828). — L. FICK : *Beitr. zur Mechanik des Gehens* (Arch. de Müller, 1853). — H. MEYER : *Ueber die Kniebeugung*, etc. (Arch. für Anat., 1869). — PROMPT : *Rech. sur la théorie de la marche* (Gaz. méd., 1869). — MAREY : *Nouv. expér. sur la locomotion humaine* (Comptes rendus, 1874). — HILDEBRANDT : *Eine biodynamische Betrachtung* (Berl. klin. Wochensch., 1876). — H. VIERORDT : *Die Selbstregistrirung des Gehens* (Centralbl., 1880).

Bibliographie générale. — PERRAULT : *Traité de la mécanique des animaux* (Mém. de l'Acad. des sc., 1666). — J. BERNOUILLI : *De motu musculorum*, 1674. — BORELLI : *De motu animalium*, 1680. — FABRICE D'AQUAPENDENTE : *De gressu, de volatu, de natatu, de reptatu* (Oper. omnia, 1723). — BARTHEZ : *Nouv. mécanique des mouvements de l'homme et des animaux*, 1798. — ROULIN : *Rech. théor. et expér. sur le mécanisme des mouvements et des attitudes de l'homme* (Journ. de Magendie, 1822, 1826). — GERDY : *Physiol. médicale*, 1832. — GOUPIL : *La contractilité musculaire étant donnée, considérer les muscles dans la station, la progression*, etc. 1834. — E. ET W. WEBER : *Mechanik der menschlichen Geh-werkzeuge*, 1836 (trad. franç. dans : Encyclop. anat., 1843). — MICHEL : *Des muscles et des os au point de vue de la mécanique animale*, 1846. — WYLESWORTH : *The dependence of animal motion of the law of gravity*, 1849. — H. MEYER : *Das aufrechte Stehen und das aufrechte Gehen* (Arch. de Müller, 1853). — E. HARLESS : *Die statischen Momente der menschlichen Gliedmaassen* (Verhandl. d. k. baier. Akad., 1857). — GIRAUD-TEULON : *Principes de mécanique animale*, 1858. — OSBORNE : *On some actions performed by voluntary muscles*, etc. (Quart. journ. of med. sc., 1859). — HENKE : *Handbuch der Anat. und Mechanik der Gelenke*, 1863. — E. ROSE : *Die Mechanik des Hüftgelenks* (Arch. für Anat., 1865). — CLELAND : *On the action of muscles passing over more than one joint* (Journ. of anat., 1866). — DUCHENNE : *Physiologie des mouvements*, 1867. — W. KOSTER : *De drukking der lucht*, etc. (Nederl. Arch., t. III, 1867). — P. BERT : *Notes diverses sur la locomotion*, 1867. — A. FICK : *Unt. über Muskelarbeit*, 1867. — W. HENKE : *Flexions und Rotations-muskeln* (Zeit. für rat. Med., t. XXXIII, 1868). — ID. : *Controversen über Hemmung und Schluss der Gelenke* (id.). — ID. : *Die Leistungen der Wirkungen von Muskeln auf das Hüftgelenk beim Stehen und Gehen* (id.). — ID. : *Ueber Insufficienz der Länge der Muskeln*, etc. (id.). — C. HÜTER : *Ueber Längeninsufficienz der bi und polyarthrodialen Muskeln* (Arch. für pat. Anat., t. XLVI, 1869). — S. HAUGHTON : *On some elementary principles of animal mechanics* (Proceed. of the royal soc., t. XVIII, 1870). — HAUGHTON : *On the principle of least action in nature* (Brit. med. journ., 1871). — W. HENKE : *Bemerk. über die Beweglichkeit der Wirbelsäule*, etc., 1871. — A. W. VOLKMANN : *Ueber die Drehbewegung des Körpers* (Arch. de Virchow). — SCHLAGDENHAUFFEN : *Considérations mécaniques sur les muscles* (Journ. de l'Anat., t. VIII, 1872 et 1873). — S. HAUGHTON : *On some element principles in animal mechanics* (Proceed. roy. soc., t. XX, 1872). — A. W. VOLKMANN : *Von der Drehbewegung des Körpers* (Arch. de Virchow, 1872). — CARLET : *Essai expérimental sur la locomotion humaine* (Ann. des sc. natur., 1872). — MAREY : *De la locomotion terrestre chez les bipèdes et les quadrupèdes* (Journ. de l'Anat., 1873). — ID. : *La machine animale*, 1873; 2e édit., 1879. — S. HAUGHTON : *Principles of animal mechanics*, 1873. — G. H. MEYER : *Die Statik und Mechanik des menschl. Knochengerüstes*, 1873. — KOLLMANN : *Mechanik des menschlichen Körpers*, 1874. — PETTIGREW : *La locomotion chez les animaux*, 1874. — MURISIER : *Ueber die Formveränderungen, welche der lebende Knochen unter dem Einflusse mechanischer Kraft erleidet* (Arch. für Pat., t. III, 1875). — AEBY : *Gelenke und Luftdruck* (Centralbl., 1875). — V. BRAAM-HOUCKGEEST : *Ueber den Einfluss des Luftdruckes auf den Zusammenhalt der Gelenke* (Arch. für Anat., 1877). — GIRIN : *Et. rationnelle et expér. sur le rôle de la pression atmosphérique dans le mécanisme de l'articulation coxo-fémorale*, 1878. — A. E. FICK : *Ueber zweigelenkige Muskeln* (Arch. de His et Braune, 1879). — A. FICK : *Specielle Bewegungslehre* (dans : Handb. d. Physiol. de Hermann, 1879).

2° Mécanique respiratoire.

Procédés. — A. **Mensurations.** — Les mensurations, soit avec le ruban métrique, soit avec le compas d'épaisseur, ne peuvent donner de renseignements sur les mouvements de la cage thoracique. Elles ne peuvent que donner la circonférence ou les diamètres du thorax à un moment donné. A ce point de vue, le meilleur instrument est le *cirtomètre de Woillez;* c'est un ruban métrique constitué par l'assemblage de pièces solides articulées entre elles et qui conservent, après leur application, la forme de la circonférence thoracique.

B. Procédés d'enregistrement des mouvements du thorax. Pneumographie. — Les appareils imaginés pour enregistrer les mouvements respiratoires du thorax sont très nombreux et il est impossible de les décrire tous ici. Ces instruments se divisent en trois classes : les uns s'appliquent aux deux extrémités opposées d'un diamètre du thorax, les autres sur toute la circonférence thoracique, les derniers enfin au diaphragme ; les premiers enregistrent l'expansion diamétrale du thorax, les seconds l'expansion circonférentielle, les derniers l'expansion verticale.

1° Instruments enregistrant l'expansion diamétrale du thorax. — Ces instruments, auxquels on a donné le nom de *thoracomètres, stéthomètres, stéthographes,* etc., sont très nombreux. Ils sont tous en général construits sur le principe du compas d'épaisseur. Les deux branches de l'instrument s'appliquent aux deux extrémités d'un diamètre quelconque du thorax (transversal ou antéro-postérieur) ; une des deux branches est mobile et transmet le mouvement du point avec lequel elle est en contact à un levier enregistreur. Le mode de transmission du mouvement peut varier ainsi que le mode de fixation de l'appareil et la disposition des différentes pièces. Je ne donnerai ici que quelques-uns de ces instruments comme types.

Tambour pour recueillir les mouvements du thorax. — Pour les petits animaux, comme les oiseaux, on peut se servir de la disposition représentée dans la figure 264 ; pour les grands

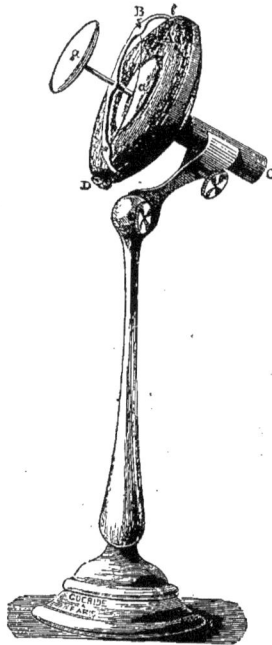

Fig. 263. — *Tambour pour recueillir les mouvements du thorax* (Bert).

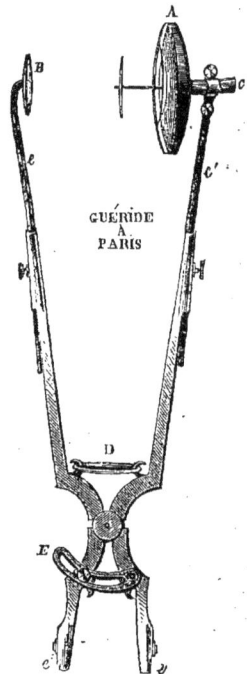

Fig. 264. — *Tambour monté sur un compas* (Bert) (*).

animaux, il vaut mieux donner à l'appareil la forme suivante (Bert) : un pied solide (fig. 263) supporte une capsule de cuivre qui communique par le tube C avec le tambour du polygraphe ;

(*) A, tambour. — B, plateau. — C, tube de communication avec le levier enregistreur. — D, élastique tendu à volonté pour ramener l'appareil au contact. — E, vis permettant de fixer l'appareil dans une position déterminée. — *ee'*, tiges qu'on peut allonger et raccourcir à volonté.

cette capsule est fermée par une membrane élastique A sur laquelle s'élève, appuyée sur une plaque d'aluminium a', une tige verticale mobile terminée par un plateau a et qui traverse sans frottement un pont de cuivre qui la maintient. A ce pont s'attache un fil élastique qui ramène les plateaux a et a' quand ils ont été enfoncés du côté de la capsule. Pour enregistrer le mouvement d'un point du thorax, il suffit d'approcher le plateau a de ce point ; quand le thorax se dilate, il repousse le plateau a, déprime la membrane élastique A, l'air de la capsule est comprimé, la compression se transmet à l'air du tambour du polygraphe dont le levier s'élève. La figure 260 représente le tambour monté sur une sorte de compas d'é-

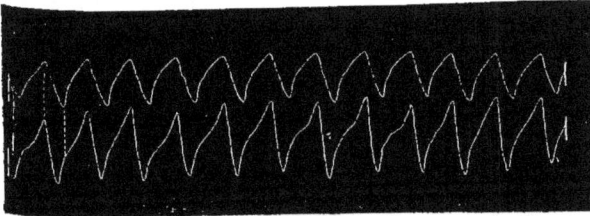

Fig. 265. — *Graphique de la respiration d'un canard* (P. Bert) (*).

paisseur. La figure 265 donne la respiration d'un oiseau prise avec le tambour de la figure 264. Le *stéthomètre* de Burdon-Sanderson est construit sur le même principe. Seulement, pour assurer la fixité de l'appareil et du sujet en expérience, le tambour est porté par une sorte de charpente en fer. Le *pneumographe* de Fick peut rentrer aussi dans la même catégorie. Il en est de même du *pansphygmographe de Brondgeest*. Chez les petits animaux on peut employer aussi, pour enregistrer la respiration, le *cardiographe à double tambour de Marey* (voir : *Cardiographie*) ; mais, dans ce cas, les graphiques sont renversés, l'inspiration correspondant à la ligne d'ascension, l'expiration à la ligne de descente.

Le *stéthomètre de Ransome* est construit sur un principe un peu différent et donne les excursions d'un point déterminé du thorax suivant trois directions (plan antéro-postérieur, plan transversal, plan horizontal), excursions qui s'inscrivent sur trois feuilles différentes par un mécanisme analogue à celui du thoracomètre de Sibson (voir plus loin).

Les appareils employés par Vierordt et Ludwig utilisent un autre mode de transmission.

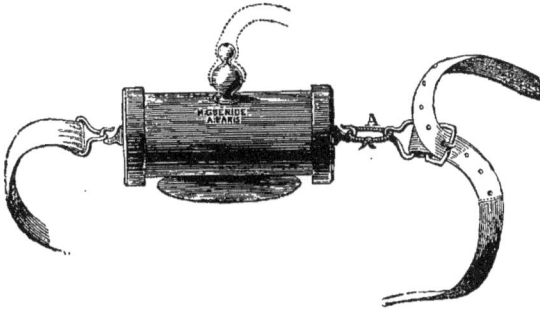

Fig. 366. — *Pneumographe modifié de Bert.*

Ils se composent essentiellement d'un levier à deux bras inégaux ; l'un des bras, le plus court, s'applique sur le thorax, l'autre sert de tige écrivante.

Stéthographe double de Riegel. — Riegel a imaginé un appareil qui permet d'enregistrer simultanément les mouvements des deux côtés de la poitrine, ce qui peut être utile dans certaines circonstances et surtout dans les cas pathologiques. Je renvoie pour sa description à l'ouvrage de l'auteur (voir : *Bibliographie*).

(*) 1, tracé transversal du thorax. — 2, tracé vertical ou sterno-vertébral (le graphique se lit de gauche à droite).

**2° Appareils pour enregistrer l'expansion circonférentielle du thorax.
— Pneumographes.** — Le plus ancien est le *pneumographe de Marey*. Il se compose
d'un cylindre élastique constitué par un ressort à boudin enveloppé d'une couche de caoutchouc mince ; aux deux extrémités du cylindre se trouvent deux rondelles métalliques terminées par un crochet, de façon à pouvoir y adapter une ceinture qu'on place autour du
thorax à la hauteur à laquelle on veut étudier ses mouvements. La cavité du cylindre communique par un tube en caoutchouc avec le tambour à levier enregistreur. Le pneumographe
de Marey a été modifié par Bert de la façon suivante (fig. 264) : le cylindre est métallique
et les deux bases du cylindre, au contraire, sont formées par des plaques de caoutchouc, ce
qui donne plus de sensibilité à l'appareil. Quoi qu'il en soit, dans les deux appareils le
résultat est toujours le même : dans l'inspiration, l'air du cylindre se raréfie, la pression
diminue dans l'air du tambour du polygraphe et le levier de ce tambour s'abaisse ; dans
l'expiration, c'est l'inverse. La figure 267 représente, d'après Marey, le tracé obtenu avec le

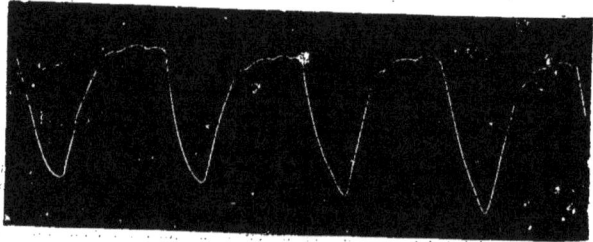

Fig. 267. — *Graphique de la respiration (homme) obtenu par le pneumographe.* (Marey.)

pneumographe ; le graphique se lit de gauche à droite ; l'ascension de la courbe correspond
à l'expiration, sa descente à l'inspiration.

Dans ces dernières années, Marey a modifié son pneumographe et lui a donné la forme

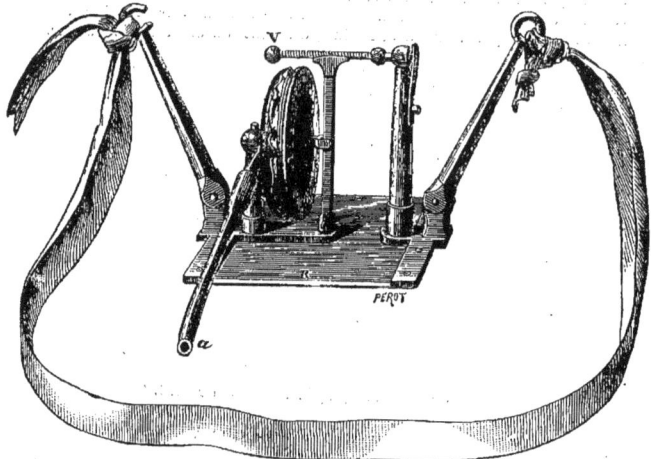

Fig. 268. — *Pneumographe de Marey.*

représentée dans la figure 268. L'appareil s'attache autour du thorax par une ceinture inextensible fixée aux deux branches divergentes. Au moment de la dilatation du thorax (inspiration), ces branches s'écartent grâce à la flexion d'une lame intermédiaire d'acier R, qui fait
ressort. Cet écartement des deux branches produit une traction sur la membrane d'un tam-

bour qui est relié par un tube à air *a* avec un tambour inscripteur ; la courbe s'abaisse dans l'inspiration, s'élève dans l'expiration. Les tracés de cet appareil sont du reste identiques à ceux de la figure 267.

3° Appareils enregistrant les mouvements du diaphragme. — *Phrénographe de Rosenthal.* — Cet instrument ne peut être employé que sur les animaux. Il se compose d'un levier qu'on introduit par une ouverture de la paroi abdominale et qui vient s'appliquer à la face inférieure du muscle dont il suit les mouvements. La branche extérieure du levier est en rapport avec un cylindre enregistreur et inscrit sur ce cylindre le graphique du mouvement diaphragmatique. On peut aussi implanter simplement dans le diaphragme, à travers l'appendice xiphoïde, une aiguille dont l'extrémité libre est rattachée à un levier enregistreur.

C. Procédés d'enregistrement du volume de l'air inspiré et expiré. — Une partie de ces appareils ont été étudiés page 761 (*spiromètre* de Panum, *spiromètrographe* de Tschiriew, *anapnographe* de Bergeon et Kastus, etc.). Gad a récemment décrit un appareil, auquel il donne le nom d'*aéropléthysmographe*, dans lequel l'inscription se fait par une pièce mobile dont les déplacements sont proportionnels aux quantités d'air inspiré et expiré.

D. Procédés d'enregistrement de la pression de l'air dans les poumons
1° *Chez l'homme*, on peut mesurer la pression intra-pulmonaire en adaptant à un mano-

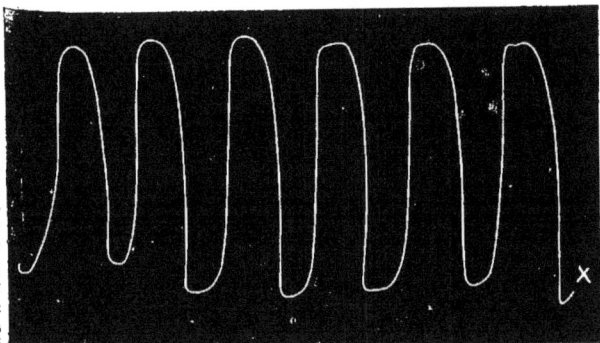

Fig. 269. — *Graphique respiratoire (femme).*

mètre à mercure un tube de caoutchouc terminé par un embout qui s'applique hermétiquement sur l'orifice buccal (Valentin) ; on inspire et on expire par la bouche et on voit des

Fig. 270. — *Enregistrement direct des mouvements de l'air respiré.* (Bert.)

oscillations de la colonne mercurielle correspondant à ces actes respiratoires. Donder relie la branche du manomètre à l'ouverture nasale. On peut, au lieu d'un manomètre adapter au tube respirateur un tambour inscripteur et tracer ainsi sur un cylindre enregistreur la courbe de la pression intra-pulmonaire. La figure 269, prise dans ces conditions, donne le graphique de la respiration chez une femme; la durée de chaque respiration était de 3 secondes environ. La croix indique le début du graphique; la ligne ascendante correspond à l'augmentation de pression, c'est-à-dire à l'expiration; la ligne descendante, à l'inspiration et à la diminution de pression. 2° *Chez les animaux*, on peut introduire directement le tube dans la trachée et on fait communiquer ce tube soit avec un manomètre, soit avec un tambour inscripteur, comme dans la figure 270. Mais, pour éviter une trop grande amplitude d'oscillation du levier, et empêcher l'asphyxie, on interpose entre le tube trachéal et le tambour un récipient d'une certaine capacité. Au moment de l'expiration, la pression augmente dans les voies pulmonaires et dans l'appareil et soulève le levier du tambour; c'est le contraire dans l'inspiration. La figure 271 représente le graphique de la pression intra-

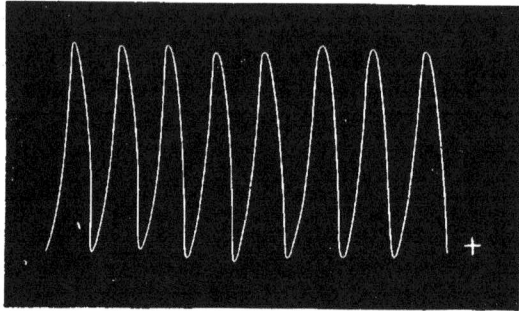

Fig. 271. — *Graphique respiratoire (lapin).*

pulmonaire chez le lapin, graphique pris dans ces conditions; chaque respiration a une durée de 1 seconde environ. En général, l'amplitude de la courbe correspond à l'intensité de la pression, mais seulement quand on reste dans les pressions moyennes. J'ai constaté récemment dans une série d'expériences que les courbes prises dans ces conditions sont notablement modifiées par l'interposition d'une masse gazeuse élastique aussi considérable et qu'elles sont loin de correspondre aux courbes normales. Il en est de même du procédé dans lequel le tambour est relié directement à la trachée par un tube sur lequel on embranche un tube latéral à robinet de façon à le faire communiquer par une étroite ouverture avec l'air extérieur. Quand on ne veut pas sacrifier l'animal et ouvrir la trachée, on peut se contenter d'appliquer une muselière de caoutchouc qui embrasse étroitement le museau et communique par un tube en caoutchouc avec un tambour à levier (fig. 272 et 273). Les graphiques des

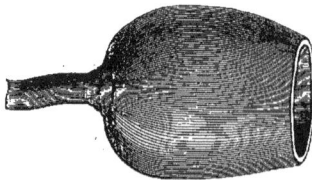

Fig. 272. — *Poche de caoutchouc pour coiffer les animaux de petite taille.*

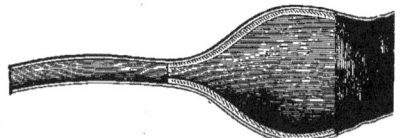

Fig. 273. — *Muselière de bois et caoutchouc (ouverte).*

figures 274, 275 et 276 ont été pris par ce procédé. On peut aussi enregistrer indirectement les changements de pression intra-pulmonaire, en plaçant l'animal sous une cloche hermétiquement fermée, et en enregistrant les changements de pression de l'air de la cloche; quand l'air est raréfié dans les poumons de l'animal (inspiration), il est comprimé dans la cloche et vice versa (Bert). C'est par ce procédé qu'ont été obtenus les tracés de la figure 277.

E. **Procédé d'enregistrement de la pression intra-pleurale.** — On peut

enregistrer la pression intra-pleurale en introduisant dans la plèvre par une petite bouton-
nière intercostale une sonde en gomme munie d'œillets latéraux et mise en rapport avec un

Fig. 274. — *Graphique de la respiration chez une grenouille.* (Bert.)

tambour à levier; si les courbes présentent une trop grande amplitude on les réduit par l'interposition d'un manomètre en V contenant de l'eau. On peut aussi appliquer sur une côte

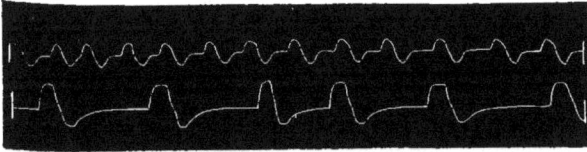

Fig. 275. — *Graphique de la respiration d'un lézard.* (Bert.)

une couronne de trépan et introduire dans l'orifice un tube communiquant avec un tambour
à levier.

Je ne ferai que mentionner l'enregistrement des variations de la pression intra-thoracique

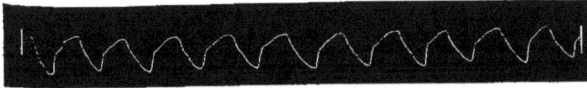

Fig. 276. — *Graphique de la respiration d'un canard.* (Bert.)

à l'aide d'une ampoule œsophagienne, procédé employé par Ceradini et Luciani et qui expose
à des erreurs par suite des contractions possibles de l'œsophage.

F. Enregistrement de la vitesse du courant d'air inspiré et expiré. —
Cette vitesse est donnée par l'anapnographe de Bergeon et Kastus, décrit page 761. Ces

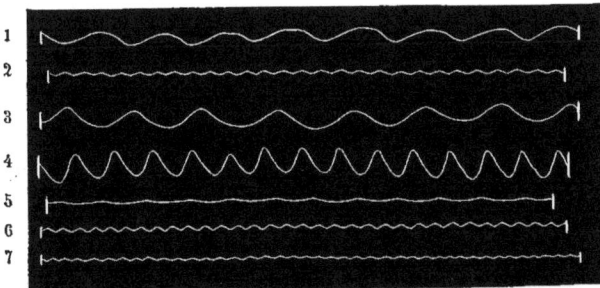

Fig. 277. — *Enregistrement des modifications de la pression intra-thoracique par la
respiration* (Bert) (*).

vitesses peuvent aussi s'inscrire à l'aide de l'appareil de Marey fondé sur le principe des
tubes de Pitot et qui sera décrit à propos de la vitesse du sang dans les artères.

(*) 1. Chien. — 2. Lapin. — 3. Canard. — 4. Pigeon. — 5. Cochon d'Inde. — 6. Rat. — 7. Moineau.

G .**Thoracomètres**. — Le *thoracomètre de Sibson* est le plus connu de ces instruments.
Les mouvements d'un point du thorax se communiquent à une tige qui s'engrène avec une
roue dentée et fait marcher une aiguille dont la direction indique l'étendue du mouvement;
cet appareil permet de mesurer des déplacements de 1/10e de ligne. Le *thoracomètre de
Wintrich*, le *stéthomètre de Quain* sont construits sur le même principe. Ces appareils sont
moins commodes que les appareils enregistreurs, mais dans certains cas ils peuvent donner
des indications plus précises.

On a vu plus haut, à propos des phénomènes physiques de la respiration,
la nécessité d'une ventilation pulmonaire ; c'est le mécanisme de cette ventilation qu'il nous reste à étudier, autrement dit ce qu'on appelle ordinairement les *phénomènes mécaniques* de la respiration. Les conditions de cette
ventilation concernent d'une part le thorax, de l'autre les poumons.

1° Conditions de la ventilation pulmonaire.

Le *thorax* représente, au point de vue physiologique, une cage élastique
à parois mobiles susceptible de s'agrandir dans l'inspiration, de se rétrécir
dans l'expiration. Ces variations de volume ne peuvent se faire cependant
que dans des limites assez restreintes, et les différentes régions des parois
thoraciques y prennent une part inégale en rapport avec la constitution
anatomique de ces parois. La forme naturelle ou la *position d'équilibre* du
thorax correspond à l'état de l'expiration ordinaire non forcée. La cage
thoracique peut être tirée de cette position d'équilibre par des puissances
musculaires dont l'étude est du ressort de l'anatomie, et qui tantôt augmentent sa capacité (muscles inspirateurs), tantôt la diminuent (muscles
expirateurs). D'autre part, tandis que l'inspiration et l'expiration forcée ne
peuvent se produire que par l'action musculaire, le retour à la position d'é-
quilibre ou à l'expiration ordinaire se fait par la simple élasticité des parois
thoraciques, aidée puissamment, comme on le verra plus loin, par l'élasticité pulmonaire.

La cavité thoracique est en outre hermétiquement fermée ; elle se trouve
dans les conditions d'un récipient dans lequel on aurait fait le vide absolu ;
il en résulte que la pression atmosphérique ne peut agir sur la surface
extérieure des organes creux qu'elle contient (poumons et cœur), tandis
qu'elle agit sur leur surface interne, soit directement (poumons), soit par
l'intermédiaire du sang (cœur et gros vaisseaux) ; aussi la face externe de
ces organes, en contact avec la face interne de la paroi thoracique, s'ac-
cole intimement à cette paroi et en suit tous les mouvements d'expansion
et de rétraction.   .

La figure schématique suivante (fig. 278) fait comprendre ces conditions mécaniques. La cloche 1 représente la cage thoracique ; la membrane de caoutchouc 4,
le diaphragme ; la membrane 6, les parties molles d'un espace intercostal ; un
tube, 2, figurant la trachée, traverse le bouchon du goulot de la cloche et se
bifurque en aboutissant à deux vessies minces qui représentent les poumons ; un
manomètre, 3, donne la pression dans l'intérieur de la cloche. Au début de l'expérience, l'air de la cloche est à la même pression que l'air extérieur, et par conséquent que l'air des deux vessies qui communiquent par le tube avec l'air extérieur,

et le mercure est à la même hauteur dans les deux branches du manomètre. Si maintenant on tire en bas, par le bouton 5, la membrane de caoutchouc 4, on augmente la cavité de la cloche, la pression diminue dans son intérieur, et la pression atmosphérique étant alors plus forte fait hausser le mercure dans la branche interne du manomètre, déprime l'espace intercostal 6, et dilate les deux vessies ; la pression de l'air dans la cloche est alors *négative* et se mesure par la différence de hauteur des deux colonnes mercurielles. Supposons maintenant qu'on fasse graduellement le vide dans la cloche, les vessies se dilateront peu à peu, et, quand le vide absolu sera atteint, la pression négative égalera 76 centimètres, et les parois des deux vessies s'accoleront intimement à la face interne des parois de

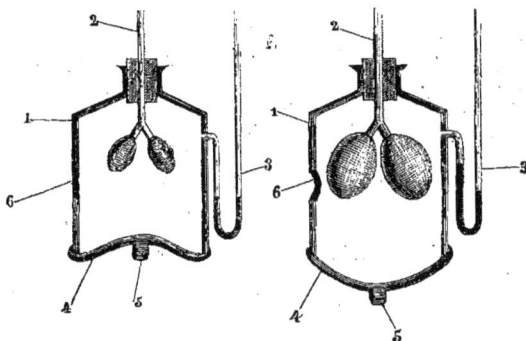

Fig. 278. — *Rapports des poumons et de la cavité thoracique.* (Funke.)

la cloche et de la membrane de caoutchouc 4, en suivant exactement les mouvements de cette membrane (1).

Les mouvements de la cage thoracique dans l'inspiration et dans l'expiration, et le mode d'action des muscles inspirateurs et expirateurs, sont étudiés dans les traités d'anatomie (2).

Les *poumons* sont *élastiques* et *contractiles.*

L'*élasticité pulmonaire* joue un rôle essentiel dans la respiration. Dans l'inspiration, les petites bronches et les vésicules pulmonaires sont distendues par la pression atmosphérique qui les force de suivre les mouvements d'expansion du thorax ; puis, une fois l'inspiration terminée, cette élasticité entre en jeu et les poumons se rétractent suivis par le thorax. Mais dans les conditions normales, et tant que la plèvre est intacte, les poumons n'atteignent jamais leur limite d'élasticité ; leur position d'équilibre ne correspond pas à la position d'équilibre du thorax ; quand ce dernier a atteint son minimum de capacité (même dans les expirations forcées), le poumon n'a pas atteint le sien et il pourrait encore se rétracter si la pression atmo-

(1) Cet appareil schématique est réalisé d'une façon ingénieuse dans le *spiroscope* de Woillez destiné à l'étude de l'auscultation pulmonaire.

(2) Ces muscles sont les suivants :

Inspiration ordinaire. — Diaphragme, scalènes, surcostaux, intercostaux externes et internes (?).

sphérique intra-pulmonaire n'accolait pas sa surface à la paroi thoracique.
Aussi quand, sur le vivant ou sur le cadavre, vient-on à faire une ouverture à la paroi thoracique, l'air pénétrant par cette ouverture dans la cavité
de la plèvre, la pression atmosphérique s'exerce à la surface externe du
poumon comme à sa surface interne, et, les deux pressions s'équilibrant,
l'élasticité pulmonaire entre seule en jeu et le poumon se rétracte en chas-
sant l'air qu'il contient.

Pour mesurer cette élasticité, on adapte à la trachée d'un animal un ma-

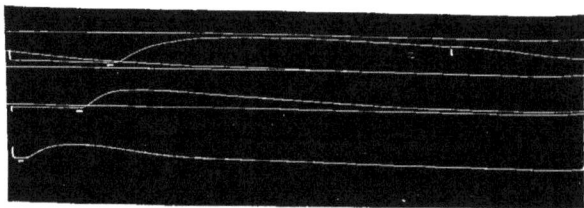

Fig. 279. — *Graphique de la contraction pulmonaire chez le chien* (Bert) (*).

nomètre à mercure et on incise la paroi thoracique, le poumon s'affaisse
et le mercure monte de 6 à 8 millimètres dans le manomètre (Carson) ;
cette élasticité pulmonaire est plus considérable dans les inspirations profondes et peut atteindre 30 à 40 millimètres de mercure.

La *contractilité pulmonaire* est moins facile à constater et a été très con-

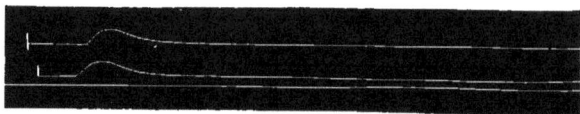

|Fig. 280. — *Graphique de la contraction pulmonaire chez le lézard* (Bert) (**).

troversée. Williams avait déjà obtenu un rétrécissement [des bronches par
l'excitation galvanique, rétrécissement qui se traduisait par l'ascension du
liquide (eau) d'un manomètre adapté à la trachée, et ses expériences, com-

(*) Les deux premiers tracés (de haut en bas) sont obtenus par l'excitation directe du poumon : le troisième,
par l'excitation du pneumogastrique. Dans tous ces tracés le trait horizontal indique le début, le trait vertical la fin de l'excitation.}

(**) Le premier tracé est fourni par l'excitation directe du poumon, le second par l'excitation du pneumogastrique.

Inspiration forcée. — *Muscles du tronc et du cou.* — Sterno-mastoïdien, trapèze,
rhomboïde, petit dentelé postérieur, grand dentelé, extenseurs du rachis, petit pectoral. —
Muscles de la face. — Dilatateur des narines, releveurs de l'aile du nez, dilatateurs de
l'orifice palpébral et de l'orifice buccal. — *Muscles du larynx.* — Sterno-hyoïdien, sterno-
thyroïdien, crico-aryténoïdien postérieur, thyro-aryténoïdien.

Expiration forcée. — Muscles abdominaux, triangulaire du sternum, petit dentelé
postérieur et inférieur, carré des lombes.

Voir pour l'action de ces divers muscles: Beaunis et Bouchard, *Anatomie,* 3e édit.

battues par Wintrich, Rugenberg, et d'autres physiologistes, ont été confirmées par Bert, qui a constaté cette contractilité et a vu qu'elle était très
prononcée, surtout sur les poumons des reptiles. Les tracés des figures 279
et 280, empruntés à Bert, donnent les graphiques de la contraction pulmonaire chez le chien et le lézard (Voir : *Pneumogastrique*).

Les fibres lisses des bronches et des poumons agissent aussi par leur
tonicité (*rétractilité tonique du poumon*).

Bibliographie. — CARSON : *On the elasticity of the lungs* (Phil. Trans., 1820). — HERBST :
Ueber die Capacität der Lungen für Luft (Arch. de Meckel, 1828). — BÉRARD : *Effets de
l'élasticité des poumons* (Arch. de méd., 1830). — LONGET : *Rech. expér. sur la nature
des mouv. intrinsèques du poumon* (Comptes rendus, 1842). — CZERMAK : *Kleine Mittheilungen* (Wien. Sitzungsber., 1859). — KNAUT "*De vitali quæ dicitur pulmonum contratic
litate*, etc., 1859. — RÜGENBERG : *Ueber den angeblichen Einfluss der N. vagi auf die
glatten Muskelfasern der Lunge* (Stud. d. physiol. Inst. in Breslau, 1862). — P. BERT :
Sur l'élasticité et la contractilité pulmonaires (Gaz. méd., 1868). — ID. : *De la contractilité des poumons* (Comptes rendus, 1869). — SCHIFF : *Einfluss des Vagus auf die Lungenbläschen* (Arch. de Pflüger, t. IV, 1871). — SIBSON : *A lecture on the influence of distension of the abdomen on the functions of the heart und lungs* (Brit. med. journ., 1873).
— S. STERN : *Ueber den inneren Mechanismus der inspiratorischen Erweiterung der Lunge*
(Allg. Wien. med. Zeit., 1873). — CARLET ET STRAUSS : *Sur le fonctionnement de l'appareil
respiratoire après l'ouverture de la paroi thoracique* (Comptes rendus, t. LXXVII, 1873).
— DOUGLAS-POWELL : *On some effects of lung elasticity* (Med. chir. Trans., t. LIX, 1875).
— HORVATH : *Beitr. zur Physiologie der Respiration* (Arch. de Pflüger, t. XIII, 1876). —
GERLACH : *Ueber die Beziehungen der N. vagi zu den glatten Muskelfasern der Lunge* (id.).
— H. MAC GILLAVRY : *De invloed van bronchiaalkramp* (Nederl. Tijdschr. v. Geneesk.,
1876). — D'ARSONVAL : *Rech. théoriques et expér. sur le rôle de l'élasticité pulmonaire dans
les phénomènes de la circulation*, 1877. — GAD : *Die Athmungsschwankungen des intra-
thoracalen Druckes* (Arch. für Physiol., 1878). — MAC GILLAVRY : *L'influence du spasme
bronchique sur la respiration* (Arch. néerland., 1878). — L. HERMANN ET O. KELLER : *Ueber
den atelectatischen Zustand der Lungen und dessen Aufhören bei der Geburt* (Arch. de
Pflüger, t. XX, 1879).

2° Inspiration et expiration.

L'*inspiration* est essentiellement active, musculaire. Les muscles qui la
produisent, muscles inspirateurs, diaphragme, intercostaux, etc., ont à
surmonter les résistances suivantes : 1° l'élasticité du thorax ; sa valeur n'a
pas été calculée ; 2° l'élasticité pulmonaire ; elle peut être évaluée à 8 millimètres de mercure dans les inspirations calmes, à 34 millimètres (en
moyenne) dans les inspirations profondes; 3° la pression négative de l'air
intrapulmonaire dans l'inspiration ; pression qui est de 1 millimètre dans
les inspirations calmes, de 57 millimètres dans les inspirations profondes.
Les muscles inspirateurs auront donc à surmonter, en négligeant l'élasticité thoracique, une résistance de 8 + 1 = 9 millimètres dans l'inspiration calme, de 24 + 57 = 81 millimètres de mercure dans l'inspiration
profonde.

L'*expiration ordinaire* est produite uniquement par l'élasticité pulmonaire (et thoracique) et sans intervention musculaire.

Dans l'*expiration forcée* (parole, chant, cri, effort, etc.), les muscles expirateurs (muscles abdominaux) interviennent ; ils ont alors à surmonter
une résistance égale à la pression de l'air intra-pulmonaire dans l'expira-

tion, moins l'élasticité pulmonaire, par conséquent égale à $87 - 24 = 63$ millimètres de mercure, et plus forte encore dans les efforts intenses.

La *dilatation du thorax* varie pour les divers points de la cage thoracique. L'épigastre est la partie qui présente l'excursion la plus considérable; la plus faible excursion correspondrait, d'après Ackermann, au quatrième espace intercostal gauche. Le tableau suivant de Riegel donne l'excursion relative de quatre points du thorax chez douze individus des deux sexes.

HOMMES	MANCHE du sternum.	CORPS du sternum.	APPENDICE xiphoïde.	ÉPIGASTRE	FEMMES	MANCHE du sternum.	CORPS du sternum.	APPENDICE xiphoïde.	ÉPIGASTRE
I	1	1	1,5	4,5	I	1,8	1,1	1	0,73
II	1	1	1,1	6,6	II	1,5	1,2	1	0,63
III	1	1,3	10	12	III	1,4	1,3	1	1,5
IV	1	1.8	3,7	11,4	IV	5	3,1	1	1,9
V	1	1.2	1,5	6,8	V	1,1	1	1	1,6
VI	1	1,1	1,8	7,2	VI	3,8	2,5	1	1,8

L'ampliation de volume ou la dilatation du poumon pendant l'inspiration se fait d'une façon inégale pour les divers points de la surface du poumon; les parties les plus fixes du poumon, celles qui se déplacent le moins, sont la racine des poumons, leur sommet et leur bord postérieur avec la partie de la face externe logée dans les gouttières latérales du rachis; les parties les plus mobiles sont celles qui sont les plus éloignées de ces points fixes, et en particulier le bord antérieur et le bord inférieur, et les parties intermédiaires auront une excursion de déplacement dont l'étendue dépendra de la distance qui les sépare des points fixes et des points les plus mobiles.

Pour que l'air arrive jusqu'aux poumons, il faut de toute nécessité que la partie supérieure des voies aériennes reste béante; cette béance est maintenue soit par la disposition même de leurs parois (charpente osseuse des fosses nasales, cerceaux cartilagineux de la trachée et des bronches), soit par l'action musculaire. C'est ce qui arrive, par exemple, pour l'orifice des narines et pour la glotte.

A chaque inspiration, les narines se dilatent sous l'influence des muscles releveur, superficiel et profond, et du dilatateur de l'aile du nez; ce mouvement des narines est surtout marqué dans les inspirations profondes, comme dans la dyspnée et chez certaines espèces animales, le cheval, par exemple. A son passage à travers les fosses nasales, l'air inspiré se réchauffe, grâce à la riche vascularisation de la muqueuse et à sa disposition, et cet air se charge en même temps de vapeur d'eau. Cependant, habituellement une petite partie du courant d'air passe par la bouche entr'ouverte et n'éprouve pas, par conséquent, cette élévation de température. Chez les animaux qui, comme le cheval, respirent uniquement par les narines, la paralysie des muscles des naseaux (section du facial) ne tarde pas à amener l'asphyxie, la narine flottant comme un voile devant l'orifice nasal et le bouchant à chaque inspiration.

Le larynx et la glotte en particulier sont le siège de phénomènes particuliers qui coïncident avec les actes respiratoires.

Au moment de l'inspiration, le larynx s'abaisse (surtout dans le type de respira-

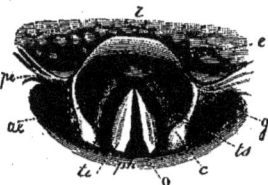

Fig. 281. — *Glotte dans l'inspiration modé-*
rée (Mandl) (*).

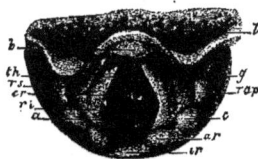

Fig. 282. — *Glotte dans une inspiration*
profonde (Mandl) (**).

tion claviculaire) ainsi que la trachée, qui se dilate en même temps. L'inverse a lieu dans l'expiration.

La glotte, dans l'inspiration modérée, a la forme d'une ouverture triangulaire élargie dans la partie inter-aryténoïdienne (fig. 281) ; dans l'inspiration profonde, elle s'élargit considérablement (fig. 282).

Pendant l'expiration, les cordes vocales se rapprochent et interceptent un triangle plus ou moins isocèle.

La pression abdominale subit des variations correspondantes aux diverses phases de la respiration : elle augmente pendant l'inspiration (compression de la masse intestinale par le diaphragme) et diminue pendant l'expiration simple.

Pour enregistrer cette pression intra-abdominale, Bert s'est servi de l'appareil suivant (fig. 283). Un petit sac en caoutchouc, a, divisé en deux lobes par un étranglement, est traversé par un tube de verre qui communique avec un manomètre à air libre. On introduit l'ampoule en caoutchouc, jusqu'en a,

Fig. 283. — *Appareil pour enregistrer les*
changements de la pression intra-abdominale.
(Bert.)

dans le rectum de l'animal et on l'insuffle fortement par le tube b ; il se forme ainsi deux sphères, l'une intra-, l'autre extra-rectale, séparées par l'étranglement autour duquel le sphincter anal se resserre étroitement. On obtient ainsi l'occlusion hermétique du rectum. Les variations de pression intra-abdominale se transmettent au liquide contenu dans le manomètre et de là, si on le veut, à un appareil enregistreur.

Murmure vésiculaire. — Quand on applique l'oreille (à nu ou avec un stéthoscope) contre la poitrine d'un individu, on entend pendant toute la durée de

(*) *l*, langue. — *e*, épiglotte. — *pe*, repli pharyngo-épiglottique. — *ae*, repli ary-épiglottique. — *ph*, paroi postérieure du pharynx. — *c*, cartilage de Wrisberg. — *ts*, repli thyro-aryténoïdien supérieur. — *ti*, replis inférieurs. — *o*, orifice glottique.
(**) *b*, bourrelet de l'épiglotte. — *g*, gouttière pharyngo-laryngée. — *l*, langue. — *rap*, repli ary-épiglottique. — *ar*, cartilage aryténoïde. — *c*, cartilage cunéiforme. — *ir*, repli inter-aryténoïdien. — *rs*, corde vocale supérieure. — *ri*, corde vocale inférieure.

l'inspiration un souffle doux, *bruit ou murmure vésiculaire* attribué généralement à la distension subite des alvéoles par l'air et au frottement des molécules gazeuses contre les parois de ces alvéoles. Un bruit analogue, mais plus faible, s'entend aussi *au début* de l'expiration. Au niveau du larynx, de la trachée, des grosses bronches (entre les deux épaules à la hauteur de la quatrième vertèbre dorsale), le bruit est plus fort, s'entend à l'inspiration et à l'expiration, et a reçu le nom de *souffle bronchique*. Pour les caractères de ces divers bruits et les discussions auxquelles ils ont donné lieu, voir les traités d'auscultation.

Bibliographie. — Hamberger : *Dissert. de respirationis mechanismo et usu genuino*, 1727. — Haller : *De respiratione*, 1746. — Beau et Maissiat : *Rech. sur le mécanisme des mouvements respiratoires* (Arch. de méd., 1842 et 1843). — Marcacci : *Sul mecanismo dei moti del petto* (Miscell. med. chir., 1843). — Vierordt et Ludwig : *Beitr. zur Lehre von den Athembewegungen* (Arch. für phys. Heilk., 1855). — Arnold : *Ueber die Wirkung der Brustmuskeln bei der Athmung* (Die physiol. Anstalt der Univ. Heidelb., 1858). — J. Rameaux : *Les lois suivant lesquelles les dimensions du corps dans certaines classes d'animaux déterminent la capacité et les mouvements fonctionnels des poumons et du cœur*, 1857. — Th. Ackermann : *Zur Physiognomonik und Mechanik der Athembewegungen* (Centralbl., 1864). — Marey : *Étude graphique des mouvements respiratoires* (Gaz. méd. et : Journ. de l'anat., 1865). — Wyllie : *Obs. on the physiology of the larynx* (Ed. med. journ., t. XII, 1867). — Riegel : *Ueber die Athembewegungen* (Wurzb. med. Zeitsch., t. VII, 1867). — Terné van der Heul : *De invloed der respiratie-phasen*, etc., 1867. — Bergeon et Kastus : *Nouvel appareil enregistreur de la respiration* (Gaz. hebd., et Gaz. méd., 1868). — P. Bert : *Sur le mouvement imprimé aux côtes par le diaphragme* (id.). — Id. : *Changements de pression de l'air dans la poitrine pendant les deux temps de l'acte respiratoire* (id.). — Bergeon : *Des bruits physiologiques de la respiration* (Comptes rendus, 1869). — A. Ransome : *On the respiratory movements in man*, etc. (Lancet, 1872). — Id. : *On the mechanical conditions of the respiratory movements in man* (Proceed. of the Roy. Soc., 1872). — A. Fick : *Ein Pneumograph* (Verhandl. d. Würzb. phys. med. Ges., 1872). — Ransome : *Ueber die Respirationsbewegungen* (Med. chir. Transact., t. LVI, 1873). — Id. : *On the respiratory movements in man*, etc. (Med. chir. Trans., 1873). — F. Riegel : *Ueber graphische Darstellung der Athembewegungen* (Deut. Arch. für klin. Med., t. XI, 1873). — Id. : *Die Athembewegungen*, 1873. — H. Eichhorst : *Ueber die Pneumatometrie*, etc. (Deut. Arch. für klin. Med., t. XI, 1873). — Pratili : *Sulla natura funzionale del centro respiratorio*, 1874. — A. W. Volkmann : *Zur Mechanik des Brustkastens* (Zeit. für Anat., 1875). — P. Guttmann : *Zur Lehre von den Athembewegungen* (Arch. de Reichert, 1875). — Voillez : *Sur le spiroscope* (Comptes rendus, t. LXXX, 1875). — T. Lowne : *A note on the mechanical work of respiration* (Journ. of anat., t. IX, 1875). — Tschiriew : *Le spirométrographe* (Journ. de méd. milit., 1876, en russe). — A. Mosso : *Ueber die gegenseitigen Beziehungen der Bauch und Brustathmung* (Arch. für Phys., 1878). — Luciani : *Delle oscillazioni della pressione intratoracica e intraddomihale* (Arch. per le sc. med., t. II, 1878). — Neupauer : *Die physikalischen Grundlagen der Pneumatometrie und des Luftwechsels in den Lungen* (Arch. für klin. Med., t. XXIII, 1879). — Waldenburg : *Bestimmung der Grösse der Residualluft, der Respirations, Reserve und Complementärluft* (Zeit. für klin. Med., t. I, 1879). — F. Krause : *Pneumatometrische Unters. nach einer neuen Methode*, 1879. — Gad : *Ueber einen neuen Pneumatographen* (Arch. für Physiol., 1879). — Id. : *Einige kritische Bemerkungen, die Pneumatographie betreffend* (id., 1879). — J. R. Ewald : *Der normale Athemdruck und seine Curve* (Arch. de Pflüger, t. XIX, 1879). — Id. : *Eine neue Methode, den Druck in den Lungen zu messen* (id., t. XX, 1879). — H. Kronecker et M. Marckwald : *Ueber die Athembewegung des Zwerchfells* (Arch. de Du Bois-Reymond, 1879). — Gad : *Die Regulirung der normalen Athmung* (id., 1880).

3° Rhythme et nombre des mouvements respiratoires.

Une respiration se compose de deux stades successifs, une inspiration, une expiration. La plupart des physiologistes admettent cependant après l'expiration une troisième période, *pause expiratoire*, période d'équilibre pendant laquelle il y a repos absolu de toutes les puissances expiratrices et inspiratrices. Si on examine à ce point de vue les graphiques respiratoires, on voit que, dans les respirations très rapides, comme dans le graphique de la figure 271, prise en introduisant directement le tube du tambour enregistreur dans la trachée, la descente de la courbe (inspiration) succède immédiatement à l'ascension de la courbe (expiration); il n'y a donc pas là de pause expiratoire. Dans les respirations plus lentes, comme dans le graphique respiratoire de la figure 267, l'expiration est suivie d'une sorte de pause indiquée par le plateau arrondi qui sépare la ligne ascendante de l'expiration de la ligne descendante de l'inspiration. On verra plus loin que, dans certaines conditions anormales, cette pause expiratoire devient très prononcée.

Ce qui dans bien des cas peut faire croire à une pause expiratoire, c'est le ralentissement de l'expiration quand elle tire vers sa fin, ralentissement qui se traduit sur les tracés par une tendance de la courbe expiratoire à se rapprocher de l'horizontale; c'est ce qu'on voit par exemple très bien, sur le tracé de la figure 267 (le lire de gauche à droite).

Cette pause expiratoire existe toujours dans les respirations très lentes et très profondes.

Quelques auteurs ont encore admis, entre l'inspiration et l'expiration, une pause, *pause inspiratoire*, mais qui n'existe en réalité que dans des conditions particulières et ne se rencontre pas à l'état normal.

Habituellement, il n'y a donc en réalité que deux périodes, inspiration, expiration. L'inspiration est en général plus brève que l'expiration, mais il est bien difficile d'en donner le rapport exact, et les évaluations numériques trouvées par les physiologistes sont loin de concorder. Il n'y a du reste qu'à examiner les différents graphiques respiratoires pour voir qu'il est impossible d'arriver à une formule absolue. La durée de chacun de ces stades d'une respiration se mesure facilement par l'étendue de la ligne des abscisses occupée par les deux courbes de l'inspiration et de l'expiration.

L'inspection des tracés montre encore que la vitesse du mouvement, d'abord très rapide, décroît vers la fin; en effet, on voit la courbe respiratoire, d'abord presque verticale, s'arrondir à la fin de son ascension (expiration) ou de sa descente (inspiration).

La *durée totale d'une respiration* (inspiration et expiration) est très variable. Cette durée peut être évaluée en moyenne à 4 secondes dans l'état de repos complet, ce qui donnerait un chiffre de 15 respirations par minute. D'après Vierordt même, ce chiffre, dans l'état de repos absolu, ne serait que de 12 par minute. Par contre, la moindre cause suffit pour accélérer la respiration, ce qui explique les chiffres variables donnés par les différents observateurs pour la moyenne du nombre des respirations (15 à 24 par minute). Habituellement le rhythme des respirations est très régulier, aussi régulier que celui des battements du cœur, mais nous pouvons par la volonté ralentir, arrêter, accélérer, dans de certaines limites, tous les actes respiratoires. Tout ce qui augmente l'activité musculaire, la marche, la course, etc., accélère la respiration; il en est de même des affections psychiques qui peuvent cependant aussi l'arrêter momentanément dans certains cas. L'attention, au lieu de le régulariser, trouble immédiatement le rhythme respiratoire.

Pour l'influence de l'innervation sur la respiration, voir la Physiologie du *pneumogastrique* et de la *moelle allongée*.

L'âge fait varier la fréquence des respirations, comme le démontre le tableau suivant de Quételet :

AGE.	NOMBRE DE RESPIRATIONS PAR MINUTE		
	MAXIMUM.	MINIMUM.	MOYENNE.
Nouveau-né....................	70	23	44
1 à 5 ans....................	32	—	26
15 à 20 —	24	16	20
20 à 25 —	24	14	18,7
25 à 30 —	21	15	16
30 à 50 —	23	11	18,1

L'influence du *sommeil* sur la respiration a été étudiée par A. Mosso (voir: *Types respiratoires*).

L'*étroitesse des voies respiratoires* diminue la fréquence de la respiration qui augmente d'amplitude ; en même temps le rhythme respiratoire se modifie et l'inspiration gagne en longueur. La compression extérieure du tronc (ceintures, corsets) allonge aussi la durée de l'inspiration, mais elle diminue l'amplitude et augmente la fréquence des mouvements respiratoires (Marey).

A l'état normal, les mouvements du thorax et de l'abdomen sont parfaitement parallèles ; cependant, dans quelques cas, Luciani et plus tard A. Mosso ont observé un défaut de parallélisme entre le soulèvement de l'abdomen et la dilatation thoracique.

La *température* augmente la fréquence des mouvements respiratoires.

D'une façon générale, le nombre des mouvements respiratoires est en rapport inverse de la taille des animaux. Cependant Bert a montré que cela n'était vrai que dans un même groupe naturel, et que, pour des animaux de groupes différents, il n'y a pas de rapport précis entre la taille et la respiration.

Dans certains cas pathologiques (urémie, affections cérébrales), on observe un mode particulier de respiration, *respiration de Cheyne-Stoke* ; le phénomène consiste en pauses respiratoires alternant avec des séries de respirations, qui, d'abord très superficielles, augmentent peu à peu d'amplitude et deviennent de plus en plus profondes pour diminuer ensuite graduellement et aboutir à une nouvelle pause.

Bibliographie. — VIERORDT : *Versuche über die Rhythmik der Athmungsbewegungen von Thieren* (Arch. für phys. Heilk., 1856). — SANDERS-EZN : *Der respiratorische Gasaustausch* (Ber. d. k. sächs. Ges., 1867). — P. BERT : *Rapport de la taille des animaux avec le nombre de leurs mouvements respiratoires* (Soc. de biologie, 1868).

4° Types respiratoires.

La respiration ne se fait pas toujours d'après le même mécanisme, aussi a-t-on admis plusieurs *types* respiratoires. En effet, parmi les muscles inspirateurs, tous ne présentent pas toujours la même intensité d'action, et, suivant que l'action de tels ou tels muscles prédomine, on voit varier le mode d'ampliation de la cage thoracique.

Quand l'action du diaphragme prédomine, la respiration est dite *diaphragmatique* ou *abdominale* ; le ventre se bombe et les dimensions transversales du thorax ne se modifient que très peu et seulement dans la région inférieure. C'est ce mode de respiration qui est habituel à l'homme. Dans le type *costal* ou *thoracique* au contraire, c'est sur les dimensions transversales du thorax que porte principalement son ampliation et l'ac-

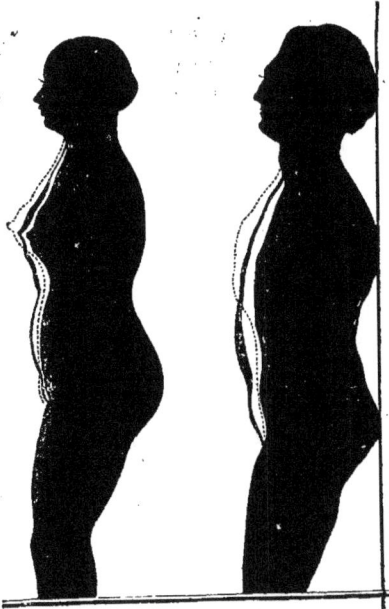

Fig. 284. — *Diagramme des divers modes de respiration* (Hutchinson) (*).

tion du diaphragme est diminuée d'autant. Dans ce cas le ventre est aplati et l'ampliation du thorax est due principalement aux mouvements des côtes et surtout des côtes supérieures. Ce mode de respiration se rencontre chez les femmes, où il paraît dû à l'usage du corset, et, toutes les fois que l'action du diaphragme est empêchée (grossesse, tumeur abdominale, etc.). Quand cette respiration est très accentuée, les mouvements de la clavicule et des deux premières côtes deviennent très prononcés et lui ont fait donner le nom de *respiration claviculaire*.

La figure 284, empruntée à Hutchinson, représente les divers modes

(*) Cette figure montre l'étendue des mouvements antéro-postérieurs dans la respiration ordinaire et dans la respiration forcée, chez l'homme et chez la femme. Le trait noir indique par ses deux bords les limites de l'inspiration et de l'expiration ordinaires. La ligne pointillée répond à l'inspiration forcée, le contour de la silhouette à l'expiration forcée.

et types de respiration chez l'homme et chez la femme et le tableau de la page 961 donne les excursions des points principaux du thorax dans ces deux types de respiration.

D'après A. Mosso, pendant le sommeil, la respiration se rapprocherait du type claviculaire, et il y aurait diminution d'action du diaphragme.

Bibliographie. — Sibson : *On the mechanism of respiration* (Philos. Trans., 1846).

5° De quelques actes respiratoires spéciaux.

Les mouvements respiratoires se modifient de façon à produire certains actes spéciaux qui concourent à l'accomplissement de la fonction respiratoire et d'autres fonctions, ou qui correspondent à des influences nerveuses particulières. Eu égard à leur mécanisme, ces actes peuvent être classés en trois catégories : effort, actes inspirateurs et actes expirateurs. Le mécanisme de la voix et de la parole rentrerait aussi dans cette dernière catégorie, mais leur importance mérite une étude à part qui sera faite dans les chapitres suivants.

A. **Effort.** — L'effort n'est pas autre chose que le déploiement à un moment donné d'une contraction musculaire intense pour vaincre une résistance considérable. Cet effort a pour première condition la fixation de la cage thoracique, fixation qui donne un point d'appui solide aux muscles des membres supérieurs, de l'abdomen et des membres inférieurs. Pour fixer la cage thoracique, on fait une inspiration profonde, puis la glotte se ferme et les muscles expirateurs se contractent alors énergiquement. Cette occlusion de la glotte a été constatée directement chez les animaux ; chez l'homme elle est prouvée par ce fait d'observation journalière que l'émission des sons s'arrête au moment de l'effort. Cependant l'occlusion absolue de la glotte ne paraît pas être indispensable, et les animaux ou les hommes porteurs de fistules de la trachée peuvent encore faire des efforts, mais moins énergiques et moins soutenus.

B. **Actes inspirateurs.** — Ces actes inspirateurs sont tantôt simples, comme l'action de humer ou de renifler, tantôt plus complexes, comme le bâillement. Dans le *humer*, l'air passe par la bouche en entraînant le liquide en contact avec l'orifice buccal. Dans le *renifler*, le courant d'air inspiré passe par le nez, et on aspire en même temps les corps placés à l'orifice des narines, comme dans l'action de priser. Le *bâillement* consiste en une inspiration profonde, la bouche largement ouverte, avec contraction de certains muscles de la face et suivie d'une expiration bruyante ou insonore. Le *sanglot* est une inspiration ou une série d'inspirations diaphragmatiques, brèves, spasmodiques, douloureuses avec production de son glottique à l'inspiration et à l'expiration. Dans le *soupir* l'inspiration est lente, profonde et suivie d'une expiration courte et forte avec émission d'un son particulier. Le *hoquet* est une contraction spasmodique du diaphragme, avec inspiration brusque arrêtée subitement par l'accolement des cordes vocales.

C. **Actes expirateurs.** — La *toux* consiste en une ou plusieurs expirations avec rétrécissement de la glotte et production d'un son assez fort ; le courant d'air expiré passe en grande partie par la bouche. L'*expectoration* n'est que l'expulsion par la toux des mucosités contenues dans la trachée et le larynx. Dans l'*excréation* (*hem* des Anglais), les mucosités accumulées dans l'arrière-gorge et le pharynx sont entraînées par le courant d'air expiré ; dans le *crachement*, il entraîne celles

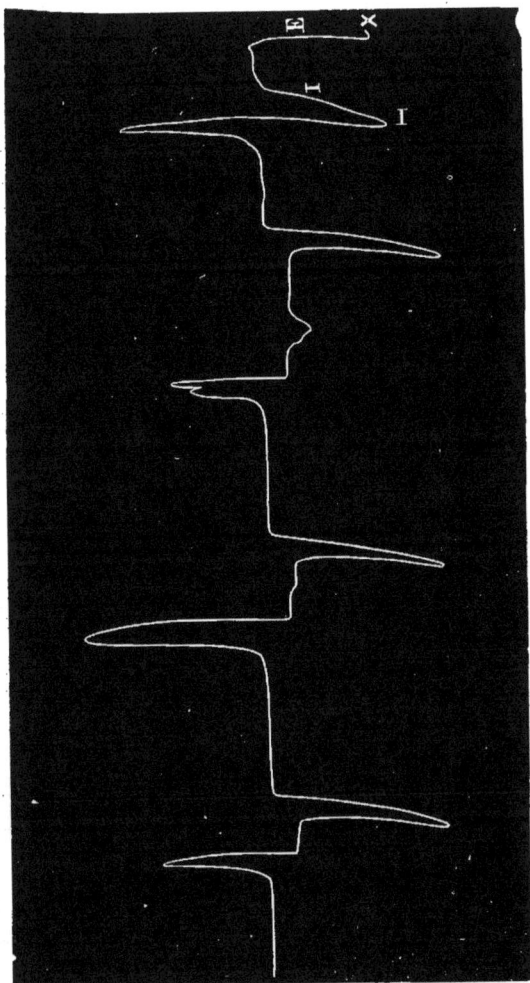

Fig. 285. — *Graphique du rire* (*).

qui se trouvent dans la cavité buccale ; dans le *moucher*, le courant d'air, au lieu de passer par la bouche, passe par les fosses nasales. L'*éternuement* consiste en

(*) Le graphique se lit de droite à gauche ; la croix indique le début du graphique ; la ligne ascendante E correspond à l'expiration, la ligne descendante I à l'inspiration ; la première courbe donne la respiration normale ; il y a dans ce cas une pause expiratoire. Le trait horizontal indique le début du rire.

une inspiration profonde suivie d'une expiration brusque se faisant par le nez. Le *rire* se compose d'une série d'expirations successives, la bouche ouverte et avec production d'un bruit spécial à la glotte ; pendant le rire, l'épiglotte est relevée, ce qui facilite le passage des aliments et des boissons dans le larynx.

La méthode graphique permet d'étudier dans tous leurs détails le mécanisme de ces divers actes respiratoires. Je donnerai comme type le graphique du rire, pris par le procédé indiqué page 914.

Bibliographie. — J. CLOQUET : *De l'influence de l'effort sur les organes renfermés dans la cavité thoracique*, 1820. — KRIMER : *Unt. über die nächste Ursache des Hustens*,1819. — E. SMITH : *Sur l'occlusion de l'orifice supérieur du larynx et du pharynx*, etc. (Journ. de la physiologie, 1858). — DONDERS : *Borst en buikademhaling*, etc. (Nederl. Arch. voor Genees.*, 1865). — FR. SCHATZ : *Die Druckverhältnisse im Unterleibe*, etc. (Jubelfest. von d. Ges. für Geburtshülfe zu Leipzig, 1872). — STONE : *On wind-pressure in the human lung during performance of wind-instruments* (Philos. Mag., t. XLVIII, 1874).

6° Apnée, dyspnée et asphyxie.

Apnée. — Quand le sang est saturé d'oxygène les mouvements respiratoires s'arrêtent (Hook, 1667) ; c'est à cet état que Rosenthal a donné le nom d'apnée. Si sur un animal on pratique l'insufflation pulmonaire en diminuant de plus en plus l'intervalle de deux insufflations successives, les mouvements respiratoires se ralentissent et finissent par cesser tout à fait, tandis que toutes les autres fonctions, mouvements du cœur, actions réflexes, etc., continuent à s'exécuter comme à l'état normal.

Dyspnée. — La dyspnée se présente toutes les fois que les échanges gazeux respiratoires ne se font pas avec assez d'activité. On peut produire la dyspnée de deux façons : 1° par l'ouverture des plèvres, ce qui amène l'affaissement d'un ou des deux poumons ; 2° par le rétrécissement des voies aériennes, ce qui diminue l'abord de l'air dans les poumons. Quel que soit son mode de production, la dyspnée se traduit par l'exagération des mouvements d'inspiration ; non seulement les muscles inspirateurs ordinaires, comme le diaphragme, se contractent plus énergiquement que d'habitude ; mais on voit entrer en action des muscles qui, à l'état ordinaire, ne participent pas à l'inspiration calme, tels sont les muscles scalènes, les dentelés postérieurs, etc. ; aussi les côtes supérieures se soulèvent-elles avec force à chaque inspiration, et le larynx, presque immobile dans la respiration ordinaire, s'abaisse fortement, ce qui est un des signes caractéristiques de la dyspnée.

Asphyxie. — On peut distinguer l'asphyxie brusque, qui se produit par l'occlusion complète de la trachée par exemple, et l'asphyxie lente, dans laquelle l'occlusion des voies aériennes ne se fait que d'une façon graduelle.

Les phénomènes de l'asphyxie rapide peuvent se diviser en trois stades, très courts, qu'il est facile d'observer sur les animaux et en particulier chez le chien.

Dans le premier stade, qui dure environ une minute, on remarque d'abord de la dyspnée et des mouvements inspiratoires excessifs très marqués, surtout pour les muscles thoraciques ; puis les muscles abdominaux se contractent énergiquement ; et à la fin de la première minute, apparaissent des convulsions d'abord purement expiratrices, puis accompagnées de spasmes plus ou moins irréguliers des membres et surtout des muscles fléchisseurs.

Dans le second stade, qui a à peu près la même durée, les convulsions cessent, quelquefois tout à coup, et les mouvements d'expiration sont à peine perceptibles; la pupille est dilatée; les paupières ne se ferment plus si on touche la cornée; les actions réflexes ont cessé; tous les muscles, sauf les inspirateurs, sont dans le relâchement; la pression artérielle baisse; il y a en somme un calme général qui contraste singulièrement avec l'agitation de la période précédente.

Dans la troisième période, qui dure deux à trois minutes, les mouvements d'inspiration deviennent de plus en plus faibles et espacés; les muscles inspirateurs accessoires se contractent spasmodiquement et, bientôt après, les spasmes gagnent d'autres muscles et particulièrement les extenseurs; la tête se renverse en arrière, le tronc s'étend et s'incurve en arc; les membres sont dans l'extension, les narines sont dilatées; des bâillements convulsifs se produisent et la mort ne tarde pas à arriver.

Les phénomènes de l'asphyxie lente suivent la même marche, seulement avec beaucoup moins de rapidité dans leur production; mais là encore on retrouve les trois périodes de convulsions expiratoires, de calme et de convulsions inspiratoires.

Voir aussi: *Moelle allongée* et *Pneumogastrique*.

Bibliographie. — CZERMAK : *Ein Experiment über die Beziehungen des Gaswechsels in den Lungen*, etc. (Centralbl., 1866). — TRAUBE : *Ueber das Wesen und die Ursache der Erstickungserscheinungen am Respirationsapparate*, 1867. — P. HERING : *Einige Unt. über die Zusammensetzung der Blutgase während der Apnoe*, 1867. — E. PFLÜGER : *Ueber die Ursache der Athembewegungen* (Arch. de Pflüger, t. I, 1868). — J. GOLDSTEIN : *Ueber Wärmedyspnoe* (Verhandl. phys. med. Ges. zu Würzburg, 1871). — HOGYES : *Exp. Beitr. über den Verlauf der Athembewegungen während der Erstickung* (Arch. für exp. Pat., t. VI, 1875).

Bibliographie générale. — P. BERT : *Leçons sur la physiologie comparée de la respiration*, 1870.

3° Phonation.

La voix se produit dans le larynx; dans les conditions ordinaires de la respiration, l'air traverse cet organe sans déterminer de son appréciable autre qu'un léger souffle à peine perceptible; mais quand le larynx et en particulier la glotte se modifient de la façon qui sera décrite plus loin, le courant d'air expiré détermine la formation d'un *son vocal* ou *voix*.

Avant d'étudier le mécanisme de la production du son dans le larynx, il me paraît utile de rappeler les notions fondamentales sur les caractères et la production du son; quoique ces notions appartiennent à la physique pure, elles sont le préliminaire obligé de la physiologie de la phonation.

1° Principes d'acoustique.

1. — De la vibration sonore.

Tous les corps, quel que soit leur état, solide, liquide ou gazeux, sont susceptibles de vibrer, pourvu qu'ils soient élastiques, et de déterminer par leurs vibrations des sensations auditives. Ces vibrations consistent en des mouvements de va-et-vient, en des oscillations des molécules du corps sonore autour de leur position d'équilibre, mouvements de va-et-vient qui se transmettent de proche en proche aux molécules voisines. Il y a donc deux choses bien distinctes dans ce phénomène : le mouvement de va-et-vient des molécules et la propagation de ce mouvement.

Le mouvement de va-et-vient des molécules constitue ce qu'on appelle une *vibration* ou une *oscillation*. Les vibrations sont longitudinales ou transversales ; longitudinales, quand le mouvement de va-et-vient des molécules se fait dans la même direction que la propagation de la vibration (ex. : dans l'air) ; transversales, quand ce mouvement est perpendiculaire à cette direction (ex. : une corde qu'on écarte avec le doigt de sa position d'équilibre).

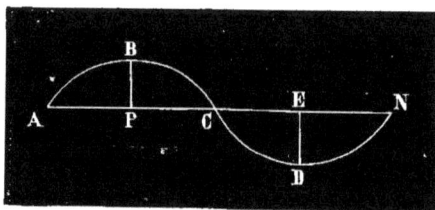

Fig. 286. — *Vibration pendulaire.*

Dans la propagation des vibrations, soit longitudinales, soit transversales, chaque point du milieu parcouru par le mouvement vibratoire passe successivement par les mêmes phases. On appelle *ondulation* cette progression du mouvement vibratoire qu'il ne faut pas confondre avec la vibration des molécules, et on donne le nom de *longueur d'onde* à la distance qui sépare deux points du corps vibrant qui se trouvent, au même instant, à la même phase du mouvement vibratoire. Cette longueur d'onde est constante pour un nombre donné de vibrations par seconde dans le même milieu ; elle est proportionnelle à la durée de la vibration et en raison inverse de la vitesse. Dans les vibrations longitudinales, chaque ondulation se compose d'une demi-onde condensée et d'une demi-onde dilatée ; dans les vibrations transversales, l'ondulation se compose de deux demi-ondes, dans chacune desquelles toutes les molécules vibrantes se trouvent d'un seul côté de leur position d'équilibre. Pour avoir la longueur d'onde, il suffit de diviser la vitesse de propagation des vibrations sonores (vitesse du son), constante pour chaque milieu, par le nombre des vibrations par seconde : $l = \dfrac{v}{n}$.

Les vibrations sonores peuvent être régulières et périodiques, c'est-à-dire que le mouvement des molécules se reproduit exactement dans des périodes de temps rigoureusement égales. C'est à ce genre de vibrations que correspond la sensation de son musical. Quand les vibrations sont irrégulières et non périodiques, ou, quoique régulières et périodiques, se mélangent irrégulièrement, nous avons la sensation d'un bruit. Il en est de même quand elles se réduisent à des chocs instantanés.

On peut représenter graphiquement et d'une manière très simple les vibrations sonores. Soit (fig. 286) AN, la durée d'une vibration transversale, la courbe ABC représentera les positions successives occupées par un point vibrant dans la première moitié de l'ondulation (phase positive) ; CDN, les positions occupées pendant la deuxième moitié de l'ondulation (phase négative). On peut aussi considérer AN comme représentant la longueur d'onde ; la courbe ABC représentera, dans ce cas, les positions simultanées de chacun des points du corps vibrant dans la phase positive ; CDN, dans la phase négative. On a dans ce cas la *forme* même du mouvement vibratoire. La même figure peut servir pour les vibrations longitudinales. AN représente la durée de la vibration, ABC l'onde condensée, CDN l'onde dilatée ; les hauteurs PB, ED, représentent les vitesses des molécules dans la fraction correspondante de la durée de la vibration, autrement dit, le degré de condensation et de dilatation des molécules ; si les courbes ABC, CDN représentent au contraire la longueur d'onde, la courbe représentera alors l'état des molécules dans toute l'étendue de l'ondulation.

Dans beaucoup de cas, ces vibrations sonores peuvent être enregistrées directement à l'aide d'appareils particuliers dont la description se trouve dans les traités de physique (*méthode de Duhamel, phonautographe, méthode optique de Lissajous*, etc.).

Les vibrations périodiques peuvent être *simples* ou *composées*.

1° *Vibrations simples*. — Appelées encore vibrations *pendulaires*, parce que le mouvement de va-et-vient des molécules vibrantes suit la même loi que le mouvement du pendule ; elles ne diffèrent entre elles que par l'amplitude et la durée. On appelle *amplitude* d'une vibration l'écartement plus ou moins considérable des molécules vibrantes de leur position d'équilibre, ou encore l'espace compris entre les deux positions extrêmes des molécules vibrantes. L'amplitude détermine l'*intensité* du son.

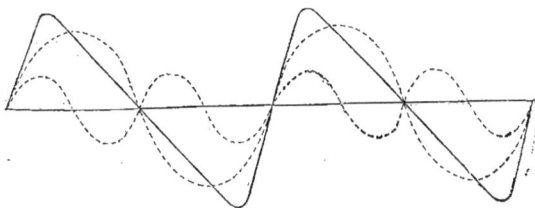

Fig. 287. — *Vibration composée de deux vibrations simples*.

La *durée* de la vibration est le temps employé par les molécules oscillantes, pour leur mouvement de va-et-vient. Cette durée est constante pour une vibration pendulaire donnée, quelle que soit son amplitude. Plus cette durée est petite, plus la molécule vibrante accomplit d'oscillations dans l'unité de temps ; aussi remplace-t-on souvent cette notion de durée par celle du *nombre* de vibrations par seconde ; ce nombre est en raison inverse de la durée de la vibration. Pour avoir la durée de la vibration, il suffit de diviser l'unité de temps, la seconde, par le nombre de vibrations : $d = \dfrac{1}{n}$. A la durée, correspond la sensation de *hauteur* du son.

La *forme* de la vibration pendulaire est constante et invariable. Mathématiquement, elle a pour caractère que la distance du point vibrant à sa position première est égale au sinus d'un arc proportionnel au temps (d'où le nom de vibration *sinusoïdale*). Pour obtenir la représentation graphique d'une vibration pendulaire, il suffit d'adapter à une des branches d'un diapason un stylet qui trace les mouvements de va-et-vient de cette branche, sur un cylindre enregistreur. La figure 286 représente une vibration pendulaire.

2° *Vibrations composées*. — Les vibrations composées sont formées par la réunion de vibrations simples, pendulaires. Tandis que celles-ci ne présentent que des différences d'amplitude et de durée, et ont toujours la même forme, les vibrations composées peuvent présenter une infinité de formes différentes.

Pour trouver la forme de vibration composée correspondant à deux ou à plusieurs vibrations simples, il suffit de tracer les courbes de ces vibrations simples, et de faire leur somme algébrique ; la courbe résultante représentera la vibration composée (fig. 287).

Des vibrations simples, de durée égale ou non, peuvent encore produire des vibrations composées plus complexes si l'on introduit entre les deux vibrations simples une différence de phase, c'est-à-dire si l'on fait commencer la seconde vibration un intervalle de temps ($\frac{1}{2}$, $\frac{1}{3}$, $\frac{1}{4}$, etc., de l'unité de temps) après la première.

Dans cette composition des vibrations simples, il peut y avoir des phénomènes d'interférence ; si à une onde dilatée correspond une onde condensée, elles s'an-

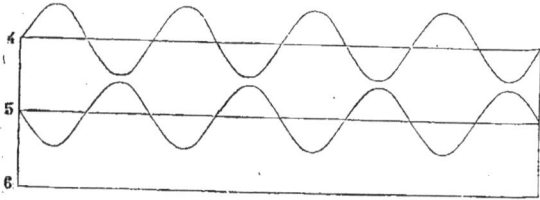

Fig. 288. — *Interférence de deux ondes sonores.*

nulent réciproquememt (voir fig. 288). Quand, au contraire, comme dans la figure 289, les ondes condensées et les ondes dilatées se correspondent respectivement, la vibration composée a la forme de la courbe 3.

Quand deux vibrations simples, de durée inégale, mais très voisine coexistent, il arrive des moments dans la série des mouvements vibratoires, où les vibrations s'ajoutent et d'autres au contraire où elles interfèrent et s'annulent. Alors intervient le phénomène des *battements* qui sera étudié à propos des sensations auditives.

Les vibrations simples sont très rares dans la nature. La plupart des vibrations sont des vibrations composées, comme dans la plupart des instruments.

Dans une vibration composée, il est rare que toutes les vibrations pendulaires aient la même intensité. En général, l'une d'elles domine : c'est ce qu'on appelle

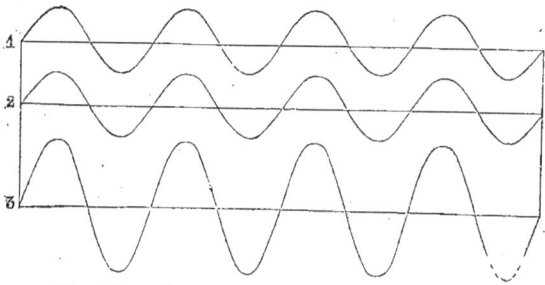

Fig. 289. — *Correspondance de deux ondes sonores.*

le *son fondamental* ; les autres, qui produisent les sons dits *partiels*, sont habituellement beaucoup plus faibles.

Ces vibrations partielles ont, en général, une durée moindre que la vibration fondamentale, autrement dit la hauteur des sons correspondants est plus considérable. Dans les instruments musicaux, dans la voix humaine, les nombres des vibrations des sons partiels sont en rapport simple avec le nombre de vibrations du son fondamental. Ces rapports sont comme la série des nombres entiers, 1, 2, 3, 4, etc. ; ainsi pendant que le son fondamental fait une vibration, le premier son partiel en fait deux, le deuxième trois et ainsi de suite. Ces sons partiels ont reçu pour ce motif le nom d'*harmoniques*. Le timbre d'un son dépend du nombre et de l'intensité de ses harmoniques. Il peut arriver que les sons partiels ne soient pas en rapport simple avec les nombres de vibrations du son fondamental, ne soient pas harmoniques du son fondamental (ex. : tiges droites élastiques, plaques, membranes).

Sons résultants. — Lorsque deux sons, de hauteur différente, sont émis simultanément, il se produit de nouveaux sons, appelés *sons résultants*. Ils sont de deux espèces ; les uns, *sons différentiels*, plus intenses, ont un nombre de vibrations égal à la différence du nombre de vibrations des deux sons primitifs ; ainsi, si les deux sons primitifs font 400 et 300 vibrations par seconde, le son différentiel en fera 100 ; les autres, *sons additionnels*, très faibles, ont un nombre de vibrations égal à la somme des nombres de vibrations des deux sons primitifs, 700 dans le cas précédent. Les harmoniques peuvent produire des sons résultants aussi bien que les sons fondamentaux.

2° *Propagation des vibrations sonores.*

Les vibrations des corps sonores se transmettent aux milieux ambiants, air, liquides, solides, immédiatement en contact avec le corps vibrant et se propagent ensuite dans ces milieux. Ces vibrations transmises conservent la même vitesse et la même durée que les vibrations primitives ; le nombre de vibrations par seconde reste le même ; la hauteur du son ne change pas, mais il n'en est plus de même des autres conditions ; l'amplitude des vibrations varie ; elle diminue dans le passage d'un milieu moins dense à un milieu plus dense ; elle augmente dans le cas contraire. En outre, dans cette transmission du mouvement vibratoire d'un corps à un autre, le mode même du mouvement peut varier ; c'est ainsi que les vibrations transversales des cordes se transmettent à l'air en donnant naissance à des vibrations longitudinales.

En passant d'un milieu dans un autre, toutes les ondes sonores ne sont pas réfractées ; une partie est réfléchie d'après les lois générales de la réflexion, une partie suit celles de la diffraction, une partie enfin est absorbée en se transformant en une autre espèce de mouvement (chaleur?).

Quand des vibrations sonores se transmettent à travers un corps, il peut se présenter deux cas ; ou bien les vibrations se communiquent aux molécules du corps sans le déplacer en masse, ou bien au contraire, soit par l'intensité des vibrations, soit par la faible masse du corps, celui-ci vibre dans sa totalité et exécute de véritables oscillations d'ensemble ; les vibrations sont moléculaires dans le premier cas, totales dans le second. Les deux espèces peuvent du reste coexister.

1° *Propagation des vibrations sonores dans l'air.* — Les vibrations de l'air sont toujours longitudinales. Elles se propagent dans ce milieu à raison de 333 mètres par seconde à 0°, 340 mètres à 15° ; c'est ce qu'on appelle vitesse du son dans l'air.

Sons par influence. — La transmission des vibrations de l'air aux corps solides présente certaines circonstances importantes à connaître pour le mécanisme de la phonation et de l'audition. Je veux parler du phénomène appelé *sons par influence*, quoiqu'il n'y ait là qu'un cas particulier de transmission de vibrations. En général, les vibrations d'une masse d'air n'ont pas une force suffisante pour faire entrer en vibrations un corps solide d'un certain volume ; il y a pourtant à cela une exception. Les corps sonores, cordes, plaques, etc., ont ce qu'on appelle un *son propre*, c'est-à-dire que, mis en vibration, ils donnent toujours, suivant leur tension, leur masse, leur élasticité, un son d'une hauteur déterminée et correspondant à un nombre déterminé de vibrations ; ils sont, suivant une expression musicale, *accordés* pour un son donné ; lorsque ce son résonne, c'est-à-dire quand la masse aérienne qui les entoure fait

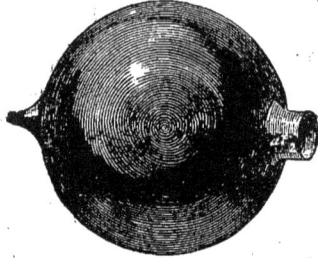

Fig. 290. — *Résonnateur d'Heïmholtz.*

le nombre de vibrations qui correspond à ce son, ils se mettent à vibrer à l'unisson. Si au contraire le nombre de vibrations de la masse aérienne ne coïncide pas avec le nombre de vibrations du son propre du corps, celui-ci reste immobile. En construisant d'avance une série de globes, *résonnateurs* (fig. 290) accordés pour les différentes hauteurs de son, on obtient ainsi autant d'analyseurs du son ; il suffit d'introduire l'extrémité d'un de ces globes dans l'oreille pour renforcer considérablement le son extérieur correspondant au son propre du résonnateur et celui-là seulement ; on peut par ce moyen reconnaître immédiatement les sons partiels contenus dans un son composé, quelque faibles qu'ils soient, et avec une série de résonnateurs convenablement choisis, analyser tous les sons composés.

Cette vibration des corps par influence peut encore se produire même quand le son émis n'est pas exactement à la même hauteur que le son propre du corps ; mais alors l'intensité de la vibration par influence se trouve beaucoup affaiblie.

2° *Propagation des vibrations sonores dans l'eau.* — La vitesse du son dans l'eau est de 1,435 mètres par seconde. La transmission des vibrations se fait très bien dans les liquides ; le plongeur entend très nettement les sons qui se produisent sur le rivage. Elle se fait même mieux par l'eau que par l'air ; aussi chez les animaux qui vivent dans l'air, l'appareil auditif subit-il des perfectionnements qui facilitent la transmission.

3° *Propagation des vibrations sonores par les solides.* — Ce mode de transmission est tout à fait exceptionnel, ce qui ne l'empêche cependant pas d'être plus parfait encore que les deux précédents. Faites vibrer un diapason, et quand le son sera près de disparaître, placez la tige du diapason entre les dents, le son se renforcera subitement. L'usage du stéthoscope en auscultation repose sur ce mode de transmission par les solides. (Voir aussi : *Physiologie de l'audition.*)

3° *Production des sons dans les instruments musicaux.*

1° *Instruments à cordes.* — Dans les instruments à cordes, le son serait très faible si des corps, dits *résonnants* (corps solides élastiques, masses d'air enfermées, etc.) ne venaient renforcer le son primitif. La hauteur du son varie avec la longueur des cordes, avec leur tension, leur épaisseur et leur densité, d'après les lois suivantes :

Le nombre de vibrations est en raison inverse de la longueur des cordes ; quand une corde vibre dans toute sa longueur, elle donne le son le plus grave qu'elle puisse donner, *son fondamental* ; quand on la partage en deux parties égales par un chevalet, chaque partie vibre séparément et donne l'octave du son fondamental, c'est-à-dire qu'elle fait un nombre double de vibrations.

Le nombre de vibrations est proportionnel à la racine carrée de la tension. Pour qu'une corde donne l'octave en conservant sa longueur, il faut que sa tension soit quatre fois plus considérable, qu'elle soit tendue par un poids quatre fois plus fort.

Le nombre de vibrations est en raison inverse du diamètre des cordes ; les cordes les plus épaisses donnent les sons les plus graves.

Enfin le nombre de vibrations est en raison inverse de la racine carrée du poids spécifique des cordes ; les cordes les plus lourdes ont des vibrations moins rapides.

2° Instruments à vent. — Dans les instruments à vent c'est l'air lui-même qui est le corps sonore et les parois du tuyau qui contient la colonne d'air en vibration n'ont d'influence que sur la qualité ou le timbre du son. Deux conditions influencent surtout la hauteur du son dans les instruments à vent, les dimensions du tuyau et la force du courant d'air qui arrive sur l'embouchure ; les sons sont d'autant plus aigus que le tuyau est plus court et plus étroit ; la hauteur du son augmente avec la force du courant d'air et l'augmentation de tension des molécules vibrantes.

8° Instruments à anche. — On a longtemps discuté pour savoir si, dans les instruments à anche, le son était produit par les vibrations de l'anche ou par celles de l'air. La question semble aujourd'hui résolue par les expériences d'Helmholtz ; il a constaté, à l'aide du *microscope à vibrations* (1), que les anches exécutent des vibrations *simples* tout à fait régulières et ne peuvent par conséquent par elles-mêmes produire que des sons simples ; les sons complexes de ces instruments sont donc dus forcément aux vibrations de l'air ; l'anche ne fait que régler la sortie du courant d'air, le diamètre de l'embouchure (qui devient alternativement plus grande et plus petite) et par conséquent la périodicité du son. Cependant, Grützner, en se servant de la méthode graphique, est arrivé à des résultats différents et a constaté que les anches membraneuses ne produisaient de vibrations simples que dans la minorité des cas.

Les anches se divisent en anches rigides et anches membraneuses. Il ne sera ici question que de ces dernières.

Le type le plus simple d'anche membraneuse est constitué par une membrane percée d'une fente et tendue à l'extrémité d'un tube par lequel on souffle. Les lois des vibrations des anches membraneuses simples ont surtout été étudiées par J. Müller. Les nombres de vibrations (hauteur du son) suivent les mêmes lois que pour les instruments à cordes ; l'étroitesse de la fente n'a pas d'influence sur la hauteur du son, mais les sons se produisent avec d'autant plus de facilité que la fente est plus étroite. En outre, la force du courant d'air augmente la hauteur du son.

Les lois ne sont plus les mêmes dans les anches dites *composées*, c'est-à-dire dans lesquelles l'anche est surmontée d'un tuyau additionnel ou *corps*, comme dans les instruments de musique. Dans ce cas, la hauteur du son est influencée par la longueur du corps ; le son devient de plus en plus bas à mesure que le corps s'allonge, mais il ne tombe jamais à l'octave comme pour les anches rigides ; puis, pour une longueur déterminée, le son revient au son fondamental de l'anche, enfin un allongement nouveau du corps le fait baisser de nouveau et ainsi de suite.

(1) Le microscope à vibrations est un instrument dont le principe a été découvert par Lissajous et qui permet d'observer facilement la courbe décrite par un point isolé d'un corps vibrant. (Voir les Traités de physique.)

2° **Production du son dans le larynx.**

Procédés. — 1° *Larynx de cadavres.* — Ferrein et surtout J. Müller, puis Harless, Rinne, Merkel, etc., ont étudié la formation de la voix sur des larynx de cadavres. J. Müller fixait le larynx et l'insertion postérieure des cordes vocales en implantant une forte aiguille à travers les cartilages aryténoïdes et attachant cette aiguille à une planchette verticale ; les différents degrés de largeur de la fente glottique étaient obtenus par le rapprochement des cartilages aryténoïdes, les différents degrés de tension par des poids tirant sur la paroi antérieure du cartilage thyroïde ; une soufflerie était adaptée à la trachée et un manomètre indiquait à chaque instant la pression du courant d'air. J. Müller a fait de cette façon un très grand nombre d'expériences.

2° *Larynx artificiels.* — Les mêmes recherches peuvent être faites avec des larynx artificiels, imitant plus ou moins heureusement le larynx humain. Les cordes vocales sont remplacées par des membranes élastiques (caoutchouc, membranes artérielles, etc.), et leur disposition varie tellement suivant les expérimentateurs qu'il est impossible d'entrer dans une description détaillée de ces divers appareils.

3° *Observation directe sur les animaux, vivisections.* — On peut chez les animaux, comme l'ont fait Longet, Segond, etc., après avoir incisé la membrane thyro-hyoïdienne, saisir l'épiglotte avec une érigne et amener le larynx en avant de façon à mettre la glotte en évidence.

4° *Observation directe sur l'homme, laryngoscopie.* — Le chanteur Garcia (en 1854) fut le premier qui observa directement la glotte sur le vivant. Il introduisit dans l'arrière-bouche un petit miroir métallique préalablement chauffé pour éviter la condensation de la vapeur d'eau ; le miroir était incliné de façon à recevoir les rayons solaires et à les renvoyer sur le larynx et l'image renversée de la glotte allait se réfléchir dans l'œil de l'observateur. Le procédé imaginé par Garcia a été perfectionné par Czermak, Turck, Mandl, etc., et le miroir laryngien ou laryngoscope a rendu les plus grands services à la physiologie et à la médecine. Les figures 281 et 282 (page 922) représentent la glotte et les parties supérieures du larynx telles qu'on les voit dans l'inspiration ordinaire et profonde. Hirschberg a perfectionné la laryngoscopie en trouvant le moyen de redresser et d'agrandir l'image. Oertel a employé, pour examiner les vibrations des cordes vocales, l'éclairage intermittent du larynx, comme dans les images stroboscopiques (*laryngo-stroboscopie*). On peut appliquer aussi le laryngoscope aux animaux.

Le larynx ne peut être assimilé complètement à aucun des instruments connus ; mais il se rapproche beaucoup des instruments à anche. Les cordes vocales inférieures représentent en effet des anches membraneuses, mais des anches qui offrent ce caractère particulier de pouvoir varier à chaque instant de longueur, d'épaisseur, de largeur et de tension. Dans l'instrument vocal humain, le porte-vent est constitué par la trachée et les bronches, le tuyau sonore par les cavités supérieures à la glotte, cavités du larynx, pharynx, fosses nasales et cavité buccale.

1° *Conditions de la production de la voix.*

Deux conditions sont essentielles pour la production de la voix ; il faut d'abord que le courant d'air expiré présente une certaine pression, et en second lieu que les cordes vocales soient tendues.

1° *Pression du courant d'air expiré.* — Pour que l'air puisse faire entrer en vibration les cordes vocales, il faut que cet air, au moment où il traverse la glotte, la traverse sous une pression suffisante pour écarter les cordes vocales de leur position d'équilibre. Cette pression a pu être mesurée en adaptant un manomètre à la trachée ; Cagniard-Latour a trouvé (sur une femme) 160 millimètres d'eau pour les sons de moyenne hauteur, 200 pour les sons élevés, 945 pour les sons les plus élevés possibles. Pour que l'air de la trachée acquière cette pression indispensable à la production du son, il faut, d'une part, que la masse gazeuse des voies aériennes soit compri-

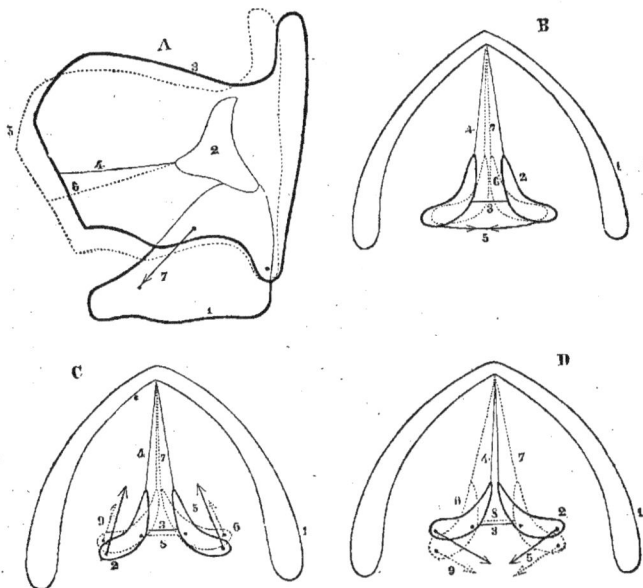

Fig. 291. — *Action des muscles du larynx* (Beaunis et Bouchard) (*).

mée par l'action des muscles expirateurs et il faut, d'autre part, que cet air ainsi comprimé ne puisse s'échapper trop rapidement ; de là la nécessité, dans la phonation, de donner à la glotte la forme d'une fente étroite qui fasse obstacle à la sortie de l'air expiré et permette à cet air de se maintenir à la pression nécessaire pendant la production des sons. Aussi voit-on une ouverture à la trachée abolir instantanément la voix en permettant l'issue facile de l'air expiré et en abaissant par conséquent sa pression au-dessous du minimum indispensable. Si la voix ne peut se produire à l'inspiration (sauf dans quelques cas exceptionnels), c'est uniquement parce que la pression de l'air inspiré est trop faible pour faire vibrer les cordes vocales. Lucae a imaginé un instrument, le *phonomètre*, destiné à apprécier

(*) Les lignes ponctuées indiquent la position nouvelle prise par les cartilages et les cordes vocales inférieures par l'action du muscle ; les flèches indiquent la direction moyenne dans laquelle s'exerce la traction des fibres musculaires.

A. *Action du crico-thyroïdien*. — 1. Cartilage cricoïde. — 2. Cartilage aryténoïde. — 3. Cartilage thyroïde. — 4. Corde vocale inférieure. — 5. Cartilage thyroïde (nouvelle position). — 6. Corde vocale inférieure (*id.*).

B. *Action de l'aryténoïdien postérieur*. — 1. Coupe du cartilage thyroïde. — 2. Cartilage aryténoïde. — 3. Bord postérieur de la glotte. — 4. Corde vocale. — 5. Direction des fibres musculaires. — 6. Cartilage aryténoïde (nouvelle position). — 7. Corde vocale (*id.*).

C. *Action du crico-aryténoïdien latéral*. — Même signification des chiffres. — 9. Direction des fibres musculaires dans la nouvelle position.

D. *Action du crico-aryténoïdien postérieur*. — Même signification des chiffres.

la pression du courant d'air expiré dans la phonation et dans la parole (*Arch. für Physiologie*, 1878, p. 788).

2° *Tension des cordes vocales.* — Pour que les cordes vocales puissent vibrer, il ne suffit pas que le courant d'air expiré ait une certaine pression, il faut encore que les cordes vocales soient tendues, et cette tension a lieu en longueur, en largeur et en épaisseur. La tension en longueur se fait par l'écartement de leurs deux points d'insertion antérieur et postérieur; la tension en largeur par leur rapprochement de la ligne médiane et le rétrécissement de la glotte; leur tension en épaisseur par la contraction du faisceau interne du thyro-aryténoïdien; la corde vocale forme ainsi un ensemble élastique susceptible de vibrer. En outre, la force ou la pression du courant d'air expiré augmente aussi la tension de la corde vocale.

La physiologie des muscles qui agissent sur les cordes vocales pour faire varier leur longueur, leur tension et les dimensions de la glotte, est étudiée dans les traités d'anatomie, auxquels je renvoie. Je me contenterai de donner ici une figure schématique pour rappeler au lecteur les notions les plus essentielles sur l'action de ces muscles (fig. 291).

Il est pourtant un de ces muscles qui, à cause de son importance, mérite une mention spéciale, c'est le thyro-aryténoïdien interne, contenu dans l'épaisseur même de la corde vocale. Ses fibres musculaires sont intimement rattachées par du tissu élastique à la face profonde de la muqueuse, de sorte qu'il ne peut y avoir, pendant la vie et à l'état normal, de vibration isolée du repli muqueux du bord libre de la corde vocale; le tout, muscle, tissu élastique et muqueuse, constitue au contraire un petit système vibrant, inséparable et solidaire, dont la tension est sous la dépendance immédiate de la contraction du muscle.

Bibliographie. — Cagniard-Latour : *Sur la pression à laquelle l'air contenu dans la trachée se trouve soumis pendant l'acte de la phonation* (Comptes rendus, 1837).

2° *Émission du son.*

Quand on se dispose à émettre un son, la glotte se ferme, soit dans sa totalité (fig. 292), soit seulement dans sa partie ligamenteuse (fig. 293), ou se

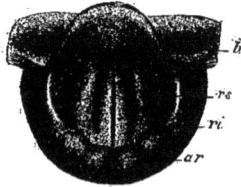

Fig. 292. — *Disposition préalable pour l'émission d'un son* (Mandl) (*).

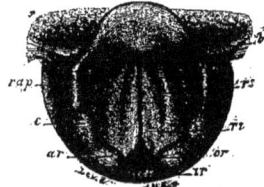

Fig. 293. — *Occlusion de la partie ligamenteuse de la glotte* (Mandl) (**).

rétrécit simplement sans se fermer tout à fait (fig. 294). Il y a donc occlusion

(*) *b*, bourrelet de l'épiglotte. — *rs*, corde vocale supérieure. — *ri*, corde vocale inférieure. — *ar*, cartilage aryténoïdien.

(**) *b*, bourrelet de l'épiglotte. — *rs*, corde vocale supérieure. — *ri*, corde vocale inférieure. — *or*, glotte interaryténoïdienne. — *ar*, cartilage aryténoïdien. — *c*, cartilage cunéiforme. — *rap*, repli ary-épiglottique. — *ir*, repli interaryténoïdien.

plus ou moins parfaite due au rapprochement des cartilages aryténoïdes ou de leurs apophyses vocales. En même temps les cordes vocales acquièrent le degré de longueur et de tension qui correspond au son qu'on veut émettre.

Le larynx ainsi disposé, l'émission du son se produit, les cordes vocales s'écartent brusquement l'une de l'autre et entrent en vibration sous l'influence du courant d'air expiré, chassé à travers la glotte.

Ces vibrations sont faciles à constater au laryngoscope, et il est aisé de voir que toute l'épaisseur de la corde vocale participe à l'oscillation. Ces vibrations sont transversales ; la corde vocale est poussée en haut par le courant d'air, comme le serait une corde sous l'action d'un archet ; puis quand son élasticité fait équilibre à la pression de l'air expiré, elle redescend en dépassant sa position d'équilibre, est repoussée

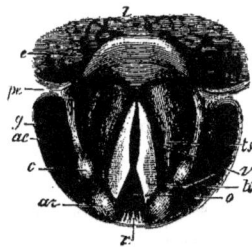

Fig. 294. — *Rétrécissement de la glotte* (Mandl) (*).

de nouveau par l'air expiré et exécute ainsi une série de mouvements de va-et-vient, de vibrations dont le nombre et l'amplitude varient suivant des conditions qui seront étudiées plus loin. Jamais on n'a observé de vibrations des cordes vocales supérieures.

Les vibrations des cordes vocales inférieures, par elles seules, ne donneraient que de faibles sons; mais ces oscillations produisent des chocs rapides et périodiques de l'air expiré à l'orifice glottique et font entrer en vibration l'air contenu dans le tuyau sonore, c'est-à-dire dans les cavités situées au-dessus de la glotte. Dans le larynx donc, comme dans les instruments à anche, c'est l'air qui est le corps sonore, et les cordes vocales ne font que régler la périodicité et les caractères du son.

3° *Caractères de la voix.*

1° *Intensité.* — L'intensité de la voix dépend uniquement de l'amplitude des vibrations des cordes vocales, et par conséquent est sous la dépendance immédiate de la force du courant d'air expiré. L'intensité du son laryngien est renforcée par la résonnance des masses d'air contenues dans les cavités sus et sous-glottiques et des parois de ces cavités. La trachée et les bronches spécialement agissent comme appareil résonnant ; quand la poitrine est large et spacieuse, la voix est plus forte. On sent du reste parfaitement, en appliquant la main sur les parois thoraciques pendant l'émission d'un son et surtout d'un son grave, les vibrations de ces parois.

2° *Hauteur du son.* — La hauteur de la voix dépend du nombre des vibrations des cordes vocales et de l'air du tuyau sonore. Plus les vibrations sont rapides, plus le son est aigu. Les lois qui régissent la hauteur du son pour le larynx sont les mêmes que pour les membranes élastiques et les anches

(*) *l*, langue. — *e*, épiglotte. — *pe*, repli pharyngo-épiglottique. — *g*, gouttière pharyngo-laryngée. — *ae*, repli ary-épiglottique. — *c*, cartilage cunéiforme. — *ar*, cartilage aryténoïde. — *r*, repli interaryténoïdien. — *o*, glotte. — *v*, ventricule. — *ti*, corde vocale inférieure. — *ts*, corde vocale supérieure.

membraneuses. Les conditions qui ont le plus d'influence sont : la longueur, la largeur et surtout la tension des cordes vocales. Les cordes vocales des larynx d'enfants, moins longues et moins larges, donnent aussi des sons plus aigus. Les cordes vocales sont moins tendues dans les sons graves, plus tendues dans les sons élevés.

La force du courant d'air peut faire hausser aussi la hauteur du son. J. Müller a vu dans ses expériences qu'en forçant le courant d'air, il pouvait faire monter le son d'une quinte, la tension des cordes vocales restant la même.

La longueur du porte-vent (trachée) et du tuyau sonore (larynx, pharynx, etc.) n'a aucune influence sur la hauteur du son. L'ascension du larynx qu'on observe dans les sons aigus est donc un simple phénomène accessoire et sans importance essentielle dans la production du son. Cette ascension du larynx dans les sons aigus est-elle due à la pression seule de l'air, ou à l'action des muscles élévateurs de l'os hyoïde ? Il est difficile de décider la question.

Le larynx humain peut donc émettre des sons de hauteur variable, mais seulement dans de certaines limites ; l'*étendue* de la voix, ou la série de sons que peut parcourir la voix du grave à l'aigu, est en moyenne de deux octaves, et peut être portée à deux octaves et demie par l'exercice, et ce n'est que dans des cas exceptionnels que cette étendue atteint trois octaves et même trois octaves et demie, comme chez le célèbre chanteur Farinelli. Dans la parole ordinaire, la voix ne parcourt guère qu'une demi-octave.

L'étendue moyenne de deux octaves attribuée à la voix humaine peut, suivant les individus et les sexes, correspondre à des régions plus ou moins élevées de l'échelle musicale, et on a classé à ce point de vue les voix, en allant des plus basses aux plus élevées, en voix de basse, baryton, ténor (homme) et de contralto, mezzo-soprano et soprano (femme). Le tableau de la page 943 donne cette classification en regard de l'échelle musicale, en même temps que le nombre des vibrations doubles pour chacun des sons.

On voit par ce tableau que la voix humaine se meut dans une échelle de sons qui embrasse un peu plus de trois octaves et demie. Quelques voix exceptionnelles dépassent cette limite ; Nilsson, dans la *Flûte enchantée*, atteint le *fa* de l'octave quarte, et Mozart parle d'une cantatrice, la Bastardella, qui donnait l'*ut* de l'octave quinte correspondant à 2,112 vibrations.

Habituellement, pour une voix donnée, l'émission des sons graves et des sons aigus ne se fait pas de la même façon, et la sensation produite sur l'oreille dans les deux cas est différente ; dans les sons graves, la voix est pleine, volumineuse et s'accompagne d'une résonnance des parois thoraciques, c'est la *voix de poitrine*, ou *registre inférieur* ; dans les sons aigus, la voix est moins ample, plus perçante et la résonnance se fait surtout dans les parties supérieures du tuyau sonore, d'où le nom de *voix de tête* ou encore *voix de fausset*, ou *registre supérieur*. Les sons les plus graves ne peuvent être donnés qu'en voix de poitrine, les plus aigus qu'en voix de tête ; mais les sons intermédiaires (*médium*) peuvent être émis dans les deux registres, et les chanteurs habiles peuvent même passer graduellement et par transitions insensibles de la voix de poitrine à la voix de tête, ce qui donne alors à la voix des caractères particuliers qui lui ont quelquefois fait donner le nom de *voix mixte*.

		NOMBRE de vibrat. doubles.
Octave quarte de 1/2 pied.	Ut....	1056
Octave tierce de 1 pied.	Si....	990
	La (1).	880
	Sol...	792
	Fa....	704
	Mi....	660
	Ré....	594
	Ut....	528
Octave seconde de 2 pieds.	Si....	495
	La....	440
	Sol...	396
	Fa....	352
	Mi....	330
	Ré....	297
	Ut....	261
Petite octave de 4 pieds.	Si....	247,5
	La....	220
	Sol...	198
	Fa....	176
	Mi....	165
	Ré....	148,5
	Ut....	132
Grande octave de 8 pieds.	Si....	123,75
	La....	110
	Sol...	99
	Fa....	88
	Mi....	82,5

Soprano.
Mezzo-soprano.
Contralto.
Ténor.
Baryton.
Basse.
Soprano.
Mezzo-soprano.
Contralto.
Ténor.
Baryton.
Basse.

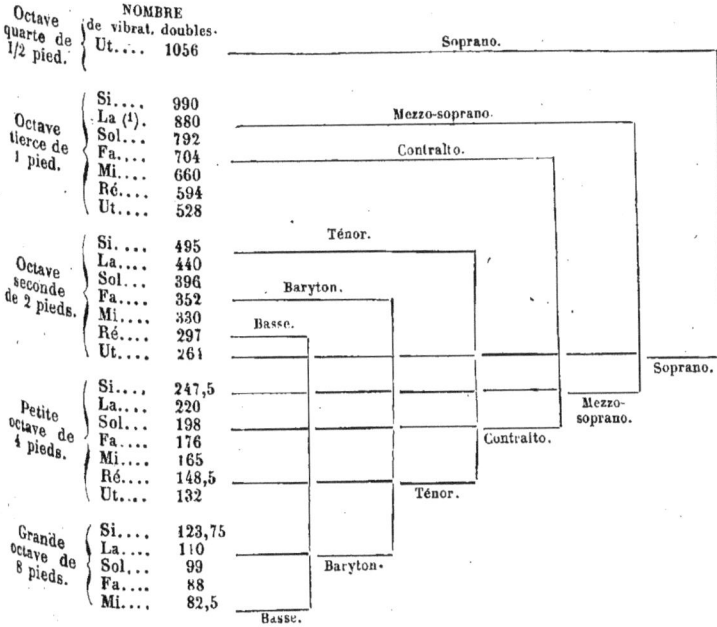

La voix de poitrine et la voix de tête diffèrent non seulement par le timbre et les caractères sensitifs, mais elles diffèrent encore par le mécanisme de la glotte.

Dans la *voix de poitrine*, la glotte interaryténoïdienne est ouverte et la glotte ligamenteuse représente une fente ellipsoïdale plus large dans les sons graves (fig. 295), un peu moins dans le médium (fig. 296) et très étroite dans les sons aigus (fig. 297). La constriction de la glotte, portée très loin dans la voix de poitrine, la rend très fatigante. Les vibrations des cordes vocales et surtout de leur partie ligamenteuse sont très visibles au laryngoscope, et s'accompagnent de vibrations marquées et très sensibles à la main des parois thoraciques.

Dans la *voix de tête* (fig. 298), la glotte interaryténoïdienne est complètement fermée; la glotte ligamenteuse, au contraire, est ouverte et, au lieu de former comme dans la voix de poitrine une fente linéaire, représente une ouverture assez large, qui laisse par conséquent une plus large issue au courant d'air expiré. Aussi, pour une même quantité d'air inspiré, les notes de fausset sont-elles tenues moins longtemps que les notes de poitrine (Garcia). En outre, les cordes vocales supérieures s'appliquent d'après Müller sur les cordes vocales inférieures, qui ne peuvent plus vibrer que par leurs bords et leur partie moyenne. Oertel en examinant le larynx à la lumière intermittente (*laryngostroboscopie*) est arrivé à des résultats différents de ceux de Müller; il a constaté sur un chanteur exercé que, dans la voix de fausset, les cordes vocales vibraient dans toute leur largeur, mais qu'il s'y formait des lignes nodales parallèles au bord libre et des ventres de vibration.

D'après Michael, chaque registre de la voix humaine aurait un muscle dominant; ce serait le crico-aryténoïdien latéral pour le registre de poitrine, le thyro-

(1) Le *la* du diapason officiel est en France de 435 vibrations.

aryténoïdien pour le registre moyen qu'il distingue, avec Garcia, de la voix de fausset ; dans le registre du fausset, le crico-thyroïdien est fortement relâché ainsi que le thyro-aryténoïdien. La voix de fausset s'accompagne d'une résonnance dans les cavités pharyngée, nasale et buccale.

De nombreuses théories ont été faites pour expliquer le mécanisme de la voix de

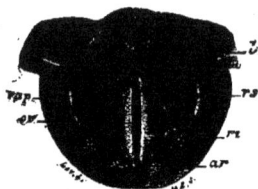

Fig. 295. — *Voix de poitrine; sons graves.*
(Mandl) (*).

Fig. 296. — *Voix de poitrine; médium.*
(Mandl) (**).

fausset. Le mécanisme décrit ci-dessus est à peu près celui qui a été admis par Mandl. Segond, se basant sur des expériences pratiquées sur des chats, regarde la voix de fausset comme produite par les vibrations des cordes vocales supérieures. Pour Pétrequin, la glotte offrirait le contour d'un trou de flûte, et les cordes

Fig. 297. — *Voix de poitrine; sons aigus.*
(Mandl) (***).

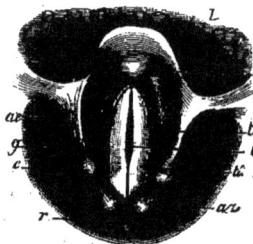

Fig. 298. — *Voix de tête; sons graves.*
(Mandl) (****).

vocales ne vibreraient plus à la manière d'une anche, mais c'est l'air seul qui, comme dans la flûte, entrerait en vibrations.

Le timbre de la voix de fausset diffère du reste beaucoup du timbre de la voix de poitrine.

3° *Timbre de la voix.* — Le timbre de la voix, comme celui du son, dépend du nombre et de l'intensité des harmoniques. Le son laryngé est un son complexe, constitué par un son fondamental et un certain nombre d'harmoniques ; Helmholtz, au moyen de résonnateurs, a trouvé les six ou huit premiers harmoniques nettement perceptibles, seulement les harmo-

(*) *b*, bourrelet de l'épiglotte. — *or*, orifice glottique. — *rs*, corde vocale supérieure. — *ri*, corde vocale inférieure. — *rap*, repli ary-épiglottique. — *ar*, cartilages aryténoïdes.
(**) (***) *orl*, glotte ligamenteuse. — *orc*, glotte interaryténoïdienne. — Les autres lettres comme dans la figure 293.
(****) *l*, langue. — *e*, épiglotte. — *pe*, repli pharyngo-épiglottique. — *ae*, repli ary-épiglottique. — *ts*, cordes vocales supérieures. — *ti*, cordes vocales inférieures. — *g*, gouttières pharyngo-laryngées. — *ar*, cartilages aryténoïdes. — *c*, cartilages cunéiformes. — *o*, glotte vocale. — *r*, repli interaryténoïdien.

niques sont plus difficiles à distinguer dans la voix humaine que dans les autres instruments, probablement à cause de l'habitude. Mais le timbre propre du son laryngé est fortement modifié par la résonnance des cavités supérieures à la glotte, et principalement de la cavité buccale ; certains harmoniques sont renforcés et les diverses positions de la bouche font varier la résonnance et, par suite, l'intensité de tels ou tels harmoniques, ce qui fait changer le timbre de la voix.

On distingue dans la voix deux espèces de timbres, le *timbre clair* (voix *blanche*) et le *timbre sombre* (voix *sombrée*). Les chanteurs et les physiologistes sont loin de s'accorder sur le mécanisme de ces deux espèces de voix ; cependant on peut affirmer que les différences des deux timbres tiennent surtout au mode de résonnance différent du tuyau sonore dans les deux cas.

Dans le *timbre clair*, le larynx est élevé, le tuyau sonore plus court, le porte-vent plus long, l'ouverture buccale largement ouverte, et la vocalisation est plus facile sur les voyelles *e* et *i*.

Dans le *timbre sombre*, le larynx est abaissé, le tuyau sonore plus long, le porte-vent plus court, l'ouverture buccale est rétrécie, et les premiers harmoniques du son laryngé fondamental sont renforcés, tandis que ce renforcement n'existe pas dans le timbre clair ; la vocalisation est plus facile sur les voyelles *o, u, ou*, la vocalisation sur la voyelle *a* peut se faire aussi bien dans les deux timbres.

4° *Tenue du son*. — Pour que le son puisse être *tenu* un certain temps, il faut que le courant d'air expiré ne trouve pas une issue trop facile à travers la glotte ; sans cela, sa pression diminuerait trop vite et ne suffirait plus pour faire entrer les cordes vocales en vibration. De là la nécessité d'une fente glottique étroite et d'une sorte d'équilibre entre l'action des puissances expiratrices pour régler le débit de l'air expiré, c'est ce que Mandl a appelé la *lutte vocale*.

Pour maintenir un son à une *intensité* déterminée, il faut que la pression de l'air expiré reste égale tout le temps de l'émission du son, afin que l'amplitude des vibrations ne varie pas ; mais, comme la quantité d'air de la trachée et des bronches diminue au fur et à mesure de l'émission du son, les muscles expirateurs doivent augmenter leurs contractions pour compenser cette perte d'air et le maintenir à la même pression.

Pour maintenir un son à une *hauteur* déterminée, le mécanisme est différent ; comme la pression diminue peu à peu dans l'air du porte-vent, la hauteur du son ne peut se soutenir que par une augmentation graduelle de tension des cordes vocales ; on a vu en effet, plus haut, que la force du courant d'air avait de l'influence sur la hauteur du son.

La *souplesse* et l'*agilité* de la voix dépendent de la rapidité avec laquelle se font les changements de tension des cordes vocales.

La *justesse* de la voix a été étudiée par Klünder à l'aide de la méthode graphique (enregistrement des vibrations d'une membrane accordée pour un son déterminé). Pour une bonne voix, l'écart atteint ± 0, 357 pour 100, c'est-à-dire que pour 100 vibrations d'un son donné il peut y avoir écart en plus ou en moins de 1/3 d'une vibration. Hensen a donné récemment un moyen simple d'apprécier la justesse de la voix, moyen basé sur l'emploi des flammes manométriques de Kœnig (voir p. 948).

Influence de l'âge et du sexe. — 1° *Age.* — Chez l'enfant, la voix est plus aiguë et, jusqu'à l'âge de six ans, n'a guère plus d'une octave d'étendue. Jusqu'à la puberté, les caractères de la voix sont à peu près les mêmes chez la femme et chez l'homme, mais, à partir de ce moment, la voix subit des modifications considérables qui constituent ce qu'on appelle la *mue* et qui correspondent à une congestion des cordes vocales qui acquièrent alors leur développement complet et les caractères de l'état adulte. Pendant tout le temps de la mue, la voix est sourde, gutturale, enrouée, puis après la mue on constate que la voix a baissé d'une octave chez les garçons, de deux tons chez les filles et qu'elle a subi en même temps des modifications notables de timbre et d'intensité. Dans la vieillesse la voix s'altère de nouveau ; son intensité diminue, son diapason s'abaisse, son timbre change et elle devient chevrotante par suite de la fatigue des muscles expirateurs.

2° *Sexe.* — Le tableau de la page 942 fait sentir de suite les différences des voix de femme et des voix d'homme au point de vue de la hauteur des sons. On voit que toute la partie de l'échelle musicale qui va du *sol* de la petite octave au *si* de l'octave seconde, est commune aux deux voix. La femme chante toujours à l'octave de l'homme. La voix de la femme est en outre moins intense, a un autre timbre et est plus agile et plus souple que celle de l'homme.

La voix des *castrats* se rapproche de la voix enfantine, mais avec plus d'ampleur et de développement.

La voix des *ventriloques* ne se produit pas, comme l'ont cru quelques auteurs, pendant l'inspiration (Segond) ; elle se produit pendant l'expiration, comme la voix ordinaire, mais avec des changements d'intensité, de timbre, etc., qui, joints aux mouvements et à l'expression du ventriloque, modifient complètement les caractères normaux de la voix.

Théories de la voix. — Les nombreuses théories de la voix n'ont plus qu'un intérêt historique depuis les travaux modernes et surtout depuis l'invention du laryngoscope. Aussi je me contenterai de renvoyer pour cette question aux traités spéciaux cités dans la bibliographie.

Bibliographie. — J. Bishop : *An exper. inquiry into the cause of the grave and acute tones of the human voice* (Philos. Trans., 1835). — Valleix : *Du rôle des fosses nasales dans l'acte de la phonation* (Arch. gén. de méd., 1835). — A. Wiedemann : *De voce humana*, etc., 1836. — Petrequin et Diday : *Mém. sur le mécanisme de la voix de fausset* (Gaz. méd., 1844). — Mandl : *De la fatigue de la voix dans ses rapports avec le mode de respiration* (Gaz. méd., 1855). — Guillet : *Mém. sur la mesure des quantités d'air dépensées pour la production de la voix* (Comptes rendus, 1857). — G. Engel : *Studien zur Theorie des Gesanges* (Arch. für Anat., 1869). — W. Marcet : *On the falsetto or head-sounds of the human voice* (Philos. magazine, t. XXXVII, 1869). — Klünder : *Ein Versuch die Fehler zu bestimmen, welche der Kehlkopf beim Halten eines Tons macht*, 1872. — Oertel : *Laryngostroboskopische Beobachtungen über die Bildung der Register bei der menschlichen Stimme* (Centralbl., 1878). — A. Klünder : *Ueber die Genauigkeit der Stimme* (Arch. de Du Bois-Reymond, 1879). — Hensen : *Ein einfaches Verfahren zur Beobachtung der Tonhöhe eines gesungenen Tones* (Arch. für Physiol., 1879). — R. Bergeron : *De la mue de la voix*, 1879.
Bibliographie générale. — Dodart : *Sur les causes de la voix de l'homme et de ses différentes tons* (Mém. de l'Acad. des sc., 1700, 1706, 1707). — Ferrein : *De la formation*

de la voix de l'homme (id., 1741). — R. A. Vogel : *De larynge et vocis formatione*, 1747. — Vicq d'Azyr : *Sur la voix* (Mém. de l'Acad. des sc., 1779). — C. F. Helwag : *Diss. de formatione loquelæ*, 1784. — W. v. Kempelen : *Mechanismus der menschlichen Sprachen*, 1791. — M. F. Rampont : *De la voix et de la parole*, 1803. — Dutrochet : *Essai sur une nouvelle théorie de la voix*, 1806. — J. C. Frick : *De theoria vocis*, 1819. — Despiney : *Physiol. de la voix et du chant*, 1821. — F. Savart : *Mém. sur la voix humaine* (Ann. de chim. et de phys., 1825). — Mayer : *Ueber die menschliche Stimme und Sprache* (Meckel's Arch., 1826). — Gerdy : *Note sur la voix* (Bull. des sc. méd., 1830). — Malgaigne : *Nouv. théorie de la voix humaine* (Arch. gén. de méd., 1830). — Brun-Séchaud : *Propos. phys., anat. et physiol. sur la voix*, 1831. — Bennati : *Rech. sur le mécanisme de la voix humaine*, 1832. — Colombat : *Traité des maladies des organes de la voix*, 1834. — J. Bishop : *Exper. researches into the physiology of the human voice*, 1836. — Lehfeldt : *Nonnulla de vocis formatione*, 1835. — H. Hæser : *Menschliche Stimme*, 1839. — Nœggerath : *De voce, lingua*, etc., 1841. — Romer : *The physiology of the human voice*, 1845. — Segond : *Hygiène du chanteur*, 1845. — Blandet : *Du mécanisme de la voix humaine* (Gaz. méd., 1846). — Liskowius : *Physiol. der menschlichen Stimme*, 1846. — Garcia : *Mém. sur la voix humaine*, 1847. — Segond : *Sur la parole*, etc. (Arch. de méd., 1848 et 1849). — A. Rinne : *Ueber das Stimmorgan*, etc. (Arch. de Müller, 1850). — Merkel : *Anat. und Physiol. des menschlichen Stimm und Sprachorgans*, 1856. — Czermak : *Ueber Garcia's Kehlkopfspiegel* (Wien. med. Wochensch., 1858). — Martyn : *Ueber die Function der Schilddrüse* (Med. Times, 1857). — L. Turck : *Der Kehlkopfrachenspiegel*, etc. (Zeit. d. k. k. Ges. d. Aerzte zu Wien, 1858). — Masson : *Nouvelle théorie de la voix* (Gaz. heb., 1858). — Czermak : *Der Kehlkopfspiegel*, etc., 1860. — Garcia : *Rech. sur la voix humaine* (Comptes rendus, 1861). — Moura-Bourouillou : *Cours complet de laryngoscopie*, 1861. — Bataille : *Nouv. recherches sur la phonation* (Gaz. heb., 1861). — C. L. Merkel : *Die Functionen des menschlichen Schlund und Kehlkopfes*, etc., 1862. — Henle : *Zur Physiologie der Stimme* (Götting. Nachrichten, 1862). — J. Bishop : *Obs. made on the movements of the larynx* (Proceed. of the royal Soc., 1862). — Fournié : *Physiol. de la voix et de la parole*, 1865. — Panofka : *Obs. sur la trachée-artère*, etc. (Comptes rendus, 1866). — J. Rossbach : *Physiol. und Pathol. der menschlichen Stimme*, 1869. — J. Michael : *Zur Physiologie und Pathologie des Gesanges* (Berl. klin. Wochensch., 1876). — Gavarret : *Phén. physiques de la phonation et de l'audition*, 1877. — Löri : *Zur Physiologie der Stimme* (Pest. med. chir. Presse, 1877). — Hermann : *Notiz über das Telephon* (Arch. de Pflüger, t. XVI, 1878). — Steiner : *Ueber die Laryngoskopie am Kaninchen* (Arch. für Physiol., 1878). — Hirschberg : *Ueber laryngoskopische Untersuchungsmethoden* (id.). — Lucae : *Ueber das Phonometer* (id.). — Oertel : *Ueber eine neue « laryngostroboscopische » Untersuchungsmethode des Kehlkopfes* (Centralbl., 1878). — Walton : *The function of the epiglottis* (Journ. of physiol., 1878). — Vacher : *Obs. clinique*, etc., *Théorie de la phonation* (Lyon méd., 1878). — Morera : *Sur les dimensions des diverses parties des lèvres vocales* (Bull. de l'Acad. de méd., 1879). — Grützner : *Physiol. der Stimme und Sprache* (Hermann's Handbuch der Physiol., 1879). — Illingworth : *The physiology of the larynx* (Lancet, 1879). — M. Reichert : *Eine neue Methode zur Aufrichtung des Kehldeckels*, etc. (Arch. de Langenbeck, t. XXIV, 1879). — Jelenffy : *Der musculus vocalis und die Stimmregister* (Arch. de Pflüger, t. XXII, 1880).

4° — Parole.

La parole se compose de sons dits *articulés*, produits dans le tube additionnel (cavité buccale et pharyngienne) et qui se combinent avec les son laryngés proprement dits.

Dans la parole à haute voix, le son laryngé se forme à la glotte vocale par le mécanisme décrit dans la phonation, et la parole peut dans ce cas recevoir le nom de *voix articulée*. Dans la parole à voix basse, au contraire, ou chuchotement, il n'y a d'autre son laryngé que le frottement de l'air qui traverse la glotte interaryténoïdienne, la glotte vocale restant fermée. Il y aurait donc entre la parole à haute voix et le chuchotement plus qu'une simple différence d'intensité. Cependant, d'après Czermak, la glotte vocale prendrait part au chuchotement.

L'articulation des sons a lieu habituellement dans l'expiration comme la production de la voix ; ce n'est qu'exceptionnellement qu'elle peut se produire à l'inspiration, surtout dans le chuchotement, qui ne demande pas une très grande pression du courant d'air.

Nous aurons à étudier successivement la production des sons articulés et la façon dont ces sons s'unissent pour former des mots.

A. Production des sons articulés.

1° Conditions générales de la production des sons articules.

Procédés. — A. **Procédés d'enregistrement des sons articulés.** — 1° *Phonautographe de Scott.* — Cet appareil (fig. 299) se compose d'une sorte de cornet paraboloïde

Fig. 299. — *Phonautographe de Scott.*

qui agit comme miroir acoustique et renvoie les sons à une membrane de caoutchouc très mince, tendue de D en E et qui supporte à son milieu un style inscripteur. Les vibrations de cette membrane s'inscrivent sur un cylindre tournant A à l'aide du style inscripteur. Le phonautographe de Scott a été perfectionné par Hensen. E. W. Blake, en se servant d'un procédé déjà employé par Stein et Vogel, a imaginé une disposition pour photographier directement les vibrations de la membrane du phonautographe.

2° *Phonographe d'Edison.* — Cet appareil est tellement connu aujourd'hui qu'il ne me semble pas nécessaire d'en donner une description spéciale.

3° *Flammes manométriques de Kœnig.* — Cette méthode, imaginée par Kœnig, rend visible l'état vibratoire d'une masse d'air par l'agitation qui est communiquée à la flamme d'un bec de gaz (fig. 300). Pour cela, la conduite de gaz traverse une petite caisse dont une paroi est formée par une membrane vibrante actionnée par la parole. Pour rendre visibles les variations de hauteur de la flamme, on place devant elle un miroir vertical qui tourne rapidement. Si la flamme ne varie pas de hauteur, on voit une bande lumineuse ; si elle varie de hauteur, elle présente des découpures dont la disposition correspond à la nature des vibrations sonores (1). La figure 301 représente l'appareil de Kœnig construit sur le même principe

(1) Dans le procédé de Hensen mentionné plus haut (page 946), le miroir dans lequel se réfléchit la flamme vocale est attaché à une branche d'un diapason vibrant ; le chanteur émet la note du diapason (ou son octave, sa quinte, etc.). Quand le son est trop bas, les pointes

pour analyser les sons des voyelles, et la figure 300 donne, d'après le même physicien, la forme des flammes qui caractérisent les voyelles A, O, OU, chantées successivement sur les notes, ut^1, sol^1, ut^2. On voit immédiatement quels sont les harmoniques renforcés par le son propre de la voyelle. En employant le cyanogène à la place du gaz d'éclairage, on a produit

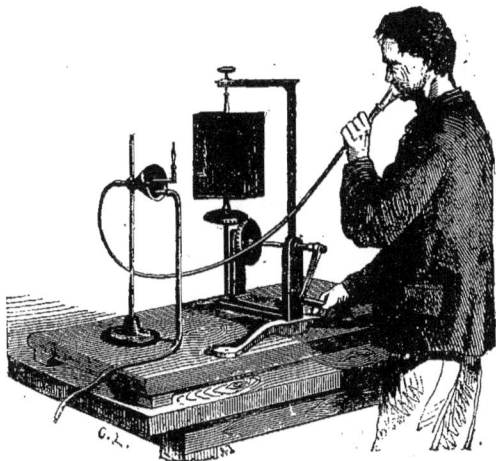

Fig. 300. — *Méthode des flammes manométriques de Kœnig.*

des flammes assez lumineuses pour les photographier sur une plaque animée d'une translation horizontale (1).

4e *Inscription des mouvements phonétiques de Marey et Rosapelly.* — On inscrit simultanément les vibrations du larynx, les mouvements des lèvres et les mouvements du voile du palais. Les vibrations du larynx s'inscrivent à l'aide d'un explorateur électrique formé par une masse métallique oscillante suspendue à l'extrémité d'un ressort et qui ouvre et ferme alternativement un courant de pile en actionnant un signal de Deprés. La ligne supérieure de la figure 303 représente le tracé des vibrations du larynx dans la prononciation des consonnes *p, b, f, v,* associées à la voyelle *a.* Les mouvements des lèvres s'inscrivent à l'aide de l'appareil représenté dans la figure 304. Il se compose de deux branches terminées chacune par un petit crochet plat qui embrasse la lèvre *l, l'.* La branche de la lèvre inférieure est seule mobile et, quand la lèvre inférieure s'élève, elle dilate le tambour T et la raréfaction de l'air dans ce tambour se transmet à un tambour à levier ordinaire. L'élévation de la lèvre inférieure (occlusion buccale) se traduit donc sur le tracé par un abaissement de la courbe, l'abaissement de la lèvre par une ascension de la courbe, comme on le voit sur la deuxième ligne de la figure 300; la ligne horizontale inférieure correspond à la clôture absolue des lèvres, la ligne horizontale supérieure à leur ouverture. Les mouvements du voile du palais s'inscrivent d'une façon indirecte par l'échappement de l'air qui en est la conséquence en introduisant dans une narine un tube relié à un tambour à levier. Les mouvements de la langue n'ont pu être inscrits jusqu'ici d'une façon satisfaisante.

B. **Procédés d'analyse des sons articulés.** — L'*oreille* seule a été employée d'abord pour déterminer les sons partiels qui entrent dans la constitution d'un son articulé et c'est

des flammes se portent en avant, quand il est trop haut, elles se portent en arrière ; quand le son n'est pas à la hauteur voulue, l'image tourne autour d'un axe vertical avec d'autant plus de rapidité que le son est moins juste (voir : *Arch. für Physiol.,* 1879, p. 155 et planche 5).

(1) En approchant un cornet acoustique d'une flamme vocale déterminée par l'émission d'une voyelle, on entend distinctement le timbre caractéristique de la voyelle (*Flammes vocales sonores* de Landois).

ainsi qu'ont procédé Willis, Donders et tout récemment encore Grassmann. Les *résonnateurs* ont été employés par Helmholtz et Auerbach (voir page 936). On peut aussi se servir de *diapasons* de hauteur différente ; si on place successivement devant la bouche ouverte une série de diapasons vibrants, il arrive un moment où le diapason vibre avec une très grande force quand il est d'accord avec l'air de la cavité buccale, et on peut ainsi, en faisant varier la forme de cette cavité, trouver la hauteur du son correspondant. On arrive au même résultat avec une série de *cordes* tendues (Donders).

C. **Procédés pour l'étude du mouvement du voile du palais.** — Cette étude a pour but de faire connaître si le voile du palais ferme ou non la communication des fosses

Fig. 301. — *Appareil à flammes manométriques de Kœnig.*

nasales et du pharynx et si, dans la production de tel ou tel son, l'air passe ou non par les fosses nasales. Un procédé graphique (tube dans une narine) a déjà été indiqué page 950. On voit par exemple (fig. 305) que dans la parole à haute voix, la pression reste sensiblement la même dans l'intervalle des respirations, sauf de légères ascensions qui correspondent aux sons nasaux pendant lesquels l'air expiré sort par les fosses nasales. — On arrive au même résultat en plaçant devant l'orifice des narines un miroir ; la glace se ternit quand l'air passe par les fosses nasales (Liskovius, Czermak). Brücke se servait d'une flamme dont l'agitation indiquait l'existence d'un courant d'air. — Un procédé meilleur est d'introduire de l'eau (Czermak) ou du lait (Passavant) dans les fosses nasales, la tête étant renversée en arrière ; dans l'articulation des sons, le liquide ne passe pas dans le pharynx quand l'occlusion du voile du palais est complète, il y passe en plus ou moins grande quantité quand la communication s'établit entre les fosses nasales et le pharynx comme dans les sons nasaux. — Hartmann a imaginé un appareil pour mesurer la force d'occlusion du voile du palais dans l'émission des sons ; l'une des narines est en rapport par un tube avec un ballon compresseur, l'autre narine avec un tube et un manomètre à mercure ; on envoie de l'air dans les fosses nasales en comprimant le ballon et on mesure, pour chaque son articulé, la pression manométrique à laquelle cède le voile du palais.

D. Procédés pour l'étude des mouvements de la langue. — Il n'y a pas jusqu'ici, comme on l'a vu plus haut page 949, de procédé précis pour enregistrer les mou-

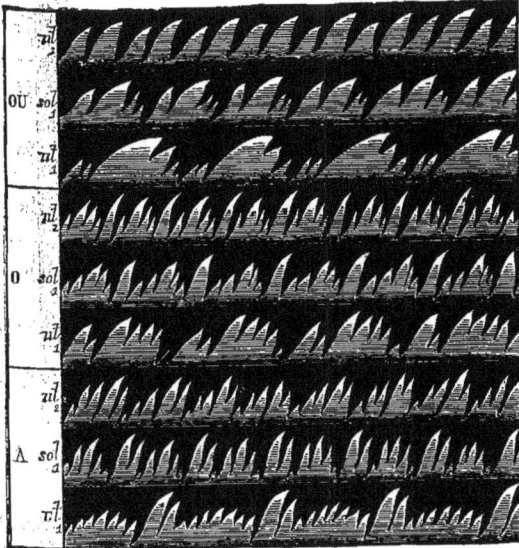

Fig. 302. — *Timbre des voyelles A, O, OU, rendu visible par les flammes manométriques.*
(Kœnig.)

vements de la langue. On s'est principalement servi jusqu'ici de l'inspection directe ou du degré de pression exercée par la langue sur le doigt introduit dans la bouche. Un bon procédé est celui des *empreintes colorées.* On recouvre la langue d'une substance colorante qui laisse son empreinte sur les parties de la voûte palatine et de l'arcade dentaire supérieure

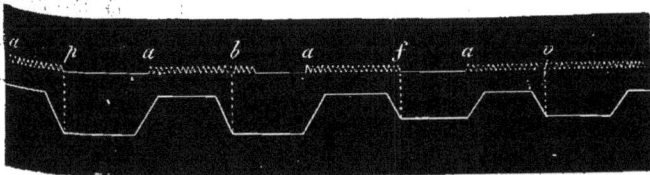

Fig. 303. — *Inscription simultanée du mouvement des lèvres et de ceux du larynx.*

sur lesquelles la langue est venue s'appuyer pendant l'articulation du son (Oakley Coles, Grützner).

E. Reproduction ou synthèse des sons articulés. — Les premières tentatives de ce genre remontent à V. Kempelen, Kratzenstein et surtout à Willis. Ce dernier essaya de reproduire les sons des voyelles à l'aide d'un ressort plus ou moins long, mis en vibration par une roue dentée ainsi qu'avec des tuyaux à anche; mais Helmholtz est arrivé à des résultats beaucoup plus précis et plus intéressants avec une série de diapason mis en mouvement par l'électricité et dont le son était renforcé par des résonnateurs accordés au ton de chaque diapason (Voir, pour la description de l'appareil Helmholtz, *Théorie physiologique de la musique*). Appun a cherché à reproduire les voyelles avec des tuyaux d'orgue, mais les résultats qu'il a obtenus ne valent pas ceux qu'Helmholtz obtint avec ses diapasons. — V. Kempelen avait construit une *machine parlante*, assez primitive sous bien des rapports, mais qui prononçait cependant des mots et des phrases. Cette machine, perfectionnée dans ces derniers temps par Faber, a été présentée par lui dans les principales villes d'Europe. Le *phonographe d'Edison* est jusqu'ici l'appareil le plus parfait qui existe pour la reproduction de la voix humaine.

Les cavités sus-laryngiennes, pharynx, bouche, fosses nasales, constituent une sorte de tube additionnel qui joue déjà, comme on l'a vu, dans la phonation, un certain rôle dans la production de la voix, mais qui joue le rôle essentiel dans la parole.

Ce tube additionnel présente des parties fixes, des cavités invariables de forme, comme les cavités nasales, et des parties mobiles, comme la langue, les lèvres, le voile du palais. Ce sont ces dernières qui, par leur variation, produisent les différents modes d'articula-

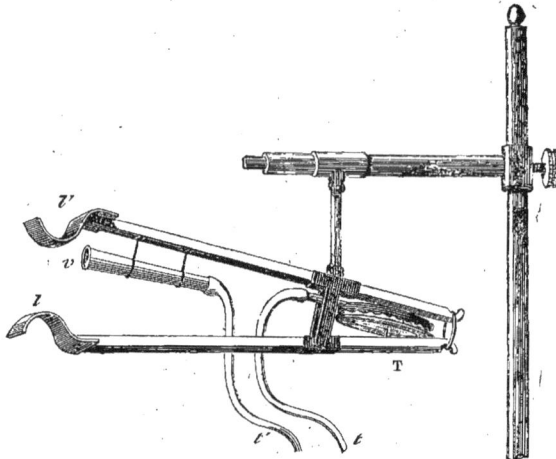

Fig. 304. — *Appareil explorateur des mouvements verticaux des lèvres.*

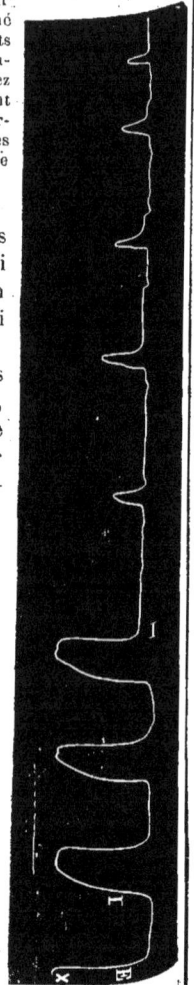

Fig. 305. — *Graphique de la parole à haute voix* (*).

tion, et les premières ne servent que d'appareils de résonance et de renforcement.

A sa partie supérieure, le tube additionnel se bifurque; le courant d'air expiré a donc deux issues, par la bouche et par les fosses nasales,

(*) E, ligne de l'expiration. — I, ligne de l'inspiration. — La croix indique le début du graphique qui de droite à gauche. Le trait horizontal indique le début de la parole à haute voix.

et, comme on le verra plus loin, il y a dans cette disposition le point de départ d'une catégorie particulière de sons, sons nasaux, qui se produisent quand l'air passe par la bouche et par les fosses nasales. Mais les variations de forme de la cavité buccale sont encore plus importantes, et ces variations, amenées par les mouvements du voile du palais, de la langue et des lèvres, déterminent les différentes espèces de sons articulés.

Ces variations des cavités buccale et pharyngienne consistent tantôt dans de simples changements de forme qui n'interrompent pas la continuité du tube additionnel, et laissent le passage à l'air expiré, tantôt dans de véritables occlusions qui arrêtent momentanément la sortie de l'air. D'après la disposition anatomique des parties, il est facile de comprendre que les rétrécissements et les occlusions se feront de préférence dans certaines régions plus mobiles que d'autres, et c'est dans ces régions que se produisent surtout les sons articulés ; d'où le nom qui leur a été donné de *régions d'articulation*, tels sont l'isthme du gosier, l'espace compris entre les arcades dentaires et la pointe de la langue, l'orifice labial. Cependant il ne faudrait pas croire que ces régions d'articulation soient strictement délimitées, et, grâce à la mobilité de la langue, tous les points de la cavité bucco-pharyngienne peuvent en réalité donner naissance à des sons articulés.

2° Voyelles.

La première division qui se présente dans l'étude des sons articulés est la division classique en *voyelles* et en *consonnes* (1).

On a beaucoup discuté sur la valeur de cette division et sur les caractères distinctifs de ces deux ordres de sons, et en effet, jusqu'aux travaux récents de Willis et d'Helmholtz, l'oreille seule était encore le meilleur criterium pour les distinguer les uns des autres. Aussi toutes les définitions données étaient-elles passibles d'objections (2) et beaucoup de physiologistes en étaient-ils arrivés à les confondre. Mais aujourd'hui cette distinction est faisable et vient donner raison à la doctrine classique. *Les voyelles sont des sons formés dans le larynx et dont certains harmoniques sont renforcés par la résonance du tube additionnel.*

Les consonnes sont des sons formés dans le tube additionnel et renforcés par le son laryngien.

(1) Cette division en voyelles et en consonnes existe dans toutes les langues. Les *voyelles* sont les *sons purs* du sanscrit, les *sons mères* des Chinois, les *âmes des lettres* des Juifs, les *phoneenta* des Grecs, les *Hauptlaute* des Allemands. Les *consonnes* sont les *sons auxiliaires* des Chinois, les *corps* des lettres des Juifs, les *symphona* des Grecs, les *Hülflaute* des Allemands.

(2) Voici quelques-uns des principaux caractères distinctifs sur lesquels on insiste généralement : Les voyelles peuvent être émises seules, les consonnes ne peuvent être émises sans les voyelles. — Les voyelles sont des sons, les consonnes sont des bruits. — Les voyelles sont continues, les consonnes sont caractérisées par un arrêt momentané du courant d'air expiré. — Les voyelles sont des modifications simples de la cavité buccale, les consonnes des modifications doubles. Ce n'est pas ici le lieu de discuter ces diverses définitions.

Les expériences sur lesquelles se base cette distinction des voyelles et des consonnes sont dues principalement à Helmholtz. La voix humaine présente des harmoniques qu'on peut reconnaître facilement à l'aide des résonateurs. Or, la cavité buccale représente un véritable résonateur accordé pour un son déterminé, variable suivant la forme de la cavité buccale et qui renforce l'harmonique correspondant de la voix laryngienne. Si on place successivement une série de diapasons vibrants devant la bouche ouverte, il arrive un moment où l'un des diapasons vibre avec une très grande force quand il est d'accord avec l'air de la cavité buccale, et on peut ainsi, en faisant varier la forme de cette cavité, trouver la hauteur du son correspondant. C'est grâce à ce moyen que Helmholtz a trouvé les hauteurs suivantes pour les différentes voyelles; je donne à côté les résultats obtenus par Kœnig :

	HELMHOLTZ	KOENIG
OU..	Fa^1	Si$\flat$
O...	Si$\flat^2$	Si$\flat^1$
A...	Si$\flat^3$	Si$\flat^2$
E...	Si^4 — fa^2	Si$\flat^3$
I...	Ré^3 — fa^1	Si$\flat^4$

Aussi comprend-on pourquoi les voyelles se chantent mieux sur les notes dont un harmonique correspond au son propre de la voyelle. Auerbach a cependant, dans ces derniers temps, modifié la théorie de Helmholtz, d'après laquelle chaque voyelle serait caractérisée par un son d'une hauteur absolue et déterminée. Il a montré que l'intensité des sons partiels dépend de deux conditions, premièrement de leur ordre dans la série, en second lieu de la hauteur absolue du son. Au point de vue de l'ordre des sons partiels dans la série, c'est le premier son partiel, le son fondamental, qui est le plus intense; les autres diminuent d'intensité jusqu'au dernier et cette diminution est plus ou moins rapide, de sorte que le nombre des sons partiels diffère pour chaque voyelle; très faible pour l'OU par exemple, il est au maximum pour l'I.

Le timbre des voyelles dépend du nombre, de l'intensité et de la hauteur des sons partiels. Suivant la forme prise par la cavité buccale, la résonance de cette cavité varie et cette résonance fait prédominer dans le son vocal tel ou tel harmonique et détermine le timbre spécial de chaque voyelle.

Il y a en réalité autant de voyelles différentes qu'il peut y avoir de formes différentes de la cavité buccale, et comme on peut passer par des transitions insensibles d'une forme à l'autre, il y a en réalité une infinité de voyelles possibles; mais on peut cependant admettre certaines voyelles primitives que l'oreille distingue facilement et qui se retrouvent à peu près dans toutes les langues; puis, entre ces voyelles primitives, viennent se placer des sons intermédiaires plus ou moins nombreux et qu'on pourrait multiplier indéfiniment si on voulait relever toutes les variétés phonétiques de dialecte, de langue et d'individu.

Les voyelles primitives sont au nombre de six, dont trois surtout, OU, A, I, peuvent être considérées comme fondamentales ; ce sont : OU, O, A, É, I, U. Toutes ces voyelles peuvent être considérées comme ayant pour point de départ notre E muet (comme dans *je*), qui n'est en somme que l'exagération du murmure respiratoire de l'expiration, quand l'air expiré, au lieu de passer par le nez, passe par la bouche entr'ouverte. La cavité buccale se trouve ainsi dans une sorte de position d'équilibre, d'état indifférent dont elle peut sortir pour prendre alors la forme correspondante à chacune des six voyelles primitives. La figure suivante représenterait alors les rapports de cet E avec les six voyelles et des six voyelles entre elles.

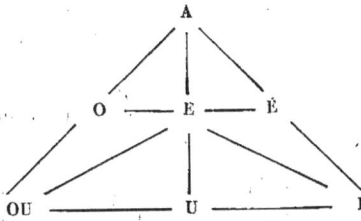

On voit que toutes les voyelles intermédiaires peuvent se placer dans les espaces situés entre deux voyelles voisines.

Les figures suivantes donnent la forme de la cavité buccale dans l'émission des trois voyelles principales OU, A et I (fig. 306, 307 et 308) :

Dans l'OU, la cavité buccale a la forme d'une sorte de fiole arrondie sans col ou

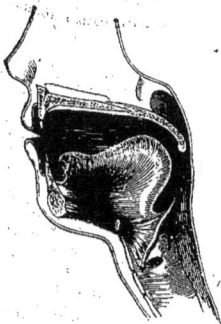
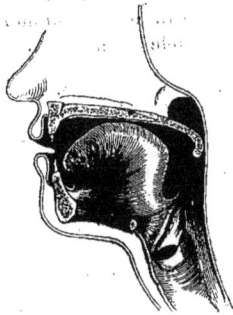
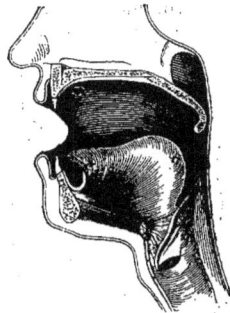

OU
Fig. 306.

I
Fig. 307.

A
Fig. 308.

à col très court, et l'orifice buccal est assez étroit (fig. 306) ; aussi l'OU donne-t-il le son le plus bas de toutes les voyelles.

Dans l'I (fig. 307), la langue est élevée et presque accolée au palais, dont elle n'est séparée que par un isthme étroit ; il en résulte que la cavité buccale a la forme d'une fiole à col allongé et à ventre très court ; aussi cette voyelle a-t-elle le son le plus élevé et, d'après Helmholtz, elle aurait deux sons, l'un pour la panse et l'autre pour le col.

L'A (fig. 308) est intermédiaire entre l'OU et l'I; les lèvres sont plus ou moins écartées et la bouche figure un entonnoir ouvert en avant. Pour beaucoup de physiologistes, l'A serait la voyelle primitive, la voyelle par excellence, celle qui peut être prise pour point de départ de toutes les autres.

Les autres voyelles, O, É, U, répondent à des formes de la cavité buccale intermédiaires entre les formes précédentes, et il sera facile de les retrouver sans qu'il soit besoin d'en donner ici une analyse plus détaillée.

Dans toutes ces voyelles, le voile du palais empêche la communication des fosses nasales avec le pharynx. Si on verse de l'eau dans les fosses nasales pendant qu'on prononce les voyelles, il ne passe pas une goutte d'eau dans l'OU, l'O et l'I; il en passe un peu dans l'É et surtout dans l'A, ce qui prouve que dans ces voyelles l'occlusion n'est pas hermétique. Ou arrive au même résultat par un des procédés indiqués page 251.

On peut cependant prononcer les voyelles, à l'exception de l'I et de l'OU, en tenant ouverte la communication des fosses nasales et du pharynx; ces voyelles acquièrent alors un timbre particulier qui leur a fait donner le nom de voyelles nasales : ON, AN, EN, UN. Cette résonance nasale est encore plus prononcée quand on ferme ou qu'on rétrécit l'orifice des narines; or, même dans ces conditions, la nasalisation de l'I et de l'OU est à peu près impossible, ce qui s'explique par l'occlusion hermétique des fosses nasales nécessaire pour prononcer ces deux voyelles.

Pendant l'émission des voyelles, le larynx monte peu à peu depuis OU, en passant par A, E, I, ce qui concorde avec l'augmentation de hauteur du son qui existe dans la série de ces voyelles.

Les *diphthongues* se produisent lorsque, pendant l'émission d'un son, la cavité buccale passe rapidement de la position prise pour une voyelle à la position d'une autre voyelle. Dans les diphthongues vraies les sons des deux voycles ne doivent pas à l'oreille se séparer l'un de l'autre, et la diphthongue doit toujours débuter par la voyelle qui exige la plus grande ouverture buccale.

Bibliographie. — R. Willis : Ann. d. Physik, t. XXIV, 1832. — Donders : *Ueber die Natur der Vocale* (Arch. für die holl. Beitr., 1857). — Helmholtz : *Ueber die Vocale* (id.). — Czermak : *Ueber das Verhalten des weichen Gaumens beim Hervorbringen der reinen Vocale* (Sitzber. d. k. Akad. d. Wiss., 1857). — Id. : *Ueber reine und nasalirte Vocale* (id., 1858). — Helmholtz : *Ueber die Klangfarbe der Vocale* (Gel. Anzeig. d. k. baier. Akad., 1859, et : Poggendorf's Ann., 1859). — Donders : *Zur Klangfarbe der Vocale* (Arch. für die holl. Beitr., t. III, 1863). — E. v. Qvanten : *Einige Bemerk. zur Helmholtz'schen Vocallehre* (Pogg. Ann., t. CLIV, 1875). — F. Auerbach : *Unt. über die Natur des Vocalklanges* (Ann. d. Physik., 1877). — Grassmann : *Ueber die physikalische Natur der Sprachlaute* (id.). — Schneebelli : *Expér. avec le phonautographe* (Arch. des sc. phys. et natur., 1878). — Auerbach : *Bestimmung der Resonanztöne der Mundhöhle durch Percussion* (Wied. Ann., t. III, 1878). — Id. : *Zur Grassmann'schen Vocaltheorie* (id.). — Hermann : *Ueber telephonische Reproduktion von Vocalklangen* (Arch. de Pflüger, t. XVII, 1878). — Preece et Stroh : *Studies in acoustics. On the synthetic examination of vowel sounds* (Proceed. Roy. Soc., t. XXVIII). — Schneebeli : *Sur la théorie du timbre et particulièrement des voyelles* (Arch. d. sc. phys. et nat., t. I, 1879). — Landois : *Ueber tönende Vocalflamme* (Centralbl., 1880).

3° Des consonnes.

Tandis que dans les voyelles le rétrécissement de la cavité buccale n'est jamais assez prononcé pour qu'il s'y forme un bruit ou un son appréciable, il n'en est pas de même dans les consonnes. Dans l'articulation des consonnes, certaines régions mobiles du tube additionnel se rapprochent de façon à constituer une sorte de glotte temporaire, susceptible de produire un son sous l'influence du courant d'air expiré. Ce son, comme on l'a vu, s'ajoute au son glottique véritable et est renforcé par lui. Les sons ainsi formés se rapprochent beaucoup des bruits et présentent des caractères particuliers qui permettent de les comparer aux bruits qui, dans les instruments, accompagnent souvent le son musical (râclement de la guitare, frôlement des cordes de violon, souffle de la flûte, etc.).

Il faut distinguer, dans la formation des consonnes, le mode de production du son et le lieu où il se forme, autrement dit la région d'articulation.

Les *régions d'articulation* se rencontrent dans trois points principaux : 1° au niveau du voile du palais et de la base de la langue (*consonnes gutturales*); 2° au niveau de l'arcade dentaire supérieure et de la partie antérieure de la voûte palatine et de la langue (*consonnes linguales*); 3° au niveau de l'orifice labial (*consonnes labiales*). Cette division ne doit servir qu'à fixer les idées et à faciliter le classement des consonnes; car, en réalité, il y a un bien plus grand nombre de régions d'articulation, et tous les points intermédiaires peuvent donner lieu à la formation de consonnes. Aussi Max Müller, par exemple, admet-il neuf régions d'articulation, et il serait aisé d'en multiplier encore le nombre (1).

Le *mode de formation* du son peut avoir lieu de quatre façons différentes, auxquelles correspondent les quatre espèces de consonnnes suivantes :

1° Dans la première espèce, le tube additionnel est simplement rétréci dans la région d'articulation et l'émission du son continue tant que dure le courant d'air expiré; ce sont les *consonnes continues* : telles sont les gutturales CH et J, les linguales S, SCH, les labiales V, F.

2° Dans la seconde espèce, il y a occlusion complète et momentanée dans la région d'articulation; le son ne dure qu'un instant et se forme soit au moment de l'occlusion *a*B, soit au moment de l'ouverture B*a*. Ces consonnes sont toujours associées à des voyelles qui les précèdent ou qui les suivent. Ce sont les *consonnes explosives* (*muettes*): telles sont les gutturales G, K, les linguales D, T, les labiales B, P.

3° Dans la troisième espèce, la région d'articulation représente une sorte d'anche ou de languette qui est mise en vibration par le courant d'air expiré et donne un son tremblé, une sorte de roulement : ce sont les *consonnes vibrantes* : telles sont l'R, qui se divise suivant la région d'articulation en R guttural, lingual et labial, et l'L qui se forme par les vibrations des bords de la langue, dont la pointe est fixée contre la partie antérieure du palais.

(1) On donne encore aux gutturales le nom de palatales, au linguales le nom de dentales et dento-linguales.

4° Dans les trois espèces précédentes, l'air expiré passe par la bouche, et les fosses nasales sont hermétiquement fermées ; mais si on abaisse le voile du palais pour établir la communication, les consonnes formées dans les diverses régions d'articulation prennent un timbre spécial et on a les *consonnes nasales*. Ce sont, suivant les régions d'articulation, la nasale gutturale NG, la nasale linguale N, et la nasale labiale M.

Le tableau suivant représente les genres et les espèces de consonnes.

			RÉGIONS D'ARTICULATION.		
			LABIALES.	LINGUALES.	GUTTURALES.
Continues	dures.........................		F	S	CH
	molles.........................		V, W	SCH, Z	J
Explosives	simples..	dures...............	P	T	K
		molles...............	B	D	G
	aspirées...	dures...............	PH	TH	KH
		molles...............	BH	DH	GH
Vibrantes.........................			R	L	R
				R	
Nasales.........................			M	N	NG

Les figures 306 à 311 donnent les formes diverses de la cavité buccale, dans les divers genres de consonnes, suivant les régions d'articulation et le mode de formation du son.

D'après quelques auteurs, outre les sons formés dans la cavité bucco-pharyngienne, il s'en produirait encore dans le larynx même. Ainsi, d'après Czermak, les consonnes gutturales arabes se produiraient à l'orifice supérieur du larynx.

Enfin, il faut ranger à part l'esprit rude, *spiritus asper*, H aspiré, sur lequel il

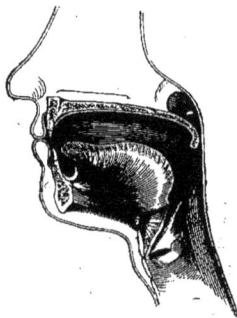
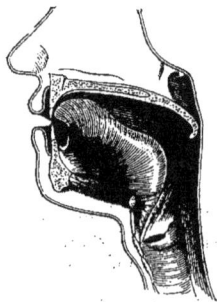
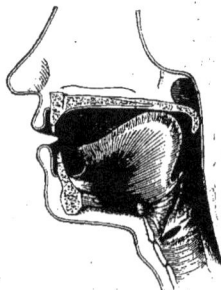

P
Fig. 309.

T
Fig. 310.

K
Fig. 311.

y a eu tant de discussions grammaticales et physiologiques qui ne sont pas encore terminées. L'esprit doux, *spiritus lenis*, ne paraît être autre chose que le souffle léger dû au rétrécissement de la glotte au moment où on va émettre un son ; il se ferait entendre au début de toutes les voyelles qui ne sont pas précédées de l'esprit rude.

La façon dont se forment les consonnes permet d'expliquer facilement les permutations de sons dont on trouve tant d'exemples dans le langage vulgaire. En premier lieu, tous les sons qui se produisent dans une région déterminée d'articulation pourront se remplacer aisément sous des influences diverses; ainsi, pour les labiales, on dira B pour P et P pour B; dans les linguales on confondra T et D,

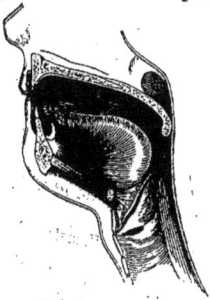 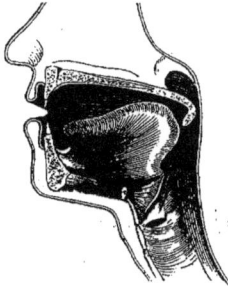 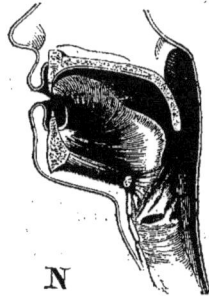

Fig. 312.   Fig. 313.   Fig. 314.

dans les gutturales K et G, et une langue passera facilement de l'une à l'autre. Les permutations se produisent aussi entre les consonnes qui ont le même mode de formation; ainsi L et R (colonel, coronel). Enfin, les permutations peuvent même se faire d'un lieu d'articulation à l'autre, et la physiologie explique aussi ce fait puisque nous avons vu qu'en réalité il y a des transitions insensibles entre les diverses positions que peuvent prendre les parties mobiles de la cavité buccale; il n'y a pour cela qu'à se reporter aux figures données plus haut. Ainsi la langue hawaïe ne fait pas de distinction entre le K et le T, et les gens du peuple disent souvent *mékié* pour *métier*, *amikié* pour *amitié* (1).

(1) Je crois devoir donner ici, d'une façon plus détaillée, le mécanisme des principales voyelles et consonnes :

Voyelles. — A (fig. 308). La bouche est largement ouverte; la langue est abaissée, sauf dans sa partie moyenne qui est un peu bombée et durcie et masque la partie inférieure de l'isthme du gosier; le voile du palais est légèrement tiré en bas et entre la paroi postérieure du pharynx et le voile se trouve un espace étroit, de sorte que l'occlusion des fosses nasales n'est pas hermétique.

E. La cavité buccale est un peu moins largement ouverte que dans l'A. La langue est plus bombée et se rapproche du palais, surtout en arrière, de façon à donner à la bouche la forme d'une fiole à col rétréci. Le larynx s'élève de quelques millimètres en passant de A à E.

I (fig. 307). La cavité buccale est réduite à son minimum; la langue, très soulevée, se rapproche de la voûte palatine et du voile du palais en circonscrivant un isthme étroit qui s'élargit en avant et en arrière; l'orifice buccal a la forme d'une fente transversale. Le voile du palais est élevé et s'applique contre la paroi postérieure du pharynx, de façon à fermer hermétiquement les fosses nasales. Le pharynx est à son maximum de hauteur.

O. Le mécanisme est intermédiaire entre A et OU. La cavité buccale est un peu moins large; l'orifice labial arrondi, un peu rétréci. Le larynx est presque aussi bas qu'en OU.

OU (fig. 306). Le larynx est situé le plus bas possible et les lèvres se portent un peu en avant pour allonger encore le tube additionnel. La langue est légèrement excavée à sa partie antérieure, de façon à transformer la bouche en une sorte de cavité un peu rétrécie en arrière et se terminant en avant par une ouverture arrondie assez étroite (orifice labial).

U. La cavité buccale a une forme intermédiaire entre OU et I et plus rapprochée de l'I

Bibliographie. — Kudelka : *Ueber Brücke's Lautsystem* (Sitzungsber. d. k. Akad. d. Wiss., 1858). — Brucke : *Nachricht*, etc. (id.).

4° Des variations dans la production des sons articulés.

1° *Age*. — On observe facilement chez l'enfant le passage du cri à la voix articulée, et chez lui le développement de la parole (prise uniquement ici au point de vue de son mécanisme brut) suit pas à pas le développement anatomique des organes. Ainsi, les premières consonnes qu'il émet sont les labiales, dont la prononciation est facilitée par le volume des lèvres, *ba*, *pa*, *ma*. Plus tard, quand les arcades dentaires s'accroissent et que les dents ont fait éruption, les dentales apparaissent, *ta*, *da* ; enfin, les dernières à se montrer sont les gutturales, à cause du développement plus tardif du voile du palais ; l'enfant dira, par exemple, *tâteau* pour *gâteau*.

2° *Variations individuelles*. — Les variations individuelles sont très nombreuses que de l'OU, tandis que l'orifice labial, au contraire, est arrondi comme dans l'OU, mais encore plus projeté en avant.

Consonnes. — 1° *Continues :* F (fig. 312). La lèvre supérieure s'applique contre l'arcade dentaire supérieure ; la mâchoire inférieure se retire un peu en arrière et le bord de la lèvre inférieure vient s'appliquer mollement au bord inférieur des dents supérieures. La langue et la cavité buccale ont la position de l'expiration vocale ou de l'E muet. Les vibrations du larynx sont arrêtées (Rosapelly).

V se prononce à peu près par le même mécanisme.

S. Les arcades dentaires sont rapprochées, et la pointe de la langue s'applique soit aux dents inférieures, soit aux dents supérieures, en constituant un canal étroit dans lequel le courant d'air vient se briser contre le bord tranchant des dents. — Z se produit par le même mécanisme.

SCH. La pointe de la langue s'applique contre la partie antérieure de la voûte palatine. Les arcades dentaires sont un peu plus écartées que dans l'S.

CH. Le dos de la langue se rapproche de la base du voile du palais. Dans la forme douce, à peu près seule usitée en français, le canal bucco-palatin est moins étroit et le voile du palais un peu plus élevé.

2° *Explosives :* P (fig. 309). Il y a occlusion complète du courant d'air par le rapprochement brusque des deux bords de la lèvre supérieure et de la lèvre inférieure ; le son se produit tantôt à l'occlusion, tantôt au moment où l'occlusion cesse. La différence entre P et B consisterait, d'après Max Müller, en ce que dans P la glotte est largement ouverte, tandis que dans B elle est légèrement rétrécie. Les tracés de Rosapelly montrent que les vibrations laryngées continuent dans le B, tandis qu'elles cessent dans le P.

T, D (fig. 310). Dans le T et dans le D, l'occlusion se produit par l'application de la pointe de la langue contre la face postérieure des dents supérieures ou l'arcade alvéolaire supérieure.

K, G (fig. 311). La partie moyenne (et la base) de la langue s'applique contre le voile du palais.

3° *Vibrantes :* L. La pointe de la langue s'applique contre le rebord alvéolaire de la mâchoire supérieure et la partie antérieure de la voûte palatine ; le courant d'air passe de chaque côté entre les molaires postérieures en faisant vibrer les bords de la langue.

R. Il y a trois espèces d'R suivant la région d'articulation. L'R labial n'existe dans les langues que dans quelques interjections, comme dans le *Brrrou* du froid. L'R lingual (R ordinaire) se produit par l'application des bords de la langue à l'arcade dentaire supérieure ; l'air passe entre la partie antérieure de la voûte palatine et la pointe de la langue et fait entrer celle-ci en vibrations. Dans l'R guttural (fig. 313), c'est l'extrémité de la luette qui entre en vibrations.

4° *Nasales :* M. Elle se produit par l'occlusion des lèvres, comme le P et le B ; seulement, le voile du palais est abaissé et le courant d'air passe à la fois par la bouche et les fosses nasales. — L'N (fig. 314) se produit par le même mécanisme que le D, mais avec abaissement du voile du palais. NG n'est, de même, que la nasalisation de G.

Pour de plus amples détails sur ce mécanisme si compliqué de l'articulation des sons, voir les travaux cités dans la bibliographie et spécialement ceux de Brücke et de Merkel.

et dépendent la plupart du temps des dispositions anatomiques des organes de la parole, comme dans le blaisement, le zézayement, le grasseyement (1), etc.; quelquefois, cependant, leur origine doit être cherchée plus loin dans le système nerveux comme dans le bégayement, par exemple.

3° *Altérations phonétiques*. — Les altérations phonétiques sont très nombreuses et ont une influence capitale dans l'histoire et le développement des langues. Ces altérations consistent surtout en permutations de sons, en substitution d'un son à un autre son qui, en général, est voisin du premier. On a déjà vu plus haut quelques-unes de ces permutations entre les consonnes. Mais on les observe aussi entre les voyelles; par exemple, dans la transformation si commune de l'A en E, comme dans *rosa* et *rose*. Une altération phonétique qui joue un très grand rôle dans certaines langues, c'est la *nasalisation*, comme dans le changement de *laterna* en *lanterne*. Ces altérations phonétiques tiennent en première ligne, comme nous l'avons vu, à la parenté du mécanisme des sons permutants; mais il en est quelques-unes pour lesquelles cette explication n'est plus acceptable (2).

4° *Influence de la race et de la langue*. — L'étude de cette influence est plutôt du ressort de la linguistique, mais elle présente cependant au physiologiste un intérêt assez grand pour qu'il soit utile d'en dire quelques mots.

Les voyelles sont très communes dans certaines langues et surtout dans les langues primitives, sans qu'on puisse faire de cette vocalisation un caractère général. Ainsi, dans la langue hawaïe, on ne trouve jamais deux consonnes de suite et les mots ne peuvent jamais finir par une consonne. La richesse des langues en consonnes est très variable : on en trouve 48 en hindoustani, 37 en sanscrit, 28 en arabe, 23 en hébreu, 20 en anglais, 17 en grec, en latin, en français, en mongol, 11 en finnois, 10 et même moins dans les dialectes polynésiens. Si l'on prend maintenant les différents groupes de consonnes, on arrive à des résultats curieux. Les gutturales sont, en général, très riches dans les langues sémitiques et plus nombreuses dans les langues primitives sauvages. Cependant elles manquent dans quelques dialectes des îles de la Société. Ainsi les indigènes ne pouvaient prononcer le nom du capitaine Cook; ils disaient *Tût* pour *Cook*. Parmi les labiales, le D manque en mexicain, en péruvien et en chinois, l'S dans plusieurs langues polynésiennes. Les labiales sont complètement absentes chez les Mohawks, même dans leur enfance, ce qui paraît assez extraordinaire; l'F et le V manquent dans la langue australienne. Les nasales, si usitées en français, n'existent pas chez les Hurons et chez quelques peuplades américaines. Enfin, l'R manque dans beaucoup de langues et, en particulier, en chinois. Il serait bien difficile d'expliquer actuellement ces singularités physiologiques.

Outre ces variations presque inexplicables, les langues présentent d'autres variations plus régulières et qu'on a pu même formuler en lois. En général, tout idiome tend à devenir plus commode et plus coulant (3), et les langues sont, comme

---

(1) Le *blaisement* est la substitution d'une consonne faible à une forte, Z à S, D à T, etc. Le *zézayement* est le remplacement de J ou G par Z. Le *grassayement* est une prononciation spéciale de l'R ou son remplacement par l'L ou sa suppression.

(2) Comment expliquer, par exemple, que la *jota* espagnole remplace *li* dans les mots venant du latin, comme *mulier, filius*, quoique *l* et *i* existent en espagnol ?

(3) C'est surtout sur les finales que ces mutations s'exercent. Le français nous en offre un exemple curieux. Notre E muet remplace jusqu'à sept terminaisons latines. Exemple : *musa*, muse; *utilis*, utile; *curvus*, courbe; affirmo, j'affirme; affirmat, il affirme; *templum*, temple; *exordium*, exorde (Egger). La paresse musculaire joue un grand rôle dans ces mutations; les langues usent peu à peu leurs aspérités, et les sons qui exigent le moindre effort musculaire possible finissent par remplacer ceux qui demandent une articulation énergique.

les organismes, en état de mutations incessantes, mutations d'autant plus rapides que les langues sont plus pauvres en documents écrits. Ainsi, tandis que dans les langues des peuples civilisés et possédant une littérature, des siècles peuvent s'écouler sans modifier profondément la phonétique du langage, les dialectes des peuplades sauvages se modifient en quelques années, et quelquefois de façon à devenir méconnaissables (1).

5° *Influence du climat.* — Le climat a une influence réelle sur l'articulation des sons, et surtout sur les voyelles. La voyelle A, qui exige une large ouverture buccale et par conséquent laisse pénétrer profondément l'air extérieur dans la bouche, est bien plus fréquente dans les langues du Midi, l'arabe par exemple, que dans les langues du Nord. Aussi, dans le passage du latin au français (du Midi au Nord), voit-on A disparaître et se changer en E muet. De là cette sonorité qui est le caractère général des langues méridionales et qui contraste avec la sécheresse des langues du Nord. Cette influence du climat se fait sentir aussi, quoique moins fortement, sur l'articulation des consonnes. Les labiales sont employées bien plus fréquemment chez les peuples du Midi que chez ceux du Nord.

Influence de l'innervation. — Les nerfs qui entrent en jeu dans la parole sont, outre les nerfs des muscles respiratoires et du larynx, les nerfs moteurs de la langue, du voile du palais et des lèvres, c'est-à-dire le facial (voile du palais et lèvres), l'hypoglosse (langue), le glosso-pharyngien et le pneumogastrique (voile du palais). L'étude de ces différents nerfs sera faite avec les nerfs crâniens.

Pour les centres nerveux qui interviennent dans la parole, je renvoie au chapitre qui traite de la physiologie des centres nerveux.

Transcription figurée des sons articulés. — *Alphabet phonétique.* Les sons

(1) Les *lois de Grimm* offrent un remarquable exemple de l'accord qui existe entre la phonétique linguistique et la phonétique physiologique ; c'est à ce titre que je crois devoir les donner d'après Max Müller : « Si les mêmes racines des mêmes mots existent en sanscrit, en grec, en latin, en celtique, en slavon, en lithuanien, en gothique et en haut-allemand, lorsque les Indous et les Grecs prononcent une aspirée, les Goths et, en général, les Bas-Allemands, les Saxons, les Anglo-Saxons, les Frisons, etc., prononcent l'explosive douce, et les Hauts-Allemands l'explosive dure correspondante. Dans ce premier changement, les races lithuaniennes, slavonnes et celtiques prononcent de même que le gothique ; on arrive à cette formule :

Grec et sanscrit..	KH	TH	PH
Gothique, etc.................	G	D	B
Ancien haut-allemand..........	K	T	P

Deuxièmement, si en grec, en latin, en sanscrit, en lithuanien, en slavon et en celtique, on trouve une explosive douce, on trouvera en gothique l'explosive forte et en ancien haut-allemand l'aspirée correspondantes :

Grec, etc.....·...............	G.	D	B
Gothique....................	K	T	P
Ancien haut-allemand........	CH	Z	F (ph).

Troisièmement, lorsque les six langues nommées plus haut montrent une consonne forte, le gothique montre l'aspirée et l'ancien haut-allemand l'explosive correspondantes. Cependant, dans ce dernier cas, la loi n'est valable que pour la série linguale ; pour les labiales et les gutturales, on a habituellement F et H au lieu de B et G :

Grec, etc....................	K	T	P
Gothique	H (G, F)	TH (D)	F (B)
Ancien haut-allemand..........	H (G, K)	D	F (B, V)

Les lettres entre parenthèses indiquent les modifications qui se rencontrent moins généralement que les autres. Il n'y a qu'à comparer ces formules au tableau de la page 957, pour voir immédiatement la concordance de la linguistique et de la physiologie.

articulés peuvent être symbolisés par des signes écrits conventionnels, ou *lettres*, et la série des sons ainsi symbolisés d'une langue constitue l'alphabet de cette langue. Malheureusement, les bases sur lesquelles sont construits ces alphabets sont tout à fait irrationnelles. Dans un alphabet phonétique parfait, chaque son simple devrait être figuré par un signe distinct. Or, il est bien loin d'en être ainsi. D'une part, certains sons simples, telles sont les voyelles nasales françaises, ne sont figurés par aucun signe ; d'autre part, on trouve un seul signe pour figurer des sons composés, X, par exemple, pour KS ; enfin, un son unique peut avoir deux signes différents. D'Escayrac de Lauture a calculé qu'en français le son O peu s'écrire de 43 manières différentes. En outre, les diverses langues donnent des valeurs phonétiques différentes aux mêmes signes, ce qui introduit une difficulté énorme dans l'étude des langues étrangères. Frappés de ces inconvénients, Lepsius et, après lui, plusieurs auteurs ont cherché à construire des alphabets phonétiques, de façon que chaque lettre ou chaque signe correspondît à un son déterminé, de sorte qu'une phrase écrite dans une langue pourrait être prononcée correctement par quelqu'un qui n'aurait jamais entendu parler dans cette langue. On aurait donc ainsi un alphabet commun, international, qui, une fois connu et adopté, rendrait les plus grands services. Malheureusement, pour rendre cet alphabet commun acceptable, Lepsius conserva les caractères romains usités par la plupart des peuples civilisés et il en résultait cet inconvénient que les signes adoptés par Lepsius correspondaient, suivant telle ou telle langue, à des sons articulés différents et qu'il devenait, par conséquent, très difficile de s'accorder sur leur mode de prononciation. En outre, l'alphabet de Lepsius présentait des erreurs au point de vue physiologique. Brücke d'abord, puis Thausing, C. L. Merkel, suivirent une autre voie et employèrent des signes complètement nouveaux. Ils partirent de ce principe que les éléments essentiels de la parole, région d'articulation, formes de la cavité buccale, modification du courant d'air (explosives, continues, etc.), devaient être représentés par des signes soit conventionnels, soit imitatifs, de façon que l'écriture se calquât sur le mécanisme physiologique de la parole. Brücke et Merkel employèrent des signes nouveaux, et Thausing une sorte de notation musicale. On trouvera dans les ouvrages de ces auteurs des phrases écrites dans ces divers modes de transcription, qui ne peuvent avoir jusqu'ici qu'un intérêt de curiosité scientifique.

Production des sons articulés chez les animaux. — Beaucoup d'animaux possèdent, comme l'homme, la voix articulée. Ils ne s'élèvent pas jusqu'à la formation des mots, à moins que ce ne soit par imitation, comme le perroquet et quelques autres oiseaux ; mais ils produisent naturellement des sons articulés. Les mammifères ne dépassent guère la production des voyelles ; cependant ils peuvent aussi émettre des consonnes ; ainsi le B se distingue nettement dans le bêlement de l'agneau, et ces exemples pourraient être multipliés. Mais les consonnes existent surtout dans le chant des oiseaux, et on y reconnaît nettement Z, S, P, G, K, R, N, etc.

B. *Union des sons articulés entre eux. Formation physiologique des mots.*

L'union des sons articulés entre eux pour former les syllabes et les mots se fait, en général, d'après des lois qui trouvent leur explication dans le mécanisme physiologique de la parole. Aussi est-ce seulement au point de vue physiologique que je chercherai à donner un court aperçu de cette question.

Union des sons articulés. — 1° *Union des voyelles.* — En s'unissant entre elles, les voyelles constituent les diphthongues, qu'il ne faut pas confondre avec les voyelles mixtes. Dans l'émission d'une diphthongue, la cavité buccale prend successivement la forme correspondante à chacune des deux voyelles qui la composent, sans qu'il y ait interruption du courant d'air et sans qu'aucun son intermédiaire les sépare.

2° *Union des consonnes.* — Dans l'union des consonnes il peut se présenter deux cas. Dans le premier cas, les deux consonnes qui se suivent sont prononcées à la suite l'une de l'autre sans interruption et sans qu'il y ait de son interposé ou de temps d'arrêt; il y a presque simultanéité, et il semble qu'il n'y ait qu'un son produit; cependant, en réalité, il y a succession, mais succession très rapide. Cette *agglutination* de deux sons ne peut se faire qu'entre certaines consonnes, ce qui s'explique par le mécanisme physiologique de leur production. Ainsi on ne peut réunir ensemble deux explosives, deux continues, deux nasales, deux vibrantes; on peut réunir ensemble une explosive et une vibrante, comme dans BRa, BLa; DRa, DLa, etc., ou une continue et une vibrante, comme dans FRa, FLa, ou une nasale et une vibrante MRa, MLa ; mais déjà dans ces deux dernières associations l'agglutination est moins complète et l'oreille perçoit entre l'F et l'R de FRa, l'M et l'R de MRa, etc., une sorte de temps d'arrêt occupé par la voyelle primitive expiratoire E (muet). Cette sensation est encore plus marquée dans l'association d'une continue et d'une explosive, comme dans FTa, SBa, ou dans TSa, KSa, etc. D'un autre côté, l'agglutination ne peut se faire si on prononce la vibrante la première, comme dans RBa, RFa, RMa. Toutes ces variations tiennent uniquement à la facilité plus ou moins grande qu'on a à passer de la série de mouvements correspondants à la première consonne à la série de mouvements qui accompagnent la seconde. Il nous est impossible d'entrer ici dans le détail des cas particuliers, qui demanderaient beaucoup trop de développements ; je me contenterai de renvoyer le lecteur au mécanisme spécial des différentes consonnes. En outre, il faut faire la part de l'habitude et de l'exercice.

Dans le second cas, les consonnes se succèdent avec un temps d'arrêt, c'est-à-dire qu'elles appartiennent à des syllabes différentes. Cette succession de consonnes peut se faire de plusieurs manières : Il peut y avoir d'abord répétition de la même consonne, du même son. Pour les explosives et pour les nasales, cette répétition est très nette et les deux sons sont très distincts, comme dans aBBa, aNNa, etc., ce qui s'explique facilement, puisque le premier son est dû à une occlusion rapide et le second à une ouverture brusque de la région d'articulation. Dans la répétition des continues et des vibrantes, il n'en est plus tout à fait de même; ainsi, dans aSSez, aRRéter, il me semble qu'il n'y a pas véritable répétition des consonnes S ou R, mais simplement accentuation (intensité) plus forte du son pendant le premier temps de son émission, tandis que la voix tombe pendant le second temps. En effet, l'R résulte déjà de vibrations lentes, l'S de vibrations plus rapides; autrement dit, ces consonnes ne sont pas autre chose que des répétitions d'un son, et ajouter un R à un R, un S à un S, ce n'est, en somme, que prolonger la série des vibrations assez longtemps pour donner à l'oreille, grâce à la durée et à la différence d'intensité des deux temps, la sensation d'un redoublement de consonne.

Le mécanisme physiologique n'a pas moins d'influence sur l'association de deux consonnes différentes. D'une façon générale, une consonne dure est suivie ordinairement d'une consonne dure, et la prononciation sera plus difficile si elle est suivie d'une faible. Ainsi on dira plus facilement aBDa, aPTa, que aBTa, aPDa; il sera encore plus difficile de passer d'une consonne dure à une consonne molle de la même région d'articulation; ainsi, il est presque impossible de prononcer distinctement aBPa, aDTa, et encore plus difficile quand la consonne douce précède la dure, comme dans apPBa, aTDa. Il y a là, au point de vue physiologique, un fait très curieux. En effet, les mouvements que l'on fait pour prononcer un B et un P sont très voisins, si voisins même qu'on prononce souvent l'un pour l'autre, B pour P et P pour B; et cependant, quand une de ces consonnes vient d'être prononcée, on éprouve une insurmontable difficulté pour prononcer immédiatement l'autre, tandis qu'on passe très facilement d'une labiale à une linguale ou à une gutturale, quoique ces consonnes exigent des mouvements très différents du premier. Ce phénomène, qui paraît anormal au premier abord, se rattache, en réalité, à une loi de l'action musculaire qui joue un très grand rôle dans la parole et dont l'importance a jusqu'ici été méconnue par les physiologistes et les linguistes : c'est qu'*il est plus difficile de faire passer immédiatement un muscle d'un degré de contraction à un degré de contraction différent que de passer de la contraction d'un muscle à celle d'un autre muscle.*

Des altérations phonétiques se produisent souvent dans ces associations de consonnes, altérations phonétiques dont les causes sont souvent difficiles à retrouver et qui souvent semblent se contredire. C'est ainsi que *MaRSeille* vient de *MaSSilia*, et *suFFero* de *suBFero* (Voir aussi sur ce sujet : Rosapelly).

3° *Union des consonnes et des voyelles*. — L'union des consonnes et des voyelles constitue les *syllabes*, ou autrement les mots, puisqu'il est à peu près démontré aujourd'hui que toutes les racines étaient à l'origine monosyllabiques. Si l'on se reporte à la définition des voyelles et des consonnes, on voit que dans la syllabe il y a deux actes musculaires successifs, dont l'ordre de succession peut, du reste, varier : une forme spéciale de la cavité buccale (voyelle), un rétrécissement ou une occlusion dans une région d'articulation (consonne). La syllabe présente ce caractère que le passage d'un mouvement à l'autre se fait sans temps d'arrêt, de sorte que l'oreille a la sensation d'un son continu.

Les *mots* sont constitués par une seule ou par plusieurs syllabes juxtaposées, et l'association des syllabes entre elles pour constituer les mots composés dépend en partie de causes physiologiques (action musculaire, sensation auditive euphonique, climat, etc.), telles que celles qui ont déjà été mentionnées. Les procédés d'altération phonétique les plus importants sont : la transposition, comme dans *forma*, *fromage*; l'addition, soit au commencement d'un mot (*scribere*, *écrire*, — *squelette*, *esquelette*, — *rana*, grenouille), soit au milieu d'un mot (*funda*, *fronde*, — *numerus*, *nombre*, — *couleuvre*, *coulieuvre*), soit à la fin (*vas-y*; *va-t-il*); la suppression au commencement d'un mot (*esumus*, *sum.us*, — *ptisana*, *tisane*), dans le courant du mot (*fabula*, *fable*), ou à la fin (*septem*, *sept*). Ces altérations phonétiques sont surtout marquées dans les syllabes finales des mots et tiennent en grande partie à la paresse musculaire et probablement aussi à cette tendance des actions musculaires à suivre un certain rythme (répétition des mêmes mouvements), et de ce penchant instinctif que nous éprouvons pour le retour des mêmes sons. Là, du reste, se retrouvent encore les influences de race, de climat, et probablement de conformation physique. La linguistique nous en fournit de nombreux exemples. Ainsi, le sanscrit ne termine jamais un mot par deux consonnes et n'admet guère comme consonnes finales que *n*, *t*, *s* et *r*; on a déjà vu la généralisation de l'*e* muet en français. Certains idiomes présentent une pauvreté remarquable sous le rapport des finales. Sauf quelques rares exceptions, le dialecte tzaconien ne possède que des terminaisons en voyelles; l'abor, un des dialectes de l'Himalaya, a la même finale pour la moitié des mots, et certains dialectes de la langue karen ne paraissent pas avoir d'autre finale que l'*ng*.

Caractères physiques de la parole. — La parole, de même que la voix, présente certains caractères acoustiques d'intensité, de hauteur et de durée. Ces caractères correspondent à ce que les grammairiens appellent l'accent, la quantité et l'intonation. L'*accent* (accent tonique) dépend de l'intensité du son ; il indique la syllabe, sur laquelle la voix appuie de préférence et c'est en général celle qui forme la racine du mot, à moins que, comme dans beaucoup de langues, l'euphonie n'en détermine la place. La *quantité* correspond à la durée du son et cette quantité varie, pour chaque syllabe, d'abord suivant la durée physiologique de l'émission des sons (certaines voyelles, certaines consonnes peuvent être soutenues plus longtemps que d'autres) et ensuite suivant des règles prosodiques qu'il n'y a pas lieu de mentionner ici. L'*intonation* ou la *hauteur* du son joue un très grand rôle dans certaines langues ; en général, dans la parole ordinaire la hauteur de la voix reste dans les limites d'une demi-octave ; et encore les différences de hauteur qui existent entre les syllabes et les mots ne servent qu'à donner de la variété à la phrase et à en accentuer certains passages ; mais dans d'autres langues, l'intonation a une importance capitale, car elle modifie le sens même des mots suivant la hauteur donnée au mot ; c'est ainsi que le chinois compte 4 tons différents, le birman 2, le siamois 5, l'anamite 6. Ces intonations de la parole se remarquent très bien chez certains individus qui *chantent en parlant*.

Origine du langage. — Le langage, au point de vue mécanique, n'est pas autre chose qu'un mode particulier de mouvements musculaires. Comment, en restant dans le domaine purement matériel, ce langage a-t-il pu se développer ? La voix (cri, interjections, etc.) est aussi naturelle à l'homme que les mouvements musculaires des membres, mais entre la voix simple et la voix articulée il y a la même distance qu'entre les mouvements musculaires irréguliers des membres, comme on les observe chez le nouveau-né et les mouvements de la marche. La voix articulée n'est qu'une des formes de l'expression, comme la mimique et la gesticulation, et il n'y a pas lieu de faire de la parole quelque chose de spécial au-dessus de la nature humaine. Nous avons vu que ces sons articulés existent chez les animaux dans une certaine mesure ; seulement chez eux, les mouvements expressifs et le langage en particulier sont réduits au minimum ; en effet, le cercle de leurs idées est très restreint ; les modes les plus simples d'expression suffisent pour les rendre et pour traduire tous les genres d'émotions. A quoi servirait l'instrumentation compliquée du langage chez des êtres dont la vie intellectuelle et émotionnelle est si simple ? Lorsqu'un chien gratte à une porte ou aboie d'une certaine façon pour qu'on lui ouvre, son langage lui suffit, puisqu'il est compris par son maître. Pourquoi irait-il au delà ? Nous lui apprendrions à articuler des mots, s'il le pouvait, qu'il ne serait pas plus avancé ; il serait dans le cas d'un perroquet qui répète une phrase, ou d'un enfant de cinq ans auquel on ferait réciter une formule de mathématiques. Le langage est un des modes de traduction de la pensée, le plus utile et le plus merveilleux sans doute, mais il ne vaut que par l'intelligence, qui s'en sert comme d'un instrument, et son développement a dû suivre pas à pas le développement de l'intelligence et son évolution progressive. On conçoit parfaitement, et nous en avons des exemples dans certains sourds-muets de naissance qui n'ont pas reçu d'éducation spéciale, des hommes privés absolument de langage et qui, n'ayant comme moyens de traduire leur pensée que la mimique et la gesticulation, arriveraient cependant à un degré d'intelligence au niveau de la moyenne. Il a fallu à l'homme pour faire du feu, pour se fabriquer des armes et des vêtements, pour travailler la terre, etc., autant d'efforts et de tâtonnements que pour arriver à donner des noms aux objets qui l'entouraient, et à traduire ses sensations et ses émotions par des combinaisons de sons articulés.

Envisagé à ce point de vue, le problème de l'origine du langage se pose autrement qu'on ne le conçoit habituellement ; il se dédouble : il comprend d'une part le développement même de l'intelligence et nous n'avons pas à nous en occuper ici ; mais, d'autre part, il comprend le développement graduel de ce mode d'expression, de cette forme de mouvements musculaires qui constituent la mécanique de la parole. Or, la solution de ce problème doit être cherchée surtout dans l'étude des phénomènes qui se passent chez l'enfant depuis sa naissance jusqu'au moment où il commence à parler d'une façon distincte, dans l'étude des langues chez les peuplades sauvages et enfin dans celle des langues primitives.

L'étude des langues primitives nous révèle deux faits essentiels, le monosyllabisme et la richesse en voyelles. D'un autre côté, chez l'enfant nous observons la série suivante de phénomènes. Au début, c'est le cri pur, la simple expiration vocale, sans articulation ; plus tard la vocalisation apparaît ; jusqu'ici il n'y avait guère eu dans la vie de l'enfant que des sensations de faim et de douleur traduites par un seul mode expressif, le cri ; maintenant les émotions de plaisir, la curiosité, l'étonnement, la colère, etc., commencent à se faire jour et se révèlent par les modulations de la série des voyelles ; mais peu à peu cela ne suffit plus ; les sensations se multiplient et avec elles les besoins de mouvements expressifs nouveaux ; les consonnes sont balbutiées, les labiales d'abord, puis les linguales, puis les gutturales jusqu'à ce qu'enfin il ait à son service toute la gamme des sons articulés. Mais il est facile de voir que chez l'enfant le langage n'est qu'une fraction de tout un ensemble de mouvements d'expression qui embrassent tout le système musculaire et qui se perfectionnent en même temps que la parole.

Le cri s'accompagne de contractions réflexes des membres inférieurs qui se rapprochent du ventre et se fléchissent ; les mêmes contractions se retrouvent dans les membres supérieurs. Avec la vocalisation se montrent des mouvements expressifs plus complexes ; il rit, il frappe des mains, il avance le bras pour saisir, il fait des gestes de dénégation ; enfin, avec l'articulation des consonnes, paraissent les mouvements plus intelligents de la palpation, les tâtonnements de la marche, en un mot toute la série des mouvements de relation destinés à le mettre en rapport avec le monde extérieur.

On a admis deux théories différentes sur l'origine du langage, celle de l'*onomatopée* et celle de l'*interjection* ; dans la première, le langage primitif ne serait que l'imitation par l'homme des bruits extérieurs ; dans la seconde il ne serait que le développement des cris émotionnels ; mais si les deux théories peuvent s'appuyer sur quelques faits, aucune des deux ne peut être admise à l'exclusion l'une de l'autre et elles ne suffisent pas même à elles deux, comme le fait remarquer Max Müller, pour expliquer la formation du langage. D'un autre côté, l'attribuer, comme le fait Max Müller, à une force inhérente à la nature humaine, ne me paraît pas plus heureux. Le langage n'est qu'un des modes d'expression et, d'une façon générale, les animaux possèdent aussi ces mouvements d'expression, quoique les manifestations en soient beaucoup plus restreintes que chez l'homme. Le langage n'est donc pas essentiel à la nature humaine, il n'est que le terme supérieur d'une évolution commune à tous les êtres animés, et sa manifestation la plus élevée est la plus remarquable ; il est uniquement ce que le fait l'intelligence humaine et cette intelligence a perfectionné peu à peu l'instrument brut et grossier des premiers temps pour en faire l'admirable instrument dont nous nous servons aujourd'hui. Mais vouloir séparer le langage de l'accentuation, de l'intonation, de l'expression faciale, de la gesticulation qui l'accompagne, et vouloir le réduire à une pure combinaison de mots et de sons articulés, c'est méconnaître complètement la portée du problème et les lois physiologiques.

C'est en me basant sur les considérations précédentes que je me hasarde à proposer l'échelle suivante de développement progressif du langage en le rapprochant des autres modes principaux d'expression :

Première période — Cris émotionnels et gesticulation instinctive.

Deuxième période. — Vocalisation (voyelles). Intonation. Gesticulation raisonnée; mimique; danse.

Troisième période. — Articulation (consonnes). Monosyllabisme. Écriture figurative.

Quatrième période. — Apparition des langues proprement dites. Langues monosyllabiques ou isolantes (ex. : chinois).

Cinquième période. — Langues agglutinantes (ex. turc).

Sixième période. — Langues amalgamantes ou à flexion (ex. : langues âryennes et sémitiques).

Bibliographie. — Kratzenstein : *Obs. sur la physique*, 1782. — Lepsius : *Das allgemein linguistische Alphabet*, 1855. — C. Bruch : *Zur Physiologie der Sprache*, 1854. — Brücke : *Grundzüge der Physiologie und Systematik der Sprachlaute*, 1856. — Merkel : *Anat. und Phys. des menschlichen Stimm und Sprachorgans*, 1857. — Czermak : *Physiol. Unt. mit Garcia's Kehlkopfspiegel* (Sitzungsber. d. k. k. Akd. zu Wien., 1858). — Id. : *Einige Beob. über die Sprache*, etc. (id.). — Id. : *Ueber die Sprache* (id.). — Schuch : *Die Bewegungen des weichen Gaumens bei Sprechen* (Wien. méd. Wochensch., 1858). — Passavant : *Ueber die Verschliessung des Schlundes beim Sprechen*, 1863. — Thausing : *Das natürliche Lautsystem*, 1863. — Max Müller : *La science du langage* (trad franç., 1864). — Donders : *Over stem en spraak* (Nederl. Arch. voor Genees., t. I, 1865). — Id. : *Over de tong-werktuigen*, etc. (id.). — Id. : *De phonautograaf* (id., t. II, 1866). — Merkel : *Physiol. der menschlichen Sprache*, 1866. — Czermak : *Ueber den Spiritus asper und lenis und über die Flüsterstimme* (Wiener Akad., 1865). — Terné van der Heul : *De invloed*, etc., 1867. — Passavant : *Ueber die Verschliessung des Schlundes beim Sprechen* (Arch. für pat. Anat., t. XLVI, 1869). — Krishaber : *Rech. expér. sur les divers mécanismes d'occlusion du larynx* (Gaz. méd., 1869). — Prat : *Du rôle physiologique des tubes cartilagineux*, etc. (id.). — Donders : *De physiologie des sprakklanken* (Ond. in het phys. labor. Utrecht., t. III, 1871). — Lucae : Berl. klin. Wochensch., 1872. — Rossbach : *Doppeltönigkeit der Stimme bei ungleicher Spannung der Stimmbänder* (Arch. de Virchow, t. LIV, 1872). — Fr. Riegel : *Ueber die Lähmung der Glottiserweiterer* (Berl. klin. Wochensch., 1873). — Coudereau : *Essai de classification des bruits articulés* (Bull. de la Soc. d'Anthrop., 1875). — E. Sievers : *Grundzüge der Lautphysiologie*, 1876. — C. L. Rosapelly : *Essai d'inscription des mouvements phonétiques* (Trav. du labor. de Marey, 1876). — Gentren : *Beob. am weichen Gaumen*, 1876. — Goltz : *Ein Vorlesungsversuche mittelst des Fernsprechers* (Arch. de Pflüger, t. XVI, 1877). — Hermann : *Ueber telephonische Reproduction von Vocalklangen* (id., t. XVII, 1878). — Schneebelli : *L'application du téléphone dans les cours* (Arch. des sc. phys. et naturelles, 1878). — F. W. Blake : *method of recording articulate vibrations by means of photography* (Amer. journ. of sc., 1878). — A. Chervin : *Anal. physiologique des éléments de la parole*, 1879. — Pieniazek : *Ueber die Ursache und Bedeutung der näselnden Sprache* (Wien. med. Blätter, 1878). — Lucae : *Zum Mechanismus des Gaumensegels und der Tuba Eustachii* (Arch. für Physiol., 1878/. — Hartmann : *Exper. Stud. über die Function der Eustachi'schen Röhre*, 1879. — Id. : *Ueber das Verhalten des Gaumensegels bei der Articulation* (Centralbl., 1880). (Voir aussi les traités de linguistique et de grammaire comparée.)

5° — Mécanique de la digestion.

Les phénomènes mécaniques qui se passent dans le tube digestif sont de deux ordres : les uns ont pour but de faire progresser les aliments depuis la bouche jusqu'à l'anus et de les mettre ainsi successivement en contact avec les différentes sécrétions digestives et d'expulser ensuite leur résidu ; les autres ont pour but de diviser les aliments et de les mélanger aux sucs digestifs, en un mot de leur faire subir des modifications de consistance et de cohésion.

Ces deux effets se produisent sous l'influence des contractions musculaires des parois du tube digestif ; ces contractions, sauf aux deux extrémités, sont dues à des fibres musculaires lisses, tandis que du côté de la bouche, comme du côté de l'anus, des appareils musculaires striés viennent remplacer les fibres lisses du tube alimentaire ou s'y surajouter. Aussi tandis que, d'une façon générale, les mouvements qui succèdent immédiatement à l'ingestion des aliments ou qui précèdent leur expulsion sont rapides et volontaires, les mouvements de toute la partie intermédiaire se distinguent par leur lenteur et leur soustraction à l'influence de la volonté. Un fait important à noter aussi, c'est que les parois du tube digestif contiennent à partir de l'œsophage, dans l'épaisseur de leur tunique musculaire, des plexus nerveux spéciaux, *plexus myentériques*, qui leur assurent une certaine indépendance des centres nerveux, grâce à la présence de nombreuses cellules ganglionnaires. Nous étudierons successivement la préhension des aliments, la mastication, la déglutition, les mouvements de l'estomac, ceux de l'intestin grêle, du gros intestin et la défécation.

1° *Préhension des aliments.*

Nous ne nous arrêterons que sur les divers modes de préhension des aliments liquides.

Les liquides peuvent être versés directement dans la cavité buccale et de là passer dans le pharynx par un mouvement de déglutition (*boire à la régalade*). Mais ordinairement ils sont *aspirés*. Cette aspiration se fait de deux façons. Dans l'action de *humer* un liquide, c'est le courant d'air inspiré qui entraîne dans la cavité buccale le liquide dans lequel baignent les lèvres ; quand les lèvres ne sont pas complètement immergées dans le liquide, une petite quantité d'air est entraînée en même temps et donne lieu à un bruit de gargouillement.

Chez l'enfant à la mamelle, dans la *succion*, l'aspiration se fait par un tout autre mécanisme. La cavité buccale joue le rôle d'un corps de pompe dont la langue constitue le piston ; les lèvres s'appliquent hermétiquement au pourtour du mamelon, l'isthme du gosier est fermé par le contact de la base de la langue et du voile du palais ; la partie antérieure de la langue se porte en arrière en faisant le vide autour du mamelon, et la pression atmosphérique, qui presse sur la surface de la mamelle chasse le lait dans la cavité buccale. La respiration peut continuer pendant la succion. La pression négative exercée par l'enfant pendant la succion peut être évaluée à 4 à 10 millim. de mercure (Hertz).

Bibliographie. — J. Metzger : *Ueber den Luftdruck als mechanisches Mittel zur Fixation des Unterkiefers* (Arch. de Pflüger, 1874). — Donders : *Ueber den Mechanismus des Saugens* (id.).

2° Mastication.

La mastication a pour but de triturer les aliments et de les imprégner de salive, de façon à faciliter leur déglutition et l'action ultérieure des sucs digestifs (page 399).

Les aliments sont divisés par les incisives et les canines, et broyés entre les molaires supérieures et inférieures. La résistance de l'émail est assez considérable pour permettre aux dents de briser et de broyer des corps très durs, action favorisée par les pointes saillantes des canines et des molaires qui peuvent, comme une sorte de coin, concentrer la pression sur un seul point. La sensibilité dentaire, très développée et très délicate, nous permet de graduer la pression suivant la résistance de l'aliment.

Pendant que les mouvements de la mâchoire inférieure mettent ainsi en jeu l'appareil dentaire pour diviser et triturer les aliments, les parties molles de la cavité buccale ne restent pas inactives : les lèvres et les joues ramènent contre les dents les parcelles alimentaires qui tombent en dehors des arcades dentaires ; la langue joue le même rôle pour celles qui s'échappent du côté interne, et quand la trituration mécanique est accomplie, la langue presse les aliments contre la voûte palatine et en forme une sorte de masse molle imprégnée de salive, qui a reçu le nom de *bol alimentaire* (1).

Innervation. — Les nerfs des mouvements de mastication sont : la branche motrice du trijumeau (muscles de la mâchoire inférieure, mylo-hyoïdien et ventre antérieur du digastrique), l'hypoglosse (langue et muscles genio-hyoïdien et thyro-hyoïdien) et le facial (buccinateur orbiculaire des lèvres, stylo-hyoïdien et ventre postérieur du digastrique). Le centre des mouvements coordonnés de la mastication paraît se trouver dans la moelle allongée.

3° Déglutition.

La déglutition comprend les actes par lesquels l'aliment passe de la cavité buccale dans l'estomac. On peut la diviser en trois temps : dans le premier temps, le bol alimentaire franchit l'isthme du gosier ; dans le second, il franchit le pharynx ; dans le troisième il traverse l'œsophage.

---

(1) Les mouvements de la mâchoire inférieure dans l'articulation temporo-maxillaire, ainsi que l'action des muscles masticateurs, sont étudiés dans les traités d'anatomie (*Voir* Beaunis et Bouchard, 3e édit., p. 139, Articul. temporo-maxillaire ; 243, Digastrique ; 258, Buccinateur ; et 260, Muscles de la mâchoire inférieure).

1° Premier temps. — *Le bol alimentaire franchit l'isthme du gosier.* — Tant que le bol alimentaire se trouve dans la cavité buccale, nous pouvons retarder la déglutition; mais dès que le bol alimentaire arrive à l'isthme du gosier, le mouvement de déglutition commence, mouvement réflexe et involontaire qu'il nous est impossible d'arrêter. Quand les aliments ont été suffisamment triturés et insalivés, la langue se soulève par la contraction des styloglosses et surtout du mylo-hyoïdien qui agit à la manière d'une sangle (Bérard) et dont on sent parfaitement la contraction sur soi-même; en même temps les fibres linguales intrinsèques se contractent et pressent le bol alimentaire d'avant en arrière contre la voûte palatine d'abord, puis contre le voile du palais tendu par les péristaphylins externes et par les piliers antérieurs. Le bol alimentaire franchit ainsi, par une sorte de mou-vement convulsif, l'isthme du gosier qui reste alors à l'état d'occlusion complète pendant que l'aliment franchit le pharynx.

2° Second temps. — *Le bol alimentaire franchit le pharynx.* — Pendant ce second temps, il se passe quatre séries de phénomènes simultanés, mais qui, pour être analysés, doivent être étudiés à part. Ce sont : les mouve-ments du pharynx, l'occlusion des fosses nasales, l'occlusion des voies respiratoires, l'occlusion de l'isthme du gosier.

A. **Mouvements du pharynx.** — Ces mouvements sont de deux ordres, le pharynx s'élève et en même temps il se contracte. L'*ascension du pha-rynx* ne porte que sur ses parties moyenne et inférieure, et s'accompagne d'un mouvement d'ascension simultané du larynx, bien sensible quand on place le doigt sur la pomme d'Adam pendant la déglutition ; cette éléva-tion est produite par les muscles des piliers postérieurs, les stylo-pha-ryngiens, les constricteurs et les muscles sus-hyoïdiens; aussi l'ascension du pharynx exige-t-elle la fixation préalable de la mâchoire inférieure par les muscles masticateurs; on ne peut avaler la bouche ouverte à moins de fixer entre les arcades dentaires un corps dur qui donne un point d'appui fixe aux dents de la mâchoire inférieure. Ce mouvement a pour but de porter le pharynx au devant du bol alimentaire. La *contraction du pharynx* a lieu par l'action des constricteurs, qui se contractent successivement de haut en bas et refoulent le bol du côté de l'œsophage. D'après Passavant, la contraction du constricteur supérieur déterminerait la formation d'une crête verticale sur la paroi postérieure du pharynx.

B. **Occlusion des fosses nasales.** — L'occlusion de l'isthme pharyngo-nasal se fait par le concours de deux actes musculaires : 1° par la con-traction des muscles pharyngo-staphylins, qui rapprochent l'un de l'autre les piliers postérieurs, rapprochement constaté par l'observation directe et cependant nié par Moura-Bourouillon ; 2° par le soulèvement du voile du palais ; ce soulèvement, nié par quelques auteurs, a été constaté par Fiaux sur des chiens, et par plusieurs chirurgiens sur des opérés ; il est assez marqué pour imprimer un mouvement de bascule à un stylet introduit par les fosses nasales (Debrou) et amène une augmentation de pression dans l'air des fosses nasales (Carlet), tandis qu'il y a en même temps diminution de pression dans l'air de la cavité pharyngienne (Carlet, Arloing).

C. Occlusion des voies respiratoires. — Cette occlusion porte à la fois sur l'orifice supérieur du larynx et sur la glotte. 1° L'*occlusion de l'orifice supérieur du larynx* est due à l'abaissement de l'épiglotte ; l'épiglotte est refoulée par la base de la langue qui se porte en arrière, et ce refoulement est favorisé par l'ascension du larynx ; en outre, peut-être y a-t-il aussi abaissement de l'épiglotte par ses muscles propres (fibres thyro- et ary-épiglottiques). Cependant l'incision de l'épiglotte chez le chien (Longet) ne gêne en rien la déglutition des aliments solides ; elle gêne seulement un peu celle des liquides. Si on avale un bol alimentaire imprégné d'une encre noire, et qu'on examine ensuite les parties au laryngoscope, on voit que la base de la langue, les replis glosso-épiglottiques, la face antérieure de l'épiglotte, les gouttières laryngo-pharyngées, l'ouverture de l'œsophage, sont seules noircies par le contact du bol alimentaire, tandis que la face postérieure de l'épiglotte et l'intérieur du larynx ont conservé leur coloration normale (Guinier). 2° L'*occlusion de la glotte* a lieu pendant la déglutition, si on s'en rapporte à l'examen laryngoscopique ; il est vrai que dans ce cas les conditions de la déglutition sont tout à fait changées ; cependant un fait qui semble prouver cette occlusion, c'est que l'expiration est complètement arrêtée et la voix impossible au moment de la déglutition. Mais cette occlusion ne paraît pas être indispensable, au moins chez certains animaux ; car Longet a pu, par une ouverture à la trachée, introduire une pince et maintenir la glotte dilatée sans gêner la déglutition des solides et des liquides, et l'expérience de Guinier, citée plus haut, indique qu'à l'état normal, les aliments ne pénètrent pas dans la cavité du larynx. D'après Longet, l'occlusion de la glotte dans la déglutition ne serait pas due à l'action des muscles propres, mais à celle du constricteur inférieur. Il a vu en effet cette occlusion persister après la section des nerfs récurrents et du rameau du crico-thyroïdien. Par contre, la persistance de la sensibilité de la partie sus-glottique du larynx est indispensable pour éviter l'introduction dans la trachée de parcelles alimentaires et surtout de liquides qui auraient pu franchir l'orifice supérieur du larynx ; si on sectionne les nerfs laryngés supérieurs, cette sensibilité est abolie, ces parcelles n'excitent aucun mouvement de toux et, au lieu d'être expulsées, pénètrent dans la trachée quand la glotte s'ouvre après la déglutition.

D. Occlusion de l'isthme du gosier. — Cette occlusion, dont le mécanisme a été étudié plus haut, persiste pendant tout le temps de la déglutition pharyngienne, comme le prouve le maintien de la pression de l'air dans la cavité buccale (Carlet).

Pendant ce temps de la déglutition, le pharynx représente donc une cavité qui n'a d'issue que du côté de l'œsophage, grâce à l'occlusion hermétique des trois ouvertures nasales, laryngienne et buccale. D'après Carlet, la diminution de pression de l'air dans le pharynx déterminerait une véritable aspiration du bol. En même temps l'ascension du larynx dilate l'origine de l'œsophage et favorise cette aspiration (Guinier, Arloing).

3° **Troisième temps.** — *Le bol alimentaire franchit l'œsophage.* — Une fois le bol alimentaire arrivé dans la partie supérieure de l'œsophage, le pharynx retombe, les trois orifices mentionnés plus haut s'ouvrent de nouveau et le bol traverse de haut en bas l'œsophage sous l'influence des contractions successives des fibres circulaires et des fibres longitudinales ; les fibres longitudinales portent au-devant du bol la partie de l'œsophage située au-dessous de lui et les fibres circulaires le refoulent alors de haut en bas. La pesanteur n'a à peu près aucune influence sur la déglutition ; on avale parfaitement la tête en bas.

La déglutition du bol alimentaire par l'œsophage se fait avec une très grande force. Mosso, dans ses expériences sur le chien (1), a vu la déglutition s'opérer encore quand la boule qu'il faisait avaler était retenue par un poids de 450 grammes. Cette déglutition se fait avec une certaine lenteur et, d'après les recherches de Ranvier, subit toujours un moment d'arrêt avant de franchir le cardia (*quatrième temps de la déglutition de Ranvier*).

La déglutition s'accompagne de l'ouverture de la trompe d'Eustache due aux fibres du péristaphylin externe qui s'attachent à la partie membraneuse de la trompe.

Pour que la déglutition s'accomplisse, il faut qu'il y ait quelque chose à déglutir ; il est impossible d'avaler *à vide*. La cause en est dans l'absence de stimulus qui détermine, par son contact avec la muqueuse, la production des mouvements réflexes. Il y a cependant quelques restrictions à apporter à cette opinion, car d'après les expériences de Gosse et de Magendie, on peut déglutir de l'air.

D'après Schiff, la déglutition des liquides laisserait toujours dans le sillon glosso-épiglottique quelques gouttes de liquide qui donnent lieu à une déglutition secondaire. Si, en effet, on observe ce qui se passe après avoir bu une certaine quantité de liquide, on observe quelques secondes après une nouvelle déglutition qui empêche que ce reste de liquide n'arrive à la glotte. Pour Schiff, cette déglutition secondaire serait déterminée par l'irritation des ventricules du larynx par le liquide descendu du sillon glosso-épiglottique.

Innervation. — L'*innervation motrice* de la déglutition est très compliquée à cause du grand nombre de muscles qui entrent en jeu dans cet acte. On en trouve en effet parmi les nerfs moteurs, le glosso-pharyngien (muscles du pharynx), le facial (péristaphylin interne), l'hypoglosse (langue), le trijumeau (péristaphylin externe, muscles sus-hyoïdiens, muscles masticateurs), le pneumogastrique (muscles du larynx, œsophage). Les nerfs *sensitifs* proviennent du trijumeau (voile du

(1) Pour étudier les phénomènes de la déglutition dans l'œsophage, Mosso, à l'exemple de Wild, employait des boules solides, mais il les fixait à des tiges métalliques de façon à pouvoir les retirer à volonté. Ranvier, dans ses *Leçons d'anatomie générale*, 1880, indique un procédé pour enregistrer ces mouvements de déglutition (fig. 74, p. 396).

palais), du glosso-pharyngien (langue et pharynx), du laryngé supérieur (orifice supérieur du larynx). L'excitation de ces différents nerfs produit des mouvements de déglutition (Waller et Prévost). La sensibilité œsophagienne vient du pneumo-gastrique. Le centre des mouvements de déglutition se trouve dans la moelle allongée.

Bibliographie. — Dzondi : *Die Functionen des weichen Gaumens*, 1831. — Bidder : *Neue Beob. über die Bewegungen des weichen Gaumens*, 1838. — Maissiat : *Quel est le mécanisme de la déglutition ?* 1838. — Longet : *Rech. sur les fonctions de l'épiglotte*, etc. (Arch. de méd., 1841). — Debrou : *Fonctions des muscles du voile du palais*, 1841. — Schuh : *Die Bewegungen des weichen Gaumens beim Sprechen und Schlucken* (Wien. med. Woch., 1858). — Corbett : *On the deglutition of alimentary fluids* (Brit. med. journ., 1860). — Beveridge : *On the function of the epiglottis* (Edimb. med. journ., 1861). — Czermak : *Bemerk. zur Lehre vom Mechanismus der Larynxverschluss* (Unt. zur Naturl., 1861). — Schiff : *Ueber die Function des Kehldeckels* (id., 1864). — G. Giandel : *Unt. über die Organe, welche an dem Brechact Theil nehmen* (Centralbl., 1865). — Guinier : *Expér. physiologiques sur la déglutition faites au moyen de l'auto-laryngoscopie* (Comptes rendus, 1865). — Id. : *Nouv. rech. expér. sur le véritable mécanisme de la déglutition* (id.). — Krishaber : *Expér. auto-laryngoscopiques pour étudier le mécanisme de la déglutition* (id.). — Günther : *Ueber den Mechanismus des Schlingungsprocesses* (Ber. d. Naturforscherversamml. zu Hannover, 1866). — Moura : *L'acte de la déglutition*, 1866. — Id. : *Mém. sur la déglutition* (Journ. de l'Anat., 1867). — Wyllie : *Obs. on the physiology of the larynx* (Ed. med. journ., t. XII, 1866). — Guinier : *Étude sur le gargarisme laryngien*, 1868. — Carlet : *Sur le mécanisme de la déglutition* (Comptes rendus, 1874). — A. Mosso : *Ueber die Bewegungen der Speiseröhre* (Moleschott's Unt., t. XI, 1874). — Emminghaus : *Von dem Einfluss der Respirationsbewegungen auf die Luft in der Schlundsonde beim Liegen im Œsophagus und Magen* (Deut. Arch. für klin. Med., t. XIII, 1874). — Fiaux : *Rech. expér. sur le mécanisme de la déglutition*, 1875). — Carlet : *Sur le mécanisme de la déglutition* (Comptes rendus, t. LXXXV, 1877). — Walton : *The function of the epiglottis in deglutition and phonation* (Journ. of physiol., t. I, 1878). — F. Falk : *Ueber den Mechanismus der Schluckbewegung* (Arch. für Physiol., 1880). — Ranvier : *Leçons d'Anat. générale*, 1880.

4° Mouvements de l'estomac.

Observation des mouvements de l'estomac. — *Mise à nu de l'estomac par l'ouverture du ventre.* — En général, les mouvements de l'estomac, surtout les mouvements spontanés, sont peu marqués ; cependant on observe, même sur l'estomac extirpé, des contractions rythmiques, spécialement dans la partie cardiaque, et qui gagnent peu à peu le pylore. Les mouvements deviennent plus prononcés par une excitation galvanique ou mécanique et se traduisent par une contraction circulaire de l'estomac au point irrité. La dilatation de l'estomac par une vessie de caoutchouc qu'on introduit dans l'estomac qu'on dilate ensuite par l'insufflation, amène aussi des contractions de cet organe. Les *fistules gastriques*, soit sur l'homme, soit sur les animaux, ont permis d'observer les mouvements communiqués par les contractions stomacales aux

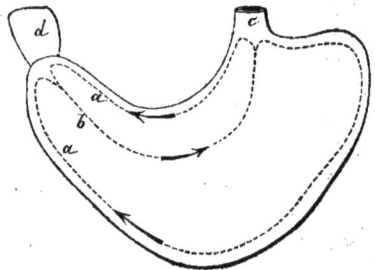

Fig. 315. — *Mouvements de l'estomac* (*).

substances contenues dans son intérieur. D'après de Beaumont, les matières suivraient la grande courbure en allant du cardia au pylore et reviendraient le long de la petite courbure en allant du pylore au cardia, et ce mouvement de rotation durerait de une à trois

(*) *a*, direction du cardia *e* au pylore *d*. — *b*, direction en sens inverse.

minutes. D'après d'autres auteurs, ce mouvement se ferait au contraire comme le représente la figure 315. Réclam a imaginé un procédé pour étudier les mouvements de l'estomac; il donne à des chiens du lait riche en caséine; puis il sacrifie l'animal; la direction des sillons à la surface de la masse coagulée indique le sens de la rotation de cette masse.

L'estomac se dilate au fur et à mesure que les aliments arrivent par le cardia; en même temps que se fait cette dilatation, la grande courbure ainsi que le grand cul-de-sac, qui sont les parties les plus expansibles de l'estomac, se portent en avant et s'appliquent à la paroi abdominale antérieure.

Les contractions de l'estomac à l'état normal sont très lentes et très peu intenses; cependant elles suffisent pour opérer le mélange des diverses substances alimentaires entre elles et avec le suc gastrique. On a admis (Küss et Duval), que pendant la digestion stomacale l'estomac se divisait en deux portions par la contraction de ses fibres obliques (cravate de Suisse) : une partie inférieure gauche (S), correspondant au grand cul-de-sac, réservoir où s'accumuleraient les aliments pour y subir l'action du suc gastrique; une partie supérieure (L), constituant un canal qui longerait

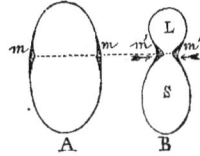

Fig. 316. — *Effets de la contraction de la cravate de Suisse* (*).

la petite courbure et permettrait aux liquides (et à certains aliments ?) de passer directement de l'œsophage dans le duodénum. Larcher, dans un cas, a observé directement sur l'estomac du chien cette contraction des fibres obliques.

Pendant la durée de la digestion stomacale, le pylore est fermé par la contraction de son sphincter, et ce sphincter ne s'ouvre que par moments pour laisser passer successivement le chyme dans le duodénum. Cette ouverture du sphincter se fait par action réflexe sous l'influence d'une excitation de la muqueuse qui le recouvre, mais dont la nature est tout à fait inconnue.

L'excitation directe de l'estomac (électrisé) détermine ordinairement un étranglement circulaire qui disparaît peu à peu.

Vomissement. — Quoique le vomissement appartienne plutôt à la physiologie pathologique qu'à la physiologie normale, il est impossible de le passer sous silence. Le vomissement est précédé d'une sensation interne particulière, la nausée. L'acte mécanique du vomissement comprend, d'après les expériences de Schiff, deux stades : un stade préparatoire et un stade d'expulsion. Le *stade préparatoire* est dû à l'estomac et consiste essentiellement en une dilatation du cardia. Cette dilatation qu'on peut sentir en introduisant le doigt par une fistule gastrique dans l'orifice du cardia, serait active, d'après Schiff, et due à la contraction des fibres longitudinales de l'œsophage; si ces fibres sont désorganisées, le vomissement est impossible; il en est de même si l'estomac est paralysé. Le *deuxième stade* consiste dans l'expulsion violente des matières et exige l'intervention de tous les muscles de l'ovoïde abdominal : diaphragme et muscles abdomi-

(*) A, coupe verticale de l'estomac à l'état de repos; m, m, cravate de Suisse. — B, contraction de ces faisceaux musculaires, m, m, rapprochant les parois de l'estomac de façon à diviser sa cavité en deux loges L et S. (Küss et Duval).

naux, comme dans l'effort. En effet, si on ouvre le ventre pour mettre l'estomac à découvert, le vomissement ne peut plus se faire ou se faire que très incomplètement ; et, d'autre part, comme le prouve une expérience célèbre de Magendie, on peut remplacer l'estomac par une vessie de porc et voir le vomissement se produire après injection d'émétique dans les veines, par la seule influence des muscles abdominaux ; mais il faut que l'orifice cardiaque de l'estomac soit enlevé avec l'estomac, comme l'a montré Tantini ; sans cela la dilatation du cardia ne se produisant pas, le vomissement n'a pas lieu. Pendant le vomissement, le pylore reste fermé par la contraction énergique de son sphincter ; les matières se trouvent ainsi poussées violemment de l'œsophage et de là dans le pharynx et la cavité buccale. L'orifice supérieur du larynx et l'isthme pharyngo-nasal sont obturés par le mécanisme déjà décrit à propos de la déglutition ; seulement, il arrive souvent que la pression est si forte qu'elle surmonte la résistance du voile du palais et que les matières sont rejetées par le nez. L'occlusion de la glotte précède le vomissement, mais ne paraît pas être indispensable.

François-Franck et Arnozan ont étudié récemment les variations de pression de la cavité thoracique, de l'œsophage et de l'estomac dans le vomissement. Au début, la pression thoracique est négative et la pression positive de l'abdomen détermine le passage du contenu de l'estomac dans l'œsophage ; dans le second stade, stade d'impulsion, la pression thoracique devient positive comme la pression abdominale et détermine le rejet des matières contenues dans l'œsophage. Les différentes espèces animales présentent de très grandes différences au point de vue du vomissement. Très facile chez les carnivores et en particulier chez le chien et le chat, il est à peu près impossible chez le cheval et chez les ruminants.

La *régurgitation* est le retour dans la bouche d'une partie du contenu de l'estomac ; ce retour a lieu sans efforts, et chez certaines personnes il est volontaire et peut devenir habituel (rumination ou mérycisme). Certains physiologistes, Brown-Séquard, Gosse, ont utilisé cette faculté pour étudier les modifications des aliments dans l'estomac.

L'*éructation* est l'expulsion violente de gaz stomacaux avec production d'un son à la partie supérieure de l'œsophage.

Innervation. — Le pneumogastrique est le nerf moteur de l'estomac. Leur excitation détermine des contractions de cet organe ; cependant la section des deux pneumogastriques n'abolit pas complètement les contractions de l'estomac. L'influence du plexus cœliaque admise par Eckhard est douteuse. Le centre des mouvements de vomissement se trouve dans la moelle allongée.

Bibliographie. — SCHWARTZ : *De vomitu*, 1745. — MAGENDIE : *Mém. sur le vomissement*, 1813. — MAINGAULT : *id.* — IS. BOURDON : *id.*, 1819. — PIEDAGNEL : *id.* (Journ. de Magendie, 1821). — HEILING : *Ueber das Wiederkauen bei Menschen*, 1823. — CAMBAY : *Sur le mérycisme*, 1830. — LEGALLOIS ET P. A. BÉCLARD : *Expér. sur le vomissement* (Œuvres de Legallois, 1830). — BUDGE : *Die Lehre vom Erbrechen*, 1840. — VINCENT : *Quelques détails sur un cas de mérycisme* (Comptes rendus, 1853). — W. HARTUNG : *Ueber den Einfluss des N. vagus auf die Bewegungen des Magens bei Wiederkauer*, 1858. — BASSLINGER : *Rythmische Zusammenziehungen an der Cardia des Kaninchenmagens* (Wien. Sitzungsber., 1859). — PATRY : *Ueber den Mechanismus des Erbrechens* (Allg. med. Centralblatt, 1863). — SCHIFF : *Ueber die active Theilnahme des Magens am Mechanismus des Erbrechens* (Unt. zur Naturl., t. X, 1867). — LANGER : *Essai critique et expérimental sur les muscles lisses*, 1870. — GRIMM : *Exp. Unt. über den Brechact* (Arch. de Pflüger, t. IV, 1871). — V. BRAAM-HOUCKGEEST : *Unt. über Peristaltik des Magens und Darmkanals* (Arch. Pflüger, t. VI, 1872). — KLEIMANN ET SIMONOWITCH : *Exper. Unt. über den Brechacht* (id.). — GREVE : *Studien über den Brechact* (Berl. klin. Wochensch., 1874). — WEISSGERBER :

Ueber den Mechanismus der Ructus, etc. (Berl. klin. Wochensch., 1878). — ARNOZAN ET P. FRANCK : *Rôle de l'aspiration thoracique et passage au cardia des matières stomacales pendant le vomissement* (Soc. de biologie, 1879). — ARNOZAN : *Étude expér. sur les actes mécaniques du vomissement*, 1879.

5° Mouvements de l'intestin grêle.

Observation des mouvements de l'intestin grêle. — *Observation directe.* — Si on ouvre le ventre et qu'on mette à nu les intestins sur un animal vivant ou qu'on vient de sacrifier, on voit toute la masse intestinale parcourue par des mouvements qu'on ne peut mieux comparer qu'aux mouvements d'un *tas de vers*, d'où le nom de *mouvements vermiculaires;* ces mouvements sont surtout très intenses au moment de l'agonie. Ces mouvements sont de deux sortes ; les uns consistent en alternatives de constriction et de relâchement circulaires qui se propagent de proche en proche le long de l'intestin ; les autres consistent en véritables déplacements des anses intestinales les unes sur les autres. On a attribué ces contractions à l'action de l'air et au refroidissement de l'animal ; mais aucune de ces deux conditions ne peut en être la cause exclusive, car elles se produisent encore quand on respecte le péritoine ou quand la température de la chambre est égale à celle de l'animal. On peut du reste, pour éviter l'action de l'air, plonger l'animal dans un bain d'eau salée tiède en assurant la respiration par un tube dans la trachée (V. Braam Houck-Geest). La circulation paraît avoir plus d'influence, et ces contractions sont déterminées aussi bien par l'anémie que par l'hyperhémie de l'intestin ; ainsi, elles augmentent par la compression de l'aorte, l'occlusion de la veine porte, l'injection de sang rouge dans les vaisseaux ; cependant, une hyperhémie veineuse trop forte les fait cesser. Elles sont arrêtée par le froid, jusqu'à $+ 19°$, et augmentées par la chaleur. *L'excitation directe de l'intestin* soit galvanique, soit mécanique, agit beaucoup plus vivement sur lui que sur l'estomac et produit une contraction énergique au point touché.

On peut enregistrer les contractions de l'intestin en introduisant dans une anse intestinale des ampoules en caoutchouc, qui communiquent par un tube avec le tambour du polygraphe. La contraction de l'intestin comprime l'ampoule, et la pression de l'air se communique au levier enregistreur qui s'élève. Ces instruments, dont la disposition peut varier, ont reçu le nom d'*entérographes* (entérographes de Legros et Onimus, d'Engelmann, etc.).

Les mouvements de l'intestin grêle ont pour but la progression des matières alimentaires depuis le pylore jusqu'à la valvule iléo-cæcale. On les a divisés en *péristaltiques*, qui favorisent ce mouvement de progression, et *antipéristaltiques,* qui se produiraient en sens contraire. Ce qu'il y a de certain, c'est que ces contractions ne sont pas continues, mais sont rhythmiques et séparées par des intervalles de repos, et en outre, qu'elles sont loin de se faire dans les circonstances normales avec la violence qu'on observe chez les animaux au moment de l'agonie. La présence des aliments, la bile (action niée par Schiff), favorisent ces mouvements ; ils paraissent s'arrêter pendant la nuit.

La progression des aliments dans l'intestin grêle n'est donc pas continue ; elle subit des temps d'arrêt et quelquefois même des mouvements de va-et-vient ; la durée du séjour des aliments dans l'intestin grêle est d'environ deux à trois heures.

Innervation de l'intestin grêle. — Le pneumogastrique paraît contenir les nerfs moteurs de l'intestin grêle (voir : *Pneumogastrique*). Le nerf splanchnique au contraire agit comme nerf d'arrêt. D'après O. Nasse, le splanchnique renfermerait en outre des filets moteurs pour l'intestin. L'opium, la morphine, la belladone diminuent et peuvent arrêter les mouvements péristaltiques ; la nicotine, la muscarine, la caféine, beaucoup de purgatifs produisent l'effet contraire.

Bibliographie. — Spiegelberg : *Zur Darmbewegung* (Zeit. für rat. Med., 1857). — W. Busch : *Beitr. zur Physiol. der Verdaungsorgane* (Arch. für pat. Anat., 1858). — F. Martin : *Ueber die peristaltischen Bewegungen des Darmkanals*, 1859. — A. Karst : *De motibus intestini tenuis peristalticis*, 1860. — A. Krause : *Quæstiones de origine et natura motuum peristalticorum intestinorum*, 1862. — Id. : *Unt. über einige Ursachen der peristaltischen Bewegungen des Darmkanals* (Stud. d. physiol. Instit. in Breslau, 1862). — O. Nasse : *Zur Physiologie der Darmbewegung* (Centralbl., 1865). — Id. : *id.*, 1866. — W. Stock : *Zur Physiologie der Darmbewegung*, 1868. — P. Keuchel : *Das Atropin und die Hemmungsnerven*, 1868. — Legros et Onimus : *Rech. expér. sur les mouvements de l'intestin* (Journ. de l'Anat., t. VII, 1869). — S. Mayer et L. Basch : *Unt. über Darmbewegungen* (Arch. de Pflüger, t. II, 1869). — Id. : *id.* (Wien. Akad. Ber., t. LXII, 1870). — Engelmann : *Over de peristaltische beweging*, etc. (K. akad. van Amsterdam, 1870-71). — Id. : *Ueber die peristaltische Bewegung* (Arch. de Pflüger, t. IV, 1871). — S. Mayer et v. Basch : *Unt. über Darmbewegungen* (Med. Jahrbuch., 1871). — Horvath : *Zur Physiologie der Darmbewegungen* (Centralbl., 1873). — V. Braam-Houckgeest : *Zweite Mittheil. über Magen und Darmperistaltik* (Arch. de Pflüger, t. VIII). — J. Guérin : *Note sur le mouvement péristaltique de l'intestin* (Comptes rendus, t. LXXXIV, 1877).

6° *Mouvements du gros intestin.*

Une fois arrivés à la partie inférieure de l'intestin grêle, les aliments passent facilement à travers l'orifice de la valvule iléo-cæcale pour se jeter dans le cæcum, tandis que la constitution anatomique de cette valvule s'oppose au reflux des matières du gros intestin dans l'intestin grêle.

Les mouvements du gros intestin ressemblent à ceux de l'intestin grêle et se produisent dans les mêmes conditions. Mais, grâce à la disposition des parois du gros intestin, le séjour du bol alimentaire, devenu le bol fécal, y est bien plus considérable que dans l'intestin grêle, quoique la longueur de ce dernier soit beaucoup plus grande. En effet, les matières, arrêtées par les replis falciformes transversaux de la muqueuse, séjournent plus ou moins longtemps dans les *cellules* du gros intestin, y perdent une partie de leur eau et y acquièrent peu à peu les caractères excrémentitiels. Les matières fécales, ainsi poussées de proche en proche par les contractions des fibres circulaires, s'accumulent graduellement dans l'S iliaque, refoulant devant elles celles qui s'y trouvaient déjà et qu'elles font descendre dans le rectum jusqu'au-dessus des sphincters.

7° *Défécation.*

La pression abdominale s'exerce sur les matières contenues dans l'S iliaque et se transmet par elles jusqu'aux matières contenues dans la partie inférieure du rectum. Tant que cette pression ne dépasse pas une certaine limite, la tonicité du sphincter interne suffit pour les retenir sans que nous en ayions conscience ; mais si la pression augmente, il survient une sensation particulière, *besoin de défécation;* sous l'influence de ce besoin, il se produit involontairement une série de contractions réflexes intermittentes du rectum et de l'S iliaque, qui tendent à expulser les matières fécales ; ces contractions vaincraient alors la résistance du sphincter interne si le sphincter externe strié ne se contractait pas volontairement pour les repousser. Si, au contraire, on satisfait au besoin, la défécation se produit par l'action combinée des fibres rectales et des muscles abdominaux (mécanisme de l'effort). Le rectum seul peut suffire si les matières sont molles et peu résistantes ; ainsi, chez les chiens, le cobaye, etc., la galvanisation du rectum amène des contractions énergiques et l'expulsion des matières fécales, le ventre étant ouvert, par conséquent sans que les muscles abdominaux puissent intervenir. Mais, habituellement, dans les conditions normales, ces muscles interviennent et d'autant plus énergiquement que les matières sont plus dures et plus volumineuses. Les fibres longitudinales du rectum se contractent et dilatent l'orifice anal, en même temps que le releveur de l'anus, tout en contribuant au mécanisme de l'effort, comprime la face postérieure du rectum d'arrière en avant et soulève sa partie inférieure au-devant de la masse fécale ; celle-ci, sous l'influence de la pression considérable produite par les muscles abdominaux, surmonte facilement la résistance tonique des sphincters et franchit l'ouverture anale.

Innervation. — Les mouvements de défécation sont sous l'influence d'un centre nerveux qui se trouve à la partie inférieure de la moelle lombaire, centre ano-spinal de Masius. Pour la *tonicité* du sphincter anal, voir : *Excrétion urinaire.*

Rôle mécanique des gaz intestinaux. — Les gaz intestinaux maintiennent la béance du tube alimentaire. En outre, et c'est là leur rôle le plus important, ils transforment la cavité abdominale, au point de vue mécanique, en une sorte de bulle gazeuse élastique qui répartit la pression dans l'effort et qui, dans l'expiration, tend à refouler en haut le diaphragme par son élasticité.

Bibliographie. — L. ROSENTHAL : *De tono·cum musculorum tum eo imprimis, qui sphincterum tonus vocatur,* 1857. — L. SCHMIDT : *Ueber die Function des Plexus mesentericus posterior,* 1862. — GIANUZZI ET NAWROCKI : *Infl. des nerfs sur les sphincters de la vessie et de l'anus* (Comptes rendus, 1863). — GIANUZZI : *Contrib. alla conoscenza del tono muscolare* (Ric. eseg. nel gabinetto di fisiol. della R. Univ. di Siena, 1868). — S. RADZIEJEWSKI : *Zur physiol. Wirkung der Abführmittel* (Arch. für Anat., 1870). — E. AFANASIEFF : *Zur Physiol. der Pedunculi cerebri* (Wien. med. Wochensch., 1870). — H. TRUHART : *Ein Beitrag zur Nicotinwirkung,* 1869. — J. BUDGE : *Ueber die Function des musc. levator ani* (Berl. klin. Wochensch., 1875). — R. GOWERS : *The automatic action of the sphincter ani* (Proceed. roy. Soc., 1877).

6° Excrétion urinaire.

L'urine, sécrétée continuellement par les reins, arrive dans l'uretère et, sous l'influence de la *vis à tergo*, autrement dit de la pression de sécrétion, coule des uretères dans la vessie, qui se laisse dilater peu à peu. Si sur un animal on ouvre la vessie pour mettre à nu les orifices des uretères, ou si on examine chez l'homme dans les cas d'exstrophie vésicale, où cette paroi de la vessie est à nu, on voit que l'urine s'écoule goutte par goutte à intervalles réguliers (trois quarts de minute environ). La contractilité de l'uretère aide cette progression de l'urine, surtout quand la vessie déjà distendue tend à accoler les parois de l'uretère au moment de son passage oblique à travers les parois vésicales. Les contractions de l'uretère se propagent, de haut en bas, avec une vitesse de 20 à 30 millimètres par seconde et, d'après Engelmann, seraient tout à fait indépendantes du système nerveux.

La vessie se dilate peu à peu, à mesure que l'urine arrive par les urèteres, tout en conservant sa forme globuleuse. Cette dilatation a pour conditions l'occlusion des orifices des uretères et l'occlusion de l'orifice uréthral. L'occlusion des orifices des uretères est due à l'accolement pur et simple de leurs parois au moment où ces conduits traversent obliquement la paroi vésicale. Le mode d'occlusion du côté de l'urèthre a été très controversé. Tant que la pression de l'urine dans la vessie ne dépasse pas une certaine limite, cette occlusion est involontaire et inconsciente. Son siège est dans la région prostatique; c'est là que se trouve l'obstacle à la sortie de l'urine et non, comme on l'a cru, dans la région membraneuse. En effet, si, sur le cadavre, on introduit une sonde dans l'urèthre, tant que la sonde est dans la partie membraneuse il n'y a pas d'écoulement d'urine; elle s'écoule dès que la sonde arrive dans la partie prostatique ; et, du reste, l'expérience chirurgicale montre que l'urine est conservée dans la vessie après l'incision de la partie membraneuse dans l'uréthrotomie externe. L'incision de la prostate, au contraire, est suivie d'une incontinence d'urine. Cette occlusion ne peut, par conséquent, être due aux fibres circulaires de l'orifice uréthral de la vessie, au prétendu sphincter vésical.

Quel est maintenant l'agent de cette occlusion prostatique ? Deux conditions entrent en jeu : l'élasticité de la prostate, d'abord, et c'est elle qui maintient l'urine dans la vessie après la mort et qui s'oppose même à sa sortie, quand on presse sur la vessie d'une façon modérée; puis, en seconde ligne, les fibres musculaires de cette région qui constituent un véritable sphincter. Chez la femme, où la prostate n'existe pas, c'est ce sphincter qui, seul avec le tissu élastique périuréthral, s'oppose à la sortie de l'urine; aussi faut-il une pression bien moindre pour en amener l'expulsion.

Pendant son séjour dans la vessie, l'urine subirait certaines modifications sur lesquelles les auteurs sont loin de s'accorder; suivant les uns, elle deviendrait plus concentrée (Kaupp); suivant d'autres, au contraire, elle absorberait de l'eau et perdrait un peu d'urée qui serait reprise par le sang (Treskin). D'après Edlefsen, l'urine, à mesure de son arrivée dans la vessie, se répartirait par couches de densité croissante en allant de haut en bas et, par conséquent, les parties émises les premières dans la miction seraient les plus denses.

Quand la vessie a acquis un certain degré de distension, ses nerfs sensitifs sont excités, et il se produit, par action réflexe des contractions des fibres musculaires vésicales (detrusor urinæ) qui chassent quelques gouttes d'urine dans la partie prostatique de l'urèthre; nous éprouvons alors une sensation particulière : le besoin d'uriner, à laquelle nous pouvons céder contre laquelle nous pouvons lutter. Dans ce dernier cas, les fibres striées de l'urèthre (sphincter volontaire des parties prostatique et membraneuse) se contractent et refoulent l'urine dans la vessie. Puis, au bout de quelque temps, les mêmes phénomènes se reproduisent et le besoin d'uriner reparaît avec plus de violence. Lorsqu'enfin nous cédons à ce besoin, la miction se produit par le mécanisme suivant : Les fibres musculaires de la vessie se contractent, en même temps que le sphincter volontaire se relâche, et chassent peu à peu l'urine dans l'urèthre. Küss admet *au début* de la miction un léger effort, avec occlusion de la glotte ; alors la contraction seule de la vessie suffit pour expulser l'urine ; puis, à la fin de la miction, un nouvel effort est nécessaire pour chasser les dernières gouttes qui se trouvent dans la partie urèthrale de la vessie. Celle-ci prendrait alors sous la pression des viscères abdominaux la forme d'une cupule à concavité supérieure, comme on le voit dans la figure 317. Cependant, chez les animaux, la vessie peut se vider complètement sous l'influence de la galvanisation, sans l'intervention des muscles abdominaux. La contraction des fibres circulaires de l'urèthre et du bulbo-caverneux achève l'expulsion de la colonne d'urine qui se trouve dans l'urèthre après la vacuité de la vessie.

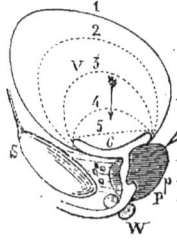

Fig. 317. — *Schéma de la miction* (Kuss) (*).

Innervation. — Le centre nerveux de la miction se trouve dans la moelle lombaire (Goltz).

Tonicité des sphincters. — La tonicité des sphincters a donné lieu aux mêmes discussions que la tonicité des muscles ordinaires (voir page 405). D'après certains auteurs, Rosenthal, v. Wittich, etc., les sphincters n'ont pas de tonicité dépendant d'une influence nerveuse et l'élasticité seule entre en jeu pour l'occlusion permanente du rectum ou de l'urèthre ; ils se basent surtout sur ce fait, qu'après la mort et avant l'établissement de la rigidité cadavérique, le rectum et la vessie peuvent encore supporter sans laisser écouler leur contenu une pression au moins égale à celle qu'ils supportent pendant la vie. R. Heidenhain et Colberg furent au contraire conduits par leurs expériences à admettre pendant la vie une contraction tonique involontaire et continue. Ils narcotisent un lapin, placent dans l'urèthre un manomètre dont ils augmentent peu à peu la pression jusqu'à ce que les premières gouttes d'urine coulent par l'urèthre ; ils tuent alors l'animal par l'acide prussique ou par hémorrhagie et constatent de nouveau la pression nécessaire pour faire paraître les premières gouttes d'urine ; toujours la pression nécessaire était plus faible après la mort que pendant la vie. Ces expériences ont été répétées avec le même résultat par Gianuzzi et Naurocki et par Kupressow. On peut se demander maintenant si cette tonicité est réflexe ou non. D'après Gianuzzi, elle serait de nature réflexe ; après la section des racines postérieures des nerfs sacrés, il y aurait perte incomplète de l'occlusion de la vessie et du rectum. Un fait cependant qui parlerait contre le caractère réflexe de la tonicité des sphincters, c'est que dans la narcotisation qui affaiblit l'excitabilité réflexe la tonicité des sphincters n'est pas influencée.

Bibliographie. — L. ROSENTHAL : *De tono cum musculorum tum eo imprimis, qui sphincterum tonus vocatur,* 1857. — VULPIAN : *Sur la contractilité des uretères* (Gaz. méd., 1858). — R. HEIDENHAIN ET COLBERG : *Vers. über den Tonus des Blasenschliessmuskels* (Arch. für Anat., 1858). — V. WITTICH : *Anat. Physiol. und Pathol. über den Blasenverschluss* (Königsb. med. Jahrb., 1860). — SAUER : *Durch welchen Mechanismus wird der Verschluss der Harnblase bewirkt ?* (Arch. für Anat., 1861). — V. WITTICH : *Ueber den Tonus des Harnblasen-Sphincters* (Königsb. med. Jahrb., 1861). — GIANUZZI ET NAWROCKI : *Infl. des nerfs sur les sphincters de la vessie et de l'anus* (Comptes rendus, 1863). — BUDGE : *Ueber*

(*) 1, contour de la vessie distendue par l'urine ; par leur propre contraction, ses parois prennent successivement les positions 2, 3, 4, 5 ; puis la poussée des viscères abdominaux les refoule dans la position 6.

den Einfluss des Nervensystems auf die Bewegung der Blase (Zeit. für rat. Med., 1864).
— Id. : Mém. sur l'action du bulbe rachidien, etc. (Comptes rendus, 1864). — F. Bidder :
Ueber die Unterschiede in den Beziehungen des Pfeilgiftes zu den verschiedenen Abthei-
lungen des Nervensystems (Arch. für Anat., 1865). — Carayon : De la miction dans ses
rapports avec la physiologie et la pathologie, 1865. — Zaeske : Einige Versuche über die
Ursachen des Blasenverschlusses bei Leichen, 1868. — W. Engelmann : Zur Physiologie des
Ureter (Arch. de Pflüger, t. II, 1869). — Bouvin : Over den bouw en de beweging des ure-
teres (Onder. ged. in het phys. labor. der Utrechtsche hoogeschool., 1869). — Gianuzzi :
Della tonicita degli sfinteri dell' ano e della vessica urinaria (Ric. nel gabinetto di fisiologia
della R. univ. di Siena, 1869). — Engelmann : Over de voorwaarden, etc. (Onder. ged. in
het physiol. labor. Utrecht., t. III, 1871). — Kupressow : Zur Physiol. des Blasenschliessmuskels (Arch. de Pflüger, t. VI, 1872). — J. Budge : id. (id.). — Edlefsen : Zur Physiologie der Harnsammlung in der Blase (Arch. de Pflüger, t. VII, 1873). — P. Dubois : Ueber
den Druck in der Harnblase (Deut. Arch. für Klin. Med., t. XVII, 1873). — E. Wendt :
Ueber den Einfluss des intraabdominalen Drucks auf die Absonderungsgeschwindigkeit
des Harnes (Arch. d. Heilk., 1876). — Sokowin : Contrib. à la physiologie de l'émission
et de la rétention urinaires (Lab. de phys. de Kasan, 1877 ; en russe).

7° Mécanique de la circulation.

1. — Circulation sanguine.

Le sang est contenu dans un système de canaux élastiques dont l'en-

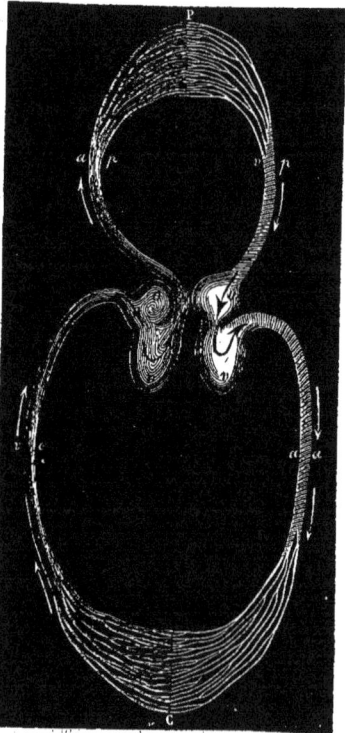

Fig. 318. — Schéma de l'appareil vasculaire.

semble forme un tout continu et constitue l'appareil vasculaire. Cet appareil, dont il a déjà été donné une
idée générale (voir page 240), est
disposé de la façon suivante chez
l'homme et les animaux supérieurs
(fig. 318) :

L'aorte (a), partie du ventricule
gauche, va se ramifier (artères) et
fournir les capillaires de tous les
organes (c), à l'exception de ceux
des vésicules pulmonaires ; ces capillaires, appelés aussi capillaires
généraux, donnent naissance à des
veines (vc) qui finissent par se réunir
en deux gros troncs (veines caves
supérieure et inférieure) qui s'ouvrent dans l'oreillette droite ; de l'o-
reillette droite le sang passe dans le
ventricule droit et de là dans l'artère
pulmonaire (ap), par laquelle il
arrive aux capillaires du poumon (P) ;
à ces capillaires font suite des
veines (vp) qui constituent quatre
troncs (veines pulmonaires), qui
s'ouvrent dans l'oreillette gauche,
et la communication de cette oreillette gauche avec le ventricule gau-
che complète le circuit vasculaire. La partie du circuit qui va du ventri-

cule gauche à l'oreillette droite constitue l'appareil de la grande circulation ; celle qui va du ventricule droit à l'oreillette gauche, l'appareil de la
petite circulation ou circulation pulmonaire ; les cavités gauches du cœur,
les veines pulmonaires et l'aorte et ses branches (artères) contiennent du
sang rouge ; les veines, les cavités droites du cœur et l'artère pulmonaire
contiennent du sang veineux.

Le sang remplit l'appareil vasculaire de manière à distendre les parois
des vaisseaux, autrement dit les vaisseaux contiennent plus de sang qu'il
n'en faut pour leur calibre normal, pour leur forme naturelle ; le sang se
trouve donc, grâce à la force élastique de la paroi vasculaire, sous un état
de tension permanente, tension sujette à varier, du reste, avec les variations du calibre total du système vasculaire.

Le sang n'est pas immobile dans les vaisseaux ; il y *circule*, c'est-à-dire
qu'il s'y meut et toujours dans le même sens, de façon qu'une molécule
sanguine prise en un point quelconque de l'appareil vasculaire revient,
au bout d'un certain temps, à son point de départ. La découverte de la
circulation a été faite, en 1628, par Harvey.

La circulation du sang se fait d'après les mêmes lois que le mouvement
de tous les liquides ; la cause de ce mouvement n'est autre que la différence de pression du sang dans les divers segments du circuit vasculaire,
et si le cœur peut être considéré comme l'organe principal de la circulation, c'est que son rôle essentiel est précisément de maintenir cett[e]
inégalité de pression.

A. — *Principes généraux d'hydrodynamique.*

Avant d'étudier le mécanisme même de la circulation, il me paraît indispensable de rappeler en quelques mots les notions générales d'hydrody-
namique nécessaires à la physiologie.

1° Mouvements des liquides dans des tubes rigides.

Si nous supposons le cas le plus simple, celui d'un réservoir d'eau à niveau constant (M, fig. 319), terminé par un tube horizontal, nous verrons que le mouvement

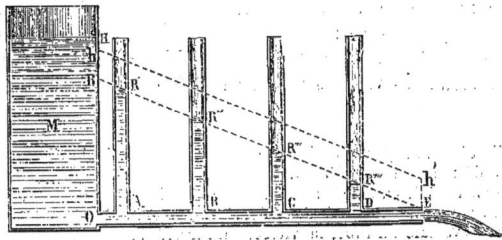

Fig. 319. — *Écoulement dans un tuyau rectiligne et de section uniforme* (Wundt).

du liquide dans ce tube est soumis aux conditions suivantes. Les obstacles au mouvement sont les frottements des molécules liquides les unes contre les autres et,

de plus, contre les parois du tube horizontal quand le liquide ne mouille ne les parois de ce tube ; dans le cas contraire, et c'est ce qui arrive pour le sang, le liquide qui mouille les parois du tube y adhère et forme une couche immobile à la périphérie de la colonne liquide en mouvement ; les molécules des couches concentriques de liquide ont d'autant plus de vitesse qu'elles se rapprochent plus de l'axe même du tube où se trouve le maximum de vitesse, et les frottements (résistances) d'une couche sur l'autre sont proportionnels aux différences de vitesse des deux couches.

La cause qui fait mouvoir le liquide est la pression de l'eau dans le réservoir M, pression qui se mesure par la hauteur même de la masse d'eau contenue dans le réservoir. Mais cette hauteur ou cette pression peut se décomposer à son tour en trois fractions distinctes : une première partie de cette hauteur, Hh, sert à vaincre les résistances qui se produisent par la collision des molécules liquides à leur entrée dans le tube horizontal ; une deuxième partie, hR, détermine la progression ou la vitesse du liquide ; enfin, la dernière partie, Ro, sert à surmonter les résistances dans le trajet à travers le tube horizontal (frottements des molécules liquides pendant leur écoulement). De ces trois hauteurs, la première, Hh, est constante ; la deuxième, hR, est constante aussi ; en effet, la *vitesse moyenne* (1) est la même dans tous les points du tube horizontal ; la troisième hauteur, Ro, au contraire, varie ; en effet, elle surmonte les résistances de l'écoulement du liquide ; or, ces résistances diminuent à mesure qu'on se rapproche de l'extrémité du tube ; cette hauteur se traduit par une pression latérale sur les parois du tube et la pression peut se mesurer par des tubes verticaux, *piézomètres*, A, B, C, D, embranchés sur le tube horizontal ; la hauteur à laquelle l'eau monte dans chacun de ces tubes indique la pression correspondante pour chacun des points du tube horizontal, et la ligne droite RE, ou *ligne de pression*, qui joint tous les niveaux des liquides, indique la marche de la pression dans le tube horizontal ; ces frottements dégagent en même temps du calorique, et la tension latérale qui semble disparaître ne fait que se transformer en chaleur.

Les lois suivantes régissent alors les mouvements des liquides dans le cas donné :

1° La pression est constante dans tous les points d'une coupe transversale du tube (2) ;

2° La pression diminue régulièrement dans la direction du courant et l'inclinaison de la ligne de pression est constante pour un courant donné ;

3° La pression est accrue par tout ce qui augmente les obstacles : allongement du tube d'écoulement, diminution de son calibre ; enfin, elle augmente comme le carré de la vitesse ; si la vitesse est 1, 2, 3..., la pression est 1, 4, 9... ;

4° La vitesse moyenne d'écoulement est égale dans tous les points du tube ;

5° La vitesse moyenne varie :

Avec le calibre du tube ; elle augmente quand le calibre devient plus fort ;

Avec la pression ; les vitesses augmentent comme les racines carrées des pressions ;

_____

(1) On appelle *vitesse moyenne* la vitesse que toutes les molécules liquides devraient avoir si, dans l'unité de temps, il passait par une coupe transversale du tube autant de liquide qu'il en passe en réalité, en supposant toutes ces molécules animées d'une vitesse égale. En représentant par q la quantité d'eau écoulée, par t l'unité de temps, par s la surface de la section transversale du tube, la vitesse moyenne, V, est donnée par la formule suivante : $V = \dfrac{q}{t \times s}$.

(2) Ludwig a prétendu, à tort, que la pression variait dans les différents points d'une section de la masse liquide.

Avec la nature du liquide qui s'écoule (viscosité, fluidité, etc.) ;

Avec la température du liquide ; pour un liquide donné, elle augmente avec la température.

La substance du tube paraît sans influence sur la vitesse d'écoulement, grâce à l'existence de la couche inerte ; aussi peut-on appliquer aux vaisseaux de l'organisme vivant les expériences faites sur des conduits artificiels.

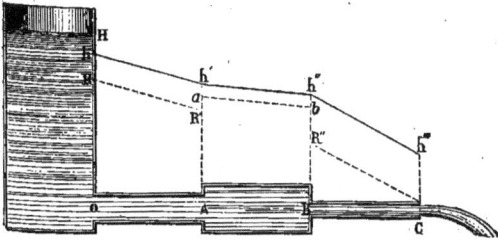

Fig. 320. — *Écoulement dans un tuyau rectiligne de diamètre variable* (Wundt).

4° Les volumes de liquide écoulés sont proportionnels aux carrés des diamètres des tubes d'écoulement.

Écoulement dans des conduits de diamètre variable. — Dans ce cas

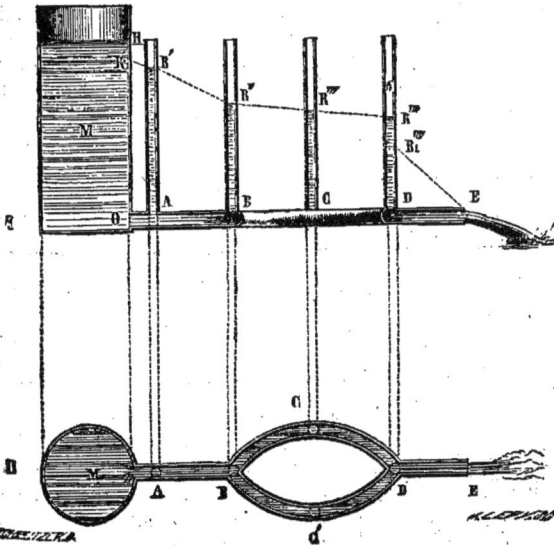

Fig. 321. — *Écoulement d'un liquide dans un système de tubes ramifiés* (Wundt).

(fig. 320) la vitesse représentée par la ligne h, h', h'', h''', varie en raison inverse du calibre du conduit. La ligne de pression R, R', a, b, R'', montre que le passage du tube étroit OA au tube large AB fait baisser la pression dans le tube étroit, que le passage du tube large AB au tube étroit BC fait hausser la pression dans le tube large.

Les coudes ont la même influence qu'un rétrécissement du tube d'écoulement, c'est-à-dire que la vitesse diminue en amont du coude, tandis que la pression augmente ; mais en réalité les différences de vitesse sont assez faibles, même pour des angles considérables.

Écoulement dans les tubes ramifiés. — Si on embranche un tube latéral sur un conduit, l'écoulement et la vitesse augmentent dans le conduit principal, en même temps que la pression y baisse plus rapidement qu'auparavant. La figure 321 représente, à l'état schématique, un cas qui se reproduit en grand dans l'appareil vasculaire ; un tube principal donne naissance à une série de bifurcations dont le calibre total est supérieur à celui du tube primitif, bifurcations qui se réunissent de nouveau en un tube unique. La ligne R, R′, R″, etc., indique dans ce cas les variations de pression latérale dans les divers points du système.

Écoulement dans les tubes capillaires. — *Transpiration de Graham.* — Pour étudier l'écoulement des liquides dans les tubes capillaires, Poiseuille s'est servi de l'appareil suivant (fig. 322). Un vase de verre en forme de fuseau, M, se continue à sa partie inférieure avec un tube qui présente sur son trajet une ampoule A, et se recourbe ensuite horizontalement en se continuant par un tube capillaire, *f*; au-dessus et au-dessous de l'ampoule, dont la capacité est connue, sont marqués deux traits *c* et *d*. On remplit d'abord l'ampoule A d'eau distillée jusqu'au dessus du trait *c* et on place le tube capillaire *f* dans un réservoir d'eau; on fait alors communiquer la partie supérieure du vase M avec un réservoir d'air comprimé et on ouvre le robinet supérieur; le liquide s'écoule par le tube capillaire et, avec un cathétomètre, on détermine le moment où le niveau du liquide affleure en *c*; on note alors le temps qui s'écoule jusqu'à ce que le liquide arrive en *d*; on connaît le calibre du tube capillaire, la température du liquide et la pression de l'air comprimé; il est facile alors de trouver la durée d'écoulement. Poiseuille a trouvé les chiffres suivants pour la durée d'écoulement des divers liquides:

	SECONDES.	TRANSPIRABILITÉ.
Eau distillée..........................	535,2	1
Éther ordinaire.......................	160,5	0,299
Alcool à 80°..........................	1184,5	2,213
Sérum du sang de bœuf...............	1029,0	1,922

La seconde colonne donne la transpirabilité de ces divers liquides, la durée de l'écoulement de l'eau distillée étant prise pour unité.

Haro s'est servi, pour étudier la transpirabilité des liquides, d'un simple tube thermométrique terminé à sa partie supérieure par une sorte d'entonnoir et à sa partie inférieure par une ampoule; on plonge l'extrémité supérieure dans le liquide et on aspire par l'ampoule; une fois le tube rempli, on applique la pulpe du doigt sur l'ouverture de l'entonnoir et on retourne le tube, qu'on place sur un support; le liquide s'écoule et on note le temps de l'écoulement jusqu'à ce que le niveau du liquide soit arrivé à un trait marqué sur le tube capillaire. Dans des recherches récentes il a employé un appareil plus perfectionné (fig. 323), le trans-

le par-
large-
ment.
sion :
i pour

il sur
al, et
e est
pareil
ont le
issent
es va-

Pour
ri de
hinur
ioule
capil-
sont
n'au-
n fait
com-
llaire
le et
e en
ssion
cuille

turée
tube
à sa
e li-
ie du
un
ne le
des
ans-

piromètre. Dans ce second appareil, le tube capillaire a une autre forme : il présente à chacune de ses extrémités une ampoule de 5 centimètres cubes environ de capacité, communiquant avec des tubes en U dans lesquels plongent des thermomètres divisés en dixièmes de degré ; ces diverses pièces, reliées entre elles à

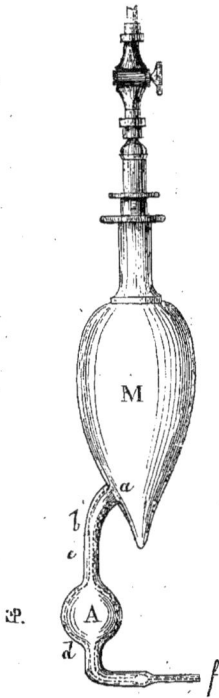

Fig. 322. — *Appareil de Poiseuille.*

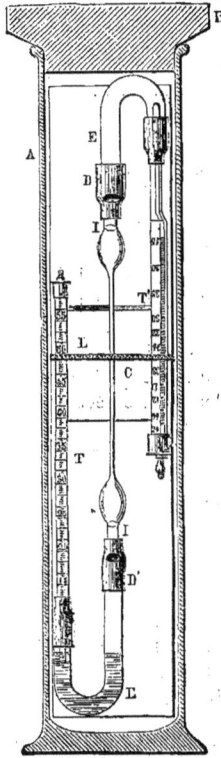

Fig. 323. — *Transpiromètre d'Haro* (*).

l'aide de manchons en caoutchouc, sont fixées par une bandelette élastique mobile sur une plaque de liège et introduites ainsi dans une grande éprouvette qu'on ferme avec un bouchon fortement évasé.

Pour faire l'expérience, on enlève le thermomètre inférieur, le sang est versé dans le tube en U, puis le tout étant remis en place, on retourne l'éprouvette et on la pose verticalement sur une table, le bouchon évasé tenant alors lieu de pied. Pendant ce mouvement, le liquide entraîné par la pesanteur passe du tube en U dans l'ampoule correspondante et le capillaire qui lui fait suite ; à mesure que l'écoulement se produit, l'air pénètre dans l'appareil par une petite ouverture pratiquée sur le manchon de caoutchouc ; le niveau du liquide ne tarde pas à paraître

(*) A, grande éprouvette. — B, bouchon évasé. — C, tube capillaire muni d'ampoules. — D, D, ajutages en caoutchouc présentant une ouverture latérale. — E, E, tubes en U. — I, I, traits musculaires tracés sur les ampoules. — T, T, thermomètres. — L, bandelette élastique maintenant le tube et les thermomètres sur une plaque de liège.

sous cet ajutage, on note le moment précis où il franchit un trait circulaire tracé sur l'ampoule et l'on compte le nombre de secondes écoulées jusqu'à ce qu'il atteigne la partie supérieure du capillaire ; le second thermomètre indique la température finale de l'expérience. Cette disposition instrumentale permet de répéter, dans des conditions identiques, plusieurs fois de suite la même épreuve ; il suffit pour cela de retourner l'éprouvette et de noter de la même manière la durée de l'écoulement qui se produit en sens inverse comme dans un sablier. A. Schklarewsky a donné un petit appareil à l'aide duquel on peut obtenir facilement un écoulement constant, soit ascendant, soit descendant, dans un tube capillaire (*Arch. de Pflüger*, t. I, p. 625).

Les lois suivantes régissent l'écoulement dans les tubes capillaires :

1° La vitesse d'écoulement est proportionnelle à la pression ; elle est proportionnelle au carré du diamètre du tube ; elle est en raison inverse de la longueur du tube. La température active la vitesse d'écoulement ; cette accélération est beaucoup plus marquée pour le sang défibriné que pour le sérum, qui se rapproche sous ce rapport de l'eau distillée (Haro).

2° Le volume d'eau écoulée est proportionnel à la quatrième puissance du diamètre du tube capillaire ; pour des tubes ayant 1, 2, 3, etc., de diamètre, le volume d'eau écoulé sera 1, 16, 81, etc. ; ce volume est proportionnel à la pression ; il est en raison inverse de la longueur du tube. Haro a constaté dans ses expériences que la chaleur active l'écoulement du sang défibriné, et que cette influence de la température va en décroissant avec le chiffre des globules. L'acide carbonique, l'éther, les sels biliaires produisent l'effet inverse, le chloroforme augmente la transpirabilité du sang, mais diminue celle du sérum. Les résultats d'Ewald s'accordent en général avec ceux d'Haro.

2° Écoulement dans les tubes élastiques.

Il peut se présenter deux cas. Quand la pression est constante, l'écoulement se fait comme dans des tubes rigides et il s'établit un état permanent dans lequel la force élastique des parois fait équilibre à la tension du liquide, c'est ce qui arrive pour les petites artères, les capillaires et les veines, dans lesquelles l'écoulement est constant.

Mais il n'en est pas de même quand la pression qui fait mouvoir le liquide, au lieu d'être constante, est *intermittente*, comme serait, par exemple, l'action du piston d'une pompe foulante, ou comme l'est celle du ventricule. Dans ce cas, chaque poussée détermine non seulement un mouvement de progression des molécules liquides, mais encore un mouvement d'ondulation tout à fait comparable aux ondulations déterminées sur la surface de l'eau par la chute d'une pierre ; seulement dans cet exemple c'est l'élasticité de l'air qui remplace l'élasticité de la paroi des tubes de conduite.

Soit une poussée du piston dans le tube élastique ; les choses se passent de la façon suivante. Les molécules liquides subissent une impulsion en avant, mais à cause de la résistance des molécules liquides situées en avant, cette impulsion se transforme en un mouvement elliptique qui peut être représenté par la ligne A (fig. 324) ; quand le piston revient sur lui-même, la molécule liquide a le

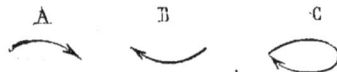

Fig. 324. — *Trajectoire décrite par une molécule liquide* (Wundt).

mouvement B et la trajectoire totale décrite par cette molécule pendant la durée totale d'une ondulation (allée et venue du piston) peut être figurée par C. Dans le cas supposé, la molécule, à la fin de l'ondulation, revient à sa position primitive; mais, en réalité, il n'en est pas ainsi et à la fin de l'ondulation la molécule liquide a progressé d'une certaine quantité, de sorte qu'il y a un mouvement de translation combiné avec le mouvement de progression, et la forme de la trajectoire, dans ce cas, sera représentée par A (fig. 325) et, après quatre ondulations successives, la molécule liquide se trouvera transportée de *a* en *f* (B, fig. 325).

A chaque poussée du piston, la paroi du tube élastique se trouve ainsi distendue par l'afflux du liquide dans une

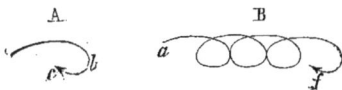

Fig. 325. — *Trajectoire des molécules liquides dans le cas de coexistence du mouvement de translation et du mouvement d'ondulation.* (Wundt).

certaine longueur (longueur d'ondulation); une fois le piston arrêté, cette paroi réagit par son élasticité, et chasse le liquide dans la partie du tube qui vient après et qui se dilate à son tour, et ainsi de suite. Chaque poussée, c'est-à-dire chaque ondulation, se révèle par une augmentation de tension et de vitesse du liquide et par une dilatation du tube élastique qu'elle traverse à un moment donné; il est même facile de sentir à la main le passage de ces ondulations et même de les voir si, au lieu d'un tube élastique à parois épaisses, on prend, par exemple, une anse d'intestin.

L'amplitude de l'ondulation est proportionnelle à la quantité de liquide qui pénètre dans le tube et à la brusquerie de la pénétration; elle diminue peu à peu pendant le parcours de l'onde.

Si nous admettons que le piston qui refoule le liquide dans le tube élastique soit disposé de façon à ne produire que des poussées sans mouvement de recul, chaque nouvelle poussée déterminera une ondulation positive dans laquelle les molécules progresseront dans le sens même de l'ondulation; si les poussées se succèdent assez rapidement, on aura ainsi une série d'ondulations qui parcourront successivement le tube élastique. Mais au bout d'une certaine longueur de tube, les ondulations s'affaiblissent et finissent par disparaître et le mouvement saccadé se transforme peu à peu en mouvement continu. C'est là un effet de l'élasticité des parois du tube qui emmagasinent une certaine partie du mouvement produit pendant la poussée du piston et la restituent pendant son repos. L'élasticité du tube joue le rôle de la chambre à air des pompes à incendie.

Si le piston, au lieu d'une poussée, fait un mouvement de recul ou d'aspiration, au lieu d'une onde positive on a une onde négative qui commence par un rétrécissement au lieu d'une dilatation et qui se transmet dans le tube comme l'onde positive, avec cette différence pourtant que les molécules marchent en sens inverse de la propagation de l'onde.

Quand l'afflux de liquide dans un tube est bref et énergique, il peut se faire sous l'influence de cette impulsion *unique* une série d'ondes successives qui marchent les unes après les autres. Ces ondes *secondaires* ont des amplitudes graduellement décroissantes et les dernières formées, étant les plus faibles, s'éteignent les premières (Marey). Ces ondes secondaires ne doivent pas être confondues avec les ondes secondaires de Rollett et Moens qui seront étudiées à propos du dicrotisme du pouls.

Outre les ondes secondaires, il peut se former dans un tube fermé ou suffisamment rétréci à son extrémité des ondes *réfléchies* qui suivent un trajet rétrograde et reviennent à l'origine du tube. Les ondes réfléchies se distinguent des ondes directes en ce que la compression du tube en aval du point exploré augmente l'intensité des ondes directes et supprime les ondes réfléchies (Marey).

La *vitesse de propagation* de l'ondulation dans les tubes élastiques (caoutchouc) est d'environ 11 à 12 mètres par seconde. D'après Marey, elle est proportionnelle à la force élastique du tube, et varie en raison inverse de la densité du liquide; elle augmenterait par l'augmentation de tension, tandis que Rive et Landois admettent au contraire une diminution. D'après les recherches récentes de Moens, cette vitesse est en raison inverse de la racine carrée de la densité du liquide; pour une même pression latérale, elle est comme la racine carrée de l'épaisseur des parois et du coefficient d'élasticité de ces parois, et en raison inverse de la racine carrée du diamètre du tube (pour la description des appareils et des procédés, voir : Marey, *Travaux du laborat.*, 1875).

L'élasticité des conduits influe aussi sur la dépense du liquide, mais seulement quand l'afflux de liquide est *intermittent*. Ce fait a été démontré par Marey. Son appareil consiste en un flacon de Mariotte d'où part un tube muni d'un robinet, tube qui se bifurque et dont chacune des branches se continue par un long conduit; l'un est élastique et pourvu à son origine d'une soupape qui s'oppose au reflux du liquide; l'autre est en verre et par conséquent rigide. Les deux tubes ont le même débit, comme on s'en assure en ouvrant le robinet et en laissant s'établir un écoulement continu. Mais si l'on ouvre et ferme alternativement le robinet, on voit d'abord que l'écoulement par le tube rigide est intermittent pendant qu'il est continu par le tube élastique; enfin la dépense est très inégale et le tube rigide verse beaucoup moins de liquide que le tube élastique.

3° Schémas de la circulation.

Weber a construit un appareil très simple pour représenter les phénomènes essentiels du mécanisme circulatoire (fig. 326).

L'appareil de Weber se compose d'une anse d'intestin grêle repliée sur elle-même. La portion 1 de l'anse, qui représente le ventricule, est placée entre deux systèmes de soupapes, 2 et 11, qui empêchent le reflux du liquide en sens inverse de la direction des flèches. Ces soupapes font saillie dans des tubes de verre, 3 et 12, qui sont unis avec le segment ventriculaire 1 et avec le reste de l'anse intestinale. En 6, se trouve une espèce de crible, 7, qui met obstacle au passage du liquide et qui représente les capillaires; la portion d'intestin 4, 5, correspond au système artériel, la portion 8, 9, au système veineux. L'appareil se remplit d'eau par l'entonnoir 10; la direction des flèches indique la direction du mouvement du liquide. Supposons d'abord que le crible 7 n'existe pas. On comprime le segment 9 du tube qui figure l'oreillette; une partie du liquide passe dans le ventricule 1, l'autre reflue en sens inverse; on comprime alors le ventricule, la soupape 11 se ferme, la soupape 2 s'ouvre et le liquide passe dans les artères, 4. Si le tube artériel était rigide, toute la masse liquide incompressible serait mue dans le sens de la flèche, mais, les parois étant élastiques, la masse liquide poussée par le ventricule se loge dans la première partie du tube artériel qui se dilate, puis de cette première partie dans une seconde et ainsi de suite; le déplacement, au lieu de se faire en bloc et d'être instantané, est successif; il se forme donc, à chaque poussée du liquide, une onde positive qui parcourt le tube artériel. Cette onde positive n'est pas suivie d'une onde négative parce que le liquide, à cause de la disposition de la soupape 2, ne peut refluer dans le ventricule.

Maintenant, quand on cesse de comprimer le ventricule 1, il se relâche, et si on comprime l'oreillette 9, le liquide afflue dans le ventricule et il se fait au niveau de l'oreillette une onde négative qui se propage dans le tube veineux dans la direction de 9 en 8, en sens inverse des flèches; mais les molécules liquides n'en continuent pas moins à progresser dans le tube veineux dans la direction des flèches; le résultat total sera donc un déplacement du liquide, une circulation de 8 en 6 et une ondulation négative se propageant en sens inverse.

Si alors on interpose en 6 un tamis ou une éponge, 7, que se passera-t-il? Les obstacles qui se produisent en 6 auront les conséquences suivantes : 1° l'ondulation positive déterminée par la poussée du ventricule, au lieu d'arriver jusqu'à l'oreillette, s'arrêtera en 7 (capillaires) qu'elle ne pourra dépasser et restera limitée au tube artériel; 2° à chaque poussée du ventricule, il passera plus de liquide du ventricule dans le tube artériel qu'il n'en passera de 5 en 8, du tube artériel dans le tube veineux; la pression augmentera par conséquent dans le tube artériel et diminuera dans le tube veineux jusqu'à ce que la différence des deux pressions atteigne un degré suffisant pour qu'à chaque poussée il passe autant de liquide de 1 en 4 que de 5 en 8 et de 9 en 1. A ce moment, le courant devient constant dans l'appareil à partir de 7 et la coupe transversale du tube veineux reste invariable.

Rien de plus simple maintenant que d'appliquer ces notions à la circulation. Quand le ventricule se contracte, la valvule auriculo-ventriculaire empêche le reflux dans l'oreillette, les valvules sigmoïdes s'ouvrent et le sang du ventricule passe dans l'artère, de là dans les capillaires et revient par les veines dans l'oreillette; celle-ci se contracte et chasse le sang dans le ventricule et ainsi de suite; quant à la question de savoir si une partie du sang de l'oreillette reflue dans les veines comme dans le schéma de Weber, elle sera traitée avec le mécanisme du cœur.

La différence principale entre la circulation réelle et la circulation dans le schéma de Weber, c'est que l'onde négative qui, dans le schéma de Weber, se produit dans l'oreillette et se propage dans le tube veineux n'existe pas dans la circulation ani-

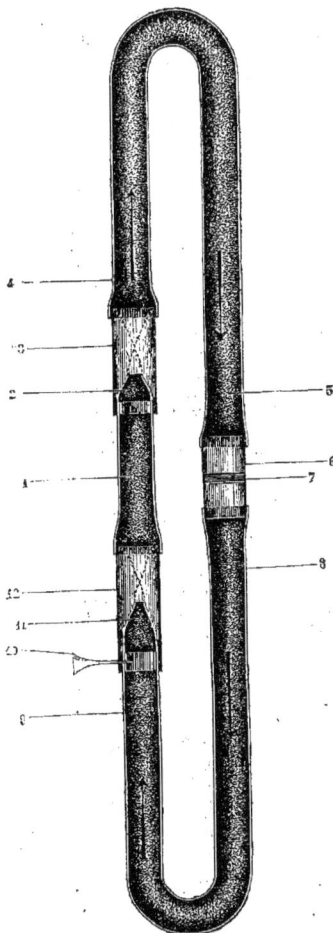

Fig. 326. — *Schéma circulatoire de Weber.*

male, et le rôle de l'oreillette, comme on le verra plus loin, paraît être précisément de s'opposer à la production de cette onde négative. En outre, dans la circulation normale, le courant est déjà constant et uniforme dans les petites artères et avant les capillaires. Burdon-Sanderson a imaginé aussi un schéma de la circulation analogue à celui de Weber (*Handbook for the physiol. Labor.*, p. 221, fig. 211).

Marey a imaginé des appareils plus compliqués que Weber et qui permettent de reproduire artificiellement la plupart des phénomènes circulatoires (*Cœur artifi-*

ciel de Marey). L'appareil de Weber, quoique bien moins perfectionné, suffit pour démontrer d'une façon très nette et très simplement les faits principaux sur lesquels est basé le mécanisme circulatoire, mais ils ne peuvent servir à étudier les détails de ce mécanisme. Cette étude, au contraire, peut être faite facilement avec les appareils de Marey qui reproduisent fidèlement les phénomènes de la circulation cardiaque et artérielle et donnent des tracés presque identiques aux tracés obtenus sur les animaux et sur l'homme. Ils ont aussi l'avantage de permettre d'imiter les différentes lésions qui peuvent se produire dans l'appareil circulatoire (rétrécissement, insuffisances valvulaires, anévrysmes, etc.), et d'étudier les caractères physiques par lesquels se traduisent ces lésions (Voir : Marey, *Trav. du labor.*, 1875, p. 63 et 1878-79, p. 233).

Bibliographie. — E. H. Weber et W. Weber : *Wellenlehre*, etc., 1825. — Maison : *Des lois des mouvements des liquides dans les canaux*, etc., 1839. — Fick : *Med. Ph.*, 1856. — Donders : *Kritische en experimentele bijdragen of het gebied der hæmodynamik* (Nederl. lancet, 1856). — Id. : *Müller's Arch.*, 1856. — Volkmann : *Erörter. zur Hämodynamik* (id.). — Fick : *Einige Bemerk. über die Kräfte im Gefassystem* (Zeit. für ration. Med., 1857). — Ludwig et Stefan : *Ueber den Druck den das fliessende Wasser senkrecht zu seiner Stromesrichtung ausübt* (Sitzber. d. Wien. Akad., 1858). — Marey : *Rech. sur la circul. du sang* (Gaz. méd., 1858). — Id. : *id.* (Ann. des sc. nat., 1858). — Id. : (Comptes rendus, 1858). — Jacobson : *Beitr. zur Hämodynamik* (Arch. für Anat., 1860). — Id. : *id.* (Königsb. med. Jahrb., 1860). — Id. : *Zur Einleitung in die Hämodynamik* (Arch. für Anat., 1861). — Hagenbach : *Ueber die Bestimmung der Zähigkeit einer Flüssigkeit durch den Ausfluss aus Röhren* (Pogg. Ann., 1860). — Helmholtz et v. Piotrowski : *Ueber Reibung tropfbarer Flüssigkeiten* (Wien. Sitzungsber., 1860). — Jacobson : *Beitr. zur Hämodynamik* (Arch. für Anat., 1862). — Mach : *Ueber die Wellen mit Flüssigkeit gefüllter elasticher Röhren* (Unt. zur Naturl., 1865). — Aronheim : *Ueber den Einfluss der Salze auf die Strömungsgeschwindigkeit des Blutes* (Med. chem. Unt. v. Hoppe-Seyler, 1867). — Duncan et Gamgee : *Note on some experiments on the rate of flow of blood*, (Journ. of anat., 1870 ; et : Proceed. of the roy. soc. of Ed., t. VII). — Haro : *Sur l'écoulement du sang par des tubes de petit calibre* (Comptes rendus, 1876). — Ewald : *Ueber Transpiration des Blutes* (Arch. für Physiol., 1877-1878). — Marey : *Mouv. des ondes liquides* (Trav. du labor., 1875). — Id. : *Mém. sur la pulsation du cœur* (id.). — Paschutin : *Die Bewegung der Flussigkeiten in Röhren* (Centralbl., 1879). — Marey : *Sur un nouveau schéma imitant à la fois la circulation générale et la circulation pulmonaire* (Trav. du labor., 1878-79).

B. — *Du cœur et de ses mouvements.*

Appareils et procédés d'exploration (1). — A. Chez l'homme. — 1° *Palpation.* — La main appliquée à gauche sur la poitrine sent le choc du cœur en dedans du mamelon entre la cinquième et la sixième côte. Dans certains cas accidentels, plaie de la région cardiaque (Bamberger), ou dans les cas d'arrêt de développement, fissure congénitale du sternum (cas de Groux), absence du sternum, ectopie du cœur (cas de François-Franck), ce mode d'exploration a pu être appliqué d'une façon beaucoup plus complète et plus précise.

2° *Inspection directe.* — On a pu observer directement les mouvements du cœur sur des suppliciés. A Boston, des médecins ayant ouvert la poitrine d'un pendu ont vu les mouvements du cœur se continuer jusqu'à quatre heures après la pendaison. Ces mouvements ont pu aussi être observés sur des fœtus humains (Fili, fœtus de 5 mois).

3° *Cardiographie.* — La cardiographie a pour but la transmission à un levier enregistreur de la pulsation cardiaque ou du choc du cœur. Le cardiographe le plus usité est le cardiographe de Marey. Si on applique sur la région de la pointe du cœur le tambour du sphygmoscope de Kœnig (2) dont le tube est mis en communication avec le tambour à levier chaque

_____

(1) Pour la bibliographie, voir : *Mouvements du cœur, Choc du cœur* et *Bibliographie générale du cœur.*

(2) Le *stéthoscope de Kœnig* se compose d'un tambour métallique fermé d'un côté par une double membrane élastique qui, par l'insufflation, circonscrit un espace lenticulaire ; l'ouverture opposée du tambour communique avec un tube terminé par un embout.

pulsation de la pointe du cœur se traduit par un soulèvement du levier et on en obtient alors le graphique suivant sur le cylindre enregistreur (fig. 327). Pour augmenter la sensibilité de l'appareil, Marey injecte de l'eau au lieu d'air entre les membranes du sté-

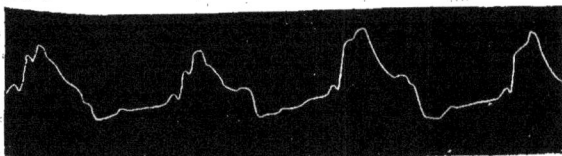

Fig. 327. — *Graphique des mouvements du cœur chez l'homme* (Marey).

thoscope. C'est sur le même principe que Marey construisit le *cardiographe clinique* ou *explorateur à coquille* dont la figure 328 représente la coupe. L'appareil se compose d'une petite capsule elliptique en bois, dont les bords s'appliquent hermétiquement à la peau

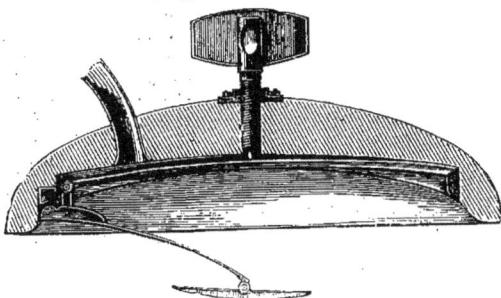

Fig. 328. — *Cardiographe de Marey*.

de la poitrine; du fond de la capsule s'élève un ressort que l'on peut tendre plus ou moins à volonté; ce ressort est muni d'une petite plaque d'ivoire qui déprime la région où se produit le battement du cœur. Les mouvements communiqués à l'air de la capsule

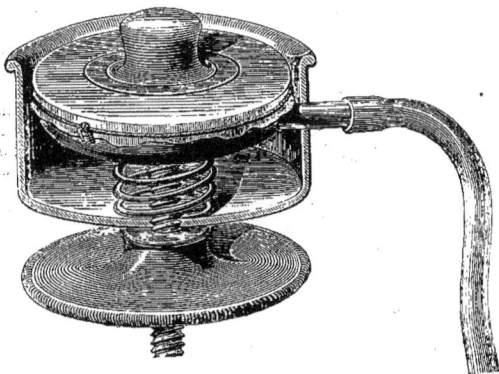

Fig. 329. — *Explorateur à tambour de Marey*.

par les pulsations du cœur, qui dépriment le ressort, se transmettent par un tube au tambour à levier.

L'*explorateur à tambour* représenté figure 329 est encore plus commode; à l'intérieur

BEAUNIS. — Physiologie, 2e édit. 63

d'une cloche en bois dont le fond est perforé, se trouve une capsule de métal qui s'ouvre par un tube traversant le fond de la cloche. La capsule, fermée en bas par une membrane de caoutchouc, renferme un ressort à boudin assez faible qui fait saillir la membrane en dehors. Un disque d'aluminium et un bouton de liège reposent sur cette membrane. Toute pression exercée sur le bouton chasse l'air de la capsule, à travers le tube qui la termine, jusque dans les appareils inscripteurs. Une vis de réglage permet d'exercer avec le bouton une pression plus ou moins forte sur la région cardiaque. Ces deux appareils fournissent au reste des tracés identiques à la figure 327. Dans l'application des cardiographes, il faut faire bien attention que le bouton réponde au point du thorax où la pulsation du cœur est la plus sensible ; si on s'écartait de ce point on aurait par suite de la dépression de l'espace intercostal due à la diminution de volume du cœur et à l'aspiration qui s'exerce sur les parties voisines, un abaissement du levier au lieu d'une élévation ; le tracé du cœur est renversé (*pulsation négative*). En appliquant le cardiographe soit en dessous du mamelon gauche soit plus en dehors, on peut recueillir séparément les tracés du ventricule droit et du ventricule gauche ; pour avoir ce dernier il faut coucher le patient sur le côté gauche. Ces tracés présentent des différences sur lesquelles Marey a appelé récemment l'attention. — Le *cardiographe de Burdon-Sanderson* est construit sur le même principe que le cardiographe à tambour de Marey. Il en est de même du *pansphygmographe de Brondgeest*. Le *polygraphe de Mathieu et Meurisse* peut servir aussi pour enregistrer les battements du cœur (voir : *Pouls*). Galabin a modifié le sphygmographe de Marey (voir : *Pouls*) pour l'appliquer contre le thorax pour prendre la pulsation du cœur. Enfin Landois, Gehrardt, Klemensiewicz ont employé le procédé des *flammes manométriques de Kœnig* (voir p. 948) pour rendre visibles les pulsations du cœur (voir les mémoires originaux pour la description des appareils).

4° *Mouvements cardio-pneumatiques.* — Le cœur diminuant de volume à chaque contraction des ventricules, il détermine une raréfaction de l'air intra-pulmonaire, de sorte que si on suspend sa respiration, la glotte ouverte (1), chaque systole se traduira par un faible courant d'air inspiré qu'on peut enregistrer facilement. Il suffit pour cela de tenir entre les lèvres un tube communiquant avec un tambour à levier : le tracé inscrit présente exactement la pulsation cardiaque *renversée*, la descente de la courbe cardio-pneumatique correspondant à l'ascension de la courbe cardiographique et *vice versâ*. Ces faits, déjà vus par Voit et Losser, ont été étudiés par Ceradini et Landois à l'aide d'appareils particuliers (*Hœmathoracographe de Ceradini, Cardio-pneumographe de Landois*). Landois l'a mis aussi en évidence à l'aide des flammes manométriques et par un procédé acoustique pour lequel je renvoie à l'original.

B. Chez les animaux. — Outre les procédés employés chez l'homme, on peut employer les procédés et les appareils suivants :

1° *Inspection directe.* — On peut mettre le cœur à nu en enlevant la paroi thoracique antérieure ; *chez les animaux à sang froid*, comme la grenouille, les mouvements du cœur continuent ainsi pendant très longtemps. Pour la grenouille, il suffit, après l'avoir immobilisée par le curare ou en la fixant sur une plaque de liège, de diviser la peau au niveau du sternum et d'enlever partiellement cet os ; pour éviter les pertes de sang il faut éviter d'inciser la veine abdominale qui occupe la ligne médiane. Chez la tortue, on enlève une portion du plastron à l'aide de la scie. Chez les mammifères, les mouvements du cœur ne tardent pas à s'arrêter après l'ouverture du thorax ; dans ce cas, il faut, pour entretenir les mouvements du cœur, pratiquer la respiration artificielle, soit après avoir tué l'animal par la piqûre du bulbe, soit, ce qui vaut mieux, après l'avoir immobilisé par le curare. On peut aussi ouvrir le thorax d'un côté seulement en respectant la plèvre du côté opposé ; un des poumons continue ainsi à fonctionner et suffit pour entretenir la circulation pendant un temps très long ; ce procédé que j'emploie souvent chez le lapin permet d'étudier très facilement tout le mécanisme des mouvements du cœur. Chez les mammifères nouveau-nés, le cœur continue à battre longtemps après l'ouverture du thorax. Avec certaines précautions, on peut aussi enlever dans la région précordiale les parties molles et les os en respectant le péricarde et la plèvre ; le cœur se voit par transparence à travers ces membranes.

2° *Examen au microscope des mouvements du cœur.* — Cet examen peut se faire sur de très jeunes embryons, surtout sur des embryons de poissons.

3° *Implantation d'aiguilles dans le cœur à travers les parois thoraciques.* — Ce moyen est très

(1) La glotte doit être ouverte, sans cela, comme le fait remarquer François-Franck, le levier du tambour inscripteur n'accuse que les pulsations *totalisées* des artères bucco-pharyngées et on a une courbe identique à la courbe donnée par le sphygmographe (voir : François-Frank, *Changements de volume du cœur, travaux du labor. de Marey*, 1877, fig. 120).

commode pour suivre et compter les mouvements du cœur chez les animaux ; les mouvements de la tête de l'aiguille peuvent être rendus plus apparents en armant l'aiguille d'un petit drapeau ou d'un miroir ou en la faisant frapper sur un timbre ou sur un verre. On peut aussi rattacher la tête de l'aiguille à un levier enregistreur et enregistrer ainsi les mouvements du cœur.

4° *Cardiographie.* — *Cardiographe simple* ou *Myographe du cœur de Marey.* — Cet ap-

Fig. 330. — *Myographe du cœur.*

pareil consiste en un simple levier enregistreur très léger soulevé près de son axe de rotation par un petit cylindre de moelle de sureau qui repose sur le cœur (fig. 330).

Les appareils de Ludwig, de Baxt, de Lauder Brunton, sont construits sur le même principe. Ranvier décrit et figure (*Leçons d'Anatomie générale*, 1880, p. 41, fig. 5) un cardiographe très simple du même genre et que chacun peut construire facilement ; la figure 33

Fig. 331. — *Tracé du cœur de la grenouille verte.*

représente le tracé du cœur de la grenouille pris avec ce cardiographe. — *Myographe double de François-Franck* (fig. 332). — Deux myographes simples sont disposés l'un à côté de l'autre et sur un support commun ; les deux leviers O et V reposent l'un sur l'oreillette, l'autre sur

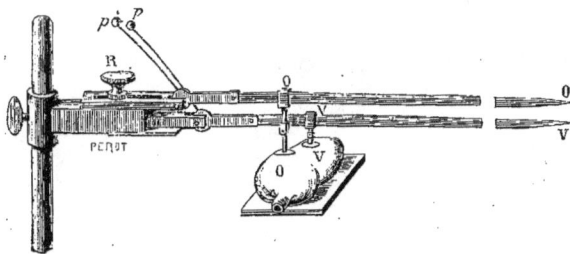

Fig. 332. — *Double myographe pour le cœur de la grenouille ou de la tortue*

le ventricule ; le levier de l'oreillette O peut être déplacé à l'aide de la vis R de façon à régler la position d'un des leviers par rapport à l'autre ; les petites tiges p, p servent de contrepoids aux leviers. Avec cet appareil on obtient deux tracés (fig. 333) qui correspondent, le supérieur, O, aux pulsations de l'oreillette, l'inférieur, V, à celles du ventricule.

Les appareils suivants sont construits sur un principe différent. — *Cardiographe de Legros et Onimus* (fig. 334). Cet appareil consiste en deux tiges verticales supportées par une bran-

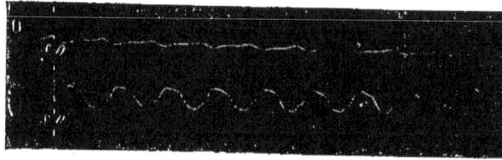

Fig. 333. — *Double tracé simultané des pulsations de l'oreillette* O, *et du ventricule* V.

che horizontale et entre lesquelles le cœur se trouve saisi; l'une de ces tiges se trouve fixe, l'autre est mobile autour d'un axe à pivot, et reliée par sa partie supérieure au levier enregistreur du myographe de Marey; quand le cœur augmente de volume dans le sens transversal, l'extrémité supérieure de la tige mobile entraîne le levier du myographe qui trace

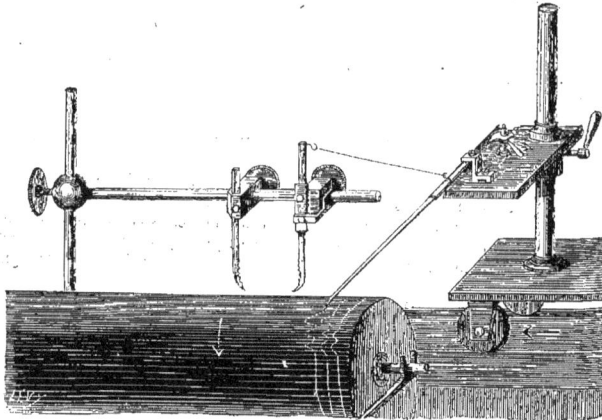

Fig. 334. — *Cardiographe de Legros et Onimus.*

une courbe ascendante sur le cylindre enregistreur. La figure 335 représente le graphique du cœur (pointe du ventricule) de la grenouille pris avec ce cardiographe. Chez les animaux à sang chaud, le cardiographe ne peut être appliqué que si on pratique la respiration artifi-

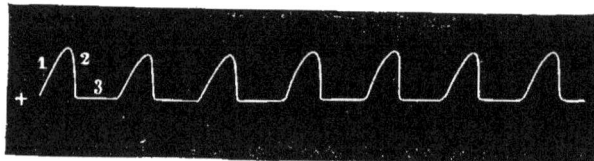

Fig. 335. — *Graphique du cœur de la grenouille* (pris sous forte pression) (*).

cielle. — *Pince cardiaque de Marey* (fig. 336). Le cœur est saisi entre les mors d'une sorte de pince myographique formée de deux cuillerons portés chacun par un bras coudé. L'un de

(*) 1, systole ventriculaire. — 2, diastole. — 3, repos du cœur.

ces bras est fixe; l'autre, mobile, porte un levier horizontal qui lui est perpendiculairement implanté et qui, par son extrémité munie d'une plume, trace sur un cylindre enfumé.
Le cuilleron mobile est rappelé par un petit fil de caoutchouc fixé à une épingle *e* et agissant comme ressort, de sorte que chaque systole du ventricule écarte les mors de la pince

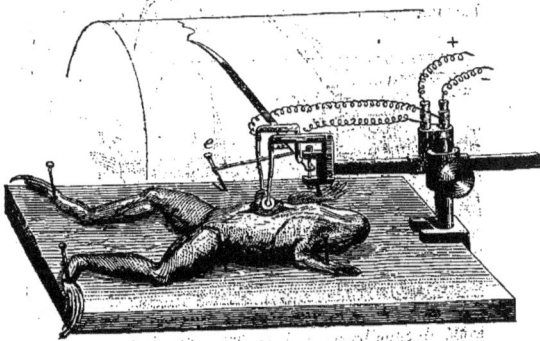

Fig. 336. — *Pince cardiaque de Marey.*

en tendant le fil élastique, tandis qu'à chaque diastole le cœur, redevenant mou, laisse
revenir le mors de la pince sous la traction du ressort. En outre les cuillerons sont isolés
par des pièces d'ivoire et mis en rapport avec des fils métalliques de façon à pouvoir faire
traverser le ventricule par des courants. — *Explorateur à deux tambours conjugués de
Marey* (fig. 337). — Chez les petits mammi-
fères, lapin, cobaye, etc., on peut, sans ouvrir
le thorax, enregistrer les pulsations du cœur
à l'aide de cet appareil. Ce sont deux tambours articulés au moyen d'une charnière et
qui s'ouvrent tous deux dans un tuyau en Y
dont la branche terminale aboutit à un tambour à levier. On recueille ainsi, dans un
même tracé, la somme des pulsations ex-
plorées par les deux tambours. On place
l'explorateur de façon que les charnières
s'appliquent sur la ligne médiane, le thorax
de l'animal occupant l'espace représenté
par une ellipse ponctuée.

5° *Cardioscopie.* — *Cardioscope de Czermak.* Un cœur de grenouille détaché repose
sur un support horizontal; deux petites
plaques de liège sont placées, l'une sur
l'oreillette, l'autre sur le ventricule dont les
mouvements sont transmis à deux petits
miroirs et projetés par ces miroirs.

6° *Cardiographie à transmission par l'air.*
— *Cardiographe de Chauveau et Marey.*
Cet appareil, dont la première idée est
due à Buisson, consiste en une ampoule
élastique en caoutchouc qu'on introduit

Fig. 337. — *Explorateur à deux tambours
conjugués de Marey.*

dans la cavité cardiaque dont on recherche la pression et qui, de l'autre côté, communique
avec un tambour à levier. La pression du vaisseau comprime l'ampoule, et cette pression
se transmet par l'air au tambour et au levier qui l'inscrit sur un cylindre enregistreur.
C'est en introduisant ainsi des ampoules dans l'oreillette et le ventricule que le tracé
suivant a été obtenu, tracé qui donne la pression du sang dans les deux cavités pendant le
temps d'une révolution du cœur (fig. 338). La ligne V représente le tracé de la pression
dans le ventricule, la ligne O celle de la pression dans l'oreillette. L'ascension de la
ligne O correspond à la systole auriculaire (premier temps); celle de la ligne V à la systole

ventriculaire (deuxième temps) ; le troisième temps (diastole des deux cavités) est représenté par l'horizontalité plus ou moins parfaite des deux lignes.

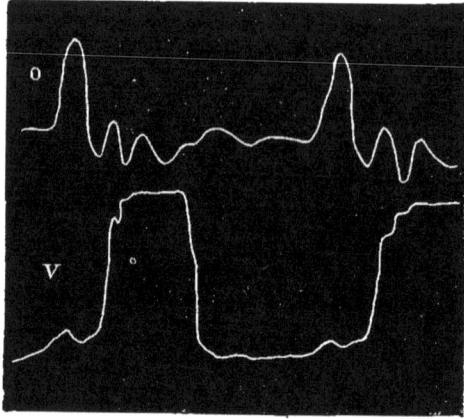

Fig. 338. — *Graphique du cardiographe sur le cheval* (Marey).

7° *Circulation artificielle avec des cœurs détachés.* — On a mis à profit la propriété qu'a le cœur des animaux à sang froid de battre pendant longtemps après son extraction pour

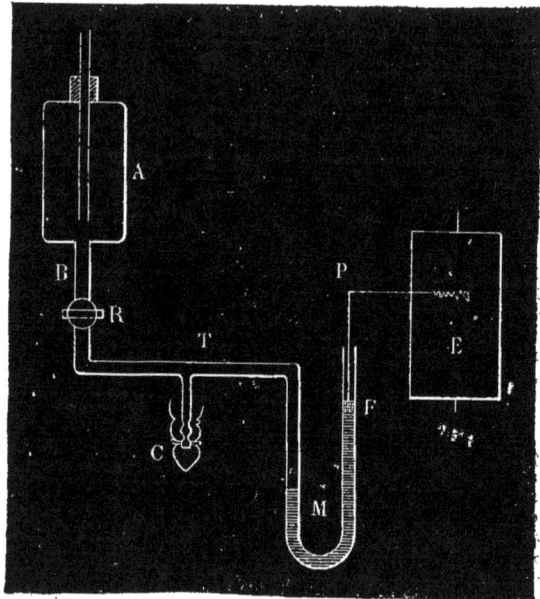

Fig. 3.9. — *Schéma de l'appareil de Bowditch.*

construire des appareils dans lesquels la circulation était entretenue par les contractions mêmes d'un cœur de grenouille ou de tortue. On emploie comme liquide du sang défibriné ou une solution faible de chlorure de sodium. On introduit une canule dans l'aorte, une autre dans la veine cave inférieure et on introduit le liquide circulant par un tube latéral. Cyon, Czermak, Ludwig, Coats, Marey, etc., ont employé des appareils de ce genre dont la description se trouve dans les mémoires originaux (voir aussi plus loin : *Procédé d'enregistrement du volume du cœur*). — Au lieu d'établir avec le cœur une véritable circulation on peut se contenter d'entretenir les contractions du cœur en employant la disposition représentée dans la figure schématique 339, empruntée à Ranvier (appareils de Bowditch et Luciani). A est un vase de Mariotte contenant du sérum sanguin ; le tube T communique par sa branche verticale avec le ventricule C, par sa branche horizontale avec un manomètre à mercure M dont l'autre branche porte un flotteur F ; ce flotteur supporte un levier coudé P qui inscrit les mouvements du mercure sur un cylindre enregistreur.

8° *Enregistrement des variations de volumes et des débits du cœur. — Appareil de Marey.*

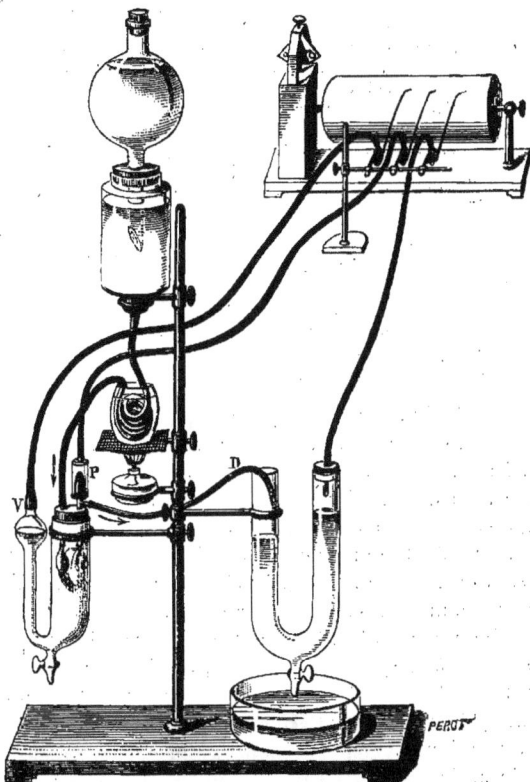

Fig. 340. — *Appareil à circulation artificielle pour le cœur de tortue isolé.*

Dans l'appareil primitif de Marey (*Trav. du labor.*, 1875, p. 52) les variations de volume du cœur s'enregistraient en plaçant un cœur de tortue dans lequel la circulation continuait dans une éprouvette remplie d'air, et en transmettant les compressions et les raréfactions de l'air de l'éprouvette à un tambour à levier. La figure 340 représente la modification apportée à l'appareil.

L'appareil est d'abord rempli de sang défibriné et bien purgé d'air. Le cœur étant encore en place, la canule veineuse est fixée dans le sinus veineux, la canule artérielle dans le tronc aortique antérieur, puis on enlève le cœur qu'on introduit dans le petit appareil représenté dans la figure 341 et qui contient de l'huile tiède. La canule veineuse V est mise en rapport avec le tube afférent qui lui amène le sérum réchauffé à son passage dans un serpentin métallique. Le tube artériel A est en rapport avec un tube d'écoulement sur lequel est branché un sphymoscope P (fig. 340). Les *changements de volume* du cœur sont exprimés par

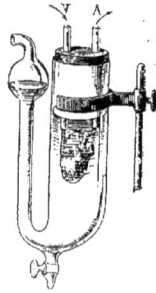

Fig. 341. — *Appareil à déplacement pour le cœur de la tortue.*

les déplacements du niveau de l'huile dans l'ampoule V (fig. 340) et inscrits par un tambour à levier. La *pression* dans le tube aortique est transmise par le sphymoscope P et inscrite aussi par un tambour à levier. Enfin les *débits* du cœur sont mesurés par l'ascension du liquide dans le tube en V placé à droite de la figure et où se déverse le liquide par le tube D et inscrits sur un troisième tambour à levier. Un appareil analogue a été employé par Roy et quelques autres auteurs. Les procédés cardio-pneumatiques décrits p. 994 sont fondés sur le même principe. — *Procédé péricardique de François-Franck.* Pour étudier les variations du volume du cœur sur l'animal vivant, François-Franck s'est servi de la cavité du péricarde, cavité close de toutes parts et à peu près inextensible, comme d'appareil à changements de volume. Il suffit pour cela de fixer à la partie inférieure du péricarde un tube de verre que l'on fait communiquer avec un tambour à levier inscripteur. Cet appareil permet aussi d'étudier l'effet des compressions et des décompressions exercées sur la surface extérieure du cœur. Stefani employait à peu près en même temps un appareil analogue.

Description du cœur de la grenouille. — Le cœur de la grenouille se compose de deux oreillettes et d'un seul ventricule. Le *ventricule* est conique, et se termine en avant et en haut par le *bulbe artériel* qui se divise en deux aortes, droite et gauche, la gauche est plus large. Les *oreillettes* sont arrondies, et séparées par une cloison incomplète; l'oreillette droite est plus volumineuse et reçoit par sa partie postérieure la veine-cave inférieure très dilatée à son embouchure (*sinus veineux*) et les deux veines caves supérieures plus petites. L'oreillette gauche reçoit les deux veines pulmonaires. Le tissu musculaire du ventricule ne contient pas de capillaires sanguins, mais est creusé d'un système de lacunes dans lesquelles le sang pénètre et qui arrivent jusqu'à la surface du ventricule au-dessous du péricarde viscéral.

Les mouvements du cœur consistent en une série de contractions et de relâchements qui se succèdent avec un certain rhythme pour chacune de ses cavités. La période de contraction a reçu le nom de *systole*, celle de relâchement le nom de *diastole;* on aura donc la systole et la diastole des oreillettes, la systole et la diastole des ventricules. Les phases de mouvement se correspondent pour les cavités droites et gauches de même nom; les deux systoles ventriculaires sont isochrones ainsi que les diastoles, et il en est de même pour les oreillettes; si au contraire on considère l'oreillette et le ventricule du même côté, les phases sont successives; la systole ventriculaire succède à la systole auriculaire, et l'isochronisme n'existe que pendant un temps très court où le cœur entier se trouve en diastole. L'ensemble d'une systole et d'une diastole successives a reçu le nom de pulsation ou de révolution du cœur, et on peut la faire commencer avec le début de la systole auriculaire. La figure schématique suivante (fig. 342) représente le rhythme, la durée et la succession des mouvements des oreillettes et des ventricules; la systole est représentée par une courbe située au-dessus de la ligne des abscisses, la diastole par une courbe située au-dessous; le mouvement de l'oreillette est tracé sur la ligne supérieure OO, celui du ventricule sur la ligne inférieure VV. La longueur des lignes OO, VV, représente la durée totale d'une révolution cardiaque. On voit sur cette figure que la systole auriculaire occupe le cinquième seulement de la durée totale d'une révolution du cœur, et la systole ventriculaire deux cinquièmes;

que la systole auriculaire précède immédiatement la systole ventriculaire, et que le début de cette dernière coïncide avec le début de la diastole auriculaire ; enfin pendant les deux cinquièmes de la durée totale, les oreillettes et les ventricules sont toutes deux en diastole.

On peut donc partager, au point de vue des mouvements, une révolution du cœur en trois temps :

1er temps, systole auriculaire ;

2e temps, systole ventriculaire ;

3e temps, diastole auriculo-ventriculaire, repos du cœur,

le premier temps ayant la moitié de la durée des deux suivants. Le choc

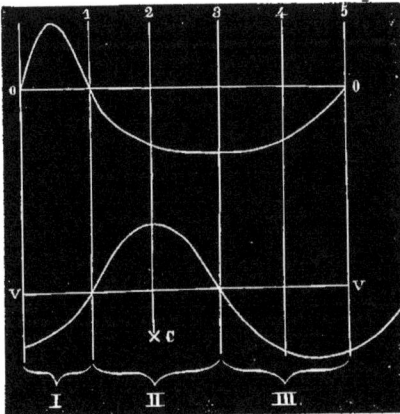

Fig. 342. — *Schéma des mouvements du cœur.*

du cœur (C, fig. 342) contre la paroi thoracique coïncide avec la systole ventriculaire.

Enfin, si on applique l'oreille contre la poitrine dans la région cardiaque (auscultation du cœur), on entend deux bruits successifs séparés par un silence et qui correspondent, le silence au premier temps, les deux bruits au deuxième et au troisième temps du cœur. Tels sont, d'une façon générale, les phénomènes que présente le cœur dans son activité ; mais chacun de ces phénomènes exige une étude détaillée.

1° Situation et équilibre du cœur dans le thorax.

Le cœur est enveloppé par une membrane fibreuse, le péricarde, membrane résistante, peu extensible et d'une élasticité très imparfaite. C'est dans la cavité péricardique que se meut le cœur, et sa locomotion est facilitée par une séreuse dont le feuillet viscéral tapisse la face extérieure du cœur, et le feuillet pariétal la face interne de la membrane fibreuse péricardique.

Le péricarde est adhérent, en bas, au centre phrénique du diaphragme dont il limite les mouvements d'ascension et de descente ; en haut, il se perd sur les gros vaisseaux de la base du cœur, assez fixes eux-mêmes pour empêcher à peu près complètement tout déplacement de cette partie du péricarde. Les parties latérales du péricarde, tendues du centre phrénique aux vaisseaux de la base, ne sont ni extensibles, ni rétractiles, de sorte que la cavité péricardique ne peut changer de dimensions, comme un réservoir élastique ou musculaire. La cavité ne peut varier que par l'accolement de ses parois, leur plissement, par la sécrétion d'une plus ou moins grande quantité de sérosité, comme il en existe toujours pendant la vie, et enfin par la vascularité et la turgescence plus ou moins grande des franges vasculo-adipeuses qui naissent, soit du feuillet pariétal, soit du feuillet viscéral, soit de la ligne de réflexion des deux feuillets; en tout cas, on peut dire d'une façon certaine que ces variations ne peuvent jamais être considérables. La forme de la cavité péricardique ne peut varier aussi que dans certaines limites.

Sauf la petite quantité de sérosité mentionnée plus haut, l'accolement est intime entre le cœur et le péricarde, de même qu'entre le poumon et la paroi thoracique, et le volume total du cœur ne peut varier qu'à condition que le volume de la cavité péricardique varie de la même quantité.

La situation du péricarde et du cœur dans la cavité thoracique amène pour cet organe des conséquences comparables à celles qui ont déjà été étudiées pour les poumons (page 918). Tous les organes contenus dans la cavité thoracique ont une tendance à se dilater par suite de la pression négative exercée à leur surface extérieure. En effet, la paroi interne du cœur et des vaisseaux intra-thoraciques subit, par l'intermédiaire du sang qu'ils contiennent, une pression égale à la pression atmosphérique : 760 millimètres; à cette pression vient s'ajouter la pression négative exercée par l'élasticité pulmonaire qui peut varier de 6 à 40 millimètres de mercure (inspirations profondes). Les cavités cardiaques sont donc distendues par une pression qui varie entre 766 et 800 millimètres de mercure. Les obstacles à cette distension sont, d'une part : 1° l'élasticité même des parois du cœur, élasticité très faible surtout pour les oreillettes dont les parois sont très minces et qui, par conséquent, peut être négligée ; 2° d'autre part, la pression de l'air intra-pulmonaire; or, cette pression est de 709 millimètres dans les inspirations profondes (voir page 767), de 756 millimètres dans les inspirations calmes, de 762 millimètres dans l'expiration calme, par conséquent toujours inférieure à la pression qui tend à dilater les cavités du cœur. Ce n'est que dans les expirations très profondes, où la pression intra-pulmonaire peut atteindre 847 millimètres et plus, que cette pression dépasse la pression dilatatrice, et nous verrons en effet que dans ces cas il peut y avoir une véritable compression du cœur.

L'appareil ci-dessous (fig. 343), emprunté à Hermann, éclaircit ces dispositions.

Un flacon, figurant la cage thoracique, communique avec l'extérieur par un robinet, 6. Ce flacon contient deux vessies élastiques : l'une, 3, représente le poumon et communique avec l'air extérieur par un tube, 4 ; l'autre vessie représente le cœur et communique avec un réservoir rempli d'eau; celle-ci est divisée en deux segments : l'un, à parois épaisses, 2, figure le ventricule; l'autre, à parois minces, 1, l'oreillette ; la membrane 5 représente un espace intercostal. Si maintenant on met le robinet 6 en communication avec une machine pneumatique et qu'on fasse le vide, on voit les deux vessies se distendre et s'accoler l'une à l'autre jusqu'à ce qu'elles aient rempli le flacon ; la distension est au maximum pour les poumons, 3, bien moins prononcée pour l'oreillette, 1, et au minimum pour le ventricule, 2, dont les parois sont plus épaisses. Dans cet état, on voit que le ventricule et l'oreillette sont soumis à leur face interne à une pression égale à la pression atmo-

sphérique exercée par l'intermédiaire du liquide du réservoir, et que leur face externe subit une pression égale à la pression atmosphérique (intra-pulmonaire)
diminuée de la valeur de l'élasticité pulmonaire dont la direction est indiquée par
des flèches sur la figure.

Cette pression négative, due à l'élasticité pulmonaire, favorise la diastole des
cavités cardiaques, mais, en revanche, elle met obstacle à leur systole ; cependant

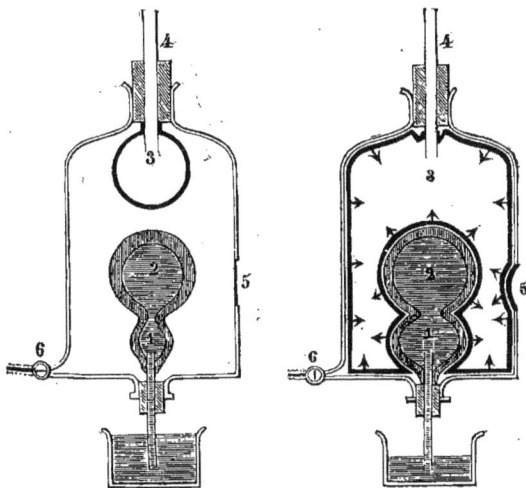

Fig. 343. — *Équilibre du cœur dans le thorax* (Hermann).

cet obstacle est peu de chose, la systole étant due à l'action musculaire qui n'a
aucune difficulté à vaincre une pression qui varie de 6 à 40 millimètres, limite
ordinaire de l'élasticité pulmonaire.

La pression dans le péricarde a été mesurée par Adamkiewicz et Jacobson sur
le chien, le mouton, etc. Elle a toujours été négative, de 3 à 5 millimètres de
mercure dans les respirations ordinaires, de 9 dans la dyspnée.

2° Mouvements du cœur.

J'étudierai successivement les mouvements des oreillettes et ceux des
ventricules.

Oreillettes. — 1° *Systole auriculaire.* — La systole auriculaire est
prompte et brève ; la contraction part des embouchures veineuses et se
propage rapidement vers les orifices auriculo-ventriculaires ; ainsi pour
l'oreillette droite on constate souvent, immédiatement avant la systole auriculaire, des contractions rhythmiques des veines caves ; la contraction
des auricules paraît terminer la systole auriculaire. Le sang de l'oreillette
se trouve ainsi soumis à une certaine pression et n'a que deux voies ouvertes, les veines ou le ventricule ; il suivra nécessairement celle des deux
où la pression est la plus faible, c'est-à-dire le ventricule ; en effet, le ven-

tricule est à l'état de relâchement absolu et, grâce à la faible élasticité de ses parois, n'oppose aucun obstacle à l'abord du sang ; cet abord est même favorisé, comme on l'a vu, par la pression négative due à l'élasticité pulmonaire. Du côté des veines, au contraire, la pression, quoique faible, est cependant sensible, d'autant plus qu'elle se trouve encore augmentée par la contraction des embouchures veineuses au début de la systole. Il ne peut donc y avoir à l'état normal de reflux dans les veines, quoique ces veines soient dépourvues de valvules ; il est même probable que l'oreillette continue à recevoir du sang même pendant la systole, car elle ne se vide jamais complètement.

2° *Diastole auriculaire.* — A ce moment commencent en même temps la diastole auriculaire et la systole ventriculaire. Dès que l'oreillette est relâchée, le sang y afflue (en plus grande quantité) des veines qui s'y abouchent, sous l'influence de la pression qui existe dans ces veines et de la pression négative des parois de l'oreillette qui se laissent distendre passivement sans opposer de résistance. Mais la distension de l'oreillette, arrivée à son maximum, empêcherait bientôt l'afflux sanguin de continuer s'il n'intervenait une disposition spéciale sur laquelle Kuss a insisté avec raison ;

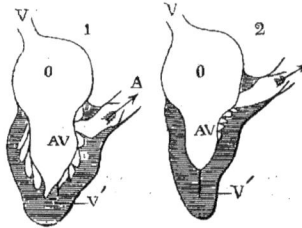

Fig. 344. — *Schéma de l'appareil auriculo-ventriculaire pendant la contraction du ventricule* (Küss) (*).

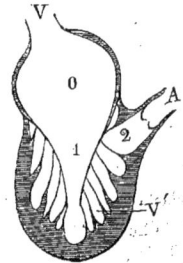

Fig. 345. — *Schéma de l'appareil auriculo-ventriculaire pendant le repos du ventricule* (Küss) (**).

son ; à mesure que le ventricule achève sa contraction, la valvuve auriculo-ventriculaire forme une sorte de cône (fig. 344 et 345) qui prolonge l'oreillette dans le ventricule et agrandit d'autant sa capacité, espace qui, au moment de la diastole ventriculaire, communique avec la cavité du ventricule à travers les intervalles des muscles papillaires et permet encore à l'oreillette de recevoir de nouvelles quantités de sang (fig. 345).

En résumé, l'oreillette a pour fonction principale de maintenir une moyenne à peu près constante de pression dans les veines, en diminuant, par son extensibilité, la pression qui tendrait à augmenter au moment de la systole ventriculaire, en l'augmentant par sa contraction au moment où elle tendrait à diminuer à la fin de la diastole ventriculaire.

(*) 1, pendant la première moitié de la systole ventriculaire. — 2, à la fin de cette systole. — AV, valvule. — O, oreillette. — V, ventricule. — A, aorte ou artère pulmonaire.

(**) V, veine. — O, oreillette. — V, ventricule. — A, artère. — 1, cône valvulaire. — 2, infundibulum artériel.

Ventricules. — 1° *Diastole ventriculaire.* — Dès que le ventricule a cessé de se contracter, le sang, qui afflue de l'oreillette dans le cône auriculo-ventriculaire, pénètre dans le ventricule qu'il dilate jusqu'à ce que la pression soit égale dans le ventricule et dans l'oreillette ; il n'y a pas d'action aspiratrice du ventricule autre que celle qui est due à l'élasticité pulmonaire, cependant quelques auteurs ont admis une action aspiratrice due à l'élasticité même des parois du ventricule. Goltz et Gaule ont constaté à l'aide de leur *manomètre à minima* (voir : *Pression sanguine*) une pression négative de — 52 millimètres de mercure dans le ventricule gauche, de — 17 dans le ventricule droit immédiatement après la systole ventriculaire. Marey avait déjà constaté sur ses tracés une baisse de pression à la fin de la systole (*vacuité post-systolique*). Cette pression négative pendant la systole a été aussi constatée par Moens et correspond à l'instant où le ventricule vient de se vider. En tout cas elle ne correspond pas à la diastole.

2° *Systole ventriculaire.* — La systole ventriculaire se produit dès que la distension du ventricule atteint un certain degré et elle succède immédiatement à la systole auriculaire. La contraction du ventricule est rapide et totale, moins rapide cependant que celle de l'oreillette ; tout le ventricule se contracte à la fois ; en même temps les muscles papillaires se contractent énergiquement et tendent fortement les valvules auriculo-ventriculaires dont les bords s'accolent de façon à empêcher le reflux du sang dans l'oreillette ; l'occlusion des valvules est subite et hermétique ; si on met à nu par l'oreillette la face supérieure des valvules et qu'on injecte de l'eau dans les ventricules par l'aorte ou l'artère pulmonaire, pas une goutte d'eau ne passe dans l'oreillette, même quand on exerce une compression sur le cœur (Expérience de Lower).

Le sang contenu dans le ventricule se trouve donc à ce moment pressé entre le cône musculaire des parois du ventricule et le cône valvulaire énergiquement maintenu par les muscles papillaires ; il n'a qu'une voie d'échappement, l'aorte pour le ventricule gauche, l'artère pulmonaire pour le droit. Soit pour le moment l'aorte ; la pression du sang dans l'aorte est assez considérable, comme on le verra plus loin ; il faut donc que la contraction ventriculaire communique au sang contenu dans le ventricule une pression supérieure à celle du sang aortique ; il faut pour cela une plus grande énergie musculaire, autrement dit une plus grande quantité de fibres musculaires ; de là l'épaisseur des parois du ventricule gauche comparées à celles des oreillettes : le sang, ainsi comprimé par le ventricule, refoule les valvules sigmoïdes et pénètre dans l'aorte qu'il dilate.

Le ventricule se vide complètement à chaque systole en lançant environ 180 grammes de sang dans l'aorte. Cependant, d'après Chauveau et Faivre, il resterait toujours un peu de sang au-dessous des valvules auriculo-ventriculaires qui, d'après ces auteurs, formeraient un dôme du côté de l'oreillette sous l'influence de la poussée sanguine au moment de la contraction ventriculaire, et on pourrait, sur des chevaux tués par la section du bulbe et chez lesquels on pratique la respiration artificielle, sentir ce dôme avec le doigt introduit dans l'oreillette. L'existence de ce dôme est cependant encore douteuse et a été très controversée. Sandborg et Worm Müller admettent, d'après leurs recherches sur des cœurs en état de rigidité cadavérique, que les ventricules ne se vident jamais complètement.

Les mêmes phénomènes se passent dans le ventricule droit ; seulement la pression dans l'artère pulmonaire étant beaucoup plus faible que dans l'aorte, le ventricule droit a besoin de moins d'énergie musculaire ; aussi ses parois sont-elles beaucoup moins épaisses et ses piliers musculaires moins puissants que pour le ventricule gauche.

Le mécanisme de l'occlusion des valvules auriculo-ventriculaires et le rôle des piliers ont donné lieu à de nombreuses discussions qui ne sont pas encore terminées. Pour les uns, l'occlusion est purement passive et produite par la pression du sang refoulé par la contraction ventriculaire (Lower, Haller, Magendie et un grand nombre de physiologistes). C'est à cette opinion que se rattachent Sandborg et Worm Müller qui n'attribuent aux muscles papillaires que le rôle de régler la situation et par suite le *degré* d'occlusion des valvules ; ce seraient de véritables muscles d'accommodation. Un fait certain, c'est que, dans la rigidité cadavérique du cœur, les orifices auriculo-ventriculaires sont ouverts. Pour les autres, et cette opinion a été défendue surtout par Marc Sée, les muscles papillaires jouent un rôle actif dans l'occlusion valvulaire. Paladino a insisté sur ce fait, déjà décrit par d'autres auteurs, que les parois de ces valvules contiennent des fibres musculaires provenant des oreillettes et des ventricules. Pour lui ces valvules sont contractiles et leur contraction se ferait de la façon suivante. A la fin de la systole auriculaire, ces valvules se soulèvent par la contraction de leurs fibres auriculaires ; ainsi soulevées, elles plongent dans le sang et permettent à la pression ventriculaire de les fermer complètement ; enfin au moment de la systole du ventricule, leurs fibres ventriculaires se contractent à leur tour et achèvent l'occlusion hermétique de l'orifice valvulaire.

Au moment de la systole ventriculaire, la *forme* du cœur change ; au lieu de représenter un cône oblique à base elliptique, il représente un cône droit à base circulaire ; les diamètres longitudinal et transversal de la partie ventriculaire diminuent, tandis que le diamètre antéro-postérieur augmente. En même temps, les ventricules subissent un mouvement de rotation autour de leur axe longitudinal, mouvement de rotation qui se fait de gauche à droite et découvre le ventricule gauche. En outre, on observe, au moins sur les cœurs mis à nu, un redressement de la pointe du cœur ou une projection en avant de cette pointe qui, sur le vivant et dans l'état d'intégrité, se transforme probablement en un mouvement de glissement contre les parois thoraciques. Quant à la descente du cœur et au déplacement qu'il subirait au moment de la systole en se portant à gauche et en bas, ils ne paraissent pas devoir être admis (1).

Bibliographie. — King : *An essay on the safety-valve function in the right ventricle of the human heart*, etc. (Guy's Hosp. Reports, 1837). — Baumgarten : *Ueber den Mechanismus durch welchen die venösen Herzklappen geschlossen werden* (Müller's Arch., 1843). — Purkinje : *Ueber die Saugkraft des Herzens* (Arb. d. Schles. Ges., 1843). — Retzius : *Ueber den Mechanismus des Zuschliessens der halbmondförmigen Klappen* (Müller's Arch., 1843). — Verneuil : *Rech. sur la locomotion du cœur*, 1852. — Weyrich et Bidder :

(1) Cette descente a été cependant observée par Wilckens sur un homme atteint de plaie du thorax (suite d'empyème) ; il est vrai que dans ce cas les conditions normales d'équilibre du cœur pouvaient être modifiées. Je ne ferai que mentionner l'opinion de Fileline et Penzoldt qui admettent, d'après leurs recherches, que la pointe du cœur se porte en haut et à droite pendant la systole. Cette opinion a été combattue par Loesch.

cordis ospiratione experimenta, 1853. — WACHSMUTH : *Ueber die Function der Vorkammern* (Zeit. für rat. Med., 1854). — HIFFELSHEIM : *Mouv. absolus et relatifs du cœur* (Mém. de la soc. de Biol., 1854). — BAMBERGER : *Beitr. zur Physiol. und Pat. des Herzens* (Arch. für pat. Anat., 1856). — FRICKHOFFER : *Beschreibung einer Difformität des Thorax mit Defect der Rippen nebst Bemerkungen über die Herzbewegung* (Arch. für pat. Anat., 1856). — ERNST : *Studien über die Herzthätigkeit*, etc. (id.). — W. PAVY : *On the action of the heart* (Med. Times, 1857). — GAIRDNER : *On the action of the auricular-ventricular valves of the heart* (Dubl. hosp. gaz., 1857). — HAMERNIK : *Das Herz*, 1858. — COHEN : *Die Myodynamik*, etc., 1859. — BERNER : *Phys. Experimentalbeiträge zur Lehre von der Herzbewegung*, 1859. — BRESSLER : *De uitzetting van het hart*, 1859. — MALHERBE : *Considér. sur le jeu des valvules auriculo-ventriculaires* (Journ. de la physiol., 1859). — SPRING : *Mém. sur les mouvements du cœur* (Mém. de l'Acad. de Belg., 1860-61). — HALFORD : *On the times and manner of closure of the auriculo-ventricular valves* (Med. Times, 1861). — MARKHAM : *Remarks on the cause of closure of the valves of the heart* (Brit. med. journ., 1861). — ONIMUS : *Et. critiques et expér. sur l'occlusion des orifices auriculo-ventriculaires* (Journ. de l'Anat., 1865). — MAREY : *Nature de la systole des ventricules du cœur*, etc. (Comptes rendus, 1866). — ASHE : *The function of the auricular appendix* (Brit. med. Journ., 1868). — LEYDEN : *Ungleichzeitige Contraction bei der Ventrikel* (Arch. für pat. Anat., 1868). — GARROD : *On the cause of the diastole of the ventricles* (Journ. of anat., 1869). — KOLISKO : *Beitr. zur Mechanik der Herzaction* (Wien. med. Jahrb., 1870). — WILCKENS : *Ueber die Rotationsbewegungen des Herzens*, etc. (Deut. Arch. für klin. Med., 1873). — BOUILLAUD : *Nouv. rech. cliniques et expér. sur les mouvements et les repos du cœur* (Comptes rendus, 1874). — LUTZE : *Ein Beitrag zur Mechanik der Herzcontractionen*, 1874. — M. SÉE : *Sur le fonctionnement des valvules auriculo-ventriculaires* (Arch. de physiol., 1874). — MAREY : *Note sur la pulsation du cœur* (Comptes rendus, 1875). — BOUILLAUD : *Nouv. rech. sur les battements du cœur* (id.). — GEHRARDT : *Ueber die Verwendung der empfindlichen Flamme zu diagnostischen Zwecken* (Deut. Arch. für klin. Med., 1875). — LANDOIS : *Graph. Unt. über den Herzschlag*, etc., 1876. — KLEMENSIEWICZ : *Beitr. zur Demonstration des Pulses und Herzstosses mittelst der manometrischen Flamme* (Mitt. d. Ver. d. Aerzte in Steinmark, 1875-76). — BRUNTON : *A simple method of demonstrating the effect of heat and poisons upon the heart of the frog*. (Journ. of anat., 1876). — MOSSO ET PAGLIANI : *Critica sperimentale dell' attivita diastolica del cuore*, 1876. — SCHMAY : *De l'occlusion des orifices auriculo-ventriculaires* (Journ. de l'anat., 1876). — FEUERBACH : *Die Bewegung und das Axensystem des Herzens* (Arch. de Pflüger, t. XIV, 1876). — MOSSO : *Sul polso negativo*, etc., 1878. — STEFANI : *Intorno alle variazioni del volume del cuore*, etc. (Arch. per le sc. med., 1878). — GIBSON : *The sequence and duration of the cardiac movements* (Journ. of anat., 1879). — LÖSCH : *Ueber die Locomotion der Herzspitze* (Med. Centralbl., 1879). — FRANÇOIS-FRANCK : *Note sur quelques phénomènes de la circulation étudiés chez la grenouille avec un double myographe du cœur* (Marey, Trav. du labor., t. IV, 1878-79). — WORM MÜLLER : *Die Mangel der bisher angewandten Apparate zum Studium des Mechanismus des Herzens* (Arch. de Pflüger, t. XX, 1880). — SANDBORG ET WORM MÜLLER : *Studien über den Mechanismus des Herzens* (id.). — MAREY : *Caractères distinctifs de la pulsation du cœur suivant qu'on explore le ventricule droit ou le ventricule gauche* (Comptes rendus, 1880).

3° Choc du cœur.

Le choc du cœur est isochrone à la systole ventriculaire ; on le sent surtout bien si on applique la main sur la région de la pointe du cœur ; mais, en réalité, il n'est pas exclusif à la pointe et toutes les parties des ventricules donnent la même sensation au moment de la systole. Ce fait montre déjà l'insuffisance des théories qui attribuent ce choc du cœur à la projection ou au redressement de la pointe. D'autre part, on ne peut admettre non plus la théorie du *recul* d'Hiffelsheim, qui compare le choc du cœur au recul d'une arme à feu ou du tourniquet hydraulique, ni celle de Sénac, renouvelée par Ludwig, d'après laquelle l'aorte se redresserait par une sorte de mouvement de levier au moment où le ventricule lance une colonne sanguine dans ce vaisseau.

Cependant, dans ces dernières années, la théorie d'Hiffelsheim, déjà émise depuis longtemps par Gutbrod et Skoda, et adoptée par Robin, a été reprise par Guttmann et Jahn, qui s'appuient sur ce fait déjà observé par Hiffelsheim que la ligature des gros vaisseaux de la base du cœur supprime plus ou moins complètement le choc du cœur. Mais la même expérience peut être invoquée en faveur de la théorie de Kornîtzver d'après laquelle le choc proviendrait de la torsion systolique des artères aorte et pulmonaire à disposition spiralée.

Le choc du cœur est dû au durcissement brusque des fibres musculaires

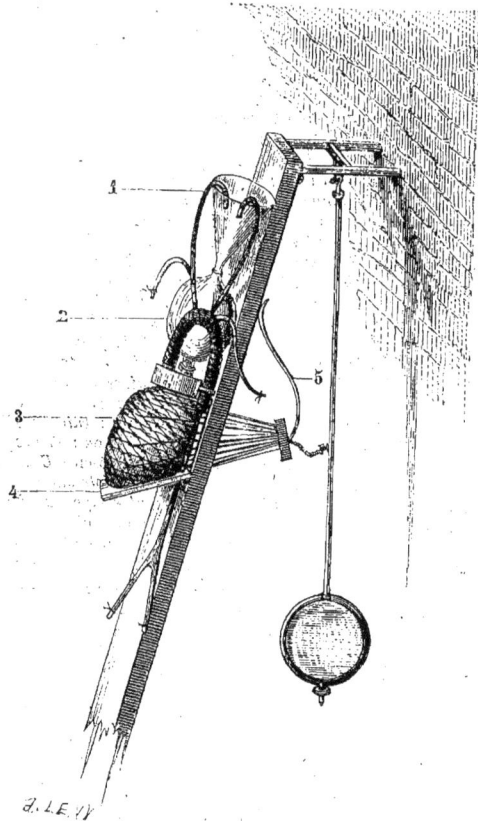

Fig. 346. — *Schéma du choc du cœur.*

qui passent instantanément de l'état de flaccidité à l'état de tension extrême ; ce passage rapide à une tension forte se sent très bien quand on saisit entre les doigts un cœur qui se contracte ; c'est elle qui transmet aux parois thoraciques et au doigt qui les palpe la secousse qui constitue le choc du cœur, et il n'est pas besoin pour cela que le cœur abandonne la paroi du thorax pendant la diastole pour venir la frapper pendant la systole, comme l'avaient fait croire quelques observations mal interprétées (1).

Marey a disposé son *cœur artificiel* de façon à imiter le choc du cœur (fig. 346). Deux ampoules de caoutchouc représentent l'oreillette, 2, et le ventricule, 3 ; à l'oreillette est adapté un entonnoir par lequel elle se remplit, et dans cet entonnoir vient se déverser, par des tubes en caoutchouc, le liquide chassé par la compression du ventricule ; des soupapes imitent le jeu des valvules cardiaques. L'appareil est supporté par une planche comme l'indique la figure. Le ventricule est entouré par un filet de soie à mailles serrées, d'où partent des cordonnets qui s'attachent à un ressort, 5, qui les maintient légèrement tendus. Derrière la planche oscille un pendule très lourd relié aux cordonnets par une corde lâche ; à chaque oscillation le pendule tend la corde et, par sa traction sur les mailles du filet, comprime le ventricule qui chasse le liquide dans les artères ; puis dans l'oscillation inverse du pendule, le ventricule se relâche et se remplit de nouveau. En appliquant la main sur ce ventricule artificiel, la main est repoussée au moment où le ventricule est comprimé par l'oscillation pendulaire, et on a la même sensation que quand on tient dans sa main le cœur d'un animal au moment de sa pulsation.

Analyse des tracés cardiographiques. — Maintenant que tous les éléments d'une pulsation cardiaque sont connus, il est utile de revenir sur les tracés cardiographiques obtenus par les divers procédés mentionnés pages 992 et suivantes et de les analyser d'une façon détaillée. A ce point de vue je rapprocherai les tracés suivants donnant, le premier (fig. 347) le tracé des pulsations de l'oreillette droite, Od,

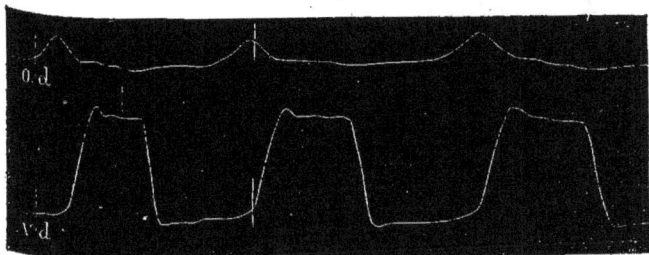

Fig. 347. — *Pulsations de l'oreillette droite et du ventricule droit* (François-Franck).

et du ventricule droit, Vd, chez une femme atteinte d'ectopie du cœur, tracé qui concorde exactement avec les tracés cardiographiques pris sur les animaux (voir fig. 338). Le second (fig. 348) donne le tracé du choc du cœur pris avec le cardiographe de Marey. Dans le tracé de la figure 348, qu'il faut lire de gauche à droite, le premier soulèvement qui précède la grande ascension est dû à la contraction de l'oreillette et correspond au soulèvement Od de la figure 346. La grande ascension qui suit représente la contraction du ventricule dont la durée est plus longue. Pen-

(1) Ainsi Bamberger, sur un homme blessé à la région cardiaque, en introduisant le doigt dans la plaie, a senti que le cœur s'écartait du thorax dans la diastole et s'en rapprochait dans la systole ; mais, dans ce cas, les conditions ne sont plus les mêmes que dans l'état normal.

dant cette contraction on remarque après le premier soulèvement une série (2 à 3) d'ondulations qui, d'après Marey, seraient dues au retentissement des oscillations aortiques sur la pulsation cardiaque (voir: *Pouls* et *Pression sanguine*) (1). Pendant cette période systolique la courbe commence un mouvement de descente, les ven-

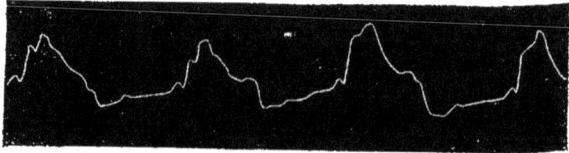

Fig. 348. — *Tracé de la pulsation du cœur chez l'homme.*

tricules se vidant peu à peu et devenant de moins en moins volumineux; puis après une dernière oscillation la ligne tombe brusquement, indiquant la fin de la systole et la déplétion complète du ventricule. A partir de ce point, la ligne s'élève peu à peu jusqu'au moment de la contraction de l'oreillette, et cette élévation graduelle diastolique indique la réplétion graduelle du ventricule relâché par le sang arrivant de l'oreillette; ordinairement au début de ce soulèvement on trouve une petite saillie due probablement à l'arrivée brusque du sang dans le ventricule au moment où il se relâche.

Landois donne une interprétation un peu différente des tracés cardiographiques; d'après lui, on rencontrerait successivement les soulèvements suivants : premier soulèvement, contraction de l'oreillette; deuxième soulèvement, contraction du ventricule; troisième soulèvement, occlusion des valvules aortiques, et un peu après un quatrième soulèvement dû à l'occlusion des valvules sigmoïdes de l'artère pulmonaire. Baxt, Traube, Rosenstein ont donné aussi des interprétations différentes des tracés des pulsations du cœur. En somme, à part les points bien établis, comme la contraction des oreillettes et des ventricules, il reste encore du doute sur les points secondaires et sur la signification des soulèvements qui suivent le grand soulèvement systolo-ventriculaire.

Durée des phases d'une pulsation cardiaque. — Cette durée a été mesurée par plusieurs auteurs et en particulier par Landois, Gibson, Moens, etc. Le tableau suivant donne, d'après Gibson, la durée de ces diverses phases (en fractions de seconde) d'après les courbes prises dans un cas de fissure du sternum :

	MAXIMUM.	MINIMUM.	MOYENNE.
Durée de la systole auriculaire..............	0,130	0,100	0,112
Durée de la systole ventriculaire............	0,395	0,323	0,268
Durée de la diastole et du repos du cœur......	0,690	0,453	0,576
Durée totale............................	1,190	0,925	1,057

L'*irritabilité* du cœur et la *nature* de sa contraction seront étudiées avec l'innervation du cœur.

(1) Ces ondulations avaient été primitivement attribuées par Marey aux vibrations des valvules auriculo-ventriculaires.

Bibliographie. — MESSERSCHMIDT : *Bem. über die Erklärung des Herzstosses* (Froriep's Not., 1840). — KÜRSCHNER : *Ueber den Herzstoss* (Müller's Arch., 1811). — KIWISCH : *Neue Theorie des Herzstosses* (Prag. Viert. für die prakt. Heilk., 1846). — LEVIÉ : *Versuch einer neuen Erläuterung des Herzstosses* (Arch. für physiol. Heilk., 1849). — HIFFELSHEIM : *Physiol. du cœur* (Mém. de la Soc. de biol., 1855, et : Comptes rendus, 1855 et 1856). — GIRAUD-TEULON : *Note relative à une nouvelle théorie de la cause des battements du cœur* (Comptes rendus, 1855). — KORNITZER : *Die am lebenden Herzen mit jedem Herzschlage vor sich gehenden Veränderungen*, etc. (Sitzber. d. Wien. Akad., 1857). — HIFFELSHEIM : *Applic. des sciences exactes à la physiologie*, 1857. — CHAUVEAU : *Sur la théorie des pulsations du cœur* (Comptes rendus, 1857). — HAMERNIK : *Das Herz und seine Bewegung*, 1858. — SCHEIBER : *Zur Lehre vom Herzstosse* (Arch. für pat. Anat., 1862). — ROBIN : *Les théories des mouvements du cœur*, etc. (Journ. de l'Anat., 1864). — MAREY : *Note sur la forme graphique du battement du cœur chez l'homme* (Comptes rendus, 1865). — ID. : *Et. physiol. sur les caractères du battement du cœur* (Journ. de l'Anat., 1865). — GARROD : *On cardiographic tracings from the human chest-wall* (Journ. of anat., 1870). — RANSOME : *On the position of the heart's impulse*, etc. (Journ. of anat., 1875). — GALABIN : *On the construction and use of a new form of cardiograph* (Med. chir. trans., 1875). — ID. : *On the interpretation of cardiographic tracings*, etc. (Guy's Hosp. rep., 1875). — GUTTMANN : *Zur Lehre vom Herzstoss* (Arch. für pat. Anat., 1875). — JAHN : *Ueber fissura sterni congenita* (Deut. Arch. für klin. Med., 1875). — AUFRECHT : *Ueber den Herzstoss* (id., 1877). — OTT ET HAAS : *Die Herzstosscurve des Menschen*, etc. (Prag. Vierteljahr., 1877). — KLEMENSIEWICZ : *Beitr. zur Demonstr. des Pulses und Herzstosses mittelst der manometrischen Flamme* (Mittheil. d. Ver. d. Aerzte in Steiermark, 1875-76). — ROSENSTEIN : *Zur Theorie des Herzstosses und zur Deutung des Cardiogramms* (Deut. Arch. für klin. Med., 1878). — FILEHNE ET PENTZOLDT : *Ueber den Spitzenstoss* (Med. Centralbl., 1879). — MAURER : *Ueber Herzstosscurven und Pulscurven* (Deut. Arch. für klin. Med., 1879). — LOESCH : *Ueber die Locomotion der Herzspitze* (Centralbl., 1879). — FILEHNE ET PENTZOLDT : *Ueber die Bewegung der Herzspitze* (id.). — ROSOLIMOS : *Sur une nouvelle théorie du choc précordial* (Soc. de biol., 1880).

4° Bruits du cœur.

Procédés. — 1° *Auscultation.* — L'auscultation du cœur se fait avec les différents *stéth*-scopes usités en clinique et pour la description desquels je renvoie aux traités d'auscultation (stéthoscope de Laennec, de Kœnig, etc.). Les endroits qui correspondent au maximum d'intensité de ces bruits sont les suivants : *pour le premier bruit :* pour le ventricule gauche la pointe du cœur ; pour le ventricule droit, l'articulation du cinquième cartilage costal droit avec le sternum ; *pour le deuxième bruit :* pour l'aorte l'extrémité interne du cartilage de la première côte, à droite du sternum ; pour l'artère pulmonaire le deuxième espace intercostal gauche à gauche du sternum.

2° *Procédés pour l'étude du premier bruit du cœur.* — *Procédé de Ludwig et Dogiel.* Ils curarisent un gros chien et font la respiration artificielle ; le cœur est alors enlevé rapidement, vidé du sang qu'il contient et placé dans un entonnoir rempli de sang défibriné et dont le col est relié au tube en caoutchouc d'un stéthoscope de Kœnig. Le cœur continue à se contracter et on entend un son qui ne peut provenir de la tension valvulaire, les valvules ne pouvant se tendre à cause de la petite quantité de sang défibriné que contient le cœur. — *Procédé de Bayer.* Il introduit par l'oreillette dans le ventricule gauche un petit entonnoir de métal ; le col de cet entonnoir disposé en pas de vis traverse la pointe du ventricule et est fixée contre elle par un petit écrou qui assure une fermeture hermétique du ventricule ; la partie du col qui déborde est reliée par un tube muni d'un robinet à frottement doux avec un réservoir d'eau situé à 2 mètres de hauteur ; on attache sur l'aorte un tube de 1 mètre de haut et on place le cœur ainsi préparé dans un entonnoir disposé comme dans l'appareil précédent. Quand on ouvre le robinet, l'eau pénètre dans le ventricule sous une pression de 2 mètres, tend brusquement les valvules et on entend un son bref et assez élevé correspondant à cette tension. Giese a modifié et simplifié l'appareil de Bayer. — *Procédé de Wintrich.* Pour isoler dans le premier bruit du cœur le son musculaire et le son valvulaire, Wintrinch emploie un résonnateur (*polyscope*) constitué par un cône tronqué en zinc sur lequel est tendue une mince membrane de caoutchouc dont on peut régler la tension. Suivant le degré de tension de la membrane on entend soit le son musculaire, soit le son valvulaire.

3° *Procédés pour l'étude du second bruit du cœur.* — *Procédé de Rouanet.* On détache l'aorte et on lie sur sa partie supérieure un tube de verre de 1 mètre de haut; à sa partie inférieure, au-dessous des valvules sigmoïdes on attache un autre tube qui communique avec une vessie de porc remplie d'eau : quand on comprime la vessie, l'eau passe au-dessus des valvules sigmoïdes ; si on ausculte alors en cessant la compression, on entend un son dû à la tension des valvules par l'eau qui retourne dans la vessie. — *Procédé de Giese.* La partie supérieure de l'aorte est reliée par un tube à robinet avec un réservoir placé à une certaine hauteur, et l'aorte est placée dans un entonnoir rempli d'eau et disposé comme dans le procédé de Ludwig et Dogiel. — Je ne ferai que mentionner les procédés dans lesquels les valvules sont détruites, ce qui anéantit le second bruit (Procédés de Williams, de Guttmann).

4° *Procédés pour mesurer l'intervalle des deux bruits du cœur.* — *Procédé de Volkmann.* On prend un pendule à secondes dont la durée d'oscillation peut être modifiée à volonté par un poids qu'on peut déplacer ; on ausculte le cœur et on règle le pendule de façon que ses battements coïncident exactement avec les deux bruits du cœur. — *Pr. de Donders.* On ausculte le cœur et on imite le rythme des deux bruits avec la main qui par l'intermédiaire d'un levier trace ses mouvements sur un cylindre enregistreur. Les mouvements de la main peuvent aussi agir pour ouvrir et fermer un circuit électro-magnétique qui s'inscrit sur le cylindre (Landois).

Les bruits du cœur sont au nombre de deux : le premier bruit, qui coïncide avec le deuxième temps (systole ventriculaire et choc du cœur), est sourd et grave et s'entend surtout à la pointe du cœur ; il dure à peu près aussi longtemps que la systole ventriculaire ; le second bruit, clair, plus aigu (il y aurait entre les deux l'intervalle d'une tierce), coïncide avec le début du troisième temps et s'entend surtout à la base du cœur. Puis, à ces deux bruits séparés par un silence excessivement court succède un long silence qui correspond à la fin du troisième temps et au premier temps (1).

L'explication de ces bruits a été très controversée. Sans entrer dans les détails d'une discussion beaucoup trop étendue pour un livre élémentaire, il suffira de donner l'explication la plus généralement admise.

Le premier bruit est attribué par beaucoup de physiologistes à la tension des valvules auriculo-ventriculaires ; il est probable en effet que cette tension joue un certain rôle ; mais la plus grande part revient certainement à la contraction musculaire elle-même ; le premier bruit est essentiellement un son musculaire ; il dure en effet aussi longtemps que la contraction du ventricule et persiste sur des cœurs de chiens curarisés, alors même que ces cœurs sont vides de sang et que par conséquent les valvules auriculo-ventriculaires ne peuvent être tendues. Quant à l'opinion de Magendie, qui attribuait ce premier bruit au choc du cœur, elle ne peut se soutenir, car il continue à se faire entendre sur des cœurs extraits de la poitrine. On a vu plus haut (page 1011) que Wintrich a réussi à l'aide de son *polyscope* à isoler l'un de l'autre deux sons, l'un plus long et plus grave qui correspondrait au bruit musculaire, l'autre plus court et plus aigu, au bruit valvulaire. On peut faire cependant à la théorie qui reconnaît dans le premier bruit un bruit musculaire une objection capitale ; c'est que la contraction du cœur, au lieu de se composer, comme la contraction musculaire ordinaire, d'une série de secousses fusionnées, ne serait qu'une secousse simple (Marey), ce qui est difficilement compatible avec la production d'un son. Cette théorie devrait même être abandonnée tout à fait si, comme le croit Stein

(1) On a donné des hauteurs différentes pour les deux bruits du cœur. Landois donne des hauteurs comprises entre *ré dièze* et *sol* de la petite octave de 4 pieds pour le premier bruit, et *fa dièze* et *si bémol* pour le second bruit, ce qui correspond à l'intervalle d'une tierce mineure.

d'après ses recherches avec le microphone de Trouvé et de Boyer, le son musculaire n'existe pas (*Centralblatt*, 1880, p. 177).

Le second bruit est dû à la tension des valvules sigmoïdes sous l'influence de la pression produite sur le sang par l'élasticité artérielle ; c'est l'opinion de Rouanet, admise aujourd'hui par presque tous les physiologistes (1). Ce second bruit est quelquefois dédoublé.

Le tableau suivant donne le synchronisme des mouvements, des bruits du cœur et du pouls :

1er TEMPS.	2e TEMPS.	3e TEMPS.
Systole auriculaire. Diastole ventriculaire. Silence.	Diastole auriculaire. Systole ventriculaire. Premier bruit. Tension des valvules auriculo-ventriculaires. Choc du cœur. Pouls.	Diastole ventriculaire. Second bruit. Tension des valvules sigmoïdes.

Au lieu de faire commencer le premier temps à la systole des oreillettes et de baser la division des temps sur les mouvements, on peut la baser sur les bruits du cœur et faire coïncider le premier temps avec le premier bruit, ce qui est moins logique au point de vue physiologique, mais est peut-être plus commode pour la pratique. Le tableau prend alors la forme suivante :

1er TEMPS.	2e TEMPS.	3e TEMPS.
Premier bruit. Systole ventriculaire. Choc du cœur. Pouls.	Second bruit. Diastole auriculaire. Diastole ventriculaire.	Silence. Systole auriculaire.

La *fréquence* des pulsations du cœur sera étudiée à propos du pouls.

Bibliographie. — Turner : *Obs. on the cause of the sounds produced by the heart* (Trans. of the med. chir. soc. of Edinb., 1829). — Rouanet : *Anal. des bruits du cœur*, 1832. — Jégu : *De la cause des bruits du cœur*, 1837. — Magendie : *Mém. sur l'origine des bruits normaux du cœur* (Mém. de l'Acad. des sc., 1838). — Rouanet : *Nouv. analyse des bruits du cœur*, 1844. — Delucq : *Rech. sur la durée des bruits ou des silences normaux du cœur*, 1845. — Vanner : *Sur les bruits du cœur* (Comptes rendus, 1849). — Jomba : *De causis sonorum cordis*, 1852. — Malherbe : *Considér. sur le jeu des valvules auriculo-ventriculaires* (Journ. de la Physiol., 1859). — Schaefer : *Ueber die Auscultation der normalen Herztöne*, 1860. — Löffler : *Ueber die Entstehung des zweiten Ventrikeltons* (Zeitsch. d. k. k. Ges. d. Aerzte in Wien, 1862). — Hayden : *On the rythme of the heart's action* (Dubl. quart. journ. of med. sc., 1865). — Donders : *De rythmus der hartstoonen* (Nederl. Arch. voor Genees., 1865). — Dogiel et Ludwig : *Ein neuer Versuch über*

(1) Je n'ai pas cru devoir mentionner la théorie de Beau sur la succession des mouvements et des bruits du cœur, théorie qui est rejetée par tous les physiologistes et ne peut être soutenue, surtout depuis l'emploi des procédés enregistreurs.

den ersten Herzton (Ber. d. sächs. Ges. zu Leipzig, 1868). — O. BAYER : Ueber die Entstehung des ersten Herztons (Arch. der Heilkunde, 1868). — GUTTMANN : Ueber die Entstehung des ersten Herztons (Arch. für pat. Anat., 1869). — BAYER : Ein casuistik Beleg für die Nothwendigkeit den systolischen Herzton als Muskelschall aufzufassen (Arch. für Heilk., 1869). — BAYER : Weit. Beitr. zur Frage über die Entstehung des ersten Herztons (Arch. d. Heilk., 1870). — MICHELS : Ueber die Entstehung des ersten Herztons, 1870. — QUINCKE : Zur Entstehung des ersten Herztons (Berl. klin. Wochensch., 1870). — JACOBSON : Ueber Herzgeräusche (id., 1871). — GIESE : Versuche über die Entstehung der Herztöne (Deut. Klinik, 1871). — OSTRONINOW : Der Ursprung des ersten Herztones (Mosk. ärztlich. Anzeig., 1874). — DEZAUTIÈRE : Sur les bruits du cœur (Comptes rendus, 1875). — TALMA : Beitr. zur Theorie der Herz und Arterientöne (Deut. Arch. für klin. Med., t. XV, 1875). — WINTRICH : Ueber Causation und Analyse der Herztöne (Sitzungsber. d. phys. med. zu Erlangen, 1876). — ROSOLIMOS : Remarques sur le premier bruit du cœur (Soc. de biol., 1880).

5° Circulation cardiaque.

Procédés. — *Procédés pour l'étude du mode d'occlusion des valvules sigmoïdes. — Pr. de Rüdinger.* On adapte à l'aorte au-dessus des valvules un tube terminé par une plaque de verre de sorte qu'on peut examiner le jeu des valvules pendant qu'on les fait fonctionner par les procédés indiqués précédemment ; le liquide qui produit l'occlusion des valvules arrive dans un tube latéral embranché sur le tube principal. Ceradini a employé dans ses recherches sur le mécanisme des valvules sigmoïdes un appareil basé sur le même principe.

Les artères coronaires, qui fournissent le sang au cœur, naissent de l'aorte au-dessus de l'insertion des valvules sigmoïdes, mais à une si faible distance que lorsque ces valvules se rabattent contre la paroi aortique, leur bord libre atteint presque et quelquefois dépasse l'orifice de ces artères. Tebesius et à sa suite beaucoup d'auteurs, se basant sur cette disposition anatomique, ont prétendu que les artères coronaires ne recevaient de sang que pendant la diastole ventriculaire et que, pendant la systole, l'embouchure des artères coronaires était fermée par les valvules sigmoïdes. Brücke, dans ces derniers temps, a cherché à édifier sur cette hypothèse une théorie des mouvements du cœur ou ce qu'il appelle l'*automatisme du cœur* (*Selbststeuerung*) ; le sang, arrivant pendant la diastole, amènerait, en pénétrant dans les ramifications artérielles, un élargissement passif des cavités cardiaques. Mais l'opinion de Brücke, appuyée par Ludwig, Hermann, etc., ne peut s'accorder avec ce fait bien constaté que la pulsation des artères coronaires est isochrone à la systole ventriculaire. C'est qu'en réalité les valvules sigmoïdes ne s'accolent pas intimement à la paroi aortique au moment de la systole ventriculaire ; il reste toujours, entre la surface supérieure et l'artère légèrement dilatée à ce niveau (sinus aortiques ou de Valsalva), un espace où le sang se trouve soumis à la même pression que dans le reste de l'aorte et par suite pénètre dans les artères coronaires comme dans les autres branches aortiques, même quand l'orifice de ces artères se trouve au-dessous du bord libre des valvules sigmoïdes. Aussi ces sinus manquent-ils dans l'artère pulmonaire dont la disposition valvulaire est cependant la même que celle de l'aorte.

Klug a tout récemment invoqué en faveur de la théorie de Brücke ce fait que si on lie le cœur pendant la systole et qu'on le place dans l'acide sulfurique étendu pour coaguler le sang, ses parois ne contiennent presque pas de sang dans leurs couches profondes, tandis qu'elles sont remplies de sang quand on le lie pendant la diastole.

L'expérience, très complexe du reste, ne me paraît pas suffisante pour faire admettre la théorie de Brücke en présence des faits contraires. Rebatel qui, dans le laboratoire de Chauveau, a étudié récemment la circulation cardiaque, a constaté l'accélération du cours du sang dans la coronaire en même temps que la pulsation aortique; les tracés étaient pris sur de grands animaux. Mais il a constaté en outre une deuxième accélération au moment de la diastole ventriculaire, accélération qu'il attribue à la perméabilité plus grande des capillaires par suite du relâchement des fibres musculaires des ventricules.

Lannelongue a émis l'idée que les mouvements rhythmiques du cœur étaient dus aux variations de la circulation dans les parois des diverses cavités cardiaques. Se basant sur ce fait qu'un muscle qui se contracte est à l'état d'ischémie momentanée, il dresse le tableau suivant de la circulation pariétale des ventricules et des oreillettes :

Systole ventriculaire........... { Ischémie de la paroi ventriculaire.
{ Réplétion des vaisseaux auriculaires.

Systole auriculaire........... { Ischémie de la paroi auriculaire.
{ Réplétion des vaisseaux ventriculaires.

Dans ce cas, l'afflux sanguin qui se produit pendant la diastole dans les parois des cavités du cœur déterminerait la contraction de cette cavité. La théorie de Lanne-longue s'accorde difficilement avec ce fait que le cœur, extrait de la poitrine, continue à battre rythmiquement pendant un certain temps en l'absence de toute circulation cardiaque.

Bibliographie. — Endemann : *Beitr. zur Mechanik des Kreislaufs im Herzen*, 1856. — Rüdinger : *Ein Beitrag zur Mechanik der Aorten und Herzklappen*, 1857. — V. Wittich : *Ueber die Verschliessbarkeit der Oeffnungen der Kranzarterien durch die Semilunarklappen* (Allg. med. Centralzeit., 1857). — Mierswa : *De mechanismo valvularum semiluna-rium*, 1858. — Bojanowski : *Die Blutzufuhr der Kranzarterien zum Herzen* (Deut. Klinik., 1861). — V. Wittich : *Ueber den Verschluss der Coronar-Arterien durch die Semilunar-klappen*, etc. (Königsb. med. Jahrb., 1861). — Kleefeld : *Ein Beitrag zur Entscheidung der Controverse über die Blutzufuhr der Kranzarterien zum Herzen* (Arch. für pat. Anat., 1861). — Judée : *Rech. sur la circul. cardiaque chez la grenouille* (Gaz. des hôp., 1865). — Id. : *Rech. sur la circul. cardiaque chez le cheval* (id.). — Perls : *Ueber den Blutstrom in der Arteria coronaria cordis* (Berl. klin. Wochensch., 1867). — Id. : *Zur Entscheidung der Frage ob die Mündungen der Art. coronariæ cordis durch die Semilunarklappen ver-schlossen werden* (Arch. für pat. Anat., 1867). — Lannelongue : *Circul. veineuse des parois auriculaires du cœur* (Gaz. méd., 1867). — Id. : *Rech. sur la circulation des parois du cœur* (Arch. de physiol., 1868). — Ceradini : *Il mecanismo delle valvole semilunari del cuore*, 1872. — Id. : *Der Mechanismus der halbmondförmigen Klappen*, 1872. — Rebatel : *Rech. exper. sur la circulation dans les artères coronaires*, 1872. — Klug : *Zur Theorie des Blut-stroms in der Art. coronaria cordis* (Med. Cbl., 1876).

6° Quantité de sang du cœur.

Procédés. — *Procédé de Santorini.* — On peut mesurer directement la capacité du ventricule en le remplissant de sang ou d'un liquide d'une densité connue, de façon à amener une dilatation normale du cœur. Ce procédé a été perfectionné par Dogiel. — *Pr. d'Abegg.* On ouvre le thorax d'un animal vivant, on applique des ligatures sur le cœur au moment de sa réplétion; on l'enlève alors et on le pèse. On fait ensuite écouler le sang et on le pèse de nouveau ; la différence du poids donne le poids du sang qu'il contenait. — *Pr. d'Hiffelsheim et de Robin.* On prend avec de la cire le moule des cavités du cœur et on mesure le volume de chacune d'elles par le volume d'eau déplacé. — *Procédés de Volkmann et de Vierordt.* — Connaissant la vitesse du sang dans l'aorte et la section transversale de ce vaisseau, il est facile de calculer la quantité de sang qui passe dans l'aorte pendant l'unité de temps et d'en déduire, d'après le nombre des battements du cœur, la quantité de sang lancée dans l'aorte à chaque systole. Ainsi, la vitesse du sang dans l'aorte étant de 473 millimètres par seconde environ, la coupe de l'aorte de 4,39 centimètres carrés, la quantité de sang qui passe dans l'aorte en une seconde sera de 207 centimètres cubes et comme, par seconde, il y a une systole, plus un cinquième de systole, il y aura par systole une quantité de 172 centimètres cubes ou 180 grammes de sang poussée dans l'aorte par le ventricule. La même quantité de sang est chassée dans l'artère pulmonaire par le ventricule droit, sans cela le sang s'accumulerait peu à peu dans les poumons et la circulation serait entravée.

Les procédés pour apprécier le volume du cœur et les variations de ce volume ont été donnés page 999. Voir aussi les procédés cardio-pneumatiques, p. 994.

La *quantité de sang* lancée par chaque ventricule à chaque systole peut être évaluée à 180 grammes environ. Mais cette évaluation est loin d'être certaine, tous les procédés employés étant plus ou moins entachés d'erreur. Cette quantité de 180 grammes n'est pas constante, du reste, chez le même individu ; elle peut varier, même à l'état physiologique, sous certaines conditions, et surtout suivant la pression sous laquelle le sang coule dans le ventricule pendant sa diastole. On peut du reste, comme l'a montré Marey, évaluer d'une façon nette le volume de sang lancé par le ventricule ou le débit du cœur d'après la forme même des tracés cardiographiques (voir Marey : *Trav. du laboratoire*, 1875, p. 59 et 83, et : *Mét. graphique*, p. 383 et 632).

7° Travail du cœur.

Procédés. — Pour évaluer le travail du cœur, il suffit de connaître la quantité de sang du cœur, sa pression et la vitesse à laquelle il est soumis ou, ce qui revient au même, le nombre de contractions par minute. Les appareils à circulation artificielle décrits pages 999 et 1000 permettent d'étudier le travail du cœur quand on met en rapport l'aorte avec un manomètre à mercure comme dans la figure 349.

Procédé de Marey pour mesurer l'effort maximum du cœur (fig. 349). — Un cœur de tortue est muni à l'une de ses veines d'un tube de caoutchouc V qui, plongeant dans le réservoir R plein de sang, remplit le cœur à la manière d'un siphon. Un autre tube A représente les artères ; il se bifurque et envoie une branche à un manomètre à mercure *m*, tandis que le tube principal continue son trajet jusqu'à l'orifice d'écoulement *e* qui verse le sang artériel dans le réservoir. La ligne ponctuée exprime le minimum de volume du ventricule au moment de la systole. Si on laisse le sang s'échapper par l'orifice *e*, le manomètre accuse des élévations de pression à chaque systole ; mais si l'écoulement est empêché par la compression du tube, le manomètre accuse un effort statique du cœur double au moins de celui qu'il déploie dans les conditions ordinaires de son fonctionnement.

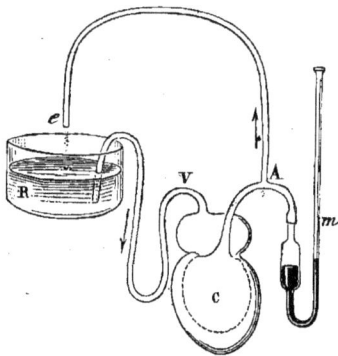

Fig. 349. — *Appareil pour mesurer l'effort que le cœur peut exercer.*

Le travail mécanique du cœur peut être évalué facilement, mais seulement d'une façon approximative. A chaque systole, le ventricule gauche pousse dans l'aorte 180 grammes de sang, et comme la pression dans l'aorte est de 20 centimètres de mercure, qui correspondent à 2 mètres et demi de sang et qu'il doit donc surmonter cette pression, c'est comme s'il soulevait 180 grammes de sang à 2 mètres et demi de hauteur ; l'effet utile du ventricule gauche sera donc par systole égal à 180 × 2 mètres et demi = 0,45 kilogrammètre. Par seconde il sera de 0,54 kilogrammètre, ce qui donne pour 24 heures 46,656 kilogrammètres. Comme la pression dans l'artère pulmonaire est plus faible que dans l'aorte (un tiers environ), le travail du ventricule droit peut être évalué au tiers de celui du ventricule gauche, soit 15,552 kilogrammètres, ce qui donne un total de 62,208 kilogrammètres par jour pour les deux ventricules. Si l'on réfléchit que le travail mécanique produit par l'homme en 8 heures de travail (journée ordinaire d'un ouvrier) ne dépasse guère 300,000 kilogrammètres, on comprendra facilement quelle énorme quantité de travail doit produire le cœur, puisqu'il accomplit le cinquième environ du travail mécanique total de l'organisme. Tout le travail mécanique ainsi produit par le cœur est transformé en chaleur.

Marey a constaté une relation entre la force du cœur et la quantité de sang qu'il contient ; le cœur a d'autant plus de force qu'il est plus rempli. Si un obstacle au cours du sang élève la pression artérielle, le cœur ralentit ses mouvements, le ventricule a plus de temps pour se remplir ; il s'emplit davantage et au début de la systole a une force plus grande pour surmonter l'obstacle.

Bibliographie. — Poiseuille : *Rech. sur la force du cœur aortique*, 1828. — Hering : *Versuche die Druckkraft des Herzens zu bestimmen* (Arch. für phys. Heilk., 1850). — Vierordt : *Ueber die Herzkraft* (id.). — Colin : *Sur la détermination expérimentale de la force du cœur* (Comptes rendus, 1858). — Haughton : *On the mechanical work done by the human heart* (Dub. quart. journ. of med. sc., 1870). — Blasius : *Am Froschherzen angestellte Versuche über die Herzarbeit*, etc. (Verh. d. phys. med. Ges. zu Wurzburg, 1871). — Marey : *De l'uniformité du travail du cœur, lorsque cet organe n'est soumis à aucune influence nerveuse extérieure* (Comptes rendus, 1873). — Marey : *Note sur les variations de la force et du travail du cœur* (Trav. du labor., t. IV, 1878-79). — Id. : *Des variations de la force du cœur* (Comptes rendus, 1880).

Bibliographie du cœur. — Lower : *Tractatus de corde*, 1669. — Lancisi : *De motu cordis*, 1728. — Senac : *Traité de la structure du cœur*, 1777. — Barry : *Diss. sur le passage du sang à travers le cœur*, 1827. — Pigeaux : *Sur les mouvements du cœur* (Arch. gén. de méd., 1830). — Corrigan : *On the motions and sounds of the heart* (Dubl. med. Trans., 1830). — Hope : *Exper. researches on the action of the heart* (Med. Gaz., 1830). — Legallois : *Anat. et Physiol. du cœur* (Œuvres, 1830). — Bryan : *On the precise nature of the movements of the heart* (Lancet, 1833). — Carlisle : *Abstract of observ. on the motions and sounds of the heart* (Brit. Assoc. for the advanc. of science, 1833). — Adams, Law, Greene, etc. : *Reports on the motions and sounds of the heart by the Dublin sub-committee* (id.). — Beau : *Rech. sur les mouv. du cœur* (Arch. de méd., 1835). — Bouillaud : *Traité clinique des maladies du cœur*, 1835. — Macartney, Adams, etc. : *Second report of the Dublin subcommittee* (Brit. Ass. for the advanc. of science, 1836). — Williams, Todd, etc. : *Report on the motions and sounds of the heart* (Rep. of the brit. assoc., 1836). — Id. : *Second report* (id., 1837). — Knox : *Physiol. observ. on the pulsations of the heart* (Ed. med. and surg. journ., 1837). — O'Brian : *Case of partial ectopia* (Amer. journ. of med. sc., 1838). — Pennock : *Report of experiments on the action of the heart* (id., 1839). — Clendinning : *Report on the motions and sounds of the heart* (Rep. of the brit. assoc., 1840). — Choriol : *Obs. sur la structure, les mouvements et les bruits du cœur*, 1841. — Cruveilhier : *Note sur les mouvements et les bruits du cœur* (Gaz. méd., 1841). — Pennock, et Moore : *Rem. sur les mouvements et les bruits du cœur* (L'Expérience, 1842). — Pariénte : *Du cœur, de sa structure, de ses mouvements*, 1844. — Volkmann : *Ueber Herztöne und Herzbewegung* (Zeit. für rat. Med., 1845). — Budge : *Briefl. Mitthcil. über die Herzbewegung* (Müller's Arch., 1846). — Ludwig : *Ueber den Bau und die Bewegungen der Herzventrikel* (Zeit. für rat. Med., 1849). — Néga : *Beitr. zur Kenntniss der Funktion*

Atrio-ventricular-klappen, etc., 1852. — SURMAY : *Rech. sur les mouvements et les bruits du cœur* (Gaz. méd., 1852). — CHAUVEAU ET FAIVRE : *Nouv. rech. expér. sur les mouvements et les bruits du cœur* (id., 1856). — ENDEMANN : *Beitr. zur Mechanik des Kreislaufs im Herzen*, 1856. — ERNST : *Stud. über die Herzthätigkeit*, etc. (Arch. für pat. Anat., 1856). — FRICKHÖFFER : *Beschreibung einer Difformität des Thorax*, etc. (id.). — W. JENNER : *Clinical lectures on the influence of pressure*, etc. (Med. times, 1856). — CHAUVEAU : *Sur la théorie des pulsations du cœur* (Comptes rendus, 1857). — CHAUVEAU ET FAIVRE : *Nouv. rech. expér. sur les mouvements et les bruits normaux du cœur* (Gaz. méd., 1856). — CHAUVEAU ET MAREY : *Détermination graphique des rapports de la pulsation cardiaque avec les mouvements de l'oreillette et du ventricule* (Gaz. méd., 1861). — BEAU : *Des battements du cœur* (id.). — ID. : *Sur les mouvements du cœur et leur succession* (Comptes rendus, 1861). — GERMAIN : *Rech. sur les mouv. du cœur* (id.). — SPRING : *Mém. sur les mouv. du cœur* (Mém. de l'Acad. de Belgique, 1860). — HALFORD : *The action and sounds of the heart*, 1860. — JOSEPH : *Die Physiologie der Herzklappen* (Arch. für pat. Anat., 1860). — LOCUM : *Zur Lehre vom Herzen*, 1860. — FLINT : *Exper. researches on points connected with the action of the heart* (Amer. journ. of med. sc., 1861). — GEIGEL : *Lage und Bewegung des Herzens* (Wurzb. med. Zeitsch., 1861). — CHAUVEAU ET MAREY : *Détermination graphique des rapports du choc du cœur avec les mouvements des oreillettes et des ventricules* (Comptes rendus, 1862). — SCHEIBER : *Zur Lehre über den Mechanismus des Herzens* (Zeitsch. d. k. k. Ges. d. Aerzte in Wien, 1862). — HAMERNIK : *Die Grundzüge der Physiol. und Pat. des Herzbeutels*, 1864. — SCHEIBER : *Ueber einige anat. und physiol. Verhältnisse des Herzens im Allgemeinen und vom Herzstosse insbesondere*, 1863. — ESSARCO : *Faits et raisonnements établissant la véritable théorie des mouvements et des bruits du cœur*, 1864. — HIFFELSHEIM : *Sur la théorie des battements du cœur* (Gaz. méd., 1864). — BEAU : *Nouv. réflexions*, etc. (Gaz. hebd., 1864). — BOUILLAUD, BÉCLARD, etc. : *Discussion sur les mouvements du cœur* (Bull. de l'Acad. de méd., 1864). — GAVARRET : *Sur la théorie des mouvements du cœur*, 1864. — BARTH : *id.*, 1864. — HIFFELSHEIM : *Les théories des mouvements du cœur*, 1864. — ROBIN : *id.* (Journ. de l'Anat., 1864). — SIBSON : *On the movement, structure and sounds of the heart* (Med. Times and gaz., 1866). — ANTONELLI ET DE RENZI : *Sur les mouvements du cœur* (Gaz. méd., 1866). — LANDOIS : *Neue Bestimmung der zeitliche Verhältnisse bei der Contraction der Vorhofe*, etc., 1866. — PATON : *Researches on the action of the heart* (Brit. med. journ., 1868). — PATON : *On the action and sounds of the heart* (Ed. med. journ., 1873). — ADAMKIEWICZ ET JACOBSON : *Ueber den Druck in Herzbeutel* (Centralbl., 1873). — PALADINO : *Contribuzione all' anatomia, istologia e fisiologia del cuore*, 1876. — MAREY : *Mém. sur la pulsation du cœur* (Trav. du labor., 1875). — FRANÇOIS FRANCK : *Sur les changements de volume et les débits du cœur* (Comptes rendus, 1877). — ID. : *Rech. sur un cas d'ectopie congénitale du cœur* (id.). — ROY : *On the influences which modify the work of the heart* (Journ. of physiol., 1878). — FRANÇOIS-FRANCK : *Rech. sur un cas d'ectopie congénitale du cœur*, etc. (Trav. du labor. de Marey, 1877). — ID. : *Compression du cœur à l'intérieur du péricarde* (id.). — ID. : *Rech. sur les changements de volume du cœur* (id.). — MAREY : *Sur un nouveau schéma imitant à la fois la circulation générale et la circulation pulmonaire* (Trav. du labor., t. IV, 1878-79).

C. — *De la circulation dans les vaisseaux.*

Les bifurcations d'un vaisseau ont, sauf de très rares exceptions, un calibre supérieur à celui du vaisseau qui leur a donné naissance. Ainsi, si l'on fait abstraction des parois vasculaires et qu'on réunisse par la pensée toutes les bifurcations correspondantes (fig. 350), le système artériel pourra être représenté par un cône dont le sommet tronqué se trouverait à l'origine de l'aorte et la base, très large, aux capillaires (1). Un cône pareil, dont le sommet aboutirait à l'oreillette, représenterait le système veineux, et les capillaires pourraient être figurés par un cylindre

(1) Berryer-Fontaine était arrivé à des conclusions différentes (1835) qu'il vient encore de soutenir récemment. D'après lui le système artériel, au lieu de représenter un cône, resterait sensiblement cylindrique dans toute son étendue. Cette conclusion ne peut guère être adoptée que pour l'aorte et peut-être les grosses branches qui en émanent.

très court (c, fig. 351), intermédiaire aux bases des cônes artériel et veineux. Dans ce cas, l'ensemble du système circulatoire pourrait être rendu
schématiquement par la figure 352.

Le calibre respectif des cônes artériel et veineux et du cylindre qui

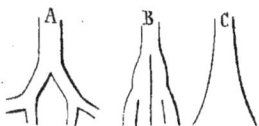

Fig. 350. — *Schéma d'un cône vasculaire*
(Küss) (*).

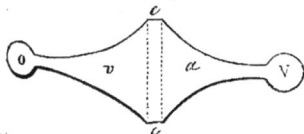

Fig. 351. — *Schéma des cônes artériel et veineux*
avec interposition des capillaires (Küss) (**).

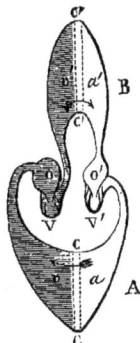

Fig. 352. — *Schéma de la grande et de*
la petite circulation (Küss) (***).

représente l'ensemble des capillaires est impossible à évaluer d'une façon
précise. D'après Vierordt, l'aire des capillaires serait à l'aire de l'aorte
comme 800 : 1, et à l'aire des veines caves comme 400 : 1.

a. — CIRCULATION ARTÉRIELLE.

Les parois artérielles sont à la fois élastiques et musculaires; mais
tandis que le tissu élastique prédomine dans les grosses artères les plus
rapprochées du cœur, le tissu musculaire au contraire se trouve surtout
dans les petites artères qui précèdent les capillaires. Les grosses artères
n'agissent donc guère que par leur élasticité, et on a vu déjà quel rôle
joue cette élasticité et surtout comment elle transforme le mouvement
intermittent du ventricule en courant continu. Les petites artères sont
non seulement élastiques, mais contractiles, et cette contractilité apparaît
principalement au moment où la circulation va devenir uniforme et constante. Le rôle des deux espèces d'artères, ou si l'on veut de la partie
étroite (grosses artères) et de la partie évasée (petites artères) du cône
artériel, est donc bien différent et doit être étudié à part (1).

(*) A, artère se bifurquant successivement. — B, les branches de bifurcation sont supposées rapprochées et
juxtaposées. — C, ensemble du tronc primitif et de ses divisions dont les cloisons sont supprimées.
(**) V, ventricule. — O, oreillette. — a, cône artériel. — v, cône veineux. — c, capillaires.
(***) A, grande circulation. — V', ventricule gauche. — a, aorte et son cône artériel. — CC, capillaires
généraux. — v, cône veineux. — O, oreillette droite. — B, petite circulation. — V, ventricule droit. — v, artère
pulmonaire et son cône artériel. — C'C, capillaires. — a', cône veineux pulmonaire. — O', oreillette gauche.
(La partie ombrée de la figure correspond au sang veineux.)

(1) Küss admet que la forme naturelle des artères vides de sang est la forme rubanée due,
selon lui, à la lutte entre l'action du tissu musculaire qui tend à réduire la lumière de l'artère à un point, et celle du tissu élastique qui tend à la maintenir béante. Mais : 1° jamais

1° Rôle de l'élasticité artérielle. — Du pouls.

Procédés d'exploration. Sphygmographie. — 1° **Appareils manométriques.** — *Sphygmomètre d'Hérisson.* — Cet appareil se compose d'un tube rempli de liquide et dont la partie inférieure, évasée et fermée par un caoutchouc, s'applique sur l'artère ; le liquide du tube monte et baisse isochroniquement avec les pulsations artérielles. Le *manomètre à pulsations de Chélius* a une construction analogue. Naumann a transformé le sphygmomètre d'Hérisson en appareil écrivant qu'il a appelé du nom impropre d'*hémodynamomètre*.

2° **Sphygmographes enregistreurs à levier.** — *Sphygmographe de Vierordt* (fig. 353). — L'appareil a la construction suivante. Un levier du troisième genre, *ab*, tourne dans un plan vertical autour de l'axe horizontal *c c*. De ce levier descend une tige verticale terminée par une plaque, *p*, qui s'applique sur l'artère R. Des poids, placés dans les cupules

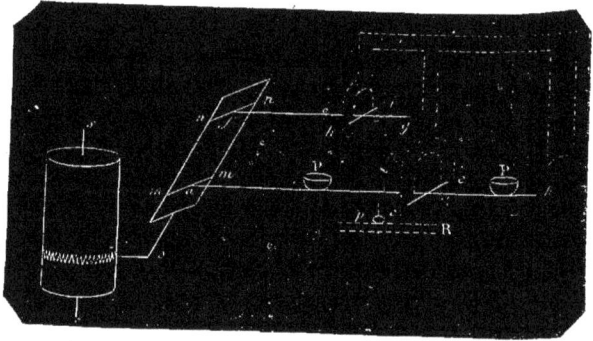

Fig. 353. — *Sphygmographe de Vierordt.*

PP, permettent de graduer la pression de cette plaque sur l'artère. Les mouvements de dilatation de l'artère se traduisent par un soulèvement du levier, soulèvement qui se trouve très amplifié en *a*. Mais comme cette extrémité *a* du levier décrirait un arc de cercle, pour transformer ce mouvement d'arc de cercle en mouvement vertical, Vierordt emploie un deuxième levier plus court, de longueur calculée, *gf* ; ce second levier tourne dans un plan vertical autour de l'axe horizontal *hi*. Les extrémités *f* et *a* des deux leviers sont articulées avec des barres transversales, *nn*, *mm*, et ces barres sont contenues dans un cadre quadrangulaire de l'extrémité inférieure duquel part la tige *o*, à laquelle s'attache le pinceau écrivant. Grâce au second levier *fg*, et au cadre mobile, le mouvement de la tige *o* et du pinceau se fait suivant une ligne verticale et non plus en arc de cercle. Cet instrument a des inconvénients ; il est paresseux, ses oscillations sont lentes. Le tracé de la pulsation obtenu présente une période d'ascension égale à la période de descente, ce qui n'existe pas en réalité. Le sphygmographe de Vierordt a été modifié par Aberle et Berti.

Sphygmographe de Marey. — Il se compose de deux parties réunies ensemble, un appareil transmetteur et un appareil enregistreur (voir fig. 354). L'appareil transmetteur comprend une partie fixe et une partie mobile. La partie fixe est un cadre métallique rectangulaire qui se place au-dessus de l'artère radiale et est maintenu sur l'avant-bras par deux demi-gouttières latérales réunies par un lien. La partie mobile représente un système de leviers et de ressorts mis en mouvement par la pulsation de l'artère. Un ressort en acier (*r*, fig. 354), fixé par un de ses bouts à l'un des petits côtés du cadre, porte à son extrémité libre un bouton d'ivoire *i*, qui s'applique sur l'artère ; une vis permet de graduer la pression du ressort sur l'artère. De la partie supérieure du bouton s'élève une petite tige qui s'engrène avec une roue dentée *g*, dont l'une supporte le levier enregistreur ; ce levier est très léger et très

la position d'équilibre intermédiaire entre une force centrifuge (élasticité) et une force centripète (action musculaire) ne pourra être figurée par une ligne ; ce sera toujours un cercle ; 2° en réalité, les artères vides de sang conservent la forme circulaire si on laisse l'air s'introduire dans leur intérieur et faire équilibre à la pression atmosphérique extérieure.

long; la pulsation de l'artère soulève le bouton d'ivoire, et le soulèvement se transmet par l'engrenage au levier écrivant. L'appareil enregistreur est constitué par une plaque, qui glisse en dix secondes dans une rainure par un mouvement d'horlogerie ; cette plaque, qu'on re-

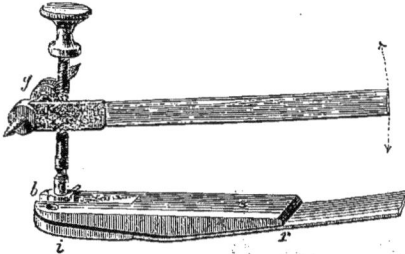

Fig. 354. — *Levier du sphygmographe de Marey.*

couvre d'une bande de papier, se meut parallèlement à la longueur du levier enregistreur. Le plus grand inconvénient du sphygmographe de Marey, c'est que l'extrémité du levier enre-gistreur décrit des arcs de cercle, ce qui modifie un peu le graphique de la pulsation. Le

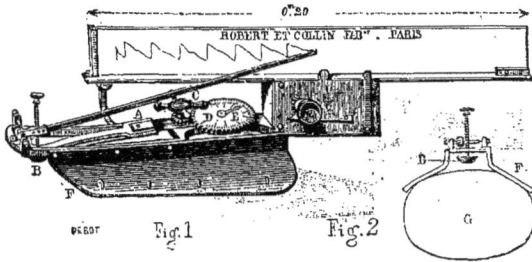

Fig. 355. — *Sphygmographe de Béhier* (*).

sphygmographe de Béhier (fig. 355) n'est qu'une modification de celui de Marey. Il a pour but de graduer la pression du ressort sur l'artère par l'adjonction d'une vis dont la pression peut être évaluée à l'aide d'un petit dynamomètre, D. Dans l'application du sphygmographe

Fig. 356. — *Graphique du pouls.*

sur l'artère, la pression doit être graduée de façon à obtenir le maximum d'amplitude du tracé. Le sphygmographe de Marey a été modifié par Burdon-Sanderson, Garrod, Thanhoffer et beaucoup d'autres physiologistes. Landois, dans son *angiographe*, Sommerbrodt ont rem-placé le ressort par des poids qu'on peut changer et qui compriment plus ou moins l'artère. La figure 356 donne le tracé qu'on obtient avec le sphygmographe de Marey ; l'analyse de ce tracé sera donnée plus loin.

Sphygmographe de Longuet (fig. 357). — Ce sphygmographe est construit sur un principe

(*) 1, vue d'ensemble de l'appareil. — A, ressort avec un bouton, B, qui presse sur l'artère.— C, vis de pression appliquant le ressort sur l'artère. — D, dynamomètre. — E, aiguille du dynamomètre (les divisions correspondent au gramme). — F, support.
2, coupe transversale de l'appareil appliqué. — B, bouton qui s'applique sur l'artère. — F, support. — C, coupe de l'avant-bras.

un peu différent du sphygmographe de Marey. Le bouton qui s'applique sur l'artère est rattaché à une tige verticale, A, dont les mouvements d'ascension et de descente se transmettent par la roue H à une plume, G, et sont transformés là en mouvement horizontal. Les ressorts CC abaissent la tige A quand elle a été soulevée par la pulsation artérielle. Le tracé s'inscrit sur une bande de papier mise en mouvement par un mécanisme d'horlogerie.

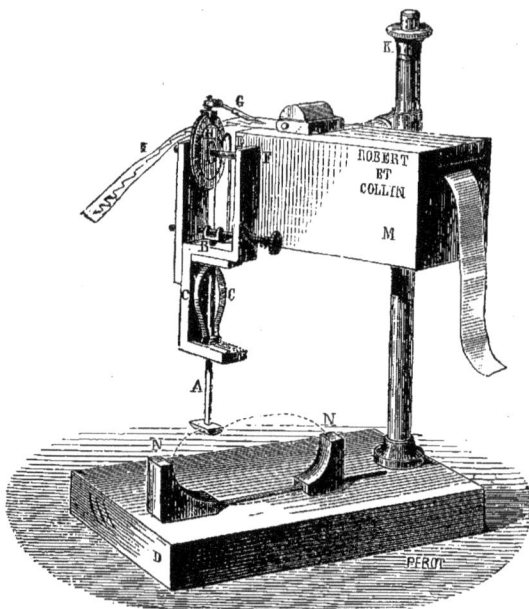

Fig. 357. — *Sphygmographe de Longuet* (*).

Waldenburg a employé un instrument (*Pulsuhr*) qui présente certaines analogies avec le sphygmographe de Longuet et qui permet d'apprécier le diamètre et la tension de l'artère et la grandeur du pouls (voir le mémoire original).

3º **Sphygmographes à transmission**. — *Sphygmographe à transmission de Marey*. Dans cet appareil (fig. 358), la vis verticale, qui, reliée au ressort de pression, reçoit les mouvements du pouls, au lieu de s'engrener à la façon ordinaire avec l'axe du levier inscripteur, s'engrène avec une pièce basculante qui actionne la membrane d'un tambour à air. Ce tambour est relié par un tube à un tambour inscripteur. On peut obtenir ainsi des tracés d'une longueur indéfinie. Dans ces derniers temps Marey a modifié son sphygmographe à transmission et lui a donné la forme suivante (fig. 359) qui donne des tracés ayant sensiblement la même amplitude que ceux du sphygmographe direct. Sur une monture ordinaire de sphygmographe est disposé un tambour explorateur qui tourne librement autour d'une charnière. Quand l'instrument est bien appliqué sur le poignet, on fait tourner le tambour de manière que la membrane soit dirigée en bas du côté de l'artère explorée. Du centre de cette membrane pend une tige métallique légère T, laquelle s'articule avec le ressort qui comprime l'artère.

Polygraphe de Mathieu et Meurisse. — L'appareil se compose d'une plaque métallique

(*) A, tige verticale dont la plaque terminale s'applique sur l'artère. — B, axe mobile autour duquel s'enroule un fil porté par la potence E qui surmonte la tige A. — CC, ressorts destinés à empêcher la plaque de quitter l'artère. — D, pied de l'instrument. — NN, supports mobiles entre lesquels se place l'avant-bras. — G, plume écrivante adaptée à la roue H. — E, axe mobile de la roue H. — M, mécanisme d'horlogerie. — K, bouton permettant de faire varier la hauteur de l'appareil.

qu'on applique sur l'artère et qui presse sur l'artère grâce à un ressort formant dynamomètre et dont on peut graduer la pression par une vis. Cette plaque qui reçoit la pulsation est sur-

Fig. 358. — *Sphygmographe à transmission de Marey.*

montée d'une tige transmettant la pulsation à un tambour à air analogue à ceux de Marey. Ce tambour est relié à un tambour inscripteur à levier par un tube de caoutchouc.

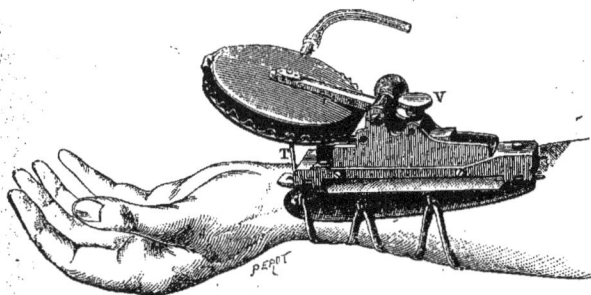

Fig. 359. — *Sphygmographe à transmission (nouveau modèle de Marey).*

Le *pansphygmographe de Brondgeest* est construit sur le même principe que les appareils précédents.

4° Appareils construits sur d'autres principes. — *Sphygmographe à miroir de Czermak.* Czermak met en contact avec l'artère la petite extrémité d'un miroir mobile autour d'un axe horizontal ; un rayon de lumière, réfléchi par l'extrémité opposée du miroir, trace sur un écran ou sur un papier photographique les mouvements de cette extrémité et par conséquent le graphique de la pulsation artérielle.

Sphygmographe électrique de Czermak. — Pour mesurer exactement la durée de la systole et de la diastole artérielles, Czermak a adapté, soit au sphygmomètre d'Hérisson perfectionné, soit aux appareils de Vierordt et de Marey, des dispositions (fermeture et interruption du courant) qui permettent d'enregistrer, avec exactitude, chacune de ces phases (Czermak, *Mittheilungen aus dem Physiol. Privatlaboratorium*, 1864).

Sphygmographe à gaz de Landois. — Les pulsations de l'artère se transmettent au gaz renfermé dans un appareil et qu'on allume à sa sortie et, comme dans l'appareil de Kœnig (fig. 398), les variations de la flamme sont isochrones aux battements du pouls. Ce procédé a été employé aussi par Klemensiewicz.

Sphygmophone de Stein. — L'instrument se compose d'un ressort métallique analogue à celui du sphygmographe, ressort reposant par un bouton d'ivoire sur l'artère ; à chaque battement la pulsation soulève le bouton et le ressort ; celui-ci bute contre une vis et ferme le courant qui arrive dans le ressort et sort par la vis ; le téléphone mis en rapport avec l'appareil permet d'entendre nettement les interruptions et les fermetures du courant. Ce sphygmophone a été modifié et simplifié par Dumont ; le bouton est fixé sur une petite bande de papier faisant fonction de ressort.

Exploration microphonique du pouls. — Si on fixe sur le point de pulsation de l'artère radiale une petite tige verticale qui vienne toucher le charbon d'un microphone, on entend distinctement à l'aide du téléphone un son correspondant à la pulsation et à son dicrotisme. Ladendorf a construit sur ce principe un *stéthoscope microphonique*, mais jusqu'ici ces appareils n'ont pu être appliqués à la physiologie et à la clinique (voir Spillmann et Dumont, *loc. cit.*).

Procédé hémautographique de Landois. — Lorsqu'on incise un vaisseau, le sang s'écoule de ce vaisseau et forme, si la pression sanguine est suffisante, un jet qui monte plus ou moins haut suivant la force de cette pression. Dans les artères où la pression est très forte et s'accroît à chaque systole ventriculaire, le jet est très élevé et saccadé ; dans les petites artères, il est d'autant moins élevé qu'on s'éloigne plus du cœur et il est uniforme ; enfin, dans les veines où la pression est très faible, le sang sort en nappe, en bavant, à moins que, comme dans la saignée, on n'augmente la pression dans la veine par la compression de cette veine entre la piqûre et le cœur. On pourra donc mesurer la pression du sang en adaptant au vaisseau, comme le faisait Hales, un long tube vertical (fig. 365) et en notant la hauteur à laquelle s'élève le sang dans son intérieur. Landois a proposé récemment, sous le nom d'*hémautographie*, de diriger sur le papier d'un appareil enregistreur le jet de sang qui sort d'une artère ; on obtient ainsi des graphiques, tracés par le jet sanguin lui-même en dehors de toute complication instrumentale, graphiques qui ont par conséquent l'avantage de reproduire fidèlement tous les caractères de pression, de vitesse, de quantité que le courant sanguin subit à son passage à travers une artère. Les tracés du jet artériel ainsi obtenus par Landois sont presque identiques aux tracés du sphygmographe de Marey.

Reproduction photographique du pouls. — Czermak fait arriver un rayon lumineux près du point de pulsation de la radiale et reçoit les rayons réfléchis sur un écran recouvert d'un papier sensibilisé ; entre le point de réflexion et l'écran photographique se trouve un deuxième écran percé d'une fente verticale, de sorte que les rayons lumineux ne tracent qu'une ligne verticale sur le papier sensibilisé, cette ligne est plus ou moins courte suivant le moment de la pulsation, le soulèvement de la peau par l'artère interceptant une portion du faisceau lumineux. Ozanam a employé le même procédé en se servant d'une colonne de mercure oscillante comme dans le sphygmographe électrique de Czermak.

Mesure du retard du pouls sur le cœur. — Pour mesurer le retard du pouls sur le cœur, il suffit d'enregistrer simultanément par un des procédés indiqués plus haut, d'une part la pulsation du cœur et d'autre part les pulsations des artères qu'on veut explorer ; on enregistre en même temps les durées en fractions de seconde à l'aide d'un diapason chronographe ; il est facile alors de calculer de combien de fractions de seconde le début de la courbe du pouls retarde sur le début de la courbe cardiographique.

Procédés pour mesurer et enregistrer le volume des membres (Sphygmographie volumétrique). — A chaque systole ventriculaire le sang afflue en plus grande quantité dans les artères (diastole artérielle ou pouls) ; celles-ci se dilatent, mais cette dilatation n'est pas limitée aux artères, elle s'étend jusqu'aux capillaires, de sorte que les organes périphériques recevant une quantité plus considérable de sang subissent une expansion et une augmentation de volume. Les appareils destinés à mesurer et à enregistrer ces changements de volume ont été très employés dans ces dernières années. — 1° *Appareil de Piégu.* Il engage un membre (jambe, main) dans une boîte fermant hermétiquement et qu'il remplit d'eau tiède ; sur cette boîte s'adapte un tube vertical étroit ; on voit dans la colonne liquide du tube des oscillations correspondant aux mouvements respiratoires et aux pulsations du cœur. — 2° *Appareil de Chélius*. Cet appareil, avec quelques modifications, n'est autre chose que l'appareil de Piégu. — 3° *Appareil de Fick*. Il en est de même de l'appareil de Fick; seulement ce dernier remplaça le tube vertical par un tube en V et plaça dans la branche libre du tube en V un petit flotteur muni d'un levier inscripteur comme dans le kymographion de Ludwig (fig. 369). Il put ainsi enregistrer les variations de volume de l'avant-bras et de la main. — 4° *Appareil de Mosso*. Le *pléthysmographe de Mosso* se compose d'un cylindre en verre dans lequel s'engagent la main et l'avant-bras; un anneau en caoutchouc épais assure la fermeture hermétique du cylindre en comprimant légèrement le bras près de l'articulation du coude. De l'autre extrémité du cylindre sort un tube horizontal qui se coude ensuite à angle droit et plonge dans une éprouvette. Cette éprouvette est équilibrée par une petite masse à laquelle elle est reliée par l'intermédiaire d'une poulie. L'éprouvette plonge dans l'eau alcoolisée et s'enfonce chaque fois que le volume du membre immergé dans le cylindre vient à augmenter : elle émerge au contraire quand le volume du membre diminue, et ce double mouvement d'abaissement et d'élévation de l'éprouvette commande à son tour l'ascension et la descente d'un contre-poids mobile auquel est attachée une plume écrivante. — L'appareil de Mosso a été modifié par V. Basch et Bowditch. — 5° *Appareil de François-Franck*. Cet appareil se compose (fig. 360) d'un récipient fermé par une membrane de caoutchouc soutenue par un disque épais de gutta-percha et qui présente une ouverture par laquelle on introduit la main. Sur le trajet du tube vertical qui fait communiquer l'appareil avec un tambour à levier se trouve interposée une ampoule qui supprime les oscillations étrangères aux mouvements réels en éteignant les effets de la vitesse acquise et en permettant au liquide de s'étaler en surface. La figure 361 repré-

Fig. 360. — *Appareil de François-Franck pour les changements de volume de la main.*

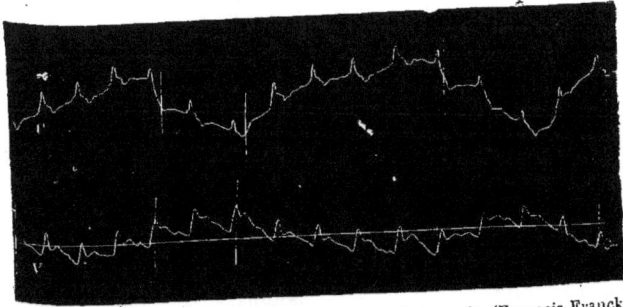

sente le tracé des changements de volume de la main V; la ligne supérieure C donne les pulsations du cœur. — 6° *Hydrosphygmographe de Mosso*. Cet appareil tient à la fois de

Fig. 361. — *Graphique des variations de volume de la main.* (François-Franck.)

l'appareil précédent de F. Franck et du pléthysmographe de Mosso. Il ajoute à son cylindre en verre un tube vertical qui se rend à un tambour à levier et fait aboutir le tube horizontal à un flacon de façon à éviter des oscillations trop étendues du liquide dans le tube vertical ; c'est là son *appareil de compensation*.

Enregistrement de l'ébranlement pulsatile du corps. — Hartshorne et Gordon remarquèrent que, quand un individu était placé sur une bascule, l'aiguille de la bascule faisait des mouvements isochrones au pouls, et Hartshorne imagina même un instrument qui ne fut jamais construit, le *ballographe*. Gordon fut le premier qui enregistra ces mouvements. Landois a décrit et figuré un appareil qui permet de les enregistrer avec facilité, (*Lehrb. d. Physiologie*, 1879, p. 161) et les tracés obtenus par son procédé présentent de grandes analogies avec le tracé du pouls. Contrairement à Gordon, les tracés de Landois montrent que tout le corps au moment de la systole ventriculaire éprouve une forte poussée vers le bas.

Quand le sang a été chassé par le ventricule gauche dans l'aorte, il a dû surmonter la pression du sang dans ce vaisseau. Il se passe alors deux phénomènes dans l'aorte : 1° un refoulement de la masse sanguine qu'elle contenait dans la direction des capillaires; 2° une dilatation de sa cavité, dilatation qui s'arrête dès que la force élastique de ses parois contre-balance la pression sanguine. Dès que le ventricule a cessé de se contracter, la pression sanguine diminue, et la force élastique des parois aortiques, étant supérieure, réagit sur le liquide et tend à le refouler, d'une part dans la direction des capillaires, de l'autre dans le ventricule. Mais de ce côté le reflux est empêché par la présence des valvules sigmoïdes; ces valvules, loin d'être tout à fait accolées à la paroi aortique, en sont écartées par une certaine quantité de sang qui existe entre elles et les sinus de Valsalva; dès que le ventricule a cessé de se contracter, la pression du sang agit sur leur face artérielle, tandis que la pression sur leur face ventriculaire est réduite à 0; elles s'abaissent immédiatement et, par l'accolement de leurs bords libres et des nodules d'Aranzi, ferment hermétiquement l'orifice aortique. La masse sanguine se trouve ainsi poussée dans la direction des capillaires et dilate le segment suivant de l'aorte et ainsi de suite. La transmission de ces dilatations successives, ou autrement dit de l'ondulation positive (*forma materiæ progrediens*), se fait avec une vitesse de 9m, 240 par seconde, et ne doit pas être confondue avec le mouvement de progression de la masse liquide (*materia progrediens*), dont la vitesse est incomparablement moindre (voir : *Vitesse du sang*).

D'après Weber et Czermak, la vitesse de transmission de l'ondulation sanguine n'est pas uniforme dans tous les segments de l'arbre artériel; elle diminue progressivement du centre à la périphérie; elle augmente avec la résistance et l'épaisseur des parois artérielles; ainsi elle est plus grande dans les artères des membres inférieurs. Quand on connaît la vitesse de l'ondulation, il est facile de connaître sa longueur; en effet, le début de l'ondulation a lieu dans l'aorte avec le début de la systole, la fin avec la fin de la systole; sa durée doit égaler la durée de la systole, soit un tiers de seconde; elle aura donc une longueur de 9m,240 : 3 = 3,080 millimètres, c'est-à-dire une longueur telle que, dans l'intervalle de deux systoles, il ne peut se former plus d'une onde dans les artères.

L'aorte présente donc deux états comparables jusqu'à un certain point à la diastole et à la systole du cœur; il y a en effet une diastole artérielle isochrone à la systole ventriculaire et à laquelle succède une systole artérielle isochrone à la diastole ventriculaire; mais cette systole, au lieu d'être due à la contractilité musculaire comme celle du ventricule, n'est qu'une rétraction élastique. Chaque segment de l'arbre artériel présente donc tour à tour ces deux périodes alternatives, diastole artérielle, systole artérielle.

Pouls. — Le pouls est constitué par la diastole artérielle. Dans les artères les plus rapprochées du cœur, cette diastole est, comme on l'a vu plus haut, presque isochrone à la systole ventriculaire ; mais, à mesure qu'on s'éloigne du cœur, il y a un léger retard sur cette diastole ; retard dû au temps nécessaire pour la transmission de l'ondulation (Buisson). D'après les recherches de Czermak, voici le retard que le pouls des artères suivantes a sur le cœur :

	Secondes.
Carotide	0,087
Radiale	0,159
Pédieuse	0,193

Marey et Czermak ont constaté un léger retard de la diastole aortique sur le choc du cœur ; c'est qu'en effet le choc du cœur correspond au début de la systole ventriculaire et le maximum de diastole aortique à la fin de cette systole. J'ai remarqué que, dans la plupart des cas, il n'y a pas synchronisme parfait entre le pouls gauche et le pouls droit ; habituellement il y a un léger retard (1 à 3 centièmes de seconde) du pouls gauche sur le droit.

Les phénomènes qui se constatent dans une artère au moment de sa diastole ou du pouls sont les suivants :

1° L'artère se dilate. Cette dilatation se fait dans les deux sens, en longueur et en largeur. L'élargissement de l'artère se constate directement par la vue et le toucher ; il peut être mesuré si on entoure l'artère d'un manchon rigide rempli d'eau et surmonté d'un tube manométrique ; les oscillations du liquide indiquent les dilatations de l'artère (Poiseuille). L'allongement de l'artère est la cause des flexuosités qui se remarquent sur certaines artères du corps.

2° La pression sanguine augmente dans l'artère, et cette augmentation se traduit par une sensation de dureté et par la résistance que l'artère oppose au doigt qui la comprime.

3° Le sang augmente de vitesse dans l'artère.

Caractères du pouls. — Les caractères de la pulsation artérielle peuvent être facilement étudiés sur les graphiques obtenus avec le sphygmographe.

Soit le tracé sphygmographique (fig. 362) ; le tracé se lit de gauche à droite ; la ligne d'ascension AE correspond à la diastole, la ligne de descente EDC à la systole artérielle, la longueur AC, prise sur la ligne des abscisses, mesure la durée totale du mouvement ; cette longueur AC est divisée en deux par la perpendiculaire EB abaissée du sommet de la courbe sur la ligne des abscisses ; la longueur AB mesure la durée de la diastole, la longueur BC celle de la systole. Les faits principaux qui ressortent de l'étude des courbes sphygmographiques (fig. 356 et 362) sont les suivants :

1° En premier lieu, les durées totales des pulsations sont en général égales, et cette durée est en rapport inverse du nombre des pulsations dans l'unité de temps. Le pouls est *rare* quand le nombre de pulsations est au-dessous de la moyenne (65 à 75 par minute), fréquent quand il est au-dessus.

2° Dans les tracés normaux, il n'y a pas de repos de l'artère ; la systole et la diastole succèdent immédiatement et sans interruption l'une à l'autre; l'angle formé par le passage de la ligne d'ascension à la ligne de descente et de la ligne de descente à la ligne d'ascension est toujours un angle aigu; ces caractères

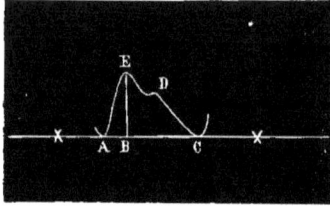

Fig. 362. — *Analyse du tracé sphygmogra-phique.*

disparaissent cependant quand la pression du sang dans l'artère devient très forte.

3° La durée de la diastole est à peu près le tiers (quelquefois moins) de la durée de la systole; il n'y a qu'à comparer les longueurs qui les mesurent. AB et BC. Les tracés de Vierordt ne donnent pas le même résultat, et, si l'on s'en rapportait à eux, la différence serait seulement de 100 à 107. La *vitesse* et la *lenteur* du pouls dépendent du rapport de durée de chacune de ces périodes; le pouls est *vite* quand la durée de la diastole artérielle diminue, *lent* quand cette durée augmente.

4° La ligne d'ascension AE se rapproche de la verticale; elle est régulière presque droite; autrement dit la diastole est brève, rapide, presque instantanée.

5° La ligne de descente EC, au contraire, est beaucoup plus inclinée et, au lieu d'être rectiligne, elle présente toujours un ou plusieurs soulèvements D, plus ou moins prononcés avant d'atteindre son point maximum d'abaissement (*dicrotisme* ou *polycrotisme* du pouls).

6° L'amplitude de la pulsation, mesurée par la hauteur EB, correspond, la part faite à l'amplification due au levier, au maximum de dilatation artérielle; cette ampl.tude est en général en rapport inverse de la pression du sang dans l'artère;

Fig. 363. — *Graphique du pouls à forte et à faible tension.*

elle diminue quand cette pression augmente. Les termes de pouls *dur* et *mou* indiquent l'état de tension de l'artère et la pression du sang dans son intérieur. La figure 363 donne les caractères du pouls à forte (A) et à faible tension (B).

7° Enfin le pouls est *grand* ou *petit* suivant le volume de l'artère, volume qui est, en grande partie, en rapport avec la quantité de sang lancée par le ventricule.

On voit donc que les caractères de la pulsation artérielle dépendent de trois facteurs principaux : l'action ventriculaire (énergie cardiaque), le sang (quantité et pression) et la paroi artérielle (élasticité et contractilité), et que ces trois facteurs interviennent chacun pour modifier dans un sens ou dans l'autre les caractères de la pulsation. Aussi l'étude des caractères du pouls, et surtout leur analyse à l'aide des tracés sphygmographiques est-elle de la plus grande importance en médecine.

Il importe de revenir sur quelques-uns des points précédents.

Fréquence du pouls. — La fréquence des pulsations cardiaques est, chez l'adulte de 65 à 75 par minute. A âge égal elle est en rapport avec la taille (Volkmann, Rameaux) et diminue à mesure que la taille augmente. Elle diminue du matin midi, et remonte ensuite (même lorsqu'on est à jeun); elle augmente, après les repas, par l'exercice musculaire, quelque faible qu'il soit, ainsi par le simple passage du décubitus horizontal à la station debout, par l'activité psychique, par l'alimentation, par la chaleur, etc. Pour les variations d'âge et de sexe, voir : *Age et Sexe*. Pour l'influence de la pression, voir : *Pression sanguine*.

Il y a un rapport déterminé entre la quantité de sang en circulation et la fréquence des battements du cœur. Ainsi, dans la série animale, à mesure que les battements augmentent de fréquence, la quantité de sang qui traverse en une minute 1 kilogramme de poids de l'animal augmente aussi, comme le montre le tableau suivant, dû à Vierordt.

	QUANTITÉ DE SANG par minute et par kilogramme.	NOMBRE DE PULSATIONS par minute.
Cheval	152	55
Homme	207	72
Chien	272	96
Lapin	620	220
Cobaye	892	320

Dicrotisme. — La signification de ce soulèvement a été très controversée. Vierordt, qui ne le rencontre pas sur ses tracés, l'attribue à l'imperfection de l'instrument de Marey. Mais aujourd'hui on s'accorde à considérer ce dicrotisme comme un caractère normal du pouls. La preuve qu'il n'est pas dû aux oscillations du levier enregistreur, c'est que les courbes de la contraction musculaire obtenues avec le sphygmographe ne présentent pas de dicrotisme, et d'un autre côté le dicrotisme existe dans les tracés obtenus par le procédé *hémautographique* de Landois (voir page 1024), dans lesquels la courbe est formée par le jet sanguin qui sort de l'artère et sans l'intervention d'aucun appareil. A l'état normal, ce dicrotisme est trop faible pour être senti par le doigt qui palpe l'artère; mais, dès qu'il s'exagère, comme dans certains cas pathologiques, il devient très appréciable et on sent distinctement la pulsation artérielle se dédoubler.

Le dicrotisme est plus marqué sur les artères moyennes que sur les gros troncs.

La cause du dicrotisme est encore très obscure. On l'a attribué d'abord à la réflexion de l'onde sanguine à la périphérie, soit aux capillaires, soit aux éperons de bifurcation des vaisseaux, soit aux globules entassés dans les capillaires (Onimus et Viry). D'après Rive il serait dû à une deuxième réflexion par les valvules semi-lunaires de l'onde réfléchie une première fois à la périphérie. Cette opinion d'une réflexion périphérique est aujourd'hui abandonnée par la plupart des physiologistes. Dans une deuxième théorie (Landois, Galabin, etc.), il est causé par la pression exercée après la systole, par les parois élastiques des artères sur la masse de sang qu'elles contiennent; une partie du sang reflue vers les valvules semi-lunaires, d'où part une onde secondaire positive. D'après Landois, cette onde secondaire suit la même marche et a les mêmes caractères que l'onde primaire; le dicrotisme paraît d'autant plus tard sur le tracé du pouls et est d'autant plus faible que l'artère est plus éloignée du cœur. Marey attribue aussi le dicrotisme à une onde sanguine secondaire, qui se porte vers la périphérie, mais dont le mécanisme de formation est différent. Toutes les fois qu'un liquide est projeté avec vitesse à l'intérieur d'un tube élastique, il se produit à la suite de l'onde primitive une série d'ondes secondaires successives qui marchent à la suite les unes des autres. Moens explique le dicrotisme d'une autre façon. Toutes les fois qu'il y a dans un tube élastique *ouvert* un afflux intermittent de liquide, il se forme ce qu'il appelle des *ondes secondaires de fermeture*. Au moment où se fait l'occlusion des valvules aortiques, le liquide sous l'influence de la vitesse acquise et de l'élasticité de l'aorte continue à se mouvoir dans la direction de la périphérie, le canal aortique se rétrécit, mais il tend à reprendre bientôt sa forme naturelle et, en se dilatant, aspire une certaine quantité de liquide qui reflue et la dilate, d'où production d'une onde secondaire partant de l'origine de l'aorte. Les mêmes explications ont été données pour le pouls *tricrote* ou *polycrote*. Le dicrotisme est d'autant plus marqué en général que l'élévation primaire est plus brève et plus forte et que la tension artérielle est plus faible.

On trouve souvent, sur la ligne de descente du tracé du pouls et avant la saillie du dicrotisme, un petit soulèvement qui serait dû, suivant les uns, à l'occlusion des valvules sigmoïdes, suivant d'autres, à l'élasticité artérielle ; on peut lui donner le nom de *soulèvement prédicrotique*. Landois a admis en outre des oscillations de la paroi élastique des artères qui expliqueraient de petits soulèvements très légers qu'on observe parfois dans le tracé du pouls. Dans certains cas, on trouve sur la ligne ascendante du pouls un soulèvement analogue au dicrotisme et qui précède le soulèvement principal (*pouls anacrote*). Ceci paraît dû à ce que l'onde ventriculaire pénètre dans les artères d'une façon saccadée ; ce type, normal pour le pouls aortique des grands animaux, se rencontre souvent chez le vieillard. Par opposition, on a donné le nom de *pouls catacrote* au pouls dont les soulèvements occupent la ligne descendante.

Influences agissant sur la forme du pouls. — La *chaleur* augmente l'amplitude du pouls qui devient dicrote et augmente en même temps de fréquence. — Les heures de la *journée* ont aussi une certaine influence ; au réveil il est lent, sa courbe a une forme arrondie surbaissée ; mais il devient bientôt vite, dicrote, plus ample. L'*exercice musculaire* produit le même effet sur le tracé du pouls. L'influence de l'*activité cérébrale* a été étudiée par Mosso et Thanhoffer ; l'amplitude du tracé diminue, le dicrotisme est plus accentué, le soulèvement prédicrotique est plus saillant et se rapproche du sommet de la courbe, dont le niveau général est plus élevé ; ces variations de forme coïncident avec une augmentation de fréquence. L'*attitude* modifie la forme du tracé du pouls ; par le décubitus horizontal, il diminue d'amplitude et la courbe est plus arrondie. Quand le bras est élevé, l'amplitude du tracé augmente et le dicrotisme s'accentue ; il disparaît au contraire en même temps que l'amplitude diminue, dès qu'on maintient le bras abaissé. La compression d'artères importantes, des fémorales par exemple, en augmentant la tension sanguine, produit le même résultat. — Le travail de la *digestion* augmente l'amplitude de la pulsation ainsi que sa fréquence ; le dicrotisme et le soulèvement prédicrotique sont plus prononcés. La pression exercée sur l'artère ou la *charge* modifie notablement la forme du pouls ; quand la charge est faible, la courbe est élevée, le dicrotisme assez prononcé ; à mesure que la charge augmente, l'amplitude du tracé diminue et le dicrotisme devient de moins en moins marqué ; bientôt le soulèvement prédicrotique se prononce et la partie descendante de la courbe augmente de durée. La *fréquence* du pouls s'accompagne en général d'une diminution d'amplitude ; mais cette diminution d'amplitude se fait aux dépens de la partie de la courbe sous-jacente au dicrotisme, puis le dicrotisme lui-même disparaît. L'augmentation de *pression sanguine* diminue l'amplitude de la pulsation, comme on le voit dans la figure 363, page 1028 ; en même temps le niveau général de la courbe s'élève. D'après Landois, le soulèvement prédicrotique serait plus marqué, tandis que le dicrotisme, au contraire, disparaît.

L'influence de la *respiration* sur la forme du pouls diffère suivant qu'on étudie la respiration calme et la respiration forcée. Dans la respiration calme superficielle, les tracés ne présentent pas de différence dans l'inspiration et dans l'expiration. Si les mouvements respiratoires sont plus amples, sans que la respiration soit gênée et la bouche restant ouverte, la ligne d'ensemble des pulsations s'élève dans l'inspiration, s'abaisse dans l'expiration ; c'est le contraire s'il y a des obstacles à la respiration, si par exemple on respire la bouche fermée et en bouchant une narine. En outre, pendant l'expiration le pouls est moins fréquent, la courbe a plus d'amplitude, les oscillations d'élasticité et le soulèvement prédicrotique sont plus prononcés, le dicrotisme est moins marqué. C'est l'inverse dans l'inspiration. Dans l'*effort*, ou quand, après avoir fait une profonde inspiration, on ferme la bouche et le nez et qu'on fasse une expiration forcée (Recherche de Valsalva), le niveau général de la courbe s'élève, le tracé présente les caractères de la forte tension ; puis, si l'effort continue, la tension diminue peu à peu, le dicrotisme reparaît ; enfin, à la cessation de l'effort, la ligne de niveau baisse brusquement avec la tension, et les pulsations sont à peine sensibles d'abord, pour revenir ensuite à leurs formes normales. Si, après avoir fermé le nez et la bouche, on fait une inspiration profonde (Recherche de Müller), le pouls donne le tracé de la faible tension, le dicrotisme est plus marqué ; mais les effets sont toujours moins accentués que dans la recherche de Valsalva. Dans certains cas pathologiques, le pouls est très petit et peut même faire défaut à l'inspiration (*pouls paradoxal*).

Pouls des différentes artères. — Le pouls des différentes artères présente des caractères particuliers dus surtout à la distance de ces artères au cœur. Mais les recherches sont encore insuffisantes pour déterminer d'une façon précise les caractères de la pulsation pour chaque artère. Landois, dans sa physiologie, donne les tracés des principales artères, pris avec son angiographe.

Autres phénomènes pulsatiles correspondant avec le pouls. — Avec les phénomènes du pouls coïncident un certain nombre de phénomènes dus à la même cause et dont le plus important est l'augmentation de volume des organes périphériques, dont il sera parlé tout à l'heure. On peut ranger dans cette catégorie de phénomènes le pouls des artères des cavités nasales et buccales, qui peut être enregistré par la méthode cardio-pneumatique (voir p. 994), les contractions de l'orbiculaire des paupières, isochrones à chaque pulsation artérielle, les soulèvements rythmiques du pied quand on croise les jambes l'une sur l'autre (1), les pulsations de la région épigastrique, les obscurcissements et les éclaircissements pulsatiles du champ visuel (Landois), les ébranlements en totalité du corps, qu'on peut enregistrer par les procédés indiqués page 1025, etc. Les pulsations cérébrales seront étudiées avec la circulation cérébrale.

Changements de volume des membres. — Les tracés des changements de volume des membres reproduisent exactement les tracés du pouls ; à chaque systole ventriculaire la courbe s'élève comme dans le tracé du pouls radial (voir fig. 361) et le retard sur le cœur est le même pour les deux. On y retrouve aussi le dicrotisme du pouls. La plupart des influences qui agissent sur le pouls radial agissent dans le même sens sur le volume de la main et donnent des tracés comparables. Outre les variations rapides de volume coïncidant avec les diverses phases de la pulsation artérielle,

(1) Si l'on prend à l'aide de deux tambours conjugués le graphique du mouvement du pied, on obtient un tracé analogue au tracé normal du pouls, mais dans lequel le dicrotisme et le tricrotisme sont bien plus marqués que dans le tracé normal.

on observe aussi des variations lentes dues à d'autres influences. C'est ainsi que le volume des membres diminue dans l'inspiration, par des excitations psychiques faibles (Mosso), pendant le sommeil (V. Basch), par le froid, par les courants induits, etc. ; il augmente au contraire dans les conditions inverses (voir sur ce sujet les mémoires de Mosso et de François-Franck).

Bibliographie. — FALCONER : *Obs. respecting the pulse*, 1796. — PARRY : *On experimental inquiry into the nature, cause and varieties of the pulse*, 1816. — JAEGER : *Tractatus anatomico-physiologicus de arteriarum pulsu*, 1820. — NICK : *Beob. über die Bedingungen unter denen die Haufigkeit des Pulses verändert wird*, 1826. — PARROT : *Ueber die Beschleunigung des menschlichen Pulses*, etc. (Froriep's Not., 1826). — ROULIN : *Obs. sur la vitesse du pouls* (Journ. de Magendie, 1828). — BLACKLEY : *On the cause of the pulse being affected by the position of the body* (Dubl. journ. of med. and surg. sciences, 1834). — GRAVES : *On the effects produced by posture on the frequence and character of the pulse* (Dubl. Hosp. Reports, 1834). — E. H. WEBER : *De pulsu*, etc., 1834. — GUY : *On the effects produced upon the pulse by change of posture* (Guy's Hosp. Reports, 1838). — HADEN : *Obs. on the pulse and respiration* (Amer. journ. of med. sc., 1843). — PIÉGU : *Note sur les doubles mouvements observés aux membres*, etc. (Comptes rendus, 1846). — PENNOCK : *Note on the frequence of the pulse* (Amer. journ. of med. sc., 1847). — CHELIUS : *Beitr. zur Vervollständigung der physikalischen Diagnostik* (Viert. für die prakt. Heilk., 1850). — E. H. WEBER : *Ueber die Anwendung der Wellenlehre*, etc. (Müller's Arch., 1851). — LICHTENFELS ET FRÖHLICH : *Beob. über die Gesetzte des Ganges der Pulsfrequenz* (Akad. d. Wiss. zu Wien, 1852). — TOURNESCO : *Du pouls*, 1853. — E. H. WEBER : *Widerlegung der von Volkmann*, etc. (Müller's Arch., 1853). — VIERORDT : *Die Lehre Arterienpulse*, etc., 1855. — SCOTT ALISON : *A description of a new Sphygmoscope* (Philos. Magaz., 1856). — ABERLE : *Die Messung der Arteriendurchmesser am lebenden Menschen*, 1856. — VIERORDT : *Die Pulscurven des Hämodynamometers und des Sphygmographen* (Arch. für phys. Heilk., 1857). — BERTI : *Ein mechanischer Pulsmesser* (Schmidt's Jahrb., 1858). — VERNEUIL : *De la suspension du pouls radial dans l'extension forcée du bras* (Journ. de la physiol., 1858). — MAREY : *Interprétation hydraulique du pouls dicrote* (Comptes rendus, 1858). — ID. : *Rech. sur le pouls au moyen d'un nouvel appareil enregistreur, le sphygmographe*, 1860. — ID. : *Rech. sur l'état de la circulation d'après les caractères du pouls* (Journ. de la physiol., 1860). — MOILIN : *Note sur la physiol. du pouls* (Gaz. méd., 1860). — MAREY : *Variations physiologiques du pouls étudiées à l'aide du sphygmographe* (Gaz. méd., 1861). — BUISSON : *Quelques recherches sur la circulation* (id.). — BRONDGEEST : *Beitr. zur Kenntniss des Arterienpulses* (Arch. für die höll. Beitr., 1861). — MACH : *Zur Theorie der Pulswellenzeichner* (Wien. Sitzungsber., 1862). — CZERMAK : *Sphygmische Bemerk.* (id.). — BUISSON : *Quelques recherches sur la circulation du sang à l'aide d'appareils enregistreurs*, 1862. — NAUMANN : *Beitr. zur Lehre vom Puls* (Zeitsch. für rat. Med., 1863). — MACH : *Ueber eine neue Einrichtung des Pulswellenzeichners* (Wochenbl. d. Zeitsch. d. k. k. Ges. d. Aerzte in Wien, 1863). — VIERORDT : *Die Anforderungen an den Sphygmographen* (Arch. d. Heilk., 1863). — CZERMAK : *Sphygmische Studien* (Mittheil. aus d. Privatlabor., 1864). — FICK : *Ein neuer Blutwellenzeichner* (Arch. für Anat., 1864). — TACHAU : *Experimentalcritik eines neuen von A. Fick construirten Pulswellenzeichners*, 1864. — NEUMANN : *Zur Lehre vom Puls* (Arch. für Heilk., 1864). — COUSIN : *Essai sur le sphygmographe*, etc., 1864. — KOSCHLAKOFF : *Unt. über den Puls*. etc. (Arch. für pat. Anat., 1864). — LANDOIS : *Ueber die normale Gestalt der Pulscurven* (Arch. für Anat., 1864). — FICK : *Ueber die Form der Blutwelle in den Arterien* (Centralbl., 1864). — CZERMAK : *Ueber die Fortpflanzungsgeschwindigkeit der Pulswellen* (Prag. med. Wochensch., 1864). — J.-B. WOLFF : *Charakteristik des Arterienpulses*, 1865. — BRONDGEEST : *Waarnemingen*, etc. (Nederl. Arch. voor Genees., 1865). — LANDOIS : *Anakrotie und Katacrotie der Pulscurven* (Centralbl., 1865). — CZERMAK : *Nachweis der Erscheinung des sog. Pulsverspätung*, etc. (Wien. Akad., 1865). — V. WITTICH : *Beitr. zur Sphygmographie* (Amt. Ber. d. Naturforsch. zu Hannover, 1866). — RIVE : *De sphygmograaf*, etc., 1866. — ONIMUS ET VIRY : *Et. crit. des tracés obtenus avec le cardiographe et le sphygmographe* (Journ. de l'anat., 1866). — BURDON-SANDERSON : *The hand-book of the sphygmograph*, 1867. — BAKER : *A new form of sphygmograph* (Brit. med. journ., 1867). — W. FOSTER : *On a new method of increasing the pressure of the artery in the use of the sphygmograph* (Journ. of anat., 1867). — BURDON-SANDERSON : *Lecture on the characters of the arterial pulse* (Brit. med. journ., 1867). — E. DIVERS : *The causes of the events in arterial pulsation* (id., 1867). — SAWYER : *On the application of Marey's sphygmograph to the radial artery* (Med. Times, 1868). — LONGUET : *Nouveau* *sphygmographe* (Gaz. méd., 1868). — EULENBURG : *Sphygmographische Untersuchungen*, etc. (Arch. für pat. Anat., 1868). — ID. : *Sphygm. Unters.* (Berl. klin. Wochensch., 1868). — HARTSHORNE : *On a new method of sphygmographic observation* (Amer. journ. of the med. sc., 1868). — FRASER : *The effects of rowing on the circulation*, etc. (Journ. of anat., 1869). — LANDOIS : *Zwei verschiedene Ursachen der katakroten Erhebungen an den Pulscurven* (Centralbl., 1869). — ID. : *Das Gassphygmoskop* (Centralbl., 1870). — ID. : *Die Lehre vom Arterienpuls*, etc., 1872. — GARROD : *On sphygmography* (Journ. of anat., 1872). — ID. : *On the relative duration of the component parts of the radial sphygmographic trace in health* (Proc. of the roy. soc., 1870). — ID. : *On the law which regulates the frequency of the pulse*, 1872. — PIÉGU : *Note sur certains mouvements des membres*, etc. (Journ. de l'Anat., 1872). — BOUILLAUD : *Nouv. rech. sur l'analyse et la théorie du pouls* (Comptes rendus, 1873). — BOULEY : *Observations*, etc. (id.). — GRASHEY : *Zeiteintheilung der sphygmographischen Curven mittelst Funkeninductor* (Arch. für pat. Anat., 1874). — KLEMENSIEWICZ : *Zur Demonstration des Pulses mittelst der Flamme* (Unt. aus d. Instit. f. Physiol. in Graz, 1873). — GARROD : *On some points connected with the circulation of the blood* (Proceed. roy. soc., 1875). — HANDFIELD JONES : *Note on reversed tracings* (id.). — MAHOMED : *Observ. on the circulation*, etc. (Lancet, 1876). — HANDFIELD JONES : *The effect of brief exertion on the radial tracing* (id.). — STEIN : *Zur Webb's Pulscurve* (Berl. klin. Wochensch., 1876). — THANHOFFER : *Der modificirte Marey'sche Sphygmometer und Versuche mit demselben* (Anat. dans Hofman's Jahresb., 1876). — ID. : *Pulsschlag in Lichtcurven* (id.). — HENRY : *A theory of the dicrotic pulse* (Philad. med. Times, 1876). — SOMMERBRODT : *Ein neuer Sphygmograph*, etc., 1876. — ID. : *Die Einwirkung der Inspiration von verdichteter Luft auf Herz und Gefässe* (Deut. Arch. für klin. Med., 1876). — RIEGEL : *Ueber die respiratorischen Aenderungen des Pulses*, etc. (Berl. klin. Wochensch., 1876). — GALABIN : *On the transformation of the pulse wave in the different arteries of the body* (Journ. of anat., 1876). — MARAGLIANO : *Il dicrotismo ed il policrotismo* (Rivista clinica, 1875). — MENDEL : *Die Sphygmographie der Carotis* (Arch. für pat. Anat., 1876). — THURSTON : *The length of the systole of the heart, as estimated from sphygmographic tracings* (Journ. of anat., 1876). — LANDOIS : *Graphische Unt. über den Herzschlag*, etc., 1876. — FRANÇOIS-FRANCK : *Du changement de volume des organes dans ses rapports avec la circulation du sang* (Comptes rendus, 1876). — MOSSO : *Sur une nouvelle méthode pour écrire les mouvements des vaisseaux sanguins chez l'homme* (id.). — ID. : *Sulle variazioni locali del polso* (Acad. d. sc. di Torino, 1877). — FLEMING : *A simple form of transmission sphygmograph* (Journ. of anat., 1877). — WALDENBURG : *Die Pulsuhr*, etc. (Berl. klin. Wochensch., 1877). — GORDON : *On certain molar movements of the human body produced by the circulation of the blood* (Journ. of anat., 1877). — TROTTER : *Note on M. Gordon paper*, etc. (id.). — SCHREIBER : *Ueber den pulsus alternans* (Arch. f. exper. Pat., 1877). — KLEMENSIEWICZ : *Ueber den Einfluss der Athembewegungen auf die Form der Pulscurven* (Wien. acad. Sitzungsber., 1876). — FRANÇOIS-FRANCK : *Du volume des organes dans ses rapports avec la circulation du sang* (Trav. du lab. de Marey, 1876). — ID. : *Rech. sur les intermittences du pouls*, etc. (id.), 1877). — MOENS : *Die Pulscurve*, 1878. — KNOLL : *Beitr. zur Kenntniss der Pulscurve* (Arch. für exp. Pat., 1878). — WALDENBURG : *Pulsuhr und Puls* (Berl. klin. Wochensch., 1878). — RIEGEL : *Ueber die Bedeutung der Pulsuntersuchung* (Volkmann's Sammlung, 1878). — FRANÇOIS-FRANCK : *Rech. clin. et expér. sur la valeur comparée des signes fournis par l'examen du pouls radial dans les anévrysmes* (Journ. de l'anat., 1878). — SUC : *Rech. sur les changements de volume des organes périphériques*, 1878. — STEIN : *Das Sphygmophon*, etc. (Berl. klin. Wochensch., 1878). — V. THANHOFFER : *Ueber ein modificirtes Marey's Sphygmographion und die damit angestellten Untersuchungen* (Zeit. für Biol., 1879). — ID. : *Ueber die Ursachen der katakroten Pulserhebungen* (En hongrois ; anal. dans : Hofmann Jahresb., 1879). — MOENS : *Der erste Wellengipfel in dem absteigenden Schenkel der Pulscurve* (Arch. de Pflüger, t. XX, 1879). — ROY : *The form of the pulse-wave* (Journ. of physiol., 1879). — V. THANHOFFER : *Der Einfluss der Gehirnthätigkeit auf den Puls* (Arch. de Pflüger, t. XIX, 1879). — GRUNMACH : *Ueber die Fortpflanzungsgeschwindigkeit der Pulswellen* (Arch. für Physiol., 1879). — J. WOLFF : *A new form of plethysmograph* (Proceed. of the amer. acad., 1879). — J. WOLFF : *Ueber Schwankungen der Blutfülle der Extremitäten* (Arch. für Physiol., 1879). — KNOLL : *Beitr. zur Kenntniss der Pulscurve* (Arch. für exp. Path., t. IX, 1879). — SPILLMANN ET DUMONT : *Des applications du microphone aux recherches cliniques* (Arch. de méd., 1879). — BOWDITCH : *A new form of Plethysmograph* (Proceed. of the amer. Acad., 1879). — LOWIT : *Ueber den Einfluss der Respiration aus den Puls* (Arch. für exp. Pat., t. X). — BRONDEL : *Modificat. au sphygmographe de Marey* (Acad. de méd., 1879).

Fréquence du pouls. — RAMEAUX : *Sur le rapport entre la taille et le nombre des pulsations du cœur chez l'homme* (Bull. de l'Acad. de Bruxelles, 1839). — CHURCHILL : *On the* *rythm of the heart of the fœtus*, etc. (Dubl. quart. journ. of med. sc., 1855). — Marckt: *Rech. sur les rapports numériques qui existent chez l'adulte à l'état normal et à l'état pathologique entre le pouls et la respiration* (Arch. de méd., 1855). — Guertin : *De la fréquence du pouls à l'état physiologique*, 1858. — Rameaux : *Les lois suivant lesquelles les dimensions du corps déterminent la capacité et les mouvements fonctionnels des poumons et du cœur*, 1857. — Schwann : *Rapport sur un Mémoire de M. Rameaux* (Journ. de physiol., 1858). — Marey : *Loi qui préside à la fréquence des battements du cœur* (Comptes rendus, 1861). — Brondgeest : *Neue Methode um die Zahl und die Dauer der Herzschläge zu registriren* (Arch. für die höll. Beitr., 1863). — Vlacovich et M. Vintschgau : *Intorno ai sussidj meccanici meglio acconci a determinare con precisione il numero delle pulsazioni cardiache*, etc. (Sitzungsber. d. Wien. Akad., 1864). — Prompt : *Rech. sur les variations physiologiques de la fréquence du pouls* (Arch. gén. de méd., 1867). — Para- Cotton : *Notes and obs. upon a case of unusually rapid action of the heart* (Brit. med. journ., 1867). — Watson : *On a case of unusually rapid action of the heart* (id.). — Edmunds : *Unusually rapid action of the heart* (id.). — Bowles : *id.* (id.). — Vlacovich et Vintschgau : *Della numerazione dei battiti cardiaci*, 1871. — Id. : *Ueber die Zählung der Herzschläge* (Ber. d. naturwiss. med. Ver. zu Innsbruck, 1871). — Mokrizky : *Ueber die unmittelbare Einwirkung des Blutdruckes auf die Haufigkeit der Herzschläge* (Arb. des phys. Labor. in Warschau, 1873). — Nawrocki : *Ueber den Einfluss der Blutdrucks auf die Häufigkeit der Herzschlage* (Beitr. zur Anat., 1875). — Drosdow : *Die Innervation des ausgeschnittenen Herzens kaltblütiger Thiere*, etc. (Petersb. med. Anzeig., 1875). — Iatschenko : *Ueber die normale Schnelligkeit des Pulses*, 1878.

2° Contractilité artérielle.

La contractilité n'est guère marquée que pour les petites artères dont la tunique musculaire est très développée. Cette contractilité est complètement indépendante du pouls ; c'est une propriété de la paroi artérielle qui se trouve sous la dépendance immédiate du système nerveux.

Cette contractilité se montre sous deux formes principales : tantôt les contractions sont successives et l'artère est le siège de mouvements alternatifs de resserrement et de relâchement ; tantôt la modification (contraction ou dilatation artérielle) a une certaine durée ; elle est persistante.

Les *contractions successives* se montrent sur les petites artères ; ces contractions sont souvent *rythmiques*. Ainsi Schiff les a observées sur l'oreille du lapin ; on les a rencontrées dans les artères de l'iris, du mésentère, etc. ; les contractions rythmiques ne sont isochrones ni au pouls ni à la respiration et leur nombre par minute est très variable (3 à 7, par exemple). Quelques auteurs ont voulu faire de ce fait un phénomène général et constant. La cause et le rôle de ces contractions rythmiques sont assez obscures ; peut-être jouent-elles le rôle de régulatrices de la circulation capillaire. Les dilatations artérielles sont dues au relâchement de la tunique contractile, et il est difficile d'admettre avec Schiff une dilatation active des vaisseaux.

Les *modifications persistantes* du calibre artériel (contraction ou dilatation) ont une importance physiologique beaucoup plus grande. La contraction d'une artère a pour effet immédiat d'augmenter la pression en amont de l'artère, d'accélérer la vitesse du courant sanguin dans son intérieur et de diminuer la quantité de sang qui arrive au réseau capillaire fourni par l'artère. Quand cette contraction porte sur une circonscription vasculaire étendue, la réaction se fait sentir sur tout le système artériel ; le calibre total de ce système diminuant notablement, il en résulte une augmentation de pression, et il y a diminution de pression dans le cas contraire.

En outre, cette diminution de calibre a une influence immédiate sur les circulations voisines. Supposons, par exemple, que les artères des membres inférieurs se rétrécissent, pour une cause ou pour une autre (froid, etc.), une partie du courant sanguin de l'aorte qui aurait passé dans ces artères, ne pouvant plus y trouver place, sera dérivée et passera dans les artères des organes abdominaux, qui recevront alors beaucoup plus de sang que d'habitude. Ce *balancement des circulations locales* joue un rôle important et trop méconnu en physiologie et en pathologie. Ce balancement explique l'origine anatomique de beaucoup d'artères et peut se formuler ainsi : toutes les fois que plusieurs artères naissent d'un tronc commun ou au voisinage l'une de l'autre, il y a balancement des circulations correspondantes ; quand l'une diminue, l'autre augmente; c'est ainsi qu'on observe ce balancement, pour ne citer que quelques exemples, entre la circulation thyroïdienne et la circulation cérébrale, la circulation gastro-hépatique et la circulation splénique, etc., et, d'une façon plus générale, entre la circulation abdominale et celle des membres inférieurs, entre celle de la tête et celle des membres supérieurs, entre la circulation cutanée et la circulation profonde.

La contractilité artérielle peut être mise en jeu par les excitants ordinaires du tissu musculaire (actions mécaniques, électricité), que l'excitant soit porté directement sur l'artère ou n'agisse que par l'intermédiaire des nerfs vaso-moteurs. Cette contractilité persiste quelque temps après la mort (quelquefois une à plusieurs heures).

Il existe très probablement un *tonus artériel* comparable au tonus musculaire étudié page 403 et dû sans doute à la distension de la paroi vasculaire par la pression sanguine, tonus artériel qui paraît être aussi sous l'influence nerveuse. C'est grâce à ce tonus que la circulation continue à se faire des artères aux veines après la ligature du cœur comme dans les expériences de Goltz et de Riegel. C'est grâce à lui aussi que se fait probablement cette accommodation des artères pour la quantité de sang qu'elles contiennent, accommodation telle que la pression reste la même ou ne subit que des modifications insignifiantes sous des conditions qui enlèvent de notables quantités d'eau au sang (Pawlow). Dans ses expériences de circulation artificielle sur des organes détachés, Mosso a constaté, à l'aide de son pléthysmographe, des variations de vitesse du courant qui ne pouvaient tenir qu'à des variations de calibre (par contraction active ou par tonus élastique des vaisseaux).

Les variations de calibre des artères sont soumises à deux influences principales, l'influence nerveuse vaso-motrice, l'influence de l'activité cardiaque.

Le rétrécissement des artères pourra donc résulter ;

1º D'une excitation des centres vaso-moteurs; dans ce cas, le rétrécissement sera actif, musculaire, et s'accompagnera d'une augmentation de pression sanguine ;

2º D'une diminution d'activité du cœur ; dans ce cas, le rétrécissement est passif, élastique, et s'accompagne d'une diminution de pression.

La dilatation artérielle pourra être produite par :

1º Une paralysie vaso-motrice ;

2º Une exagération de l'activité cardiaque.

Dans ces deux cas, la dilatation est passive, élastique, mais s'accompagne dans le premier cas d'une diminution, dans le deuxième, d'une augmentation de pression.

Si l'on admet les nerfs dilatateurs, il y aurait encore :

Dilatation par activité des centres vaso-dilatateurs ;

Rétrécissement par paralysie vaso-dilatatrice.

Bibliographie. — Hastings : *Disput. inaug. de vi contractili vasorum*, 1818. — R. Hunter : *On the muscularity of arteries* (Ed. med. and surg. journ., 1824). — E. H. Weber : *Ueber die Wirkungen welche die magneto-electrische Reizung der Blutgefässe bei lebenden Thieren hervorbringt* (Müller's Arch., 1847). — Kölliker : *Zur Lehre der Contractilität menschlicher Blut und Lymphgefässe* (Zeit. für wiss. Zool., 1849). — Marey : *Mém. sur la contractilité vasculaire* (Ann. des sc. natur., Gaz. méd. et : Comptes rendus, 1858). — Legros et Onimus : *Injection sur un animal vivant* (Gaz. de Paris, 1868). — Id. : *Rech. expér. sur la circulation* (Journ. de l'anat., 1868). — Id. : *Infl. des courants électriques sur la circulation* (Gaz. méd., 1868). — Lesser : *Ueber die Anpassung der Gefässe an grosse Blutmengen* (Ber. d. sächs. Akad., 1873).

Bibliographie générale des artères. — Hales : *Hæmostatique*, 1744. — Artaud : *Diss. sur la dilatation des artères*, 1771. — Kramp : *De vi vitali arteriarum*, 1786. — Parry : *Additional experiments on arteries*, 1819. — Carson : *On the cause of the vacuity of the arteries after death* (Med. chir. Trans., 1821). — Magendie : *Mém. sur l'action des artères dans la circulation* (Journ. de physiol., 1821). — Fennel : *Exper. and reflexions on the cause of the vacuity of the arteries after death* (Phil. Mag., 1822). — Poiseuille : *Rech. sur l'action des artères dans la circulation artérielle* (Journ. de Magendie, 1829). — Holland : *The properties and influence of arteries on the circulation of the blood* (Ed. med. and surg. journal, 1841). — Spengler : *Symbole ad theoriam de sanguinis arterios flumine*, 1843. — Frey : *Versuch einer Theorie der Wellenbewegung des Blutes in den Arterien* (Müller's Arch., 1845). — Piégu : *Note sur les doubles mouvements observés aux membres* (Comptes rendus, 1846). — Ludwig : *Beitr. zur Kenntniss des Einflusses der Respirationsbewegungen auf den Blutlauf im Aortensystem* (Müller's Arch., 1847).

b. — CIRCULATION CAPILLAIRE.

Procédés. — La circulation capillaire peut être étudiée au microscope très facilement surtout chez les animaux à sang froid. Sur la grenouille, on peut l'examiner sur la membrane interdigitale, le mésentère, la langue et le poumon. Pour éviter les mouvements de l'animal on le curarise ; la circulation continue et on peut ainsi prolonger l'observation pendant un temps très long. Il suffit de tendre la membrane à examiner au-dessus d'une plaque de liège percée d'un trou et de la fixer avec des épingles, mais en prenant bien soin de ne pas interrompre la circulation (fig. 364). Pour l'étudier sur le poumon, cet organe doit être maintenu à l'état de distension par un courant d'air humide (Küttner). Holmgren a imaginé un petit appareil qui permet l'étude facile de la circulation pulmonaire de la grenouille. Une canule introduite par la glotte permet de distendre les poumons plus ou moins par de l'air dont une disposition très simple empêche la sortie. Une sorte de compresseur permet d'aplatir plus ou moins le poumon et d'en augmenter la transparence tout en réglant la quantité de sang que reçoivent les vaisseaux. Quand l'observation doit être prolongée longtemps, il faut empêcher la dessiccation de la membrane, soit en l'humectant de temps en temps avec un liquide indifférent, soit en plaçant l'animal dans une atmosphère saturée d'humidité. La queue du têtard, les jeunes embryons, surtout les embryons de poissons, se prêtent très bien à l'étude de la circulation capillaire. On peut immobiliser l'animal, comme le fait Tarchanoff, en le plaçant dans une solution alcoolique faible (à 3 p. 100). Chez les animaux à sang chaud, cette étude est plus difficile ; cependant, elle peut se faire assez facilement sur le mésentère de petits animaux. On a employé aussi la membrane nictitante de pigeons et de poulets, la troisième paupière du lapin, l'œil luxé de lapins et de rats albinos, etc.

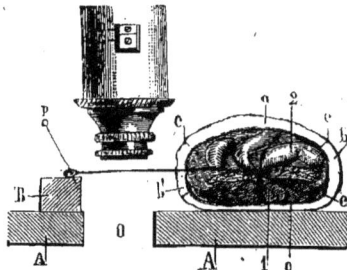

Fig. 364. — *Disposition du mésentère de la grenouille pour l'étude de la circulation* (*).

(*) AA, lame de liège percée de l'ouverture O. — B, morceau de liège placé sur le côté de cette ouverture opposé au corps de la grenouille pour établir le niveau. — *p*, épingle fixant l'anse intestinale. — *a*,*a'*,*b,b'*, sacs lymphatiques. — *c,c,c*, cloisons incomplètes séparant ces sacs. — *1*, colonne vertébrale et muscles. — 2, masse intestinale.

Hueter a proposé sous le nom de *cheilo-angioscopie* un procédé pour étudier la circulation capillaire chez l'homme. Il utilise la muqueuse de la lèvre inférieure qu'il attire en avant et maintient par de petites pinces et l'examine à un grossissement de 53 diamètres suffisant pour distinguer nettement les petits vaisseaux.

On ne doit pas oublier dans cet examen que, grâce à l'amplification microscopique, la vitesse du sang dans les capillaires *paraît* beaucoup plus considérable qu'elle ne l'est en réalité.

L'ensemble des capillaires constitue, comme on l'a vu déjà, une sorte d'élargissement qui termine la base du cône artériel et qui précède le cône veineux; cet élargissement ou ce cylindre est très court, et entre l'artériole qui précède immédiatement le réseau capillaire et la veinule qui le suit immédiatement, il n'y a guère plus de 1 à 2 millimètres de distance. Mais, quelque faible que soit cette distance des artères aux veines et quelque bref que soit le passage du sang à travers les capillaires, cet élargissement du lit sanguin ne s'en traduit pas moins par une diminution de vitesse et de pression du sang.

En outre, l'examen direct de la circulation capillaire au microscope permet de constater les faits suivants. Le courant sanguin, appréciable par le mouvement des globules entraînés par le courant, est continu, uniforme et ne présente pas d'accélérations périodiques correspondantes à la systole du ventricule. Le courant a toujours la même direction et se fait toujours des artères vers les veines, sauf dans les cas d'obstacle à la circulation. Quand le capillaire a un calibre assez considérable, on voit que la couche liquide immédiatement en contact avec la paroi du vaisseau paraît immobile (couche inerte) et que le mouvement est le plus rapide dans l'axe du vaisseau. Les globules rouges sont ainsi emportés par le courant et subissent en même temps un mouvement de rotation qui découvre tantôt leur face, tantôt leur profil; ils s'arrêtent souvent sur un éperon de bifurcation capillaire en laissant ballotter leurs deux extrémités dans les deux branches; en général, ils ne touchent les bords que quand les capillaires se rétrécissent ou quand l'espace leur manque par l'accumulation des globules; dans ce cas, ils s'effilent en prenant toutes les formes pour reprendre leur forme primitive dès que la compression a cessé. Les globules blancs, au contraire, cheminent plus lentement contre la paroi du vaisseau, s'arrêtant souvent contre cette paroi; leur vitesse est 10 à 15 fois plus faible que celle des globules rouges.

La disposition des capillaires varie beaucoup suivant les organes, mais ce qui varie surtout, c'est la richesse des différents organes en capillaires, ou autrement dit le rapport du calibre total des capillaires au calibre des artères afférentes. C'est là, en effet, ce qui règle la quantité de sang reçue par l'organe. On pourrait donc représenter la circulation de chaque organe par un double cône vasculaire analogue à celui qui représente la circulation générale (voir page 1019). On verrait ainsi quelles différences présentent les divers organes; il n'y a qu'à comparer à ce point de vue le testicule au foie, par exemple.

Les capillaires sont, du reste, sujets à des variations notables de calibre, et ces variations sont de deux espèces. Les unes sont *passives* et dues à la quantité plus ou moins forte de l'afflux du sang, réglé lui-même par le calibre des artères afférentes, et à la quantité de l'écoulement par les veines efférentes. Les autres sont *actives* et consistent en des alternatives de rétrécissement et de dilatation ; ces rétrécissements sont dus à la *contractilité* des capillaires, mise aujourd'hui hors de doute par les expériences de Stricker, et de beaucoup de physiologistes. Ces contractions des capillaires peuvent être déterminées par les excitations électriques, chimiques et mécaniques et sont produites par les éléments fusiformes de la paroi qui s'épaississent et se raccourcissent (Tarchanoff). Quand les actions mécaniques (traumatismes) sont trop énergiques, on observe au lieu d'un rétrécissement une dilatation des capillaires (Marey). D'après Bloch un traumatisme, même léger, serait toujours suivi d'une dilatation plus ou moins durable.

Sucquet a décrit dans les doigts, la tête, etc., des vaisseaux faisant communiquer directement les artères et les veines et établissant une sorte de *circulation dérivative* indépendante des capillaires. L'existence de cette circulation n'est pas encore démontrée d'une façon positive.

Bibliographie. — Döllinger : *Sur la circul. du sang* (Journ. des progrès des sc. et inst. médic., 1828). — Kaltenbrünner : *Rech. expér. sur la circul. du sang* (id.). — Weber-Meyer : *Unt. üb. den Kreislauf des Blutes*, etc., 1828. — Pigeaux : *Nouv. rech. sur l'influence qu'exerce la circul. capillaire sur la circul. générale* (Journ. univ. et hebd. de méd., 1833). — Poiseuille : *Rech. sur la circulation capillaire* (id.). — Id. : *Rech. sur les causes du mouvement du sang dans les vaisseaux capillaires* (Mém. de l'Acad. des sc., 1835). — Ascherson : *Ueber die relative Bewegung der Blut und Lymphkörnchen in den Blutgefässen der Frosche* (Müller's Arch., 1837). — Gluge : *Quelques observ. sur la couche inerte des vaisseaux capillaires* (Ann. des sc. nat., 1839). — Boulland : *Rech. microsc. sur la circulation*, etc., 1849). — Wharton-Jones : *On the state of the blood and blood-vessels in inflammation* (Guy's Hosp. Reports, 1851). — Sucquet : *De la circulation du sang dans les membres et dans la tête chez l'homme*, 1860. — Quincke : *Beob. über Capill·r und Venenpuls* (Berl. klin. Wochensch., 1868). — Stricker : *Mikr. Unt. des Säugethier-Kreislaufs* (Med. Jahrb. d. Ges. d. Aerzte zu Wien, 1871). — Bloch : *Note sur la physiologie de la circulation capillaire de la peau* (Arch. de physiol., 1873). — Tarchanoff : *Beob. über contractile Elemente in den Blut und Lymphcapillaren* (Arch. de Pflüger, t. IX, 1875). — Küttner : *Beitr. zu den Kreislaufsverhältnissen der Froschlunge* (Virchow's Arch., 1874). — Holmgren : *Methode zur Beobachtung des Kreislaufs in der Froschlunge* (Beitr. zur Anat., 1875). — Stricker : *Unt. über die Contractilität der Capillaren* (Wiener Akad., 1876). — De Giovanni : *Fatti concernenti la contrattilità dei vasi capillari sanguigni* (Rivista clinica, 1876). — Reeves : *A circulation stage*, etc. (Journ. of anat., 1877). — Stricker : *Unt. üb. die Contractilität der Capillaren* (Wien. med. Jahrb., 1878). — Hueter : *Die cheiloangioscopie* (Centralbl., 1879). — Rouget : *Sur la contractilité des capillaires sanguins* (Comptes rendus, 1879). — François-Franck : *La contractilité des vaisseaux capillaires vrais* (Gaz. hebd., 1880).

c. — CIRCULATION VEINEUSE.

Les tissus élastique et musculaire entrent dans la constitution des veines comme dans celle des artères, mais pas dans les mêmes proportions; leurs parois sont plus minces, moins parfaitement élastiques, plus dilatables, ce qui est en rapport avec la pression sanguine plus faible qui existe dans le système veineux. La contractilité veineuse est hors de doute. On a constaté sur les veines, comme sur les artères, des contractions quelquefois rythmiques ; ainsi dans les veines splénique, mésentériques (Frerichs et Reichert), à l'embouchure des veines caves (Colin); et, du reste, les excitations mécaniques (choc bref sur les veines dorsales de la main, Gubler), l'électricité, déterminent leur contraction.

La circulation veineuse se fait, comme dans le reste du système vasculaire, sous l'influence de l'inégalité de pression du sang ; le sang s'écoule des capillaires, lieu de la plus forte pression, vers les veines, lieu de la plus faible pression. Quoique l'ensemble du système veineux représente un cône qui va en se rétrécissant des capillaires à l'oreillette et que cette disposition doive produire une augmentation de pression marchant dans le même sens, cette augmentation est compensée et au delà par la déplétion périodique de l'oreillette pendant sa systole et le résultat final est une diminution des capillaires au cœur (voir fig. 352). Cependant ces différences de pression des deux extrémités du système veineux ne seraient pas suffisantes pour amener une circulation sanguine régulière si d'autres conditions accessoires n'intervenaient pour contre-balancer les obstacles que la pesanteur (spécialement pour les veines des membres inférieurs), les compressions veineuses (par causes extérieures, par l'action musculaire, etc.), l'expiration, l'effort, etc., opposent à la circulation du sang dans les veines.

Les causes qui favorisent la circulation veineuse sont les contractions musculaires (quand elles ne sont pas portées au point d'oblitérer la lumière du vaisseau), les anastomoses nombreuses qui font communiquer les veines voisines ou les veines superficielles avec les veines profondes, les battements des artères satellites, la pesanteur pour quelques veines et surtout l'inspiration (voir : *Rapports de la circulation et de la respiration*). Enfin, les veines présentent en beaucoup d'endroits des replis ou valvules disposés de façon à s'opposer au reflux du sang dans la direction des capillaires et à permettre le libre écoulement dans la direction du cœur. Sans ces valvules le sang veineux, comprimé par l'action musculaire ou par des obstacles mécaniques, aurait autant de tendance à se diriger vers les capillaires que vers le cœur.

L'écoulement sanguin dans les veines est continu et uniforme comme dans les capillaires. Ce n'est que dans les cas pathologiques qu'on observe dans les grosses veines du cou un *pouls veineux* isochrone à la systole auriculaire, pouls veineux admis à tort comme normal par quelques auteurs.

On peut faire au sujet des veines les mêmes remarques que celles qui ont été faites à propos des artères. Toute diminution de calibre dans une partie du système veineux amène une augmentation de pression dans les autres veines. De même, si on fait la ligature de la veine principale d'un organe ou si cette veine est simplement rétrécie, la pression augmentera dans les capillaires de cet organe et dans les artères afférentes.

Bibliographie. — FABRICE D'AQUAPENDENTE : *De venarum ostiolis*, 1603. — BERTIN : *Mém. sur la principale cause du gonflement et du dégonflement alternatif des veines jugulaires* (Mém. de l'Acad. des sc., 1758). — ZUGENBUHLER : *Diss. de motu sanguinis per venas* (Journ. gén. de méd., 1815). — MARX : *Diatribe anat. physiol. de structura et usu venacum*, 1820. — MAGENDIE : *De l'influence des mouvements de la poitrine et des efforts sur la circulation du sang* (Journ. de physiol., 1821). — DAVID BARRY : *Rech. expér. sur les causes du mouvement du sang dans les veines*, 1825. — ELLERBY : *Exper. on the venous circulation* (Lancet, 1826). — SEARLE : *A critical analysis of the memoir read by Dr Barry*, etc., 1827. — REYNAUD : *Des obstacles à la circulation du sang dans le tronc de la veine porte* (Journ. hebd., 1829). — BÉRARD : *Mém. sur un point d'anat. et de physiol. du système veineux* (Arch. de méd., 1830). — COUDRET : *Nouv. rech. sur les causes de la* circul. veineuse, 1830. — POISEUILLE : Rech. sur les causes du mouvement du sang dans les veines (Journ. hebd., 1830). — CHASSAIGNAC : Quels sont les agents de la circulation veineuse ? 1835. — FLOURENS : Expér. sur la force de contraction propre des veines principales dans la grenouille (Ann. des sc. nat., 1833). — ALLISON : Exper. proving the existence of a venous pulse independant of the heart (Amer. journ. of med. sc., 1838). — RACIBORSKI : Hist. anat., physiol. et pathol. du système veineux (Mém. de l'Acad. roy. de méd., 1840). — MOGK : De vi fluminis sanguinis in venarum cavarum systemate, 1843. — (Soc. MARTIN) SOLON : Sur le pouls veineux, 1844. — GUBLER : De la contractilité des veines (Soc. biol., 1849). — WHARTON-JONES : Discovery that the veins of the bat's wings are endowed with rythmical contractility (Phil. Trans., 1852). — VERNEUIL : Le système veineux, 1855. — MAC DONNELL : Rech. sur les valvules des veines rénales et hépatiques, etc. (Journ. de la physiol., 1859). — COLIN : Sur les mouvements pulsatiles et rythmiques du sinus de la veine cave supérieure chez les mammifères (Comptes rendus, 1862). — ID. : id. (Ann. des sc. nat., 1863). — JACOBSON : Ueber die Blutbewegung in den Venen (Arch. für pat. Anat. 1866). — BERTHOLD : Zur Blutcirculation in geschlossenen Höhlen (Centralbl., 1869). — KOCH : Ueber Venenpulsation und Undulation, 1869. — BRAUNE : Ueber einen Saug- u. Druckapparat an den Fascien des Oberschenkels des Menschen (Ber. d. k. sächs. Ges. d. Wiss., 1870). — ROVIDA : Der Venenpuls (Moleschott's Unt. zur Naturl., 1871). — W. BRAUNE : Beitr. zur Kenntniss der Venenelasticität (Beitr. zur Anat. u. Phys., 1873). — COLIN : Sur les mouvements rythmiques des veines caves (Comptes rendus, 1874). — BERTON ET FAYRER : Note on independant pulsation of the pulmonary veins and vena cava (Proc. roy. soc., 1876). — BARDELEBEN : Ueber Venen Elasticität (Jenaische Zeitsch. f. Naturw., 1878).

D. — Pression sanguine.

Procédés pour mesurer la pression sanguine. — Dans la plupart de ces procédés, on emploie des vaisseaux, artères ou veines, dont le calibre permette l'introduction d'une canule ; le mode de réunion de la canule au vaisseau peut se faire de deux façons : ou bien le vaisseau est coupé transversalement, un des bouts lié, et l'autre bout, par lequel arrive le sang, mis en communication avec la canule ; ou bien, ce qui est préférable, mais moins facile, l'incision est latérale et la canule ajustée sur la paroi du vaisseau de façon à mesurer la pression latérale sans interrompre la circulation du sang dans le vaisseau. Les appareils destinés à mesurer la pression sanguine peuvent se rattacher à quatre types : les manomètres simples, les manomètres à mercure, les manomètres métalliques, les manomètres à transmission par l'air.

A. **Manomètre simple.** — Hales mesurait la pression du sang en adaptant au vaisseau un long tube vertical (fig. 365), et en notant la hauteur à laquelle le sang s'élevait dans son intérieur. On a vu plus haut (page 1024) le procédé hémautographique de Landois.

B. **Manomètres à mercure.** — Dans ces appareils, pour éviter la coagulation du sang, on interpose entre le sang du vaisseau et le mercure une solution de sulfate de soude ou de carbonate de soude qui empêche cette coagulation.

Hémodynamomètre de Poiseuille (fig. 366). — Poiseuille se servit d'un manomètre dont la branche horizontale A communiquait avec l'artère. Du mercure remplissait les deux branches verticales jusqu'au niveau GH ; l'intervalle RA était occupé par un liquide alcalin pour empêcher la coagulation. Le sang presse alors sur la colonne mercurielle GS et en fait baisser le niveau jusqu'à K, par exemple dans la branche CB, tandis que dans la branche ED le niveau monte jusqu'en I ; la différence des deux niveaux I K représente la hauteur de la pression sanguine, déduction faite de la petite colonne de mercure qui fait équilibre à la colonne sanguine BK.

Hémomètre de Magendie ou cardiomètre de Claude Bernard. — Dans cet instrument, la partie inférieure du manomètre est remplacée par une large cuvette remplie de mercure et qui communique d'une part avec un tube rempli d'une solution alcaline et qui s'engage dans l'artère, et d'autre part avec un tube vertical dans lequel oscille le mercure. Les variations de la colonne mercurielle sont beaucoup plus sensibles que dans l'appareil précédent.

Manomètre compensateur de Marey (fig. 367). — Marey a cherché à remédier aux inconvénients des manomètres ordinaires. Ces inconvénients sont de deux sortes : 1° les oscillations de la colonne mercurielle ont trop d'amplitude à cause de la vitesse acquise par la masse du liquide ; 2° l'ascension de la colonne mercurielle est plus rapide que sa descente, de façon que la moyenne numérique entre le maximum et le minimum de hauteur d'une oscillation ne représente pas en réalité la pression moyenne (tension dynamique de Marey).

Marcy interpose alors entre la cuvette sur laquelle s'exerce la pression sanguine et le tube vertical un tube capillaire qui, par sa résistance, diminue l'amplitude des oscillations et donne exactement la pression moyenne. Setschenow remplace le tube capillaire par un robinet qu'on ouvre plus ou moins.

Manomètre différentiel de Claude Bernard (fig. 368). — Cet instrument se compose d'un

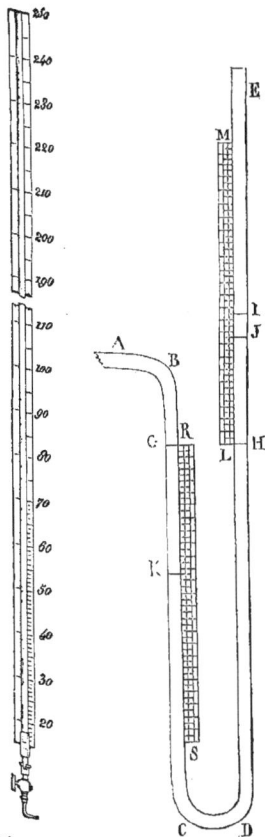

Fig. 365. — *Tube de Hales.*   Fig. 366. — *Hémody-namomètre de Poiseuille.*   Fig. 367. — *Manomètre compensateur de Marcy.*

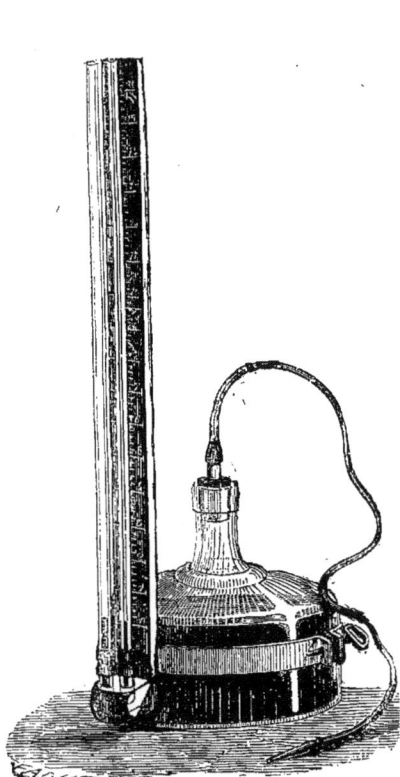

tube recourbé dont les branches parallèles communiquent chacune avec un ajutage et une canule ; les deux canules s'introduisent dans deux artères différentes, ou dans les deux bouts d'une artère, ou dans une artère et une veine, et les différences de niveau des deux colonnes mercurielles indiquent les différences de pression des deux vaisseaux.

Kymographion de Ludwig (fig. 369). — Le kymographion de Ludwig n'est pas autre chose qu'un hémodynamomètre auquel s'ajoute un appareil enregistreur. La branche 3 du manomètre se recourbe et est mise en communication avec l'artère en 9. Dans l'autre branche, 4, flotte sur le mercure un petit cylindre en ivoire qui monte et descend avec le niveau du liquide. A la partie supérieure, ce cylindre est surmonté d'une tige, 5, à laquelle s'attache un pinceau, 7, 8, qui trace sur un cylindre enregistreur les mouvements de va-et-vient du cylindre d'ivoire et du mercure. Pour assurer le contact du pinceau avec le cylindre enregistreur, le flotteur est guidé par un fil à plomb ou par un archet muni d'un crin. Au lieu d'un flotteur on peut adap-ter au tube du manomètre un tube en caoutchouc aboutissant à un tambour à levier.

Le kymographion de Ludwig a été modifié par beaucoup de physiologistes et dans ces derniers temps encore par Jolyet et Marc Laffont.

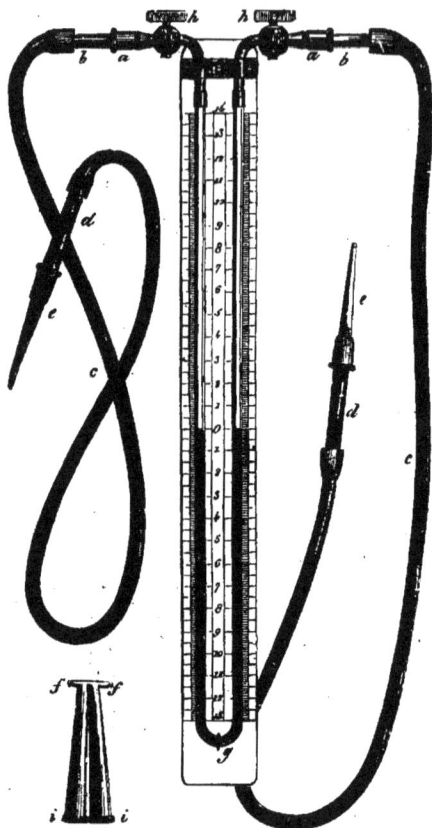

Fig. 368. — *Manomètre différentiel de Cl. Bernard* (*).

Manomètre à mercure inscripteur modifié de François-Franck. — Dans ce manomètre
présenté fig. 370 et 371, les modifications principales sont les suivantes : la fixité du ____
l'instrument a été obtenue en rendant le manomètre mobile le long de l'échelle graduée ____
moyen de l'écrou c, qui produit l'abaissement ou l'élévation de la pièce s qui supporte le ____
nomètre. Le fil à plomb qui guide le flotteur est remplacé par un cheveu g tendu entre ___
points fixes et maintenu par un fil de caoutchouc. Le flotteur est formé par un renflé ___
biconique en caoutchouc durci et surmonté d'une tige d'aluminium. Le manomètre ___
tourner sur un axe vertical par la rotation du disque d sur le disque d' de façon à appl___
facilement la plume écrivante sur le papier. Le tube du manomètre est constitué par un ____
en U dont la courte branche est munie d'un réservoir sphéroïdal de façon que les chan___
ments de niveau dans la longue branche correspondent à la valeur réelle des changeme___

(*) g, tube recourbé à branches parallèles. — h, robinet. — a, pièce pour fixer l'ajutage b. — c, ___
gutta-percha. — d, pièce de cuivre sur laquelle se fixe la canule e, qui s'introduit dans le vaisseau ___
ff, ii, pièce formée de deux canules soudées. Les tubes adossés ff sont mis en rapport avec les deux ___
d'une artère coupée. — Les canules ii s'ajustent aux pièces dd.

pression, au lieu de n'en exprimer que la moitié comme dans les manomètres ordinaires (Comparer avec la fig. 366). François-Franck a fait construire sur le même modèle un *mano-mètre double* permettant l'inscription simultanée de la pression dans deux vaisseaux.

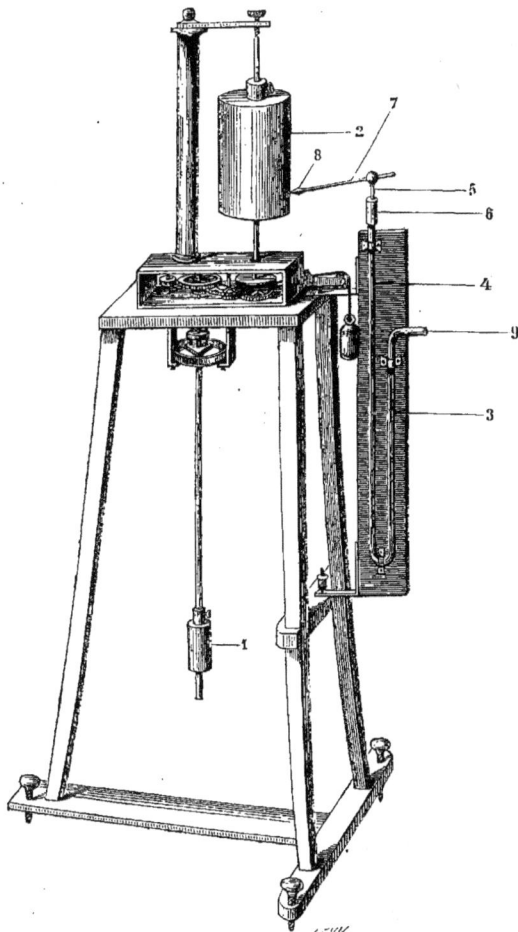

Fig. 369. — *Kymographion de Ludwig.*

C. **Manomètres métalliques**. — *Kymographion de Fick* (fig. 372). — Fick a utilisé pour mesurer la pression sanguine un manomètre construit sur le principe du baromètre de Bourdon. Ce manomètre se compose d'un ressort métallique creux dont l'extrémité fixe communique par un ajutage et une canule avec le vaisseau dont on recherche la pression; l'autre extrémité du ressort est mobile et rattachée à un système de leviers articulés qui mettent en mouvement une pointe écrivante dont les déplacements verticaux enregistrent, en les amplifiant, les déplacements de l'extrémité mobile du ressort.

Manomètre métallique inscripteur de Marey (fig. 373). — A l'intérieur d'un vase métallique plat est placée une capsule de baromètre anéroïde remplie de liquide et s'ouvrant à l'extérieur par un tube qui traverse la paroi du vase enveloppant; ce tube se termine dans un flacon rempli de liqueur alcaline au goulot duquel se rend un ajutage a' muni d'un robinet. Un tube vertical de verre surmonte le vase qui enveloppe le manomètre et par ce tube on verse de l'eau jusqu'à ce qu'on ait rempli le vase et même la moitié du tube. Le niveau de l'eau dans le tube monte ou baisse quand la pression monte ou baisse dans l'intérieur de la capsule.

Pour enregistrer les oscillations du liquide, il suffit d'adapter au tube de verre un tube en caoutchouc qu'on met en rapport avec un tambour à levier. La figure 374 représente l'appareil monté et prêt à fonctionner avec addition d'un petit manomètre à mercure qui donne la valeur absolue de la pression.

Manomètre à cadran de Tatin (fig. 375). — Dans ce manomètre les valeurs absolues des pressions sont indiquées par une aiguille sur un cadran divisé d'après un manomètre à mercure. La transmission du mouvement de la membrane anéroïde M à l'aiguille C se fait au moyen d'un petit couteau coudé L qui fait tourner une hélice formant le pivot de l'aiguille. En même temps les pressions sont transmises à distance à un tambour à levier inscripteur par l'intermédiaire d'une caisse à air comprise dans l'appareil. Ce manomètre est très commode et très pratique ; mais il faut être sûr de sa graduation.

D. **Manomètres élastiques non métalliques**. — *Sphygmoscope* (fig. 387, S). Le *sphygmoscope* de Marey sert à enregistrer la pression dans les artères. Il se compose d'une ampoule en caoutchouc logée dans un manchon de verre ; l'intérieur de l'ampoule communique

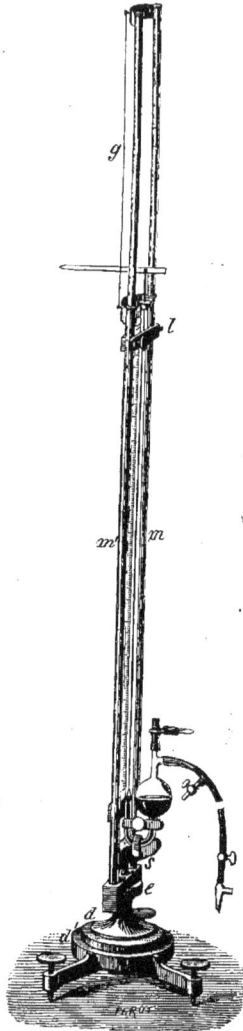

Fig. 370. — *Manomètre inscripteur à mercure de François-Franck.*

Fig. 371. — *Coupe et détail de la partie inférieure du manomètre.*

par un tube avec l'artère dont on recherche la pression, et les mouvements de diastole et de systole de l'artère amènent des mouvements correspondants d'expansion et de retrait de l'ampoule, mouvements qui se transmettent à l'air du manchon et par un tube, 4, au tambour du polygraphe. La fig. 376 donne les graphiques de la pulsation de l'aorte (ligne supérieure) et de la faciale (ligne inférieure) obtenus avec le sphygmoscope.

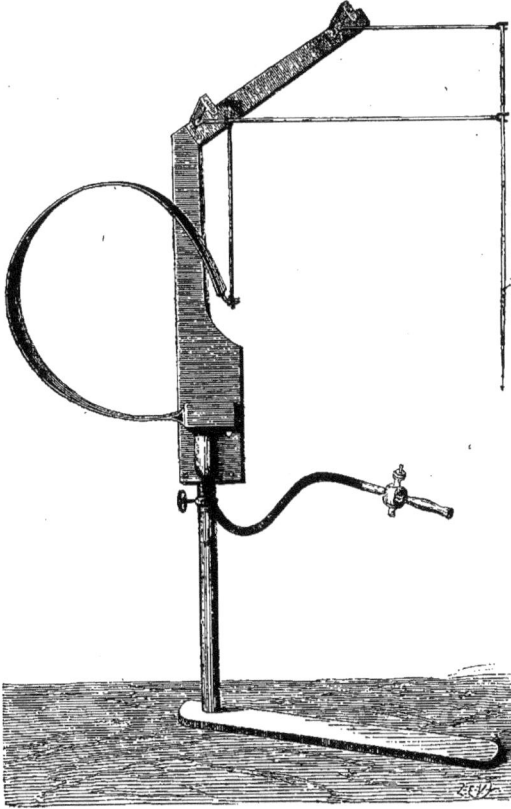

Fig. 372. — *Kymographion de Fick.*

Technique des procédés pour prendre la pression sanguine. — Sans entrer dans les détails d'application des manomètres à mercure et des manomètres élastiques, détails pour lesquels je renvoie aux ouvrages spéciaux (1), je donnerai cependant les renseignements les plus indispensables pour bien comprendre la marche de l'opération. 1° *Préparation du manomètre.* Le manomètre, si c'est un manomètre élastique, ou la branche vasculaire du manomètre à mercure, est rempli d'une solution de carbonate de soude ; l'introduction du liquide est faite de telle façon que l'appareil soit complètement rempli et bien purgé d'air. Une fois l'air chassé on continue à injecter du carbonate de soude pour mettre le manomètre sous pression ; sans cela le sang entrerait dans le tube de transmission et se coagulerait rapidement ; la pression du liquide dans le manomètre doit donc être un peu supérieure à la pression sanguine présumée, mais de très peu supérieure, car autrement il pénétrerait dans le vaisseau de trop fortes proportions de carbonate de soude qui détermineraient des accidents. En général on peut adopter 16 C.Hg. chez le chien, 8 C.Hg. chez le lapin, pour la carotide et la fémorale. Il y a avantage à donner aux *canules* qu'on introduit dans le

(1) Voir surtout : Marey, *Trav. du laborat.*, 1877 ; *Note sur quelques appareils*, par François-Franck.

vaisseau la forme suivante représentée dans la fig. 377 (François-Franck). Grâce à l'ampoule qu'elles présentent, on évite la formation rapide du caillot. Le tube latéral sert à nettoyer

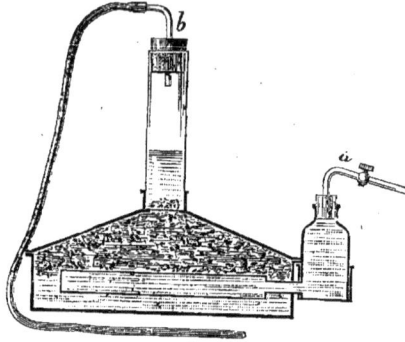

Fig. 373. — *Manomètre métallique inscripteur de Marey.*

la canule et à en chasser le caillot qui peut s'être formé sans avoir besoin de l'enlever et d'arrêter l'opération. Le *tube de transmission* doit être court et large ; on peut employer un

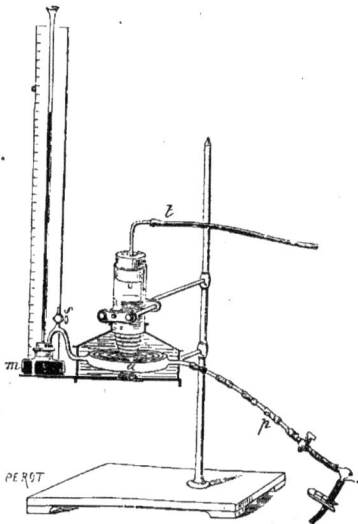

Fig. 374. — *Manomètre métallique, monté et prêt à fonctionner.*

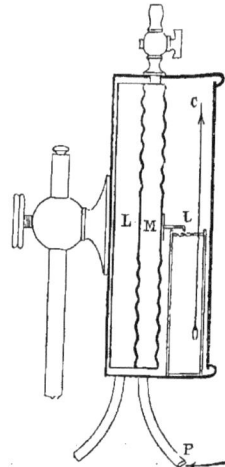

Fig. 375. — *Manomètre à cadran de Tatin.*

tube à chaînette comme celui qui est représenté dans la figure 374 et qui se compose de courts tubes de verre et de caoutchouc mis bout à bout. — 2° *Mise à nu et préparation du vaisseau.* Le vaisseau, artère par exemple, est mis à nu par les procédés ordinaires ; on le lie et on pose entre le cœur et la ligature un compresseur, soit une pince presse-artères, soit, ce qui vaut mieux, un petit compresseur du modèle de la figure 378 qui a l'avantage de ne pas broyer les tuniques du vaisseau. On a donc un segment d'artère compris entre la ligature et le compresseur et qui doit être assez long pour permettre facilement l'introduction de la canule. — 3° *Introduction et fixation de la canule.* On fait une incision à l'artère avec des ciseaux fins et on introduit avec précaution la canule, en prenant soin qu'aucune bulle d'air ne pénètre dans le vaisseau ; la canule est ensuite fixée par une ligature qu'on assure par

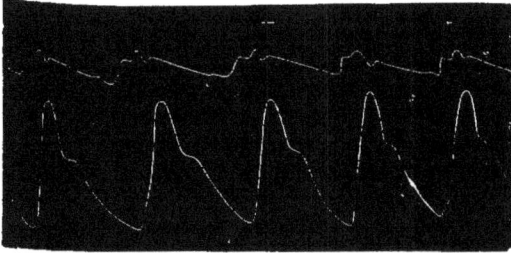

Fig. 376. — *Graphique de la pulsation de l'aorte et de la faciale.* (Marey.)

un nœud autour de la branche perpendiculaire de la canule. — 4° *Mise en marche de l'appareil.* Tout étant ainsi préparé, on ouvre le robinet de communication de la canule et du manomètre et on enlève le compresseur. — Les animaux seront de préférence à jeun et endormis ou immobilisés par les procédés généraux indiqués dans la technique physiologi-

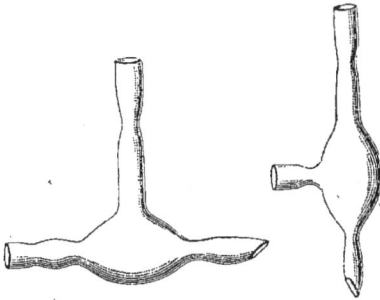

Fig. 377. — *Canules pour les artères du chien et du lapin.*

que. La figure 379 donne le tracé de la pression fémorale chez le chien. La mesure et l'enregistrement de la pression dans les *veines* présentent de très grandes difficultés.

Procédés pour prendre la pression dans les capillaires. — *Procédé de v. Kries.* On applique sur la peau des lames de verre de 2,5 à 5 millimètres carrés, chargées de poids,

Fig. 378. — *Compresseur de François-Franck* (*).

jusqu'à ce que la peau pâlisse. — *Procédé de Roy et Graham.* Ce procédé, qui présente certaines analogies avec l'appareil d'Holmgren pour la circulation pulmonaire, consiste à observer la circulation dans les capillaires (de la membrane interdigitale de la grenouille, par exemple) pendant qu'on les soumet à des pressions mesurables et variables.

(*) F, branche femelle embrassant l'artère. — M, branche mâle. — B, bouton mobile tournant autour et en dedans de la saillie V et servant à fixer la branche mâle.

Mesure de la pression du sang chez l'homme. — 1° *Procédé de v. Kries;* ce procédé a été mentionné plus haut. — 2° *Procédé de Marey.* Marey a essayé de mesurer la pression du sang chez l'homme par la valeur manométrique de la contre-pression qui empêcherait l'abord du sang dans les tissus. Il employa d'abord, comme dans l'appareil de Mosso (page 1025), un cylindre dans lequel était placé l'avant-bras et dans lequel la contre-pression

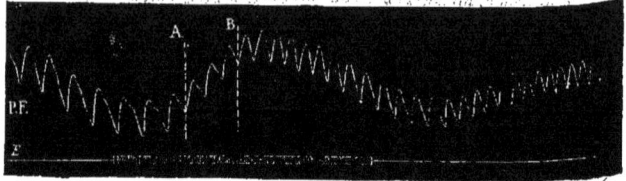

Fig. 379. — *Tracé de la pression fémorale chez le chien.*

était faite, soit par l'air, soit par l'intermédiaire de l'eau (*Trav. du labor.*, 1876, p. 312). Récemment il a employé un appareil plus simple et le doigt seul est plongé dans le liquide. L'appareil se compose d'un tube qui reçoit le doigt enveloppé lui-même d'un petit sac de caoutchouc très mince qui se réfléchit sur les bords du tube et est fortement lié à l'extérieur de celui-ci. Un manchon de taffetas inextensible est lié par dessus le caoutchouc qu'il empêche de faire hernie. Le tube, rempli d'eau et bien purgé d'air, est en rapport, d'une part avec un manomètre qui indique la valeur de la pression à laquelle le doigt est soumis, et d'autre part avec une pelote remplie d'eau et qu'on peut comprimer plus ou moins. Avec cet appareil il est impossible, même en portant la contre-pression jusqu'à 28 et 30 centimètres de mercure, d'éteindre les oscillations du mercure et cependant ces chiffres sont certainement supérieurs à la pression du sang. Ces oscillations sont dues évidemment aux mouvements de totalité imprimés à l'appareil par la pulsation des tissus non immergés dans l'appareil. Ce procédé ne peut donc donner le *maximum* de la pression sanguine; mais il peut indiquer le point auquel la pression intérieure du sang et la pression intérieure de l'eau se font équilibre; c'est le moment où les oscillations du mercure sont à leur maximum d'amplitude. On obtient ainsi théoriquement la valeur de la pression que donnerait un manomètre appliqué aux artères collatérales du doigt plongé dans l'appareil. — 3° *Sphygmomanomètre de v. Basch.* L'appareil de v. Basch repose sur le principe suivant : quand un tube élastique est parcouru par un courant de liquide sous une certaine pression, 1000 millimètres d'eau par exemple, il faut pour interrompre le courant une pression extérieure de 1000 millimètres d'eau augmentée de la pression nécessaire pour aplatir le tube s'il était vide. Si cette dernière pression est très faible et c'est le cas pour les artères, on peut mesurer la pression intérieure par la pression extérieure nécessaire pour interrompre le courant. L'appareil de v. Basch, pour les détails duquel je renvoie au mémoire original, se compose d'une pelote élastique remplie de liquide qui presse sur l'artère; la valeur de la pression est donnée par un manomètre à mercure et prise au moment où la pulsation est interrompue dans l'artère en aval de la pelote. Une controverse s'est élevée dans ces derniers temps entre v. Basch et Waldenburg sur la valeur de ce procédé.

D'une façon générale, la pression sanguine diminue du cœur aux capillaires et des capillaires au cœur; elle atteint son maximum dans le ventricule au moment de la systole, son minimum dans l'oreillette au moment de la diastole, et peut même dans l'oreillette et les grosses veines être négative, c'est-à-dire tomber au-dessous de la pression atmosphérique. La courbe de la figure 380 représente les différences de pression dans les différents segments du système vasculaire.

Pression artérielle. — Chez l'homme, la pression dans la carotide peut être évaluée à 16 centimètres de mercure; elle est de 28 centimètres chez le cheval, de 15 chez le chien, de 5 à 9 chez le lapin. Elle est plus faible dans les petites artères plus éloignées du cœur, quoique Poiseuille, par suite de l'imperfection des instruments qu'il employait, l'ait trouvée égale partout. L'on applique sur deux artères également distantes du cœur, les deux crurales par exemple, le manomètre différentiel de Cl. Bernard ; le mercure reste immobile en équilibre dans les deux branches ; si on l'applique sur des artères inégalement éloignées du cœur, le mercure baisse dans la branche correspondante à l'artère la plus rapprochée et monte dans l'autre. Ainsi dans la figure 376, qui représente le tracé de la pulsation dans l'aorte et dans la faciale chez le cheval, la courbe de l'aorte (courbe supérieure) présente une plus forte tension que celle de la faciale (courbe inférieure).

La pression artérielle en un point donné subit des variations périodiques qui se traduisent par des oscillations de la colonne mercurielle et par une ascension de la courbe obtenue par les appareils enregistreurs. Cette pression aug-

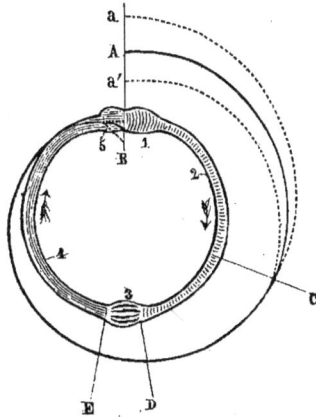

Fig. 380. — *Courbe des pressions dans le système vasculaire* (*).

mente au moment de la systole ventriculaire, baisse au moment de la diastole, et ces variations sont d'autant plus prononcées que les artères sont plus rapprochées du cœur. A une petite distance des capillaires, la pression reste constante en un point donné et la colonne mercurielle demeure immobile. Les oscillations périodiques de la pression artérielle, bien visibles aux redoublements saccadés que présente le jet sanguin d'une grosse artère, varient entre 5 et 10 millimètres de mercure, et la moyenne numérique du maximum et du minimum de pression donne la pression moyenne du sang artériel en un point donné, avec les réserves faites plus haut au sujet du manomètre compensateur de Marey. On peut l'obtenir encore au moyen des courbes graphiques par le procédé de Volkmann (voir : *Technique physiologique*). Ces oscillations permettent de distinguer la *pression constante* et la *pression variable ;* si par exemple le mercure oscille entre 20 et 24 centimètres, 20 représentera la pression constante, 24 la pression variable.

La pression artérielle est soumise à deux forces antagonistes : 1° l'action impulsive du cœur qui pousse le sang avec plus ou moins de force ; 2° l'action modératrice des petits vaisseaux qui, en se resserrant plus ou moins énergiquement, retiennent le sang dans les artères en le laissant passer dans les veines.

(*) 1, ventricule. — 2, artères. — 3, capillaires. — 4, veines. — 5, oreillette. — De A en C, ligne de pression dans les grosses artères ; de C en D, dans les petites artères ; de D en E, dans les capillaires ; de E en B, dans les veines. Les lignes ponctuées a C, a' C, indiquent la pression au moment de la systole ventriculaire (a C) et de la diastole (a' C) ; à partir de C, la pression sanguine est uniforme jusque dans l'oreillette.

Il ne faut pas confondre la pression moyenne en un point donné dont il a été parlé plus haut avec la pression moyenne du sang dans le système artériel. Celle-ci ne peut s'obtenir qu'en prenant la moyenne des pressions dans des artères différentes et inégalement distantes du cœur. La pression artérielle moyenne dépend directement de la quantité de sang contenue dans les artères et par suite du calibre total du système artériel. Toute diminution de calibre, quelle que soit sa cause (obstacle mécanique, ligature d'un vaisseau, contraction musculaire des parois artérielles, etc.) fait hausser la pression artérielle moyenne ; toute augmentation de calibre a un effet inverse. Cette pression augmente avec l'énergie des battements du cœur.

L'influence de la pression artérielle sur la fréquence du pouls a été très controversée ; Marey a prouvé cependant que, toutes choses égales d'ailleurs du côté de l'innervation, la fréquence du pouls est en rapport inverse de la pression artérielle ; si la pression artérielle augmente, le nombre des pulsations diminue. L'expérience de Marey consiste à prendre un cœur de tortue qui continue à battre, et à le mettre en rapport avec un système de tubes ; quand on augmente la pression, en rétrécissant les tubes, le nombre des pulsations diminue ; de là cette conclusion : « qu'en « l'absence de toute communication avec les centres nerveux, le cœur bat « d'autant plus vite qu'il dépense moins de travail à chacun de ses « battements ».

Outre ces oscillations périodiques dues à l'action ventriculaire, il en est d'antres isochrones aux mouvements respiratoires et qui seront étudiées plus loin (voir : *Rapports de la circulation et de la respiration*).

Chez l'homme, v. Basch a trouvé pour la radiale de 125 à 180 millim. de mercure.

Pression dans les capillaires. — La pression dans les capillaires ne peut être mesurée directement ; elle doit être intermédiaire entre la pression artérielle et la pression veineuse, mais on ne peut lui assigner une valeur certaine. Cette pression sera donc sous la dépendance immédiate des tensions artérielle et veineuse, baissant quand ces tensions baissent, augmentant quand elles augmentent. C'est cette pression des capillaires qui règle la transsudation du plasma sanguin à travers les parois des capillaires et par suite la formation de la lymphe et les échanges du sang avec les tissus.

Les procédés récents, indiqués page 1047, ont cependant permis de donner des chiffres pour la pression dans les capillaires ; mais ces chiffres ne peuvent être encore admis qu'avec réserve. V. Kries a trouvé 37,7 millim. de mercure pour la peau de la dernière phalange. Roy et Graham, avec leur appareil, ont vu la circulation s'arrêter dans la membrane interdigitale sous une pression de 200 à 350 millim. d'eau.

Pression veineuse. — Les mesures des pressions veineuses sont beaucoup moins constantes que celles des pressions artérielles ; cependant un résultat incontestable, c'est que la pression dans les veines voisines du cœur est le 10e ou le 20e de la pression dans les artères correspondantes, et que dans la diastole auriculaire elle peut même tomber au-dessous de 0 (pression négative). Jacobson a trouvé sur le mouton — 1 millimètre de mercure dans la veine innominée gauche, la jugulaire et la sous-clavière gauche, + 0,2 dans la jugulaire droite, + 3 dans la veine faciale externe, + 5 dans la faciale interne, + 11 dans la veine crurale. La pression veineuse ne présente pas de variations périodiques isochrones aux changements de pression du cœur ; cependant il y a dans les gros troncs veineux du cou une très légère diminution de pression au moment de la diastole auriculaire, et une augmentation légère au moment de la systole (Weyrich).

La pression veineuse moyenne augmente par les mêmes causes que la pression artérielle ; seule l'action du cœur produit un effet inverse ; l'énergie des pulsations du cœur diminue la pression veineuse en amenant une déplétion plus rapide et plus complète du système veineux.

Pression cardiaque. — La pression du sang dans les cavités du cœur est celle qui présente les plus grandes inégalités (voir fig. 380), surtout dans les ventricules. Chauveau et Marey ont trouvé chez le cheval 128 millimètres dans le ventricule gauche, 25 millimètres dans le ventricule droit, 2mm,5 dans l'oreillette droite. C'est qu'en effet *la pression dans le système pulmonaire* est beaucoup plus faible que dans la grande circulation. On a trouvé de 10 à 30 millimètres dans l'artère pulmonaire (Ludwig). Fick et après lui Gradle avaient cru trouver que la pression dans l'aorte était supérieure à la pression dans le ventricule gauche ; mais Marey a montré qu'il y avait là une erreur due à l'imperfection de l'appareil employé.

On a vu, au début du chapitre, que la quantité de sang est plus considérable que le calibre *naturel* de l'appareil vasculaire abandonné à son élasticité ; le sang distend donc les parois des vaisseaux et s'y trouverait par conséquent, même en supposant le cœur immobile et la circulation arrêtée, à un certain degré de tension. On a cherché à évaluer cette tension en chloroformant un animal et produisant chez lui l'arrêt du cœur par la galvanisation du pneumo-gastrique ; on a vu alors la pression baisser dans les artères, hausser dans les veines et un équilibre général de tension s'établir, équivalent à peu près à 10 millimètres de mercure (Brunner, Einbrodt). Cette tension, appelée par quelques auteurs pression moyenne, mais qu'il vaut mieux appeler *pression de réplétion* du système vasculaire, baisse après la mort, et cet abaissement est dû à la diminution de la quantité de sang par transsudation du sérum et au relâchement des parois vasculaires.

Bibliographie. — HALES : *Haemastatique*, 1744. — SPENGLER : *Ueber die Stärke des arteriellen Blutstroms* (Müller's Arcb., 1844). — MOGK : *Ueber die Stromkraft des venosen Blutes* (Zeit. für rat. Med., 1845). — FREY : *Von den verschiedenen Spannungsgraden der Lungen Arterie* (Arch. für phys. Heilk., 1846). — VOLKMANN : *Die Hämodynamik*, 1850.

— Butner : *Ueber die Strom und Druckkraft des Blutes in den Arteria und Vena pul-monalis* (Zeit. für rat. Med., 1853). — Brunner : *Ueber die Spannung des ruhenden Blutes im lebenden Thiere* (id., 1854). — Gall : *Die Spannung des Arterienblutes in der Æther und Chloroform-Narcose*, 1856. — Vierordt : *id.* (Arch. für phys. Heilk., 1856). — Redtenbacher : *Zur Kritik des Hämadynamometers* (Arch. für phys. Heilk., 1857). — Marey : *Des causes d'erreur dans l'emploi des instruments pour mesurer la pression san-guine* (Gaz. méd., 1859). — Poiseuille : *Sur la pression du sang dans le système arté-riel* (Comptes rendus, 1860). — Setschenow : *Eine neue Methode die mittlere Grösse des Blutdruckes in den Arterien zu bestimmen* (Zeit. für rat. Med., 1861). — Chauveau et Marey : *De la force déployée par la contraction des différentes cavités du cœur* (Gaz. méd., 1863). — Strelzoff : *De l'influence de l'inanition sur la tension du sang* (Gaz. méd., 1864). — Schummer : *Vergleich. Prüfung der Pulswellenzeichner von Ludwig und Fick*, 1867. — Poiseuille : *Sur la pression du sang dans le système artériel* (Comptes rendus, 1868). — Fick : *Ueber die Schwankungen des Blutdrucks in verschiedenen Abschnitten des Gefässsystems* (Verhandl. d. phys. med. Ges. in Würzburg, 1872). — G. Hoggan : *On the erectile action of the blood-pressure in inspiration*, etc. (Ed. med. journ., 1872). — Badoud : *Ueber den Einfluss des Hirns auf den Blutdruck in der Lungenarterie*, 1874. — Walter Müller : *Die Abhangigkeit des arteriellen Druckes von der Blutmenge* (Ber. d. sächs. Akad., 1873). — Schiff : *Ueber die Methode der Messung des Venendrucks*, etc. (Arch. für exper. Pat., 1874). — Landois : *Hämautographie* (Arch. de Pflüger, t. IX). — Hornu : *Unt. über die Blutdruckverhältnisse im grossen und kleinen Kreislaufe* (Wien. med. Jahrb., 1875). — V. Kries : *Ueber den Druck in den Blutcapillaren der menschlichen Haut* (Ber. d. sächs. Akad., 1875). — V. Basch : *Die volumetrische Bestimmung des Blutdrucks am Menschen* (Wien. med. Jahrb., 1876). — Gradle : *Unt. über die Spannungsunterschiede zwischen dem linken Ventrikel und der Aorta* (Wien. Akad. Sitzungsber., 1876). — Fyss : *Ein neuer Wellenzeichner*, 1877. — Luciani : *Delle oscillazioni della pressione intratoracica e intraddominale*, 1877. — Marey : *Pression et vitesse du sang* (Trav. du laborat., 1875-76). — Goltz et Gaule : *Ueber die Druckverhältnisse im Innern des Herzens* (Arch. de Pflüger, t. XVII, 1878). — François-Franck : *Note sur quelques appareils*, etc. (Trav. du labor. de Marey, 1877). — Roy et Graham Brown : *Neue Methode, den Blutdruck zu messen* (Arch. für Physiol., 1878). — Marey : *Moyen de mesurer la valeur manométrique de la pression du sang chez l'homme* (Comptes rendus, 1878). — V. Kries : *Ueber die Bestimmung des Mitteldruckes durch das Quecksilbermanometer* (Arch. für Physiol., 1878). — Pawlow : *Ueber die normalen Blutdruckschwankungen beim Hunde* (Arch. de Pflüger, t. XX, 1879, en russe). — Cybulsky : *Ueber den Einfluss der Lage der Körpers auf den Blutdruck*, etc. (en russe, anal. dans : Hofmann Jahresber., 1879). — Mordhorst : *Ueber den Blutdruck im Aorten-system*, etc. (Arch. für Physiol., 1879). — Marey : *Rech. sur la tension artérielle* (Trav. du labor., t. IV, 1878-79). — Id. : *Nouv. recherches sur la mesure manométrique de la pression du sang chez l'homme* (Trav. du labor., t. IV, 1878-79). — François-Franck : *Ma-nomètre à mercure inscripteur modifié* (Marey ; Trav. du labor., t. IV, 1878-79). — V. Basch : *Ein einfaches Verfahren, den Blutdruck an uneröffneten Arterien zu messen* (Arch. für Physiol., 1880). — Waldenburg : *Entgegnung*, etc. (id.). — V. Basch : *id.* (id.). — Gad : *Ueber Athemschwankungen des Blutdruckes* (id.). — V. Basch : *Ueber die Messung des Blutdrucks am Menschen* (Zeit. für klin. Med., t. II).

E. — *Vitesse du sang.*

Appareils pour mesurer la vitesse du sang. — *Hémodromomètre de Volkmann* (fig. 381). — Cet instrument se compose d'un tube métallique court, 1, 4, sur lequel s'em-branche un tube de verre en U, 2, 3, rempli d'une solution alcaline incolore. Deux robinets à trois voies permettent, suivant leur jeu, d'interposer le tube en U dans le trajet du tube métallique, comme en C, ou de l'en isoler tout à fait, comme en B. On tourne d'abord les robinets dans la position B, et on réunit les extrémités 1 et 4 du tube court aux deux bouts du vaisseau ; le sang coule de 1 en 4 ; on tourne alors rapidement les robinets dans la posi-tion C ; le sang ne peut passer directement de 1 en 4 et est obligé de traverser le tube en U ; il s'y mêle à la solution alcaline qu'il rougit et on voit au changement de coloration quand il a parcouru le tube en entier et combien il a mis de temps à le parcourir. Comme on connaît la longueur du tube on en déduit facilement la vitesse du sang.

Appareil de Ludwig et de Dogiel (fig. 382). — Cet appareil est d'un maniement plus facile et plus rapide que le précédent, sur le principe duquel il est construit. Deux ampoules de verre 1 et 2, de capacité déterminée, communiquent entre elles par un tube, 3, et à leur autre extrémité communiquent avec deux tubes, 7 et 7', qui s'adaptent aux deux bouts d'un artère, ou d'une veine par les ajutages 8 et 9. Les ampoules sont supportées par un disque, 5, 5', qui peut tourner sur le disque inférieur 6, 6' de façon que chacune des ampoules peut

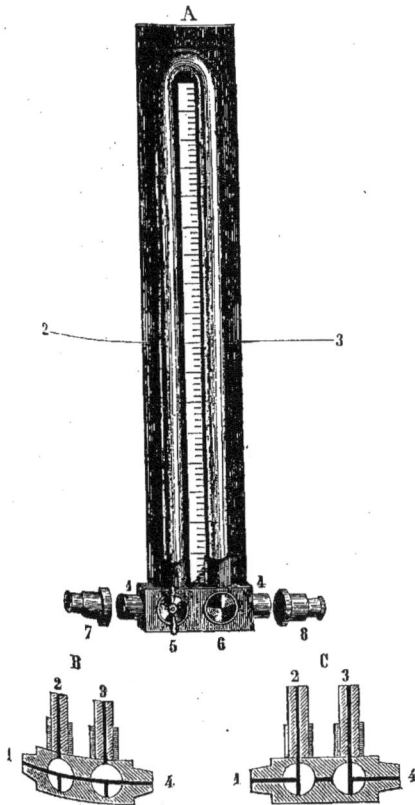

Fig. 381. — Hémodromomètre
de Volkmann.

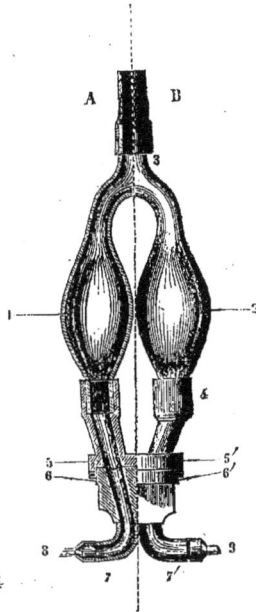

Fig. 382. — Appareil de Ludwig et
Dogiel pour mesurer la vitesse du sang.

se trouver en communication alternativement avec le tube 7 et avec le tube 7'. Avant l'opération, on remplit l'ampoule 1 de sang défibriné, l'ampoule 2 d'huile, et on met en rapport (l'appareil étant dans la position indiquée dans la figure) le tube 7' avec le bout central de l'artère, et le tube 7 avec le bout périphérique. Le sang arrive par 7' et pousse l'huile de l'ampoule 2 dans l'ampoule 1, dont le sang défibriné passe dans le bout périphérique de l'artère. On note l'instant où le sang de l'artère arrive dans l'appareil et l'instant où le sang a rempli l'ampoule 2, jusqu'à un trait marqué d'avance. On a ainsi le temps qu'une quantité de sang correspondante à la capacité de l'ampoule a mis à traverser l'artère, il est facile d'en déduire la vitesse du courant. On recommence en- Fig. 383. — Hémotacho-
suite l'opération en tournant le disque 5, 5'; l'ampoule 1, remplie mètre de Vierordt.
d'huile, communique alors avec le tube 7' et avec le bout central de
l'artère, l'ampoule 2 remplie de sang avec le bout périphérique de l'artère. On peut répéter ainsi successivement plusieurs fois l'opération pour en contrôler l'exactitude.

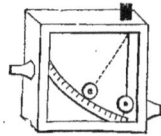

Hémotachomètre de Vierordt (fig. 383). — Cet appareil se compose d'une cage rectangulaire dont les parois opposées sont formées par une glace transparente ; le sang y arrive par l'ajutage situé à droite de la figure et sort par celui de gauche ; mais, avant de sortir, le courant sanguin déplace un petit pendule terminé par une boule d'argent munie de deux pointes qui touchent sans frottement les deux glaces et permettent, malgré l'opacité du sang, de voir les mouvements du pendule. La déviation du pendule, indiquée sur un cercle gradué, mesure la vitesse du sang. Vierordt a complété son appareil en le transformant en appareil enregistreur.

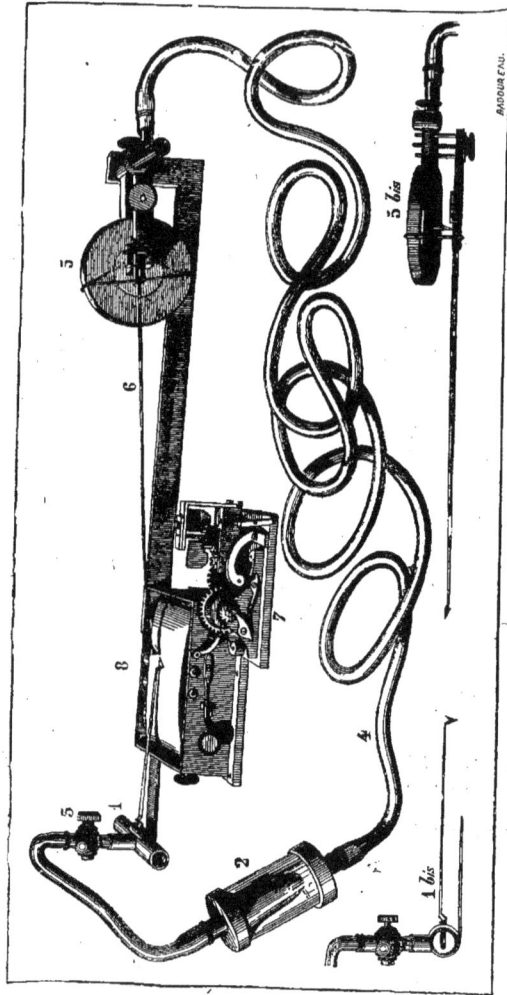

Fig. 384. — *Hémodromographe de Chauveau et Lortet.*

Hémodromographe de Chauveau et Lortet (fig. 384). — La figure représente l'hémodromographe combiné au sphygmoscope de Marey. Un tube en cuivre, 1, s'adapte par ses deux bouts au vaisseau sur lequel on veut expérimenter ; vers le milieu de ce tube se trouve une fenêtre exactement fermée par une membrane en caoutchouc ; cette membrane est traversée, comme le montre la figure 1 *bis*, par une aiguille qui fait saillie à l'intérieur du tube et dont l'autre extrémité se termine par une pointe écrivante qu'on met en communication avec le papier d'un appareil enregistreur, 8. Le courant sanguin, passant par le tube, dévie l'aiguille et la déviation s'inscrit sur le papier qui se déroule dans l'appareil enregistreur. Le sphygmoscope 2 communique d'autre part avec un tambour à levier 5, et le levier 6 inscrit simultanément les variations de pression dans l'artère. C'est avec cet appareil qu'a été prise la figure 391. Dans une autre disposition de l'appareil (fig. 385), au lieu de recueillir directement sur le papier enregistreur les oscillations de l'aiguille hémodromométrique, Chauveau fit agir cette aiguille sur la membrane d'un tambour à T ou T' de façon à transmettre les variations de vitesse du sang à distance.

Hémodromographe de Chauveau (nouveau modèle) (fig. 386 et 387). — Dans l'intérieur du tube T qu'on introduit dans une artère, le sang rencontre une palette P qui termine une longue aiguille L, située à l'intérieur d'un réservoir cylindrique ; au bas du réservoir, l'aiguille traverse une membrane de caoutchouc m et s'échappe au dehors ; cette extrémité inférieure L, seule apparente dans la figure 387, se relie avec la membrane d'un tambour à air. Un sphygmoscope S est rattaché à l'appareil et donne la pression.

Appareil de Marey. Tubes de Pitot. — Si dans un tube T (fig. 388), dans lequel le liquide coule dans

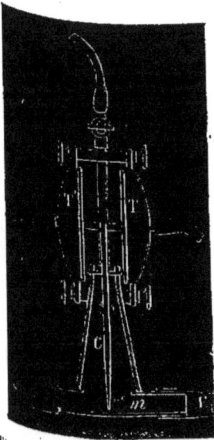

Fig. 385. — *Hémodromographe de Chauveau avec transmission à distance.*

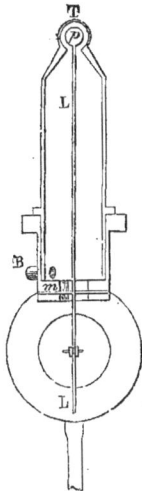

Fig. 386. — *Coupe de l'hémodromographe.*

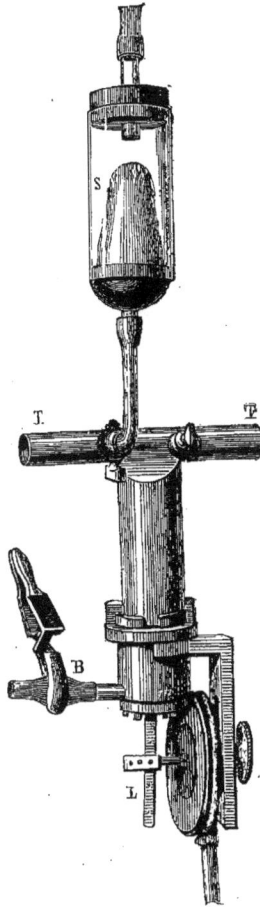

Fig. 387. — *Hémodromographe de Chauveau (dernier modèle).*

la direction des flèches, on engage deux tubes de Pitot orientés comme dans la figure, le niveau dans le tube P' est supérieur à celui des piézomètres, il est inférieur dans le tube P₂ au contraire ; si maintenant les deux tubes P₁ et P₂ sont reliés par des tubes de caoutchouc (fig 389 et 390) chacun avec un tambour à air et que ces deux tambours actionnent à leur tour un troisième tambour, on pourra inscrire facilement les vitesses d'écoulement. L'appareil, très utile pour étudier la vitesse des liquides dans les appareils schématiques, n'a pu être appliqué encore aux artères à cause de la coagulation du sang.

Mesure de la vitesse du sang dans les capillaires. — Cette vitesse s'apprécie facilement au microscope ; il suffit de compter le temps qu'un globule sanguin met à parcourir un espace donné mesuré au micromètre. Vierordt a employé pour la mesurer la vision entoptique des mouvements des globules dans les capillaires de la rétine (voir *Vision*).

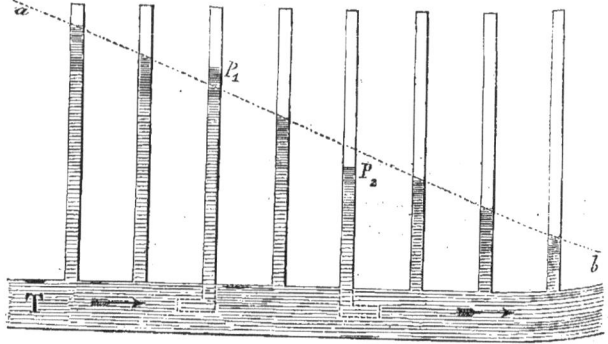

Fig. 388. — *Tubes de Pitot.*

Procédé pour mesurer la vitesse de la circulation. — *Procédé d'Héring.* On injecte dans une veine jugulaire du ferro-cyanure de potassium et on recueille le sang de la jugulaire, du côté opposé, de 5 secondes en 5 secondes, puis on examine chaque portion

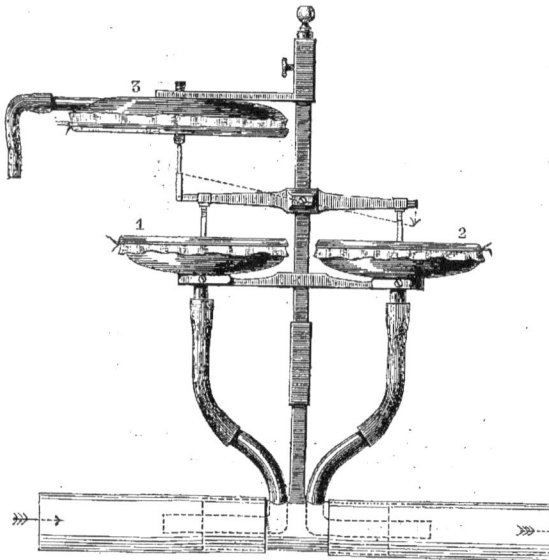

Fig. 389. — *Appareil de Marey pour inscrire la vitesse des liquides.*

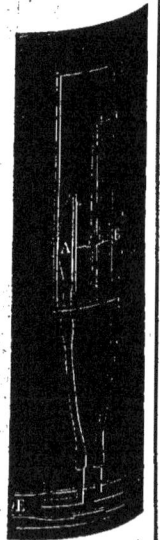

Fig. 390. — *Le même modifié.*

tion du sang recueilli avec le perchlorure de fer; un précipité de bleu de Prusse indique à quel moment le sang recueilli contenait le ferro-cyanure et par conséquent combien il a fallu de temps à la substance injectée pour parcourir le circuit vasculaire. Vierordt a perfectionné le procédé en adaptant les vases destinés à recueillir le sang au disque tournant d'un appareil enregistreur ; il recueille ainsi le sang de demi-seconde en demi-seconde. Blake, et tout récemment Rosapelly dans ses recherches sur la circulation du sang ont employé le procédé d'Héring.

La vitesse du sang est en raison inverse du calibre total des vaisseaux ; ainsi elle est la plus forte dans l'aorte, elle diminue dans ses branches, atteint son [minimum dans les capillaires dont la section totale est 800 fois celle de l'aorte, et augmente dans les veines pour atteindre dans les gros troncs veineux une vitesse assez forte, mais toujours inférieure à celle des grosses artères et de l'aorte. Les chiffres suivants indiquent, en millimètres, les vitesses du sang par seconde dans les différentes parties de l'appareil vasculaire :

	CHEVAL.	CHIEN.
Artère carotide..	300	260
— maxillaire..	165	—
— métatarsienne..................................	56	—
Capillaires..	0,5 à 0,8	—
Veine jugulaire..	100 (?)	—
Veines caves..	110 (?)	—

Tandis que, dans les petites artères, les capillaires et les veines, la vitesse est constante et uniforme, il n'en est plus de même dans les artères et spécialement dans les grosses; chaque systole ventriculaire y amène une accélération de vitesse (voir fig. 391). En outre, dans les grosses veines les plus rapprochées du cœur, la respiration est une deuxième cause de variations rythmiques dans la vitesse du sang.

Les causes qui font varier la vitesse du sang sont: 1° les différences de pres-

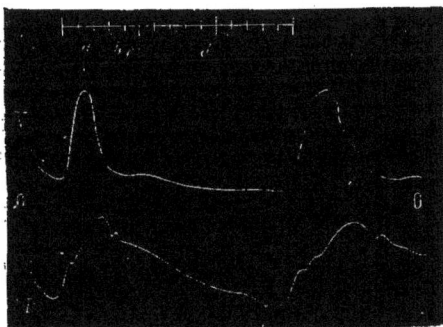

Fig. 391. — Graphiques de la vitesse et de la pression dans la carotide du cheval (Lortet).

sion entre l'origine et la terminaison du système vasculaire ; mais la pression moyenne du sang n'a aucune influence, on peut augmenter ou diminuer cette

BEAUNIS. — Physiologie, 2e édit. 67

pression par une injection ou par une saignée sans changer la vitesse du courant; 2° l'énergie du cœur ; 3° les obstacles sur le trajet du courant sanguin et surtout les changements de calibre des vaisseaux, changements qui sont sous l'influence de l'innervation ; 4° la qualité du sang ; certaines substances (addition de sels alcalins neutres) activeraient la vitesse du sang (Aronheim). Il n'y a pas de rapport constant entre la fréquence des battements du cœur et la vitesse du sang.

Les rapports entre la pression et la vitesse du sang dans un vaisseau se voient bien sur les tracés pris avec l'hémodromographe de Chauveau et Lortet, ainsi dans la figure 391 qui donne le tracé de la vitesse V et de la pression P dans la carotide du cheval. On voit que la vitesse atteint son maximum *a* dès les premiers temps de la systole ventriculaire et commence à décroître un peu avant la pulsation de l'artère ; puis le courant se ralentit, se rapproche de la ligne du zéro, O, et présente une légère recrudescence coïncidant avec le dicrotisme du pouls.

Pour la vitesse comme pour la pression, deux facteurs principaux interviennent, d'une part l'énergie du cœur qui fait varier, *dans le même sens*, la vitesse et la pression, d'autre part les résistances périphériques dans les capillaires qui les font varier *en sens contraire*. Le tableau suivant résume les cas divers qui peuvent se présenter :

FACTEURS.		RÉSULTATS.	
ÉNERGIE DU CŒUR.	RÉSISTANCES PÉRIPHÉRIQUES.	PRESSION.	VITESSE.
Constante.............	Augmentées.	Augmente.	Diminue.
	Diminuées.	Diminue.	Augmente.
	Constantes.	Augmente.	Augmente.
Augmentée...........	Augmentées.	Augmente.	Ne varie pas.
	Diminuées.	Ne varie pas.	Augmente.
	Constantes.	Diminue.	Diminue.
Diminuée.............	Augmentées.	Ne varie pas.	Diminue.
	Diminuées.	Diminue.	Ne varie pas.

Durée de la circulation. — On peut appeler *vitesse* ou *durée de la circulation* le temps qu'une molécule sanguine met à parcourir complètement le circuit vasculaire (grande et petite circulation), qu'un globule sanguin, par exemple, parti du ventricule, met à revenir à ce ventricule. *A priori*, il est évident que cette durée variera suivant la longueur du circuit à parcourir, et qu'un globule sanguin parti du ventricule gauche et qui passera par les capillaires du pied mettra plus de temps pour revenir au ventricule que le globule qui ne parcourra que l'artère coronaire, les capillaires du cœur et la veine coronaire. Cependant on a cherché à apprécier la *vitesse moyenne de la circulation* en prenant une longueur de circuit vasculaire intermédiaire entre ces deux extrêmes. D'après les expériences d'Héring, répétées par Vierordt, cette vitesse pour la circulation des veines jugulaires est de 16 secondes chez le chien, de 23 secondes approximativement chez l'homme, c'est-à-dire qu'en 23 secondes, une molécule partie de la veine jugulaire revient à son point de départ. Pour les veines crurales on obtient 2 secondes de plus. Cette vitesse de la circulation explique la rapidité avec laquelle les substances introduites dans le sang, les poisons par exemple, se répandent dans l'organisme.

Chez un individu donné, la fréquence du pouls diminue avec la vitesse de la circulation, à moins que la fréquence ne soit extrême, auquel cas, cette vitesse, au lieu de diminuer, augmente.

Il y a donc un rapport entre la fréquence des battements du cœur et la vitesse de la circulation, et Vierordt a trouvé que chez la plupart des espèces animales la vitesse de la circulation est égale au temps pendant lequel le cœur fait 27 pulsations. C'est ce que montre le tableau suivant emprunté à Vierordt :

	Poids du corps en grammes.	Fréquence du pouls par minute.	Nombre de pulsations pendant la durée de la circulation.
Cobaye	222	320	23,7
Chat	1,312	240	26,6
Hérisson	911	189	23,8
Lapin	1,434	220	28,5
Chien	9,200	96	26,7
Cheval	388,000	55	28,8
Poule	1,332	354	30,5
Buse	693	282	31,6
Canard	1,324	163	28,9
Oie	2,812	144	26,0

Bibliographie. — Hüttenheim : *Observ. de sanguinis circulatione hæmadromometri ope institutæ*, 1846. — Volkmann : *Hämodynamik*, 1850. — Vierordt : *Die Erscheinungen und Gesetze der Stromgeschwindigkeiten des Blutes*, 1858. — Chauveau, Bertolus et Laroyenne : *Vitesse de la circulation dans les artères du cheval*, etc. (Journ. de la physiol., 1860). — Laroyenne : *Étude sur la circulation*, 1860. — Vierordt : *Die Erscheinungen und Gesetze der Stromgeschwindigkeit des Blutes*, 1862. — Lortet : *Rech. sur la vitesse du cours du sang*, etc., 1867. — Dogiel : *Die Ausmessung der strömenden Blutvolumina* (Sitzungsber. d. sächs. Ges. zu Leipzig, 1868). — Fick : *Die Geschwindigkeitscurve in der Arterie des lebenden Menschen* (Unt. aus d. phys. Labor. in Zürich, 1869). — Vierordt : *Hämotachometrische Bemerkungen* (Arch. de Pflüger, t. II, 1868). — Griffiths : *On hæmodynamics* (Brit. and for. med. chir. Review, 1868). — Gatzuk : *Ueber den Einfluss der Blutentleerung auf die Circulation*, etc. (Centralbl., 1871). — Marey : *Mét. graphique*, 1879. — François-Franck : *Exp. des recherches sur la vitesse du sang* (Journ. de l'Anat. 1880).

Durée de la circulation. — Hering : *Versuche die Schnelligkeit der Blutlaufs zu bestimmen* (Zeit. für Physiol., 1829). — Id. : *Vers. über das Verhältniss zwischen der Zahl der Pulse und der Schnelligkeit des Blutes* (id., 1832). — Id. : *Vers. über einige Momente die auf die Schnelligkeit des Blutlaufs Einfluss haben* (Arch. für phys. Heilk., 1853). — Blake : Arch. de méd., 1839. — Vierordt : *Das Abhangigkeitsgesetz der mittleren Kreislaufzeiten von den mittleren Pulsfrequenzen*, etc. (Arch. für phys. Heilk., 1858). — Sapelly : *Rech. sur la circulation du foie*, 1873.

F. — *Bruits vasculaires.*

Je ne dirai que quelques mots des bruits vasculaires, leur étude étant surtout du ressort de la séméiologie et de la clinique. Ces bruits peuvent se produire dans les artères et dans les veines.

Bruits artériels. — Les uns sont spontanés et ne sont que les prolongements des bruits du cœur (carotide, sous-clavière) ; les autres sont déterminés par la pression exercée sur un point de l'artère de façon à rétrécir le calibre du vaisseau.

Bruits veineux. — Dans près de la moitié des cas, on entend dans la jugulaire, surtout à droite en la comprimant légèrement entre les deux chefs du sterno-mastoïdien, un bruit tantôt continu, tantôt isochrone à la diastole cardiaque et à la respiration (bruit de diable).

Le *mécanisme* des bruits vasculaires a été très discuté. Pour Weber, Bouillaud, etc., les bruits sont produits par les vibrations des parois des vaisseaux. Pour Heynsius, Chauveau, Marey, Donders, ils proviennent des vibrations des particules liquides, et les vibrations des parois ne font que renforcer le son; la condition essentielle pour leur production est le passage du sang avec une certaine force d'un endroit rétréci dans un endroit large, la transition brusque d'une haute à une faible pression (Chauveau, Marey).

Bibliographie. — W. Jenner : *Clinical lecture on the influence of pressure in the production and modification of palpable vibrations and murmurs*, etc. (Med. Times, 1856). — Martin : *Bemerk. über die am Unterleibe Schwangerer zu hörenden Circulationsgeräusch* (Monat. für Geburtsk., 1856). — Hennig : *Ueber die bei Kindern am Kopfe und am oberen Theile des Ruckgraths vernehmbaren Geräusche* (Arch. für phys. Heilk., 1856). — Chauveau : *Mécanisme et théorie générale des murmures vasculaires* (Comptes rendus, 1858). — Id. : *Études pratiques sur les murmures vasculaires* (Gaz. méd., 1858). — Kolisko : *Ueber das continuirliche Halsgeräusch* (Zeit. d. Ges. d. Aerzte zu Wien, 1858). — H. Fappel : *De strepitum origine, qui audiuntur in auscultando gravido utero*, etc., 1857. — Marey : *Du pouls et des bruits vasculaires* (Journ. de la physiol., 1859). — Chauveau : *Rech. sur le mécanisme des bruits de souffle vasculaires*, etc. (id.). — Heynsius : *Des bruits anomaux dans le système vasculaire* (id.). — Conrad : *Zur Lehre über die Auscultation der Gefässe*, 1860. — Thamm : *Beitr. zur Lehre über Venenpuls und Gefässgeräusche*, 1868. — Nolet : *De leer der vaatgeruischen* (Onderz. ged. in het phys. Labor. d. Leid. hoogesch., 1870). — Nollet : *Zur Lehre der Gefässgeräusche* (Arch. der Heilk., 1871). — Heynsius : *Ueber die Ursachen der Töne und Geräusche im Gefässsystem*, 1878.

G. — *Circulation pulmonaire.*

L'appareil de la petite circulation se trouve compris en entier dans le thorax, et et il en résulte des conséquences importantes au point de vue de la circulation générale. En effet, l'artère et les veines pulmonaires sont soumises à la même pression négative et aux mêmes alternatives de pression que le cœur, l'aorte et les grosses veines ; mais tandis que les capillaires de la circulation générale, situés en dehors du thorax, sont soumis, par l'intermédiaire des tissus, à une pression extérieure à peu près constante (pression atmosphérique), les capillaires des poumons, situés dans le thorax même, subissent une pression extérieure variable suivant les phases respiratoires. Les conditions de cette circulation pulmonaire sont d'autant plus importantes à étudier qu'elle représente une partie du circuit vasculaire et que tout le sang passe forcément par la voie pulmonaire, de sorte qu'un arrêt ou une gêne de cette circulation arrête immédiatement ou gêne la circulation générale.

Les causes de la circulation pulmonaire sont, comme pour toute circulation, les différences de pression des deux extrémités du circuit, ventricule droit et artère pulmonaire, veines pulmonaires et oreillette gauche. Mais la mensuration de la pression dans ces vaisseaux est très difficile ; cependant on a trouvé que la pression dans l'artère pulmonaire était de 10 à 30 millimètres de mercure, par conséquent 4 à 5 fois moindre que la pression dans les grosses artères ; la pression dans l'oreillette gauche et les veines pulmonaires n'a pu être évaluée, mais doit se rapprocher de celle des veines caves.

Quelle est l'influence des deux états du poumon, inspiration et expiration, sur la circulation pulmonaire? La question a été étudiée expérimentalement par un certain nombre d'auteurs, Quincke et Pfeiffer, Funke et Latschenberger, Jager, Mosso, etc., sans qu'on ait pu encore arriver à des résultats positifs, vu la difficulté de se placer dans des conditions physiologiques ; cependant on peut affirmer, d'une façon générale, que pendant l'inspiration la circulation capillaire du poumon est favorisée, et qu'il y a très probablement augmentation de capacité des capillaires du poumon ; en effet le poumon, au lieu de pâlir, conserve sa coloration rosée au moment de l'inspiration, et comme il a augmenté de volume, il faut donc qu'il y ait eu en même temps augmentation de la quantité de sang qu'il contenait. Comme conclusion, on arrive donc à ce résultat important, que dans l'expiration il y a gêne de la circulation pulmonaire capillaire, et que plus l'expiration se prolonge, plus cette gêne devient considérable, au point même d'amener dans certaines conditions un arrêt complet de cette circulation ; de là la nécessité de pratiquer la respiration artificielle chez un animal dont on veut entretenir la circulation, quand les muscles inspirateurs sont paralysés (section du bulbe) ou quand le thorax a été ouvert (1).

Bibliographie. — EINBRODT : *Wiener Akad.*, 1860. — POISEUILLE : Comptes rendus, 1855. — COLIN : *Rech. expér. sur la circul. pulmonaire*, etc. (Comptes rendus, 1864). — GRÉHANT : *Sur l'arrêt de la circulation produit par l'introduction d'air comprimé dans les poumons* (Comptes rendus, 1871). — QUINCKE ET PFEIFFER : *Ueber den Blutstrom in den Lungen* (Arch. für Anat., 1871). — BADOUD : *Ueber den Einfluss des Hirns auf den Blutdruck in der Lungenarterie*, 1874. — KUHN : *Over de respiratieschommelingen*, etc., 1875. — LICHTHEIM : *Die Störungen des Lungenkreislaufs*, etc., 1876. — KOWALESKY : Centralbl., 1878. — MISTAWSKY : *Ueber Blutbewegung in den Lungen*, etc. (Ges. d. Naturf. in Kazan, 1878). — DE JAGER : *Ueber dem Blutstrom in den Lungen* (Arch. de Pflüger, t. XX, 1879). — BOWDITCH ET GARLAND : *The effect of respiratory movements on the pulmonary circulation* (Journ. of physiol., 1879).

II. — *Rapports de la circulation et de la respiration.*

Les deux phases de la respiration influencent à la fois la vitesse et la pression du sang.

Pendant l'*inspiration*, la pression sanguine moyenne diminue dans toutes les parties contenues dans le thorax, cœur et gros vaisseaux ; cette diminution de pression tend donc à favoriser l'arrivée du sang veineux dans les veines caves, l'oreillette droite et le ventricule droit, et à retarder la sortie du sang artériel du ventricule gauche et de l'aorte. Si la dilatation et l'extensibilité des veines caves et du cœur droit étaient égales à celles du ventricule gauche, il y aurait compensation et la circulation n'en serait pas influencée ; mais il n'en est pas ainsi ; les veines et l'oreillette droite, étant bien plus extensibles que le ventricule gauche et l'aorte,

(1) Les expériences citées plus haut ont donné des résultats contradictoires. Il me semble impossible d'arriver à des conclusions certaines tant qu'on n'aura pas trouvé le moyen de se placer expérimentalement dans des conditions identiques aux conditions physiologiques ; or c'est ce qui n'a pu encore être obtenu.

se dilatent beaucoup plus (voir fig. 343, page 1003), et par suite l'influence accélératrice sur le sang veineux l'emporte sur l'influence défavorable exercée sur le cours du sang artériel ; la circulation est donc en somme favorisée. Dans les veines voisines du thorax, il y a même une véritable aspiration, de façon qu'une fois incisées, au lieu de laisser écouler du sang, on peut voir, grâce aux dispositions anatomiques qui les maintiennent béantes (Bérard), l'air pénétrer dans leur intérieur et amener une mort presque immédiate.

En même temps l'inspiration augmente la grandeur et la fréquence du pouls, car il arrive plus de sang dans le ventricule droit et par suite dans le ventricule gauche ; mais ces effets ne se produisent que dans les inspirations profondes. Si l'inspiration est très profonde et qu'en même temps on ferme hermétiquement le nez et la bouche, la pression baisse dans le thorax de 50 à 90 millimètres au-dessous de la pression atmosphérique ; il y a alors réplétion exagérée du cœur et ralentissement du pouls (Donders).

L'*expiration* a une action inverse ; la pression augmente dans les veines et dans les artères ; la capacité de ces vaisseaux et surtout des grosses veines intra-thoraciques diminue ; la circulation artérielle est favorisée, la circulation veineuse, au contraire, est ralentie dans les veines caves et dans les grosses veines du cou qui se gonflent ; le cœur reçoit alors moins de sang, et ses battements deviennent alors moins fréquents et moins énergiques. On peut même, en faisant une forte expiration, la glotte fermée, produire l'arrêt du cœur (Weber), expérience qui n'est pas sans danger.

Les recherches de Einbrodt, Burdon-Sanderson, etc., ont montré que, contrairement à l'opinion de Ludwig et de quelques autres auteurs, la pression dans les artères (carotide, crurale) augmentait au moment de l'inspiration et diminuait pendant l'expiration. Les variations respiratoires précèdent un peu les variations de la pression artérielle. Dans la respiration ordinaire, ces influences sur la tension sanguine se font à peine sentir.

En résumé, la respiration et spécialement l'inspiration ont une action favorable sur la circulation ; ceci est tellement vrai qu'un des meilleurs moyens d'activer la circulation consiste à faire des mouvements respiratoires énergiques, et que l'interruption de la respiration amène nécessairement en très peu de temps un arrêt de la circulation.

Bibliographie. — Brown-Sequard : *Faits nouveaux relatifs à la coïncidence de l'inspiration avec une diminution dans la force et la vitesse des battements du cœur* (Gaz. méd., 1876). — Id. : *Note sur l'association des efforts inspiratoires avec une diminution ou l'arrêt des mouvements du cœur* (Journ. de la physiol., 1858). — Einbrodt : *Ueber der Einfluss der Athembewegungen auf Herzschlag und Blutdruck* (Wien. Sitzungsber., 1858). — Voit : *Ueber Druckschwankungen im Lungenraum in Folge der Herzbewegungen* (Zeit. für Biol., 1865). — Terné van der Heul : *De invloed der respiratie-phasen op den duur der hartsperioten* (Nederl. Arch. voor Genees, 1867). — Dupuy : *Rapports généraux des mécanismes circulatoire et respiratoire* (Gaz. méd., 1867). — Richardson : *On the balance of the respirating and circulating mechanisms*, etc. (Med. Times, 1867). — Burdon Sanderson : *On the influence exerted by the movements of respiration on the circulation of the blood* (Brit. med. journ., 1867). — Guyon : *Note sur l'effet de la circulation cotidienne pendant l'effort prolongé* (Arch. de physiol., 1868). — Landois : *Ueber die Bewegung und Volumveränderung der Gase in den Lungen während der Herzbewegung* (Berl. klin. Wochensch., 1870). — Ceradini : *La meccanica del cuore* (Omod. ann. univ., 1876). — Gauthier : *Des rapports de la pression ar.érielle et de la respiration*, 1877. — Funke et Latschenberger : *Ueber die Ursachen der respiratorischen Blutdruckschwankungen im Aortensystem* (Arch. de Pflüger, t. XV, 1877 et t. XVII, 1878). — Schreiber : *Ueber den Einfluss der Athmung auf den Blutdruck* (Arch. für exp. Pat , 1879). — Zuntz : *Beitr. zur Kenntniss der Einwirkungen der Athmung auf den Kreislauf* (Arch. de Pflüger, t. XVII, 1878). — Gad : *Ueber Athemschwankungen des Blutdruckes* (Arch. für Physiol., 1880).

Bibliographie générale de la circulation. — Harvey : *Exercitationes anatomicæ de motu cordis et sanguinis circulo*, 1661. — Keill : *Tentamina physico-medica*, 1725. — Weitbrecht : *De circulatione sanguinis* (Comment. acad. sc. Petropol., 1735). — Spallanzani : *Dei fenomeni della circolazione*, 1777. — Joung : *On the functions of the heart and arteries* (Philos. Trans., 1809). — Perrot : *De motu sanguinis in corpore humano*, 1814. — Carus : *Ueber den Blutlauf* (Arch. für Physiol., 1818). — Ch. Bell : *An essay of the forces which circulate the blood*, etc., 1819. — Piorry : *Mém. sur les bruits du cœur et des artères* (Arch. gén. de méd., 1834). — Holland : *The influence of the heart on the motion of the blood* (Ed. med. and surg. journ., 1841). — Monneret : *Ét. sur les bruits vasculaires et cardiaques* (Union méd., 1849). — Donders : *Weit. Beitr. zur Physiologie der Respiration und Circulation* (Zeit. für rat. Med., 1854). — P. Black : *On the forces of the circulation* (Med. Times, 1854). — Hamernjk : *Ueber einige Verhältnisse der Venen*, etc. (Prag. Viert. für die prakt. Heilk., 1853). — Vanner : *Causes de la circulation du sang* (Gaz. des hôp., 1856). — Gunning : *Onderz. over bloedsbeweging*, 1857. — Reichert : *Beob. über die ersten Blutgefässe* (Stud. de phys. Inst. zu Breslau, 1858). — Flint : *Zur Phänomenologie des Capillarkreislaufs* (Amer. med. chir. Review, 1858). — Marey : *Physiol. médicale de la circulation du sang*, 1863. — Liebermeister : *Ueber eine besondere Ursache der Ohnmacht*, etc. (Prag. Vierteljahrsch., 1864). — Valentin : *Versuch einer physiol. Pat. des Herzens und der Blutgefässe*, 1866. — Ozanam : *Les battements du cœur et du pouls reproduits par la photographie* (Comptes rendus, 1867). — Diesterweg : *Ueber die Anwendung der Wellenlehre auf die Lehre vom k'einen Kreislauf*, etc. (Berl. klin. Wochensch., 1867). — Gscheidlen : *Stud. über die Blutmenge und ihre Vertheilung im Thierkörper* (Unt. aus d. phys. Labor. in Würzburg, 1868). — Poiseuille : *Quelques mots sur l'hémadynamomètre, le cardiomètre et l'hémomètre compensateur* (Gaz. hebd., 1868). — Niemayer : *Entwurf einer einheitlichen Theorie der Herz, Gefäss und Lungengeräusche* (Arch. für klin. Med., 1870). — Rutherford : *A new schema of the circulation* (Journ. of anat., 1871). — Garrod : *On the construction and use of a simple cardio-sphygmograph* (Journ. of anat., 1871). — Id. : *On the mutual relations of the apex cardiograph and the radial sphygmographic trace* (Proceed. of the Roy. Soc., 1871). — Rutherford : *Circulation* (The Lancet, 1872). — Pettigrew : *On the physiology of circulation*, etc. (Ed. med. journ., 1873). — Brondgeest : *De pansphygmograph* (Onder. ged. in h. phys. labor. Utrecht., 1873). — Meurisse et Mathieu : *Polygraphe pouvant être appliqué sur les animaux* (Arch. de physiol., 1875). — Braxton Hicks : *Note on the supplementary forces concerned in the abdominal circulation in man* (Proceed. Roy. Soc., t. XXVIII). — Mosso : *Sulla circolazione del sangue nel cervello dell' uomo* (R. Acad. d. Lincei, 1880).

2. — *Circulation lymphatique.*

La circulation lymphatique présente beaucoup d'analogie avec la circulation veineuse ; c'est en effet sous l'influence de la pression sanguine que le plasma sanguin transsude à travers la paroi des capillaires pour constituer la partie essentielle de la lymphe, et c'est encore sous l'influence de cette pression que cette lymphe progresse jusqu'aux gros troncs lymphatiques pour se jeter enfin dans le système veineux. Les lymphatiques constituent donc un véritable *appareil de drainage* chargé de faire rentrer dans la circulation sanguine l'excès de plasma transsudé non employé pour la nutrition des tissus et pour la sécrétion (1). Le sang artériel, en arrivant dans les capillaires, prend donc, sous l'action de la pression qui le pousse, deux routes différentes et se partage en deux courants de retour, l'un, le courant veineux qui revient directement au cœur en suivant la voie toute tracée des canaux veineux, l'autre indirect qui traverse les parois des capillaires, se répand dans les tissus, est repris par les lymphatiques et revient enfin, par une voie détournée, se réunir au courant direct et au liquide dont il était sorti (voir fig. 63, page 240).

(1) Pour la question de l'origine des lymphatiques, voir les traités d'histologie.

Les expériences de Ludwig, Noll, Weiss, Ranvier, etc., semblent en effet indiquer que l'écoulement de lymphe est en rapport avec l'augmentation de pression dans les vaisseaux et spécialement dans les artères, et quoique les recherches de Paschutin et Emminghaus contredisent ces résultats, il me paraît difficile de les mettre en doute jusqu'à vérification nouvelle. La pression sanguine est donc la cause essentielle et de la pénétration de la lymphe dans les radicules lymphatiques et de la progression de cette lymphe dans les canaux. Mais à cette cause principale viennent s'ajouter d'autres causes accessoires, qui sont en grande partie les mêmes que pour la circulation veineuse ; telles sont la présence des valvules vasculaires, les compressions extérieures, musculaires ou autres, et surtout la respiration ; en effet l'inspiration s'accompagne d'une accélération de la circulation dans le canal thoracique, accélération qui se traduit par une diminution dans la colonne manométrique, et l'expiration a un effet inverse ; tous les mouvements musculaires qui peuvent exiger l'effort et entraver la circulation veineuse feront donc sentir leur contre-coup sur la circulation lymphatique.

La contractilité des vaisseaux lymphatiques paraît jouer un certain rôle dans la circulation de la lymphe. On sait que chez les amphibies se trouvent des cœurs lymphatiques (1) ; mais chez les animaux qui en sont dépourvus, la conctractilité des parois de ces vaisseaux peut en tenir lieu jusqu'à un certain point. Colin a constaté des contractions rythmiques sur les lymphatiques du mésentère chez le bœuf, et Heller les a vus chez le cobaye ; ces contractions peuvent même être excitées par le galvanisme, comme plusieurs physiologistes s'en sont assurés sur l'homme après la décapitation. Cependant un certain nombre d'auteurs, et en particulier Schiff, nient cette contractilité.

Il est probable, en outre, que, dans les chylifères, la pénétration du chyle dans le chylifère central de la villosité et la circulation du chyle sont favorisées par la contraction des fibres musculaires lisses de ces villosités.

La circulation dans les glandes lymphatiques paraît plus compliquée, et il doit y avoir très probablement dans ces organes un ralentissement du courant lymphatique favorable à leur fonctionnement.

La *pression* de la lymphe dans les vaisseaux a été étudiée expérimentalement par Noll, Weiss et quelques autres physiologistes. Leurs recherches ont porté en général sur le tronc lymphatique droit de chiens et de poulains anesthésiés par l'injection d'opium dans les veines. Ils ont trouvé que la pression manométrique variait de 10 à 30 millimètres de hauteur d'une solution saline du poids spécifique de 1,080. Dans le canal thoracique, Weiss obtint en moyenne une pression de 11^{mm},59 de mercure.

Quant à la *vitesse* du courant lymphatique, Weiss, en se servant de l'hémodromomètre, l'a trouvée de 4 millimètres en moyenne par seconde.

_____

(1) Chez la grenouille, il en existe quatre, un à la racine de chaque membre.

Bibliographie. — SCHREGER : *De irritabilitate vasorum lymphaticorum*, 1789. — NOLL : *Ueber den Lymphstrom in den Lymphgefässen* (Zeit. für rat. Med., 1850). — BRÜCKE : *Ueber die Chylusgefässe*, etc. (Akad. d. Wiss. zu Wien, 1853). — WAGNER : *Ueber eine neue Methode der Beobachtung des Kreislaufs und der Fortbewegung des Chylus*, etc. (Nachr. von d. Univ. zu Göttingen, 1856). — SCHIFF : *Ueber die Rolle des pankreatischen Saftes*, 1857. — LISTER : *Obs. on the flow of the lacteal fluid*, etc. (Dubl. hosp. gaz., 1857). — RECLAM : *Exp. Unt. über die Ursachen der Chylus und Lymphbewegung*, 1858. — WEISS : *Exper. Unt. über den Lymphstrom*, 1860. — ID. : *id.* (Arch. für pat. Anat., 1861). — BEAUNIS : *Anat. génér. et physiol. du système lymphatique*, 1863. — HELLER : *Ueber selbständige rhythmische Contractionen der Lymphgefässe* (Centralbl., 1869). — PASCHUTIN : *Ueber die Absonderung der Lymphe im Arme des Hundes* (Ludwig's Arb., 1872). — EMMINGHAUS : *Ueber die Abhängigkeit der Lymphabsonderung vom Blutströmung* (id., 1873). — TARCHANOFF : *Beob. über contractile Elemente in den Blut und Lymphcapillaren* (Arch. de Pflüger, t. IX, 1875).

PRODUCTION DE CHALEUR. — CHALEUR ANIMALE

Procédés. — *Thermométrie.* — On peut employer deux sortes d'instruments pour prendre la température des corps vivants, les thermomètres et les appareils thermo-électriques. 1° *Thermomètres.* — Les différents thermomètres usités en physiologie sont décrits dans les traités de physique ; tels sont les thermomètres ordinaires, les thermomètres à échelle fractionnée, les thermomètres métastatiques à mercure et à alcool, les thermomètres à maxima, etc. Ces thermomètres s'appliquent ordinairement dans l'aisselle, le rectum, sous la langue, dans la cavité buccale entre la joue et les arcades dentaires, dans la main fermée, etc. Pour les *températures locales* de la surface cutanée on peut se contenter d'appliquer sur la peau un thermomètre qu'on fixe sur une région déterminée ; on a imaginé, dans ces derniers temps surtout, un grand nombre de thermomètres permettant une application plus exacte grâce à la forme particulière donnée à la cuvette (Séguin, Küchenmeister, Burq, Mortimer-Granville, etc.). Pour la température des organes profonds, on emploie chez les animaux des thermomètres dont la cuvette, terminée par une pointe métallique, permet une introduction facile dans les tissus. Pour les vaisseaux, Heidenhain et Cl. Bernard se servent de thermomètres assez fins pour pouvoir pénétrer dans les vaisseaux sans empêcher la circulation. Mantegazza prend la température de l'urine recueillie dans un vase chauffé à 36°, et OErtmann reçoit simplement le jet d'urine au sortir de la vessie sur un thermomètre à petite boule. Pour avoir la température de l'intestin, Kronecker et Mayer ont employé de petits thermomètres à maxima enfermés dans une mince capsule métallique et qu'ils font avaler aux animaux. Des thermomètres identiques peuvent aussi être introduits dans les vaisseaux, circuler dans les gros troncs artériels et veineux et donner ainsi la température du sang qu'ils contiennent.

Thermomètres inscripteurs. — Marey a essayé, dès 1865, d'inscrire par des procédés graphiques la courbe continue des variations de la température animale. Son appareil, le *thermographe*, présentait plusieurs inconvénients qui le lui ont fait abandonner. Il essaye actuellement un thermomètre inscripteur analogue à ceux dont on se sert en météorologie. Une boule creuse de métal est remplie d'éther et communique par un long tube de cuivre avec un tube de Bourdon tourné en spirale ; celui-ci se détord quand la pression intérieure augmente, se tord, au contraire, si elle diminue ; une aiguille amplifie et inscrit ces mouvements. (Marey, *Mét. graphique*, p. 315).

2° *Appareils thermo-électriques.* — Les appareils thermo-électriques sont basés sur le développement des courants électriques par l'action de la chaleur. Ils ont sur les thermomètres l'avantage de donner immédiatement la température, tandis que les thermomètres demandent toujours un certain temps pour se mettre en équilibre avec la température du milieu ambiant. Ces appareils comprennent deux parties, une pile thermo-électrique et un galvanomètre. La pile thermo-électrique, pour les recherches physiologiques, est disposée sous une forme particulière qui permet son introduction facile dans la profondeur des tissus ; c'est ce qu'on appelle des *aiguilles thermo-électriques.*

Ces aiguilles se composent de deux fils métalliques, l'un de fer, l'autre de cuivre, soudés, soit bout à bout (*aiguille à soudure médiane*), soit par une de leurs extrémités (*aiguille à soudure terminale*) ; dans ces derniers temps, d'Arsonval a imaginé des aiguilles de forme beaucoup plus commode à *soudure concentrique* (fig. 392). Un des fils est remplacé par un tube métallique très fin dans l'axe duquel s'engage le second fil qui vient se souder à l'extrémité fermée du tube, il n'y a ainsi à l'extérieur qu'un seul métal. Les aiguilles thermo-électriques peuvent du reste être *nues* ou *engainées* dans une sonde en gomme élastique (*sondes thermo-électriques*). On prend deux de ces aiguilles ; l'une est placée dans un milieu à température constante (masse d'eau), l'autre enfoncée dans le lieu dont on veut rechercher la température ; les deux extrémités fer sont réunies par un fil de même métal, les deux extrémités cuivre sont mises en communication avec le galvanomètre ; la moindre différence de température des deux soudures se traduit par une déviation de l'aiguille du galvanomètre ; si, par exemple, la soudure placée dans le milieu à température constante est moins chaude que l'autre, le courant, dans le galvanomètre, va de la soudure à température constante à l'autre. On peut varier la disposition des aiguilles thermo-électriques suivant le but à atteindre. Ainsi on peut les entourer de gutta-percha, et leur donner la forme de sondes qui pénètrent facilement dans les cavités du corps, dans les vaisseaux, dans le cœur, etc. Au lieu du galvanomètre ordinaire, on peut employer les galvanomètres à miroir de Wiedemann, Meyerstein et Meissner, etc., pour la description desquels je renvoie aux mémoires spéciaux. Avec les aiguilles thermo-électriques, on peut, en prenant les précautions convenables, arriver à mesurer des différences de température de $\frac{1}{1000}$ de degré.

Les appareils thermo-électriques ont été aussi employés pour mesurer les températures locales de la peau, soit en les appliquant directement sur la peau (Lombard), soit en les tenant à une certaine distance pour éviter les frottements (Kronecker et Christiani, Pflüger). Dans ce dernier cas on ne mesure que la chaleur rayonnante.

Calorimétrie. — La calorimétrie a pour but l'estimation directe de la quantité de chaleur produite par un animal dans un temps donné. Lavoisier employait le calorimètre à glace, qui se trouve décrit dans tous les traités de physique. Dulong et Despretz se servirent du calorimètre à eau. L'animal est placé dans une boîte métallique dont l'air est alimenté par un gazomètre, tandis qu'un tuyau entraîne l'air expiré. La boîte est plongée dans un espace clos rempli d'eau : le calorimètre est entouré de corps mauvais conducteurs, de façon à rendre, autant que possible, sa température indépendante de celle du milieu extérieur. La température de l'animal et celle de l'eau du calorimètre sont prises au début et à la fin de l'expérience. Il peut alors se présenter deux cas : 1° ou bien la température de l'animal est la même au début et à la fin de l'expérience ; dans ce cas, qui est le plus rare, la quantité de chaleur produite par l'animal est égale à la quantité de chaleur (1) que l'animal a cédée au calorimètre, et, pour trouver cette quantité, il suffit de multiplier le poids du calorimètre (eau et métal) par sa chaleur spécifique et par le nombre de degrés de température que le calorimètre a gagnés à la fin de l'expérience ; 2° ou bien, la température de l'animal est différente au début et à la fin. Supposons que la température finale de l'animal soit moins élevée ; dans ce cas, il faudra retrancher du nombre d'unités de chaleur gagnées par le calorimètre le nombre d'unités perdues par l'animal ; on trouve ce nombre en multipliant le poids de l'animal par sa chaleur spécifique (qu'on peut évaluer à 0,83) et par le nombre de degrés perdus par l'animal pendant l'expérience. Si, au contraire, la température finale de l'animal était plus élevée, il faudra ajouter les deux quantités au lieu de les retrancher l'une de l'autre. Hirn a employé la méthode calorimétrique chez l'homme et a calculé ainsi le nombre d'unités de chaleur produites par l'homme pendant le repos et pendant le travail musculaire. Rosenthal a décrit un calorimètre applicable aux recherches physiologiques.

D'Arsonval, dans ses recherches récentes sur la chaleur animale, a employé un nouvel appareil calorimétrique plus précis que ceux employés jusqu'à ce jour et pour la description duquel je renvoie au mémoire original (*Trav. du labor. de Marey*, 1878-79). Dans cet appareil, le calorimètre est muni d'un régulateur automatique, de sorte que sa température reste invariable ; en outre il est placé dans une enceinte dont la température, qui est constante, peut être égale ou supérieure à la sienne ; les phases du dégagement de chaleur sont inscrites sur l'odographe de Marey par les procédés graphiques ordinaires.

On a employé aussi la *calorimétrie partielle*. Leyden plaçait la jambe dans un espace calorimétrique. Winternitz a imaginé un petit calorimètre à air, de 50 centimètres cubes de capa-

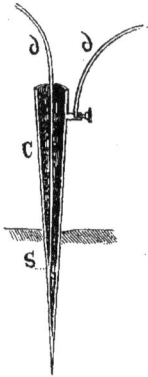

L.ROBERT

Fig. 392. — *Aiguilles de d'Arsonval.*

---

(1) La quantité de chaleur se mesure par *unités de chaleur* ou *calories*. On appelle calorie la quantité de chaleur nécessaire pour élever la température de 1 kilogramme d'eau de 0 à 1 degré.

cité, et qui peut s'appliquer sur la peau de façon à mesurer la quantité de chaleur produite par une région déterminée (1).

Procédé calorimétrique des bains de Liebermeister. — *Bains froids et bains chauds.* — Ce procédé, employé aussi par Kernig, est basé sur les principes suivants : 1° *Bains froids.* Quand un corps demeure pendant un temps à la même température et qu'en même temps il se trouve dans les mêmes conditions de soustraction de chaleur, il doit reproduire autant de chaleur qu'il en perd. Si on détermine la chaleur perdue (ce qui est facile par l'accroissement de température de l'eau du bain), on aura la quantité de chaleur produite, en admettant que la température du corps n'ait pas varié. — 2° *Bains chauds.* La température de l'eau, pendant le bain, est maintenue aussi rapprochée que possible de la température croissante de l'aisselle ; la peau, l'aisselle et l'eau ont bientôt la même température ; à ce moment, toute élévation de température que le corps acquiert ne peut être mise que sur le compte de la chaleur qu'il produit en lui-même, la quantité de chaleur ainsi créée est, pour un temps donné, égale au produit de trois facteurs, le poids du corps (en kilogrammes), l'élévation de la température pendant ce temps et le chiffre de la chaleur spécifique du corps humain. Le procédé de Liebermeister est passible de nombreuses objections.

Procédés chimiques. — *Calorimétrie indirecte.* — On peut arriver indirectement, d'une autre façon, à trouver la quantité de chaleur produite par un organisme, et deux méthodes différentes peuvent conduire au résultat.

1° Dans la première (Boussingault, Liebig, Dumas, etc.), on prend un animal soumis à la ration d'entretien, et on calcule la quantité de carbone et d'hydrogène contenue dans ses aliments ; on en retranche la quantité éliminée par l'urine et par les excréments ; la différence donne la quantité de carbone et d'hydrogène oxydés dans l'organisme, et, comme on connaît la quantité de chaleur produite par la combustion d'un gramme de carbone (8^c, 080 calories), et d'un gramme d'hydrogène (34^c,460 calories), il est facile de trouver la quantité de chaleur produite par la combustion du carbone et de l'hydrogène consommés. Comme, dans les hydrocarbonés, l'hydrogène et l'oxygène se trouvent déjà dans la proportion de l'eau, *on suppose* que l'eau s'y trouve toute formée et on ne fait pas entrer l'hydrogène de ces substances dans le calcul. Le tableau suivant donne le détail de ce calcul :

INGESTA.	CARBONE.	HYDROGÈNE.
Albuminoïdes.........................	64^g,18	8^g,60
Graisses.............................	70 ,20	10 ,26
Hydrocarbonés........................	146 ,82	»
TOTAL...............	281 ,20	18 ,86
Excréments et urines..................	29 ,8	6 ,3
RESTE...............	251 ,4	12 ,56

Le carbone donnera donc par jour 251,4 × 8,040 = 2,031^c,312, l'hydrogène 12,56 × 34,460 = 432^c,818, ce qui donne un total de 2,464 calories par jour.

Mais ce calcul est loin d'être exact. En premier lieu, la chaleur de combustion d'une substance n'est pas égale à la chaleur de combustion de son carbone et de son hydrogène ; elle est en général plus faible que la somme des chaleurs de combustion de ses éléments. En outre,

(1) La calorimétrie a été aussi employée pour apprécier la chaleur spécifique des organes. En prenant celle de l'eau comme unité, on a les chiffres suivants pour les divers organes :

Substance osseuse compacte..	0,3	Sang veineux..............	0,892
Substance spongieuse........	0,71	Sang défibriné..............	0,927
Tissu adipeux................	0,712	Sang artériel..............	1,031
Tissu musculaire.............	0,741		

La chaleur spécifique du corps humain, pris en totalité, est à peu près égale à celle d'un même poids d'eau.

la supposition que l'hydrogène et l'oxygène dans les hydrocarbonés y sont à l'état d'eau n'est pas justifiée ; aussi les chiffres obtenus ainsi sont-ils passibles d'erreur.

Aussi vaut-il mieux, au lieu de calculer la quantité des calories d'après la quantité de carbone et d'hydrogène contenue dans les *ingesta*, calculer directement le nombre de calories fournies par ces *ingesta* dont on connaît la chaleur de combustion, comme l'indique le tableau suivant :

	CALORIES fournies par la combustion d'un gramme.	CALORIES fournies en 24 heures.
Albuminoïdes....................	4c,998	599c,760
Hydrocarbonés....................	3 ,277	1081 ,610
Graisses....................	9 ,069	816 ,210
	TOTAL.........	2,497c,580

Comme les albuminoïdes n'arrivent pas à une combustion complète dans l'organisme, il faut diminuer de 4 calories environ le chiffre des albuminoïdes, ce qui donne un total de 2,493 calories par jour.

2° Le second procédé consiste à calculer la quantité d'oxygène absorbée, et d'acide carbonique produit par la peau et les poumons (voir page 876); de l'acide carbonique exhalé on déduit la quantité de carbone brûlé ; l'excès d'oxygène non employé à la production de l'acide carbonique est supposé avoir servi à la formation d'eau, et on en déduit la quantité d'hydrogène ; on calcule alors la production de la chaleur aux dépens de ce carbone et de cet hydrogène. Le tableau suivant donne les calculs de l'opération.

		CARBONE.	OXYGÈNE.	HYDROGÈNE.
Acide carbonique éliminé en 24 h. par la peau et la respiration...	909,75	251,4	658,35	»
Oxygène absorbé................	744,11	»	»	»
Excès d'oxygène employé à former de l'eau................	85,76	»	»	»
Hydrogène de l'eau formée........	10,70	»	»	10,70

Pour le carbone, la quantité de chaleur sera de 251,4 × 8,040 calories = 2031c,312 ; pour l'hydrogène, elle sera de 10,70 × 34,460 = 368c,722, ce qui donne un total de 2,400 calories par jour. Mais cette méthode n'est pas non plus à l'abri d'objections, et ne peut être employée avec avantage que chez les herbivores. On suppose en premier lieu que l'oxygène absorbé sert à former de l'acide carbonique et de l'eau, et que tout le carbone oxydé se retrouve dans l'acide carbonique exhalé. En outre, pour une même quantité d'acide carbonique produite et d'oxygène absorbée, les quantités de chaleur peuvent être très différentes.

1. — *Température du corps humain.*

Les organismes vivants, au point de vue de la température, se divisent en deux classes, les *animaux à sang chaud* ou mieux *à température constante*, les *animaux à sang froid* ou mieux *à température variable*.

Les animaux à sang chaud (mammifères, oiseaux) ont une température constante, uniforme, dont la moyenne oscille entre 36° et 40° pour les mammifères, 40° et 43° pour les oiseaux, et cette température constante se maintient, quelle que soit la température du milieu ambiant, du moins dans de certaines limites.

Les animaux à sang froid (poissons, amphibies, reptiles,.etc.) ont une température propre, qui oscille dans des limites beaucoup plus étendues et qui suit à peu près les variations de température du milieu ambiant. Quand la température extérieure est basse ou peu élevée, leur chaleur propre est un peu plus élevée que la température extérieure ; ainsi les grenouilles, dans un milieu à 6°, marqueront 7° à 8°, et en marqueront 15°,3 à 15°,8 dans un milieu à 15° ; mais si le milieu qui les entoure est trop chaud, leur température propre n'atteint plus celle du milieu, et elles finissent bientôt par tomber dans en état soporeux, dès que la chaleur dépasse certaines limites. De même, au-dessous de 4° à 5° elles s'engourdissent peu à peu.

La température moyenne de l'homme est, dans l'aisselle, un peu au-dessous de $\frac{1}{4}$° (entre 36°,5 et 37°,3), et les oscillations, à l'état normal, ne dépassent jamais $\frac{1}{4}$ degré (1). Mais si, au lieu de l'aisselle, on prend les différentes régions du corps, on arrive à des résultats tout autres. A ce point de vue, on peut distinguer la surface même du corps, les organes, le sang et les cavités du corps. *A la surface du corps*, la température est très variable, sauf dans les parties protégées, comme l'aisselle, et peut descendre assez bas, par exemple aux extrémités des membres, où elle peut tomber à 30° et même au-dessous, comme pour la température palmaire. A l'inverse de l'aisselle, la température de la peau, particulièrement des régions périphériques, présente des oscillations considérables. La *température des organes* est en général d'autant plus élevée qu'on s'éloigne de la surface du corps ; le maximum se rencontre, d'après Cl. Bernard, dans le foie (40°,6 à 40°,9), puis dans le cerveau, les glandes, les muscles, les poumons. La *température du sang* a donné lieu à de nombreuses recherches et à de nombreuses discussions, surtout en ce qui concerne le sang du cœur gauche et le sang du cœur droit. Cependant, d'après les recherches récentes de Cl. Bernard, Körner, etc., la température du cœur droit serait plus élevée de quelques dixièmes de degré (cœur droit, 38,8 ; cœur gauche, 38,6). Körner attribue cette augmentation au voisinage du foie qui transmettrait sa chaleur au sang à travers les parois minces du ventricule droit, mais il est plus probable que le sang du cœur droit se refroidit un peu à son passage à travers le poumon. Le sang artériel diminue de température à mesure qu'il s'éloigne du cœur ; le sang de la carotide est plus chaud que celui de la crurale (Becquerel) ; le sang du bout central d'une artère est plus chaud que le sang du bout périphérique (Cl. Bernard). La température du sang veineux est très variable ; tandis que celle du sang des veines superficielles est plus basse que celle du sang des artères correspondantes, le sang veineux des glandes et des muscles (au moment de leur activité) est plus chaud que le sang artériel de ces organes. A partir de l'embouchure des veines rénales, le sang veineux est plus chaud que celui de l'aorte, au même niveau, et la température augmente dans la veine cave inférieure à mesure qu'on se rapproche du cœur ; c'est que cette veine reçoit le sang de la veine hépatique, qui est le plus chaud du corps (39,7) et dépasse de 1° le sang de l'aorte (38,7). Aussi le sang de la veine cave inférieure a-t-il une température plus élevée que celui de la veine cave supérieure, et l'oreillette droite reçoit ainsi deux courants sanguins de température différente qui vont se réunir dans le ventricule droit. On a les températures suivantes pour les *cavités du corps*: rectum, 37,5 à 38 ; bouche, 37,19 ;

(1) Il peut y avoir une différence de 1 à 2 dixièmes de degré entre l'aisselle droite et l'aisselle gauche.

vagin, 37,55 à 38,05 ; utérus, 37,77 à 38,28 ; conduit auditif externe, 37,3 à 37,8; l'estomac a une température inférieure à celle de l'intestin. L'urine au moment de son émission a une température de 37,03.

Bibliographie. — J. Davy : *An account of some exper. in animal heat* (Phil. Trans., 1814). — Semmola : *Sulla temperatura del sangue*, 1844. — G. Liebig : *Ueber die Temperaturunterschiede des venösen und arteriellen Blutes*, 1853. — Cl. Bernard : *Rech. exper. sur la température animale* (Comptes rendus, 1856). — Wurlitzer : *De temperatura sanguinis*, etc., 1858. — Braune : *Ein Fall von Anus praenaturalis* (Arch. für pat. Anat., 1860). — Ludwig : *Neue Versuche über die Temperatur des Speichels* (Wien. med. Woch., 1860). — Marey : *Du thermographe* (Comptes rendus, 1864). — Liebermeister : *Klin. Unt. über das Fieber* (Prag. Viertelj., 1865). — Fürstenheim : *Methode, die Temperatur der Blasenschleimhaut zu messen* (Deut. Klinik, 1664). — Colin : *Exp. sur la chaleur animale* (Comptes rendus, 1865). — Schröder : *Beitr. zur Lehre von der pat. örtlichen und allgemeinen Wärmebildung* (Arch. für pat. Anat., 1866). — Jacobson et Bernhardt : *Ueber die Temperaturdifferenz des rechten und linken Herzens* (Centralbl., 1868). — Lombard : *Description d'un nouvel appareil thermo-électrique pour l'étude de la chaleur animale* (Arch. de physiol., 1868). — Hankel : *Zur Messung der Temperatur der menschlichen Haut* (Arch. d. Heilk., 1868). — Ehrle : *Ueber eine Neuerung in der Technik der Körperwärme-Beobachtung* (Berl. klin. Wochensch., 1869). — Id. : *Ueber den Quecksilbermaximalthermometer*, etc. (Arch. für klin. Med., 1870). — Küchenmeister : *Die Flächenthermometrie* (Oesterr. Zeit. für prakt. Heilk., 1870). — Kœrner : *Beitr. zur Temperatur-Topographie des Säugethierkörpers*, 1871. — Heidenhain : *Ueber den Temperaturunterschied des rechten und linken Ventrikels* (Arch. de Pflüger, t. IV, 1871). — Jürgensen : *Die Körperwärme des gesunden Menschen*, 1873. — Hankel : *Zur Messung der Temperatur der menschlichen Haut* (Arch. für Heilk., 1873). — Albert et Stricker : *Unt. über die Wärmeökonomie des Herzens und der Lungen* (Med. Jahrb., 1873). — Hüppert : *Zur Kenntniss des Verhältnisses lokaler Temperaturerhöhung zur Gesammttemperatur* (Arch. für Heilk., 1873). — Mendel : *Die Temperatur des äusseren Gehörganges*, etc. (Arch. de Virchow, t. LXII, 1874). — Schlesinger : *Ueber Thermometrie des Uterus* (Med. Jahrb. Wien, 1874). — Cohnstein : *Die Thermometrie des Uterus* (Arch. de Virchow, t. LXII, 1874). — Haussmann : *Zur Ætiologie des Wochenbettfiebers* (Centralbl., 1874). — Ladendorf : *Ueber das Verhalten der Kopftemperatur bei Amylnitril-Inhalationen* (Berl. klin Wochensch., 1874). — Gassot : *Les températures locales*, 1874. — Andrejew : *Die Temperatur in der Uterushöhle* (Petersb. med. Anzeiger ; en russe, 1875). — Winternitz : *Ueber Calorimetrie* (Arch. für pat. An., 1876). — Adae : *Unt. über die Temperatur peripherischer Körpertheile*, 1876. — Couty : *Note sur la température des parties phériphériques dans les maladies fébriles* (Gaz. méd., 1876). — Broca : *Thermométrie cérébrale* (id., 1877). — Rosenthal : *Ueber thermoelectrische Temperaturbestimmungen* (Ann. d. Physik., 1877). — Oertmann : *Eine einfache Methode zur Messung der Körpertemperatur* (Arch. de Pflüger, t. XVI, 1877). — Ringer et Stuart : *On the temperature of the human body in health* (Proc. Roy. Soc., 1877). — Rosenthal : *Ueber die specifische Wärme thierischer Gewebe* (Arch. für Physiol., 1878). — Id. : *Ein neues Calorimeter* (id.). — Christiani et Kronecker : *Thermische Untersuchungen* (id.). — Kronecker et Mayer : *Ein neues einfaches Verfahren, die maximale Binnentemperatur von Thieren zu bestimmen* (id.). — Boileau : *The temperatur of the human body* (The Lancet, 1878). — Lombard : *Exp. researches on the temperatur of the head* (Proc. Roy. Soc., 1878). — Kronecker et Meyer : *Demonstr. der verschluckbaren Maximalthermometer*, etc. (Arch. für Physiol., 1879). — Winternitz : *Temperaturmessungen in menschlichen Magen* (Centralbl., 1879). — Peter : *Des températures morbides locales* (Acad. de méd., 1879). — Broca : *il.* (id.). — D'Arsonval : *Rech. sur la chaleur animale* (Comptes rendus, 1879). — Hirn : *Réflex. critiques sur les expériences concernant la chaleur humaine* (id.). — Bonnal : *Rech. expér. sur la chaleur de l'homme pendant le repos au lit* (id.). — Colin : *Des variations de température de la peau*, etc. (Acad. de méd., 1880). — Maragliano : *Experimentalstudien über die Hirntemperatur* (Centralbl., 1880). — Couty : *Rech. sur la température périphérique* (Arch. de physiol., 1880).

2. — *Production de chaleur dans l'organisme.*

1° Sources et lieux de la production de chaleur.

La production de chaleur dans l'organisme est due à des actions chimiques et à des actions mécaniques.

1° *Actions chimiques.* — L'oxydation ou la combustion est la source principale de la production de chaleur. Quand deux atomes se combinent, il se dégage une certaine quantité de chaleur, autrement dit, il se produit un mouvement oscillatoire des atomes pondérables et des atomes d'éther, et cette quantité de chaleur est toujours la même, toutes les fois que la combinaison se produit. Ainsi la combinaison de 1 gramme d'hydrogène, et de 8 grammes d'oxygène, pour former de l'eau, dégage toujours la même quantité de chaleur, et pour un corps donné il y a toujours une chaleur de combustion fixe, c'est-à-dire que la combustion de l'unité de poids (gramme ou kilogramme) de ce corps dégage toujours le même nombre de calories. En outre, quand la combustion d'un corps est possible de diverses façons, la quantité de chaleur produite reste la même, quelle que soit la voie des combustions ; elle ne dépend que de la constitution primitive du corps et de ses produits terminaux. Ainsi, si on brûle 1 gramme de carbone en formant de l'acide carbonique, on a le même nombre de calories que celui qu'on obtiendrait par sa combustion en oxyde de carbone et par la combustion de cet oxyde de carbone en acide carbonique.

Le tableau suivant donne, d'après Favre, Silbermann et Frankland, le nombre d'unités de chaleur dégagées par la combustion d'un gramme des corps suivants :

SUBSTANCES.	CALORIES.	SUBSTANCES A L'ÉTAT SEC.	CALORIES.
Hydrogène.............	34c,62	Urée.......................	2c,206
Carbone...............	8 ,080	Acide urique...............	2 ,615
Alcool méthylique......	5 ,307	Acide hippurique..........	5 ,383
Alcool amylique........	8 ,958	Hydrocarbonés.............	3 ,277
Acide acétique.........	3 ,505	Albumine..................	4 ,998
Acide butyrique........	5 ,647	Graisse...................	9 ,069

On voit que, pour le même poids, les corps gras dégagent plus de chaleur que les hydrocarbonés ; mais il n'en est plus de même si on a égard à la quantité d'oxygène employé pour la combustion ; en effet, pour une même quantité d'oxygène consommé, les hydrocarbonés (et les acides organiques) dégagent plus de chaleur que les graisses. Quant aux albuminoïdes, ils en dégagent beaucoup moins, car, leur oxydation dans l'organisme étant toujours incomplète, il faut retrancher du chiffre de calories qu'ils fournissent (4,998) le chiffre de l'urée (2,206) ou de l'acide urique (2,615).

L'oxydation n'est pas la seule source de chaleur ; il peut s'en produire aussi et il s'en produit certainement dans l'orgnisme toutes les fois qu'une substance absorbe de l'eau, comme dans la décomposition et l'hydratation des graisses, le dédoublement des albuminoïdes et des hydrocarbonés (Berthelot), la combinaison des acides avec es nases, dans la transformation des sels neutres en sels basiques. L'union de l'oxygène et de l'hémoglobine dans la respiration dégage aussi de la chaleur.

2° *Actions mécaniques.* — Le frottement du sang dans les vaisseaux produit aussi de la chaleur ; mais comme, en réalité, ces frottements sont produits en dernière analyse par une action musculaire, celle du cœur, on peut la ramener en somme à des actions chimiques. Il en est de même des frottements des surfaces articulaires, des tendons, etc., dans les mouvements du squelette.

Lieux de la production de chaleur. — Il est bien constaté aujourd'hui que les muscles sont le siège principal de la production de chaleur dans l'organisme. On a vu déjà que le muscle, en se contractant, dégage de la chaleur (page 464), et cette augmentation de température, qui a été constatée expérimentalement, se retrouve si on considère l'organisme pris dans sa totalité. Semblable en cela à une machine à vapeur, il ne peut produire de travail mécanique qu'en augmentant sa production de chaleur. La quantité de chaleur produite ainsi par le mouvement musculaire est si considérable que l'on a pu se demander si cette action musculaire n'était pas la seule source de chaleur et si, même pendant le repos, la quantité de chaleur produite n'était pas due à la contraction du cœur et des muscles inspirateurs.

Cependant, il est difficile de faire des muscles les producteurs exclusifs de la chaleur animale. Les centres nerveux paraissent aussi dégager de la chaleur (voir page 542) ; le cerveau serait, après le foie, l'organe le plus chaud du corps, et le sang des sinus a une température plus élevée que celui de la carotide. Il en est de même des glandes, d'après les recherches de Ludwig.

La question de la production de chaleur dans le sang est liée à celle du lieu des oxydations internes, question qui a été déjà discutée (page 481) : en tout cas, cette production de chaleur dans le sang à l'état normal reste toujours dans des limites très restreintes.

Les poumons sont-ils le siège d'une production de chaleur ? Autrefois Lavoisier et ses successeurs croyaient que les oxydations se faisaient dans le poumon même, en même temps que l'échange gazeux respiratoire, et le poumon était considéré comme le foyer principal de la chaleur animale. Mais aujourd'hui cette théorie ne peut se soutenir. Il est bien vrai qu'il se fait dans les poumons, au moment de l'acte respiratoire, une combinaison de l'oxygène avec l'hémoglobine et, par suite, un dégagement de chaleur, mais ce dégagement est compensé par l'absorption de chaleur due au passage de l'acide carbonique de l'état de dissolution à l'état gazeux et par le refroidissement dû à la pénétration de l'air extérieur dans l'acte de la respiration, au moins dans la plupart des cas.

En résumé, partout où se font des oxydations il se produit de la chaleur, et à ce point de vue tous les tissus, à l'exception du tissu corné, doivent être le siège d'une production de chaleur : seulement c'est dans les muscles, les centres nerveux et dans les glandes qu'elle atteint son maximum, et ces organes peuvent être considérés comme les véritables foyers de la chaleur animale.

Bibliographie. — DE LA RIVE : *Obs. sur les causes présumées de la chaleur animale* (Bibl. univ. de Genève, 1820). — DESPRETZ : *Rech. expér. sur les causes de la chaleur animale* (Ann. de chim. et de physique, 1824). — NASSE : *Vers. über den Antheil des Herzens an des Wärmeerzeugung* (Rein. und Westph. Correspondanzblatt., 1843). — BARUFFI : *Ueber den Ursprung der Wärme im thierischen Körper* (Schmidt's Jahrb., 1841). — FAVRE ET SILBERMANN : *Des chaleurs de combustion* (Ann. de chim. et de phys., t. XXXIV). — DONDERS : *Der Stoffwechsel als die Quelle der Eigenwärme*, 1847). — RIGG : *Obs. and exp. on the sources of animal heat* (Med. Times, 1847). — WURTZ : *De la production de la chaleur dans les êtres organisés*, 1847). — LUDWIG ET SPIESS : *Vergleichung der Wärme des Unterkiefer-Drüsenspeichels und des gleichsetigen Carotidenblutes* (Zeit. für rat. Med., 1851). — SCOUTETTEN : *Des sources de la chaleur animale*, 1860. — M. TRAUBE : *Ueber die Verbrennungswärme der Nahrungsstoffe* (Arch. für pat. Anat., 1861). — VALENTIN : *Ueber Wärmeentwickelung während der Nerventhätigkeit* (id., 1863). — BERTHELOT : *Sur la chaleur animale* (Gaz. méd., 1865). — BEDDOE : *On the various modes of estimating the nutritive value of foods* (Med. Times, 1865). — O'LEARY : *Thermal value of foods* (Brit. med. Journ., 1868). — BLACKE : *On the production of animal heat* (Med. Times, 1868). — BERTHELOT : *Rem. sur un point historique relatif à la chaleur animale* (Comptes rendus, 1873). — SAMUEL : *Ueber die Enstehung der Eigenwärme*, 1876. — C. V. RECHENBERG : *Ueber die Verbrennungswärme organischer Verbindungen*, 1880.

2° Quantité de chaleur dégagée par l'organisme.

On a vu, dans la description des procédés, que l'évaluation de la quantité de chaleur produite par un organisme dans un temps donné présente des difficultés très grandes, et que ni la calorimétrie, ni les méthodes indirectes ne donnent de résultats absolument certains. Cependant on peut, en contrôlant les résultats obtenus l'un par l'autre, arriver à une approximation suffisante. La quantité de chaleur produite en 24 heures par le corps humain peut être évaluée à peu près à 2700 calories en moyenne, ce qui donne 1,87 calorie par minute et 112 calories par heure.

Cette quantité de chaleur correspond au repos du corps, c'est-à-dire à cet état pendant lequel les seuls muscles qui se contractent sont le cœur, les muscles inspirateurs et quelques autres muscles dont la contraction a beaucoup moins d'importance à ce point de vue. Mais pendant l'exercice musculaire, la production de chaleur augmente d'une façon notable. C'est ce que montre le tableau suivant emprunté à Hirn, dans lequel sont mis en regard la production de chaleur et la consommation d'oxygène dans le repos et dans le mouvement. Tous les chiffres sont calculés pour une heure :

TABLEAU :

SEXE.	AGE.	POIDS.	REPOS.		MOUVEMENT.		
			Oxygène absorbé.	Calories.	Oxygène absorbé.	Calories.	Travail en kilogrammètres
M	42 ans.	63 kil.	27 gr., 7	149	120 gr. 1	275	22,980
M	42	85	32 8	180	142 9	312	34,040
M	47	73	27 0	140	128 2	229	32,550
M	18	52	39 1	165	100 0	274	22,140
F	18	62	27 0	138	108 0	266	24,630
Moyennes.	33,4	67	30 72	154,4	119 84	271,2	26,683

Pendant le sommeil la production de chaleur s'abaisse et, d'après Helmholtz, il n'y aurait plus que 36 calories de formées par heure pour un homme de 60 kilogr. ce qui donnerait environ 40 calories pour un homme de 67 kilogr. Il est facile maintenant, avec ces données, de construire le tableau des calories formées en 24 heures pendant le mouvement.

	JOURNÉE DE REPOS.		JOURNÉE DE MOUVEMENT.		
	REPOS. (16 heures).	SOMMEIL. (8 heures).	REPOS. (8 heures).	MOUVEMENT. (8 heures).	SOMMEIL. (8 heures).
Nombre de calories formées........	2470,4 (154,4 × 16)	320 (40 × 8)	1235,2 (154,4 × 8)	2169,6 (271,2 × 8)	320 (40 × 8)
TOTAL.....	2790,4		3724,8		

En général on admet que les petits animaux produisent plus de chaleur, à égale température centrale ; d'Arsonval, à l'aide de son appareil calorimétrique, a pu constater qu'il n'y a pas de rapport absolu entre la température centrale d'un animal et l'activité de sa production de chaleur. Ainsi la poule, qui a une température de près de 42° C. dans le cloaque, produit moins de chaleur que le lapin, le chien et le cobaye.

Bibliographie. — SENATOR : *Unters. über die Wärmebildung.* etc. (Arch. für Anat., 1872). — SAPALSKI : *Beitr. zur Wundfiebertheorie,* etc. (Verh. d. phys. med. Ges. in Würzburg, 1872). — KLEBS : *Zusatz, etc.* (id.)., etc. — SENATOR : *Neue Unt. über die Wärmebildung,* etc. (Arch. de Reichert, 1874). — JACOB : *Unt. über die Wärmequantität,* etc. (Arch. de Virchow, t. LXII, 1874).

3° Rapport entre la production de chaleur et la production de travail mécanique.

Les faits mentionnés dans les paragraphes précédents conduisent à ce résultat que la plus grande partie au moins de la chaleur animale est produite dans les muscles. Il doit donc y avoir, et il y a en effet, une relation intime entre la chaleur produite et le travail musculaire. La *corrélation des forces* (*voir* page 3) est applicable aux organismes vivants.

comme aux corps bruts, et tous deux sont soumis aux lois de l'équivalence de la chaleur et du mouvement. Le travail mécanique des muscles, évaluable en kilogrammètres, peut être évalué en calories, puisqu'il suffira, pour transformer les calories en kilogrammètres, de les multiplier par 425, pour transformer les kilogrammètres en calories, de les diviser par 425.

Il est très probable, sans que le fait puisse encore être démontré d'une façon certaine, que la production de chaleur dans le muscle est la condition de sa contraction, et les expériences de J. Béclard, Heidenhain, etc., ont prouvé qu'il se fait dans le muscle une transformation de chaleur en mouvement (p. 466). Le muscle est donc analogue à une machine à vapeur qui brûle du charbon et produit de la force vive sous forme de travail extérieur et de chaleur ; il brûle aussi du combustible (graisse ? et hydrocarbonés) pour produire de la force vive (chaleur et mouvement); et, de même que dans une machine l'usure des pièces et la production d'oxyde de fer sont insignifiantes, eu égard à l'oxydation du charbon, l'usure de la substance albuminoïde dans le muscle n'est qu'accessoire et n'entre que pour une très faible part dans la production des forces vives.

Quel est maintenant, en nous plaçant à ce point de vue, le rendement de la machine humaine en travail mécanique comparativement à la quantité de chaleur produite ? Le calcul en est facile en nous servant des chiffres des deux tableaux précédents.

Soit, d'abord, les huit heures de sommeil. Le seul travail mécanique accompli est le travail du cœur et des muscles inspirateurs. Le travail du cœur peut être évalué à 70,000 kilogrammètres en 24 heures, celui des muscles inspirateurs à 13,608 kilogrammètres, ce qui donne par jour un total de 83,608 kilogrammètres, soit 85,000 en nombres ronds, et pour 8 heures 28,333 kilogrammètres, équivalant à 66 calories. Si on compare ce chiffre de 66 calories au nombre de 320 calories formées pendant le sommeil (tableau de la page 1074), on voit que le cinquième à peu près de la chaleur produite a été transformé en travail mécanique. Aussi peut-on se demander si, pendant le repos, la quantité de chaleur produite ne provient pas presque exclusivement des muscles qui sont toujours actifs, comme le cœur et les muscles inspirateurs.

Dans une journée de mouvement, le rapport est à peu près le même. Aux 85,000 kilogrammètres du cœur et des muscles inspirateurs, il faut ajouter les 213,344 (26,668 × 8) kilogrammètres produits pendant les 8 heures de travail ; on a donc, pour les 24 heures, 298,344 kilogrammètres, qui équivalent à 701 calories, et en comparant ce chiffre au chiffre total de calories produites, 3,724ᶜ,8 + 701ᶜ = 4,425ᶜ,8, on voit que le sixième environ de la chaleur produite s'est transformé en mouvement (1).

Mais il est plus rationnel de comparer la quantité de chaleur formée pendant les 8 heures de travail seulement au travail mécanique produit et, dans ce cas, le rapport est encore plus favorable que tout à l'heure. En effet, pendant ces 8 heu-

(1) Le chiffre 3724ᶜ,8 représente le nombre de calories produites pendant la journée de travail ; mais il faut y ajouter, pour avoir la quantité totale de chaleur produite les 701 calories qui se sont transformées en travail mécanique pendant les huit heures de travail.

res, le travail produit comprend les 213,344 kilogrammètres de travail mécanique, plus le tiers du travail du cœur et des muscles inspirateurs, soit 28,333 kilogrammètres. Il y a donc eu pendant ces 8 heures une production de 241,677 kilogrammètres, correspondant à 592 calories. D'autre part, le nombre de calories formées pendant ces 8 heures a été de $2,169^{c},6 + 592 = 2,870^{c},6$. Si on compare ce chiffre de $2,870^{c},6$ à 592, on voit que le quart environ de la chaleur produite s'est transformé en travail mécanique et on reconnaît immédiatement quel avantage présente, au point de vue du rendement, la machine animale sur les meilleures machines industrielles.

Une autre conclusion ressort du tableau de Hirn : si on compare la période de mouvement à celle du repos, on voit que la production de forces vives (chaleur et travail mécanique) ne fait guère que doubler, tandis que la consommation d'oxygène est presque quadruplée (rapport de 30,72 à 119,84).

La quantité de chaleur ainsi produite dans la contraction musculaire suffirait pour élever la température du corps humain de $1^{o},2$ pendant le repos, de 5° à 6° pendant le mouvement, si des causes, qui seront étudiées plus loin, n'intervenaient pour arrêter cette élévation de température. Cependant, Davy a observé une augmentation de température de $0^{o},3$ à $0^{o},7$ pendant l'exercice musculaire. La privation d'exercice produit l'effet inverse ; si on lie un animal de façon à empêcher ses mouvements, sa température s'abaisse.

Bibliographie. — Helmholtz : *Ueber den Stoffverbrauch bei der Muskelaction* (Müller's Arch., 1845). — Id. : *Ueber die Wärmeentwickelung bei der Muskelaction* (id., 1848). — Onimus : *De la théorie dynamique de la chaleur dans les sciences biologiques*, 1866.

3. — *Répartition de la chaleur dans l'organisme.*

On a vu dans les paragraphes précédents que la production de chaleur dans l'organisme est loin d'être uniforme, quelques régions, comme les muscles, produisant beaucoup de chaleur, quelques autres beaucoup moins, quelques-unes enfin, comme le tissu corné, pas du tout. L'organisme peut donc être comparé à une masse hétérogène dans laquelle se trouvent disséminés çà et là un grand nombre de foyers de chaleur d'étendue et d'intensité variables. Les tissus qui composent cette masse sont, en général, mauvais conducteurs du calorique, et l'équilibre s'établirait difficilement s'il n'y avait des dispositions particulières qui facilitent la répartition de la chaleur. C'est le sang qui joue le rôle de distributeur et de répartiteur du calorique dans l'organisme ; il s'échauffe dans les organes qui produisent beaucoup de chaleur, comme les muscles, les glandes, le cerveau, et va transporter cette chaleur dans les autres organes qu'il échauffe en se refroidissant. Le système vasculaire représente ainsi un véritable appareil à circulation d'eau chaude dont les muscles et quelques autres organes seraient les calorifères. Cette influence du sang se voit surtout bien dans certaines parties, comme les oreilles, par exemple, qui par elles-mêmes ne produisent à peu près aucune chaleur et dont la température dépend, toutes choses égales d'ailleurs, de la quantité de sang qu'elles reçoivent.

La température du sang artériel joue donc le rôle principal dans cette répartition du calorique, et cette température est assez uniforme, tandis que celle du sang veineux varie suivant l'organe que le sang a traversé. On a vu plus haut que deux conditions essentielles influent sur la température du sang artériel : en premier lieu la température même du sang veineux ; en second lieu la ventilation pulmonaire. Toutes les fois qu'un ou plusieurs des foyers de chaleur de l'organisme fonctionneront plus activement, la température du sang veineux et consécutivement celle du sang artériel augmenteront proportionnellement ; d'un autre côté, la ventilation pulmonaire refroidit le sang à son passage à travers le poumon, et comme cette ventilation s'accroît quand s'accroît l'activité musculaire, l'augmentation de température du sang se trouve en partie compensée par l'augmentation du refroidissement pulmonaire.

De ce que le sang perd de la chaleur dans un organe, il ne faudrait pas en conclure que cet organe est par cela même incapable de produire de la chaleur ; cela prouve simplement que sa production de chaleur est relativement faible.

La température d'un organe dépendra donc de trois conditions principales : 1° de la quantité de chaleur produite dans l'organe même ; 2° de la quantité de chaleur cédée ou prise à l'organe par le sang qui le traverse ; 3° de la température des organes voisins et de leur conductibilité. Enfin, pour les organes superficiels, il faut ajouter une quatrième condition, celle de l'état physique du milieu ambiant.

Bibliographie. — COLLARD DE MARTIGNY : *De l'influence de la circulation sur la chaleur du sang*, etc. (Journ. complém. des sc. méd., 1832). — MAREY : *De quelques causes de variations dans la température animale* (Gaz. méd., 1860).

4. — Déperdition de chaleur par l'organisme.

Causes de la déperdition de chaleur.

L'organisme produisant continuellement de nouvelles quantités de chaleur, sa température propre s'élèverait indéfiniment si une partie de cette chaleur ne disparaissait au fur et à mesure. Cette perte de chaleur se fait de plusieurs façons. La plus grande partie de la chaleur produite se perd par le rayonnement par la surface cutanée; une autre partie est employée à échauffer l'air inspiré et les aliments et les boissons que nous ingérons ; enfin une dernière partie disparaît dans la vaporisation de l'eau exhalée par les surfaces pulmonaire et cutanée. Toutes ces quantités peuvent être calculées approximativement.

1° *Échauffement de l'air inspiré.* — Nous inspirons par jour environ 13 kilogr. d'air à 12° en moyenne, et nous le renvoyons à la température de 37°; nous avons donc échauffé en 24 heures 13 kilogr. d'air de 25°; la capacité calorifique de l'air étant 0,26, la quantité de calories perdues par l'organisme sera de $13 \times 25 \times 0,6 = 84$ calories.

2° *Échauffement des aliments et des boissons.* — Leur température est en moyenne de 12° ; celle des excréments et des urines est de 37° ; c'est donc une quantité de 1,900 grammes environ de matières de capacité calorifique $= 1$ qui ont été échauffées de 25°; elles représentent une perte de $1^k,900 \times 25 = 47$ calories.

3° *Évaporation cutanée.* — Cette évaporation est, en moyenne, de 660 grammes. 1 gramme d'eau, pour passer à l'état de vapeur, absorbe 0,582 calories ; pour vaporiser 660 grammes d'eau, l'organisme perdra donc 364 unités de chaleur.

4° *Évaporation pulmonaire.* — En l'évaluant à 330 grammes d'eau, son évaporation représente une perte de 182 calories.

5° *Rayonnement par la peau.* — La quantité de calories ainsi perdues est impossible à évaluer directement ; le seul moyen d'arriver indirectement à la connaître est de retrancher la somme des quantités précédentes (677) de la quantité totale de calories perdues par l'organisme = 2,500. On a ainsi 2,500 — 677 = 1,823 calories.

Le tableau suivant résume les différentes causes de la déperdition de chaleur et leur valeur absolue ; les chiffres expriment des calories :

Peau.......	2,187	Rayonnement...................... 1,823	
		Évaporation...................... 364	546
Poumons...	266	Évaporation...................... 182	
		Échauffement de l'air inspiré........ 84	
Échauffement des ingesta.............................		47	

Au lieu de donner la valeur absolue de la perte de chaleur en calories, on peut donner simplement la valeur relative pour 100. C'est ce que représente le tableau suivant qui montre comment se répartit une perte de 100 calories suivant les divers modes de déperdition de chaleur :

Peau.......	87,5	Rayonnement...................... 73,0	
		Évaporation...................... 14,5	21,7
Poumons.....	10,7	Évaporation...................... 7,2	
		Échauffement de l'air inspiré........ 3,5	
Échauffement des ingesta.............................		1,8	
		100,0	

On voit par ces chiffres que près de 90 p. 100 de la chaleur produite sont éliminés par la peau ; les petits organismes perdent donc beaucoup plus de chaleur que les grands, leur surface cutanée étant plus étendue par rapport à la masse du corps, et doivent compenser cette déperdition par une production de chaleur plus intense. Aussi les petits animaux sont-ils en général plus vifs et plus actifs que les grands.

Les conditions qui influencent la déperdition de chaleur doivent être cherchées, d'une part dans l'organisme, de l'autre dans le milieu extérieur, et pour l'homme principalement dans l'atmosphère.

Du côté de l'organisme, c'est la peau qui joue le rôle le plus important ; son épiderme (mauvais conducteur) s'oppose plus ou moins, suivant son épaisseur, aux déperditions de calorique par conductibilité ; ses caractères de sécheresse ou d'humidité ont une influence encore plus grande : en effet, plus l'évaporation est active à sa surface, plus la perte de chaleur est considérable.

Enfin, il en est de même de l'état de ses vaisseaux ; quand ils sont dilatés et remplis de sang, la peau abandonne au milieu extérieur beaucoup plus de chaleur que quand ils sont rétrécis et parcourus par une faible quantité de sang.

L'air est mauvais conducteur de la chaleur, mais sa température et son humidité influencent directement la déperdition de calorique en favorisant ou en contrariant le rayonnement et l'évaporation. Le mouvement et l'agitation de l'air ont surtout, à ce point de vue, une très grande importance. Quand les couches d'air qui entourent immédiatement l'organisme se renouvellent continuellement, la peau perd à chaque instant du calorique par le rayonnement et par l'évaporation (en admettant, ce qui a lieu d'habitude, que la température de l'air soit inférieure à celle de l'organisme), tandis que si on maintient une couche d'air autour du corps, comme on le fait par les vêtements, le refroidissement est beaucoup plus lent; les vêtements agissent alors comme les doubles fenêtres d'un appartement.

Bibliographie. — J. DAVY : *Some obs. on the cuticle in relation to evaporation* (Trans. of the roy. soc. of Edinb., 1867). — LOMBARD : *Rech. expér. sur l'influence de la respiration sur la température du sang.* etc. (Arch. de physiol., 1869). — BROWN-SÉQUARD : *id.* (id.). — WERTHEIM : *Ueber Erfrierung* (Wien. med. Wochensch, 1870). — GILDEMEISTER : *Ueber die Kohlensäureproduction bei der Anwendung im kalten Badern*, etc., 1870. — ADAM-KIEWICZ : *Physikalische Eigenschaften der Muskelsubstanz* (Centralbl., 1874). — ID. : *Beob. über die Wärmeleitung im thierischen Körper* (Ver. f. wiss. Heilk. in Königsberg, 1874). — KLUG : *Unt. über die Wärmeleitung der Haut* (Zeit. für Biol., t. X, 1874). — ADAMKIEWICZ : *Die Analogien zum Dulong-Petit Gesetz bei Thieren* (Arch. für Anat., 1878). — ID. : *Die Wärmeleitung des Muskels* (id.). — ADAMKIEWICZ : *Mechanische Principien der Homöothermie*, etc. (id. 1876). — V. SCHLIKOFF : *Ueber die locale Wirkung der Kälte* (Deut. Arch. f. klin. Med., 1876). — E. PFLUGER : *Unt. über die Wärmeabgabe der Haut im normalen und krankhaften Zustande*, 1879.

5. — Équilibre entre la production et la déperdition de la chaleur.

Le maintien d'une température constante est une des conditions de l'activité vitale chez les animaux à sang chaud ; c'est elle qui leur permet de conserver toute leur énergie fonctionnelle, quelle que soit la température du milieu ambiant, ou du moins tant que cette température ne dépasse pas, en plus ou en moins, certaines limites, et cette constance paraît surtout favorable aux manifestations de l'activité nerveuse.

Pour que cet équilibre de température s'établisse, il faut de toute nécessité que l'organisme perde, en une minute par exemple, autant de chaleur qu'il en produit. Ainsi, si le corps humain produit 1,87 calorie par minute, il doit en perdre 1,87 pour que sa température moyenne reste constante ; s'il en produit 2, l'équilibre s'établira encore si la perte est aussi de 2 calories par minute ; seulement, dans ce cas, la température moyenne augmentera.

Deux conditions agissent donc sur cet équilibre de température, les variations dans la production de chaleur, les variations dans la déperdition.

Les variations dans la production de chaleur tiennent au plus ou moins d'activité des différents foyers de chaleur de l'organisme et en particulier des muscles, c'est-à-dire à l'intensité des phénomènes chimiques qui se passent dans les organes ; les variations dans la déperdition dépendent soit de l'organisme, soit du milieu extérieur, et le système nerveux est le lien qui les rattache les unes aux autres et établit entre elles la relation nécessaire ; c'est lui qui est, comme on le verra plus loin, le véritable régulateur de la chaleur animale, comme le sang en est le distributeur.

Quelles sont maintenant les causes qui peuvent augmenter ou diminuer la température moyenne du corps?

1° La température moyenne augmentera dans les cas suivants :

a) Par augmentation de la production de chaleur, la déperdition ne changeant pas ;

b) Par diminution de la déperdition, la production de chaleur ne variant pas;

c) Par augmentation de la production et diminution de la déperdition;

d) Par augmentation de la production de chaleur et augmentation insuffisante de la déperdition;

e) Par diminution de la déperdition et diminution de la production de chaleur, si la première l'emporte sur la seconde.

2° La température moyenne diminuera dans les cas contraires.

On voit donc qu'une augmentation de production de chaleur peut coïncider :

a) Avec une augmentation de la température moyenne, si la déperdition de chaleur ne varie pas ;

b) Avec le maintien de la température moyenne, si la déperdition augmente;

c) Avec un abaissement de la température moyenne, si la déperdition est très considérable.

De même une augmentation de la déperdition de chaleur peut coïncider :

a) Avec une diminution de la température moyenne, si la production de chaleur n'augmente pas;

b) Avec le maintien de la température moyenne, si la production de chaleur augmente;

c) Avec une augmentation de la température moyenne, si la production de chaleur est plus considérable.

Quelques exemples feront comprendre comment se fait l'équilibration de la température. Si la température augmente, l'activité du cœur s'accroît et fait passer plus de sang par les capillaires et surtout par les capillaires de la peau, dont les artérioles se dilatent; il en résulte une déperdition plus grande de la chaleur par la peau; en outre, la sueur est sécrétée en abondance et son évaporation amène aussi une perte de calorique; en même temps, les respirations ont plus d'ampleur et le sang qui traverse les capillaires des vésicules se refroidit dans les poumons; enfin la sensation de chaleur que nous éprouvons nous porte à augmenter encore la déperdition de chaleur par des vêtements légers, bons conducteurs, par des bains, etc. Quand la température baisse, les phénomènes inverses se produisent; les artérioles cutanées se rétrécissent et ne laissent passer par la peau, surface réfrigérante par excellence de l'organisme, que le minimum de sang indispensable à son fonctionnement; le sang reste dans les parties plus profondément situées et peu accessibles au refroidissement; nous diminuons encore la déperdition de la chaleur par des vêtements mauvais conducteurs, par l'échauffement artificiel de l'air qui nous entoure; enfin, nous augmentons la production de chaleur par l'exercice musculaire et par une alimentation abondante riche en hydrocarbonés et en corps gras.

D'après Liebermeister et Hoppe, une soustraction subite de chaleur (comme par une douche froide par exemple) amènerait une augmentation de température. Si on mouille le pelage d'un chien, on remarque une augmentation de température pendant tout le temps de l'évaporation; si on empêche l'évaporation par une enveloppe de caoutchouc, il n'y a pas d'augmentation de température.

Bibliographie. — Rotu : Diss. de transpiratione cutaned, etc., 1793. — Liebermeister : Die Regulirung der Wärmebildung, etc. (Deut. klinik, 1859). — Id. : Physiol. Unt. über die quantitativen Veränderungen der Värmeproduction (Arch. für Anat., 1860-1862). — Kernig : Exp. Beitr. zur Kenntniss der Wärmeregulirung, 1864. — Walther : Zur Lehre von den Gesetzen und Erscheinungen der Abkühlung des thierischen Körpers (Centralbl. 1866). — Jacobson et Landré : Over de zelf-regeling, etc. (Nederl. arch. voor Genees. t. II, 1866). — Ackermann : Die Wärmeregulation, etc. (Deut. Arch. für klin. Med. 1866). — Senator : Beitr. zur Lehre von der Eigenwärme (Arch. für pat. Anat., 1868). — Lieber-

Meister : *Ueber die quantit. Bestimmung der Wärmeproduction in kalten Bade* (Arch. für klin. Med., 1868). — Scheinesson : *Unt. üb. den Einfluss des Chloroforms auf die Wärmeverhältnisse des thierischen Organismus*, 1868. — Senator : *Ueber das Verhalten der Körperwärme bei Abkühlung der Haut* (Arch. für pat. Anat., 1870). — Winternitz : *Der Einfluss von Wärmeentziehungen auf die Wärmeproduction* (Med. Jahrb. Wien. 1871). — Liebermeister : *Zur Lehre von der Wärmeregulirung* (Arch. für pat. Anat. t. LII, 1871). — Senator : *Krit. über die Lehre von der Wärmeregulirung* (id., t. LII, 1871). — Liebermeister : *Nochmals zur Lehre von der Wärmeregulirung* (id.). — Virchow : *Wirkung kalter Bäder und Wärmeregulirung* (id.). — Liebermeister : *id.* (id.). — Ackermann : *Ueber Wärmeregulirung* (Deut. klinik, 1871). — Senator : *Ueber Wärmebildung* etc. (Centralbl., 1871). — Roebrig et Zuntz : *Zur Theorie der Wärmeregulation* (Arch. de Pflüger, 1871). — Rosenthal : *Zur Kenntniss der Wärmeregulirung*, 1872). — Id. : *Ueber Erkältungen* (Berl. klin. Wochensch., 1872). — Ackermann : *Ueber Wärmeregulirung* (id.). — Riegel : *Ueber Wärmeregulation*, etc. (Deut. Arch. für klin. Med., 1872). — Winternitz : *Der Einfluss von Wärmeentziehungen auf die Wärmeproduction* (Med. Jahrb., 1872). — Id. : *Beitr. zur Lehre von der Wärmeregulation* (Arch. de Virchow, t. LVI, 1872). — Murri : *Del potere regulatore della temperatura animale*, 1873. — Liebermeister : *Unt. üb. die quantitativen Veränderungen der Köhlensäureproduction beim Menschen* (Arch. für klin. Med., 1872). — Riegel : *Zur Lehre von der Wärmeregulation* (Arch. de Virchow, t. LIX, 1873 et t. LXI, 1874). — Murri : *Sulla theoria delle febre*, 1874. — Winternitz : *Die Bedeutung der Hautfunction für die Körpertemperatur* (Wien. med. Jahrb., 1875). — Pflüger : *Ueber Temperatur und Stoffwechsel der Saugethiere* (Arch. de Pflüger, t. XII, 1876). — Id. : *Ueber Wärmeregulation der Säugethiere* (id.). — Finkler : *Beitr. zur Lehre von der Anpassung der Wärmeproduction an der Wärmeverlust bei Warmblütern* (id., t. XVI, 1877). — Frankel : *Zur Lehre von der Wärmeregulation* (Zeit. für klin. Med., 1879).

6. — *Influence de l'innervation.*

Le système nerveux et spécialement le système nerveux vaso-moteur est le véritable régulateur de la chaleur animale. Seulement son mode d'action présente encore beaucoup d'obscurités.

L'influence des nerfs vaso-moteurs sur la chaleur animale est démontrée par un grand nombre d'expériences dont la plus célèbre et la première en date est la section du grand sympathique au cou (Cl. Bernard). Après cette opération, on observe, en même temps qu'une dilatation vasculaire, une augmentation de température du côté de la section. La section du filet sympathique de la glande sous-maxillaire, celle des nerfs des membres (qui contiennent des filets vaso-moteurs), produisent le même résultat. L'excitation des nerfs vaso-moteurs, au contraire, est suivie d'un refroidissement de la partie innervée par ces filets. Cette influence des vaso-moteurs est double. D'une part, ils agissent sur la production de chaleur : ainsi une partie dont les capillaires sont dilatés reçoit plus de sang et les combustions y sont plus actives, d'où production plus grande de chaleur ; d'autre part ils agissent sur la déperdition de chaleur : ainsi quand les vaisseaux de la peau sont dilatés, les pertes de chaleur augmentent soit par rayonnement, soit par l'évaporation sudorale.

La section de la moelle est suivie d'un abaissement de température qui augmente graduellement jusqu'à la mort, abaissement d'autant plus rapide que la moelle a été coupée plus haut (Cl. Bernard, Schiff, Brodie). Il est probable que cet abaissement est dû à la section des filets vaso-moteurs contenus dans la moelle, à la dilatation consécutive des vaisseaux cutanés et à la déperdition de calorique qui en résulte, car si on empêche cette déperdition en plaçant l'animal dans une enceinte chauffée, il y a au contraire augmentation de température (Billroth, Weber). Cependant, d'après quelques auteurs (Parinaud) il y aurait en même temps diminution des combustions dans les parties paralysées.

L'excitation des nerfs sensitifs amène en général un abaissement de température

(Mantegazza, Heidenhain). Tantôt cet abaissement ne se fait sentir que localement (nerf auriculaire, nerf sciatique), et s'explique par un rétrécissement réflexe des vaisseaux; tantôt l'abaissement porte sur la température générale de l'organisme (comme dans la douleur) et est plus difficile à interpréter.

On voit, par ces données expérimentales, que le système nerveux agit surtout par l'intermédiaire des nerfs vaso-moteurs, sur la répartition et sur la déperdition de chaleur. Agit-il directement sur la production de chaleur? Cl. Bernard croit à un effet calorifique distinct de la circulation; pour lui le grand sympathique est à la fois un nerf vaso-moteur, constricteur des vaisseaux et un nerf frigorifique, et ces deux actions seraient indépendantes l'une de l'autre; si on sectionne le sympathique au cou, après avoir lié les veines de l'oreille pour interrompre la circulation, l'augmentation de température ne s'en montre pas moins. Les nerfs vaso-moteurs, comme la corde du tympan, auraient une action opposée à celle des nerfs constricteurs et seraient des nerfs calorifiques; en un mot, suivant l'expression de Cl. Bernard, l'organisme vivant pourrait *faire sur place du chaud ou du froid* à l'aide de son système nerveux. Les idées de Cl. Bernard ne sont pas adoptées par la plupart des physiologistes.

Y a-t-il maintenant dans la moelle ou dans l'encéphale, en dehors des centres vaso-moteurs proprement dits, des centres spéciaux régulateurs chargés de maintenir l'équilibre entre la production et la déperdition de chaleur? La question est actuellement à peu près insoluble. Quelques auteurs (Tscheschichin, Naunyn, Quincke, Schreiber) ont bien admis dans le cerveau (protubérance) des centres d'arrêt d'où partiraient des fibres modératrices ralentissant ou enrayant les processus thermiques, mais les expériences sont encore trop incomplètes pour qu'on puisse en tirer des conclusions précises et Heidenhain, Riegel et plusieurs autres physiologistes sont arrivés à des résultats contraires.

Bibliographie. — EARLE : *Cases and obs. illustrating the influence of the nervous system in regulating animal heat* (Med. chir. trans., 1816). — CHOSSAT : *De l'influence du système nerveux sur la chaleur animale*, 1820. — EVERARD HOME : *On the influence of nerves and ganglions in producing animal heat* (Phil. Trans., 1825). — CL. BERNARD : *Rech. sur le grand sympathique* (Gaz. méd., 1854). — KUSSMAUL ET TENNER : *Ueber den Einfluss der Blutströmung in den grossen Gefässen des Halses auf die Wärme des Ohres beim Kaninchen* (Unt. zur Naturl., t. I). — KNOCH : *De nervi sympathici vi ad corporis temperiem*, etc. 1855. — V. DER BEKE CALLENFELS : *Ueber den Einfluss der vasomotorischen Nerven auf den Kreislauf und die Temperatur* (Zeit. für rat. Med. t. VII, 1856). — LUSSANA ET AMBROSOLI : *Su le funzioni del nervo gran simpatico et su la calorificazione animale* (Gaz. med. ital., 1857). — C. VOIT : *Ueber Temperaturverhältnisse am Ohr nach der Sympathicusdurchschneidung* (Ber. üb. die 34e Versamml. d. Naturf. 1859). — TSCHESCHICHIN : *Zur Lehre von der thierische Wärme* (Arch. für Anat., 1866). — MANTEGAZZA : *Influence de la douleur sur la chaleur animale* (Gaz. hebd., 1866). — EULENBURG ET LANDOIS : *Die vasomotorischen Neurosen* (Wien. med. Wochensch., 1867). — BROWN-SÉQUARD ET LOMBARD : *Expér. sur l'influence de l'irritation des nerfs de la peau sur la température des membres* (Arch. de physiologie, 1868). — NAUNYN ET QUINCKE : *Ueber den Einfluss des Centralnervensystems auf die Wärmebildung im Organismus* (Arch. für Anat., 1869). — FISCHER : *Ueber den Einfluss der Rückenmarksverletzungen auf die Körperwärme* (Centralbl., 1869). — HORWATH : *Zur Physiol. der thierischen Wärme* (Centralbl., 1870). — HEIDENHAIN : *Ueber bisher unbeachtete Einwirkungen des Nervensystems auf die Körpertemperatur* (Arch. de Pflüger, 1870). — ID. : *Vers. über Einfluss der Verletzung gewisses Hirntheil auf die Temperatur des Thierkörpers* (id.). — LABORDE ET LEVEN : *Rech. sur les altérations de nutrition qui se produisent dans les divers tissus* (Gaz. méd., 1870). — BINZ : *Ueber die antipyretische Wirkung von Chinin*, etc. (Arch. für pat. Anat., 1870). — RIEGEL : *Unt. über den Einfluss des Nervensystems auf den Kreislauf und die Körpertemperatur* (Arch. de Pflüger, t. IV, 1871). — POCHOY : *Rech. exp. sur les centres de température*. 1870. — HEIDENHAIN : *Ernente Beob. über den Einfluss des vasomotorischen Nervensystems auf den Kreislauf*, etc. (Arch. de Pflüger, t. V, 1872). — RIEGEL : *Ueber die Beziehung der Gefässner-*

ven zur Körpertemperatur (id.). — Id. : *Ueber den Einfluss des Centralnervensystems auf die thierische Wärme* (id.).) — Heindenhain : *Bemerk.* (id.). — Schreiber : *Ueber den Einfluss des Gehirns auf die Körpertemperatur* (Arch. de Pflüger, t. VIII, 1874). — Schiff : *Sulla temperatura locale delle parti paralitiche* (Lo Sperimentale, 1875). — Vulpian : *Leçons sur l'appareil vaso-moteur*, t. II, 1875. — Bufalini : *Sul decorso e sulle oscillazioni della temperatura nelle estremità paralizzate e nelle sane* (Rend. d. gabin. d. fisiol. di Siena, 1876). — V. Schroff : *Unt. üb. die Steigerung der Eigenwärme des Hundes nach Rückenmarkdurchschneidungen* (Wien. Akad., 1876). — Eulenburg et Landois : *Ueber die thermischen Wirkungen experimenteller Eingriffe am Nervensystem und ihre Beziehung zu den Gefässnerven* (Arch. für pat. An., 1876). — Parinaud : *De l'influence de la moelle épinière sur la température*(Arch. de physiol., 1877). — Tenrillon : *Contrib. à l'étude de la contusion des nerfs mixtes* (id.). — H. Rosenthal : *Exp. Unt. über den Einfluss des Grosshirns auf die Körperwärme*, 1877. — Nieden : *Ueber Temperaturveränderungen bedingt durch Verletzung des Halsrückenmarks* (Berl. klin. Woch., 1878).

7. — Des variations dans la température du corps.

1° Variations suivant les divers états de l'organisme. — *a) Age.* — Les différences de température dues à l'âge n'atteignent pas 1° chez le fœtus encore dans le ventre de la mère, la température prise dans le rectum est de 37°,91, et supérieure à celle du vagin ; après la naissance, elle est de 37°,81 ; elle baisse dans les premières heures et tombe à 37° ; puis, dans les dix jours suivants, elle remonte à 37°,2 — 37°,6 ; d'après les recherches de René, en général (3 fois sur 4) la température rectale chez les nouveau-nés est inférieure à la température axillaire ; la différence peut dépasser un degré. La température reste au même niveau jusqu'à la puberté ; puis, à partir de ce moment, elle s'abaisse de nouveau jusqu'à cinquante ans, où elle atteint son minimum, 36°,9, pour remonter de nouveau dans la vieillesse. — *b) Sexe.* — L'influence du sexe est à peine sensible ; cependant la température paraît un peu plus élevée chez la femme.

2° Variations fonctionnelles. — *a) Alimentation.* — On admet en général que la température s'élève après les repas ; mais cette influence est peu marquée, quand l'organisme se trouve en état de santé, et l'augmentation ne dépasse guère 0°,6. Les recherches de V. Vintschgau et Dietl indiquent même un abaissement de température qu'ils ont constaté sur des chiens porteurs de fistules gastriques ainsi que dans le rectum. Ces faits concordent avec les expériences de R. Maly qui a constaté une absorption de chaleur dans la digestion artificielle des albuminoïdes et des hydrocarbonés et expliquent le léger frisson qu'on observe quelquefois au début de la digestion. Pendant le jeûne, on observe deux maxima, l'un le matin, l'autre dans l'après-midi. L'abaissement de température dans l'inanition a déjà été indiqué page 879. — *b) Exercice musculaire.* — D'après J. Davy, la température moyenne du corps monte un peu, de 1° environ (sous la langue), pendant l'exercice musculaire, surtout dans les climats chauds. Il en serait de même dans le *travail de tête*, seulement l'augmentation serait moins prononcée (voir sur ce sujet la physiologie du cerveau). Le *sommeil* a peu d'influence sur la température du corps. — *c)* La *menstruation* et la *grossesse* (sauf dans les deux derniers mois) n'augmentent pas la température ; seulement la température du vagin et de l'utérus est un peu plus élevée que celle de l'aisselle. — *d)* On observe fréquemment *après la mort*, avant que le refroidissement cadavérique ne s'établisse, une augmentation transitoire de température ; cette augmentation paraît tenir en partie à une diminution dans la déperdition de chaleur par suite de l'arrêt de la circulation, en partie à une augmentation dans la production de chaleur (coagulation de la myosine, coagulation du sang, continuation des processus chimiques).

3° **Variations par causes extérieures.** — *a) Variations journalières.* — Le maximum de température s'observe de 5 heures à 8 heures du soir; le minimum, dans la nuit, vers une heure et demie du matin. — *b) Température.* — La température des milieux extérieurs (air, eau, bains, applications froides ou chaudes), celle des boissons ingérées, ont une influence assez marquée sur la température du corps, tant par leur action physique que par leur action sur le système nerveux; cette influence est par conséquent assez complexe, et pour s'en rendre compte il est nécessaire de l'analyser d'après les données indiquées plus haut. Mais cette question est plutôt du ressort de l'hygiène. — *c) Climat.* — En été, la température du corps est un peu plus élevée qu'en hiver (de 0°,1 à 0°,2). J. Davy dans le passage d'un climat chaud à un climat tempéré (différence de 11°,11) a observé une diminution de température. Brown-Séquard a constaté des faits analogues. — *d) Substances toxiques.* — Les anesthésiques, l'alcool, la digitale, la nicotine, le curare, déterminent un abaissement de température.

Bibliographie. — C. REIL : *Ueber die Ausdünstung und die Wärmeentwickelung zur Tags und Nachtzeit* (Müller's Arch., 1822). — F. NASSE : *Messungen der innern Wärme an gestorbenen* (Rhein. und Westph. Corresp. Blatt., 1844). — ROGER : *Rech. expér. sur la température des enfants* (Arch. de méd., 1844-1845). — V. BÄRENSPRUNG : *Unt. üb. die Temperatur Verhältnisse im Fœtus und erwachsenen Menschen* (Müller's Arch., 1851-1854). — MIGNOT : *Rech. sur la circulation, la chaleur, etc., chez les nouveau-nés*, 1851. F. HOPPE : *Ueber den Einfluss des Wärmeverlustes auf die Eigentemperatur warmblütiger Thiere* (Arch. für pat. Anat., 1857). — HAGSPIHL : *De frigoris efficacitate physiologica*, 1857. — BROWN-SÉQUARD : *Rech. sur l'influence des changements de climat sur la température animale* (Journ. de la physiol., 1859). — KIREJEW : *Ueber die Wirkung warmer und kalter Sitzbader auf den gesunden Menschen* (Arch. für pat. Anat., 1861). — MANTEGAZZA : *Rech. exp. sur la température des urines*, etc. (Comptes rendus, 1862). — WALTHER : *Beitr. zur Lehre von der thierischen Wärme* (Arch. für pat. Anat., 1862). — TAYLOR ET WILKS : *On the cooling of the human body after death* (Guy's hosp. reports, 1863). — WALTHER : *Zur Lehre von der thierischen Wärme* (Centralbl., 1864). — ID. : *Stud. im Gebiete der Thermophysiologie* (Arch. für Anat., 1865). — OGLE : *On the diurnal variations in the temperatur of the human body* (St. George's hosp. reports, 1866). — OBERNIER : *Ueber den Einfluss höherer Wärmegrade auf den thierischen Organismus* (Centralbl., 1866). — JÜRGENSEN : *Ueber den typischen Gang der Tageswärme des gesunden Menschen* (Deut. Arch. für klin. Med., 1867). — WEISFLOG : *Unt. üb. die Wirkungen der Sitzbader*, etc. (id.). — JÜRGENSEN : *Ueber den typischen Gang der Tageswärme des Gesunden Menschen* (id., 1868). — LOMBARD : *Rech. exp. sur quelques influences de la respiration sur la température* (Arch. de la physiol., 1868). — ID. : *Expér. sur l'influence du travail intellectuel sur la température de la tête* (Arch. de physiol., 1868). — JÜRGENSEN : *Ueber den Einfluss von Bädern auf die Körperwärme* (Deut. Arch. für klin. Med., 1868). — SCOUTTETEN : *De la température de l'homme pendant et après le bain*, 1867. — V. VINTSCHGAU ET DIETL : *Unt. über das Verhalten der Temperatur im Magen und im Rectum während der Verdaung* (Wien. Akad., 1869). — LORTET : *Perturbations de la respiration, de la circulation et surtout de la calorification à de grandes hauteurs* (Comptes rendus, 1869). — WÖRSTER : *Ueber die Eigenwärme der Neugebornen* (Berl. klin. Woch., 1869). — ANDRAL : *Note sur la température des nouveau-nés* (Comptes rendus, 1870). — LÉPINE : *id.* (id.). — RATTRAY : *On some of the more important physiological changes induced in the human economy by change of climate* (Proceed. of the R. Soc. London, t. XVIII et XIX). — FINLAYSON : *De la température normale chez les enfants* (Gaz. méd., 1871). — CRAIG : *Variations in the temperature of the human body* (Amer. journ. of sc., 1871). — MARCET : *Obs. sur la tempér. du corps humain à différentes altitudes* (Bibl. univ. de Genève, t. XXXVI). — ALLBUTT : *On the effect of exercise upon the bodily temperature* (Proc. of the R. Soc. Lond., t. XIX). — HORWATH : *Zur Abküklung der warmblutiger Thiere* (Centralbl., 1871). — GARROD : *On the relation of the temperatur of the air to that of the body* (Journ. of anat., 1871). — NUNNELEY : *On the modifications produced in the temperature of the body by the local application of cold and heat* (Med. chir. trans., 1871). — DRAPER : *On the heat produced in the body*, etc. (Amer. journ. of. sc., 1872). — ALLBUTT : *The effect of exercise on the bodily temperature* (Journ. of anat., 1872). — E. CASEY : *On the diurnal variations of the temperature body* (Lancet, 1873). — CROMBIE : *On the daily change of nor-*

mal temperature in India (Lond. med. record, 1874). — FOREL : Expér. sur la température du corps humain dans l'ascension des montagnes, 1871-74. — CALDERLA : Ueber das Verhalten der Körpertemperatur bei Bergbesteigungen (Arch. für Heilk., 1874). — THOMAS : Nachtrag, etc. (id.). — JACOBSON : Ueber den Einfluss von Hautreizen auf die Körpertemperatur (Arch. für pat. An., 1876). — FEINBERG : Ueber mechanische, chemische und electrische Irritation der Haut und ihre Einfluss auf den thierischen Organismus (Centralbl., 1876). — ALEKSEW : Sur la thermométrie chez le fœtus (Indicat. méd. de Moscou ; en russe). — LITTEN : Ueber die Einwirkung erhöhter Temperaturen auf dem Organismus (Arch. für pat. An., 1877). — A. RENÉ : Rech. sur la température axillaire et sur la température rectale chez les enfants (Rev. méd. de l'Est, 1877). — C. DAVIS : Beitr. zur Kenntniss der Körpertemperatur im Kindesalter, 1878. — QUINCKE ET BRIEGER : Ueber postmortale Temperaturen (Deut. Arch. für klin. Med., 1879). — PROUFF : De l'abaissement de la température rectale chez les nouveau-nés (Soc. de chir., 1879). — R. MALY : Ueber die Wärmetönung bei der künstlichen Verdauung (Arch. de Pflüger, t. XXII, 1880).

Bibliographie générale. — J. HUNTER : Sur la faculté dont jouissent les animaux de produire de la chaleur (Œuvres ; trad. franç., 1839). — LAVOISIER : Mém. sur la respiration (Mém. de l'Acad. des sc., 1777, 1780, 1790). — CRAWFORD : Exp. and Obs. on animal heat, 1777. — LAVOISIER ET LAPLACE : Mém. sur la chaleur (Mém. de l'Acad. des sc., 1780). — FABRE : Réflexions sur la chaleur animale, 1785. — RIGBY : Essay on the theory of the production of the heat, 1785. — FRIEDLANDER : De calore corporis humani, 1791. — DE LA RIVE : Tentamen physiologicum de calore animali, 1797. — JOSSE : De la chaleur animale, 1801. — LAKEMANN : De calore animali, 1801. — VROLIK : Etwas über die thierische Wärme (Reil's Arch. für Physiol., 1804). — BRODIE : On the generation of animal heat (Phil. Trans., 1811-1812). — LEGALLOIS : Sur la chaleur animale (Œuvres). — J. DAVY : Obs. sur la température animale (Ann. de chim. et de phys., 1823, 1826, 1845). — DULONG : De la chaleur animale (Journ. de Magendie, 1823). — BECQUEREL ET BRESCHET : Mém. sur la chaleur animale (Ann. des sc. nat., 1835). — BRUNNER : Ueber die thierische Wärme (Schweizer Zeitsch., 1841). — SPENCER : Lect. on animal heat (Lond. and Ed. monthly Journ., 1845). — DEMARQUAY : Rech. expér. sur la tempér. animale, 1847. — FOURCAULT : Rech. sur la tempér. animale (Gaz. méd., 1848). — PARKER : A treatise on the cause and natur of vital heat, 1850. — GAVARRET : De la chaleur produite par les êtres vivants, 1855. — DOWLER : Res. into animal heat (New-Orleans med. and chir. journ., 1860). — ELSCHNIG : Uebersichtliche Darstellung der Wärmeverhältnisse im Thierreiche, 1861. — GEE : On the heat of the body (Brit. med. journ., 1871). — WUNDERLICH : De la température du corps dans les maladies, 2e éd. trad. française, 1872. — CL. BERNARD : Leçons sur la chaleur animale, 1876. — LORAIN : De la température du corps humain, etc., 1877. — BONNAL : De la chaleur animale, 1879. — D'ARSONVAL : Rech. sur la chaleur animale (Trav. du labor. de Marey, 1878-1879).

PRODUCTION D'ÉLECTRICITÉ. — ÉLECTRICITÉ ANIMALE.

Le corps humain n'a pas en général le même état électrique que l'atmosphère et que les corps environnants, mais habituellement l'équilibre entre notre corps et les corps ambiants s'établit sans phénomènes apparents, à moins qu'on ne prenne la précaution de l'isoler. L'électricité de l'homme est la plupart du temps positive, celle de la femme est souvent négative (Ahrens). Chez certaines personnes, le dégagement d'électricité libre est assez intense pour déterminer la production d'étincelles, spécialement quand l'atmosphère est très sèche et par conséquent conduit mal l'électricité. Ces phénomènes se présentent assez fréquemment dans certaines parties de l'Amérique, et Carpenter en cite quelques exemples curieux. Le plus célèbre est celui de la *femme électrique* d'Orfort (États-Unis), observé par le Dr W. Hosford en 1837.

Les courants électriques qui se produisent dans les muscles et dans les nerfs ont été étudiés pages 470 et 542. Les courants cutanés ont été étudiés dans les mêmes paragraphes. Un fait à mentionner, d'après

Vasalli-Eandi, c'est que l'urine fraîchement émise est électrisée négativement.

Bibliographie. — Rosenthal : *Ueber das elektromotorische Verhalten der Froschhaut* (Arch. für Anat., 1865). — Grünhagen : *Ueber die elektrischen Ströme der Froschhaut* Zeit. für rat. Med., 1865). — Engelmann : *Ueber die elektromotorische Wirkung der Rachenschleimhaut des Frosches* (Centralbl., 1868). — Id. : *Ueber die elektromotorischen Kräfte der Froschhaut*, etc. (Arch. de Pflüger, t. IV, 1871). — Caton : *Interim report on investigation of the electric currents of the brain* (Brit. med. journ., 1877). — V. Fleischl : *Ueber die Construction und Verwendung des Capillar-Elektromoters für physiologische Zwecke* (Arch. für Physiol., 1879). — Bach et Oehler : *Beitr. zur Lehre von den Hautströmen* (Arch. de Pflüger, t. XXII, 1880).

CHAPITRE III

PHYSIOLOGIE DE L'INNERVATION.

A. — PHYSIOLOGIE DES SENSATIONS.

Audition.

La sensation auditive est une sensation spéciale qui reconnaît pour cause une excitation des nerfs auditifs par la vibration des corps sonores. L'étude des vibrations sonores et de leur transmission a été faite au début du chapitre de la physiologie de la voix ; nous aurons donc à étudier : 1° la transmission des vibrations sonores depuis les parties extérieures de l'oreille jusqu'au nerf auditif ; 2° la sensation auditive proprement dite.

1. — Transmission des vibrations sonores jusqu'au nerf auditif.

Au point de vue physiologique, l'appareil auditif peut être représenté schématiquement de la façon suivante (fig. 393). En allant de l'extérieur à l'intérieur, on trouve 1° l'*oreille externe* (A) formée par le *pavillon de l'oreille* (1) et le *conduit auditif externe* (2) ; 2° l'*oreille moyenne* (B) constituée par une cavité remplie d'air, *caisse du tympan* (3), communiquant avec l'air extérieur par la *trompe d'Eustache* (5) et pourvue d'une cavité accessoire, *cellules mastoïdiennes* (6) ; la caisse du tympan est séparée du conduit auditif par une membrane, *membrane du tympan* (4), et des cavités de l'oreille interne par la membrane de la *fenêtre ronde* (10) et par un osselet, l'*étrier* (9) enchâssé dans une seconde ouverture, *fenêtre ovale* (11) ; deux osselets, le *marteau* (7) et l'*enclume* (8), rattachent la membrane du tympan à l'étrier ; 3° l'*oreille interne* (C) ou *labyrinthe* est complètement remplie par un liquide et comprend le *vestibule* (12), les *canaux demi-circulaires* (16) et le *limaçon* (13) avec ses deux *rampes*, *rampe tympanique* (14) aboutissant à la fenêtre ronde, et *rampe vestibulaire* (15). C'est sur les membranes de ces différentes parties du labyrinthe que se distribuent les terminaisons périphériques du nerf auditif.

L'ensemble de ces organes constitue un petit appareil susceptible d'éprouver des vibrations moléculaires et des vibrations d'ensemble sous l'influence des oscillations des corps sonores.

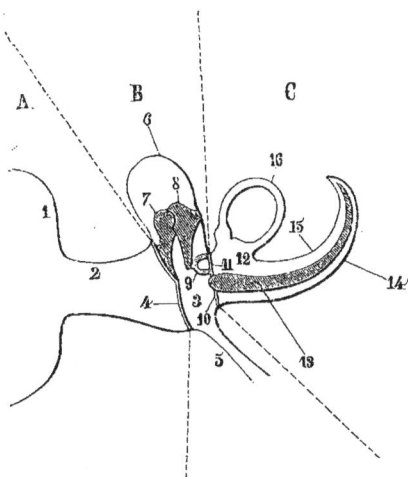

Fig. 393. — *Schéma de l'appareil auditif* (*).

Le *son propre* de l'oreille, d'après Helmholtz, serait le *si* correspondant à 244 vibrations; c'est le son qu'on obtient par la percussion de l'apophyse mastoïde.

1° Transmission des vibrations sonores dans l'oreille externe.

Les vibrations sonores arrivent en premier lieu au *pavillon de l'oreille*. Une partie de ces ondes sonores est réfléchie vers l'extérieur; une autre partie subit une série de réflexions qui les dirigent vers le conduit auditif; presque toutes celles qui arrivent dans la conque sont réfléchies contre la face interne du tragus et renvoyées dans le conduit auditif; la conque agit comme un miroir concave qui concentrerait les ondes sonores. L'orientation même de la conque et du pavillon fait que, suivant la direction, une partie plus ou moins considérable des ondes sonores pénètre dans le conduit auditif, ce qui nous permet de juger de l'intensité et de la direction du son. L'agrandissement de la conque par la contraction des muscles du tragus et de l'anti-tragus fait entrer dans le conduit auditif une plus grande quantité d'ondes sonores; son rétrécissement par les muscles de l'hélix produit l'effet inverse. Les replis du pavillon peuvent encore guider le son vers la conque, comme il est guidé par des gouttières demi-circulaires ou par les intersections de certaines voûtes (salle de l'Observatoire de Paris). Si on supprime les inégalités du pavil-

(*) A, oreille externe. — B, oreille moyenne. — C, oreille interne. — 1, pavillon de l'oreille. — 2, conduit auditif externe. — 3, caisse du tympan. — 4, membrane du tympan. — 5, trompe d'Eustache. — 6, cellules mastoïdiennes. — 7, marteau. — 8, enclume. — 9, étrier. — 10, fenêtre ronde. — 11, fenêtre ovale. — 12, vestibule. — 13, limaçon. — 14, rampe tympanique. — 15, rampe vestibulaire. — 16, canal demi-circulaire.

lon en remplissant ses cavités par une masse molle (cire et huile), tout en laissant libre l'orifice externe du conduit auditif, l'intensité des sons est affaiblie et il devient plus difficile de juger de leur direction (Schneider).

Pour que les ondes sonores puissent pénétrer *par réflexion* jusque dans le conduit auditif externe, il faut que le corps vibrant ou la surface réfléchissante quelconque qui renvoie ses vibrations à l'oreille soient situés dans une certaine position par rapport au pavillon. C'est ce que fait comprendre la figure 394 qui

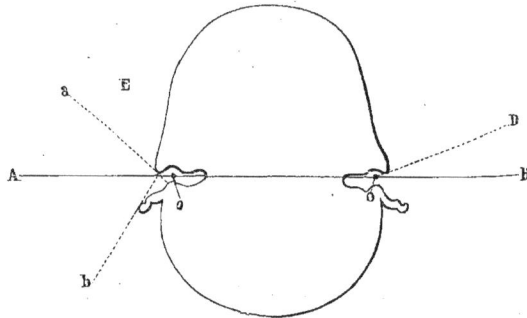

Fig. 394. — *Coupe horizontale de la tête au niveau du conduit auditif externe.*

représente schématiquement une coupe horizontale de la tête au niveau de l'oreille externe.

On voit, par exemple, que les vibrations parties d'un corps situé en E ne pourront arriver dans le conduit, à moins que ces vibrations ne soient réfléchies d'abord par une autre surface dans une direction donnée. Si nous représentons par les lignes *a* et *b* les *rayons sonores* extrêmes qui puissent pénétrer dans le conduit auditif, l'angle intercepté par ces lignes pourra être appelé *champ auditif*, par comparaison avec le champ visuel. Cet angle variera évidemment suivant que la coupe de l'oreille externe sera verticale ou transversale, suivant que la coupe horizontale sera faite à telle ou telle hauteur ; le champ auditif variera en outre suivant les différences individuelles. L'ensemble des rayons sonores susceptibles de pénétrer ainsi par réflexion dans le conduit auditif formera donc un *faisceau sonore* dont la forme sera déterminée par la forme même de la conque et du tragus, absolument comme la pupille détermine la forme du faisceau lumineux qui pénètre dans l'œil. Parmi ces rayons sonores, il en est qui arrivent jusqu'à la membrane du tympan sans éprouver de réflexion préalable (1). Si on mène (fig. 394), par les centres O des orifices des deux conduits auditifs, une ligne AB, on a ce qu'on peut appeler l'*axe auditif* ; les rayons sonores qui suivent cet axe auditif arrivent directement jusqu'au tympan. Les lignes extrêmes du faisceau sonore, *a*, *b*, coupent cet axe auditif en dehors du point O et à des distances variables. On peut appeler *ligne auditive* DO la ligne menée du corps sonore D au centre O, et *angle auditif* l'angle DOB que fait la ligne auditive avec l'axe auditif. On a ainsi un moyen de déterminer rigoureusement, dans les expériences physiologiques ou patholog-

(1) D'après certains auteurs, tous les rayons subiraient au moins une réflexion préalable avant de pénétrer jusqu'au tympan.

ques, la position du corps sonore et la direction des vibrations. Plus la ligne auditive se rapproche de l'axe auditif, plus l'angle auditif diminue, plus les sons sont perçus avec netteté, les vibrations ne perdant pas de leur amplitude dans une série de réflexions successives.

Dans le *conduit auditif externe*, les ondes sonores subissent une série de réflexions qui les conduisent jusqu'au fond sur la membrane du tympan. Grâce à l'obliquité de cette membrane et à sa courbure, la plupart de ces ondes viennent la frapper presque perpendiculairement.

Une partie des ondes sonores qui arrivent au conduit auditif sont réfléchies par la membrane du tympan et renvoyées à l'extérieur ; cette réflexion est d'autant plus forte que la membrane est plus tendue et plus oblique.

Bibliographie. — ESSER : *Mém. sur les diverses parties de l'organe auditif* (Ann. des sc. nat., 1832). — SCHNEIDER : *Die Ohrmuschel*, etc., 1855. — MACH : *Ueber einige der physiol. Akustik angehörige Erscheinungen* (Wien. Sitzungsb., 1864). —MACH : *Bem. über die Function der Ohrmuschel* (Arch. für Ohrenheilk., 1874). — BURNETT : *Das äussere Ohr* (id.).

2° Transmission des vibrations sonores dans l'oreille moyenne.

L'oreille moyenne est constituée essentiellement par une cavité dont les parois sont invariables, à l'exception de la membrane du tympan, de la membrane de la fenêtre ronde et de l'appareil qui obture la fenêtre ovale. Cette cavité communique avec l'air extérieur par la trompe d'Eustache, dont la partie cartilagineuse, habituellement fermée, forme une espèce de soupape qui peut s'ouvrir, tantôt de dehors en dedans pour laisser passer l'air extérieur dans la caisse, tantôt de dedans en dehors quand la pression de l'air augmente dans la caisse. Chaque mouvement de déglutition (et il s'en produit à chaque instant pour avaler la salive) ouvre la trompe et maintient l'air de la caisse en équilibre de pression avec l'air extérieur ; la tension de la membrane du tympan reste par suite indépendante des variations de la pression atmosphérique, à moins que ces variations ne se fassent trop brusquement ou dans des limites trop étendues (cloche à plongeur, ascensions aérostatiques). Quand la trompe d'Eustache s'oblitère, l'audition se trouble et s'affaiblit (1).

La membrane du tympan est susceptible de vibrer sous l'influence des vibrations de l'air du conduit auditif. L'existence de ces vibrations a été démontrée expérimentalement ; Politzer a pu enregistrer directement les vibrations de la *columelle* (os tympanique) du canard et celles des osselets chez l'homme dans des cas pathologiques ; et Mach et Kessel, à l'aide d'un appareil particulier et par la méthode stroboscopique (voir p. 938), ont pu observer chez l'homme les vibrations de la membrane du tympan. Ces vibrations se produisent pour tous les sons compris dans l'intervalle

(1) On a supposé, sans preuves suffisantes, que la trompe servait surtout à entendre sa propre voix. — Rüdinger a soutenu, et quelques autres auteurs après lui, que la trompe était toujours béante. Elle se dilaterait seulement au moment de la déglutition ; elle se fermerait au contraire d'après Cleland. Les procédés graphiques ont prouvé que ces opinions sont erronées (Gellé).

des sons perceptibles, et le tympan s'écarte sous ce rapport des membranes ordinaires qui n'entrent en vibration que pour un son déterminé d'accord avec leur son propre ou un multiple de ce son. D'une manière générale, elle entre plus facilement en vibration pour les sons aigus que pour les sons graves ; mais ce qui joue sous ce rapport le rôle le plus important, ce sont : 1° la disposition anatomique ; 2° les différences de tension de cette membrane.

La membrane du tympan est non seulement fixée au cercle tympanique, mais elle adhère au manche du marteau dont elle suit les mouvements ; il y a là une disposition anatomique qui, en augmentant les obstacles, affaiblit les vibrations par influence, et relativement d'autant plus que ces vibrations se rapprochent des vibrations propres de la membrane. Il en est de même pour les vibrations consécutives qui, sans cela, prolongeraient le son.

La *tension* de la membrane du tympan peut varier par deux ordres de causes : 1° par les différences de pression de l'air de la caisse et de l'air extérieur ; cette cause n'agit qu'accidentellement (expirations forcées, etc.), ou à l'état pathologique ; 2° par l'action musculaire ; c'est le *muscle du marteau* qui est le *tenseur du tympan* ; par sa contraction il tire en dedans le manche du marteau et tend la membrane qui suit le mouvement de l'os. La contraction du muscle du marteau est volontaire chez quelques individus, mais habituellement elle est inconsciente et réflexe, à moins, qu'elle ne s'associe à une contraction énergique des muscles masticateurs, dont elle constitue un phénomène accessoire. Cette contraction s'accompagne d'une crépitation de cause douteuse (1). D'après Hensen, cette contraction ne se fait qu'au début du son et cesse immédiatement même quand le son continue ; ce serait donc une simple *secousse* musculaire. Quand la contraction du muscle du marteau cesse ou diminue, la membrane revient à sa position d'équilibre par son élasticité propre et par celle de la chaîne des osselets. L'action du muscle de l'étrier est trop hypothétique pour y insister (2).

Les variations de tension de la membrane du tympan agissent de deux façons : 1° elles font varier le son propre de la membrane, de façon que celle-ci entre plus facilement en vibrations pour un son d'une hauteur donnée ; elle se tend dans les sons aigus, se détend dans les sons graves ; elle représente donc, à ce point de vue, un véritable appareil d'accommodation ; 2° cette membrane agit comme *étouffoir* ou comme *sourdine*. A mesure que sa tension augmente, elle affaiblit l'intensité des vibrations, surtout pour les sons graves.

Transmission des vibrations de la membrane du tympan au labyrinthe. — Les vibrations du tympan se transmettent d'une part à l'air de la caisse, de l'autre aux osselets de l'ouïe, et par ces deux voies au liquide du labyrinthe.

a) La *transmission par l'air de la caisse* est incontestable ; mais c'est la voie la moins importante. L'air de la caisse entre en vibrations, et ces

(1) On a attribué cette crépitation à la tension brusque du tympan ; mais cette tension, qu'on peut produire facilement en se bouchant le nez et en faisant une forte expiration (recherche de Valsalva), détermine un bruit sourd bien différent de cette crépitation. Elle paraît plutôt due à l'ouverture subite de la trompe d'Eustache par la contraction simultanée du péristaphylin externe.

(2) D'après Politzer, il serait antagoniste du muscle du marteau. Pour Lucae, il se contracterait dans les sons *non musicaux* élevés.

vibrations se transmettent à la membrane de la fenêtre ronde et par elle au limaçon.

b) La *transmission par la chaîne des osselets* est de beaucoup la plus importante. Ces osselets, qui forment de la membrane du tympan à la fenêtre ovale une chaîne continue, articulée et angulaire, vibrent comme un tout à cause de la petitesse des parties, et ces vibrations, comme celles du tympan, ne peuvent être que transversales. Les inflexions de cette chaîne des osselets, ses articulations, le passage subit des parties dures à des parties molles, la gaine muqueuse qui enveloppe les osselets, sont autant de conditions anatomiques qui doivent diminuer la facilité de transmission des vibrations dans l'intérieur de la chaîne des osselets, sans entraver leur vibration totale. En outre, ces osselets ont une certaine mobilité les uns sur les autres, et, comme pour le tympan, l'action musculaire peut augmenter ou diminuer la tension et la rigidité de ce petit système vibrant.

Les vibrations de la membrane du tympan se transmettent au manche du marteau et par cet os aux autres osselets de la façon suivante : toutes les fois que

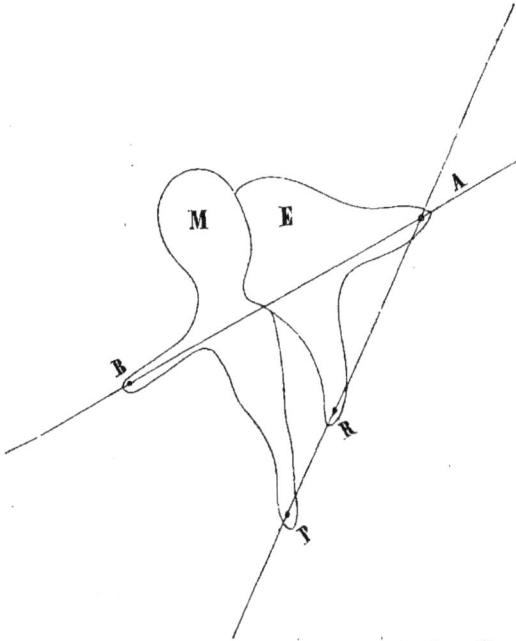

Fig. 395. — *Mouvements du marteau et de l'enclume* (*).

le manche du marteau se porte en dedans, la branche de l'enclume en fait autant et pousse l'étrier dans la fenêtre ovale ; donc, à chaque mouvement en dedans du

(*) M, marteau. — E, enclume. — A, courte branche de l'enclume. — R, longue branche de l'enclume. — P, manche du marteau. — AB, axe des mouvements des osselets.

tympan correspond un véritable coup de piston de l'étrier qui presse sur le liquide du vestibule, et chaque oscillation de la membrane amène un mouvement de va-et-vient de l'étrier dans la fenêtre ovale. Il est possible que le muscle de l'étrier serve à diminuer l'amplitude de l'excursion des mouvements de l'étrier dans la fenêtre ovale.

A cause de la plus faible longueur de la longue branche de l'enclume, la vitesse du mouvement et l'excursion de l'extrémité de cette branche sont plus petites que celles de l'extrémité du manche du marteau, mais ce qui se perd en vitesse est regagné en force. En effet, soit (fig. 395) M le marteau, E l'enclume, les trois points, A, courte branche de l'enclume, R, sa longue branche, et P, manche du marteau, sont sur une même ligne et peuvent être considérés comme formant un levier du deuxième genre, ayant son point d'appui en A, sa puissance en P, sa résistance en R à l'étrier ; la longueur du bras de levier de la puissance est de 9 millimètres environ, celle du bras de levier de la résistance de 6 millimètres ; la force avec laquelle la branche de l'enclume pressera sur l'étrier sera égale à 1,5, la puissance P étant égale à l'unité.

Bibliographie. — Bressa : *Ueber die Nützen der Eustachischen Röhre* (Arch. de Reil, 1807). — Magendie : *Sur les organes qui tendent ou relâchent la membrane du tympan* (Journ. de physiol., 1821). — Savart : *Rech. sur les usages de la membrane du tympan* (Journ. de Magendie, 1824). — Flourens : *Rech. sur les conditions fondamentales de l'audition*, 1825. — Luschka : *Ueber die willkürliche Bewegung des Trommelfells* (Arch. für phys. Heilk., 1849). — Hauff : *id.* (Wurt. Correspondbl., 1850). — Gottschalk : *De tuba Eustachii*, 1852. — Pilcher : *Some points in the physiology of the tympanum* (Ass. med. journ., 1854). — Jago : *Eustachian tube*, 1856. — Bonnafont : *Mém. sur les osselets de l'oreille* (Comptes rendus, 1858). — Clarke : *De l'audition après la perforation de la membrane du tympan* (Journ. de physiol., 1858). — Morehead : *Contrib. to the physiol. of hearing* (Lancet, 1859). — Toynbee : *On the mode in which sonorous undulations are conducted from the membrana tympani, etc.* (id.). — Jago : *On the functions of the tympanum* (Rec. of the roy. soc., 1858). — Bonnafont : *Mém. sur l'anat. et la physiol. des osselets de l'oreille*, 1859. — Politzer : *Beitr. zur Physiol. des Gehörorgans* (Wien. Sitzungsber., 1861). — Id. : *Ueber den Einfluss der Luftdrucksschwankungen in der Trommelhöhle auf die Druckverhältnisse des Labyrinthinhalts* (Wien. med. Woch., 1862). — Lucae : *Ueber die Respirationsbewegungen des Trommelfells* (Arch. für Ohrenheilk., 1864). — Schwartze : *id.* (id.). — Politzer : *Unt. über Schallfortpflanzung, etc.* (id.). — Löwenberg : *Ueber willkührliches Oeffnen der Eustachi'schen Ohrtrompete* (Centralbl., 1865). — Lucae : *Zur Function der tuba Eustachii* (Arch. für Ohrenheilk., 1861). — Id. : *Ueber eine neue Methode zur Untersuchung des Gehörorgans* (id.). — Jago : *The functions of the tympanum* (Brit. and for. med. chir. Review., 1867). — Helmholtz : *Ueber die Mechanik der Gehörknöchelchen* (Verh. d. nat. hist. Ver. zu Heidelberg., 1867). — Id. : *id.* (Arch. de Pflüger, t. I, 1868). — Henke : *Der Mechanismus der Gehörknöchelchen* (Zeit. für rat. Med., 1868). — Schmidekam : *Exp. St. zur Physiol. des Gehörorgans*, 1868. — Politzer : *Ueber willkürliche Contraction des Musculus tensor tympani* (Arch. für Ohrenheilk., 1868). — Cleland : *On the question whether the Eustachian tube is opened or closed in swallowing* (Journ. of anat., 1869). — Buck : *Vers. über die Schwingungen der Gehörknöchelchen* (Verh. d. nat. hist. med. Ver. zu Heidelberg, 1869). — Schmidekam : *Exp. St. zur Physiol. des Gehörorgans* (Arb. aus d. Kieler physiol. Inst., 1869). — Schapringer : *Ueber die Contraction des Trommelfellspanners* (Wien. Akad., 1870). — Jago : *Note on the functions of the tympanum* (Brit. and for. med. chir. Rev., 1870). — Politzer : *Zur Physiol. des Schallleitungsapparats* (Wien. med. Woch., 1871). — Mach et Kessel : *Mittheil. über Bewegungen im Gehörorgan* (Centralbl., 1871). — Burnett : *Unt. über den Mechanismus der Gehörknöchelchen, etc.* (Arch. für Augen und Ohrenheilk., 1872). — Buck : *Unt. über den Mechanismus der Gehörknöchelchen* (id.). — Wintrich : *Exper. Stud. über Resonanzbewegungen der Membrane* (Sitzungsber. d. phys. med. Soc. zu Erlangen, 1873). — Mach et Kessel : *Ueber die Function der Trommelhöhle* (Wien. Akad., 1872). — Id. : *Ueber die Accommodation des Ohres* (id.). — Trautmann : *Die Lichtreflexe des Trommelfelles* (Arch. für Ohrenheilk., 1874). — Lucae : *Accommodation und Accommodationsstörungen des Ohres* (Berl. klin. Woch., 1874). — Kessel : *Ueber den Einfluss der Bin-

nenmuskeln der Paukenhöhle, etc. (Arch. für Ohrenheilk., 1874). — ZAUFAL : *Die normalen Bewegungen der Rachenmündung der Eustachi'schen Röhre* (id.). — MACH ET KESSEL : *Beitr. zur Topographie und Mechanik des Mittelohres* (Wien. Akad., 1874). — J. BUDGE : *Muthmassungen über die Function des M. stapedius* (Arch. de Pflüger, t. IX, 1874). — JULE : *On the mechanism of opening and closing the Eustachian tube* (Journ. of anat., 1874). — ZAUFAL : *Die normalen Bewegungen der Pharyngealmündung der Eustachi'schen Röhre* (Arch. für Ohrenheilk., 1875). — MICHEL : *Neue Beob. über das Verhalten der Rachenmundung der Tuba* (Berl. klin. Wochensch., 1875). — LUCAE : *Zur Function der Tuba Eustachii* (Arch. für pat. An., 1875). — BLAKE : *Ueber die Verwerthung der M. tympani als Phonautograph und Logograph* (Arch. für Augen und Ohrenheilk., 1876). — WEBER-LIEL : *Zur Function der Membran des runden Fensters* (Centralbl., 1876). — LÖWENBERG : *De l'échange des gaz dans la caisse du tympan* (Comptes rendus, t. LXXXIII). — HARTMANN : *Mittheil. über Function der Tuba Eustachii* (Arch. für Physiol., 1877). — HENSEN : *Beob. über die Thätigkeit des Trommelfellspanners* (Arch. für Physiol., 1878). — HARTMANN : *Ueber die Bestimmung der Durchgängigkeit der Eustachischen Röhre mit Hülfe des Quecksilbermanometers* (Arch. für pat. An., 1878). — GELLÉ : *Et. des mouvements du tympan par la méthode graphique*, 1878. — F. BEZOLD : *Exp. Unt. über den Schallleitungsapparat des menschlichen Ohres* (Arch. für Ohrenheilk., t. XVI). — GELLÉ : *Et. expér. des fonctions de la trompe d'Eustache* (Soc. de biol., 1880).

3° Transmission des vibrations sonores dans l'oreille interne.

Les vibrations sonores peuvent arriver à l'eau du labyrinthe par trois voies différentes : 1° par les parois osseuses du labyrinthe ; 2° par l'air de la caisse et la fenêtre ronde ; 3° par l'étrier et la fenêtre ovale ; ce dernier mode est le mode de transmission ordinaire.

1° *Transmission par les parois osseuses du labyrinthe.* — Ce mode de transmission a lieu dans plusieurs cas : quand le corps vibrant (exemple : une montre) est placé directement en contact avec les parois du crâne. C'est encore ce qui a lieu quand on entend sa propre voix ; dans ce cas, les vibrations de l'air de la bouche et des fosses nasales se transmettent aux parois du crâne ; la transmission des vibrations suit alors une marche inverse de celle qui a lieu à l'état normal, et une certaine partie des vibrations se perd par le conduit auditif ; si on se bouche les oreilles, on entend mieux sa propre voix. Si on fait vibrer un diapason et qu'on tienne sa tige entre les dents, il arrive un moment où les sons sont trop faibles et ne sont plus entendus par l'oreille ; qu'on se bouche alors les oreilles, les sons s'entendent de nouveau. Cette transmission est moins favorable que la transmission ordinaire. Si on tient un diapason entre les dents jusqu'à ce qu'on n'entende plus de son et qu'on le retire rapidement pour le placer devant l'oreille, on l'entend distinctement (Rinne). C'est sur ce mode de transmission que sont fondés un certain nombre d'instruments (*audiphone, dentiphone, ostéophones*), usités dans certains cas de surdité, quand la surdité tient à une lésion de l'oreille moyenne.

Quand ces vibrations osseuses du labyrinthe sont produites par des mouvements des parties avoisinantes, pulsations artérielles, secousses musculaires, etc., elles donnent lieu à des sensations auditives particulières (bruissements, bourdonnements, sifflements, etc.) auxquelles on a donné le nom de sensations *entotiques*.

2° *Transmission par la membrane de la fenêtre ronde.* — Politzer a constaté expérimentalement, en ajustant un petit manomètre au labyrinthe, que les variations de pression de l'air du conduit auditif et de la caisse amenaient des variations de pression correspondantes dans le labyrinthe. Il peut donc y avoir transmission des vibrations par l'air de la caisse à la membrane de la fenêtre ronde, et par cette membrane au liquide du labyrinthe ; mais ce mode de transmission est tout à fait secondaire.

3° *Transmission par la chaîne des osselets.* — Toutes les fois que l'étrier s'enfonce dans la fenêtre ovale, la pression augmente dans le labyrinthe et comme la seule partie mobile de la paroi du labyrinthe est la membrane de la fenêtre ronde, cette membrane se bombe du côté de la caisse, comme on peut s'en assurer sur le cadavre. Grâce à cette disposition, le liquide du labyrinthe subit des oscillations isochrones aux oscillations de l'étrier, oscillations qui se transmettent aux terminaisons des nerfs auditifs.

Dans le *limaçon*, les vibrations doivent marcher de la base au sommet dans la rampe vestibulaire, redescendre du sommet à la base dans la rampe tympanique, où elles arrivent sur la membrane de la fenêtre ronde ; là elles se réfléchissent en sens inverse, et comme il survient successivement de nouvelles ondes par la fenêtre ovale et de nouvelles réflexions par la membrane de la fenêtre ronde, il en résulte des *vibrations stationnaires* comme celles d'une corde fixée par les deux bouts, et par suite des vibrations correspondantes dans la rampe moyenne qui contient l'organe de Corti et les terminaisons du nerf du limaçon.

Les coups de piston de l'étrier ne déterminent pas seulement la production d'une ondulation dans le limaçon. Dans le vestibule s'ouvrent en outre les cinq orifices des conduits demi-circulaires. Une partie de l'ondulation se partage donc en cinq branches ou courants qui s'engagent dans ces canaux ; si ceux-ci avaient le même diamètre à leurs deux orifices, les vibrations marchant en sens inverse s'annuleraient, mais en réalité il n'en est rien, et on est encore réduit à des hypothèses sur le rôle des canaux semi-circulaires (Voir : *Centres nerveux*).

Bibliographie. — Lucae : *Zur Physiol. und Pat. des Gehörorgans* (Arch. für pat. An., 1863). — Id. : *Unt. üb. die sogenannte Knochenleitung* (Arch. für Ohrenheilk., 1864). — Id. : *Ueber die Druckverhältnisse des innern Ohres* (id., 1868). — Id. : *Weitere Unt. über die sogenannte Kopfknochenleitung*, etc. (id., 1869). — Helmholtz : *Ueber die Schallschwingungen in der Schnecke des Ohres* (Verh. d. nat. hist. med. Ver. zu Heidelb., 1869). — Schapringer : *Hist. Not. über den Nutzen der Schnecke des Labyrinths* (Arch. für Augen und Ohrenheilk., 1875). — Exner : *Zur Lehre von den Gehörsempfindungen* (Arch. de Pflüger, t. XIII). — Urbantschisch : *Ueber die von der Höhe des Stimmgabeltones und von der Applicationsstelle abhängige Schallleitung durch die Kopfknochen* (Arch. für Ohrenheilk., 1877). — Turnbull : *Das Audiphon und Dentaphon* (Zeit. für Ohrenheilk., t. IV). — Thomas : *Res. in hearing through the medium of teeth and cranial bones* (Philad. med. times, 1880).

2. — De la sensation auditive.

Pour qu'il y ait excitation du nerf auditif et par suite sensation auditive, il faut certaines conditions : 1° les vibrations doivent avoir une certaine amplitude ; trop faibles, elle n'impressionnent pas l'organe de l'ouïe ; 2° elles doivent avoir une certaine durée ; au-dessus ou au-dessous d'un certain nombre de vibrations par seconde, les sons ne sont plus perceptibles ; ces limites varient elles-mêmes avec les individus ; ainsi, certaines personnes ne perçoivent pas le chant du grillon, mais en général la limite supérieure est de 20,000 vibrations, la limite inférieure de 80 vibrations (1) par seconde (40,960 à 16 d'après Preyer).

Les sensations auditives se divisent en deux catégories : les *sons musicaux* et les *bruits.* Physiquement, les sons correspondent à des vibrations périodiques et régulières, les bruits à des vibrations non régulières

(1) Il s'agit ici de vibrations doubles.

et non périodiques, ou à des chocs instantanés. Physiologiquement, la sensation du son musical est une sensation simple, de nature régulière ; la sensation du bruit nous représente une sensation complexe et irrégulière. Comme les bruits sont en définitive la résultante de plusieurs sons musicaux irrégulièrement mélangés, nous ne nous occuperons que de ces derniers.

1° Caractères physiques de la sensation auditive.

Ces caractères sont au nombre de trois : l'intensité, la hauteur et le timbre :

1° Intensité du son. — L'intensité dépend de l'amplitude des vibrations. Il n'y a guère de mesure fixe de cette intensité ; nous ne l'apprécions que relativement et comparativement avec d'autres sons ; nous disons alors que tel son est fort ou faible. Il y a, sous le rapport de l'appréciation de l'intensité du son, des variations individuelles très grandes ; cette appréciation varie du reste chez le même individu ; en général, on perçoit encore une différence de 72 à 100 dans l'intensité d'un son. Schafhäull a trouvé comme limite inférieure de la sensibilité auditive, le son produit par une sphère de liège de 1 milligramme tombant de 1 millimètre de hauteur. On a vu plus haut l'influence de la tension de la membrane du tympan sur l'intensité du son.

Procédés pour apprécier l'acuité auditive. — On la mesure habituellement par la distance maximum à laquelle sont entendus le tic-tac d'une montre ou la voix humaine. On a employé successivement un grand nombre d'appareils (*acoumètres*), diapasons (Conta, Mabuns), tiges métalliques (Politzer), verges vibrantes (Blake), etc. Mais l'appareil le plus parfait est l'*audiomètre de Hughes*. Cet appareil repose sur le principe suivant. Quand on fait passer un courant dans une bobine inductrice, le courant qui se produit dans la bobine induite se révèle par un bruit, si on relie un téléphone à la bobine induite. Si le courant inducteur est interrompu par un interrupteur quelconque on entendra dans le téléphone un son dont la hauteur correspondra au nombre d'interruptions. Si maintenant on place la bobine induite entre deux bobines inductrices dont les fils soient enroulés en sens inverse et de même longueur, les courants induits étant de sens contraire dans la bobine induite s'annuleront et si la bobine induite est à égale distance des deux bobines inductrices, il n'y aura aucun son dans le téléphone ; ce sera le *zéro* de l'instrument correspondant au silence absolu ; si on rapproche la bobine induite d'une des bobines inductrices, le téléphone donnera un son qui, d'abord faible, ira en augmentant pour atteindre son maximum d'intensité quand les deux bobines seront tout à fait rapprochées. On a ainsi un instrument qui permet de graduer facilement l'intensité du son. Maillard a simplifié l'instrument primitif de Hughes (Thèse de Nancy, 1880). — Le *tube interauriculaire* de Gellé peut aussi servir à apprécier, non seulement la sensibilité de l'ouïe, mais encore beaucoup d'autres phénomènes de l'audition. Il se compose d'un tube en caoutchouc dont les deux extrémités garnies d'un embout se fixent dans les conduits auditifs externes.

2° Hauteur du son. — La hauteur du son dépend du nombre de vibrations. L'oreille apprécie sûrement, non pas précisément la hauteur absolue d'un son, mais sa hauteur relative par rapport à un son voisin ; un son est plus grave qu'un autre quand il fait moins de vibrations par seconde, plus aigu quand il en fait plus. En deçà et au delà de certaines limites, l'appréciation de la hauteur des sons n'est plus possible ; ces limites sont, pour les sons graves, 33 vibrations environ, pour les sons aigus 4,500 vibrations par seconde. Si les nombres de vibrations sont trop rapprochés, la différence de hauteur n'impressionne plus l'oreille; mais il y a, sous ce rapport, de grandes' différences individuelles; certaines oreilles discernent une différence de 1/1000ᵉ dans le nombre de vibrations de deux sons; une oreille musicale distingue nettement des différences de 1/500ᵉ. C'est sur cette propriété de l'oreille d'apprécier la différence de hauteur de deux sons qu'est basé essentiellement l'art musical. Il suffit que 20 vibrations (d'après Auerbach, 4 à 8 d'après Mach) viennent frapper l'oreille, pour qu'on puisse apprécier la hauteur d'un son.

Applications à l'art musical. — Au point de vue physiologique, on peut résumer de la façon suivante les principes musicaux en ce qui concerne la hauteur des sons.

On appelle *intervalle* de deux sons le rapport du nombre de vibrations de ces deux sons; ainsi, si l'un des nombres fait 300 vibrations par seconde, l'autre 200, l'intervalle sera représenté par $\frac{300}{200}$ ou $\frac{3}{2}$. Certains intervalles sont représentés par des rapports numériques très simples : $\frac{2}{1}$, $\frac{3}{2}$, $\frac{4}{3}$, $\frac{5}{4}$, etc. ; d'autres, par des rapports numériques plus compliqués. Les intervalles dont les rapports numériques sont les plus simples sont aussi ceux que l'oreille accepte le plus facilement, entend avec le plus de plaisir et que la voix humaine émet instinctivement.

Le rapport le plus simple est le rapport de l'intervalle $\frac{2}{1}$; cet intervalle a reçu le nom d'*octave*; le son le plus aigu fait un nombre de vibrations double du son grave; on dit alors que le premier est à l'octave du second. Le tableau suivant donne les principaux intervalles simples plus petits qu'une octave :

INTERVALLES.	RAPPORT.	NOMBRE de vibrations du son aigu.	NOMBRE de vibrations du son grave.
Quinte	2 : 3	3	2
Quarte	3 : 4	4	3
Tierce majeure	4 : 5	5	4
Tierce mineure	5 : 6	6	5
Sixte mineure	5 : 8	8	5
Sixte majeure	3 : 5	5	3

En élevant d'une octave le son fondamental d'un intervalle, on a l'intervalle renversé; ainsi, une quarte est une quinte renversée. On a le rapport de vibrations de l'intervalle renversé en doublant le plus petit nombre de l'intervalle primitif. Le tableau suivant donne les intervalles renversés correspondant aux intervalles simples cités plus haut :

INTERVALLES SIMPLES.	RAPPORT.	INTERVALLES RENVERSÉS.	RAPPORTS.
Quinte	2 : 3	Quarte	3 : 4
Quarte	3 : 4	Quinte	4 : 6 ou 2 : 3
Tierce majeure	4 : 5	Sixte mineure	5 : 8
Tierce mineure	5 : 6	Sixte majeure	6 : 10 ou 3 : 5
Sixte mineure	5 : 8	Tierce majeure	8 : 10 ou 4 : 5
Sixte majeure	3 : 5	Tierce mineure	5 : 6

C'est en se servant des intervalles les plus simples, la quinte, la quarte et la tierce, qu'on a formé la *gamme*, en intercalant dans l'intervalle d'une octave une série de sons ou *notes*, séparés l'un de l'autre par des intervalles déterminés.

Les notes de la gamme sont au nombre de 7, qui portent les noms suivants : *ut* (ou *do*), *ré, mi, fa, sol, la, si*. Ces notes sont dans le rapport suivant de vibrations avec la *note fondamentale* ou *tonique* do :

$$\text{do,} \quad \text{ré,} \quad \text{mi,} \quad \text{fa,} \quad \text{sol,} \quad \text{la,} \quad \text{si,} \quad \text{do.}$$
$$1 \quad \tfrac{9}{8} \quad \tfrac{5}{4} \quad \tfrac{4}{3} \quad \tfrac{3}{2} \quad \tfrac{5}{3} \quad \tfrac{15}{8} \quad 2$$

C'est ce qu'on appelle *gamme majeure* ; dans cette gamme, les intervalles entre deux notes consécutives sont les suivants :

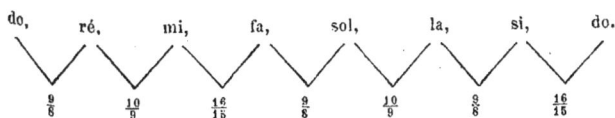

$$\text{do,} \quad \text{ré,} \quad \text{mi,} \quad \text{fa,} \quad \text{sol,} \quad \text{la,} \quad \text{si,} \quad \text{do.}$$
$$\tfrac{9}{8} \quad \tfrac{10}{9} \quad \tfrac{16}{15} \quad \tfrac{9}{8} \quad \tfrac{10}{9} \quad \tfrac{9}{8} \quad \tfrac{16}{15}$$

L'intervalle $\frac{9}{8}$ (do-ré ; fa-sol ; la-si) s'appelle *ton majeur*; l'intervalle $\frac{10}{9}$ (ré-mi ; sol-la) *ton mineur*; l'intervalle $\frac{16}{15}$ (mi-fa ; si-do) est le *demi-ton majeur*; la différence entre le ton majeur et le ton mineur ou le *comma* est représentée par la fraction $\frac{81}{80}$; c'est à peu près le 1/5 du demi-ton. Dans la gamme majeure, les intervalles se succèdent dans l'ordre suivant : un ton majeur, un ton mineur, un demi-ton majeur, un ton majeur, un ton mineur, un ton majeur, un demi-ton majeur.

On peut prendre pour *tonique* un quelconque des sons musicaux, quel que soit son nombre de vibrations, et obtenir ainsi autant de gammes qu'il y a de sons musicaux différents. Ainsi on peut commencer indifféremment la gamme par *ré, mi, fa*, etc., mais la seule condition exigée par l'oreille est que les nombres de vibrations des différentes notes de la gamme soient toujours dans les mêmes rapports avec le nombre de vibrations de la tonique.

En général, on est convenu de partager l'échelle des sons musicaux en un certain nombre d'octaves en prenant pour tonique de l'octave la plus grave le son qui correspond à 33 vibrations par seconde. On a le nombre de vibrations de chacune des notes de l'octave supérieure en doublant successivement le nombre des vibrations de chaque note, comme le montre le tableau suivant :

NOTES.	CONTRE-OCTAVE.	GRANDE OCTAVE.	PETITE OCTAVE.	OCTAVE SECONDE.	OCTAVE TIERCE.	OCTAVE QUARTE.	OCTAVE QUINTE.
Do	33	66	132	264	528	1056	2112
Ré	37,125	74,25	148,5	297	594	1188	2376
Mi	41,25	82,5	165	330	660	1320	2640
Fa	44	88	176	352	704	1408	2816
Sol	49,5	99	198	396	792	1584	3168
La	55	110	20	440	880	1760	3520
Si	61,875	123,75	247,5	495	990	1980	3960

Outre la gamme majeure, la musique moderne emploie encore la *gamme mineure*, composée aussi de sept notes, mais dont les rapports de vibrations entre elles et avec la tonique diffèrent des rapports de la gamme majeure. On l'écrit de la façon suivante en prenant *do* pour tonique : *ut, ré, mi♭, fa, sol, la♭, si♭* ; le signe ♭ (*bémol*) placé après une note indique que cette note est baissée d'un demi-ton ; dans cette gamme, le rapport du nombre de vibrations de chaque note par rapport à la tonique est le suivant :

$$\begin{array}{cccccccc} \text{do,} & \text{ré,} & \text{mi ♭,} & \text{fa,} & \text{sol} & \text{la ♭,} & \text{si ♭,} & \text{do.} \\ 1 & \frac{9}{8} & \frac{6}{5} & \frac{4}{3} & \frac{3}{2} & \frac{8}{5} & \frac{9}{5} & 2 \end{array}$$

et les intervalles entre deux notes consécutives sont les suivants :

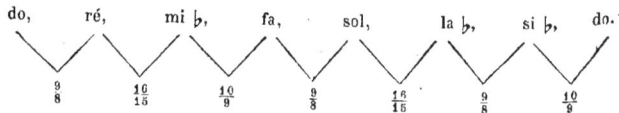

$$\begin{array}{ccccccc} \text{do,} & \text{ré,} & \text{mi ♭,} & \text{fa,} & \text{sol,} & \text{la ♭,} & \text{si ♭,} & \text{do.} \\ \frac{9}{8} & \frac{16}{15} & \frac{10}{9} & \frac{9}{8} & \frac{16}{15} & \frac{9}{8} & \frac{10}{9} \end{array}$$

Les intervalles se succèdent donc dans l'ordre suivant : un ton majeur, un demi-ton, un ton mineur, un ton majeur, un demi-ton, un ton majeur, un ton mineur.

On a vu plus haut que la tonique de la gamme (majeure ou mineure) peut être placée indifféremment sur telle ou telle note. Il en résulte qu'on peut prendre successivement comme tonique les divers sons de la gamme ; on a alors les gammes ou les *tons de ré*, de *mi*, etc. Mais si l'on prend la gamme de *mi*, par exemple, on voit que sa deuxième note, le *fa*, ne correspond plus au même nombre de vibrations que le *fa* de la gamme de *do* majeur ; en effet, elle fait 46,4 vibrations par seconde, tandis que ce dernier en a 44 dans la contre-octave. En construisant ainsi successivement toutes les gammes, on arrive à une telle multiplicité de notes que la pratique des instruments de musique serait inabordable par sa complication. Il n'y a, pour s'en rendre compte, qu'à jeter les yeux sur le tableau suivant qui montre le nombre de vibrations des notes de la gamme dans la contre-octave des différentes gammes majeures et mineures :

GAMMES MAJEURES.							
	Do.	Ré.	Mi.	Fa.	Sol.	La.	Si.
Do majeur...	33	37,125	41,25	44	49,5	55	61,875
Ré majeur...	34,8	37,125	41,76	46,405	49,5	55,686	61,875
Mi majeur...	34,375	38,67	41,25	46,404	51,55	55	61,875
Fa majeur..	33	36,65	41,25	44	49,5	55	58,64
Sol majeur..	33	37,125	41,25	46,35	49,5	55,62	61,85
La majeur...	34.375	56 66	41,25	45,875	49,5	55	61,875
Si majeur...	34,8	38,67	41,25	46,4	51,56	53	61,875

GAMMES MINEURES.							
	Do.	Ré.	Mi ♭.	Fa.	Sol.	La ♭.	Si ♭.
Do mineur....	33	37,125	39,6	44	49,5	52,8	59,4
Ré mineur....	33,41	37,125	41,76	44,55	49,5	55,686	59,4
Mi ♭ mineur. .	31,68	35,64	39,6	44,55	47,52	52,8	59,4
Fa mineur....	33	35,2	39,6	44	49,5	52,8	58,64
Sol mineur....	33	37,125	39,6	44,55	49,5	55,62	59,4
La ♭ mineur...	31,68	35,2	39,6	42,24	47,52	52,8	59,4
Si ♭ mineur...	33,41	35,64	39,6	44,55	47,52	53,46	59,4

On pourrait avoir des gammes du second degré en prenant encore comme toniques les notes de ces différentes gammes et ainsi de suite, et on pourrait multiplier ainsi presque à l'infini le nombre des notes. Pour éviter la confusion qui en résulterait et rendre les instruments pratiques, on est convenu d'admettre ce qu'on a appelé le *tempérament égal*. Le tempérament égal est basé sur ce fait dont il a été parlé plus haut, savoir la difficulté que l'oreille éprouve à discerner la différence de hauteur de deux sons très voisins l'un de l'autre et la faculté qu'elle a d'identifier deux sons dont les nombres de vibrations se rapprochent. On a partagé l'octave en douze demi-tons ou intervalles égaux et constitué ainsi la *gamme chromatique* composée des notes suivantes :

$$\text{do} \begin{pmatrix} \text{do}\sharp \\ \text{ré}\flat \end{pmatrix} \text{ré} \begin{pmatrix} \text{ré}\sharp \\ \text{mi}\flat \end{pmatrix} \text{mi, fa} \begin{pmatrix} \text{fa}\sharp \\ \text{sol}\flat \end{pmatrix} \text{sol} \begin{pmatrix} \text{sol}\sharp \\ \text{la}\flat \end{pmatrix} \text{la} \begin{pmatrix} \text{la}\sharp \\ \text{si}\flat \end{pmatrix} \text{si, do.}$$

Le signe $\sharp$ (*dièze*) hausse la note d'un demi-ton. Dans cette gamme, dite *gamme tempérée* par comparaison avec la gamme naturelle, la distinction du ton majeur ($\frac{9}{8}$) et du ton mineur ($\frac{10}{9}$), séparés par l'intervalle d'un *comma* ($\frac{81}{80}$), disparaît. La succession des tons et des demi-tons dans les gammes majeures et mineures peut être représentée ainsi :

Gamme majeure :	1 ton	1 ton	1/2 ton	1 ton	1 ton	1 ton	1/2 ton
Gamme mineure :	1 ton	1/2 ton	1 ton	1 ton	1/2 ton	1 ton	1 ton

Dans la gamme tempérée, la quinte, au lieu d'être représentée par $\frac{3}{2}$, l'est par $\frac{1,498}{1,000}$: elle est donc altérée d'une quantité inappréciable ; les tierces, au contraire, le sont d'une façon assez sensible.

Sur les instruments à *sons fixes*, comme le piano, l'harmonium, etc., la gamme tempérée est seule usitée ; il n'y a pas de distinction entre le do$\sharp$ et le ré$\flat$, le ré$\sharp$ et le mi$\flat$, etc., et l'intervalle le plus petit adopté pour limite est le demi-ton ($\frac{16}{15}$). Sur le violon, au contraire, on peut jouer suivant les intervalles naturels.

Timbre du son. — On a vu, dans la partie physique, que le timbre dépend du nombre et de l'intensité des harmoniques du son fondamental. Ces sons partiels harmoniques accompagnent presque tous les sons musicaux. Habituellement ces harmoniques nous échappent comme sensation auditive distincte, et se fusionnent dans une sensation, *une en apparence*, que nous rapportons au son fondamental ; mais avec un peu d'attention ou en s'aidant de moyens physiques (résonnateurs), on parvient facilement à les distinguer dans un son donné. Parmi les harmoniques, on distingue mieux les sons partiels impairs, la quinte, la tierce, etc., que les sons partiels pairs. Voici les harmoniques de *do* avec les nombres de vibrations des sons partiels :

	SON FONDAMENTAL.	HARMONIQUES.								
Notes...........	do^1	do^2 2^e	sol^2 3^e	do^3 4^e	mi^3 5^e	sol^3 6^e	si$\flat^3$ 7^e	do^4 8^e	ré^4 9^e	mi^4 10^e
Sons partiels.....	1er son partiel.									
Nombre de vibrations...........	33	66	99	132	165	198	231	264	297	330

Les premiers sons partiels se distinguent mieux que les derniers.

Certains sons dépourvus d'harmoniques présentent cependant des sons partiels, mais qui ne sont plus en rapport simple de vibrations avec le son fondamental (exemple : le diapason); mais ces sons partiels sont très élevés, s'éteignent très vite et ne jouent qu'un rôle accessoire en musique. Les sons simples, complètement dépourvus de sons partiels, ont tous le même timbre, qui se rapproche du bruit produit en soufflant dans une bouteille ou du timbre de la voyelle *ou;* c'est un timbre doux, sombre et dépourvu de mordant, comme les sons de flûte.

Bibliographie. — RENZ ET WOLFF : *Vers. üb. die Unterscheidung differenter Schallstärken* (Pogg. Ann., 1856). — FESSEL : *Ueber die Empfindlichkeit des menschlichen Ohres für Höhe und Tiefe der musikalischen Töne* (id., 1860). — FECHNER : *Ueber die ungleiche Deutlichkeit des Gehörs auf linken und rechten Ohre* (id.). — BRANDT : *Ueber Verschiedenheit des Klanges* (id., 1861). — V. CONTA : *Ein neuer Hörmesser* (Arch. für Ohrenheilk., 1864). — KÖNIG : *Neuer Apparat*, etc. (Pogg. Ann., 1864). — MOOS : *Pat. Beob. über die physiol. Bedeutung der höheren musikalischen Töne* (Arch. für Augen und Ohrenheilk., 1872). — WINTRICH : *Ueber Versuche zur Gewinnung eines Tonstärkemessers* (Phys. med. Soc. zu Erlangen, 1874). — WOLF : *Neue Unt. über Hörprufung* (Arch. für Augen und Ohrenheilk., 1874). — PREYER : *Ueber die Grenzen der Tonwahrnehmung*, 1876. — LUCAE : *Zur Bestimmung der Hörschärfe mittelst des Phonometers* (Arch. für Ohrenheilk., 1877). — HARTMANN : *Ueber Hörprüfung*, etc. (Arch. für Augen und Ohrenheilk., 1877). — ID. : *Eine neue Methode der Hörprüfung mit Hülfe elektrischer Ströme* (Physiol. Ges. zu Berlin, 1877). — GELLÉ : *De l'exploration de la sensibilité acoustique*, 1877. — VIERORDT : *Die Messung der Schallstärke* (Zeit. für Biol., 1878). — HÖGYES : *Méthode pour mesurer l'intensité du son avec le téléphone* (En hongrois, 1879). — PREYER : *Acustische Unters.* 1879. — PFAUNDLER : *Ueber die geringste absolute Anzahl von Schallimpulsen, welche zur Hervorbringung eines Tones nöthig ist* (Wien. Akad., 1879). — F. AUERBACH : *Ueber die absolute Anzahl von Schwingungen, welche zur Erzeugung Tones erforderlich sind* (Ann. d. Physik, 1879). — BLAKE : *Audibility of high musical tones* (Amer. journ. of Otol., 1879). — HUGHES : *L'audiomètre* (L'électricité, 1879). — MAILLARD : *L'audiomètre et ses applications*, 1880.

2° Caractères physiologiques de la sensation auditive.

Un caractère physiologique essentiel de la sensation auditive, c'est l'*extériorité*. Quand nous entendons un son, nous rapportons ce son à l'extérieur; il nous paraît se passer en dehors de nous, et nous jugeons de sa distance par son intensité, de sa direction par l'orientation du conduit auditif externe, autrement dit par la situation de la tête. Mais il n'en est plus de même quand le conduit auditif n'est plus rempli d'air. Ainsi, quand nous avons la tête sous l'eau, le bruit nous paraît intérieur; dans ce cas, les vibrations se transmettent par les parois mêmes du crâne, et la membrane du tympan ne vibre plus; l'extériorité paraît donc due aux vibrations de la membrane du tympan. Cependant cette extériorité me paraît n'être qu'une affaire d'habitude et n'est pas liée à la structure même de l'oreille. Ainsi, il est souvent difficile au premier moment de distinguer les bourdonnements, ou autres sensations *entotiques*, de phénomènes analogues provenant du monde extérieur.

La *durée* de la sensation auditive ne correspond pas exactement à la durée de l'excitation (vibration sonore) qui l'a fait naître, elle la dépasse [1].

(1) On prétend souvent que la sensation auditive ne dure pas plus longtemps que la vibration sonore qui la produit, mais c'est en réalité une erreur; seulement la persistance de la

D'après les recherches de Helmholtz, on peut encore entendre distinctement 133 battements par seconde, mais au delà de 133 battements, la sensation devient continue, parce que les impressions se fusionnent. Dans certains cas exceptionnels, l'ébranlement communiqué aux extrémités nerveuses persiste longtemps encore après la vibration ; on a alors des *sensations auditives consécutives*, mais leur durée est en général assez courte.

La *sensibilité* de l'oreille pour les sons de différentes hauteurs n'est pas la même ; elle est ordinairement plus vive pour les sons aigus que pour les sons graves ; le maximum de sensibilité de l'oreille paraît se montrer pour les nombres de vibrations compris entre 2,800 et 3,000, région du *fa* $\sharp$ 5″ ; c'est, du reste, ce qu'on observe aussi pour certains animaux. Cette sensibilité varie beaucoup d'individu à individu ; des musiciens reconnaîtront des différences de hauteur de 1/1000ᵉ, quand d'autres personnes seront à peine affectées par une différence d'un demi-ton ; c'est là ce qui constitue la *justesse* de l'oreille. Les limites des sons graves ou aigus perceptibles ne sont pas non plus les mêmes pour les différents individus.

Cette sensibilité de l'ouïe s'adresse non seulement à la hauteur, mais à l'intensité et au timbre du son. Des sons très faibles, qui échappent aux uns, seront encore perçus par d'autres (*finesse* ou *dureté* de l'ouïe). Le timbre d'un son nous fait connaître immédiatement l'instrument qui le produit ; nous reconnaissons une personne au timbre de sa voix.

L'*exercice* a une influence marquée sur la sensibilité de l'ouïe et surtout sur sa justesse. Tout le monde sait à quelle perfection on peut arriver sous ce rapport. L'*habitude* a un rôle encore plus important ; c'est grâce à elle que les harmoniques qui accompagnent la plupart des sons que nous entendons passent inaperçus, et qu'un son *composé* nous donne une sensation *simple*.

Les sensations auditives peuvent être le point de départ de *réflexes*, rires, larmes, contractions musculaires, phénomènes nerveux dont la singularité souvent exagérée a défrayé plus d'un recueil à titre de curiosités scientifiques. Certaines hauteurs de son, certains caractères de timbres agissent plus spécialement sur le système nerveux ; mais ce sont surtout les bruits, plus encore que les sons musicaux, qui sont intéressants à étudier sous ce rapport. Tout le monde a éprouvé l'effet d'*agacement* produit par certains grincements. Les sensations auditives viennent, sous ce rapport, immédiatement après les sensations tactiles.

Bibliographie. — V. Wittich : *Ein Fall von Doppelthören* (Königsb. med. Jahrb., 1860). — Knorr : *Ueber die Messung der Gehörweite* (Pogg. Ann., 1861). — Bondet : *Et. physiol. sur une variété de bourdonnements d'oreille* (Journ. de la physiol., 1862). — Stricker : *Eine akustische Beobachtung* (Pogg. Ann., 1864). — Höning : *Vers. üb. das Unterscheidungsvermögen des Hörsinns für Zeitgrossen*, 1864. — Mach : *Unt. üb. den Zeitsinn des Ohres* (Wien. Sitzungsb., 1864). — Id. : *Ueber die Accommodation des Ohres* (id., 1865). — Id. : *Bem. üb. den Raumsinn des Ohres* (Pogg. Ann., 1865). — Politzer : *Ueber subjective Gehörsempfindungen* (Wien. med. Wochensch., 1865). — Moos : *Ueber das subjective Hören*, etc. (Arch. für pat. An., 1867). — Czerny : *Ein Beitr. zur Kenntniss des subjecti-*

sensation est très faible, et sous ce rapport l'excitation auditive disparaît beaucoup plus vite que l'excitation rétinienne.

ven Hörens (id.). — Jago : Entacoustics (Brit. and for. med. chir. Review, 1868). — Aberle :
Die Täuschungen in der Wahrnemung der Entfernung der Tonquellen, 1868. — Samel-
sohn : Zur Kenntniss des subjectiven Hörens, etc. (Arch. für pat. An., 1869). — Leudet :
Et. d'une variété de bruit objectif de l'oreille, etc. (Comptes rendus, 1869). — J. Mül-
ler : Ueber die Tonempfindungen (Sächs. Ges. d. Wiss., 1871). — Oppel : Ueber den
Ton des Ohrenklingens (Ann. d. Physik, 1871). — Blake : Summary of results of experi-
ments on the perception of high musical tones (The Boston med. and surg. journ., 1873).
— Id. : Vers. in Bezug auf die Perception hoher musikalischer Töne angestellt (Arch. für
Augen und Ohrenheilk., 1872). — Knapp : Eine systematische Methode zur Bestimmung
und Aufzeichnung der Hörscharfe (id.). — Jolly : Ueber Gehörshallucinationen (Phys.
med. Ges. zu Wurzb., 1873). — Moos : Ueber das combinirte Vorkommen mangelhafter
Perception gewisser Consonanten, etc. (Arch. für Augen und Ohrenheilk., 1874). — A. M.
Mayer : Researches in acoustics (Phil. Mag., t. XLIX, 1875-1876). — Urbantschisch : Ueber
den Einfluss der Bewegungen des Kopfes auf die Schallempfindung (Arch. für Ohrenheilk., 1878). — Kohlrausch : Ein Beitrag. zur Kenntniss der Empfindlichkeit des Gehör-
sinnes (Ann. d. Physik, 1879). — Brunner : Zur Lehre von den subjectiven Ohrgeräuschen
(Zeit. für Ohrenheilk., 1879).

3° Du mode d'excitation des terminaisons du nerf auditif.

Le mode d'action des vibrations du liquide du labyrinthe sur les terminaisons nerveuses est encore peu connu ; tout ce que nous savons, c'est
qu'il y a là certainement un ébranlement mécanique, une vibration véritable des terminaisons nerveuses, mais le doute commence dès qu'il s'agit
de déterminer comment cette vibration peut produire les divers modes de
la sensation auditive.

Helmholtz, en se basant sur les phénomènes des sons par influence avait imaginé
une hypothèse ingénieuse pour expliquer de quelle façon se produisent dans l'o-
reille les sensations de hauteur et de timbre. On a vu, à propos des sons par
influence, que les corps élastiques ont un son propre correspondant à un nombre
déterminé de vibrations. Quand un son voisin du son propre du corps se met à
résonner, le corps vibre par influence avec d'autant plus de force que les nombres
de vibrations des deux corps sont plus rapprochés. Les extrémités nerveuses du
nerf du limaçon aboutissent à environ 3,000 petits arcs élastiques, fibres de Corti.
Helmholtz suppose que ces fibres de Corti sont chacune accordées pour un son
déterminé et forment une série régulière correspondante à l'échelle de la gamme ;
soit 2,800 fibres de Corti pour les sons musicaux proprement dits qui comprennent
7 octaves, cela ferait 400 fibres pour une octave, 33 à peu près par demi-ton. Quand
un son simple, une vibration pendulaire arrive à l'oreille, elle excite les fibres de
Corti qui sont accordées pour ce nombre de vibrations, et l'une d'entre elles plus
que les autres ; des sons de hauteur différente affectent des fibres de Corti de hauteurs différentes. Quand c'est non plus un son simple, mais un son accompagné
d'harmoniques qui se fait entendre, il se produit dans l'oreille autant de sensations
séparées qu'il y a de vibrations pendulaires dans le son entendu, qu'il y a de groupes
de fibres de Corti impressionnées.

Il semble, au premier abord, que l'admission de 33 fibres de Corti, pour les sons
contenus dans l'intervalle d'un demi-ton, ne suffise pas ; en effet, on distingue facilement des différences de hauteur de 1/64 de demi-ton ; mais s'il se produit un son
dont la hauteur soit comprise entre l'accord de deux fibres de Corti voisines, elles
vibreront toutes les deux, mais celle dont le son propre est le plus voisin du son
émis vibrera avec le plus d'intensité.

Les expériences de Hensen ont confirmé les vues théoriques d'Helmholtz ; les *mysis* (crustacés) présentent des crins auditifs extérieurs ; en les observant au microscope pendant qu'on faisait arriver dans l'eau qui les contenait les sons d'un cor, on voyait certains crins vibrer pour certaines notes du cor, d'autres pour d'autres.

Malheureusement, des recherches récentes sont venues infirmer ces résultats. Sans entrer dans les détails, il suffira de dire que l'organe de Corti manque chez les oiseaux, auxquels on ne peut refuser l'appréciation des hauteurs des sons. Helmholtz a modifié son hypothèse en la transportant à la *membrane basilaire* qui sert de support aux fibres de Corti et augmente de largeur de la base au sommet du limaçon ; elle se comporterait, d'après lui, comme un système de cordes juxtaposées de longueur croissante accordées chacune pour un son déterminé. On ne peut se prononcer encore sur la valeur de cette nouvelle hypothèse. Dans ce cas, la fonction des fibres de Corti reste très hypothétique ; on les a considérées comme alourdissant les fibres de la membrane basilaire et leur permettant par suite de vibrer à l'unisson des sons plus graves. Le saccule et l'utricule paraissent être plutôt en rapport avec les sensations brutes de choc, le limaçon avec les sensations de hauteur et de timbre.

Bibliographie. — BRUNHS : *Ueber das deutliche Hören.* 1857. — HENSEN : *Stud. üb. das Gehörorgan der Decapoden* (Zeit. für wiss. Zool., 1865). — MALININ : *Ueber die physiol. Rolle der häutigen Bogengänge* (Centralbl., 1866). — HASSE : *Die Schnecke der Vögel,* 1866. — ID. : *Der Bogenapparat der Vögel* (Zeit. für wiss. Zool., 1867). — URBANTSCHITSCH : *Ueber eine Eigenthümlichkeit der Schallempfindungen geringster Intensität* (Centralbl., 1875).

4° Audition d'un son avec les deux oreilles. — Sensations auditives simultanées.

L'audition avec les deux oreilles ne paraît pas modifier la sensation auditive : on entend toujours un seul son et l'intensité ne varie pas si la distance du corps sonore à chaque oreille est égale. Y a-t-il là une affaire d'habitude, ou bien les fibres nerveuses de chaque oreille se correspondent-elles et aboutissent-elles deux par deux à un même point nerveux central ? Il est assez difficile de trancher la question.

La notion de la direction du son est facilitée par l'audition binauriculaire, chaque oreille ayant son axe auditif et son orientation distincts (1).

Sensations auditives simultanées. — Jusqu'ici j'ai étudié la sensation auditive en elle-même, étant donnée l'audition d'un seul son ou de plusieurs sons successifs ; il reste à étudier les sensations auditives simultanées. Il est assez difficile de préciser jusqu'à quelle limite les sensations auditives simultanées peuvent être perçues ; la multiplicité de ces sensations peut être portée très loin sans qu'il y ait confusion, et il n'y a qu'à entendre un orchestre pour voir combien de sensations auditives distinctes peuvent coexister dans l'oreille sans se mélanger ; il peut très bien se faire aussi

(1) L'influence de l'orientation se voit bien dans l'expérience suivante de Gellé ; l'anse du tube inter-auriculaire (voir p. 1095) étant placée en avant du sujet, on place une montre au contact de la partie moyenne de l'anse ; le sujet, qui voit la montre devant lui, annonce qu'il entend un tic-tac unique qui vient d'en avant. Si on lui fait alors fermer les yeux et qu'on passe rapidement l'anse et la montre en arrière de la tête, le sujet croit encore que le tic-tac de la montre vient d'en avant.

que des sensations auditives qui nous paraissent *simultanées* ne soient en effet que *successives*, mais dans un espace de temps infiniment court ; ne suffit-il pas d'une durée de $1/132^e$ de seconde pour qu'une excitation auditive fournisse une sensation distincte. Il faut distinguer, dans l'audition simultanée de plusieurs sons, le cas où les sons arrivent à une seule, et celui dans lequel ils arrivent aux deux oreilles. Si les deux sons émis simultanément ont la même hauteur, la même intensité et le même timbre, même pour l'audition avec les deux oreilles, ils résonnent comme un seul son. S'ils diffèrent de hauteur et de timbre, ils sont entendus distinctement tous deux avec les deux oreilles ; avec une seule oreille, au contraire, ils donnent une sensation simple, un son résultant composé par les deux sons primitifs. Ainsi, si on place deux montres dans une main et qu'on les rapproche d'une oreille, on entend un seul tic-tac, quoique les sons des deux montres n'aient pas la même hauteur (Weber). Il en est de même avec les deux oreilles quand on se place dans certaines conditions déterminées. Ainsi Gellé place au milieu de l'anse du tube interauriculaire deux diapasons de tons légèrement différents et vibrant avec une force égale ; on entend alors un *son résultant* différent des deux sons primaires.

C'est sur la propriété de l'oreille d'être impressionnée simultanément par une grande multiplicité de sons, qu'est basée la partie harmonique de la musique.

Principes physiologiques de l'harmonie. — Les principes de l'harmonie musicale peuvent se résumer de la façon suivante, au point de vue physiologique :

On sait que lorsque deux sons ont un nombre de vibrations voisin l'un de l'autre, il se produit des *battements*, et que le nombre de ces battements par seconde égale la différence du nombre de vibrations des deux sons. Si l'un fait 100 vibrations par seconde, l'autre 90, il se produira 10 battements. Quand deux sons fondamentaux donnent des battements, les harmoniques en donnent également; à chaque battement du son fondamental correspondent 2 battements du 2e son partiel (1er harmonique), 3 du 3e et ainsi de suite. A mesure que la différence de hauteur de deux sons simultanés augmente, le nombre des battements augmente aussi. L'effet physiologique des battements est toujours désagréable et communique à l'ensemble une dureté qui affecte péniblement l'oreille ; cette dureté est au maximum pour 33 battements par seconde ; à mesure que ce nombre s'accroît, la sensation désagréable disparaît de plus en plus, et pour 132 battements par seconde on n'a plus qu'une sensation auditive continue.

Les mêmes intervalles présentent un nombre croissant de battements à mesure qu'ils occupent des régions plus élevées de l'échelle musicale; inversement, des intervalles différents peuvent, suivant qu'on les prend dans des régions différentes de la gamme, donner le même nombre de battements. Ainsi, le nombre de 33 battements est fourni par les divers intervalles suivants :

Seconde................	Ut²	Ré²	Quinte diminuée........	Mi¹	Si♭¹ Sol¹
Seconde augmentée......	Si♭¹	Ut²	Quinte.................	Ut⁰	Fa⁰
Tierce diminuée.........	Sol¹	Si♭¹	Sixte mineure..........	La⁻¹	Mi¹
Tierce mineure..........	Mi¹	Sol¹	Sixte majeure..........	Sol⁰	Si♭¹
Tierce majeure.	Ut¹	Mi¹	Septième diminuée......	Ut¹	Ut⁰
Tierce augmentée........	Si♭¹	Ré²	Octave.................	Ut⁻¹	
Quarte................ ..	Sol⁰	Ut¹			

Quoiqu'ils fassent le même nombre de battements, tous ces intervalles n'ont pas la même dureté ; plus l'intervalle est petit, plus sa dureté est prononcée.

La *dureté* d'un intervalle dépend donc de deux conditions : 1° du nombre de battements (maximum de dureté à 33 battements) ; 2° de la grandeur de l'intervalle ; pour un même nombre de battements la dureté est en raison inverse de la grandeur de l'intervalle.

Des intervalles. — Quand deux sons se font entendre simultanément, non seulement les deux sons fondamentaux, mais encore leurs harmoniques respectifs (1) produisent des battements, et si ces battements sont bien marqués, la sensation est intermittente, désagréable et constitue ce que l'on appelle une *dissonance*. Quand les battements sont trop peu marqués pour exercer une action désagréable, il y a *consonnance*. Pour apprécier la consonnance ou la dissonance des divers intervalles, il faut donc avoir égard surtout à la coïncidence des harmoniques des deux sons qui composent l'intervalle ; en effet, les harmoniques coïncidents ne peuvent donner de battements.

Le tableau suivant donne les harmoniques coïncidents pour les principaux intervalles :

TABLEAU DES HARMONIQUES COINCIDENTS.

	Ut.	Ut¹	Sol¹	Ut²	Mi²	Sol²	Sib²	Ut³	Ré³	Mi³
Octave.....		ut¹		ut²		sol²		ut³		mi³
Douzième...						sol²			ré³	
Quinte...	sol		sol¹			sol²		si²	ré³	
Quarte.....			sol¹	ut²	ré²				ré³	
Sixte maj.....	fa	fa¹				fa²	la²	ut³		
Tierce maj..	la	la¹	mi¹		mi²	mi²	la² sol♯²	si²	ut³♯ ré³♭	mi³
Tierce min..	mi♭	mi♭¹	si¹	si♭¹	mi♭²	mi♭²	sol²			mi³

La première ligne horizontale donne les sons partiels (son fondamental et harmoniques) de la note grave de l'intervalle ; les lignes horizontales suivantes donnent les premiers sons partiels de la note aiguë de l'intervalle considéré ; les sons partiels coïncidant avec un des sons partiels de la note grave sont en italiques.

Pour trouver les harmoniques coïncidents d'un intervalle, il suffit de se reporter au rapport numérique de cet intervalle. Ainsi, dans la quinte 2 : 3, le second son partiel de la quinte, sol (ou ses multiples, 4, 6, 8, etc.), coïncide avec le troisième son partiel du son fondamental (ou avec ses multiples, 6, 9) et ainsi de suite.

On peut, dans le tableau des harmoniques coïncidents, remplacer les notes par des chiffres indiquant le numéro d'ordre des sons partiels ; le tableau peut alors s'appliquer à tous les intervalles mentionnés, quelles que soient les notes qui contribuent à les former. Le tableau, calqué sur le précédent, prend alors la forme suivante :

(1) Les sons résultants peuvent faire aussi entendre des battements qui renforcent ceux des harmoniques.

TABLEAU :

SON FONDAMENTAL.	1	2	3	4	5	6	7	8	9	10
Octave....................		1		2		3		4		5
Douzième..................						2			3	
Quinte....................			1			4			6	
Quarte....................			2	3				6		6
Sixte majeure.............					3					8
Tierce majeure............					4					
Tierce mineure............						5				

Avec ce tableau, il est facile de voir de suite quel est le degré de consonnance des intervalles. Sous ce rapport, on les a classés de la façon suivante :

1° *Consonnances absolues.* — Octave. — Douzième. — Double octave. Tous les sons partiels du son aigu coïncident avec un des sons partiels de la note grave.

2° *Consonnances parfaites.* — Quinte. — Les sons partiels pairs coïncident avec des sons partiels de la note grave.

3° *Consonnances moyennes.* — Quarte. — Sixte majeure. — Tierce majeure. — Deux des harmoniques coïncident (dans les dix premiers sons partiels); les battements commencent à se faire sentir dans le grave.

4° *Consonnances imparfaites.* — Sixte mineure. — Tierce mineure. — Septième mineure. — Un seul des harmoniques coïncide; ils sont mauvais dans le grave.

5° *Dissonances.* — Pas d'harmonique coïncidant.

Des accords. — On nomme *accord* l'émission simultanée de plus de deux sons. Comme pour les intervalles, on distingue des *accords consonnants* et des *accords dissonants.* Pour qu'un accord soit consonnant, il faut que les sons qui s'y trouvent soient consonnants deux à deux ; si deux des sons forment une dissonance et donnent des battements sensibles, l'harmonie est détruite.

Les seuls accords consonnants de trois sons sont les suivants, qui sont aussi les plus employés en musique :

ACCORDS.	Ut.	Ut # Ré ♭	Ré.	Ré # Mi ♭	Mi.	Fa.	Fa # Sol♭	Sol.	Sol# La ♭	La.	La # Si ♭	Si.	Ut.
Majeurs. Fondamental................	Ut				Mi			Sol					
De si te...................	Ut					Fa			La ♭				
De sixte et quarte...........	Ut			Mi ♭					La ♭	La			
Mineurs. Fondamental................	Ut			Mi ♭				Sol					
De sixte...................	Ut					Fa			La ♭				
De sixte et quarte...........	Ut				Mi					La			

On peut faire dériver les accords de sixte et de sixte et quarte des deux accords fondamentaux, grâce au renversement suivant, en prenant successivement pour tonique la deuxième et la troisième note de l'accord.

Accord majeur,

Accord fondamental...........	ut	mi	sol		
— de sixte et quarte.......		mi	sol	ut	
— de sixte..............			sol	ut	mi.

Accord mineur.

Accord fondamental............		ut	mi♭	sol		
— de sixte et quarte.......			mi♭	sol	ut	
— de sixte...............				sol	ut	mi♭

La consonnance des accords dépend : 1° des consonnances parfaites ou imparfaites formées par les intervalles qui les composent ; 2° de la présence des sons résultants dus aux sons fondamentaux ou à leurs premiers harmoniques.

Accords de quatre sons. — Tous les accords consonnants de quatre sons sont des accords de trois sons dans lesquels un des sons est redoublé à l'octave. Les accords *dissonants* de trois et quatre sons sont aussi employés en musique comme transition entre les accords consonnants.

La musique moderne n'emploie guère que deux *modes* : le mode majeur et le mode mineur ; ces deux modes sont ceux qui fournissent les séries d'accords consonnants les plus complètes. D'autres modes, aujourd'hui abandonnés, étaient employés autrefois et le sont encore par certains peuples (Voir, pour plus de détails sur ce sujet, Helmholtz : *Théorie physiologique de la musique*).

Bibliographie. — HELMHOLTZ : *Ueber die Combinationtöne* (Pogg. Ann., 1856). — SCOTT ALISON : *On the differential stethophone* (Phil. magaz., 1858). — W. DOVE : *Optische studien*, 1859. — HELMHOLTZ : *Ueber physik. Ursache der Harmonie und Disharmonie* (4ᵉ Vers. d. Naturf. zu Karlsruhe, 1859). — TAYLOR : *Sound and music.*, 1873. — CORNU ET MERCADIER : *Sur la mesure des intervalles musicaux* (Comptes rendus, t. LXXVI, 1873). — RIEMANN : *Musicalische Logik*, 1873. — LE ROUX : *Sur les perceptions binauriculaires* (Comptes rendus, t. LXXX, 1875). — THOMPSON : *On binaural audition* (Phil. Mag., 1877, 1878). — STEINHAUSER : *The theory of binaural audition* (Phil. Mag., 1879). — THOMPSON : *The pseudophon* (id.).

Bibliographie générale. — AUTENRIETH ET KERNE : *Beob. üb. die Function einzelner Theile des Gehörs* (Arch. de Reil, 1809). — CURTIS : *Treatise on the physiology of the ear*, 1818. — E. WEBER : *De aure et auditu*, 1820. — ITARD : *Traité des mal. de l'oreille*, 1821. — KAYSER : *Considér. physiol. sur l'audition*, 1822. — BRESCHET : *Rech. anat. et physiol. sur l'organe de l'ouïe*, 1836-1838. — VIDAL : *De la physiol. de l'organe de l'ouïe*, 1837. — SAVART : *Leçons de physique* (L'Institut, 1839). — FICK : *Akustiches Exper.* (Arch. de Müller, 1850). — E. WEBER : *Ueber den Mechanismus des menschlichen Gehörorgans* (Sächs. Ges. d. Wiss., 1851). — KRAMER : *Zur Physiol. des menschlichen Gehörorgans* (Deut. Klinik, 1855). — RINNE : *Beitr. zur Physiol. des Ohres* (Prag. Vierteljahrs., 1855). — STURM : *De organo auditus cum organo visus comparato*, 1857. — SCOTT : *Inscription automatique des sons de l'air au moyen d'une oreille artificielle* (Comptes rendus, 1861). — ERHARD : *Zur Physiol. des Gehörorgans* (Arch. für Anat., 1863). — HELMHOLTZ : *Die Lehre von den Tonempfindungen* (1862 ; trad. franç., 1868). — MACH : *Zur Theorie des Gehörorgans* (Wien. Sitzungsb., 1863). — MOOS : *Zur Helmholtz's Theorie* (Arch. für pat. Anat., 1864). — RINNE : *Beitr. zur Physiol. des menschlichen Ohres* (Zeit. für rat. Med., 1865). — RIEMANN : *Mechanik des Ohres* (id., 1867). — PRAT : *Physiol. de l'audition*, 1870. — POLITZER : *Zur physiol. Akustik* (Arch. für Ohrenheilk., 1871). — LUCAE : *Ueber eine Erweiterung des Helmholtz'schen Ohrmodells*, etc. (Arch. für Ohrenheilk., 1873). — JENDRASSIK : *Ein Klangzerlegapparat*, etc., 1873. — A. M. MAYER : *Researches on acoustics* (Philos. Magaz., 1874). — GRIPON : *Mouv. vibratoire d'un fil élastique*, etc. (Comptes rendus, t. LXXVIII). — ID. : *De l'influence d'une membrane vibrante sur les vibrations d'une colonne d'air* (id.). — ID. : *Faits relatifs à la vibration de l'air dans les tuyaux sonores* (id.). — GAVARRET : *Acoustique biologique*, 1877. — DENNERT : *Zur Physiolog. des Gehörorgans* (Arch. für Ohrenheilk., 1877). — HENSEN : *Physiologie des Gehörs* (Hermann's Handb. d. Physiol., 1880).

Vision.

La sensation visuelle est une sensation spéciale qui reconnaît pour cause déterminante l'excitation de la rétine par la lumière. Cette sensation exige donc deux conditions fondamentales : un excitant, la lumière ; une membrane impressionnable, la rétine. Mais la sensation, limitée dans ces conditions, ne serait que rudimentaire et indistincte si des appareils surajoutés, faisant partie du globe oculaire ou extérieurs à lui, ne venaient la perfectionner. Ces appareils sont : en premier lieu, un appareil de réfraction constitué par les milieux transparents de l'œil ; un diaphragme musculaire, l'iris, qui règle la quantité de lumière qui arrive à la rétine ; un appareil d'accommodation, le muscle ciliaire et le cristallin, qui permet à l'œil de s'adapter aux diverses distances ; des muscles, qui font parcourir au globe oculaire toutes les parties du champ visuel, et enfin des organes de protection, comme l'appareil lacrymal, les paupières et les sourcils.

J'étudierai donc successivement la lumière, la dioptrique oculaire, l'iris et la pupille, l'accommodation, les sensations visuelles, les mouvements de l'œil, la vision binoculaire, les notions fournies par les sensations visuelles monoculaires ou binoculaires, et les appareils de protection du globe oculaire.

A. — De la lumière.

Les sensations visuelles ne sont pas liées essentiellement à l'action de l'excitant lumière ; même, dans l'obscurité la plus absolue, à toute excitation mécanique, physique ou chimique de la rétine et du nerf optique, correspond une sensation lumineuse ; la lumière est seulement l'excitant physiologique normal. L'étude de la lumière étant du ressort de la physique, je ne ferai que rappeler les notions indispensables.

La lumière est due aux vibrations de l'éther. On appelle *rayon lumineux* la direction suivant laquelle se transmettent les vibrations de l'éther. Cette transmission de la lumière se fait en ligne droite avec une vitesse de 300,000 kilomètres par seconde dans l'air (vitesse de la lumière), et de chaque point lumineux partent comme d'un centre une infinité de rayons qui vont dans toutes les directions de l'espace. Les vibrations de l'éther sont transversales, c'est-à-dire perpendiculaires à la direction des rayons lumineux. A la durée, ou ce qui revient au même, au nombre des vibrations correspond une sensation particulière : celle de couleur, qui est pour la sensation lumineuse ce que la hauteur est pour le son. La durée de ces vibrations est infiniment courte, et, par suite, dans une seconde, il y a un nombre considérable de vibrations, et la rétine se comporte avec les vibrations lumineuses comme le nerf acoustique avec les vibrations sonores ; au delà et en deçà d'un certain nombre, la rétine n'est plus impressionnée par les vibrations transversales de l'éther ; la limite inférieure des vibrations visibles est donnée par le rouge, qui correspond à 435 billions de vibrations par seconde ; la limite supérieure par le violet, qui correspond à 764 billions de vibrations. Au-dessous de 435 billions, la rétine n'est plus impressionnable, quoique les vibrations inférieures puissent encore produire de la chaleur (rayons calorifiques) ; au-dessus de 764 billions, la rétine est insensible, quoique ces rayons (rayons chimiques) puissent encore impressionner certaines substances (nitrate d'argent).

Le nombre des vibrations du violet, limite supérieure des sensations lumineuses (aigu), n'est pas même le double de celui du rouge, qui en est la limite inférieure (grave). On voit donc que l'échelle des vibrations visibles ou des rayons lumineux, moins étendue que l'échelle des vibrations sonores, comprend à peine une octave du grave à l'aigu.

Les rayons ultra-violets peuvent aussi impressionner la rétine si on se place dans certaines conditions, de façon à accroître leur intensité; ils peuvent alors devenir visibles.

La lumière blanche est une lumière composée; on peut, en lui faisant traverser un prisme, la décomposer en un certain nombre de vibrations, autrement dit, isoler les vibrations simples qui la composent, comme les résonnateurs divisent un son complexe en sons simples. Les rayons qui correspondent aux différents nombres de vibrations étant inégalement réfrangibles, le faisceau de lumière blanche se *disperse* et laisse apparaître les couleurs simples qui le composent; on a alors ce qu'on appelle le spectre solaire. Les rayons violets sont les plus réfrangibles et se trouvent dans le spectre, du côté de la base du prisme; les rayons rouges, les moins réfrangibles, du côté du sommet.

B. — *Trajet des rayons lumineux dans l'œil. — Dioptrique oculaire.*

1. — *Lois physiques de la réflexion et de la réfraction.*

La connaissance des lois de la réflexion et de la réfraction est indispensable pour bien comprendre la marche des rayons lumineux dans l'œil, aussi j'en résumerai les points principaux dans leurs rapports avec la dioptrique oculaire.

Quand des rayons lumineux rencontrent un nouveau milieu dans lequel la vitesse de la lumière est différente de celle du premier milieu, une partie de ces rayons se *réfléchit*, c'est-à-dire est renvoyée dans le premier milieu; l'autre partie se *réfracte*, c'est-à-dire traverse le second milieu en déviant de sa direction primitive.

Réflexion de la lumière. — Les lois de la réflexion de la lumière sur les surfaces planes sont les suivantes :

1° Le rayon incident et le rayon réfléchi sont dans un même plan avec la normale à la surface au point d'incidence ;

2° L'angle de réflexion est égal à l'angle d'incidence.

Dans les miroirs plans, l'image est virtuelle, symétrique de l'objet et de même grandeur.

Dans les miroirs convexes, l'image est virtuelle, droite et plus petite que l'objet.

Dans les miroirs concaves, il y a plusieurs cas suivant la position de l'objet :

1° L'objet est à l'infini; l'image se produit au foyer principal; elle est réelle et renversée ;

2° L'objet est au delà du centre de courbure; l'image se forme entre le foyer principal et le centre de courbure; elle est réelle, renversée et plus petite que l'objet ;

3° L'objet est au centre de courbure, l'image est au centre de courbure et coïncide avec l'objet; elle est de même grandeur que lui et renversée ;

4° L'objet est entre le centre de courbure et le foyer principal; l'image se forme au delà du centre de courbure; elle est réelle, renversée et plus grande que l'objet ;

5° L'objet est au foyer principal; les rayons vont à l'infini; il n'y a pas d'image

6° L'objet est entre le foyer principal et le sommet du miroir; l'image est virtuelle, droite et plus grande que l'objet.

Réfraction de la lumière. — Les lois de la réfraction sont les suivantes :

1° Le rayon incident et le rayon réfracté sont situés dans un même plan avec la normale à la surface au point d'incidence ;

2° Le rapport des sinus de l'angle d'incidence et de l'angle de réfraction est constant pour deux mêmes milieux, et égal au rapport des vitesses de propagation de la lumière dans ces deux milieux.

Ainsi (fig. 396), le rayon incident a b et le rayon réfracté b f sont dans le même plan que la normale au point d'incidence b d. En outre, soit a b le rayon incident ; quand le rayon arrive à la surface de séparation du milieu le plus réfringent AB (passage de l'air dans l'eau, par exemple), le rayon réfracté, au lieu de suivre la direction primitive b c, se rapproche de la normale et suit la direction bf. L'angle d'incidence a est plus grand que l'angle de réfraction β. Si maintenant on prend sur ces deux rayons incident ab et réfracté bf, des longueurs égales ab et bf, et que des points a et f également distants de b on abaisse des perpendiculaires ax et fg sur la normale de, ces lignes ax et fg sont les sinus des angles d'incidence et de réfraction. Le rapport de ces deux sinus $\frac{ax}{gf}$ reste constant pour les deux milieux et constitue ce que l'on appelle l'*indice de réfraction*. Dans le cas actuel (passage de l'air dans l'eau), si a x a une longueur $= 4$, gf a une longueur $= 3$, et l'indice de réfraction de l'eau sera $\frac{4}{3}$. Si on fait varier l'obliquité du rayon incident, celle du rayon réfracté varie aussi ; par exemple, si le sinus d'incidence est 8, le sinus de réfraction sera 6, et l'indice de réfraction sera $\frac{8}{6} = \frac{4}{3}$. Quand le rayon incident passe d'un milieu moins réfringent dans un milieu plus réfringent, l'indice de réfraction est toujours plus grand que l'unité, et on le représente par n dans les formules ; dans le cas contraire, cet indice est toujours plus petit que l'unité et représenté par $\frac{1}{n}$.

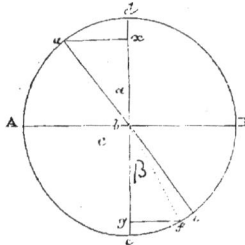

Fig. 396. — *Lois de la réfraction.*

En général, la quantité n ne représente que l'indice de réfraction par rapport à l'air, c'est-à-dire l'*indice relatif*. C'est le seul qu'il soit utile de connaître pour la théorie de la réfraction oculaire.

La même construction sert à montrer qu'en passant d'un milieu plus réfringent dans un milieu moins réfringent, le rayon réfracté s'écarte de la normale au point d'incidence.

Quand des rayons lumineux traversent un milieu plus dense, à faces parallèles, les rayons entrants et les rayons sortants restent parallèles, et si le milieu traversé est peu épais, ils peuvent être considérés comme se continuant.

1° *Réfraction de la lumière dans un milieu à surface courbe.* — Soit une surface sphérique I (fig. 397), O le centre de courbure qui se confond avec le centre optique ou *point nodal*, on appelle axe principal QQ' la ligne qui passe par le centre de figure ou *point principal* A et le point nodal O.

Tous les rayons venant de l'infini ou de l'axe principal vont se réunir et former leur foyer sur l'axe principal, de l'autre côté de la surface de séparation des deux milieux. Tous les rayons parallèles à l'axe principal vont se réunir au point F', appelé *foyer principal* ou *point focal postérieur*. Les rayons parallèles venant de l'autre côté de la surface (à droite de la figure) ont leur foyer au point F, *point focal antérieur*.

On appelle *axe secondaire* toute ligne N O qui passe par le point nodal ; les rayons qui ont cette direction ne subissent aucune déviation. Il y a par conséquent une infinité d'axes secondaires. Tous les rayons parallèles aux axes secondaires viennent former leur foyer en un point, *foyer secondaire*, situé sur cet axe secondaire.

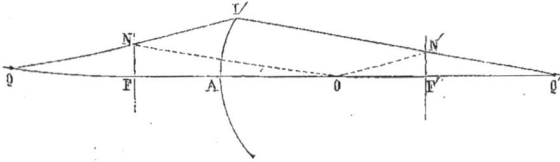

Fig. 397. — *Construction d'un rayon réfracté.*

Tous les foyers secondaires des rayons parallèles se trouvent sensiblement dans un même plan, N'F', perpendiculaire à l'axe principal et passant par le foyer postérieur ; c'est ce qu'on appelle le *plan focal* ; il y a donc deux plans focaux, un *plan focal postérieur*, N' F', qui passe par le foyer postérieur F', un *plan focal antérieur*, N F, qui passe par le foyer antérieur F. On appelle *plan nodal* le plan perpendiculaire à l'axe principal et qui passe par le point nodal O, *plan principal* le point tangent à la surface au point A.

Construction d'un rayon réfracté. — Ces données une fois connues, il est facile de trouver le rayon réfracté quand on connaît le rayon incident et le foyer principal de la surface réfringente. Soit QI le rayon incident, il coupe le plan focal antérieur en N ; on sait que tout rayon lumineux parti d'un point du plan focal antérieur prend en se réfractant une direction parallèle à l'axe secondaire passant par ce point ; si on mène cet axe secondaire NO et qu'on mène de I une ligne IQ' parallèle à l'axe secondaire NO, on a le rayon réfracté cherché. On peut aussi mener l'axe secondaire ON' parallèle au rayon incident QI ; en joignant le point d'incidence I, au point N' où l'axe secondaire coupe le plan focal postérieur, on a le rayon réfracté IN'Q'.

Construction de l'image d'un point. — Pour avoir l'image d'un point, il suffit de mener de ce point deux rayons incidents quelconques. Soit un point P (fig. 398) ; on mène de ce point : 1° l'axe secondaire PO passant par O sans subir

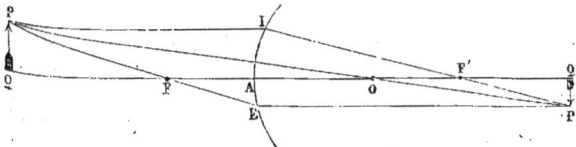

Fig. 398. — *Construction de l'image d'un objet.*

de déviation ; 2° un rayon PI parallèle à l'axe principal ; d'après ce qui a été dit tout à l'heure, le rayon réfracté passera par le foyer postérieur F' et il n'y aura qu'à le prolonger jusqu'à ce qu'il rencontre l'axe secondaire PO ; le point de rencontre P' sera l'image du point P.

On peut aussi mener : 1° le rayon incident PI, parallèle à l'axe principal ; 2° le rayon incident PFE, passant par le foyer principal antérieur; ce rayon, après la réfraction, marche parallèlement à l'axe principal suivant EP′ et coupe le rayon réfracté IF′ en P′.

On trouvera ainsi successivement l'image des différents points d'un objet. L'image de l'objet sera renversée.

2° *Réfraction de la lumière dans le cas d'un système de plusieurs milieux réfringents (système dioptrique centré).* — Quand, au lieu de deux milieux séparés par une surface réfringente, on a affaire à un système de plusieurs milieux, la construction du rayon réfracté s'obtient facilement d'après les mêmes principes si les surfaces sont bien centrées, c'est-à-dire si leurs centres de courbure se trouvent sur une même droite ou *axe*.

Tout système dioptrique centré peut être remplacé par un système de six points cardinaux (*constantes optiques de Gauss*). Soit, par exemple (fig. 399), un système

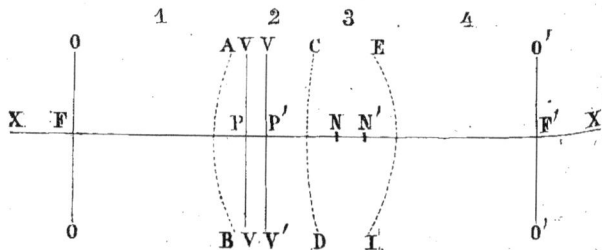

Fig. 399. — *Système dioptrique centré.*

composé de quatre milieux réfringents, 1, 2, 3, 4, séparés par les surfaces sphériques AB, CD, EI, dont les centres se trouvent sur l'axe XX. On pourrait, pour chaque milieu, étant connus l'indice de réfraction, la courbure de la surface et la direction du rayon incident, construire successivement le rayon réfracté; mais on simplifie la construction par l'admission des six points cardinaux. Ces points sont :

1° Deux *points focaux*, FF′, *point focal antérieur* F et *point focal postérieur* F′; ils ont pour propriété que tous les rayons qui partent du point focal antérieur sortent parallèles à l'axe, et que tous les rayons parallèles vont former leur foyer au point focal postérieur. On appelle *plans focaux antérieur et postérieur*, OO, O′O′, des plans passant par les points focaux et perpendiculaires à l'axe XX; tous les rayons qui partent d'un point d'un plan focal sortent parallèles entre eux.

2° *Deux points principaux*, PP′, et *deux plans principaux*, VV, V′V′, qui représentent les deux surfaces de séparation idéales des milieux transparents. Tout rayon incident qui passe par le premier point principal sort par le deuxième, et tout rayon qui passe par un point du premier plan principal sort par le point correspondant du deuxième à la même distance de l'axe. C'est ce qu'on exprime en disant que le deuxième plan principal est l'image optique du premier.

On appelle *longueur focale antérieure* = f, la distance FP du point focal antérieur F au premier point principal P; *longueur focale postérieure* = f, la distance F′P′ du point focal postérieur F′ au deuxième point principal P′.

3° Deux *points nodaux*, NN′, qui répondent aux centres optiques des surfaces VV, V′V′, et jouissent de cette propriété que les rayons qui passent par le premier point nodal passent aussi par le deuxième, et que les directions du rayon incident et du rayon réfracté sont parallèles. La distance des deux points nodaux NN' égale celle des deux points principaux.

Quand, dans un système de plusieurs milieux réfringents, le premier et le dernier milieu ont le même indice de réfraction, les points nodaux coïncident avec les points principaux, et les longueurs focales f et f' sont égales.

Quand un système de milieux réfringents est ainsi ramené à un système de six points cardinaux, il est facile de construire la marche du rayon réfracté.

Construction du rayon réfracté. — Soit (fig. 400) un rayon incident AB; du point B, on mène une parallèle à l'axe XX, parallèle qui coupe le deuxième plan principal V'V' en C; c'est comme si le rayon AB tombait directement en C sur ce plan principal; puis on mène par le deuxième point nodal N' une droite, N'D, pa-

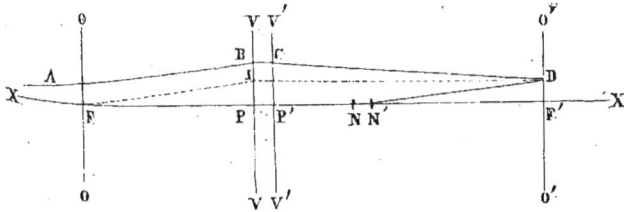

Fig. 400. — *Construction d'un rayon réfracté.*

rallèle au rayon incident AB; cette droite coupe le plan focal postérieur en D; en joignant D à C on a la direction du rayon réfracté CD. On peut encore y arriver en menant du point focal antérieur F une droite, FI, parallèle à AB; du point I, où elle coupe le premier plan principal VV, on mène une parallèle à l'axe ID; en joignant le point D, où cette parallèle rencontre le plan focal postérieur à C, on a la direction du rayon réfracté.

Construction de l'image d'un point. — Soit (fig. 401) l'objet AB; pour avoir l'image du point A, il suffit de connaître le trajet de deux rayons partant de ce point.

1° On mène un premier rayon, AC, parallèle à l'axe; il coupe le deuxième point

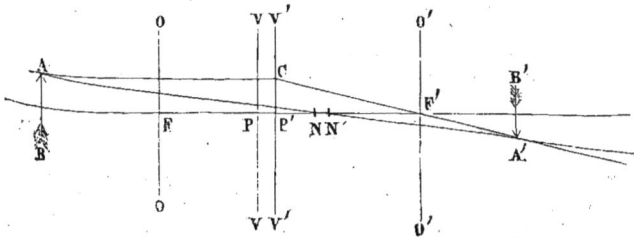

Fig. 401. — *Construction de l'image d'un point.*

principal en C; de là, comme rayon parallèle à l'axe, il passe par le foyer postérieur F' et prendra la direction CF'A'.

2° On mène un second rayon dans la direction du premier point nodal N, et on mène par le deuxième point nodal N' une ligne, N'A', parallèle à AN et qui sera la direction du second rayon réfracté ; cette ligne coupe la ligne CF'A' en un point A' qui sera le foyer ou l'image du point A. On trouvera de même l'image du point B. L'image de AB est réelle et renversée.

Les rapports de l'objet et de l'image sont donnés par la formule suivante : $I = \frac{of'}{o - f}$ où I désigne la distance de l'image du deuxième point principal, O la distance de l'objet du premier point principal, f la longueur focale antérieure, f' la longueur focale postérieure.

Si l'objet est à l'infini, l'image est réelle et se fait au point focal postérieur ; à mesure que l'objet se rapproche de la surface réfringente, l'image réelle se porte de plus en plus en arrière ; quand l'objet est au premier point focal, l'image est à l'infini ; si l'image se rapproche encore de la surface réfringente, l'image est virtuelle et à gauche de F.

Si on compare maintenant les déplacements de l'objet et de l'image, on voit que, entre l'infini et le premier point focal, à des déplacements égaux de l'objet, correspondent des déplacements très inégaux de l'image ; en effet, le déplacement de l'image est d'abord très petit ; puis ce déplacement s'accroît à mesure que l'objet se rapproche du point focal antérieur. Ainsi, depuis l'infini jusqu'à vingt mètres, les déplacements de l'objet, dans un système analogue à l'œil humain, n'amènent qu'un déplacement insignifiant de l'image qui se fait toujours au deuxième point focal, à peu de chose près.

2. — Système dioptrique de l'œil, œil schématique.

L'œil humain, même à l'état normal, est loin de représenter un système

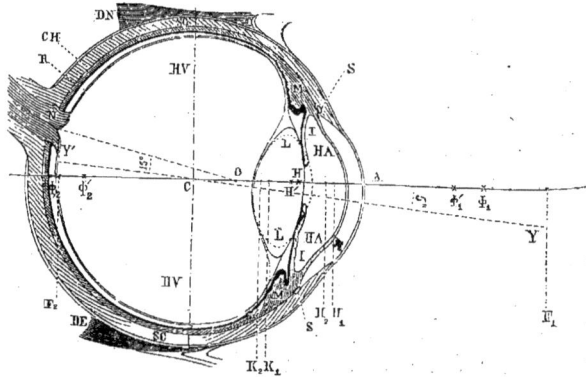

Fig. 402. — Œil schématique (coupe transversale) (*).

dioptrique centré ; cependant on peut approximativement le considérer

(*) (Grossissement = 2). — A, sommet de la cornée. — SC, sclérotique. — S, canal de Schlemm. — CH, choroïde. — I, iris. — M, muscle ciliaire. — R, rétine. — N, nerf optique. — HA, humeur aqueuse. — L, cristallin (la ligne pointillée indique sa forme pendant l'accommodation). — HV, humeur vitrée. — DN, muscle droit interne. — DE, muscle droit externe.
YY', axe optique principal. — $\Phi^1\Phi^2$, axe visuel, faisant un angle de 5° avec l'axe optique. — C, centre de figure du globe oculaire.
Points cardinaux d'après Listing. — H¹H², points principaux. — K₁K₂, points nodaux. — F¹F², foyers principaux (ce sont ces points cardinaux qui sont adoptés dans ce livre).
Constantes dioptriques d'après Giraud-Teulon. — H, points principaux fusionnés. — $\Phi^1\Phi^2$, foyers principaux pendant le repos de l'accommodation. — $\Psi'_1\Psi'_2$, foyers principaux pendant le maximum d'accommodation. — O, points nodaux fusionnés.

comme tel et le ramener, par conséquent, à un système de six points cardinaux. On a recherché pour cela, sur un certain nombre d'yeux normaux, les rayons de courbure des surfaces réfringentes et l'indice de réfraction des milieux, et on a construit ainsi les six points cardinaux de ce qu'on a appelé l'œil *idéal* ou *schématique* (fig. 402). Dans le système dioptrique de l'œil schématique, le premier milieu (air) et le dernier (corps vitré) ayant un indice de réfraction différent, il en résultera, d'après ce qui a été dit plus haut, que les points nodaux et les points principaux ne coïncideront pas.

Dans son trajet à travers les milieux réfringents de l'œil, la lumière a successivement à traverser les couches suivantes : cornée, humeur aqueuse, capsule cristalline antérieure, cristallin, capsule cristalline postérieure, corps vitré. Les deux faces de la cornée étant à peu près parallèles, la déviation subie par les rayons lumineux est presque nulle : on peut donc, au point de vue dioptrique, faire abstraction de la cornée et supposer l'humeur aqueuse arrivant jusqu'à la face antérieure de cette membrane. Le cristallin, indépendamment de sa membrane d'enveloppe, est formé par une série de couches concentriques dont l'indice de réfraction est différent, mais on peut le remplacer dans l'œil idéal par une lentille *homogène* d'un indice de réfraction qui produirait le même effet total. Il ne reste donc qu'à connaître les rayons de courbure de la face antérieure de la cornée et des deux faces du cristallin, et les indices de réfraction de l'humeur aqueuse, du cristallin et du corps vitré. Ces valeurs sont les suivantes :

Rayons de courbure.			*Indices de réfraction.*	
Cornée; face antérieure...	8 millimètres.		Humeur aqueuse......	$\frac{103}{77} = 1,3379$
Cristallin; face antérieure.	10	—	Cristallin.............	$\frac{16}{11} = 1,4545$
Cristallin; face postérieure.	6	—	Corps vitré...........	$\frac{103}{77} = 1,3379$

Ces données une fois connues, on trouve les positions suivantes pour les six points cardinaux de l'œil idéal (fig. 399, page 1114). Les chiffres indiquent, en millimètres, leurs distances respectives du sommet de la cornée :

Premier point principal..................	H^1	2,1746	différence...........	0,3978
Deuxième —	H^2	2,5724		
Premier point nodal..................	K^1	7,2420	différence.........	0,3973
Deuxième —	K^2	7		
Foyer principal antérieur..............	F^1	12,8326		
Foyer principal postérieur..............	F^2	22,6470		
Longueur focale antérieure..............	F^1H^1	15,0072		
Longueur focale postérieure..............	F^2H^2	20,0746		

Œil réduit. — On peut simplifier encore plus l'œil idéal tout en restant dans une approximation suffisante. En effet, les deux points principaux, n'étant qu'à une distance de 0^{mm}, 3978 l'un de l'autre, peuvent être identifiés, et il en est de même des deux points nodaux. On peut alors substituer à l'œil schématique ce qu'on appelle l'œil *réduit*, dans lequel le point principal est à 2 millimètres (2^{mm}, 3448) en arrière de la cornée, et le point nodal à 7 millimètres (7^{mm},4969) et dont les longueurs focales sont : l'antérieure, 15 millimètres, et la postérieure, 20 millimètres. La surface réfringente, de 5 millimètres de rayon, est placée à 3 millimètres en arrière de la cornée, et l'indice de réfraction du milieu réfringent égale celui de l'humeur aqueuse $= \frac{103}{77} = \frac{4}{3}$. On peut appliquer ainsi à l'œil réduit toutes les lois qui régissent la réfraction à travers une seule surface réfringente.

Procédés pour la mesure de l'indice de réfraction et des rayons de courbure des milieux réfringents de l'œil. — Pour mesurer les courbures de la cornée et du cristallin, Helmholtz a imaginé un instrument, l'*ophthalmomètre*, qui permet de les

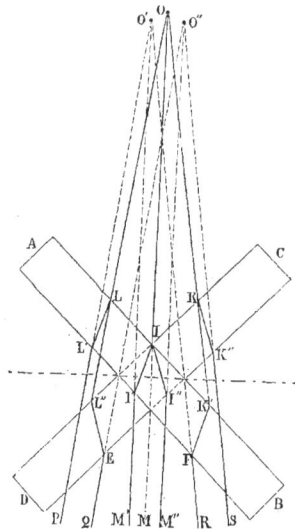

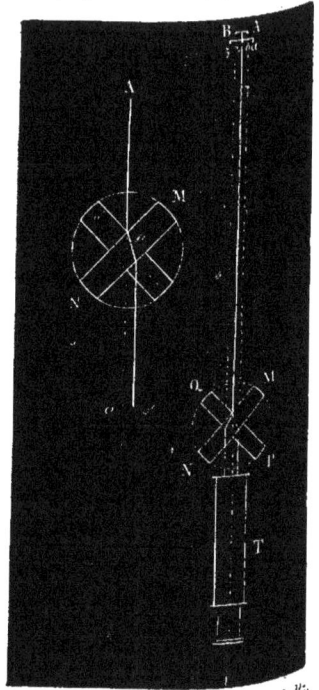

Fig. 403. — *Principe de l'opththalmomètre.*   Fig. 404. — *Ophthalmomètre d'Helmholtz.*

déterminer, sur le vivant, avec une précision presque mathématique. L'ophthalmomètre d'Helmholtz est basé sur les principes suivants : Quand un rayon lumineux traverse une lame de verre à faces parallèles, il peut se présenter deux cas : 1° le rayon est perpendiculaire au plan de la plaque ; dans ce cas, il n'éprouve pas de déviation ; 2° il tombe obliquement sur la plaque ; il subit alors une déviation latérale et sort dans une direction parallèle à la direction du rayon incident ; pour un œil situé derrière la lame de verre, le point lumineux sera sur le prolongement du rayon émergent parallèle et subira par conséquent un *déplacement latéral* qui augmentera avec l'obliquité du rayon incident.

Si, au lieu d'une seule lame, on prend deux lames de même épaisseur placées l'une au-dessus de l'autre, de façon qu'elles occupent la position de la ligne transversale pointillée de la figure 403, et qu'on fasse tomber au point de contact de ces deux lames un rayon OI, ce rayon se prolongera sans déviation dans la direction IM, et pour un observateur placé en M, l'objet O paraîtra simple ; si maintenant on fait tourner les deux lames de façon à leur donner la position AB, DC, le rayon OI subira une déviation, et au sortir de la lame AB prendra la direction I'M' et la direction I''M'' au sortir de la lame DC ; l'observateur situé derrière les deux lames verra l'objet O double en O' et O'', et une formule très simple permettra de calculer la distance des deux images, connaissant le déplacement des deux lames ; cette distance est le double du déplacement déterminé par chaque lame (1).

L'ophthalmomètre d'Helmholtz (fig. 404) se compose d'une lunette T, dont l'axe coïncide avec le plan de séparation des deux lames NM, QP. Si avec cet instrument on vise un objet dont on veut connaître la grandeur, BA, par exemple, il suffit de faire tourner les deux lames de façon que les deux images ba, b'a', viennent se toucher ; la grandeur de l'image BA sera donc la moitié de l'écartement des points b' et a, écartement qu'on calcule d'après le déplacement des deux lames.

Il est facile, avec cet instrument, d'obtenir les rayons de courbure des diverses surfaces réfringentes de l'œil.

Si l'on fait tomber sur l'œil, de côté, les rayons d'une flamme et que l'observateur soit placé du côté opposé, les surfaces de séparation des milieux de l'œil agissent comme des miroirs et on aperçoit trois images, *images de Purkinje* (fig. 402) :

1° Une image, a, placée près du bord pupillaire et formée par la cornée (miroir convexe) : elle est droite, de grandeur moyenne, très lumineuse ;

2° Une image, b, formée par la face antérieure du cristallin (miroir convexe) : elle est droite, grande, peu lumineuse ;

3° Une image, c, formée par la face postérieure du cristallin (miroir concave) : elle est renversée, petite et d'intensité lumineuse moyenne. La grandeur de ces images dépend du rayon de courbure des surfaces ; la plus grande appartient à la face antérieure du cristallin, la plus petite à sa face postérieure. Une fois connue la grandeur des images, on calcule facilement le rayon de courbure des diverses surfaces.

Fig. 405. — *Images de Purkinje.*

L'avantage de l'ophthalmomètre est de permettre ces mesures sur le vivant et malgré les légers déplacements de l'œil, qu'il est impossible d'éviter dans ces conditions.

Le même instrument a servi aussi à mesurer les indices de réfraction des milieux réfringents de l'œil, en construisant avec ces différents milieux de petites lentilles enchâssées dans des cavités creusées dans des lames de verre et en déterminant les courbures de ces lentilles à l'aide de l'ophthalmomètre.

Bibliographie (2). — Woinow : *Ophthalmométrie*, 1871. — Landolt et Nuel : *Vers. einer Bestimmung des Knotenpunktes für excentrish in das Auge fallende Lichtstrahlen* (Arch. für Ophth., 1873). — Landolt : *Axenlänge und Krümmungradius des Auges* (Klin. Monatsb. für Augenheilk., 1873). — Snellen et Landolt : *Ophthalmometrologie* (Handb., d. ges. Augenheilk., 1874). — Reich : *Result. einiger ophthalmometrischer und microoptometrischer Messungen* (Arch. für Ophth., 1874). — Hirschberg : *Ueber Bestimmung des Brechungsindex der flüssigen Medien des menschlichen Auges* (Centralbl., 1874). — Ib. : *Zur Brechung und Dispersion der flüssigen Augenmedien* (id.). — E. Cyon : *Ueber den Brechunsindex der flüssigen Augenmedien* (Arch. für Aug. und Ohrenbeilk., 1874). — Abbe : *Neue Apparate zur Bestimmung des Brechungs und Zerstreuungsvermögens fester und flüssigen Körper*, 1874. — Hirschberg : *Objective Methode zur Messung des Hauptbrennweiten der Linse*, etc. (Wien. med. Presse, 1874). — Woinow : *Ueber die Brechungscoefficienten der verschiedenen Linsenschichten* (Klin. Monatsb. für Augenheilk., 1874). — Stammeshaus : *Ueber die Lage der Netzhautschaale zur Brennfläche des Dioptrischen Systems des menschlichen Auges* (Arch. für Ophth., 1874). — Hansen : *Dioptristichen Unters.* (Sächs. Ges. d. Wiss., 1875). — Hirschberg : *Zur Dioptrik des Auges* (Centralbl., 1875). — Cornu : *Procédé pour déterminer la distance focale*, etc. (Rev. scient., 1875). — Most : *Ueber eindioptrisches Fundamentalgesetz* (Pogg. Ann., 1876). — Hirschberg : *Dioptrik des Kugelflächen und des Auges*, 1876. — Schröter : *Zur Dioptrik des Auges*, 1876. — Stammeshaus : *Darst. des Dioptrik des normalen menschlichen Auges*,

(1) Cette formule est la suivante :

$$d = 2e \sin i \left(1 - \frac{\sqrt{1 - \sin^2 i}}{\sqrt{n^2 - \sin^2 i}} \right)$$

où d signifie la distance des deux images ; e, l'épaisseur des deux lames ; n, leur indice de réfraction.

(2) La bibliographie de l'œil présente une telle extension qu'il est impossible de la donner d'une façon complète dans un livre de ce genre. Aussi ne sera-t-elle donnée qu'à partir de 1870. Il en sera de même pour une partie de l'innervation.

1876). — Delahousse : *Nouv. princ. de dioptrique* (Arch. gén. de méd., 1876). — Mat-thner : *Ueber die optischen Fehler des Auges*, 1876. — Id. : *Ueber das Listing's schematische Auge* (Wien. med. Woch., 1876). — Hoppe : *Das dioptrische System des Auges*, 1876. — V. Hasner : *Zur Dioptrik des Auges* (Centralbl. für Augenheilk., 1877). — Bernstein : *Ueber die Ermittelung des Knotenpunktes im Auge*, etc. (Berl. ac. Monatsber., 1877). — Bodle Dist. du centre optique de l'œil au sommet de la cornée (Soc. de biol., 1877). — Reuss : Unt. üb. die optischen Constanten (Arch. de Gräfe, 1877). — Landolt : *Ophthalmometer* (Centralbl. für Augenh., 1877). — Id. : *Œil artificiel* (Bull. de thérap., 1877). — Kuse : Unt. üb. die Diathermansie der Augenmedien (Arch. für Phys., 1878). — V. Hasner : *Das reducirte Auge* (Centralbl. für Augenheilk., 1878). — Hoppe : *id.* (id.). — Nagel : *Be-Bestimmung der Sehæxenlänge* (id.). — Govi : *Œil artificiel* (Rev. scient., t. XIII). — Landal : *id.* (Soc. de biol., 1878). — Moitessier : *Optique*, 1879. — Fick : *Ueber die Peri-copie des Auges* (Arch. de Pflüger, t. XIX). — Soret : *Sur la transparence des milieux de l'œil pour les rayons ultrà-violets* (Comptes rendus, t. LXXXVIII).

3. — *Réfraction oculaire.* — *Trajet des rayons lumineux dans l'œil.*

1° Formation de l'image rétinienne.

Les images des objets extérieurs viennent se former sur la rétine. On peut constater directement l'image rétinienne en amincissant la partie postérieure de la sclérotique et en plaçant l'œil à l'ouverture d'une chambre noire, ou bien en se servant de l'œil d'un lapin albinos (Képler, Magendie). On peut même quelquefois la voir sur le vivant quand l'œil est peu pigmenté : on place le sujet dans une chambre noire, et on lui fait tourner la cornée dans l'angle externe, ce qui amène la partie interne de la sclérotique dans la région interne élargie de la fente palpébrale; une bougie est tenue au côté externe de l'angle visuel, et son image, qui se forme sur la partie interne de la rétine, est assez lumineuse et assez nette pour qu'on puisse l'aperce-voir à travers la sclérotique. Cette image rétinienne peut, du reste, être observée directement à l'aide de l'ophthalmoscope.

Soit d'abord un point situé à l'infini (une étoile, par exemple); tous les rayons qui en partent sont parallèles et, si l'œil est normal (*emmétrope*), iront se réunir au foyer principal postérieur, c'est-à-dire à la rétine et, comme le foyer se fait exactement à cette membrane, il n'y a qu'un élé-ment de la rétine impressionné. Une ligne menée du point lumineux à l'image rétinienne passe par le point nodal de l'œil et constitue la *ligne de direction* de la vision. Pour avoir l'image d'un point, il suffira donc de mener de ce point à la rétine une ligne droite passant par le point nodal de l'œil; l'endroit où cette ligne rencontrera la rétine indiquera l'élément de la rétine impressionné ou le lieu de l'image.

Si le point se rapproche de l'œil, le foyer de ses rayons se fait encore au foyer principal postérieur, c'est-à-dire sur la rétine, tant qu'il existe entre lui et l'œil une certaine distance, jusqu'à vingt mètres environ; mais quand cette distance diminue, le foyer des rayons se fait en arrière de cette membrane, en supposant que les conditions optiques de l'œil restent les mêmes. Dans ce cas, l'image rétinienne n'est plus nette (voir : *Cercles de diffusion*).

Si le point, au lieu d'être situé sur l'axe optique, est situé sur un des axes secondaires, la construction est la même ; l'image du point est toujours située sur la rétine, et pour avoir l'élément de cette membrane impressionnée, il suffit de mener du point lumineux une ligne passant par le point nodal. On voit que dans ce cas, si le point lumineux est placé au-dessus de l'axe optique, son foyer sur la rétine sera placé au-dessous (fig. 403, Aa, Bb) ; si le point est à gauche de l'axe optique, l'image sera à droite sur la rétine ; c'est ce qu'on appelle le *renversement de l'image rétinienne*.

Avec ces données, on trouvera facilement l'image d'un objet. Il n'y a qu'à joindre chacun des points de l'objet (ou ses deux extrémités) au point nodal et de prolonger les lignes de direction jusqu'à la rétine.

L'angle x (fig. 406), compris entre les deux lignes de direction extrêmes, est l'angle sous lequel est vu l'objet ou *angle visuel* (1).

La grandeur de l'angle visuel dépend de deux conditions : de la grandeur de l'objet et de sa distance de l'œil. A distance égale, sa grandeur augmente avec la grandeur de l'objet ; à grandeur égale, il diminue avec la distance de l'objet. On voit par la figure que des objets de grandeur inégale, c, d, e, placés à des distances différentes, peuvent être vus sous le même angle visuel x. Dans la figure 403, les deux triangles qui ont leur sommet en o et leur base, l'un à l'objet, l'autre à l'image rétinienne, sont semblables ; on a ainsi le

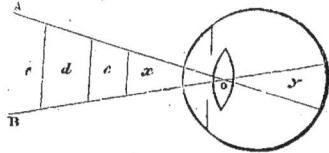

Fig. 406. — *Angle visuel.*

moyen de connaître la grandeur de l'image rétinienne quand on connaît la grandeur de l'objet et sa distance du point o. En effet, soit G la grandeur de l'objet, D sa distance au point nodal o, D' la distance de la rétine au point nodal $= 15$ millimètres, la grandeur de l'image rétinienne I sera donnée par la formule suivante : $I = \frac{G + 15}{D}$.

Quand l'angle visuel descend au-dessous d'une certaine limite, la vision des deux points extrêmes de l'objet n'est plus distincte et les deux sensations n'en forment plus qu'une. Cet angle visuel minimum est de 60 secondes. Il correspond sur la rétine à une image ayant environ $0^{mm},004$, ce qui est à peu près la grandeur des éléments (cônes) de la rétine. Il faut donc que deux objets soient vus sous un angle visuel plus grand que 60 secondes pour qu'ils soient distincts ; au-dessus, ils donnent la sensation d'un seul point.

L'*acuité* de la vue est en raison inverse de l'angle visuel ; elle diminue quand l'angle visuel augmente. La grandeur des plus petites images rétiniennes perceptibles varie suivant les individus ; des images rétiniennes infiniment petites, comme celles des étoiles fixes, sont encore perçues, quoiqu'elles n'impressionnent qu'un point infinitésimal d'un élément rétinien. Dans de bonnes conditions, on reconnaît encore des corps ayant de $^1/_{40}$ à $^1/_{100}$ de ligne ; les corps ronds peuvent être

(1) C'est là la définition la plus commune de l'angle visuel ; mais Helmholtz a montré que pour les objets rapprochés la valeur de l'angle visuel ainsi compris n'est plus exacte. Le sommet de l'angle visuel se trouve alors au point d'intersection des *lignes de visée*, c'est-à-dire à $0^{mm},5$ en arrière du centre de l'image cornéenne de la pupille), et en avant du point nodal. La *ligne de visée*, qu'il ne faut pas confondre avec la ligne de direction, est la ligne qui passe par le centre de la tache jaune, le centre de l'image pupillaire et un point de l'espace. Quand deux points de l'espace sont fixés *l'un après l'autre*, le sommet de l'angle visuel qu'ils interceptent se trouve au centre de rotation de l'œil.

vus sous un angle de 30 à 20 secondes; pour les fils, cet angle tombe à 3 secondes; pour des fils brillants, on peut avoir $^1/_5$ de seconde et même moins.

D'après ce qui vient d'être dit, les caractères de l'image rétinienne sont donc les
suivants :

1° Elle est renversée ;

2° Elle est nette quand les différents points de l'objet forment leur foyer exactement à la rétine ;

3° Sa grandeur dépend de l'angle visuel.

Procédés pour déterminer l'acuité visuelle. — 1° *Vision directe.* Pour déterminer les plus petites grandeurs perceptibles, on peut se servir de lignes (ou de fils) blanches
ou noires parallèles ou de toiles d'araignées qu'on éloigne plus ou moins de l'œil. Pour mesurer l'acuité de la vision, on emploie des lettres de différentes grandeurs qu'on fait lire sous
un angle visuel déterminé à une distance *d*. Jæger, Giraud-Teulon, Snellen, etc., ont dressé
dans ce but des échelles de caractères typographiques ; les chiffres placés au-dessus des caractères donnent en pieds de Paris la distance D, à laquelle un œil normal les distingue sous
un angle de 5 minutes. L'acuité de la vision, B, est exprimée par la formule : $A = \frac{d}{D}$. Quand
$d = D$, on considère l'acuité de la vue comme normale. — 2° *Vision indirecte.* On emploie
pour cela des instruments appelés *périmètres* (P. d'Aubert, de Forster, etc.). Ils se composent
d'un demi-cercle pouvant tourner autour d'un axe fixe ; l'œil est placé au centre du demi-
cercle et fixe le point autour duquel tourne l'appareil ; le long du demi-cercle on fait alors
glisser des objets lumineux ou colorés dont les images vont se faire sur des points de la rétine plus ou moins éloignés de la tache jaune ; comme le demi-cercle tourne autour de son
axe on peut explorer ainsi la sensibilité rétinienne suivant tous ses méridiens.

2° Images de diffusion sur la rétine.

Quand les rayons partant de l'objet ou du point lumineux ne viennent
pas former leur foyer exactement à la rétine, l'image du point ou de l'objet n'est pas nette et il se forme ce qu'on appelle des *cercles de diffusion*.

Soit un point A (fig. 407), les rayons lumineux une fois entrés dans l'œil

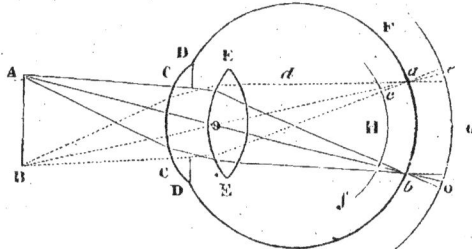

Fig. 407. — *Cercles de diffusion.*

constituent un faisceau lumineux ou un cône dont la base est à la pupille
et le sommet à la rétine. La forme du faisceau dépend de la forme même
de la pupille; si celle-ci est circulaire, c'est un cône; si elle est triangulaire,
c'est une pyramide à trois pans, etc. Si le faisceau lumineux, au lieu de
former son foyer à la rétine le forme en avant ou en arrière de cette membrane, autrement dit si la rétine a la position G ou H, elle coupe le faisceau
lumineux et le point paraîtra, suivant le cas, sous forme de cercle ou de

triangle lumineux, plusieurs éléments de la rétine étant impressionnés. Dans le cas d'un objet, il en est de même; chaque point de l'objet envoie des rayons à des éléments différents de la rétine, et chaque élément de la rétine reçoit des rayons venant de points différents de l'objet, ce qui rend l'image confuse et lui enlève sa netteté.

La grandeur des cercles de diffusion dépend d'abord de la distance de l'image nette (ou du foyer des rayons) à la rétine; plus le foyer s'éloigne de la rétine, plus le cercle de diffusion est étendu, ce que démontre un coup d'œil jeté sur la figure 407; elle dépend en second lieu de la grandeur de la pupille; plus la pupille se rétrécit, plus la section du faisceau lumineux et par suite plus le cercle de diffusion diminue.

L'existence des cercles de diffusion explique pourquoi nous ne pouvons voir distinctement en même temps des objets situés à des distances différentes de l'œil.

Procédés pour l'étude des cercles de diffusion. — On peut étudier facilement les cercles de diffusion en se servant d'une lentille biconvexe par laquelle les rayons partis d'un point lumineux (flamme) sont rassemblés sur un écran qui représente la rétine et dont on peut faire varier la distance; l'iris est remplacé par un diaphragme percé d'un trou dont on fait varier la forme et la grandeur et qui se place en avant de la lentille.

En se plaçant dans certaines conditions, les images de diffusion peuvent acquérir assez de netteté pour devenir facilement distinctes; c'est ce que prouvent les expériences de Scheiner et de Mile.

Expérience de Scheiner. — On perce dans une carte deux trous plus rapprochés que le diamètre de la pupille, et on regarde avec un œil, par ces deux trous, une épingle placée verticalement si les deux trous sont à côté l'un de l'autre, horizontalement si les deux trous sont au-dessus l'un de l'autre. Soit l'épingle en a (fig. 408) ; si on la fixe, elle paraît simple,

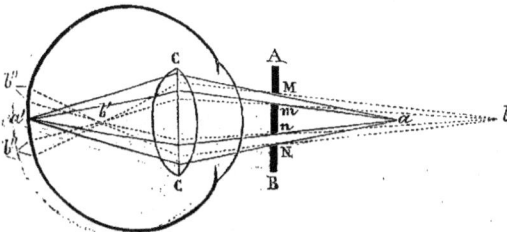

Fig. 408. — Expérience de Scheiner.

son image allant se faire en a' sur la rétine. Mais si l'on fixe un objet plus rapproché ou, ce qui revient au même, si on l'éloigne de l'œil et qu'on la place en b, l'épingle paraît double. Il en est de même si on la rapproche de l'œil en deçà de a. Dans cette expérience, si l'œil ne s'accommode pas (voir : Accommodation), pour faire coïncider sur la rétine les rayons b″, b‴, c'est que ces rayons donnent des images nettes, à cause de la minceur des pinceaux lumineux et qu'on ne sent pas le besoin d'accommoder.

On peut répéter l'expérience avec une lentille de verre et un écran (fig. 409). La lentille C remplace l'œil, les écrans D, E, F, la rétine, E correspond à l'accommodation exacte pour le point a, la position F à l'accommodation pour un objet plus éloigné, la position D pour un objet plus rapproché. Si dans cette expérience on bouche le trou supérieur A de l'écran, l'image lumineuse de même nom a' disparaît sur l'écran F (accommodation éloignée), l'image de nom contraire a″ sur l'écran D (accommodation rapprochée). Supposons, au lieu des écrans F et D, que ce soit la rétine qui reçoive l'image, l'inverse aura lieu à cause du ren-

BEAUNIS. — Physiologie, 2e édit.   71

versement des images rétiniennes ; le point a', situé en haut, sur la rétine F, sera vu en bas et réciproquement. Donc, dans l'accommodation rapprochée D, c'est l'image do même nom qui disparaîtra ; dans l'accommodation éloignée F, ce sera l'image de nom contraire. Si au lieu de deux trous on perce trois trous dans la carte, on verra trois épingles au lieu d'une.

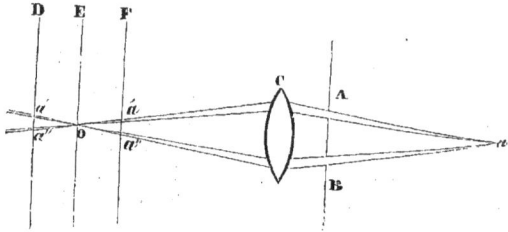

Fig. 409. — *Expérience de Scheiner.*

Expérience de Mile. — Si l'on perce une carte avec un seul trou par lequel on fixe une épingle et qu'on imprime un mouvement de va-et-vient à la carte, l'épingle paraît immobile ; mais si on fixe un point plus éloigné, l'épingle paraît se mouvoir en sens inverse de la carte ; si on fixe un objet plus rapproché, elle se meut dans le même sens. La figure 409 donne l'explication de ce fait. Le trou de la carte se place successivement en A et en B. Quand il se meut de B en A, si la rétine est en F (accommodation éloignée), l'image va de a'' en a', c'est-à-dire dans le même sens sur la rétine et par conséquent paraît aller en sens contraire à cause du renversement des images ; si la rétine est en D (accommodation rapprochée), l'image rétinienne va de a' en a'', c'est-à-dire en sens contraire du mouvement de la carte, et par conséquent paraît aller dans le même sens.

3° Emmétropie et amétropie.

Dans l'œil normal ou *emmétrope* (fig. 410), le foyer principal postérieur se trouve à la rétine et les rayons parallèles venant de l'infini vont former

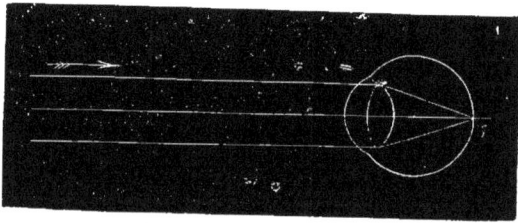

Fig. 410. — *Œil emmétrope.*

leur foyer sur cette membrane. Mais très souvent il n'en est pas ainsi et l'œil est *amétrope*. Il peut l'être de deux façons : 1° le diamètre antéro-postérieur de l'œil peut augmenter de longueur et le foyer principal ç se trouve *en avant* de la rétine : c'est l'œil *myope* (fig. 411); 2° dans l'œil *hypermétrope* (fig. 412), au contraire, le diamètre antéro-postérieur de l'œil est raccourci, et le foyer des rayons parallèles, venant de l'infini, se fait en arrière de la rétine.

Dans l'œil emmétrope, le point le plus éloigné de la vision distincte, *punctum remotum*, est situé à l'infini; mais en deçà de l'infini et jusqu'à une certaine distance (65 mètres environ), les rayons peuvent encore être considérés comme paral-

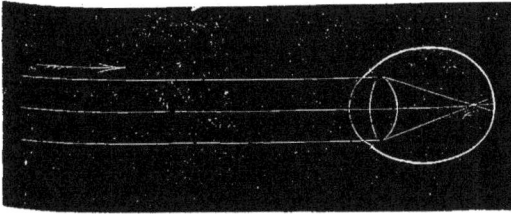

Fig. 411. — *Œil myope.*

lèles et font leur foyer à la rétine. Mais, à partir de ce point, le foyer se fait en arrière de la rétine et l'accommodation doit intervenir pour que la vision soit distincte. Dans l'œil myope, le point le plus éloigné de la vision distincte varie suivant le

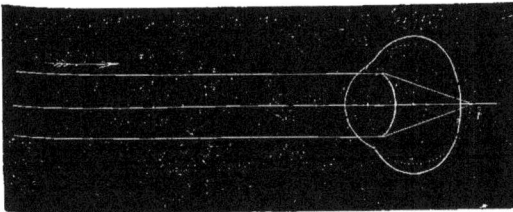

Fig. 412. — *Œil hypermétrope.*

degré de la myopie, c'est-à-dire suivant la position du foyer principal. A cette distance (*punctum remotum*), la vision distincte se fait chez le myope sans accommodation; pour voir les objets situés entre ce *punctum remotum* et l'infini, il faut ajouter une lentille biconcave ou divergente. Dans l'œil hypermétrope, les rayons parallèles venant de l'infini forment déjà leur foyer en arrière de la rétine; il n'y a donc pas en réalité de *punctum remotum*, et la vision ne sera distincte pour aucun point sans accommodation préalable. Pour rendre l'œil emmétrope, il faut ajouter une lentille biconvexe ou convergente. Dans l'eau l'œil devient énormément hypermétrope; chez les poissons, la correction est faite par la forte courbure du cristallin.

On prend pour mesure de l'amétropie le pouvoir réfringent d'une lentille convergente, qui rend l'œil emmétrope. Ainsi, si on a un œil myope dont le *punctum remotum* soit à 9 pouces, pour corriger cette myopie et rendre l'œil emmétrope il faudra un verre divergent de 9 pouces de longueur focale; le degré de la myopie sera $\frac{1}{9}$. Pour un œil hypermétrope, il faudrait un verre convergent de 9 pouces de longueur focale.

Pour mesurer la distance du *punctum remotum*, on cherche, par des essais avec des verres convergents ou divergents, le verre qui rend distincte la vision d'un objet éloigné de grandeur proportionnée à la distance, par exemple, les caractères d'imprimerie des échelles typographiques; la longueur focale du verre indique en pouces de Paris la distance positive (myopie) ou négative (hypermétropie) du *punctum remotum* (Voir aussi *Optométrie*).

4° Aberration de sphéricité de l'œil.

On a supposé jusqu'ici que, dans l'œil emmétrope, tous les rayons parallèles partant de l'infini allaient former leur foyer *en un seul point* qui se trouvait sur la rétine. En réalité, il n'en est rien, et l'œil n'échappe pas à l'aberration de sphéricité.

L'aberration de sphéricité se divise en aberration transversale et aberration longitudinale.

A. *Aberration transversale de sphéricité* (fig. 413). — Soit une surface réfringente sphérique IAK ; si on mène une série de plans coupant perpendiculairement à l'axe

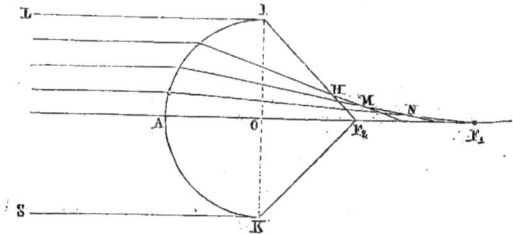

Fig. 413. — *Aberration de sphéricité.*

le système réfringent, chacun de ces plans coupera la surface réfringente suivant une circonférence perpendiculaire à l'axe. Tous les rayons lumineux qui aboutissent d'un point à cette conférence feront leur foyer sur un même point de l'axe principal F_2, par exemple, pour la circonférence déterminée par le plan sécant IK. Pour les circonférences plus rapprochées du sommet A de la surface réfringente, le foyer se fera plus loin, jusqu'en F_1. On aura donc, pour le système des circonférences perpendiculaires à l'axe, une série de foyers disposés sur une ligne ; la *caustique* sera linéaire et placée sur l'axe.

B. *Aberration longitudinale de sphéricité.* — Pas plus que les rayons provenant des différentes circonférences, les rayons provenant d'un même méridien ne forment leur foyer en un seul point. Soit le méridien IAK (fig. 413) ; les rayons réfractés dans ce méridien se coupent en H, M, N, etc., suivant une ligne courbe, et le système des courbes focales ainsi formées par les divers méridiens représente une *surface caustique de réfraction* dont la forme rappelle celle d'un pavillon de cor (*astigmatisme irrégulier*).

L'aberration longitudinale existe non seulement pour les divers points d'un même méridien, mais encore pour les différents méridiens les uns par rapport aux autres. C'est à cette aberration de sphéricité de l'œil que correspond ce qu'on a appelé l'*astigmatisme régulier de l'œil* (Ph. Young).

Enfin, ce qui complique encore l'aberration de sphéricité de l'œil et l'astigmatisme, c'est que les courbures du cristallin ne sont pas exactement centrées avec celles de la cornée.

L'œil présente donc à la fois aberration transversale de sphéricité, astigmatisme irrégulier et astigmatisme régulier.

L'aberration transversale de sphéricité et l'astigmatisme irrégulier sont partiellement corrigés par des dispositions spéciales du système oculaire :

1° L'iris intercepte les rayons extrêmes les plus fortement réfractés ;

2° La courbure de la cornée, au lieu d'être sphérique, se rapproche de l'ellipsoïde ; il en résulte que les rayons les plus éloignés de l'axe sont moins déviés ;

3° Le cristallin présente des couches successives dont le pouvoir réfringent diminue du centre à la circonférence ; d'où déviation moindre des rayons les plus éloignés de l'axe.

Astigmatisme régulier. — Les courbures des différents méridiens de la cornée ne sont pas égales. Pour prendre le cas le plus simple, supposons (fig. 414)

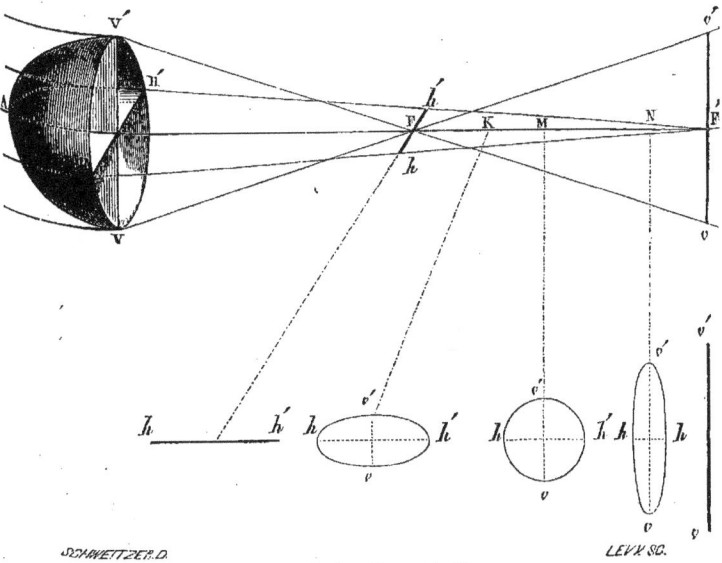

Fig. 414. — *Astigmatisme régulier.*

que le méridien vertical V'AV ait une plus forte courbure et un plus petit rayon que le méridien horizontal H'AH et faisons tomber sur la surface un faisceau de rayons parallèles ; les rayons qui tombent sur le méridien V'AV iront former leur foyer au point F, ceux qui tombent sur le méridien horizontal H'AH au point F'.

Le faisceau réfracté par une surface ainsi construite a une forme particulière et est limité par une surface *gauche*, c'est-à-dire qui ne peut être développée sur un plan. Pour se faire une idée de la forme de ce faisceau, on peut le couper en différents endroits, F, K, M, N, F', par une section perpendiculaire à l'axe AF' : on voit alors (partie inférieure de la figure) les formes que sa section présente en allant de F en F'. Qu'on suppose alors la rétine placée en ces différents points, on comprend facilement que si la rétine est en F, le point lumineux donnera la sensation d'une ligne horizontale, en F' celle d'une ligne verticale, en M celle d'un cercle, etc. On peut, pour rendre la démonstration encore plus palpable, construire cette figure avec des tiges et des fils; on a alors une idée plus nette de la marche des rayons et de la forme du faisceau réfracté.

En général, dans la cornée, c'est le méridien vertical qui a le plus petit rayon et le pouvoir réfractif le plus considérable.

Procédés pour l'étude de l'astigmatisme. — Si on trace sur un carton une ligne verticale et une ligne horizontale se croisant à angle droit et qu'on les place à la distance de la vision distincte, on ne peut les voir nettement en même temps ; pour voir nettement la ligne horizontale, il faut rapprocher le carton de l'œil, l'éloigner pour la verticale. Il en est de même de deux fils qui se croisent, l'un vertical, l'autre horizontal ; si l'on voit nettement le fil horizontal, il faudra, pour voir avec la même netteté le fil vertical, éloigner celui-ci de l'œil ; si l'on accommode pour le fil vertical, il faudra au contraire rapprocher le fil horizontal de l'œil. — Si on regarde un point lumineux par deux fentes larges d'un millimètre environ, taillées dans un morceau de carton et faisant un angle droit, quand on regarde par la fente verticale on peut rapprocher davantage l'écran de l'œil que quand on regarde par la fente horizontale. — Soit un point lumineux ; il sera vu comme un point si l'œil est exactement accommodé ; si l'œil est accommodé pour la vision au loin, le point paraîtra allongé dans le sens du méridien à grande longueur focale ; quand il est accommodé pour la vision rapprochée, le point paraît allongé dans le sens du méridien de courte longueur focale, c'est-à-dire qu'en général, dans le premier cas, le point a la forme d'un trait horizontal, dans le second d'un trait vertical. Si on regarde un point lumineux par un trou de carte très fin, et qu'on le rapproche de l'œil, le sens de l'allongement du point donne la direction du méridien de la plus forte courbure. — Des lignes disposées comme les rayons d'une roue ne sont pas vues nettement en même temps ; en rapprochant la figure de l'œil, la ligne qui apparaît distinctement en premier lieu correspond au méridien qui a le maximum de courbure ; en continuant à la rapprocher, la ligne qui apparaît distinctement en dernier lieu correspond au méridien du minimum de courbure. — Une ligne verticale paraît plus longue qu'une ligne horizontale, un carré paraît un rectangle, un cercle a la forme d'une ellipse, etc., et, en général, les objets paraissent allongés dans le sens du méridien de la plus courte longueur focale (ordinairement le méridien vertical). — L'astigmatisme peut exister non seulement pour la cornée, mais pour le cristallin, et l'astigmatisme de l'œil est la somme des astigmatismes de la cornée et du cristallin, astigmatismes qui, du reste, peuvent se compenser ou (plus souvent) s'additionner. L'asymétrie de la cornée est, en général, plus considérable que celle du cristallin.

Pour la mesure de l'astigmatisme, voir les traités d'oculistique.

5° Aberration de réfrangibilité de l'œil.

On a supposé jusqu'ici que l'œil était absolument achromatique ; mais, en réalité, il n'en est rien, même pour l'œil normal ou emmétrope. Il en résulte que les différents rayons, étant inégalement réfrangibles vont former leur foyer sur des points différents.

Soit un faisceau de lumière blanche arrivant sur un système réfringent ; les divers rayons, étant inégalement réfrangibles, se *dispersent* (fig. 412) ; les rayons

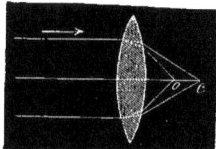

Fig. 412. — *Dispersion de la lumière blanche.*

violets, les plus réfrangibles, forment leur foyer en *a*; les rayons rouges, moins réfrangibles, en *c*, et les rayons intermédiaires auront leur foyer sur l'axe entre *o* et *c*. Si l'on place un écran en *o*, on aura une série de cercles concentriques dont le centre sera violet et le cercle périphérique rouge, les cercles intermédiaires appartenant aux rayons intermédiaires du spectre. Si au contraire on place l'écran en *c*, le centre sera rouge et le cercle extérieur violet. Si, au lieu d'un écran, on suppose la rétine, il en sera de même quand elle sera en *o* ou en *c*. Habituellement l'achromatisme de l'œil est assez complet pour que, à la distance de la vision nette, le foyer des différents rayons se fasse sensiblement au même point ; en effet l'intervalle focal des rayons rouges et des rayons violets ne dépasse guère 0^{mm},5 ; mais il n'en est plus de même si l'objet est un peu en deçà ou au delà de la distance de la vision distincte.

Le chromatisme de l'œil explique la fatigue qu'on éprouve quand on veut voir nettement et à la fois plusieurs objets de couleur différente, par exemple des lettres ou des dessins rouges sur fond bleu ; les lettres ou les dessins paraissent s'agiter (cœurs agités de Wheatstone).

Procédés pour étudier le chromatisme de l'œil. — Si on regarde un point lumineux, une bougie, par exemple, à travers un verre bleu-cobalt qui ne laisse passer que les rayons rouges et les rayons violets, si on accommode pour les rayons violets, ou si on la rapproche, la flamme paraît violette et entourée d'un cercle rouge ; si on accommode pour les rayons rouges ou qu'on l'éloigne, le centre est rouge et le cercle extérieur violet. Soit encore un objet nettement visible à la lumière blanche ; si on l'éclaire avec de la lumière rouge, il faudra le rapprocher de l'œil, pour qu'il soit vu distinctement ; il faudra l'en écarter, au contraire, s'il est éclairé avec de la lumière violette. Le meilleur moyen est de prendre comme objet un verre sur lequel sont gravées des divisions et qu'on fixe en l'éclairant par derrière avec de la lumière colorée. La même chose arrive avec la lumière blanche ; si on fixe un barreau de fenêtre qui se détache en noir sur un ciel nuageux fortement éclairé, et qu'on couvre la moitié inférieure de la pupille avec une carte, le barreau paraît limité à sa partie supérieure par une ligne jaune orangé, à sa partie inférieure par une ligne bleue ; c'est l'inverse si on couvre la moitié supérieure de la pupille avec la carte. — Des surfaces rouges paraissent plus rapprochées que des surfaces violettes situées dans le même plan, parce que l'œil accommode plus fortement pour les premières et qu'on en conclut à une moindre distance.

6° Irrégularités dans les milieux transparents de l'œil. Phénomènes entoptiques.

Les milieux réfringents de l'œil ne sont jamais absolument transparents, et il se trouve toujours sur le trajet des rayons lumineux des corpuscules opaques qui projettent leur ombre sur la rétine. Il en est de même pour les couches de la rétine antérieures à la couche impressionnable (membrane de Jacob). De là, en se plaçant dans certaines conditions, des phénomènes dits *entoptiques*, qui se divisent en phénomènes entoptiques extra-rétiniens, et phénomènes entoptiques intra-rétiniens.

Procédés pour étudier les phénomènes entoptiques. — A. *Phénomènes entoptiques extra-rétiniens.* — Ils reconnaissent pour cause des corpuscules opaques situés dans les milieux réfringents de l'œil. Habituellement l'ombre portée sur la rétine par ces corpuscules passe inaperçue, d'abord parce que ces opacités n'arrêtent le passage que d'une petite partie des rayons lumineux partis d'un point, ensuite parce que leur opacité n'est jamais absolue ; cependant, en se plaçant dans certaines conditions, on peut déterminer la vision entoptique de ces objets. Il suffit pour cela de prendre une source de lumière très petite et de la placer au foyer antérieur de l'œil. On fait converger par une lentille les rayons lumineux d'une lampe sur le trou d'une carte 2, 2 (fig. 416) placée au foyer antérieur 1 de l'œil. Les rayons qui partent du point 1 sont parallèles dans le corps vitré et forment dans l'œil un faisceau cylindrique dont la section a la grandeur de la pupille ; le cercle de diffusion qui éclaire la rétine (champ lumineux entoptique) a la même grandeur et la

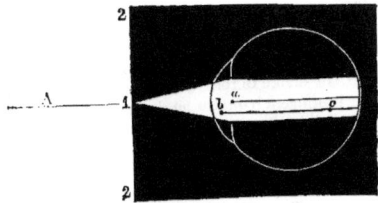

Fig. 416. — *Phénomènes entoptiques extra-rétiniens.*

même forme que l'ouverture pupillaire ; si le point lumineux était situé au delà du foyer antérieur, le champ lumineux entoptique serait plus petit que la pupille ; il serait plus grand, si le point lumineux était entre l'œil et le foyer antérieur.

Les objets opaques placés sur le trajet du faisceau lumineux projettent leur ombre sur le champ entoptique rétinien et forment des images assez nettes pour qu'on puisse distinguer eurs contours ; ces images sont toujours renversées et d'autant plus nettes que les objets sont plus rapprochés de la rétine. Dans le cas où la source de lumière est au foyer principal, l'image a la même grandeur que l'objet ; elle est plus petite si le point lumineux est au delà du foyer principal, plus grande s'il est entre le foyer principal et l'œil.

Ces corpuscules opaques peuvent se trouver dans les différents milieux réfringents, et se présentent sous les formes suivantes : 1° stries et gouttelettes (humeurs et poussières situées sur la face antérieure de la cornée ; 2° stries et lignes onduleuses, ou taches tigrées des lames de la cornée ; 3° taches perlées (mucosités) de l'humeur aqueuse ; 4° taches obscures, bandes claires en étoile, lignes rayonnées obscures du cristallin ; 5° corps mobiles, cercles, cordons de perles, plis du corps vitré ou *mouches volantes*. Certains corpuscules sont mobiles, telles sont les stries dues aux humeurs de la cornée et les mouches volantes du corps vitré ; d'autres sont immobiles, comme les opacités du cristallin.

On peut déterminer facilement la position des corpuscules opaques dans l'œil par la direction du mouvement apparent de l'image. En effet soient trois objets *a*, *b*, *c* (fig. 416) situés,

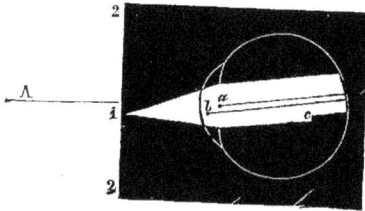

Fig. 417. — *Position des corpuscules opaques dans l'œil.*

a, dans le plan de pupille, *b*, en avant et *c*, en arrière de la pupille ; ils font leur image sur le champ lumineux de la rétine à l'endroit où les lignes qui en partent rencontrent cette membrane. Si maintenant on déplace le point lumineux 1 comme dans la figure 417, le faisceau lumineux deviendra oblique et les images des trois objets *a*, *b*, *c*, changeront de position ; pour le corps *a*, situé dans le plan pupillaire, l'image conserve la même position par rapport au champ lumineux et ne subit pas de déplacement apparent ; l'image du point *b*, situé en avant de la pupille, se rapproche du centre du champ lumineux et par consé-

quent se déplace de bas en haut sur la rétine, ce qui, par suite du renversement des images donne un déplacement apparent de haut en bas, c'est-à-dire *dans le même sens que la source lumineuse* ; l'image du point *c*, au contraire, s'est rapprochée du bord inférieur du champ lumineux et s'est déplacée de haut en bas sur la rétine, ce qui donne un déplacement apparent de bas en haut, c'est-à-dire *en sens inverse* du mouvement du point lumineux.

B. *Phénomènes entoptiques intra-rétiniens.* — Les couches vasculaires de la rétine sont situées en avant de la membrane de Jacob et les globules sanguins peuvent par conséquent, dans certaines conditions, porter leur ombre sur la membrane impressionnable rétinienne. On peut employer trois méthodes principales pour percevoir la circulation rétinienne sur soi-même.

1° On concentre la lumière solaire en un point de la surface externe de la sclérotique, le plus éloigné possible de la cornée, de manière à former, sur la sclérotique, une image petite et très éclairée de la source lumineuse. Si on regarde alors un fond obscur, le champ visuel paraît éclairé par une lumière rouge-jaunâtre diffuse sur laquelle se projette le réseau sombre des vaisseaux rétiniens ; si on fait mouvoir la source de lumière, le réseau vasculaire paraît se mouvoir dans le même sens.

2° On dirige le regard vers un fond obscur et on place soit à côté, soit au-dessus de l'œil, une lumière à laquelle on donne un mouvement de va-et-vient. Le réseau vasculaire ne tarde pas à apparaître sur un fond clair.

3° On regarde le ciel à travers une ouverture étroite à laquelle on donne un rapide mouvement de va-et-vient. Le réseau vasculaire apparaît alors sur un fond clair et se meut dans le même sens que l'ouverture. L'étroitesse de l'ouverture a pour but de diminuer l'étendue de l'ombre portée par les vaisseaux et de lui donner par suite plus de netteté.

H. Müller a mesuré par ces différents procédés la distance qui sépare les vaisseaux qui portent ombre de la couche rétinienne sensible et est arrivé à trouver ainsi que la couche sensible est constituée par les cônes et les bâtonnets.

Vierordt a employé ce procédé pour mesurer la vitesse de la circulation dans les capillaires ; il l'a trouvée ainsi de 1/2 à 3/4 de millimètre par seconde.

7° Absorption et réflexion des rayons lumineux dans l'œil. Lueur oculaire.

Quand les rayons lumineux ont ainsi traversé les milieux réfringents pour arriver à la rétine, que deviennent-ils quand ils ont impressionné cette membrane ? La plus grande partie de ces rayons est absorbée par la choroïde et transformée en chaleur (?) ; mais tous ne le sont pas ; une petite partie est réfléchie et sort de l'œil (*lueur oculaire*). Cette réflexion semble, au premier abord, incompatible avec ce fait que la pupille d'un œil qu'on regarde paraît noire ; mais le phénomène s'explique facilement.

Quand un objet fait son image sur la rétine, les rayons réfléchis par cette membrane suivent la même direction que les rayons qui entrent dans l'œil, et vont se réunir au lieu de l'espace où se trouve l'objet et où l'image rétinienne ainsi réfléchie se superpose à l'objet même ; autrement dit, le fond de l'œil renvoie les rayons au point de l'espace d'où il les reçoit. Quand je regarde un œil, ma rétine ne pourrait recevoir de l'œil observé d'autres rayons que ceux qu'elle lui enverrait, et comme ma rétine n'est pas une source de lumière, l'œil observé ne peut en recevoir de rayons et sa pupille paraît noire.

Si la pupille de l'albinos paraît rouge, c'est que, grâce à l'absence de pigment, sa choroïde et sa sclérotique se laissent traverser par la lumière qui vient de côté et ces rayons réfléchis à travers la pupille arrivent à l'œil de l'observateur. Mais si on place devant l'œil de l'albinos une carte percée d'un trou de la grandeur de la pupille, cette pupille paraît noire comme dans les yeux ordinaires, la carte empêchant les rayons latéraux de pénétrer dans l'œil. Chez les individus modérément pigmentés, on peut même, comme chez l'albinos, voir le fond de l'œil (la pupille rouge) en faisant arriver latéralement sur l'œil un éclairage assez intense pour que des rayons lumineux puissent traverser ainsi la sclérotique.

Sur un œil myope ou sur un œil qui n'est pas accommodé exactement pour une source lumineuse, la lueur oculaire devient visible pour l'œil de l'observateur ; en effet, dans ce cas, l'image de la source lumineuse et celle de la pupille de l'observateur ne se formant pas exactement à la rétine, il se fait deux images de diffusion au lieu de deux images nettes, et si ces deux images de diffusion coïncident en partie, la pupille de l'œil observateur peut recevoir des rayons lumineux réfléchis par le fond de l'œil observé.

C'est sur ce fait qu'est basée l'*ophthalmoscopie* (Helmholtz, 1851) ou l'examen du fond de l'œil. On éclaire le fond de l'œil de façon que l'observateur reçoive les rayons réfléchis et que la rétine de l'œil examiné aille faire une image nette sur la rétine de l'œil observateur. Cette image est virtuelle et droite ou réelle et renversée suivant le système de lentilles employé. La forme et la disposition des ophthalmoscopes ainsi que la théorie de l'ophthalmoscopie ne rentrent pas dans le cadre de ce livre (voir les traités d'oculistique).

Chez certains animaux, chats, chiens, etc., le fond de l'œil présente une région dépourvue de pigment et très réfléchissante (*tapetum* ou *tapis*), de sorte que la lumière réfléchie par le fond de l'œil s'aperçoit très facilement, pour peu que les conditions soient favorables. Dans l'obscurité absolue, le tapis ne renvoie aucune lumière.

Bibliographie. — Uschakoff : *Ueber die Grösse des Gesichtfeldes*, etc. (Arch. für Anat., 1870). — L. Hermann : *Ueber schiefen Durchgang von Strahlenbündeln durch Linsen*, etc., 1874. — Brecht : *Ueber den Reflexe im der Umgebung der Macula lutea* (Arch. de Graefe, 1875). — Ganiel : *Appareils pour la démonstration des lois élémentaires de l'optique géo-*

métrique (Journ. de physique, 1875). — L. PURVES : *On determination of the refraction of the eye* (Brit. med. journ., 1875). — ID. : *On a new optometer* (id.). — WECKER: *Optometer und Optometerspiegel* (Klin. Monatsb. für Augenheilk., 1875). — RISLEY: *New optometer* (Amer. j. of med. sc., 1876). — BADAL : *Nouvel optomètre* (Gaz. méd., 1876). — ID. : *Optomètre métrique international* (Ann. d'ocul., 1876). — ZENKER : *Neues Optometer* 1876. — HIRSCHBERG : *Ueber Refractionsmessung* (Berl. kl. Woch., 1877). — THEL : *Ueber die Unt. des aufrechten Netzhautbildes* (Beitr. zur prakt. Augenheilk., 1877). — EMMERT : *Ueber Refractions und Accommodations-Verhältnisse des menschlichen Auges*, 1876. — GARD : *De la réfraction oculaire*, 1877. — BADAL : *Leç. prat. d'optométrie*, 1877. — GADICKE : *Neues Optometer* (Deut. milit. Zeit., 1876). — JAVAL : *Mesure de l'acuité visuelle* (Soc. de biol., 1877). — NICATI : *Le tropopérimètre* (id.). — DOUCET : *De l'exploration du champ visuel*, 1877. — STILLING : *Not. üb. einen neuen Perimeter* (Centralbl. für Augenheilk., 1877). — LOISEAU : *Optomètre métrique* (Ann. d'ocul., 1878). — PROMPT : *Nouv. proc. optométrique* (Soc. de biol., 1879). — CUSCO : *Le dynaptomètre* (Acad. de méd., 1879). — PROMPT : *Note sur le défaut d'achromatisme de l'œil* (Arch. de physiol., 1880).

4. — *Accommodation.*

1° Caractères de l'accommodation.

On a vu plus haut que les milieux réfringents de l'œil constituent un système dioptrique dans lequel les rayons lumineux suivent complètement les lois physiques. Si nous prenons l'œil normal, emmétrope, cet œil est disposé pour que les rayons parallèles venant de l'infini fassent exactement leur foyer à la rétine. Mais à mesure que le point lumineux se rapproche de l'œil, son foyer se fait en arrière de la rétine (1), et la vision ne serait plus nette, à cause des images de diffusion, si un appareil particulier n'intervenait et ne modifiait la réfringence des milieux de manière à faire tomber le foyer sur la rétine.

La preuve que l'œil n'est pas accommodé au même moment pour des distances différentes est facile à donner. Si on place sur une règle deux épingles à une certaine distance l'une de l'autre et qu'on les vise en plaçant l'œil dans l'axe de la règle, il est impossible de les voir nettement en même temps ; pendant que l'une est nette, l'autre est trouble ; c'est qu'en effet l'une des deux forme toujours sur la rétine une image de diffusion. De même si l'on place une gaze devant un livre, on ne peut voir nettement à la fois la gaze et les lettres de la page.

(1) Le tableau suivant, emprunté à Listing, montre à quelle distance en arrière de la rétine se fait l'image pour les différentes distances de l'objet à l'œil :

DISTANCE de l'objet à l'œil.	DIAMÈTRE du cercle de diffusion sur la rétine.	DISTANCE de l'image en arrière de la rétine.
Infini ∞	0$^{m/m}$,000	0$^{m/m}$,000
65^m,00	0 ,001	0 ,005
25 ,00	0 ,002	0 ,01
6 ,00	0 ,011	0 ,05
3 ,00	0 ,02	0 ,1
0 ,75	0 ,06	0 ,4
0 ,18	0 ,3	1 ,6
0 ,08	0 ,6	3 ,4

L'œil emmétrope est naturellement disposé pour la vision à l'infini ; cette vision se fait sans fatigue, tandis que la vision des objets rapprochés s'accompagne d'une sensation d'effort. Si, après avoir longtemps fermé les yeux, nous les ouvrons subitement, nous ne voyons distinctement dans le premier moment que les objets éloignés ; enfin, dernière preuve de la disposition de l'œil emmétrope pour les objets éloignés, si on paralyse l'appareil de l'accommodation par l'instillation d'atropine dans l'œil, les objets éloignés sont seuls vus nettement.

Les rayons parallèles venant de l'infini ne sont pas les seuls qui fassent leur foyer à la rétine ; jusqu'à 65 mètres environ, les rayons qui partent des objets peuvent être considérés comme parallèles et la vision de ces objets est nette sans qu'il y ait besoin d'accommodation.

Mais à partir de cette distance de 65 mètres (voir le tableau de Listing, page 1130), l'appareil d'accommodation doit intervenir et l'effort d'adaptation est d'autant plus énergique que la distance des objets à l'œil se rapproche. Enfin il arrive un moment où l'effort d'accommodation a atteint son maximum ; on a alors la limite de visibilité des objets rapprochés ; c'est le *punctum proximum* de la vision distincte. Plus près de l'œil, la vision est trouble, le foyer ne peut plus se faire à la rétine, et il se forme des cercles de diffusion. Ce *punctum proximum* de la vision distincte, qui correspond au maximum d'accommodation, doit être apprécié en prenant comme objet un point lumineux, sans cela le *punctum proximum* varierait avec la grandeur de l'objet. En général, il se trouve à 12 centimètres de l'œil. (Pour la mesure du *punctum proximum*, voir : *Optométrie*.)

Le *punctum remotum* correspond donc au repos de l'accommodation et au minimum de pouvoir réfringent de l'œil, le *punctum proximum* au maximum de l'accommodation et au maximum de pouvoir réfringent de l'œil. On a appelé *latitude d'accommodation* la distance entre le *punctum remotum* R et le *punctum proximum* P ; L = R — P.

La puissance d'accommodation a pour mesure le pouvoir réfringent d'une lentille qui produirait le même effet que le maximum d'accommodation et ferait voir nettement un objet au *punctum proximum*. Cette puissance d'accommodation a pour formule : $\frac{1}{P} - \frac{1}{R} = \frac{1}{f}$, f désignant la longueur focale de la lentille, P la distance du *punctum proximum*, R celle du *punctum remotum* ; dans l'œil emmétrope, R étant à l'infini, le pouvoir d'accommodation est représenté par $\frac{1}{P} = \frac{1}{f}$.

Nous ne sommes pas accommodés pour une seule distance, mais pour une série de points situés l'un derrière l'autre ; la ligne qui joint ces points a été appelée *ligne d'accommodation*. Sa longueur augmente à mesure qu'augmente la distance des objets fixés. Pour les objets très rapprochés, cette ligne d'accommodation est très courte et le moindre déplacement les rend indistincts.

Vers 40 ans, bien avant même, suivant quelques auteurs, le pouvoir accommodatif diminue ; le *punctum proximum* s'éloigne de l'œil, et par conséquent la latitude d'accommodation décroît. Quand la distance de P dépasse 22 centimètres, il y a presbytie ou presbyopie ; les travaux à des ouvrages fins, surtout le soir, sont impossibles. La presbytie augmente peu à peu avec l'âge. A 70 ans, le pouvoir d'accommodation = 0.

Dans l'amétropie, l'accommodation présente des caractères particuliers. Chez le myope, où le *punctum remotum* est en deçà de 65 mètres, la latitude d'accommodation peut cependant être plus grande que chez l'emmétrope, le point P étant, en général, plus rapproché de l'œil. Ce point P peut cependant (comme par les progrès de l'âge) s'écarter de l'œil, et alors la myopie se complique de presbytie. Dans l'hypermétropie, l'œil est déjà obligé d'accommoder pour la vision à l'infini ; l'hypermétrope commence avec un déficit d'accommodation ; le pouvoir accommodatif atteint très vite son maximum, et le point P est en général assez éloigné de l'œil ; aussi l'hypermétrope ne voit-il pas distinctement les objets rapprochés et sa latitude d'accommodation est-elle très rétrécie.

Optométrie. — Les *optomètres* sont des instruments qui servent principalement à l'appréciation du *punctum remotum* et du *punctum proximum*, ainsi qu'à celle des divers degrés d'astigmatisme de l'œil :

1° Les optomètres les plus simples consistent en une épingle, ou un fil vertical, ou un réseau de fils très fins mobiles le long d'une règle graduée.

2° D'autres, comme l'*optomètre de Stampfer*, reposent sur le principe de l'expérience de Scheiner (voir page 1121) et servent à mesurer le *punctum proximum*. C'est la distance à laquelle un objet (ligne lumineuse) est vu simple à travers deux fentes parallèles.

3° Il y a un grand nombre d'optomètres plus compliqués, tels que ceux de V. Græfe, Burow, Ruete, Hasner, Javal, etc., pour la description desquels je renvoie aux traités d'oculistique.

4° *Échelles typographiques.* — *a.* Pour apprécier le *punctum remotum*, on place les lettres de l'échelle à 20 pieds, et on cherche le plus faible verre concave ou le plus fort verre convexe qui les fait voir distinctement. La distance focale du verre donne de suite le *punctum remotum* cherché. — *b.* Pour apprécier le *punctum proximum*, on cherche la plus faible distance à laquelle est vu distinctement le caractère le plus fin des échelles typographiques. Cette appréciation présente des difficultés à cause de la fatigue de l'accommodation.

2° Mécanisme de l'accommodation.

Il est inutile aujourd'hui d'entrer dans le détail des diverses explications données du mécanisme de l'accommodation. On sait d'une façon certaine que le cristallin y joue le principal rôle, et son ablation (*aphakie*) abolit immédiatement la faculté d'accommodation. (De Græfe.)

Dans l'adaptation (fig. 418, A), le cristallin devient plus convexe, le pouvoir réfringent de la lentille augmente, et le foyer des rayons lumineux est reporté en avant de façon qu'il se fait sur la rétine.

Pour démontrer ce changement de courbure du cristallin, on s'est servi des images de Purkinje, déjà étudiées à propos de la mensuration des courbures de l'œil (voir page 1117). Si on mesure à l'ophthalmomètre les trois images dans un œil qui regarde un objet très éloigné et qu'on les mesure ensuite en faisant regarder un objet très rapproché sans changer la direction du regard, on voit que l'image cornéenne ne se modifie pas, que l'image de la face antérieure du cristallin devient plus petite, plus nette et se rapproche de la précédente, enfin que l'image de la face postérieure du cristallin devient un peu plus petite ; donc, la courbure de la cornée ne change pas ; celle de la face antérieure du cristallin augmente ; celle de sa face postérieure augmente aussi, mais d'une très faible quantité (fig. 418).

Les phénomènes qui accompagnent l'accommodation sont les suivants :

1° La courbure de la face antérieure du cristallin augmente, et pour le maximum d'accommodation, son rayon de courbure passe de 10 à 6 millimètres.

La courbure de la face postérieure augmente aussi, mais très peu, et son rayon de courbure passe de 6 millimètres à 5,5 ; son sommet reste sensiblement au même point. Le diamètre équatorial du cristallin diminue, son volume restant le même.

2° La pupille se rétrécit ; le bord pupillaire de l'iris se porte en avant ; la grande circonférence, au contraire, se porte en arrière ; si on examine l'œil de côté, on

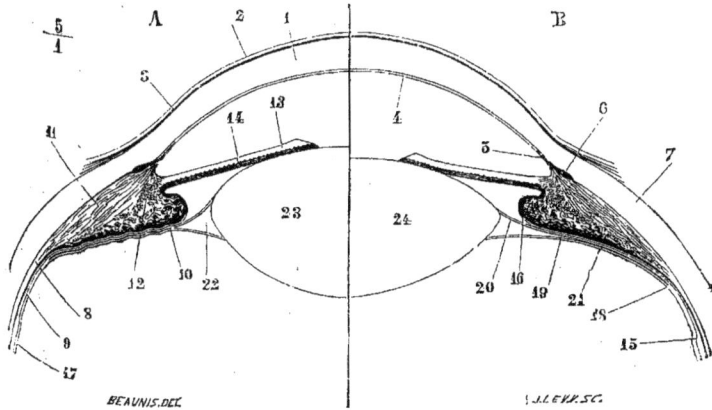

Fig. 418. — *Mécanisme de l'accommodation* (*).

voit la ligne noire qui correspond à la pupille s'élargir. Le rétrécissement de la pupille ne se produit qu'*après* le changement de forme du cristallin (Donders).

3° La pression intra-oculaire augmente dans la partie postérieure de l'œil.

L'agent de ces modifications oculaires est le muscle ciliaire. Donc, dans l'accommodation de R à P, il y a une tension musculaire ; dans l'accommodation ou dans le passage de P à R, un relâchement musculaire ; d'après Vierordt, ce passage de P à R se ferait plus vite que le passage inverse ; cependant Angelucci et Aubert ont trouvé la même durée dans les deux cas pour la situation de l'image réfléchie du cristallin.

Mode d'action du muscle ciliaire dans l'accommodation. — Le muscle ciliaire est le muscle de l'accommodation, mais son mode d'action n'est pas encore complètement connu. L'explication la plus satisfaisante est due à Helmholtz. À l'état normal, le cristallin est aplati par la tension de la zone de Zinn ; si, en effet, on incise cette zone de Zinn, le cristallin devient plus bombé qu'auparavant. Les fibres radiées, en tirant en avant le bord antérieur de la choroïde, détendent la zone de Zinn et font bomber la face antérieure du cristallin ; en même temps l'insertion de l'iris est portée un peu en arrière.

(*) A, œil accommodé pour la vision des objets rapprochés. — B, œil dans la vision des objets éloignés. — 1, substance propre de la cornée. — 2, épithélium antérieur de la cornée. — 3, lame élastique antérieure. — 4, membrane de Demours. — 5, ligament pectiné. — 6, canal de Fontana. — 7, sclérotique. — 8, choroïde. — 9, rétine. — 10, procès ciliaires. — 11, muscle ciliaire. — 12, ses fibres orbiculaires. — 13, iris. — 14, uvée. — 15, *ora serrata*. — 16, partie antérieure de la rétine se prolongeant sur les procès ciliaires. — 17, hyaloïde — 18, division de l'hyaloïde en deux feuillets. — 19, feuillet antérieur de l'hyaloïde ou zone de Zinn, dans sa partie soudée aux procès ciliaires. — 20, le même, dans sa partie libre. — 21, feuillet postérieur de l'hyaloïde. — 22, canal de Petit. — 23, cristallin pendant l'accommodation. — 24, cristallin dans la vue des objets éloignés.

L'action des fibres circulaires est plus controversée. D'après H. Müller, elles presseraient sur la circonférence de la lentille qui deviendrait plus épaisse ; en outre, l'iris est tendu sur la partie périphérique du cristallin et la comprime en faisant saillir sa partie centrale. Pour F. Schultze, les fibres musculaires porteraient en dedans les procès ciliaires et contribueraient à détendre la zone de Zinn.

Iwanoff a trouvé les fibres circulaires atrophiées, les fibres longitudinales hypertrophiées dans l'œil hypermétrope, disposition qui, chez ce dernier, favoriserait le relâchement de la zone de Zinn, tandis que chez le myope la tension de la choroïde est beaucoup plus forte.

Cramer a constaté dans l'œil du phoque et des oiseaux des changements de courbure du cristallin en faisant agir l'électricité sur l'œil ; il est vrai que V. Wittich et Helmholtz n'ont obtenu que des résultats négatifs avec les yeux de grenouille et de lapin.

L'accommodation est sous l'influence du nerf moteur oculaire commun. Hensen et Völckers ont obtenu des mouvements d'accommodation par l'excitation directe des nerfs ciliaires (voir : *Nerf moteur oculaire commun*).

A. Bouchard, frappé de la rapidité avec laquelle se fait l'accommodation, rapidité peu compatible avec le caractère lisse du muscle ciliaire, croit qu'au début de l'accommodation, les muscles droits se contractent et déforment le cristallin et qu'ensuite vient la contraction du muscle ciliaire qui continue l'action commencée par les premiers.

Bibliographie. — Merkel : *Die Zonula ciliaris*, 1870. — Adamük : *Die Frage über den Mechanismus der Accommodation* (Centralbl., 1870). — Adamük et Woinow : *Zur Frage über die Accommodation der Presbyopen* (Arch. für Ophth., 1870). — Iwanoff : *Considér. sur l'anat. du muscle ciliaire* (Journ. de l'anat., 1870). — Schneller : *Beitr. zur Lehre von der Accommodation* (Arch. für Opht., 1870). — Adamük et Woinow : *Ueber die Pupillenveränderungen bei der Accommodation* (id., 1871). — Dudgeon : *On the mechanism of accommodation* (Brit. journ. of homœop., 1872). — Galezowski : *Quelques aperçus sur l'accommodation* (Gaz. hebd., 1871). — Förster : *Accommodationsvermögen bei Aphakie* (Kl. Monatsb. für Augenheilk., 1872). — Donders : *Over schynbare accommodatie by aphakie* (Phys. Labor. d. Utr. hoogsch., 1872). — Le Roux : *Sur la multiplicité des images oculaires et la théorie de l'accommodation* (Comptes rendus, 1872). — Norton : *On the accomodation* (Proceed. of the roy. soc. of Lond., 1873). — Smith : *The mechanism of the accomodation of the eye* (Brit. med. journ., 1873). — Norton : id. (id.). — Hensen et Völckers : *Ueber die Accomodationsbewegung der Choroidea* (Arch. Ophth., 1873). — Donders : *Ueber scheinbare Accomodation by Aphakie* (id.). — Woinow : *Das Accomodationsvermögen bei Aphakie* (id.). — Hasner : *Ueber die Accommodationseinheit* (Klin. Monatsber. für Augenheilk., 1875). — Id. : *Die Accommodationshyperbel* (id.). — Id. : *Ueber die Grenzen der Accommodation des Auges*, 1875. — Poulain : *Ét. sur l'accommodation*, 1876. — Colin : *La question de l'adaptation*, etc. (Gaz. des hôp., 1876). — V. Hasner : *Ueber die Grenzen der Accommodation* (Prag. med. Wochensch., 1877). — Happe : *Ueber v. Hasner's Accommodationseinheit*, etc. (Centralbl. für Augenheilk., 1877). — V. Hasner : *Ueber den Accommodationsaufwand* (id.). — Happe : *Ueber das Maas der Accommodation* (id.). — Rumpf : *Zur Lehre von der binocularen Accommodation*, 1877. — Bauerlein : *Zur Accommodation*, 1876. — Landolt : *Sur l'accommodation* (Progr. méd., 1877). — A. Bouchard : *Contr. à l'ét. de l'accommodation* (Mém. de méd. et chir. mil., 1878). — Coulon : *Ét. sur l'accommodation*, 1878. — Rosset : *The muscle of accommodation* (Amer. j. of med. sc., 1878). — Vilmain : *Essai sur la physiol. de l'accommodation*, 1879. — Domec : *Le muscle de l'accommodation* (Rec. d'Ophthalm., 1879). — Schmidt-Rimpler : *Die Accommodationsgeschwindigkeit des menschlichen Auges* (Arch. für Ophthalm., 1880). — Angelucci et Aubert : *Beob. über die Accommodation des Auges*, etc. (Arch. de Pflüger, t. XXII).

5. — Iris et pupille.

1° Mouvements de l'iris.

L'iris représente un véritable diaphragme qui règle la quantité de lumière qui pénètre dans l'œil et arrive à la rétine. La pupille n'est pas située exactement au milieu de l'iris ; elle se trouve un peu en dedans de son point central, ce qui s'accorde avec la direction de l'axe visuel, qui fait, comme on l'a vu plus haut, un angle de 5° avec l'axe optique (voir fig. 399). Le diamètre de la pupille est de 4 millimètres environ sur le cadavre ; il faut remarquer à ce sujet que l'iris et la pupille paraissent plus grands qu'ils ne le sont en réalité ; pour les voir dans leurs dimensions exactes, il faut placer l'œil sous l'eau.

Le rétrécissement de la pupille est produit par des fibres circulaires lisses (sphincter pupillaire), son élargissement par des fibres radiées niées par quelques auteurs. Chez les oiseaux, les fibres musculaires de l'iris sont striées. Ces mouvements de l'iris, plus rapides en général que ceux des muscles lisses ordinaires, présentent pourtant une certaine lenteur, et le rétrécissement de la pupille est toujours plus rapide que sa dilatation.

Les variations de diamètre de la pupille reconnaissent pour cause principale l'excitation de la rétine par la lumière ; cette excitation amène une contraction de la pupille, non seulement sur l'œil excité, mais encore sur l'œil du côté opposé ; cependant la contraction pupillaire de l'œil non excité est un peu moins marquée, à moins que la lumière ne soit très intense. Chez le lapin, au contraire, le rétrécissement pupillaire ne porte que sur l'œil excité. Le rétrécissement de la pupille, à la suite de la lumière, commence en moyenne 0,49 secondes après l'excitation et atteint son maximum au bout de 0,58 secondes.

La rotation de l'œil en dedans ou une forte convergence des deux yeux produisent un rétrécissement de la pupille ; c'est probablement à cette cause qu'est due la contraction de la pupille observée pendant le sommeil. Le même effet se remarque dans l'accommodation pour les objets rapprochés ; la pupille se dilate au contraire dans la vision au loin.

Le tableau suivant résume les influences qui produisent une contraction et une dilatation de la pupille.

Contraction pupillaire.	Dilatation pupillaire.
Excitation du nerf optique.	Section du nerf optique.
Excitation du moteur oculaire commun.	Paralysie du moteur oculaire commun.
Section du trijumeau.	Excitation du trijumeau.
Paralysie du sympathique.	Excitation du sympathique.
Paralysie des fibres vaso-motrices de l'iris.	Excitation des nerfs vaso-moteurs de l'iris.
Réplétion des vaisseaux de l'iris.	Rétrécissement des vaisseaux de l'iris.
Lumière (action sur la rétine).	Excitation des nerfs sensitifs.
Lumière (action directe).	Vision des objets éloignés.
Accommodation pour les objets rapprochés.	Rotation de l'œil en dehors.
Rotation de l'œil en dedans.	Augmentation de pression intra-oculaire.

Contraction pupillaire.	*Dilatation pupillaire.*
Diminution de pression intra-oculaire.	Excitation du bord externe de l'iris.
Ponction de la chambre antérieure.	Excitation du bord de la cornée.
Excitation de la partie médiane de la cornée (?).	Inspiration.
Expiration.	Diastole ventriculaire.
Systole ventriculaire (pouls).	Dyspnée.
Sommeil.	Asphyxie.
Myotiques (calabar, nicotine, morphine, etc.).	Syncope.
Anesthésiques (au début).	Approches de la mort.
Chaleur.	Forte contraction musculaire.
	Mydriatiques (atropine, etc.).
	Anesthésiques (fin de l'anesthésie).
	Froid.

2° Innervation de l'iris.

Les nerfs de l'iris se divisent en nerfs constricteurs et nerfs dilatateurs de la pupille.

1° *Nerfs constricteurs.* — Ces nerfs proviennent du *moteur oculaire commun* et se rendent au sphincter pupillaire; son excitation rétrécit la pupille (1); après sa section, la pupille se dilate, mais cette dilatation est toujours peu marquée. A l'état physiologique, la contraction de la pupille a lieu par action réflexe, à la suite d'une excitation transmise par le nerf optique; l'excitation chimique, mécanique, etc., du nerf optique ou de son bout central, quand il a été coupé, produit le rétrécissement pupillaire; par contre, la section du nerf optique entre l'œil et le chiasma, dilate la pupille du même côté. Quand la section est faite en arrière du chiasma, sur la bandelette optique, c'est la pupille du côté opposé qui se dilate chez le lapin, chez lequel le croisement des bandelettes optiques au chiasma est complet; aussi, chez l'homme, il n'en est plus de même, l'entre-croisement n'étant que partiel; aussi, dans les cas de tumeurs comprimant une bandelette optique, la dilatation pupillaire existe des deux côtés. Les filets constricteurs du moteur oculaire commun traversent le ganglion ophthalmique et de ce ganglion partent des *filets ciliaires constricteurs* (au nombre de 6 à 7 chez le chien) et dont l'indépendance a été démontrée par F.-Franck. Les effets de l'excitation et de la section de ces filets sur la pupille sont du reste plus marqués que ceux dus au moteur commun lui-même, et l'excitation d'un seul nerf ciliaire suffit pour amener un rétrécissement d'ensemble de la pupille.

2° *Nerfs dilatateurs.* — Ces nerfs dilatateurs, bien étudiés récemment par Fr.-Franck, comprennent deux ordres de fibres, des fibres médullaires et des fibres cérébrales. — A. *Fibres médullaires.* Ces fibres médullaires dilatatrices proviennent de la moelle cervicale et dorsale; chez le chat (fig. 419), elles viennent toutes aboutir au premier ganglion thoracique G auquel elles arrivent soit par le nerf vertébral V (rameaux communiquants des 5e, 6e, 7e et 8e nerfs cervicaux), soit directement (1er et 2e nerfs dorsaux), soit par le cordon thoracique du grand sympathique T (3e, 4e, 5e et 6e nerfs dorsaux). De là ces fibres gagnent, par la branche antérieure de l'anneau de Vieussens AV, le ganglion cervical inférieur G' et le sympathique cervical S. Arrivées au ganglion cervical supérieur, les fibres irido-dilatatrices se séparent des fibres vaso-motrices du sympathique; celles-ci restent accolées à la carotide, tandis que les premières vont par un filet spécial se jeter dans le

(1) Ce rétrécissement n'a pu être constaté par quelques physiologistes et en particulier par Cl. Bernard; cela tient probablement à la perte trop rapide de l'excitabilité nerveuse.

ganglion de Gasser. Cette dissociation des deux ordres de fibres a été reconnue par Fr.-Franck qui a démontré l'indépendance des phénomènes vasculaires et des phénomènes iriens. L'excitation du sympathique produit la dilatation de la pupille chez un animal mort d'hémorrhagie ; quand on excite le sympathique-cervical, la dilatation de l'iris précède toujours le resserrement des vaisseaux carotidiens et il n'y a aucune correspondance entre les phases de ces deux phénomènes. Dans le ganglion de Gasser les fibres dilatatrices médullaires se réunissent au groupe des fibres dilatatrices cérébrales. — B. *Fibres cérébrales.* L'existence de fibres dilatatrices iriennes distinctes des fibres médullaires a été démontrée par Vulpian. Il a vu en effet qu'après avoir enlevé le ganglion cervical supérieur et séparé le premier ganglion thoracique de ses connexions vertébrales, on pouvait encore produire, par voie réflexe, la dilatation de l'iris. Ces fibres dilatatrices passent par les racines du trijumeau et arrivent au ganglion de Gasser ; en effet la section du trijumeau en arrière du ganglion produit le rétrécissement de la pupille. — C. *Fibres dilatatrices cérébrales et médullaires réunies.* Ces fibres à partir du ganglion de Gasser suivent d'abord la branche ophthalmique ; la sec-

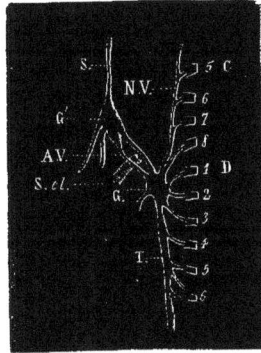

Fig. 419. — *Schéma des filets irido-dilatateurs médullaires* (François-Franck).

tion de cette branche en avant du ganglion supprime en effet toute action irido-dilatatrice de la moelle et du bulbe (1). De la branche ophthalmique et de ce ganglion partent 2 à 3 *nerfs ciliaires irido-dilatateurs* (chien) ; l'excitation d'un seul de ces nerfs suffit pour produire une dilatation d'ensemble de la pupille et le retard de la dilatation sur le début de l'excitation est toujours plus marqué que pour les nerfs constricteurs. Les ganglions premier thoracique, cervical supérieur et de Gasser paraissent exercer une *action tonique* sur les fibres dilatatrices (Vulpian, François-Franck). — L'*excitation simultanée* directe des nerfs constricteurs et des nerfs dilatateurs ne produit que la dilatation pupillaire avec son retard ordinaire. Pour les *centres nerveux* constricteurs et dilatateurs de la pupille, voir : *Centres nerveux.*

Les *nerfs de sensibilité* de l'iris sont fournis par le trijumeau.

Bibliographie. — SCHOELER : *Exp. Beitr. zur Kenntniss der Irisbewegung,* 1869. — GRÜNHAGEN : *Zur Irisbewegung* (Arch. de Pflüger, 1870). — VULPIAN : *Note relative à l'influence de l'extirpation du ganglion cervical supérieur sur les mouvements de l'iris* (Arch. de physiol., 1874). — SCHLESINGER : *Eine Innervations-Erscheinung des Iris* (Pest. med. chir. Presse, 1874). — Mosso : *Sui movimenti idraulici dell' iride,* etc., 1875. — GRADLE : *The movements and innervation of the iris* (Chicago Journ. of nerv. and ment. dis., 1874). — GRÜNHAGEN : *Ueber Veränderungen der Pupillenweite durch Temperaturen* (Berl. klin. Woch., 1875). — SCHIFF ET PIÒ DE FOA : *La pupille considérée comme esthésiomètre,* 1875. — LANDOLT : *Pupillomètre* (Gaz. méd., 1875). — DEBOVZY : *Considér. sur les mouv. de l'iris,* 1875. — DROUIN : *De la pupille,* 1876. — CHRÉTIEN : *La choroïde et l'iris,* 1876. — BADAL : *Mes. du diam. de la pupille* (Soc. de biol., 1876). — SANDER : *Bem. üb. den Einfluss des Sensoriums auf das Verhalten der Pupille* (Berl. med. physiol. Ges., 1876). — ID. : *Ueber die Beziehungen des Augen zum wachenden and schlafenden Zustand,* etc. (Arch. für Psych., 1878). — RAEHLMANN ET WITKOWSKI : *Ueber das Verhalten der Pupillen*

(1) L'excitation du bout périphérique de la branche ophthalmique ne produit pas, ce qui devrait avoir lieu, la dilatation pupillaire. Pour l'interprétation de ce fait paradoxal, voir le mémoire de Franck, p. 47 et suiv.

im Schlaf (Arch. für Anat., 1878). — Rembold : *Ueber Pupillarbewegung*, 1877. — Horwitz : *Ueber die Reflexdilatation der Pupille*, 1878. — Argyropoulos : *Beitr. zur Physiol. der Pupillarnerven*, 1878. — F.-Franck : *Sur le dédoubl. du sympathique cervical*, etc. (Comptes rendus, t. LXXXVII). — Id. : *Sur le nerf vertébral* (Soc. de biol., 1878). — Id. : *Sur la dissociation des filets irido-dilatateurs et des nerfs vasculaires au-dessous du gan-glion cervical supérieur* (id.). — Id. : *Sur le défaut de subordination des mouvements que la pupille aux modifications vasculaires*, etc. (id.). — Vulpian : *Expér. démontrant que les fibres nerveuses, dont l'excitation provoque la dilat. de la pupille, ne proviennent pas toutes du cordon cervical du grand sympathique* (Comptes rendus, t. LXXXVII). — Id. : *Sur les phén. orbito-oculaires après l'excision des ganglions sympathiques* (id.). — Paese : *Ueber die Nerven des Iris*, 1878. — Meyer : *Die Nervenendigungen im der Iris* (Centralbl., 1878). — Katyschew : *Ueber die electr. Reizung der sympat. Nervenfasern*, etc. (Arch. für Psych., 1878). — P. Picard : *Sur les mouv. de la pupille* (Gaz. hebd., 1878). — Grst : *Beitr. zur Physiol. des Iris*, 1879. — F.-Franck : *Trajet des fibres irido-dilatatrices et vaso-motrices carotidiennes au niveau de l'anneau de Vieussens* (Comptes rendus, t. LXXXVIII). — Bessau : *Die Pupillenenge im Schlafe*, 1879. — Plotke : *Ueber das Ver-halten der Augen im Schlafe*, 1879. — Grünhagen : *Ueber pupillenerweiternde Nerven-fasern* (Berl. klin. Woch., 1879). — Evans : *Measur. of the pupil* (Brit. med. journ., 1879). — Ackroyd : *On the movements of the iris* (Journ. of anat., t. XIII). — Guillebeau et Luchsinger : *Existiren in N. vertebralis wirklich pupillendilatirende Fasern?* (Arch. de Pflüger, t. XXII). — Luchsinger : *Zur physiol. Existenz des centrum cilio-spinale inf. t. Budge* (id.). — F.-Franck : *Rech. sur les nerfs dilatateurs de la pupille* (Trav. du labor. de Marey, 1878-79).

C. — Des sensations visuelles.

1. — De l'excitation rétinienne.

1° Des excitants de la rétine.

La lumière est l'excitant spécifique de la rétine ; mais, outre la lumière, tous les excitants mécaniques, chimiques, électriques, qui agissent sur la rétine peuvent déterminer des sensations lumineuses.

Excitations mécaniques de la rétine. — On sait depuis longtemps qu'un coup sur l'œil détermine une sensation lumineuse intense ; cette lueur oculaire est purement subjective et ne peut amener aucun éclairage du champ visuel. Les phénomènes lumineux ou *phosphènes* (Morgagni, Serre d'Uzès) produits par une pression limitée sont beaucoup plus instructifs. Si, après avoir fermé les paupières, on comprime l'œil près du rebord orbitaire avec une pointe mousse ou avec l'on-gle, on voit un phosphène qui, à cause du renversement des images rétiniennes, paraît au côté opposé de l'œil au lieu de se montrer au point comprimé. Ce phos-phène présente ordinairement un centre lumineux entouré d'un cercle obscur et d'un cercle clair. Le phosphène a son plus grand éclat quand la pression a lieu vers l'équateur de l'œil, point où la sclérotique a le moins d'épaisseur. Si on comprime la partie externe du globe oculaire, le phosphène se montre à la racine du nez. Une pression modérée et uniforme fait apparaître dans le champ visuel des images lumineuses variables très brillantes et changeant rapidement de forme (Purkinje). Un déplacement rapide du regard suffit pour déterminer des apparitions d'anneaux ou de croissants de feu dans la région de la papille optique. Si dans l'obscurité on accommode les yeux pour la vision rapprochée, puis que subitement on accom-mode pour la vision éloignée, on aperçoit à la périphérie du champ visuel un cer-cle de feu qui disparaît comme un éclair : c'est le *phosphène d'accommodation* de Czermak.

Les excitations mécaniques du nerf optique donnent lieu aux mêmes phénomènes ; quand on sectionne ce nerf, l'opéré perçoit de grandes masses lumineuses au moment de la section.

Excitation de la rétine par causes intérieures. — Un afflux sanguin plus considérable, une augmentation de pression intra-oculaire, des efforts, etc., produisent des apparitions lumineuses variables. Quelquefois même, et sans qu'on puisse les rattacher à ces causes, le champ visuel est parcouru par des images fantastiques ; ces fantômes lumineux se montreraient surtout quand on reste longtemps dans l'obscurité ou que, les yeux fermés, on fixe le champ visuel obscur ; quelques observateurs peuvent même les évoquer à volonté (Gœthe, J. Müller). Il n'est pas douteux que ces phénomènes physiologiques n'aient été souvent le point de départ de bien des histoires d'apparitions et de fantômes.

Lumière propre de la rétine ; chaos lumineux. — Le champ visuel n'est jamais absolument noir ; il présente toujours des alternatives rhythmiques d'éclaircissement et d'obscurcissement isochrones aux mouvements respiratoires, d'après J. Müller ; d'autres fois, ce sont des taches lumineuses variables, des bandes, des cercles, des feuillages, etc., qui se montrent sur un champ faiblement éclairé. Toutes ces apparences lumineuses subjectives ne dépendent pas exclusivement de la rétine et il en est certainement qui sont de cause cérébrale, car elles peuvent persister après l'ablation des deux yeux.

2° De l'excitabilité rétinienne.

La rétine ne présente pas dans toutes ses parties la même excitabilité à la lumière. A ce point de vue on peut la diviser en trois régions : une région complètement inexcitable qui correspond à la papille du nerf optique, une région où la vision est nette, tache jaune et fosse centrale, et une région périphérique où l'excitabilité diminue depuis la tache jaune jusqu'à l'*ora serrata*.

A. Papille du nerf optique ; punctum cæcum. — De même que les fibres du nerf optique, la papille du nerf optique n'est pas impressionnable

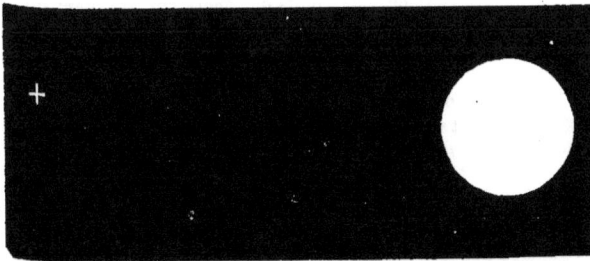

Fig. 420. — *Expérience de Mariotte.*

à la lumière. Ce fait a été démontré pour la première fois par Mariotte, en 1669. Si on ferme l'œil gauche, et qu'on fixe avec l'œil droit la croix blanche de la figure 420, on voit, en approchant ou en éloignant la figure de l'œil, qu'à une certaine distance (30 centimètres environ) le cercle blanc disparaît complètement, et le fond noir paraît continu ; tous les objets, colorés ou non colorés, qu'on place sur le cercle blanc disparaissent de la même façon. Il faut seulement avoir bien soin, pendant tout le temps de l'expérience, de tenir le regard fixé sur la croix blanche.

Il y a donc, en dehors du point fixé, une lacune dans le champ visuel, et à cause du renversement des images rétiniennes, cette lacune correspond à une partie *en dedans* du lieu de la vision distincte ou de la tache jaune, et cette partie n'est autre que la papille du nerf optique, comme il est facile de s'en assurer par la mensuration. On peut, du reste, le démontrer directement par l'ophthalmoscope ; si on fait arriver à l'aide de cet instrument l'image d'une flamme exactement sur la papille optique, le sujet observé n'éprouve aucune sensation lumineuse.

Le diamètre de la papille est d'environ $1^{mm},8$, ce qui donne à peu près un angle de 6 degrés ; cet angle détermine la grandeur apparente du *punctum cœcum* dans le champ visuel ; ainsi, à une distance de 2 mètres, une figure humaine peut y disparaître en entier. La distance de la tache jaune à la papille est de 4 millimètres environ, ce qui donne un angle de 12 degrés ; donc tous les objets vus en dehors du point de fixation sous un angle de 12° disparaissent du champ visuel.

Manière dont se remplit la tache aveugle. — On voit par l'expérience précédente qu'il y a une lacune dans le champ visuel, lacune dont nous n'avons pas conscience. Comment se remplit cette lacune ? Dans la vision binoculaire, la lacune peut être comblée par les perceptions correspondantes de l'autre œil ; dans la vision monoculaire, elle peut l'être aussi par les déplacements du regard. Mais ce qui intervient surtout, c'est l'habitude et le jugement. Un premier fait, c'est que la lacune se trouve dans la région de la vision indirecte et que dans les conditions ordinaires, nous ne dirigeons guère notre attention que sur les objets qui font leur image sur la tache jaune, région de la vision directe. Aussi la lacune ne se montre-t-elle que quand on s'est un peu exercé à la vision indirecte ou quand on dispose dans le champ visuel des points de repère qui tranchent sur le fond et appellent l'attention précisément sur la lacune. Aussi est-il à peu près impossible d'apercevoir la lacune lorsqu'on regarde une surface uniformément colorée, par exemple une surface blanche, à moins d'avoir acquis par l'exercice une très grande habitude de ces sortes d'observations ; ainsi Helmholz dit l'avoir vue sous forme de tache sombre en ouvrant un œil en face d'une surface blanche étendue et en lui faisant exécuter de petits mouvements ou en faisant brusquement un effort d'accommodation.[1]

On pourrait s'imaginer, au premier abord, que la lacune du champ visuel doit se traduire par une sensation de noir, et l'expérience de Mariotte indiquée plus haut pourrait le faire croire ; mais il n'en est rien. On peut, en effet, dans cette expérience, remplacer le disque blanc sur fond noir par un disque noir sur fond blanc et le résultat est toujours le même ; c'est le disque noir qui disparaît pour faire place à du blanc. C'est qu'en effet, comme on le verra plus loin, le noir ou la sensation d'obscurité correspond à l'absence d'excitation lumineuse sur une partie impressionnable de la rétine ; mais il n'en est pas moins une sensation à laquelle correspond, dans la perception, l'idée de parties de l'espace situées devant nous et qui n'envoient pas de lumière à notre œil. Toute la partie de l'espace située en arrière de nous, au contraire, ne nous donne aucune sensation lumineuse et ne nous paraît pas obscure pour cela. Ces remarques peuvent s'appliquer à la papille optique ; comme elle n'est pas impressionnable à la lumière, elle ne peut nous donner ni sensation lumineuse, ni sensation d'obscurité ; elle est par rapport à la lumière ce qu'est la peau, par exemple, ou, si l'on veut, la rétine du fœtus qui n'a reçu aucune excitation lumineuse ; elle ne peut nous donner aucune sensation, ni être le point de départ d'une perception quelconque ; il n'y a rien.

Qu'arrive-t-il alors ? C'est que nous identifions, suivant la remarque de H. Weber, cette portion de l'espace, qui n'existe pas pour nous, avec l'aspect général du champ visuel ; c'est ainsi que nous prolongeons la couleur du fond noir dans l'expérience de Mariotte par-dessus la lacune et que nous nous représentons le tout d'après les règles de la vraisemblance. Cette opération intellectuelle inconsciente est si forte que si, comme l'a montré Volkmann, on amène la tache aveugle sur une page imprimée, on comble la lacune avec des lettres qu'on ne peut pas voir. Une comparaison ingénieuse d'Helmholtz éclaircit ce phénomène ; si nous regardons un tableau taché ou troué et que la tache existe vers les bords du tableau et sur une des parties secondaires, c'est à peine si nous en aurons conscience, et nous remplirons immédiatement la tache avec les couleurs du fond. Seulement, dans ce cas, la tache est visible et peut être constatée facilement dès que l'attention s'y est portée ; tandis que la tache aveugle ne peut être démontrée que par des résultats négatifs et n'est pas visible immédiatement. En effet, pour la constater, nous observons quels sont les derniers objets que nous pouvons encore voir, et c'est ensuite en reconnaissant que ces objets ne se touchent pas dans l'espace que nous sommes amenés à reconnaître l'existence d'une lacune, sa position dans le champ visuel et sa grandeur.

Une dernière question se présente. La lacune, ainsi comblée, a-t-elle la grandeur de la lacune réelle ? Les observateurs sont arrivés sur ce sujet à des résultats

A B C

D E F

G H I

qui ne s'accordent pas. Pour quelques-uns, une ligne droite, dont le milieu traverse la lacune, paraît raccourcie ; d'autres la voient dans sa longueur véritable. Ces différences sont surtout nettes dans l'expérience suivante de Volkmann : On donne à neuf lettres la disposition qu'elles ont ci-dessus et on fixe le point *a* avec l'œil droit à 20 centimètres de distance ; E se trouve alors dans la lacune et disparaît. Or sur ce dessin, pour quelques observateurs, les lettres restantes forment les côtés rectilignes d'un carré, le milieu du carré restant vide ; pour d'autres, au contraire, les lettres restantes qui forment le milieu de chaque côté paraissent se rapprocher de la lacune, et on voit quatre arcs, ABC, CFI, IHG, GDA, dont la convexité est dirigée vers le centre.

Expériences diverses sur le punctum cæcum. — On peut varier de différentes façons l'expérience de Mariotte. Cette expérience peut réussir avec les deux yeux ouverts (Picard); on fixe un papier au mur, on se place à une distance d'environ 20 pieds, et on fait converger les deux yeux vers le doigt, tenu à une distance telle que, dans les deux yeux, l'image du papier vienne se peindre sur le *punctum cæcum*; alors cet objet disparaît absolument, tandis que, dans ces conditions et avec un point de fixation un peu différent, il paraît double. On peut faire même disparaître deux objets à la fois, les deux yeux restant ouverts (Mariotte); on fixe au mur, à la même hauteur, deux papiers à une distance mutuelle de 2 pieds; on se place à 12 ou 13 pieds du mur, on tient le pouce verticalement, à 8 pouces environ des yeux, de manière qu'il cache à l'œil droit le papier situé à gauche et à l'œil gauche le papier situé à droite; puis on regarde le pouce; aussitôt les deux papiers disparaissent.

Procédé pour déterminer la forme et la grandeur apparente du punctum cæcum. — On donne à l'œil une position fixe à 8 à 12 pouces d'une feuille de papier blanc sur laquelle on a tracé une croix servant de point de fixation; puis on promène sur le papier, dans la région de la lacune, la pointe, trempée dans l'encre, d'une plume blanche; la pointe noire disparaît quand elle entre dans la lacune; on éloigne ainsi la plume dans diverses directions, en marquant à chaque fois le point où elle commence à devenir visible; on peut avoir ainsi le contour de la lacune, et on constate qu'elle a la forme d'une ellipse irrégulière sur les bords de laquelle on reconnaît l'émergence des gros troncs vasculaires (Helmholtz).

B. Tache jaune et fosse centrale. — La tache jaune et la fosse centrale sont les régions de la vision directe. Elles se distinguent des autres parties de la rétine, surtout la fosse centrale, par la netteté de la perception des images; aussi lorsque nous fixons un objet dans l'espace, nous dirigeons la ligne de regard de façon que l'image de cet objet vienne se faire sur la fosse centrale.

La tache jaune a un diamètre horizontal de deux millimètres environ et un diamètre vertical de 0^{mm}, 8; ce qui correspond dans le champ visuel à un angle de 2 à 4 degrés. La fosse centrale a un diamètre de 0^{mm}, 2, ce qui donne un angle dix fois plus petit; on voit, par conséquent, que le champ de la vision distincte est excessivement limité, puisqu'il est sous-tendu par un angle d'environ 12 minutes. Pour trouver ces angles, il suffit de joindre les deux extrémités de la tache jaune (ou de la fosse centrale) au centre de la pupille et de prolonger ces deux lignes dans l'espace. Il résulte de ce fait que l'œil ne peut voir, *au même moment*, d'une façon distincte, qu'une très petite portion du champ visuel; c'est ce qui arrive, par exemple, si, étant placé dans l'obscurité, le champ visuel se trouve éclairé par une lumière d'une très courte durée, comme un éclair ou une étincelle électrique; dans ce cas, on ne voit qu'un très petit nombre d'objets; ainsi, dans un livre de justification moyenne, on ne verra distinctement que cinq ou six lettres; seulement, à l'état ordinaire, les mouvements rapides du globe oculaire, mouvements qu'il est facile d'observer sur un lecteur, par exemple, suppléent à cette insuffisance et la persistance des impressions lumineuses sur la rétine nous fait croire à la simultanéité de sensations qui ne sont que successives.

La détermination des plus petites distances perceptibles a déjà été traitée en partie à propos de l'acuité de la vision (page 1120). Helmholtz admettait que pour que deux points lumineux pussent être perçus comme distincts, il fallait de toute nécessité que leurs images fussent séparées par une distance plus grande que la largeur d'un cône de la tache jaune (0^{mm},002 environ). Cependant, les expériences de A. Volkmann ont montré que les cônes de la fosse centrale ne sont pas assez petits pour expliquer l'acuité visuelle et que deux points peuvent être vus encore comme distincts quoique leurs images puissent se faire sur un même élément rétinien. Dans ce cas il faudrait, ou bien abandonner les lois les mieux connues de la transmission nerveuse, ou bien admettre alors que les cônes ne sont pas les derniers éléments rétiniens, mais que ces éléments doivent être recherchés dans les fibrilles qui, d'après quelques histologistes, en constitueraient l'article interne.

La fosse centrale contient environ 2,000 cônes.

C. Parties périphériques de la rétine. — Sur les parties latérales de la rétine, la netteté de la vision diminue à mesure qu'on s'éloigne de la tache jaune et qu'on se rapproche de l'*ora serrata;* mais cette diminution ne se fait pas avec la même rapidité dans les différentes directions; elle est plus lente vers la région externe et présente, du reste, des variations individuelles assez notables. La diminution serait plus rapide dans la vision éloignée que dans la vision rapprochée. Volkmann et Aubert ont trouvé que, pour former des images visibles sur la rétine, les objets situés à 60° en dehors de l'axe visuel devaient avoir un diamètre 150 fois plus considérable que dans le milieu de la tache jaune. Deux points pour être vus comme distincts doivent aussi avoir un écart bien plus considérable.

Charpentier, à l'aide d'un appareil pour lequel je renvoie au travail de l'auteur, a fait des recherches intéressantes sur la vision dans les parties périphériques de la rétine. Il a constaté que le minimum de lumière nécessaire pour impressionner la rétine est le même pour les divers points de cette membrane et que par conséquent toutes les parties de la rétine sont susceptibles d'être impressionnées également par la lumière. Il a constaté en outre que l'acuité visuelle décroît très rapidement en dehors de la tache jaune, puis, après cette chute rapide, diminue lentement et régulièrement jusqu'à la périphérie.

Pour les procédés employés pour mesurer l'acuité visuelle des parties périphériques de la rétine, voir : p. 1120).

3° Mode et nature de l'excitation rétinienne.

Il est bien démontré aujourd'hui que les cônes et les bâtonnets sont les seuls éléments impressionnables à la lumière, tandis qu'elle ne produit rien sur les autres couches de la rétine. Mais il est plus difficile de savoir comment la lumière agit sur ces éléments.

Pour comprendre les hypothèses émises sur ce sujet, il est nécessaire de connaître l'histologie de la rétine et spécialement celle des cônes et des bâtonnets. Je ne ferai que rappeler les points essentiels pour la physiologie.

Les cônes et les bâtonnets sont constitués par un *article interne* qui se continue avec les fibres nerveuses du nerf optique par l'intermédiaire des fibres des cônes et des bâtonnets (fibres de Müller), et par un *article externe* appliqué contre la choroïde. Pour arriver à l'article externe, la lumière doit donc traverser l'article interne. L'article interne se compose de fibrilles très fines ; l'article externe est constitué par une série de petites plaques transversales superposées, tout à fait comparable à une pile de lames de verre ; ces plaques transparentes ont toutes à peu près la même épaisseur, mais peuvent posséder un indice de réfraction différent ; leur nombre varie suivant la longueur de l'article externe. Le mode d'union de l'article interne et de l'article externe est encore indéterminé.

Rouge rétinien. — L'*article externe des bâtonnets* contient pendant la vie une matière colorante rouge (Boll), *rouge* ou *pourpre* rétinien. Cette matière colorante, qu'on peut extraire par les acides biliaires (Kühne), se décolore à la lumière et se régénère dans l'obscurité aux dépens de l'épithélium sous-jacent. Comme elle se détruit très vite à la lumière, surtout chez les mammifères, il faut pour préparer la rétine de façon à la conserver employer la lumière du sodium. En plaçant un œil de lapin ou de grenouille devant une fenêtre bien éclairée avec les précautions nécessaires, on obtient ce que Kühne appelle des *optogrammes*, c'est-à-dire de véritables photographies des objets extérieurs, les parties lumineuses se reproduisant en blanc, les parties foncées en rouge sur la rétine ; ces optogrammes peuvent être fixés par une solution d'alun. Le rouge rétinien existe chez tous les vertébrés, sauf le pigeon, le poulet, les serpents (qui n'ont que des cônes) ; il *n'existe pas dans les cônes* et par conséquent *manque dans la tache jaune*, ce qui détruit d'emblée le rôle qu'on a voulu lui faire jouer dans l'excitation de la rétine par la lumière, puisqu'il est absent précisément dans la région de la vision distincte (1).

Globules colorés des cônes. — Chez certains animaux (oiseaux, reptiles), le lieu d'union des deux articles est occupé par un globule incolore ou coloré, qui occupe toute l'épaisseur du cône et doit très probablement interrompre la continuité entre les deux articles. Quand ces globules colorés existent, la lumière ne peut arriver dans l'article externe sans les traverser, et dans ce passage certains rayons sont absorbés suivant la couleur du globule ; ces globules, qui paraissent de nature graisseuse, sont, en général, rouges ou jaunes, fortement réfringents, et doivent en outre, par leur nombre même et leur pouvoir réfringent, exercer une certaine influence sur la marche des rayons lumineux. Dans certains cas, ces globules manquent et sont remplacés par des corpuscules réfringents, analogues à de véritables lentilles. Chez l'homme, ces globules colorés n'existent pas, mais toute la région de la tache jaune et de la fosse centrale est occupée par un pigment jaune diffus qui forme une couche continue en avant des cônes et absorbe au passage une partie des rayons violets et bleus du spectre. En outre, dans les parties périphériques de la rétine, la couche des vaisseaux capillaires et des globules sanguins de la rétine produit le même effet sur les éléments impressionnables de cette membrane (M. Schultze).

Quel est maintenant des deux articles celui qui est impressionné par la lumière ? L'article externe, par sa disposition lamellaire, paraît très favorable à une réflexion de la lumière, et on pourrait avec Schultze le comparer à une pile de lames minces de verre qui ont, comme on sait, une grande puissance de réflexion ; dans ce cas, les vibrations lumineuses seraient renvoyées dans l'article interne, qui serait alors l'élément impressionnable. Cette théorie se rapproche beaucoup de celle qui est adoptée depuis longtemps déjà par Rouget ; seulement Rouget admet que la lumière est réfléchie à la surface de contact des bâtonnets et de la choroïde et que, grâce à la coïncidence presque exacte du centre optique et du centre de

_____

(1) Charpentier rattache cependant à la présence du rouge rétinien la sensation lumineuse.

courbure de la rétine, les rayons sont réfléchis dans la direction de l'axe des bâtonnets, qui constituent, pour la terminaison des nerfs optiques, l'appareil spécial destiné à recevoir l'ébranlement des ondulations lumineuses.

D'après Zenker, au contraire, les lames de l'article externe, au lieu d'agir comme appareil de réflexion totale et de renvoyer les rayons dans l'article interne, agiraient en transformant, par une série de réflexions successives à la limite de chaque lamelle, les vibrations de l'éther en *vibrations stationnaires* (1) qui, par conséquent, s'éteindraient dans l'article externe même et, dans ce cas, cet article externe serait l'élément impressionnable. Il est difficile de choisir entre ces deux hypothèses.

Nous ne sommes pas plus avancés sur la nature de la modification qui se passe dans les cônes et dans les bâtonnets, que ce soit l'article interne ou l'article externe qui entre en jeu. Quelle transformation subissent ces vibrations lumineuses qui disparaissent en grande partie ? Est-ce un échauffement (Draper), un effet photochimique (Moser) ? ou bien y a-t-il un déplacement de molécules électro-motrices, comme celui qui se produit, d'après Du Bois-Reymond, dans les nerfs et dans les muscles ? Holmgren a constaté la variation négative du courant de la rétine du lapin au moment où les rayons lumineux entrent dans l'œil. La seule chose certaine, c'est que la modification, encore inconnue, que la lumière produit dans les cônes et les bâtonnets, peut agir à son tour comme excitant sur les parties purement nerveuses de la rétine et se transmettre jusqu'aux centres nerveux.

4° Conditions de l'excitation rétinienne.

Pour qu'il y ait sensation lumineuse, trois conditions principales interviennent.

Il faut en premier lieu que les rayons lumineux aient une certaine longueur d'ondulation ; on a vu plus haut que les rayons compris du rouge au violet peuvent seuls impressionner la rétine ; il faut, en second lieu, que l'excitation rétinienne ait une certaine durée, et enfin l'excitant-lumière doit avoir une certaine intensité.

Durée de l'excitation rétinienne. — Pour que la rétine soit impressionnée, l'excitation lumineuse doit agir sur cette membrane pendant un certain temps ; si ce temps est trop court, il n'y a pas de sensation lumineuse, à moins que l'excitant lumineux ne soit très intense, comme dans le cas d'un éclair ou d'une étincelle électrique dont la durée est infiniment courte ; quand la durée de l'excitation augmente, la sensation lumineuse apparaît, mais il faut déjà plus de temps encore pour avoir la sensation de couleur (Vierordt, Burckhardt et Faber).

Procédés pour étudier la durée de l'impression lumineuse. — Pour déterminer la durée de l'impression lumineuse, on peut employer des *disques rotatifs* avec des secteurs noirs et blancs (voir plus loin). Mais un procédé plus précis a été employé par Vierordt. Il suspend à un pendule une lame noircie, percée à son milieu d'une ouverture quadrangulaire, qui peut être rétréci par deux lames mobiles de façon à être convertie en

(1) On appelle *vibrations stationnaires* celles qui se produisent, par exemple, dans une corde fixée par ses deux bouts.

une fente plus ou moins étroite A ; derrière le pendule se trouve une source de lumière ; en avant du pendule se trouve un écran pourvu d'une petite fente B, devant laquelle se place l'œil à la distance de la vision distincte. Quand on fait osciller le pendule, l'œil est soumis à une excitation lumineuse qui dure tout le temps que la fente A se trouve derrière la fente B ; et il est facile de calculer ce temps d'après la largeur des deux fentes et les oscillations du pendule.

Exner a recherché la durée d'application qu'un excitant lumineux doit avoir pour produire le maximum d'excitation rétinienne. Il a employé pour cela deux disques parallèles, pourvus de fentes et tournant avec une vitesse inégale déterminée et connue pour chacun des disques. Il a constaté ainsi que quand l'intensité de la lumière et la grandeur de l'objet lumineux augmentent en progression géométrique (1, 2, 4, 8), le temps d'application nécessaire pour avoir le maximum de sensation lumineuse diminue suivant une progression arithmétique (4, 3, 2, 1).

Intensité de la lumière. — Pour exciter la rétine, la lumière doit avoir une certaine intensité ; quand cette intensité est trop faible, il n'y a pas de sensation lumineuse : nous n'avons plus que la sensation d'obscurité, de noir. Aubert a constaté, par des procédés très délicats de recherches, qu'une lumière un million de fois plus faible que la lumière ordinaire du jour peut encore être perçue. Ce *minimum* d'intensité lumineuse nécessaire à la sensation visuelle varie, du reste, suivant l'état d'excitabilité de la rétine. Ainsi, quand on est resté longtemps dans l'obscurité, la sensibilité rétinienne augmente d'abord considérablement, puis un peu moins vite, et des sources de lumière d'une très faible intensité suffisent pour impressionner la rétine. Quand l'intensité de la lumière est trop forte, nous sommes éblouis et la sensation lumineuse fait place à une sensation de douleur très vive.

Mesure de l'intensité des sensations lumineuses. — Procédés photométriques. — Le principe des procédés photométriques les plus usités est que *les intensités de deux lumières sont inversement proportionnelles aux carrés de leur distance à l'écran.* Pour les appareils, voir les traités de physique.

Procédé des disques rotatifs. — L'appréciation de la plus faible quantité de lumière qui puisse encore impressionner la rétine se fait plus facilement à l'aide des disques rotatifs (Masson). On trace sur un disque avec un tire-ligne, et suivant un des rayons du disque, un trait interrompu dont toutes les parties possèdent la même épaisseur ; pendant la rotation, ces lignes noires forment des bandes grises plus ou moins pâles dont on cherche à distinguer les contours du fond blanc du disque. Soient d la largeur des raies, r la distance d'un point d'une de ces raies au centre du disque ; si on pose l'intensité du blanc du disque = 1, on a pour l'intensité h de la bande grise qui se forme pendant la rotation, $h = 1 - \frac{d}{2\pi r}$, si on considère le trait de tire-ligne comme absolument noir. On peut arriver ainsi à constater des différences d'intensité de 1/150e (Helmholtz, *Optique physiologique*, p. 417).

5° Caractères de l'excitation rétinienne.

Persistance des impressions rétiniennes. — La modification rétinienne suit presque instantanément l'excitation lumineuse ; la période d'*excitation latente* y existe peut-être, mais elle y est tellement courte qu'il est à peu près impossible de la démontrer ; cette modification rétinienne, une fois produite, a une certaine durée, c'est-à-dire que l'impression lumineuse persiste encore même après la disparition de l'excitant-lumière ; cette durée, variable du reste, peut être évaluée de 1/50e à 1/30e de seconde. Si on regarde un moment le soleil ou une flamme brillante et qu'on ferme rapidement les yeux, ou si on éteint une lampe dans l'obscurité, on voit pendant quelque temps une image du corps lumineux ; c'est ce qu'on a appelé *image accidentelle positive* ou *image consécutive*. Il résulte de ce fait que quand des excitations lumineuses intermittentes identiques se succèdent sur la rétine avec assez de rapidité, les images rétiniennes persistent encore quand les nouvelles excitations se produisent, et la sensation lumineuse, au lieu d'être intermittente, est continue ; ainsi, un charbon enflammé qu'on tourne rapidement paraît être un cercle de feu ; si l'on marque un point blanc brillant sur un disque noir à une certaine distance de son centre et qu'on fasse tourner le disque, on voit un cercle gris qui paraît immobile ; il en est de même si on prend des disques rotatifs avec des secteurs noirs plus ou moins étendus, les disques paraissent d'un gris uniforme plus ou moins foncé, suivant l'étendue des secteurs noirs. C'est également à cette persistance des impressions rétiniennes que sont dues les courbes variables qu'on obtient quand on fait vibrer une corde métallique noircie, dont un seul point est fortement éclairé ; et on a pu, par ce procédé, étudier la forme des vibrations des cordes dans différents instruments.

Si dans l'expérience du disque rotatif avec le point blanc brillant, le cercle paraît gris et non pas blanc, c'est que le point de la rétine impressionné ne voit que pendant un temps trop court la lumière blanche du point brillant ; et l'expérience montre que la lumière émise pendant la durée d'une rotation du disque par le point lumineux se comporte comme si elle se répartissait uniformément sur le cercle entier ; chaque point du cercle enverra donc moins de lumière à la rétine et ne pourra donner que la sensation de gris.

Pendant tout le temps que dure cette sensation lumineuse persistante, l'excitation rétinienne ne conserve pas la même intensité. A partir de son début, l'excitation rétinienne, ou autrement dit la sensation lumineuse, s'accroît rapidement, puis, après avoir atteint son maximum, elle décroît plus lentement pour disparaître tout à fait. La marche de l'excitation rétinienne pourrait donc être représentée par une courbe tout à fait analogue à la courbe de la figure 133, page 433, en supprimant la première partie (1) qui correspond à la période d'excitation latente que nous avons vue être à peu près nulle. La partie ascendante de la courbe (2) correspond à la période d'augment de l'excitation rétinienne, la partie descendante (3) à la période décroissante de cette excitation.

Un certain nombre d'appareils bien connus et devenus populaires, le *thaumatrope* de Paris, les *disques stroboscopiques* de Stampfer, le *phénakisticope* de Plateau, etc., sont basés sur cette persistance des impressions rétiniennes (voir Helmholtz : *Optique physiologique*, page 461).

L'*intensité de la sensation lumineuse* est en rapport avec l'intensité de la lumière, et, d'une façon générale, la première augmente quand la seconde s'accroît ; mais cette augmentation n'est pas proportionnelle à l'intensité de l'excitation, elle est plus lente ; les recherches de MM. Weber, Fechner, Helmholtz, ont montré que cet accroissement suit, dans des limites très étendues, la loi *psycho-physique de Fechner* (voir : *Psychologie physiologique*), et que ce n'est que pour des intensités de lumière très faibles ou très grandes que cette loi n'est plus applicable aux sensations visuelles.

On a donné le nom d'*irradiation* à une série de faits qui ont ceci de commun que les surfaces fortement éclairées paraissent plus grandes qu'elles ne le sont en réalité, faits qui s'expliquent tous par cette circonstance que la sensation lumineuse n'est pas proportionnelle à l'intensité de la lumière objective. Ces phénomènes d'irradiation se montrent sous des formes très diverses, et sont surtout plus prononcés quand l'accommodation est incomplète. Les surfaces lumineuses nous paraissent plus grandes ; une étoile fixe se montre à nous sous la forme d'une petite surface brillante ; dans la figure 421, le carré blanc sur fond noir paraît plus grand que

Fig. 421. — *Irradiation.*

l'autre, quoique les deux carrés aient exactement les mêmes dimensions. De même les surfaces lumineuses voisines se confondent : si l'on tend un fil très fin ou un cheveu entre l'œil et la flamme d'une lampe très éclairante, le fil disparaît. Helmholtz me paraît avoir donné la véritable interprétation de l'irradiation. « Tous ces phénomènes, dit-il, se réduisent à ce fait que les bords des surfaces éclairées paraissent s'avancer dans le champ visuel et empiéter sur les surfaces obscures qui les avoisinent. » Les cercles de diffusion qui existent toujours, même dans l'accommodation la plus exacte, font qu'au bord de l'image rétinienne d'une surface éclairée il y a une sorte de pénombre où la lumière empiète sur l'obscurité et l'obscurité sur la lumière ; seulement, nous rattachons cette pénombre à la surface éclairée au lieu de la rattacher au pourtour obscur ; en effet, en vertu de la loi psycho-physique, la sensation lumineuse varie très peu pour des degrés élevés d'intensité lumineuse objective, de sorte que nous remarquons beaucoup plus l'éclairement du pourtour obscur de l'image rétinienne que l'affaiblissement lumineux des bords de cette image. Cette théorie explique pourquoi l'irradiation augmente d'étendue avec la grandeur des cercles de diffusion. En général, à cause de l'astigmatisme (voir : *Astigmatisme*), les carrés blancs sur fond noir paraissent allongés dans le sens vertical.

Volkmann a observé des faits qui paraissent, au premier abord, en contradiction avec la théorie de l'irradiation. Ainsi, des fils noirs très fins sur un fond blanc paraissent plus épais qu'ils ne sont en réalité ; mais il me semble qu'il y a là un simple effet d'illusion psychique ; nous accordons plus d'importance à l'objet que nous regardons qu'au fond, ce qui nous porte à en exagérer la grandeur.

De la fatigue rétinienne. — De même que les nerfs moteurs et les nerfs sensitifs, la rétine présente toujours, après une excitation lumineuse, une diminution d'excitabilité qui disparaît peu à peu ; il faut donc un certain temps pour que la rétine récupère son excitabilité primitive. Aussi les excitants lumineux intermittents agissent-ils avec plus d'intensité sur la rétine que les excitants continus ; le maximum d'effet des excitations lumineuses intermittentes se produit quand ces intermittences sont au nombre de 17 à 18 par seconde, c'est-à-dire quand la nouvelle excitation arrive alors que l'effet produit par l'excitation précédente a cessé. La diminution de l'excitabilité rétinienne par la fatigue explique la plus grande sensibilité de cette membrane après un séjour dans l'obscurité.

Les *images accidentelles négatives* (voir plus loin) doivent leur production à la fatigue de la rétine et à l'affaiblissement de son excitabilité.

Images consécutives monochromatiques. — On a vu plus haut (page 1146) que, grâce à la persistance des impressions rétiniennes, il peut se produire, dans certaines conditions, une image consécutive ou accidentelle d'un objet lumineux. Ces images accidentelles se divisent en positives et négatives, par comparaison avec les images photographiques; les images accidentelles *positives* sont celles où les parties claires et obscures de l'objet paraissent également claires et obscures ; les images *négatives* sont celles où les parties claires se dessinent en noir et *vice versa*, comme dans un négatif photographique.

Les images accidentelles positives sont d'autant plus nettes et plus intenses et durent d'autant plus longtemps que l'excitation lumineuse est plus forte; pour avoir le maximum d'effet, la durée de l'excitation lumineuse ne doit pas dépasser un tiers de seconde. Avec un peu d'exercice, ces images positives acquièrent une telle netteté qu'on peut distinguer les plus petits détails de l'objet lumineux. Bientôt les parties les moins éclairées disparaissent les premières; puis ce sont les parties éclairées qui s'effacent après avoir passé par des nuances allant du bleuâtre au jaune.

Si, pendant que l'image positive est encore visible, on dirige le regard vers une surface fortement éclairée, l'image négative apparaît, et cette image négative peut avoir aussi assez de netteté pour que les plus petits détails soient visibles. A l'inverse de l'image positive, l'image négative augmente d'intensité avec l'augmentation de durée de l'action lumineuse.

Les images accidentelles suivent les déplacements de l'œil; si c'est la tache jaune qui en est le siège, cette image vient se placer au point de fixation de l'œil et, tant qu'elle existe, empêche de distinguer nettement les objets.

L'explication des images accidentelles est facile à donner. Les images positives sont dues, comme on l'a vu plus haut, à la persistance de l'excitation rétinienne après la cessation de l'excitant; les images négatives sont dues à la fatigue et à la diminution d'excitabilité de la rétine : les parties qui, avec la première excitation lumineuse, donnaient l'image positive sont devenues inexcitables par la fatigue; alors, quand arrive la deuxième excitation lumineuse, toutes les parties de la rétine, sauf celles-là, sont excitées et à l'image positive brillante succède l'image négative obscure.

Cette influence de la fatigue se montre nettement dans l'expérience suivante : Si on regarde sur fond gris un objet clair, par exemple un morceau de papier blanc, et qu'on enlève subitement cet objet, on voit paraître une image accidentelle foncée du papier; si on remplace le papier blanc par du papier noir, l'image accidentelle est claire. La partie de rétine excitée par le papier blanc est plus fatiguée que le reste de la rétine où se peint le fond gris; celle excitée par le papier noir l'est moins, et quand nous enlevons le papier, le fond gris qui le remplace va exciter une partie de la rétine qui n'est pas fatiguée et le reste du fond gris, agissant sur une rétine déjà fatiguée, paraît plus foncé par comparaison.

Bibliographie. — EXNER : *Bem. üb. intermittirende Netzhautreizung* (Arch. de Pflüger, 1870). — ID. : *Ueber die Curven des Anklingens und des Abklingens der Lichtempfindungen*

(Wien. Akad., 1870). — LANDOLT : *Die directe Entfernung zwischen Macula lutea und N. opticus* (Centralbl., 1871). — ADAMÜK ET WOINOW : *Beitr. zur Lehre von den negativen Nachbildern* (Arch. für Ophth., 1871). — BAXT : *Ueber die Zeit, welche nöthig ist, damit ein Gesichtseindruck zur Bewusstsein kommt*, etc. (Arch. de Pflüger, 1871). — EXNER : *Ueber den Erregungsvorgang im Sehnervenapparat* (Wien. Akad., 1872). — JOUNG : *Note on recurrent vision* (Phil. Mag., 1872). — DAVIS : *id.* (id.). — HOLMGREN : *Om Forster's peri- meter* (Upsal. lak. Förh., 1872). — M. DUVAL : *Structure et usage de la rétine*, 1872. — KLEIN : *De l'influence de l'éclairage sur l'acuité visuelle*, 1872. — DEWAR ET MAC KENDRIK : *The physiological action of light* (Journ. of anat., 1873). — HERING : *Zur Lehre um Licht- sinne*, 1872. — BURCHARDT : *Ueber hohe Grade von Sehschärfe* (Deut. milit. Zeit., 1873). — FISCHER : *Der Netzhaut* (en russe : anal. dans Hofmann's Jahresb., 1873). — MITKIEWITSCH : *Zur Frage über die Schärfe des centralen Sehens*, 1874 (id.). — BERLIN : *Ueber das Accom- modationsphosphen* (Arch. für Ophth., 1874). — REICH : *Ueber einige subjective Erschei- nungen*, etc. (Klin. Monatb. für Augenheilk., 1874). — HASNER : *Zur theorie der Sehemp- findung* (Arch. de Gräfe, 1875). — PAULI : *Beitr. zur Lehre vom Gesichtsfelde*, 1875. — HIRSCHBERG : *Zur Gesichtsfeldmessung* (Arch. für Augen und Ohrenheilk., 1875). — LEY : *Ueber die Sehschärfe und Intensität der Lichtempfindung auf der Peripherie der Netz- haut*, 1875. — DREHER : *Zur Theorie des Sehens* (Arch. für Anat., 1875). — HIRSCHBERG : *Eine Beobachtungsreihe zur empirischen Theorie des Sehens* (Berl. klin. Woch., 1875). — WALB : *Ueber periodische Ermüdung des Auges* (Klin. Monatsb. für Augenheilk., 1875). — POSCH : *Ueber Sehschärfe* (Arch. für Augen und Ohrenheilk., 1876). — CARP : *Ueber die Abnahme der Sehschärfe bei abnehmender Beleuchtung*, 1876. — KÖNIGSHÖFER : *Das Dis- tinctionsvermögen der peripheren Theile der Netzhaut*, 1876. — REGECZY : *Ueber das peri- phere Sehen*, 1876. — DOBROWOLSKY ET GAINE : *Ueber die Sehschärfe*, etc. (Arch. de Pflü- ger, 1876). — ID. : *Ueber die Lichtempfindlichkeit auf der Peripherie der Netzhaut* (id.). — DREHER : *Zur Theorie des Sehens*, 1876. — HIRSCHBERG : *id.* (Arch. de Gräfe, 1876). — BOLL : *Zur Anat. und Physiol. der Retina* (Centralbl., 1877). — ID. : *id.* (Annal. d'ocul., trad. franç., 1877). — KÜHNE : *Zur Photochemie der Netzhaut, et Mém. divers sur le rouge rétinien et l'optographie* (Unt. aus d. phys. Inst. zu Heidelberg, 1877-1880 et : Centralbl., 1877). — TOSI : *Sul rosso della retina*, 1877. — HELFREICH : *Ophthalmosk. Mitt. üb. den Purpur der Retina* (Centralbl., 1877). — DIETL ET PLENK : *Unt. üb. die Wahrnehmbarkeit des Sehpurpurs* (id.). — SCHNABEL : *Not. zur Lehre von Sehpurpur* (Wien. med. Woch., 1877). — V. JAEGER : *Ueber Netzhaut und Gehirnpurpur* (id.). — COCCIUS : *Ueber die Diagnose des Sehpurpurs*, 1877. — MICHEL : *Zur Kenntniss des Sehroths* (Centralbl., 1877). — BECKER : *Ueber die ophthalmosk. Sichtbarkeit des Sehroths* (Zeit. für pr. med., 1877). — KÖNIGSTEIN : *Ueber den Sehpurpur* (Wien. med. Presse, 1877). — KÜNKEL : *Ueber die Erregung der Netzhaut* (Arch. de Pflüger, 1877). — V. KRIES : *Ueber Ermüdung des Sehner- ven* (Arch. de Gräfe, 1877). — RICCO : *Ueber die Beziehungen zwischen dem kleinsten Sehwinkel und der Lichtintensität* (Centralbl. für pr. Augenheilk., 1877). — SEGGEL : *Ueber normale Sehschärfe* (Ber. d. Naturvers. zu München, 1877). — CHARPENTIER : *De la vision avec les diverses parties de la rétine*, 1877. — ID. : *Nouv. instrument pour l'ex- plorat. de la sensibilité rétinienne* (Soc. de biol., 1877). — HJORT : *Ueber den Sehpurpur*, 1878. — HOLMGREN : *id.* (Unt. aus d. Heidelb. Inst., 1878). — EWALD : *Ueber entoptische Wahrnehmung der Mac. lutea* (id.). — CH. RICHET : *Excitabilité de la rétine* (Soc. de biol., 1878). — ALBERTOTTI : *Ueber das Verhältniss der Sehschärfe zur Beleuchtung* (Centralbl. für Aug. heilk., 1878). — CHARCOT : *Des troubles de la vision chez les hystériques* (Soc. de biol., 1878). — BEAUREGARD : *Contrib. à l'ét. du rouge rétinien* (Journ. de l'Anat., 1879). — HAAB : *Die Farbe der Macula lutea* (Klin. Monatsbl. f. Augenk., 1879). — ID. : *Der Sehpurpur* (Corr. Bl. f. Schw. Aerzt., 1879). — EXNER : *Weit. Unt. üb. die Regeneration in der Netzhaut* (Arch. de Pflüger, t. XX). — DRANERT : *Der Sehpurpur* (Westermann's Monatsb., 1879). — HEUSE : *Ueber Sehroth* (Deutch. med. Woch., 1879). — CUIGNET : *Vision rouge* (Rec. d'Ophthalm., 1879). — NETTLESHIP : *Obs. on visual purple* (Journ. of physiol., 1879). — CHARPENTIER : *Sur la quantité de lumière perdue pour la mise en activité de l'appareil visuel*, etc. (Comptes rendus, t. LXXXVIII). — CH. RICHET ET BRÉGUET : *De l'in- fluence de la durée et de l'intensité sur la perception lumineuse* (id.). — MAUBEL : *Dimen- sion minime de l'image rétinienne* (Soc. de biol., 1879). — POUCHET : *id.* (id.). — POLE : *Hering's theory of the vision* (Nature, 1879). — CHARPENTIER : *Sur la sensibilité de l'œil aux différences de lumière* (Comptes rendus, 1880). — PESCHEL : *Ueber ein neues en- toptisches Phänomen* (Arch. de Pflüger, t. XXI).

2. — *Des sensations de couleur.*

1° Des couleurs simples et composées.

Des couleurs simples. — Le mot *couleur* a trois significations différentes. Dans le premier cas, il répond à une sensation spéciale due elle-même à une excitation particulière de la rétine ; c'est ainsi qu'on dira : la couleur rouge, la couleur bleue. Dans le second cas, on transporte par la pensée le nom, employé pour désigner la sensation, à l'objet extérieur, vibration de l'éther, qui l'a déterminée, et on parle de rayons colorés, rayons rouges, rayons violets, pour dire : rayons qui déterminent en nous la sensation de rouge ou de violet. Enfin, le terme couleur s'applique encore à la façon dont la surface des corps se comporte avec la lumière, c'est ainsi qu'on parle de la couleur d'un objet.

On a vu plus haut que, dans le spectre solaire, on passe par une série de transitions insensibles d'une extrémité à l'autre du spectre, c'est-à-dire du rouge au violet ; il y a donc, en réalité, une infinité de couleurs simples, homogènes, correspondant à des durées différentes de vibrations ; seulement, au point de vue physiologique, il n'y a pas une graduation correspondante de nos sensations visuelles. Ces sensations, en effet, se groupent autour de quatre couleurs principales, rouge, jaune, vert, bleu, auxquelles nous rapportons toutes les autres, et qui occupent des régions déterminées du spectre, tandis que les couleurs intermédiaires nous paraissent n'être que des formes de transition entre les premières et ne nous semblent pas avoir de qualité particulière.

Des couleurs composées. — Outre ces sensations de couleur déterminées par les couleurs simples du spectre, il peut y avoir des sensations de couleur produites quand un point de la rétine est frappé simultanément par deux ou plusieurs rayons de durée d'oscillation inégale. Ces nouvelles couleurs diffèrent, comme on le verra plus loin, par plusieurs caractères, des couleurs simples du spectre, et surtout par cette particularité, que nous ne pouvons distinguer les couleurs simples qui entrent dans la composition de la couleur résultante, et l'œil peut, par conséquent, être impressionné de la même manière par des combinaisons de couleurs constituées d'une manière fort différente. Ainsi, la sensation de jaune peut résulter aussi bien de la couleur jaune simple du spectre que du mélange du vert avec l'orangé.

L'action simultanée des couleurs simples du spectre sur le même point de la rétine, ou pour abréger, le *mélange des couleurs simples* donne naissance à deux ordres de couleurs composées, les unes, *couleurs mixtes*, qui existent déjà dans le spectre solaire, les autres qui donnent des sensations nouvelles que ne produisent pas les couleurs simples du spectre, ce sont le *blanc* et le *pourpre*.

Le *blanc* résulte de la combinaison de différents couples de couleurs simples, et on appelle *complémentaires* les couleurs qui, mélangées deux à deux, produisent du blanc. Le tableau suivant donne les couleurs complémentaires du spectre, c'est-à-dire celles qui, par leur mélange, donnent du blanc ; le vert seul n'a pas de couleur complémentaire dans le spectre; mais il donne du blanc avec une couleur composée, le pourpre.

Rouge.	Bleu verdâtre.
Orangé.	Bleu cyanique.
Jaune.	Bleu indigo.
Jaune verdâtre.	Violet.
Vert.	Pourpre.

Le *pourpre* est produit par le mélange des couleurs simples des deux extrémités du spectre, c'est-à-dire par le rouge et le violet, et son interposition entre les deux complète la série des couleurs spectrales de façon qu'on peut alors les disposer sur un cercle et passer, par transitions insensibles, de l'une à l'autre.

Les *couleurs mixtes* sont produites par le mélange de deux couleurs simples. Le tableau suivant, emprunté à Helmholtz, indique les couleurs composées résultant du mélange des couleurs simples.

	VIOLET.	BLEU INDIGO.	BLEU CYANIQUE.	VERT-BLEU.	VERT.	JAUNE-VERT.	JAUNE.
Rouge........	Pourpre.	Rose foncé.	Rose blanchâtre.	*Blanc.*	Jaune blanchâtre.	Jaune d'or.	
Orangé........	Rose foncé.	Rose blanchâtre.	*Blanc.*	Jaune blanchâtre.	Jaune.	Jaune.	
Jaune..........	Rose blanchâtre.	*Blanc.*	Vert blanchâtre.	Vert blanchâtre.	Jaune-vert.		
Jaune-vert,...	*Blanc.*	Vert blanchâtre.	Vert blanchâtre.	Vert.			
Vert..........	Bleu blanchâtre.	Bleu d'eau.	Vert-bleu.				
Vert-bleu......	Bleu d'eau.	Bleu d'eau.					
Bleu cyanique.	Bleu indigo.						

On voit, par ce tableau, que, lorsqu'on mélange deux couleurs simples, moins éloignées dans le spectre que deux couleurs complémentaires, la couleur mixte résultante tire d'autant plus sur le blanc que l'intervalle entre les couleurs employées est plus considérable, et que, si on mélange deux couleurs plus éloignées que les couleurs complémentaires, le mélange est d'autant plus blanchâtre que l'intervalle est plus petit. On voit aussi qu'une couleur mixte a toujours son analogue dans une couleur simple à laquelle on aurait ajouté de la lumière blanche.

Le mélange de plus de deux couleurs simples ne produit plus de nouvelles couleurs; le nombre des couleurs possibles est déjà épuisé par les mélanges des couleurs simples deux à deux.

Procédés pour le mélange des couleurs. — 1° *Mélange des couleurs spectrales.* On superpose deux spectres ou des parties différentes d'un même spectre. Le procédé le plus simple est celui d'Helmholtz et ne nécessite qu'un seul prisme. On pratique, dans le volet d'une chambre obscure, une fente étroite en forme de V, dont les branches *a b* et *b c* (fig. 421) sont à angle droit; derrière cette fente on place un prisme vertical, et on a ainsi deux spectres représentés dans la figure 423; *αββα* est le spectre de la fente *a b*, *γββγ* celui de la fente *b c*; les bandes colorées des deux spectres se coupent dans le triangle *βδβ*, et on obtient ainsi toutes les combinaisons de couleurs simples prises deux à deux. Helmholtz a indiqué aussi une méthode plus exacte, mais qui nécessite un appareil plus compliqué.

2° *Procédé de Lambert* (fig. 424). On place verticalement au-dessus d'une table noire une petite lame de verre *a*, à surfaces planes et parallèles, et on place sur la table, en *b* et en *c*, des objets colorés, par exemple des pains à cacheter : si alors on regarde obliquement à travers la lame de verre, on voit à travers la lame l'objet *b*, et on voit par réflexion l'objet *c*, qui paraît alors coïncider avec *b* ; l'image commune de *b* et de *c* a alors la couleur résultante.

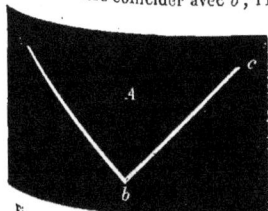

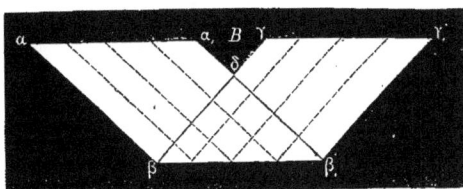

Fig. 422. — *Double fente en V, pour obtenir deux spectres partiellement superposés.*

Fig. 423. — *Double spectre partiellement superposé.*

3° *Procédé de Czermak.* C'est l'expérience de Scheiner (voir p. 1121) modifiée. On place aux deux ouvertures deux verres différemment colorés ; puis on accommode de façon que les deux cercles de diffusion se recouvrent en partie sur la rétine ; on a alors la sensation de la couleur composée.

4° *Procédé des disques rotatifs.* On fait tourner rapidement dans leur plan des disques qui

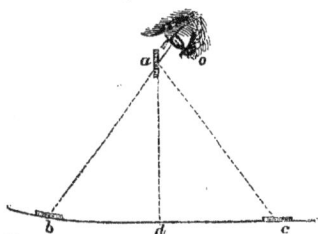

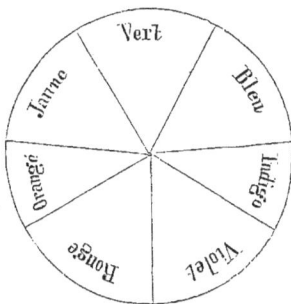

Fig. 424. — *Procédé de Lambert pour le mélange des couleurs.*

Fig. 425. — *Disque rotatif de Newton pour le mélange des couleurs.*

portent des secteurs différemment colorés. Quand la vitesse de la rotation est suffisante, les impressions produites par les différentes couleurs sur la rétine éveillent une impression unique, celle de la couleur mixte.

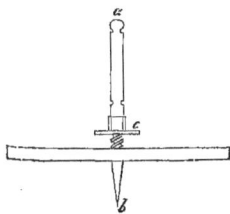

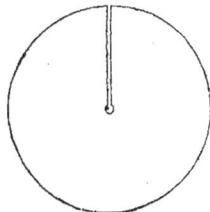

Fig. 426. — *Toupie chromatique de Maxwell.*

Fig. 427. — *Disque de la toupie de Maxwel.*

Le procédé des disques rotatifs permet le mélange d'un nombre quelconque de couleurs. Ainsi, si on dispose sur le disque des secteurs colorés correspondant aux principales couleurs du spectre, comme dans la figure 425, la sensation résultante est celle de la lumière blanche. Seulement, il faut donner aux différents secteurs colorés des dimensions qui soient dans des rapports convenables. Ces disques sont habituellement mis en mouvement par une toupie, *toupie chromatique de Maxwell* (fig. 426). Les disques (fig. 427) sont en papier fort de différentes grandeurs et portent au centre une ouverture par laquelle on les engage dans la tige *ab* de la toupie, et une fente suivant l'un des rayons. Chaque disque est recouvert uniformément d'une seule couleur, et si l'on en superpose plusieurs en les engageant les uns dans les autres par leurs fentes, on obtient des secteurs dont on peut faire varier à volonté la largeur.

Les disques sont fixés dans une position invariable au moyen d'un écrou mobile *c* (fig. 426). Le tout, vu d'en haut, présente l'aspect de la figure 428 : on y voit trois disques colorés, rouge, bleu, vert, engrenés les uns dans les autres, et deux disques plus petits, l'un blanc, l'autre noir, engrenés par leurs fentes ; le plateau circulaire de la toupie est limité par un cercle gradué, divisé en 100 parties et sur lequel on peut lire les dimensions angulaires de chaque secteur coloré. La toupie peut se remplacer par un disque fixé verticalement sur un axe horizontal et qu'on met en mouvement au moyen d'une corde et d'une manivelle.

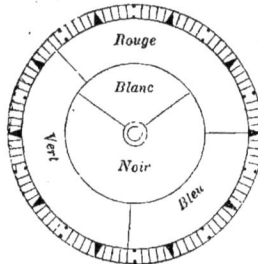

Fig. 428. — *Superposition des disques.*

5° *Mélange direct de poudres ou de liquides colorés.* Ce procédé, très usité autrefois, est très défectueux. En effet, soit d'abord des liquides colorés ; la lumière qui traverse ces liquides est celle qui n'a pas été absorbée par eux ; ainsi les liquides bleus, en général, laissent passer tous les rayons bleus, moins bien les rayons verts et violets et pas du tout les rayons rouges et les jaunes ; les liquides jaunes laissent passer tous les rayons jaunes, assez bien les rouges et les verts, très peu les bleus et les violets ; il en résulte que le mélange d'un fluide jaune et d'un fluide bleu ne laisse passer que les rayons verts. Il en est de même des poudres colorées : chaque particule de matière colorante agit comme un petit corps transparent qui colore la lumière par absorption. Il y a donc dans les mélanges de poudres ou de liquides colorés non pas addition, mais soustraction de couleurs ; aussi ces mélanges sont-ils toujours plus foncés que les substances simples qui entrent dans leur composition. On rend ces différences sensibles en plaçant au centre d'un disque rotatif le mélange direct des deux couleurs, par exemple du bleu cobalt et du jaune de chrome, et en plaçant isolément chacune des deux couleurs sur les secteurs du bord du disque ; quand le disque tourne, les deux couleurs donnent, au centre du disque, du vert foncé ; sur le bord du disque, là où la combinaison se fait sur la rétine, du vert blanchâtre.

2° Caractères des sensations de couleur.

On distingue, dans les sensations de couleur, trois caractères principaux qui dépendent de conditions physiques : ce sont le *ton*, la *saturation* et l'*intensité*.

1° *Ton.* — Le ton d'une couleur dépend du nombre de vibrations (ou de la longueur d'ondulation) de l'éther et correspond à ce qu'est la hauteur pour les vibrations sonores.

2° *Saturation.* — La saturation d'une couleur dépend de la plus ou moins grande quantité de lumière blanche qu'elle contient. Une couleur est dite *saturée* quand elle ne contient pas de lumière blanche, telles sont les couleurs simples du spectre et le pourpre. On peut donc, par une addition convenable de lumière blanche, dégrader peu à peu chaque ton et passer ainsi, par transitions insensibles, d'une couleur saturée au blanc pur.

3° *Intensité.* — L'intensité d'une couleur dépend de l'amplitude des vibrations. Cette intensité diminue depuis les couleurs spectrales pures jusqu'au sombre ou au noir par dégradations successives ; le gris n'est que du blanc peu lumineux. Quand l'intensité lumineuse dépasse une certaine limite, le ton de la couleur disparaît, et nous n'avons plus que la sensation du blanc.

Cette intensité lumineuse varie pour les différentes couleurs du spectre; ainsi le rouge exige, pour être vu, une lumière plus forte que le bleu. Si un papier rouge et un papier bleu paraissent également clairs à la lumière du jour, à la tombée de la nuit le papier bleu paraît plus clair et le papier rouge presque noir; on sait aussi que ce sont les couleurs rouges qui disparaissent les premières au crépuscule.

Quand on augmente l'éclairage, les couleurs à vibrations longues (rouge, jaune) augmentent d'intensité; c'est l'inverse quand l'éclairage est plus faible, ce sont alors les couleurs à vibrations courtes (violet et bleu); ainsi, les paysages que nous regardons à travers un verre jaune clair nous paraissent éclairés par le soleil; avec un verre bleu, ils produisent l'effet inverse. Dans la lumière solaire intense, c'est l'impression du jaune qui domine; dans la lumière solaire faible, c'est celle du bleu, complémentaire du jaune; dans l'éclairage artificiel ordinaire, la lumière est jaune, de sorte que les objets bleus paraissent plus foncés, et les objets jaunes pâlissent. C'est que la nature de l'éclairage et surtout l'habitude de considérer la lumière solaire comme étant le blanc normal pendant le jour influent sur la détermination du ton et de l'intensité des couleurs que nous avons sous les yeux (1).

La sensibilité de l'œil aux différentes couleurs (*sensibilité chromatique*) décroît graduellement du centre à la périphérie de la rétine, par conséquent d'une façon différente que l'acuité visuelle. Cette sensibilité n'est pas la même pour les différentes couleurs; elle varie du reste suivant les individus; cependant en général, en se servant du périmètre (voir p. 1120), c'est le bleu qui est reconnu le plus loin par la périphérie, puis le jaune, le rouge et le vert; les divergences existent surtout pour le violet. Woinow et ses élèves, en se basant sur ces faits, avaient admis l'existence de plusieurs zones rétiniennes percevant différemment les couleurs; mais Landolt a prouvé que toutes les couleurs spectrales peuvent être distinguées jusqu'aux limites extrêmes du champ visuel, pourvu qu'elles aient une intensité suffisante.

Procédés de représentation géométrique des couleurs. — Les caractères qui viennent d'être étudiés permettent de classer les couleurs dans un ordre systématique, et de construire sur ces principes des figures géométriques représentant graphiquement cette classification des couleurs (tables ou cercles chromatiques).

Si, d'abord, nous faisons abstraction de la saturation et de l'intensité des couleurs pour ne nous attacher qu'à leur ton, nous pouvons disposer les couleurs en série linéaire, comme dans le spectre solaire; chaque point de cette ligne correspond à une impression déterminée de couleur et on peut passer par des transitions insensibles d'un point à l'autre; mais cette ligne ne peut être une ligne droite puisque les deux couleurs extrêmes, rouge et violet, se rapprochent l'une de l'autre comme qualité de ton; la ligne devra donc être une courbe, mais une courbe qui présentera une interruption entre le rouge et le violet, et cette interruption sera comblée si l'on interpose entre ces deux couleurs le pourpre qui, comme on l'a vu, établit la transition entre le rouge et le violet; la courbe des couleurs est alors fermée, et on peut, pour plus de simplicité, lui donner la forme d'un cercle. Dans ce cas, on peut placer les couleurs sur la circonférence du cercle, de façon que les couleurs complémentaires se trouvent aux extrémités du même diamètre.

(1) Voir, page 301, le procédé de Vierordt pour mesurer l'intensité des différentes couleurs.

La même construction peut servir encore si on fait entrer en ligne de compte la notion de saturation ; dans ce cas, les couleurs saturées (couleurs prismatiques et pourpre) sont placées à la circonférence, comme tout à l'heure, le blanc au centre du cercle et les différents degrés de saturation, depuis la couleur saturée jusqu'au blanc pur, sont placés sur les rayons du cercle. On a ainsi le *cercle chromatique*.

Enfin, on peut faire intervenir l'intensité des couleurs et donner à la figure la forme d'un cône. La base du cône est formée par le cercle chromatique précédent et correspond au maximum d'intensité lumineuse ; la pointe du cône répond au noir, et les parties intermédiaires représentent les différents degrés de dégradation d'intensité de chacun des tons de la base à la pointe.

Newton s'est servi de la disposition des couleurs sur un plan pour exprimer la loi du mélange des couleurs. Il supposait représentées par des poids les intensités lumineuses et supposait ces poids placés à l'endroit affecté à chaque couleur sur la table chromatique, et en construisant le centre de gravité de ces poids, sa position devait donner celle de la couleur résultante sur la table, et la somme des poids en exprimait l'intensité. C'est sur ce principe que reposent les *triangles chromatiques*.

Soit le triangle R V U (fig. 429). Si l'on place trois des couleurs du spectre aux trois an-

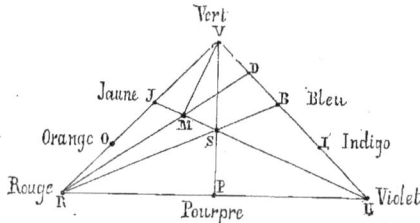

Fig. 429. — *Triangle chromatique.*

gles, par exemple le vert, le rouge et le violet, les côtés du triangle comprendront les couleurs intermédiaires du spectre, plus le pourpre. Le point S correspond au blanc et, par suite, à l'intersection des lignes qui joignent les couleurs complémentaires, et les droites V S, R S et U S représentent les quantités de vert, de rouge et de violet nécessaires pour former du blanc ; de même pour les couleurs complémentaires, bleu et rouge par exemple, qui donnent du blanc quand on les mélange en quantités proportionnelles aux lignes B S et R S. De même, un point quelconque M de la surface du triangle correspond à une couleur composée qu'on peut obtenir par le mélange des trois couleurs fondamentales dans les proportions données par les lignes VM, R M, U M. Mais la ligne U M aboutit au jaune ; on pourra donc remplacer le rouge et le vert par le jaune, dans la proportion de la ligne J M, en le mélangeant avec la quantité U M de violet. La même couleur sera encore formée par le mélange d'une quantité J M de jaune avec une quantité M S de blanc, ou encore d'une quantité R M de rouge et M D de vert-bleu. (Voir : *Physique médicale de Wundt*, trad. par Monoyer.)

On a donné diverses formes à ces figures et à ces tables chromatiques, mais je ne puis que renvoyer pour les détails de cette question aux ouvrages spéciaux.

3° Hypothèse des couleurs fondamentales.

Brewster avait émis l'idée que toutes les couleurs du spectre n'étaient que des mélanges, en quantités variables, de trois *couleurs fondamentales*, le rouge, le jaune et le bleu ; mais cette proposition est inexacte, il n'existe pas trois couleurs simples dont le mélange reproduise les couleurs intermédiaires du spectre ; en effet, les couleurs spectrales sont toujours bien plus saturées que les couleurs composées. Mais Young posa la question d'une façon plus exacte, en admettant, pour l'explication des phénomènes de la vision des couleurs, que les sensations colorées peuvent être ramenées à trois *sensations fondamentales*, sensations de rouge, de vert et de violet. C'est dans ce sens qu'on peut seulement parler de couleurs fondamentales, mais en se gardant bien de leur attribuer une réalité objective, comme le faisait Brewster; elles n'ont qu'une signification subjective.

Les bases essentielles de l'hypothèse de Young sont les suivantes, et j'en emprunte l'exposition à Helmholtz (*Optique physiologique*, page 382) :

« 1° Il existe dans l'œil trois sortes de fibres nerveuses dont l'excitation donne respectivement la sensation du rouge, du vert et du violet.

« 2° La lumière objective homogène excite les trois espèces de fibres nerveuses avec une intensité qui varie avec la longueur d'onde. Celle qui possède la plus grande longueur d'onde excite le plus fortement les fibres sensibles au rouge, celle

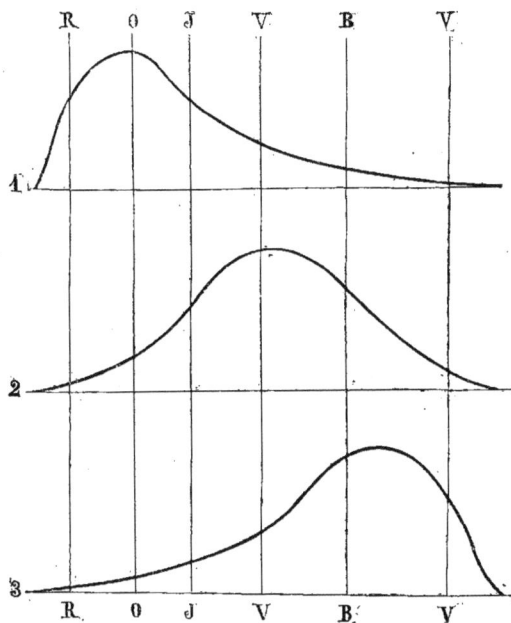

Fig. 430. — *Irritabilité des trois sortes de fibres rétiniennes.*

de longueur moyenne, les fibres du vert, et celle de la moindre longueur d'onde, les fibres du violet. Cependant il ne faut pas nier, mais bien plutôt admettre, pour l'explication de nombre de phénomènes, que chaque couleur spectrale excite toutes les espèces de fibres, mais avec une intensité différente. Supposons les couleurs spectrales disposées horizontalement et par ordre (fig. 430), depuis le rouge R jusqu'au violet V, les trois courbes représentent plus ou moins exactement l'irritabilité des trois sortes de fibres, la courbe 1 pour les fibres du rouge, la courbe 2 pour celles du vert, et la courbe 3 pour celles du violet.

« Le *rouge* simple excite fortement les fibres sensibles au rouge, et faiblement les deux autres espèces; sensation : rouge.

« Le *jaune* simple excite modérément les fibres sensibles au rouge et au vert, faiblement celles du violet; sensation : jaune.

« Le *vert* simple excite fortement les fibres du vert, bien plus faiblement les deux autres espèces ; sensation : vert.

« Le *bleu* simple excite modérément les fibres du vert et du violet, faiblement celles du rouge ; sensation : bleu.

« Le *violet* simple excite fortement les fibres qui lui appartiennent, faiblement les autres ; sensation : violet.

« L'excitation à peu près égale de toutes les fibres donne la sensation du *blanc* ou des couleurs blanchâtres. »

Telle est l'hypothèse d'Young, adoptée par Helmholtz dans son *Optique physiolo-gique*. Quoique cette hypothèse ait été attaquée de plusieurs côtés et, en particulier, par Wundt (*Psychologie physiologique*), Fick et plusieurs autres auteurs, je crois que cette hypothèse doit être conservée jusqu'à nouvel ordre, car c'est elle qui explique encore le mieux les phénomènes de sensations de couleurs.

La théorie de Young s'appuie surtout sur les faits de *dyschromatopsie*. On appelle ainsi une affection dans laquelle la faculté de distinguer une ou plusieurs des couleurs fondamentales est abolie ou diminuée. On a admis une *achromatopsie*, c'est-à-dire une *cécité complète pour les couleurs*, dans laquelle l'individu ne distingue plus que les différences de clarté et d'obscurité ; mais elle n'est pas démontrée. Habituellement, la cécité est *partielle* et porte sur une seule couleur fondamentale. Quand la couleur invisible est le rouge (*daltonisme*), ce qui est le cas le plus fréquent, la partie rouge du spectre paraît noire, et, dans les couleurs composées où entre le rouge, la couleur complémentaire est seule visible ; ainsi, le blanc paraît vert bleuâtre, le rouge intense et le jaune paraissent verts (voir fig. 430, en supposant la courbe 1 supprimée), et toute distinction entre le rouge d'une fleur et le vert des feuilles, entre les signaux rouges et verts des chemins de fer sera impossible. La cécité pour le vert et pour le violet paraît beaucoup plus rare. La dyschromatopsie s'interprète facilement dans l'hypothèse de Young ; elle dépend de l'absence ou de la paralysie plus ou moins complète des éléments rétiniens affectés à telle ou telle couleur.

La santonine fait voir tous les objets en jaune, et cette action de la santonine a été attribuée à une paralysie momentanée des éléments rétiniens du violet, paralysie précédée d'une période d'excitation très courte pendant laquelle on voit tout violet. D'autres auteurs ont attribué cette action à l'augmentation du pigment jaune qui recouvre la tache jaune et la fosse centrale.

La théorie de Young s'appuie encore sur ce fait qu'on peut produire artificiellement la cécité pour une couleur en excitant jusqu'à la fatigue la rétine par cette couleur. Si, par exemple, on garde longtemps devant les yeux des lunettes de verre rouge, il survient un daltonisme accidentel et la rétine devient insensible au rouge : le rouge saturé paraît noir, le rouge blanchâtre gris ou blanc.

La théorie d'Young a été attaquée très vivement dans ces dernières années et Hering lui a substitué une autre théorie pour laquelle je renvoie aux travaux originaux de l'auteur. La théorie d'Young me paraît encore, malgré ses lacunes, la plus satisfaisante.

Quels sont maintenant dans la rétine les éléments impressionnables par la lumière colorée? D'après les recherches de Schultze, ces éléments seraient les cônes, tandis que les bâtonnets ne serviraient qu'à la distinction des différents degrés de clarté et d'obscurité, sans sensation de couleur. Les bases sur lesquelles s'appuie cette hypothèse sont les suivantes : 1° Chez l'homme, la facilité de distinguer les couleurs est surtout marquée dans la fosse centrale, où il n'y a que des cônes, et elle diminue graduellement, en même temps que les cônes diminuent de nombre, à mesure qu'on se rapproche de la périphérie de la rétine ; 2° les cônes manquent presque tout à fait chez les animaux nocturnes, comme la chauve-souris, le hibou, etc., et on ne trouve chez eux que des bâtonnets. Chez les oiseaux diurnes, les cônes ont bien la forme de bâtonnets, mais ils sont en rapport avec une fibre-ave et présentent une disposition particulière. A la réunion de l'article interne et de l'article externe, se trouve, comme on l'a vu page 1144, un globule coloré, jaune, rouge ou blanc qui ne laisse, par conséquent, arriver à l'élément impressionnable que la lumière rouge, jaune ou blanche. Cette disposition vient confirmer l'hypo-thèse d'Young. Mais chez l'homme il n'existe rien de semblable. Seulement, les cônes sont en rapport avec plusieurs fibrilles primitives et non plus avec une seule ; en effet, l'article interne du cône est constitué par un paquet de fibrilles nerveuses (Schultze) et l'article externe par une pile de lames transversales parallèles. Nous avons vu, d'ailleurs (page 1144), qu'il est très difficile de savoir dans quel article se passe la modification qui produit la sensation de couleur et de quelle nature est cette modification. D'après Zenker, la lumière serait analysée dans cette pile de lames comme le son dans l'organe de Corti, comme elle est décomposée dans une pile de lames de verre d'épaisseur inégale ou de réfringence différente (Zenker, *Archiv f. mikr. Anatomie*, t. III).

D'après les recherches de Charpentier la sensibilité chromatique de l'œil serait absolument distincte de la sensibilité lumineuse et les éléments impressionnés par les couleurs ne seraient pas situés dans les couches postérieures de la rétine et ne seraient par conséquent ni les bâtonnets ni les cônes (Pour les développ., voir les travaux de l'auteur).

4° Images consécutives colorées et contraste des couleurs.

Images consécutives colorées. — Si on fixe pendant quelque temps une croix rouge, par exemple, sur un fond noir et qu'on ferme les yeux, on voit une image consécutive rouge de la croix ; l'image, dans ce cas, est *positive* et *homo-chroïque*, c'est-à-dire de même couleur que l'objet ; si, au lieu de fermer les yeux, on regarde un papier blanc, on voit une croix verte ; l'image consécutive est *com-plémentaire*, c'est-à-dire qu'elle a la couleur complémentaire de la couleur de l'objet. Les images consécutives sont *positives*, quand elles ont la même intensité que l'image primaire de l'objet, *négatives*, quand elles ont moins d'intensité lumineuse. Les images homochroïques sont toujours positives ; les images complémentaires peuvent être positives. On appelle *lumière primaire* ou *inductrice* celle qui impres-sionne en premier lieu la rétine et donne lieu à l'image consécutive : ainsi, dans le cas ci-dessus, la lumière rouge de la croix ; et lumière *réagissante* ou *modificatrice* celle qui agit sur la rétine, après que celle-ci a été modifiée par la lumière primaire : ainsi, dans le même cas, la lumière blanche du papier. On peut donc distinguer des images consécutives *directes* qui résultent de l'action primitive de la lumière induc-trice, et qui sont toujours positives, et des images consécutives *modifiées* qui peu-vent être positives ou négatives.

La théorie la plus satisfaisante pour expliquer les images consécutives colorées est celle de Fechner, théorie adoptée par Helmholtz et qui s'accorde, du reste, avec l'hypothèse d'Young exposée dans le paragraphe précédent. Dans cette théorie, tous les phénomènes s'expliquent par deux propriétés de la rétine, par la *persistance de son excitation* et par la *diminution de son excitabilité par la fatigue*. Les images consé-cutives positives dans l'obscurité sont dues à la persistance des impressions sur la rétine ; les images complémentaires sont dues à la perte d'excitabilité des éléments de la rétine affectés à la couleur inductrice et la persistance de l'excitabilité dans les éléments affectés à la couleur complémentaire de la couleur inductrice.

On peut, à ce point de vue, distinguer les cas suivants : Soit un objet coloré en rouge et fixé pendant longtemps : les éléments du rouge seront fatigués et devenus inexcitables :

1° Si l'œil est maintenu dans l'obscurité, les fibres du rouge étant fatiguées ne réagissent plus et ne donnent plus la sensation du rouge ; celles du vert et du violet ont été un peu excitées (fig. 430), et cette excitation suffit pour donner la sensation d'une image complémentaire bleu-verdâtre pâle.

2° Si on fixe une surface blanche, les fibres du rouge, fatiguées, ne sont plus excitables par les rayons rouges contenus dans la lumière blanche ; les fibres du vert et du violet, au contraire, sont fortement excitées ; on a alors l'image consécutive complémentaire intense.

3° Si on regarde une surface de la couleur complémentaire, bleu-vert, par conséquent, les fibres du vert et du violet sont fortement impressionnées par la lumière réagissante et l'image consécutive est complémentaire et encore plus intense que dans le cas précédent.

4° Si on regarde une surface de la couleur primaire, c'est-à-dire rouge, les fibres du rouge sont très peu impressionnées, à cause de leur fatigue ; les fibres du vert et du violet le sont très peu (voir fig. 430) et on a une image grise peu intense, résultant de l'excitation très faible des trois espèces de fibres.

5° Si on regarde une surface colorée quelconque, cette couleur se combine avec celle de l'image consécutive et donne naissance à une couleur mixte ; ainsi, si on regarde une surface jaune, l'image consécutive sera orange.

Les objets blancs fournissent aussi des images accidentelles colorées et ces images présentent des modifications de couleurs très variées, décrites sous le nom de *phases colorées* des images accidentelles. On les observe surtout après avoir soumis la rétine à une lumière intense, et elles ont été décrites par Fechner, Séguin, Plateau, Helmholtz, etc., aux ouvrages desquels je renvoie. Ces phases colorées s'observent aussi avec les couleurs saturées, mais elles sont moins marquées. Il en est de même pour les apparences colorées qu'on voit en faisant tourner, pas assez rapidement pour avoir une sensation continue, des disques rotatifs à secteurs noirs et blancs (*disques papillotants*). Tous ces phénomènes s'expliquent, pour la plus grande partie, par la théorie de Fechner. Il suffit seulement d'admettre que la marche de l'excitabilité n'est pas la même pour les fibres correspondantes à chaque couleur fondamentale.

La théorie de Plateau est différente. Pour lui, ces images consécutives sont dues à une nouvelle action de la rétine, qui serait opposée à la première ; après chaque sensation vive de lumière, la rétine ne reviendrait au repos qu'en accomplissant une série d'oscillations qui la feraient passer alternativement par des états opposés, et ces états opposés correspondraient à la sensation des couleurs complémentaires. « Lorsque la rétine, dit Plateau, est soumise à l'action des rayons d'une couleur quelconque, elle résiste à cette action et tend à regagner l'état normal avec une force de plus en plus intense. Alors, si elle est subitement soustraite à la cause excitante, elle revient à l'état normal par un mouvement oscillatoire d'autant plus énergique que l'action s'est prolongée davantage, mouvement en vertu duquel l'impression passe d'abord de l'état positif à l'état négatif, puis continue généralement à osciller d'une manière plus ou moins régulière en s'affaiblissant. »

D'après Monoyer, ces images consécutives seraient dues à la phosphorescence de la rétine. Le mouvement vibratoire transmis à la rétine par la lumière persiste pendant un temps plus ou moins long avant de disparaître complètement pour se transformer en d'autres mouvements moléculaires. Cette persistance des vibrations explique tout naturellement les images positives et homochroïques. Pour expliquer les images négatives et complémentaires, il invoque la loi de l'égalité des pouvoirs émissifs et absorbants et le phénomène connu en physique sous le nom de *renversement* ou *inversion du spectre*; l'image négative ou complémentaire est due au *renversement* de l'image positive ou homochroïque. Les variations alternatives du positif au négatif, et *vice versa*, seraient dues à l'action *modificatrice* de la lumière propre de la rétine (voir : *Bulletins de la Société des sciences naturelles de Strasbourg*, 1868).

Contraste des couleurs. — Si on regarde deux couleurs placées l'une à côté de l'autre, elles font une toute autre impression que si on regarde chacune d'elles isolément. Chevreul a donné le nom de *contraste simultané* aux influences qu'exercent l'une sur l'autre des couleurs différentes que l'on voit *simultanément* dans le champ visuel et réserve le nom de *contraste successif* aux phénomènes étudiés dans le paragraphe précédent.

Brücke désigne sous le nom de *couleur induite* la couleur qui est produite par l'effet modificateur d'une couleur voisine, et *couleur inductrice* celle sous l'influence de laquelle se produit la modification.

Si on examine, par exemple, un petit objet blanc, gris ou noir sur un fond coloré, l'objet prend la couleur complémentaire du fond. Si l'on place l'une à côté de l'autre deux couleurs complémentaires, chacune de ces couleurs en acquiert plus d'éclat et d'intensité.

Les expériences de ce genre peuvent être variées à l'infini. Une des plus intéressantes est celle des *ombres colorées*. On éclaire simultanément une feuille de papier, d'un côté par la lumière affaiblie du jour, de l'autre par la lumière d'une bougie; la lumière du jour doit arriver par une ouverture assez petite pour donner des ombres nettes; on place alors en avant du papier un crayon qui projette sur le papier deux ombres, une ombre due à la lumière naturelle et qui est éclairée par la lumière jaune rouge de la bougie, et une ombre de la bougie qui est éclairée par la lumière blanche du jour; mais cette ombre ne paraît pas blanche, mais bleue, parce qu'elle prend la couleur complémentaire du fond, couleur jaune-rougeâtre pâle due à ce que le papier (partie non ombrée) reçoit à la fois la lumière blanche du jour et la lumière jaune-rouge de la bougie. Si maintenant on regarde le papier par un tube noirci intérieurement, de façon que l'œil puisse voir à la fois l'ombre de la bougie et une partie du fond jaune-rougeâtre, l'ombre de la bougie paraît bleue; une fois cette sensation de bleu bien développée, si on dirige le tube noirci de façon que l'œil ne voie que l'ombre de la bougie et n'ait que cette sensation de bleu, cette coloration bleue persiste même quand on éteint la bougie et on ne reconnaît son erreur que quand on supprime brusquement le tube noirci; alors le bleu subjectif disparaît immédiatement parce qu'on reconnaît son identité avec le blanc qui recouvre le reste du champ visuel. Il n'y a pas d'expérience, dit Helmholtz, qui fasse voir d'une manière plus frappante et plus nette l'influence du jugement sur nos déterminations des couleurs.

Les mêmes phénomènes de contraste se montrent quand la plus grande partie du champ visuel est occupée par une couleur prédominante. Ainsi, si l'on fixe un morceau de papier blanc ou gris avec un œil et qu'on glisse derrière un verre coloré, le morceau de papier prend immédiatement la couleur complémentaire du verre coloré. Dans certains cas, quand la couleur inductrice présente une grande intensité lumineuse ou lorsqu'on fixe longtemps le même point, l'objet fixé prend la couleur du champ inducteur après avoir pris la couleur complémentaire. Ces phénomènes sont moins constants et moins marqués, mais ils n'en existent pas moins quand la couleur inductrice n'occupe qu'une petite partie du champ visuel.

Volkmann a, le premier, appelé l'attention sur la faculté que nous avons de discerner deux couleurs d'objets placés l'un derrière l'autre. Si on tient très près des yeux un voile vert, on reconnaît très bien à travers le voile la couleur des objets, quoique la couleur verte du voile vienne se mêler à toutes les autres couleurs.

Des phénomènes de contraste analogues se présentent dans des cas où le champ induit ne se distingue du champ inducteur que par une faible différence de coloration. Si on prend un disque rotatif à fond blanc et qu'on y inscrive quatre secteurs colorés étroits, coupés en leur milieu par une bande composée d'une moitié blanche, quand le disque tourne, ces bandes, au lieu de donner un anneau gris comme elles le feraient sur un fond blanchâtre faiblement coloré, donnent un anneau de la couleur complémentaire de celle des secteurs colorés.

Les mêmes phénomènes se présentent avec plus d'intensité encore dans le cas suivant : Soit un disque rotatif dont les secteurs aient la forme représentée dans la figure 431, et soit d'abord les secteurs blancs et noirs comme dans la figure. On voit, pendant la rotation, une série d'anneaux concentriques de plus en plus foncés à mesure qu'on se rapproche du centre sur chaque couronne, la surface angulaire des parties noires est constante et cependant chaque couronne paraît plus claire à sa partie interne où elle confine à une couronne plus foncée et plus foncée à sa partie externe où elle confine à une couronne plus claire. Si, au lieu du blanc et du noir, on prend deux couleurs différentes, le phénomène devient très frappant : chaque couronne présente deux colorations différentes à ses deux bords, bien que la coloration objective

Fig. 431. — *Disque rotatif.*

soit uniforme sur toute l'étendue de chaque couronne. Si on a mélangé du bleu et du jaune et que le bleu prédomine dans les couronnes extérieures, chaque couronne paraît jaune à son bord extérieur, bleue à son bord intérieur. Ces effets de contraste disparaissent dès qu'on marque les contours des anneaux par de fines circonférences noires ; chaque anneau apparaît alors avec la coloration et l'intensité qu'il possède en réalité. Ces phénomènes de contraste doivent donc être rattachés, comme le fait observer Helmholtz, plutôt à des modifications dans le jugement qu'à des modifications dans la sensation. Plateau, au contraire, rattache les phénomènes de contraste à la théorie des images consécutives.

Bibliographie. — Woinow : *Zur Farbenempfindung* (Arch. für Opht., 1870). — L. Hermann : *Eine Erscheinung simultanen Contrastes* (Arch. de Pflüger, 1870). — Becker : *Ueber Lehre von den subjectiven Farbenerscheinungen* (Pogg. Ann., 1870). — Czermak : *Ueber die Grenzen Schopenhauer's Theorie der Farbe* (Wien. Akad., 1870). — Lamansky : *Ueber die Grenzen der Empfindlichkeit des Auges für Spectralfarben* (Arch. für Ophth., 1871). — Bow : *On change of apparent colour by obliquity of vision* (Proceed. of the roy. soc. of Edinb., 1871). — Brisewitz : *Ueber das Farbensehen*, etc., 1872. — Preyer : *Notiz über die violettempfindenden Nerven* (Centralbl., 1872). — Landolt : *Farbenperception der Netzhaut peripherie* (Klin. Monatsber. für Augenheilk., 1873). — Leber : *Ueber die Theorie der*

Farbenblindheit (id.). — HOCHECKER : *Ueber augeborene Farbenblindheit* (Arch. für Ophth., 1873). — RAEHLMANN : *Beitr. zur Lehre von Daltonismus,* etc. (id.). — DOR : *Ueber Farbenblindheit* (Naturf. Ges. zu Bern, 1873). — FICK : *Zur Farbenblindheit* (Phys. med. Ges. in Würzb., 1873). — V. BEZOLD : *Ueber binoculäre Farbenmischung* (Pogg. Ann., 1873). — NUSSBAUMER : *Ueber subjective Farbenempfindungen,* etc. (Wien. med. Woch., 1873). — SCHÖN : *Zur Farbenempfindung* (Berl. Klin. Woch., 1874). — ID. : *Einfluss der Ermüdung auf die Farbenempfindung* (Arch. für Ophth., 1874). — RAEHLMANN : *Ueber Verhältnisse der Farbenempfindung bei indirekten und direkten Sehen* (id.). — ID. : *Ueber Schwellenwerthe der verschiedenen Spectralfarben,* etc. (id.). — KNÜCKOW : *Objective Farbenempfindungen,* etc. (id.). — SCHÖLER : *Bestimmung einer der drei Grundfarben des gesunden Auges* (id.). — V. BEZOLD : *Ueber das Gesetz der Farbenmischung,* etc. (Pogg. Ann., 1874). — KÜNKEL : *Ueber die Abhängigkeit der Farbenempfindung von der Zeit* (Arch. de Pflüger, t. IX, 1874). — VALLHONESTA Y VENDRELL : *Classification y contraste de las colores segun el Fr. Chevreul,* 1874. — CHODIN : *Zur Lehre von den Farbenempfindungen auf der Peripherie der Netzhaut* (Petersb. Med. Anzeig., 1875). — WOINOW : *Beitr. zur Farbenlehre* (Arch. de Gräfe, 1875). — KLUG : *Ueber Farbenempfindung bei indirekten Sehen* (id.). — RAEHLMANN : *Ueber den Farbensinn bei Sehnervenerkrankungen* (id.). — STILLING : *Beitr. zur Lehre von den Farbenempfindungen* (Klin. Monatsb. für Augenheilk., 1876). — SCHRÖDER : *Farbige Schatten* (id.). — WARLOMONT : *De la chromatopseudopsie* (Ann. d'oculistique,* 1875). — PLATEAU : *Sur les couleurs accidentelles* (Acad. r. de Belgique, 1875). — MORTON : *Eine neues Chromatrop,* 1875. — WEBER : *Ueber Farbenprüfung* (Vers. d. Ophth., 1875). — RAEHLMANN : *Ueber den Daltonismus* (Arch. de Gräfe, 1876). — RICCO : *Sulla successione e persistanza delle sensazione dei colori,* 1875. — ID. : *Ueber die Farbenwahrnehmung* (Arch. de Gräfe, 1876). — DOBROWOLSKY : *Ueber die Empfindlichkeit des Auges gegen die Lichtintensität der Farben* (Arch. de Pflüger, 1876). — BOLL : *Zur Physiol. des Sehens* (Centralbl., 1875). — LANDOLT : *Des rapports qui existent entre l'acuité visuelle et la perception des couleurs* (Soc. de biol., 1877). — GRASSMANN : *Bemerk. zur Theorie der Farbenempfindungen,* 1877. — WEINHOLD : *Ueber die Farbenwahrnehmung* (Ann. de Physik., 1877). — CHODIN : *Ueber die Abhängigkeit der Farbenempfindung von der Lichtstärke,* 1877. — ID. : *Ueber die Empfindlichkeit für Farben in der Peripherie der Netzhaut* (Arch. de Gräfe, 1877). — ID. : *De l'influence de l'augm. de la pression oculaire sur la perception des couleurs* (Ann. d'ocul., 1877). — REGECZY : *Sur la sensation de couleur* (1877; en hongrois). — BERT : *De la couleur verte* (Soc. de biol., 1877). — BADAL : *Vision des couleurs* (id.). — HOLMGREN : *De la cécité des couleurs,* 1877. — FAVRE : *Rech. sur le daltonisme* (Gaz. hebd., 1877). — BERTHIER : *Du daltonisme,* 1877. — MAGNUS : *Die geschichtliche Entwickelung des Farben-Sinnes,* 1877. — JAVAL : *De l'évolution dans le sens de la vue* (Soc. de biol., 1877). — JAEGER : *Einiges über Farben* (Kosmos, 1877). — LANDOLT ET CHARPENTIER : *Des sensations de lumière et de couleur,* etc. (Comptes rendus, t. LXXXVI). — CHARPENTIER : *Sur la distinction entre les sensations lumineuses et les sensations chromatiques* (id.). — ID. : *Sur la production de la sensation lumineuse* (id.). — KITAO : *Zur Farbenlehre,* 1878. — V. KRIES : *Beitr. zur Physiol. d. Gesichtsempfindung* (Arch. für Phys., 1878). — BRÜCKE : *Ueber einige Empfindungen im Gebiete der Sehnerven* (Wien. Sitzungsber., 1878). — FICK : *Eine Not. über Farbenempfindung* (Arch. de Pflüger, t. XVII). — CHEVREUL : *Deux notes sur la vision des couleurs* (Comptes rendus, t. LXXXVI). — ID. : *Sur la vision des couleurs,* etc. (id., t. LXXXVII). — ROSENSTIEHL : *De l'emploi des disques rotatifs,* etc. (id., t. LXXXVI). — DELBŒUF ET SPRING : *Rech. sur le daltonisme* (Rev. scient., t. VII, 2e série). — MAGNUS : *Hist. de l'évolut. du sens des couleurs,* 1878. — DOR : *id.,* 1878. — HALL : *Perception of colour* (Bost. med. and surg. journ., 1878). — SCHADOW : *Die Lichtempfindlichkeit der peripheren Netzhauttheile,* etc. (Arch. de Pflüger, t. XIX). — COHN : *Farbe und Farbensinn* (Centralbl. für Aug. Heilk., 1879). — LEDERER : *Zur Mechanik der Farbenwahrnehmung* (Kosmos, 1879). — GRANT-ALLEN : *The colour-sense,* 1879. — PESCHEL : *Exp. Unt. üb. die Adaptation der Netzhaut für Farben* (Arch. de Pflüger, t. XXI).

D. — *Mouvements du globe oculaire.*

Les mouvements du globe oculaire ont pour but de diriger le regard vers le point de l'espace que nous voulons fixer de façon que l'image de ce point aille se fixer sur la tache jaune, lieu de la vision distincte.

Le globe oculaire, au point de vue de ses mouvements, représente une véritable enarthrose, et ses déplacements se font d'après les lois des déplacements des articulations sphériques.

1° Centre et axes de rotation de l'œil.

Procédés pour la détermination du centre de rotation de l'œil. — *Procédé de Donders*. — On mesure d'abord le diamètre horizontal de la cornée à l'aide de l'ophthalmomètre. Puis on fait viser successivement à droite et à gauche un cheveu vertical de façon que chacune des extrémités du diamètre horizontal de la cornée coïncide avec le cheveu. L'angle décrit (environ 56°) correspond à l'angle que l'œil a décrit autour de son centre de rotation ; on a ainsi un triangle dont la base, constituée par le diamètre horizontal de la cornée, et l'angle opposé = 56° sont connus ; on en tire facilement la longueur de la perpendiculaire abaissée du sommet sur la base et, par suite, la position du centre de rotation. A.-V. Volkmann a indiqué un autre procédé pour déterminer ce centre de rotation.

Le *centre de rotation* de l'œil ne se trouve pas exactement au milieu de l'axe optique ; il est placé un peu plus en arrière (de 1mm 3/4 environ), par conséquent en arrière des points nodaux. Dans les yeux myopes, le centre de rotation est placé plus en arrière que dans les yeux normaux ; dans les yeux hypermétropes, il est un peu plus en avant.

La détermination des *axes de rotation* et des mouvements de l'œil nécessite la définition préalable de quelques termes qui doivent être employés dans le cours de cette exposition. Ces définitions sont empruntées à Helmholtz.

Dans la vision normale, les deux yeux sont toujours placés de telle façon qu'ils fixent un seul et même point ; ce point s'appelle *point de regard* ou *de fixation*. On nomme *ligne de regard* une ligne qui passe par le point de regard et le centre de l'œil ; quoique cette ligne soit un peu en dedans de la *ligne visuelle*, qui correspond au rayon non réfracté, on peut la considérer comme coïncidant avec elle. Le *plan de regard* sera le plan passant par les deux lignes de regard, et on peut aussi le faire coïncider avec le *plan visuel* ou *de visée* passant par les deux lignes visuelles. La ligne qui joint les centres de rotation des deux yeux, et qui forme un triangle avec les lignes de regard, est considérée comme la base de ce triangle, et appelée *ligne de base*.

Les mouvements du globe oculaire peuvent se faire, comme ceux de tous les solides sphériques, autour d'une infinité d'axes de rotation ; mais, pour analyser ces mouvements, on considère trois axes principaux, qui correspondent aux trois dimensions de l'espace, et qui sont représentés par trois diamètres du globe oculaire, se coupant à angle droit au centre de rotation. On a donc un *axe antéro-postérieur*, un *axe vertical* et un *axe transversal*, et, par ces axes, on peut faire passer trois plans qui se coupent à angle droit, un plan sagittal, un plan frontal et un plan transversal ou horizontal (1).

Dans l'état de repos de l'œil, les lignes de regard étant parallèles et dirigées vers l'horizon, les axes transversaux des deux yeux sont sur une même ligne, *ligne de base*, et les plans transversaux des deux yeux coïncident (*plan de regard*).

(1) Le *plan médian* est le plan qui partage la tête en deux moitiés latérales symétriques ; le *plan sagittal* est un plan parallèle au plan médian ; le *plan frontal* est un plan vertical perpendiculaire au plan médian ; le *plan transversal* est horizontal et perpendiculaire aux plans précédents.

2° Mouvements du globe oculaire.

Supposons d'abord les deux lignes de regard parallèles, comme lorsqu'on regarde au loin ; on peut distinguer pour l'œil trois positions, qu'on appelle primaire, secondaire et tertiaire.

1° *Position primaire.* — Cette position correspond à l'état de repos de l'œil, et au moindre effort musculaire possible. La tête est droite, et la ligne de regard est dirigée au loin vers l'horizon.

2° *Position secondaire.* — Cette position comprend les mouvements de l'œil autour de l'axe transversal et de l'axe vertical.

Dans le premier cas, l'œil tourne autour de l'axe transversal et la ligne de regard (et le plan de regard) se déplace en haut ou en bas et fait avec la position primaire de la ligne de regard ou avec le plan transversal un angle variable, *angle de déplacement vertical* ou *angle ascensionnel* d'Helmholtz.

Dans le second cas, l'œil tourne autour de l'axe vertical, la ligne de regard se déplace en dedans ou en dehors, et fait avec le plan sagittal primaire un angle, *angle de déplacement latéral.*

Dans ces deux cas, il n'y a pas de mouvement de rotation autour de l'axe antéro-postérieur ou sagittal.

3° *Positions tertiaires.* — Ces positions tertiaires comprennent tous les mouvements dans lesquels il se fait un *mouvement de roue* du globe oculaire (*Raddrehung*), c'est-à-dire quand l'œil tourne autour de l'axe sagittal ou de la ligne de regard, quelle que soit, du reste, la position qu'on donne à cet axe. Ces mouvements de roue ne peuvent se faire isolément ; l'œil étant dans la position primaire, il nous est impossible, la tête restant droite et immobile, de le faire tourner autour de la ligne de regard ; ce mouvement de roue s'associe toujours aux déplacements verticaux et latéraux de l'œil.

Tout mouvement tertiaire peut donc se décomposer en trois mouvements, une rotation autour de l'axe transversal (déplacement vertical), une rotation autour de l'axe vertical (déplacement latéral), et un mouvement de roue autour de la ligne de regard.

Ce mouvement de roue se mesure par l'angle que fait le plan de regard avec le plan transversal ou *horizon rétinien* d'Helmholtz ; cet angle est ce qu'on appelle *angle de rotation* ou *angle de torsion* de l'œil. Ce mouvement de roue est dit *positif* quand l'œil tourne dans le même sens que les aiguilles d'une montre située en face de lui ; il est dit *négatif* dans le cas contraire.

Donders a montré que pour une direction donnée de la ligne de regard, l'angle de rotation est toujours le même, autrement dit qu'il y a un rapport constant entre la valeur de cet angle de rotation et la valeur de l'angle de déplacement horizontal et de déplacement latéral. La grandeur des mouvements de roue augmente avec l'inclinaison de la ligne de regard ; dans les positions extrêmes, cet angle de rotation peut atteindre 10°.

La loi des rotations du globe oculaire a été formulée par Listing de la façon suivante : Lorsque la ligne de regard passe de sa position primaire à une position quelconque, l'angle de torsion de l'œil dans cette seconde position est le même que si l'œil était venu dans cette position en tournant autour d'un axe fixe perpendiculaire à la première et à la seconde position de la ligne de regard (Helmholtz : *Optique physiologique*, page 606). Giraud-Teulon propose, tout en la repoussant, de la formuler de la façon suivante :

Lorsque le regard passe d'une position à une autre, il peut être considéré comme ayant tourné par simple rotation, autour d'un axe fixe perpendiculaire au plan qui contient les deux lignes de regard dans leurs positions extrêmes. Il en résulte que l'axe de rotation est toujours placé dans l'équateur (plan frontal) de l'œil.

Quand les lignes de regard des deux yeux, au lieu d'être parallèles, sont convergentes, les résultats ne sont plus tout à fait les mêmes, et les écarts sont d'autant plus considérables que la convergence est plus grande. Il en est de même pour les yeux myopes.

Hueck, défendant une opinion déjà émise par Hunter, avait cru que, dans les mouvements d'inclinaison latérale de la tête, cette inclinaison était compensée par une rotation du globe oculaire autour de l'axe antéro-postérieur, de sorte que les méridiens verticaux de l'œil ne cesseraient pas de rester verticaux; mais cette assertion ne peut se soutenir en présence de ce fait que, dans l'inclinaison de la tête, les images accidentelles formées sur la rétine se déplacent dans le même sens et à peu près de la même quantité. Cependant Javal, sur des astigmates, dit avoir constaté dans une certaine mesure l'exactitude des observations de Hueck.

Les mouvements des deux yeux sont solidaires. Dans les conditions ordinaires, nous dirigeons les deux lignes du regard vers le même point de l'espace. Les mouvements simultanés des deux yeux sont toujours associés ; on ne peut à la fois lever un œil et abaisser l'autre ; nous pouvons faire converger les lignes de regard pour regarder un objet très rapproché ; mais nous ne pouvons faire diverger ces deux lignes de façon que l'œil droit regarde à droite et l'œil gauche à gauche.

Procédés pour la détermination des mouvements de roue de l'œil. — Procédé de Ruete par les images accidentelles.

— On développe sur la rétine l'image accidentelle d'un ruban noir horizontal ou vertical tendu au devant d'un mur ou d'une tenture grise sur laquelle sont tracées des lignes horizontales et verticales. On maintient la tête droite et on fixe le milieu du ruban; puis, sans déplacer la tête, on dirige brusquement le regard sur une autre partie de la tenture ; on voit alors une image accidentelle du ruban qui se superpose à la tenture et dont la direction se reconnaît par comparaison avec les lignes horizontales et verticales de la tenture. On observe alors les phénomènes suivants :

Si on porte le regard directement en haut ou en bas, à droite ou à gauche, en partant du milieu du ruban, l'image accidentelle, horizontale ou verticale, conserve sa direction et se confond avec les lignes horizontales et verticales de la tenture. Il n'y a donc pas eu, dans ces déplacements (positions secondaires de l'œil), de mouvement de roue.

Si, au contraire, on porte le regard dans toute autre direction, l'image accidentelle s'incline et ne coïncide plus avec les lignes horizontales ou verticales de la tenture et l'inclinaison est d'autant plus considérable que l'on s'écarte plus de la verticale ou de l'horizontale.

Si on dirige le regard en haut et à droite, ou bien en bas et à gauche, l'image accidentelle (du ruban horizontal ou vertical) devient oblique de haut en bas et de droite à gauche; si on porte le regard en haut et à gauche ou bien en bas et à droite, l'image accidentelle devient oblique de haut en bas et de gauche à droite. La direction des images rétiniennes accidentelles dans ces mouvements de roue peut être figurée par deux systèmes de lignes hyperboliques dont la convexité est tournée vers une ligne verticale et une ligne horizontale prises comme axes. La disposition d'une croix de Saint-André, ×, peut servir à se rappeler cette direction.

A. Fick et Meissner ont déterminé les rotations du globe oculaire à l'aide du *punctum cœcum.*

Pour démontrer les mouvements de l'œil, Donders a imaginé un instrument, le *phéno-phthalmotrope,* pour la description duquel je renvoie au mémoire de l'auteur (*Journal de l'Anatomie,* 1870, p. 546).

3° Action des muscles de l'œil.

Pour connaître l'action des muscles de l'œil, il faut d'abord, pour chaque muscle, déterminer la position de son axe de rotation, c'est-à-dire l'axe autour duquel le globe oculaire doit tourner quand le muscle se contracte. Cet axe de rotation est perpendiculaire à la direction du muscle et sa position est déterminée par les trois angles que cet axe de rotation fait avec les trois axes principaux du globe oculaire. Ce sont ces angles que donne le tableau suivant, d'après Fick, l'œil étant supposé dans la position primaire :

MUSCLES.	ANGLE QUE L'AXE DE ROTATION FAIT AVEC		
	LA LIGNE DE REGARD.	L'AXE VERTICAL.	L'AXE TRANSVERSAL.
Droit supérieur	114°,21'	108°,22'	151°,10'
Droit inférieur	63 ,37	114 ,28	37 ,49
Droit externe	96 ,15	9 ,15	95 ,27
Droit interne	83 ,10	173 ,13	94 ,28
Grand oblique	150 ,16	90	60 ,16
Petit oblique	29 ,44	90	119 ,44

On peut, d'après ces données, résumer ainsi l'action de chacun de ces muscles :

1° *Droits interne et externe.* — Leur axe de rotation coïncide à peu près avec l'axe vertical de l'œil; aussi font-ils tourner l'œil à peu près directement en dedans ou en dehors.

2° *Droits supérieur et inférieur.* — L'axe de rotation de ces muscles est horizontal, mais il est oblique en avant et en dedans et fait avec la ligne de regard un angle d'environ 70°. Le droit supérieur porterait donc le regard en haut et en dedans, le droit inférieur en bas et en dedans, si ces muscles agissaient isolément.

3° *Grand oblique et petit oblique.* — L'axe de rotation de ces muscles est horizontal, et dirigé en avant et en dehors; il fait, avec la ligne de regard, un angle d'environ 30°. Le grand oblique portera donc le regard en bas et en dehors, le petit oblique en haut et en dehors ; ces deux muscles produisent, en outre, un léger mouvement de roue de l'œil.

On a vu plus haut que, dans tous les mouvements de l'œil, l'axe de rotation se trouve situé dans le plan frontal ou dans l'équateur de l'œil, à l'exception des mouvements de roue. Or, il n'y a que l'axe de rotation des droits interne et externe qui soit situé dans cet équateur, et par suite, pour tous les autres mouvements, il faudra le concours de plusieurs muscles. Il en résultera donc que, suivant le mouvement que le globe oculaire exécute, il y aura un, deux ou trois muscles en activité. Le tableau suivant donne les muscles qui entrent en action pour les divers mouvements possibles du globe oculaire.

NOMBRE de muscles en activité.	DIRECTION du regard.	MUSCLES en activité.
Un....................	En dedans....................	Droit interne.
	En dehors....................	Droit externe.
Deux....................	En haut......:..........	Droit supérieur. Petit oblique.
	En bas....................	Droit inférieur. Grand oblique.
	En dedans et en haut..........	Droit interne. Droit supérieur. Petit oblique.
Trois....................	En dedans et en bas..........	Droit interne. Droit inférieur. Grand oblique.
	En dehors et en haut..........	Droit externe. Droit supérieur. Petit oblique.
	En dehors et en bas..........	Droit externe. Droit inférieur. Grand oblique.

Les centres d'innervation des mouvements de l'œil se trouvent dans les tubercules quadrijumeaux (voir : *Centres nerveux*).

4° Champ visuel monoculaire.

Le *champ visuel* est déterminé par la largeur de la pupille et par sa position par rapport au bord de la cornée; c'est l'espace intercepté par les lignes visuelles extrêmes qui passent par le centre de la pupille et tombent sur des parties encore impressionnables de la rétine. Comme nous ne voyons dans le champ visuel les objets qui occupent trois dimensions de l'espace que sous deux dimensions seulement, il s'ensuit que les objets nous apparaissent *comme s'ils étaient sur une surface* et que le champ visuel se présente comme une surface d'une forme déterminée; dans la position primaire, il a la forme d'un cercle dont on aurait enlevé une lunule à la partie inférieure et qui aurait une forte échancrure au côté nasal. Ce champ visuel suit les mouvements de l'œil et se déplace avec lui. Chaque point du champ visuel a donc son correspondant sur la rétine, et le point de ce champ que nous fixons correspond toujours au centre de la tache jaune, et plus l'angle que fait un point du champ visuel avec la ligne de fixation est considérable, plus la vision est indistincte.

On peut considérer, en effet, le champ visuel (ou la partie de l'espace située dans ce champ) comme constitué par une infinité de sphères concentriques dont les centres se trouveraient au point nodal de l'œil. Chaque point de l'une quelconque de ces sphères est à égale distance du point nodal et tous les points de l'espace, appartenant à la même sphère, font sur la rétine des images symétriques et dont les rapports de distance et de situation sont conservés.

Si, au contraire, on prend deux points de deux sphères différentes, il peut se présenter deux cas : dans le premier cas, les deux points sont situés sur le même rayon et ils ne donnent qu'une seule image sur la rétine, ou plutôt les deux images se superposent ; dans le second cas, les deux points sont situés, pour chaque sphère, sur des rayons différents, et ils donnent sur la rétine deux images différentes dont la distance rétinienne dépend uniquement de l'angle intercepté par les deux rayons, quelle que soit du reste la distance qui sépare l'une de l'autre les deux sphères considérées. C'est ce qu'on exprime en disant que les images rétiniennes sont *perspectives* ; et, pour égalité de l'angle intercepté, l'image perspective se fait d'autant plus *en raccourci* que la distance des deux sphères est plus considérable. C'est ce que démontre au premier aspect la construction géométrique de la figure.

Bibliographie. — Woinow : *Ueber den Drehpunkt des Auges* (Arch. für Opht., 1870). — Donders : *Die Bewegungen des Auges veranschaulicht durch das Phenophthalmotrop* (id.). — Kugel : *Ueber die Bewegungen des hypermetropischen Auges* (id.). — Giraud-Teulon : *De la loi des rotations du globe oculaire*, etc. (Journ. de l'Anat., 1870). — Adamük : *Die Innervation der Augenbewegungen* (Centralbl., 1870). — Berlin : *Beitr. zur Mechanik der Augenbewegungen* (id., 1871). — Woinow : *Beitr. zur Lehre von den Augenbewegungen* (Arch. für Ophth., 1871). — Skrebitzky : *id.* (id.). — Nagel : *Ueber das Vorkommen von wahren Rollungen des Auges um die Gesichtlinie* (id.). — Samelsohn : *Zur Frage von der Innervation der Augenbewegungen* (id., 1872). — Chodin : *Zur Lehre vom Drehpunkte in Augen verschiedener Brechbarkeit* (en russe; anal. dans : Hofmann's Jahresb. für Anat., 1873). — Schön : *Zur Raddrehung* (Arch. für Ophth., 1874). — Mulder : *Over parallele Rolbewegingen der Oogen*, 1874. — L. Hermann : *Ein Apparat zur Demonstration der aus dem Listing'schen Gesetz folgenden scheinbaren Raddrehungen* (Arch. de Pflüger, t. VIII, 1874). — Schön : *Zur Raddrehung* (id.). — Donders : *Die correspondirenden Netzhautmeridiane*, etc. (id.). — Mulder : *Ueber parallele Rollbewegungen der Augen* (id.). — Ritzmann : *Ueber die Verwendung von Kopfbewegungen bei den gewöhnlichen Blickbewegungen* (id.). — Schneller : *Stud. über das Blickfeld* (id.). — Schön : *Apparat zur Demonstration des Listing-Donders'schen Gesetzes* (Klin. Monatsb. für Augenheilk., 1875). — Ritzmann : *Ueber die Verwendung von Kopfbewegungen bei den gewöhnlichen Blickbewegungen* (Utr. phys. Labor., 1876). — Giraud-Teulon : *Sur la loi de rotation dans les mouv. combinés de l'œil* (Ann. d'oculist., 1876). — Nicati : *Ueber das Tropometer* (Corresp. Bl. für Schweiz. Aerzt., 1876). — Prengrueber : *Physiol. des muscles de l'œil*, 1877. — Raehlmann et Witkowsky : *Ueber atypische Augen-Bewegungen* (Arch. für Anat., 1877). — A. Grafe : *Ophthalmotröp* (Ber. d. Vers. d. Naturf. zu München, 1877).

E. — *Vision binoculaire.*

La vision binoculaire agrandit le champ visuel, mais elle a surtout pour but de nous donner, d'une façon plus complète que par la vision monoculaire, la notion de la position d'un objet et spécialement celle de la solidité des corps, ou la perception de la profondeur.

Vision simple avec les deux yeux. — Si on fixe un objet, A (1), un point, par exemple, avec les deux yeux, de façon que son image tombe sur le centre des deux taches jaunes, ce point est vu *simple;* au contraire, un point P, situé en avant du point fixé A, fera son image sur les deux rétines en dehors de la tache jaune et sera vu *double;* ses deux images seront

(1) L'expérience se fait facilement avec trois épingles qu'on pique sur une règle à des distances convenables ou simplement avec deux doigts placés l'un derrière l'autre, en fixant alternativement le plus rapproché et le plus éloigné.

Beaunis. — Physiologie, 2e édit.   74

croisées, celle de gauche disparaîtra si on ferme l'œil droit, et réciproquement ; un point R, situé en arrière du point fixé A, paraîtra aussi *double*, et ses images se feront sur les deux rétines, en dedans de la tache jaune et du côté nasal ; mais ces images ne seront plus croisées : celle de droite appartiendra à l'œil droit, celle de gauche à l'œil gauche, et chacune d'elles disparaîtra quand on fermera l'œil du même côté. On remarque aussi que plus les points P et R seront éloignés du point A, plus les images s'écarteront sur la rétine du centre de la tache jaune et plus la distance des deux images doubles augmentera ; en outre, la distance des deux images croisées du point P sera, toutes choses égales d'ailleurs, toujours plus grande que celle des images non croisées du point R.

Dans l'expérience précédente, les deux lignes visuelles convergent vers le point A, et l'observation nous apprend que l'objet est vu simple quand il est placé au point d'entre-croisement des deux lignes visuelles. L'expérience suivante est encore plus démonstrative. Si on tient devant chaque œil un tube noirci, les deux ouvertures des tubes sont vues simples pour un certain degré de convergence des yeux ; si la convergence augmente, ou diminue, ils sont vus doubles. Il en est de même si on vise par les tubes deux objets semblables, par exemple deux sphères ; on ne voit qu'un seul objet, qu'on localise au lieu d'entre-croisement des lignes visuelles.

Il n'est pas nécessaire, pour qu'un objet soit vu simple, que son image vienne se faire dans les yeux sur le centre de la tache jaune ; un objet est encore vu simple quand son image se fait, dans les deux yeux, sur des endroits *correspondants* ou *identiques* des deux rétines. Si on suppose les deux rétines droite et gauche superposées de façon que les centres des deux taches jaunes, ainsi que les méridiens verticaux et horizontaux coïncident, les points correspondants des deux rétines se superposeront exactement ; la partie supérieure et la partie inférieure de la rétine gauche correspondront à la partie supérieure et à la partie inférieure de la rétine droite ; le côté nasal de la rétine droite correspondra au côté temporal de la rétine gauche, et réciproquement, et la position des points *correspondants* des deux rétines pourra être déterminée par leur rapport avec le centre de la tache jaune et les deux méridiens principaux.

On a recherché géométriquement quels sont les points du champ visuel qui vont ainsi former leur image sur des points correspondants de la rétine, et on a donné le nom d'*horoptre* ou d'*horoptère* à l'ensemble de ces points. Tous les objets situés dans l'horoptre sont vus simples.

L'*horoptre* varie suivant la position des yeux.

Dans la position *primaire* des yeux, l'horoptre est un plan constitué par le sol lui-même. Il en est de même dans les positions *secondaires*, lorsque les lignes du regard sont parallèles et dirigées à l'infini.

Dans les positions *secondaires* avec convergence des deux yeux, l'horoptre est, 1° un cercle qui passe sur le point fixé et les points nodaux des deux yeux (en effet, sont égaux tous les angles qui ont leur sommet à un des points de la circonférence et dont les côtés passent par les points nodaux) ; 2° une ligne menée perpendiculairement à un des points de cette circonférence ; dans la convergence symétrique des deux yeux, le point fixé est sur cette droite.

Dans les positions *tertiaires* avec convergence symétrique et mouvement de roue, les méridiens verticaux des deux yeux ne sont plus parallèles comme dans les deux premières positions ; cependant ils sont symétriques par rapport au plan médian de la tête. Dans ce cas, l'horoptre est : 1° une droite contenue dans le plan médian, passant par le point de fixation et plus ou moins inclinée par rapport au plan visuel ; 2° un cercle incliné sur le plan visuel et qui passe par un point de cette droite et par les points nodaux des deux yeux.

Dans toutes les positions *tertiaires* avec convergence insymétrique, l'horoptre est une courbe très compliquée dans laquelle se trouve le point fixé, et pour certaines positions de l'œil, c'est une courbe à double courbure.

Diplopie binoculaire. — Il résulte des expériences précédentes que tous les objets qui ne se trouvent pas dans l'horoptre, ou qui autrement dit ne font pas leur image sur des points correspondants des deux rétines, doivent être vus doubles. C'est, en effet, ce qui arrive généralement, sauf certaines exceptions très importantes qui seront étudiées plus loin

On voit donc que la présence d'images doubles doit être presque continuelle dans le champ de la vision et que, lorsque nous fixons un objet, en dehors des parties du champ visuel qui font leur image à la tache jaune, toutes les parties de ce champ qui se peignent sur les parties périphériques de la rétine (vision indirecte) donnent lieu à des images doubles. Seulement, à cause de l'habitude et des mouvements continuels des yeux, cette diplopie nous échappe, et, pour la constater, il faut se mettre dans des conditions particulières souvent difficiles à réaliser ; il faut d'abord immobiliser l'œil, en s'assurant un point de fixation bien déterminé ; il faut ensuite donner aux images doubles à distinguer, des colorations ou des intensités différentes, de façon à rendre impossible leur interprétation comme images d'un même objet.

La diplopie binoculaire se montre non-seulement dans la vision indirecte, mais elle peut se montrer aussi dans la vision directe. Si on fixe un objet dans le champ visuel, et qu'avec le doigt on déplace un peu un des yeux, les lignes visuelles ne convergeant plus, tout le champ visuel de cet œil se déplace avec lui et tous les objets, même le point fixé, paraissent doubles. C'est ce genre de diplopie binoculaire qu'on observe dans les cas de *strabisme*.

Dans les cas précédents, la diplopie était toujours due à ce que les images d'un point ou d'un objet allaient se faire sur des points non correspondants des deux rétines. Mais il n'en est pas toujours ainsi, et dans certains cas les images formées sur des points correspondants de la rétine peuvent former des images doubles.

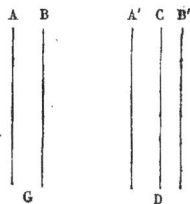

Fig. 432. — *Expérience de Wheatstone.*

Ce fait, très important au point de vue théorique, est démontré par l'expérience suivante de Wheatstone. Soient deux systèmes de lignes (fig. 432) qu'on regarde dans un stéréoscope : G est vu avec l'œil gauche ; D avec l'œil droit ; les lignes AB, A'C sont parallèles et également distantes l'une de l'autre ; or, si dans le stéréoscope on fixe les lignes A et A', elles se fusionnent en une seule ligne ; il en est de même de B et B', tandis que C paraît isolément, ainsi B et C sont vues doubles, quoique leurs images tombent sur des points correspondants des deux rétines.

L'expérience suivante, de Giraud-Teulon, est aussi instructive. Si l'on détermine sur les deux yeux deux phosphènes, par la pression avec deux corps mousses sur des points correspondants des deux globes oculaires, les deux phosphènes coïncident et on a une sensation simple ; si alors, sans déranger les points d'application des pointes mousses, on fait mouvoir légèrement une des pointes et l'œil sur lequel elle repose, on voit deux phosphènes, quoique les deux images occupent toujours les mêmes points correspondants de la rétine comme tout à l'heure ; et, ce qui prouve que c'est bien le globe oculaire qui se meut et non la pointe qui glisse sur l'œil, c'est que si on répète l'expérience les yeux ouverts, on voit très nettement une seconde image de chaque objet marcher en sens inverse du phosphène.

Fusion des images doubles. — On vient de voir que les images doubles se fusionnaient quand elles étaient semblables et se faisaient sur des points correspondants des deux rétines. Mais cette fusion peut encore se faire, même quand les deux images sont dissemblables et se font sur des points non correspondants des deux rétines, et même, comme on le verra plus loin, cette différence des images rétiniennes est une condition de la perception de la solidité des corps. Cette fusion tient, tantôt à ce que les images doubles ont certaines parties communes et se recouvrent partiellement, de sorte qu'elles sont facilement confondues, comme dans les vues stéréoscopiques, tantôt à ce que les images, sans se recouvrir, sont cependant très voisines ou très peu différentes l'une de l'autre ; c'est ainsi qu'on peut fusionner en une impression simple deux cercles de rayon un peu différent. Mais toujours, dans ce fusionnement intervient un acte psychique, une tendance au fusionnement des images doubles quand elles ne sont pas trop dissemblables.

Cette fusion des images doubles se voit surtout bien dans les expériences stéréoscopiques.

Convergence des lignes visuelles. — La convergence des axes optiques ou des lignes visuelles joue le plus grand rôle dans la vision binoculaire. Quand nous fixons un objet avec les deux yeux, chaque image rétinienne de l'objet est projetée sur la direction d'une ligne (ligne visuelle) qui passe par l'objet et la fosse centrale, et l'objet, ainsi projeté à l'entre-croisement des deux lignes visuelles, est vu simple. La direction de ces lignes et la position des yeux nous sont données par la conscience musculaire, et c'est même d'après le degré de la convergence que nous pouvons juger de la distance absolue d'un objet. Cette influence de la convergence des deux yeux est bien sensible dans l'expérience des deux tubes noircis, mentionnée page 1170.

Les illusions dues à la convergence se produisent assez facilement ; un objet très rapproché, vu par la vision indirecte, nous paraît d'autant plus petit et plus rapproché que nous augmentons la convergence des lignes visuelles. Il en est de même dans la vision directe : si on regarde un objet à travers deux lames de verre faisant entre elles un angle droit, quand le sommet de l'angle est tourné vers les deux yeux, l'objet paraît plus grand et plus éloigné ; quand ce sommet est tourné vers l'objet, celui-ci paraît plus petit et plus rapproché (Rollett).

Vision binoculaire des couleurs. — Quand deux champs colorés différemment sont vus binoculairement, par exemple dans le stéréoscope, les résultats diffèrent suivant les conditions de l'expérience, et aussi suivant les expérimentateurs. Les uns, tels que Dowe, Brücke, voient la couleur résultante, tandis que d'autres observateurs, comme Helmholtz, et je me rangerais, pour ma part, à son avis, n'ont pu parvenir à la voir.

Une expérience curieuse de Fechner montre l'influence que la vision de couleur d'un œil peut exercer sur l'autre. Si on regarde, de l'œil droit, le ciel avec un verre bleu, tandis que l'œil gauche est fermé ou regarde le ciel sans verre, l'œil droit a une image consécutive complémentaire de la couleur du verre, l'œil gauche une image consécutive de la même couleur que le verre.

Théories de la vision binoculaire. — Deux théories principales ont été invoquées pour expliquer les phénomènes de la vision binoculaire : la *théorie des points identiques* et la *théorie de la projection*.

Dans la *théorie des points identiques*, adoptée par J. Müller, Héring, etc., les points correspondants des deux rétines se recouvrent un à un, si on suppose les deux rétines exactement superposées, et les deux yeux pourraient, suivant l'expression d'Héring, être remplacés par un œil idéal médian. Les objets sont vus simples quand leurs images occupent des points identiques des deux rétines. Il y aurait, dans ce cas, identité anatomique et innée entre les deux rétines. Les partisans de la théorie d'identité s'appuient sur ce fait, qui est vrai d'une façon générale, c'est que les images semblables, faites sur des points correspondants, donnent une sensation simple ; ainsi dans l'expérience primitive des phosphènes, citée plus haut, page 1171. Mais il n'en est pas toujours ainsi, et l'expérience, modifiée par Giraud-Teulon, montre que des images semblables peuvent se faire sur des points identiques de la rétine et donner lieu à une sensation double ; c'est ce que prouve aussi l'expérience de Wheatstone (fig. 432). D'un autre côté, les phénomènes de vision stéréoscopique prouvent que des images rétiniennes différentes peuvent se fusionner et donner une seule impression, même quand elles tombent sur des points non identiques. Enfin, il est assez difficile de concevoir une concordance anatomique si mathématiquement exacte des deux rétines que l'exige la théorie de l'identité.

Panum a fait subir à cette théorie la modification suivante pour la mettre en rapport avec les faits. Pour lui, chaque point *a* d'une des rétines serait identique, non avec un point *a* de l'autre rétine, mais avec un cercle sensitif A qui lui correspondrait dans l'autre, de sorte que l'image faite au point *a* pourrait se fusionner avec l'image faite en un quelconque des points rétiniens situés dans le cercle sensitif A. Mais ceci revient simplement à dire que les images se fusionnent d'autant plus facilement qu'elles se font sur des points plus rapprochés des points identiques.

La perception de la profondeur est l'écueil de la théorie de l'identité. E. Brücke a bien émis l'idée que nous ne percevons la troisième dimension des corps qu'à condition de promener continuellement nos regards sur les différents contours des objets, de façon à recevoir successivement, sur les points identiques de la tache jaune, les images de tous les points de ces contours. Mais Dove a montré qu'on peut fusionner les images doubles et stéréoscopiques à l'éclairage *instantané* de l'étincelle électrique.

Héring fait intervenir une condition nouvelle et considère la perception de la profondeur non comme un acte de jugement et d'expérience, mais comme un attribut inné de la sensation rétinienne. « Il admet qu'à l'état d'excitation les différents points de la rétine provoquent trois sortes de sentiments d'étendue. La première répond à la position en hauteur de la portion de la rétine correspondante, la seconde à sa position en largeur. Les sentiments de hauteur et de largeur, dont la réunion donne la notion de direction relativement à la position de l'objet dans le champ de la vision, sont égaux pour les points rétiniens correspondants. Il existe, de plus, un troisième sentiment d'étendue d'une nature particulière, c'est le sentiment de profondeur qui doit avoir des valeurs égales, mais de signe contraire, pour des points rétiniens identiques, et des valeurs égales et de même signe pour les points situés symétriquement. Le sentiment de profondeur des moitiés externes des rétines est positif, c'est-à-dire qu'il répond à une profondeur plus grande; celui des moitiés internes est négatif, il répond à une distance moindre. » (Helmholtz, *Optique physiologique*, page 1016.) On voit que pour Héring, et c'est une objection capitale contre sa théorie, une simple excitation rétinienne, à elle seule et sans expérience préalable, pourrait donner lieu à une représentation d'espace complète.

Dans la *théorie de la projection*, on admet que chaque point de l'image rétinienne est projeté dans l'espace dans la direction de la ligne visuelle, direction dont nous avons conscience par les sensations musculaires qui accompagnent la position que nous donnons à nos yeux. L'image, ainsi projetée, se localise dans le point de l'espace déterminé par les lignes de direction (lignes visuelles) des deux yeux, c'est-à-dire à l'intersection de ces deux lignes. Cependant la théorie de la projection, ainsi conçue, n'explique pas tous les phénomènes. Si, par exemple, on place sur une surface blanche deux points noirs à la distance des deux points nodaux des yeux, et si on regarde le papier de façon que le point droit se trouve dans la ligne visuelle de l'œil droit, le gauche dans celle de l'œil gauche, on voit un seul point situé sur le milieu de la distance des deux points ; donc, dans ce cas, il n'y a pas eu projection de l'image suivant les lignes de direction ; du reste, Helmholtz, qui adopte la théorie de la projection, reconnaît lui-même que les partisans de cette théorie ont exagéré l'importance de la projection suivant les lignes de direction, et se borne à admettre que nous projetons dans l'espace, par un acte psychique, les représentations que nous faisons des objets.

La théorie de l'identité a été appelée aussi *théorie nativistique*, parce que ses partisans croient, en général, à un mécanisme *inné* en vertu duquel la notion de l'espace dérive de l'excitation de certaines fibres nerveuses. Cependant la plupart d'entre eux ne vont pas si loin qu'Héring et reconnaissent l'influence de l'expérience, au moins pour les phénomènes de la vision monoculaire.

La théorie des projections est aussi appelée *théorie empiristique*, parce que, d'après le plus grand nombre de ses adhérents, la notion d'espace et en particulier la notion de la profondeur nous sont fournies par l'expérience seule. Cependant quelques auteurs, comme Giraud-Teulon, Serres (d'Uzès), regardent l'appréciation de la position relative d'un point lumineux dans l'espace et de sa direction comme une faculté *innée* de la rétine.

Bibliographie. — Woinow : *Beitr. zur Lehre vom binocularen Sehen* (Arch. für Opht., 1870). — Pictet : *Mém. sur la vision binoculaire* (Bibl. univ. de Gen., 1871). — Sang : *Exp. and obs. on binocular vision* (Proc. of the roy. soc. of Edinb., 1871). — Donders : *Die Projection der Gesichtserscheinungen nach den Richtungslinien* (Arch. für Opht., 1871). — Leconte : *On some points of binocular vision* (Amer. journ. of sc. and arts, 1871). — Mandelstamm : *Beitr. zur Lehre von der Lage correspondirender Netzhautpuncte* (Arch. für Ophth., 1872). — Donders : *Ueber angeborene und erworbene Association* (id.). — Schöler : *Zur Identitätsfrage* (id., 1873). — Valerius : *Beschr. eines Verfahrens zur Messung der Vorzüge des binocularen Sehens, etc.* (Pogg. Ann., 1874). — Le Conte : *On some phenomena of binocular vision* (The Amer. journ. of sc. and arts., 1875). — Emismann : *Zum binocularen Sehen* (Pogg. Ann., 1875). — Dobrowlosky : *Ueber binoculare Farbenmischung* (Arch. de Pflüger, 1875). — Schön : *Zur Lehre von binocularen indirekten Sehen* (Arch. de Gräfe, 1876). — Id. : *Zur Lehre vom binocularen Sehen* (id., 1878-1879). — Helmholtz : *Ueber die Bedeutung der Convergenzstellung der Augen für die Beurtheilung des Abstandes binocular gesehener Objecte* (Arch. f. Physiol., 1878). — Mauthner : *Ueber die Incongruenz der Netzhäute* (Wien. med. Wochsch., 1879).

F. — *Perceptions visuelles.* — *Notions fournies par la vue.*

1° Caractères des perceptions visuelles.

Extériorité des sensations visuelles. — Nous rapportons nos sensations visuelles au monde extérieur, par conséquent en dehors de nous, ou plutôt en dehors du globe oculaire, car ce sentiment d'extériorité existe aussi pour les parties de notre propre corps que nous regardons. Mais ce sentiment d'extériorité me paraît une chose acquise par l'exercice et l'habitude, et non innée, comme le croient beaucoup de physiologistes. Si on détermine un phosphène oculaire par la pression, l'image phosphénienne nous semble, non pas extérieure au globe oculaire, mais localisée à la périphérie même de ce globe, au point diamétralement opposé au point comprimé. En effet, si, conservant les yeux fermés, nous voulons atteindre avec le doigt le lieu de l'espace où se produit le phosphène, le doigt vient se heurter invariablement à la paupière. Il est difficile de savoir quelles sont les sensations d'un nouveau-né; mais, ce qui est certain, c'est que dès que l'enfant commence à regarder, il croit que tous les objets qu'il voit sont à sa portée, et avance la main pour les saisir. Un aveugle-né, opéré par Cheselden, s'imaginait, dans les premiers temps, que tous les objets qu'il voyait touchaient ses yeux, de même que les objets sentis sont au contact de la peau.

Vision droite. — Les images rétiniennes sont, comme on l'a vu, renversées, et cette disposition a beaucoup embarrassé les physiologistes et les philosophes qui ont cherché à la concilier avec la vision droite. Je me bornerai à rappeler les théories les plus importantes, et à donner ensuite l'explication qui me paraît la plus acceptable.

Lecat croit que nous voyons les objets renversés, mais que l'esprit, grâce à l'expérience acquise par le sens du toucher, a appris à rectifier la fausse notion fournie par la sensation visuelle. Pour J. Müller, quoique nous voyions les objets renversés, nous ne pouvons en acquérir la conscience que par des recherches d'optique, et comme nous voyons tout de la même manière, l'ordre des objets ne s'en trouve nullement altéré; nous voyons tout à l'envers, même les parties de notre corps, et chaque chose conserve par conséquent sa position relative; rien ne peut être renversé quand rien n'est droit, dit aussi Volkmann, car les deux idées n'existent que par opposition. Mais les observations sur les aveugles-nés qu'on vient d'opérer prouvent, contrairement à ces différentes opinions, que nous voyons toujours et immédiatement les objets droits et jamais renversés.

Dans la théorie de la projection, la vision des objets est droite, parce que nous voyons chacun de leurs points suivant la projection des rayons lumineux qui impressionnent la rétine; la rétine transmet au sensorium non seulement l'excitation nerveuse qui constitue la sensation lumineuse, mais la *direction* du rayon lumineux excitateur, et comme le fait remarquer Béclard, l'excitation n'a pas lieu sur une surface mathématique, mais suivant une ligne, suivant l'axe du cône ou du bâtonnet, et cette ligne nous indique la direction *linéaire* du rayon lumineux. Il me semble, en effet, qu'il y a là *un des éléments* de la solution du problème. La rétine n'est pas seulement une surface, elle a une épaisseur appréciable, et de même que les excitations successives de points contigus de cette membrane situés en série transversale nous donnent la sensation d'une ligne transversale, de même les excitations successives de points contigus disposés en série, suivant l'axe d'un cône ou d'un bâtonnet, nous donneraient la sensation d'une ligne dirigée dans l'espace suivant la prolongation de l'axe de ce cône, c'est-à-dire de la direction du rayon lumineux. Les impressions rétiniennes pourraient donc, dans ce cas, être localisées suivant les trois directions de l'espace : en longueur, en largeur et en profondeur. On pourrait objecter à cette hypothèse que, dans le cas d'une ligne transversale, les points contigus de la rétine impressionnés sont distincts, tandis que, dans l'autre cas, les points impressionnés appartiennent au même élément, cône ou bâtonnet, et ne peuvent donner qu'une sensation unique ; mais si on a égard à la structure lamellaire de l'article externe (voir page 1144), on peut considérer chaque cône comme constitué par la réunion d'un certain nombre d'éléments distincts et impressionnables, et on voit que la disposition anatomique des cônes et des bâtonnets n'exclut en rien cette hypothèse.

Mais il faut, en outre, faire intervenir un autre élément dans le problème. Quand nous parlons d'objets droits et d'objets renversés, de haut et de bas, nous rapportons toujours les objets extérieurs à notre corps et à la position de ses parties. Un objet sera situé en haut quand il sera du côté de notre tête, que pour le saisir nous serons obligés de porter la main dans la direction de la tête, et que pour le voir nous ferons un mouvement déterminé des yeux (que nous appelons élévation) ou un déplacement correspondant de la tête (renversement en arrière). Il en est de même pour ce qui est en bas, à droite, à gauche, et ces mots n'ont de sens pour nous que par les relations qu'ils expriment avec les différentes parties de notre corps.

L'erreur de la plupart de ceux qui ont cherché à expliquer la vision droite, c'est cette idée que le sujet est censé observer sa propre rétine et qu'il a une connaissance innée de la forme de cette membrane et de la position qu'y occupent les différentes extrémités nerveuses ; en réalité, nous ne connaissons pas plus l'image rétinienne que nous ne connaissons les muscles qui entrent dans un mouvement donné ; nous connaissons uniquement des sensations qui sont en relation de coexistence et de succession avec d'autres sensations soit de même nature, soit de nature différente, et à ce point de vue on pourrait dire, avec Helmholtz, qu'il n'y a même pas lieu de poser la question de la vue droite avec les images renversées. Nos perceptions, en effet, ne sont pas des images des objets, mais des actions des objets sur nos organes ; elles ne sont pas objectives, mais subjectives(1).

Localisation des perceptions visuelles. — La question de la localisation des perceptions visuelles dans l'espace a déjà été traitée incidemment dans le paragraphe précédent, à propos des théories de la vision droite ; cependant, le sujet demande quelques éclaircissements.

Soit d'abord la vision monoculaire. Une première remarque générale à faire, c'est que la localisation d'une perception visuelle ne peut se faire que par comparaison avec d'autres perceptions visuelles et par leur relation avec la position même de l'œil et de la tête. Supposons l'œil plongé dans l'obscurité la plus profonde, qu'on fasse apparaître subitement un point lumineux, nous aurons, en fixant ce point, la notion de sa position par rapport à la position de l'œil et de la tête, mais nous n'aurons aucune notion de sa position dans l'espace. Qu'on fasse alors apparaître un deuxième point lumineux, nous pourrons alors localiser le deuxième point lumineux par rapport au premier, et nous saurons s'il est situé au-dessus, au-dessous, en dehors ou en dedans. La localisation des perceptions visuelles exige donc la coexistence ou la succession de plusieurs impressions visuel-

(1) Dans la théorie de Rouget (voir page 1144), les rayons lumineux n'agissant sur les bâtonnets et les cônes qu'après leur réflexion sur la choroïde, l'image renversée par les conditions optiques de l'œil se trouve redressée naturellement, et le renversement physique est compensé et annulé (Note dans la thèse de M. Duval sur la rétine, p. 107).

les que nous projetons dans l'espace, dans des positions réciproques en rapport avec la position réciproque des points rétiniens excités.

Nous pouvons considérer trois directions principales correspondant aux trois dimensions de l'espace: la direction transversale (largeur), la direction verticale (hauteur), la direction sagittale (profondeur). D'après ce qui a été dit plus haut, la localisation de points lumineux suivant une direction transversale ou verticale (sur une ligne transversale ou verticale), ou autrement dit la *localisation en surface*, ne présente aucune difficulté et nous voyons, soit simultanément (quand l'œil est immobile), soit successivement (quand l'œil se déplace), tous les points d'une ligne transversale ou verticale, en même temps que la série des impressions simultanées (rétiniennes) ou successives (musculaires) nous donne la notion de la direction de cette ligne. Mais pour la direction sagittale il n'en est plus de même ; nous ne pouvons voir qu'un seul point de cette ligne à la fois ; soit, en effet (fig. 433), une série transversale d'éléments rétiniens AB, et chacun de ces élé-

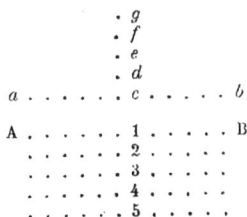

Fig. 433. — *Localisation des perceptions visuelles.*

ments constitué par un certain nombre d'éléments plus petits, 1, 2, 3, 4, situés dans l'axe de chaque élément principal ; soit, d'autre part, la ligne transversale *ab*, située dans l'espace et constituée par une série de points juxtaposés, chacun de ces points impressionnera un des éléments rétiniens et on aura la perception d'une ligne transversale, les points rétiniens impressionnés étant juxtaposés eux-mêmes en série continue, suivant une direction transversale ; mais il n'en sera plus de même pour les points *c*, *d*, *e*, *f*, *g*, situés dans l'espace en série linéaire, suivant la direction sagittale ; un seul des points, le point *c*, impressionnera l'élément rétinien correspondant et nous ne pourrons donc voir à la fois qu'un seul point de la ligne *cg*. Mais nous aurons, malgré cela, la notion de la direction de cette ligne si nous supposons chaque élément rétinien formé par la série de petites particules impressionnables, 1, 2, 3, 4, 5, situées l'une derrière l'autre ; cette notion de direction sera encore plus nette et il viendra s'y adjoindre la notion réelle de la profondeur de l'espace si nous accommodons successivement, pour les différentes distances de la ligne *cg*, de façon que les divers points de cette ligne viennent exciter successivement le même élément rétinien. Il se passe là le même acte, acte musculaire, que quand nous déplaçons l'œil horizontalement le long d'une ligne transversale, de façon que chacun des points de cette ligne fasse successivement son image sur le même élément rétinien. Seulement, cette notion de la profondeur est bien moins nette que les notions des deux autres dimensions de l'espace, et c'est précisément le but principal de la vision binoculaire de donner à cette perception de la] profondeur toute sa puissance et toute sa netteté.

Continuité des perceptions visuelles. — Les excitations lumineuses *simul-*

tanées excitent des éléments distincts de la rétine ; ainsi, une ligne transversale excitera cent cônes, je suppose, en série transversale ; mais, chaque élément impressionné donnant une sensation *distincte*, il devrait y avoir, comme résultat final, perception de cent points juxtaposés en série linéaire transversale et non perception d'une ligne *continue*. En résumé, nous devrions voir une sorte de *mosaïque* analogue à certains dessins pointillés. Il faut très probablement faire intervenir ici l'influence de l'habitude et cette tendance au fusionnement des images, déjà mentionnée plusieurs fois dans le courant du chapitre. Il n'y a qu'à se reporter au mécanisme par lequel se comble la lacune du *punctum cæcum* (page 1140) pour comprendre facilement comment nous arrivons ainsi à combler toutes ces petites lacunes que l'indépendance des éléments rétiniens produit dans le champ visuel. Ce qui semble parler en faveur de cette hypothèse, c'est que, dans certains cas, ces lacunes sont visibles et perceptibles. Ainsi, le matin surtout, au moment du réveil, il survient quelquefois, soit par des actions mécaniques, soit sous l'influence d'une impression lumineuse vive, soit sans cause appréciable, des phénomènes entoptiques consistant en points colorés (ordinairement bleuâtres ou violets) disposés avec une régularité admirable qui rappelle tout à fait la disposition des cônes sur la tache jaune, et séparés par des intervalles obscurs ; la figure est trop régulière pour que l'excitation ait porté seulement sur quelques-uns de ces éléments en respectant les autres, et on ne peut guère admettre autre chose qu'une excitation d'une région localisée de la tache jaune ; seulement, comme elle se fait d'une façon inaccoutumée, l'habitude n'intervient pas et nous percevons chaque excitation élémentaire comme distincte et indépendante ; la mosaïque ne s'uniformise pas.

2° Notions fournies par la vue.

Grandeur des objets. — Le champ visuel n'a, pour notre intelligence, aucune grandeur déterminée. Nos notions sur la grandeur des objets reposent sur les dimensions de l'image rétinienne (angle visuel) et sur l'appréciation de la distance. Le jugement joue, du reste, un très grand rôle dans l'appréciation de la grandeur, et il en est de même de l'exercice et de l'habitude. Dans beaucoup de cas, les mouvements du globe oculaire interviennent et nous fournissent, avec plus de précision encore, cette notion de grandeur, surtout s'il s'agit de comparer deux grandeurs ou deux distances différentes.

Illusions de la grandeur. — Il est souvent très difficile d'apprécier exactement les différences de longueur de deux lignes, et la comparaison est beaucoup plus difficile, à cause de l'astigmatisme, si on compare une ligne verticale à une ligne horizontale ; en général, les lignes verticales nous paraissent plus longues que des lignes horizontales de même longueur ; quand on veut tracer un carré, le côté vertical est trop court et la différence des deux côtés est, en moyenne, de 1/40°. La distance *cd* (fig. 434) nous paraît plus petite que la distance *ab* qui est séparée

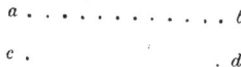

$$a \ldots \ldots \ldots \ldots b$$
$$c \ldots \qquad\qquad \ldots d$$

Fig. 434.

par des points intermédiaires. La lune, qui se lève à l'horizon, nous paraît plus grande parce que l'horizon, à cause des objets situés devant nous, nous semble plus éloigné que le zénith, dans la direction duquel l'œil ne rencontre aucun objet qui puisse servir de point de comparaison. Aussi la voûte céleste n'a-t-elle pas une forme hémisphérique, mais celle d'une voûte surbaissée.

Distance des objets à l'œil. — La distance des objets à l'œil peut s'apprécier par la vision monoculaire seule. Dans ce cas, cette appréciation se base, en premier lieu, sur la grandeur apparente de l'objet (angle visuel), et la comparaison de cette grandeur avec celle d'autres objets voisins ou intermédiaires déjà connus; un autre élément intervient aussi, ce sont les caractères mêmes de l'image, sa netteté, son éclat, les détails plus ou moins nombreux qu'il nous est permis de distinguer. Aussi, dans les pays montagneux, où l'air est plus pur et plus transparent, les habitants des plaines se trompent-ils facilement sur la distance des montagnes qu'ils aperçoivent à l'horizon et qui leur paraissent plus rapprochées qu'elles ne le sont en réalité, à cause de la netteté de leurs contours. L'accommodation, même seule et en l'absence de toute autre condition, peut nous servir pour l'appréciation de la distance, mais seulement pour le passage de la vision éloignée à la vision rapprochée.

Dans la vision binoculaire, nous sommes renseignés sur la distance d'un objet par le sentiment que nous avons du degré de convergence des deux lignes de regard, autrement dit, par une sensation musculaire. Cependant l'appréciation de la distance absolue est souvent très difficile et expose, comme l'ont montré Wundt et Helmholtz, à des illusions assez considérables. Si, les yeux étant fermés, on tient un crayon à une certaine distance du visage et qu'on cherche à amener les yeux dans une position telle qu'on le fixe au moment où on ouvre les yeux, la plupart du temps la convergence est insuffisante et le crayon paraît double.

Direction. — Comme la rétine est sensiblement sphérique, les lignes droites, quand elles ont une certaine longueur, présentent toujours une courbure appréciable. Si nous tenons une règle horizontalement au-dessus de l'œil, son arête offre une concavité supérieure. L'appréciation de la direction des lignes ne se fait pas exactement de la même façon pour les deux yeux. Si on trace deux lignes se coupant à angle droit, l'une horizontale, l'autre verticale, pour la plupart des individus, pour l'œil droit, les angles situés à droite et en haut, en bas et à gauche, paraissent obtus, les autres aigus, et c'est l'inverse pour l'œil gauche.

Dans la vision indirecte, l'estimation de la direction est encore plus incertaine; si on se penche au-dessus d'une grande table, de façon à n'avoir plus, dans le champ visuel, de ligne droite qui puisse servir de point de repère, et que, fixant un point de la table, on cherche à placer trois pains à cacheter en ligne droite, à une certaine distance du point de fixation, on s'apercevra qu'on les dispose toujours suivant un arc dont la convexité est tournée vers le point de fixation.

L'expérience suivante, due à Zœllner, est un exemple curieux des illusions de direction. On trace, à la distance de 5 à 8 millimètres les unes des autres, une série de bandes verticales, et, par conséquent, parallèles; puis, sur chacune de ces bandes verticales, on trace des lignes parallèles égales et équidistantes qui les croisent obliquement, en les disposant de façon que leur obliquité soit de sens inverse pour deux bandes verticales voisines; dans une figure ainsi disposée, les bandes noires, au lieu de rester parallèles, paraissent convergentes ou divergentes, et semblent prendre une direction inverse de celle des lignes obliques qui les coupent.

Solidité des corps, stéréoscopie. — La perception de la profondeur a déjà été étudiée dans les paragraphes précédents (pages 1173 et 1176), et c'est à cette perception de la profondeur que nous devons la notion de la solidité des corps. Cette notion est liée essentiellement à la vision binoculaire ; elle est la conséquence de la projection *stéréométrique* des deux images rétiniennes, et, pour les objets vus en profondeur, ces deux images sont toujours différentes. C'est ce que prouvent, d'une façon indubitable, les phénomènes de la *stéréoscopie*.

Le stéréoscope a été imaginé par Wheatstone en 1833. Son principe est le suivant : Lorsque nous regardons un objet, un solide quelconque, par exemple, nos deux yeux le voient sous des points de vue un peu différents ; ainsi soit un livre placé verticalement au-devant des yeux, dans le plan médian, et présentant son dos au regard ; si les deux yeux sont ouverts, on voit à la fois le dos et les deux côtés du livre ; si on ferme l'œil droit, on ne voit plus que le dos et le côté droit ; si on ferme l'œil gauche, c'est le dos et le côté gauche. Chaque œil reçoit donc une image perspective différente du livre. Si alors vous représentez séparément sur un plan chacune de ces deux images et que vous les fassiez arriver simultanément sur des points correspondants des deux rétines, vous aurez d'une façon saisissante la notion corporelle de l'objet comme si vous regardiez l'objet lui-même.

Les images stéréoscopiques doivent donc répondre à deux perspectives différentes du même objet, prises à des points de vue différents, et le stéréoscope a simplement pour but de permettre à l'observateur la recherche et le maintien de la position convenable des yeux pour faire coïncider ces images. Le stéréoscope de Wheatstone se composait de deux miroirs qui réfléchissaient les images de façon à les faire coïncider comme si elles se trouvaient dans le même endroit. Le stéréoscope à prismes, de Brewster, est plus usité. Il se compose (fig. 435) de deux prismes p et π dont les sommets se regardent ; il en résulte que les points c et γ des dessins ab et $\alpha\beta$ paraissent situés au même point q ; il en est de même des points a et α qui paraissent en f et des points c et γ qui paraissent en φ ; les deux images ab et $\alpha\beta$ se superposent donc pour donner une image résultant $f\varphi$, ce qui procure la sensation de relief.

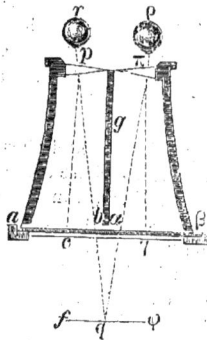

Fig. 435. — *Stéréoscope de Brewster.*

On peut, du reste, faire coïncider les images stéréoscopiques sans se servir d'aucun instrument ; il suffit, pour cela, de disposer les lignes visuelles en parallélisme, c'est-à-dire de fixer le point c avec l'œil r et le point γ avec l'œil ρ ; on voit alors trois images, dont les deux extrêmes sont vues chacune par un seul œil, tandis que l'image intermédiaire, vue simultanément par les deux yeux, donne la sensation du relief ; pour les personnes peu exercées à ce mode d'expérimentation, l'interposition d'un écran médian, placé comme l'écran g du stéréoscope, facilite la réussite en supprimant les deux images extrêmes. On peut encore y arriver en louchant de façon à amener un certain degré de diplopie et en superposant les deux images intermédiaires. Seulement, dans ce cas, il faut placer à gauche l'image destinée à l'œil droit et réciproquement ; sans cela on obtiendrait un relief renversé.

La comparaison des deux images rétiniennes, telle qu'elle se manifeste par la perception de la troisième dimension, est, comme le fait remarquer Helmholtz, d'une exactitude extraordinaire, et les différences qu'elle accuse seraient imperceptibles sans cela. Ainsi, si l'on combine au stéréoscope deux médailles frappées eu même coin, mais composées de métaux différents, l'image résultante paraît convexe et oblique au lieu d'être plane ; cela tient à ce que les médailles n'ont pas la même dimension, à cause des différences de dilatation des métaux après le coup de balancier. Si, en typographie, on compose deux fois la même phrase, quelque soin qu'on prenne, les deux épreuves ne sont jamais semblables, et, examinées au stéréoscope, on voit certaines lettres se placer sur un plan différent des autres. Ce procédé permet de distinguer deux éditions différentes d'un même texte et de reconnaître les billets de banque faux.

On a imaginé plusieurs instruments dans lesquels le principe du stéréoscope se trouve plus ou moins modifié, et on a ainsi obtenu des résultats très curieux ; tels sont le *télestéréoscope*, d'Helmholtz, qui exagère le relief des objets ; le *pseudoscope* qui renverse le relief des objets, fait paraître concaves les corps convexes ; l'*iconoscope*, de Javal, qui donne du relief aux images planes examinées avec les deux yeux, etc.

Le relief peut aussi se produire dans la vision monoculaire, mais alors l'interprétation est plus sujette à erreur ; ainsi, si on regarde le moule creux d'une médaille, éclairé fortement sous une incidence oblique des rayons lumineux, il arrive souvent qu'on croit voir un modèle en relief de la médaille ; en même temps la lumière paraît venir de la partie non éclairée de l'appartement, ce qui donne à l'image une apparence étrange ; quand on regarde binoculairement, l'illusion cesse le plus souvent. Si on regarde le dessin de la figure 436, soit avec un seul œil, soit avec les deux yeux, on peut le voir tantôt comme si les cubes dont il est composé étaient creux, tantôt comme s'ils présentaient leurs angles saillants.

La combinaison des images stéréoscopiques produit encore, dans certaines conditions, ce qu'on appelle *lustre stéréoscopique*. Si l'une des images est blanche et

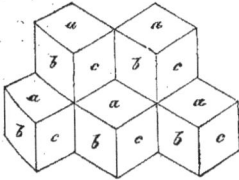

Fig. 436. — *Illusion de relief.*   Fig. 437. — *Projection de deux pyramides.*

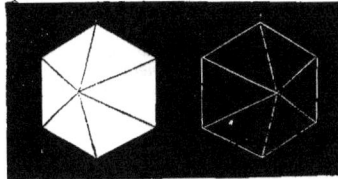

l'autre noire, ou si on leur donne des couleurs différentes, l'image résultante prend un aspect brillant remarquable. Aussi, si on regarde avec le stéréoscope de Wheatstone les projections de deux pyramides, l'une blanche à arêtes noires (fig. 437), l'autre noire à arêtes blanches, on voit une pyramide à arêtes noires et blanches et à faces grises, mais qui brillent comme si toute la pyramide était taillée dans le graphite.

Mouvement des corps. — Nous avons deux façons de juger du mouvement des corps dans le champ visuel ; tantôt l'œil est immobile, tantôt l'œil se meut dans le champ du regard.

Quand l'œil est immobile, nous jugeons qu'un corps est en mouvement quand l'image de ce corps (soit une source lumineuse) vient impressionner successivement des points différents de la rétine et qu'en même temps nous avons la conscience que les muscles de l'œil ne se sont pas contractés pour le déplacer. La coïncidence de ces deux phénomènes, excitation de points rétiniens différents et absence de contraction des muscles oculaires, se lie si invinciblement en nous par l'habitude à l'idée du mouvement des objets extérieurs, qu'elle entraîne avec elle beaucoup d'illusions qui s'expliquent ainsi facilement. Quand nous tournons rapidement la tête, les objets semblent se mouvoir en sens opposé; il en est de même quand nous sommes en chemin de fer ou en bateau à vapeur. Si nous fixons un objet, et qu'avec le doigt nous déplacions l'œil, l'objet paraît se déplacer en sens inverse. L'illusion contraire peut aussi se produire lorsque, conservant l'œil immobile, nous regardons pendant longtemps l'eau d'une rivière du haut d'un pont; cette succession rapide d'impressions sur la rétine nous fait croire que la rivière est immobile et que c'est nous qui sommes entraînés avec le pont dans une direction opposée à celle du courant.

Quand l'œil se meut, nous jugeons qu'un objet extérieur est en mouvement, par le sentiment des contractions musculaires que nous excitons pour déplacer l'œil de façon à suivre du regard l'objet qui se meut et dont l'image se fait alors sur le même point de la rétine. Il en est de même quand, au lieu de l'œil, c'est la tête qui se déplace; mais, dans ce cas, la notion du mouvement, de sa vitesse, de sa direction, est beaucoup moins précise que quand les muscles de l'œil entrent en jeu.

Bibliographie. — Classen : *Durch welche Hülfsmittel orientiren wir uns über den Ort der gesehenen Dinge?* (Arch. für Ophth., 1873). — Stumpf : *Ueber den psychologischen Ursprung der Raumvorstellung*, 1873. — Samelsohn : *Ueber eine besondere Art monocularen Reliefanschauung* (Arch. de Pflüger, 1874). — Hasner : *Die Tiefenempfindung* (Viertelj. für prakt. Heilk., 1874). — Hoppe : *Ueber den Einfluss des Augenconvergenzgrades auf die scheinbare Grösse und Entfernung der Gegenstände* (Deut. Klinik, 1874). — Jacobson : *Die Hasner'sche Theorie der Ruckconstruction* (Arch. für Ophth., 1874). — Guéroult : *La notion d'espace* (Rev. scient., 1875). — Messer : *Notiz über die Vergleichung von Distanzen*, etc. (Pogg. Ann., 1875, 1876). — Vierordt : *Die Bewegungsempfindung* (Zeit. für Biol., 1876). — Ueberhorst : *Die Entstehung der Gesichtswahrnehmung*, 1876. — Krause : *Kant und Helmholtz über den Ursprung der Raumanschauung*, 1878. — Helmholtz : *Die Thatsachen in der Wahrnehmung*, 1878. — Stricker : *Unt. über das Ortsbewusstsein* (Wien. Sitzungsber., 1878). — Jaesche : *Das räumliche Sehen*, 1879.

G. — *Physiologie des parties accessoires de l'œil.*

1° Sourcils et paupières.

Les *sourcils* protègent l'œil contre la sueur qui découle du front et contre les rayons lumineux qui viennent d'en haut, sans compter leur rôle comme organes d'expression.

Les *paupières* servent à protéger l'œil contre les actions extérieures (lumière trop vive, corps étrangers), soit pendant la veille, soit pendant le sommeil.

L'*occlusion des paupières* est tantôt volontaire, tantôt automatique et involontaire, comme dans le sommeil; tantôt réflexe, comme dans le clignement. Le *clignement* est déterminé par une lumière trop vive, par le contact de corps étrangers sur la cornée ou la conjonctive, par un certain degré de sécheresse de ces membranes; il facilite le transport des corps étrangers vers l'angle interne de l'œil, en même temps qu'il étale les larmes à la surface de cet organe. Il est précédé d'une sensation particulière, *besoin de cligner*, et s'exécute plus rapidement que la plupart des réflexes ordinaires.

L'occlusion des paupières est produite par l'orbiculaire (nerf facial) et est toujours plus rapide que l'ouverture.

L'ouverture des paupières est volontaire et déterminée par le releveur de la paupière supérieure (nerf moteur oculaire commun). On trouve, en outre, dans les deux paupières, des muscles lisses, innervés par le sympathique, qui concourent à cette ouverture de la fente palpébrale.

Les *cils* retiennent au passage les corps légers qui pourraient arriver sur le globe oculaire.

2° Appareil lacrymal.

Les larmes (voir p. 829) sont étalées sur le globe oculaire par les mouvements des paupières, dont elles facilitent le glissement; elles conservent le poli de l'œil et sa transparence, empêchent la dessiccation de la cornée par l'évaporation et protègent cette membrane contre le contact de l'air extérieur.

Les larmes, ainsi étalées sur l'œil, sont poussées dans l'interstice conjonctivo-palpébral pendant le clignement, et y sont retenues par la sécrétion des glandes de Meibomius qui lubréfie le bord libre de la paupière et les empêche de déborder sur la joue, à moins que la sécrétion n'en soit trop abondante; elles gagnent alors, par capillarité, le lac lacrymal, et de là passent dans les voies lacrymales et dans le canal nasal par un mécanisme sur lequel il existe encore des dissidences entre les physiologistes.

Mécanisme du passage des larmes dans les voies lacrymales. — Ce mécanisme est très controversé, et les expériences nombreuses faites sur ce point de physiologie n'ont pas encore fourni une solution définitive.

Un premier fait, c'est que, à l'état normal, la disposition anatomique des voies lacrymales facilite la marche du liquide des points lacrymaux vers l'extrémité inférieure du canal nasal, tandis que le reflux de l'air et des liquides, en sens inverse, éprouve des obstacles. Ce résultat est dû en partie aux valvules qui se trouvent dans ces conduits, et peut-être aussi, pour le canal nasal, à la présence de tissu caverneux qui maintiendrait accolées les parois de ce canal (Henle).

Un autre fait, c'est que le muscle orbiculaire des paupières et le muscle de Horner ont une action sur la pénétration des larmes dans les voies lacrymales. Toutes les fois que ces muscles sont paralysés (paralysies du facial), la pénétration est incomplète ou n'a pas lieu, et les larmes s'écoulent sur les joues (*epiphora*). Mais, si le fait est admis par tout le monde, il n'en est pas de même de son interprétation; les uns admettent que le sac est dilaté pendant l'occlusion des paupières, les autres qu'il est comprimé, et malheureusement les expériences avec des manomètres introduits dans les fistules du sac lacrymal ou dans les conduits lacrymaux n'ont donné que des résultats contradictoires. Les mêmes incertitudes existent sur l'action de ces muscles sur les conduits lacrymaux; cependant ils paraissent être comprimés dans l'occlusion des paupières en même temps que le muscle de Horner dirige les points lacrymaux en dedans, vers le lac lacrymal. Ce qui est certain, c'est que le clignement, de quelque façon qu'il agisse, accélère le passage des larmes dans les voies lacrymales; si on dépose dans l'angle interne de l'œil un liquide coloré ou du ferrocyanure de potassium, le liquide met beaucoup plus de temps à passer dans les fosses nasales, quand on maintient les paupières ouvertes, que quand on permet le clignement.

Ces incertitudes expliquent les théories nombreuses émises sur ce sujet. J.-L. Petit comparait les voies lacrymales à un siphon dont la branche verticale unique était constituée par le canal nasal, la branche horizontale double par les conduits lacrymaux. La capillarité, admise par quelques auteurs, ne pourrait être invoquée au plus que pour les conduits lacrymaux, mais pas pour le sac et le canal nasal. Dans la théorie de Weber et Sédillot, reprise par Richet, c'est l'aspiration respiratoire qui, en raréfiant l'air des fosses nasales et, par suite, celui du canal nasal et du sac lacrymal, fait pénétrer les larmes dans les conduits lacrymaux et, de là, dans le sac. Pour quelques auteurs, cette aspiration serait due à la dilatation du sac par la contraction de l'orbiculaire ; pour d'autres, au contraire, dans l'occlusion des paupières, les larmes seraient pressées de tous les côtés et arriveraient ainsi, par compression, dans les conduits lacrymaux ouverts et, de là, de proche en proche, dans le reste des voies lacrymales. Foltz (*Journal de physiologie*, 1862), s'appuyant sur des expériences sur le lapin et le cheval, croit que l'occlusion palpébrale produit la *systole* (passive) des conduits lacrymaux qui, au moment de l'ouverture des paupières, se dilatent (*diastole*) par leur élasticité ; pendant la diastole, les larmes sont aspirées ; pendant la systole, elles sont refoulées dans le sac ; les larmes pénétreraient donc dans le sac par un mécanisme de pompe aspirante et foulante ; puis, une fois dans le sac, elles arriveraient dans le canal nasal sous l'influence combinée de la *vis à tergo*, de la pesanteur et de l'aspiration respiratoire.

3° Pression intra-oculaire.

La pression intra-oculaire paraît être sous la dépendance immédiate de la circulation ; quand la tension augmente dans le système artériel de l'œil, la transsudation du sérum sanguin augmente et la chambre antérieure et les espaces lymphatiques reçoivent plus de liquide, d'où distension du globe oculaire ; cette tension intra-oculaire a été mesurée au manomètre et a été trouvée de 22 à 27 millimètres chez le chat, de 15 à 18 chez le chien. Elle subit des variations isochrones au pouls et aux mouvements respiratoires. Elle diminue par la compression de la carotide du même côté, par l'action de l'atropine, de la quinine, de la digitaline, etc. ; elle augmente par la contraction des muscles de l'œil, par l'action de la calabarine, de la strychnine, etc.

L'influence de l'innervation est controversée. L'extirpation du ganglion cervical supérieur chez le chat l'augmente ; elle baisse, au contraire, par l'excitation du grand sympathique au cou (Hippel, Grünhagen).

On a inventé plusieurs instruments, *ophthalmotonomètres*, pour apprécier la tension oculaire (Dor, Monich, Donders, Snellen). Bitot a appliqué à cette mesure un instrument, le *stasimètre*, à l'aide duquel il apprécie la consistance des corps mous.

Bibliographie. — V. Hippel et Grünhagen : *Ueber den Einfluss der Nerven auf die Höhe des intraoculares Druckes* (Arch. für Ophth., 1870). — Dobrowolsky : *Zur Lehre über die Blutcirculation im Augenhintergrunde* (Centralbl., 1870). — Donders : *Ueber die Stützung der Augen bei expiratorischen Blutandrang* (Arch. für Ophth., 1871). — Leber : *Stud. über den Flüssigkeitswechsel im Auge* (id., 1873). — Reich : *Zur Physiol. der Thränensekretion* (id.). — Demtschenko : *Mechanismus der Thränenleitung in die Nasenhöhle* (en russe ; anal. dans : Hofmann's Jahresb., 1873). — Leber : *Ernährungverhältnisse des Auges* (Handb. d. ges. Augenheilk., 1874). — Krückow et Leber : *Stud. über den Flüssigkeitswechsel im Auge* (Arch. für Ophth., 1874). — Knies : *Zur Lehre von den Flüssigkeitsströmungen im lebenden Auge* (Arch. de Virchow, t. LXV, 1875). — Hirschberg : *Zur Beeinflussung des Augendruckes durch den N. trigeminus* (Centralbl., 1875). — Bitot : *Essai de stasimétrie* (Arch. de physiol., 1878). — Krehbiehl : *Die Musculatur der Thränenwege*, etc., 1879.

Bibliographie générale. — Helmholtz : *Optique physiologique* (1856-1860 ; trad. franç., 1867). — Giraud-Teulon : *Phys. et pat. fonctionnelles de la vision binoculaire*, 1861. — Kaiser : *Compend. der physiologischen Optik*, 1871. — Dobrowlosky : *Beitr. zur* *physiol. Optik*, 1872. — HERING : *Zur Lehre von Lichtsinne*, 1874. — BERSTEIN : *Der Gesichtsinn*, 1875. — DEWAR : *L'action physiologique de la lumière* (Rev. scientif., 1875). — MAGNUS : *Das Auge*, etc., 1876. — AUBERT : *Physiol. Optik*, 1876. — HIRSCHBERG : *Optische Notizen*, 1876. — CLASSEN : *Physiol. des Gesichtssinnes*, etc., 1876. — GIRAUD-TEULON : *L'œil*, 1878. — A. v. GRAFE : *Schen und Schorgan*, 1879. — COHN : *Die Augen der Frauen*, 1879. — HEYMANN : *Das Auge*, 1879. — SOUS : *Traité d'optique*, 1879.

Olfaction.

Des corps odorants. — Il est difficile, dans l'état actuel de la science, de préciser ce qu'on doit entendre par *corps odorant*, et nous ignorons absolument à quel caractère de ces corps correspond la sensation d'*odeur*. Tout ce que nous savons, c'est que ces corps doivent être *volatils* et que des particules infiniment petites suffisent pour déterminer une excitation des nerfs olfactifs ; ainsi, de l'air contenant un millionième d'acide sulfhydrique est encore perceptible à l'odorat, et des fragments de musc ou d'ambre conservent leur odeur pendant des années sans perdre sensiblement de leur poids.

Les caractères des corps odorants ont été étudiés par Venturi, B. Prévost et Liégeois. Si on dépose à la surface de l'eau du camphre, de l'acide succinique, etc., ces corps se meuvent sur l'eau avec une rapidité extrême ; de même toute substance odorante, concrète ou fluide, mise sur une glace mouillée, fait écarter sur-le-champ l'eau qu'elle touche, de sorte qu'il se forme tout autour du corps un espace de quelques pouces. On pourrait, d'après ces caractères, distinguer les corps odorants de ceux qui ne le sont pas (*odoroscopie* de Prévost). A ces caractères Liégeois en ajoute deux autres : en premier lieu, quand les corps odorants sont en poudre, si on les projette à la surface de l'eau, ils s'étalent avec une rapidité extrême, chaque particule s'éloignant l'une de l'autre (poudre de cumin, de benjoin, etc.) ; en outre, les mouvements du camphre et de l'acide succinique s'arrêtent quand un corps odorant touche l'eau sur laquelle ces corps se meuvent. Si on verse sur de l'eau un peu d'huile essentielle ou d'huile fixe, cette huile s'étale sur toute la surface de l'eau et forme une pellicule mince constituée par des granulations huileuses d'une finesse extrême, 0^m,001 à 0^m,004, granulations qui sont entraînées avec la vapeur d'eau qui s'échappe des couches superficielles. Cette division extrême des substances huileuses au contact de l'eau facilite leur dissémination dans l'atmosphère et, par suite, leur transport jusqu'au nerf olfactif ; aussi certaines substances qui, comme les huiles fixes, n'ont pas d'odeur à l'état pur, deviennent-elles odorantes au contact de l'eau (Liégeois), et on sait depuis longtemps que les odeurs des fleurs sont bien plus sensibles le matin à la rosée ou quand l'atmosphère est chargée de vapeur d'eau, comme après la pluie. Ces considérations ne peuvent s'appliquer aux odeurs minérales. (Voir Liégeois : *Sur les mouvements de certains corps organiques à la surface de l'eau*, Archives de physiologie, 1868.)

Tyndall a remarqué que la plupart des substances volatiles odorantes ont un notable pouvoir d'absorption pour la chaleur.

Transport des particules odorantes jusqu'à la muqueuse olfactive. — Les particules odorantes sont transportées mécaniquement par l'air jusqu'à la muqueuse olfactive ; l'air est le véhicule obligé des odeurs : on n'odore pas dans l'eau ; si on remplit les fosses nasales d'eau chargée d'eau de Cologne, on n'a aucune sensation olfactive. Mais l'air seul ne suffit pas, il faut que cet air soit en mouvement et que le courant d'air ait une certaine direction. Si on retient sa respiration dans un air odorant, on ne sent rien ; quand la respiration est calme, la sensation olfactive est très faible ; pour qu'elle acquière tout son développement, il faut que le courant d'air inspiré ait une certaine force et vienne se briser contre le bord antérieur du cornet inférieur qui le renvoie vers la muqueuse olfactive. La direction du courant d'air n'a pas moins d'influence ; l'air expiré qui arrive d'arrière en avant par l'orifice postérieur des fosses nasales ne détermine qu'une sensation à peine appréciable ; il en est de même quand on projette directement le courant d'air odorant sur la muqueuse, soit à l'aide d'un tube, soit après certaines opérations chirurgicales.

De l'excitation des nerfs olfactifs. — Les nerfs olfactifs sont les nerfs de l'odorat. Il ne peut y avoir aujourd'hui sur ce sujet le moindre doute, malgré les faits contraires cités par Magendie. Si, après la destruction des nerfs olfactifs, les animaux sont encore sensibles à l'ammoniaque, à l'acide acétique, c'est que ces substances agissent sur la sensibilité tactile de la pituitaire. Pour que l'olfaction se produise, il faut que la muqueuse se trouve dans certaines conditions ; quand elle est trop sèche ou trop humide, la sensation est abolie : c'est ce qui arrive dans le coryza, par exemple.

Le mécanisme de l'excitation du nerf olfactif par les corps odorants est encore très obscur. Cependant il y a là probablement une action mécanique, un ébranlement d'une nature particulière, et cette probabilité ressort de la structure même des organes et des conditions physiques des corps odorants. D'après les recherches de Schultze, les cellules nerveuses olfactives se termineraient, au moins chez beaucoup d'animaux, par des prolongements en forme de cils qui dépassent la surface de l'épithélium ; on trouve donc là les conditions favorables à un ébranlement mécanique. D'autre part, on a vu plus haut que les particules odorantes sont constituées par des granulations d'une finesse extrême qui doivent arriver sur les extrémités nerveuses dans une direction déterminée.

Des sensations olfactives. — L'intensité des sensations olfactives dépend, d'une part, de la quantité des particules odorantes, de l'autre, du nombre d'éléments nerveux impressionnés, ou, ce qui revient au même, de l'étendue de la région olfactive. Cette sensation est, en général, très fugace et, pour qu'elle se maintienne, il faut que de nouvelles particules odorantes soient continuellement apportées aux extrémités nerveuses.

La finesse de l'odorat présente des différences individuelles considérables et peut, du reste, être accrue d'une façon remarquable par l'exercice. Chez certains animaux, le chien, par exemple, ce sens est excessivement développé et a autant d'importance que la vue.

Quand on fait arriver à chaque narine une odeur différente, il n'y a pas mélange des deux sensations : elles se succèdent alternativement, mais il n'y en a toujours qu'une seule à la fois.

Dans l'ignorance où nous sommes de la nature des odeurs, nous ne pouvons les classer que d'après le caractère même de la sensation olfactive sans pouvoir rattacher ce caractère à une condition physique, comme on le fait, par exemple, pour le son, pour la hauteur ou le timbre. A ce point de vue, la meilleure classification est peut-être encore celle de Linné qui classe les odeurs en : aromatiques (laurier), fragrantes (lis), ambrosiaques (ambre), alliacées (ail), fétides (valériane), vireuses (solanées), nauséeuses (courge).

Les sensations olfactives consécutives ont été peu étudiées et sont mises en doute par beaucoup de physiologistes ; elles seraient dues à des particules odorantes restées dans les sinus et reprises par le courant d'air. Elles paraissent plus fréquentes pour les odeurs désagréables (odeur cadavéreuse).

Des sensations subjectives existent souvent chez les aliénés.

La distinction des sensations d'odeur et des sensations tactiles de la pituitaire (ammoniaque, acide acétique) est souvent difficile à faire, et dans le langage usuel on les confond sous la dénomination générale d'odeurs ; cependant ce sont là de véritables sensations tactiles analogues à celles que ces substances déterminent quand elles sont mises en contact avec la muqueuse oculaire, par exemple.

Usages de l'odorat. — L'odorat, appelé par Kant un *goût à distance*, nous fait connaître certains caractères de nos aliments et de nos boissons et nous guide, par conséquent, dans le choix que nous en faisons ; les indications qu'il nous fournit, rudimentaires chez l'homme, très développées chez l'animal, concernent non seulement leur pureté, mais leurs qualités nuisibles ou favorables à l'alimentation. C'est ainsi que l'animal choisit certains aliments et en rejette d'autres, sans autre guide que l'odorat. La pureté de l'air que nous inspirons nous est connue par le même moyen et l'odorat nous révèle dans l'air atmosphérique des substances que les réactifs sont impuissants à déceler. Enfin, le seus de l'olfaction a des rapports intimes avec les phénomènes d'innervation et en particulier avec l'innervation génitale ; l'odorat est, chez les animaux surtout, l'excitateur principal des désirs vénériens.

Bibliographie. — B. Prevost : *Divers moyens de rendre sensibles à la vue les émanations des corps odorants* (Acad. d. sc., 1799). — Cloquet : *Osphrésiologie*, 1821. — A. Duméril : *Des odeurs*, 1840. — Liégeois : *Mém. sur les mouv. de certains corps organiques*, etc. (Arch. de physiol., 1868). — Braune und Classen : *Die Nebenhöhlen der menschlichen Nase* (Zeit. für Anat., 1876). — V. Vintschgau : *Physiol. des Geruchssinns* (Hermann's Handb. d. Physiol., 1880).

Gustation.

Les *saveurs* peuvent être divisées en quatre classes : *salées, sucrées, acides, amères;* quelques physiologistes n'admettent même que deux classes : les saveurs sucrées et les saveurs amères ; quand l'olfaction et la sensibilité tactile sont supprimées, il ne reste que ces deux-là. La nature des corps sapides ne peut en rien expliquer la sensation qu'ils produisent par leur application sur les nerfs du goût, et on trouve dans la même classe des corps dont les propriétés chimiques sont très différentes ; ainsi la saveur sucrée appartient au sucre, aux sels de plomb, au chloroforme.

La sensibilité gustative a pour siège la base, la pointe et les bords de la langue, et la partie moyenne de sa face dorsale ; sa face inférieure en est tout à fait dépourvue. Elle existerait aussi, d'après quelques observateurs, sur le voile du palais, la luette et les piliers antérieurs, mais le fait est plus que douteux. La base de la langue est la région la plus sensible et perçoit surtout les saveurs amères, la pointe les saveurs sucrées et acides.

La sensibilité gustative de la langue est due aux papilles caliciformes et aux papilles fungiformes ; si on touche la langue avec une substance sapide *entre* deux papilles, en prenant bien soin que la substance n'arrive pas aux papilles elles-mêmes, il n'y a aucune sensation. Plus il y a de papilles en contact avec le corps sapide, plus la sensation acquiert de netteté et de précision. Les papilles filiformes ne jouent aucun rôle dans la gustation.

Nous ignorons à quel état et dans quelles conditions doivent se trouver les substances sapides pour pouvoir exciter les nerfs du goût. Il est probable que ces substances sont dissoutes dans le liquide buccal et pénètrent ensuite par imbibition dans les papilles pour atteindre les extrémités nerveuses. En tout cas, les solides et les gaz peuvent, aussi bien que les liquides, éveiller les sensations gustatives. Cette sensation ne se produit pas immédiatement après l'application du corps sapide sur la langue ; il faut un certain temps, variable suivant la substance, pour que celle-ci arrive jusqu'aux nerfs, et ce temps dépend probablement du plus ou moins de rapidité de la dissolution de la substance et de l'imbibition des papilles ; aussi les mouvements de la langue, la pression contre la voûte palatine abrègent-ils ce stade préparatoire en même temps qu'ils augmentent la sensibilité gustative en multipliant le nombre des papilles impressionnées. Les saveurs salées se perçoivent presque de suite après l'application du corps sapide ; les saveurs amères sont plus lentes à se déclarer.

Les substances injectées dans le sang peuvent agir aussi sur les nerfs gustatifs. Si on injecte dans les veines d'un chien de la coloquinte, il fait les mêmes mouvements de mâchonnement et de dégoût que quand on applique directement la coloquinte sur la langue ; on a la sensation d'une saveur amère dans l'ictère.

La finesse de la sensibilité gustative n'est pas la même pour les différentes saveurs, mais les chiffres donnés par les physiologistes varient beaucoup suivant la sensibilité individuelle. Ce sont les substances amères qui supportent la plus grande dilution ; une dilution de sulfate de quinine au 100,000° donnerait encore, d'après Camerer, 32 fois sur 100 une sensation d'amertume. Les substances salées et sucrées sont très inférieures sous ce rapport ; leur saveur disparaît pour des dilutions beaucoup plus concentrées. La température la plus favorable à l'exercice de la sensibilité gustative se trouve entre 10° et 35°.

Les sensations tactiles (astringents) et thermiques (moutarde, menthe poivrée) de la langue sont souvent confondues avec les sensations gustatives ; il en est de même des sensations olfactives ; ainsi le goût de la vanille n'est qu'une sensation olfactive ; si on se bouche le nez, la sensation disparaît. Les rapports du goût avec l'odorat se voient surtout bien dans les cas de coryza ; nous ne percevons plus que les sensations brutes d'amer, de sucré, de salé et d'acide.

L'application d'un courant constant sur la langue détermine pendant tout le passage du courant une sensation acide au pôle positif, alcaline ou plutôt âcre au pôle négatif ; ces sensations ne paraissent pas dues à la décomposition électrolytique des liquides buccaux.

Les *nerfs* du goût sont le glosso-pharyngien et le lingual : le glosso-pharyngien innerve la base de la langue et nous donne surtout la sensation d'amer ; le lingual innerve la partie antérieure de la langue et est principalement affecté par les corps sucrés; après sa section, l'opéré perd la faculté de percevoir les saveurs sucrées (Michel) (Pour les origines des fibres gustatives du lingual, voir : *Nerfs crâniens*).

Les centres nerveux du goût paraissent résider dans le bulbe et dans la protubérance : c'est là, du moins, que se trouvent les centres qui président aux mouvements réflexes de la langue, des lèvres et des joues et à la sécrétion salivaire; après la section de la moelle allongée au-dessus de la protubérance, ces mouvements se produisent encore par l'excitation du nerf lingual. Les centres de perception se trouvent dans les parties supérieures de l'encéphale.

Bibliographie. — Horn : *Ueber den Geschmacksinn*, 1825. — Guyot et Admyrault : *Mém. sur le siège du goût*, 1830. — Id. : *id.* (Arch. gén. de méd., 1837). — Schirmer : *Nonnulla de gustu*, 1856. — Keppler : *Das Unterscheidungsvermögen des Geschmacksinnes* (Arch. de Pflüger, t. II). — Camerer : *Die Grenzen der Schmeckbark it von Chlornatrium* (id.). — Id. : *Ueber die Abhängigkeit des Geschmacksinns*, etc. (Zeit. für Biol., 1870). — V. Vintschgau : *Physiol. des Geschmackssinns* (Hermann's Handb. d. Physiol., 1880). — Id. : *Beitr. zur Physiol. des Geschmackssinns* (Arch. de Pflüger, t. XIX et XX).

Toucher.

Le sens du toucher, qui a pour organes la peau et certaines muqueuses, comprend deux ordres de sensations distinctes : les sensations tactiles et les sensations de température.

a. — SENSATIONS TACTILES.

A. — *Des excitants des sensations tactiles.*

Les sensations tactiles sont déterminées par des actions mécaniques, contact, pression, traction, et par l'excitation qui en résulte dans les nerfs sensitifs de la peau et des muqueuses.

Le mode d'application de l'excitation mécanique sur la surface sensible diffère suivant que le corps est solide, liquide ou gazeux.

1° *Solides.* — Les corps *solides*, dont l'action peut toujours se mesurer par des poids, agissent sur la peau (ou les muqueuses) de deux façons : par pression ou par traction.

La *pression* peut varier depuis zéro jusqu'à un maximum qui n'a pour limite que la désorganisation même des tissus. De zéro à une certaine pression *minimum*, qui dépend de la sensibilité de la région, la sensation est nulle, et à cette pression minimum correspond la sensation de *contact* simple ; bientôt et très rapidement, la sensation change de caractère et on a la sensation de *pression ;* puis, la pression augmentant toujours, la sensation de pression fait place à une sensation nouvelle, celle de *douleur*, qui elle-même disparaît quand la pression, arrivée à son maximum, désorganise les extrémités nerveuses. Il y a donc une sorte d'échelle graduée des impressions tactiles correspondant aux différences d'intensité de l'excitation mécanique.

La pression peut varier non seulement en intensité, mais en *étendue ;* et quelque circonscrite qu'elle soit, elle couvre toujours une surface correspondante à plus d'une périphérie nerveuse. Cette pression peut être *uniforme*, c'est-à-dire répartie également sur les différents points de la surface touchée, ou *irrégulière;* dans ce dernier cas, qui est le plus ordinaire, les sensations tactiles sont plus précises et plus nettes. Un corps rugueux, qui ne touche la peau que par quelques points en laissant des intervalles non impressionnés, donne une sensation plus accusée qu'un corps lisse qui touche la peau par un grand nombre de points. Si l'on imprime le doigt dans un morceau de paraffine encore molle et qu'on la laisse se solidifier sur le doigt, les sensations tactiles disparaissent, sauf à l'endroit où la paraffine cesse d'entourer le doigt; dans ce cas, en effet, la paraffine se moule sur les divers accidents de surface de la peau et presse également sur tous les points; *l'inégalité de pression paraît être une des conditions de la sensation tactile;* de là l'utilité pour la finesse de la sensation des crêtes papillaires qu'on trouve sur les parties de la peau les plus aptes au toucher, comme la face palmaire des doigts et de la main.

Quand les pressions sont très légères (frôlement) et se succèdent rapidement, périodiquement ou non, en excitant une grande quantité de fibres nerveuses, les sensations tactiles prennent un caractère particulier: c'est le *chatouillement.*

La *traction* (sur les cheveux, les poils) détermine beaucoup plus rapidement la sensation de douleur, et l'échelle sensitive est bien moins étendue que pour les sensations de pression.

2° *Liquides.* — Les liquides (supposés à la température de la peau) pressent uniformément sur toutes les parties de la surface cutanée, à l'exception des points de la peau qui se trouvent en contact avec la surface du liquide; soit, en effet, un doigt plongé dans un liquide, dans du mercure par exemple; la partie plongée dans le liquide subit une pression qui décroît uniformément de bas en haut; la partie du doigt située dans l'air est soumise aussi à une pression uniforme; c'est seulement au niveau de la surface du liquide qu'il y aura inégalité de pression dans le derme, suivant une ligne circulaire correspondante à la ligne d'affleurement du mercure; aussi la sensation tactile est-elle absente, sauf en cet endroit, où elle se révèle par l'impression d'un anneau fixe; l'expérience est plus frappante avec le mercure qu'avec l'eau à cause de la différence de pression qu'il y a entre l'air et le mercure; la sensation est encore plus vive quand on enfonce et qu'on retire alternativement le doigt du liquide.

3° *Gaz.* — Un courant d'air qui vient frapper *obliquement* la peau détermine une sensation tactile; cette sensation est beaucoup moins marquée quand le courant d'air frappe perpendiculairement la surface cutanée.

Le mode de transmission des excitations mécaniques jusqu'aux nerfs sensitifs est encore très obscur. On trouve dans la peau et les muqueuses trois espèces de terminaisons nerveuses auxquelles puissent se rattacher les sensations tactiles : 1° les corpuscules du tact; 2° un plexus nerveux de fibres sans moelle dont les extrémités plongent jusque dans la couche de Malpighi, et 3° les corpuscules de Pacini. Les deux premiers sont situés sous l'épiderme, les derniers dans le tissu cellulaire sous-cutané.

La première couche rencontrée par l'excitation mécanique est la couche cornée de l'épiderme ; cette couche cornée, très variable d'épaisseur, transmet aux périphéries nerveuses l'ébranlement mécanique et paraît en même temps en atténuer l'intensité. Quand cette couche cornée disparaît (vésicatoires), la sensation tactile est remplacée par la douleur, et la sensation perd en même temps de sa précision. Au-dessous de cette couche cornée, l'ébranlement mécanique rencontre la couche de Malpighi, moins dure, moins dense, imprégnée de liquides et comparable peut-être à une mince lame liquide interposée entre la couche cornée et les extrémités nerveuses. Comment, avec quelles modifications l'ébranlement mécanique se transmet-il dans cette lame pour arriver aux nerfs? C'est ce qu'il est impossible de préciser.

En tout cas, si une pression très faible suffit pour que les corpuscules du tact et le plexus nerveux soient excités (ainsi dans le chatouillement), il n'en est plus de même pour les corpuscules de Pacini, situés plus profondément; il faut pour cela une pression plus marquée qui puisse se faire sentir à travers l'épaisseur de la peau.

Le mode même d'excitation des terminaisons nerveuses est aussi peu connu. Les actions mécaniques déterminent-elles simplement une pression, pression qui se transmet aux corpuscules du tact ou de Pacini, ou bien produisent-elles des oscillations qui agiraient sur les extrémités nerveuses comme les vibrations de l'air sur les nerfs auditifs, ou bien les deux modes peuvent-ils se présenter suivant les cas ? Krause a cherché à trouver dans la structure des corpuscules des conditions anatomiques qui augmenteraient la pression dans les parties centrales ; Meissner, de son côté, voit dans l'arrangement des fibres nerveuses dans les corpuscules du tact une disposition qui favoriserait l'action des oscillations, et a cherché ainsi à expliquer mécaniquement certains phénomènes de la sensation tactile ; mais ces hypothèses, n'étant susceptibles jusqu'ici d'aucune vérification, doivent être laissées de côté jusqu'à nouvel ordre.

Contrairement à ce qui avait été trouvé par Munk, Leyden, Drosdoff, etc., Tschiriew et de Watteville, en se servant de méthodes plus précises, ont constaté que l'excitabilité électrique des nerfs cutanés était la même sur tous les points du corps.

B. — *Des sensations tactiles.*

1. — *Différents modes de sensations tactiles.*

Les sensations tactiles peuvent être rapportées à l'état normal à deux espèces : aux sensations de pression et aux sensations de traction.

1° Sensations de pression.

Les sensations de contact et de pression ne diffèrent pas de nature et ce sont, en réalité, deux degrés de la même sensation. Elles paraissent cependant avoir leur point de départ dans des éléments anatomiques différents. La sensation de contact est abolie dans les cicatrices après la destruction de la couche papillaire du derme et semble résider dans les corpuscules du tact ; la sensation de pression persiste au contraire et dépendrait des corpuscules de Pacini situés dans le tissu cellulaire sous-cutané.

Sensation de contact. — La sensation de contact peut varier d'intensité, de nature et d'étendue.

Les variations d'*intensité* sont très limitées et la sensation de contact se transforme presque immédiatement en sensation de pression dès que l'intensité de la cause mécanique augmente un peu ; c'est surtout sensible pour les corps solides, et, pour ces derniers, on pourrait dire que la sensation de contact est une et invariable comme degré ; en deçà, c'est l'absence de sensation ; au delà, c'est la sensation de pression.

La sensation de contact diffère de *nature* suivant les corps ; la sensation est différente suivant que le doigt touche (en les supposant à la température du doigt) un métal, du bois, un corps gras, un liquide, ou reçoit un jet de gaz ; il y a là quelque chose de comparable au timbre des sons. C'est surtout pour certaines muqueuses que cette différence de nature se fait sentir ; telle est l'astringence déterminée par une solution de tannin. Quand deux régions de la peau se touchent, la plus sensible sent l'autre ; ainsi, si on applique le doigt sur le front, le doigt sent le front ; si au contraire le doigt frotte rapidement le front, c'est le front qui sent le doigt.

L'*étendue* de la région impressionnée augmente l'intensité de la sensation. Il est difficile de préciser le *minimum* de pression nécessaire pour déterminer une sensation de contact, ce minimum variant suivant les régions. Le tableau suivant, emprunté à Aubert et Kammler, donne ce minimum pour quelques régions ; les poids sont exprimés en milligrammes et pressaient tous sur neuf millimètres carrés de surface cutanée :

Front, tempes, nez, joues	2 milligr.
Paume de la main.	3 —
Paupières, lèvres, ventre ; paume de la main	5 —
Face palmaire de l'index.	15 —

Au lieu de poids placés directement sur la peau, on peut employer une balance dont un plateau est muni à sa face inférieure d'une pointe qui appuie sur la peau (Dohrn), ou la pression d'une onde liquide (tube de caoutchouc rempli d'eau qu'on soumet à des pressions rhythmiques, Goltz). Ce dernier procédé a été perfectionné récemment par Bastelberger qui le considère comme le plus précis.

En général, la finesse de la sensation de contact diminue régulièrement des doigts au coude ; elle est plus marquée à la face palmaire qu'à la face dorsale, au côté radial qu'au côté cubital, à gauche qu'à droite.

Sensations de pression. — La sensation de pression succède toujours à une sensation de contact, mais elle présente toujours une échelle d'intensité bien plus étendue que cette dernière, et il y a une foule de degrés intermédiaires jusqu'au moment où elle se transforme en douleur.

Par contre, la nature de la sensation de pression offre bien moins de variété et les caractères de poli, de rugueux, de gras, etc., disparaissent pour le toucher dans une sensation une et identique pour tous les corps, bois, métal, etc., pourvu que la pression qu'ils déterminent soit suffisante.

L'étendue de la région pressée diminue l'intensité de la sensation et en émousse la netteté.

Le minimum de pression nécessaire pour déterminer la sensation de pression varie suivant les régions ; il en est de même du maximum de pression au delà duquel la sensation fait place à la douleur.

Pour étudier ces sensations de pression (et de douleur) à tous leurs degrés, je fais usage d'un appareil, *aiguille æsthésiométrique*, qui permet de graduer, dans les limites les plus étendues, la pression sur une région déterminée de la peau. L'appareil, dont la figure 438 rend toute description détaillée superflue, se compose essentiellement d'une aiguille munie d'un plateau qu'on peut charger de poids et

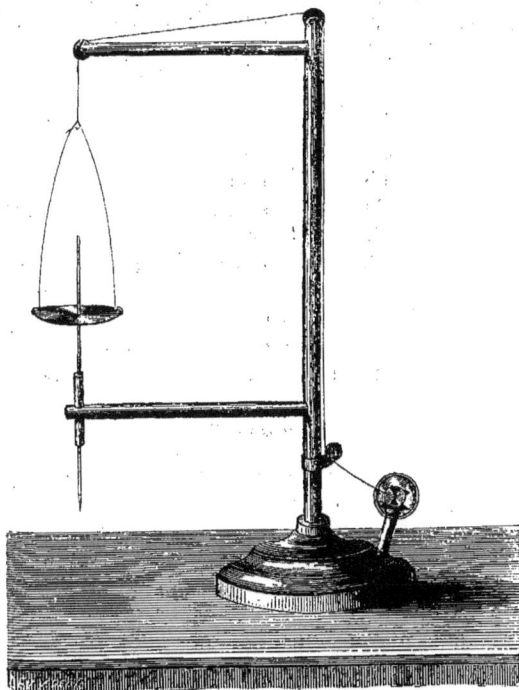

Fig. 438. — *Aiguille æsthésiometrique de l'auteur.*

qui peut s'abaisser ou s'élever à volonté en glissant, sans frottement, dans un tube vertical. L'aiguille et son plateau peuvent, suivant le but qu'on se propose, être construits en bois, en liège, en métal, etc., et, par conséquent, il est facile de leur donner le poids voulu pour les expériences, suivant les régions sur lesquelles on opère (1). On peut employer aussi les appareils et les procédés mentionnés à propos des sensations de contact. Eulenburg a construit sur le modèle des bascules ordi-

(1) L'aiguille peut servir aussi à apprécier le degré de cohésion des tissus et des organes.

naires un instrument qu'il appelle le *baræsthésiomètre*. On peut utiliser aussi l'appareil de Bitot mentionné page 1184.

2° Sensations de traction.

Les sensations de traction passent par des phases analogues à celles que parcourent les sensations de pression : contact, traction, douleur. La sensation de contact n'a qu'une très faible durée et se transforme très vite en sensation de traction qui, elle-même, devient très rapidement douloureuse.

En suspendant des poids aux cheveux ou aux poils, il est facile de mesurer, dans les diverses régions, les *minima* nécessaires pour déterminer ces diverses sensations de simple contact, de traction et de douleur, et on voit de suite que ces minima descendent bien au-dessous de ceux qui sont nécessaires quand les poids agissent par pression.

3° Sensations tactiles des muqueuses.

Les sensations tactiles des muqueuses sont de même nature que celles de la peau; mais, tandis que la peau présente la sensibilité tactile sur toute son étendue, il n'en est plus de même des muqueuses. Beaucoup d'entre elles, comme la trachée, la vessie, etc., en sont dépourvues; d'autres, au contraire, sont douées d'une sensibilité exquise, supérieure même à celle de la peau; telle est celle de la pointe de la langue. La sensibilité tactile de beaucoup de muqueuses a quelque chose de spécial qui les différencie des sensations cutanées; ainsi, dans la cornée, la conjonctive, les muqueuses du gland, du clitoris, etc.

2. — *Sensations tactiles composées.*

Les impressions tactiles peuvent être simultanées ou successives.

1° Sensations tactiles simultanées.

Les sensations simultanées peuvent être doubles ou multiples.

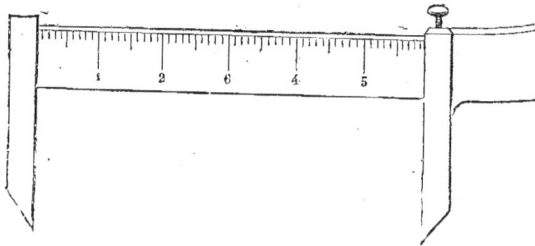

Fig. 439. — *Æsthésiomètre.*

Les sensations *doubles*, que ce soient des sensations de contact, de pression ou de traction, ne se montrent que lorsque les excitations de la surface cutanée se font à une certaine distance l'une de l'autre. Si elles sont trop rapprochées, la sensation reste simple quoique l'excitation se fasse en deux endroits ; ainsi, si l'on prend, par exemple, un *æsthésiomètre* (fig. 439) ou un compas dont les branches soient écartées (H. Weber), et qu'on applique les deux pointes sur la peau, on aura la sensation des deux pointes ; mais si on les rapproche successivement, il viendra un moment où, malgré l'écartement des deux pointes, on n'en sentira plus qu'une ; il y a donc une distance des deux pointes ou un *minimum d'écart* en deçà duquel les deux pointes ne donnent qu'une seule sensation. Ce minimum d'écart varie suivant les différentes régions de la peau, comme le montre le tableau suivant, de H. Weber :

	Millimètres.		Millimètres.
Pointe de la langue................	1,1	Face plantaire du métatarsien du pouce.....................	15,7
Face palmaire de la troisième phalange des doigts.................	2,2	Face dorsale de la première phalange des doigts...............	15,7
Bord rouge des lèvres.............	4,5	Face dorsale de la tête du métacarpe....................	18,0
Face palmaire de la deuxième phalange.....................	4,5	Face interne des lèvres............	20,3
Face dorsale de la troisième phalange.....................	6,7	Partie postérieure de l'os malaire....	22,5
Bout du nez....................	6,7	Partie inférieure du front..........	22,5
Face palmaire de la tête des métacarpiens.....................	6,7	Partie postérieure du talon........	22,5
		Partie inférieure de l'occipital.......	27,0
Ligne médiane du dos et des bords de la langue à 2 millimètres de la pointe.....................	9,0	Dos de la main.................	31,5
		Cou, sous le menton.............	33,7
Bord cutané des lèvres.............	9,0	Vertex.....................	33,7
Métacarpe du pouce..............	9,0	Genou.....................	36,0
Face plantaire de la deuxième phalange du gros orteil.............	11,2	Sacrum.....................	40,5
		Fesses.....................	40,5
Dos de la deuxième phalange des doigts.....................	11,2	Avant-bras..................	40,5
		Jambe.....................	40,5
Joue.....................	11,2	Dos du pied..................	40,5
Paupières.....................	11,2	Sternum....................	45,4
Voûte palatine..................	13,5	Nuque.....................	54,1
Partie antérieure de l'os malaire.....	15,7	Dos.......................	54,1
		Cuisse et bras.................	67,6

Ce *minimum d'écart* peut servir, jusqu'à un certain point, de critérium pour apprécier la sensibilité cutanée d'une région ou d'un individu. On voit, par ce tableau, que la sensibilité tactile augmente de la racine du membre à sa périphérie. Vierordt a montré que cette sensibilité dépend de la grandeur des mouvements ; elle est, pour chaque segment d'un membre, proportionnelle à la distance des points de la peau à l'axe de rotation du membre. Cette sensibilité croît très vite aux doigts, moins vite à la main, plus lentement encore à l'avant-bras et au bras.

Le minimum d'écart est plus faible dans le sens horizontal que dans le sens transversal ; il diminue par l'attention et l'exercice (aveugles), ou si on applique sur la peau un liquide indifférent comme l'eau ou l'huile ; il est plus petit chez les enfants ; il augmente, au contraire, quand la peau s'étend, comme dans la grossesse.

Cette sensibilité des diverses régions explique plusieurs phénomènes qui paraissent singuliers au premier abord. Si on promène le compas, avec le même écart, de l'avant-bras à la pulpe du doigt, ou de l'oreille aux lèvres, la sensation, d'abord simple, se dédouble et les deux pointes paraissent s'écarter de plus en plus ; c'est le contraire qui se produit si on promène le compas en sens inverse. Un dé, un anneau, appliqués sur la pulpe du doigt, paraissent plus grands que sur la paume de la main.

L'électrisation de la peau dans l'intervalle des deux pointes de compas, l'action de promener un pinceau d'une pointe à l'autre, font disparaître la sensation double.

Si, au lieu de prendre un compas ordinaire, on prend un compas à 3, 4, 5....] branches (1), on peut encore percevoir 3, 4, 5 sensations distinctes; mais, à mesure que le nombre des contacts se multiplie, la sensation perd de sa netteté, et au delà de 4 ou 5 pointes on n'a plus qu'une sensation confuse et il est impossible de préciser le chiffre des pointes en contact.

2° Sensations tactiles successives.

Les sensations tactiles successives doivent, pour être perçues isolément, être séparées par des intervalles de temps convenables; si elles se succèdent trop rapidement, elles donnent lieu à une sensation continue. Si on approche la main d'une roue dentée tournant avec une certaine rapidité, quand la main reçoit 640 chocs par seconde, les impressions se fusionnent et les dents de la roue ne sont plus distinctes.

Dans certaines conditions, ces sensations tactiles successives donnent lieu à une sensation composée, d'une nature spéciale, aussi difficile à analyser qu'à décrire. Le prurit, la démangeaison sont des sensations tactiles du même ordre, mais qui se présentent plutôt sous forme de sensations internes.

3. — *Caractères des sensations tactiles.*

La *durée* des sensations tactiles ne correspond pas exactement à la durée de l'application de l'excitant, elle la dépasse; il semble que l'action mécanique du corps en contact détermine une vibration qui survit un peu à l'excitation, comme l'ondulation d'une nappe d'eau survit à la chute de la pierre qui l'a déterminée. C'est pour cela qu'une succession trop rapide d'excitations ou de contacts, comme dans l'expérience de la roue dentée citée ci-dessus, détermine une sensation continue au lieu d'une sensation intermittente; dans ce cas, la sensation *consécutive* à chaque choc d'une dent de la roue dure 1/640e de seconde.

Un caractère important des sensations tactiles, c'est l'*extériorité*. La sensation tactile est rapportée par nous à la limite de la surface cutanée. Dans certains cas même, elle est rapportée à l'extérieur; ainsi, lorsque nous touchons le sol avec le bout d'une canne, nous sentons le sol; si le bâton est mobile dans la main, nous avons en même temps deux sensations : celle du bâton à la surface de la peau, celle du sol à l'extérieur. C'est de la même façon que, dans la mastication, nous sentons parfaitement les parcelles alimentaires qui se trouvent entre les dents.

Cette tendance à rapporter les sensations tactiles à la surface du corps

(1) Des aiguilles implantées en nombre plus ou moins grand dans un morceau de bouchon peuvent parfaitement remplacer le compas à plusieurs branches.

explique comment cette projection se produit, même quand les nerfs cutanés sont excités *dans leur trajet* et non à leurs extrémités, comme dans l'état normal. Elle explique aussi comment les sensations qu'éprouvent les amputés par suite de l'excitation des nerfs sensitifs sont rapportées à la périphérie nerveuse absente, et comment ils croient sentir les doigts et les extrémités des membres qui leur ont été enlevés. De même après la rhinoplastie par transplantation d'un lambeau de la peau du front, l'opéré rapporte au front, c'est-à-dire à la place qu'il occupait primitivement, toutes les sensations qui se produisent dans le nez nouveau.

Un autre caractère essentiel des sensations tactiles, c'est leur *localisation*. Nous connaissons plus ou moins exactement le point touché ou pressé, et nous le rapportons avec plus ou moins de précision à une région déterminée du corps. Il semble que nous sentions la surface de notre corps comme une sorte de *champ tactile* dans lequel nous nous orientons, comme l'œil s'oriente dans le champ visuel, et cette localisation, qui nous permet de juger de la position des corps par rapport à nous, de leur grandeur, de leur forme, est la résultante d'une série d'actes physiologiques et intellectuels compliqués sur lesquels on reviendra plus loin.

Cette localisation explique certaines illusions tactiles dont la plus connue est l'expérience d'Aristote (fig. 440). Si on croise l'index et le médius et qu'on roule entre les deux une petite boule, on a la sensation de deux boules; c'est qu'en effet, dans la position normale des doigts, l'expérience nous a appris à fusionner, dans la notion d'un seul objet, les sensations localisées dans les parties correspondantes de deux doigts voisins, et à dédoubler, au contraire, à rapporter à deux objets distincts les sensations localisées dans des parties non correspondantes; et cette tendance au dédoublement est si forte, que ce dédoublement se produit malgré la conviction que nous avons de tenir entre les mains un seul objet.

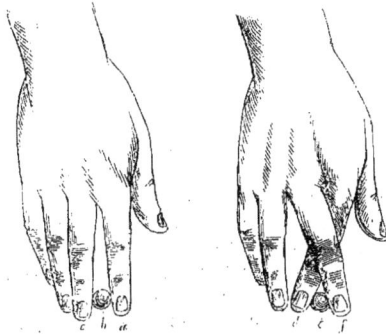

Fig. 440. — *Expérience d'Aristote.*

Pour apprécier la finesse de localisation de la peau, on emploie le procédé suivant : Le sujet en expérience a les yeux fermés; la peau est touchée avec une pointe noircie qui laisse une marque sur la peau, et le sujet indique avec une pointe l'endroit touché; la distance entre les deux points indique l'écart de la sensibilité. Cette localisation s'apprécie aussi en traçant ou en plaçant sur la peau des figures diverses (lettres, figures géométriques) que le sujet doit reconnaître.

Influences qui font varier la sensibilité tactile. — Les causes qui influencent cette sensibilité sont de deux ordres : les unes dépendent de la peau elle-même, les autres de l'état des corps avec lesquels elle est en contact. L'épaisseur et la dureté de l'épiderme diminuent cette sensibilité, mais sa présence est indispensable. L'hyperhémie et l'anémie de la peau, un refroidissement (*anesthésie* *localisée*), produisent le même résultat. La présence du duvet et des poils accroît la sensibilité à la pression; il faut un poids plus lourd pour produire la sensation de contact sur les parties rasées que sur les parties garnies de poils. Les bains d'eau chargée d'acide carbonique augmentent la sensibilité; de très faibles courants d'induction la diminuent.

La température du corps en contact exerce aussi son influence; un poids donné paraît plus lourd qu'un poids égal plus chaud; les deux pointes du compas sont mieux perçues quand leur température est inégale, et on les distingue encore quand leur distance est plus petite que le minimum d'écart.

L'*exercice* modifie considérablement la sensibilité tactile, et cette modification s'effectue même très rapidement; en quelques heures, la sensibilité de la face palmaire peut être quadruplée; les progrès sont d'abord très rapides, puis plus lents; il est vrai que la sensibilité ainsi acquise se perd très vite et revient en quelques heures au degré normal; cependant, par un exercice régulier et réitéré, les progrès deviennent permanents. On sait à quelle finesse de toucher arrivent les aveugles. Un fait singulier, c'est que l'exercice d'une partie modifie en même temps et augmente la sensibilité de la partie symétrique non exercée, fait qui prouve que les modifications anatomiques amenées par l'exercice ont lieu, non dans les organes périphériques, mais dans les centres nerveux eux-mêmes.

L'exercice augmente aussi bien la sensibilité à la pression que la sensibilité à la distance ou la faculté de localisation. Pour juger la sensibilité à la pression, on place deux poids inégaux, soit simultanément sur des points symétriques de la peau, soit successivement sur le même point, et le sujet apprécie, sans le secours de l'œil, la différence des deux poids. D'après Weber, on peut distinguer des différences de 1/40e, pourvu que les poids ne soient ni trop légers ni trop lourds. Les augmentations de poids sont plus facilement perçues que les diminutions.

La *palpation* rectifie et perfectionne les sensations tactiles, et comme la main en est l'agent principal, on a voulu localiser dans cet organe le sens du toucher, sens répandu sur toute la surface de la peau. La palpation est un phénomène complexe dans lequel interviennent non seulement les sensations tactiles, mais l'action musculaire, et auquel des actes cérébraux très compliqués donnent un caractère essentiellement intellectuel.

L'*habitude* émousse non la sensibilité, mais la sensation tactile; une impression prolongée finit par ne plus déterminer de sensation; nous ne sentons plus nos vêtements qui sont journellement en contact avec la peau; il suffit même d'un temps très court pour que la sensation disparaisse quand le contact se prolonge, surtout si le corps en contact éveille en nous une sensation déjà connue.

L'influence de la *fatigue* sur les sensations tactiles a été peu étudiée.

Les sensations tactiles sont souvent le point de départ de *réflexes* qui varient suivant les régions excitées et le mode d'excitation. Tout le monde connaît les réflexes (rires, convulsions) produits par le chatouillement; il en est de même pour les muqueuses; tels sont l'éternuement par le contact de la pituitaire avec certains corps, la toux par la titillation du conduit auditif externe, etc.

Le rôle du toucher dans les phénomènes intellectuels sera étudié dans le chapitre de la psychologie physiologique.

Analyse théorique des sensations tactiles. — L'analyse des sensations tactiles est encore très incomplète et on en est réduit, sur ce sujet, à des hypothèses. Il me paraît cependant utile de donner une idée de la façon dont ces phénomènes peuvent être interprétés.

On serait porté à admettre qu'à chaque sensation simple de contact ou de pression correspond l'excitation d'une seule fibre nerveuse primitive et que l'excitation simultanée de deux fibres nerveuses distinctes donnera une sensation double. En réalité, il n'en est pas tout à fait ainsi; quelque aigus que soient les corps en contact avec la peau, ils exciteront toujours plus d'une fibre nerveuse primitive sans donner pour cela une sensation double. C'est qu'ici intervient une opération intellectuelle déjà étudiée à propos des autres sensations, c'est la tendance qu'a l'esprit à fusionner en une seule sensation les impressions qui atteignent des fibres nerveuses voisines. Pour qu'il y ait deux sensations distinctes, il faut qu'il y ait une ou plusieurs fibres inexcitées (ou peut-être moins excitées ?) entre les deux points touchés.

Pour faciliter l'interprétation des phénomènes tactiles, on peut comparer la peau à une sorte de damier dont chaque case (*cercle de sensation de Weber*) serait

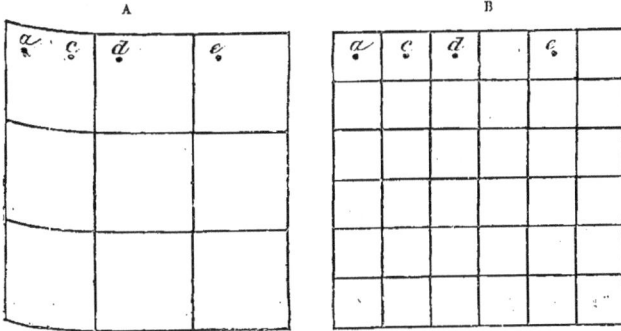

Fig. 441. — *Schéma de l'innervation tactile.*

innervée par un filet nerveux distinct; dans les régions les plus sensibles, les cases seront plus petites, et le nombre des terminaisons nerveuses plus considérable. Ainsi, la région cutanée A, par exemple (fig. 441), sera innervée par 9 nerfs et comprendra 9 cases, tandis que la région B, quoique de même étendue, comprendra 36 cases et recevra 36 fibres nerveuses.

Si, dans la figure A, on place les branches du compas sur *a* et *c*, dans la première case, il n'y aura qu'une sensation simple; il en sera de même si on place la seconde branche du compas sur une des cases voisines; par contre, si on place une des pointes en *c* et l'autre en *e*, il y aura sensation double parce qu'entre les deux pointes il y a une case inexcitée. Si, au lieu de la région cutanée A, nous prenons la région cutanée B, où les cases sont moitié moins larges, la distance minimum des deux branches du compas devra être moitié moins grande qu'en A pour avoir une sensation double. Cette hypothèse explique assez bien, au premier abord, la différence de sensibilité des diverses régions de la peau, mais elle ne suffit pas pour tous les cas. En effet, la même distance des deux pointes du compas ce, qui, dans la position de la figure 441, A, donne une sensation double, donnerait une sensation simple si on les place sur deux cases voisines, ce qui n'est pas ; en outre, elle ne peut expliquer le perfectionnement de cette sensibilité par l'exercice. On est alors forcé d'admettre que les circonscriptions nerveuses cutanées (cercles de sensation des auteurs) empiètent les unes sur les autres, autrement dit qu'un même point de la peau reçoit des filets nerveux provenant de plusieurs nerfs et que, par suite, un corps quelconque en contact avec la peau excite en même temps plusieurs fibres nerveuses. On représente alors les départements nerveux par des cercles enchevêtrés les uns dans les autres.

La figure 442 représente ce mode d'innervation. Soit une coupe transversale schématique d'une région cutanée ; cette étendue cutanée recevra un certain nombre de fibres nerveuses, et chaque fibre nerveuse fournira plusieurs filets empiétant sur les filets des nerfs voisins. Soit maintenant un corps, une pointe de compas, par exemple, venant au contact de cette surface en *a*, il excitera dans cette étendue

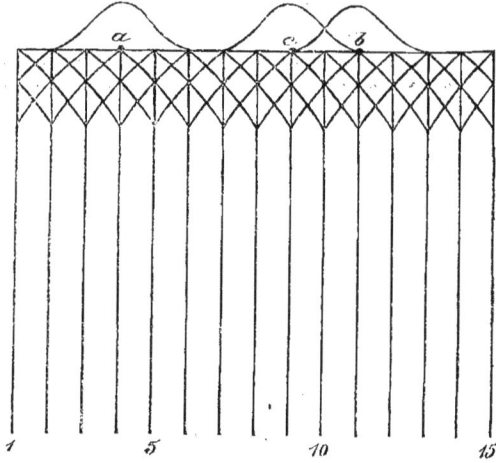

Fig. 442. — *Schéma de l'innervation tactile.*

de peau toutes les fibres nerveuses de 2 à 6, mais l'excitation n'aura pas sur toutes la même intensité, elle sera au maximum pour la fibre 4, plus faible pour les fibres 3 et 5 ; au minimum pour les fibres 2 et 6 ; on pourra donc représenter l'intensité de l'excitation de la peau sur cette surface par une courbe A, dont la hauteur correspondra à l'intensité de l'excitation. La sensation éveillée par ce corps sera simple, quoiqu'il y ait plusieurs fibres excitées, parce qu'il n'y aura pas de lacune dans l'excitation. Soit maintenant une autre pointe du compas en *b*, les fibres 9 à 13 seront excitées dans les mêmes conditions que tout à l'heure les fibres 2 à 6, et entre ces deux régions il y aura une région intermédiaire dans laquelle les fibres nerveuses 7 et 8 seront absolument inexcitées ; on aura donc là les conditions nécessaires pour une sensation double, c'est-à-dire une lacune dans l'excitation nerveuse. Si, au lieu de placer la deuxième pointe du compas en *b*, je la place en *c*, les fibres nerveuses 7, 8, 9, 10 et 11 sont excitées et il ne reste entre les deux pointes aucun élément nerveux absolument inexcité ; mais l'excitation des fibres 6 et 7 est excessivement faible et il devient possible, par l'attention et l'exercice, de faire abstraction de cette excitation légère pour ne sentir que les deux maxima correspondant aux autres fibres et rendre la sensation double ; l'exercice et l'attention pourront encore aller plus loin, et on conçoit que dans certaines conditions (aveugles) deux excitations *b* et *c* puissent encore donner une sensation double ; il suffit alors qu'il y ait simultanéité de deux sensations fortes, séparées par une sensation plus faible, sans avoir besoin de recourir à une lacune complète dans l'excitation sensitive.

Le nombre d'éléments inexcités ou moins excités nous permet de juger de la distance qui sépare les deux corps en contact avec la peau ; aussi comprend-t-on facilement que, sur les régions plus pauvres en nerfs, les deux pointes ne donneront qu'une sensation simple pour le même écart des deux branches.

Quel est maintenant l'élément de la sensation tactile, l'unité tactile, si on peut s'exprimer ainsi ? C'est probablement une sensation simple, analogue aux sensations qui constituent le fourmillement, ou à celles qu'on éprouve par la compression légère d'un nerf, le nerf cubital, par exemple, mais atténuée par l'épiderme. Il y aurait donc là, comme élément spécial, une fulguration légère, une sorte d'étincelle sensitive correspondante à l'excitation d'une fibre nerveuse isolée. La sensation tactile que, jusqu'ici, nous avons considérée comme simple, ne serait donc, dans ce cas, qu'une sensation composée d'un certain nombre d'unités, de même qu'un son qui nous paraît simple est, en réalité, composé de plusieurs sons et de plusieurs excitations nerveuses. Quand, d'un autre côté, l'excitation devient trop intense, les fulgurations partielles se fusionnent en une sensation que nous appelons douleur.

b. — SENSATIONS DE TEMPÉRATURE.

1° Des conditions de production des sensations de température.

Les sensations de température ou mieux de chaleur ou de froid reconnaissent pour cause une variation *brusque* de température de la peau ; la température de la peau, résultante immédiate de la température du sang qu'elle reçoit, est un peu au-dessous de la température des parties profondes, et supérieure, en général, à la température de l'air ambiant ; aussi, sauf de rares exceptions, la peau subit : 1° une déperdition continuelle de calorique au profit de l'extérieur ; 2° un apport continu de calorique au détriment de l'intérieur. Cette perte et cet apport s'équilibrant, la température de la peau reste *constante*, et nous n'avons aucune sensation. Mais si l'équilibre se rompt brusquement, si la perte ou le gain sont trop intenses, cette variation impressionne les nerfs cutanés qui la transmettent aux centres nerveux, d'où sensation de température ; cette sensation se produit donc quand l'unité de surface de la peau reçoit ou perd, dans l'unité de temps, une quantité déterminée de calorique (non encore mesurée).

De ce qui précède, il résulte que la sensation de *froid* pourra reconnaître pour causes :

1° Un apport moindre de calorique de l'intérieur, exemple : diminution de l'afflux sanguin par rétrécissement des artères cutanées ;

2° Un abandon plus grand de calorique au milieu extérieur ; ainsi si l'on met en contact avec la peau un corps plus froid qu'elle, ou meilleur conducteur, ou plus froid que ceux qui la touchaient précédemment.

De même, la sensation de chaleur se produira :

1° Si la peau reçoit plus de calorique de l'intérieur (afflux sanguin) ;

2° Si elle en abandonne moins à l'extérieur ou si elle en reçoit de l'extérieur.

Tous les corps, quel que soit leur état, solide, liquide ou gazeux, sont susceptibles de déterminer des sensations de température ; deux choses seulement sont à considérer : la température du corps en contact et sa conductibilité. Si la température du corps est trop basse ou trop élevée, la sensation de température disparaît pour faire place à la douleur ; la conductibilité du corps jouera aussi un rôle important. A température égale, les corps meilleurs conducteurs, les métaux par exemple, déterminent avec plus d'intensité les sensations de chaleur ou de froid ; cette conductibilité peut même compenser des différences notables de température. Si, l'air étant à 17°, on plonge la main dans de l'eau à 18°, on a une sensation de froid, quoique le corps en contact avec la main soit plus chaud ; mais l'eau est un meilleur conducteur que l'air, et la main perd, dans le même temps, une plus grande quantité de calorique. C'est pour la même raison qu'un morceau de métal paraît plus froid (ou plus chaud) qu'un morceau de bois à la même température.

2° Caractères des sensations de température.

Les sensations de température sont de deux espèces : sensation de froid, sensation de chaleur ; quoique leur cause soit essentiellement la même et qu'il n'y ait au fond que des différences de degré, cependant l'esprit a la perception de deux sensations différentes ; quand ces deux sensations ont une très grande intensité, elles se transforment peu après en sensation de douleur qui, d'abord, a un caractère particulier pour la chaleur et pour le froid, mais qui, au maximum d'intensité, prend pour les deux le caractère d'une brûlure.

Les sensations thermiques simultanées ou successives sont d'autant mieux perçues qu'il y a plus de différence de température entre les deux corps en contact avec la peau. Pour explorer la sensibilité thermique de la peau, on peut se servir d'un compas dont les deux pointes sont inégalement chauffées, ou de l'æsthésiomètre de Liégeois. Cet instrument est construit sur le même principe que l'æsthésiomètre de la figure 436 ; seulement les pointes sont en rapport avec deux petits prismes creux qu'on peut remplir de liquide à une température donnée. On voit alors que l'écart minimum entre les deux pointes est plus faible quand ces pointes sont à une température différente.

La sensibilité thermique des différentes régions de la peau ne suit pas exactement la topographie de la sensibilité tactile. Cette sensibilité est au maximum sur certaines parties de la face, joues, paupières, pointe de la langue, conduit auditif ; elle est moindre aux lèvres ; elle est très faible au nez. Sur le tronc, la ligne médiane est moins sensible que les parties latérales ; la poitrine est plus sensible en bas qu'en haut ; le ventre l'est plus que le dos ; sur les membres, la sensibilité augmente à mesure qu'on se rapproche de la racine du membre ; au bras et à la cuisse, le côté de l'extension est plus sensible que celui de la flexion ; c'est l'inverse à l'avant-bras et à la jambe. Le froid, la chaleur (45°) diminuent la sensibilité. Il en est de même de l'épaisseur de l'épiderme (mauvais conducteur).

Certaines températures s'apprécient plus facilement que d'autres ; ainsi, pour l'eau, on apprécie le mieux les différences de température de 27 à 33°, puis entre 33 et 37°, puis entre 14 et 27°. Cette appréciation se fait en plongeant successivement le même doigt dans les deux liquides, ou successivement deux doigts symétriques ; on peut distinguer ainsi des différences de 1/6e de degré (Réaumur).

La durée des sensations de température dépasse la durée de l'application de l'excitant ; on a ainsi des sensations *consécutives* de froid et de chaud ; cette durée est même assez longue. Ainsi, si on met en contact, pendant quelque temps, le front avec un corps froid, un morceau de métal, par exemple, on a une sensation consécutive de froid assez prolongée, et cette sensation présente ce caractère particulier de n'être pas uniformément décroissante, mais de présenter des espèces de redoublements d'intensité (4 à 5).

L'intensité de la sensation dépend d'abord de la température même du corps en contact et de sa conductibilité, autrement dit de la rapidité du changement de température de la peau ; en second lieu, de l'étendue de la surface impressionnée ; de l'eau paraît plus chaude (ou plus froide) quand on y plonge la main entière que quand on y plonge le doigt seulement.

La localisation des sensations thermiques se fait toujours à la surface touchée ; mais cette localisation est moins nette et plus diffuse que celle des sensations tactiles.

Certaines muqueuses sont douées de la sensibilité à la température ; telles sont les muqueuses buccale, pharyngienne (le voile du palais fait percevoir des différences de deux degrés), la partie inférieure du rectum, etc. ; d'autres, comme les muqueuses stomacale, intestinale, utérine, etc., en sont tout à fait dépourvues. La sensibilité des muqueuses pour la température est, en général, moins développée que celle de la peau. Si, par exemple, pendant qu'on boit un liquide chaud, comme du café, on trempe la lèvre supérieure dans la tasse de façon que la partie cutanée de la lèvre soit en contact avec le liquide, on a immédiatement une sensation de brûlure.

L'influence de l'exercice, de l'habitude, de la fatigue, a été peu étudiée.

Les sensations de température peuvent être le point de départ de réflexes, différents pour les sensations de froid et de chaud : pour le froid, les réflexes portent surtout sur le système musculaire lisse (chair de poule) ou strié (frissons, claquement des dents) ; il faut distinguer dans ces cas l'effet réflexe de l'influence locale directe.

Les sensations thermiques, comme les sensations de contact, ont leur siège dans les parties superficielles de la peau ; ainsi, elles disparaissent, comme ces dernières, dans les cicatrices superficielles du derme. Comme le contact a pour organes les corpuscules de Meissner, il est probable que les sensations de température ont pour siège le réseau nerveux de la couche de Malpighi, et cette hypothèse s'accorde avec la diffusion plus grande et la localisation moins bien définie des sensations de température.

Les sensations thermiques et les sensations tactiles ont, du reste, beaucoup de points de ressemblance ; si on recouvre la peau de collodion en laissant un trou central où la peau est à nu et qu'on fasse agir sur la peau tantôt le contact (pinceau, bâton, ouate), tantôt la chaleur (métal incandescent, lentille), la cause de la sensation est parfaitement reconnue à la paume de la main (le sujet en expérience a naturellement les yeux fermés) ; mais, sur le dos de la main, 6 fois sur 105 expériences, la chaleur est prise pour le contact, et, sur le dos, le nombre des erreurs atteint 12 sur 30 expériences (Wunderli et Fick). Cependant, d'un autre côté, les deux sensations, chaleur et contact, peuvent coexister au même endroit sans se confondre, et, dans des cas pathologiques, il peut arriver que la sensibilité tactile et la sensibilité à la température soient, l'une abolie, l'autre conservée. Il semblerait donc que ces sensations aient pour siège et pour conducteurs des organes et des filets nerveux spéciaux, sans cependant qu'on puisse en donner la démonstration.

Bibliographie. — GERDY : *Mém. sur le tact* (L'Expér., 1842). — WEBER : *Tastsinn* (Wagner's Handwort., 1849). — LANDRY : Arch. gén. de méd., 1852. — WEBER : *Ueber den Raumsinn* (Leipz. Ber., 1852). — CZERMAK : *Tastsinn* (Wien. Akad., 1855). — AUBERT ET KAMMLER : *Unt. üb. den Druck und Raumsinn* (Unt. zur Naturl., 1858). — DOHRN : *De varia variarum cutis partium*, etc., 1859. — GOLTZ : *Ein neues Verfahren, die Schärfe des Drucksinnes*, etc. (Centralbl., 1863). — NOTHNAGEL : *Beitr. zur Phys. und Pat. des Temperatursinns* (D. Arch. für Klin. Med., 1866). — EULENBURG : *Ein Thermoästhesiometer* (Berl. klin. Wochensch., 1866). — RAUBER : *Ueber den Wärme-Ortssinn* (Centralbl., 1869). — VIERORDT : *Dépendance du développement du sens de lieu de la peau*, etc. (Journ. de l'Anat., 1870). — KOTTENKAMP ET ULLRICH : *Vers. üb. den Raumsinn*, etc. (Zeit. f. Biol. 1870). — PAULUS : *Vers. üb. den Raumsinn* (id., 1871). — RICKER : *Vers. üb. den Raumsinn* (id., 1873). — ID. : *id.* (id., 1874). — HARTMANN : *Der Raumsinn* (id., 1874). — BERNHARDT : *Die Sensibilitäts-Verhältniss der Haut*, 1874. — KOWALESKY : *Tonoesthesiometr* (Indic. med. ; en russe, 1876). — MANOUVRIEZ : *Nouvel aesthésiomètre à pointes isolantes* (Arch. de physiol., 1876). — BLOCH : *Sens. électriq. et tactiles* (Trav. du lab. de Marey, 1877). — KLUG : *Zur Physiol. des Raumsinnes*, etc. (Arch. für Physiol., 1877). — ID. : *Zur Physiol. des Temperatursinnes* (Arb. aus. d. phys. Anst. Leipz., 1876). — HERING : *Grundzüge einer Theorie des Temperatursinnes* (Wien. Akad., 1877). — O. SIMON : *Ueber die Gestalt der Weber's Empfindungskreise* (Arch. für Physiol., 1878). — BLOCH : *Caract. différentiels des sensations électriques et tactiles* (Trav. du lab. de Marey, 1877). — FUCHS : *Ueber die Wärmeempfindung der Hornhaut* (Stricker med. Jahrb., 1878). — BASTELBERGER : *Exper. Prüfung der zur Drucksinn-Messung angewandten Methoden*, 1879. — MÖLLER : *Ueber die Maasbestimmungen des Ortsinns* (Arch. de Pflüger, t. XIX). — TSCHIRIEW ET DE WATTEVILLE : *On the electrical excitability of the skin* (Brain, 1879). — DROSDOFF : *De la mensuration de l'épiderme*, etc. (Arch. de Physiol., 1879). — ASCH : *Ueber das Verhältniss des Temperatur und Tastsinns zu den bilateralen Functionen*, 1879. — BLOCH : *Durée de la persistance des sensations de tact* (Trav. du labor. de Marey, 1878-79). — O. FUNKE : *Physiol. des Tastsinns* (Hermann's Handb. der Physiol., 1880). — HERING : *Physiol. des Temperatursinns* (id.).

Sensations internes (1).

Les sensations internes se distinguent des sensations précédentes par leur indétermination, la difficulté de les localiser dans une région précise et surtout par ce caractère essentiel qu'elles ne nous font connaître que des *états* de l'organisme sans jamais nous mettre en rapport avec les objets extérieurs (2).

Ces sensations internes sont excessivement multipliées ; chaque fonction, pour ainsi dire, s'accompagne de sensations particulières qui, très souvent, passent inaperçues à cause de leur faible intensité et grâce à l'habitude, mais qui deviennent perceptibles dès qu'elles acquièrent une certaine intensité et peuvent même, dans certains cas, arriver à un degré

---

(1) Les *sensations musculaires* ont été étudiées page 422.
(2) Cependant cette distinction n'est pas absolue; le sens musculaire, par exemple, offre, à ce point de vue, la transition entre les sensations spéciales et les sensations internes.

de violence insoutenable pour l'organisme. Ces sensations internes sont de deux ordres : les unes correspondent au non-exercice de la fonction ; ainsi, qu'on retienne pendant quelque temps sa respiration, on sentira bientôt une gêne considérable de la région pectorale (attaches du diaphragme), un besoin de respirer qui, à la longue, devient intolérable; la faim, la soif, l'envie de dormir, etc., sont des sensations du même ordre, et on leur donne, en général, le nom de *besoins*. A un degré très léger d'intensité, ces besoins ont quelquefois un caractère agréable (appétit, besoin sexuel), mais dès qu'ils atteignent une certaine force, ils deviennent rapidement désagréables, douloureux. Quelques-uns, comme la nausée, par exemple, sont toujours désagréables.

Une seconde catégorie de sensations internes correspond à l'exercice des fonctions; ainsi quand, après avoir retenu notre respiration, nous respirons largement, la pénétration de l'air dans les voies aériennes s'accompagne d'une sensation de bien-être, de courant d'air pur dans les poumons; la satisfaction de la faim et de la soif, l'exercice musculaire, etc., nous offrent le même genre de sensations qui peuvent atteindre une intensité très grande, comme dans les sensations voluptueuses du coït. On peut les appeler *sensations internes fonctionnelles*.

Enfin la *douleur*, avec ses manifestations multiples, constitue un troisième groupe de sensations internes.

Nous allons passer rapidement en revue chacun de ces groupes de sensations internes.

1° Besoins.

La *faim*, quoique assez vaguement localisée, paraît avoir son siège dans la région épigastrique. Au début, la sensation de la faim est agréable (appétit), puis elle devient peu à peu douloureuse et même atroce (sensations de tiraillement, de torsion, de pincement de l'estomac). La faim est satisfaite par l'introduction des aliments dans l'estomac avant même que la résorption des produits de la digestion ait pu se faire; l'introduction de substances non digestibles peut la suspendre pour quelque temps; il en est de même de l'usage de l'alcool, du tabac, de l'opium. La sensation de la faim paraît due en partie aux contractions des fibres musculaires stomacales, en partie peut-être aussi aux nerfs sensitifs de la muqueuse; en tout cas, la section des pneumogastriques, chez les chiens, n'abolit pas la sensation de la faim (Sédillot), ce qui semble indiquer, au moins dans certaines conditions, une origine centrale, sans qu'on puisse encore préciser le siège de ce centre nerveux. Il doit cependant être placé dans la moelle allongée, car les fœtus anencéphales tètent et ont, par conséquent, la sensation de la faim.

La *soif* se localise dans le pharynx et dans la bouche, spécialement à la base de la langue et au palais, et la sécheresse qui la caractérise se fait surtout sentir quand ces organes se mettent au contact l'un de l'autre. Cette sensation a pour conditions, soit une diminution de la quantité d'eau de tout l'organisme, comme à la suite de sueurs abondantes ou de diarrhée, soit une sécheresse de la muqueuse par causes purement locales, respiration par la bouche, arrêt de la salivation, etc. Les conditions nerveuses de la sensation de la soif sont encore peu connues. Elle n'est pas abolie par la section des glosso-pharyngien, pneumogastrique, lingual (Longet, Schiff) ; peut-être doit-elle être rapportée à l'excitation de filets sympathiques. Schiff en fait une sensation générale, qu'il est impossible de rattacher à des nerfs particuliers.

Il n'y a pas lieu de donner ici une description spéciale des autres besoins.

2° Sensations internes fonctionnelles.

Je ne parlerai ici que des sensations voluptueuses qui accompagnent le coït. Ces sensations sont dues en partie aux nerfs sensitifs de l'appareil génital, en partie aux contractions des muscles striés et lisses du même appareil. Chez la femme, ces sensations tiennent à l'excitation mécanique des nerfs sensitifs du vagin, du clitoris et de la face interne des petites lèvres, et aux contractions musculaires du constricteur du vagin, de l'ischiocaverneux et des fibres lisses des organes génitaux. Chez l'homme, les mêmes conditions interviennent : excitation des nerfs de la peau du pénis et du gland, contractions des muscles du périnée et des fibres lisses du canal déférent, des vésicules séminales, de la prostate, etc. La preuve que l'excitation mécanique des nerfs sensitifs joue un rôle moins important que la sensibilité musculaire dans ces sensations, c'est que les rêves érotiques chez l'homme et chez la femme s'accompagnent des mêmes sensations voluptueuses quoique l'excitation mécanique des nerfs sensitifs soit absente. Au moment de l'éjaculation, la sensation voluptueuse, d'abord localisée à l'appareil génital, paraît se généraliser en même temps qu'elle augmente d'intensité, et il semble qu'une grande partie du système musculaire lisse de l'organisme y prenne part (appareil musculaire de l'utérus et des annexes, fibres lisses du mamelon, muscles lisses de la peau, etc.).

3° Douleur.

La douleur n'est pas la simple exagération d'une sensation normale ; elle apparaît bien, il est vrai, quand la sensation acquiert une intensité trop forte, mais il y a quelque chose de nouveau, un élément particulier qui se surajoute à la sensation primitive.

La sensation de douleur se montre surtout dans les organes qui sont doués de la sensibilité tactile ; mais on la rencontre aussi dans les muscles et dans les organes qui, à l'état normal, ne nous donnent aucune sensation, os, viscères, etc. Elle est moins accentuée et se présente moins fréquemment dans les nerfs des sens spéciaux, mais elle y existe cependant, quoique certains physiologistes prétendent le contraire ; la fatigue rétinienne, par exemple, n'est qu'une forme de douleur. On peut donc dire d'une façon générale que toutes les parties pourvues de nerfs peuvent devenir le siège de sensations douloureuses.

Au point de vue de la production de la douleur, les organes peuvent se comporter de deux façons : les uns, comme la peau, la cornée, etc., sont sensibles aux excitations provenant de l'extérieur; la piqûre, la section, etc., y déterminent de la douleur; les autres, au contraire, comme les muscles, peuvent être piqués, coupés, dilacérés, sans qu'il y ait douleur; ils sont, comme on dit, insensibles, quoique cependant ils puissent être le siège de douleurs par cause interne, comme celles de la crampe, de la fatigue.

La localisation des sensations douloureuses se fait, en général, d'une façon peu précise. Quelquefois, il est vrai, elles se fixent dans un point déterminé ou suivent les ramifications nerveuses, mais le plus ordinairement et surtout quand elles occupent les organes profonds, elles sont diffuses et ne peuvent être exactement localisées.

L'intensité de la douleur dépend de l'intensité de l'excitation et de sa durée d'application, de l'excitabilité de l'individu et de celle de la partie impressionnée; la quantité de fibres nerveuses excitées a aussi une très grande importance. Si on plonge le doigt dans de l'eau à 49°, on ne ressent aucune douleur; si on y plonge la main tout entière, on a une sensation de brûlure.

La douleur présente, suivant les régions, le mode d'excitation, etc., des différences de caractère que nous exprimons par les dénominations les plus variées; mais, jusqu'ici, nous ignorons tout à fait à quelles conditions organiques des nerfs correspondent ces variétés de la sensation-douleur, et il nous est impossible de dire pourquoi une douleur est aiguë, lancinante, térébrante, pongitive, etc.

La question de savoir s'il y a, pour les sensations de douleur, des nerfs spéciaux indépendants des autres nerfs sensitifs, n'est pas encore tranchée. Les faits pathologiques tendraient à le faire admettre; on trouve, en effet, des cas dans lesquels la sensibilité tactile est conservée, la sensibilité à la douleur étant abolie, et inversement; autrement dit, il peut y avoir analgésie sans anesthésie, et anesthésie sans analgésie (Voir *Centres nerveux*).

Bibliographie générale des sensations. — LECAT : *Traité des sensations*, 1767. — TORTUAL : *Die Sinne des Menschen*, 1827. — PURKINJE : *Sinne im Allgemeinen* (Wagner's Handwort., 1849). — FICK : *Lehrbuch der Anat. und Phys. der Sinnesorgane*, 1864. — CH. RICHET : *Rech. exp. et cliniques sur la sensibilité*, 1877. — CHATIN : *Les organes des sens dans la série animale*, 1880.

C. — *Physiologie des nerfs.*

1° Nerfs rachidiens.

Procédés. — **Mise à nu des racines rachidiennes.** — 1° *Grenouille*. On met à découvert les derniers arcs vertébraux par l'incision de la peau et la dissection des muscles des gouttières; on coupe ensuite de chaque côté, avec des ciseaux fins et assez forts, le dernier arc vertébral puis les suivants en prenant bien garde de léser la moelle; les racines antérieures sont cachées par les postérieures; la neuvième est très volumineuse; la dixième est très fine et accolée au fil terminal; les septième, huitième et neuvième forment l'ischiatique qui fournit le nerf sciatique et le nerf crural. (Voir *Laboratoire de physiologie.*) On peut alors sectionner isolément chaque racine. — 2° *Chien.* Chez le chien, on peut opérer sur la deuxième paire cervicale sans ouvrir le canal vertébral ; si on opère sur la région lombaire, il faut ouvrir le canal rachidien. (Voir *Moelle.*) Après avoir laissé reposer l'animal, on explore la sensibilité des racines et on peut les sectionner isolément. Le procédé est le même chez le chat, le lapin, le cochon d'Inde, etc.

Section du grand nerf auriculaire (*lapin*). — Il se trouve en arrière de la face postérieure de l'apophyse transverse de l'atlas, au côté interne et ensuite au côté postérieur du cleido-mastoïdien ; il est recouvert immédiatement par l'aponévrose cervicale.

Section du nerf phrénique (*lapin*). — 1° *A son origine* (voir *Section des branches du plexus brachial*). — 2° *A la partie inférieure du cou.* On incise la peau sur la ligne médiane ; le nerf se trouve en dehors des insertions du sterno-mastoïdien, au niveau du bord supérieur de la première côte, au confluent de la veine jugulaire externe et de la sous-clavière.

Section des nerfs d'origine du plexus brachial (*lapin*). — 1° *Cinquième et sixième nerfs cervicaux gauches.* Position dorsale ; le membre supérieur est tiré en bas ; la tête et le cou sont inclinés du côté opposé ; l'incision cutanée tombe sur l'épine de l'omoplate ; on sectionne le releveur de l'omoplate et la partie supérieure du trapèze dans la direction de leurs fibres ; le cinquième nerf cervical se trouve en avant des scalènes antérieur et moyen ; on s'oriente sur les apophyses transverses des vertèbres cervicales. — 2° *Huitième nerf cervical et premier dorsal (à droite).* Position dorsale ; on incise la peau sur la ligne médiane ; on détache les muscles pectoraux de leurs attaches au sternum ; on met à découvert la veine et l'artère sous-clavière qu'on récline en haut et en travers ; le tronc provenant des deux nerfs cherchés se trouve au-dessus, en arrière et en avant du scalène antérieur. (Voir *Krause, Anat. des Kaninchens.*)

Section du nerf médian (*lapin*). — On incise la peau à la partie moyenne du bras, parallèlement au bord interne du biceps ; le nerf est sous l'aponévrose en avant de l'artère humérale et du nerf cubital.

Section du nerf crural. — Le nerf a les mêmes rapports que chez l'homme.

Section du nerf sciatique. — On le trouve à la partie supérieure et moyenne de la cuisse, entre le biceps et le demi-membraneux. On peut aussi le découvrir plus haut en traversant les fibres des muscles fessiers.

1. — Racine des nerfs rachidiens.

1° *Racines postérieures* (1). — Les racines postérieures sont *sensitives* (sensibilité à la douleur ; sensibilité tactile, transmission des impressions excito-réflexes). Après la section de ces racines, les parties qui reçoivent leurs nerfs des racines sectionnées sont insensibles ; si on excite (électricité, piqûre, etc.) le bout périphérique, aucun phénomène ne se produit ; si on excite le bout central, il y a des signes de douleur (cris, mouvements) ou simplement des mouvements réflexes. La transmission dans les racines postérieures est donc centripète. En outre, la section de ces racines n'abolit pas la motilité dans les parties correspondantes. En effet, si, après leur section on pique la peau d'une autre région, des mouvements se produisent dans la région qui correspond aux racines sectionnées. L'excitabilité des racines postérieures disparaît très-vite après la mort.

2° *Racines antérieures.* — Des expériences analogues montrent que ces

(1) Les fonctions des racines rachidiennes, entrevues par Ch. Bell, en 1811 (*Lois de Bell*), ont été démontrées par Magendie, en 1822.

racines sont *motrices*. Après leur section, les parties innervées par elles ont perdu leurs mouvements ; l'excitation du bout central ne produit rien, l'excitation du bout périphérique amène des contractions énergiques. Ces contractions peuvent se montrer dans les muscles lisses comme dans les muscles striés. D'après Steinmann, E. Cyon, etc., l'excitabilité des racines antérieures serait sous l'influence des racines postérieures ; celles-ci enverraient aux racines antérieures des excitations continuelles qui maintiendraient la tonicité musculaire, de sorte que, après leur section, la hauteur de contraction des muscles diminuerait. Si on adapte au myographe de Marey un muscle (gastrocnémien de grenouille) chargé d'un poids (de 20 à 30 grammes), dès qu'on coupe les racines postérieures, la courbe tracée indique un allongement du muscle (E. Cyon). Ces résultats ont été contredits par plusieurs observateurs. L'excitabilité des racines antérieures persiste assez longtemps après la mort.

Les racines antérieures contiennent en outre une partie des fibres *vaso-motrices* (Voir *Nerfs vaso-moteurs*), des fibres sécrétoires, des fibres trophiques.

Sensibilité récurrente. — Magendie et Cl. Bernard ont constaté que les racines antérieures sont aussi sensibles ; seulement cette sensibilité présente des caractères particuliers ; elle disparaît après la section de la racine postérieure correspondante ; il semble donc que cette sensibilité lui vienne de la racine postérieure ; en outre, elle paraît lui venir des filets récurrents qui partent du ganglion de la racine postérieure et arrivent à la racine antérieure par son bout périphérique ; aussi si, la racine postérieure restant intacte, on coupe la racine antérieure, son bout périphérique reste sensible, tandis que son bout central est insensible. L'épuisement fait disparaître très vite la sensibilité récurrente. Le lieu où se fait la récurrence du filet sensitif postérieur pour gagner la racine antérieure est encore indéterminé. D'après Cl. Bernard, la communication des racines se ferait à la périphérie, car la section des nerfs mixtes provenant de la jonction des deux racines abolit la sensibilité récurrente. Le fait a été mis hors de doute par les expériences d'Arloing et Tripier. Ces physiologistes ont démontré que des filets nerveux *récurrents* associaient à la périphérie, non seulement les nerfs sensibles aux nerfs moteurs, mais encore les nerfs sensibles entre eux. En effet ils ont vu persister la sensibilité du bout périphérique d'un nerf collatéral d'un doigt jusqu'au moment où le dernier nerf collatéral du même doigt a été coupé. Mais cette sensibilité récurrente disparaît en remontant sur les troncs nerveux, parce que ces fibres récurrentes ne remontent que jusqu'à un certain niveau dans le nerf sensitif. A Bouchard a constaté chez quelques animaux, mouton, lapin, des filets récurrents se rendant directement de la racine postérieure à la racine antérieure.

D'après Brown-Sequard, les fibres nerveuses affectées à la sensibilité musculaire passeraient aussi par les racines antérieures ; chez la grenouille, les mouvements volontaires persisteraient avec leur précision habituelle après la section des racines postérieures ; mais l'expérience n'a pas donné le même résultat à d'autres physiologistes.

Les lois suivantes régissent la distribution des fibres des racines rachidiennes :

1° Les fibres fournies par une racine ne paraissent pas dépasser la ligne médiane ;

2° Chaque muscle ou chaque région cutanée reçoit ses fibres nerveuses de plusieurs racines, de sorte qu'une section d'une seule racine n'amène pas une paralysie complète ;

3° Les racines antérieures sont en rapport réflexe avec les racines postérieures correspondantes.

Les altérations qui succèdent à la section des racines rachidiennes ont été étudiées page 510.

2. — Nerfs rachidiens.

Les nerfs rachidiens peuvent contenir : 1° des filets provenant des racines postérieures ; 2° des filets provenant des racines antérieures ; 3° des filets sympathiques, et leurs propriétés physiologiques dériveront nécessairement de la proportion de ces différents filets dans le nerf. On les distingue habituellement en sensitifs, moteurs et mixtes, mais il ne faut pas oublier que les nerfs sensitifs contiennent aussi des fibres vaso-motrices, et que les nerfs moteurs renferment très-probablement des nerfs de sensibilité musculaire en outre des filets vaso-moteurs des muscles.

Il n'y a donc pas lieu de traiter à part la physiologie des nerfs rachidiens, puisqu'elle se confond avec la physiologie des nerfs sensitifs, moteurs et vasculaires.

Bibliographie. — CH. BELL : Idea of a new anatomy of the brain, etc., 1811. — MAGENDIE : Exp. sur les fonctions des racines des nerfs rachidiens (Journ. de physiol., 1822). — CH. BELL : Exposit. du syst. naturel des nerfs (trad. franç., 1825). — J. MÜLLER : Nouv. expér. sur l'effet que produit l'irritation mécanique et galvanique sur les racines des nerfs spinaux (Ann. des sc. nat., 1831). — SEUBERT : De functionibus radicum ant. et poster. 1833. — CL. BERNARD : Rech. sur les causes qui peuvent faire varier la sensibilité récurrente (Comptes rendus, 1847). — LONGET : Note sur la sensibilité récurrente (id.). — PEYER : Ueber die peripherischen Endigungen der motorischen und der sensiblen Nerven, etc. (Zeit. für rat. Med., 1854). — E. ROUSSEAU, LESURE ET MARTIN-MAGRON : Act. des courants électriques, etc. (Gaz. méd., 1858). — BOSSE : De gangliorum vi in nutritiendas radices posteriores, 1859. — KRAUSE : Beitr. zur Neurologie der oberen Extremität, 1865. — E. CYON : Ueber den Einfluss der hinteren Nervenwurzeln auf die Erregbarkeit der vorderen (Ber. d. sächs. Ges., 1865). — ID. : id. (Centralbl., 1877). — V. BEZOLD ET USPENSKY : (id.). — A. RICHET : Union méd., 1867. — ARLOING ET TRIPIER : Rech. sur l'effet des sections et des résections nerveuses, etc. (Comptes rendus, 1868). — ID. : id. (id., 1869). — ID. : Rech. sur la sensibilité des téguments et des nerfs de la main (Arch. de physiol., 1869). — HEIDENHAIN : Ueber den Einfluss der hinteren Rückenmarksnerven auf die Erregbarkeit der vorderen (Arch. de Pflüger, t. IV). — LETIÉVANT : Traité des sections nerveuses, 1872. — FILHOL : De la sensibilité récurrente dans la main, 1873. — CYON : Ueber den Einfluss der hinteren Wurzeln auf die Erregbarkeit der vorderen (Arch. de Pflüger, t. VIII). — CARTAZ : Des névralgies envisagées au point de vue de la sensibilité récurrente, 1875. — COUTY : Expér. de section des racines postérieures (Soc. de biol., 1876). — ARLOING ET TRIPIER : Des conditions de la persistance de la sensibilité dans le bout périphérique des nerfs sectionnés (Arch. de physiol., 1876).

2° Nerfs crâniens.

I. — NERF OLFACTIF.

Procédés. — Pour détruire les lobes olfactifs ou les nerfs olfactifs avant leur passage à travers les trous de la lame criblée, on applique une couronne de trépan sur le frontal et on peut arriver facilement sur les nerfs. (Valentin, Magendie, Schiff.) — Leur destruction se fait facilement chez la grenouille (Colasanti, Exner.).

Le nerf olfactif est le nerf de l'odorat. Après sa destruction, l'animal ne peut plus percevoir les odeurs, mais il est encore sensible aux excitants tactiles, comme l'ammoniaque. Magendie, reprenant une opinion déjà émise par Diemerbrock et Méry, a prétendu que l'odorat survivait à la destruction des nerfs olfactifs ; mais ses expériences ont été contredites par presque tous les physiologistes. Cl. Bernard fait bien à ce sujet quelques réserves en se basant sur un cas d'absence congénitale des nerf olfactifs avec conservation probable (?) de l'odorat (cas de Marie Lemens. Cl. Bernard : *Leçons sur la phys. et la path. du système nerveux*, t. II, p. 226 et suivantes). Ces nerfs s'atrophient chez les vieillards (Vulpian, Prevost) (1).

Bibliographie. — MAGENDIE : Journ. de physiologie, t. IV *(passim)*. — ESCHRICHT : *De function. nervorum faciei et olfactus organi*, 1825. — PICHT : *De gustus et olfactus nexu*, etc., 1829. — PRESAT : *Cas d'absence des nerfs olfactifs* (L'Expérience, 1834). — SCHIFF : *Die erste Hinnerv ist der Geruchsnerv* (Unt. zur Naturl., t. VI). — GIANUZZI : *Rech. physiol. sur les nerfs de l'olfaction* (Soc. de biol., 1863). — VULPIAN : *Leç. sur la physiol. génér. et comparée du système nerveux*, 1866. — PREVOST : *Atrophie des nerfs olfactifs chez les vieillards* (Soc. de biol., 1860). — ID. : *Note relative aux fonctions de la première paire* (Arch. des sciences, 1869). — ALTHAUS : *Zur Physiol. und Pat. des trigeminus* (Deut. Arch. f. klin. Med., 1870). — COLASANTI : *Unt. üb. die Durchschneidung des N. olfactorius bei Fröschen* (Arch. f. Anat., 1875). — EXNER : Wien. Akad., 1877.

II. — NERF OPTIQUE.

Procédés. — 1° *Section du nerf optique dans le crâne (lapin).* — Le neurotome est introduit comme pour la section du trijumeau (voir *Trijumeau*) ; l'instrument est porté en avant et en dedans, le long de la face postérieure de la grande aile du sphénoïde ; l'opération réussit rarement. Holmgren trépane le crâne entre les deux yeux (*lapin*) et fait la section du nerf immédiatement en arrière du trou optique à l'aide d'un instrument spécial (*opticotome*). — 2° *Dans l'orbite.* On introduit le neurotome entre le globe de l'œil et la paupière supérieure, à la partie postérieure de l'apophyse orbitaire externe du frontal, on fait glisser l'instrument le long de la partie postérieure de l'orbite et on coupe le nerf en avant du trou optique.

Le nerf optique est le nerf de la vision. Sa section produit la cécité ; son

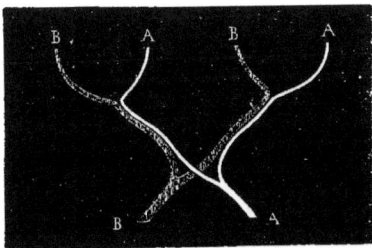

Fig. 44'. — *Entrecroisement des fibres optiques dans le chiasma.*

excitation mécanique, électrique, etc., s'accompagne de sensations lumi-

(1) Schiff et Colasanti n'avaient pas vu de dégénérescence après la section des nerfs olfactifs ; cependant Hoffmann l'avait constatée et Exner a récemment confirmé l'observation d'Hoffmann.

neuses subjectives ; la lumière, quand elle est portée directement sur ses fibres, ne détermine aucune sensation ; elle ne peut agir sur lui que par l'intermédiaire de la rétine (Voir *Vision*).

Les bandelettes optiques s'entrecroisent au chiasma (*décussation des nerfs optiques*). Chez l'homme, la bandelette optique droite par exemple (A, fig. 443) fournit les moitiés droites des deux rétines gauche et droite, et vice versa. Cependant quelques auteurs admettent un croisement complet.

Bibliographie. — Kreuchel : *Unt. üb. die Folgen der Sehnervendurchschneidung ein Frosch* (Arch. für Ophth., 1874). — Baumgarten : *Zur Semi-decussation der Opticusfasern* (Centralbl., 1878). — Nicati : *Preuve expér. du croisement incomplet des fibres nerveuses dans le chiasma* (Comptes rendus, t. LXXXVI). — Id. : *De la distrib. des fibres nerveuses dans le chiasma* (Arch. de physiol., 1878). — Gudden : *Ueber die Kreuzung der Nervenfasern im Chiasma* (Arch. de Gräfe, 1879). — Mohr : *Ein Beitr. zur Frage der Semidecussation im Chiasma* (id.).

III. — NERF MOTEUR OCULAIRE COMMUN.

Procédés. — A. **Section.** — 1° *Section intra-crânienne (lapin) ; procédé de Valentin.* On traverse le crâne avec un neurotome comme pour la section intra-crânienne du trijumeau, mais dès qu'on arrive sur le corps du sphénoïde, on abaisse le manche de l'instrument et, en poussant un peu le neurotome, on sectionne le nerf ; la blessure de l'artère carotide interne dans le sinus caverneux est difficile à éviter et amène une hémorrhagie mortelle. — 2° *Section après ouverture du crâne.* On enlève la voûte du crâne, les hémisphères ; on sectionne les lobes olfactifs et les nerfs optiques, et en soulevant le cerveau on arrive facilement sur le moteur oculaire commun. On peut employer le même procédé sur les chiens et les oiseaux (pigeon). — 3° *Section intra-orbitaire.* On pénètre avec un crochet tranchant sur son bord concave par la paroi externe de l'orbite, et on saisit le nerf qui est libre sur l'extrémité antérieure du repli de la dure-mère qui vient s'insérer sur la selle turcique.

B. **Arrachement.** — *Procédé de Cl. Bernard (lapin).* — Même procédé que le précédent, seulement le nerf est saisi avec un crochet mousse. — *Procédé de Laborde.* Laborde au lieu d'aller à la recherche du nerf par la partie supérieure du crâne y arrive par la base en pénétrant en arrière du condyle de la mâchoire et allant chercher le nerf dans la région de la selle turcique.

C. **Excitation du nerf** — 1° *Excitation intra-crânienne.* Le crâne est ouvert et le nerf mis à nu comme dans le procédé de section après ouverture du crâne. — 2° *Excitation isolée des différentes branches du nerf.*

A. **Action motrice.** — Le nerf moteur oculaire commun est un nerf essentiellement moteur. Il innerve les muscles droits supérieur, inférieur et interne de l'œil, le petit oblique, le releveur de la paupière supérieure, le sphincter de la pupille et le muscle ciliaire (fig. 444, III).

1° *Action sur le releveur de la paupière supérieure.* — Sa paralysie produit une chute de la paupière supérieure qui ne peut se relever, quoique l'œil puisse se fermer davantage par l'action de l'orbiculaire.

2° *Action sur les mouvements du globe oculaire.* — Ce nerf est l'agent des mouvements de l'œil en bas, en haut, en dedans, et des mouvements de rotation autour d'un axe antéro-postérieur. Après sa section et sa paralysie, le globe oculaire est dévié en dehors (strabisme divergent) par l'action combinée du droit externe et du grand oblique ; il y a diplopie *croisée* et les images ne sont vues simples que dans une région limitée du champ visuel (en dehors et un peu en bas). L'image fournie par le côté paralysé est un peu plus élevée que celle du côté sain, et inclinée vers la ligne médiane par son extrémité supérieure qui est plus rapprochée de la face ; l'obliquité des images atteint son maximum dans la vision des objets en haut et en dehors. Les mouvements de rotation de l'œil autour d'un axe antéro-postérieur sont partiellement abolis (quand le regard se dirige en haut et en dehors).

3° *Action sur la pupille*. — Il innerve le constricteur de la pupille ; son excitation ou sa galvanisation intra-crânienne pendant la vie ou immédiatement après la mort produisent un rétrécissement de la pupille (qui n'a pu cependant être constaté par Cl. Bernard). (Voir : Innervation de l'iris, p. 1136.) Après la section du nerf, la pupille est dilatée et ne se rétrécit plus sous l'influence de la lumière ; cette dilatation est persistante. Cependant la pupille peut présenter encore des mouvements : ainsi elle peut se dilater encore par la galvanisation du grand sympathique, par l'action de l'atropine, et pourrait même, dans certains cas, diminuer de grandeur par la section du sympathique ou de l'ophthalmique de Willis (Cl. Bernard). Les mêmes phénomènes se présentent dans les cas de paralysie du nerf, sauf les cas de paralysie partielle où la dilatation pupillaire peut manquer. Une forte convergence des yeux suffit pour amener un rétrécissement de la pupille.

4° *Action sur l'accommodation*. — L'action du nerf moteur oculaire commun sur l'accommodation est plus controversée, et les cas de paralysie ne tranchent pas complètement la question. En effet, dans certaines paralysies on a vu l'accommodation persister, mais alors les mouvements de l'iris n'étaient pas abolis non plus, et il est probable que la paralysie était incomplète. Les fibres d'accommodation paraissent avoir des rapports avec les fibres qui vont au releveur, car, tant que le releveur n'est pas paralysé, il n'y a pas de troubles de l'adaptation. Les expériences directes pourraient seules décider la question, mais elles sont très délicates. Cependant V. Trautvetter, en excitant le tronc du nerf, a vu se produire des variations de l'image par réflexion de la face antérieure du cristallin, comme dans l'accommodation, mais il n'a pu les constater que chez les oiseaux et pas chez les mammifères. L'excitation directe des nerfs ciliaires amène une saillie de la face antérieure du cristallin (Hensen et Vœlckers). L'influence du nerf moteur oculaire commun sur l'accommodation explique pourquoi la pupille se rétrécit dans la vision des objets rapprochés, se dilate dans la vision des objets éloignés ; on peut ainsi, par la volonté, quoique indirectement, rétrécir ou dilater sa pupille.

5° *Action sur la situation du globe oculaire*. — La contraction des droits et de l'oblique inférieur maintient l'œil en situation et s'oppose à ce qu'il soit refoulé en avant par la pression des parties molles post-oculaires : après sa section on remarque une saillie assez prononcée du globe oculaire.

B. Action sur la sensibilité. — Le nerf moteur commun n'est pas sensible à son origine (Longet, Arnold), et la sensibilité qu'il présente plus loin est due à son anastomose avec l'ophthalmique. Cependant Valentin et Adamük croient qu'il contient, dès son origine, des fibres sensitives et disent avoir constaté des signes de douleur par son excitation intra-crânienne. D'après Cl. Bernard, son tronc, dans son trajet intra-crânien, présente des signes évidents de sensibilité récurrente due à l'ophthalmique.

C. Anastomoses. — 1° *A. avec l'ophthalmique*. — Elle lui fournit sa sensibilité ; cette anastomose a été niée par Arnold et Bischoff. — 2° *A. avec le plexus carotidien*. — Elle fournit probablement les filets vaso-moteurs des muscles. — 3° L'anastomose avec la sixième paire, admise par quelques auteurs, n'existe pas.

Bibliographie. — Francès : *Essai sur la paralysie de la troisième paire,*1854. — Adamük : *Zur Phys. des N. oculomotorius* (Centralbl., 1870). — Landouzy : *De la blépharoptose cérébrale* (Arch. gén. de méd., 1878). — Hensen et Wolckers : *Ueber den Ursprung der Accommodationsnerven* (Arch. de Gräfe, 1878). — Schwalbe : *Ueber die morphologische Bedeutung des Ganglion ciliare* (Jena. Ges., 1879). — Id. : *Das Ganglion oculomotorii* (Jena. Zeit., 1879). — Laborde : *Procédé d'arrach. du moteur ocul.* (Soc. de biol, 1879). — M. Duval : *Orig. du moteur ocul. commun et du nerf moteur ocul. externe* (id.). — Id. : *Rech. sur l'origine réelle des nerfs crâniens* (Journ. de l'Anat., 1880). — M. Duval et Laborde : *De l'innervation des mouv. associés des globes oculaires* (id.).

IV. — NERF PATHÉTIQUE.

Procédés — *Section intra-crânienne* et *intra-orbitaire ; excitation.* Mêmes procédés que pour le moteur oculaire commun, modifiés seulement d'après les rapports du nerf.

A. **Action motrice.** — Le nerf pathétique innerve le grand oblique ; il détermine le mouvement de rotation de l'œil par lequel la pupille est portée en bas et en dehors. Sa section ou sa paralysie abolissent ce mouvement et il en résulte, par l'action du moteur oculaire commun, que la pupille se porte un peu en haut et en dehors (action du petit oblique) ; les objets sont vus doubles, mais les images doubles, au lieu d'être croisées, sont *homonymes ;* l'image de gauche correspond à l'œil gauche et celle de droite à l'œil droit. La diplopie occupe la partie inférieure du champ visuel. L'image correspondant au côté lésé est déplacée verticalement et située au-dessous de celle du côté sain, et son extrémité inférieure est plus éloignée de la face ; les deux images se rapprochent quand la tête s'incline du côté sain, s'éloignent quand elle s'incline du côté lésé.

B. **Sensibilité**. — Sa sensibilité est nulle. Cl. Bernard lui attribue la sensibilité récurrente, mais il n'a pu la vérifier expérimentalement.

C. **Anastomoses.** — 1° L'anastomose avec l'ophthalmique ne paraît être qu'un simple accolement de fibres. — 2° L'anastomose avec le plexus carotidien fournit probablement les fibres fines (vaso-motrices) qui se trouvent dans le tronc du nerf.

Bibliographie. — Szokalski : *De l'influence des muscles obliques sur la vision,* 1840.

V. — NERF TRIJUMEAU.

Procédés. — A. **Section** — 1° *Section intra-crânienne sans ouverture du crâne (lapin).* On se sert d'un neurotome à lame triangulaire ou d'un instrument en forme de canif. La tête étant solidement fixée, on enfonce l'instrument entre la saillie du conduit auditif externe en arrière et la saillie du condyle de la mâchoire inférieure en avant ; on traverse ainsi l'écaille du temporal et l'on dirige l'instrument horizontalement en dedans le long du rocher, le tranchant tourné en avant, jusqu'à ce que les cris de l'animal indiquent qu'on est arrivé sur le nerf ; on tourne alors le tranchant en bas et on relève le manche de l'instrument de façon à couper le nerf : on retire l'instrument de la même façon en rasant l'os pour couper tout le tronc nerveux. Suivant qu'on est allé en avant ou en arrière, on coupe en avant ou en arrière du ganglion de Gasser ; suivant qu'on incline plus ou moins le tranchant en bas contre l'os, on coupe toutes les branches ou seulement les deux supérieures, ou l'ophthalmique seule. Les accidents à craindre sont : la section de l'artère carotide interne,

l'ouverture du sinus caverneux, la lésion du pédoncule cérébelleux moyen (reconnaissable-
aux mouvements du corps sur l'axe) ou celle du pédoncule cérébral (mouvement de manége),
la fracture du rocher avec lésion de l'acoustique ou du facial, etc. — 2° *Section après l'ouverture du crâne*. Même procédé que pour les autres nerfs crâniens. Pour les branches-
diverses de ce nerf, les ganglions sphéno-palatin et otique, etc., consulter les mémoires.
spéciaux.

B. **Excitation intra et extra-crânienne.** Mêmes procédés.

1° Branche ophthalmique de Willis. (Fig. 441, V.)

A. **Action sensitive.** — La branche ophthalmique fournit la sensibilité-
(tactile, thermique, et sensibilité à la douleur) : 1° à la peau du front, du
sourcil, de la paupière supérieure, de la racine et du lobule du nez ; 2° à la
conjonctive palpébrale et oculaire, à la muqueuse des voies lacrymales, des-
sinus frontaux, à la partie antérieure de la muqueuse nasale ; 3° à la cornée,.
à l'iris, à la choroïde, à la sclérotique ; 4° au périoste et aux os des régions
frontale, orbitaire et probablement nasale ; à la dure-mère ; 5° elle fournit
probablement la sensibilité musculaire aux muscles intra-orbitaires (Sappey)
et peut-être aussi aux muscles sourcilier, frontal et orbiculaire des paupiè--
res. La section de l'ophthalmique abolit la sensibilité dans toutes ces-
parties.

D'après Cl. Bernard, les filets ciliaires qui se rendent au globe oculaire sont des-

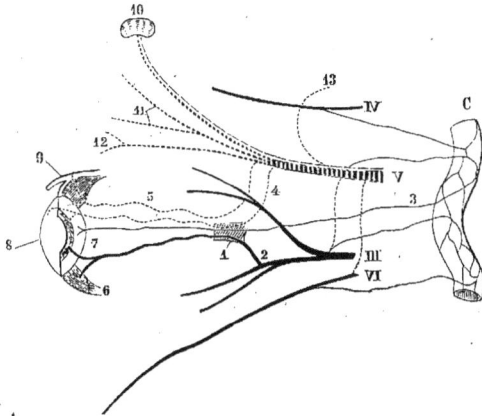

Fig. 444. — *Innervation oculaire. Figure schématique* (*).

deux sortes, directs et indirects. Les filets *directs* (*fig.* 444, 5) provenant du nasal,.
vont à l'iris et à la conjonctive ; les filets *indirects* (4) passant par le ganglion

(*) III. Nerf moteur oculaire commun. — IV, nerf pathétique. — V, nerf ophthalmique de Willis. — VI,
nerf moteur oculaire externe. — C, carotide et plexus carotidien. — 1, ganglion ophthalmique. — 2, sa racine
motrice. — 3, sa racine sympathique. — 4, sa racine sensitive. — 5, filet ciliaire direct. — 6, muscle ciliaire.
— 7, iris. — 8, cornée. — 9, conjonctive. — 10, glande lacrymale. — 11, nerf frontal. — 12, nerf nasal,
— 13, filet récurrent. Dans cette figure schématique, comme dans les suivantes, les nerfs moteurs sont figurés
par des lignes épaisses ; les nerfs sensitifs, par des lignes pointillées ; les nerfs sympathiques ou vaso-moteurs-
par des lignes fines, continues ; les nerfs glandulaires par des traits interrompus.

ophthalmique vont à l'iris et à la cornée. Il y aurait donc indépendance entre la sensibilité de la cornée et celle de la conjonctive ; et, en effet, elles peuvent être abolies l'une sans l'autre. Dans la mort par la section du bulbe, la cornée reste sensible quand la conjonctive est déjà insensible ; c'est l'inverse dans la mort par la strychnine ; l'extirpation du ganglion ophthalmique abolit immédiatement la sensibilité de la cornée. Demaux (thèse, 1843) cite un cas de paralysie du trijumeau, dans lequel l'œil était insensible, à l'exception de la cornée. Barwinkel a prétendu récemment, en se basant sur des faits pathologiques, que la cornée devait sa sensibilité au sympathique.

B. **Action sécrétoire**. — La sécrétion de la glande lacrymale est sous l'influence de l'ophthalmique. Cette influence, d'après Herzenstein et Volferz, s'exerce de deux façons :

1° Le nerf lacrymal agit directement sur la glande ; si on excite son bout périphérique (lapin, chien, mouton), on obtient une sécrétion abondante; sa section est suivie, au bout d'un certain temps, d'une sécrétion continuelle (paralytique ?)

2° L'excitation des filets sensitifs de la première (et de la deuxième) branche du trijumeau produit une sécrétion de larmes du côté correspondant; cette action réflexe ne se produit plus après la section du nerf lacrymal.

C. **Action nutritive ou trophique**. — Après la section du trijumeau, Magendie et après lui tous les physiologistes ont signalé des altérations spéciales du globe oculaire qui surviennent au bout de quelques heures chez le chien, plus lentement chez la grenouille. La cornée se trouble et s'opacifie et devient le siège d'une véritable kératite qui peut aboutir à une ulcération et à une perforation de la cornée; la conjonctive rougit et s'enflamme, et il en est de même de l'iris. Ces altérations s'accompagnent en même temps d'une diminution de tension du globe oculaire (Kocher), et, en effet, von Hippel et Grünhagen ont vu une augmentation de tension du bulbe succéder à l'excitation du trijumeau. Ces troubles de nutrition ont été aussi observés dans plusieurs cas de paralysie du nerf.

La cause de ces altérations a été très controversée. Pour Snellen, elles reconnaissent une cause mécanique et sont dues aux chocs des corps étrangers dont l'animal ne peut se garantir, n'en ayant pas conscience à cause de l'insensibilité de la cornée ; en couvrant l'œil avec l'oreille correspondante (restée sensible après la section du nerf), les altérations ne se produiraient pas. Cette explication adoptée par beaucoup de physiologistes et à laquelle vient de se ranger Ranvier, ne me paraît pas suffisante. J'ai conservé plus d'un mois un lapin chez lequel la cornée était devenue absolument insensible à la suite de la section de nerfs ciliaires et qui, quoique aucune précaution ne fût prise pour protéger l'œil, n'a jamais présenté de lésion de la cornée.

On les a attribuées encore au dessèchement de la cornée par l'air, soit par diminution de la sécrétion lacrymale (qui a été observée en effet), soit par absence de clignement ; mais ces explications sont peu satisfaisantes, car ces altérations ne se produisent pas quand on extirpe la glande lacrymale ou quand on abolit le clignement par la section du facial.

Un fait remarquable, c'est que les altérations de sensibilité de l'œil, et les altérations de nutrition paraissent jusqu'à un certain point indépendantes l'une de l'autre. Magendie avait déjà remarqué que si on coupait le nerf avant son passage sur le rocher, les altérations de nutrition étaient moins prononcées, tandis qu'elles étaient plus graves si on le coupait après le ganglion de Gasser, et le fait a été confirmé.

Maintenant une autre question se présente. Ces fibres appartiennent-elles au trijumeau ou lui viennent-elles du grand sympathique, comme le croyait Magendie? Magendie se basait sur ce fait que, après l'ablation du ganglion [cervical supérieur, on observe des altérations de nutrition de l'œil correspondant. Mais Cl. Bernard a montré qu'il n'en était pas ainsi et que cette inflammation de la conjonctive ne se produisait que chez les animaux malades ; au contraire, chez les animaux sains, il a vu une sorte d'antagonisme entre la cinquième paire et le grand sympathique ; ainsi la section de la cinquième paire produit l'abaissement de température du côté correspondant de la tête, et l'ablation du ganglion cervical supérieur lui a paru, chez les animaux opérés du trijumeau, retarder l'apparition des phénomènes oculaires.

Schiff et V. Bezold croyaient que ces altérations provenaient de la dilatation paralytique des vaisseaux sanguins par suite de la section des filets vaso-moteurs provenant de la moelle allongée ; d'après des expériences récentes de Cl. Bernard, au contraire, elles seraient dues à la section des fibres vaso-dilatatrices qui arriveraient au nerf entre le cerveau et le ganglion ; en effet, la section du nerf à ce niveau amènerait des troubles de l'œil sans que les fibres soient dégénérées, ce qui empêcherait de rattacher ces lésions à des nerfs trophiques.

On voit que la question de l'origine et de la nature (trophique ou vasculaire) de ces fibres nerveuses du trijumeau n'est pas encore définitivement tranchée.

Cependant des recherches récentes de M. Duval semblent indiquer que les fibres trophiques appartiennent réellement au trijumeau ; en effet il a vu les lésions oculaires se produire après la section intra-bulbaire de la racine inférieure de ce nerf.

D. **Action sur l'iris et la pupille.** — L'ophthalmique contient, comme on l'a vu à propos de l'innervation de l'iris, toutes les fibres dilatatrices de la pupille (voir page 1136).

E. **Action vaso-motrice.** — L'ophthalmique contient les filets vaso-moteurs pour l'iris, la choroïde et la rétine. Ces fibres vaso-motrices lui viennent probablement des anastomoses du sympathique. Cependant, d'après Klein et Svetlin, celles de la rétine proviendraient directement du trijumeau, car les vaisseaux de la rétine ne seraient influencés ni par l'excitation, ni par la section du sympathique.

F. **Ganglion ophthalmique.** — L'ablation du ganglion ophthalmique produit immédiatement l'insensibilité de la cornée ; cependant, par lui-même, le ganglion, au moins chez le lapin, est insensible (Cl. Bernard) ; les nerfs ciliaires qui en partent, au contraire, sont sensibles ; on a vu plus haut (p. 1136) que, de ces nerfs, les uns contiennent les filets constricteurs, les autres les filets dilatateurs de la pupille.

La courte racine du ganglion, venant du moteur oculaire commun, fournit des filets au sphincter de l'iris ; la racine sympathique fournit probablement des filets vaso-moteurs, la longue racine, les filets sensitifs de l'iris et de la cornée. Les filets ciliaires directs, venant du nasal et s'accolant aux nerfs ciliaires, iraient, d'après Cl. Bernard, à l'iris et à la conjonctive. Hensen et Vœlckers ont vu l'excitation directe des nerfs ciliaires amener une saillie de la face antérieure du cristallin.

G. **Anastomoses.** — Les anastomoses de l'ophthalmique avec les nerfs moteur oculaire commun et externe et avec le pathétique (?) fournissent probablement aux muscles innervés par ces nerfs la sensibilité musculaire. L'anastomose avec le plexus carotidien contient sans doute une partie des fibres vaso-motrices de l'ophthalmique.

Bibliographie. — MAGENDIE : *De l'influence de la cinquième paire sur la nutrition de l'œil* (Journ. de physiol., t. IV). — MEISSNER : *Ueber die nach der Durchschneidung des Trigeminus am Auge des Kaninchens eintretende Ernährungsstörung* (Zeit. f. rat. Med., 1867). — SCHIFF : *id.* (id.). — F. BEZOLD : *Ein Fall von Anesthesie des Trigeminus* (Deut. Klinik., 1867). — V. HIPPEL : *Ernährungsstö ungen der Augen bei Anesthesie des Trige minus* (Arch. für Ophth., 1867). — HIPPEL ET GRUNHAGEN : *Ueber d-n Einfluss der Nerven auf die Höhe des intraocularen Druckes* (Arch. f. Ophth., 1868, 1869). — ADAMÜK : *Neue Vers. üb. den Einfluss des Sympathicus und Trigeminus auf Druck und Filtration des Auges* (Wien. Akad., 1869). — HIRSCHBERG : *Zur Beeinflussung des Augendruckes durch den N. trigeminus* (Centralbl., 1875).

2° Nerf maxillaire supérieur (fig. 445.)

A. **Action sensitive.** — Le nerf maxillaire supérieur fournit la sensibilité : 1° à la peau de la paupière inférieure, de la pommette, de l'aile du nez, de la lèvre supérieure ; 2° à la muqueuse des régions nasale, pharyngienne, palatine, au sinus maxillaire, aux gencives, à la lèvre supérieure, à la trompe d'Eustache ; 3° à la dure-mère, au périoste et aux os correspondant à sa distribution ; 4° aux dents de la mâchoire supérieure ; 5° à une partie des muscles animés par le nerf facial.

B. **Action sécrétoire.** — Il fournit des filets aux glandes nasales et palatines et probablement aux glandes du voile du palais. Par sa branche temporo-malaire, il donne un filet à la glande lacrymale. Herzenstein et Vœlkers ont vu chez le lapin, le chien et le mouton, l'excitation directe du nerf temporo-malaire produire la sécrétion lacrymale.

C. **Action vaso-motrice.** — Ce nerf fournit les fibres vaso-motrices qui accompagnent les artères des fosses nasales, mais ces fibres proviennent probablement en partie du grand sympathique.

D. **Action nutritive ou trophique.** — Comme du côté du globe oculaire, la section du trijumeau est suivie de lésions de nutrition des fosses nasales ; la muqueuse devient fongueuse, rouge, saignante, et la fosse nasale correspondante sécrète une plus grande quantité de mucus. La cause de ces troubles de nutrition a été moins étudiée que pour les phénomènes oculaires et présente encore plus d'obscurité.

E. Action sur l'odorat. — Le trijumeau contribue à la conservation et à la perfection de l'odorat. Il agit de deux façons : 1° en maintenant par

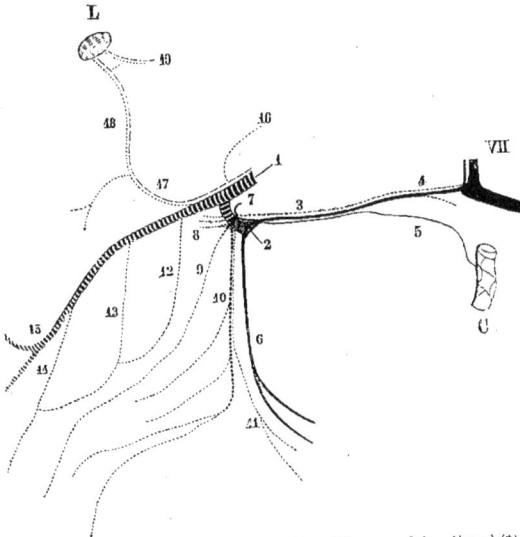

Fig. 445. — *Nerf maxillaire supérieur (figure schématique)* (*).

ses fibres trophiques (ou vaso-motrices) l'intégrité de structure et la vascularité convenable de la muqueuse ; 2° en influençant, par ses fibres glandulaires, les sécrétions nasales et par suite l'humidité de la muqueuse. On a vu plus haut (voir : *Nerf olfactif*) le rôle que Magendie a voulu lui faire jouer dans l'olfaction.

F. Action excito-réflexe. — L'excitation, et surtout l'excitation mécanique des branches du voile du palais produit, par action réflexe, des mouvements de déglutition. Ces mouvements disparaissent après la section du trijumeau (Prévost et Waller). L'excitation des filets sensitifs et surtout des filets nasaux amène, par action réflexe, la sécrétion de larmes du côté correspondant. L'éternuement est aussi un phénomène réflexe produit par l'excitation des mêmes filets.

G. Ganglion sphéno-palatin. — L'extirpation du ganglion sphéno-

(*) 1, nerf maxillaire supérieur. — 2, ganglion de Meckel. — 3, nerf vidien, — 4, grand pétreux superficiel. — 5, filet carotidien du nerf vidien. — 6, nerf palatin postérieur. — 7, nerf du muscle lisse orbitaire — 8, nerfs sphéno-palatins. — 9, nerf naso-palatin. — 10, grand nerf palatin. — 11, petit nerf palatin. — 12, nerf alvéolaire postérieur. — 13, nerf alvéolaire moyen. — 14, nerf alvéolaire antérieur. — 15, nerf sous-orbitaire. — 16, branche récurrente. — 17, nerf temporo-malaire. — 18, nerf lacrymal. — 19, nerf lacrymal de l'ophthalmique. — VII, nerf facial. — C, artère carotide et plexus carotidien. — L, glande lacrymale.

palatin (arrachement), déjà pratiquée par Alcock, n'a pas donné de résultats très précis à Cl. Bernard ; il n'a rien observé après son ablation, ni du côté de l'œil, ni du côté des narines, sauf un écoulement séreux comme dans le coryza, chez un chien auquel il avait arraché les ganglions des deux côtés. Prévost a fait récemment une série de recherches sur ce ganglion chez des chats, des chiens et des lapins, et est arrivé aux conclusions suivantes : Son extirpation n'est pas douloureuse et n'est suivie d'aucune altération de nutrition ni de modifications dans la vascularité de la muqueuse nasale dont la sensibilité est intacte ; l'odorat n'est pas affecté, pas plus que le goût. La galvanisation du ganglion (chien) produit un écoulement de mucus par la narine du même côté et une augmentation de température, phénomènes qui ne se produisent pas par l'excitation du bout supérieur du ganglion sympathique cervical.

Le ganglion de Meckel (fig. 440, 2) reçoit ses racines sensitives du tronc même du maxillaire supérieur, sa racine motrice du facial (voir : *Facial*) par le grand nerf pétreux superficiel (4), et le nerf vidien (3), sa racine sympathique du plexus carotidien par le grand nerf pétreux profond (5) et le nerf vidien.

Le ganglion de Meckel fournit des filets sensitifs et des filets moteurs. Les filets *sensitifs*, sphéno-palatins, pharyngien, naso-palatin et grand et petit nerf palatin, fournissent la sensibilité aux muqueuses nasale et palatine. Les nerfs sphéno-palatins et palatins proviennent du tronc du maxillaire supérieur et ne font que traverser le ganglion ; le nerf naso-palatin, au contraire, proviendrait des cellules nerveuses du ganglion. Cl. Bernard a trouvé le nerf naso-palatin insensible et a vu chez un chien la sensibilité de la muqueuse nasale persister après la section des deux nerfs naso-palatins. En outre, le ganglion fournit très probablement des filets sensitifs au facial par le nerf vidien et le grand pétreux superficiel (voir : *Facial*) ; cependant Prévost n'a pas vu de dégénérescence dans les filets du nerf après l'extirpation du ganglion.

Les filets *moteurs* proviennent du facial et se rendent, par le nerf palatin postérieur (6), aux muscles péristaphylin interne et palato-staphylin. Le ganglion fournit aussi un petit filet au muscle lisse orbitaire de H. Muller, filet qui, d'après Prévost, irait plutôt aux vaisseaux qu'aux fibres musculaires.

H. **Anastomoses.** — Abstraction faite des anastomoses de ses filets périphériques, avec les branches du facial principalement, le nerf maxillaire supérieur a les anastomoses suivantes : 1° une anastomose avec le facial par le nerf vidien et le grand pétreux superficiel ; il reçoit du facial les filets moteurs du voile du palais et lui fournit (probablement) des filets sensitifs ; 2° une anastomose avec le plexus carotidien par le nerf vidien et le grand pétreux profond ; elle paraît être composée de fibres vaso-motrices.

Bibliographie. — POLITZER : *Ueber eine Beziehung des Trigeminus zur Eustachischen Ohrtrompete* (Wurzb. nat. Zeit., 1861). — GELLÉ : *Lésion de la muqueuse auriculaire à la suite de lésions bulbaires* (Gaz. méd., 1878). — HAGEN : *Ueber das Verhalten der Schleim-*

haut der Paukenhöhle nach Durchschneidung des N. trigeminus in der Schädelhöhle (Arch., f. exp. Pat., 1879).

3° Nerf maxillaire inférieur (fig. 445).

A. Action sensitive. — Le nerf maxillaire inférieur (branche inférieure

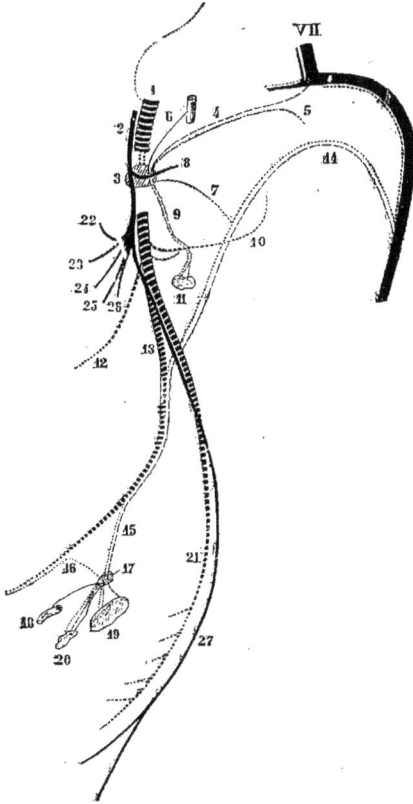

Fig. 446. — *Nerf maxillaire inférieur (figure schématique)* (*).

du ganglion de Gasser) fournit la sensibilité : 1° à la peau des joues, des tempes, de la lèvre inférieure, du menton, de la partie antérieure du pavillon de

(*) 1, nerf maxillaire inférieur (sa racine sensitive fournit un filet récurrent). — 2, racine motrice. — 3, ganglion otique. — 4, petit pétreux superficiel. — 5, son anastomose avec le nerf de Jacobson. — 6, sa racine sympathique venant de l'artère méningée moyenne. — 7, son anastomose avec la corde du tympan. — 8, nerf du muscle du marteau. — 9, son anastomose avec l'auriculo-temporal. — 10, nerf auriculo-temporal. — 11, rameaux parotidiens. — 12, nerf buccal. — 13, nerf lingual. — 14, corde du tympan. — 15, rameaux de la corde et du lingual au ganglion sous-maxillaire. — 16, rameaux périphériques du lingual allant au ganglion. — 17, ganglion sous-maxillaire. — 18, artère faciale et rameau sympathique alliant au ganglion. — 19, glande sous-maxillaire. — 20, glande sublinguale. — 21, nerf dentaire inférieur. — 22, nerfs temporaux. — 23, nerf massétérin. — 24, nerf du ptérygoïdien externe. — 25, nerf du ptérygoïdien interne. — 26, nerf du péristaphylin externe — 27, nerf mylo-hyoïdien. — VII, nerf facial.

l'oreille et du conduit auditif externe ; 2° à la muqueuse des joues, des lèvres, du plancher buccal, des gencives, de la partie antérieure de la langue, à celle de la muqueuse du tympan (une partie seulement) et des cellules mastoïdiennes ; 3° à la dure-mère, au maxillaire inférieur, au temporal et à leur périoste ; 4° aux dents de la mâchoire inférieure ; 5° à l'articulation temporo-maxillaire ; 6° aux muscles correspondants (sensibilité musculaire).

B. **Action sur le goût.** — Le nerf glosso-pharyngien n'est pas le nerf exclusif du goût ; le lingual ne fournit pas seulement la sensibilité tactile à la partie antérieure de la langue, il lui fournit encore la sensibilité gustative. La section du lingual, pratiquée plusieurs fois chez l'homme, abolit le goût (pour les saveurs sucrées surtout) dans la partie antérieure de la langue. Quant à la provenance de ces fibres gustatives du lingual, elle sera étudiée à propos de la corde du tympan et du glosso-pharyngien.

C. **Action sur l'audition.** — Le maxillaire inférieur n'a qu'une action très indirecte sur l'audition par les filets sensitifs, glandulaires et musculaires qu'il fournit aux organes auditifs.

D. **Action sécrétoire.** — L'influence du nerf maxillaire inférieur sur la sécrétion salivaire et le rôle qu'il joue dans cette sécrétion ont été étudiés pages 650 et suivantes. On a vu que les fibres sécrétoires directes que contiennent le lingual et l'auriculo-temporal proviennent du facial et du glosso-pharyngien.

Quant aux sécrétions des autres glandes muqueuses de la langue, des joues ou du plancher buccal, elles doivent être sous l'influence des branches du maxillaire inférieur sans qu'on puisse affirmer de quels nerfs proviennent ces fibres sécrétoires. Les branches terminales du lingual présentent, surtout dans le voisinage des petites glandes et de leurs conduits excréteurs, de petits ganglions microscopiques (Remak) qui sont probablement en rapport avec la sécrétion.

E. **Action vaso-motrice.** — Le trijumeau fournit une partie des filets vaso-moteurs qui accompagnent les artères de la cavité buccale. La dilatation des vaisseaux de la partie antérieure de la langue et la rougeur qu'on observe par l'excitation du bout périphérique du lingual sont dues aux fibres vaso-dilatatrices que lui fournit la corde du tympan (voir ce nerf).

F. **Action trophique.** — L'action trophique des branches du maxillaire inférieur est encore douteuse ; chez le lapin, chez lequel l'accroissement des dents est continuel, la section du dentaire inférieur n'empêche pas les dents de repousser ; cependant cette section est suivie d'altérations de nutrition de la langue et des lèvres ; la muqueuse est rouge, gonflée et présente au bout de peu de temps des ulcérations. On a admis, comme pour l'œil, que ces lésions étaient dues à des pressions mécaniques sur des parties devenues insensibles par la section. La question exige encore de nouvelles recherches.

G. **Action excito-réflexe.** — L'excitation du lingual produit une salivation réflexe étudiée page 653. Les mouvements de succion chez le nouveau-né, les mouvements de mastication, etc., se produisent aussi par action réflexe par l'excitation des filets sensitifs de la cavité buccale. A l'état pathologique ces nerfs déterminent aussi un grand nombre de mouvements réflexes (crampes, convulsions, etc.).

H. **Action motrice.** — La petite racine ou racine motrice du trijumeau (fig. 441, 2) se distribue aux muscles qui meuvent la mâchoire inférieure, ou, d'une façon plus générale, à tous les muscles qui interviennent dans la mastication, sauf les muscles de la langue et des joues; d'où le nom de nerf *masticateur*. Il innerve le temporal, le masséter, les deux ptérygoïdiens, le ventre antérieur du digastrique, le mylo-hyoïdien et le péristaphylin externe, comme le prouvent sa distribution anatomique, sa section et son excitation directe. Il ne pourrait y avoir de doute que pour le péristaphylin externe ; mais Hein a vu des contractions dans le voile du palais par l'excitation de la petite racine du trijumeau (1) ; il commande donc les mouvements suivants : élévation, abaissement, diduction de la mâchoire inférieure, tension du plancher buccal, tension du voile du palais. Le nerf buccal n'innerve pas le muscle buccinateur qu'il ne fait que traverser et dont les filets moteurs viennent du facial ; l'excitation du nerf buccal ne produit de contractions ni dans l'orbiculaire ni dans le buccinateur.

La petite racine innerve en outre le muscle interne du marteau ou tenseur du tympan par un filet qui traverse le ganglion otique. Politzer et Ludwig ont obtenu des contractions de ce muscle par l'excitation intra-crânienne du trijumeau.

Après la section de la cinquième paire des deux côtés, la mâchoire reste pendante et l'animal ne peut plus ni mâcher ni avaler. Quand la section a été faite d'un seul côté, la mâchoire est déviée et attirée du côté sain ; les dents supérieures et inférieures ne se correspondent plus, et chez les animaux chez lesquels l'accroissement des incisives est continu, comme le lapin, au bout de quelques jours les dents présentent un bord libre oblique dû à l'accroissement plus grand de l'incisive supérieure du côté opéré et de l'incisive inférieure du côté sain.

I. **Ganglion otique** (fig. 441. 3). — D'après Arnold, le ganglion otique recevrait trois espèces de racines. La racine *motrice* ou courte racine viendrait de la partie motrice du maxillaire inférieur, ou, suivant Hyrtl, du nerf du ptérygoïdien interne au moment de son passage au travers du ganglion, ce qui revient physiologiquement au même. Longet, au contraire, fait provenir cette racine motrice du facial par le petit nerf pétreux superficiel ;

(1) Il est à remarquer cependant qu'en général, le péristaphylin externe n'est pas compris dans les paralysies de la racine motrice.

mais cette dernière opinion est peu admissible si l'on réfléchit que tous les filets moteurs fournis par le ganglion otique (nerfs du péristaphylin externe et du muscle du marteau) proviennent en réalité de la racine motrice du trijumeau. La racine *sensitive* vient du glosso-pharyngien par le nerf de Jacobson, le petit pétreux profond externe et le petit pétreux superficiel. Hyrtl et Rudinger le font provenir de la troisième branche du ganglion de Gasser. La racine *sympathique* vient du plexus qui entoure l'artère méningée moyenne. Le ganglion otique reçoit en outre, par le petit pétreux superficiel, les rameaux glandulaires parotidiens qui proviennent du facial.

Le ganglion otique fournit : 1° des filets sensitifs qui vont, soit par l'anastomose avec l'auriculo-temporal (Sappey), soit par le petit pétreux superficiel et le nerf de Jacobson, se rendre à la muqueuse de la caisse du tympan; 2° des filets glandulaires parotidiens venant du facial et allant se jeter dans l'auriculo-temporal; 3° des filets moteurs, nerf du péristaphylin externe et nerf du muscle interne du marteau ; 4° un filet anastomotique avec la corde du tympan, dont l'usage physiologique est inconnu.

J. Ganglion sous-maxillaire (fig. 446, 17, et fig. 216, p. 650). — Ce ganglion fournit les filets nerveux de la glande sous-maxillaire. Arnold et Longet, l'assimilant au ganglion ophthalmique et aux autres ganglions analogues, lui ont attribué trois racines, une racine *motrice* provenant du facial par la corde du tympan, une racine *sensitive* fournie par les filets du lingual, et une racine *sympathique* fournie par le plexus qui entoure l'artère faciale; mais il est difficile d'admettre cette interprétation. En réalité, le ganglion reçoit les filets suivants :

1° Des filets provenant de la corde du tympan et, par suite, du facial. En effet, le facial tient sous sa dépendance la sécrétion salivaire de la glande sous-maxillaire comme celle de la parotide et de la sublinguale. Après la section du facial, les fibres de la corde du tympan dégénérées se laissent suivre jusque dans les racines du ganglion (Vulpian): l'excitation intra-crânienne du facial produit la salivation sous-maxillaire (Ludwig), et celle de la corde produit le même effet, tandis que sa section arrête la salivation réflexe produite par l'excitation de la muqueuse linguale (Cl. Bernard). L'excitation de la corde du tympan, comme l'ont prouvé surtout les recherches de Cl. Bernard, produit non seulement une augmentation de salive, mais encore cette salive, dite *salive de la corde*, a des caractères particuliers; d'après Heidenhain, la corde contiendrait surtout des fibres agissant directement sur les cellules glandulaires (fibres sécrétoires); sous l'influence d'une excitation prolongée, ces cellules se vident de leur contenu, mais sans disparaître, comme le croit Heidenhain, pour fournir le produit de sécrétion (Ranvier).

La corde du tympan agit en outre sur les vaisseaux de la glande ; son excitation amène leur dilatation ; elle contiendrait donc, outre les fibres glandulaires, des fibres vaso-dilatatrices. Par ces deux ordres de fibres la corde est en antagonisme avec les filets sympathiques de la glande.

2° Les filets sympathiques qui viennent du plexus qui entoure l'artère faciale ont aussi une action sur la sécrétion sous-maxillaire, action prouvée par l'expérimentation. L'excitation du grand sympathique cervical amène une production de salive, *salive sympathique*, qui a des caractères différents de ceux de la salive de la corde, et présente surtout beaucoup plus de mucus; aussi Heidenhain admet-il dans les filets sympathiques une très faible quantité de fibres glandulaires proprement dites et une prédominance de fibres mucipares. La racine sympathique contient aussi des fibres vasculaires, mais ces fibres sont des nerfs vaso-moteurs dont l'excitation produit la constriction des vaisseaux et qui sont par conséquent antagonistes des fibres vasculaires de la corde. (Cl. Bernard.)

3° Les filets sensitifs du ganglion sous-maxillaire proviennent du lingual ; d'après Bidder, ils seraient de deux ordres : les uns viendraient du bout central du lingual et fourniraient la sensibilité à la glande ; les autres viendraient du bout périphérique du lingual (racine périphérique) et n'offrent pas de dégénérescence après la section du lingual ; cette racine périphérique servirait, d'après Bidder, à transmettre au ganglion sous-maxillaire les excitations de la muqueuse linguale et par suite détermineraient la salivation sans l'intermédiaire d'un centre réflexe cérébro-spinal.

La question de savoir si le ganglion sous-maxillaire peut agir comme centre réflexe, indépendamment des centres nerveux cérébro-spinaux, présente une très grande importance au point de vue de la physiologie générale. L'expérience suivante, due à Cl. Bernard, tendrait à faire admettre cette opinion : on fait la section du lingual au-dessus et au-dessous du ganglion sous-maxillaire (en respectant les branches qui vont du tympanico-lingual au ganglion), et ensuite celle du sympathique ; si alors on excite le bout périphérique du tronçon nerveux (courant d'induction, pincement, sel marin), on voit la salivation se produire, quoique toute connexion soit détruite entre les centres nerveux et le ganglion ; le même effet se produit, mais plus difficilement, si on excite la muqueuse linguale (éther, courants d'induction) après avoir coupé le nerf tympanico-lingual au-dessus du ganglion ; cette salivation cesse immédiatement quand on coupe le lingual entre la langue et le ganglion ; la salivation ne se produit pas par les excitations gustatives ; ce centre ganglionnaire serait surtout en rapport, d'après Cl. Bernard, avec l'état de sécheresse ou d'humidité de la muqueuse buccale. Schiff, qui a attaqué cette expérience, prétend qu'il y a là une erreur d'observation dont il croit avoir déterminé les conditions anatomiques et physiologiques. (*Leçons sur la digestion*, t. Ier, pages 282 et suivantes.)

Bibliographie. — HIRSCHBERG : *Ueber die Geschmaksfunction d. N. lingualis* (Berl. kl. Woch., 1868). — GUTTMANN : *Ueber die Function d. N. lingualis* (id.). — PRÉVOST : *Note relative aux fonctions gustatives du nerf lingual* (Gaz. méd., 1869). — VOLTOLINI : *Welches Nervenpaar innervirt den Tensor tympani ?* (Arch. für pat. An., 1875). — POLITZER : *Die Frage üb. die Innervation der M. tensor tympani* (Arch. für Ohrenheilk., 1876). — VOLTOLINI : *Entgegnung*, etc. (Arch. für pat. An., 1876).

Bibliographie générale du trijumeau. — BELLINGERI : *De nervis faciei*, 1818. — H. MAYO : *Exp. to determine the influence of the portio dura of the seventh*, etc., 1822. — ESCHRICHT : *De funct. septimi et quinti paris*, etc. (Journ. de Magend., t. IV). — SNELLEN : *De vi nervorum in inflammationem*, 1857. — MARFELS : *Zur Durchschneidung des N. trigeminus* (Unt. z. Naturl., t. II). — BÜTTNER : *Ueber die nach der Durchschneidung des Trigeminus auftret. Ernährungsstörungen*, etc. (Zeit. für rat. Med., 1862). — SNELLEN : *De neuroparalytische*, etc. (Nederl. Tij. voor Geneesk., 1864). — KOCHER : *Ein Fall von Tri-*

geminuslähmung (Berl. kl. Woch., 1868). — BEVERIDGE : *Case of disease of the trifacial nerve* (Med. Times, 1868). — ALTHAUS : *Zur Physiol. und Pat. des Trigeminus* (Arch. für kl. Med., 1870).

VI. — NERF MOTEUR OCULAIRE EXTERNE (fig. 444, VI).

Procédés. — A. *Section intra-crânienne.* — 1° *Sans ouverture du crâne.* Même procédé que pour la section intra-crânienne du trijumeau qui doit être coupé préalablement ; une fois celui-ci coupé, le tranchant de l'instrument est porté en dedans et en bas : ce procédé réussit rarement. — 2° *Après ouverture du crâne.* Rien de particulier. — B. *Section de la cavité orbitaire.* Glisser un bistouri le long de la paroi externe de l'orbite.

Le nerf moteur oculaire externe est un nerf essentiellement moteur ; il innerve le droit externe. La galvanisation dans le crâne produit une déviation de l'œil en dehors. Longet a constaté qu'il était insensible à son origine et la sensibilité récurrente admise par Cl. Bernard n'a pas été vérifiée expérimentalement. Après sa paralysie, l'œil est dans le strabisme convergent ; il y a de la diplopie et les images doubles sont *homonymes*.

Bibliographie. — GRAUX : *De la paralysie du moteur oculaire externe*, 1878. — M. DUVAL : *Relat. de la sixième et de la troisième paire de nerfs crâniens* (Soc. de biol., 1878).

VII. — NERF FACIAL (fig. 447).

Procédés. — 1° *Section intra-crânienne* (lapin). Incision de la peau en arrière de l'oreille externe ; on enfonce un neurotome dans la fosse mastoïdienne, on traverse le lobe postérieur du cervelet et on dirige l'instrument en dedans et en avant vers le conduit auditif interne ; on peut blesser le sinus, traverser le cervelet et les parties latérales du pont de Varole. — Vulpian. puis Jolyet et Laffont ont employé le procédé suivant chez le chien. On fait une incision en arrière de l'oreille ; on met à nu la partie de l'occipital comprise entre le condyle et la ligne courbe occipitale supérieure et on enlève cette portion avec le ciseau. On introduit alors un couteau à extrémité mousse qui perfore la dure-mère et glisse le long du bord du rocher jusqu'au trou auditif interne où on sectionne le nerf. — 2° *Section extra-crânienne (lapin).* L'animal est placé sur le dos, la tête tournée de côté et maintenue solidement ; on incise la peau horizontalement au-dessous du bord inférieur du conduit auditif externe osseux qui se sent à travers la peau ; on sectionne la parotide pour arriver sur le facial qu'on coupe ou qu'on arrache à sa sortie du trou stylo-mastoïdien. Dans l'arrachement (procédé de Cl. Bernard), on peut avoir la conservation du nerf de Wrisberg et du ganglion géniculé. — 3° *Section dans la caisse (Cl. Bernard).* On pénètre directement dans la caisse par sa paroi inférieure avec un petit ciseau ; on dirige la pointe de l'instrument en haut et en arrière de la faisant marcher transversalement et en appuyant fortement sur l'os, on divise le facial à son troisième coude, quand il s'infléchit en bas vers le tiers stylo-mastoïdien.

A. Action motrice. — Le facial innerve les muscles suivants :

1° *Les muscles peauciers de la face et du cou,* c'est-à-dire les muscles épicrâniens (occipito-frontal et auriculaire), ceux de l'orifice palpébral (orbiculaire et sourcilier), le muscle de Horner, les muscles des lèvres (grand et petit zygomatiques, releveur superficiel et profond, canin, risorius de Santorini, triangulaire, carré, houppe du menton, orbiculaire, buccinateur) les muscles du nez (transverse, myrtiforme et dilatateur de l'aile du nez), le peaucier du cou. Ch. Bell croyait à tort le buccinateur innervé par le filet buccal du trijumeau.

Par ces fibres motrices le facial commande :

Les mouvements d'expression de la face, sa physionomie ; après sa paralysie, ces mouvements sont abolis, et la moitié paralysée, devenue immobile, suit passivement les mouvements de la moitié intacte ; aussi les traits paraissent-ils déviés vers le côté sain. La section pratiquée pour la première fois par Ch. Bell sur l'âne (1821) et répétée par Schaw sur le singe a donné les mêmes résultats. D'après Cl. Bernard, chez le lapin et le chien, les traits paraissent déviés du côté paralysé ;

L'occlusion des paupières et le clignement ; l'œil du côté paralysé, par suite de l'action persistante du releveur, est plus ouvert que celui du côté sain, et ne peut se fermer complètement ; le clignement étant devenu impossible, les larmes ne sont plus étalées uniformément au devant de la cornée, ce qui amène une réfraction irrégulière des rayons lumineux ; en outre, les poussières et les corps étrangers restant en contact avec la cornée, celle-ci peut s'enflammer, fait très rare du reste, les muscles de l'œil faisant glisser le globe oculaire contre la face profonde de la paupière supérieure. La paralysie du muscle de Horner produit le larmoiement, les larmes ne pénétrant plus aussi facilement dans les voies lacrymales ;

Les mouvements des lèvres et des joues ; aussi la mastication se trouve-t-elle très gênée après la paralysie du facial, les lèvres et les joues ne pouvant plus, comme à l'état normal, ramener au fur et à mesure les parcelles alimentaires entre les arcades dentaires ; l'action de souffler, le jeu des instruments à vent sont aussi empêchés chez l'homme ; en outre, grâce à la flaccidité de la joue, le courant d'air peut la soulever à chaque expiration (ce qu'on appelle *fumer la pipe*). Chez les animaux, la section produit des résultats identiques, et ils ne peuvent plus, comme auparavant, saisir leurs aliments avec les lèvres ;

Les mouvements des narines ; l'action de flairer devient impossible par la paralysie du dilatateur, et l'olfaction en est notablement affaiblie ; la section chez les animaux qui, comme le cheval, ne peuvent respirer par la bouche, est suivie de désordres fonctionnels plus graves ; la narine étant très molle fait l'office de soupape, et en s'appliquant sur l'orifice antérieur des fosses nasales, ferme complètement le passage au courant d'air inspiré ; aussi les chevaux auxquels on pratique la section des deux nerfs faciaux meurent-ils asphyxiés.

Les mouvements du pavillon de l'oreille.

2° *Le ventre postérieur du digastrique et le stylo-hyoïdien.* — Le facial intervient donc dans l'élévation de l'os hyoïde et de la base de la langue.

3° Il fournirait, d'après Sappey et L. Hirschfeld, quelques muscles de la langue, les *stylo-glosses* et *glosso-staphylins*. La présence de ce filet expliquerait peut-être les cas de déviation de la pointe de la langue dans les paralysies et après la section du facial, déviation qui se fait du côté paralysé (1), et rend compte de la difficulté qui se présente quelquefois chez le malade d'articuler nettement les gutturales et les linguales.

4° Il innerve plusieurs muscles du voile du palais, spécialement le *péristaphylin interne* et le *palato-staphylin*, par des filets qui partent du coude du facial au niveau du ganglion géniculé et vont, par le grand nerf pétreux superficiel et le ganglion de Meckel, aux nerfs palatins postérieurs (fig. 447,7).

(1) Il y a cependant quelques réserves à faire à ce sujet ; mais la discussion de ce point de physiologie pathologique est plutôt du ressort de la pathologie.

D'après Longet, il innerverait aussi les autres muscles du voile du palais, sauf le péristaphylin externe; mais il est douteux qu'il fournisse aux muscles des piliers.

L'action du facial sur le voile du palais a été très controversée. Son excitation intra-crânienne n'a donné que des résultats négatifs à Chauveau, Longet, Volk-

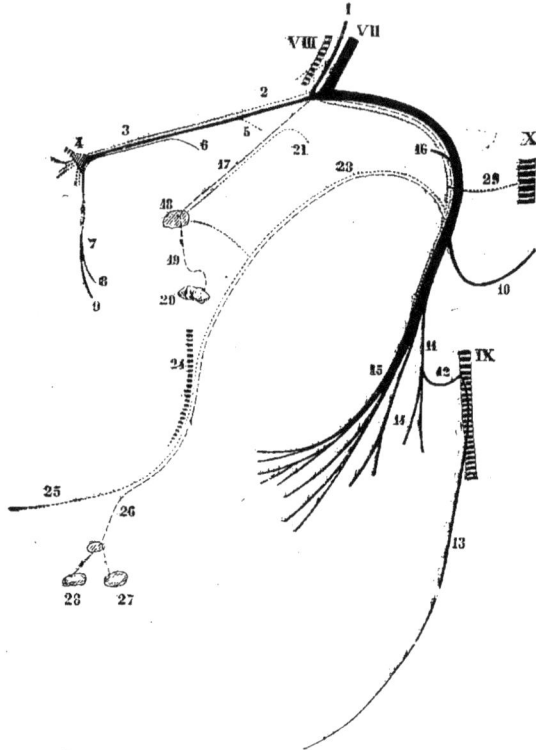

Fig. 447. — *Nerf facial (figure schématique)* (*).

mann et Hein; Debrou n'a obtenu qu'une fois sur cinq des résultats positifs; cependant Nuhn a vu, sur un décapité, l'excitation galvanique du tronc du facial amener des mouvements dans le voile du palais, et Davaine a constaté le même

(*) VII, nerf facial. — VIII, nerf auditif. — IX, nerf glosso-pharyngien. — X, nerf pneumogastrique. — 1, nerf de Wrisberg. — 2, grand pétreux superficiel. — 3, nerf vidien. — 4, ganglion de Meckel. — 5, anastomose du grand pétreux avec le nerf de Jacobson. — 6, rameau sympathique. — 7, nerf palatin postérieur. — 8, nerf du péristaphylin interne. — 9, nerf du palato-staphylin. — 10, rameau auriculaire. — 11, rameau du stylo-hyoïdien et du digastrique. — 12, anastomose avec le glosso-pharyngien. — 13, rameau du stylo-pharyngien. — 14, rameau du stylo-glosse et du glosso-staphylin. — 15, branches terminales. — 16, rameau du muscle de l'étrier. — 17, petit pétreux superficiel. — 18, ganglion otique. — 19, anastomose avec l'auriculo-temporal et filets parotidiens. — 20, parotide. — 21, anastomose du nerf de Jacobson avec le petit pétreux. — 22, anastomose du ganglion otique avec la corde du tympan. — 23, corde du tympan. — 24, nerf lingual. — 25, filets gustatifs de la corde du tympan. — 26, filets glandulaires. — 27, glande sous-maxillaire. — 28, glande sublinguale. — 29, anastomose avec le pneumogastrique.

fait chez les animaux. Les paralysies du facial témoignent en faveur de cette opinion ; la luette est alors fréquemment déviée du côté non paralysé (Montaut, Diday, Longet, etc.) et conjointement on observe une chute du voile du palais avec courbure de la luette (Romberg), d'où gêne de la déglutition et nasonnement dû à ce que le voile du palais ne ferme plus hermétiquement l'orifice postérieur des fosses nasales. Cette déviation de la luette n'existe pas quand le siège de la paralysie se trouve au-dessous du ganglion géniculé. Sanders fait cependant remarquer avec juste raison que la luette est très souvent déviée à l'état normal, de sorte qu'on ne peut guère attribuer d'importance à sa déviation dans les cas de paralysie.

5° *Le muscle de l'étrier et les muscles du pavillon ;* l'incertitude dans laquelle on est encore sur l'action du muscle de l'étrier ne permet guère d'expliquer les altérations de l'ouïe observées dans quelques cas de paralysie faciale (sensibilité plus grande de l'ouïe, surdité, etc.). D'après Voltolini, le facial fournirait aussi des filets au muscle interne du marteau ; mais d'après Politzer, les contractions obtenues par Voltolini par l'excitation électrique du facial seraient dues à des courants dérivés transmis jusqu'au trijumeau.

B. **Action sensitive.** — Le facial est insensible à son origine ; Magendie et Cl. Bernard l'ont constaté d'une façon indubitable. Certains auteurs, Wrisberg, Bischoff, etc., se basant sur la présence du ganglion géniculé, ont considéré le facial comme un nerf mixte dont le nerf de Wrisberg constituerait la racine sensitive ; mais, d'une part, Cl. Bernard a constaté l'insensibilité du nerf de Wrisberg, et dans les paralysies centrales du facial il n'y a aucune perte de sensibilité dans les régions innervées par le facial.

Le facial est cependant sensible après sa sortie du trou stylo-mastoïdien ; mais cette sensibilité est une sensibilité acquise dans son trajet à travers le canal de Fallope. Elle lui vient probablement de deux sources : 1° du trijumeau par le grand nerf pétreux superficiel ; Longet a constaté l'insensibilité du facial au-dessous du trou stylo-mastoïdien après la section intra-crânienne du trijumeau ; 2° du pneumo-gastrique par le rameau auriculaire, comme l'indique une remarquable expérience de Cl. Bernard ; il sectionne le facial au-dessous de son anastomose avec le pneumogastrique et constate la sensibilité des deux bouts du nerf ; il coupe alors le rameau auriculaire et voit que la sensibilité a disparu dans le bout central ; il est difficile cependant de faire accorder ce fait avec l'expérience de Longet, car le bout central devrait avoir encore un reste de sensibilité dû au trijumeau.

Après sa sortie du trou stylo-mastoïdien, le facial contracte des anastomoses avec l'auriculo-temporal et par ses branches terminales avec les branches périphériques du trijumeau. C'est à ces anastomoses avec le trijumeau que serait due la sensibilité récurrente constatée par Cl. Bernard sur les rameaux du facial ; si on coupe un de ces rameaux, le bout périphérique est sensible et cette sensibilité disparaît quand on coupe le trijumeau ; elle est facile à constater chez le chien, obscure chez le cheval et le lapin.

C. **Action gustative.** — La présence de fibres gustatives dans la corde du tympan ne peut guère être mise en doute. Cependant sa section a donné des résultats différents, suivant les expérimentateurs, et en général peu précis; si les uns ont observé, à la suite de la destruction des deux cordes du tympan dans la cavité tympanique, la perte complète du goût dans la partie antérieure de la langue, d'autres, et Prévost en particulier, n'ont observé, sauf dans un cas, qu'un affaiblissement du goût et ne lui reconnaissent qu'un rôle accessoire. L'excitation de la corde n'a pas donné de résultats plus certains. L'irritation mécanique avec un pinceau (Trœltsch) ou par injection d'un liquide dans la trompe, la faradisation (Duchenne) ne produisent qu'un picotement ou un fourmillement dans la pointe de la langue et de la salivation, mais pas de sensibilité gustative. Du reste, les expérimentateurs ne sont même pas d'accord sur la sensibilité de la corde; les uns la trouvent sensible (Morganti), les autres insensible (Eckhard) aux excitations directes. Les expériences de section avant la réunion du lingual et de la corde du tympan n'ont pas donné de résultats plus précis. Ainsi tandis que, d'après Inzani, l'excision du nerf lingual avant sa réunion à la corde du tympan n'enlève en rien la sensibilité gustative, Schiff a cru constater un affaiblissement, et Prévost a vu, dans plusieurs cas, la sensibilité gustative qui persistait encore, quoique affaiblie, après la section des deux glosso-pharyngiens et des deux cordes du tympan, être abolie complètement après la section des linguaux. En tout cas, il est très probable qu'une partie au moins des fibres gustatives du lingual provient de la corde du tympan.

D'où viennent maintenant ces fibres gustatives de la corde? Les physiologistes sont loin de s'accorder sur ce point; on les a fait provenir du trijumeau, du facial,

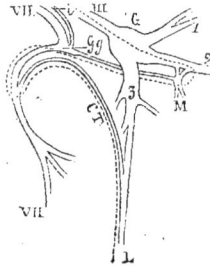

Fig. 448. — *Hypothèse de Schiff* (*).   Fig. 449. — *Hypothèse de Lussana* (**).

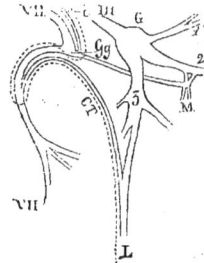

du glosso-pharyngien. La provenance du trijumeau s'appuie sur des cas de paralysie centrale du trijumeau avec abolition du goût (Bernhardt, Erb); mais des cas contraires ont été publiés. On pouvait aussi invoquer à l'appui l'expérience mentionnée plus haut de Prévost et ce fait observé par Vulpian qu'après la section

---

(*) III, trijumeau. — VII, nerf facial. — G, ganglion de Gasser. — i, nerf intermédiaire de Wrisberg. — Gg, Ganglion géniculé. — CT, corde du tympan. — L, nerf lingual. — 1, ophthalmique. — 2, maxillaire supérieur. — 3, maxillaire inférieur. — M, ganglion de Meckel. — La ligne pointillée indique le trajet des fibres gustatives (d'après M. Duval).
(**) Mêmes renvois qu'à la figure 443 (d'après M. Duval).

intra-crânienne du trijumeau, la plus grande partie des fibres de corde sont dégé-nérées. Schiff fait suivre aux fibres gustatives un trajet très compliqué puisqu'il les fait passer par le ganglion sphéno-palatin (fig. 448) ; d'après lui, les filets gustatifs de la partie antérieure de la langue quittent l'encéphale avec les racines du triju-meau, suivent le tronc du maxillaire supérieur, traversent le ganglion sphéno-palatin, vont par le nerf vidien et le grand nerf pétreux au ganglion géniculé du facial, descendent avec le tronc du facial et gagnent la corde du tympan pour aller se distribuer avec le nerf lingual ; une autre partie va directement du gan-glion sphéno-palatin au maxillaire inférieur (Schiff, *Leçons sur la physiologie de la digestion*, 1868. t. Ier, p. 125) ; mais cette opinion est peu acceptable en présence de ce fait bien constaté que l'extirpation du ganglion sphéno-palatin est sans influence sur le goût. (Alcock, Prévost.)

La provenance des fibres gustatives du facial a été soutenue par Lussana. D'après ce physiologiste elles viendraient du facial par le ganglion géniculé et le nerf de Wrisberg (fig. 449), et il cite à l'appui plusieurs cas de paralysie faciale avec abolition du goût dans le côté correspondant de la pointe de la langue ; mais le siège de la lésion était dans l'aqueduc de Fallope, et il n'y a pas, sauf peut-être un cas de Steiner, de cas bien constaté de paralysie centrale du facial avec aboli-tion du goût. D'autre part, la section du facial dans le crâne n'a donné que des résultats douteux à Cl. Bernard et à d'autres expérimentateurs. En outre Vulpian, après la section du facial dans le crâne, n'a trouvé que très peu de fibres dégénérées dans la corde du tympan. D'après Cl. Bernard, l'action gustative de la corde serait en réalité une action motrice ; elle agirait médiatement sur le goût en amenant une sorte d'érection des papilles linguales qui favoriserait leur fonctionnement. Enfin d'après Carl les fibres gustatives de la corde du tympan, qui ne seraient qu'en très faible quantité, proviendraient du glosso-pharyngien (voir : *Glosso-pha-ryngien*).

D. Action sécrétoire. — L'action du facial sur la sécrétion salivaire a été étudiée pages 650 et suivantes.

E. Action vaso-motrice. — Cl. Bernard a vu la section intra-crâ-nienne du facial être suivie d'un abaissement de température (abaissement dû peut-être aux désordres mêmes de l'opération) ; sa section dans le canal de Fallope était au contraire suivie d'une élévation de température. (Voir : *Corde du tympan.*)

F. Action trophique. — Chez les animaux en voie de croissance, l'ar-rachement du facial amène au bout d'un certain temps une atrophie des muscles et des os du côté correspondant de la face (Brown-Séquard, Schauta). J'ai vu dans un cas des troubles de nutrition (perte des poils, altération épithéliale) et une gangrène sèche de l'oreille succéder chez le lapin à un arrachement du facial.

G. Ganglion géniculé et nerf de Wrisberg. — La nature et les fonc-tions du nerf de Wrisberg sont encore peu connues. Wrisberg, Bischoff, Cusco, le considéraient comme la racine sensitive du nerf facial dont le ganglion géniculé constituerait le ganglion. On a vu plus haut les raisons qui s'opposent à cette opinion. Longet, qui l'appelle *nerf moteur tympanique*, le croit destiné à fournir le nerf du muscle de l'étrier et le muscle interne du marteau (par le petit nerf pétreux superficiel) ; mais ce dernier nerf est fourni par le trijumeau. Cl. Bernard le regarde comme une racine d'origine du grand sympathique qui fournirait aux nerfs pétreux et à la corde du tympan ; il agirait sur les muqueuses et les glandes ; il serait le nerf des mouvements organiques, le facial étant le nerf des mouvements de relation. On l'a considéré aussi comme fournissant les filets glandulaires du petit pétreux superficiel et de la corde. Enfin, d'après Lussana, il contiendrait les filets gustatifs du lingual.

H. **Anastomoses.** — 1° *A. du facial et de l'acoustique.* Cette anastomose a lieu principalement par le nerf de Wrisberg. Son usage est inconnu.

2° *Grand pétreux superficiel.* Il fournit au ganglion de Meckel les filets moteurs qui, après avoir traversé ce ganglion, vont innerver les muscles palato-staphylin et péristaphylin interne. C'est probablement aussi par cette voie qu'arrive au facial une partie des filets venant du trijumeau qui donnent au facial sa sensibilité acquise.

3° *Petit pétreux superficiel.* Il porte au ganglion otique les filets glandulaires qui vont de ce ganglion à l'auriculo-temporal et de là à la parotide.

4° *Corde du tympan.* La corde serait sensible d'après quelques auteurs (Bonnafont, Duchenne), très peu sensible au contraire d'après Vulpian. Ce nerf, très complexe et très curieux, contient plusieurs espèces de fibres : 1° des fibres glandulaires qui se rendent aux glandes sous-maxillaires et sublinguales ; 2° des fibres gustatives qui vont avec le lingual à la pointe de la langue ; 3° des fibres motrices qui accompagnent le lingual et qui, d'après les recherches de Vulpian, n'entreraient en action qu'après la section de l'hypoglosse ; 4° des fibres vaso-dilatatrices dont l'excitation amène la dilatation des vaisseaux de la glande sous-maxillaire (Cl. Bernard) et des vaisseaux de la moitié correspondante de la langue (Vulpian) ; 5° des fibres centripètes dont l'excitation produit, par action réflexe, un écoulement de salive sous-maxillaire (Vulpian).

5° *Rameau auriculaire du pneumogastrique.* Il amène probablement au facial des filets sensitifs venant du pneumogastrique et lui fournit sa sensibilité acquise.

6° *A. avec le glosso-pharyngien* (voir : *Glosso-pharyngien*).

Bibliographie. — GOÆDECHENS : *N. facialis physiol. et pathol.*, 1832. — P. BÉRARD : *Sur les fonctions du n. facial* (Journ. des conn. méd., 1834-35). — NUHN : *Vers. üb. den Einfluss des N. facialis auf die Bewegungen des Gaumensegels*, 1849. — CL. BERNARD : *Nouv. expér. sur le nerf facial* (Gaz. méd., 1857). — STICH : *Beitr. zur Kenntniss der Chorda tympani* (Ann. d. Charité-Krank. zu Berl., 1857). — LUSSANA : *Sui nervi del gusto* (Gaz. méd. ital., 1871). — VULPIAN : *Sur la distrib. de la corde du tympan* (Comptes rendus, 1872). — ID. : *Nouv. rech. exp. sur la corde du tympan* (id., 1873). — ID. : *Rech. relat. à l'action de la corde du tympan sur la circul. sanguine de la langue* (id.). — CARL : *Enthält die Chorda tympani Geschmaksfasern ?* (Arch. für Ohrenheilk., 1875). — BLAU : *Ueber die Veränder. des Auges nach Facialisexstirpation* (Arch. für exp. Pat., 1879). — HÖGYES : *Ein Beitr. zur Lehre von der Function der Chorda tympani* (Berl. kl. Woch., 1879). — MOOS : *Auffallend gesteigerte Hörschärfe für tiefe Tone in einem Falle von Lähmung des rechten Gesichtsnerven* (Zeit. für Ohrenheilk., t. VIII). — BOCHEFONTAINE : *Sur un procédé pour la section intra-crânienne du nerf facial chez le chien* (Soc. de biol., 1879).

VIII. — NERF AUDITIF.

Le rôle des filets du nerf auditif autres que les filets purement auditifs est encore très obscur (1).

Canaux demi-circulaires. — Flourens observa le premier sur les pigeons des phénomènes très curieux après la lésion des *canaux demi-circulaires*. La section du canal horizontal déterminait chez l'animal un mouvement de la tête de droite à gauche et de gauche à droite ; celle du canal vertical, un mouvement de haut en bas et de bas en haut, en un mot les mouvements de la tête se produisaient dans le plan des canaux opérés. La destruction de ces canaux amenait du vertige (mouvements de manège, etc.), et l'animal ne pouvait conserver son équilibre ; pour produire ces résultats, les lésions devaient porter sur les parties membraneuses des conduits demi-circulaires. Les expériences de Flourens ont été confirmées par Brown-Séquard, Vulpian, Harless, Czermak, etc., et par la plupart des physiologistes. La section des canaux demi-circulaires d'un seul côté ne produit que des effets passagers. Celle de tous les canaux demi-circulaires produit une ataxie considérable des mouvements qui présentent dans les premiers jours une très grande violence à laquelle fait suite une incertitude persistante, quand l'animal survit à l'opération (Cyon). Des phénomènes analogues se montrent avec des différences tenant à la diversité des attitudes et des mouvements chez ces animaux, chez les grenouilles et les lapins. En outre, on constate par l'excitation de ces canaux des oscillations des globes oculaires (nystagmus) dont la direction est déterminée par le choix du canal excité (Cyon). Dans tous ces cas on n'observe pas de paralysies musculaires et les phénomènes paraissent plutôt tenir à une excitation des canaux demi-circulaires qu'à leur destruction. Cependant ce point est loin d'être mis hors de doute.

L'interprétation de ces phénomènes est très difficile. Pour Vulpian c'était un vertige auditif qui retentissait sur tout l'organisme. Pour Brown-Séquard, les phénomènes observés sont des phénomènes réflexes dus à l'excitation de fibres sensibles contenues dans l'acoustique. Lowenberg croit aussi à une action réflexe produite par l'excitation des canaux et déterminant des mouvements convulsifs. Goltz suppose que les canaux demi-circulaires sont des organes sensitifs qui donnent à l'animal la notion de la position de la tête et de son équilibre. Chaque conduit a en effet une direction correspondante à une des dimensions de l'espace, et les lésions de ces conduits ne permettant plus à l'animal de juger de la position normale de sa tête et par suite de celle de son corps dans l'espace déterminent le vertige. Des phénomènes analogues se produisent quand, sans léser ces conduits, on fixe la tête soit par une suture, soit par un bandage dans une position anormale (Cyon). Longet avait déjà, du reste, observé des troubles de l'équilibre après la section des muscles de la nuque, troubles qui avaient été attribués par quelques auteurs, et Magendie en particulier, à l'écoulement du liquide céphalo-rachidien. La destruction pathologique des canaux demi-circulaires chez l'homme s'accompagne aussi de vertige et de perte de l'équilibre (maladie de Ménière). A. Böttcher a cherché à prouver que les phénomènes observés étaient dus uniquement à la lésion des parties voisines des centres nerveux ; mais Cyon fait remarquer avec raison que les troubles de mouvement diffèrent suivant le canal lésé, tandis que, s'ils ne dépendaient que d'une lésion du cervelet, ils auraient le même caractère.

(1) Pour les procédés de destruction des canaux demi-circulaires, voir principalement Cyon, *Methodik*.

Mach reprenant, à l'aide d'un appareil perfectionné (1), les expériences anciennes de Purkinge sur le vertige, cherche à rattacher les phénomènes de vertige observés par Purkinje aux canaux demi-circulaires et les regarde comme produits par les mêmes causes que les désordres de mouvements observés par Flourens. Pour lui, comme pour la plupart des physiologistes, la direction des trois canaux demi-circulaires correspond aux coordonnées des trois dimensions de l'espace, et ces canaux sont les organes du sens de rotation de la tête (ou, suivant l'expression de l'auteur, des sensations de l'*accélération angulaire* du mouvement de la tête) : sensations dues à ce que l'endolymphe exécute un mouvement dans le sens opposé au mouvement du canal membraneux pendant la rotation de la tête.

Pour Cyon, les canaux demi-circulaires sont les organes du *sens de l'espace*, c'est-à-dire que les sensations provoquées par l'excitation des terminaisons nerveuses dans les ampoules de ces canaux serviraient à former nos notions sur les trois dimensions de l'espace; les sensations de chaque canal correspondraient à une des dimensions. Ces sensations se transmettraient des canaux demi-circulaires à des centres nerveux encore indéterminés (cervelet?), centres qui interviennent à leur tour dans la distribution de l'innervation musculaire (muscles de l'œil, muscles maintenant l'équilibre, etc.). Après les opérations sur les canaux demi-circulaires, les accidents sont dus non seulement au vertige visuel produit par le désaccord entre l'espace vu et l'espace formé par les sensations dues aux canaux demi-circulaires, mais encore aux troubles atteignant les muscles dont les animaux se servent de préférence pour s'orienter dans l'espace. C'est ainsi que les troubles de l'équilibre peuvent se produire, contrairement aux conclusions de ses premiers travaux, même lorsque la bête ne présente ni attitude anormale, ni mouvements désordonnés. Je ne puis que renvoyer pour les développements au mémoire même de l'auteur.

En résumé, malgré les incertitudes qui existent encore sur ce sujet on peut, à mon avis, conclure que dans le nerf auditif il y a deux parties distinctes, une partie servant spécialement à l'audition, et une partie en rapport avec les sensations qui règlent la situation de notre corps dans l'espace (sens de l'espace, sens de l'équilibre, sens statique, etc.), d'où le nom de *nerf de l'espace* qui a pu être donné à cette partie du nerf auditif. M. Duval a décrit du reste récemment une racine antérieure du nerf acoustique qui va se mettre en rapport avec le corps restiforme.

Bibliographie. — Flourens : *Rech. exp.*, 1828 et 1842. — Purkinje : *Beitr. zur näheren Kenntniss des Schwindels* (B. d. schles. Ges., 1825-1826). — Goltz : *Ueber die physiologische Bedeutung* (Arch. de Pflüger, t. III). — Lowenberg : *Ueber die nach Durchschneidung der Bogengänge des Ohrlabyrinthes auftretenden Bewegungsstörungen* (Arch. für Aug. und Ohrenheilk., 1872). — Lussana : *Sui canali semi-circulari*, 1872. — Blake : *Reaktion des Gehörnerven unter dem galvanischen Strom* (Arch. für Ohrenheilk., 1873). — Mach : *Physik. Vers. üb. den Gleichgewichtssinn des Menschen* (Wien. Akad., 1873-1874). — E. Cyon : *Ueber die Function der halbcirkelförmigen Kanäle* (Arch. de Pflüger, t. VIII). — Bloch : *Sur les fonctions des canaux demi-circulaires* (en russe, 1873). — Breuer : *Ueber die Function der Bogengänge* (Wien. med. Jahrb., 1874). — Böttcher : *Ueber die*

(1) L'appareil de Mach se compose d'un grand cadre rectangulaire en bois placé verticalement et pouvant tourner autour d'un axe vertical A ; ce cadre supporte un second cadre vertical plus petit pouvant tourner aussi autour d'un axe vertical *a* ; cette rotation s'exécute dans l'intérieur du grand cadre et l'axe de rotation du petit cadre peut être écarté plus ou moins de l'axe du grand cadre A; enfin le petit cadre supporte une chaise à dossier à laquelle on peut donner différents degrés d'inclinaison. On peut à l'aide de cet appareil faire varier dans toutes les directions le sens de la rotation et étudier les phénomènes qui se produisent.

Durchschneidung der Bogengänge (Arch. f. Ohrenheilk., 1875). — BERTHOLD : *Ueber die Function der Bogengänge* (id.). — CRUM BROWN : *On the sense of rotation*, etc. (Journ. of anat., 1875). — CURSCHMANN : *Ueber das Verhältniss der Halbcirkelcanäle des Ohrlabyrinths zum Körpergleichgewicht* (Arch. für Psych., 1875). — BREUER : *Beitr. zur Lehre vom statischen Sinne* (Wien. med. Jahrb., 1875). — MACH : *Grundlinien der Lehre von den Bewegungsempfindungen*, 1875. — BORNHARDT : *Zur Frage über die Function der Bogengänge* (Centralbl., 1875). — ID. : *Exp. Beitr. zur Phys. d. Bogengänge* (Arch. de Pflüger, t. XII). — STEFANI : *Studi sulla funzione dei canali semicircolari* (Lo Sperim., 1876). — LUSSANA : *La malatia di Menière*, etc. (Gaz. med. Lomb., 1876). — E. CYON : *Rapports physiol. entre le N. acoustique et l'appareil moteur de l'œil* (Comptes rendus, t. LXXXII). — TOMASZEWICZ : *Beitr. zur Phys. des Ohrlabyrinths*, 1877. — E. CYON : *Les organes périphériques du sens de l'espace* (Comptes rendus, t. LXXXV). — ID. : *Rech. exp. sur les fonctions des canaux demi-circulaires*, 1878. — STEFANI : *Ulter. communicazione alla fisiol. del cervello e dei canali semicircolari*, 1879. — BONNAFONT : *Sur quelques états pathol. du tympan*, etc. (Comptes rendus, t. LXXXIX). — SPAMER : *Exp. and krit. Beitr. zur Physiol. der halbkreisförmigen Kanäle* (Arch. de Pflüger, t. XXI). — M. DUVAL : *Sur le nerf acoustique et le sens de l'espace* (Soc. de biol., 1880).

IX. — GLOSSO-PHARYNGIEN (fig. 450).

Procédés. — *Section des glosso-pharyngiens (Prévost).* — Incision de la région hyoïdienne sur la ligne médiane ; récliner en dehors le nerf grand hypoglosse sur lequel on arrive après une courte dissection ; on sent alors l'apophyse mastoïde qui se trouve au fond d'une fosse triangulaire limitée en dehors par l'hypoglosse, en dedans par le cartilage thyroïde, en haut par la corne de l'os hyoïde ; le nerf contourne l'apophyse jusqu'à laquelle on doit le suivre. Le procédé peut servir chez le chien, le chat, le lapin, le rat.

A. Action sensitive. — Le nerf glosso-pharyngien est sensible dès son origine, malgré les affirmations contraires de Panizza. Il fournit la sensibilité : 1° à la muqueuse de la partie postérieure de la langue, du V lingual et des piliers, à la face antérieure de l'épiglotte, à l'amygdale ; il donne probablement les filets sensitifs du plexus pharyngien ; 2° à la muqueuse de la caisse du tympan, des fenêtres ronde et ovale, des cellules mastoïdiennes et de la trompe jusqu'à son orifice pharyngien (conjointement avec le trijumeau).

B. Action excito-réflexe. — Il est en outre, par ses fibres centripètes (identiques ou non avec ses fibres sensibles et gustatives), le point de départ de réflexes et spécialement de la nausée et du vomissement ; Volkmann a constaté que, après sa section, la partie postérieure de la langue, les piliers et le pharynx avaient perdu la propriété de déterminer ces réflexes, propriété qui n'est pas abolie par la section du trijumeau. Il a aussi sur les mouvements de déglutition une influence, moins marquée cependant que celle du trijumeau et du pneumo-gastrique ; Waller et Prévost ont vu ces mouvements se produire par l'excitation de son bout central (chien, chat, lapin). Il excite aussi, par action réflexe, la sécrétion salivaire. Ludwig et Rahn ont obtenu, après sa section, par l'excitation de son bout central, une salivation plus abondante que par l'excitation du lingual. Stannius avait déjà constaté que si, après avoir coupé le trijumeau, on donne à des chats de la quinine dans du lait, il se fait une salivation abondante qui ne se produit pas si l'on a coupé le glosso-pharyngien.

C. **Action gustative**. — Le glosso-pharyngien donne la sensibilité gustative à la partie postérieure de la langue et au V lingual. Sa section di-

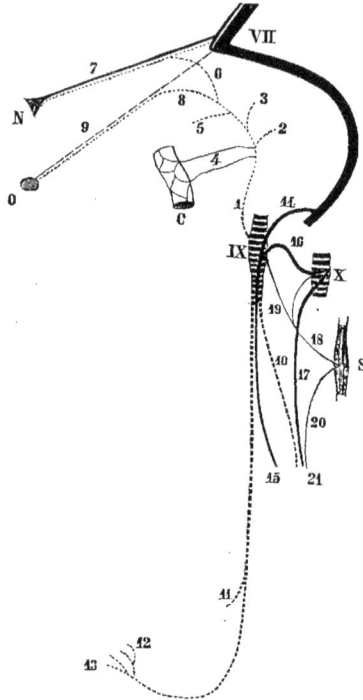

Fig. 450. — *Nerf glosso-pharyngien (figure schématique)* (*).

minue la sensibilité gustative et l'abolit à la base de la langue (Longet), surtout pour les substances amères (coloquinte).

Panizza faisait du glosso-pharyngien le nerf exclusif du goût et cette opinion a trouvé récemment un appui dans les observations de Carl. Cet auteur, à la suite d'une lésion de l'oreille moyenne du côté gauche, a perdu complètement le goût dans la pointe de la langue du même côté ; le facial et le trijumeau sont du reste complètement intacts ; la corde est intacte aussi, car son excitation mécanique dans la cavité tympanique produit une salivation abondante par la caroncule salivaire gauche et une sensation de picotement. On est donc obligé d'admettre que,

(*) VII, facial. — IX, glosso-pharyngien et ganglion d'Andersh. — X, pneumo-gastrique. — S, ganglion cervical supérieur. — C, carotide et plexus carotidien. — N, ganglion de Meckel. — O, ganglion otique. — 1, nerf de Jacobson. — 2, rameau de la fenêtre ronde. — 3, rameau de la fenêtre ovale. — 4, rameaux carotidiens. — 5, rameau de la trompe d'Eustache. — 6, anastomose avec le grand pétreux superficiel. — 7, grand pétreux superficiel. — 8, anastomose du nerf de Jacobson avec le petit pétreux superficiel, 9. — 10, rameau pharyngien. — 11, rameau lingual. — 12, rameaux tonsillaires. — 13, rameaux terminaux. — 14, anastomose du facial avec le ganglion d'Andersh. — 15, rameau du stylo-pharyngien. — 16, anastomose avec le pneumogastrique. — 17, rameau pharyngien du pneumogastrique. — 18, rameau jugulaire du ganglion cervical supérieur. — 19, rameau fourni au ganglion d'Andersh par le ganglion cervical supérieur. — 20, rameau pharyngien du ganglion cervical supérieur.

dans ce cas, l'abolition du goût tient à la destruction d'autres nerfs que la corde du tympan et ces nerfs ne peuvent être que les filets du nerf de Jacobson. D'après Carl, les fibres gustatives suivraient donc le trajet suivant de la partie antérieure de la langue au cerveau : nerf lingual, tronc du maxillaire inférieur, ganglion otique, petit pétreux superficiel, nerf de Jacobson et glosso-pharyngien. Cependant, les observations cliniques démontrant que la corde contient aussi une certaine quantité de fibres gustatives, il admet qu'une petite partie des fibres gustatives du lingual passe dans la corde, va de là au facial, remonte au ganglion géniculé, passe dans le petit pétreux superficiel et de là par l'anastomose (8) dans le nerf de Jacobson et le glosso-pharyngien. Urbantschitsch, en s'appuyant sur des cas pathologiques, adopte aussi l'opinion de Carl.

D. **Action motrice**. — Il y a beaucoup d'obscurité sur l'action motrice du glosso-pharyngien.

Müller et quelques autres physiologistes considèrent le glosso-pharyngien comme un nerf mixte ; une partie du nerf passerait au devant du ganglion d'Andersh et jouerait le rôle de racine motrice, la partie ganglionnaire faisant fonction de racine sensitive. D'après Chauveau, il est moteur dès son origine ; par l'excitation de ses racines, il a vu des contractions dans les muscles du pharynx (partie antérieure du constricteur supérieur), et probablement aussi dans une partie des muscles du voile du palais ; Volkmann et Klein en ont vu dans le stylo-pharyngien, Volkmann dans le constricteur supérieur. Mais ces contractions n'ont pu être obtenues par la plupart des expérimentateurs, et d'après Longet et la plupart des physiologistes, le nerf est sensitif à son origine et n'acquiert ses propriétés motrices que par ses anastomoses avec le facial et peut-être avec le pneumo-gastrique et le spinal. Dans ce cas, les filets qu'il donne au stylo-hyoïdien, ventre postérieur du digastrique, stylo-glosse et glosso-staphylin, proviendraient en réalité du facial et des filets constricteurs du pneumo-gastrique. Si on coupe le nerf à sa sortie du trou déchiré postérieur, la galvanisation du bout périphérique ne produit pas de contractions dans le voile du palais ; celle du bout central, au contraire, produit des contractions réflexes. Si on coupe le tronc du facial avant son entrée dans le conduit auditif interne et qu'on excite le glosso-pharyngien du même côté, on n'a plus de contractions dans le voile, mais seulement des mouvements des piliers (Cl. Bernard), ce qui s'accorde avec ce qui a été dit plus haut de l'action motrice du facial sur le voile du palais. Comme Cl. Bernard n'a pu constater de contractions des piliers ni du voile par l'excitation du pneumo-gastrique, il faudrait peut-être en conclure que si le glosso-pharyngien fournit des filets moteurs, ce ne sont peut-être que ceux des piliers du voile et peut-être du constricteur supérieur.

Magendie avait cru constater une gêne de la déglutition après la section des glosso-pharyngiens, mais, d'après Longet, il aurait coupé le filet pharyngien du spinal au lieu du glosso-pharyngien ; en effet, cette gêne ne se montre pas habituellement après la section du nerf (Panizza, Reid).

E. **Action sécrétoire**. — L'action du glosso-pharyngien sur la sécrétion parotidienne a été étudiée page 655.

F. **Action vaso-dilatatrice**. — Vulpian a constaté récemment, par l'excitation du bout périphérique du glosso-pharyngien, une dilatation des vaisseaux de la base de la langue du côté correspondant.

G. Anastomoses. — 1° *Nerf de Jacobson.* Ce nerf représente avec ses branches une sorte de plexus, plexus tympanique, dans lequel existent des fibres provenant du ganglion d'Andersh, du facial, du trijumeau et du plexus carotidien, et on peut considérer comme certain, même anatomiquement, eu égard au volume des fibres qui le composent, qu'une partie seulement de ses filets nerveux fournit à la caisse et aux organes ambiants et que la plus grande partie peut-être ne fait que traverser la caisse sans s'y épuiser en passant d'un tronc nerveux dans l'autre. Le nerf de Jacobson contient aussi des cellules ganglionnaires.

2° *An. avec le rameau stylo-hyoïdien du facial.* — Cette anastomose paraît fournir la plupart des fibres motrices du glosso-pharyngien, et en particulier, d'après Longet et Rudinger, celles qui vont au muscle stylopharyngien.

3° *An. avec le pneumo-gastrique.* — Elle se fait par une anastomose directe entre le tronc du pneumo-gastrique et le ganglion d'Andersh, et par le rameau auriculaire du pneumo-gastrique et contient probablement des filets moteurs venant du pneumo-gastrique et allant au voile du palais et au pharynx, et peut-être aussi des filets sensitifs.

4° *An. du ganglion d'Andersh avec le ganglion cervical supérieur.* — Rôle inconnu.

Bibliographie. — Spinelli : *Sulla funzione del nervo glossopharyngeo* (Il Filiatre, 1844). — Biffi et Morganti : *Sui nervi della lingua* (Ann. univ. di med., 1846). — Barbarisi : *Mem. sulla triplice potenza del nervo glosso-faringo*, 1853. — V. Vintschgau et Hönigschmied : *N. glosso-pharyngeus und Schmeckbecher* (Arch. de Pflüger, t. XIV).

X. — NERF PNEUMOGASTRIQUE (fig. 451).

Procédés. — A. Excitation. 1° *É. intra-crânienne.* — 2° *E. extra-crânienne.* Mise à nu du nerf dans les diverses parties de son trajet. — 3° *E. simultanée des deux pneumogastriques.* Chaque électrode se bifurque et chacune de ses bifurcations va à un des pneumogastriques, de sorte qu'à chaque excitation électrique, chaque nerf est parcouru par un courant d'égale durée et d'égale intensité (Eckard, *Nervensystem*, p. 194).

B. Section du pneumogastrique. — 1° *S. au cou.* (Procédé qui sert aussi pour la section du sympathique au cou, du rameau cardiaque du pneumogastrique, de l'anse descendante de l'hypoglosse, pour la ligature de la carotide primitive et de la jugulaire interne.) La tête étant fixée, on fait une incision sur la ligne médiane du cou, au-devant de la trachée; on la met à découvert; en dehors d'elle on trouve le sterno-mastoïdien recouvert par la veine jugulaire interne; on récline ces deux organes en dehors, et on met à nu le paquet vasculonerveux recouvert par le fascia qu'on incise; l'artère est en dedans, la veine en dehors, le nerf entre les deux. On trouve dans la même gaine le sympathique et le rameau cardiaque du pneumogastrique; l'anse de l'hypoglosse se trouve en avant. Chez le chien, le pneumogastrique est accolé au grand sympathique et se trouve dans la même gaine. — 2° *S. du nerf laryngé supérieur.* La section de la peau doit être portée un peu plus haut. — 3° *S. du nerf récurrent.* Il est situé le long du bord externe de la trachée, où il est facile de le trouver entre la trachée et l'œsophage. Il accompagne ordinairement la veine thyroïdienne. — 4° *S. du nerf dépresseur.* Il naît ordinairement par deux filets (lapin) venant, l'un du tronc du pneumo-gastrique, l'autre du laryngé supérieur; il accompagne le sympathique jusqu'au ganglion cervical inférieur. Chez le chien, quand il est isolé, il se trouve dans la gaine du vago-sympathique, entre les deux nerfs. — 5° *S. du pneumogastrique au niveau du diaphragme.* Ouverture de la cavité abdominale; on va ensuite à la recherche du nerf à la partie inférieure de l'œsophage.

A. Action sensitive du pneumogastrique. — La sensibilité dans l'intérieur du crâne a été constatée par Cl. Bernard. Quand il a fourni le laryngé supérieur, branche très sensible, sa sensibilité devient très obtuse et quelquefois nulle (chien et lapin); le nerf récurrent est à peu près insensible. Le pneumogastrique fournit la sensibilité :

1° A *toute la muqueuse des voies aériennes*, depuis l'épiglotte et les replis ary-épiglottiques jusqu'aux dernières ramifications bronchiques. La sensibilité de cette muqueuse n'est pas la même, ni comme quantité, ni comme qualité, dans les diverses parties de l'arbre aérien. Au-dessus de la glotte, la sensibilité du larynx est exquise, mais d'un caractère particulier ; tout ce qui entre en contact avec cette muqueuse, à l'exception de l'air et de quelques corps volatils, détermine une sensation particulièrement pénible et des efforts de toux. Au-dessous de la glotte, au contraire, la sensibilité est très obtuse ; ainsi on peut remplir d'eau la trachée et les bronches, on peut piquer, pincer, brûler la muqueuse sur l'animal vivant sans déterminer de manifestation de douleur. Les expériences de Fr.-Franck ont montré que les filets sensitifs provenant de la trachée et des grosses bronches passent par le nerf récurrent et l'anastomose de Galien pour gagner le nerf laryngé supérieur, tandis que les filets sensitifs pulmonaires remontent dans le tronc même du pneumogastrique.

2° *Au cœur :* si on touche avec un acide le sinus veineux de la grenouille, il se produit des convulsions réflexes de tout le corps; le phénomène n'a plus lieu après la section des pneumogastriques (Goltz). K. Gurboki a observé les mêmes faits chez le lapin.

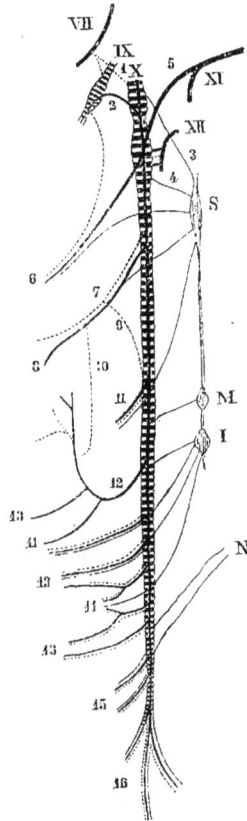

Fig. 451. — *Nerf pneumogastrique (figure schématique)* (*).

3° A *une partie du tube digestif*, base de la langue, voile du palais, pharynx, œsophage, estomac et peut-être duodénum et intestin grêle.

4° *Aux muscles* auxquels il se distribue.

5° A *la muqueuse des voies biliaires*.

(*) VII, nerf facial. — IX, glosso-pharyngien. — X, pneumogastrique. — XI, spinal. — XII, hypoglosse. — S, ganglion cervical supérieur. — M, ganglion cervical moyen. — I, ganglion cervical inférieur. — N, nerfs splanchniques. — 1, anastomose avec le facial. — 2, anastomose avec le glosso-pharyngien. — 3, anastomose avec le ganglion cervical supérieur. — 4, anastomose avec le ganglion plexiforme. — 5, branche interne du spinal. — 6, plexus pharyngien. — 7, nerf laryngé supérieur. — 8, nerf laryngé externe. — 9, nerf dépresseur. — 10, anastomose de Galien. — 11, nerf cardiaque. — 12, nerf récurrent. — 13, filets œsophagiens. — 14, plexus pulmonaires. — 15, plexus stomacal. — 16, rameaux terminaux.

6° *A la partie de la dure-mère qui répond aux sinus transverse et occipital.*
7° *A la partie postérieure du conduit auditif.*

8° On lui attribue enfin un rôle dans plusieurs sensations internes, ainsi la faim, la soif, le besoin de respirer. Mais les expériences de Sédillot, Cl. Bernard, Longet et d'autres physiologistes ont prouvé qu'aucun de ces besoins n'est aboli après la section des pneumogastriques.

B. Action motrice. — La question de savoir si le pneumogastrique est aussi moteur à son origine a été très discutée. Longet le regarde comme exclusivement sensitif et croit que tous ses filets moteurs lui viennent des anastomoses qu'il contracte avec d'autres nerfs et en particulier avec le spinal ; cependant il est difficile d'admettre cette opinion en présence des résultats positifs obtenus par Chauveau, Cl. Bernard, Eckhard et d'autres physiologistes ; l'excitation *mécanique* de ses racines amène des contractions dans les muscles constricteurs du pharynx, l'œsophage et quelques muscles du voile du palais.

Les filets moteurs du pneumogastrique innervent :

1° *Les parties suivantes du tube digestif :* 1° quelques muscles du voile du palais, azygos, péristaphylin interne et pharyngo-staphylin ; 2° les muscles constricteurs supérieur, moyen et inférieur du pharynx (Volkmann et van Kempen), et, d'après Chauveau, tous les muscles du pharynx ; 3° l'œso-phage ; la section des deux pneumogastriques abolit le troisième temps de la déglutition en paralysant l'œsophage ; l'excitation de son bout périphé-rique produit, non un mouvement péristaltique de l'œsophage, comme on pourrait s'y attendre, mais une contraction en masse (Mosso, Ranvier) ; un fait remarquable déjà observé par Chauveau et confirmé par Ranvier, c'est qu'une fois la déglutition commencée, elle se poursuit même quand l'œso-phage est tétanisé par l'excitation du pneumogastrique ; 4° l'estomac (Chau-veau, Stilling, Bischoff, A. Mosso) ; suivant Longet, cette action motrice ne se produirait que quand l'estomac est plein d'aliments ; V. Braam-Houckgeest a constaté des contractions de l'estomac par l'excitation du bout périphérique du pneumogastrique ; d'après Waller, ces contractions ne se produisent plus après l'arrachement du spinal. Pour Chauveau, l'ac-tion motrice du pneumogastrique s'arrête au pylore ; cependant, V. Braam-Houckgeest a obtenu aussi des contractions de l'intestin grêle.

2° Les *muscles du larynx ;* le pneumogastrique innerve : 1° par le laryngé externe, le muscle crico-thyroïdien ; la section de ce filet nerveux est suivie d'une raucité de la voix, raucité due à la laxité des cordes vocales ; en effet, si, avec une pince, on rapproche le cartilage cricoïde du thyroïde, la rau-cité disparaît (Longet) ; ce filet viendrait du pneumogastrique ; l'irritation intra-crânienne de ce nerf produit des contractions dans le muscle (Chau-veau) ; 2° par le nerf récurrent, qui vient du spinal, il innerve tous les au-tres muscles du larynx (voir *Spinal*). Après sa section, il y a aphonie com-plète (Sédillot, Magendie, Longet), ce qui s'explique par la paralysie des constricteurs et des tenseurs de la glotte ; quelquefois, au contraire, les animaux peuvent encore pousser des cris aigus (Sédillot) ; d'après Longet, cette persistance des cris ne se montre que chez les jeunes sujets et tient à ce que les crico-thyroïdiens, dont l'action est conservée, suffisent pour tendre les cordes vocales, et que, grâce à la conformation particulière de la glotte presque exclusivement membraneuse, le rapprochement des cordes vocales peut encore se faire assez bien pour que le son se produise (voir aussi : *Action du pneumogastrique sur la respiration*). Les fibres musculaires du récurrent paraissent provenir en totalité du spinal ; cependant Chauveau a vu, dans quelques cas, l'excitation intra-crânienne du pneumogastrique amener aussi des contractions dans le crico-aryténoïdien postérieur, et Volkmann en a constaté dans les crico-aryténoïdiens postérieur et latéral ; ce dernier auteur a vu les mouvements respiratoires du larynx continuer après la section du spinal des deux côtés (voir *Spinal*).

3° Les *muscles lisses des bronches* ; la contractilité pulmonaire a été mise hors de doute par les expériences de Williams et de Bert.

4° Oehl a constaté sur des chats, des chiens et des lapins, des contractions des cloisons musculaires de la *rate* dont la surface devenait chagrinée par l'excitation du bout périphérique du pneumogastrique ; Bochefontaine n'a vu, au contraire, de contractions que par l'excitation du bout central. Les contractions de l'*utérus* admises par Kilian sous la même influence sont très douteuses et n'ont pu être constatées par Spiegelberg. Stilling croit avoir vu des contractions de la *vessie* par l'excitation des racines du pneumogastrique ; Oehl les admet aussi pour les chiens.

C. Action du pneumogastrique sur le cœur. — Voir : *Innervation du cœur*.

D. Action vaso-motrice directe. — Cette action est encore très obscure. On a admis qu'il fournissait une partie des filets vaso-moteurs des poumons et des bronches ; mais les expériences de Brown-Séquard ont mis le fait en doute et Fr.-Franck a démontré récemment que ces vaso-moteurs provenaient du sympathique.

Le pneumogastrique paraît fournir, conjointement avec les nerfs splanchniques, une petite partie des vaso-moteurs de l'intestin ; après sa section au cou, les vaisseaux de l'intestin sont plus remplis et la température de l'abdomen augmente temporairement, tandis que l'excitation du bout périphérique du nerf rétrécit le calibre des artères (Oehl). L'excitation du bout périphérique fait baisser la pression artérielle et diminue la vitesse du courant sanguin (R. Heidenhain) ; la section des pneumogastriques fait hausser cette pression (V. Bézold) ; cette action est niée par Moleschott.

E. Action excito-réflexe du pneumogastrique. — Le pneumogastrique agit par action réflexe sur les mouvements des organes digestifs, sur la respiration, sur les sécrétions et sur la circulation.

1° *Action réflexe sur les mouvements des organes digestifs.* — *Action sur la déglutition.* — D'après Longet, les filets linguaux du pneumogastrique serviraient à transmettre aux centres nerveux l'impression qui provoque le réflexe de la déglutition; mais cette action réflexe ne se produirait pas pour tous les excitants; si on déposait, en passant par la trachée, des morceaux de viande ou de pain, insalivés ou non, dans l'intervalle des replis glosso-épiglottiques, il se produisait un mouvement de déglutition; si on touchait ces parties avec une pince, il ne s'en produisait pas, mais il y avait des nausées et des efforts de vomissement; il y aurait donc une différence de réflexes suivant la différence de l'excitation. Bidder, puis Prévost et Waller, ont observé des mouvements de déglutition par l'excitation électrique du laryngé supérieur (bout central) et quelquefois par celle du récurrent. Faut-il ranger dans ces actions réflexes les mouvements de l'estomac quand les aliments arrivent en contact avec la muqueuse?

2° *Action réflexe du pneumogastrique sur la respiration.* — Avant de préciser le rôle du pneumogastrique dans la respiration, il est nécessaire de présenter d'abord les résultats de la section et de l'excitation du nerf.

Section des pneumogastriques. — Après la section des deux pneumogastriques, on observe un ralentissement des mouvements respiratoires; leur nombre peut diminuer de moitié et tomber même au quart du chiffre normal; les inspirations sont plus profondes, lentes, laborieuses, et l'intervalle entre deux mouvements respiratoires (pause expiratoire) s'allonge notablement (voir fig. 453). La rareté des respirations serait compensée par leur amplitude, de sorte que dans le même temps il entrerait autant d'air dans les poumons qu'avant la section (Ro-

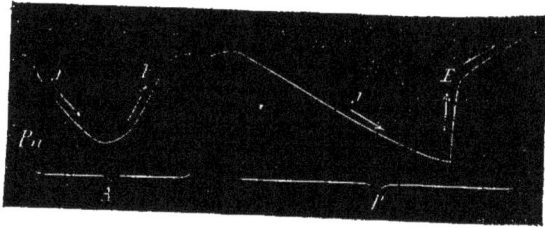

Fig. 452. — *Transformation du type respiratoire chez le chien après la section des deux pneumogastriques.*

senthal); ce n'est qu'au bout d'un certain temps qu'on observe un affaiblissement des échanges gazeux, une diminution dans l'exhalation d'acide carbonique et dans l'absorption d'oxygène. La dyspnée qui résulte de l'opération se révèle par la coloration plus foncée du sang et l'abaissement de température. D'après A. Moreau, ce ralentissement des respirations ne se remarquerait pas chez les animaux à sang froid, comme la grenouille.

D'après Fr.-Franck, l'allongement des deux stades d'inspiration et d'expiration ne se produit pas de la même façon chez tous les animaux après la section des pneumogastriques. La figure 452 représente, d'après Fr.-Franck, cette transformation du type respiratoire normal A, en type respiratoire anormal P, telle qu'elle se montre chez le chien. D'après le même auteur, au début le ralentissement de la respiration est surtout dû à l'allongement de la phase inspiratoire et ce ne serait qu'au bout d'un certain nombre d'heures que l'inspiration devient plus brève et que l'expiration s'allonge de façon à produire une très longue pause expiratrice. Les trois figures suivantes représentent la marche de la respiration, telle qu'elle m'a paru se présenter chez le lapin après la section des pneumogastriques, quand l'expérience se fait dans certaines conditions (animal très calme, réagissant très peu aux excitations douloureuses). Immédiatement après la section, la respiration s'arrête en expiration (fig. 453); puis au bout de quelques secondes, une inspira-

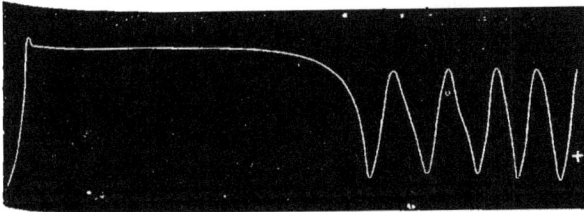

Fig. 453. — *Graphique respiratoire après la section des pneumogastriques (lapin)* (*).

tion se fait et les respirations reprennent; mais ces respirations présentent soit de suite, soit au bout de très peu de temps, un caractère particulier (fig. 454); elles sont d'abord fréquentes, puis, peu après, la pause expiratoire s'allonge jusqu'à ce qu'il revienne un arrêt en expiration, et ainsi de suite plusieurs fois, jusqu'à ce qu'enfin, au bout d'un temps variable, il s'établisse un régime respiratoire régulier (fig. 455) analogue à celui qui a été décrit par la plupart des physiologistes. Il ne peut entrer dans le cadre de ce livre de chercher à donner une interprétation de ces faits.

Après la section des deux pneumogastriques, les animaux ne tardent pas à mourir; les jeunes (lapins et chiens), au bout d'un jour ou deux; les vieux au bout de deux à six jours; cependant quelquefois, comme l'ont vu Sédillot, Cl. Bernard, et comme j'en ai observé un cas, la survie peut être plus longue; d'autres fois, au contraire, la mort est presque immédiate. A l'autopsie, on trouve des altérations pulmonaires sur lesquelles les auteurs sont loin d'être d'accord; les poumons sont congestionnés, emphysémateux, et offrent des noyaux d'hémorrhagie et d'hépatisation, présentent en un mot les lésions de la bronchopneumonie lobulaire; les vaisseaux pulmonaires sont souvent remplis de caillots qui, s'ils sont formés dans la vie comme le croit Mayer, pourraient produire un arrêt de la circulation pulmonaire. D'après Traube et quelques autres physiologistes, ces altérations seraient dues à la pénétration de matières alimentaires, de salive, de mucosités pharyngiennes dans les bronches; il est vrai qu'on en rencontre habituellement, mais il n'y a là qu'une condition accidentelle, car si on adapte un tube à la trachée pour empêcher cette pénétration, les altérations ne s'en produisent pas moins (Cl. Bernard). O. Frey a vu cependant l'injection de liquide buccal dans les voies aériennes produire le même résultat que la section des pneumogastriques. Schiff admet une inflammation névro-paralytique, par section des vaso-moteurs contenus dans le tronc des pneumogastriques et A. Genzmer se rattache à cette opinion (hyperhémie névro-paralytique). Longet fait intervenir la paralysie des fibres lisses des bronches qui aurait pour résultat une diminution de l'élasticité pulmonaire et l'expulsion incomplète des mucosités bronchiques; ce

(*) Ce graphique ainsi que les suivants ont été pris par le procédé indiqué page 916. (Tubes dans la trachée.) Le graphique se lit de droite à gauche; la ligne descendante correspond à l'inspiration, la ligne ascendante à l'expiration, le plateau à la pause expiratoire.

qui est certain en effet, c'est qu'on trouve toujours une grande quantité d'écume bronchique. Une des conditions essentielles me paraît être la gêne de la circulation pulmonaire apportée par l'augmentation de durée de l'expiration et de la pause expiratoire; on a vu plus haut (page 1061) que dans l'expiration il y a une diminution notable de la circulation capillaire; seulement cette condition n'est pas la seule et les autres causes de la mort ne sont pas encore précisées. En tous cas, il est bien prouvé, comme on le verra plus loin, que la mort ne tient pas à la section des récurrents.

La section d'un seul pneumogastrique n'est pas mortelle; dans ces cas, on observe, d'après Cl. Bernard, une diminution de la respiration du côté lésé.

Dans les phénomènes qui succèdent à la section des pneumogastriques, il est facile d'éliminer ce qui peut revenir au laryngé supérieur en faisant la section au-dessous de ce nerf; mais par contre il est presque impossible de faire la section des pneumogastriques au-dessous des récurrents : aussi faut-il contrôler l'expérience par la section de ces deux nerfs.

La section double des récurrents paralyse tous les muscles du larynx, sauf le crico-thyroïdien; les dilatateurs de la glotte sont donc paralysés et il en résulte d'abord de la dyspnée, par suite du rétrécissement de la glotte; les inspirations sont plus laborieuses, mais on n'observe pas les longues pauses expiratoires caractéristiques; et même cette dyspnée ne se déclare que quand les animaux s'agitent ou sont effrayés : autrement ils peuvent vivre très longtemps sans rien présenter de particulier au point de vue de la respiration. Ce n'est que chez les très jeunes animaux, les chats surtout, que la mort arrive très vite par asphyxie, c'est que chez eux, comme l'ont indiqué Legallois et Longet, la

Fig. 454. — *Graphique respiratoire après la section des pneumogastriques (deuxième stade).*

partie interaryténoïdienne de la glotte est à peine formée et les lèvres de la glotte, presque entièrement membraneuses, font soupape et tendent à se former au lieu de s'ouvrir à chaque inspiration; chez les animaux adultes, au contraire, l'air passe par la glotte interaryténoïdienne toujours béante et résistante. Si l'on veut conserver quelque temps les jeunes animaux après la section des récurrents, il faut avoir la précaution de pratiquer une fistule de la trachée.

Excitation du pneumogastrique. — La galvanisation du bout *périphérique* est à peu près sans action sur la respiration (1). L'excitation du bout *central* produit des résultats différents suivant que l'excitation a lieu au-dessus ou au-dessous de l'origine du laryngé supérieur.

Quand l'excitation a lieu *au-dessous* de l'origine du laryngé inférieur : 1° si l'excitation est faible, il y a simple accélération des mouvements respiratoires ; 2° si l'excitation est forte, on obtient un véritable tétanos du diaphragme, tandis que les muscles expirateurs sont relâchés : cet arrêt en inspiration peut durer plus de trente secondes.

Quand l'excitation a lieu au-dessus de l'origine du laryngé supérieur, ou porte sur le nerf laryngé supérieur même : 1° si l'excitation est faible, les mouvements

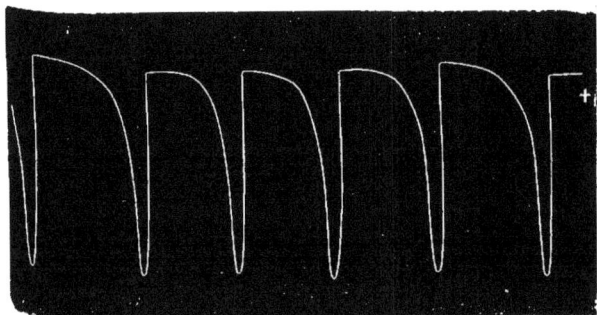

Fig. 455. — *Graphique respiratoire après la section des pneumogastriques (troisième stade).*

respiratoires se ralentissent ; 2° si l'excitation est forte, les muscles expirateurs se contractent tétaniquement, la glotte se ferme et le diaphragme est dans le relâchement ainsi que les autres muscles inspirateurs; la respiration s'arrête en expiration.

D'après ces expériences, le pneumogastrique contiendrait donc deux sortes de fibres centripètes agissant sur la respiration par action réflexe : 1° des fibres provenant du poumon (*filets pulmonaires*) dont l'activité excite le centre inspirateur et paralyse le centre expirateur ; 2° des fibres contenues dans le laryngé supérieur (*filets laryngés*) dont l'activité excite le centre expirateur et paralyse le centre inspirateur.

Cette théorie, admise par Rosenthal, Traube, Eckhard et la plupart des physiologistes allemands, a été vivement combattue, principalement par Bert. D'après Bert, le point de départ du réflexe excitateur est indifférent ; que l'excitation parte du poumon ou du larynx, le résultat est toujours le même ; si l'excitation est faible, il y a accélération des mouvements respiratoires ; si elle est forte, ils sont ralentis ; si elle est très forte, ils sont arrêtés. L'arrêt de la respiration peut se

(1) Je dois faire cependant quelques réserves sur ce point. En effet, dans un certain nombre d'expériences, l'excitation du bout périphérique du pneumogastrique coupé était suivie d'une expiration prolongée ou mieux d'une ou deux expirations plus longues que les expirations antérieures; cet effet se produisait aussi bien avec les excitations électriques qu'avec les excitations mécaniques (arrachement du bout périphérique des nerfs, tractions, etc.).

faire tantôt en inspiration, tantôt et plus souvent en expiration ; enfin, dans certains cas d'excitation très forte de ces nerfs, il peut y avoir mort subite de l'animal en expérience.

D'après François-Franck, l'effet immédiat de l'excitation du bout central soit du pneumogastrique, soit du laryngé supérieur, est toujours une inspiration brusque, profonde ; cet effet immédiat est commun à l'excitation de tous les nerfs sensitifs et est supprimé par l'emploi des anesthésiques. A cette inspiration succède un arrêt en expiration dû à la fois au resserrement actif du poumon et des parois thoraciques.

D'après mes expériences, l'excitation du laryngé supérieur chez le lapin (animaux calmes) déterminerait une expiration plus ample et plus prolongée, tandis que l'excitation du bout central du pneumogastrique, *au-dessous* du laryngé supérieur, amènerait non pas un arrêt en inspiration, mais une série de petites respirations très courtes et très superficielles et correspondant sur le tracé à la ligne de niveau de l'inspiration.

Les rapports du laryngé supérieur avec le centre expirateur expliquent la toux qui se produit par l'excitation de la muqueuse du larynx ; chez les animaux narcotisés, Waller et Prévost ont vu la toux se produire par l'excitation directe du tronc du laryngé supérieur. Le sang chargé d'acide carbonique paraît agir comme excitant sur les extrémités nerveuses des filets pulmonaires (inspirateurs), mais paraît sans action sur les filets laryngés (expirateurs). La toux peut se produire aussi par l'excitation du tissu pulmonaire enflammé, de la plèvre, du foie, de la rate, du conduit auditif interne, etc.

Traube avait observé que si l'on fait chez un animal (lapin) la respiration artificielle, le rythme primitif des respirations (tel qu'on peut le voir aux mouvements des narines) se modifiait pour suivre exactement le nombre des insufflations, Breuer a montré que chaque insufflation distendant mécaniquement le poumon provoque un mouvement d'expiration active, mouvement qui ne se produit plus après la section des pneumogastriques. On peut donc en conclure que le pneumogastrique, outre les filets inspirateurs décrits plus haut, possède des filets dont l'excitation provoque une expiration (filets expirateurs). D'après Frédéricq, on peut mettre en évidence l'action de ces fibres expiratrices en paralysant les filets inspirateurs par l'intoxication chloralique ; dans ce cas l'excitation du bout central du pneumogastrique ne produirait plus que l'arrêt en expiration.

3° *Action réflexe du pneumogastrique sur les sécrétions.* — Œhl, par l'excitation du bout central du pneumogastrique, a obtenu une augmentation de sécrétion sous-maxillaire ; cette action ne se produisait pas si l'on coupait préalablement la corde du tympan ; cependant le fait n'a pas été confirmé par Nawrocki. Bernstein a vu la même excitation arrêter la sécrétion pancréatique.

4° *Action réflexe vaso-motrice.* — L'excitation du laryngé supérieur et du pneumogastrique détermine une augmentation de pression et un rétrécissement vasculaire ; celle du nerf dépresseur au contraire une diminution de pression et une dilatation vasculaire. Chez le chat, d'après François-Franck, l'excitation du pneumogastrique produirait le même effet que celle du dépresseur (1) ; il en est de même de l'excitation des filets pulmonaires du

(1) L'influence de l'excitation du bout central du pneumogastrique sur la pression san-

pneumogastrique (inhalation de vapeurs irritantes); seulement, dans ce dernier cas, la chute de pression tiendrait, non, comme dans le cas du dépresseur, à une dilatation vasculaire, mais au rétrécissement des vaisseaux pulmonaires (Fr.-Franck).

F. Action sécrétoire directe du pneumogastrique. — 1° *Action sur la sécrétion du suc gastrique.* — Cette action a été étudiée page 677.

2° *Action sur la sécrétion rénale.* — Cl. Bernard, après la section des pneumogastriques, a vu, chez le lapin, les urines d'alcalines devenir acides ; la galvanisation du nerf au cardia produirait aussi une augmentation de sécrétion urinaire. Eckhard, au contraire, n'a pu constater aucune action sur la sécrétion rénale.

G. Action sur le foie et la glycogénie. — La galvanisation du pneumogastrique augmente la quantité de sucre et de matière glycogène dans le foie et le fait apparaître dans l'urine; sa section les fait disparaître du foie et on n'en trouve plus après la mort (Cl. Bernard). Cependant, ce qui indique que cette action du pneumogastrique sur la glycogénie hépatique n'est qu'indirecte, c'est que la section du nerf au-dessous du cœur et des poumons n'empêche pas cette fonction de s'accomplir. Cl. Bernard a constaté aussi l'apparition de sucre dans l'urine par l'excitation du bout central du nerf.

H. Anastomoses. — 1° *Rameau auriculaire ou de la fosse jugulaire.* — Cette branche, très grosse chez le bœuf et le cheval, est très sensible (Cl. Bernard) et sa section détermine une douleur très vive ; après cette section, le bout central du facial n'est plus sensible au pincement. Il se compose donc probablement de filets sensitifs allant du pneumogastrique au facial; d'après Sappey, Valentin, il contiendrait encore des filets moteurs allant du facial au pneumogastrique. Ce rameau auriculaire aurait en outre une action vaso-motrice réflexe sur les vaisseaux de l'oreille; l'excitation du bout central produit d'abord un rétrécissement, puis une dilatation des vaisseaux de l'oreille; ce phénomène ne se montrerait plus après la section du grand sympathique au cou (Snellen).

2° *A. avec le glosso-pharyngien* (voir ce nerf).

3° *A. du plexus gangliforme avec le spinal* (voir ce nerf).

4° *A. du plexus gangliforme avec le grand sympathique.* — Fournit probablement des filets vaso-moteurs ou trophiques au pneumogastrique; leur trajet ultérieur est indéterminé.

5° *A. du plexus gangliforme avec l'hypoglosse* (voir ce nerf).

6° *A. de son rameau pharyngien avec le glosso-pharyngien.* — Fournit probablement une partie des muscles du pharynx.

guine a été très discutée. Fr.-Franck a montré que ces divergences tiennent à ce que l'augmentation de pression peut être compensée et au delà par la chute de pression due au ralentissement du cœur produit par l'action réflexe du pneumogastrique du côté opposé. Si on empêche ce ralentissement d'une façon quelconque (section du pneumogastrique du côté opposé, atropine) on a toujours l'augmentation de pression.

7° *A. de ses rameaux terminaux avec le grand sympathique.* — Plexus pharyngien, cardiaque, pulmonaire, œsophagien, gastrique.

8° *A. de Galien.* — Le rôle de l'anastomose de Galien a été étudié plus haut, p. 1239.

Bibliographie. — Sédillot : *Du nerf pneumogastrique*, 1829. — V. Kempen : *Essai expér. sur la nature fonct. du pneumogastrique*, 1842. — Traube : *Die Ursachen und die Beschaffenheit derj. Ver. welche das Lungenparenchym nach Durschneidung der N. vagi erleidet*, 1846. — Waller et Prevost : *Et. relat. aux N. sensitifs qui président aux phén. réflexes de la déglutition* (Arch. de physiol., 1870). — Schiff : *Einfl. d. Vagus auf die Lungenbläschen* (Arch. de Pflüger, t. IV). — Navratil : *Vers. am Thieren üb. d. Function der Kehlkopfnerven* (Berl. kl. Woch., 1871). — Genzmer : *Gründe für die pat. Veränd. der Lungen nach doppelseitiger Vagusdurchschneidung* (Arch. de Pflüger, t. VIII). — Kern : *Expér. sur les nerfs du larynx* (Journ. de l'anat., 1876). — Gerlach : *Ueber die Beziehungen der N. vagi zu den glatten Muskelfasern der Lunge* (Arch. de Pflüger, t. XIII). — Dreschfeld : *Exp. res. on the pathology of pneumonia* (Lancet, 1876). — O. Frey : *Die pat. Lungenveränderungen nach Lähmung der Nervi vagi*, 1876. — Lussana et Ciotto : *Result. ottenuto dal taglio dei due N. vaghi in un cane* (Lo Sper., 1877). — F. Falk : *Zur exp. Pat. des X. Gehirnnerven* (Arch. f. exp. Pat., 1877). — Rosenbach : *Stud. üb. den N. Vagus*, 1877. — F.-Franck : *Et. sur quelques arrêts respiratoires* (Journ. de l'anat., 1877). — Rosenbach : *Notiz üb. den Einfluss der Vagusreizung auf die Athmung* (Arch. de Pflüger, t. XVI). — Langendorff : *Der Einfluss der N. Vagus und der sensiblen Nerven auf die Athmung* (Kœnigsb. Lab., 1878). — Steiner : *Ueber partielle Nervendurchschneidung*, etc. (Arch. f. Physiol., 1878). — Michaelson : *Beitr. zur Unt. des Einflusses beiderseitiger Vaguslähmung auf die Lungen* (Königsb. Lab., 1878). — Zander : *Folgen des Vagusdurchschneidung bei Vogeln* (Arch. de Pflüger, t. XIX). — V. Anrep : *Die Ursache des Todes nach Vagusdurchschneidung bei Vogeln* (Wurzb. Verhandl., 1879). — Fredericq : *De l'innervation respiratoire* (Acad. de Belg., t. XLVII). — Eichhorst : *Die Veränder. der quergestreiften Muskeln bei Vögeln in Folge der Inanition* (Centralbl., 1879). — F.-Franck : *Lig. et contusion du pneumogastrique*, etc. (Soc. de biol., 1879). — Id. : *Rech. sur le rôle des filets nerveux contenus dans l'anast. qui existe entre le N. laryngé supérieur et le N. récurrent* (Comptes rendus, 1879). — Christiani : *Ueber Athmungsnerven und Athmungscentren*) Arch. f. Physiol., 1880). — F.-Franck : *Réflexes du bout central du pneumogastrique* (Trav. du lab. de Marey, 1878-1879).

XI. — SPINAL (fig. 456).

Procédés. — 1° *Excitation intra-crânienne et intra-rachidienne.* Peut se faire sur une moitié de tête d'un animal décapité.

2° *Section.* — *Procédé de Bischoff.* On met à nu et on incise la membrane occipito-atloïdienne ; pour arriver sur toutes les racines, il faut enlever une partie de l'occipital ; mais on a alors beaucoup de sang.

3° *Arrachement de Cl. Bernard.* — On met à découvert la branche externe du spinal au moment où elle traverse le sterno-mastoïdien et on s'en sert comme de guide pour arriver à la partie supérieure du nerf qu'on met à découvert jusqu'au trou déchiré postérieur ; on saisit alors avec des pinces à mors solides le nerf tout entier et on l'arrache par un mouvement de traction ferme et continu. Le procédé réussit surtout bien chez le chat, le lapin, le chevreau ; il échoue ordinairement chez le chien. On peut arracher isolément la branche interne et la branche externe ; il faut, autant que possible, choisir de jeunes animaux. L'opération est douloureuse ; aussi faut-il fixer solidement la tête de l'animal. Il peut y avoir écoulement de sang par la déchirure de la jugulaire interne accolée au spinal. Schiff a vu souvent un diabète intense persister pendant quelques heures après l'arrachement. Heidenhain suit un procédé un peu différent pour arriver sur le spinal ; il se guide sur la grande corne de l'os hyoïde.

A. Action motrice. — Le spinal est un nerf exclusivement moteur et

ses deux branches ont une distribution toute différente.

1° La *branche externe* ou médullaire, M, innerve le sterno-mastoïdien et le trapèze conjointement avec les branches du plexus cervical ; aussi la section de la branche externe n'abolit-elle pas les mouvements de ces deux muscles.

2° La *branche interne* ou bulbaire, B, se jette dans le plexus gangliforme du pneumogastrique et contribue à former les filets laryngés moteurs du récurrent ; elle innerve donc tous les muscles du larynx, à l'exception du crico-thyroïdien (voir : *Pneumogastrique*). L'excitation des racines bulbaires produit des contractions dans les muscles du larynx, et après l'arrachement du spinal, la plus grande partie des fibres du récurrent sont dégénérées (Waller). D'après Burckhardt, après l'arrachement du spinal, le laryngé supérieur contiendrait aussi des fibres dégénérées et l'excitation du laryngé supérieur ne produirait plus d'excitation dans les muscles crico-thyroïdiens.

Elle fournit aussi des filets moteurs aux muscles du pharynx. Chauveau a vu son excitation amener des contractions, mais seulement dans la bandelette

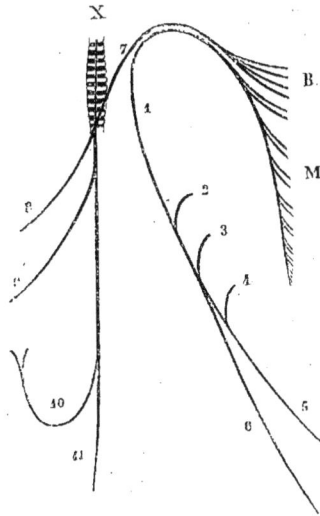

Fig. 456. — *Nerf spinal (figure schématique)* (*).

supérieure du constricteur supérieur. Pour Bendz et Longet, la plus grande partie des fibres motrices du plexus pharyngien viendrait du spinal, et, après l'arrachement du spinal, Burckhardt a trouvé beaucoup de fibres dégénérées dans les rameaux pharyngiens du pneumogastrique. Waller croit que les fibres musculaires de l'estomac proviennent aussi du spinal.

Enfin la branche interne du spinal fournirait aussi les fibres d'arrêt du cœur du pneumogastrique. Après l'arrachement des deux spinaux on trouve les fibres du cœur dégénérées et si, au bout de quatre ou cinq jours après l'opération, on excite le tronc du pneumogastrique au cou, on n'obtient plus l'effet modérateur sur le cœur (Heidenhain).

D'après Cl. Bernard, le spinal agirait non seulement par sa branche interne, mais encore par sa branche externe sur l'expiration forcée (dans la phonation et dans l'effort). En effet, après l'arrachement du spinal, il a observé des phénomènes particuliers qu'on peut classer en deux groupes, suivant qu'ils se rattachent à la paralysie de l'une des deux branches.

1° *Pour la branche interne*, c'est l'aphonie et la gêne de la déglutition ; mais cette aphonie ne ressemblerait pas à celle qui se produit après la section des récurrents ;

(*) B, racines bulbaires. — M, racines médullaires. — X, pneumogastrique. — 1, branche externe du spinal. — 2, anastomose avec le deuxième nerf cervical. — 3, anastomose avec le troisième. — 4, anastomose avec le quatrième. — 5, branche du trapèze. — 6, branche du sterno-mastoïdien. — 7, racine interne. — 8, nerf pharyngien. — 9, nerf laryngé externe (?). — 10, nerf récurrent. — 11, nerfs cardiaques.

dans la paralysie du spinal, il y aurait une dilatation persistante de la glotte et les cordes vocales pourraient se rapprocher, mais sans se tendre ; dans la paralysie du pneumogastrique, la glotte serait rétrécie et ne pourrait se dilater. La gêne de la déglutition existant après l'arrachement du spinal ne se remarque pas à l'état normal ; elle ne se fait sentir que si on dérange brusquement l'animal au moment où il mange : dans ce cas, les aliments passent dans la trachée ; c'est que les muscles pharyngiens ont une double action, d'abord de pousser les aliments dans l'œsophage, ensuite de fermer le larynx, car l'occlusion de la glotte se fait encore chez les chiens après l'excision de tous les nerfs laryngés et de l'épiglotte ; ces deux actions sont sous deux influences nerveuses distinctes, et après l'ablation du spinal, le pharynx ne conserve plus que les mouvements qui poussent le bol alimentaire dans l'œsophage. Cette branche interne agit donc, non sur la respiration simple, mais sur la respiration en tant qu'elle est liée à la phonation et à l'effort ; le spinal est le nerf de l'expiration forcée volontaire, spécialement de l'expiration vocale ; le pneumogastrique est le nerf de la respiration simple, organique.

2° *Pour la branche externe*, Cl. Bernard a constaté, après son arrachement, la brièveté de l'expiration, de l'essoufflement, surtout si on faisait courir l'animal, et de l'irrégularité dans la démarche. Là encore Cl. Bernard distingue la fonction respiratoire de la fonction vocale et musculaire volontaire. L'émission du son vocal nécessite une certaine durée de l'expiration pendant laquelle le son doit se soutenir ; l'expiration doit être graduée ; il en est de même dans l'effort modéré ; les sterno-mastoïdiens et le trapèze maintiennent te thorax dilaté et s'opposent à l'expiration en la maintenant dans les limites voulues. Après la section de la branche externe, cette influence n'existe plus, et son absence se révèle par l'essoufflement dans les efforts et l'impossibilité de soutenir le son vocal.

En résumé, *dans la phonation*, le spinal agit, par sa branche interne, sur la glotte, organe producteur du son, en la rétrécissant et en tendant les cordes vocales, par sa branche externe sur le porte-vent ou le thorax, en réglant la quantité d'air expiré pendant l'émission du son. *Dans l'effort*, il agit, par sa branche interne, en fermant plus ou moins complètement la glotte, par sa branche externe, en maintenant le thorax immobile, en antagonisme avec les expirateurs.

Cette théorie de Cl. Bernard sur les actions antagonistes du pneumogastrique et du spinal a été combattue de plusieurs côtés et en particulier par Longet, au traité duquel je renvoie pour la discussion des faits.

B. **Action sensitive.** — Le spinal est sensible dans sa partie extra-crânienne ; le pincement du bout central détermine de la douleur ; cette sensibilité est due probablement à son anastomose avec le pneumogastrique ou avec les racines postérieures des nerfs cervicaux. Dans sa partie intrarachidienne, il aurait la sensibilité récurrente, qu'il devrait, d'après Cl. Bernard, à ses anastomoses avec les racines postérieures cervicales.

C. **Anastomoses.** — 1° *A. avec les racines postérieures cervicales.* — Elles donnent probablement la sensibilité au spinal.

2° *A. avec le pneumogastrique.* — Voir ci-dessus et *Pneumogastrique.*

3° *A. avec les nerfs cervicaux.* — Ces filets assurent la double innervation du sterno-mastoïdien et du trapèze.

Bibliographie. — BISCHOFF : *Nervi accessorii Willisii anat. et physiologia*, 1832. LONGET : *Rech. exp. sur les fonctions des nerfs et des muscles du larynx* (Gaz. méd., 1841).

— MORGANTI : *Sopra il nervo detto l'accessorio di Willis*, 1843. — CL. BERNARD : *Rech. exp. sur les fonctions du n. spinal* (Arch. gén. de méd., 1844). — SCHECH : *Exp. Unt. üb. die Funktionen der Nerven und Muskeln des Kehlkopfs* (Zeit. f. Biol., 1873).

XII. — GRAND HYPOGLOSSE (fig. 457).

Procédés. — 1° *Excitation intra-crânienne de ses racines*. Se fait sur une moitié de tête d'un animal décapité. — 2° *Section* (lapin). Inciser la peau sur la ligne médiane du cou, chercher la pointe de la grande corne de l'os hyoïde; en dehors d'elle se trouve la carotide externe qui émet l'artère linguale; au-dessus de cette artère, qui longe la grande corne, se trouve le nerf hypoglosse.

A. Action motrice. — L'hypoglosse est un nerf exclusivement moteur à son origine. Il innerve tous les muscles de la langue, le génio-hyoïdien,

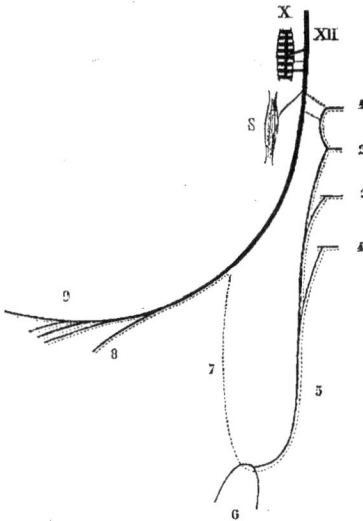

Fig. 457. — *Nerf hypoglosse (figure schématique)* (*).

et le thyro-hyoïdien. Sa section abolit les mouvements volontaires de la langue (par exemple l'action de laper chez le chien) et rend la déglutition très difficile ; mais les mouvements communiqués de la langue sont encore possibles par l'action des muscles voisins (1). Sa galvanisation produit des secousses convulsives dans la langue. Il est douteux qu'il innerve les muscles sous-hyoïdiens par son anse descendante; d'après Volkmann, l'excitation des racines de l'hypoglosse ne détermine dans ces muscles que

(*) X, pneumogastrique. — XII, grand hypoglosse. — S, ganglion cervical supérieur, — 1, 2, 3, 4, nerfs cervicaux. — 5, branche descendante. — 6, nerfs des muscles sous-hyoïdiens. — 7, anse de l'hypoglosse. — 8, rameaux terminaux.

(1) On observe après sa section des contractions fibrillaires dans les muscles de la langue, contractions analogues à celles dont il a été parlé page 415.

des contractions très faibles, et encore exceptionnellement; leur principale et très probablement leur seule source d'innervation viendrait alors du plexus cervical.

B. **Action sensitive.** — L'hypoglosse est insensible à son origine; cependant C. Mayer et Vulpian ont constaté chez les animaux et, dans trois cas, chez l'homme la présence d'un ganglion sur une de ses racines. Au-dessous de l'os hyoïde, sa sensibilité est très nette; elle est due à ses anastomoses avec les nerfs cervicaux et peut-être avec le pneumogastrique. D'après Cl. Bernard, il aurait la sensibilité récurrente qui lui viendrait de la cinquième paire.

C. **Action vaso-motrice et trophique.** — Les filets qui vont au sinus occipital, au cercle veineux de l'hypoglosse, à la veine jugulaire et au diploé, proviennent probablement de son anastomose avec le ganglion cervical supérieur.

D. **Anastomoses.** — 1° *A. avec le ganglion cervical supérieur.* Voir ci-dessus. — 2° *A. avec le pneumogastrique.* Cette anastomose fournit soit des filets sensitifs à l'hypoglosse, soit une partie des racines motrices du pneumogastrique (Cruveilhier, Sappey). — 3° *Anse descendante de l'hypoglosse.* Elle contient des filets sensitifs allant à l'hypoglosse et en outre les filets moteurs des muscles sous-hyoïdiens provenant des nerfs cervicaux.

Bibliographie. — Bleuler et Lehmann : *Fibrillare Zuckungen nach Durchschneidung des Hypoglossus* (Arch. de Pflüger, t. XX).
Bibliographie des nerfs crâniens. — Shaw : *On the difference of the nerves of the face* (Quart. journ., 1821). — H. Mayo : *Exper. to determine the influence of the portio dura of the seventh*, etc. (An. and physiol. comment., 1822). — Ch. Bell : *Mém. sur les nerfs de la face* (Journ. de Magendie, 1830). — Budge : *Ueber die anat. Thätigkeit der Kopfnerven* (Neue med. ch. Zeit., 1847). — Uterhardt : *De functionibus nervi hypoglossi*, etc., 1847.

3° Nerfs des organes circulatoires.

a. — INNERVATION DU CŒUR.

Le cœur reçoit deux espèces de fibres nerveuses, des fibres d'arrêt qui lui viennent du pneumogastrique, et des fibres accélératrices, contenues dans le grand sympathique, et qui lui viennent de la moelle. En outre, le cœur possède dans son tissu même un appareil nerveux ganglionnaire (ganglions intra-cardiaques), dont le mode d'action présente beaucoup d'obscurité. Enfin des nerfs sensitifs et excito-réflexes complètent l'innervation cardiaque.

1° Irritabilité du cœur et nature de sa contraction.

Les fibres musculaires du cœur sont des fibres striées, mais qui se distinguent des fibres striées ordinaires par un certain nombre de caractères;

elles sont ramifiées, et anastomosées entre elles, et les fibrilles qui les composent sont séparées par une couche relativement épaisse de protoplasma (Ranvier); enfin elles ne possèdent pas de sarcolemme.

L'irritabilité du tissu du cœur présente, d'une façon générale, les mêmes caractères que celle de tous les tissus musculaires; le cœur présente cependant une plus longue persistance de son irritabilité que les autres muscles, et cette persistance est surtout très marquée dans les cœurs d'animaux à sang froid (grenouille, tortue). Les mouvements persistent habituellement plus longtemps dans le cœur droit que dans le cœur gauche et c'est toujours par l'oreillette droite que disparaissent les contractions (*ultimum moriens*).

Cette irritabilité du cœur est liée à l'intégrité et à la nutrition de son tissu comme pour tous les autres organes; cependant elle subsiste même en l'absence de toute circulation, ainsi sur un cœur extrait de la poitrine; l'occlusion des artères coronaires paraît même prolonger la durée des battements.

La contraction du cœur est-elle de même nature que celle des muscles striés ordinaires? Les expériences de Marey et d'autres physiologistes montrent que la

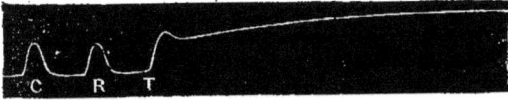

Fig. 458. — *Tétanos de la pointe du cœur* (*).

systole cardiaque est assimilable à une *secousse* musculaire (voir p. 432); la forme de la contraction est la même, la patte galvanoscopique dont le nerf est placé sur le cœur battant ne donne qu'une simple secousse et non un tétanos, enfin Marchand a montré que la variation électro-motrice de la contraction du cœur se traduit par une courbe continue, tandis que si cette contraction était un tétanos, la courbe serait discontinue. Seulement la durée des secousses cardiaques (systoles) est beaucoup plus longue que celle des secousses des muscles striés et l'intervalle considérable qui sépare deux secousses les empêche de se fusionner en un tétanos ou en une contraction permanente. Mais cette fusion peut se produire quand on accélère le rythme des systoles; ainsi la chaleur met le cœur dans un tétanos presque complet; on arrive au même résultat avec des courants induits assez fréquents et d'intensité suffisante. Cependant un certain nombre d'auteurs, et en particulier Kronecker, ne considèrent pas ce tétanos comme un tétanos véritable. La pointe du cœur, qui ne contient ni ganglions, ni nerfs, peut aussi entrer en tétanos (fig. 458), tétanos qui, d'après Ranvier, se rapprocherait de celui des muscles rouges.

Un fait, important aussi à signaler pour la physiologie du muscle cardiaque, c'est que la pointe du cœur peut, sous certaines conditions, battre rythmiquement quoiqu'elle ne contienne ni ganglions, ni nerfs (fig. 459), par exemple sous l'influence de courants induits à interruptions fréquentes ou de courants continus (Eckhard, Heidenhain, etc.). Ces faits trouvent leur explication dans la particularité suivante qu'offre, d'après Marey, le muscle cardiaque. Le cœur, pendant chacun de

(*) C, clôture du courant. — R, rupture. — T, excitation du cœur par des interruptions fréquentes du même courant. (D'après Ranvier.)

ses mouvements rythmés, présente une phase pendant laquelle il est inexcitable, *phase réfractaire*; cette phase qui correspond au raccourcissement des fibres, à la systole, est d'autant plus courte que l'intensité des courants employés est plus grande et peut même disparaître complètement si l'excitation est plus forte encore. Si un courant continu produit sur le cœur des effets intermittents, c'est que ce courant est rendu intermittent lui-même par les phases d'inexcitabilité du cœur; si le nombre des contractions du cœur ne répond pas au nombre des excitations induites successives, c'est qu'un certain nombre de ces excitations tombent sur les

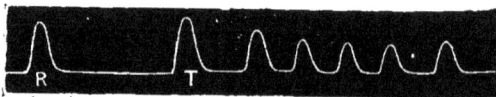

Fig. 459. — *Battements rythmiques de la pointe du cœur* (*).

instants où le cœur est inexcitable et sont par conséquent inefficaces ; enfin si le tétanos se produit par une intensité croissante des excitations, c'est que, à mesure que l'intensité des excitations augmente, la période réfractaire diminue et peut même disparaître. La durée de cette période réfractaire diminue aussi quand on chauffe le cœur, ce qui le rend plus facilement et plus complètement tétanisable. Jusqu'ici cette phase de moindre excitabilité n'a pu être constatée sur d'autres muscles que le cœur.

Un autre caractère du muscle cardiaque (quoiqu'il soit difficile de dire si ce caractère appartient au muscle même ou à l'appareil d'innervation), c'est que les plus faibles excitations, pourvu qu'elles soient *suffisantes* pour produire une pulsation, déterminent une contraction *maximum* et que l'amplitude de la courbe n'augmente pas par une augmentation d'intensité de l'excitation ; *tout ou rien*, suivant l'expression de Rauvier. Cependant on observe quelquefois au début des excitations (excitations électriques régulièrement espacées) un phénomène auquel Bowditch a donné le nom de *phénomène de l'escalier* (fig. 460). Il inscrit à l'aide de son appareil (fig. 337, p. 998) l'amplitude des systoles cardiaques, amplitude qui se traduit par une

Fig. 460. — *Phénomène de l'escalier*.

simple ligne verticale, le cylindre étant immobile et déplacé ensuite après chaque systole. On observe alors que la seconde excitation donne une ligne droite plus élevée que la première, la troisième une plus élevée encore, etc. Ce fait rapprocherait donc la contraction du cœur de celle des autres muscles.

Les excitations électriques ne sont pas les seules qui puissent produire des pulsations rythmiques de la pointe du cœur. Si on prépare un cœur isolé de grenouille par un des procédés indiqués pages 994 et 998 et qu'on lie le ventricule sur une canule un peu au-dessous du sillon auriculo-ventriculaire de façon à intercepter la communication du ventricule avec les ganglions (Bowditch), on peut essayer sur le ventricule l'action de diverses substances. Au bout d'un certain temps, le ventricule s'arrête; on peut alors réveiller ses battements par l'addition de sang défibriné, et de certaines substances comme la delphinine, par exemple. En l'absence d'innervation, il faut bien admettre que le muscle cardiaque, sous l'influence de ces substances, produit lui-même l'excitant nécessaire pour sa contraction. Si cependant sur une grenouille vigoureuse on met le cœur à

(*) R, rupture du courant. — T, excitation par un courant d'induction à interruptions fréquentes.

nu et que sans le détacher on le presse fortement entre les mors d'une pince à l'endroit même où se faisait la ligature dans l'expérience précédente, puis qu'on le replace dans le thorax, il continue à battre par sa partie supérieure (oreillettes et base du ventricule), mais la pointe ne bat plus à moins qu'on ne l'excite mécaniquement ou par l'électricité (Bernstein) (1).

Engelmann a cherché à appliquer au cœur ses idées sur la contraction de l'uretère. D'après lui, l'excitation se transmet de fibre à fibre sans l'intermédiaire des nerfs, et l'irritation d'un point quelconque se transmet par un mécanisme encore indéterminé, dans n'importe quelle direction, et produit une contraction généralisée ; si on détache un cœur et qu'on découpe le ventricule en plusieurs portions tenant encore entre elles par des ponts de substance musculaire, l'excitation d'un des points se transmet au cœur entier de fragment en fragment par l'intermédiaire des ponts conservés. La théorie d'Engelmann a été attaquée de divers côtés, en particulier par Ranvier.

2° Innervation ganglionnaire du cœur.

Ganglions du cœur. — Les ganglions du cœur, découverts par Remak, ont surtout été étudiés chez la grenouille. On les rencontre dans le sinus veineux, la cloison des

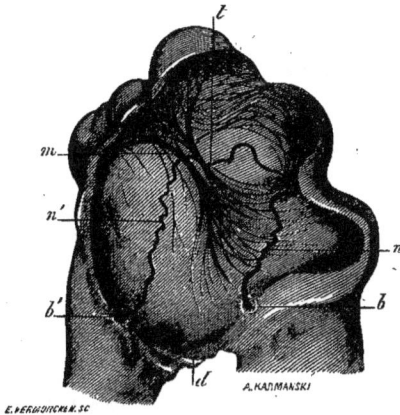

Fig. 461. — *Ganglions de Bidder* (*).

oreillettes et la rainure auriculo-ventriculaire. D'après Schklarewski, ils forment deux anneaux, l'un dans le sillon auriculo-ventriculaire, l'autre à angle droit avec le précédent dans le sillon interauriculaire. C'est à eux que viennent probablement aboutir les branches cardiaques du pneumogastrique et du sympathique, et c'est d'eux que partent les filets qui vont au tissu musculaire du cœur. La fig. 461 représente, d'après Ranvier, les ganglions

(1) Foster a constaté, sur le cœur du limaçon détaché, qu'une excitation électrique d'une certaine intensité arrêtait le cœur en diastole. Comme, d'après lui, ce cœur est dépourvu de nerfs, on aurait ce fait remarquable que l'excitation de la substance contractile produirait un arrêt de l'activité fonctionnelle.

(*) Cloison des oreillettes de la grenouille verte, vue du côté gauche ; la paroi de l'oreillette gauche a été enlevée. — n, nerf postérieur ; n'. nerf antérieur ; t, sa portion horizontale ; b, ganglion auriculo-ventriculaire postérieur ; b', ganglion antérieur ; m, repli musculaire faisant saillie dans l'oreillette droite et vu par transparence.

auriculo-ventriculaires ou de Bidder chez la grenouille verte. D'après les recherches de Ranvier, toutes les cellules ganglionnaires du sinus veineux sont à fibres spirales ; dans les renflements ganglionnaires au contraire comme dans les ganglions de Bidder on trouve, outre les cellules à fibres spirales, d'autres cellules différentes des premières, mais dont l'étude très difficile n'a pu encore être faite d'une façon satisfaisante.

Ces ganglions commandent les mouvements rhythmiques du cœur ; si on coupe ou si on lie les différentes parties du cœur, celles qui sont pourvues de ganglions continuent à battre, celles qui en sont dépourvues s'arrêtent en diastole ; cependant le phénomène est un peu plus complexe. Les ganglions du cœur ne paraissent pas avoir tous la même fonction physiologique ; les uns paraissent agir comme centres d'arrêt, et sont probablement en connexion avec les filets du pneumogastrique, les autres comme centres accélérateurs et correspondraient aux filets du grand sympathique. C'est ce que tendent à prouver les recherches suivantes, dues à Stannius et faites sur des cœurs de grenouilles.

1° Si on coupe ou si on lie le ventricule, la pointe du ventricule reste immobile, tandis que la base du ventricule, l'oreillette et le sinus continuent leurs pulsations ; 2° si la coupe ou la ligature portent sur l'oreillette, le sinus et la partie attenante à l'oreillette se contractent, le reste du cœur est immobile et cet arrêt est d'autant plus long que la coupe se rapproche du sillon auriculo-ventriculaire, puis les battements reprennent ordinairement au bout d'un certain temps et on peut, en tout cas, les faire reparaître en excitant la base du ventricule. — 3° Si la ligature est faite à la limite du sinus veineux et de l'oreillette, le sinus continue à battre ; le ventricule et l'oreillette s'arrêtent en diastole : si alors on lie dans le sillon auriculo-ventriculaire, le ventricule bat de nouveau. — 4° Si la ligature est faite sur le sillon auriculo-ventriculaire, les oreillettes et les ventricules battent chacun de leur côté et il y a une seule pulsation du ventricule pour deux, trois (ou plus) pulsations des oreillettes.

Ces expériences semblent prouver que les ganglions d'arrêt se trouvent au niveau de l'oreillette, les ganglions accélérateurs à l'orifice veineux et dans le sillon auriculo-ventriculaire. L'excitation directe des différentes régions du cœur, qui seule permettrait de résoudre la question, n'a pas donné de résultats assez précis. On s'est demandé aussi si la ligature, au lieu d'agir comme interrompant la continuité entre les ganglions et les parties situées au delà de la ligature, n'agissait pas comme simple excitant sur les ganglions.

Il est difficile de dire comment agissent ces ganglions et dans quelles relations ils sont d'une part avec les filets du pneumogastrique et du sympathique et de l'autre avec le tissu même du cœur. D'après les recherches anatomiques de Ranvier, le rôle de centres d'arrêt devrait probablement être attribué aux cellules ganglionnaires à fibres spirales, les seules qu'on trouve dans le sinus, les autres ayant le rôle de centres excitateurs (1).

Il ne faudrait cependant pas croire que la présence de ganglions soit indispensable pour qu'il y ait des mouvements rhythmiques du cœur. Chez l'embryon, le cœur exécute des contractions rhythmiques, et cependant au microscope on n'y trouve pas trace de cellules nerveuses ; il en est de même chez plusieurs invertébrés (Eckhard).

(1) Pour la théorie de Ranvier sur le rôle physiologique des deux espèces de cellules, voir : *Leç. d'Anat. générale*, p. 168 et suiv.

Conditions influençant l'innervation ganglionnaire du cœur. — Il est difficile, dans l'étude des influences diverses qui agissent sur le cœur, de faire la part de l'irritabilité musculaire du cœur et de l'excitabilité de ses ganglions et de ses nerfs.

D'une manière générale, la *chaleur* accélère les battements du cœur ; le froid, au contraire, les diminue. Cette action est plus prononcée chez les animaux à sang froid (Calliburcès). Dans leurs expériences sur des cœurs de grenouille, Ludwig et Cyon ont vu l'augmentation de fréquence du cœur atteindre son maximum de 30° à 40° et être alors remplacée subitement par une diminution. D'après Eckhard, la chaleur agirait sur le muscle même ; sur des cœurs d'embryon de poulet de dix jours, il sépare le ventricule de l'oreillette : le ventricule s'arrête en diastole ; en le soumettant alors à une température de 41° à 42°, il se remet à battre, s'arrête quand la température retombe à 30° et reprend de nouveau si la température augmente, et ces observations ont été confirmées par Schenk. Il y a donc, pour l'exercice des mouvements du cœur, une certaine latitude en deçà et au delà de laquelle les battements s'arrêtent. Le minimum et le maximum de température nécessaires sont plus écartés et par suite la latitude de température plus grande pour les animaux à sang froid (grenouille de $+ 4°$ à $+ 40°$). Une observation de Ganle présente de l'importance au point de vue de l'action de la température sur le cœur. Si on injecte dans le cœur d'une grenouille refroidie artificiellement l'extrait du cœur d'une grenouille maintenue à une température plus élevée, ce cœur présente des battements plus énergiques ; il semblerait donc que sous l'influence de la chaleur il se produit dans le tissu musculaire du cœur des substances qui augmentent son excitabilité.

Les excitations mécaniques, piqûres, etc., amènent en général des pulsations du cœur ; ainsi quand le cœur a cessé de battre par l'excitation du pneumogastrique, la piqûre avec une aiguille réveille les pulsations (1). La distension des parois du cœur, quand elle n'est pas portée trop loin, agit de la même façon. L'insufflation d'air dans les cavités du cœur, expérience répétée par Robin sur un guillotiné trois heures après l'exécution, réveille les battements ; c'est probablement par la distension des parois du cœur que les variations de la pression sanguine agissent sur les mouvements de cet organe. Tout ce qui augmente la pression intra-cardiaque produit, toutes choses égales d'ailleurs, une accélération des battements du cœur qui augmentent en même temps de force (Cyon, Tschiriew). Des faits contraires ont cependant été observés. Si l'augmentation de pression est trop considérable, au lieu d'une accélération, on a un ralentissement, ralentissement déjà observé par Chauveau et Marey. Il semble qu'une faible pression agisse sur les ganglions accélérateurs, une forte pression sur les ganglions d'arrêt et peut-être sur les terminaisons mêmes du pneumogastrique. Ce ralentissement du pouls par augmentation de pression ne se remarque plus si on a paralysé préalablement les centres d'arrêt par l'atropine. On dirait qu'une augmentation de pression excite à la fois les nerfs accélérateurs et les nerfs d'arrêt de façon que si cette distension est assez forte, l'action d'arrêt compense et au delà l'action accélératrice.

(1) Pagliani avait remarqué que si on dénude le cœur d'une grenouille de son péricarde viscéral, le ventricule ne se contracte plus quand on touche avec une aiguille la partie dénudée ; il se contractait au contraire quand on touchait les points non dénudés. Il en concluait à l'existence dans le péricarde de nerfs sensitifs dont l'excitation agissait sur les centres ganglionnaires pour produire une contraction réflexe. Ranvier a montré que cette inexcitabilité des points dénudés tenait à une destruction superficielle des fibres musculaires ; si on enfonce l'aiguille plus profondément, la contraction se produit.

La galvanisation du cœur produit des résultats différents suivant le point sur lequel on agit. Chez la grenouille, la galvanisation du cœur en totalité ou de fragments assez étendus provoque des contractions rhythmiques ; quand le courant ne porte que sur de petits fragments dépourvus de ganglions, on n'a que des contractions comme celles d'un muscle ordinaire. La galvanisation du sinus du cœur arrête le cœur en diastole. Panum, S. Mayer, Vulpian ont vu aussi la faradisation des ventricules chez le chien et le chat produire l'arrêt du cœur. On a vu plus haut l'action de l'électricité sur le ventricule. Du reste les résultats des excitations électriques sont tellement différents suivant les divers observateurs que je ne puis que renvoyer aux travaux originaux.

La présence du sang favorise les battements du cœur et l'accélération des pulsations doit être due à l'oxyhémoglobine et probablement à l'oxygène. En effet, si on place un cœur détaché de l'animal dans un milieu gazeux saturé d'humidité, le cœur continue à battre plus ou moins longtemps suivant la composition du gaz ; il bat dans l'hydrogène, l'azote, plus longtemps dans l'oxygène, qui paraît surtout favoriser la régularité des contractions ; il bat même dans le vide pneumatique saturé de vapeur d'eau ; il s'arrête bientôt dans l'acide carbonique, l'hydrogène sulfuré, le chlore, etc. (Bernstein). Dans une solution de chlorure de sodium à 0, 6 p. 100, les pulsations cessent au bout d'un certain temps ; il en est de même quand on entretient la circulation artificielle du cœur avec la même solution. Les pulsations sont réveillées par le sérum, le carbonate de soude, les peptones, les solutions d'extrait alcoolique du sang, etc. Luciani a remarqué qu'en se servant de sérum frais absolument dépourvu de globules (obtenu par la force centrifuge), il se produit des groupes de pulsations séparés par des intervalles diastoliques (groupes de Luciani) ; ces groupes font place aux pulsations régulières quand on remplace le sérum par du sang défibriné.

L'action des substances toxiques sur le cœur est encore très obscure pour beaucoup d'entre elles, et il est souvent difficile de savoir si elles agissent sur les ganglions d'arrêt ou sur les ganglions excitateurs. Les pulsations du cœur sont accélérées par les solutions étendues de sels de potasse, d'acides acétique, tartrique, citrique, phosphorique, par de faibles doses d'atropine, de vératrine, d'aconitine, par de fortes doses de digitaline, de morphine, de nicotine, de calabarine ; elles sont ralenties par les solutions concentrées de bile, de sels biliaires, d'acides acétique, tartrique, citrique, phosphorique, par le chloroforme, le chloral, l'éther, par de faibles doses de digitale, de morphine, de calabarine, de nicotine, par de fortes doses d'atropine, de vératrine, d'aconitine, de camphre ; elles sont arrêtées par l'upas antiar, la muscarine, etc.

3° Innervation d'arrêt du cœur.

Les fibres d'arrêt du cœur sont contenues dans le tronc du pneumogastrique. L'excitation de ce nerf au cou produit, si l'excitation est faible, une diminution du nombre des battements du cœur ; si elle est forte, un arrêt du cœur en diastole avec réplétion des cavités du cœur et surtout des oreillettes ; la section de ces nerfs, au contraire, amène une accélération du pouls. Cette découverte capitale est due à E. Weber (1845). Le ralentissement et l'arrêt du cœur ont lieu non seulement par l'excitation galvanique, mais par les excitants chimiques (sel marin) et mécaniques (tétanomoteur). Ce ralentissement se montre chez tous les animaux chez lesquels il a été recherché, tant à sang froid qu'à sang chaud, mais l'arrêt complet n'a pu être obtenu sur les oiseaux, avec la galvanisation, par Cl. Bernard. Einbrodt l'a cependant obtenu sur des oies et des poulets, mais par les excitations mécaniques. Chez l'homme, la compression de la carotide au bord antérieur du sterno-mastoïdien est suivie d'un ralentissement du cœur que Czermak attribue à une compression du pneumogastrique ; Henle l'a constaté directement sur un décapité.

La compression des deux pneumogastriques chez l'homme peut être suivie d'accidents très graves (von Thanhoffer).

L'arrêt du cœur produit par la galvanisation du pneumogastrique dure 15 à 30 secondes environ (chien) ; puis les battements reprennent, même si on continue la galvanisation ; l'épuisement se produit donc très vite pour cet appareil d'arrêt du cœur, mais il disparaît aussi très vite par le repos ; si on excite longtemps un des pneumogastriques jusqu'à ce que les battements du cœur aient repris (par fatigue) et qu'on excite l'autre pneumogastrique, l'arrêt du cœur ne se produit plus ; mais si on attend une à deux minutes pour laisser reposer l'appareil modérateur, l'arrêt se produit de nouveau (de Tarchanoff). Pendant toute la durée de l'arrêt, le cœur n'a pas perdu son excitabilité, car si on l'excite directement il se contracte et fait une pulsation, rarement plus. D'après Legros et Onimus, le ralentissement du pouls par l'excitation du pneumogastrique est d'autant plus considérable avec les courants interrompus, que le nombre des intermittences du courant est plus grand. Il faut 15 à 20 intermittences par seconde pour arrêter le cœur d'un chien, 2 à 3 seulement pour les animaux à sang froid. La durée de l'excitation latente (intervalle entre l'application de l'excitant et l'arrêt du cœur) est de $1/5^e$ de seconde environ pour les courants constants ; Legros et Onimus l'ont trouvé plus considérable, surtout pour les animaux à sang froid avec les courants intermittents (1 à 2 secondes chez les animaux à sang chaud ; une demi-minute quelquefois chez les animaux à sang froid). D'après Brown-Séquard, après l'arrêt, les battements reprendraient avec plus de rapidité et d'énergie.

Cet arrêt du cœur ne peut être attribué à un phénomème réflexe ; c'est une action directe ; en effet, si après avoir sectionné le pneumogastrique au cou, on excite le bout périphérique, on obtient le même résultat, plus prononcé même que par l'excitation du tronc.

D'après Soltmann, Ewald, v. Anrep, l'action d'arrêt du pneumogastrique ne se développerait que quelque temps après la naissance et chez les nouveau-nés l'excitation de ce nerf ne produirait pas le ralentissement du pouls. Langendorff est cependant arrivé à des résultats opposés, tout en confirmant que la section des deux pneumogastriques n'est pas suivie d'une accélération du pouls.

Moleschott et Schiff ont prétendu que le ralentissement et l'arrêt du cœur ne se montraient que pour de fortes excitations, et qu'en employant des excitations très faibles, par exemple des courants au minimum, on avait au contraire une accélération des mouvements du cœur. Ces faits, confirmés par quelques observateurs, Longet, Arloing et Tripier, ont été niés par la plupart des physiologistes : V. Bézold, Eckhard, Pflüger, Brown-Séquard, etc., et il est impossible de considérer le pneumogastrique comme un nerf moteur du cœur. Schelske, pour résoudre la question, a cherché à faire agir le pneumogastrique pendant que le cœur était en repos ; il arrête le cœur en diastole par la chaleur et dit avoir vu dans ce cas des pulsations du cœur qui auraient quelquefois un caractère tétanique

(Cyon) ; mais Eckhard n'a pu réussir une seule fois, en répétant l'expérience, à obtenir une contraction du cœur.

L'accélération des battements du cœur qui suit la section des pneumogastriques est surtout facile à constater chez les animaux à pouls rare, chez lesquels on peut voir les battements doubler de fréquence. Cette action n'est pas, du reste, aussi constante que celle qui suit l'excitation des nerfs ; aussi elle ne se produit pas chez les animaux à sang froid, grenouilles (Budge, A. Moreau), tortue, reptiles (Fasce et Abbate).

L'action du pneumogastrique droit sur le cœur paraît souvent plus prononcée que celle du gauche (Masoin, Arloing et Tripier), fait que l'anatomie explique facilement, les rameaux cardiaques étant ordinairement plus nombreux à droite qu'à gauche.

Le pneumogastrique n'agit pas seulement sur la fréquence des battements du cœur, il agit encore sur la grandeur des pulsations ; ces pulsations deviennent plus amples, de façon que, pour un temps donné, le travail du cœur resterait le même ; cependant, d'après Coats, elles seraient en même temps plus faibles, de façon que le travail du cœur diminuerait ; Nuel a constaté, chez la grenouille, en même temps que le ralentissement, un affaiblissement des contractions portant seulement sur l'oreillette. L'influence sur la pression sanguine sera vue plus loin.

La section de la moelle et des deux sympathiques au cou (accélérateurs cardiaques) augmente l'excitabilité du pneumogastrique, et, dans ce cas, une excitation même très faible produit l'arrêt du cœur. Il en serait de même de tout ce qui empêche l'échange des gaz dans le sang (Suschtschinsky).

L'excitabilité des fibres d'arrêt du pneumogastrique est plus faible que celle des fibres motrices laryngées ou œsophagiennes contenues dans le même nerf ; des courants qui agissent sur ces dernières fibres sont sans action sur les fibres d'arrêt.

Il est probable que les fibres cardiaques du pneumogastrique aboutissent aux ganglions du cœur et non directement aux fibres musculaires ; en effet, après la section des deux pneumogastriques chez la grenouille (pneumogastriques qui contiennent toutes les fibres cardiaques), Bidder a vu que toutes les fibres à double contour étaient dégénérées, tandis que les globules nerveux des ganglions et les fibres fines beaucoup plus nombreuses qui en proviennent étaient saines.

D'où proviennent ces fibres cardiaques du pneumogastrique ? Waller observa, le premier, que si on arrache le spinal et qu'on attende quelques jours pour laisser aux fibres qui viennent du spinal le temps de dégénérer, l'excitation du pneumogastrique n'a plus d'action sur le cœur, tandis que cette action se produit du côté où le spinal a été laissé intact, et Burckard a trouvé, après l'arrachement du spinal, toutes les fibres cardiaques du pneumogastrique dégénérées. Cependant l'arrachement des deux spinaux qui devrait, dans ce cas, produire une accélération du cœur, comme la section même du pneumogastrique, n'a donné que des résultats contradictoires ; Heidenhain admet cette accélération, mais elle n'a pu être constatée par Schiff et Eckhard. Peut-être une partie seulement de ces fibres a-t-elle son origine dans le spinal.

Comment le pneumogastrique agit-il sur le cœur ? Deux théories sont en présence, la théorie de l'épuisement et celle des nerfs d'arrêt ; car on peut éliminer immédiatement les opinions qui, comme celle soutenue autrefois par Brown-Séquard, font dépendre l'arrêt du cœur d'une contraction vasculaire produite par l'excitation du nerf, ou, comme celle de Mayer de Bonn, rattachent l'action de ce nerf à la circulation pulmonaire.

La théorie de l'épuisement a été formulée principalement par Moleschott et Schiff ;

Cette théorie se base sur le fait, admis par ces auteurs, mais nié par la plupart des expérimentateurs, à savoir qu'une faible excitation produit une accélération du cœur ; pour eux, le pneumo-gastrique est un nerf moteur du cœur, mais un nerf d'une espèce particulière, d'une excitabilité plus délicate, plus fugace que celle de tout autre nerf moteur ; il se fatiguerait beaucoup plus vite, et toute excitation un peu forte amènerait immédiatement son épuisement et sa paralysie : le ralentissement et l'arrêt du cœur seraient, dans ce cas, de simples phénomènes de fatigue. Mais, outre que le point de départ de la théorie est inexact, un épuisement aussi subit d'un nerf constituerait une exception peu admissible parmi les nerfs moteurs. Dans ces dernières années Schiff est revenu sur ses premières idées et admet l'existence de nerfs d'arrêt dans le pneumogastrique.

La théorie des nerfs d'arrêt a été émise par E. Weber et est adoptée aujourd'hui par la plupart des physiologistes dans ses traits principaux. Dans cette théorie, le pneumogastrique représente un nerf d'arrêt pour les mouvements du cœur, mais il ne faut pas considérer cet arrêt comme s'exerçant directement sur le tissu musculaire même du cœur ; il n'y a pas cessation de la contraction musculaire cardiaque existante, il y a seulement empêchement ou retard d'une contraction nouvelle. Cette influence du pneumogastrique ne peut donc s'exercer que sur les nerfs (ou les ganglions) moteurs du cœur, de façon à empêcher que l'action de ces nerfs n'arrive jusqu'au cœur pour y exciter des contractions ou du moins y arrive en quantité suffisante. On pourrait donc, si on comparait l'innervation motrice du cœur à une chute d'eau, représenter l'action du pneumogastrique par la vanne qui règle la chute, et par suite le mouvement de la roue hydraulique ; si la vanne est baissée complètement (forte excitation du pneumogastrique), la roue reste immobile ; si la vanne n'est qu'incomplètement fermée (état normal), la roue tourne ; si elle est tout à fait levée (section des pneumogastriques), le mouvement de la roue acquiert son maximum de rapidité. Quant au mécanisme même de l'action de l'arrêt du pneumogastrique sur le cœur, il est encore inconnu et on ne peut faire à ce sujet que des hypothèses.

Quelles sont, à l'état normal, les causes qui mettent en jeu cette action d'arrêt du pneumogastrique ? Est-elle permanente, continue ou simplement intermittente ? Il est assez difficile de répondre d'une façon précise à cette question. Cependant on connaît aujourd'hui quelques-unes des conditions de cette action, conditions qui seront étudiées plus loin.

4° Innervation accélératrice du cœur (fig. 462).

Les nerfs accélérateurs du cœur sont contenus dans le grand sympathique, et en partie aussi dans le pneumogastrique.

A. *Grand sympathique*. — Les filets accélérateurs se rencontrent :
1° *Dans le cordon du grand sympathique au cou* (fig. 464, 4). — L'excitation du tronc ainsi que celle du bout périphérique (après sa section) accélère les battements du cœur ; sa section, au contraire, les ralentit un peu (V. Bezold). Mais, en tous cas, cette action n'est pas aussi prononcée que celle du pneumogastrique et elle n'est pas constante. Quelquefois, surtout si les pulsations du cœur étaient déjà très fréquentes (exemple : lapin), il ne se produit rien ; quelquefois même on a une action identique à celle du pneumogastrique. Cyon, au contraire, croit que l'excitation seule du sympathique est sans action sur le cœur.

Ces fibres cardiaques, niées par Cyon, proviendraient, d'après V. Bezold, du cerveau.

2° *Dans le ganglion cervical inférieur.* — L'irritation directe des nerfs cardiaques qui partent du ganglion (la troisième branche chez le lapin, la deuxième chez le chien) amène une accélération des battements du cœur. Mais l'origine de ces fibres accélératrices ne se trouve pas dans le ganglion même, elle se trouve plus haut dans la moelle épinière ; en effet, si l'on fait la section des pneumogastriques, des sympathiques du cou et des nerfs dépresseurs des deux côtés, la section de la moelle cervicale et enfin la section des splanchniques pour abolir l'influence des

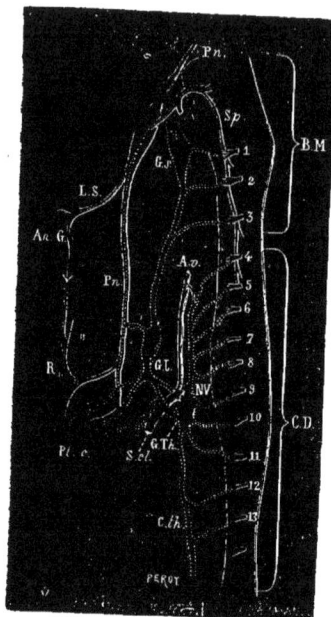

Fig. 462. — *Schéma de l'innervation accélératrice du cœur* (*).

vaso-moteurs et de la pression sanguine (l'animal étant curarisé et la respiration artificielle pratiquée), l'excitation de la moelle cervicale produit l'accélération des battements du cœur ; or, cette accélération ne peut tenir à une action réflexe sur le cœur, puisque tous les nerfs du cou sont coupés ; elle ne peut tenir non plus à l'influence de la pression sanguine, vu la section des dépresseurs et des splanchniques ; il ne peut donc y avoir qu'une action directe de la moelle sur le cœur. Si on extirpe ce ganglion, l'action accélératrice ne se produit plus.

3° *Dans les deux premiers ganglions dorsaux.* — Leur excitation accélère les pulsations du cœur et, s'il est arrêté, réveille ses battements (V. Bezold, Schmiedeberg). Ces fibres accélératrices proviennent aussi de la moelle par les *rami communicantes* (Cyon), ou par l'anneau de Vieusseus (Schmiedeberg). V. Bezold, se basant sur l'accélération du cœur produite par l'excitation de la moelle à diverses hauteurs, croyait d'abord que les fibres accélératrices situées dans ces ganglions provenaient de toute l'étendue de la moelle et remontaient pour arriver aux nerfs cardiaques ; mais Ludwig et Thiry ont montré que le même effet se produit si on détruit, par la galvanocaustique, tous les nerfs du cœur, et que l'accélération vue par V. Bezold est une conséquence de l'excitation des nerfs vaso-moteurs. Au contraire, après la section des splanchniques, qui abolit une grande partie de l'innervation vaso-motrice, l'excitation de la moelle ne produit plus d'accélération.

B. *Pneumogastrique.* — D'après les recherches d'un grand nombre de physiologistes, le pneumogastrique contient aussi des fibres accélératrices. Ces fibres seraient contenues dans le tronc même du pneumogastrique. Seulement, pour les mettre en évidence, il faut paralyser les fibres d'arrêt contenues dans le même

(*) BM, bulbe et moelle. — CD, moelle cervico-dorsale. — 1, 2, 3, etc., nerfs rachidiens. — Pn, pneumogastrique. — Sp, spinal. — Ls, laryngé supérieur. — AnG, anastomose de Galien. — R, récurrent. — Gs, ganglion cervical supérieur. — GJ, ganglion cervical inférieur. — G Th, premier ganglion thoracique. — Cth, sympathique thoracique. — Plc, plexus cardiaque. — NV, nerf vertébral. — Scl, artère sous-clavière. — Av, artère vertébrale. (D'après Fr.-Franck).

nerf ; sans cela l'effet modérateur l'emporte sur l'effet accélérateur et le résultat de l'excitation est un ralentissement du cœur. Mais si on paralyse les fibres d'arrêt par l'atrophine ou le curare, l'excitation du nerf détermine une accélération (Schiff, Bœhm, etc.). Schiff admet qu'une partie de ces fibres accélératrices passent du spinal dans le tronc du pneumogastrique (fig. 462), de là dans le laryngé supérieur, l'anastomose de Galien, le nerf récurrent et de ce nerf dans le plexus cardiaque. D'après les recherches de François-Franck, l'existence de ces filets accélérateurs dans le nerf laryngé supérieur ne serait pas démontrée. Schiff admet même que tous les nerfs accélérateurs sont contenus dans le pneumogastrique.

Ces fibres accélératrices sont donc antagonistes des fibres d'arrêt ; elles augmentent le nombre des pulsations du cœur, mais en raccourcissant la durée de la systole, et ne paraissent pas changer le travail total du cœur ; elles ne feraient que le répartir autrement. Ces nerfs ne seraient donc pas des nerfs moteurs au sens strict du mot ; leur excitation ne produit pas le tétanos du cœur, le curare est sans action sur eux ; il est probable qu'ils n'ont qu'une action indirecte sur les mouvements du cœur, qu'ils ne se terminent pas dans les fibres musculaires mêmes et qu'ils aboutissent aux ganglions intra-cardiaques. On ne peut supposer non plus

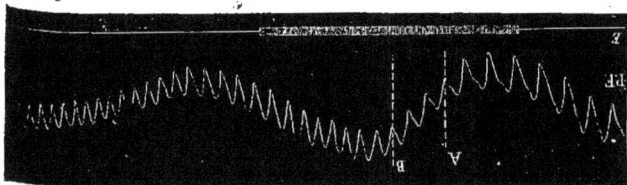

Fig. 463. — *Accélération du cœur produite par l'excitation directe des nerfs accélérateurs* (*).

qu'ils agissent sur les vaisseaux du cœur, comme le croyait Traube, car leur excitation ne produit aucune constriction de ces vaisseaux, et la ligature ou l'obturation des artères coronaires ne change rien aux phénomènes observés (V. Bezold). Ce qui les éloigne encore des nerfs moteurs ordinaires, c'est la longue durée de l'excitation latente (fig. 463) qui est de plus d'une seconde, beaucoup plus longue par conséquent que celle des nerfs moteurs et plus longue aussi que celle des nerfs d'arrêt. Il semble qu'une certaine accumulation d'excitation (sommation) soit nécessaire pour que l'appareil accélérateur puisse surmonter la résistance de l'appareil modérateur. Les recherches de Bowditch et de Baxt ont montré en effet que l'excitabilité de l'appareil modérateur est plus considérable que celle de l'appareil accélérateur. Quand on excite simultanément les nerfs modérateurs et les nerfs accélérateurs, si les excitations ont la même intensité, c'est l'effet de ralentissement qui l'emporte et pour avoir l'accélération il faut réduire au minimum l'excitation des nerfs d'arrêt et élever au contraire l'intensité de l'excitation des nerfs accélérateurs ; entre ces deux effets extrêmes, on peut, en graduant les deux excitations, arriver à l'interférence complète des deux influences antagonistes ; l'action ralentissante est compensée exactement par l'action accélératrice et le rythme du cœur n'est pas modifié.

(*) Le début de l'excitation est indiqué sur la ligne E. — PF, tracé de la pression fémorale. — A, début de l'accélération (une seconde et demie après le début de l'excitation). — B, renforcement de l'accélération.

5° Centres d'innervation du cœur.

Les centres extra-cardiaques d'innervation du cœur se trouvent dans la moelle et dans la moelle allongée (fig. 464).

Les *fibres accélératrices* du cœur ont leur origine dans les régions cervicales de la moelle épinière et peut-être dans la moelle allongée, 2. En effet, si on supprime l'intervention du centre d'arrêt par la section des pneumogastriques, celle des actions réflexes par la section du sympathique au cou, celle de la pression vasculaire par la section des splanchniques ou par celle de la moelle au-dessus de leur origine, l'excitation de la partie supérieure de la moelle accélère les battements du cœur (V. Bezold, Cyon). Duval a obtenu des contractions de l'oreillette droite et du ventricule chez un guillotiné en électrisant la moelle cervicale, alors que l'application du galvanisme sur le cœur restait sans effet.

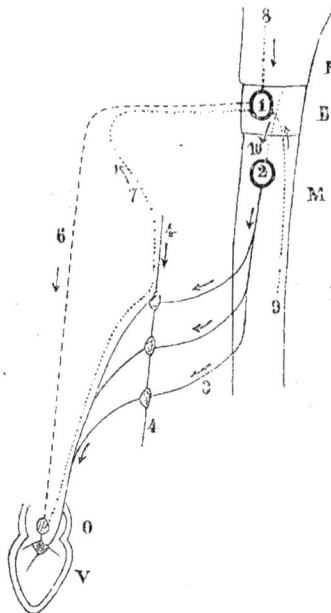

Fig. 464. — *Innervation du cœur*
(figure schématique) (*).

La moelle allongée contient, en outre, le *centre d'arrêt* 1, des mouvements du cœur et l'origine des fibres d'arrêt cardiaques du pneumogastrique ; mais la situation de ce centre, qui paraît se trouver dans le bulbe, n'est pas encore bien déterminée. Ce qu'il y a de positif, c'est que la galvanisation directe du bulbe produit l'arrêt du cœur (Budge). L'état des gaz du sang paraît avoir une influence marquée sur ce centre d'arrêt (Thiry). Si on pratique chez un lapin la respiration artificielle et qu'on l'interrompe subitement, on voit au bout de quelques secondes le pouls se ralentir et le cœur s'arrêter en diastole. Les origines du pneumogastrique (centre d'arrêt bulbaire) ont donc été excitées par le sang qui a pris le caractère veineux par l'interruption de la respiration, et ce qui prouve bien que c'est le pneumogastrique qui est en jeu, c'est que le phénomène ne se produit plus après sa section ou après la section ou l'arrachement du spinal. Comment le sang veineux excite-t-il le centre cardiaque d'arrêt? Est-ce par l'excès d'acide carbonique ou par l'insuffisance d'oxygène ? Pour décider la question, Thiry fait respirer l'animal dans un mélange d'hydrogène, ce qui empêche l'accumulation d'acide carbonique dans le sang, et l'arrêt du cœur ne s'en produit pas moins ; cependant, d'après de nouvelles expériences, il se rattache à l'opinion de Traube, qui considère l'acide carbonique comme l'excitateur du centre d'arrêt cardiaque. Le centre

(*) M, moelle. — B, bulbe. — P, protubérance. — O, oreillette. — V, ventricules. — 1, centre d'arrêt. — 2, centre accélérateur. — 3, *rami communicantes*. — 4, grand sympathique. — 6, pneumogastrique. — 7, 8, 9, nerfs centripètes excitant le centre d'arrêt. — 10, nerfs centripètes excitant le centre accélérateur.

d'arrêt du cœur est excité aussi par l'interruption de la circulation, par l'augmentation de pression intra-cérébrale, etc.

La moelle, dans sa partie supérieure, possède donc deux centres nerveux antagonistes pour les mouvements du cœur, un centre moteur et un centre d'arrêt. Aussi l'indépendance du cœur n'est-elle que relative, et si l'opinion de Legallois, qui considérait la moelle comme centre unique des mouvements du cœur, est infirmée par les faits, il n'en reste pas moins, comme conclusion, une subordination réelle du cœur à la moelle. Les influences qui agissent sur ces deux centres cardiaques se rattachent à deux catégories : état du sang, influences nerveuses. L'excès d'acide carbonique excite le centre d'arrêt ; le sang oxygéné excite le centre accélérateur. Les influences nerveuses agissent aussi sur les deux centres, mais celles qui agissent sur le centre d'arrêt sont seules bien connues ; ce sont : 1° les excitations des nerfs sensitifs, tant de la sensibilité générale que de la sensibilité organique, et parmi ces nerfs, un des plus importants est le nerf dépresseur de Cyon ; c'est à cette action que se rattache l'arrêt du cœur chez la grenouille par un choc brusque sur le ventre (Goltz), ou par le simple attouchement des intestins enflammées (Tarchanoff) ; 2° les émotions. Le centre accélérateur peut aussi entrer en jeu par les émotions et peut-être aussi par des excitations *faibles* (1) ou d'une certaine nature des nerfs sensitifs. D'après Asp, l'excitation du bout central des nerfs musculaires produirait ordinairement une accélération des battements du cœur. La volonté est sans influence directe sur ces deux centres.

6° Innervation sensitive du cœur.

La *sensibilité* du cœur est nulle en tant que sensibilité consciente ; à l'état normal nous n'avons aucune notion des contractions cardiaques ; le cœur peut même être touché ou piqué sans déterminer de douleurs, fait déjà constaté par Harvey. Cette immunité sensitive n'est cependant pas absolue, comme on l'a vu page 1239. Le principal nerf sensitif du cœur est le *nerf dépresseur ;* l'excitation de son bout central détermine un ralentissement réflexe des battements du cœur qui s'opère par les pneumogastriques et une chute de la pression artérielle qui résulte de la dilatation des vaisseaux périphériques ; en même temps elle augmente l'amplitude de la respiration et peut provoquer aussi des manifestations douloureuses. D'après les recherches de Fr.-Franck, le nerf dépresseur ne serait pas le seul nerf sensitif du cœur. Après la section des deux nerfs dépresseurs, l'irritation de la membrane interne du cœur par une solution concentrée d'hydrate de chloral, produit un arrêt respiratoire ; cet arrêt ne se produit plus après la section des pneumogastriques à la base du crâne, preuve que ces filets sensitifs sont contenus dans le tronc même du pneumogastrique.

Bibliographie. — BERNSTEIN : *Unt. üb. den Erregungsvorgang in Nerven*, etc., 1871. — SCHMIEDEBERG : *Ueber die Innervationsverhältnisse des Hundeherzens* (Ber. d. sächs. Ges., 1871). — DONDERS : *Die Wirkung des constanten Stromes auf d. N. vagus* (Arch. de Pflüger, t. V). — BOWDITCH : *Ueber die Eigenthümlichkeiten der Reizbarkeit, welche die Muskelfasern des Herzens zeigen* (Arb. aus d. phys. Anst. Leipzig., 1871). — FOSTER : *Ueber einen bes. Fall von Hemmungswirkung* (Arch. de Pflüger, t. V). — HEIDENHAIN :

(1) Il y a à ce point de vue des divergences très grandes entre les physiologistes.

Ueber arythmische Herzthätigkeit (id.). — SCHIFF : *Ricerche fatte nel Labor. di Fir.*, 1872. — GIANUZZI : *Contrib. alla conoscenza de' nervi motori del cuore*, 1872. — MASOIN : *Contrib. a la phys. des n. pneumogastriques* (Acad. de Belg., 1872). — MOSSO : *Sull' irritazione chimica dei nervi cardiali* (Ric. d. lab. di Fir., 1873). — LEGROS ET ONIMUS : *Rech. sur la physiol. des n. pneumogastriques* (Journ. de l'anat., 1872). — DONDERS : *De duur der latente werking*, etc. (Phys. lab. d. Utr. hoogesch., 1872). — GURKOKI : *Der Vagus ist auch Empfindungsnerven des Herzens* (Arch. de Pflüger, t. V). — MAYER ET PRIBRAM : *Ueber reflector. Beziehungen des Magens zu den Innervationscentren für die Kreislaufsorgane* (Wien. Akad., 1872). — LUCIANI : *Eine periodische Funktion des isolirten Froschherzens* (Ber. d. sächs. Akad., 1873). — ROSSBACH : *Beitr. zur Phys. des Herzens* (Wurzb. med. Ges., 1873). — ARLOING ET TRIPIER : *Contrib. à la phys. des n. vagues* (Arch. de physiol., 1873). — METSCHNIKOFF ET SETSCHENOW : *Zur Lehre über die Vaguswirkung auf das Herz* (Centralbl., 1873). — SETSCHENOW : *Weit. üb. die Vaguswirkung* (id.). — A. B. MEYER : *Notiz üb. die Intermittenz des Herzschlags* (id.). — NUEL : *Ueber den Einfluss der Vagusreizung auf die Herz* (Arch. de Pflüger, t. IX). — MOKRIZKY : *Sur l'action immédiate de la pression sanguine sur la fréquence des battements du cœur* (en russe; 1873). — BOBISOWITSCH : *Sur la physiol. du cœur de la grenouille* (id.). — STEINER : *Zur Innerv. des Froschherzens* (Arch. für Anat., 1874). — ROSSBACH : *Ueber die Umwandlung der periodisch aussetzenden Schlagfolge*, etc. (Ber. d. sächs. Acad., 1874). — VULPIAN : *Note sur la faradisation directe des ventricules du cœur chez le chien* (Arch. de physiol., 1874). — BOWDITCH : *Ueber die Interferenz des retardirenden und beschleunigenden Herznerven* (Ber. d. sächs. Akad., 1874). — ENGELMANN : *Ueber die Leitung der Erregung im Herzmuskel* (Arch. de Pflüger, t. XI). — FOSTER ET DEW-SMITH : *On the behaviour of the hearts of mollusks under the influence of electric currents* (Proc. of the roy. Soc., 1875). — DROSDOW : *Die Innerv. d. ausgeschnittenen Herzens Kaltblütiger Thiere* (en russe; Indic. Méd., 1875). — KRONECKER : *Das charakter. Merkmal der Herzmuskel-Bewegung* (Beitr. zur Anat., 1875). — PAGLIANI : *Ueber die Function der Herzganglion* (Molesch. Unt., 1875). — ECKHARD : *Klein. phys. Mittheil* (Eck. Beitr., 1875). — V. THANHOFFER : *Die beiderseitig. mech. Reizung des N. vagus beim Menschen* (Centralbl., 1875). — MALERBA : *Obs. rel. à la physiol. du nerf vague* (Arch. de physiol., 1875). — TARCHANOFF ET PUELMA : *Note sur l'effet de l'excit. alternative des deux pneumogastriques sur l'arrêt du cœur* (id.). — TARCHANOFF : *Nouv. moyen d'arrêter le cœur de la grenouille* (id.). — SCHIFF : *Altes und Neues über Herznerven* (Molesch. Unt., 1875). — BÖHM : *Ueber paradoxe Vaguswirkungen bei curarisirten Thieren* (Arch. für exp. Pat., 1875). — ID. : *Unt. üb. den Nervus accelerator cordis der Katze* (id.). — MAREY : *Des mouvements qu'éprouve le cœur lorsqu'il est soumis à des excit. artificielles* (Comptes rendus, t. LXXXII). — ID. : *Le cœur éprouve, à chaque phase de sa révolution, des chang. de tempér. qui modifient son excitabilité* (id.). — MERUNOWICZ : *Ueber die chemischen Beding. für die Entstehung des Herzschlages* (Ber. d. sächs. Akad., 1876). — BERNSTEIN : *Ueber den Sitz. der autom. Erregung im Froschherzen* (Centralbl., 1876). — ONIMUS : *Expér. sur le pneumogastrique* (Comptes rendus, t. LXXXIII). — KOHTS ET TIEGEL : *Einfluss der Vagusdurchschneidung auf Herzschlag* (Arch. de Pflüger, t. XIII). — LÉPINE ET TRIDON : *Note addit. relat. à l'influence de l'échauffement et du refroidissement du cœur sur l'excitation du n. vague*, 1876. — WASILEWSKY : *L'excit. mécanique du n. vague chez l'homme* (en polon., 1876). — ALBERTONI ET BUFALINI : *Sull' aumento delle pulsazioni cardiaci dietro l'eccitazione delle prime radici dorsali* (Rendic. d. gabin. d. fisiol. di Siena, 1876). — BAXT : *Ueber die Stellung des N. vagus zum N. accelerans cordis* (Arb. d. phys. Inst. Leipz., 1876). — TSCHIRIEW : *Ueber die Abhängigkeit des Herzrythmus von den Blutdruckschwankungen* (Centralbl., 1876). — DOGIEL : *De la structure et des fonctions du cœur des crustacés* (Arch. de physiol., 1877). — WERNICKE : *Zur Physiol. des embryonalen Herzens*, 1876. — CLELAND : *Note on the effect of heat on the heart's action in the chick* (Journ. of anat., 1877). — MARCHAND : *Beitr. zur Kenntniss der Reizwelle und Contractionswelle des Herzmuskels* (Arch. de Pflüger, t. XV). — MAREY : *Mém. sur la pulsat. du cœur* (Trav. du labor., 1875). — ID. : *Des excitat. artificielles du cœur* (id., 1876). — ID. : *Rech. sur les excit. électriques du cœur* (Journ. de l'Anat., 1877). — BAXT : *Die Folgen maximaler Reize*, etc. (Arch. f. Phys., 1877). — TARCHANOFF : *Innerv. de l'appareil modérateur du cœur chez la grenouille* (Trav. du lab. de Marey, 1875). — ENGELMANN : *Ueber das electrische Verhalten der thätigen Herzens* (Arch. de Pflüger, t. XVII). — MARCHAND : *Der Verlauf der Reizwelle des Ventrikels* (id.). — BURDON-SANDERSON ET PAGE : *Exp. results relat. to the rythmical and excitatory motions of the ventricle*, etc. (Proc. roy. Soc., 1878). — BOWDITCH : *Does the apex of the heart contract automatically* (Journ. of phys., 1878). — ROY : *On the influences which modify the work of the heart* (Journ. of physiol., 1878). — LANGENDORFF : *Stud. zur Physiol. d. Herzvagus* (Kœnisgb. Labor., 1878). — KLETT : *Ueber den Einfluss sehr kurz dauernder elektrischer Vagusreizungen*, 1878. — GAMGEE ET PRIESTLEY : *Concerning the effects on the heart of alternate stimulation of the vagi* (Journ. of physiol., 1878). — BAXT : *Die Verkür- zung der Systolenzeit durch den N. accelerans cordis* (Arch. für Phys., 1878). — STRICKER ET WAGNER : *Unt. üb. die Ursprünge und die Funct. der beschleunigenden Herznerven* (Wien. Akad., 1878). — SCHIFF : *Ueber den Ursprung der erregenden Herznerven* (Arch. de Pflüger. t. XVIII). — FR. FRANK : *Sur les effets cardiaques et respir. des irritat. de cer- tains nerfs sensibles du cœur*, etc. (Comptes rendus, t. LXXXVII). — DASTRE ET MORAT : *Excit. électrique de la pointe du cœur* (Comptes rendus, t. LXXXIX). — MAREY : *Sur l'effet des excit. électriques appliquées au tissu musculaire du cœur* (id.). — V. BASCH : *Ueber die Summation von Reizen durch das Herz* (Wien. Akad., 1879). — KRONECKER : *Die Unfähigkeit der Froschherzspitze, electrische Reize zu summiren* (Arch. f. Phys., 1879). — KLUG : *Ueber den Einfluss gasartiger Körper auf die Function des Froschherzens* (id.). — ARISTOW : *Einfluss plötzlichen Temper. auf das Herz* (id.). — CADIAT : *Sur l'influence du pneumogastrique sur les mouvements du cœur chez les squales* (Comptes rendus, t. LXXXVIII). — LANGENDORFF : *Ueber den N. vagus neugeborener Thiere* (Bresl. ärzt. Zeit., 1879). — V. ANREP : *Ueber die Entwickelung der hemmende Functionen bei Neugeborenen* (Arch. de Pflüger, t. XXI). — LUDWIG ET LUCHSINGER : *Zur Innervation des Herzens* (Cen- tralbl., 1879). — ECKHARD : *Herzensangelegenheiten* (Eck. Beitr., 1879). — SCHEREY : *Zur Lehre von der Herzinnervation* (Arch. für Physiol., 1880). — V. BASCH : *Ueber die Erhö- hung der Erregbarkeit des Herzens durch wiederholte elektrische Reize* (id.). — FR. FRANCK : *Effets réflexes de la ligature d'un pneumogastrique sur le cœur après la section du pneumogastrique du côté opposé* (Comptes rendus, 1880). — BROWN-SÉQUARD : *De l'accrois- sement de l'activité du cœur après qu'il a été soumis à une inhibition complète* (Soc. de biol., 1880). — FR.-FRANCK : *Sur l'innervation accélératrice du cœur* (Trav. du lab. de Marey, 1878-1879). — RANVIER : *Leç. d'Anat. générale; appar. nerveux terminaux des mus- cles de la vie organique*, 1880. — REYNIER : *Des nerfs du cœur*, 1880.

b. — INNERVATION DES VAISSEAUX.

Les muscles lisses des vaisseaux sont innervés par des nerfs particuliers, nerfs *vaso-moteurs*, ou mieux *vasculaires*, qui se trouvent en grande partie dans les rameaux du grand sympathique, mais dont les origines réelles doivent être cherchées plus loin dans les centres nerveux. La connaissance réelle des nerfs vaso-moteurs date d'une expérience célèbre de Cl. Bernard (1852); il vit que la section du grand sympathique au cou produisait une dilatation des vaisseaux et une augmentation de température dans le côté correspondant de la face; sa galvanisation, au contraire, amenait une con- striction des vaisseaux. Le même observateur remarqua plus tard que cer- tains nerfs vasculaires présentaient des propriétés inverses, le tympanico- lingual par exemple; la galvanisation de ces nerfs déterminait, non plus une constriction, mais une dilatation vasculaire, et Schiff proposa de les appeler nerfs *dilatateurs* ou *vaso-dilatateurs*, par opposition avec les pre- miers, nerfs vaso-moteurs proprement dits ou *vaso-constricteurs*.

1° Nerfs vaso-moteurs proprement dits ou vaso-constricteurs.

Jusqu'ici, on n'a guère étudié que les nerfs vaso-moteurs des artères, ce sont aussi ceux qui présentent le plus d'intérêt physiologique. Si on sectionne les nerfs vaso-moteurs d'une région, les artères de cette région se dilatent, la pression san- guine y augmente, la circulation y est plus active, et la température de la partie monte de plusieurs degrés. L'excitation chimique, galvanique, etc., produit l'effet inverse; les artères diminuent de calibre et la température baisse. Comme on l'a vu plus haut, la plus grande partie des vaso-moteurs se trouve dans le système du grand sympathique, et c'est par conséquent sur lui que portent les expériences les plus nombreuses et les plus concluantes.

L'expérience capitale déjà citée est celle de la section du grand sympathique au cou. Outre les phénomènes oculo-pupillaires qui seront mentionnés plus loin, les phénomènes du côté des vaisseaux sont les suivants, faciles à constater chez le lapin, le chien et le cheval : la circulation de l'oreille et de la moitié correspondante de la tête est plus active ; les artères sont dilatées et, si on fait une incision comparative des deux oreilles, donnent beaucoup plus de sang du côté lésé ; le sang des veines est plus rouge ; les muqueuses (conjonctive, membrane nictitante) sont injectées ; la température du côté opéré augmente et peut dépasser de cinq, dix degrés et plus la température du côté sain (température prise dans l'oreille, les narines, la profondeur des hémisphères cérébraux) ; en même temps la pression s'est accrue dans les rameaux de la carotide du côté opéré ; cette suractivité de la circulation réagit naturellement sur les autres fonctions ; les sécrétions sont activées (exemple : la sueur chez les chevaux) ; la sensibilité est exagérée ; les parties, sans être cependant le siège d'une véritable congestion inflammatoire, sont plus disposées à l'inflammation (résultats mis en doute par plusieurs physiologistes) ; enfin, d'après Brown-Séquard, les propriétés des muscles et des nerfs et les mouvements réflexes persisteraient plus longtemps que du côté sain. Tous ces phénomènes sont plus marqués chez les animaux en bonne santé, et ils sont plus nets encore après l'arrachement du ganglion cervical supérieur ; ils se prononcent beaucoup plus si, comme l'a montré A. Moreau, on fait la section du nerf auriculaire du plexus cervical. La durée des phénomènes est de vingt-quatre heures seulement après la section du grand sympathique, de quinze à dix-huit jours après l'arrachement.

Cette vascularité plus grande n'a pas été constatée seulement pour les parties superficielles ; on l'a constatée aussi pour les parties profondes, dans les vaisseaux de la pie-mère et des membranes du cerveau (Nothnagel et Goujon), dans ceux de la muqueuse du tympan (Prussak), dans ceux de la choroïde (Sinitzin), cependant Donders n'a pu, à l'ophthalmoscope, constater de dilatation des vaisseaux de la rétine et de la choroïde.

L'excitation du ganglion cervical supérieur et du cordon du sympathique cervical produit des effets inverses dans le détail desquels il est inutile d'entrer : ainsi, si on incise l'oreille d'un lapin, après la section du sympathique, la galvanisation arrête immédiatement l'écoulement sanguin. Cette galvanisation fait aussi disparaître de suite la congestion inflammatoire produite par l'application de rubéfiants sur la conjonctive ou sur l'oreille d'un lapin. On verra plus loin les recherches de Dastre et Morat sur ce sujet (voir : Nerfs vaso-moteurs).

Le ganglion cervical inférieur et les premiers ganglions thoraciques contiennent aussi des fibres vaso-motrices qui se rendent aux vaisseaux du membre supérieur et du thorax. La galvanisation du premier ganglion thoracique produit un refroidissement et une constriction vasculaire bien sensibles, surtout sur les muscles (Cl. Bernard), et la section de ces ganglions amène une augmentation de température dans le membre supérieur et le côté correspondant de la poitrine. Il en est de même pour la partie lombaire du grand sympathique.

Les nerfs splanchniques, vu l'étendue de la région à laquelle ils se distribuent, paraissent être les principaux nerfs vasculaires du corps ; ils fournissent en effet la plus grande partie des organes abdominaux. Après leur section, les vaisseaux des viscères de l'abdomen sont gorgés de sang ; ces vaisseaux, énormément dilatés, détournent ainsi vers l'abdomen une grande partie de la masse sanguine, d'où diminution considérable de pression dans la carotide ; ces phénomènes sont bien plus prononcés chez le chien, et au bout d'un certain temps, quand l'animal survit à l'opération, la pression revient à l'état normal sans que les nerfs se soient réunis. L'excitation galvanique du bout périphérique des splanchniques produit au contraire une diminution du calibre des vaisseaux de l'abdomen et fait monter la pression dans la carotide au double de sa valeur normale. Les filets vaso-moteurs du foie peuvent être suivis assez haut ; Cyon et Aladoff ont vu, en excitant l'anneau de Vieussens chez le chien, les vaisseaux du foie pâlir et la surface de l'organe se couvrir de taches blanches. Le pneumogastrique contiendrait aussi, d'après quelques physiologistes, des vaso-moteurs pour l'estomac et l'intestin (OEhl) et pour les artères coronaires du cœur (Brown-Séquard, Panum).

Les nerfs rachidiens renferment des fibres vaso-motrices qui proviennent soit du grand sympathique, soit de la moelle. La section du nerf sciatique produit la dilatation des vaisseaux des doigts et de la membrane interdigitale (grenouille) ; si sur un chien on fait une plaie à la pulpe des orteils du côté lésé, on a un écoulement sanguin abondant qui s'arrête par l'électrisation du nerf sciatique. Les mêmes faits s'observent sur les nerfs du membre supérieur et peuvent même être constatés chez l'homme. Ainsi, Waller place le coude dans un mélange réfrigérant et, quand au bout d'un certain temps le nerf cubital est atteint par le froid, il constate une augmentation de température dans l'annulaire et le petit doigt, augmentation due à la dilatation des vaisseaux produite par la paralysie *a frigore* des vaso-moteurs contenus dans le nerf cubital. Pour la tête même, tous les nerfs vaso-moteurs ne proviennent pas du grand sympathique ; les nerfs cervicaux chez le lapin (nerf auriculaire) donnent des nerfs vasculaires (Schiff). Le trijumeau fournit des nerfs vaso-moteurs de l'iris, des cavités nasales et d'une partie de la cavité buccale.

L'action de la moelle sur les vaisseaux a été démontrée en 1839 par Nasse, qui observa une élévation de température dans les membres après la section de la moelle épinière. En 1852, Brown-Séquard fit la section d'une moitié latérale de la moelle dorsale, et constata une augmentation de température dans le membre postérieur correspondant. La galvanisation de la moelle produit l'effet inverse et diminue le calibre des artères correspondantes (Pflüger). Sur des animaux curarisés, chez lesquels on a coupé les pneumogastriques et les sympathiques, l'excitation électrique d'une coupe de la moelle au niveau de l'atlas produit un rétrécissement de toutes les branches de l'aorte, rétrécissement très sensible surtout sur les artères rénales (Ludwig et Thiry), et qui manquerait cependant, d'après Hafiz, pour les artères musculaires. Il en est de même de la galvanisation des racines antérieures, tandis que celle des racines postérieures ne produit rien. Brown-Séquard a bien vu la section des racines postérieures des cinq ou six derniers nerfs dorsaux et des deux premiers lombaires suivie de dilatation des vaisseaux et d'augmentation de température des membres postérieurs ; mais il s'agissait probablement d'une action réflexe vaso-dilatatrice.

Les fibres vaso-motrices paraissent remonter jusqu'à la moelle allongée ; Stricker et Kessel ont vu chez la grenouille l'électrisation de la moelle allongée produire la constriction des artères du tympan et de la membrane interdigitale, et Budge, par l'électrisation du pédoncule cérébral chez le lapin, a constaté un rétrécissement de toutes les artères du corps.

En résumé, d'après les faits précédents, les nerfs vaso-moteurs sont distribués de la façon suivante dans les diverses régions du corps :

1° Les vaso-moteurs de la tête sont fournis par la partie cervicale du grand sympathique et proviennent en partie du sympathique même, en partie de la moelle cervicale par les racines antérieures des nerfs cervicaux inférieurs et des nerfs thoraciques supérieurs et les *rami communicantes*. Une partie de ces fibres passent dans les branches du facial et du trijumeau, et peut-être ce dernier nerf fournit-il les vaso-moteurs de la rétine (1).

2° Les vaso-moteurs des membres supérieurs et des parois du thorax viennent : 1° du ganglion cervical inférieur et des ganglions thoraciques supérieurs du sympathique ; 2° de la moelle par les *rami communicantes* situés entre la troisième et la septième vertèbre dorsale. La preuve qu'à ces fibres médullaires s'ajoutent des fibres sympathiques réside dans ce fait que la section des racines du plexus brachial en dehors des trous rachidiens produit une dilatation des artères plus considérable que la section en dedans du canal vertébral, c'est-à-dire avant qu'il ait reçu les anastomoses du grand sympathique.

3° Les vaso-moteurs des membres inférieurs et des parois du bassin sont fournis par la moelle (racine des nerfs sciatique et crural) et par la partie abdominale du sympathique : de ces filets, les uns rejoignent les nerfs précédents, les autres vont directement aux vaisseaux.

4° Les vaso-moteurs viscéraux sont fournis par le grand sympathique et particulièrement par les nerfs splanchniques ; mais une partie des filets prend son origine dans la moelle ; le pneumogastrique paraît fournir aussi des filets vaso-moteurs de l'estomac et de l'intestin.

Les nerfs vaso-moteurs ont donc deux sources principales, la moelle d'une part, le grand sympathique de l'autre. Quant à la localisation de ces centres nerveux vaso-moteurs, elle est très difficile à établir dans l'état actuel de la science. Y a-t-il dans la moelle un seul ou plusieurs centres vaso-moteurs ? D'après Owsjannikow, le centre vaso-moteur se trouverait dans les parties supérieures de la moelle allongée, au-dessous des tubercules quadrijumeaux. Dittmar le place dans le faisceau intermédiaire du bulbe (noyau antéro-latéral de Clarke) et les fibres vaso-motrices y arriveraient en suivant le cordon latéral de la moelle (Nawrocki). Vulpian, Goltz, Schlesinger au contraire, sans nier l'existence d'un centre principal dans la moelle allongée, croient que des centres vaso-moteurs sont disséminés dans toute l'étendue de la moelle. D'après la plupart des physiologistes les centres vaso-moteurs ne remonteraient pas plus haut que la moelle allongée, et c'est à cette conclusion que Couty a été conduit par ses expériences dans lesquelles il produisait l'obstruction des vaisseaux des différentes parties de l'encéphale par l'injection de poudres fines. Quelques auteurs ont cependant admis des centres vaso-moteurs dans les parties supérieures de l'encéphale et jusque dans la substance corticale (voir : *Physiologie de l'encéphale*).

Pour les vaso-moteurs sympathiques, cette dissémination des centres dans les ganglions du grand sympathique ne peut faire de doute.

Outre les centres vaso-moteurs cérébro-spinaux, on a admis aussi *des centres vaso-moteurs périphériques*. On trouve en effet sur le trajet des nerfs vasculaires des cellules ganglionnaires (Arnold, Hénocque) niées encore cependant par quelques histologistes, et certaines expériences paraissent indiquer que ces cellules peuvent jouer le rôle de centres vaso-moteurs ; mais la question est encore très obscure.

Aux variations de calibre des vaisseaux amenés par les vaso-moteurs correspondent deux ordres de phénomènes principaux, des variations de température et des variations de pression sanguine.

Les *variations de température* marchent parallèlement avec les variations de calibre. La paralysie des vaso-moteurs augmente la température des parties ;

_____

(1) Voir pour les détails de l'innervation vaso-motrice de la tête, le travail de Fr.-Franck sur les nerfs vasculaires de la tête.

l'excitation de ces vaso-moteurs amène un abaissement de température. Cette action, regardée d'abord par Cl. Bernard comme directe (nerfs *calorifiques*), n'est en réalité qu'indirecte ; la dilatation artérielle amène dans la région correspondante un afflux sanguin plus considérable ; ce sang, qui arrive en grande quantité et se renouvelle très vite, est à la température du sang du cœur, et la rapidité de la circulation empêche un refroidissement de la partie à laquelle il se distribue ; aussi, après la paralysie des vaso-moteurs, la température est-elle augmentée surtout dans les parties qui, comme l'oreille, sont, à cause de leur minceur et de leur grande étendue, les plus soumises aux causes de refroidissement.

La *pression sanguine* dépend, à quantité de sang égale, du calibre des vaisseaux ; quand ce calibre augmente, la pression baisse ; elle augmente quand ce calibre diminue. La section de la moelle, en paralysant les vaso-moteurs de presque toutes les artères, les fait dilater et fait par conséquent baisser la pression dans les artères ; l'abaissement de pression est d'autant plus marqué que la section de la moelle est plus rapprochée de la moelle allongée, puisqu'à mesure qu'on remonte, un plus grand nombre de fibres vaso-motrices sont comprises dans la section. Pour avoir le phénomène dans toute sa pureté et éliminer les influences accessoires, il faut employer des animaux curarisés, chez lesquels on pratique la respiration artificielle, et faire, préalablement à l'expérience, la section des pneumogastriques et des sympathiques. L'excitation de la moelle produit au contraire une augmentation de tension. Les centres vaso-moteurs sympathiques agissent de même sur la pression sanguine ; mais l'action, à cause même de la multiplicité de ces centres, est plus localisée, et des conditions accessoires souvent difficiles à déterminer viennent obscurcir le phénomène ; c'est ainsi que, après la section du sympathique au cou, on constate une augmentation de pression (Vulpian).

Les variations de pression produites par l'influence locale des centres vaso-moteurs ne se bornent pas toujours à la seule région innervée par le centre vaso-moteur qui entre en jeu ; ces variations peuvent s'étendre à d'autres régions et quelquefois à tout le système circulatoire, quand le centre vaso-moteur agit sur une grande circonscription vasculaire. Tel est le cas des nerfs splanchniques qui innervent la masse des viscères abdominaux, dont les vaisseaux sont si nombreux et si dilatables. Si l'on fait la section des splanchniques, le sang afflue dans les artères de l'abdomen par suite de la dilatation paralytique de ces artères ; une dérivation aussi considérable du courant sanguin opère une forte déplétion du reste de l'appareil vasculaire et amène une diminution de pression dans la carotide, et la diminution de pression est presque aussi marquée qu'après la section de la moelle. L'excitation du bout périphérique des nerfs splanchniques produit au contraire une augmentation considérable de pression. Traube a observé dans certaines conditions (chiens curarisés, à pneumogastriques coupés et soumis à la respiration artificielle) des variations rythmées de la pression sanguine (*ondulations de Traube*) qui sont indépendantes du cœur et de la respiration, et qui semblent devoir être rattachées à l'action des centres vaso-moteurs.

À l'état physiologique, les centres vaso-moteurs paraissent être en état continuel d'activité, de sorte que les vaisseaux sont toujours en état de demi-contraction permanente ; c'est ce qu'on appelle *tonus vasculaire* (Vulpian). Goltz a montré que ce tonus vasculaire suffit pour faire progresser le sang dans les vaisseaux pendant un certain temps, quand le cœur a été soustrait par une ligature au système vasculaire.

Les centres nerveux vaso-moteurs, tant médullaires que sympathiques, peuvent être excités de deux façons : 1° par des états particuliers du sang (excitation vaso-motrice directe) ; 2° par des excitations partant de nerfs sensitifs (excitation vaso-motrice réflexe).

Le sang veineux agit comme excitant sur les centres vaso-moteurs, spécialement sur les centres médullaires; cet effet paraît dû à la présence de l'acide carbonique (Traube). L'interruption de la respiration amène une contraction de toutes les petites artères; si on adapte une canule à la trachée d'un animal, au moment où l'on ferme la canule on voit pâlir tous les vaisseaux de l'intestin; la respiration de l'hydrogène ou de tout autre gaz irrespirable produit le même effet. D'après Nawalichin, l'anémie (interruption de l'abord du sang) serait suivie du même résultat, de sorte qu'il peut y avoir du doute pour savoir s'il faut rattacher l'excitation du centre vaso-moteur à l'excès d'acide carbonique ou à l'absence d'oxygène. Le curare n'a pas une action très tranchée sur les centres vaso-moteurs; cependant il les affaiblit un peu, sans les paralyser; les membranes sont plus rouges, le nez et les membres plus chauds; on a donc là un bon moyen d'isoler dans les nerfs mixtes les actions vaso-motrices des actions motrices ordinaires.

Le point de départ des *réflexes vaso-moteurs* peut se trouver tantôt dans des nerfs sensitifs rachidiens, tantôt dans des nerfs sympathiques, tantôt dans les centres nerveux eux-mêmes (émotions).

L'excitation des nerfs sensitifs produit tantôt un rétrécissement, tantôt une dilatation des petites artères, et, dans ce dernier cas, il est difficile de préciser si la dilatation doit être attribuée à une paralysie réflexe des vaisseaux ou à une excitation directe des vaso-dilatateurs (voir plus loin). Ce qui complique le phénomène, c'est que l'excitation du nerf sensitif peut agir à la fois et sur les centres médullaires et sur les sympathiques, et que les effets peuvent être différents. Cette action des nerfs sensitifs se traduit souvent par un rétrécissement; ce rétrécissement, quelquefois très fugace et suivi d'une dilatation, surtout pour les réflexes partiels, n'est pas dû uniquement à la douleur, car il se produit encore sur les animaux narcotisés ou après l'extirpation du cerveau. Cependant, d'après Cyon, l'extirpation du cerveau empêche l'action vaso-motrice réflexe et ne laisse place qu'à la paralysie réflexe; mais ces résultats n'ont pas été confirmés par la plupart des physiologistes. Une expérience de Tholozan et Brown-Séquard donne un exemple chez l'homme de contraction vaso-motrice réflexe; si on maintient la main dans de l'eau très froide, l'autre main se refroidit au bout de quelque temps; il est vrai que, d'après Vulpian, l'expérience est loin de donner des résultats constants.

Pour le grand sympathique, il en est de même; si on excite le bout central des nerfs splanchniques ou le bout supérieur du grand sympathique, on obtient un rétrécissement des artères et une augmentation de pression sanguine.

Mais l'action des nerfs sensitifs se traduit souvent, non par un rétrécissement, mais par une dilatation réflexe. A ce point de vue, le plus important est le *nerf dépresseur de Cyon*. On avait déjà observé que l'excitation du bout central du pneumogastrique produisait dans certains cas une diminution de pression. Cyon le premier, en 1866, découvrit chez le lapin un nerf naissant par deux racines du laryngé supérieur et du tronc du pneumogastrique, et allant au ganglion cervical inférieur; l'excitation du bout central de ce nerf produit une diminution de pression dans le système artériel et une diminution de fréquence du pouls; l'excitation du bout périphérique est sans action. Ces deux phénomènes, diminution de pression artérielle, diminution de fréquence du pouls, ne sont pas sous la dépendance immédiate l'un de l'autre; car si, avant l'excitation du nerf dépresseur, on sectionne le pneumogastrique, la diminution de pression se produit toujours, tandis que le pouls ne change pas; le résultat se produit, que l'animal soit ou non curarisé. Le nerf dépresseur agit directement sur les centres vaso-moteurs et non par l'intermédiaire du cœur; en effet, on peut détruire toutes les connexions du cœur entre la moelle et le cerveau, sans empêcher la dépression de se produire par l'excitation du nerf; la section des splanchniques ne l'empêche pas non plus et ne fait que la diminuer.

D'après Stilling, le nerf dépresseur n'agirait pas sur tous les vaso-moteurs du corps, mais seulement sur ceux de l'abdomen et des extrémités inférieures; en effet, après la compression de l'aorte au-dessous du diaphragme, la section des splanchniques ou la section de la moelle à la hauteur de la troisième vertèbre dorsale (lapin), l'excitation du nerf dépresseur ne produit presque plus de diminution de pression dans la carotide. Chez la plupart des autres espèces animales, le nerf dépresseur est confondu, soit avec le pneumogastrique, soit avec le grand sympathique. Quant à l'action intime du nerf dépresseur, il est difficile de dire s'il agit en paralysant les centres vaso-constricteurs ou au contraire en excitant les centres vaso-dilatateurs, si tant est qu'il faille les admettre (voir plus loin). Quel que soit du reste son mode d'action, grâce au nerf dépresseur, il y a une solidarité complète et un balancement perpétuel entre la circulation centrale et la circulation périphérique; dès que, par suite de l'excitation des centres vaso-moteurs, la constriction des artères périphériques a fait monter la pression sanguine au delà d'une certaine quantité, cette pression sanguine, transmise au cœur, amène une distension des parois cardiaques qui excite le nerf dépresseur; il s'ensuit alors une dilatation des artères qui diminue la pression cardiaque et dégage le cœur aux dépens de la périphérie.

Quant à l'influence des émotions sur les vaso-moteurs, il suffira de la mentionner; tout le monde sait combien les influences morales, comme la honte, la colère, la peur, etc., agissent sur la coloration et la vascularité de certains organes et de certaines régions.

2° Nerfs vaso-dilatateurs.

Cl. Bernard avait remarqué que l'électrisation du nerf tympanico-lingual et de la corde du tympan produisait une dilatation des vaisseaux de la glande sous-maxillaire. Schiff, se basant sur cette expérience et sur le mécanisme de l'érection, admit des nerfs agissant directement sur les vaisseaux pour les dilater et reconnut par conséquent deux espèces de dilatation vasculaire, une dilatation névro-paralytique, par paralysie des vaso-moteurs ordinaires, une dilatation active, par excitation des nerfs vaso-dilatateurs. L'existence des nerfs vaso-dilatateurs se base surtout sur les propriétés de la corde du tympan et sur le mécanisme de l'érection.

La galvanisation de la corde du tympan est suivie d'une dilatation des vaisseaux de la glande sous-maxillaire et de ceux de la moitié correspondante et de la partie antérieure de la langue (Vulpian); l'excitation du lingual produit le même effet; mais si on sectionne la corde du tympan et qu'on attende quinze jours pour laisser aux fibres de la corde contenues dans le lingual le temps de dégénérer, l'électrisation du lingual ne produit plus rien; la corde du tympan serait donc le nerf vaso-dilatateur de la langue. Vulpian a prouvé récemment que le glosso-pharyngien a le même effet sur les vaisseaux de la base de la langue.

L'électrisation des nerfs érecteurs qui proviennent du plexus sacré produit l'érection chez le chien (Eckhard, Loven); les mailles du tissu caverneux se remplissent de sang et, si on fait une plaie aux corps caverneux, le sang coule abondamment, et ce sang est rutilant au lieu d'être noir. Cette dilatation des mailles n'est pas due à un rétrécissement des veines efférentes, car la ligature des veines ne produit pas l'érection; seulement, après cette ligature, si on électrise le nerf érecteur, l'érection est plus forte. On a encore invoqué d'autres faits, mais moins positifs, pour prouver la dilatation vasculaire par action nerveuse directe; ainsi Schiff admet un nerf auriculaire dilatateur dans l'oreille du lapin; l'anastomose du nerf auriculo-temporal avec le facial aurait la même action d'après Cl. Bernard; le même physiologiste a vu une dilatation des vaisseaux du rein par l'excitation des branches terminales du pneumogastrique.

De quelle façon expliquer ces phénomènes? Deux théories sont en présence, la dilatation active et la dilatation passive.

La *dilatation active* de Schiff est peu compréhensible au point de vue anatomique. Schiff, il est vrai, ne cherche pas à expliquer le mécanisme de cette dilatation active, il croit seulement qu'elle existe; mais les raisons qu'il donne pour la distinguer de la dilatation névro-paralytique ne me paraissent pas concluantes. L'augmentation des mouvements péristaltiques des artères admise par Legros et Onimus, et soutenue par Bricon, ne peut guère être acceptée; ces mouvements péristaltiques n'ayant pas été observés directement après l'excitation des vaso-dilatateurs. L'allongement *actif* de la fibre lisse admise par Grünhagen en se basant sur la dilatation pupillaire est tout à fait hypothétique.

La *dilatation passive* est admise, au contraire, par la plupart des physiologistes; mais les opinions diffèrent sur ses causes et son mécanisme. On a admis une constriction des veines, mais cette constriction n'existe pas; au contraire très souvent, comme dans la glande sous-maxillaire, par exemple, les veines sont dilatées; cependant dans certains cas, comme dans l'érection, la constriction veineuse favorise la dilatation passive, en amont des veines. Brown-Séquard et Vulpian en avaient cherché l'explication dans une sorte d'attraction du sang pour les tissus (*vis a fronte* de Carpenter), attraction qui ferait affluer le sang dans les artères. Vulpian avait vu qu'en déposant sur l'*area vasculosa* (tout à fait dépourvue de nerfs) de l'embryon de poulet une goutte de nicotine, il se formait une congestion intense. L'afflux sanguin dans la glande sous-maxillaire sous l'influence de l'excitation de la corde tiendrait alors à l'action de ce nerf sur les éléments sécréteurs de la glande. Mais Heidenhain a montré l'indépendance des deux actions sécrétoire et vasculaire; en électrisant la corde du tympan sur un chien empoisonné par l'atropine, il n'y a plus de sécrétion, et l'action vasculaire persiste.

Vulpian, Cl. Bernard, Rouget admettent, avec quelques variantes dans l'explication, une action analogue à celle du pneumogastrique sur le cœur, une action nerveuse d'arrêt sur les nerfs constricteurs, d'où cessation d'action des muscles lisses des artères. Les ganglions trouvés sur le trajet des nerfs érecteurs, sur les terminaisons du nerf lingual (corde du tympan) joueraient dans ce cas le rôle de ganglions modérateurs ou d'arrêt, de même que les ganglions du cœur auxquels aboutissent les rameaux du pneumogastrique (Rouget). L'action vaso-dilatatrice se réduirait en somme à une paralysie des vaso-constricteurs. On a objecté, il est vrai, que la congestion produite par l'électrisation des vaso-dilatateurs est plus forte que celle produite par la section des vaso-constricteurs; mais, comme le fait observer Vulpian, dans le premier cas (électrisation des vaso-dilatateurs), on paralyse tous les vaso-constricteurs de la région, tandis que dans le second cas (section des vaso-moteurs) la paralysie ne peut jamais être complète, car il reste toujours dans l'organe même des ganglions qui maintiennent un certain degré de constriction vasculaire.

Goltz a tout récemment cherché à généraliser les actions vaso-dilatatrices, et s'appuie pour cela sur les faits suivants. On a vu qu'après la section du nerf scialique la température du membre paralysé s'élève, et cette élévation de température est attribuée à la dilatation paralytique des vaisseaux par suite de la section des vaso-moteurs contenus dans le sciatique ; mais on a fait moins attention à ce fait que cette augmentation de température n'est que passagère ; au bout de quelques jours la différence de température du membre sain et du membre paralysé diminue, et, au bout de quelques semaines, la jambe paralysée peut être plus froide que l'autre. Cet équilibre de température a lieu à une époque (dix jours quelquefois) où il ne peut y avoir encore de régénération nerveuse ; du reste, la section d'un segment du nerf, qui empêcherait la transmission nerveuse, n'empêche pas l'équilibre de s'établir. Si, sur un chien dont le nerf sciatique a déjà été coupé et chez lequel l'équilibre de température des deux membres est à peu près établi, on sectionne la moelle en travers à la partie supérieure de la région lombaire, on constate que la température s'abaisse du côté où le sciatique était déjà coupé et qu'elle s'élève de l'autre côté. Au bout de quelque temps, l'équilibre de température s'établit de nouveau ; si alors on détruit complètement la moelle lombaire, on voit la température augmenter encore une fois dans le membre dont le nerf sciatique est intact, tandis que l'autre reste froid (1). Si sur un chien dont la moelle lombaire a été incisée, on coupe un des nerfs sciatiques, la patte du côté opéré augmente de température.

Tous ces faits prouvent que non seulement la section de la moelle ou d'un nerf sciatique est suivie de la dilatation des vaisseaux dans toutes les parties qui sont en rapport d'innervation avec le nerf coupé, mais que la dilatation vasculaire qui suit la section nerveuse est d'autant plus prononcée que la section est plus récente ; ainsi, si on pratique plusieurs sections nerveuses successives sur un animal, les parties qui correspondent aux nerfs sectionnés les derniers seront les plus chaudes. Les théories ordinaires de l'innervation vaso-motrice ne peuvent expliquer ces phénomènes ; pourquoi, par exemple, après la section de la moelle lombaire, la section d'un nerf sciatique sans communication aucune avec un centre vaso-moteur est-elle suivie cependant d'une augmentation notable de température à la périphérie ?

Goltz admet d'abord dans les vaisseaux eux-mêmes des centres ganglionnaires analogues aux centres ganglionnaires du cœur ; ces centres périphériques seraient influencés dans leur activité par les centres médullaires, comme le cœur par la moelle allongée ; si une partie du corps, une patte par exemple, perd ses connexions avec la moelle, la tonicité de ses vaisseaux n'est pas perdue pour cela, puisque les petits centres d'où dépend cette tonicité ont leur siège dans les vaisseaux eux-mêmes. Il admet en outre que la section du nerf agit comme excitant sur les fibres vaso-dilatatrices qu'il contient, et que les effets produits par cette excitation peuvent persister assez longtemps. La dilatation vasculaire et l'augmentation de température observées après la section seraient des phénomènes d'excitation et non de paralysie ; mais cette dilatation s'épuise peu à peu après avoir persisté pendant un temps plus ou moins long et fait place à un rétrécissement définitif. Ce stade de dilatation correspondrait, dans ce cas, à la paralysie des pe-

(1) La série d'expériences suivantes est encore plus instructive : on coupe sur un chien le sciatique *droit* ; quelques jours après on coupe la moelle en travers ; au bout de quatre jours la température de la patte *droite* est de 29°, celle de la patte *gauche* de 38° ; on coupe alors le sciatique *gauche* et quelques minutes après on trouve la température de la patte *droite* de 24°, celle de la *gauche* de 39° ; il y a donc entre les deux pattes une différence de 15° ; et cependant elles se trouvent toutes les deux dans les mêmes conditions d'innervation (section de la moelle, section du sciatique), avec cette seule différence que la section du sciatique est plus récente sur le membre gauche, qui est le plus chaud.

tits centres vaso-moteurs périphériques par suite de l'excitation de section des nerfs vaso-dilatateurs qui agissent sur eux comme nerfs d'arrêt, comme le pneumogastrique, par exemple, sur les ganglions du cœur ; le stade ultérieur de rétrécissement correspondrait à l'activité de ces petits centres et au rétablissement de la tonicité vasculaire. En accord avec sa théorie, et contrairement à la plupart des auteurs, Goltz dit avoir constaté par l'excitation directe du nerf sciatique (galvanique, chimique, etc.) une dilatation et non une constriction vasculaire. F. Putzeys et de Tarchanoff ont confirmé une partie des faits observés par Goltz, mais s'ils concluent à l'existence de centres vaso-moteurs périphériques, ils ne croient pas que le sciatique contienne des fibres vaso-dilatatrices.

Dans un travail ultérieur, Goltz donne à l'appui de sa théorie de nouvelles expériences et combat les objections qui leur ont été faites de divers côtés, spécialement par Putzeys et Tarchanoff. Il avoue que l'on constate souvent par l'excitation du nerf ischiatique un rétrécissement vasculaire, mais ce stade de rétrécissement est très court et fait place presque immédiatement à une dilatation persistante avec augmentation de température. Il admet toujours que cette dilatation est due à une excitation de nerfs vaso-dilatateurs. L'accroissement de température est d'autant plus considérable que le nombre des excitations portées sur le nerf est plus grand, et les excitations mécaniques avec le tétanomoteur d'Heidenhain, la cautérisation avec l'acide sulfurique concentré, ont le même résultat que la section et l'excitation électrique.

Les expériences de Goltz ont été répétées de divers côtés et avec des résultats différents suivant les expérimentateurs, les uns, tels que Marius et Vanlair, confirmant purement et simplement les conclusions de Goltz ; les autres, comme Putzeys et Tarchanoff, n'admettant dans le sciatique que des filets vaso-constricteurs, les derniers enfin, comme Lépine, Kendall, Luchsinger, etc., admettant à la fois les deux espèces de filets dans le tronc du sciatique ; dans ce dernier cas les variations des résultats obtenus tiendraient aux conditions différentes de l'expérimentation (température du membre, intensité de l'excitation, etc.). Quoi qu'il en soit, il est jusqu'à présent impossible de tirer une conclusion précise de ces expériences pour le détail desquelles je renvoie aux travaux originaux.

Tout récemment, Dastre et Morat, reprenant l'expérience de Cl. Bernard sur le sympathique cervical (p. 1268), sont arrivés à un résultat tout à fait inattendu. Ils ont vu, contrairement à l'opinion courante, l'excitation du sympathique cervical chez le chien déterminer une dilatation immédiate des vaisseaux de la moitié de la cavité buccale, des lèvres et des joues. Il y aurait donc à côté des filets vaso-constricteurs du sympathique des filets vaso-dilatateurs buccaux ; ces filets vaso-dilatateurs proviendraient des 2e, 3e, 4e et 5e paires dorsales ; contenus d'abord dans les racines antérieures, ils passent dans les rameaux communiquants, remontent dans le sympathique dorsal, puis par l'anneau de Vieussens et le cordon cervical jusqu'au ganglion cervical supérieur, et vont finalement se distribuer avec le trijumeau par l'intermédiaire des plexus carotidien et intercarotidien. Ils combattent donc l'opinion de Jolyet et Laffont qui considèrent le maxillaire supérieur comme un nerf dilatateur type. D'après les mêmes auteurs, les vaso-dilatateurs de l'oreille viennent de la moelle par la 8e paire cervicale et le premier ganglion thoracique ; ceux du membre supérieur se trouveraient dans la partie thoracique, ceux du membre inférieur dans la partie supérieure du cordon abdominal du grand sympathique.

On voit, par les lignes qui précèdent, combien les divergences sont accusées entre les physiologistes et combien il y a encore d'obscurité sur cette question. Il paraît cependant impossible de nier l'existence de nerfs vaso-dilatateurs. Dans cette hypothèse, les vaisseaux, de même que le cœur, auraient deux sortes de nerfs : 1° des nerfs moteurs, vaso-moteurs proprement dits ou vaso-constricteurs, comparables aux fibres cardiaques accélératrices du grand sympathique et de la moelle ; 2° des nerfs d'arrêt, vaso-dilatateurs, comparables au pneumogastrique. L'excitation vaso-motrice est continue, tandis que l'excitation vaso-dilatatrice est temporaire et ne s'exerce qu'à certains moments et sous certaines influences. Seulement, les alternatives de contraction et de dilatation des vaisseaux ne sont pas régulières et rythmiques comme celles du cœur, ou du moins ne le sont que tout à fait exceptionnellement (voir : *Contractilité artérielle*).

Les centres des nerfs vaso-dilatateurs n'ont pu encore être déterminés d'une façon précise. On a supposé qu'ils se trouvaient dans la moelle et dans la moelle allongée.

Bibliographie. — E. Cyon : *Ueber den N. depressor beim Pferde* (Acad. des sc. de St.-Pet., 1870). — Id. : *Hemm. und Erreg. im Centralsystem der Gefässnerven* (id.). — Eff. Hafiz : *Ueber die motorischen Nerven der Arterien* (Ber. d. sächs. Ges., 1870). — Dogiel : *Ueber d. Einfluss des N. ischiadicus und N. cruralis auf die Circulation des Blutes* (Arch. de Pflüger, t. V). — Pick : *Ueber die durch sensible Reizung hervorgerufene Innervation der Gefässe*, etc. (Arch. de Reichert, 1872). — Heubel : *Ueber die Beziehungen der Centraltheile des Nervensystems zur Resorption* (Arch. de Virchow, 1872). — Ornstein : *Ueber die Resorptionsversuche von Goltz* (Berl. klin. Woch., 1872). — Moreau : *Sur le rôle du filet sympat. cervical et du nerf grand auriculaire dans la vascularisation de l'oreille du lapin* (Arch. de physiol., 1872). — Moleschott : *Ueber den Blutdruck nach Vagusdurchschneidung* (Unt. zur Naturl., 1873). — Legros : *Des nerfs vaso-moteurs*, 1873. — Vulpian : *Leçons sur l'appareil vaso-moteur*, 1874-1875. — Id. : *Exp. pour rechercher si tous les nerfs vasculaires ont leur centre dans le bulbe rachidien* (Comptes rendus, t. LXXVIII). — Heidenhain : *Die Einwirkung sensibler Reizung auf den Blutdruck* (Arch. de Pflüger, t. IX). — Schlesinger : *Ueber die Centra der Gefäss und Uterusnerven* (Wien. med. Jahrb., 1874). — E. Cyon : *Zur Physiol. des Gefässnervencentrums* (Arch. de Pflüger, t. IX). — Slavjansky : *Ueber die Abhängigkeit der mittleren Strömung von dem Erregunsgrade der sympathischen Gefässnerven* (Ber. d. sächs. Akad., 1874). — Vulpian : *Exp. relat. à la phys. des nerfs vaso-dilatateurs* (Arch. de physiol., 1874). — Ormus : *Des congestions actives et de la contraction autonome des vaisseaux* (Gaz. hebd., 1874). — Goltz : *Ueber gefässerweiternde Nerven* (Arch. de Pflüger, t. IX et XI). — Putzeys et Tarchanoff : *Ueber den Einfluss des Nervensystems auf den Zustand der Gefässe* (Centralbl., 1874). — Nussbaum : *Ueber die Lage des Gefässcentrums* (Arch. de Pflüger, t. X). — Nawrocki : *Ueber den Einfluss des Blutdruckes auf die Häufigkeit der Herzschläge* (Beitr. zur Anat., 1875). — Berkowitsch : *Sur les réflexes des centres vaso-moteurs* (Lab. de phys. de Varsovie ; en russe, 1875). — Vulpian : *De l'action vaso-dilatatrice exercée par le n. glosso-pharyngien*, etc. (Comptes rendus, 1875). — Schiff : *Sulla temp. locale delle parti paralitiche* (Lo Sperim., 1875). — Huizinga : *Unt. üb. die Innerv. der Gefässe*, etc. (Arch. de Pflüger, t. XI). — Eckhard : *Ueber die Centren der Gefässnerven* (Eck. Beitr., 1874). — Hilarewsky : *Ueber die Abwesenheit vaso-motorischer Centren in den grossen Hemisphären* (Hofman's Jahresb., 1876). — Ludwig : *Die Nerven der Blutgefässe*, 1876. — V. Basch : *Ueber den Einfluss der gereizten N. splanchnicus auf den Blutstrom* (Arb. aus d. phys. Inst. Leipz., 1876). — Eulenburg et Landois : *Ueber die thermischen Wirkungen cereor. Eingriffe am Nervensystem*, etc. (Arch. für pat. An., 1876). — Kendall et Luchsinger : *Zur Innerv. d. Gefässe* (id., t. XIII). — Bricon : *Nouv. rech. sur les nerfs vaso-moteurs*, 1876. — Ostroumoff : *Vers. üb. d. Hemmungsnerven der Hautgefässe* (Arch. de Pflüger, t. XII). — Luchsinger : *Fortg. Vers. zur Lehre von der Innerv. d. Gefässe* (id., t. XIV). — Gergens et Webber : *Ueber lokale Gefässnerven-Centren* (id., t. XIII). — Id. : *Ueber die Veränd. d. Gefässwände bei aufgehobenem Tonus* (id.). — Latschenberger et Deahna : *Beitr. zur Lehre von der reflector. Erregung der Gefässmuskeln* (id., t. XII). — Böhtling : *Beitr. zur Kenntniss der Gefässnerven* (Wien. med. Jahrb., 1876). — Lépine : *De l'infl. qu'exercent les excit. du bout périphérique du nerf sciatique sur la température du membre correspondant*, 1876. — Fr.-Franck : *Rech. expér. sur les effets cardiaques, vasculaires et respir. des excitations douloureuses* (Comptes rendus, t. LXXXIII). — Kuessner : *Zur Frage üb. vaso-motorische Centra der Grosshirnrinde* (Centralbl., 1877). — Fr.-Franck : *Rech. sur l'anat. et la physiol. des n. vasculaires de la tête* (Trav. du lab. de Marey, 1875). — Dupuy : *On the seat of vaso-motor centres* (Trans. of the amer. neurol. assoc.,

1877). — BARWINKEL : *Ueber gefässerweiternde Nerven* (Deut. Arch. für klin. Med., 1877). — STUDIATI : *Sulla attività o non attività della dilatazione dei vasi*, etc. (Lo Sper., 1877). — EXNER : *Ueber Lumen-erweiternde Muskeln* (Wien. Akad., 1877). — M. v. FREY : *Ueber die Wirkungsweise der erschlaffenden Gefässnerven* (Arb. aus d. phys. Anst. Leipz., 1876). — BERNSTEIN, etc. : *Vers. zur Innervation der Blutgefässe* (Arch. de Pflüger, t. XV). — S. CADET : *Ric. per determinare quali sieno o nervi vaso-motori*, etc. (R. Ac. d. Lincei, 1876). — BRICON : *Nouv. rech. phys. sur les nerfs vaso-moteurs*, 1876. — GRÜTZNER, HETDENHAIN, etc. : *Beitr. zur Kenntniss der Gefässinnervation* (id., t. XVI). — GASKELL : *On the vaso-motor nerves of the striated muscles* (Journ. of anat., 1877). — STRICKER : *Unt. üb. die Gefässnerven-Wurzeln des Ischiadicus* (Wien. Akad., 1877). — STRICKER : *Ueber die collaterale Innervation* (id.). — KABIERSKE : *Vers. üb. spinale Gefässreflexe* (Arch. de Pflüger, t. XIV). — COUTY : *Et. relat. à l'influence de l'encéphale sur les muscles de la vie organique*, etc. (Arch. de physiol., 1876). — FR.-FRANCK : *Effets des excit. des nerfs sensibles sur le cœur*, etc. (Trav. du lab. de Marey, 1876). — MAYER : *Stud. zur Physiol. des Herzens und der Blutgefässe* (Wien. Akad., 1877). — ALBERTONI : *Sulle emorragie per lesioni nervose*, etc. (Rendic. d. ric. nel gabin. di fisiol. di Siena, 1877). — PUELMA ET LUCHSINGER : *Zum Verlauf der Gefässnerven im Ischiadicus der Katze* (Arch. de Pflüger, t. XVIII). — DASTRE ET MORAT : *Act. du sympathique cervical sur la pression et la vitesse du sang* (Comptes rendus, t. LXXXVII). — ID. : *Rech. sur les nerfs vaso-moteurs* (id.). — STRICKER : *Unt. üb. die Ausbreitung der tonischen Gefässnervencentren im Rückenmarke des Hundes* (Wien. Akad., 1878). — GASKELL : *Preliminary note of further investig. upon the vaso-motor nerves of striated muscle* (Journ. of physiol., 1878). — ID. : *Further res. on the vaso-motor nerves*, etc. (id.). — PAWLOW : *Zur Lehre üb. die Innerv. der Blutbahn* (Arch. de Pflüger, t. XX). — DASTRE ET MORAT : *De l'innervation des vaisseaux cutanés* (Arch. de physiol., 1879). — M. JOSEPH : *Ueber die reflectorische Innervation der Blutgefässe des Frosches* (Arch. für Physiol., 1879). — FR.-FRANCK : *Effets réflexes produits par l'excit. des filets sensibles du pneumogastrique et du laryngé supérieur*, etc. (Comptes rendus, t. LXXXIX). — VULPIAN : *Effets secrétoires et circulatoires produits par la faradisation des nerfs qui traversent la caisse du tympan* (id.). — JOLYET ET LAFFONT : *Rech. sur les nerfs vaso-dilatateurs contenus dans les divers rameaux de la cinquième paire* (id.). — LAFFONT : *Contrib. à l'étude des nerfs vaso-dilatateurs* (Progrès méd., 1879). — ID. : *Rech. sur l'un nerv. de la mamelle* (Comptes rendus, 1879). — MOOREN ET RUMPF : *Ueber Gefässreflexe am Auge* (Centralbl., 1880). — LAFFONT : *Rech. sur l'innervation vaso-motrice, la circul. du foie*, etc. (Comptes rendus, 1880). — ID. : *De l'excitabilité du nerf dépresseur*, etc. (Soc. de biol., 1880). — ID. : *Rech. sur l'origine des filets nerveux vaso-dilatateurs de la face* (Soc. de biol., 1880). — DASTRE ET MORAT : *Sur les nerfs vaso-dilatateurs des parois de la bouche* (Comptes rendus, 1880). ID. : *Le système grand sympathique* (Bull. scientif. du dépt. du Nord, 1880).

4° Nerfs glandulaires.

Y a-t-il, indépendamment de l'action indirecte des nerfs vaso-moteurs sur les glandes, une action directe des nerfs sur ces organes? Y a-t-il des nerfs glandulaires spéciaux? La question doit être résolue par l'affirmative.

Pflüger a décrit la terminaison des nerfs dans les cellules glandulaires ; mais la disposition anatomique qu'il figure est loin d'être admise par tous les histologistes, et l'on ne peut que se rapporter à l'expérimentation physiologique. Or, les expériences de Ludwig et d'autres physiologistes ont donné des résultats décisifs. L'excitation du facial, de la corde du tympan, du nerf auriculo-temporal, du sympathique, produit la sécrétion salivaire, celle du nerf lacrymal la sécrétion de la glande du même nom ; la galvanisation du grand sympathique cervical produit de la salivation dans les glandes sous-maxillaires et sublinguales, etc. On peut admettre aujourd'hui, d'une façon générale, que toutes les sécrétions se font sous une influence nerveuse agissant directement sur les éléments anatomiques, et les expériences récentes sur les nerfs sudoripares n'ont fait que confirmer cette opinion.

Des phénomènes plus difficiles à expliquer sont ceux qui se produisent après la section des nerfs qui se rendent aux glandes. Dans beaucoup de cas, cette section, au lieu d'être suivie d'un arrêt de la sécrétion, est suivie d'une sécrétion plus abondante et même continue. La parotide et la glande sous-maxillaire continuent à sécréter après la section de tous leurs nerfs ; il en est de même de la glande lacrymale ; A. Moreau énerve une anse d'intestin, et voit cette anse se remplir de liquide, tandis que les anses dont les nerfs sont intacts restent vides ; il est vrai que dans ce cas on a plutôt une transsudation de plasma sanguin qu'une véritable sécrétion. Cl. Bernard a vu la quantité d'urine augmenter après la section des splanchniques ; après la section du sympathique au cou chez le cheval, la sueur coule abondamment du côté opéré. Une partie de ces faits peut certainement s'expliquer par une paralysie vaso-motrice ; mais il en est d'autres dans lesquels cette influence n'est pas évidente, et l'on est bien obligé d'admettre une sécrétion par cessation d'action nerveuse ou, comme on l'a appelée, une sécrétion paralytique.

Il semblerait, d'après ces faits, que les nerfs peuvent agir de deux façons sur les glandes et que celles-ci posséderaient deux sortes de nerfs antagonistes : 1° des nerfs excitateurs de la sécrétion ; 2° des nerfs d'arrêt, suspendant ou diminuant la sécrétion. Il y aurait dans ce cas deux espèces de sécrétions, une sécrétion active par excitation des nerfs excitateurs ou sécréteurs, une sécrétion paralytique, par cessation d'action des nerfs d'arrêt.

Ce qui rend la question très obscure et fait qu'on ne peut arriver que très difficilement à des résultats précis, c'est que la part de la sécrétion et de l'excrétion du liquide sécrété n'est pas faite d'une façon satisfaisante. Certaines recherches tendraient à faire croire que l'influence des nerfs sur ces deux actes n'est pas la même. Engelmann, dans ses recherches sur les glandes cutanées de la grenouille, a vu que l'excitation des nerfs ischiatiques qui excitent l'excrétion de ces glandes et produisent l'expulsion de leur contenu, exerce au contraire une action d'arrêt sur la sécrétion même des glandes.

Pour les détails de l'innervation glandulaire et les centres de sécrétion je ne puis que renvoyer aux paragraphes qui traitent des sécrétions salivaire (p. 650), sudorale (p. 826) et lacrymale (p. 829), les seules à peu près sur lesquelles on ait des connaissances positives.

Action réflexe des nerfs sur les sécrétions. — Cette action est plus nette et plus connue que l'action directe. Sans entrer dans les détails qui ont été étudiés pour chaque sécrétion en particulier, je me contenterai de dire que l'excitation initiale, point de départ de la sécrétion réflexe, peut partir soit d'un nerf périphérique, comme quand l'excitation de la deuxième branche du trijumeau produit la sécrétion lacrymale, soit des centres nerveux eux-mêmes, comme dans les larmes qui accompagnent certaines émotions. Du reste, cette excitation excito-réflexe des nerfs peut agir soit sur les nerfs sécréteurs, soit sur les nerfs d'arrêt, et on peut avoir, suivant les cas, une augmentation ou un arrêt de la sécrétion. Les faits d'arrêt de sécrétion partant des centres nerveux ne sont pas rares ; il suffit de citer la sécheresse de la bouche qui se montre dans certains états moraux ; quant aux arrêts de sécrétion réflexes, ils sont moins connus ; cependant on en a observé quelques cas ; ainsi Bernstein a vu l'arrêt de la sécrétion pancréatique par l'excitation du bout central du pneumogastrique.

5° Nerfs trophiques.

La question des nerfs trophiques est aussi obscure au moins et aussi controversée que celle des nerfs glandulaires. Y a-t-il, en dehors des nerfs vaso-moteurs, des nerfs spéciaux agissant directement sur la nutrition des tissus? Samuel a cherché à le démontrer; mais la difficulté de la démonstration est très grande, car dans la plupart des expériences, en même temps qu'on agit sur les nerfs trophiques dont on veut démontrer l'existence, on agit aussi sur les nerfs vaso-moteurs, et les phénomènes observés peuvent être attribués à ces derniers. Ce qui le ferait croire, c'est que, dans beaucoup de cas, après la section des nerfs d'une partie, on observe un accroissement plus intense, au lieu d'une atrophie à laquelle on pouvait s'attendre, de sorte qu'on est en droit de rapporter cet accroissement à un afflux sanguin plus considérable par section des vaso-moteurs. Ainsi Adelmann a vu la lésion du nerf tibial chez le cheval être suivie d'un accroissement du sabot. L'œdème observé par Ranvier après la section du nerf ischiatique peut rentrer aussi dans la même catégorie de faits. Il en est d'autres cependant qui sont plus difficiles à expliquer; ainsi Nélaton a constaté l'atrophie du testicule à la suite de la section du nerf spermatique; Obolensky ayant fait chez le chien et le lapin la résection des nerfs du cordon, au bout de deux à trois semaines, le testicule était atrophié, et, quatre mois après, il avait subi la dégénérescence graisseuse. On a vu plus haut (p. 1216), les faits d'altération de la cornée après la section intra-crânienne du trijumeau. Les cas d'altérations de nutrition circonscrites à la suite de maladies des nerfs d'une partie (paralysies, etc.), sont aujourd'hui communs dans la science, et la localisation de ces altérations parle plutôt en faveur d'une influence nerveuse que d'une influence vasculaire (exemple, dans le zona). Ces altérations de nutrition ont été souvent produites expérimentalement; Laborde et Leven, après la section de l'ischiatique chez le lapin et le cobaye, ont constaté la pâleur et la sécheresse de la peau, des ulcérations, la chute des cheveux et des ongles, des hémorrhagies, la nécrose des phalanges, etc.

L'influence des nerfs et en particulier du sympathique sur l'inflammation n'est pas douteuse. Brown-Séquard a remarqué que la cicatrisation des plaies se faisait plus vite du côté où le sympathique était coupé. Snellen, ayant placé une perle de verre dans chacune des oreilles d'un lapin, et sectionné le grand sympathique d'un côté, trouva que du côté lésé les tissus étaient cicatrisés autour de la perle, tandis que, du côté sain, il s'était formé un abcès.

Dans ces cas, lorsque l'action nerveuse ne s'exerce pas par l'intermédiaire des vaisseaux et par les nerfs vaso-moteurs, elle paraît influencer surtout les tissus épithéliaux; ordinairement, en effet, c'est par l'épiderme que débutent les altérations, et les lésions consécutives (ulcérations, etc.) peuvent s'expliquer par cette altération épidermique primitive.

Goltz a cherché à démontrer que les centres nerveux exerçaient une influence directe sur l'absorption; mais, d'après les recherches de Vulpian, Bernstein, Heubel, cette influence ne serait autre chose qu'une influence purement vaso-motrice.

Bibliographie. — Laborde et Leven : *Sur les altér. de nutrition à la suite de la section et de la ligature des nerfs* (Gaz. méd., 1870). — Hayem : *Note sur deux cas de lésions cutanées consécutives à des sections de nerfs* (Arch. de physiol., 1873). — Schultz : *Ueber den Einfluss der Nervendurchschneidung auf Ernährung*, etc. (Centralbl., 1873). — Kondracki : *Ueber die Durchschneidung des N. trigeminus bei Kaninchen*, 1872. — Seuftleben : *Ueber die Ursachen und das Wesen der nach der Durchschneidung des Trigeminus auftretenden Hornhautaffection* (Arch. für pat. Anat., 1875). — Eckhard : *Ueber die trophische Wurzel des Trigeminus* (Eck. Beitr., 1875). — Ranvier : *Effets de la section intra-crânienne de la 5ᵉ paire crânienne*, etc. (Soc. de biol., 1879).

6° Grand sympathique.

Procédés. — 1° *Section du grand sympathique au cou.* — Même procédé que pour la section du pneumogastrique, au côté interne duquel il se trouve ; chez le chien, les deux nerfs sont dans la même gaine. — 2° *Extirpation du ganglion cervical supérieur.* On suit le nerf en haut, et après avoir sectionné le stylo-hyoïdien on arrive sur le ganglion, qu'on extirpe ou qu'on arrache. — 3° *Extirpation du ganglion cervical inférieur.* On suit le pneumogastrique en bas jusqu'à l'artère sous-clavière ; il est placé à gauche, en arrière de l'embouchure du canal thoracique, dans la veine sous-clavière gauche ; il répond, chez le lapin, au ganglion moyen de l'homme ; le ganglion cervical inférieur de l'homme correspond au premier ganglion thoracique du lapin. — 4° *Extirpation du premier ganglion thoracique.* Carville et Rochefontaine ont donné un procédé pour son extirpation (voir : Bulletin de la Société de biologie). — 5° *Destruction du plexus cardiaque par la galvanocaustique* (Ludwig et Thiry).— 6° *Mise à nu du sympathique abdominal.* Ouverture de la cavité abdominale ; le gauche est le plus accessible. — 7° *Section du nerf splanchnique gauche.* Ouverture de la cavité abdominale ; il longe l'aorte abdominale ; le droit est caché par la capsule surrénale droite et beaucoup plus difficile à découvrir. — 8° *Extirpation du plexus cœliaque et des ganglions semi-lunaires.* Même procédé. — 9° *Extirpation du plexus rénal.* Il marche entre l'artère et la veine rénale.

La physiologie du grand sympathique se confond en grande partie avec celle des nerfs qui ont été étudiés jusqu'ici et en particulier avec celle des nerfs vasculaires. Il ne constitue pas à proprement parler un système à part, comme on l'a cru pendant un certain temps ; cependant il a, grâce à de nombreux ganglions, une certaine indépendance, de façon que ses fibres peuvent être divisées en deux catégories, celles qui prennent leur origine dans les centres nerveux et celles qui naissent dans les ganglions du sympathique. Seulement il est, la plupart du temps, impossible d'isoler, anatomiquement et physiologiquement, ces deux espèces de fibres et de faire la part de ce qui revient aux centres nerveux ou au grand sympathique.

Quoi qu'il en soit, le grand sympathique préside spécialement par ses fibres sensitives, motrices et peut-être glandulaires et trophiques, à la plupart des actes de la vie organique et végétative, et il semble n'avoir aucun rapport avec les actions volontaires. C'est ainsi que ses fibres sensitives partent en général des muqueuses et des organes viscéraux et que ses fibres motrices vont surtout, sinon exclusivement, aux fibres lisses de ces organes et des vaisseaux. Ce qui a été dit plus haut de l'innervation du cœur et de l'innervation vaso-motrice, des nerfs glandulaires et des nerfs trophiques, s'applique donc en partie au grand sympathique et me permettra d'abréger la physiologie de ce nerf.

Les ganglions du grand sympathique peuvent se diviser en ganglions *centraux* et ganglions *périphériques*. Les ganglions centraux sont situés, soit sur le trajet même du cordon du sympathique, soit sur le trajet des plexus que fournit le nerf (ganglions du plexus cardiaque, ganglions semi-lunaires du plexus cœliaque, etc.). Les ganglions périphériques se trouvent dans le tissu même des organes ; tels sont les ganglions microscopiques du cœur, ceux qu'on trouve dans les tuniques de l'intestin ou dans le tissu de l'utérus. Tous ces organes paraissent être le siège d'actions réflexes, de façon que l'arc réflexe aura une étendue variable, suivant que le centre réflexe se trouvera aux ganglions périphériques, aux ganglions centraux ou dans les centres nerveux cérébro-spinaux.

Il y a cependant quelques réserves à faire sur ce sujet et l'indépendance des ganglions comme centres d'innervation n'est pas encore absolument démontrée (Voir p. 654 : *Ganglion sous-maxillaire*). S. Mayer rattache la présence des cellules nerveuses dans les ganglions aux processus de dégénération et de régénération des nerfs périphériques.

A. Sympathique cervical. — Il contient :

1° Des fibres vaso-motrices qui se rendent à la moitié correspondante de la tête ; le ganglion cervical inférieur et le premier thoracique fournissent les vaso-moteurs du membre supérieur ;

2° Des fibres accélératrices pour le cœur (voir : *Innervation du cœur*) ;

3° Des fibres qui vont au muscle dilatateur de la pupille (page 1136) ;

4° Des fibres sécrétoires pour les glandes salivaires (pages 652 et 656) et la glande lacrymale (page 829) ;

5° Des fibres pour le muscle lisse orbitaire ;

6° Des fibres centripètes qui excitent le centre d'arrêt du cœur ;

7° Des fibres centripètes qui excitent les centres vaso-moteurs ;

8° Des fibres vaso-dilatatrices pour les parois de la cavité buccale (Dastre et Morat, voir p. 1276).

B. Sympathique thoracique. — Les plus importants des nerfs de cette partie du cordon du sympathique sont les *nerfs splanchniques*. Ils contiennent :

1° Les fibres vaso-motrices des vaisseaux des organes abdominaux (voir p. 1270) ;

2° Des fibres d'arrêt pour le mouvement de l'intestin ; cette action d'arrêt disparaîtrait, d'après S. Mayer et V. Basch, quand le sang a pris le caractère veineux ; ces fibres seraient facilement épuisables ;

3° Des fibres motrices pour les mouvements de l'intestin, d'après Nasse ; ces fibres n'entreraient en jeu qu'après l'épuisement des fibres d'arrêt ; leur existence est douteuse ; d'après Munk, ils donneraient aussi des fibres motrices pour les muscles lisses des voies biliaires ;

4° Des fibres d'arrêt pour la sécrétion rénale ; Cl. Bernard a vu, après leur section, une augmentation de la sécrétion urinaire ;

5° Des fibres dont l'excitation produit l'apparition du sucre dans l'urine ;

6° Des fibres centripètes dont l'excitation produit l'arrêt du cœur ;

7° Des fibres centripètes dont l'excitation produit un rétrécissement des artères.

C. Sympathique abdominal. — Sa distribution est fort peu connue ; on sait seulement qu'il fournit des vaso-moteurs au bassin, aux membres inférieurs et à la plus grande partie des organes contenus dans la cavité abdominale, rate, gros intestin, vessie, uretères, utérus, etc. Il fournit en outre les nerfs moteurs des mêmes organes.

Capsules surrénales. — Leur richesse en nerfs a fait rattacher les capsules surrénales au système du grand sympathique; mais en réalité on ne sait rien de précis sur leurs fonctions. Leur extirpation est en général suivie d'une mort assez rapide due probablement aux lésions produites par cette extirpation. D'après Brown-Séquard, après l'ablation des capsules surrénales, il se ferait dans le sang une accumulation de pigment. Dans la *maladie bronzée d'Addison*, caractérisée par une pigmentation considérable de la peau, on observe souvent des dégénérescences des capsules surrénales. Ces organes seraient, pour Brown-Séquard, en relation avec la formation du pigment dont elles limiteraient la production.

Bibliographie. — LOBSTEIN : *De nervi sympathetici humani fabrica*, etc., 1823. — AX-MANN : *De ganglior. system. structura*, 1847. — CL. BERNARD : *Sur les effets de la section de la p. céphalique du gr. sympathique* (Gaz. méd., 1852). — ID. : *Rech. exp. sur le gr. sympathique*, etc., 1854. — BUDGE : *Ueber das Centrum genito-spinale* (Arch. für pat. An., t. XV, 1858). — SINITZIN : *Zur Frage üb. d. Einfluss d. N. sympathicus auf das Gesicht-organ* (Centralbl., 1870). — V. BASCH : *Die Hemmung der Darmbewegung durch den N. splanchnicus* (Wien. Akad., 1873). — KLEIN : *Einfluss d. N. sympathicus auf die Circul. im Augengrunde* (Wien. med. Presse, 1877). — KLEIN ET SVETHIN : *id.*, 1877. — H. MUNK : *Ueber den exper. Nachweis der centralen Natur der sympathischen Ganglien* (Arch. für Physiol., 1878). — FR.-FRANCK : *Rech. anat. et exp. sur le nerf vertébral* (Soc. de biol., 1878). — BIMAR : *Structure des ganglions nerveux*, 1878. — VULPIAN : *Sur les phén. orbito-oculaires produits chez les mammifères par l'excitation du bout central du nerf sciatique après l'excision du ganglion cervical supérieur et du ganglion thoracique supérieur* (Comptes rendus, 1878). — GUILLEBEAU ET LUCHSINGER : *Existiren im N. vertebralis wiklich pupillendilatirende Fasern?* (Arch. de Pflüger, t. XXII). — KATYSCHEW : *Ueber die gefäss-verengernde Wirkung der Faradisation am Halse* (Petersb. med. Woch., 1880). — FR.-FRANCK : *Sur l'innervation des vaisseaux des poumons* (Soc. de biol., 1880). — DASTRE ET MORAT : *Sur l'expér. du grand sympathique cervical* (Comptes rendus, 1880).

Bibliographie des capsules surrénales. — VULPIAN : *Notes sur quelques réactions propres à la substance des capsules surrénales* (Comptes rendus, 1856). — PHILIPEAUX : *Note sur l'extirpation des capsules surrénales chez les rats albinos* (id.). — GRATIOLET : *Note sur les effets qui suivent l'ablation des capsules surrénales* (id.). — BERRUTTI ET PE-LUSINO : *Ablation des capsules surrénales* (Gaz. hebd., 1856). — BROWN-SÉQUARD : *Rech. expér. sur la physiologie et la pathologie des capsules surrénales* (Comptes rendus, 1856, et Arch. de méd., 1856). — ID. : *Nouv. rech. sur l'importance des fonctions des capsules surrénales* (Gaz. méd., 1858). — ID. : *Nouv. rech. sur les capsules surrénales* (Comptes rendus, 1857). — PHILIPEAUX : *Ablation successive des capsules surrénales*, etc. (id.). — B. WERNER : *De capsulis suprarenalibus*, 1857. — G. HARLEY : *An exper. inquiry into the function of the supra-renal capsules*, etc. (The brit. and for. med. chir. review, 1858). — BROWN-SÉQUARD : *Nouv. rech. sur l'importance des fonctions des capsules surrénales* (Journ. de la physiol., 1858). — PHILIPEAUX : *Note sur l'extirpation successive ou simultanée des deux capsules surrénales* (Comptes rendus, 1858). — L. WAGNER : *Ueber die Addison'sche Nebennierenkrankheit*, 1858. — DARBY : *Anat. physiology and pathology of the supra-renal capsules* (Charleston med. journ. and review, 1859). — M. SCHIFF : *Unt. über die Zucker-bildung in der Leber*, 1859. — ID. : *Sur l'extirpation des capsules surrénales* (Union méd., 1863).

Bibliographie générale des nerfs. — CH. BELL : *Expos. of the natural system of the nerves of the human body*, 1824. — VALENTIN : *De functionibus nervorum*, 1839. — DE WATTEVILLE : *A description of the cerebral and spinal nerves of rana esculenta* (Journ. of anat., 1875). — S. MAYER : *Specielle Nervenphysiologie* (Hermann's Handb. d. Physiologie, 1879).

c. — PHYSIOLOGIE DES CENTRES NERVEUX.

1° Physiologie de la moelle épinière.

Procédés. — *Section de la moelle.* — L'animal est attaché solidement, et endormi par l'éther ou les injections de chloral; la colonne vertébrale est mise à nu par l'ablation des muscles spinaux et on enlève avec la scie les arcs vertébraux de façon à pouvoir agir sur la moelle et sur les racines des nerfs. L'écoulement de sang est en général assez abondant et amène un épuisement profond de l'animal. Pour éviter les hémorrhagies, on peut employer avec avantage le cautère Paquelin. On peut faire, pour les diminuer, la compression ou la ligature temporaire de la crosse de l'aorte à gauche de la sous-clavière gauche (lapin). (Voir aussi : Encéphale).

Résumé de l'anatomie de la moelle épinière. — Je crois devoir faire précéder l'étude physiologique de la moelle d'un résumé de l'anatomie de cet organe, basé à la fois sur les recherches anatomiques et anatomo-pathologiques, résumé fait uniquement au point de vue physiologique.

A. *Substance grise.* — La *substance grise des cornes antérieures* contient de grosses cellules (*cellules motrices*), ayant de 4 à 10 prolongements parmi lesquels un prolongement non ramifié, *prolongement de Deiters*, et disposées en trois groupes distincts : — Les *cornes postérieures* renferment trois sortes de cellules : 1° des cellules plus petites (*cellules sensitives*), à prolongements moins nombreux, tous ramifiés ; 2° des cellules analogues constituant à la base de la corne postérieure un groupe distinct (colonne vésiculeuse de Clarke) ; 3° les cellules de la *substance gélatineuse de Rolando*, petites, arrondies ou triangulaires, à trois ou quatre prolongements.

B. *Substance blanche.* — Les *cordons postérieurs* comprennent une partie interne, *cordon de Goll*, une partie externe, *cordon cunéiforme* ou *de Burdach*. — 1° Le *cordon de Goll* est constitué par des fibres longues *centripètes* qui remontent jusqu'au niveau du quatrième ventricule et se continuent avec les pyramides postérieures du bulbe pour se terminer probablement dans la substance grise de cet organe. Leur centre trophique se trouve dans la substance grise de la moelle et peut-être dans les ganglions des racines postérieures. Après la section de la moelle ils subissent la *dégénérescence ascendante*, c'est-à-dire que leurs fibres dégénèrent de bas en haut. — 2° Le *cordon externe ou de Burdach* est constitué par des fibres commissurales courtes, probablement *centripètes* aussi, qui vont des cellules de la substance grise aux cellules de la même substance situées un peu plus haut et réunissent en même temps les fibres des racines postérieures aux cellules de la substance grise. Dans leur développement, elles précèdent les cordons de Goll. Après la section de la moelle, elles ne subissent pas de dégénérescence ou ne la subissent que dans une très courte étendue (dégénérescence ascendante). Les cordons de Burdach varient d'épaisseur dans les diverses régions de la moelle et sont plus volumineux au niveau de l'émergence des nerfs des membres.

Les *cordons latéraux* peuvent se diviser en trois parties : — 1° La *partie postérieure, faisceau pyramidal croisé*, se continue en haut, au niveau du bulbe, avec une partie de la pyramide, antérieure *du côté opposé (décussation des pyramides)*; ce faisceau pyramidal diminue de volume de haut en bas, et cette diminution de volume est surtout sensible au niveau des renflements cervical et lombaire. Les fibres qui le composent prennent leur origine dans la moitié opposée de l'encéphale, et descendent pour se terminer probablement dans les cellules motrices des cornes antérieures ; elles sont *centrifuges*, sont les dernières à se développer des fibres de la moelle et ne sont pas encore complètement formées à la naissance. Après les lésions de la moelle, du bulbe ou des parties encéphaliques qui seront mentionnées plus loin, elles subissent la *dégénérescence descendante*. Il faut noter que, chez le chien, ces fibres pyramidales croisées d'origine cérébrale, au lieu d'être groupées en un faisceau cohérent, sont disséminées dans toute l'étendue du cordon latéral. — 2° La *partie externe et postérieure, faisceau cérébelleux direct de Fleschig*, forme une mince bandelette superficielle en dehors du cordon précédent. Les fibres naissent dans la partie supérieure de la moelle dorsale, et se terminent dans les corps restiformes en remontant probablement jusqu'au cervelet. Elles sont *centripètes*, et, après les sections de la moelle, subissent la *dégénérescence ascendante*. Elles se développent avant les faisceaux pyramidaux et après les cordons de Burdach. — 3° La *partie antérieure* des cordons latéraux (cordon latéral, moins le faisceau pyramidal croisé et le faisceau cérébelleux direct) est constituée par des fibres commissurales, courtes, qui réunissent les cellules motrices des divers étages. L'épaisseur de ce faisceau varie dans les diverses régions de la moelle. Les fibres sont formées les premières avec celles du faisceau de Burdach.

Les *cordons antérieurs* se divisent en deux parties : — 1° La *partie interne ou cordon de Turck, faisceau pyramidal direct*, a la même signification que le faisceau pyramidal croisé du cordon latéral. Il provient de la pyramide antérieure *du même côté*; ses fibres, *centrifuges*, se terminent dans les cellules motrices des cornes antérieures et subissent la *dégénérescence descendante*. Ce cordon peut manquer d'un côté. — 2° La *partie externe, faisceau externe du cordon antérieur*, a la même signification que la partie antérieure du cordon latéral et la même constitution (voir plus haut).

En résumé, en outre des fibres appartenant aux racines antérieures et postérieures, les cordons blancs de la moelle contiennent des fibres *intrinsèques* et des fibres *extrinsèques*. Les *fibres intrinsèques* naissent et se terminent dans la moelle elle-même et en relient entre eux les divers étages cellulaires ; ces fibres intrinsèques sont courtes, commissurales, apparaissent les premières dans le développement et ne subissent qu'une dégénérescence très limitée ; leur nombre (volume des cordons) varie dans les diverses régions de la moelle. Elles comprennent, d'une part, le cordon de Burdach, qui relie les cellules des cornes postérieures, et, d'autre part, la partie antérieure du cordon latéral et la partie externe du cordon antérieur qui relient les cellules motrices. Les *fibres extrinsèques* rattachent les cellules de la substance grise de la moelle aux parties supérieures de l'axe nerveux (bulbe, cervelet, encéphale). Elles sont longues, diminuent graduellement de nombre de haut en bas et se développent après les précédentes ; elles dégénèrent dans toute leur longueur. Les unes sont *centripètes* et subissent la *dégénérescence ascendante* ; tels sont le cordon de Goll et le faisceau cérébelleux direct. Les autres sont *centrifuges* et subissent la *dégénérescence descendante*, tels sont le faisceau pyramidal croisé et le cordon de Turck ; ces fibres paraissent les dernières de toutes et manquent dans les cas d'arrêt de développement des hémisphères.

La moelle épinière peut être envisagée à deux points de vue, comme organe de transmission et comme agglomération de centres nerveux ; mais avant de l'étudier à ces deux points de vue, il est nécessaire d'étudier l'excitabilité de ses différentes parties.

a. — DE L'EXCITABILITÉ DE LA MOELLE ÉPINIÈRE.

Procédés. — Pour étudier l'excitabilité de la moelle, il est nécessaire de pouvoir localiser l'excitation sur des points circonscrits et déterminés ; aussi, d'une façon générale, les résultats ne peuvent être certains que quand on se sert d'aiguilles fines avec lesquelles on pique ou on gratte la substance médullaire ; les courants électriques, même quand ils sont très faibles, ne présentent pas une localisation assez précise et diffusent toujours plus ou moins au delà du point d'application des électrodes. L'excitabilité de la moelle s'apprécie ordinairement soit par des mouvements (volontaires ou réflexes), soit par des signes (cris, mouvements) indiquant que l'animal éprouve de la douleur ; mais comme ces manifestations sont souvent incertaines et difficilement appréciables, on a cherché d'autres moyens d'apprécier la sensibilité de la partie excitée. Dittmar, Miescher et d'autres physiologistes l'ont appréciée par les variations que subit la pression sanguine prise avec un manomètre introduit dans une artère ; ils ont vu l'excitation des parties sensibles se traduire par une augmentation de pression. D'autres auteurs, Schiff en particulier, ont pris comme réactif de la sensibilité le diamètre de la pupille (dilatation pupillaire).

Les physiologistes sont loin d'être d'accord sur l'excitabilité des diverses parties de la moelle. *Pour la substance grise*, l'accord est à peu près complet, et sauf Aladoff et Cyon, tous croient qu'elle est absolument inexcitable. Mais pour la substance blanche il n'en est plus de même, et ils se partagent en deux camps : les uns, comme van Deen, Chauveau, etc., croient qu'elle est inexcitable et que son excitabilité apparente lui vient des racines rachidiennes qui la traversent ; les autres, comme Vulpian, Fick, etc., croient qu'elle a une excitabilité propre indépendante de ces racines. D'après quelques auteurs, la moelle serait surtout excitable par les agents chimiques, sel marin, sang, etc. Une chose certaine, c'est que les centres moteurs de la moelle sont excitables par le sang asphyxique et par la chaleur (sang chauffé à 40°). Après la section de la moelle, chez un animal, si on provoque la dyspnée ou si on chauffe le sang, il se produit des contractions des extenseurs, des mouvements de la vessie, du rectum, des sueurs, etc. Certains poisons (picrotoxine) agissent de la même façon. Les vaso-moteurs (vaso-constricteurs) contenus dans la moelle paraissent être excitables par toute espèce d'excitants.

L'*excitabilité des cordons postérieurs* se traduirait, d'après Vulpian, par des mouvements dus à la douleur et par des mouvements réflexes ; pour Brown-Sequard, leur excitation ne déterminerait que des mouvements réflexes. Van Deen avait au contraire trouvé la moelle de la grenouille complètement insensible à tous les excitants. Chauveau, expérimentant sur de grands animaux, ce qui permettait de localiser l'excitation d'une façon très précise, est arrivé à peu près aux mêmes conclusions que van Deen. Cependant Gianuzzi a trouvé les cordons postérieurs excitables après la section des racines postérieures et la dégénérescence consécutive de leur bout central. Dittmar a constaté une augmentation de pression par l'excitation des cordons postérieurs. Schiff, Fick, Enjelken admettent aussi l'excitabilité de ces cordons.

Les mêmes contradictions existent pour les *cordons antéro-latéraux*. Van Deen, Huinzingua, Aladoff, Chauveau, les considèrent comme tout à fait inexcitables. Cl. Bernard leur attribue (sauf pour les cordons latéraux) la sensibilité récurrente et la fait provenir des racines antérieures. D'après Fick, Enjelken, Vulpian, leur excitation, pourvu qu'elle soit assez forte, déterminerait des mouvements moins intenses cependant que l'excitation directe des racines antérieures. Si on sectionne les racines antérieures et postérieures de la moelle dans une étendue de 6 à 10 centimètres, et qu'on enlève ensuite les faisceaux postérieurs et latéraux sur la même étendue, l'excitation des cordons antérieurs produit des contractions dans les muscles du train postérieur (Vulpian). Dittmar n'a pas vu d'augmentation de pression par l'excitation des cordons antérieurs ; il en a vu une légère par celle des cordons latéraux.

Pour l'hyperesthésie qui suit certaines sections de la moelle, voir : *De la transmission dans la moelle.*

Bibliographie. — Huizinga : *Die Unerregbarkeit der vorderen Ruckenmarksstränge* (Arch. de Pflüger, 1870). — Mumm : *Ueber Reizbarkeit der vord. Rückenmarksstränge* (Berl. klin. Woch., 1870). — Dittmar : *Ein neuer Beweis für die Reizbarkeit der centripetalen Fasern des Rückenmarks* (Sächs. Ges. d. Wiss., 1870). — Wolski : *Zur Frage üb. die Unempfindlichkeit des Rückenmarkes,* etc. (Arch. de Pflüger, t. V). — Gianuzzi : *Contrib. alla conoscenza dell' eccitabilita del midello spinale,* 1872.

b. — DE LA MOELLE COMME ORGANE DE TRANSMISSION.

J'étudierai d'abord les résultats donnés par les sections ou les lésions des diverses parties de la moelle, prises une à une ; ces résultats permettront de connaître par quelles voies se font dans la moelle les transmissions motrices, sensitives et réflexes.

A. Section des diverses parties de la moelle. — Ces sections présentent de très grandes difficultés expérimentales qui expliquent les divergences qui existent entre les expérimentateurs.

1º *Section des cordons postérieurs.* — La section des cordons postérieurs seuls ne produit ni paralysie des mouvements volontaires, ni paralysie de la sensibilité. D'après Brown-Sequard, cette section serait suivie d'une hyperesthésie dans les parties de la peau situées au-dessous de la section et du même côté ; d'après Ott et Meade, au contraire, elle ne s'observerait que quand la substance grise a été intéressée. Après cette section, les mouvements coordonnés ne se font plus avec la même précision. Si on fait successivement à des hauteurs variables de la moelle des coupes transversales des cordons postérieurs (Expérience de Todd), on détermine des troubles de la coordination des mouvements qui rappellent les symptômes de l'*ataxie locomotrice progressive*; or dans cette maladie on constate une dégénérescence des cordons de Burdach et des cordons de Goll. La difficulté est de savoir si ces troubles tiennent à la lésion de fibres servant à la sensibilité musculaire ou, ce qui est plus probable, à la lésion de fibres associant et coordonnant les réflexes tactiles qui entrent en jeu dans les mouvements de la marche, de la course, etc. Dans ce dernier cas, ces fibres réflexes seraient sans doute les fibres courtes, commissurales du cordon de Burdach; le rôle des cordons de Goll restant jusqu'ici indéterminé; cependant leur terminaison dans la moelle allongée me porterait à admettre que leurs fibres transmettent aux centres bulbaires des mouvements généraux de la station, de la marche et de la course, les impressions sensitives nécessaires à la coordination de ces mouvements. D'après Schiff, les cordons postérieurs serviraient aussi à la transmission des impressions tactiles proprement dites; il a vu en effet chez les animaux chez lesquels il avait coupé toute la moelle, à l'exception des cordons postérieurs, la persistance de la sensibilité au contact, tandis que la sensibilité à la douleur était abolie.

2° *Section des cordons latéraux.* — La section complète des cordons latéraux, avec conservation de la plus grande partie de la substance grise et des cordons antérieurs et postérieurs, abolit la motricité volontaire, les mouvements respiratoires, et, d'après certains auteurs, la sensibilité générale et la sensibilité musculaire. D'après Schiff au contraire la sensibilité serait conservée; elle serait seulement affaiblie d'après Ott et Meade. La transmission des réflexes serait aussi en partie perdue. Après la section transversale de toute la moelle, *à l'exception des cordons latéraux*, les mouvements volontaires, la transmission réflexe et la sensibilité seraient conservées; il y aurait seulement de l'ataxie des mouvements. Les cordons latéraux paraissent être les voies par lesquelles passent les fibres de la motricité volontaire, les fibres sensitives (sensibilité tactile et musculaire), les fibres vaso-motrices, les fibres respiratoires, les fibres cilio-spinales. Les fibres motrices volontaires (et les fibres sensitives?) se trouvent probablement dans le faisceau pyramidal croisé; quant aux autres, leur situation dans le cordon latéral est encore indéterminée. D'après Schiff il n'y aurait pas de fibres sensitives dans le cordon latéral.

3° *Section des cordons antérieurs.* — La section des cordons antérieurs seuls est à peu près impraticable, mais après la section transversale de la moitié antérieure de la moelle, les mouvements volontaires et la sensibilité sont conservés. Quelques physiologistes ont admis, sans que le fait soit encore absolument démontré, que les cordons antérieurs servaient à transmettre les influences d'arrêt que l'encéphale exerce sur les réflexes médullaires (*fibres d'arrêt des réflexes*).

4° *Section de la substance grise.* — Après la section complète de la substance grise, les mouvements volontaires sont conservés. Les auteurs ne sont pas d'accord sur les altérations de la sensibilité qui succèdent à cette section. D'après Schiff, la sensibilité à la douleur serait seule abolie (analgésie), la sensibilité tactile étant conservée; la destruction de la substance grise et des cordons postérieurs amènerait au contraire une abolition complète de la sensibilité. D'après le même auteur, la substance grise pourrait servir aussi à transmettre les mouvements volontaires; après la section complète des cordons blancs, la motilité serait encore conservée quoique affaiblie tant qu'on laisse un pont de substance grise. Ott, Meade, Weiss n'admettent dans la substance grise ni fibres sensitives, ni fibres motrices. Il est cependant difficile de ne pas admettre dans son intérieur des fibres pour certains mouvements involontaires et incoordonnés (mouvements convulsifs) et des fibres pour la transmission des réflexes.

B. Transmission de la sensibilité dans la moelle. — La sensibilité à la douleur se transmet principalement par la substance grise (Schiff). La sensibilité tactile ne paraît pas suivre la même voie; d'après Schiff, sa transmission se ferait par les cordons postérieurs, tandis que, d'après les recherches récentes de Woroschiloff et de quelques autres physiologistes, elle aurait lieu surtout par les cordons latéraux; il en serait de même de la sensibilité musculaire.

Brown-Sequard admet dans la moelle des conducteurs spéciaux pour les diverses espèces d'impressions sensitives, et il a cherché à en déterminer le trajet. D'après lui, les impressions tactiles passeraient par les parties antérieures de la substance grise, les impressions de douleur, plus disséminées, par les parties postérieures et latérales, celles de température par les parties grises centrales; tous ces conducteurs s'entre-croiseraient dans la moelle. Les conducteurs de la sensibilité musculaire, au contraire, passeraient par les cornes grises antérieures ou dans leur voisinage et ne seraient pas entre-croisés. Schiff, Danilewsky, etc., font passer les impressions tactiles par les cordons postérieurs, les impressions de température et de douleur suivant la voie de la substance grise. Mais toutes ces assertions ne peuvent encore être acceptées qu'avec beaucoup de réserve et n'ont pu encore être justifiées expérimentalement. Un seul fait important au point de vue pratique, c'est la persistance de la sensibilité malgré l'existence de lésions profondes de la moelle.

La transmission des impressions sensitives dans la moelle paraît être en partie *croisée*; autrement dit, les conducteurs de ces impressions s'entre-croisent sur la ligne médiane (Brown-Sequard). Cependant il paraît y avoir à ce point de vue des différences entre les diverses espèces animales; ainsi, chez les oiseaux (pigeons) l'entre-croisem entne commencerait qu'au-dessus du renflement lombaire, et chez la grenouille il manque tout à fait (Sestchenow). Du reste, les conclusions de Brown-Sequard sont loin d'être adoptées par tous les physiologistes, et il est plus probable que le croisement n'est que partiel (Vulpian, Woroschiloff).

Les expériences sur lesquelles Brown-Sequard s'appuie pour admettre la transmission croisée sont les suivantes :

1° Si on fait une section verticale médiane et antéro-postérieure de la moelle de façon à la séparer dans une certaine étendue en deux moitiés indépendantes (Galien), on constate de l'anesthésie dans les parties qui reçoivent leurs nerfs de la région de la moelle sur laquelle on a opéré, et l'anesthésie existe des deux côtés.

2° Si on fait une section transversale comprenant une moitié latérale de la moelle, on constate de l'anesthésie *du côté opposé* à la section, et de l'hyperesthésie dans les parties du corps situées du côté de la section. Cette hyperesthésie est assez difficile à expliquer et on ne peut admettre l'hypothèse de Brown-Sequard qui la considère comme due à une dilatation paralytique des vaisseaux de la moitié coupée de la moelle. Goltz l'attribue à la section d'une partie des fibres sensitives qui rendrait les réflexes plus forts et plus réguliers. Ludwig et Woroschiloff croient que cette hyperesthésie est due à la section des fibres d'arrêt provenant de l'encéphale. Koch a constaté cette hyperesthésie non seulement à la peau, mais aux articulations, au périoste, etc. Miescher et Weiss au contraire ne l'ont pas constatée.

3° Si on fait une section transversale de plus en plus profonde d'une moitié de la moelle (hémisection de la moelle), la sensibilité s'affaiblit de plus en plus *du côté opposé* à mesure que la coupe est plus profonde, mais elle existe toujours partout ; quand la coupe atteint la ligne médiane, la sensibilité disparaît tout à fait du côté opposé.

Cependant certaines expériences s'accordent peu avec une transmission croisée des impressions sensitives. Si on fait une hémisection double de la moelle à des hauteurs différentes, l'une à droite l'autre à gauche, la sensibilité est conservée des deux côtés (van Deen).

C. **Transmission motrice dans la moelle.** — Les fibres qui servent à la transmission motrice volontaire suivent le faisceau pyramidal des cordons latéraux et peut-être le cordon de Turck (?). C'est aussi dans les cordons latéraux que passent les fibres des muscles respiratoires, les filets vasomoteurs, les fibres cilio-spinales. La substance grise, d'après Schiff, pourrait aussi servir à la transmission motrice volontaire. En tout cas elle paraît contenir des fibres transmettant les excitations motrices des mouvements incoordonnés, convulsifs.

La transmission motrice dans la moelle est *directe*. Si on fait une section transversale d'une moitié de la moelle, le mouvement est aboli du côté de la section ; si on fait une section longitudinale qui partage la moelle en deux moitiés (grenouille), le mouvement est conservé des deux côtés.

Van Kempen admet cependant un entre-croisement partiel dans la région cervicale. Vulpian croit qu'il y a un entre-croisement partiel dans la substance blanche ; l'excitation d'un cordon antérieur déterminerait des mouvements dans le membre correspondant au faisceau excité et des mouvements plus faibles dans le côté opposé.

D'après les recherches de François-Franck et Pitres, la transmission des incitations motrices partant du cerveau se ferait, dans la moelle avec une vitesse de 10 mètres par seconde.

D. **Transmission des réflexes dans la moelle.** — Les fibres qui servent à la transmission et à la coordination des réflexes médullaires paraissent exister dans les cordons postérieurs, dans les cordons antérieurs (?), dans la partie antérieure des cordons latéraux et probablement aussi dans la substance grise.

E. **Transmission des arrêts des réflexes.** — Les fibres d'arrêt des réflexes paraissent se trouver surtout, sinon exclusivement dans les cordons antérieurs.

En résumé on voit que, sauf pour ce qui concerne les mouvements volontaires, il règne encore beaucoup d'obscurité sur les voies de transmission dans la moelle. C'est qu'en effet, comme le dit Vulpian, « il est probable que, dans l'état normal, « lorsque la moelle épinière est intacte, les impressions suivent constamment une « certaine route, toujours la même ; mais si cette route est coupée ou rendue « impossible par une lésion quelconque, la transmission se poursuit sans doute « par des voies de traverse, jusqu'à ce que, par l'intermédiaire de ces voies, elles « puissent regagner leur chemin ordinaire, à une distance plus ou moins grande « des points où elles ont dû le quitter. » (Art. MOELLE, *Dict. encycl.*, p. 598.) Cette sorte d'*indifférence conductrice*, si l'on peut s'exprimer ainsi, paraît surtout exister pour la substance grise et pour les impressions sensitives, si l'on en juge d'après les expériences de Vulpian et de Schiff. Ces expériences, confirmées par les faits cliniques, démontrent en effet que la conduction dans la moelle peut encore se faire malgré la destruction de la plus grande partie de ses voies de transmission.

Bibliographie. — MIESCHER : *Zur Frage der sensiblen Leitung im Rückenmark* (Sächs. Ges. d. Wiss., 1870). — NAWROCKI : *Beitr. zur Frage der sensiblen Leitung im Rücken-marke* (Arb. aus. d. phys. Anst. zu Leipzig, 1871). — WOROSCHILOFF : *Der Verlauf der mo-torischen und sensiblen Bahnen durch das Lendenmark des Kaninchens* (Sächs. Acad., 1874). — ID. : *Zur Frage über die sensiblen und motorischen Bahnen im Halstheil des Rückenmarkes* (Ges. d. Naturf. in Kazan, 1878). — SCHIFF : *Ueber die Leitung der Gefühl-seindrucke im Rückenmark* (Wien. med. Zeit., 1879). — OTT ET MEADE SMITH : *The paths of conduction of sensory and motor impulses in the cervical segment of the spinal cord* (Amer. journ. of sc., 1879). — WEISS : *Unt. über die Leitungsbahnen im Rückenmarke des Hundes* (Wien. med. Sitzungsber., 1879).

C. — DE LA MOELLE COMME CENTRE D'INNERVATION.

1° Des actions réflexes de la moelle.

L'étude générale des actions réflexes a déjà été faite avec la physiologie du tissu nerveux (pages 558 et suivantes); il ne s'agira donc ici que des phé-nomènes réflexes spéciaux à la moelle. Ces phénomènes consistent princi-palement en mouvements réflexes, et ces mouvements se voient surtout bien quand on sépare, par la décapitation, la moelle de l'encéphale; il suffit, du reste, pour que le réflexe se produise, qu'il reste interposé entre le nerf sensitif et le nerf moteur un noyau de substance grise; ainsi les mou-vements réflexes se montreront avec des tronçons isolés de moelle comme avec la moelle entière.

L'excitation initiale qui détermine le réflexe peut partir soit des nerfs rachidiens, soit des nerfs sympathiques; ainsi le pincement du sympathi-que chez le lapin produit des contractions des muscles abdominaux (Volk-mann), et sur des grenouilles décapitées on a des mouvements des membres en excitant le canal intestinal, mouvements qui cessent si on détruit la moelle épinière. Il y a une certaine corrélation entre les racines antérieu-res et les racines postérieures; une racine postérieure est en rapport réflexe avec les racines antérieures correspondantes, et Sanders-Ezn a montré que certaines régions sensibles correspondent à certains groupes de muscles et que l'excitation de ces régions produit des contractions dans ces muscles. Ainsi, chez la grenouille décapitée, l'irritation d'une patte produit un mou-vement d'extension comme pour fuir, l'irritation de l'anus un mouvement des pattes vers le point irrité, le contact léger de la région dorsale, le coas-sement (Goltz), etc. Des phénomènes analogues ont été observés chez le chien, par Goltz et Freusberg, après la section de la moelle lombaire. Dans certaines conditions, le réflexe se produit du côté opposé du corps (*réflexes croisés*); mais ces réflexes croisés se produisent surtout pour les excitations dont les centres réflexes sont dans la moelle allongée.

Les mouvements réflexes ainsi produits atteignent non seulement les muscles du squelette, ce qui est le cas le plus fréquent, mais encore les muscles organiques, comme l'iris, les muscles des vaisseaux, etc.

Ces mouvements réflexes ont très souvent un caractère défensif, ils ont même, dans beaucoup de cas, un caractère remarquable de coordination ; c'est ainsi qu'une grenouille décapitée nage et saute dès qu'une excitation cutanée se produit, et, si on la déplace, fait des mouvements pour retrouver son équilibre. (Voir : *Encéphale*.)

D'après Cayrade, qui contredit les lois de Pflüger (page 561), l'excitation réflexe s'irradie dans tous les sens dans la moelle, et sa propagation dans le sens longitudinal est aussi facile de bas en haut que de haut en bas.

Masius et van Lair ont cherché à localiser les centres des divers mouvements réflexes; chez la grenouille, les centres des mouvements des membres antérieurs commencent 1 millimètre en avant de la deuxième racine et occupent une longueur de 3 à 3 millimètres et demi; les centres des mouvements des membres postérieurs iraient de 2 millimètres en avant de la septième racine jusqu'en arrière de l'insertion de la dixième. D'après Sestchenow, la région de la cinquième verticale serait surtout importante au point de vue des réflexes.

L'*excitabilité réflexe* augmente par la décapitation, et d'une façon générale par toutes les causes qui suppriment l'activité cérébrale (ligature des artères, etc.); les sections successives de la moelle d'avant en arrière augmentent aussi l'excitabilité des parties situées en arrière de la section (Schiff). Si l'on prend deux grenouilles d'égale force, qu'on décapite l'une, qu'on coupe la moelle lombaire de l'autre, les réflexes sont plus prononcés chez la seconde que chez la première (Vulpian). Cette excitabilité peut persister très longtemps après la section, plusieurs mois, comme l'ont vu Longet et Goltz. Chez les animaux à sang chaud, elle se perd très vite après la décapitation, et il est probable que les mouvements observés par Robin et Marcelin Duval chez des suppliciés une heure après la décapitation n'étaient que des mouvements idio-musculaires.

La strychnine, la brucine, l'acide phénique, le curare, la caféine, les opiacés augmentent l'excitabilité réflexe, soit qu'ils agissent sur les racines postérieures et les fibres sensitives, comme le croit Cl. Bernard, soit qu'ils agissent sur la moelle elle-même (Vulpian). L'aconitine, l'acide cyanhydrique, l'éther, le chloroforme, le chloral, le bromure de potassium, produisent l'effet opposé. Il en est de même de l'arrêt de la circulation (expérience de Sténon, ligature du cœur), de l'apnée (Vulpian). L'action de l'électricité est controversée; d'après Legros et Onimus, les courants ascendants produiraient un renforcement, les courants descendants une diminution des réflexes. Uspenskhi n'est pas arrivé aux mêmes résultats.

La *durée de la transmission réflexe* dans la moelle (temps que l'excitation met à passer du nerf sensitif au nerf moteur, *temps de réflexion*) diminuerait avec l'intensité de l'excitation; on voit qu'il y aurait sous ce rapport une différence entre la transmission dans la moelle et la transmission dans les nerfs (Rosenthal). Cependant d'autres physiologistes sont arrivés à des résultats contraires. Cette durée augmente avec la fatigue de la moelle et avec l'abaissement de la température.

Le *mécanisme de l'action réflexe médullaire* est encore peu connu. Marshall-Hall croyait que les fibres qui présidaient à ces phénomènes étaient distinctes des fibres sensitives et motrices proprement dites, et il admettait un système particulier, système *excito-moteur ;* mais l'admission de ce système n'a aucune raison d'être et les phénomènes s'expliquent aussi bien sans avoir besoin de recourir à une nouvelle catégorie de fibres.

Arrêt des réflexes. — L'excitation de la coupe des tubercules quadrijumeaux et des couches optiques produit une diminution et une suspension des phénomènes réflexes de la moelle (Sestchenow) ; il en serait de même de celle des hémisphères (Goltz). Sestchenow, se basant sur ces faits, a admis dans l'encéphale des centres qui agiraient comme modérateurs sur les centres réflexes de la moelle, et explique ainsi l'augmentation de l'excitabilité réflexe médullaire après la décapitation, qui supprime l'action de ces centres. L'existence de ces centres a cependant été très vivement contestée par beaucoup de physiologistes. Une forte excitation des nerfs sensitifs diminue ou paralyse l'activité réflexe (Lewison) et cette excitation agirait sur les centres d'arrêt qui entreraient alors en activité. Cette influence d'arrêt serait même, d'après Langendorff et Böttcher, exercée par les nerfs sensoriels (vue, ouïe). D'après les mêmes auteurs la section des nerfs sensitifs (section de l'ischiatique), celle des nerfs sensoriels (cécité et surdité provoquées) auraient le même effet que la décapitation en supprimant les excitations envoyées aux centres modérateurs. Cependant l'excitation des nerfs sensitifs n'agit pas seulement sur des centres d'arrêt encéphaliques, car le même arrêt des réflexes se produit, comme l'a observé Goltz, par certaines excitations des nerfs sensitifs chez des chiens dont la moelle lombaire a été coupée, et chez lesquels, par conséquent, les excitations sensitives ne pouvaient agir sur les centres modérateurs. Il est vrai que Nothnagel admet des centres d'arrêt dans toute l'étendue de la moelle.

Goltz explique les actions d'arrêt par la diminution d'excitabilité que subirait un centre d'arrêt quand il lui arrive simultanément deux excitations sensitives d'origine différente. D'après Cyon il y aurait une véritable *interférence* d'ondes d'excitation. Schlosser cherche à expliquer plus simplement les phénomènes d'arrêt des réflexes par la production de mouvements antagonistes qui empêchent le mouvement réflexe de s'exécuter ou l'enrayent quand il a commencé à se produire.

2° Centres d'innervation dans la moelle.

On a pu déterminer d'une façon assez précise l'existence et la situation d'un certain nombre de centres réflexes dans la moelle.

1° *Centre cilio-spinal.* — (Voir : *Innervation de l'iris*, p. 1136.)

2° *Centre accélérateur des mouvements du cœur.* — (Voir : *Innervation du cœur*, p. 1264.)

3° *Centre respiratoire.* — La moelle contient bien les centres moteurs des muscles respiratoires, mais ces centres sont eux-mêmes sous la dépendance d'un centre respiratoire plus élevé, placé dans le bulbe (Voir : *Bulbe*). Ainsi la section de la moelle au-dessous de la huitième paire dorsale paralyse les muscles abdominaux ; au-dessus de la première paire dorsale, les intercostaux ; au-dessus de la cinquième paire cervicale, le grand dentelé et les pectoraux ; enfin la section au-dessus de la quatrième paire cervicale, en paralysant en plus le nerf phrénique, paralyse le diaphragme et abolit tout mouvement respiratoire. Pour Ch. Bell, les cordons latéraux seraient le lieu d'origine des nerfs respiratoires, et Clarke place le centre des nerfs intercostaux et des nerfs des autres muscles respiratoires dans le cordon intermédio-latéral, mais la preuve expérimentale fait défaut. Schiff admet bien que la section d'un faisceau latéral au niveau du premier nerf cervical, ou l'hémisection de la moelle à ce niveau, abolit les mouvements respiratoires du côté correspondant ; mais Vulpian et Brown-Sequard ont obtenu des résultats contradictoires. Lautenbach, dans des expériences récentes, confirme l'existence d'un centre respiratoire dans la moelle ; il a vu, en effet, la respiration continuer après la section de la moelle allongée, chez de jeunes animaux.

4° *Centres des mouvements des membres.* — Malgré les expériences de Cl. Bernard, Harless et de plusieurs autres physiologistes, la localisation des centres moteurs des divers mouvements des membres est encore très incomplète.

5° *Centre génito-spinal.* — Budge avait trouvé au niveau de la 4° vertèbre lombaire, chez le lapin, une région étendue de quelques lignes dont l'excitation produisait des mouvements dans la partie inférieure du rectum, la vessie et les canaux déférents, et chez la femelle des contractions de l'utérus. Ségalas avait, chez des animaux dont la moelle avait été coupée, produit l'érection et l'éjaculation par l'excitation mécanique de la moelle. Mais les expériences les plus démonstratives sont dues à Goltz et Freusberg. Ils ont vu chez une chienne dont la moelle avait été coupée à la hauteur de la première lombaire, le rut, la conception, la grossesse et enfin l'accouchement et la lactation se produire comme chez une chienne intacte ; le centre des mouvements de l'utérus se trouve donc dans la moelle et non dans l'encéphale, et si quelques auteurs ont obtenu des contractions utérines par l'excitation de certaines régions de l'encéphale, ces contractions étaient purement réflexes, comme celles que Schlesinger a vues chez des lapines à moelle cervicale coupée à la suite d'excitations du nerf sciatique.

D'après Goltz, le centre de l'érection se trouve aussi situé dans la moelle lombaire ; après la section de la moelle chez des chiens, on détermine l'érection avec des mouvements rhythmiques du bassin, par le chatouillement du pénis, la pression sur la vessie, etc. ; et cette érection disparaît par la destruction de la moelle lombaire ; elle est arrêtée par l'excitation de l'ischiatique, une forte pression des orteils, l'excitation électrique de la peau du testicule et de l'anus.

6° *Centre ano-spinal.* — Masius admet chez le lapin, entre la 6° et la 7° vertèbre dorsale, un centre dont l'irritation produit des mouvements du sphincter anal. Chez le chien dont la moelle lombaire a été coupée, si on place le doigt dans l'anus, on sent des contractions réflexes rhythmiques, et ces contractions s'arrêtent par une forte excitation d'un nerf sensitif, comme le pincement du gros orteil (Goltz).

7° *Centre des mouvements de la vessie; centre vésico-spinal.* — D'après Gianuzzi, l'irritation de la moelle au niveau de la 3° vertèbre lombaire (ou des filets sympathiques vésicaux) amène des contractions lentes du corps et du col de la vessie ; celle de la moelle au niveau de la 5° vertèbre lombaire (ou celle des filets venant de la moelle), des contractions énergiques et douloureuses des mêmes parties. Pour Goltz, qui se base sur ses expériences sur ses chiens avec section de la moelle lombaire, la miction est un acte purement réflexe dont le centre est dans la moelle. Chez ces chiens, en effet, la vessie se vide si on presse la peau du ventre, si on touche le gland ou le prépuce, ou si on chatouille le pourtour de l'anus; la destruction de la moelle lombaire empêche ces réflexes de se produire. Les mouvements de la vessie, observés par Budge, par l'excitation du cerveau sont des mouvements réflexes.

8° *Centres vaso-moteurs* et *vaso-dilatateurs.* — (Voir : *Nerfs vaso-moteurs.*)

9° *Centres sudoripares* et *Centres d'arrêt de la sécrétion sudoripare.* — (Voir : *Sécrétion sudorale*, p. 827 et : *Nerfs sécréteurs*, p. 1278.)

10° *Centres de tonicité musculaire.* — Cette question a déjà été traitée page 403; l'expérience de Brondgeest, répétée par divers auteurs, a donné des résultats contradictoires; tandis que certains expérimentateurs, comme Sustschinsky, en confirment les résultats, d'autres, comme Eckhard, Heidenhain, etc., les interprètent autrement; il en est de même de l'excitation continuelle qui, suivant Steinmann et Cyon, arriverait aux racines antérieures par les racines postérieures et maintiendrait les muscles en état de tonus permanent.

On attribue encore à la moelle d'autres fonctions, mais qui n'ont pu être localisées dans des centres déterminés. Ces fonctions sont les suivantes :

1° *Action psychique de la moelle.* — Paton, Pflüger, Auerbach considèrent la moelle comme pouvant être le siège d'une certaine activité psychique, c'est-à-dire de manifestations conscientes. Ces auteurs se basent sur les expériences suivantes :

1° *Expérience de Pfluger.* On place une goutte d'acide sur le haut de la cuisse d'une grenouille décapitée; le membre postérieur se fléchit et va frotter le point irrité; on ampute alors la patte et on recommence à placer une goutte d'acide au même endroit; l'animal fait d'abord quelques essais avec la patte coupée, puis au bout de quelque temps il le fait avec l'autre patte intacte. — 2° *Expérience d'Auerbach*. On ampute la cuisse d'une grenouille décapitée, et on met une goutte d'acide sur le dos du même côté ; après quelques efforts pour atteindre le point irrité, la grenouille reste immobile. On place alors une goutte d'acide sur le dos du côté non opéré ; la grenouille frotte avec la patte du même côté, puis elle frotte le point irrité du côté opposé avec cette patte. Ces résultats ne sont pas constants, mais ils se présentent assez souvent pour qu'on ne puisse refuser à la moelle une sorte d'activité psychique et de conscience rudimentaire. La plupart des physiologistes s'accordent cependant pour nier les conséquences des expériences de Pflüger et d'Auerbach. — 3° *Expérience de l'anguille*. Si on prend un tronçon d'anguille et qu'on l'approche d'un charbon incandescent, on voit le tronçon d'anguille s'écarter de la flamme comme pour éviter la brûlure. Osawa et Tiegel ont observé le phénomène contraire sur des serpents décapités. — 4° *Expérience de Goltz sur la grenouille*. Cette expérience est contraire à l'hypothèse d'une action psychique de la moelle. Si on prend une grenouille décapitée et qu'on la place dans de l'eau qu'on échauffe graduellement à 40°, la grenouille, réduite ainsi à la moelle épinière, ne fait aucun mouvement de fuite et tombe en rigidité de chaleur (voir : p. 487) ; si au contraire la grenouille a conservé sa moelle allongée, elle fait des mouvements de fuite dès que l'eau atteint 30°. Foster confirme l'expérience de Goltz. Il est vrai que Frœtscher a vu cette rigidité de chaleur s'établir même avec des grenouilles intactes quand l'échauffement de l'eau se faisait graduellement et avec lenteur.

2° *Influence trophique de la moelle*. — L'influence de la moelle sur la nutrition des racines antérieures et des nerfs qui en naissent est démontrée, tant par les expériences de Waller (page 510) que par les faits pathologiques. Il en est de même de l'influence de la moelle sur la nutrition des fibres des cordons blancs (voir p. 1284). Vulpian a montré, par de curieuses expériences sur les têtards de grenouilles, que des lésions de la moelle peuvent devenir l'origine de difformités et influencer le développement de l'animal.

3° *Influence de la moelle sur certaines actions nerveuses*. — Brown-Sequard observa qu'après la section d'une moitié latérale de la moelle dans la région de la 12° vertèbre dorsale, il se produisait, chez les cobayes, une analgésie localisée à certaines régions de la peau de la face et du cou. En outre, l'excitation de cette région de la peau déterminait des accès épileptiformes (*zone épileptogène*) ; l'épilepsie ainsi acquise peut se transmettre héréditairement aux jeunes. Ces attaques épileptiques se produisent même si on sépare la moelle du cerveau. On remarque en même temps des troubles de nutrition, ulcérations de l'œil, sécrétion abondante de mucus nasal, en même temps que des clignements spasmodiques et des convulsions de la face du même côté. La section du nerf sciatique (au bout de cinq semaines), un choc sur la tête peuvent produire aussi ces accès épileptiformes.

4° *Influence de la moelle sur les sécrétions*. — Cette influence, à part celle qui a été étudiée plus haut à propos de la sécrétion sudorale, est encore peu connue. Les cas pathologiques de lésions de la moelle offrent, il est vrai, des faits nombreux qui démontrent l'influence de la moelle sur les sécrétions, mais la question n'a guère été étudiée expérimentalement, et au point de vue physiologique il est impossible d'en tirer des conclusions positives. Aussi m'abstiendrai-je de les mentionner. Les expériences directes sont peu nombreuses. Brown-Sequard a vu l'arrêt de la sécrétion urinaire par le pincement de la surface interne de la paroi abdominale chez le chien (dans la région de la première paire lombaire), et le phénomène subsistait après la section transversale de la moelle. Les lésions expérimentales de la moelle provoquent la glycosurie (Schiff). L'influence de la moelle sur la sécrétion biliaire a été étudiée page 715.

5° *Influence de la moelle sur l'absorption.* — Goltz a cherché récemment à démontrer l'influence de la moelle sur l'absorption. En prenant comparativement deux grenouilles dont l'une a subi la destruction de la moelle et en injectant dans les sacs lymphatiques de ces grenouilles une solution de sel marin, il a vu cette solution absorbée chez la grenouille intacte et passer dans les vaisseaux sanguins, tandis qu'elle n'était pas absorbée chez la grenouille à moelle détruite. Mais ces expériences, confirmées dans leurs traits essentiels par Prévost, Reverdin, Heubel et Bernstein, sont susceptibles d'une autre interprétation.

6° *Influence de la moelle sur la température animale.* — (Voir : *Chaleur animale,* page 1081.)

Régénération de la moelle. — Prochaska et Longet avaient échoué dans leurs tentatives de régénération de la moelle. Masius et van Lair, chez les grenouilles, auraient obtenu la régénération de la moelle avec retour de quelques mouvements volontaires; mais les expériences ne peuvent être acceptées que quand elles auront été répétées, et les résultats en sont douteux. Goltz, sur ses chiens, n'a jamais constaté de retour de la sensibilité et du mouvement volontaire. Cependant Eichhorst, dans des expériences récentes, a constaté le retour de la motilité et a pu s'assurer dans un cas (au bout du 35° jour ; chien) du rétablissement de la continuité de la moelle par une lame aplatie, grisâtre, dans laquelle se trouvaient des fibres nerveuses de nouvelle formation.

Bibliographie. — Legros et Onimus : *Rech. sur les mouv. choréiformes du chien* (Journ. de l'Anat., 1870). — Masius et Vanlair : *De la situation et de l'étendue des centres réflexes de la moelle chez la grenouille* (Mém. de l'Acad. de Belgique, 1870). — Weil : *Die physiol. Wirkung der Digitalis auf die Reflexhemmungscentra des Frosches* (Arch. für Anat.,1871). — Heinzmann : *Ueber die Wirkung sehr allmätiger Aenderungen thermischer Reize auf die Empfindungsnerven* (Arch. de Pflüger, t. VI, 1872). — Fubini : *Di alcuni fenomeni che avvengono durante la compressione del midollo spinale di rana,* 1872. — Goltz : *Ueber das Centrum des Erectionsnerven* (Arch. de Pflüger, t. VII). — Id. : *Ueber die Funktionen des Lendenmarks der Frösche* (id., t. VIII). — Foster : *On the effect of a gradual rise of temperatur on reflex actions in the frog* (Journ. of anat., t. VIII). — Schlesinger : *Ueber die Centra der Gefäss und Uterusnerven* (Wien. Woch., 1873). — Rosenthal : *Stud. üb. Reflexe* (Berl. Acad., 1873). — Fubini : *Ueber einige Erscheinungen, die beim Druck auf das Rückenmark der Frösche zur Beobachtung kommen* (Moleschott's Unt., 1873). — Freusberg : *Reflexbewegungen beim Hunde* (Arch. de Pflüger, t. IX). — Schlesinger : *Ueber die Centra der Gefäss und Uterusnerven* (Wien. med. Jahrb., 1874). — Rokitansky : *Unt. üb. die Athemnerven-Centra* (id.). — Ananoff : *Ueber die Wirkung von Sauerstoffgas auf die erhöhte Reflexerregbarkeit* (Centralbl., 1874). — Spiro : *Physiol. Stud. über die Reflexe* (Centralbl., 1875). — Fratscher : *Ueber continuirliche und langsame Nervenreizung* (Jenaisch. Ztsch. f. Naturwiss., t. IX). — Rosenthal : *Fortsetzung der Studien über Reflexe* (Berl. Acad., 1875). — Stirling : *Ueber die Summation electrischer Hautreize* (Sächs. Acad., 1875). — E. Cyon : *Zur Hemmungstheorie der reflectorischen Erregungen* (Beitr. zur Anat., 1875). — Freusberg : *Ueber die Erregung und Hemmung der Thätigkeit der nervösen Centralorgane* (Arch. de Pflüger, t. X). — Owsjannikov : *Ueber einen Unterschied in den reflectorischen Leistungen des verlängerten und des Rückenmarkes des Kaninchens* (Sächs. Acad., 1874). — V. Schroff : *Beitr. zur Kenntniss der Anordnung der motorischen Nervencentra* (Wien. med. Jahrb., 1875). — Tarchanoff : *Bemerk. zu Stirling's Arbeit : Summation,* etc. (Arch. de Pflüger, t. XII). — Gergens : *Ueber gekreuzte Reflexe* (Arch. de Pflüger, t. XIV). — Luchsinger : *Weitere Versuche und Betracht. zur Lehre von den Nervencentren* (id.). — Osawa et Tiegel : *Bem. über die Functionen des Rückenmarks der Schlangen* (Arch. de Pflüger, t. XVI). — Langendorff : *Ueber Reflexhemmung* (Arch. für Physiol., 1877). — Tiegel : *Vom Rückenmark der Schlangen und Aale* (Arch. de Pflüger, t. XVII). — Luchsinger : *Zur Kenntniss der Functionen des Rückenmarks* (id., t. XVI). — Marchand : *Vers. über das*

Verhalten von Nervencentren gegen äussere Reize (Arch. de Pflüger, t. XVIII). — WEISS : *Beitr. zur Lehre von den Reflexen im Rückenmarke* (Med. Jahrb., 1878). — KOCH : *Ein Beitrag zur Lehre von der Hyperästhesie* (Arch. für pat. An., 1878). — OTT : *Obs. on the physiology of the spinal cord* (Journ. of physiol., 1879). — LAUTENBACH : *Are there spinal respiratory centres ?* (Phil. med. Times, 1879). — RUMPF : *Zur Function der grauen Vordersäulen des Rückenmarks* (Arch. für Psychiatrie, t. X). — WARD : *Ueber die Auslösung von Reflexbewegungen durch eine Summe schwacher Reize* (Arch. für Physiol., 1880). — LANGENDORFF : *Ueber einen gekreuzten Reflex beim Frosch*, etc. (Centralbl., 1880). — SCHLÖSSER : *Unt. üb. die Hemmung von Reflexen* (Arch. für Physiol., 1880).
Bibliographie de la moelle en général. — DENTAN : *Quelques rech. sur la régénération de la moelle épinière*, 1873. — HAYEM : *Des altérations de la moelle consécutives à l'arrachement du nerf sciatique*, etc. (Arch. de physiol., 1873). — VULPIAN : Art. : *Moelle*. du Dict. encycl., 1874. — EICHHORST ET NAUNYN : *Ueber die Regeneration und Veränderungen im Rückenmark nach streckenweiser totaler Zerstörung desselben* (Arch. für exp. Pat., t. II). — BUFALINI ET ROSSI : *Dell' atrofia del midollo spinale per la recisione delle radici nervose* (Gabin. di fisiol. di Siena, 1876). — EICHHORST : *Ueber Regeneration und Degeneration des Rückenmarks* (Zeit. für klin. Med., t. I).

3° Physiologie de l'encéphale.

Procédés. — **A. Excitation de régions circonscrites de l'encéphale.** — 1° *Piqûre.* — La piqûre se fait avec une aiguille fine qu'on fait pénétrer plus ou moins profondément dans le cerveau. Si l'on veut se borner à une simple excitation, il faut prendre garde de ne pas dilacérer la substance cérébrale.

2° *Électrisation.* — L'excitation peut se faire soit par les courants constants, soit par les courants interrompus et en particulier par les courants d'induction. Ce procédé sera étudié à propos de la physiologie des hémisphères cérébraux.

3° *Hyperhémie et inflammation.* — L'application de substances irritantes sur la substance cérébrale, la piqûre, etc., déterminent une hyperhémie et de l'inflammation qui s'accompagnent de phénomènes d'excitation cérébrale.

B. Abolition de fonction. — 1° *Section.* — La section a pour but d'interrompre la continuité dans la transmission nerveuse, soit sensitive, soit motrice. Ce procédé a surtout sa raison d'être pour l'étude expérimentale des fibres nerveuses conductrices.

2° *Ablation ou destruction.* — L'ablation avec le bistouri, le fer rouge, etc., ne peut guère être employée que pour les parties superficielles du cerveau, les parties profondes ne pouvant être atteintes qu'au prix de délabrements considérables.

3° *Procédé des injections caustiques interstitielles de l'auteur.* — Ce procédé, employé pour la première fois par l'auteur en 1868, et appliqué depuis par Nothnagel et Fournié, permet d'atteindre les parties profondes en ne faisant aux parties superficielles que des lésions insignifiantes. Le procédé opératoire est très simple : la peau étant incisée, on fait au crâne, avec un perforateur, un trou très fin ; on introduit par ce trou une petite canule à trocart qui pénètre plus ou moins profondément dans la substance cérébrale ; on retire le trocart et on visse sur la canule restée en place le corps d'une seringue à injection sous-cutanée chargée du liquide qu'on veut injecter. On tourne doucement le piston de façon à faire pénétrer un nombre déterminé de gouttes et on retire ensuite la canule. Les lésions cérébrales ainsi produites peuvent être localisées avec une précision remarquable. (Voir : Beaunis, *Note sur l'application des injections interstitielles à l'étude des fonctions des centres nerveux*, dans *Gazette médicale* de Paris, 1872) (1).

(1) Je crois devoir donner ici la note adressée par moi à l'Académie de médecine le 11 mai 1868 :

Des injections interstitielles et de leur emploi en physiologie et en pathologie expérimentales.

« L'extirpation physiologique, partielle ou totale, des organes et spécialement des organes nerveux centraux, s'accompagne en général de si grands désordres, que les conclusions tirées de ces expérimentations sont presque toujours entachées d'erreur et que ces expérimentations ne produisent aucun résultat. D'autre part, les lésions produites par les simples piqûres ne sont ni assez profondes ni assez étendues pour donner des résultats positifs.

« Le but des injections interstitielles est de remédier à ces inconvénients. Grâce à ce

4° *Procédé des aspirations interstitielles de l'auteur.* — Ce procédé, qui n'a pas encore reçu de publication, consiste à détruire par *aspiration* une région localisée de la substance cérébrale. Le procédé est le même que celui des injections interstitielles ; seulement la seringue s'emploie comme seringue aspiratrice ; le vide ainsi produit par la traction brusque du piston détermine, par l'influence de la pression atmosphérique, une rupture des capillaires suivie habituellement d'une hémorrhagie plus ou moins localisée ; on obtient ainsi une lésion identique aux lésions de l'apoplexie. Dans un certain nombre de cas, l'hémorrhagie est peu intense ou presque nulle, et la lésion se borne à une désorganisation partielle de la substance nerveuse. Au bout de quelque temps on observe quelquefois des abcès localisés. Au lieu d'une seringue, on peut employer un récipient (ballon) dans lequel on a fait préalablement le vide et qu'on réunit à la canule introduite dans le cerveau. Comme mon procédé des injections interstitielles, le procédé des aspirations interstitielles peut s'appliquer à tous les organes ; ainsi je l'ai employé plusieurs fois utilement pour le foie.

5° *Procédé de Goltz.* — Ce procédé consiste à enlever, à l'aide d'un courant d'eau d'une pression suffisante, la substance grise de la couche corticale des hémisphères. Pour cela, on pratique sur le crâne d'un chien deux couronnes de trépan à une certaine distance l'une de l'autre et on introduit obliquement dans la substance grise une canule de forme particulière par laquelle arrive un jet d'eau sous forte pression. On peut ainsi, en recommençant plusieurs fois l'expérience sur divers points du crâne, *décortiquer* un hémisphère entier et même la presque totalité des hémisphères en conservant la vie de l'animal.

6° *Cautérisation électrolytique.* — J'ai employé dans quelques cas la cautérisation électrolytique.

procédé, on peut détruire sur place tout ou partie d'un organe, localiser la lésion autant que possible et la limiter à volonté.

« Ce procédé, *applicable à tous les organes*, trouve son utilité toute spéciale dans l'étude des centres nerveux, puisqu'il permet d'atteindre les parties profondes inaccessibles jusqu'ici à l'instrument, ou accessibles seulement au prix des plus graves mutilations. Ce procédé peut aussi recevoir, comme on le verra plus bas, une plus grande extension.

« Le manuel opératoire est très simple. Comme instruments, un perforateur, s'il y a des os à traverser ; une canule à trocart qu'on enfonce à une profondeur déterminée d'avance dans une direction donnée, et une seringue à injection sous-cutanée.

« Le choix de la substance à injecter varie évidemment suivant le but à atteindre. Les liquides injectés peuvent être :

« 1° Des liquides *inertes* agissant mécaniquement par pression et distension ;

« 2° Des liquides *corrosifs*, détruisant la substance organique avec laquelle ils sont en contact ;

« 3° Des liquides *diffusibles* pouvant se mélanger aux sucs propres de l'organe ou du tissu et agir sur lui par leurs propriétés médicamenteuses et toxiques ;

« 4° Des liquides *solidifiables* susceptibles de se solidifier après l'injection, agissant d'abord mécaniquement, puis comme corps étrangers irritants sur les tissus.

« On pourra, du reste, faire varier, suivant les cas et dans les limites les plus étendues, la température de ces différents liquides.

« Il est préférable d'employer les liquides colorés naturellement ou artificiellement pour pouvoir à l'autopsie retrouver exactement les limites et l'étendue de leur sphère d'activité.

« Les *injections interstitielles* ouvrent donc un *nouveau* et vaste champ à la physiologie expérimentale et en particulier à celles des centres nerveux. Elles peuvent aussi servir aux recherches de physiologie pathologique et de thérapeutique.

« Les expériences à l'appui, dont la première a été faite dans mon cabinet à la Faculté de médecine de Strasbourg, le 9 mai 1868, seront ultérieurement communiquées à l'Académie. »

Le pli cacheté qui contenait cette note n'a été ouvert que dans la séance de l'Académie du 23 juillet 1872 ; mais, dès 1868, une partie des expériences avait été répétée *publiquement* dans mes conférences de physiologie à la Faculté de médecine de Strasbourg, conférences faites aux futurs stagiaires du Val-de-Grâce.

A la suite de cette note, je reproduirai le passage suivant du mémoire de M. E. Fournié (*Recherches expérimentales sur le fonctionnement du cerveau*, 1873, page 22) : « *Le procédé que nous avons découvert avait été déjà imaginé par M. le docteur Beaunis*, professeur de physiologie à Nancy, comme m'a prouvé depuis l'ouverture d'un pli cacheté que l'auteur avait déposé à l'Académie de médecine pour prendre date de son invention. » Le pli cacheté adressé par M. Fournié à l'Académie des sciences porte la date du 22 juillet 1872 et a été déposé le même jour à l'Académie.

7° *Interruption de la circulation*. — L'interruption de la circulation peut se faire soit sur des régions étendues (ligatures artérielles ou veineuses), soit sur des régions circonscrites (injection dans les vaisseaux de poudres obturantes, spores de lycopode, grains de tabac, d'air, etc.; *embolies expérimentales*). Dans ce cas on observe un ramollissement des parties correspondantes de la substance cérébrale.

8° *Réfrigération (Richardson)*. — L'application de la glace ou de mélanges réfrigérants, l'anesthésie localisée par l'éther, la rigolène, etc., sur une région déterminée du crâne, ou bien leur application à nu sur la substance cérébrale, abolissent temporairement les fonctions de la région. L'inconvénient de cette méthode est de ne pouvoir localiser la réfrigération au point expérimenté.

9° *Compression cérébrale*. — Cette compression peut se faire, soit directement sur la surface du cerveau, soit par l'injection dans le cerveau de liquides inertes, mercure, etc. (Voir : Beaunis, *Note sur l'application*, etc.)

a. — PHYSIOLOGIE DU BULBE (1).

Résumé anatomique. — 1° *Substance grise*. — La substance grise du bulbe est la continuation de celle de la moelle. La *tête* des *cornes antérieures*, bientôt séparée de la base par les fibres des cordons latéraux qui vont prendre part à la décussation des pyramides, fournit le noyau antérieur de l'hypoglosse et le noyau moteur des nerfs pneumogastrique, spinal et glosso-pharyngien. La *base* de ces cornes, refoulée peu à peu en arrière, fournit le noyau postérieur de l'hypoglosse. La *tête* des *cornes postérieures* donne le noyau sensitif du trijumeau, la *base* le noyau sensitif du pneumogastrique, du spinal et du glosso-pharyngien. A cette substance grise viennent s'ajouter l'*olive* et son noyau accessoire. — 2° *Substance blanche*. Les *pyramides antérieures* sont constituées par la partie postérieure des cordons latéraux du côté opposé (*décussation motrice des pyramides*), par les cordons de Turck du même côté, par une partie des cordons cunéiformes du côté opposé (*décussation sensitive*). Les fibres provenant du cordon latéral sont superficielles et forment la partie interne des pyramides ; celles du cordon de Turck sont situées en dehors, celles des cordons cunéiformes sont placées plus profondément. Les *pyramides postérieures* sont la continuation des cordons de Goll. Les *corps restiformes* paraissent constitués principalement par des fibres en connexion avec le cervelet (M. Duval), par la partie des cordons postérieurs qui n'a pas pris part à l'entre-croisement sensitif et par le faisceau cérébelleux direct de Fleschig. Le *faisceau intermédiaire ou latéral* du bulbe est formé par la partie non entrecroisée des cordons latéraux et par la partie externe des cordons antérieurs. Des fibres transversales mettent en outre en rapport les divers amas de substance grise, soit entre eux, soit avec les fibres blanches ; je noterai spécialement les fibres qui relient les olives aux corps restiformes et aux cordons postérieurs.

1° Excitabilité du bulbe.

L'excitabilité des divers faisceaux du bulbe est très controversée. L'excitation des pyramides antérieures détermine des mouvements sans signes de sensibilité (Longet). D'après Vulpian, il y aurait des mouvements et de la douleur. Les corps restiformes et les pyramides postérieures, au contraire, paraissent très sensibles (Longet, Vulpian), quoique Brown-Séquard ait trouvé leur sensibilité presque nulle. La sensibilité du plancher du 4° ventricule paraît beaucoup moins vive (Vulpian). (Pour les phénomènes oculaires déterminés par l'excitation du bulbe, voir : *Protubérance annulaire*.)

2° Transmission dans le bulbe.

1° *Transmission sensitive*. — L'hémisection du bulbe n'abolit pas la sensi-

(1) Malgré la difficulté d'isoler *physiologiquement* le bulbe de la protubérance, j'ai cru préférable et possible de les traiter à part.

bilité ; elle n'est pas non plus abolie, malgré l'assertion contraire de Longet, après la section des corps restiformes ; il est probable que cette transmission peut se faire aussi par la substance grise ; mais, en tout cas, il est presque impossible, d'après les expériences physiologiques, de localiser exactement dans le bulbe les conducteurs des impressions sensitives. La question de savoir si cette transmission est directe ou croisée est aussi peu précisée ; la section longitudinale antéro-postérieure et médiane du bulbe ne modifie pas notablement la sensibilité des deux côtés du corps.

2° *Transmission motrice.* — La transmission motrice se fait principalement par les pyramides antérieures et probablement par le faisceau intermédiaire du bulbe. Cette transmission est *croisée*. Le croisement se fait dans le bulbe même pour les conducteurs pour le tronc et les membres; pour les muscles de la face, elle se fait plus haut dans la protubérance. Chez l'homme, ce croisement est habituellement complet, mais il ne l'est pas *nécessairement*. comme le prouvent les cas pathologiques (Charcot), et il y a sur ce point des variations individuelles notables; chez les animaux, au contraire, il n'est que partiel; l'hémisection transversale du bulbe, la section médiane longitudinale ne produisent jamais chez eux une hémiplégie complète, ni d'un côté ni de l'autre (Philipeaux, Vulpian). Du reste, les résultats varient suivant la hauteur à laquelle sont faites les sections transversales; à la pointe du calamus, les muscles de la colonne vertébrale sont paralysés ; plus haut, ce sont les muscles des membres postérieurs.

Lussana et Lemoïgne refusent toute motricité aux pyramides antérieures. Pour eux, elles prennent leur origine dans le bulbe pour remonter dans les lobes cérébraux, et le croisement des fibres motrices encéphaliques, aurait lieu plus haut.

3° Centres nerveux dans le bulbe.

Procédés. — *Procédé de Cl. Bernard pour la piqûre diabétique.* — L'animal (lapin) est maintenu solidement par un aide ; on saisit fortement la tête de la main gauche, et, en passant la main sur le crâne d'avant en arrière, on sent une tubérosité *d* (fig. 467) qui correspond à la bosse occipitale en *c*. Immédiatement en arrière, on plante un petit ciseau représenté dans la figure 466; sa pointe entre dans le tissu osseux, et, dès qu'il a traversé les parois du crâne, on dirige l'instrument obliquement de haut en bas et d'arrière en avant jusqu'à ce que la pointe atteigne l'os basilaire. La figure 465 représente la marche de l'instrument à travers la tête du lapin. Pour que le diabète se produise, la piqûre doit porter entre les tubercules de Wenzel (origine des nerfs acoustiques *b,b*, fig. 468) et les origines du pneumogastrique *e*. Si on pique plus bas, on produit la polyurie seule, au-dessus, l'albuminurie. Le sucre apparaît dans les urines une heure ou deux après l'opération et disparaît au bout de quatre à cinq heures. — On peut aussi mettre à nu la face postérieure du bulbe en incisant les muscles de la nuque et la membrane occipito-atloïdienne et en enlevant au besoin l'arc postérieur de l'atlas ; mais il survient dans ce cas des hémorrhagies et des troubles du mouvement, dus au traumatisme, ce qui fait que cette méthode ne peut être employée que dans certains cas spéciaux.

1° *Centre respiratoire.* — Le centre respiratoire se trouve dans le bulbe, vers la pointe du V du *calamus scriptorius*, au niveau des origines du pneumogastrique. Ce centre se compose de deux centres, un centre inspirateur et un centre expirateur. 1° L'activité du *centre inspirateur* est excitée par l'irritation des nerfs sensitifs tant cutanés que pulmonaires (et probablement par celle de tous les nerfs sensitifs, quels qu'ils soient), par l'accumulation d'acide carbonique dans le sang (dyspnée), par l'absence ou la diminution d'oxygène, par la chaleur (sang chauffé, Fick et Goldstein). Son activité

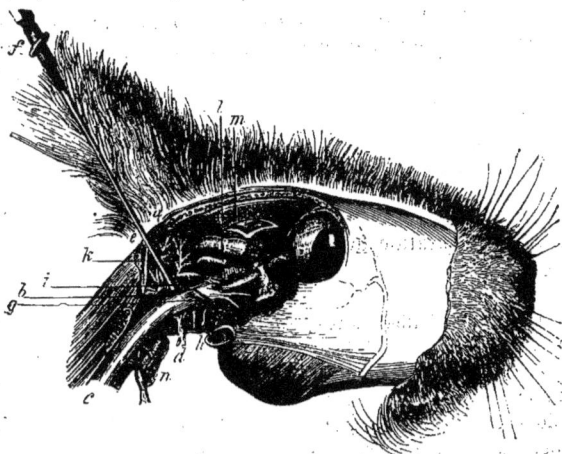

Fig. 465. — *Coupe d'une tête de lapin* (Cl. Bernard) (*).

est au contraire diminuée ou paralysée par une excitation forte des nerfs sensitifs et en particulier des nerfs du cœur (excitation de l'endocarde; François-Franck), par l'excès d'oxygène (apnée) ou d'acide carbonique (asphyxie) dans le sang, par l'augmentation de pression intra-crânienne. La volonté peut influencer la respiration dans de certaines limites soit dans un sens soit dans l'autre, tant au point de vue de la fréquence que de la profondeur des respirations. Le centre inspirateur agit d'une façon intermittente comme le cœur. 2° Le *centre expirateur*, dont l'activité n'entre en jeu qu'à certains moments, l'expiration ordinaire étant purement passive, est excité par les irritations de la plupart des nerfs sensitifs et spécialement des filets du laryngé supérieur (1) (Voir : *Pneumogastrique*, p. 1242). Ces deux centres respiratoires paraissent être doubles, car la section de la moelle en deux moitiés symétriques n'abolit pas les mouvements de respiration, et la section transversale d'une moitié de la moelle paralyse les muscles respirateurs du même côté. D'après Gierke et Heidenhain, ce ne serait pas un amas de substance grise, mais un simple cordon blanc, descendant de chaque côté des racines du pneumogastrique, du trijumeau, du spinal et du

(*) *a*, cervelet. — *b*, origine du nerf de la 7e paire. — *c*, moelle épinière. — *d*, origine du pneumogastrique. — *e*, trou d'entrée de l'instrument. — *f*, instrument. — *g*, — nerf trijumeau. — *h*, conduit auditif. — *i*, extrémité de l'instrument. — *k*, sinus veineux occipital. — *l*, tubercules quadrijumeaux. — *m*, cerveau. — *n*, coupe de l'atlas.

(1) A l'inspiration initiale produite par l'excitation d'un nerf sensitif succède en effet la plupart du temps un arrêt en expiration (François-Franck).

glosso-pharyngien jusqu'au renflement cervical et réuni par des fibres au cordon du côté opposé ; dans ce cas, le véritable centre respiratoire serait situé dans la moelle (voir aussi page 1293).

La piqûre ou l'ablation d'un point circonscrit du 4e ventricule, au niveau de la pointe du V du *calamus* (*nœud vital* de Flourens) arrête immédiatement la respiration et produit une mort subite chez les animaux à sang chaud. La section du bulbe au-dessous du nœud vital abolit les mouvements respiratoires du tronc et laisse subsister ceux de la face (mouvements des naseaux chez le cheval, par exemple); la section au-dessus du nœud vital abolit les mouvements respiratoires de la face et laisse subsister ceux du tronc. La mort après la destruction du nœud vital a été attribuée, par quelques auteurs, à d'autres causes qu'à un simple arrêt de respiration, ainsi qu'à la douleur et à l'arrêt du cœur (Brown-Séquard).

Les centres bulbaires respiratoires sont des centres réflexes, ce qui n'empêche pas que, dans certaines conditions, ils ne puissent être excités directement par l'état du sang, par exemple. D'après quelques auteurs, ce mode d'excitation directe serait le mode normal, et ils les font alors rentrer dans un groupe particulier de centres, dits *automatiques*. Cette distinction en centres réflexes et centres automatiques ne me paraît pas justifiée. A l'état physiologique, les centres dits automatiques (centres respiratoires, centres cardiaques, etc.) me paraissent entrer en activité par suite d'excitations nerveuses venant soit de la périphérie, soit d'autres cellules nerveuses, et rentrer par conséquent dans la catégorie des centres réflexes. On a admis cependant que le centre respiratoire conservait son activité après la section de tous les nerfs sensitifs; mais ces expériences, répétées du reste avec des résultats opposés par Rach et von Wittich, méritent confirmation.

Au centre expirateur on peut rattacher le centre de la *toux* (qui, d'après Koths, serait situé au-dessus du centre inspirateur) et le centre de l'*éternument*.

Fig. 466. — *Ciseau pour la piqûre diabétique.*

2° *Centre vaso-moteur* (Voir : *Nerf vaso-moteurs.*) On a aussi admis dans le bulbe l'existence d'un *centre vaso-dilatateur*.

3° *Centre d'innervation pour le dilatateur de la pupille.* — D'après les recherches de Schiff et de Salkowski, le centre dilatateur de la pupille devrait être placé plus haut que le centre cilio-spinal et probablement dans le bulbe (Voir : *Moelle* et *Innervation de l'iris*).

4° *Centre d'arrêt du cœur.* — (Voir: *Innervation cardiaque*.)

5° *Centre des mouvements de déglutition.* — La localisation de ce centre n'est pas encore déterminée, mais il doit se trouver dans le bulbe, car après l'ablation des parties situées au-dessus du bulbe, la déglutition s'opère encore si on introduit l'aliment dans le fond de la cavité buccale, et une lésion profonde du bulbe rend la déglutition impossible.

6° *Centre de phonation.* — Le bulbe commande les mouvements des muscles expirateurs et des muscles des cordes vocales qui interviennent dans

la production des sons ; un animal auquel on a enlevé le cerveau et la protubérance, en respectant le bulbe, crie encore toutes les fois qu'on le pince
(Vulpian). Les centres des nerfs moteurs qui servent à l'articulation des
sons se trouvent aussi dans le bulbe, et Schrœder van der Kolk, reprenant

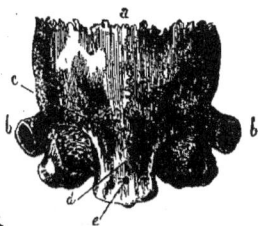

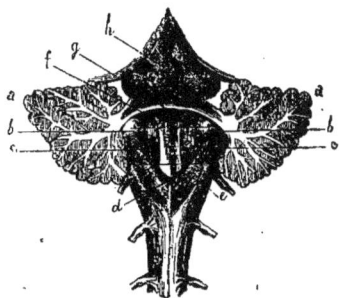

Fig. 467. — *Crâne de lapin : partie postérieure*
(Cl. Bernard).

Fig. 468. — *Plancher du 4e ventricule chez
le lapin* (Cl. Bernard) (*).

une idée déjà émise par Dugès, a cherché à localiser dans l'olive le centre
des mouvements des sons articulés ; mais son opinion ne s'appuie que sur
des données anatomiques encore trop incertaines.

7° *Centre glycogénique ou diabétique*. — La piqûre du plancher du 4e ventricule détermine une glycosurie temporaire (Cl. Bernard) ; les conditions de
l'expérience ont été analysées à propos de la glycogénie (voir : page 859).

8° *Centre du vomissement*. — Sa localisation est indéterminée.

9° *Centres sudoripares*. — Leur situation est encore indéterminée. Ils doivent être doubles, car dans quelques cas on observe des sueurs unilatérales.
Vulpian admet dans la moelle allongée des centres d'arrêt pour la sécrétion de la sueur, opinion confirmée par Ott.

10° *Centres de coordination des réflexes*. — Si, chez le lapin, on sectionne la
moelle allongée à 6 millimètres au-dessus du *calamus scriptorius*, les mouvements réflexes généralisés subsistent encore, tandis que, si la section porte
un millimètre plus bas, on n'a plus que des réflexes partiels (Owsjannikow).

Outre les centres mentionnés plus haut, le bulbe contient encore probablement un certain nombre de centres qui lui sont communs avec la protubérance et qui seront étudiés avec les centres protubérantiels (1).

Bibliographie. — KILIAN : *Einfluss der Medulla oblongata auf die Bewegungen des
Uterus* (Zeit. für rat. Med., 1851). — E. PFLÜGER : *Die psychischen Functionen der Medulla oblongata und spinalis* (Müller's Arch., 1851). — FLOURENS : *Nouv. éclairciss. sur le
nœud vital* (Comptes rendus, 1859). — BROWN-SÉQUARD : *Rech. exp. sur la physiologie de
la moelle allongée* (Journ. de la physiol., 1860). — VULPIAN : *Rech. exp. relatives aux effets*

(*) Le cervelet a été divisé et ses deux lobes *a*, *a*, sont déjetés de côté. — *b*, *b*, tubercules de Wenzel. — *c*, plancher
du 4e ventricule, — *d*, bec du calamus. — *e*, origine du pneumogastrique. L'espace pour la piqûre diabétique
est limité par deux lignes transversales qui joignent les tubercules de Wenzel et les origines des pneumogastriques.

(1) Budge a provoqué, par l'excitation du bulbe des contractions de l'estomac et du rectum ;
peut-être ne s'agissait-il là que de contractions réflexes.

des lésions du plancher du 4ᵉ ventricule, etc. (Gaz. méd., 1862). — FLOURENS : *Détermination du nœud vital* (Comptes rendus, 1862). — NOTHNAGEL : *Die Entstehung der allgemeinen Convulsionen vom Pons und von der Medulla oblongata aus* (Arch. für pat. Anat., t. XLV). — SCHIFF : *Einfluss des verlängerten Marks auf die Athmung* (Arch. de Pflüger, 1870). — E. CYON : *Ueber den Einfluss der Temperaturveränderungen auf die centralen Enden der Herznerven* (Arch. de Pflüger, t. VIII). — DITTMAR : *Ueber die Lage des sogenannten Gefässcentrums in der Medulla oblongata* (Sächs. Akad., 1873). — GIERKE : *Die Theile der Medulla oblongata, deren Verletzung die Athembewegung hemmt*, etc. (Arch. de Pflüger, t. VII). — CAREL : *Esquisse des récents travaux sur le bulbe rachidien*, 1875. — VULPIAN : *Expér. pour rechercher si tous les nerfs vasculaires ont leur foyer d'origine, leur centre vaso-moteur, dans le bulbe rachidien* (Comptes rendus, t. LXXVIII). — LABORDE ET M. DUVAL : *Rech. exp. sur quelques points de la physiologie du bulbe* (Soc. de biol., 1877 et Gaz. méd., 1877-1878).

b. — PHYSIOLOGIE DE LA PROTUBÉRANCE.

Résumé anatomique. — 1° La *substance grise* de la protubérance est en partie la continuation de celle du bulbe. Les noyaux gris de l'hypoglosse, du facial supérieur (facial et moteur oculaire externe) et plus haut du moteur oculaire commun et du pathétique représentent le prolongement de la *base* des *cornes antérieures*, la *tête* étant représentée par le noyau inférieur de l'hypoglosse et le noyau d'origine du nerf masticateur. A la *base* des *cornes postérieures* correspondent les noyaux de l'acoustique et du trijumeau, à leur *tête* (tubercule cendré de Rolando) la racine ascendante du trijumeau. A cette substance grise vient se surajouter la masse de l'*olive supérieure*. — 2° La *substance blanche* de la protubérance continue aussi en partie celle du bulbe (pyramides antérieures, cordons postérieurs, corps restiformes, faisceau intermédiaire) ; mais à ces fibres verticales viennent s'ajouter : 1° les fibres obliques, puis verticales des pédoncules cérébelleux supérieurs ; 2° les fibres transversales dont la plus grande partie constitue les pédoncules cérébelleux moyens et qui réunissent l'hémisphère du cervelet, soit à l'hémisphère cérébelleux opposé, soit à la moitié opposée de l'encéphale ; 3° des fibres verticales qui se continuent avec le faisceau interne du pied des pédoncules cérébraux.

A. Excitabilité de la protubérance. — L'excitation des parties superficielles de la protubérance ne détermine en avant aucun phénomène à moins qu'on n'atteigne les pédoncules cérébelleux moyens (voir *Cervelet*) ; en arrière, on obtient des signes de douleur. Quand la stimulation pénètre jusqu'aux parties profondes (galvanisation), on a des convulsions générales épileptiformes qui se distinguent des convulsions tétaniques qu'on obtient par l'excitation de la moelle.

B. Transmission dans la protubérance. — a. *Transmission sensitive.* — La transmission sensitive à travers la protuburance est encore très obscure ; un fait pathologique important, c'est que l'anesthésie est beaucoup plus rare que la paralysie du mouvement dans les affections de la protubérance, et quand cet organe est lésé d'un seul côté, l'anesthésie existe du côté opposé du corps ; on a vu plus haut que l'entre-croisement des conducteurs pour les impressions sensitives se fait au-dessous de la protubérance (moelle et bulbe). D'après Brown-Séquard, ces impressions (sensations musculaires, tactiles, thermiques, de douleur) passeraient par les parties centrales de la protubérance.

b. *Transmission motrice.* — La transmission motrice volontaire se fait principalement par les parties antérieures de la protubérance. Les lésions unilatérales de la protubérance produisent ordinairement une paralysie du tronc et des membres du côté opposé et une paralysie du facial du même côté que la lésion (hémiplégie alterne de Gubler) ; c'est que l'entre-croisement du facial a lieu dans le pont de Varole même, tandis que l'entre-croisement des conducteurs pour le tronc et les membres se fait au-dessous, comme on l'a vu à propos du bulbe.

C. Centres d'innervation de la protubérance. — La physiologie de la protubérance se confond sur beaucoup de points avec celle du bulbe, et il est difficile de circonscrire exactement dans chacun de ces organes un certain nombre de centres nerveux qui sont sur la limite de l'un ou de l'autre. Ces réserves faites, on peut admettre dans la protubérance les centres suivants :

1° *Centres de la mimique et de l'expression faciale ;*

2° *Centres de la mastication et de la succion* (enfants) ;

3° *Centres du mouvement des paupières et du clignement ;*

4° *Centres des mouvements des yeux.* — Ces mouvements ont leurs centres dans les noyaux d'origine des nerfs moteurs de l'œil qui se trouvent dans la protubérance.

M. Duval et Laborde ont prouvé par leurs expériences, confirmées par les recherches anatomiques, qu'il existe au niveau du noyau d'origine de la sixième paire un centre d'association des mouvements des yeux pour la vision binoculaire. Ils ont montré que l'excitation de cette région détermine la déviation conjuguée des yeux du côté excité, que sa destruction détermine la déviation conjuguée du côté opposé et qu'enfin la destruction des deux noyaux droit et gauche produit le strabisme convergent. C'est qu'en effet, comme on l'a vu plus haut, le noyau d'origine du moteur externe envoie des fibres non seulement au nerf moteur externe du même côté, mais encore aux nerfs moteur commun et pathétique du côté opposé ; il en résulte que le muscle droit interne, par exemple, a une innervation double ; il reçoit son innervation du moteur oculaire commun quand il se contracte avec le droit interne du côté opposé pour faire converger les deux yeux ; il la reçoit du moteur oculaire externe quand il se contracte avec le droit externe du côté opposé quand les deux yeux se dirigent latéralement à droite ou à gauche. Si la section médiane et verticale du bulbe au niveau du plancher du quatrième ventricule n'abolit pas cette association des mouvements oculaires (Vulpian), c'est parce que l'entre-croisement des fibres commissurales se fait plus haut à la hauteur des tubercules quadrijumeaux. Ces centres des mouvements oculaires sont du reste sous la dépendance de centres supérieurs placés dans les parties plus élevées de l'axe nerveux (Voir : *Tubercules quadrijumeaux*).

5° *Centres pour la station et la locomotion.* — Après l'ablation de l'encéphale avec conservation de la protubérance, l'animal peut encore se tenir debout et même faire les mouvements de la marche, quoique en chancelant et d'une façon incomplète (Vulpian) ; après la destruction de la protubérance, l'animal reste couché sans pouvoir se relever.

Lussana et Lemoigne ont admis, en se basant sur leurs expériences sur les oiseaux, l'existence d'un *centre de recul* dans la protubérance. D'après ces physiologistes la section des *cordons ronds* qui se trouvent sur le plancher du quatrième ventricule de chaque côté de la ligne médiane, paralyserait les mouvements rétrogrades; leur excitation au contraire déterminerait un mouvement de recul.

6° *Centres pour les mouvements généraux des membres.* — Après l'ablation de toutes les parties situées en avant de la protubérance, les mouvements des quatre membres peuvent encore s'exécuter avec énergie et coordination.

7° *Centre des convulsions.* — On a vu plus haut que la galvanisation de la protubérance produit des convulsions épileptiformes; c'est là ce qu'on a appelé *région des crampes* ou *centre convulsif* de la moelle allongée, dont les limites ont été bien précisées par Nothnagel. Ce centre est excité par l'excès d'acide carbonique dans le sang, par l'oxygène, comme dans l'asphyxie, par l'anémie ou le rétrécissement des vaisseaux de la protubérance (Kussmaul et Tenner), par l'hyperhémie de ces vaisseaux (Landois), par la plupart des poisons du cœur, la picrotoxine, etc. Ce centre convulsif est en rapport intime avec les centres respiratoires, vaso-moteur, dilatateur de la pupille et cardiaque (centre d'arrêt), comme on le voit dans les phénomènes de l'asphyxie qui fait entrer tous ces centres en activité.

8° *Centre salivaire.* — Le centre de la sécrétion salivaire paraît aussi se trouver dans le plancher du 4ᵉ ventricule au niveau de l'origine du facial; la piqûre ou l'excitation électrique de cette région détermine une sécrétion abondante de salive (Cl. Bernard, Eckhard, etc.).

9° *Centre sensitif.* — Gerdy et Longet font de la protubérance un centre sensitif; d'après eux, l'ablation des parties situées en avant de la protubérance n'abolit pas la sensibilité générale, les animaux crient, s'agitent, et ces signes de douleur disparaissent par la lésion de la protubérance; pour Brown-Séquard, ces phénomènes seraient d'ordre purement réflexe; cependant les expériences de Vulpian parleraient en faveur de l'opinion de Longet. C'est ainsi que les cris plaintifs poussés par l'animal auquel on a enlevé l'encéphale en respectant la protubérance sont bien différents des cris réflexes poussés par l'animal auquel il ne reste plus que le bulbe; de même le rat auquel on a enlevé le cerveau, les corps striés et les couches optiques fait un brusque soubresaut quand on produit près de lui un bruit subit assez fort. La protubérance pourrait donc être considérée comme un centre d'association des mouvements émotionnels, un centre *sensori-moteur*. Vulpian admet aussi que la sensibilité gustative a son centre dans la protubérance.

10° L'influence de la moelle allongée sur la température est encore très obscure. On a vu plus haut que certains auteurs ont admis dans la protubérance des *centres d'arrêt* pour la production de chaleur (Voir : *Production de chaleur*, page 1082).

Bibliographie. — Gubler : *De l'hémiplégie alterne* (Gaz. hebd., 1856). — Brown-Séquard : *Rech. sur la physiol. de la protubérance* (Journ. de la physiol., t. II). — M. Duval et Laborde : *De l'innervation des mouvements associés des globes oculaires* (Journ. de l'anat., 1880).

C. — PHYSIOLOGIE DES PÉDONCULES CÉRÉBRAUX ET DE LA CAPSULE INTERNE.

Résumé anatomique. — Les *pédoncules cérébraux* se composent de deux parties, une *partie inférieure* (pied, étage inférieur), et une *partie supérieure* (étage supérieur, tegmen, calotte). Ces deux parties sont séparées par une couche de substance grise, *locus niger.* — 1° *Pied.* Le pied des pédoncules cérébraux est constitué par trois faisceaux. Le *faisceau moyen*, le plus considérable, se continue avec la partie motrice des pyramides antérieures et par conséquent avec la partie postérieure des cordons latéraux de la moelle ; ses fibres sont centrifuges et subissent la dégénérescence descendante ; elles proviennent de la substance corticale des hémisphères et, contrairement à l'opinion de Meynert, ne paraissent pas traverser le corps strié et se mettre en rapport avec lui. Le *faisceau interne* est constitué aussi par des fibres centrifuges, qui subissent aussi, quoique beaucoup plus rarement, la dégénérescence descendante, mais qui semblent s'arrêter dans la protubérance, car on ne retrouve pas le faisceau dégénéré dans le bulbe. L'origine de ces trois faisceaux paraît se trouver aussi dans la substance corticale des hémisphères et peut-être sont-elles en rapport avec les nerfs moteurs crâniens. Le *faisceau externe*, qui ne dégénère pas, se compose de fibres centripètes provenant de la partie sensitive des pyramides antérieures et contient les fibres de sensibilité générale et spéciale pour le côté opposé du corps ; ces fibres se continuent aussi jusqu'à la substance corticale des hémisphères. Il est douteux que dans ce trajet elles se mettent en rapport avec la substance grise de la couche optique. — 2° *Étage supérieur.* L'étage supérieur des pédoncules cérébraux se compose de deux faisceaux. Le *faisceau externe* paraît constitué par une portion des fibres des cordons postérieurs qui ont contribué à former la partie sensitive des pyramides antérieures et par des fibres provenant de la partie antérieure des cordons latéraux et de la partie externe des cordons antérieurs (faisceau intermédiaire ou latéral du bulbe). Toutes ces fibres, de nature centripète, paraissent se terminer dans les ganglions de la base du cerveau, les tubercules quadrijumeaux et spécialement dans la couche optique (M. Duval). En tous cas, elles n'arrivent pas jusqu'à la substance corticale des hémisphères. Le *faisceau interne* est formé par les fibres des pédoncules cérébelleux supérieurs. — La *substance grise* des pédoncules cérébraux est représentée, outre le *locus niger*, par les noyaux du moteur oculaire commun et du pathétique déjà mentionnés à propos de la protubérance et par deux petits amas gris situés au milieu de l'étage supérieur, les *noyaux rouges de Stilling.*

La *capsule interne* est en grande partie la continuation du *pied* des pédoncules cérébraux dont elle forme, à proprement parler, la portion inter-ganglionnaire. Elle se divise en deux segments, un *antérieur* et un *postérieur*, dont la réunion se fait sous un angle appelé *genou* de la capsule interne par Flechsig. — 1° Le *segment antérieur*, compris entre la tête du noyau caudé du corps strié et la partie antérieure du noyau lenticulaire, se continue avec le *faisceau interne* du pied du pédoncule. — 2° Le *segment postérieur*, compris entre la couche optique et la partie postérieure du noyau lenticulaire, peut être divisé en deux parties ; les *deux tiers antérieurs* (région pyramidale) se continuent avec le *faisceau moyen* du pied du pédoncule et représentent la partie motrice (motricité volontaire) de la capsule interne ; le *tiers postérieur* se continue avec le *faisceau externe* du pied du pédoncule et représente la partie sensitive de la capsule interne. Outre ces fibres reliant directement les couches corticales des hémisphères aux pédoncules cérébraux, la capsule interne contient aussi des fibres allant du pédoncule cérébral au corps strié et des fibres allant des couches corticales des hémisphères aux ganglions du cerveau (couche optique et corps strié).

Les *pédoncules cérébraux* sont sensibles ; leur excitation provoque des signes de douleur. Ils servent à la transmission des mouvements et spécialement des mouvements volontaires et de la sensibilité ; ils servent d'intermédiaires entre les centres moteurs médullaires situés au-dessous et les centres moteurs réflexes ou volontaires des ganglions cérébraux (corps strié, tubercules quadrijumeaux, etc.) et de l'écorce des hémisphères, entre le cervelet et la substance corticale, entre les centres sensoriels et les nerfs périphériques.

Leur section complète produit une paralysie du mouvement et une paralysie (ou une diminution) de la sensibilité du côté opposé du corps. D'après Wundt, la lésion de la partie inférieure des pédoncules cérébraux abolit les mouvements volontaires, mais les mouvements dépendant des centres situés dans les ganglions cérébraux (corps strié, par exemple) peuvent encore se produire par action réflexe sous l'influence d'excitations sensitives. Si la lésion porte sur la partie supérieure des pédoncules cérébraux et le ruban de Reil, au contraire, ce sont ces derniers mouvements qui sont abolis ; il y a de l'ataxie (incertitude et vacillation des mouvements), mais les mouvements volontaires persistent.

La lésion d'un pédoncule cérébral produit un *mouvement de manège* du côté opposé à la lésion ; dans ce mouvement de manège, l'animal décrit un cercle de rayon variable, et le cercle parcouru serait d'autant plus petit que la lésion se rapproche davantage du bord antérieur de la protubérance et qu'elle atteint un plus grand nombre de fibres. Dans trois cas de lésion de la partie supérieure et externe du pédoncule cérébral, j'ai constaté des mouvements de *rotation sur l'axe*. La déviation des yeux et le nystagmus ont été aussi observés quelquefois.

Le *pied* des pédoncules cérébraux paraît, d'après les données anatomiques et expérimentales, être surtout en rapport avec la transmission des mouvements volontaires et de la sensibilité consciente, le *toit* avec les mouvements (réflexes) dépendants des centres ganglionnaires (corps strié, couche optique, etc.). Si on examine comparativement le volume du pied et du toit des pédoncules cérébraux, on voit, en s'élevant dans la série animale, le volume du pied augmenter graduellement pour atteindre chez l'homme son maximum de développement. Le volume du pied des pédoncules cérébraux est du reste en rapport avec le développement des circonvolutions cérébrales.

Les lésions de la *capsule interne* produisent des effets différents suivant le siège de la lésion. Quand, par le procédé de Veyssière (1), on sectionne le tiers postérieur du segment postérieur, on constate la perte de la diminution de la sensibilité générale et spéciale (vue, ouïe, etc.) dans tout le côté opposé du corps (*hémianesthésie cérébrale*). Quand la section porte plus en avant, dans la région du *genou* de la capsule interne, on a la paralysie du mouvement du côté opposé du corps (*hémiplégie*, Carville et Duret). Les lésions pathologiques (hémorrhagies) produisent, suivant leur siège, le même résultat (Charcot, *Leçons sur les localisations*).

Budge a vu des contractions (réflexes?) de l'estomac, de l'intestin et de la vessie par l'excitation des pédoncules cérébraux. L'augmentation des sécrétions lacrymale et salivaire observée par Afanasieff est probablement aussi un phénomène réflexe. Le même auteur a vu la section unilatérale du pédoncule cérébral s'accompagner d'un rétrécissement des artères du côté de la section. Danilewsky, en excitant les pédoncules cérébraux sur des chiens curarisés, a constaté une augmentation de pression sanguine et du ralentissement du pouls.

(1) L'instrument de Veyssière se compose d'un trocart explorateur dont la tige perforante est remplacée, une fois la canule introduite dans l'encéphale, par une autre tige à laquelle est fixée l'extrémité d'un ressort fortement coudé. En poussant cette tige, le ressort fait saillie en faisant un angle avec l'axe de la canule, et sectionne la substance cérébrale quand on le fait tourner d'un tour ou d'un demi-tour.

Bibliographie. — AFANASIEW : *Zur Physiol. d. Pedonculi cerebri* (Wien. med. Woch., 1870). — BUDGE : *Ueber das Centrum der Gefässnerven* (Arch. de Pflüger, t. VI). — VIRENQUE : *De la perte de la sensibilité générale et spéciale d'un côté du corps*, 1874. — VEYSSIÈRE : *Rech. cliniques et expér. sur l'hémianesthésie de cause cérébrale*, 1874. — RENDU : *Des anesthésies spontanées*, 1875. — BRISSAUD : *Faits pour servir à l'histoire des dégénérations secondaires dans le pédoncule cérébral* (Progrès méd., 1879).

d. — PHYSIOLOGIE DES CORPS STRIÉS.

Résumé anatomique. — Le *corps strié* se compose de deux parties distinctes, séparées par la capsule interne : 1° une *partie antéro-interne*, *noyau intra-ventriculaire*, *noyau caudé*; 2° une *partie postéro-externe*, noyau *extra-ventriculaire*, *noyau lenticulaire*, composé lui-même de trois segments de coloration différente, un segment interne, un segment moyen et un segment externe ; ce dernier est séparé de la substance grise de l'*avant-mur* par la lame blanche qui constitue la *capsule externe*. Les deux noyaux du corps strié sont en rapport, d'une part avec la substance corticale des hémisphères par les fibres blanches de la couronne rayonnante de Reil, d'autre part avec la substance grise des parties sous-jacentes (moelle et moelle allongée) par des fibres blanches continues avec les fibres des pédoncules cérébraux et surtout avec celles du pied des pédoncules.

L'*excitation des corps striés* ne s'accompagne d'aucun signe de douleur. D'après Longet et la plupart des physiologistes, leur excitation électrique déterminerait des phénomènes de motilité et spécialement des contractions généralisées du côté opposé du corps. Cependant Gliky et François-Franck et Pitres sont arrivés à des résultats opposés ; d'après ces expérimentateurs, les mouvements violents qu'on observe sont dus à l'excitation des faisceaux blancs de la capsule interne, et l'irritation, limitée à la substance grise seule, ne produirait pas de contractions.

L'*extirpation* des corps striés n'a donné que des résultats contradictoires, bien concevables du reste puisqu'il est impossible de les extirper sans détruire la capsule interne. Cependant toutes les expériences s'accordent pour en faire des centres de motilité d'ordre supérieur et plus élevés physiologiquement que les centres moteurs de la moelle allongée et de la moelle épinière. Leur action s'exerce au moins chez l'homme sur le côté opposé du corps.

Chez l'homme, la lésion d'un corps strié s'accompagne toujours d'une paralysie du mouvement du côté opposé avec conservation de la sensibilité, et suivant l'étendue et la place de la lésion, la paralysie atteint plus ou moins complètement certaines catégories de muscles (extrémités postérieures ou antérieures, facial, etc.) ; quand la lésion (le plus souvent une hémorrhagie) n'atteint pas la capsule interne, la paralysie motrice est le plus habituellement passagère, ce qui semblerait indiquer la possibilité d'une suppléance fonctionnelle, soit par les parties restées intactes du corps strié, soit par des centres moteurs situés dans d'autres régions cérébrales. Chez le lapin, l'ablation d'un corps strié ne produit pas de paralysie ; l'ablation des deux corps striés abolit les mouvements volontaires, probablement par suite de la lésion de la capsule interne, mais les mouvements de la marche et de la course sont encore possibles. D'après Carville et Duret, chez le chien, l'ablation complète du noyau caudé rend impossibles les mouvements de progression ; l'animal décrit alors un mouvement de manège en pivotant sur les pattes du côté opposé à la lésion ; quand l'expansion pédonculaire est détruite en même temps, il y a paralysie complète des deux membres du côté opposé ; une lésion légère du noyau caudé produit seulement un peu de raideur des deux pattes opposées et surtout de la raideur dans la progression. Pour ces auteurs le noyau caudé présiderait aux mouvements généraux des membres et surtout aux mouvements de progression. D'après Nothnagel, il existerait dans le corps strié du lapin un point, *nodus cursorius*, dont l'excitation déterminerait chez l'animal un mouvement de course irrésistible, et mes expériences d'injections interstitielles me portent à admettre aussi dans le corps strié l'existence de ce centre. Il est impossible, quand on ne l'a pas vu, de se rendre compte de la violence avec laquelle l'animal se lance en avant. Le même auteur a observé, après la destruction d'un seul noyau lenticulaire, les phénomènes suivants : la patte du côté opposé était déviée vers la ligne médiane ; la patte du même côté était déviée en dehors ; le rachis était incurvé, la convexité répondant au côté opposé à la lésion ; après la destruction des deux noyaux lenticulaires, l'animal reste immobile comme après l'ablation des hémisphères, et les pattes conservent la position qu'on leur donne ; les noyaux lenticulaires serviraient donc à transmettre les impulsions motrices volontaires parties de la substance corticale du cerveau. Pour Carville et Duret, les phénomènes attribués par Nothnagel à la lésion du noyau lenticulaire devraient être rapportés à celle de la capsule interne. D'après Nothnagel, le noyau caudé serait en relation avec ces espèces de mouvements combinés qui, provoqués primitivement par une impulsion psychique, continuent automatiquement à s'accomplir sans nouvelle impulsion volontaire. Ferrier a observé, par l'excitation galvanique des corps striés, un pleuro-sthothonos très intense (l'incurvation vertébrale est telle quelquefois que la tête touche la queue), des contractures des muscles de la face et du cou et des muscles fléchisseurs; il n'a pas observé de mouvements individuels localisés. Lussana et Lemoigne considèrent les noyaux caudés comme les centres des mouvements de progression conjointement avec le pied du pédoncule cérébral. L'hypothèse de Nothnagel me paraît la plus probable.

Magendie admettait dans les corps striés un centre dont l'excitation déterminerait chez les animaux un mouvement de recul ; après leur ablation, il y aurait une impulsion irrésistible poussant le corps en avant, impulsion qui serait due à l'action du cervelet que ne contre-balance plus l'action de recul du corps strié. Richardson et Mitchell ont vu des mouvements en avant très marqués par le refroidissement des corps striés. D'après ce qui a été dit plus haut, je crois que, dans ces cas, il y a excitation du corps strié plutôt qu'abolition de fonction.

Danilewsky, en excitant la queue du corps strié chez des chiens curarisés, a constaté une augmentation de pression sanguine et du ralentissement du pouls, précédé habituellement d'une accélération passagère. Balogh a observé une accélération du cœur.

Bibliographie. — MAGENDIE : *Sur les fonctions des corps striés et des tubercules quadrijumeaux* (Journ. de phys., 1823). — NOTHNAGEL : *Die Exstirpation beider Nuclei lenticulares* (Centralbl., 1873). — MAC KENDRIK : *Obs. and exper. on the corpora striata*, etc., 1873. — FR. FRANK ET PITRES : *Sur l'inexcitabilité du noyau intra-ventriculaire du corps strié* (Soc. de biol., 1878).

e. — PHYSIOLOGIE DE LA COUCHE OPTIQUE.

Résumé anatomique. — La substance grise de la couche optique paraît être en relation : d'une part, avec les hémisphères cérébraux, de l'autre, avec le pédoncule cérébral et, par son intermédiaire, avec les organes périphériques ou les centres médullaires. Les connexions du premier groupe ont lieu, par des fibres irradiées avec la substance corticale des différents lobes des hémisphères et probablement avec la corne d'Ammon par le trigone et les tubercules mamillaires. Ses connexions périphériques se font, outre la bandelette optique, par des fibres qui se continuent avec le toit des pédoncules cérébraux et principalement avec le faisceau externe. La nature et les détails de ces connexions sont du reste encore très obscures.

La physiologie des couches optiques est encore moins connue que celle des corps striés. Contrairement à l'opinion de quelques physiologistes, leur *excitation* ne détermine ni douleur ni troubles spéciaux de motilité; les troubles observés dans quelques cas paraissent tenir à l'excitation des pédoncules cérébraux ou des tubercules quadrijumeaux antérieurs. La *destruction* et l'*extirpation* des couches optiques ont donné des résultats très variables suivant les expérimentateurs, ce qui rend très difficile l'appréciation de leurs fonctions.

Pour les uns, comme Meynert, elles auraient surtout des fonctions motrices, tandis que Luys en fait des centres de sensibilité. D'après Nothnagel, la destruction des deux couches optiques n'abolit pas les mouvements volontaires; il n'y a ni paralysie ni anesthésie; le seul phénomène observé serait une situation anormale des extrémités; mais il se rattache à l'opinion de Meynert, d'après lequel les couches optiques représenteraient les centres des mouvements combinés qui se produisent inconsciemment et par action réflexe par suite des impressions qui partent des surfaces sensibles périphériques et qui vont aboutir à ces couches. Wundt (*Psychologie physiologique*) adopte à peu près la même opinion. Les couches optiques se comporteraient avec la surface sensible tactile comme les tubercules quadrijumeaux avec le nerf optique; elles seraient les centres de relation des impressions tactiles et des mouvements de locomotion. Les impressions tactiles (et musculaires?) ainsi transmises à la couche optique seraient inconscientes et provoqueraient seulement, par action réflexe, des mouvements de certains groupes de muscles. Les transmissions motrices qui partent de la couche optique paraissent subir un croisement partiel; d'après les déviations que subissent les diverses parties du corps après la lésion d'une seule couche optique, on peut admettre que les fibres pour les inspirateurs et les extenseurs sont croisées, et qu'il n'y a pas de croisement pour les rotateurs de la colonne vertébrale, les pronateurs et les fléchisseurs; la couche optique droite contiendrait alors les centres pour les fléchisseurs et les pronateurs du côté droit, les centres pour les extenseurs et les inspirateurs du côté gauche. La lésion des couches optiques peut produire des mouvements de manège; la rotation se fait du côté sain (concavité du corps tournée du côté opposé à la lésion), si la partie postérieure est lésée, du côté opéré, si c'est la partie antérieure (Schiff); il se pourrait cependant que ces phénomènes fussent dus à la lésion des pédoncules cérébraux ou de leur prolongement. Serres plaçait dans les couches optiques les centres des mouvements des membres antérieurs. Pour Lussana et Lemoigne, les couches optiques seraient le siège des *mouvements de latéralité* des membres antérieurs et des mouvements des doigts du côté opposé. La lésion d'une couche optique paralyserait l'adduction du membre antérieur correspondant et l'abduction du membre antérieur opposé; les mouvements de flexion et d'extension des membres antérieurs, les mouvements des membres postérieurs, du tronc, de la tête et du cou resteraient libres. Après la lésion des deux couches optiques, les troubles fonctionnels s'équilibrant, l'animal marche droit.

Contrairement aux opinions précédentes, Luys, s'appuyant surtout sur des faits anatomiques et pathologiques, considère la couche optique comme un véritable *sensorium commune*; elles seraient « les véritables centres de réception pour les « impressions sensorielles et l'avant-dernière étape où elles sont concentrées avant « d'être irradiées vers la périphérie corticale. » Les impressions tactiles, dolorifères, optiques, acoustiques, olfactives, gustatives, génitales, viscérales, arriveraient ainsi à des amas de substance grise dont la localisation dans la couche optique a été faite par Luys pour quelques-uns d'entre eux ; le centre tactile, le plus volumineux, occuperait la partie centrale de la couche optique ; les centres olfactifs, optiques, acoustiques, seraient échelonnés d'arrière en avant en dedans du centre tactile. Ces impressions seraient, non seulement concentrées dans la couche optique, elles y seraient modifiées ; « elles subiraient là un nouveau temps d'arrêt et une « nouvelle élaboration sur place ; elles se dépouilleraient de plus en plus du carac- « tère d'ébranlements purement sensoriels, pour revêtir, en se métamorphosant, « une forme nouvelle ; se rendre en quelque sorte plus assimilables pour les opé- « rations cérébrales ultérieures et devenir ainsi progressivement les agents *spiri-* « *tualisés* (?) de l'activité des cellules cérébrales. » (Luys, *Système nerveux cérébro-spinal*, page 365.) Ferrier se rattache à l'opinion de Luys. Il a vu chez le singe, après la destruction de la couche optique à l'aide d'un stylet, de l'hémianesthésie du côté opposé, de la cécité, de la dilatation pupillaire (1), sans paralysie motrice. Il en conclut que les couches optiques sont des centres de convergence ou des ganglions interrupteurs des tractus sensitifs ; elles joueraient, vis-à-vis des centres *sensitifs* des hémisphères (Voir : *Localisations cérébrales*), le même rôle que les corps striés vis-à-vis des centres moteurs corticaux ; mais elles ne sont pas les vrais centres de l'activité consciente.

Christiani a décrit récemment dans la couche optique un centre inspirateur qui serait situé près des tubercules quadrijumeaux et du plancher du quatrième ventricule. L'excitation de ce point détermine un arrêt de respiration en inspiration ou une inspiration profonde suivie d'une respiration accélérée. J'ai constaté en effet chez le lapin et fait constater, dans mes conférences pratiques, à quelques élèves, que l'excitation électrique de la région de la couche optique détermine une suspension prolongée de la respiration ; mais il m'a semblé qu'il s'agissait plutôt d'un phénomène réflexe que de l'excitation d'un véritable centre inspirateur.

Balogh a vu une accélération du cœur par l'excitation de la partie supérieure de la couche optique, un ralentissement par celle de la partie inférieure.

Bibliographie. — SCHIFF : *Beitr. zur Kenntniss des motorischen Einfluss der im Sehhügel ver. Gebilde* (Med. Viertel., 1846). — FOREL : *Beitr. zur Kenntniss des Thalamus opticus* (Akad. der Wien. Wiss., 1872). — CHRICHTON BROWNE : *The functions of the thalami optici* (The West Riding lunat. Asyl. Rep., 1875). — CHRISTIANI : *Ein Atmungscentrum am Boden des dritten Ventrikels* (Centralbl., 1880).

f. — PHYSIOLOGIE DES TUBERCULES QUADRIJUMEAUX.

Résumé anatomique. — Les *tubercules quadrijumeaux* sont rattachés : 1° à la *substance corticale des hémisphères*, par des fibres allant à la couronne rayonnante de Reil ; 2° *au toit des pédoncules cérébraux* ; ils paraissent être sans connexions avec les pédoncules cérébelleux supérieurs ; 3° *à la bandelette optique* dont le tubercule quadrijumeau antérieur (et peut-être le postérieur, Huguenin) contribue à former les racines ; cependant, chez les animaux, le tubercule antérieur paraît seul y prendre part ; car, après l'extirpation du globe oculaire chez de jeunes animaux, l'atrophie consécutive atteint le tubercule antérieur, la

(1) Les rapports de la couche optique avec la vision ont été mentionnés depuis longtemps déjà. Panizza avait déjà constaté l'atrophie de la couche optique à la suite de l'extirpation de l'œil du côté opposé.

couche optique et le corps genouillé externe du côté opposé et respecte le tubercule quadrijumeau postérieur et le corps genouillé interne (Gudden) ; d'après Charcot, dont l'opinion s'appuie surtout sur des faits pathologiques, les fibres externes de chaque rétine, qui ne s'entre-croisent pas dans le chiasma, s'entre-croiseraient dans les tubercules quadrijumeaux ; *à la racine sensitive du trijumeau* par des fibres venant du tubercule quadrijumeau antérieur (M. Duval). Les tubercules quadrijumeaux sont aussi en relation avec les noyaux moteurs des muscles de l'œil sans que ces connexions anatomiques aient pu encore être précisées d'une façon satisfaisante. Chez la grenouille, comme du reste chez tous les vertébrés, à l'exception des mammifères, les tubercules quadrijumeaux sont représentés par deux renflements seulement, *tubercules bijumeaux* ou *lobes optiques*.

L'*excitation* des tubercules quadrijumeaux s'accompagne de cris, d'agitation et de signes indubitables de douleur, sauf peut-être pour la partie superficielle de ces tubercules. Cette excitation provoque en outre des mouvements qui portent spécialement sur les muscles du globe oculaire, de la tête et des membres et qui seront étudiés plus loin. D'après Ferrier, et j'ai constaté le même fait sur des lapins, les tubercules quadrijumeaux sont sensibles aux excitations mécaniques ; j'ai pu ainsi par la simple piqûre déterminer des mouvements des yeux identiques à ceux qu'on détermine par l'électrisation ; seulement ces résultats ne sont pas constants et il m'a fallu dépasser la couche superficielle sans cependant arriver jusqu'aux parties profondes. Il m'a été impossible de déterminer la moindre contraction par les excitants chimiques (sel marin, acide acétique). J'étudierai successivement les rapports des tubercules quadrijumeaux avec la vision, avec les mouvements de la pupille, avec les mouvements du globe oculaire, avec les mouvements des membres, de la tête et du tronc et avec les mouvements d'expression.

1° *Vision.* — L'ablation des tubercules quadrijumeaux produit la cécité immédiate, avec dilatation et immobilité de la pupille (Flourens) ; si au contraire on enlève sur un pigeon toutes les parties situées en avant des tubercules en respectant ces derniers, l'animal suit de l'œil et de la tête une lumière qu'on fait mouvoir devant lui. Les mêmes phénomènes ont été observés par Ferrier chez le singe.

2° *Mouvements de la pupille.* — Flourens place dans les tubercules quadrijumeaux antérieurs le centre constricteur de la pupille en se basant principalement sur les expériences d'ablation des tubercules quadrijumeaux qui, comme on l'a vu plus haut, produisent la dilatation et l'immobilité pupillaires. Cependant l'excitation directe des tubercules quadrijumeaux produit la plupart du temps la dilatation pupillaire, sauf dans les cas où cette excitation provoque la convergence des deux yeux. D'après Knoll, le centre dilatateur de la pupille se trouverait dans les tubercules antérieurs ; leur irritation élargirait la pupille des deux côtés et surtout du côté excité, action qui ne se produirait plus après la section des sympathiques. D'après les expériences de Ferrier sur le singe, le chien, le lapin, le pigeon, etc., pour les tubercules antérieurs comme pour les postérieurs, la dilatation aurait lieu d'abord sur la pupille du côté opposé et seulement après sur la pupille du même côté (1).

3° *Mouvements des yeux.* — Les tubercules quadrijumeaux servent de centres pour les mouvements du globe oculaire. D'après Adamük l'excitation du tubercule qua-

(1) Hensen et Völkers ont constaté des mouvements d'accommodation par l'excitation du plancher du 3ᵉ ventricule.

drijumeau antérieur droit produit la rotation à gauche des deux yeux ; si la partie antérieure est seule excitée, les lignes de regard se dirigent horizontalement ; si c'est la partie moyenne, les deux lignes de regard se dirigent en haut et la pupille devient plus large ; si l'excitation porte plus en arrière, cette position s'unit avec la convergence des deux yeux ; enfin si la partie tout à fait postérieure est excitée, la convergence augmente, les lignes de regard se dirigent en bas et la pupille se rétrécit.

Dans un certain nombre de recherches faites sur des chiens, des chats et des lapins, j'ai constaté les faits suivants qui confirment sur plusieurs points les résultats d'Adamük. L'excitation des *tubercules quadrijumeaux antérieurs* (courants d'induction) produit cinq sortes de mouvements de l'œil suivant les points excités : 1° par l'excitation du tubercule *droit* par exemple, les deux yeux se dirigent à *gauche*, et cette action est d'autant plus marquée qu'on se rapproche de la partie antérieure et de la ligne médiane ; si on fait la section médiane et antéro-postérieure des tubercules quadrijumeaux, l'œil du côté excité participe seul au mouvement ; 2° par l'excitation de la partie moyenne les deux yeux se portent *en haut*, même quand un seul tubercule est excité ; 3° l'excitation de la partie postérieure et externe produit la *convergence* des deux yeux ; cette action est due probablement à l'excitation transmise aux tubercules postérieurs ; 4° et 5° enfin l'excitation électrique (et dans quelques cas l'excitation mécanique) ont déterminé, suivant les points, la *projection en avant* (1) ou la *rétraction en arrière* des globes oculaires ; il m'a semblé que le point dont l'irritation produit la rétraction était situé plus en arrière que l'autre. Cette rétraction se produisait du reste pour les deux yeux par l'irritation d'un seul tubercule. Ces divers mouvements peuvent s'associer et se combiner entre eux de différentes façons. Chez le lapin j'ai constaté, en employant les courants d'induction et après la cessation des excitations, un mouvement oscillatoire du globe oculaire n'atteignant pas cependant la fréquence des mouvements du nystagmus, mouvement oscillatoire qui s'arrêtait dans quelques cas par l'excitation de la cornée et qui s'arrêtait à coup sûr par la section médiane et antéro-postérieure des tubercules quadrijumeaux. Les lésions des tubercules quadrijumeaux peuvent, comme je l'ai constaté, s'accompagner de nystagmus.

L'excitation des *tubercules quadrijumeaux postérieurs* peut déterminer quatre sortes de mouvements : 1° et 2°, la *convergence des deux yeux avec rotation en dedans* ; c'est là le mouvement dominant ; cette action se produit dans les deux yeux par l'excitation d'un seul tubercule et disparaît pour l'œil opposé par la section médiane antéro-postérieure ; 3° mouvement *en bas* des deux yeux ; ce mouvement est ordinairement associé au mouvement précédent ; 4° par l'excitation de la partie interne d'un tubercule postérieur, le gauche par exemple, les deux yeux regardent à gauche, par conséquent *du même côté*.

Un fait à mentionner et que j'ai constaté à plusieurs reprises, c'est que ces mouvements des globes oculaires par l'excitation des tubercules quadrijumeaux se produisent aussi bien chez les nouveau-nés (chiens, chats) dès les premiers jours de la naissance, que chez les animaux adultes.

L'excitation de la substance cérébrale, immédiatement en avant des tubercules quadrijumeaux (sur une coupe du cerveau), détermine aussi des mouvements des globes oculaires ; il m'est impossible du reste de dire s'ils tiennent à des courants dérivés ou à l'excitation de fibres en connexion avec les tubercules quadrijumeaux (Voir : *Localisations cérébrales*).

Hensen et Völkers ont constaté que le plancher de l'aqueduc de Sylvius et du

---

(1) J'ai observé, en effet, de l'exophthalmie dans plusieurs cas de lésion des tubercules quadrijumeaux.

3ᵉ ventricule ont aussi de l'influence sur les mouvements des yeux. L'excitation à la limite de l'aqueduc et du 3ᵉ ventricule produit une contraction du droit interne, celle du reste de l'aqueduc des contractions des droits supérieur et inférieur, de l'oblique inférieur et du releveur de la paupière supérieure.

4° *Mouvements de la tête.* — Les mouvements de la tête suivent habituellement les mouvements des yeux; si les yeux se portent à gauche, la tête fait souvent le même mouvement; mais en général il faut pour qu'il se produise augmenter l'intensité de l'excitation. Cependant les deux phénomènes ne sont pas liés d'une façon absolue, car dans certains cas j'ai pu obtenir des mouvements de la tête sans production de mouvement des globes oculaires. Il semble donc que les centres des mouvements de la tête coexistent avec les centres moteurs oculaires dans les tubercules quadrijumeaux et leur sont juxtaposés; seulement leur excitabilité serait plus faible que celle de ces derniers. Outre ces mouvements de totalité de la tête, on observe des mouvements partiels, décrits déjà par Ferrier, élévation des sourcils et des paupières, mouvements des oreilles (rétraction, élévation, abaissement), constriction des dents, etc. J'ai constaté plusieurs fois chez le chien un retroussement de la lèvre supérieure (mouvement très commun chez le chien, dans la colère par exemple) et l'abaissement de la mâchoire inférieure. J'ai vu aussi chez le chien l'oreille se dresser par l'excitation mécanique de la profondeur des tubercules à la limite des tubercules antérieurs et postérieurs.

5° *Mouvements des membres.* — Serres considérait les tubercules quadrijumeaux comme intervenant dans l'équilibration des mouvements. Flourens a en effet observé après leur lésion des mouvements de rotation, mais qui paraissent tenir à la lésion des pédoncules cérébraux; ce qu'il y a de certain, c'est que leur destruction s'accompagne de troubles dans la motilité des membres. Goltz a vu, chez la grenouille, que les mouvements pour rétablir l'équilibre du corps se faisaient encore après l'ablation des hémisphères cérébraux, mais que ces mouvements ne pouvaient plus se faire dès que les lobes optiques (tubercules quadrijumeaux) étaient détruits. Les mêmes faits ont été observés par M. Kendrick chez les oiseaux et les lapins.

D'après mes expériences sur ces organes, les *tubercules quadrijumeaux antérieurs* me paraissent être en rapport avec *certains mouvements des membres antérieurs.* Ainsi chez le chat l'excitation d'un tubercule antérieur détermine un soulèvement de la patte de devant du côté opposé qui se porte un peu en dedans comme pour saisir un objet; cette action croisée ne disparaît pas par la section des tubercules quadrijumeaux sur la ligne médiane, mais elle disparaît quand on prolonge cette section en arrière de façon à atteindre le cervelet et la protubérance; le croisement se fait donc probablement dans la protubérance.

6° *Mouvements expressifs.* — On a vu plus haut que les tubercules quadrijumeaux étaient sensibles. D'après Ferrier, l'irritation des tubercules postérieurs détermine, ce qui n'arriverait pas pour les antérieurs, la production de cris de caractère variable; aussi leur fait-il jouer un certain rôle dans l'expression des émotions. Pour lui la plupart des mouvements produits par l'excitation des tubercules quadrijumeaux rentreraient dans la catégorie des mouvements expressifs; ils seraient de nature réflexe et dépendraient de la propagation de l'irritation des centres sensitifs aux centres et aux tractus moteurs.

En résumé, les tubercules quadrijumeaux me paraissent être des centres pour les mouvements qui sont en relation avec les impressions visuelles; ces relations sont très étroites pour les mouvements des globes oculaires, un peu moins étroites pour les mouvements de la tête; cette influence est encore plus faible pour les mouvements des membres, cependant elle se montre avec une certaine force dans les mouvements des membres antérieurs (préhension) et n'intervient que plus faiblement dans les mouvements généraux de la station et de la progression. Mais ce n'est pas là évidemment le seul rôle des tubercules quadrijumeaux et ils doivent certainement établir une relation entre les mouvements indiqués plus haut et *d'autres* impressions sensitives que les impressions visuelles ; ainsi chez la taupe, chez laquelle la vision et les organes visuels manquent complètement, les tubercules quadrijumeaux sont bien développés et on a vu plus haut qu'une racine sensitive du trijumeau, racine très grosse chez la taupe (M. Duval), prend naissance dans le tubercule quadrijumeau antérieur. Enfin, d'après les expériences de Ferrier, peut-être faudrait-il voir dans les tubercules quadrijumeaux postérieurs des centres réflexes des mouvements émotionnels et on s'expliquerait ainsi leur absence chez les vertébrés inférieurs.

Danilewsky, par l'excitation électrique des tubercules quadrijumeaux, a constaté une augmentation de pression sanguine, du ralentissement du pouls qui devient plus ample, une inspiration profonde et des efforts respiratoires prolongés. Budge et Valentin ont vu des contractions (réflexes?) de la vessie, de l'estomac et de l'intestin.

Les fonctions de la *valvule de Vieussens* sont encore peu connues. Tout ce qu'on sait, c'est que c'est dans son intérieur que se fait le croisement du pathétique, comme l'ont démontré, contrairement aux expériences d'Exner, les recherches anatomiques de M. Duval.

Bibliographe. — KNOLL : *Beitr. zur Physiol. der Vierhügel* (Eckhard's Beitr., 1869). ADAMÜK : *Ueber die Innervation der Augenbewegungen* (Centralbl., 1870). — EXNER : *Ein Versuch über Trochlearis-Kreuzung* (Wien. Akad., 1874). — KOHTS : *Zur Lehre von den Functionen der Corpora quadrigemina* (Virchow's Arch., t. LXVII). — WERNICKE : *Beschränkung der associirten Augenbewegungen bei Vierhügel-Erkrankung* (Arch. für Anat., 1878). — HENSEN ET VÖLKERS : *Ueber den Ursprung der Accommodationsnerven* (Arch. de Gräfe, t. XXIV).

g. — PHYSIOLOGIE DU CERVELET.

Résumé anatomique. — A. *Substance grise.* — La substance grise du cervelet comprend : 1° le *noyau dentelé* ou *corps rhomboïdal* ; 2° au-dessous et en dedans de celui-ci, près de la ligne médiane, le *noyau du toit de Stilling* ; 3° entre les fibres de la partie interne du pédoncule cérébelleux inférieur, le *noyau externe de l'acoustique*, rattaché au noyau de Stilling par des fibres commissurales ; 4° la *substance grise corticale cérébelleuse*. Celle-ci présente une structure caractéristique. Elle se compose de trois couches, en allant de la superficie à la profondeur (fig. 469). La *couche externe*, 3, renferme, outre de la névroglie, de petites cellules nerveuses triangulaires ou quadrangulaires pourvues de prolongements fins et dont les connexions ne sont pas encore bien élucidées. La *couche moyenne*, 2, présente de grosses cellules caractéristiques, *cellules de Purkinje* très analogues aux grosses cellules motrices de l'écorce cérébrale (fig. 475) ; elles sont volumineuses et disposées en général sur une seule couche ; elles possèdent deux sortes de prolongements : 1° un prolongement (non représenté dans la figure 469, mais représenté dans la figure 475, *c*) qui reste indivis et constitue le prolongement cylindre-axile, continu probablement avec une

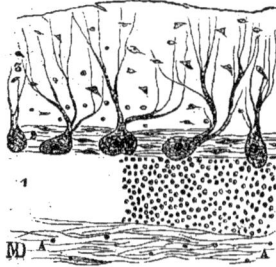

Fig. 469. — *Disposition des couches et des éléments cellulaires de la substance grise corticale du cervelet.*

fibre nerveuse ; ce prolongement se dirige vers la profondeur et traverse la troisième couche ; 2° plusieurs prolongements (3 à 5) dirigés vers la superficie et se ramifiant de façon à donner naissance à un véritable chevelu ; les fibrilles qui en naissent paraissent se continuer après s'être recourbées près du bord libre de l'écorce, avec un réseau de fibrilles extrêmement fines qui occupent toute la substance grise. La *troisième couche*, la plus profonde, *couche rouillée*, contient des granulations ou de petites cellules dont la nature est indéterminée, mais qui paraissent être sans connexions avec les fibres et les fibrilles nerveuses qui la traversent. — Ces données peuvent être interprétées de la façon suivante au point de vue physiologique. Les grosses cellules de Purkinje doivent être considérées comme des cellules à fonctions motrices (1) ; l'excitation centripète nécessaire pour les faire entrer en activité doit arriver par les fibres blanches médullaires, de là passer dans le fin réseau fibrillaire de la substance grise et de ce réseau dans le chevelu des prolongements périphériques de la cellule de Purkinje ; l'excitation motrice ou mieux centrifuge se transmettrait alors aux fibres nerveuses par le prolongement cylindre-axile. — Un fait à noter, c'est que les hémisphères cérébelleux augmentent de volume à mesure qu'on s'élève dans l'échelle animale et qu'ils atteignent chez l'homme leur maximum de développement.

B. *Substance blanche*. — Le cervelet est rattaché au cerveau par les pédoncules cérébelleux supérieurs et les pédoncules cérébelleux moyens ; cette connexion est toujours croisée ; à l'atrophie d'un hémisphère cérébral, correspond toujours l'atrophie de l'hémisphère cérébelleux du côté opposé. Il est rattaché à la moelle par les pédoncules cérébelleux inférieurs qui contiennent : 1° les faisceaux provenant des corps restiformes ; 2° les faisceaux provenant des cordons postérieurs ; 3° le faisceau cérébelleux direct de Fleschig (voir : *Bulbe* et *Moelle*). Les deux moitiés du cervelet sont reliées entre elles par les fibres commissurales des pédoncules cérébelleux moyens. Les connexions avec les ganglions cérébraux (tubercules quadrijumeaux, corps striés, etc.) sont probables, mais non encore déterminées anatomiquement. Enfin des fibres blanches réunissent les différentes lames cérébelleuses entre elles et la substance grise corticale avec celles des noyaux centraux. En outre, le cervelet a des connexions avec certains nerfs périphériques (acoustique, trijumeau).

L'excitation du cervelet ne provoque aucun signe de sensibilité de la part de l'animal ; les seuls phénomènes que l'on observe sont des phénomènes de motilité et les expériences d'ablation partielle ou totale donnent les mêmes résultats.

A. **Action du cervelet sur les mouvements.** — 1° *Influence du cervelet sur la coordination des mouvements*. — Je commencerai par résumer les résultats fournis par l'excitation et par l'ablation ou la destruction du cervelet.

L'*excitation* mécanique (piqûre) du cervelet a donné des résultats assez inconstants. Olivier et Leven ont observé des mouvements de rotation, de l'incurvation de la tête, de la lenteur de la progression, etc. Nothnagel, en se servant d'une aiguille rougie, a vu la rotation de la tête du côté opposé, de la courbure du rachis dans le même sens, un soulèvement de la patte antérieure du même côté, des mouvements de la langue, de la mâchoire, des contractions des muscles de la face, le rétrécissement de la fente palpébrale, etc. Ferrier, en expérimentant sur des singes, des lapins, etc., a observé, en employant l'électrisation, des mouvements de la tête, qui pour lui seraient en rapport avec les mouvements des yeux qui seront décrits plus loin ; l'électrisation de la partie antérieure du lobe médian déterminait une projection de la tête en arrière ; la tête se projetait au contraire en avant quand on électrisait la partie postérieure du vermis ; il se produit en même temps des mouvements des membres du côté correspondant au côté excité. J'ai observé moi-même, chez le pigeon, par l'excitation électrique du cervelet, un véritable mouvement de culbute en arrière autour d'un axe horizontal, culbute qui dans un cas se répéta plusieurs fois de suite. Aussi le recul observé par Magendie après les lésions du cervelet me paraît être un phénomène d'excitation plutôt que le résultat d'une abolition de fonction. Il en est de même du renversement de la

(1) Voir plus loin les recherches de Stefani et Weiss.

tête en arrière et du mouvement de recul observé par W. Mitchell et Richardson chez les pigeons à la suite du refroidissement du cervelet par la rhigolène. Chez l'homme l'excitation du cervelet par l'électricité détermine des phénomènes qui seront étudiés plus loin.

Je signalerai à propos de l'excitation électrique un fait intéressant à mentionner et qui à ma connaissance n'a pas encore été signalé ; c'est que l'excitation de la substance corticale du cervelet détermine des mouvements du globe oculaire et des membres *dès les premiers jours de la naissance*, même chez les animaux (chien, chat, lapin) chez lesquels l'excitation de la substance corticale des hémisphères cérébraux reste sans effet.

La *destruction* du cervelet a donné des résultats plus positifs que l'excitation. Les lésions superficielles ont peu d'influence, mais les lésions profondes conduisent à des conclusions plus précises. Wagner a constaté une tendance des extrémités

Fig. 470. — *Pigeon après l'ablation du cervelet.* (Dalton.)

postérieures à se mettre dans l'extension, une torsion du cou en spirale, un tremblement persistant, des vomissements, etc. Après l'ablation de la partie antérieure du *vermis*, les animaux tombent en avant ; après l'ablation de la partie postérieure, ils exécutent des mouvements rétrogrades ; après la lésion d'un seul côté, l'animal tombe du côté opposé et il présente souvent un mouvement de rotation autour de l'axe, mouvement qui se fait tantôt du côté lésé, plus souvent du côté sain. Il faut cependant noter que dans ces cas les mouvements de rotation étaient probablement dus à la lésion des pédoncules cérébelleux. Les résultats les plus nets ont été observés par Flourens sur les pigeons et ses expériences ont été répétées depuis par beaucoup de physiologistes. L'extirpation du cervelet chez ces animaux est suivie d'une véritable ataxie du mouvement. Les mouvements volontaires ne sont pas abolis, mais ils se font sans règle et d'une façon incertaine ; l'animal s'agite continuellement, mais il ne peut ni marcher ni voler, et le trouble et le désordre des mouvements sont d'autant plus prononcés que l'extirpation est plus complète (fig. 470). Ces désordres de l'équilibre ont été observés dans les diverses espèces animales à la suite des lésions du cervelet. D'après Ferrier, ces désordres sont rélativement légers quand les lésions portent sur des parties symétriques du cervelet ou quand le cervelet est sectionné exactement sur la ligne médiane ; ils sont très prononcés au contraire quand les lésions sont insymétriques et présentent alors des formes variables suivant le siège de la lésion. Chez l'homme, les lésions du cervelet déterminent aussi des troubles de la station et de la marche qui ont permis de comparer l'attitude du patient à celle d'un homme ivre (Hughling-Jackson).

Les faits précédents prouvent que le cervelet est en rapport avec la motricité ; mais en quoi consiste son influence et comment s'exerce-t-elle ? Cette influence n'est pas, quoi qu'en dise Luys, qui place dans le cervelet l'origine de la force motrice (1), une influence motrice directe. En effet, l'affaiblissement de la force musculaire qu'on observe après l'extirpation du cervelet est loin d'être aussi prononcé que l'admet Luys, et les contractions musculaires sont quelquefois aussi énergiques qu'avant l'opération. Ce qui caractérise surtout les animaux opérés, et ce qui avait frappé Flourens et frappe la plupart des expérimentateurs, c'est l'irrégularité, l'incohérence, l'incoordination des mouvements ; aussi Flourens attribue-t-il au cervelet la propriété de coordonner les mouvements voulus ou excités par d'autres centres nerveux; après son ablation, la volonté, les sensations, les perceptions subsistent; seule la coordination des mouvements ne peut plus se faire. L'hypothèse de Flourens s'accorde assez bien avec les faits; mais par quel mécanisme s'effectue cette coordination ? Lussana a cherché à prouver que le cervelet agissait comme siège du *sens musculaire*; « l'animal ne sent plus la solidité du terrain « auquel il doit s'appuyer pour la station et pour la locomotion; il ne sent plus la « résistance du milieu qui doit lui servir pour voler ou pour nager ; il ne sent plus « l'impénétrabilité des objets qui peuvent s'opposer à sa marche; il ne sent plus « la pesanteur des corps qu'il lui faut saisir ou porter ; » ce n'est donc que comme siège du sens musculaire que le cervelet serait l'organe coordinateur des mouvements volontaires. L'interprétation de Lussana pourrait être acceptée, quoique rien jusqu'ici n'en démontre la réalité ; mais les sensations musculaires ne sont pas les seules qui interviennent dans les mouvements coordonnés de la marche, du vol, etc., ou dans l'équilibre de la station ; les sensations tactiles, visuelles, auditives peut-être, et les impressions partant des conduits demi-circulaires, interviennent encore dans ces mouvements et il est probable, d'après les expériences physiologiques et les données anatomiques qui les confirment, que toutes ces impressions sensitives viennent aboutir à la substance corticale cérébelleuse, et là, par l'intermédiaire des cellules de Purkinje, se mettent en rapport d'une part avec les centres moteurs volontaires de l'écorce cérébrale, de l'autre avec les centres moteurs réflexes des ganglions cérébraux (tubercules quadrijumeaux, substance grise des pédoncules cérébraux, etc.).

Les relations des canaux demi-circulaires avec le maintien de l'équilibre du corps (sens de l'équilibre, sens de l'espace) ont été mentionnées page 1233, et les troubles de l'équilibre constatés après les lésions cérébelleuses ont beaucoup d'analogie avec ceux qu'on observe après les lésions des canaux demi-circulaires. On a vu aussi plus haut, dans le résumé anatomique, que le nerf auditif entre en connexion avec le cervelet par quelques-unes de ses fibres radiculaires et Stephani et Weiss ont vu, après la destruction des canaux demi-circulaires, une dégénéres-

(1) Le cervelet « peut être considéré comme une source d'innervation constante, et provi-
« soirement, comme l'appareil dispensateur universel de cette force nerveuse spéciale (sthé-
« nique) qui se dépense en quelque point que ce soit de l'économie, chaque fois qu'un effet
« moteur volontaire se produit. » (Luys, *Système nerveux*, page 429.)

cence des cellules de Purkinje des trois circonvolutions postérieures et du cordon blanc (tractus auditif), qui en part. On verra plus loin les rapports intimes du cervelet avec la vision. Quant aux impressions tactiles ou musculaires, leurs relations anatomiques et physiologiques avec le cervelet, quoique plus obscures, peuvent cependant être admises avec assez de vraisemblance.

En résumé, le cervelet peut donc être considéré comme un centre d'équilibration et de coordination des mouvements, et non-seulement des mouvements généraux, comme ceux qui entrent en jeu dans la station, la progression, le vol, mais encore des mouvements spéciaux, préhension des aliments, mouvements des yeux, mouvements de la tête, etc. Dans cette hypothèse, le cervelet ne serait donc affecté exclusivement ni à la sensibilité, ni au mouvement; il relierait seulement l'une à l'autre et établirait entre les deux les relations nécessaires pour donner aux mouvements exécutés leur précision et leur ensemble (1).

Herbert Spencer a fait à priori une hypothèse ingénieuse sur les fonctions comparées du cervelet et des hémisphères. Les actions nerveuses peuvent être rattachées entre elles par des relations de coexistence ou de succession; elles peuvent être simultanées ou successives, coordonnées dans l'espace ou dans le temps. Le cervelet serait l'organe des coordinations dans l'espace, les hémisphères, les organes des coordinations dans le temps. Cette hypothèse, qui se rattache par quelques points à l'hypothèse admise plus haut sur les fonctions du cervelet, ne peut être discutée ici.

On verra plus loin, à propos des mouvements des globes oculaires, l'opinion de Ferrier sur cette question.

2° *Influence du cervelet sur les mouvements du globe oculaire.* — Leven et Olivier avaient déjà constaté des mouvements du globe oculaire par la simple piqûre du cervelet, mais les expériences les plus nombreuses sur ce sujet ont été faites par Ferrier à l'aide de l'électrisation. Sans entrer dans le détail de ses expériences, je me contenterai d'en donner les conclusions générales qui peuvent se résumer ainsi: par l'excitation de la partie latérale du cervelet, les deux yeux se dirigent du côté excité; quand on excite sur la ligne médiane, le regard se porte en haut si c'est la région antérieure, en bas si c'est la région postérieure qui est excitée; l'irritation du cervelet détermine aussi une contraction de la pupille, contraction plus marquée du côté excité. Hitzig a fait des recherches sur les effets de la galvanisation du cervelet chez l'homme (2). En plaçant les pôles d'une batterie dans les fosses mastoïdes derrière les oreilles, l'individu a une sensation de vertige, les globes oculaires se tournent ainsi que la tête du côté du pôle positif et les objets extérieurs semblent tourner en sens opposé au mouvement de la tête et des yeux; si l'individu ferme les yeux, c'est lui qui croit tourner

_____

(1) Magendie admettait dans le cervelet un centre qui tend à pousser l'animal en avant et dont l'action serait contrebalancée par le centre antagoniste (centre de recul), qui, d'après lui, existerait dans le corps strié; les faits expérimentaux n'ont pas confirmé l'assertion de Magendie sur laquelle je me suis du reste expliqué plus haut.
(2) Ces phénomènes de vertige avaient été étudiés déjà par Purkinje, Remak, Benedict, Brunner.

comme s'il était entraîné vers le pôle négatif. D'après Ferrier, il est probable que, dans ce cas, l'irritation du cervelet a lieu du côté du pôle positif seul et l'effet produit est le même que si on électrisait un seul lobe latéral du cervelet, et le résultat sur les mouvements des yeux et de la tête est le même que chez les animaux.

La sensation de vertige qu'on observe dans cette expérience et les mouvements qui l'accompagnent peuvent servir aussi, d'après le même auteur, à expliquer le mécanisme de l'action cérébelleuse. Dans la rotation de droite à gauche par exemple, le côté droit du cervelet intervient pour coordonner le mécanisme musculaire qui compense cette rotation et empêche le déplacement de l'équilibre vers la gauche ; la partie postérieure du vermis (mouvement de la tête en avant) agirait de même pour contrebalancer un trouble de l'équilibre en sens inverse, c'est-à-dire d'avant en arrière. « Le cervelet semblerait donc être l'arrangement complexe « de centres individuellement différenciés, qui, en agissant ensemble, règlent les « diverses adaptations musculaires nécessaires au maintien de l'équilibre du corps ; « chaque tendance au déplacement de l'équilibre autour d'un axe horizontal, ver- « tical ou intermédiaire, agissant comme un excitant pour le centre particulier qui « appelle en jeu l'action compensatrice ou antagoniste. » (Ferrier, *Fonctions du cerveau*, p. 176.)

D'après les expériences de MM. Duval et Laborde, les lésions du cervelet donnent lieu à des déviations dissociées des globes oculaires (strabismes doubles, divergents ou convergents) tandis que celles du bulbe donnent lieu à des déviations associées et synergiques (voir : *Protubérance*). Le nystagmus s'observe aussi dans les lésions du cervelet.

3° *Action du cervelet sur les mouvements involontaires et organiques.* — Willis avait admis une influence du cervelet sur les mouvements involontaires et les fonctions de la vie organique, mais aucun fait n'est venu à l'appui de cette opinion. Cependant on a observé quelquefois le vomissement à la suite de lésions expérimentales ou dans des cas pathologiques chez l'homme.

B. **Autres fonctions attribuées au cervelet.** — On a considéré le cervelet comme un *centre de sensibilité générale,* une sorte de *sensorium commune* (Pourfour du Petit, Foville); mais tous les faits sont contraires à cette hypothèse. On a voulu aussi, sans preuves suffisantes, en faire un *centre intellectuel* ou *instinctif*.

L'hypothèse de Gall, qui fait du cervelet l'*organe de l'instinct génésique* ou du *sens génital,* ne peut être non plus adoptée, quoiqu'on puisse invoquer en sa faveur quelques faits de physiologie et d'anatomie comparée et quoiqu'elle ait été reprise dans ces derniers temps par Lussana qui y place à la fois le sens musculaire et le *sens érotique*.

Lésions des pédoncules cérébelleux. — La lésion des pédoncules cérébelleux détermine des phénomènes particuliers suivant le pédoncule lésé et l'étendue de la lésion, phénomènes qui se confondent en partie avec ceux qui se produisent par la lésion du cervelet proprement dit. La section d'un pédoncule cérébelleux moyen détermine la rotation autour de l'axe; si la lésion atteint la partie postérieure, la rotation se fait du côté opéré (Magendie) ; elle a lieu du côté opposé à la lésion (Longet) si ce sont les parties antérieures qui sont atteintes (Schiff, Cl. Bernard). Après la lésion des pédoncules cérébelleux inférieurs, le corps s'incurve en arc du côté lésé (Rolando, Magendie). Celle des pédoncules cérébelleux supérieurs produit une courbure de la colonne vertébrale dont la concavité est tournée du côté de la lésion (Lussana et Lemoigne) ; leur excitation détermine une courbure en sens inverse (Albertoni et Michieli) (1).

Bibliographie. — BOUILLAUD : *Rech. exp. tendant à prouver que le cervelet préside aux actes de la station*, etc. (Arch. gén. de méd., 1827). — PÉTREQUIN : *Sur quelques points de la physiologie du cervelet* (Gaz. méd., 1836). — LÉLUT : *Appréciat. des idées de Gall sur les fonctions du cervelet* (Ann. médico-psychol., 1843). — NICOLUCCI : *Sulle funzioni del cervelletto* (Il Filiatre sebezio, 1844). — LIEBBECK : *Ueber die Function des kleinen Gehirns*, 1846. — RENZI : *Refless. e sperimenti per servire di materiale alla fisiologia del cervelletto* (Gaz. med. lomb., 1857-1858). — BROWN-SÉQUARD : *Rem. sur la physiol. du cervelet* (Journ. de la physiol., 1861). — DALTON : *On the cerebellum* (Amer. journ. of med. sc., 1861). — FIEDLER : *Ein Fall von Verkümmerung des Cerebellum* (Zeit. für rat. Med., 1861). — BERGMANN : *Unt. an einem atrophischen Cerebellum* (id.). — LUSSANA : *Leçons sur les fonctions du cervelet* (Journ. de la physiol., t. V). — BROWN-SÉQUARD : *Rem. sur la physiol. du cervelet* (id.). — LEVEN ET OLIVIER : *Rech. sur la physiol. et la pat. du cervelet* (Arch. gén. de méd., 1862). — LUYS : *Ét. sur l'anat., la physiol. et la pathol. du cervelet* (Arch. gén. de méd., 1864). — ID. : *Mém. sur les phénomènes de l'innervation cérébelleuse* (Journ. de l'anat., 1862). — LUSSANA : *Nouv. observ.*, etc. (Journ. de la physiol., t. VI). — BRUNET : *Défaut de coordination des mouvements*, etc. (Comptes rendus, 1864). — PAJDEAUX : *On the functions of the cerebellum* (Med. Times, 1864). — LEVEN : *Nouv. rech. sur la physiol. et la pat. du cervelet*, 1865. — CURSCHMANN : *Klin. und Exper. zur Pathol. der Kleinhirnschenkel* (D. Arch. für klin. Med., t. XII). — OTTO : *Ein Fall von Verkümmerung des Kleinhirns* (Arch. für Psychiatrie, t. IV). — NOTHNAGEL : *Zur Physiol. des Cerebellum* (Centralbl., 1876). — ID. : *Exp. Unters. über die Functionen des Gehirns* (Arch. für pat. Anat., t. LXVIII). — STEFANI ET WEISS : *Physiol. du cervelet*, 1877. — SCHWAHN : *Ueber das Schielen nach Verletzungen in der Umgebung des kleinen Gehirns* (Eckhard's Beitr., 1878).

h. — MOUVEMENTS DE ROTATION.

Mouvements de rotation. — Certaines lésions cérébrales donnent lieu à des mouvements de rotation particuliers dont l'interprétation est très difficile. Ces mouvements de rotation se présentent sous quatre formes principales.

1° *Mouvement de manège.* — Dans ce cas (fig. 471), l'animal décrit un cercle de plus ou moins grand rayon ; la rotation se fait tantôt dans le même sens que les aiguilles d'une montre, tantôt en sens inverse comme dans la figure ; elle s'observe

(1) Lussana et Lemoigne admettent dans les pédoncules cérébelleux des centres pour les mouvements de la station et de la progression. D'après ces auteurs les différents mouvements des membres et du corps auraient pour centres les parties encéphaliques suivantes :

Mouvements d'extension et de flexion.
—   de progression . . . .   Étage inférieur des pédoncules cérébraux.
—   de recul . . . .   Cordons ronds (pyramides postérieures).
Mouvements latéraux.
—   des membres . . . .   Étage supérieur des pédoncules cérébraux.
—   du rachis . . . .   Pédoncules cérébelleux supérieurs
Mouvements rotatoires . . . .   Pédoncules cérébelleux moyens.

Ainsi *un pas* serait l'effet de l'irritation physiologique simultanée (soit la jambe gauche, par exemple) : 1° de l'action de l'étage inférieur du pédoncule cérébral droit (extension de la jambe gauche) ; 2° de l'action de l'étage supérieur du pédoncule cérébral gauche (flexion et adduction du bras gauche, extension et abduction du bras droit) ; 3° de l'action du pédoncule cérébelleux supérieur gauche (courbure de la colonne vertébrale du côté droit) ; 4° du pédoncule cérébelleux moyen gauche (rotation lombaire vers le côté droit). Pour les développements de cette théorie, voir le mémoire des auteurs (*Arch. de physiologie*, 1877).

principalement après la lésion des pédoncules cérébraux, mais on peut la constater après d'autres lésions cérébrales ; c'est ainsi que je l'ai vue dans une lésion limitée à la substance corticale des hémisphères. Dans certains cas, au lieu de décrire un

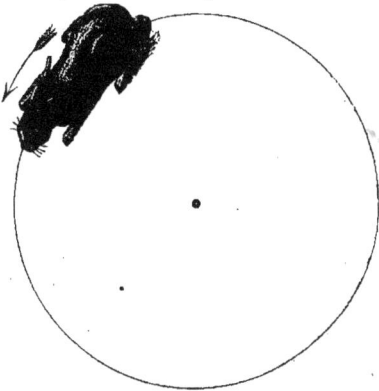

Fig. 471. — *Mouvements de manège.*

mouvement de manège pur, l'animal décrit des courbes de rayon variable qui constituent une sorte de *spirale.*

2° *Mouvement de rotation en rayon de roue* (fig. 472). — Dans ce cas, l'animal tourne

Fig. 472. — *Mouvement de rotation en rayon de roue.*

autour du train postérieur qui sert d'axe, la tête se trouvant à la circonférence du cercle. Ce mode de rotation, assez rare du reste, a été observé par Schiff et Brown-Sequard à la suite de lésions de la protubérance et des tubercules quadrijumeaux antérieurs. Je l'ai observé après certaines lésions des couches optiques.

3° *Mouvement de rotation sur l'axe* (*roulement*). — Dans ce mouvement, l'animal tourne autour d'un axe longitudinal qui traverserait le corps dans sa longueur ;

la rotation commence par une chute de l'animal sur un côté, et le sens de la rotation est déterminé par le côté par lequel a débuté la chute. Ce mouvement se rencontre dans les lésions des pédoncules cérébelleux moyens ; je l'ai observé par la lésion de la partie supérieure et externe des pédoncules cérébraux.

4° Carville et Duret ont observé une fois après l'ablation du noyau caudé un mouvement circulaire, mais se distinguant du mouvement de manège en ce que les animaux décrivent un cercle avec les pattes saines d'un côté du corps, tandis que les pattes de l'autre côté (paralysé) servent de pivot.

Ces mouvements de rotation sont souvent très rapides et présentent la plupart du temps un caractère particulier ; il semble que les animaux soient poussés à les accomplir par une force intérieure à laquelle ils ne peuvent résister, d'où le nom de mouvements *irrésistibles* qui leur a été donné (Zwangbewegungen). Leur interprétation est très controversée. Un premier fait, c'est que les mouvements de manège et de rotation sur l'axe ne peuvent tenir à une paralysie soit d'un côté du corps (Lafargue, Serres), soit de certains groupes de muscles (Schiff). En effet, la plupart du temps les muscles conservent leur énergie contractile, comme on peut s'en assurer facilement ; la paralysie ne peut être invoquée que pour la rotation en rayon de roue (dans certains cas) et pour la forme de rotation circulaire observée par Carville et Duret. La contracture a été invoquée par Brown-Sequard, et paraît exister en effet comme cause déterminante des mouvements de rotation, que ces contractures soient de nature réflexe, comme le croit Brown-Sequard, ou qu'elles soient simplement l'effet d'une excitation directe des centres moteurs correspondants ; mais cette contracture n'existe pas toujours et ne peut expliquer un grand nombre de cas. D'après Gratiolet, Henle, la rotation serait due à des convulsions des muscles oculaires et au vertige qui accompagne la déviation des yeux ; ces convulsions oculaires accompagnent en effet fréquemment les mouvements de rotation, et comme l'a montré Prévost, la déviation des yeux se fait ordinairement dans le même sens que le mouvement de rotation. Cependant il n'y a pas une liaison nécessaire entre les deux phénomènes ; car les mouvements de rotation peuvent exister sans déviation oculaire et même après l'ablation des yeux (Vulpian). En tout cas, comme l'a montré Hitzig, le vertige, quel que soit son mode de production, peut déterminer des phénomènes de rotation ; ainsi, chez le lapin, l'électrisation de la partie postérieure de l'encéphale produit des mouvements de rotation sur l'axe. Il y aurait donc dans ces mouvements un trouble unilatéral de l'innervation cérébelleuse, ou autrement dit un défaut de relation entre les impressions sensitives et les centres moteurs correspondants.

Magendie admettait dans les différentes régions cérébrales des organes ayant une action antagoniste sur les mouvements ; dans le corps strié, un centre de recul ; dans le cervelet, un centre de progression en avant ; dans le pédoncule cérébelleux gauche, un centre entraînant le corps à gauche ; dans le droit, un centre l'entraînant à droite ; l'équilibre du corps dans la station et dans la marche se maintenait dans ce cas par la neutralisation de l'action de ces centres antagonistes ; mais que l'un d'eux vînt à être détruit ou excité outre mesure (Vulpian), l'équilibre était rompu et l'action prédominante du centre restant ou surexcité portait le corps d'un côté ou de l'autre. C'est à cette explication que paraît aussi se rattacher Luys, qui compare ces phénomènes de rotation au phénomène physique du *tourniquet hydraulique*. C'est aussi l'interprétation qu'admet Onimus, avec quelques variantes, puisqu'il fait dépendre les mouvements de manège d'une exagération fonctionnelle d'une moitié latérale du système de centres locomoteurs. Quant à la rotation sur l'axe, il l'explique par une contracture spasmodique des muscles du thorax, explication qui me paraît en désaccord avec les faits et en particulier avec les expériences citées plus haut de Hitzig.

Un fait à noter, c'est que les diverses formes des mouvements de rotation peuvent se succéder et que dans certains cas on observe la transition d'un mouvement de rotation sur l'axe, par exemple, à un mouvement de manège. On voit quelquefois aussi alterner le sens de la rotation. Du reste, outre les lésions mentionnées plus haut et qui sont les plus communes, on voit les mouvements de rotation se produire pour les lésions les plus diverses de l'encéphale (1).

Bibliographie. — Türk : *Ueber die sogenannten Zwangsbewegungen*, etc. (Zeit. für Ges. d. Aerzte zu Wien, 1851). — Paris : *Note sur un cas de mouvement de manège*, etc. (Journ. de la physiol., 1860). — Brown-Séquard : *Note sur les mouvements rotatoires* (id.). — Gratiolet et Leven : *Sur les mouvements de rotation sur l'axe*, etc. (Comptes rendus, 1860). — Friedberg : *Ueber die semiotische Bedeut. des unwillkürlichen Reitbahn-Ganges*, etc., 1861. — Vulpian : *Mouv. de rotation observés chez les têtards de grenouille*, etc. (Gaz. méd., 1861). — Czermak : *Zwei Beob. über die sog. Manège-Bewegungen* (Jenaische Zeit., t. III). — Prevost : *De la déviation conjuguée des yeux*, 1868. — Id. : *Rech. expér. relatives au sens des mouvements de rotation* (Gaz. méd., 1869). — Onimus : *Rech. expér. sur les phénomènes consécutifs à l'ablation du cerveau* (Journ. de l'anat., 1871).

i. — PHYSIOLOGIE DES HÉMISPHÈRES CÉRÉBRAUX.

Procédés d'excitation de la substance corticale des hémisphères. — 1° *Électrisation.* — L'excitation de la substance corticale des hémisphères peut être faite soit avec des courants constants (2) (Fritsch et Hitzig), soit avec des courants induits (Ferrier), ce qui vaut mieux, car on évite ainsi les phénomènes d'électrolyse. L'animal doit être endormi par l'éther, le chloroforme, le chloral ; mais l'anesthésie ne doit pas être poussée jusqu'à l'anesthésie complète, sans cela les réactions motrices ne se produiraient pas ; elle doit cependant être poussée assez loin pour abolir les réactions dues à la douleur qui masqueraient les phénomènes moteurs. Le courant doit être juste assez intense pour déterminer des mouvements localisés ; trop intense, il se transmet aux parties voisines et détermine des mouvements complexes et même des accès épileptiformes ; en général, le courant doit être supportable à la pointe de la langue. Au lieu des courants induits, François-Franck et Pitres ont employé les décharges du condensateur dont il est facile de mesurer l'intensité. Le procédé expérimental consiste à ouvrir le crâne avec une couronne de trépan dans la région qu'on veut explorer et à inciser la dure-mère pour mettre à nu la surface du cerveau. Chez le chien la zone motrice excitable, qui occupe la région du sillon crucial (fig. 478), correspond sur le crâne à un point situé un peu en dehors de la crête temporale, à un travers de doigt en arrière de l'apophyse orbitaire externe et à un centimètre en dehors de la ligne médiane (chiens de taille moyenne). Le cerveau une fois mis à nu, on applique les électrodes, dont l'extrémité doit être mousse pour ne pas léser la substance cérébrale. On peut employer avec avantage l'*excitateur* imaginé par François-Franck et que représente la figure 473. L'exci-

___

(1) La théorie complète de ces mouvements de rotation me paraît impossible à faire dans l'état actuel de la science. Je crois devoir citer ici un cas dans lequel l'analyse physiologique des stades successifs d'un mouvement de manège s'est produite sous mes yeux avec une très grande netteté. L'animal décrivait un petit cercle de manège, le côté droit tourné vers le centre, non par un mouvement continu, mais *en trois temps*, par petits sauts séparés régulièrement par un intervalle de repos ; à chaque saut, il décrivait un tiers de cercle ; chaque temps se composait des mouvements suivants : d'abord il y avait un tremblement de la mâchoire inférieure ; puis l'oreille gauche se mouvait et se dirigeait en avant ; la tête s'inclinait peu à peu à droite d'une façon presque insensible ; puis, à un moment donné, l'animal la portait à droite et en bas par un mouvement brusque, de façon à la placer presque à angle droit avec le corps, et immédiatement sautait de façon à décrire un tiers de cercle : il restait alors immobile et après quelques secondes les mêmes phénomènes se reproduisaient (Beaunis : *Note sur l'application des injections*, etc. Gazette médicale de Paris, 1872, page 397).

(2) Quand on emploie les courants constants, Hitzig a constaté que les effets sont plus forts au pôle positif.

tateur, dont les deux pièces sont mobiles à volonté à l'aide du bouton D, est réuni par une articulation à genou V, mobile dans tous les sens, à une tige P qui se visse dans le crâne où elle est fixée par l'écrou E. La figure 474 représente, d'après le même auteur, la disposition de l'expérience pour inscrire les mouvements localisés produits sur une patte par

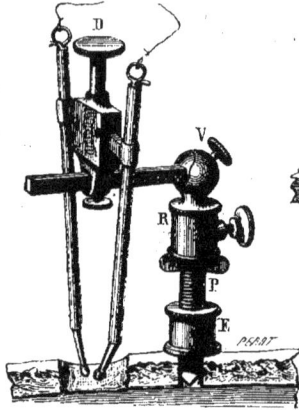

Fig. 473. — Excitateur fixe se vissant au crâne.

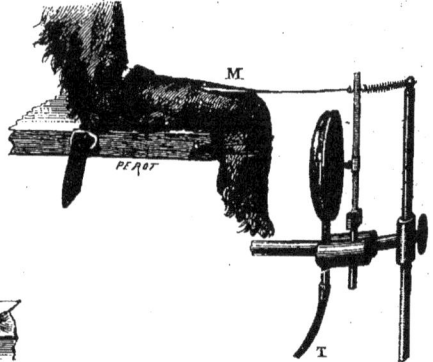

Fig. 474. — Disposition de l'expérience pour inscrire les mouvements localisés produits par l'excitation du cerveau (François-Franck) (*).

l'excitation du cerveau. Dans ces expériences, il faut éviter autant que possible les hémorrhagies qui diminuent l'excitabilité.

Diffusion des courants. — Une question de la plus grande importance est celle de savoir jusqu'à quelle distance les courants diffusent dans la substance cérébrale et par conséquent jusqu'à quel point on peut localiser les excitations électriques de la substance corticale. Dupuy, à l'aide de la patte galvanoscopique, Carville et Duret, à l'aide du galvanomètre, ont constaté cette diffusion des courants. Ces derniers auteurs ont vu des déviations assez fortes du galvanomètre se produire même pour des courants faibles pour des distances allant jusqu'à 5 et 6 centimètres pour la surface du cerveau, et 5 millimètres pour la profondeur. Weliky et Schepowalow ont observé aussi, à l'aide du galvanomètre, la diffusion des courants ; mais, d'après eux, quand ces courants sont faibles, ils ne dépassent pas un rayon de 3 millimètres. Dans une série de recherches que j'ai faites sur ce sujet en employant comparativement le téléphone et la patte galvanoscopique, qui donnent, du reste, en général, des résultats analogues, j'ai constaté les faits suivants. Il y a très peu de différence au point de vue de la diffusion des courants entre le cerveau mort et le cerveau vivant. Avec un courant constant de quatre éléments de grandeur moyenne au bioxyde de manganèse et au chlorhydrate d'ammoniaque, la diffusion du courant ne dépasse guère 6 millimètres ; elle est plus étendue sur la même circonvolution que d'une circonvolution à la circonvolution voisine, à la surface que dans la partie blanche sous-jacente. Les courants induits donnaient à peu près les mêmes résultats. Un fait à mentionner, c'est que la diffusion du courant se fait dans une bien plus grande étendue le long d'un nerf ou d'un vaisseau ; ainsi, dans un cas, la patte galvanoscopique, qui se contractait à 5 millimètres de distance seulement sur la substance cérébrale, se contractait encore à 6 et 7 centimètres de distance des électrodes sur le nerf sciatique ou la veine saphène.

Il y a là un fait pratique très important à connaître ; dans les expériences sur les localisations cérébrales, il faut éviter avec soin de placer les électrodes à proximité d'un vaisseau. En résumé, d'après mes expériences, en n'employant pas des courants trop forts et en prenant les précautions nécessaires, la diffusion des courants ne doit guère dépasser 2 à 3 millimètres.

2° *Excitation mécanique.* — A l'état normal, l'excitation mécanique de l'écorce cérébrale

(*) M, tendon du muscle. — T, tambour à levier.

ne détermine pas de réaction motrice ou sensitive ; cependant, dans certaines conditions (cerveau enflammé, Couty), ce mode d'excitation a pu déterminer des phénomènes de motricité.

3° *Excitation chimique*. — Eulenburg et Landois ont observé des mouvements des extrémités par l'excitation chimique de la substance corticale (sel de cuisine).

Résumé anatomique de la structure des hémisphères cérébraux. — 1° *Substance grise corticale*. — La substance grise corticale se compose des couches suivantes, en allant de la superficie à la profondeur (fig. 476) : 1° une couche hyaline, 1, formée

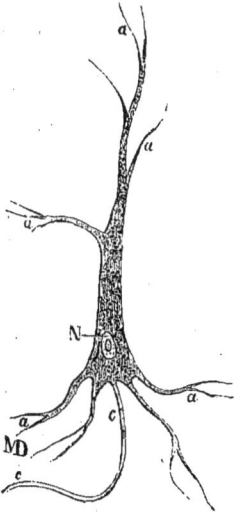

Fig. 475. — *Cellule pyramidale de la substance grise de l'écorce.*

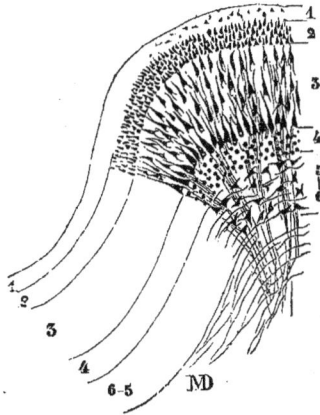

Fig. 476. — *Disposition des couches et des éléments cellulaires d'une circonvolution (frontale).*

probablement de névroglie; 2° une deuxième couche, 2, qui présente de petites cellules pyramidales disposées en plusieurs rangées ; 3° une troisième couche, plus épaisse, 3, formée par de grandes cellules pyramidales (fig. 475), *cellules géantes, cellules motrices* ; ces cellules, décrites d'abord par Betz dans le lobule paracentral, présentent des prolongements, *a*, dont l'un, le prolongement cylindre-axile, *c*, reste indivis et se continue probablement avec une fibre nerveuse ; ces cellules géantes sont agglomérées par groupes dans la zone motrice corticale (voir plus loin) et manquent dans la zone latente (partie occipitale, etc.) ; 4° une couche granuleuse, 4, de petites cellules irrégulières ; 5° une couche de cellules assez volumineuses, fusiformes, 5-6 (*cellules volumineuses* de la volition de Robin). En outre, l'écorce cérébrale renferme un réseau de fibrilles nerveuses très fines. Les connexions de ces divers éléments sont encore indéterminées. — 2° *Substance blanche*. — La substance corticale des hémisphères se rattache : 1° aux ganglions de la base du cerveau (corps striés, couches optiques, tubercules quadrijumeaux, etc.) par des fibres de la couronne rayonnante de Reil ; 2° à la périphérie motrice et sensitive par des faisceaux directs constituant une partie de la capsule interne et des pédoncules cérébraux et formant pour certains sens spéciaux des tractus particuliers (nerf olfactif, etc.) ; 3° au cervelet ; 4° à la substance corticale de l'hémisphère opposé (commissures interhémisphériques; corps calleux, commissures antérieure et postérieure); 5° à la substance corticale du même hémisphère (fibres d'association). Les fibres qui vont à la périphérie motrice et sensitive et les fibres cérébelleuses ont une action croisée. (Pour la disposition des circonvolutions, voir les traités d'anatomie.)

Les hémisphères cérébraux représentent les centres des perceptions, des mouvements volontaires, d'une partie des actes instinctifs et des actes psychiques; malheureusement, malgré des recherches nombreuses, on est encore très peu avancé sur le fonctionnement des diverses parties des hémisphères cérébraux, et si des méthodes nouvelles d'expérimentation permettent d'entrevoir le moment où les recherches aboutiront à des conclusions précises, ce moment n'est pas encore venu, et les conclusions des travaux récents publiés sur ce sujet ne peuvent être admises jusqu'ici qu'avec une extrême réserve.

L'ablation des hémisphères cérébraux, telle qu'elle était pratiquée par Flourens, Longet, Vulpian, Voit, etc., donne des résultats intéressants au point de vue des fonctions générales des hémisphères. Cette ablation peut être exécutée sur des grenouilles, des oiseaux, de jeunes mammifères, et dans tous ces cas les phénomènes observés sont parfaitement concordants.

Grenouille. — La grenouille a l'attitude normale; elle conserve seulement l'immobilité; elle ne fait d'autres mouvements que ceux qui sont sollicités par une provocation extérieure; elle ne mange pas seule et ne cherche pas à saisir les insectes qu'on place à sa portée; mais si on introduit un peu de viande dans le pharynx, elle l'avale immédiatement; si on pince le pourtour de l'anus, elle saute en avant ou fuit en rampant; placée dans l'eau, elle exécute des mouvements de natation parfaitement coordonnés; mise sur le dos, elle se retourne. Elle a conservé le sens de l'équilibre; si on la place sur une planchette, et qu'on incline la planchette, dès que l'inclinaison dépasse 45° et qu'elle est sur le point de tomber, elle saute pour se remettre en équilibre (Goltz); si on passe doucement le doigt sur la peau du dos entre les épaules, elle pousse un cri, et le répète toutes les fois que l'excitation cutanée se reproduit (Paton, Goltz); enfin le même auteur a constaté que, si les nerfs optiques sont conservés, elle évite en sautant les obstacles placés au devant d'elle.

Pigeons. — Chez les pigeons, l'ablation est suivie d'un état soporeux, d'une sorte de sommeil (fig. 477); ils restent perchés dans l'immobilité la plus complète, sauf les mouvements respiratoires; si on les irrite, ils paraissent s'éveiller, ils ouvrent les yeux, agitent leurs ailes, se remuent un peu, puis retombent dans leur sommeil; jetés en l'air, ils volent; ils marchent quand on les pousse; ils ne peuvent manger seuls; en un mot, les sensations paraissent conservées comme les mouvements; seulement les perceptions et la volonté sont abolies. Les pigeons ainsi opérés peuvent vivre longtemps si on prend soin de les nourrir; Voit en a conservé plus de cinq mois et aurait même vu une sorte de régénération nerveuse au bout de ce temps.

Mammifères. — Chez les mammifères, les mêmes phénomènes sont observés, seulement l'opération est chez eux beaucoup plus grave, et les désordres produits ne tardent pas à amener la mort de l'animal.

En résumé, les mouvements spontanés et volontaires ont disparu, et les seuls mouvements qui se produisent sont ceux qui sont dus à des excitations extérieures; en outre, comme le fait remarquer Onimus, les mouvements ont un caractère de nécessité, de fatalité, pour ainsi dire, qui manque aux mouvements, toujours un peu capricieux, de l'animal intact ; leur type est plus normal, plus régulier, se rapproche plus d'un pur mécanisme. Il y aurait peut-être lieu cependant de faire à ce sujet certaines réserves. L'anesthésie localisée des hémisphères produit le

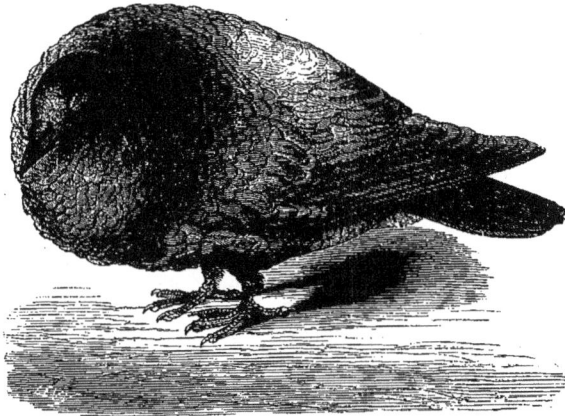

Fig. 477. — *Pigeon après l'ablation des lobes cérébraux* (Dalton).

même effet que leur ablation. Chez l'homme, les lésions d'un hémisphère produisent la paralysie du côté opposé du corps.

Goltz a constaté les faits suivants sur les chiens dont la substance corticale était *décortiquée* par son procédé (page 1298). Après la lésion d'un seul hémisphère, la sensibilité était diminuée du côté opposé du corps, aussi bien pour la sensibilité générale que pour la sensibilité spéciale, à l'exception de l'ouïe et de l'odorat ; la motricité était paralysée ou affaiblie du côté opposé ; puis, au bout de quelque temps, ces symptômes disparaissaient, mais il restait toujours certains troubles fonctionnels ; l'attitude des pattes était différente de ce qu'elle était à l'état normal ; la sensibilité était plus obtuse ; l'animal, quand on lui couvrait l'œil du côté lésé, se comportait comme si tous les objets étaient pour lui dans le brouillard et comme s'il ne distinguait plus les couleurs, etc., etc. Quand les deux hémisphères sont décortiqués, la diminution de la sensibilité existe des deux côtés, les attitudes et les mouvements sont anormaux ; la marche est automatique ; les animaux sont paresseux, peu intelligents ; ils ne savent plus retrouver leur niche, leurs petits, etc. Enfin ils offrent un ensemble de caractères physiologiques très intéressants et analysés avec la plus grande sagacité par Goltz, mais pour les détails desquels je ne puis que renvoyer aux mémoires originaux.

Localisations cérébrales. — Deux théories sont en présence sur le mode de fonctionnement des hémisphères. Pour les uns, tels que Flourens, Brown-Séquard, Goltz, etc., il n'y a pas de sièges distincts ni pour les diverses facultés, ni pour les diverses perceptions ; dès qu'une faculté disparaît, toutes disparaissent. Les cellules servant à une même fonction, dit Brown-Séquard, ne sont pas groupées, mais disséminées dans l'encéphale, et ces auteurs citent à l'appui les cas de désorganisation étendue des hémisphères

BEAUNIS. — Physiologie, 2e édit. 84

cérébraux observés chez l'homme sans trouble apparent de l'intelligence. D'autres, comme Hitzig, Ferrier, Charcot, croient que les différentes fonctions de motricité volontaire et de sensibilité consciente se localisent dans des points déterminés de l'écorce des hémisphères, et ont cherché à préciser le lieu de ces divers centres fonctionnels (1). J'étudierai successivement les localisations psychiques et à leur suite quelques autres tentatives de localisations thermiques, sécrétoires, etc.

A. Localisations motrices. — Centres psycho-moteurs. — Les faits sur lesquels on s'appuie pour admettre l'existence de centres moteurs corticaux sont les suivants que j'exposerai successivement en les appréciant brièvement.

1° *L'excitation de certaines parties de la substance corticale détermine des mouvements qui varient suivant la région excitée.* — Quand on excite chez un animal certaines régions des hémisphères, on détermine des mouvements qui seront étudiés plus loin ; cette région qui avoisine la scissure de Rolando (fig. 479) et le sillon crucial (chien, fig. 478) a reçu le nom de *zone motrice*, et on a donné le nom de *zone latente* aux régions (lobe occipital, etc.) dont l'excitation ne provoque aucun phénomène moteur. L'existence de ces mouvements a été constatée par tous les physiologistes et ne peut être mise en doute ; mais il n'en est pas de même de leur interprétation. On a fait à ce point de vue les objections suivantes :

a. On a prétendu d'abord que la substance grise était inexcitable par l'électricité et que l'excitation se transmettait par la diffusion des courants aux parties sous-jacentes. Pour les uns, ces parties excitées par les courants dérivés seraient les ganglions de la base et en particulier les corps striés ; mais on peut objecter à cela en premier lieu que les mouvements qui succèdent à l'excitation de ces parties sont bien différents des mouvements que produit l'excitation corticale, et, en second lieu, que la faible intensité des courants employés en empêche la diffusion jusqu'à cette profondeur. D'autres, comme Bochefontaine, et c'est l'opinion admise par Vulpian, croient que l'excitation porte sur les faisceaux blancs sous-jacents à la substance corticale sur laquelle sont appliqués les électrodes. Cette objection est beaucoup plus sérieuse que la précédente ; en effet, les fibres blanches, comme l'a montré Bochefontaine, envoient des tractus à travers la substance corticale jusque près de la surface des hémisphères et sont très probablement atteintes par le courant (2). En outre, les expériences de Carville et Duret, et de beaucoup d'autres physiologistes, ont prouvé que l'excitation de la substance blanche *seule*, après l'ablation de la substance grise, provoque les mêmes effets que l'excitation de la substance grise ; si on transforme la substance grise en escarre par le fer rouge et qu'on excite l'escarre, les mouvements ne s'en produisent pas moins (Carville et Duret) ; il en est de même quand, après l'ablation de la substance grise, on plonge les électrodes dans le sang qui remplit la perte de substance (Hermann). Il faut cependant remarquer qu'il faut, pour exciter les faisceaux blancs, des courants plus forts que pour exciter la substance corticale, et que par conséquent celle-ci peut être excitée isolément. En outre François-Franck et Pitres ont montré que l'excitation des fibres blanches et celle de la substance grise présentent des caractères différents ; l'irritation de la

(1) Ces localisations ne doivent pas être confondues avec les localisations phrénologiques de Gall, qui ne reposent sur aucune base scientifique.
(2) Putnam a cherché à démontrer que les courants faibles ne dépassaient pas l'écorce grise ; après avoir recherché un centre moteur, il l'isole par une section de la substance blanche sous-jacente et renverse le lambeau en dehors ; en électrisant la coupe ainsi obtenue, il n'a plus de mouvements. Carville et Duret sont arrivés à des résultats contraires.

substance blanche ne provoque pas les accès convulsifs qui se produisent avec la substance grise. Enfin les mêmes auteurs ont montré que le *temps perdu (période d'excitation latente)* était plus considérable pour l'excitation de l'écorce que pour l'excitation des fibres blanches sous-jacentes.

b. D'après Schiff, les mouvements obtenus par l'excitation de la substance grise seraient de nature réflexe, et un certain nombre de physiologistes se sont rangés à cette opinion. Schiff appuie son opinion sur les raisons suivantes : 1° quand un animal est anesthésié profondément et ne présente plus de mouvements réflexes, l'excitation d'un centre moteur produit encore des mouvements ; s'il y a des centres moteurs dans le cerveau, ils feraient donc exception à cette règle générale, puisque dans l'anesthésie complète l'excitation du cerveau ne produit rien ; mais il peut n'y avoir là qu'une différence d'excitabilité, et d'ailleurs, comme le font remarquer Krawzoff et Langendorff, les réflexes cérébraux, tels que le clignement, sont conservés dans l'éthérisation ; 2° dans l'apnée, il n'y a plus de réflexes du tout et l'excitabilité des nerfs moteurs est conservée ; or l'excitation du cerveau ne produit plus rien ; on peut faire à ce propos la même remarque que précédemment ; il n'y a peut-être là qu'une affaire d'excitabilité ; 3° les courants d'induction ne produisent pas sur les centres moteurs corticaux un véritable tétanos, comme cela devrait être ; mais précisément François-Franck et Pitres ont observé ce tétanos et constaté de plus qu'il faut le même nombre d'excitations pour provoquer le tétanos chez un même animal, que l'on agisse sur le cerveau, sur le nerf moteur ou sur le muscle ; 4° les effets des chocs d'induction invoqués aussi par Schiff me paraissent trop variables pour qu'on puisse en tirer des conclusions positives ; j'ai constaté moi-même dans certains cas que le courant de rupture agissait seul ; 2° quant à l'objection tirée du temps perdu, qui a beaucoup plus de durée que la période latente par l'excitation d'un centre moteur, elle a une certaine valeur ; mais si elle suffit pour établir une différence entre les centres moteurs corticaux et les centres moteurs ordinaires, elle ne suffit pas pour assimiler les mouvements qu'ils produisent à des mouvements réflexes. Il y a cependant parmi les mouvements décrits par les expérimentateurs et en particulier par Ferrier un certain nombre de mouvements qui sont évidemment de nature réflexe, mais, malgré cela, il me paraît impossible de généraliser l'assertion de Schiff.

c. Les mouvements sont dus à l'excitation des nerfs vaso-moteurs qui pénètrent dans la substance cérébrale avec les vaisseaux de la pie-mère. Mais ces filets vaso-moteurs n'ont jamais été démontrés.

d. Les effets des excitations sont trop variables pour qu'on puisse en conclure quelque chose. On observe des variations d'un moment à l'autre ; l'excitation de la même région peut donner des mouvements différents, et les mêmes mouvements peuvent être produits par l'excitation de régions différentes (Couty). Ces faits sont exacts, quoiqu'ils représentent l'exception, mais ils tiennent sans doute à ce que les conditions de l'expérience sont encore mal déterminées (1).

e. Les effets des excitations corticales sont décrits d'une façon différente par les divers expérimentateurs. Mais ces divergences, signalées surtout par Goltz, s'expliquent par la variabilité même des phénomènes suivant l'animal employé et les conditions multiples dans lesquelles il se trouve.

Un fait qui parle en faveur des localisations motrices, fait qui a frappé tous ceux qui ont fait des expériences sur ce sujet, c'est le suivant : quand on a trouvé par

---

(1) Il est positif que dans certains cas on observe des phénomènes très singuliers et tout à fait inexplicables. Je ne puis entrer ici dans les détails qui seront exposés dans un travail spécial.

tâtonnement un centre de mouvement bien localisé, il suffit de déplacer les électrodes de 1 ou 2 millimètres pour que l'excitation reste sans effet et cependant, à une si faible distance, on devrait s'attendre à avoir une diffusion du courant. C'est là certainement un des plus forts arguments en faveur des centres moteurs corticaux.

2° *La destruction d'un centre moteur cortical abolit le mouvement déterminé par l'excitation de ce centre.* — Pour les partisans des localisations, il y a une véritable paralysie (paralysie de la motricité corticale volontaire). Mais des objections ont été faites de plusieurs côtés.

a. Nothnagel croit que les lésions fonctionnelles observées après l'extirpation des centres moteurs sont dues à la perte du sens musculaire ; il en est de même de Hitzig. Cette opinion est réfutée par les expériences de Tripier qui, après la section des racines postérieures (contenant les filets sensitifs musculaires), a vu se produire des troubles de motilité d'un caractère différent de ceux que produit l'extirpation des centres moteurs. Malheureusement ces expériences, très délicates du reste, ne sont pas absolument démonstratives.

b. Pour Schiff, les troubles fonctionnels sont dus à la perte de la sensibilité tactile et à l'ataxie qui en dépend. Mais Tripier a montré que la section des filets nerveux sensitifs de la patte chez le chien ne produit pas ces troubles fonctionnels.

c. Une objection capitale, c'est que les troubles fonctionnels et la paralysie qu'on observe après l'extirpation des centres moteurs corticaux ne sont que temporaires et finissent par disparaître au bout d'un certain temps. Le mécanisme du retour d'une fonction abolie par l'extirpation de son centre a beaucoup occupé les physiologistes, et on a cherché à l'expliquer de différentes façons : 1° le centre détruit serait suppléé par le centre correspondant de l'hémisphère opposé ; cette hypothèse est peu probable, car si on enlève les deux centres symétriques, le retour des mouvements n'en a pas moins lieu ; la section du corps calleux ne l'empêche pas non plus (Carville et Duret) ; 2° le centre détruit est suppléé par de nouveaux centres qui se reforment auprès de celui qui a été détruit et dans le même hémisphère, c'est l'opinion à laquelle paraissent se rattacher Carville et Duret au moins pour les mouvements des membres ; 3° la suppléance se fait par des centres situés plus bas dans les ganglions cérébraux (corps striés, etc.); cette hypothèse a été soutenue par Luciani et plusieurs autres physiologistes ; Ferrier l'adopte pour les mouvements automatiques comme la marche ; il croit du reste que ces mouvements sont les seuls qui reparaissent tandis que les mouvements acquis par l'exercice ne se rétablissent pas après l'extirpation des centres corticaux; 4° enfin François Franck a émis l'hypothèse que le retour des mouvements pourrait tenir à l'hyperexcitabilité des centres d'association médullaire qui entreraient en jeu sous l'influence des excitations partant des centres corticaux du côté opposé; cette hypothèse ne peut s'appliquer non plus aux cas de destruction des centres corticaux symétriques. En résumé, ce retour des mouvements après la destruction des centres moteurs n'a pas reçu jusqu'ici d'explication satisfaisante et est un des points faibles de la théorie des localisations motrices. Cependant ce retour des mouvements n'est pas un fait absolu ; d'après Ferrier il n'aurait pas lieu chez l'homme et chez le singe, chez lesquels l'automatisme est moins prononcé que chez des animaux comme le chien.

3° *L'existence d'une région motrice et de centres moteurs localisés dans l'écorce cérébrale est démontrée par les faits cliniques observés chez l'homme*, et c'est principalement à Charcot et à ses élèves que l'on doit la plus grande partie des recherches faites dans cette direction, et ces recherches donnent l'appui le plus solide à la doctrine des localisations cérébrales. Mais, depuis longtemps déjà, Bouillaud et Broca avaient ouvert la voie en localisant, comme on le verra plus loin, la faculté du langage articulé. Les faits cliniques invoqués en faveur de l'existence des centres moteurs corticaux peuvent se résumer ainsi :

a. La destruction limitée de certaines régions des circonvolutions produit des paralysies localisées de la motilité (*monoplégies*); on peut ainsi, en réunissant et en comparant les observations, reconnaître à la surface du cerveau une *zone motrice*, et dans cette zone motrice déterminer l'existence d'un certain nombre de centres moteurs distincts présidant à des mouvements localisés. Cette zone motrice occupe la région de la scissure de Rolando et de la branche ascendante de la scissure de Sylvius, et correspond assez exactement à la zone motrice donnée par les expériences d'excitation chez les animaux. On verra plus loin la situation des divers centres particuliers.

b. Les destructions qui portent en dehors de la zone motrice ne déterminent aucune paralysie de la motilité (*zone latente*). Là encore on a la concordance avec l'expérimentation physiologique.

c. L'irritation (méningite, îlots tuberculeux, etc.) de régions déterminées de la zone motrice indiquée ci-dessus peut amener des mouvements convulsifs localisés (épilepsies partielles) ; ces faits sont moins démonstratifs que les précédents et ne peuvent être invoqués qu'avec beaucoup de réserve à cause de la facilité avec laquelle les excitations cérébrales pathologiques s'irradient dans les diverses parties des centres nerveux.

4° *Les centres moteurs corticaux peuvent s'atrophier, par inertie fonctionnelle, à la suite soit d'ablation, soit de paralysie d'un membre*. — Ces atrophies ont été observées, dans quelques cas, à la suite d'amputations ou de malformations congénitales.

5° *Les lésions des différents points de la zone motrice sont suivies de dégénérescences descendantes*. — Ces dégénérescences descendantes ont été observées non seulement chez l'homme, à la suite de destructions partielles de l'écorce, mais encore chez les animaux, à la suite d'extirpations des centres moteurs. Ainsi Vulpian a constaté, à la suite de la destruction du gyrus sigmoïde chez le chien, une atrophie descendante du pédoncule cérébral, de la moitié de la protubérance et de la pyramide antérieure du même côté et de la partie postérieure du cordon latéral du côté opposé ; les mêmes faits ont été vus par Fr.-Franck et Pitres.

6° *Les grosses cellules pyramidales découvertes par Betz ne se rencontrent que dans la zone motrice*, et même d'après Lewis et Clarke elles se groupent en amas dont la situation correspond assez exactement aux centres moteurs admis par Ferrier.

On a fait à l'hypothèse des centres moteurs corticaux quelques objections générales que je ne ferai que mentionner, telles sont les variations qui existent quelquefois d'un hémisphère à l'autre sur la situation de ces centres, le désaccord entre les différents auteurs au sujet de la place à assigner à chacun de ces centres, l'impossibilité d'appliquer à l'homme les résultats des expérimentations faites sur les animaux, etc. ; après les remarques qui précèdent je ne crois pas devoir m'y arrêter. Un fait à remarquer, c'est que d'une façon générale les cliniciens admettent l'existence des centres moteurs corticaux, tandis que beaucoup de physiologistes et des plus éminents, tels que Schiff, Brown-Séquard, Hermann, Goltz, etc., tendent à en repousser l'existence. Cette contradiction s'explique assez facilement par la variabilité des phénomènes produits par l'expérimentation et la difficulté de leur interprétation. Malgré un grand nombre d'expériences sur ce sujet je n'ai pu encore arriver à acquérir une conviction complète sur cette question ; cependant en présence des faits cliniques dont l'importance ne peut être contestée, il me paraît difficile de mettre en doute l'existence de centres moteurs corticaux, malgré l'incertitude sur laquelle nous sommes encore sur leur mode de fonctionnement. (Pour les idées de H. Munk, voir p. 1340.)

Phénomènes généraux de l'excitation des centres moteurs. — Ces phénomènes ont été bien étudiés par François-Franck et Pitres. Les mouvements localisés produits par l'excitation de la zone motrice présentent des caractères variables qui dépendent du nombre et de la rapidité des excitations employées; lentes, elles provoquent des secousses dissociées ; rapides, elles déterminent la fusion des secousses et le tétanos musculaire. Ces mouvements, de même que ceux qui sont produits par l'excitation d'un nerf moteur, présentent un retard (temps perdu), qui varie entre $\frac{8}{100}$ et $\frac{11}{100}$ de seconde (chien de taille moyenne, patte antérieure), y compris le temps perdu du muscle et la transmission dans les nerfs moteurs et dans la moelle. Les mouvements produits par l'excitation d'un centre cortical se font habituellement du côté opposé du corps, mais dans certains cas on peut avoir des mouvements bilatéraux sous l'influence d'une excitation unilatérale, mais dans ce cas le mouvement du même côté débute un peu après le mouvement du côté opposé. Il arrive souvent que pendant les expériences d'excitation de l'écorce cérébrale les animaux sont pris d'accès convulsifs épileptiformes, accès qui tantôt sont limités au membre correspondant au centre excité (épilepsie partielle), tantôt s'étendent à la moitié opposée du corps (accès hémiplégique), ou à tous les muscles des membres, de la tête et du tronc (épilepsie généralisée). L'attaque peut persister après l'excitation. Albertoni admet une zone spéciale *épileptogène*, mais tous les points de la zone motrice peuvent produire l'épilepsie, il suffit pour cela d'augmenter l'intensité des courants. J'ai vu chez le lapin l'épilepsie se montrer vingt-quatre heures seulement après l'excitation. Soltmann a constaté le premier que chez les *nouveau-nés* (chien, chat, lapin) l'excitation des centres corticaux ne produit aucun mouvement ; ces mouvements n'apparaissent que vers le onzième ou le douzième jour ; l'extirpation de la substance corticale n'est suivie du reste chez eux d'aucun trouble de la motilité (les animaux ont été observés pendant huit semaines). Les faits avancés par Soltmann ont été confirmés par tous les physiologistes. Ces centres se développent peu à peu ; le premier qui paraît est le centre des mouvements des extrémités antérieures (10e jour) ; ils sont d'abord plus étendus, comme diffus, puis se localisent et se rétrécissent. Cette absence de mouvements tient à l'imperfection des centres moteurs qui ne sont pas encore développés; les nerfs de la couronne rayonnante (lapin) n'ont pas encore leur couche de myéline et les cellules nerveuses des circonvolutions motrices ne sont pas encore formées (Tarchanoff). Chez certains animaux au contraire, comme le cobaye, qui marche de suite après sa naissance, l'excitation des centres corticaux détermine les mêmes effets que chez l'adulte ; et Tarchanoff a trouvé que chez cet animal, dès la naissance, les nerfs de la couronne rayonnante ont leur gaine de myéline et que les cellules motrices ont acquis leur développement normal. Le même auteur a étudié les conditions de développement des centres corticaux moteurs chez le nouveau-né ; il a vu que l'apparition de ces centres était accélérée par l'hyperhémie cérébrale (animal maintenu la tête en bas pendant trois quarts d'heure à une heure tous les jours) ou par le phosphore, qu'elle était retardée au contraire par l'alcool ou l'attitude verticale (tête élevée). Les faits observés sur les animaux nouveau-nés concordent avec les recherches faites par Parrot sur le cerveau des enfants nouveau-nés.

¶ Je rappellerai ici le fait, mentionné plus haut page 1318, qu'à l'inverse de la substance corticale des hémisphères, l'écorce grise du cervelet est excitable dès les premiers jours de la naissance.

Détermination des divers centres moteurs de l'écorce cérébrale. — Les centres moteurs ont été déterminés chez la plupart des animaux à l'aide de l'expérimentation, chez l'homme à l'aide des faits cliniques et des expériences sur le singe. J'étudierai ces centres chez les animaux et chez l'homme.

1° *Chien* (fig. 478). — Le cerveau de chien présente à sa partie antérieure (face supérieure) un sillon transversal, *sillon crucial*, qui aboutit à la scissure longitudinale médiane; c'est autour de ce sillon que se trouvent principalement les centres moteurs. Sur ce cerveau on voit quatre circonvolutions marchant longitudinalement; la première située le long de la scissure médiane (1re circonvolution externe) se recourbe en avant pour entourer le sillon crucial en constituant le *gyrus sigmoïde*; puis on trouve, en allant de dedans en dehors, la deuxième, la troisième et la quatrième circonvolution externe qui entoure la scissure de Sylvius.

Les centres localisés par Hitzig et Ferrier sont : 1° le centre des muscles de la nuque, *a* ; 2° le centre pour les extenseurs et les adducteurs du membre antérieur, *b*; 3° le centre pour les fléchisseurs et les rotateurs du même membre, *c*; 4° le centre du membre postérieur, *d* ; 5° le centre des mouvements de la face , *f*. Ferrier a ajouté à ces centres un certain nombre de centres nouveaux pour les mouvements suivants; 6° mouvements de la queue, à l'angle de réunion de la scissure longitudinale et du sillon crucial, en arrière de ce dernier ; 7° rétraction et exten-

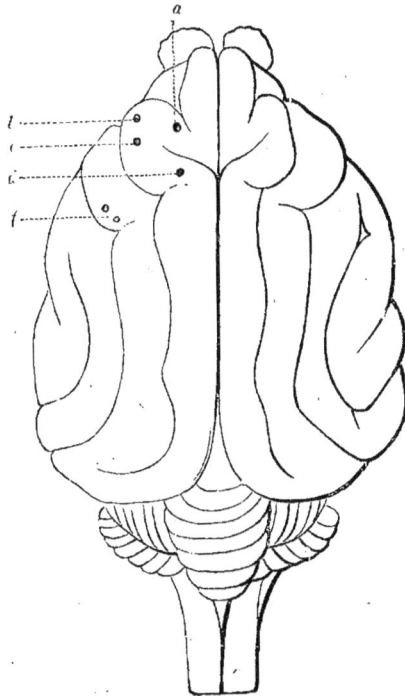

Fig. 478. — *Centres moteurs corticaux de l'hémisphère gauche du chien* (Hitzig et Ferrier).

sion du membre antérieur, à la partie postérieure du gyrus sigmoïde ; 8° élévation de l'épaule et extension du membre antérieur (mouvement de marche), entre les centres *b* et *c*; 9° mouvements des yeux, des paupières et de la pupille, sur la partie antérieure de la deuxième circonvolution, en avant des centres des mouvements de la face *f*. Ferrier décrit encore quelques autres centres dont l'existence est moins certaine.

2° *Chat*. — La disposition des circonvolutions est à peu près la même que chez le chien. La situation des centres serait, d'après Ferrier, un peu différente de ce qu'elle est chez le chien. L'extrémité antérieure de la première circonvolution contient les centres des mouvements des pattes; l'extrémité antérieure de la deuxième, le mouvement de préhension de la patte, avec sortie des griffes (très caractéristique chez le chat) ; les mouvements de la face (bouche, langue, yeux, etc.)

ont pour siège les parties antérieures et moyennes des trois dernières circonvolutions.

3° *Lapin*. — Sur le cerveau du lapin, dépourvu de circonvolutions, la délimitation des centres moteurs est plus difficile. L'électrisation provoque les mouvements suivants : projection du membre postérieur; rétraction et adduction du membre antérieur; soulèvement de l'épaule et projection du membre antérieur; occlusion de l'œil ; mais la plus grande partie de la zone motrice est occupée par un centre qui commande les mouvements de la mâchoire inférieure (mastication). — Le cerveau du *cobaye* présente la même disposition et les mêmes localisations que celui du lapin. Il en est de même pour les *rats*.

4° *Agneau*. — Marcacci a trouvé en avant du sillon crucial quatre centres pour les mouvements suivants : flexion de la patte de devant; rotation de la nuque (chez le mâle, flexion et extension subite de la tête); mouvements de la langue et de la face (action de lécher) ; mouvements des mâchoires.

5° *Solipèdes*. — Arloing, sur l'âne, a constaté l'existence des centres suivants : mouvements des membres; élévation et diduction de la mâchoire inférieure ; mouvements des nasaux et de la lèvre supérieure ; mouvements de la langue et de la joue; écartement des mâchoires, flexion et inclinaison du cou; clignement de l'œil opposé; occlusion de la fente palpébrale ; élévation de la paupière supérieure, adduction de l'oreille (1).

6° *Singes*. — L'excitation du cerveau des singes, faite d'abord par Hitzig, a été fréquemment pratiquée par Ferrier. Chez le singe, les régions motrices sont situées plus en arrière que les régions correspondantes des animaux inférieurs, et la scissure de Rolando de cet animal correspond au sillon crucial du chien et du chat. La disposition générale de ses circonvolutions se rapproche de celle de l'homme. Ferrier décrit chez le singe les centres moteurs suivants : 1° centre des mouvements des membres inférieurs (marche; action de se gratter) et de la queue ; 2° centre des mouvements des membres supérieurs (rétraction et adduction du bras, extension en avant du bras et de la main; supination et flexion de l'avant-bras; mouvements des doigts et du poignet; mouvements de préhension) ; 3° mouvements de la bouche, des lèvres et de la langue; ces trois centres ont à peu près la même situation que les centres marqués 3, 2 et 1 sur le cerveau humain de la figure 479; 4° un centre par l'excitation duquel les yeux sont grands ouverts, les pupilles dilatées et les yeux et la tête dirigés du côté opposé; ce centre répond au centre 4 et 5 du cerveau humain (fig. 479).

Localisations motrices chez l'homme. — La localisation des centres moteurs chez l'homme présente encore des incertitudes, et les auteurs sont loin de s'accorder sur le lieu précis de chacun de ces centres. J'énumérerai successivement ces différents centres (fig. 479).

1° *Centre du langage articulé*. — Le centre des mouvements du langage articulé se trouve dans les lobes antérieurs (Bouillaud), et a été localisé d'une façon plus précise encore par Broca dans la troisième circonvolution frontale *gauche* (fig. 479, 1) (2); il n'y a pas, du reste, dans cette région un seul centre, mais plusieurs centres voisins qui paraissent jouer un rôle dans les divers modes d'expres-

(1) L'excitation du cerveau des *pigeons* donne des résultats presque entièrement négatifs, sauf en un point qui produit la contraction de la pupille et la rotation de la tête du côté opposé. Langendorff a constaté chez la *grenouille* l'existence d'une zone motrice sur la région pariétale des hémisphères.

(2) Dax l'avait localisé primitivement dans le lobule de l'insula.

sion graphique ou verbale de la pensée ; en effet, les lésions de cette circonvolution s'accompagnent, tantôt de perte de la mémoire des mots ou des signes graphiques qui les rendent, tantôt d'une sorte d'ataxie motrice qui empêche le malade de prononcer ou d'écrire le mot qu'il a dans la mémoire, ou qui lui fait prononcer ou écrire un mot différent de celui qu'il a en idée, affections confondues sous le nom d'*aphasie* et d'*agraphie*. Il y aurait donc, en se basant sur l'analyse physiologique, groupés dans cet espace restreint du cerveau, des centres pour la mémoire des mots et des signes, des centres pour les mouvements de la parole et de l'écriture, et enfin des centres ou des fibres associant l'activité fonctionnelle des premiers centres à celle des seconds. La situation de ce centre chez l'homme correspond du reste à la situation des centres des mouvements de la langue, des lèvres et de la bouche chez les animaux. Chez les gauchers on a constaté, dans quelques cas d'aphasie, que la lésion était située dans l'hémisphère droit. Il semble donc qu'originairement les deux hémisphères fonctionnent symétriquement ; mais

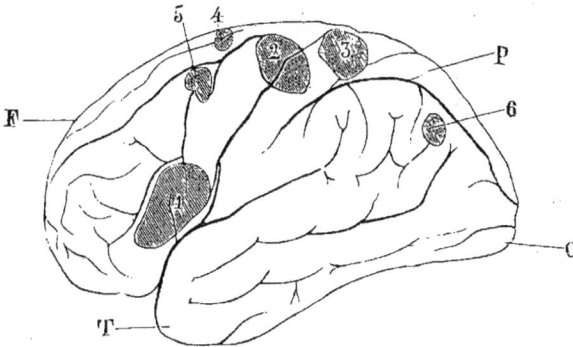

Fig. 479. — *Situation probable des centres moteurs chez l'homme* (*).

peu à peu l'un d'eux s'exercerait plus que l'autre et arriverait à fonctionner seul, l'autre restant inactif. La localisation de ce centre, la première de celles qui aient été établies d'une façon positive, est confirmée par presque toutes les observations pathologiques, et celle des autres centres moteurs est bien moins avancée.

2° *Centres des mouvements de la partie inférieure de la face.* — Ils sont situés au-dessus du précédent avec lequel ils sont en partie confondus ; d'après Charcot et Pitres, ils occupent la partie inférieure des deux circonvolutions qui limitent la scissure de Rolando. Sur le schéma de la figure 479, empruntée en grande partie à Carville et Duret, ce centre est placé plus haut, en 5, sur le pied de la deuxième circonvolution frontale.

3° *Centre des mouvements du membre supérieur.* — Ce centre est placé en 2, à cheval sur la scissure de Rolando ; d'après les observations de Charcot, sa partie antérieure servirait surtout aux mouvements isolés du bras, et de Boyer, d'après les cas de monoplégie brachiale qu'il a pu recueillir, le divise en trois centres distincts. Ferrier le place à peu près au même endroit.

4° *Centres pour les mouvements du membre inférieur.* — Ce centre est situé au-

(*) F, lobe frontal. — P, lobe pariétal. — O, lobe occipital. — T, lobe temporal. — 1, centre des mouvements de la langue et des mâchoires (langage articulé). — 2, centre des mouvements du membre supérieur. — 3, centre pour le membre inférieur. — 4, centre pour les mouvements de la tête et du cou. — 5, centre pour les mouvements des lèvres (facial). — 6, centre pour les mouvements des yeux.

dessus du précédent. D'après Charcot, il occuperait le lobule paracentral, le tiers supérieur de la circonvolution frontale ascendante, et les deux tiers supérieurs de la circonvolution pariétale ascendante.

5° *Centre pour les mouvements de la tête et du cou*. — La situation de ce centre est encore douteuse. Sur le schéma de la figure 479, il est placé en 4 sur la première frontale ; de Boyer, d'après les cas pathologiques, le place un peu plus bas, sur le pied de la deuxième frontale, à peu près au point 5 du schéma. Ferrier le place à peu près au même endroit et en fait un centre commun pour les mouvements de latéralité de la tête et des yeux.

6° *Centre des mouvements des yeux*. — On vient de voir que pour Ferrier ce centre se confond avec le précédent. Quant au point 6 de la figure 479, il est considéré comme centre des mouvements oculaires par un certain nombre de physiologistes et de cliniciens, mais il paraît appartenir plutôt aux centres sensoriels, car il se trouve en dehors de la zone motrice.

Les rapports des circonvolutions et des centres moteurs avec la surface crânienne ont été bien étudiés par Broca, Turner, Féré, etc. Sans entrer dans les détails pour lesquels je renverrai aux mémoires de ces auteurs, je me contenterai de rappeler que la zone motrice correspond à la partie antérieure de la région pariétale ; le centre du langage articulé correspond à l'angle antérieur et inférieur du pariétal gauche ; en remontant en arrière s'échelonnent les centres des mouvements de la partie inférieure de la face, des membres supérieurs, des membres inférieurs qui se rapprochent de la ligne médiane ; enfin le centre des mouvements de la tête et des yeux paraît occuper la partie postérieure et supérieure du front.

La manière dont fonctionnent ces centres moteurs corticaux est encore très obscure ; ils semblent être spécialement en rapport avec les mouvements volontaires, d'où le nom de *centres psycho-moteurs* ; la seule chose positive, c'est qu'ils ne peuvent être assimilés à des centres moteurs ordinaires, dont ils ne possèdent ni l'automatisme apparent, ni la régularité fonctionnelle ; ils sont, non seulement des centres d'impulsion des mouvements volontaires, mais encore, suivant une expression souvent employée, des centres d'*idéation motrice* dans lesquels les impulsions motrices s'enregistrent et se renouvellent.

De ces centres moteurs partent des faisceaux blancs conducteurs qui restent encore distincts dans le centre ovale, comme l'ont montré les recherches de Pitres. Les lésions et les excitations de ces faisceaux isolés auront donc, et c'est ce que l'expérience a démontré, les mêmes effets que les lésions et les excitations des centres moteurs eux-mêmes. Par contre, plus bas, dans la capsule interne cet isolement n'est plus possible, et il est probable qu'à ce niveau les conducteurs partant des différents centres moteurs s'entre-mêlent et se confondent.

B. **Localisations sensitives. — Centres corticaux sensoriels ou psycho-sensoriels.** — Ferrier et Munk ont admis, en se basant sur des expériences d'excitation et de destruction, des *centres pour la perception des sensations*. Ces centres seraient situés dans la *zone latente* de l'écorce des hémisphères, *en arrière* des centres moteurs, et seraient en connexion avec les fibres nerveuses des organes des sens. L'excitation de ces centres pourrait déterminer des mouvements comme ceux que provoque une sensation, une douleur, mais ces mouvements, de nature réflexe, ne ressemblent aucunement à ceux que détermine l'excitation des centres psycho-moteurs. Leur destruction n'abolit pas la sensation brute, prise en elle-même, mais seulement la sensation perçue et raisonnée pour ainsi dire ; l'animal voit, entend, sent, mais il ne sait plus ce qu'il voit, ce qu'il entend, ce qu'il sent. Les centres sensoriels admis par Munk et Ferrier sont les suivants ; seulement les deux auteurs ne s'accordent pas toujours sur leur localisation. Les faits cliniques n'ont jusqu'ici donné que peu de renseignements sur les localisations sensorielles ; ils ont du reste été peu étudiés encore à ce point de vue.

1° *Centre visuel.* — Ferrier place ce centre dans la région du pli courbe chez le singe, dans la région pariétale de la deuxième circonvolution externe chez le chien et le chat. L'excitation de cette région produit un mouvement de latéralité des yeux du côté opposé et une contraction des deux pupilles, mouvements que Ferrier considère comme réflexes et dus à l'excitation par une sensation visuelle subjective. La destruction de cette région produit la cécité du côté opposé, cécité qui disparaît au bout de peu de temps ; si au contraire on a fait la destruction des deux points symétriques, la cécité est double et permanente. Pour Luciani et Tamburini ce centre visuel s'étendrait sur toute la longueur de la deuxième circonvolution, e t chez le singe comprendrait non seulement le pli courbe, mais toute la partie avoi-sinante du lobe occipital. La destruction de la zone visuelle d'un côté chez le chien provoque l'amaurose presque complète du côté opposé et une amblyopie légère du même côté ; chez le singe elle provoque une hémiopie bilatérale de la moitié de la rétine correspondant au côté opéré. La cécité complète ou incomplète ainsi produite est non seulement *psychique* (perte de la mémoire des images visuelles), mais porte aussi sur les perceptions visuelles qui sont abolies. H. Munk place plus en arrière que Ferrier le centre visuel ; chez les chiens il occuperait la partie pos-térieure de la deuxième circonvolution, chez les singes le lobe occipital. Pour lui la cécité, dont on verra plus loin les caractères, est psychique. L'animal voit, mais il ne distingue pas ; il ne reconnaît pas ce qu'il voit ; il est revenu à l'état de la première enfance ; mais il peut réapprendre de nouveau à voir et son éducation visuelle peut se refaire en quelques semaines. Il a observé l'hémiopie, non seulement chez le singe, mais chez le chien. D'après ses recherches, les différentes parties de la rétine sont en relation directe avec les différents points de la zone visuelle, de sorte que chaque région rétinienne a son correspondant dans une région déterminée de cette zone. Ainsi, chez le chien, la partie externe de chaque rétine correspond à la partie la plus externe de la zone visuelle du même côté ; toute la partie restante (la plus considérable) de la rétine correspond à la zone visuelle du côté opposé, de telle sorte que le bord supérieur de la rétine répond au bord antérieur de la zone vi-suelle, le bord inférieur au bord postérieur de la zone visuelle, la partie interne de la rétine au bord interne de la zone et ainsi de suite ; on peut donc, en extirpant telle ou telle portion de la zone visuelle, abolir la vision de la région correspon-dante de la rétine. Chez le singe la correspondance de la rétine et de la zone visuelle serait à peu près la même avec cette seule différence que la région externe de la rétine qui correspond à la partie externe de la zone visuelle du même côté est beaucoup plus étendue que chez le chien. Chez l'homme les faits cliniques n'ont donné jusqu'ici que peu de renseignements sur les localisations visuelles sen-sitives ; cependant Wernicke dans un cas d'hémiopie a trouvé un foyer ramolli à la convexité du lobe occipital, et on a observé de la cécité unilatérale après les em-bolies de l'artère cérébrale postérieure (Bastian). H. Munk, après l'ablation d'un œil chez un chien nouveau-né, a vu, au bout de quelques mois, une atrophie de la région correspondant au centre visuel.

2° *Centre auditif.* — Ce centre serait situé à la partie postérieure de la troisième circonvolution externe chez le chien et le chat, à la partie supérieure des circon-volutions temporo-sphénoïdales chez le singe (Ferrier, Luciani et Tamburini) ; H. Munk le place cependant un peu plus bas. Son excitation détermine des mou-vements (ouverture des yeux, dilatation des pupilles, mouvements des yeux et de la tête du côté opposé, etc.), comme si l'animal entendait dans l'oreille opposée un bruit fort et inattendu ; il y aurait là un réflexe produit par des sensations auditives subjectives. La destruction du centre auditif produit la surdité *psychique* du côté opposé. Chez l'homme, on a cité quelques cas d'abolition des perceptions auditives (*surdité* ou *cécité verbales* de Kussmaul) à la suite de lésions de cette région (Broadbent). Chez les animaux cette surdité expérimentale disparaît rapidement, sauf quand on a détruit les deux centres symétriques. La destruction d'une oreille d'un côté chez le chien nouveau-né amènerait une atrophie de ce centre auditif (Munk).

3° *Centres olfactifs et gustatifs.* — Ferrier place ces centres au sommet du lobe temporo-sphénoïdal; l'excitation de cette région déterminerait des phénomènes réflexes attribuables à des excitations gustatives et olfactives subjectives (mouvements des narines, des babines, des lèvres, etc.), et sa destruction abolirait le goût et l'odorat. Mais ces preuves sont tout à fait insuffisantes pour admettre cette localisation. H. Munk croit que le centre de l'olfaction se trouve dans la circonvolution de l'hippocampe ; dans un cas où les deux circonvolutions droite et gauche étaient profondément lésées chez un chien il a constaté la perte de l'odorat. Du reste la circonvolution de l'hippocampe a des relations anatomiques étroites avec les nerfs olfactifs, et Broca a montré qu'une des racines de ces nerfs y prenait naissance. Dans les expériences de destruction du centre olfactif de Ferrier, la circonvolution de l'hippocampe était toujours lésée.

4° *Centres de sensibilité générale.* — Ferrier a cherché à localiser dans la région de l'hippocampe la sensibilité tactile et la sensibilité générale ; mais jusqu'ici cette localisation manque de preuves suffisantes.

H. Munk, d'après ses expériences sur les chiens et les singes, est arrivé aux conclusions suivantes, qui s'écartent considérablement des idées le plus généralement admises sur les localisations cérébrales telles qu'elles ont été exposées pour les centres moteurs. Pour lui, de même que la rétine et les filets auditifs ont leurs correspondants dans la région occipitale et dans la région temporo-sphénoïdale, les fibres de sensibilité générale (tactile, musculaire, douloureuse) ont leurs correspondants dans une région corticale du cerveau qu'il appelle *sphère sensitive*, et qui occupe toute la surface de l'hémisphère cérébral à l'exception du lobe occipital et du lobe temporo-sphénoïdal ; cette sphère sensitive se divise elle-même en sept zones distinctes dont chacune correspond à une région déterminée du corps. Ces zones sont les suivantes : 1° la *zone de la sensibilité oculaire* ; elle est située dans la région du pli courbe en avant du lobe occipital (singe), et chez le chien dans la partie pariétale des trois premières circonvolutions ; c'est en somme la région correspondant au centre visuel de Ferrier (voir p. 1339) ; 2° la *zone de la sensibilité auditive* se trouve chez le singe à la partie supérieure de la circonvolution temporo-sphénoïdale supérieure, chez le chien sur la partie de la quatrième circonvolution externe qui entoure la fosse de Sylvius, pas loin, par conséquent, de la région du centre auditif de Ferrier (p. 1339) ; 3° la *zone de sensibilité des membres postérieurs* longe chez le singe la scissure médiane, depuis le lobe occipital jusque vers la partie frontale ; chez le chien elle se trouve en arrière du sillon crucial ; 4° la *zone de sensibilité des membres antérieurs* occupe chez le singe la partie supérieure des deux circonvolutions qui limitent le sillon de Rolando et remonte un peu en avant jusqu'à la scissure médiane ; chez le chien elle se trouve sur le gyrus sigmoïde ; 5° la *zone de sensibilité de la tête* occupe chez le singe la partie postérieure et inférieure du lobe frontal en avant de la scissure de Sylvius ; chez le chien elle occupe la partie antérieure des deuxième, troisième et quatrième circonvolutions externes ;

6° la *zone de sensibilité de la nuque* se trouve chez le singe en avant de la précédente dans une région circonscrite, assez petite, au pied des deuxième et troisième circonvolutions frontales ; chez le chien elle est en avant du sillon crucial ; 7° la *zone de sensibilité du tronc* occupe la partie antérieure de la région frontale en avant des précédentes. Munk a étudié les troubles fonctionnels produits par la destruction de ces différentes régions, troubles qui se montrent toujours du côté opposé du corps. Ainsi si on a extirpé chez un chien la zone de sensibilité du membre postérieur gauche, les perceptions de contact et de pression sont perdues dans la patte du côté opposé ; il en est de même de la notion de la situation ; les incitations motrices volontaires sont perdues ; l'animal ne donne plus la patte par exemple ; mais les mouvements réflexes sont conservés, etc. On voit que la sphère sensitive de Munk englobe les centres dits psycho-moteurs ; c'est qu'en effet Munk comprend leur fonctionnement tout autrement que Ferrier ; pour lui ce ne sont pas des centres moteurs à proprement parler, ce sont à la fois des centres de perception sensitive et d'idéation motrice, centres dont l'excitation provoque les mouvements qui correspondent à tel ou tel ensemble de perceptions tactiles, musculaires, etc. Munk insiste à ce propos sur les troubles de sensibilité qui accompagnent toujours d'après lui les extirpations des centres psycho-moteurs, et Tripier avait déjà eu occasion de constater le fait. La théorie de Munk me paraît s'accorder difficilement avec les faits cliniques mentionnés plus haut à propos des localisations motrices. Je ne reviendrai pas sur les faits curieux observés par Goltz sur les chiens opérés par son procédé (1).

C. Localisations corticales des fonctions organiques. — Ces localisations sont encore plus incertaines que les précédentes ; aussi les résumerai-je brièvement.

1° *Centres thermiques corticaux.* — Eulenburg et Landois ont trouvé dans l'écorce cérébrale une région dont l'excitation (électricité, sel marin) produit un refroidissement des membres du côté opposé, dont la destruction est suivie d'une augmentation de température de 1° à 2° centigrades et plus et qui peut persister assez longtemps (chien). Cette région correspond aux centres moteurs des membres postérieurs et des mouvements de flexion et de rotation des membres antérieurs. L'existence de ces centres, admise par Hitzig, a été combattue par Kuessner.

2° *Centres vasculaires.* — L'excitation de l'écorce cérébrale, dans certaines régions, paraît agir sur le calibre des vaisseaux (*centres vaso-moteurs*), sur la pression sanguine et sur la fréquence des battements du cœur ; mais la détermination de ces régions et leur mode d'action est encore très incertaine. Lépine par la faradisation très faible de la circonvolution post-frontale a vu une augmentation de la pression sanguine dans l'artère crurale en même temps que la dilatation des vaisseaux des pattes du côté opposé, et Bacchi et Bochefontaine par l'électrisation de la partie antérieure au sillon crucial et du lobe olfactif ont vu un rétrécissement des vaisseaux de la papille optique des deux côtés ; on sait du reste l'influence des affections psychiques sur la rougeur ou la pâleur de la peau. Bochefontaine a déterminé sur la substance corticale quatre points dont l'excitation augmente la tension sanguine et trois points qui la diminuent. Danilewsky a observé de même une augmentation de pression par l'excitation du centre des muscles de la face en même temps qu'un ralentissement du pouls. Lépine a vu une accélération par la

_____

(1) Ferrier avait d'abord cherché à localiser les sensations viscérales, et en particulier la faim, dans les lobes occipitaux ; mais cette hypothèse ne s'appuyait que sur des observations incomplètes, et il paraît l'avoir abandonnée dans ses travaux récents.

faradisation de la partie antérieure du cerveau. Des hémorrhagies pulmonaires ont été vues chez le lapin par l'électrisation du cerveau (Heitzler), des hémorrhagies articulaires chez le chien par celle du gyrus sigmoïde (Albertoni), etc. Balogh a constaté l'existence de cinq points dont l'excitation influence les battements du cœur. On verra plus loin du reste l'influence du travail cérébral sur le fonctionnement du cœur et des vaisseaux.

3° *Centres glandulaires.* — Lépine a observé la salivation par l'excitation du centre des muscles de la face ; Külz et Eckhard sont arrivés à des résultats opposés ; cependant, d'après Bochefontaine, il y aurait sur la surface du cerveau un certain nombre de points dont l'excitation déterminerait la salivation. Le même auteur a vu le ralentissement de la sécrétion pancréatique et l'arrêt de la sécrétion biliaire par l'excitation de la partie antérieure au sillon crucial. Bufalini, en électrisant chez des lapins et des cobayes le centre des mouvements de la mâchoire, a constaté une augmentation de la sécrétion du suc gastrique et de la température de l'estomac.

4° *Centres des mouvements organiques.* — Bochefontaine a constaté par l'excitation de points déterminés de l'écorce cérébrale des contractions de la rate, de l'intestin, de la vessie, des trompes utérines, etc. Il s'agissait probablement dans la plupart de ces cas, comme du reste dans les faits précédents, de phénomènes réflexes.

D. Centres psychiques. — Deux opinions sont en présence sur cette question. Pour les uns, Flourens, Brown-Séquard, Goltz, Munk, l'intelligence n'a pas de siège spécial dans la substance corticale, et les éléments cérébraux dont l'activité entre en jeu dans les phénomènes intellectuels sont disséminés dans toute l'étendue de l'écorce sans former de centres distincts. Pour les autres, comme Ferrier et beaucoup de physiologistes, l'attention, la réflexion, la concentration de la pensée, l'activité intellectuelle proprement dite en un mot, aurait son siège essentiel dans la partie antérieure des lobes frontaux. Cette hypothèse se base sur le faible développement de ces lobes chez les animaux inférieurs, les moins intelligents, chez les idiots, sur les troubles de l'intelligence qui accompagnent souvent les lésions étendues de ces lobes.

E. Centres émotifs. — La question de savoir s'il existe dans le cerveau des centres spéciaux pour les émotions et les passions soulève des difficultés encore plus grandes que celle des centres intellectuels, et on en est réduit à de pures hypothèses. Ferrier, s'appuyant sur sa localisation dans le lobe occipital des sensations viscérales, place dans ce lobe le siège des émotions douloureuses ou agréables ; mais rien jusqu'ici n'est venu confirmer son hypothèse.

F. Centres d'arrêt. — On a vu que le cerveau exerce une action modératrice ou d'arrêt sur les mouvements réflexes de la moelle épinière. Cette même action modératrice, la substance corticale du cerveau l'exerce sur les centres moteurs des ganglions cérébraux et peut-être sur les autres centres corticaux eux-mêmes. L'attention qu'on porte à un mouvement d'habitude involontaire et réflexe (respiration, déglutition, marche, etc.) suffit pour troubler ce mouvement et le rendre moins régulier. Cette influence modératrice peut contrôler non seulement les mouvements, mais les idées, les émotions, etc. Quant à leur localisation dans la substance corticale, elle nous échappe jusqu'ici d'une façon complète. C'est à cette propriété d'*inhibition* que Brown-Séquard fait jouer un si grand rôle dans le fonctionnement cérébral, rôle évidemment exagéré.

Dualité des hémisphères. — Les deux hémisphères sont à peu près symétriques, cependant cette symétrie, surtout au point de vue fonctionnel, est loin d'être absolue. On a vu plus haut que le centre du langage articulé se trouve habituellement dans l'hémisphère gauche; il semble donc que, dans cet acte du moins, un des hémisphères, soit par l'effet de sa structure même, soit par l'effet de l'exercice, fonctionne seul à l'exclusion de l'autre. Chaque hémisphère possède donc une certaine autonomie qui lui permet dans certains cas de fonctionner seul, quoiqu'on puisse admettre qu'en général les deux hémisphères fonctionnent synergiquement. L'hémisphère gauche est ordinairement plus pesant, plus hâtif dans son développement; d'après Luys il entrerait seul en jeu dans un certain nombre d'actes acquis par l'exercice (parole, écriture, musique, etc.). Cette autonomie, cette indépendance relative des deux hémisphères explique un certain nombre de faits dont l'interprétation serait presque impossible sans cela. Ainsi, dans les actes pour lesquels intervient habituellement la synergie des deux hémisphères, si cette synergie vient à manquer on peut remarquer un dédoublement fonctionnel, chaque hémisphère fonctionnant isolément; on s'explique ainsi par la lésion d'un seul hémisphère la coïncidence de la lucidité et du délire qu'on observe chez certains aliénés et, en fait, Luys a constaté, chez beaucoup d'aliénés, une différence de poids des deux hémisphères plus considérable que la différence normale.

Cette dualité des hémisphères entre peut-être aussi en jeu dans les phénomènes de *transfert*, phénomène qui consiste en une sorte d'*alternance* des fonctions de chaque hémisphère. Gellé et Charcot ont observé les premiers ce phénomène chez des hystériques, et il a été depuis constaté par beaucoup de cliniciens et de physiologistes. Sur une hystérique atteinte d'hémianesthésie, si on fait reparaître la sensibilité sur un point (1), on constate que la sensibilité a disparu du côté opposé (côté sain) sur le point exactement symétrique; ce phénomène s'observe aussi bien pour la sensibilité visuelle, auditive, etc., que pour la sensibilité à la douleur. Des faits semblables ont été observés chez l'homme sain. Si on explore la sensibilité de deux points symétriques de la peau avec le compas de Weber et qu'on applique un sinapisme d'un côté, la sensibilité est augmentée de ce côté, diminuée de l'autre; avec les applications métalliques on arrive au même résultat (Rumpf, Adamkiewicz). Des phénomènes très curieux de transfert de sensations visuelles ont été décrits par Charcot, Landolt, Cohn, etc., chez des hystériques et des hypnotisés.

On a vu plus haut que l'action des hémisphères cérébraux est *croisée* pour presque toutes les fonctions motrices et sensitives. Cependant, de même que dans la moelle l'excitation qui détermine un réflexe unilatéral peut, quand il acquiert une certaine intensité, déterminer un réflexe bilatéral, l'excitation d'un seul hémisphère peut aussi dans certains cas, comme l'ont vu Franck et Pitres, produire des effets bilatéraux (voir page 1334). Mais de là à nier, comme le fait Brown-Séquard, l'action croisée des hémisphères cérébraux, il y a loin, et cette doctrine ne peut se soutenir en présence des faits cliniques et expérimentaux.

Thermométrie cérébrale. — Dans les conditions ordinaires, la température du cerveau est plus élevée que celle du sang artériel (R. Heidenhain). On a cherché dans ces dernières années à avoir des indications sur la température du cerveau et de ses diverses régions en prenant la température extérieure, et Broca, Lombard sont arrivés sur ce point à des résultats intéressants. Le tableau suivant emprunté

---

(1) On peut faire reparaître la sensibilité par plusieurs procédés, application d'un métal (métallothérapie), d'un aimant, de courants électriques, de sinapismes, etc.

à Maragliano donne les températures pour les diverses régions extérieures de la tête d'après un certain nombre d'observateurs :

	RÉGION FRONTALE.			RÉGION PARIÉTALE.			RÉGION OCCIPITALE.			MOYENNE.		MOYENNE TOTALE DE LA TÊTE.
	GAUCHE.	DROITE.	MOYENNE.	GAUCHE.	DROITE.	MOYENNE.	GAUCHE.	DROITE.	MOYENNE.	GAUCHE.	DROITE.	
Broca..........			35,28			33,72			32,92	34,00	33,90	33,61
Gray...........	34,64	34,28	34,46	34,68	34,21	34,45	33,70	33,30	33,50	34,35	33,84	34,16
Asile de Reggio.	36,20	36,15	36,17	36,18	36,15	36,16	36,01	35,95	35,98	36,13	36,08	36,10
Maragliano......	35,85	35,02	35,44	33,50	35,25	35,37	35,40	34,92	35,16	35,58	35,09	35,34

On voit par ce tableau que la température de la moitié gauche de la tête est plus élevée que celle de la moitié droite, et que celle des régions antérieures l'est plus aussi que celle des régions postérieures. D'une façon générale la température de la tête serait plus haute chez l'homme que chez la femme, chez l'enfant et le jeune homme que chez l'adulte. D'après la plupart des observateurs la température de la tête s'élèverait dans le travail cérébral; d'après les recherches de Lombard, l'élévation porterait surtout sur les régions antérieures et sur le côté droit de la tête; Broca est arrivé au même résultat (1). Schiff, qui a fait sur ce sujet des recherches très intéressantes, a montré que les excitations sensorielles (tactiles, visuelles, auditives, etc.), et l'activité psychique s'accompagnent d'une augmentation de la température cérébrale, augmentation indépendante de la circulation. D'après Maragliano, les variations du thermomètre appliqué sur la surface de la peau du crâne concorderaient avec les variations de température du cerveau; cependant les recherches de François-Franck mèneraient à des conclusions différentes; il a vu en effet qu'il fallait une augmentation de 3 degrés de la température du cerveau pour produire à la surface extérieure de la tête une élévation de un dixième de degré seulement. Les résultats de la thermométrie cérébrale ne peuvent donc être admis qu'avec beaucoup de réserve jusqu'à nouvel ordre.

Influence de l'activité cérébrale sur les diverses fonctions. — Le travail cérébral augmente le volume du cerveau, comme Mosso, François-Franck, ont pu s'en assurer par les procédés graphiques chez des sujets trépanés ; cette augmentation de volume paraît tenir à l'exagération de la circulation cérébrale ; seulement comme la respiration subit en même temps une transformation et que de large et facile elle devient superficielle et incomplète, on pourrait se demander, avec François-Franck, si l'augmentation de volume du cerveau n'est pas due à la modification du rythme respiratoire. Cependant, d'après les recherches récentes de Mosso, elle serait indépendante de la respiration. L'influence de l'activité cérébrale sur le pouls a déjà été mentionnée page 1030, et Gley, dans une série de recherches faites dans mon laboratoire, a constaté les mêmes variations du pouls pour un travail cérébral de longue durée.

Couty et Charpentier ont fait des expériences intéressantes sur l'influence des excitations sensitives et émotionnelles chez les animaux. Ils ont constaté du côté

(1) Amidon, en maintenant pendant longtemps un membre en contraction volontaire, prétend avoir constaté une augmentation de température des régions crâniennes correspondant aux centres moteurs corticaux qui président au mouvement exécuté.

du cœur et de la pression sanguine des réactions variables comme forme et comme intensité (ralentissement ou accélération du pouls, diminution ou plus fréquemment de l'augmentation de pression sanguine), réactions cardio-vasculaires qui dépendaient de l'intégrité de la substance corticale et pour le détail desquelles je renvoie au mémoire original. Dogiel a étudié récemment, sur les animaux et sur l'homme, l'influence de la musique sur le cœur et la pression sanguine. Il a constaté sur des chiens, des chats, des lapins, intacts ou strychnisés, de l'accélération du pouls, de l'augmentation de pression sanguine, plus rarement de la diminution, des battements du cœur plus énergiques, et ces phénomènes variaient suivant la hauteur du son, sa force, la race de l'animal, etc. Chez l'homme, à l'aide du pléthysmographe de Mosso, il a constaté des faits analogues, et là encore il a retrouvé les influences de hauteur, d'intensité, de timbre du son, celle de la race, etc.

Les effets de l'activité cérébrale et principalement des émotions sur les différentes sécrétions (salive, lait), sur les mouvements des muscles striés et des muscles lisses, etc., etc., sont bien connus et ont déjà été mentionnés dans plusieurs endroits de ce livre, je ne m'y arrêterai donc pas.

Les produits de la *désassimilation cérébrale* sont encore incomplètement connus. On a vu déjà (pages 104 et 717) ce qu'il fallait penser de la théorie de Flint sur la cholestérine. Les recherches de Byasson, mentionnées aussi à propos de l'urine, tendraient à faire admettre une augmentation d'urée après le travail cérébral ; mais elles ne sont ni assez nombreuses ni assez prolongées pour qu'on puisse leur accorder toute confiance. L'augmentation des phosphates de l'urine paraît plus positive ; c'est du moins ce qui paraît résulter des recherches de Paton et de quelques autres physiologistes (Voir : *Urine*, page 802).

Bibliographie. — HITZIG ET FRITSCH : *Ueber die elektrische Erregbarkeit des Grosshirns* (Arch. für Anat., 1870). — BEAUNIS : *Note sur l'application des injections interstitielles à l'étude des fonctions des centres nerveux* (Gaz. méd., 1872). — NOTHNAGEL : *Exp. Unt. über die Funktionen des Gehirns* (Arch. für pat. Anat., t. LVII et LVIII). — FOURNIÉ : *Rech. expér. sur le fonctionnement du cerveau*, 1873. — A. DE FLEURY : *Du Dynamisme comparé des hémisphères cérébraux*, 1873. — DUPUY : *Examen de quelques points de la physiologie du cerveau*, 1873. — FERRIER : *Exper. res. in cerebral physiology*, etc. (The West Riding lunat. asyl. rep., t. III). — HITZIG : *Unt. üb. das Gehirn*, 1874. — ID. : *id.* (Arch. für Anat., 1874). — SCHIFF : *Lezioni sopra il sistema nervoso encephalico*, 1874). — ECKHARD : *Ueber die Folgen der electrischen Reizung der Hirnrinde* (Allg. Zeitsch. f. Psychiat., 1874). — BETZ : *Anat. Nachweis zweier Gehirncentra* (Centralbl., 1874). — BERNHARDT : *Zur Frage von den Functionen einzelner Theile der Hirnrinde des Menschen* (Arch. für Psychiatr., 1874). — PUTNAM : *Contrib. to the physiol. of the cortex cerebri* (The Boston med. and surg. journal, 1874). — ID. : *On the localisation of the functions of the brain* (Proceed. of the royal Soc., 1874). — HERMANN : *Ueber elektrische Reizversuche an den Grosshirnrinde* (Arch. de Pflüger, t. X). — VETTER : *Ein Ueberblick über die neueren Experimente am Grosshirn* (D. Arch. für klin. Med., t. XV). — V. CZARNOWSKI : *Ein Beitr. zur Lehre von den motorischen Centren der Grosshirnrinde*, 1874. — BRAUN : *Beitr. zur Frage über die electrische Erregbarkeit des Grosshirns* (Eckhard's Beitr., 1874). — CARVILLE ET DURET : *Sur les fonctions des hémisphères cérébraux* (Arch. de physiol., 1875). — ID. : *Note sur une lésion du centre ovale chez le chien* (id.). — FERRIER : *The localisation of function in the brain* (Proceed. roy. Soc., t. XXII). — ID. : *Exp. on the brain of monkeys* (id.). — BURDON-SANDERSON : *Note on the excitation of the surface of the cerebral hemispheres by induced currents* (id.). — SOLTMANN : *Zur elektrischen Reizbarkeit der Grosshirnrinde* (Centralbl., 1875). — ID. : *Exp. Stud. über die Functionen des Grosshirns der Neugeborenen* (Jahrb. für Kinderheilk., 1875). — HITZIG : *Unt. üb. das Gehirn* (Arch. für Anat., 1875). — KÜLZ : *Steht das sogenannte Facialiscentrum in Beziehung zur Speichelsecretion* (Centralbl., 1875). — LÉPINE : *L'influence de l'excitation du cerveau sur la sécrétion salivaire* (Gaz. méd., 1875). — ECKHARD : *Kleinere physiol. Mittheil.* (Eckhard's Beitr., 1875). — BROWN-SÉQUARD : *Rech. sur l'excitabilité des lobes cérébraux* (Arch. de physiol., 1875). — Gliky : *Ueber die Wege, auf denen die durch elektrische Reizung der Grosshirnrinde erregten motorischen Thätigkeiten*, etc. (Eckhard's Beitr., 1875). — Albertoni : *Influenza del cervello nella produzione dell' epilessia* (Gabin. di fisiol. di Siena, 1876). — Vulpian : *Leçons sur les centres de l'écorce cérébrale* (L'École de médecine, 1876). — Ch. Féré : *Note sur quelques points de la topographie du cerveau* (Arch. de physiol., 1876). — Schiff : *Sui pretesi centri motori degli emisferi cerebrali* (Lo speriment., 1876). — Albertoni et Michieli : *Sui centri cerebrali di movimenti* (id.). — Marcacci : *Determinazione della zona eccitabile nel cervello pecorino* (Gabin. di fisiol. di Siena, 1876). — Fürstner : *Exp. Beitr. zur electrischen Reizung der Hirnrinde* (Arch. für Psychiatrie, t. VI). — Langendorff : *Ueber die electrischen Erregbarkeit der Grosshirnhemisphären beim Frosche* (Centralbl., 1876). — Eulenburg et Landois : *Ueber thermische, von den Grosshirnhemisphären ausgehende Einflüsse* (id.). — Id. : *Ueber die thermischen Wirkungen exper. Eingriffe am Nervensystem*, etc. (Arch. für pat. Anat., t. LXVIII). — Hitzig : *Ueber Erwärmung der Extremitäten nach Grosshirnverletzungen* (Centralbl., 1876). — Bochefontaine : *Sur quelques phénomènes déterminés par la faradisation de l'écorce grise du cerveau* (Comptes rendus, t. LXXXIII). — Id. : *Étude expér. de l'influence exercée par la faradisation*, etc. (Arch. de physiol., 1876). — Goltz et Gergens : *Ueber die Verrichtungen des Grosshirns* (Arch. de Pflüger, t. XIII). — Hitzig : *Unt. üb. das Gehirn* (Arch. für Anat., 1876). — Balogh : *Unt. über den Einfluss des Gehirns auf die Herzbewegungen* (Ungar. Acad., 1876). — Hilarewski : *Ueber die Abwesenheit vasomotorischer Centren in den grossen Hemisphären* (Petersb. Ges. d. Naturf. ; en russe, 1876). — Weliky et Schepowalow : *Ueber die psychomotorischen Centra*, etc. (Petersb. Ges. d. Naturf. ; en russe, 1876). — Lussana et Lemoigne : *Des centres moteurs encéphaliques* (Arch. de physiol., 1877). — H. Munk : *Zur Physiologie der Grosshirnrinde* (Berl. klin. Woch., 1877). — Dupuy : *Res. into the physiology of the brain* (Med. Times and Gaz., 1877). — Vulpian : *Destruction de la substance grise du gyrus sigmoïde du côté droit sur un chien* (Arch. de physiol., 1876). — Kuesner : *Zur Frage über vasomotorische Centra der Grosshirnrinde* (Centralbl., 1877). — Obersteiner : *Die motorischen Leistungen der Grosshirnrinde* (Med. Jahrb., 1878). — E. Dupuy : *Researches into the physiology of the brain*, 1878. — Ch. Richet : *Structure des circonvolutions cérébrales*, 1878. — A. Fleury : *Rech. sur l'inégalité dynamique des hémisphères cérébraux*, 1877. — Doods : *On the localisation of the functions of the brain* (Journ. of anat., 1878). — Fr. Franck et Pitres : *Rech. graphiques sur les mouv. simples et sur les convulsions provoquées par les excit. du cerveau* (Marey : Trav. du labor., 1878). — Wetter : *Ueber die neueren Exper. am Grosshirn* (Deut. Arch. für klin. Med., 1878). — Luciani e Tamburini : *Sulle funzioni del cervello*, 1878. — H. Munk : *Zur Physiol. der Grosshirnrinde* (Arch. für Physiol., 1878). — Baumgarten : *Hémiopie nach Erkrankung der occipitalen Hirnrinde* (Centralbl., 1878). — Albertoni : *Sulle emorragie per lesioni nervose*, etc. (Gabin. di fisiol. di Siena, 1878). — Tarchanoff : *Ueber psychomotorische Centren bei neugeborenen Thieren*, etc. (Militärärzt. Journ., 1878). — Lautenbach : *On the functions of the cerebral lobes*, 1877. — Couty : *Sur la non-excitabilité de l'écorce grise du cerveau* (Comptes rendus, t. LXXXVIII). — Id. : *Six expér. d'excitation de l'écorce grise du cerveau chez le singe* (Arch. de physiol., 1879). — Krawzoff et Langendorff : *Zur electrischen Reizung des Froschgehirns* (Arch. für Physiol., 1879). — Bufalini : *Dell' influenza dell' eccitazione della corteccia cerebrale sulla secrezione gastrica* (Gabin. di fisiol. di Siena, 18.9). — Arloing : *Détermination des points excitables du manteau de l'hémisphère des animaux solipèdes* (Revue mensuelle, 1879). — Albertoni : *Contributo alla patogenesi dell' epilessia* (Ann. univ. di med., 1879). — Moeli : *Vers. an der Grosshirnrinde des Kaninchens* (Arch. f. pat. Anat., t. LXXVI). — Goltz : *Ueber die Verrichtungen des Grosshirns* (Arch. de Pflüger, t. XX). — H. Munk : *Weit. zur Physiol. der Sehsphäre der Grosshirnrinde* (Arch. für Physiol., 1879). — Exner : *Physiol. der Grosshirnrinde* (Hermann's Handb. d. Physiol., 1879). — Musehold : *Exp. Unt. über das Sehcentrum bei Tauben* (Centralbl., 1879). — Luciani et Tamburini : *Ric. sper. sulle funzioni del cervello* (Riv. sper. di fren., 1879). — Broca : *Rech. sur les centres olfactifs* (Rev. d'anthropol., 1879). — Gallopain : *Le pli courbe n'est ni le siège de la perception des impressions visuelles ni le centre des mouvements des yeux* (Ann. médico-phsychol., 1879). — Curschmann : *Ueber die cerebralen Centren des Gesichtsinns* (Centralbl. für Augenheilk., 1879). — Couty : *Sur l'excitabilité mécanique de l'écorce cérébrale* (Soc. de biol., 1880). — Arloing : *Note pour servir à l'histoire de la réparation des mouvements après les lésions du manteau de l'hémisphère cérébral du chien* (Soc. de biol., 1880). — Amidon : Soc. de biol., 1880.

k. — CIRCULATION CÉRÉBRALE ET MOUVEMENTS DU CERVEAU.

Procédés pour l'étude de la circulation cérébrale. — 1° *Inspection directe des vaisseaux cérébraux ; procédé de Donders.* — On pratique une fenêtre au crâne d'un animal à l'aide d'une couronne de trépan et on remplace la lamelle osseuse enlevée par une lamelle de verre de même grandeur qui permet de voir les vaisseaux sous-jacents. — 2° *Circulation artificielle du cerveau.* On lie les deux vertébrales et on fait arriver dans les bouts périphériques des deux carotides du sang défibriné (François-Franck, Trav. du labor. de Marey, 1877, p. 277). — 3° *Interruption de la circulation.* — Ligatures, injection de poudres obturantes, etc. — 4° *Mesure manométrique de la pression sanguine des vaisseaux cérébraux.* Procédés ordinaires. — 5° *Provocation de l'anémie et de l'hyperhémie cérébrales.* On peut employer dans ce but l'attitude verticale la tête en haut ou en bas, ou la gyration à l'aide d'un appareil approprié (Salathé). — 6° *Procédés pour faire varier la pression intra-cranienne.* François-Franck a employé dans ses recherches sur la compression du cerveau un appareil permettant d'augmenter ou de diminuer, d'une façon subite ou lente, la pression exercée à la surface du cerveau (Marey, Trav. du labor., 1877, p. 280).

Procédés pour l'étude des mouvements du cerveau. — A. *Chez les animaux.* — 1° *Pr. de Bourgougnon.* On visse au crâne d'un chien un tube muni d'un robinet qu'on remplit d'eau purgée d'air. — 2° *Procédés graphiques.* On peut enregistrer les mouvements du cerveau en adaptant au tube de Bourgougnon un tube de caoutchouc qui se rend à un tambour à levier ; mais il est plus commode d'appliquer sur la dure-mère mise à nu le bouton d'un explorateur à tambour dans le genre du cardiographe de Marey. — B. *Chez l'homme.* Le même procédé peut être employé soit chez l'homme dans les cas de perte de substance osseuse du crâne, soit chez l'enfant nouveau-né en appliquant le bouton de l'explorateur sur la fontanelle antérieure. Langlet avait employé dans le même but le sphygmographe de Marey.

Circulation cérébrale. — Le cerveau est contenu dans une boîte osseuse dont la capacité totale est invariable. La substance cérébrale ne peut subir que des variations de volume insignifiantes ; en effet, une pression de 180 millimètres de mercure, qui anéantit l'existence, détermine une diminution insensible du volume du cerveau. La quantité de sang qui se trouve dans le crâne, au contraire, varie pendant la vie ; si on applique au crâne une couronne de trépan et qu'on remplace la rondelle osseuse par une lame de verre, on voit les veines de la pie-mère se dilater et se rétrécir, suivant qu'on comprime ou qu'on laisse libres les veines de retour (Donders). Cette circulation cérébrale se fait comme toutes les circulations locales sous l'influence de la pression sanguine dans les artères du cerveau, pression qui a été étudiée avec la physiologie de la circulation. Cette circulation a des rapports intimes avec la circulation du corps thyroïde ; les artères de cet organe naissent en effet au voisinage des artères qui se rendent à l'encéphale, de façon que toute dilatation des artères thyroïdiennes détournera une certaine quantité de sang des artères du cerveau. On a donc pu considérer à bon droit la glande thyroïde comme une sorte de diverticulum de la circulation encéphalique. Mosso a constaté, en appliquant un manomètre à mercure sur le sinus longitudinal du chien, que la pression du sang veineux montait à 70 et 110 millimètres, pression la plus forte, certainement, qui ait été constatée sur une veine ; en outre la colonne mercurielle présentait des oscillations isochrones au pouls (pouls veineux), déjà signalées du reste par Berthold sur la jugulaire. Mosso a observé en outre, en se servant des procédés d'enregistrement des mouvements du cerveau, des oscillations plus lentes de la pression sanguine, ne dépendant ni de la circulation ni de la respiration. Toute augmentation de pression sanguine dans les vaisseaux cérébraux détermine un ralentissement du pouls et de la respiration ; si la pression devient trop forte, on observe de la dyspnée, de la perte de connaissance et des paralysies. Des phénomènes analogues se produisent par la compression du cerveau, telle qu'on peut la pratiquer par le procédé de François-Franck par exemple. L'anémie cérébrale (ligature des artères, gyration), détermine rapidement la mort avec perte de connaissance et accidents convulsifs ; chez le lapin, l'attitude verticale (tête élevée) amène la mort en très peu de temps (Salathé). La congestion cérébrale agit avec beaucoup plus de lenteur.

Mouvements du cerveau. — On a vu plus haut que la quantité de sang contenue dans la cavité crânienne pouvait varier pendant la vie ; de même que

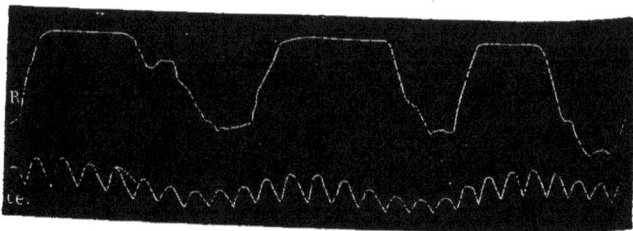

Fig. 480. — *Mouvements du cerveau pris sur une femme atteinte de perte de substance du pariétal (François-Franck)* (*).

tous les autres organes, le cerveau éprouve sous l'influence de l'afflux sanguin une augmentation de volume au moment de la systole cardiaque, une diminution de volume au moment de la diastole. Cette expansion et ce retrait constituent ce qu'on appelle les mouvements du cerveau. Dans les conditions normales, les parois du crâne étant inextensibles, ces mouvements échappent à l'observation, mais quand les parois du crâne sont encore molles, comme les fontanelles du nouveau-né, ou quand le crâne est ouvert et le cerveau mis à nu, ces mouvements

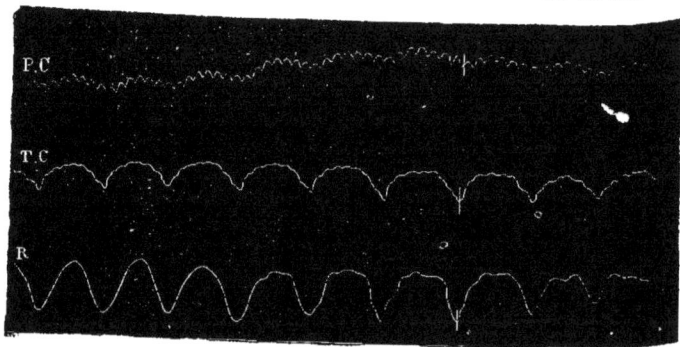

Fig. 481. — *Changements de volume du cerveau chez le chien, courbes respiratoires et cardiaques (Salathé)* (**).

deviennent sensibles au doigt et à la vue et peuvent être enregistrés par les procédés indiqués plus haut. On voit alors (fig. 480 et 481) que ces pulsations sont isochrones au pouls et aux pulsations obtenues en enregistrant le volume de la

(*) R, courbe respiratoire thoracique (l'ascension de la courbe correspond à l'expiration). — C, changements de volume du cerveau.
(**) P. C, pression carotidienne. — TC, pulsations du cerveau. — R, tracé de la respiration (l'ascension de la courbe correspond à l'expiration).

main par les procédés de sphygmographie volumétrique (page 1024); seulement ces oscillations sont moins marquées à cause du reflux compensateur du liquide céphalo-rachidien. Dans ces cas, outre les pulsations dues à la systole ventriculaire on constate des pulsations plus amples, isochrones à l'expiration, comme on peut le voir sur les figures 480 et 481. Dans les conditions ordinaires, le crâne étant inextensible et sa cavité invariable, ces pulsations détermineraient une compression et une décompression intermittentes des éléments cérébraux s'il n'intervenait une disposition qui rendît possibles ces variations de quantité du sang sans que le volume de la substance cérébrale même en éprouvât de changement appréciable. C'est à ce besoin que correspondent les espaces sous-arachnoïdiens et le liquide céphalo-rachidien qui les remplit. Tous ces espaces communiquent entre eux et avec les espaces sous-arachnoïdiens de la moelle, et, dès que la quantité de sang augmente dans le crâne, une quantité correspondante du liquide céphalo-rachidien s'échappe, pour lui faire place, dans la cavité rachidienne dont les parois ne sont pas inextensibles comme celles du crâne; c'est ainsi que Salathé a constaté l'isochronisme des mouvements du cerveau et des mouvements du liquide céphalo-rachidien dans la cavité rachidienne; cependant Mosso nie le passage de ce liquide de la cavité crânienne dans le rachis. A l'état normal, le déplacement de ce liquide a lieu surtout dans les régions où il est le plus abondant, c'est-à-dire à la base du cerveau, et c'est là que se font sentir les influences qui agissent sur la circulation cérébrale. Le volume du cerveau augmente considérablement dans l'effort.

Le rôle des *membranes du cerveau* ne présente rien de particulier au point de vue physiologique. Je mentionnerai seulement la sensibilité de la dure-mère, sensibilité variable de reste, mais qui peut s'exalter d'une façon notable dans certaines conditions (inflammation). Son excitation peut déterminer des phénomènes convulsifs, soit du même côté du corps, soit plus rarement du côté opposé. Duret a vu par l'injection de substances irritantes entre la dure-mère et l'os des contractures des muscles du même côté.

Bibliographie. — LAMURE : *Rech. sur la cause des mouvements du cerveau*, 1749. — LORRY : *Sur les mouvements du cerveau* (Mém. de l'Acad. d. sc., 1760). — RICHERAND : *Mém. sur les mouvements du cerveau* (Mém. de la Soc. d'émulation, an VII). — DE BOURGOUGNON : *Rech. sur les mouvements du cerveau*, 1839. — MAGENDIE : *Rech. physiol. sur le liquide céphalo-rachidien*, 1842. — FLOURENS : *Nouv. exp. sur les deux mouvements du cerveau* (Ann. des sc. nat., 1849). — HELFFT : *Von der respiratorischen und arteriellen Bewegung des Gehirns* (Oppenheim's Zeitsch., 1850). — KUBEL : *Ueber die Bewegung des Gehirns*, 1853. — FOLTZ : *Ét. sur le liquide céphalo-rachidien*, 1855. — EHRMANN : *Rech. sur l'anémie cérébrale*, 1858. — JOLLY : *Unt. über den Gehirndruck*, etc., 1871. — GIACOMINI : *Exper. sui movimenti del' cervello nell' uomo* (Arch. d. sc. med., 1876). — SALATHÉ : *Rech. sur le mécanisme de la circulation dans la cavité céphalo-rachidienne* (Marey; trav. du labor., 1876). — FR.-FRANCK : *Rech. crit. et expér. sur les mouv. alternatifs d'expansion et de resserrement du cerveau* (Journ. de l'Anat., 1877). — BRISSAUD ET FR.-FRANCK : *Inscription des mouvements du cerveau*, etc. (Marey; Trav. du labor., 1877). — SALATHÉ : *De l'anémie et de la congestion cérébrale* (id.). — ID. : *Rech. sur les mouvements du cerveau*, 1877. — DURET : *Ét. sur l'action du liquide céphalo-rachidien dans les traumatismes cérébraux* (Arch. de physiol., 1878). — BOCHEFONTAINE : *Sur la compression de l'encéphale déterminée par l'augmentation de la pression sanguine intra-artérielle* (Arch. de physiol., 1879). — LABBÉ : *Note sur la circulation veineuse du cerveau* (Arch. de physiol., 1879).

Bibliographie de l'encéphale en général. — BROWN-SÉQUARD : *Faits nouveaux concernant la physiologie de l'épilepsie* (Arch. de physiol., 1870). — WESTPHAL : *Ueber künstliche Erzeugung von Epilepsie bei Meerschweinchen* (Berl. klin. Woch., 1871). — PAGENSTECHER : *Exp. und Stud. über Gehirndruck*, 1871. — BROWN-SÉQUARD : *Sur le siège central de l'épilepsie* (Gaz. méd., 1871). — LUSSANA ET LEMOIGNE : *Fisiolog. dei centri* *nervosi encefalici*, 1871. — ONIMUS : *Rech. expér. sur les phén. consécutifs à l'ablation du cerveau* (Journ. de l'anat., 1871). — HITZIG : *Ueber die beim Galvanisiren des Kopfes entstehenden Störungen*, etc. (Arch. für Anat., 1871). — ID. : *Weit. Unt. zur Phys. des Gehirns* (id., 1871-1872). — BROWN-SÉQUARD : *Artificial production of epilepsie in Guinea pigs* (Journ. of ment. sc., 1872). — ID. : *Quelques faits nouveaux relatifs à l'épilepsie*, etc. (Arch. de physiol., 1872). — ID. : *Note sur un moyen de produire l'arrêt d'attaques d'épilepsie*, etc. (id.). — LUSSANA : *Sugli offici del cervello*, etc., 1873. — HITZIG : *Unt. zur Physiol. des Gehirns* (Arch. für Anat., 1873). — HUGHLINGS JACKSON : *On the anatomical and physiological localisation of movements in the brain* (Lancet, 1873). — BOUILLAUD : *Sur une question relative à la parole* (Comptes rendus, t. LXXVI). — ID. : *Nouvelles rech. cliniques sur la localisation*, etc. (id., t. LXXVII). — KRAMSZTIK : *Die Symptomatologie der Verstümmelungen des Grosshirns beim Frosche* (Lab. de Varsovie ; en russe ; anal. dans : Hofmann's Jahresb., 1873). — HEUBEL : *Das Krampfcentrum des Frosches* (Arch. de Pflüger, t. IX). — NOTHNAGEL : *Exp. Unters. über die Functionen des Gehirns* (Arch. für pat. An., t. LX). — SCHIFF : *Lezioni di fisiologia sperimentale del sistema nervoso encefalico*, 1873. — DURET : *Rech. anat. sur la circulation de l'encéphale* (Arch. de physiol., 1874). — LUYS : *Ét. de physiol. et de pathol. cérébrales*, 1874. — VEYSSIÈRE : *Rech. exp. à propos de l'hémianesthésie de cause cérébrale* (Arch. de physiol., 1874). — DANILEWSKY : *Exp. Beitr. zur Physiol. des Gehirns* (Arch. de Pflüger, t. IX). — HEITLER : *Stud. über die in den Lungen nach Verletzungen des Gehirns*, etc. (Wien. med. Jahrb., 1875). — I. MUNK : *Unwillkürlicher Reitbahngang*, etc. (Arch. für pat. Anat., 1875). — NOTHNAGEL : *Function der inneren Kapsel*, etc. (id., t. LXVII). — BALOGH : *Unt. über die Funktion der Grosshirnhemisphären*, etc. (Ungar. Acad., 1876). — SALATHÉ : *Rech. sur le mécanisme de la circulation dans la cavité céphalo-rachid.* (Marey : Trav. du labor., 1876). — LUYS : *Le cerveau et ses fonctions*, 1876. — BOCHEFONTAINE : *Sur quelques particularités des mouvements réflexes déterminés par l'excitation mécanique de la dure-mère crânienne* (Comptes rendus, t. LXXXIII). — COUTY : *Infl. de l'encéphale sur les muscles de la vie organique* (Arch. de physiol., 1876). — DURET : *Note sur les effets de l'excitation de la dure-mère* (Soc. de biol., 1877). — DUMONTPALLIER : *Rapport sur la métalloscopie* (Soc. de biol., 1877). — DUPUY : *Physiology of the brain*, 1877. — BROCA : *La thermométrie cérébrale* (Rev. scient., 1877). — LANGENDORFF : *Die Beziehungen des Sehorganes zu den reflexhemmenden Mechanismen des Froschgehirns* (Arch. für Physiol., 1877). — NOTHNAGEL : *Exp. Unt. üb. die Functionen des Gehirns* (Arch. für pat. Anat., 1877). — BOURDON : *Rech. clin. sur les centres moteurs des membres*, 1877. — SALATHÉ : *Rech. sur les mouvements du cerveau*, 1877. — BROWN-SÉQUARD : *Introduction à une série de mémoires sur la physiologie de diverses parties de l'encéphale* (Arch. de physiol., 1877). — BALIGHIAN : *Beitr. zur Lehre von der Kreuzung der motorischen Innervationswege im Cerebrospinalsystem* (Eckhard's Beitr., 1878). — MARVAUD : *De l'insomnie* (Gaz. méd., 1878-1880). — FERRIER : *Les fonctions du cerveau* (trad. franç., 1878). — BROWN-SÉQUARD : *Rech. démontrant la non-nécessité de l'entre-croisement des conducteurs servant aux mouvements volontaires à la base de l'encéphale* (Comptes rendus, t. LXXXVI). — BOCHEFONTAINE : *Rech. exp. sur quelques mouvements réflexes déterminés par l'excitation mécanique de la dure-mère* (Arch. de physiol., 1879). — BÖTTCHER : *Ueber Reflexhemmung*, 1878. — SPÖDE : *Ueber optische Reflexhemmung* (Arch. für Physiol., 1879). — ONIMUS : *Infl. pathol. sur les centres nerveux des impressions phériphériques des membres inférieurs* (Union méd., 1879). — COSSY : *Ét. exp. et clinique sur les ventricules latéraux*, 1879. — RUMPF : *Ueber den Transfert* (Berl. klin. Woch., 1879). — ID. : *Ueber Metalloscopie*, etc. (Memorab., 1879). — DEBOVE : *Rech. sur les hémianesthésies* (Soc. méd., 1879). — LOMBARD : *Exp. res. on the regional temperature of the head*, 1879. — L. CARTER GRAY : *Cerebral thermometry* (New-York med. Journ., 1878). — BOCHEFONTAINE : *Sur les excitations de certaines parties de l'encéphale* (Soc. de biol., 1878). — LUYS : *Ét. sur le dédoublement des opérations cérébrales*, etc. (Bull. de l'Ac. de méd., 1879). — ADLER : *Ein Beitr. zur Lehre von den bilateralen Functionen im Auschluss an Erfahrungen der Metalloscopie*, 1879. — ASCH : *Ueber das Verhaltniss des Temperatur und Tastsinns zu den bilateralen Functionen*, 1879. — BERT : *Sur les différences de température que présentent les divers points du crâne* (Soc. de biol., 1879). — R. VIGOUROUX : *Sur la théorie physique de la métalloscopie* (Soc. de biol., 1879). — FERRIER : *De la localisation dans les maladies cérébrales* (trad. franç., 1879). — CHARCOT : *Leçons sur les localisations dans les maladies cérébrales*, 1876-1880. — ADAMKIEWICZ : *Ueber bilaterale Functionen* (Arch. für Physiol., 1880). — MARAGLIANO : *Experimentalstud. über die Hirntemperatur* (Centralbl., 1880). — FR.-FRANCK : *Sur la transmission à la surface externe de la peau du crâne des variations de la température des couches superficielles du cerveau* (Soc. de biol., 1880). — DOGIEL : *Ueber den Einfluss der Musik auf den Blutkreislauf* (Arch. für Physiol., 1880).

3° Psychologie physiologique.

1. — *Bases physiologiques de la psychologie* (1).

1° Toutes les manifestations psychiques sont liées à l'existence et à l'activité de la substance nerveuse du cerveau. Le cerveau ne *sécrète* pas la pensée, comme le dit une phrase célèbre, car on ne peut assimiler une sécrétion à un fait de conscience; mais il est aussi indispensable à la production de la pensée que le foie à la sécrétion de la bile. Tout acte psychique, comme le fait remarquer Herzen, demande pour son accomplissement un certain laps de temps; donc il a lieu dans un milieu résistant, étendu; c'est un mouvement.

2° L'activité cérébrale peut être *consciente* ou *inconsciente*. Il faut remarquer à ce sujet que la séparation des phénomènes psychiques en phénomènes conscients et phénomènes inconscients ne semble pas aussi tranchée qu'on l'admet généralement. Un grand nombre d'actes cérébraux, primitivement conscients, deviennent inconscients par l'habitude ou par leur faible degré d'intensité relativement à d'autres actes. L'activité cérébrale, en un instant donné, représente un ensemble de sensations, d'idées, de souvenirs, dont quelques-uns seulement sont saisis par la conscience d'une façon assez forte pour que nous en ayons une perception nette et précise, tandis que les autres ne font que passer sans laisser de traces durables; les premiers pourraient être comparés aux sensations nettes et distinctes que donne la vision dans la région de la tache jaune, les autres aux sensations indéterminées que fournit la périphérie de la rétine. Aussi arrive-t-il très souvent que dans un processus psychique, composé d'une série d'actes cérébraux successifs, un certain nombre de chaînons intermédiaires vient à nous échapper. Quoiqu'il soit de toute évidence que ces actes intermédiaires se produisent peu à peu, par l'habitude nous en arrivons à négliger tout ce qui constitue le mécanisme même du processus cérébral pour ne plus voir que l'acte initial et l'acte terminal; ainsi dans la parole, dans l'écriture, nous négligeons la série d'opérations intellectuelles intermédiaires entre l'idée initiale et la formation du signe verbal ou écrit qui la représente pour ne nous occuper que de cette idée et de son signe, et cependant, au début, nous avions eu conscience de chacune des opérations successives de ce mécanisme si compliqué. Cette *inconscience*, reconnue déjà, sinon formellement admise, par plusieurs philosophes (*perceptions insensibles* de Leibnitz, *conscience latente* d'Hamilton), joue le plus grand rôle en psychologie; il me paraît très probable que la plus grande partie des phénomènes qui se passent ainsi en nous se passent à notre insu, et ce qu'il y a d'important, c'est que ces sensations, ces idées, ces émotions, auxquelles nous ne faisons aucune attention, peuvent cependant agir comme excitants sur d'autres centres cérébraux et devenir ainsi le point de départ *ignoré* de mouvements, d'idées, de déterminations *dont nous avons conscience*.

Herzen rattache l'existence de la conscience à la désintégration des éléments centraux, autrement dit à la décomposition chimique de la substance nerveuse, et son intensité est en rapport avec l'activité de cette désintégration. L'inconscience, au contraire, accompagne le processus de réparation ou de réintégration des cellules nerveuses centrales, comme dans le sommeil. Ce n'est pas ici le lieu de discuter cette hypothèse, grâce à laquelle l'auteur cherche à concilier deux opinions

---

(1) Le chapitre de la *psychologie physiologique* a subi peu de modifications. L'auteur réserve les développements sur ces questions pour un ouvrage sur la *physiologie cérébrale* auquel il travaille actuellement et qui paraîtra prochainement.

opposées, celle de Lewes, qui admet l'*omniprésence* de la conscience dans tout acte nerveux central, sans exclure l'acte réflexe spinal le plus simple, et celle de Maudsley, qui fait de la conscience une sorte d'*épiphénomène* de l'activité mentale (1).

Deux hypothèses peuvent être faites pour expliquer les phénomènes de conscience (2).

1° Ou les centres nerveux conscients sont distincts des autres centres nerveux. C'est là la théorie généralement admise. Dans ce cas (fig. 482), quand un mouve-

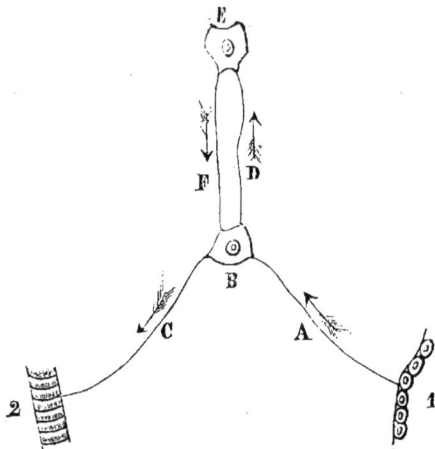

Fig. 482. — *Transmission nerveuse consciente.*

ment se produit dans un muscle 2 à la suite d'une excitation sensitive en 1, l'excitation, arrivée en B, se bifurque ; une partie est transmise par le nerf C jusqu'au muscle 2 qui se contracte ; l'autre partie de l'excitation passe dans le nerf D, arrive au centre conscient E et revient par le nerf F au centre B, pour se rendre ensuite jusqu'au muscle. Il y a là quelque chose d'analogue à la division des courants dans des conducteurs ramifiés. La voie de transmission A B C est plus directe que la voie A B D E F B C, et par conséquent l'excitation nerveuse a plus de tendance à suivre la première que la seconde, puisque, vu la moindre longueur du trajet, les résistances au passage y seront moins considérables. A mesure que les excitations sensitives se multiplieront en 1, la facilité de transmission augmentera dans la voie directe A B C, et par suite la plus grande partie de l'excitation suivra cette voie au détriment de la voie indirecte, et enfin, quand les excitations auront été assez répétées, toute l'excitation produite en 1 passera par A B C ; et le centre E n'étant plus excité, l'action nerveuse primitivement consciente deviendra inconsciente et machinale. Mais si, pendant un certain temps, les excitations sensitives en 1 ne se produisent plus, la voie directe perd peu à peu cette aptitude acquise à une transmission plus rapide, et quand l'excitation sensitive se reproduit, la résistance au passage ayant augmenté dans le circuit A B C, une

(1) Voir : Beaunis : *La physiologie de l'esprit, d'après Maudsley* et : *Les maladies de l'esprit, d'après Maudsley* (*Revue scientifique*, 1879 et 1880).

(2) Dans la première édition de cet ouvrage ce paragraphe se trouvait dans le chapitre de la physiologie générale des cellules nerveuses. J'ai pensé qu'il serait mieux à sa place dans la psychologie physiologique.

partie de l'excitation prend la voie indirecte, arrive au centre E, et l'action nerveuse redevient de nouveau consciente comme au début.

2° Ou bien toutes les actions nerveuses sont primitivement conscientes et deviennent inconscientes par la répétition et l'habitude.

Quelque paradoxale que puisse paraltre cette hypothèse et quelque étrange que semble, au premier abord, cette influence de l'habitude, elle n'a rien qne de compatible avec les phénomènes d'innervation. Ainsi, il y a dans le champ visuel toute une région correspondant au *punctum cæcum* de la rétine (voir : *Vision*), qui ne nous donne aucune sensation visuelle ; cependant nous ne nous apercevons pas de cette lacune et même, pour l'apercevoir, il faut nous placer dans des circonstances toutes spéciales.

Dans cette hypothèse, il n'est plus besoin d'admettre des centres conscients spéciaux, et la voie indirecte n'a plus lieu d'exister. Dans ce cas, le fait de conscience ou non-conscience dépendrait simplement de la durée de la transmission à travers le centre B. Si, comme pour des actions encore peu fréquentes, la transmission à travers B a une certaine durée, il y aurait conscience ; elle n'existerait plus au contraire quand, le centre B ayant été déjà le siège de nombreuses transmissions antérieures, cette transmission se ferait avec une trop grande rapidité. On comprendrait alors comment toutes les actions nerveuses, comme celles de la vie organique, les mouvements du cœur, etc., qui se répètent continuellement dès les premiers temps de l'existence, deviennent rapidement inconscientes, surtout si on fait la part de l'hérédité, grâce à laquelle une action nerveuse, primitivement consciente et volontaire, peut devenir, par la répétition, tellement liée à l'organisation qu'elle devienne héréditaire comme celle-ci et ne se retrouve plus chez les descendants au bout d'une longue série d'années qu'à l'état d'action nerveuse inconsciente et automatique. Ce qui semble parler en faveur de cette hypothèse, c'est que les ganglions, qui, chez les vertébrés, n'agissent que comme centres nerveux inconscients, paraissent agir chez certains animaux inférieurs comme centres de sensations et de mouvements volontaires ; puis, à mesure qu'on s'élève dans la série, la conscience se réfugie dans des centres ganglionnaires distincts pour se localiser enfin, chez l'homme et les mammifères, dans l'encéphale. Cependant, même chez les vertébrés inférieurs, il subsiste peut-être encore une sorte de conscience rudimentaire dans les parties inférieures de l'axe nerveux, ainsi dans la moelle de la grenouille (voir : *Moelle épinière*).

Cette hypothèse permet de comprendre ce fait, si connu en médecine et inexplicable dans toute autre théorie, que les actions nerveuses organiques, inconscientes à l'état normal, peuvent devenir conscientes à l'état pathologique ; il suffit en effet d'un retard dans la transmission pour que le centre nerveux, étant plus fortement excité, ait conscience de cette excitation qui, à l'état ordinaire, passe inaperçue.

3° L'organisation cérébrale, condition nécessaire des phénomènes psychiques, peut se modifier continuellement sous l'influence des impressions venues soit de l'extérieur, soit de notre corps lui-même. Ces modifications peuvent n'être que temporaires, et le centre nerveux peut, une fois l'excitation passée, revenir à son équilibre primitif ; mais si l'excitation atteint une certaine intensité ou se produit dans certaines conditions, la modification une fois produite peut devenir permanente, et ce centre nerveux ainsi *modifié* réagit autrement qu'il ne l'aurait fait avant la modification.

A l'organisation innée (voir plus loin) se superpose donc une organisation acquise qui varie continuellement de la naissance à la mort sous l'influence des impressions sensitives. Cette organisation acquise n'est autre chose que ce qu'on appelle *habitude*.

4° Quoique la question des localisations cérébrales soit encore dans l'enfance, on peut affirmer que les divers modes d'activité psychique ont pour organes des parties différentes du cerveau ; les régions qui commandent les mouvements sont distinctes de celles qui servent à la réception des impressions sensitives, celles-ci de celles qui engendrent les idées, etc. Il y a donc, quoique le siège et le nombre n'aient pu encore en être déterminés, une série de fonctions cérébrales et d'organes cérébraux correspondant à ces fonctions.

5° Le cerveau de l'enfant nouveau-né contient les différents organes des fonctions cérébrales ; seulement l'existence de ces différents organes n'implique pas la possibilité de leur fonctionnement immédiat, pas plus que l'existence des ovules dans l'ovaire du fœtus n'implique la possibilité de la conception et de la formation embryonnaire. Quelques-uns de ces organes, les centres des mouvements instinctifs par exemple, peuvent fonctionner immédiatement, comme dans l'action de téter ; d'autres ne fonctionnent que plus tard, au fur et à mesure du développement. Ces organes cérébraux contiennent *virtuellement* une certaine quantité et une certaine qualité d'activité psychique qui pourra se manifester, plus ou moins modifiée par les impressions postérieures à la naissance : il y a donc à ce point de vue une organisation cérébrale innée, une activité psychique innée, mais il n'y a pas d'*idées innées*, car les idées ne sont que des rapports entre des perceptions, et les perceptions ne peuvent provenir que de sensations et d'impressions sensitives. L'activité psychique est innée en ce sens que les premières impressions venant du monde extérieur peuvent déterminer *immédiatement*, et en l'absence de toute expérience individuelle préalable, certains actes physiques et psychiques (mouvements instinctifs, mouvements d'expression, sensations, perceptions, etc.) ; en ce sens aussi qu'elles peuvent déterminer *rapidement* la formation de certaines idées (temps, espace), non pas sous la forme abstraite que leur donne le langage philosophique, mais sous la forme plus concrète de coexistence et de succession ; mais cette *innéité* elle-même est *acquise*; elle n'est qu'un résultat de l'hérédité ; cette organisation innée est la résultante des perfectionnements successifs des organes cérébraux dans les générations antérieures ; cette activité psychique innée est la résultante des sensations, des idées, des expériences accumulées lentement, pièce à pièce, de génération en génération, et fixée par l'hérédité ; aussi le mot organisation *native* rendrait beaucoup plus justement la pensée que le mot innée. Mais il ne faudrait pas croire avec Helvétius que toutes les intelligences sont naturellement et essentiellement égales, qu'elles reçoivent tout du dehors, et que leur inégalité provient de l'inégalité des acquisitions. L'inégalité intellectuelle est *native* comme l'inégalité physique et dépend de l'inégalité cérébrale. Notre activité psychique comprend donc deux choses : une activité virtuelle, native, héréditaire, dépendant de la race ; une activité acquise, individuelle, dépendant de l'expérience personnelle et de l'éducation, en prenant ce mot dans son acception la plus large, et la part des deux facteurs doit être faite dans le domaine intellectuel comme dans le domaine physique.

6° Tous les phénomènes psychiques se réduisent, en dernière analyse, à un élément initial, la sensation ; les sensations forment le matériel brut de l'intelligence ; elles sont le point de départ des perceptions, des idées, des volitions, des mouvements, en un mot, de tout ce qui constitue l'activité psychique.

2. — *Des sensations.*

Les sensations sont des états de conscience déterminés par des excitations provenant soit de l'extérieur, soit de notre propre corps. Quand ces états de conscience sont rapportés par nous à la cause qui leur a donné naissance, elles prennent le nom de *perceptions.*

1° Intensité des sensations. — Loi psycho-physique.

L'intensité de la sensation dépend de deux conditions : 1° de l'intensité de l'excitation ; 2° du degré d'excitabilité de l'organe sensitif au moment de l'excitation ; aussi deux sensations d'égale intensité peuvent-elles provenir d'excitations d'intensité inégale, et de même deux excitations égales peuvent déterminer deux sensations d'inégale intensité. Mais, même en supposant l'excitabilité égale, l'intensité de la sensation n'augmente pas proportionnellement à l'intensité de l'excitation; on éprouve une vive sensation lumineuse si on allume une bougie dans l'obscurité ; l'introduction d'une bougie, dans une chambre très éclairée, ne détermine aucune augmentation de la sensation lumineuse. Quand l'excitation devient double, triple, quadruple, etc., la sensation ne devient pas double, triple, quadruple, etc.; l'expérience apprend que l'intensité de la sensation croît beaucoup plus lentement que l'excitation qui la provoque, et les recherches de Weber, Fechner, etc., ont permis de formuler la *loi psycho-physique* suivante : *la sensation croît comme le ogarithme de l'excitation*; autrement dit, quand l'excitation croît suivant une progression géométrique, 1, 2, 4, 8..., la sensation croît suivant une progression arithmétique, 1, 2, 3, 4...

La loi psycho-physique n'est vraie cependant que dans certaines limites ; audessous d'une certaine intensité d'excitation, il n'y a pas de sensation ; le minimum d'excitation nécessaire pour déterminer une sensation a reçu le nom de *limite de l'excitation, minimum perceptible, seuil de l'excitation (Reizschwelle).* Au delà d'une certaine intensité d'excitation, au contraire, la sensation change de caractère et se transforme en douleur; c'est ce qu'on peut appeler *limite supérieure* ou *maximum d'excitation*; la loi de Fechner se vérifie approximativement dans l'intervalle de ces deux points.

La mesure directe des grandeurs psychiques et de la force d'une sensation étant impossible, il a fallu tourner la difficulté et chercher des grandeurs mesurables ; c'est à quoi Fechner est arrivé en mesurant, non pas les sensations elles-mêmes, mais les différences de sensations ; il a employé pour cela les trois méthodes suivantes :

1° *Méthode des plus petites différences perceptibles.* — Soient deux poids A et B ; s'ils sont très rapprochés l'un de l'autre, on ne sent aucune différence entre eux et on les juge égaux ; on ajoute alors graduellement des poids à B jusqu'à ce que la différence des deux poids A et B devienne perceptible; on suit alors la marche inverse et on fait décroître graduellement le poids B jusqu'à ce que la différence des deux poids cesse d'être perceptible. Or l'expérience indique que le poids qu'on a pu ajouter ou retrancher à B pour que la différence des deux poids fût perceptible est dans un rapport constant avec le poids primitif; pour 10 grammes, il a fallu ajouter 2^{gr},50, pour 100 grammes, 25 grammes, pour 1,000, 250 grammes ; autrement dit, le poids additionnel est dans le rapport de 1/3 avec le poids primitif. La fraction qui indique ainsi pour chaque espèce de sensation le degré d'intensité que les excitations doivent atteindre pour que les différences de sensation

soient perceptibles s'appelle la *constante proportionnelle* de cette sensation. Le tableau suivant donne les constantes proportionnelles pour chaque sensation :

Sensations tactiles : 1/3 ;
Sensation de température : 1/3 ;
Sensations auditives : 1/3 ;
Sensations musculaires : 1/17 ;
Sensations visuelles : 1/100.

2° *Méthode des cas vrais ou faux.* — Soient deux poids A et B dont la différence
soit très faible ; on se trompe dans un certain nombre de cas sur la désignation
du plus fort ou du plus faible. Il y a donc, sur un total d'expériences, un certain
nombre de cas où on s'est trompé, et un certain nombre où on a dit juste ; soit le
total des cas $= 100$ et le nombre de cas justes $= 70$; le rapport $\frac{70}{100}$ donnera le résultat de la comparaison des deux poids.

3° *Méthode des erreurs moyennes.* — On prend un poids A et on cherche à déterminer par la sensation (musculaire, par exemple) un poids égal à A : en général,
le second poids diffère du poids type d'une certaine quantité ; on répète l'expérience
un grand nombre de fois ; on fait la somme de toutes les erreurs (positives et négatives) et on divise cette somme par le nombre des essais ; le résultat donne l'erreur moyenne (1).

Le *minimum d'excitation* nécessaire pour déterminer une sensation varie naturellement suivant la nature même des sensations. On a cherché à apprécier ce
minimum, et le tableau suivant représente pour les différentes sensations les valeurs trouvées par l'expérience :

Sensations tactiles : pression de 0gr,002 à 0gr,05 ;
Sensations de température : 1/8e de degré, la peau étant supposée à la tempéra-
ture de 18°,4 ;
Sensations auditives : balle de liège de 1 milligr. de poids, tombant de 1 millim.
de hauteur, à une distance de 91 millim. de l'oreille ;
Sensations musculaires : raccourcissement de 0mill,004 du droit interne de l'œil ;
Sensations visuelles : lumière 38 fois plus faible que celle de la pleine lune, ou
éclairage d'un velours noir par une bougie située à 0m,513.

Les données précédentes étant connues, il est facile de trouver la valeur de la
sensation S à l'aide de la formule suivante où K représente une quantité constante,
r l'intensité de l'excitation, q le minimum perceptible ; on a : $S = K \log \frac{r}{q}$. Delbœuf
a donné une formule un peu différente de celle de Fechner en faisant intervenir
l'*élément-fatigue* laissé de côté par Fechner.

Un certain nombre d'auteurs et en particulier Héring ont attaqué très vivement
la loi psycho-physique de Fechner. (Voir sur ce sujet les mémoires spéciaux cités
dans la bibliographie.)

Bibliographie. — DELBŒUF : *Étude psycho-physique. Rech. théoriques et expér. sur la
mesure des sensations*, etc., 1873. — PLATEAU : *Sur la mesure des sensations* (Acad. de
Belg., t. XXXIII). — HÉRING : *Ueber Fechner's psychophysisches Gesetz* (Wien. Acad., 1877).
— COUTTS TROTTER : *Note on Fechner's law* (Journ. of physiol., t. I). — STADLER : *Ueber
die Ableitung des psychophysischen Gesetzes* (Philos. Monatsch., 1879). — DELBŒUF :
Héring et la loi de Fechner (Rev. philos., 1877).

(1) La loi psycho-physique paraît susceptible d'applications plus étendues encore aux phénomènes psychiques. Laplace avait déjà dit depuis longtemps que « la fortune morale est
proportionnelle au logarithme de la fortune physique. »

2° Extériorité et objectivité des sensations.

Nous rapportons nos sensations au monde extérieur ou à notre propre corps ; nos sensations ne sont primitivement que des états de conscience, et ce n'est que par l'exercice et par la comparaison des sensations diverses les unes avec les autres que nous arrivons à rapporter ces sensations à une cause déterminée. Il faut, à ce point de vue, distinguer les sensations qui, comme celles de la vue, de l'ouïe, sont *projetées* à l'extérieur, de celles qui, comme les sensations tactiles, gustatives, etc., sont rapportées à la périphérie de notre corps, et de celles qui, sous le nom de sensations internes et de besoins, sont rapportées, d'une façon plus ou moins précise, à l'intérieur même de notre corps. Quel est le mécanisme de ces phénomènes ?

La *projection à l'extérieur* des sensations visuelles et auditives est évidemment un acte psychique de raisonnement et une affaire d'habitude. Ainsi, pour l'audition, il est souvent difficile de distinguer les bruits dits *entotiques* des bruits extérieurs (voir page 1100). Pour la vision, on sait (page 1175) que les phosphènes déterminés par la pression paraissent localisés à la périphérie du globe oculaire. Il nous a donc fallu, pour projeter ainsi à l'extérieur ces deux espèces de sensations, faire intervenir des actes psychiques, des raisonnements qui ont très probablement pour base des sensations musculaires ; les sensations musculaires me paraissent en effet jouer le rôle principal dans l'extériorité des sensations ; l'objet que nous voyons et que nous entendons serait rapporté par nous à la périphérie du corps s'il ne nous avait fallu nous déplacer ou déplacer nos mains pour le saisir, c'est-à-dire si des successions de sensations musculaires n'étaient venues nous donner l'idée d'un espace, d'une distance entre nous et l'objet. L'intervention d'un acte psychique dans cette extériorité est rendue évidente par ce fait que cette notion d'extériorité peut se produire même pour les sensations tactiles, qui en sont habituellement dépourvues, comme lorsque l'on sent avec le doigt, non seulement le crayon qu'on tient à la main, mais la table sur laquelle pose le crayon (voir page 1196). Il y a même là, pour le dire en passant, un exemple curieux de transformation d'une notion psychique acquise par le raisonnement en sensation. Les sensations de température, de goût, d'odorat (?), sont aussi restreintes à la périphérie du corps. Les sensations internes, au contraire, sont beaucoup plus vaguement localisées, et si quelques-unes sont rapportées à la périphérie, ce n'est jamais que d'une façon confuse, et la plupart sont rattachées aux parties profondes de l'organisme, jusqu'à celles qui, sous le nom d'émotions, paraissent occuper principalement la masse cérébrale. On pourrait donc, en partant des sensations visuelles et en allant jusqu'aux émotions, dresser la liste de toutes les sensations, depuis celles qui présentent le plus d'extériorité jusqu'à celles qui sont le plus centralisées, et on passerait ainsi par des transitions insensibles d'un terme à l'autre de la série.

En résumé, il ne faut jamais oublier que nous ne connaissons pas en réalité les objets extérieurs ; nous ne connaissons que des états de conscience ; nos perceptions ne sont pas des images des objets, mais des actions des objets sur nos organes ; toutes nos sensations sont primitivement subjectives ; le nouveau-né en est probablement là pendant quelque temps, et ce n'est que peu à peu que les sensations *brutes* se transforment chez lui en *perceptions* et que se fait la distinction du corps et du monde extérieur, et du moi et du non-moi. Mais cette distinction est une distinction de pratique instinctive et de raisonnement philosophique.

Cette distinction de notre corps et du monde extérieur repose sur les faits suivants : quand nous touchons un objet extérieur, nous n'avons qu'une seule sensation, rapportée au point du corps qui touche l'objet; quand nous touchons un point du corps, au contraire, nous avons deux sensations, l'une au point qui touche, l'autre au point touché. Dans la distinction du moi et du non-moi, le sens musculaire, dont l'importance a été méconnue par la plus grande partie des philosophes, joue le principal rôle; dans les sensations visuelles, auditives, etc., nous sommes *passifs*; dans les contractions musculaires, au contraire, nous sommes *actifs*; ces sensations s'accompagnent toujours d'une *impression d'effort* bien distincte; à l'état de conscience — sensation musculaire — s'ajoute un autre état de conscience, d'un caractère particulier, qui nous donne la perception d'une résistance vaincue; dans le premier cas, nous sommes un simple appareil de réception, dans le second, à la réceptivité se joint quelque chose de plus, germe obscur de l'idée du *moi*. En effet, sans cette sensation musculaire, les sensations ordinaires ne pourraient ni se localiser ni s'extérioriser; les sensations tactiles, visuelles et auditives ne seraient rien sans le sens musculaire, tandis qu'une seule de ces sensations, pourvu que le sens musculaire s'y joigne, suffit pour le développement de l'intelligence.

C'est de cette idée de moi que dérive la personnalité individuelle. Le *moi*, comme dit Taine, « c'est la série d'événements et d'états successifs, sensations, ima- « ges, idées, perceptions, souvenirs, prévisions, émotions, désirs, volitions, liés en- « tre eux, provoqués par certains changements de mon corps et des autres corps. » Le *moi*, c'est la cohésion dans le temps d'une série d'états de conscience conservés par la mémoire; mais cette idée du moi n'est pas quelque chose de spécial en dehors et au-dessus de ces états de conscience, et il n'y a pas entre le *moi-sujet* et le *moi-objet*, entre le moi et les états de conscience, la distinction faite par quelques philosophes. Cette idée de moi chez le nouveau-né existe à peine. Chez l'enfant elle se borne à un intervalle de quelques heures, et si cette notion de notre personnalité nous paraît s'étendre sans discontinuité depuis la naissance jusqu'à l'heure actuelle, c'est que dans l'état social où nous vivons, chaque chose autour de nous nous rappelle ce que nous étions; mais même, malgré cela, que de lacunes dans cette continuité apparente, et combien notre existence passée laisse en nous de mois, d'années même, dans lesquelles notre personnalité nous échappe.

Cette idée de moi est donc acquise par l'expérience, elle est la résultante d'un certain nombre d'actes cérébraux, centralisés peut-être dans un organe cérébral particulier; aussi peut-on voir, dans certaines maladies mentales, cette idée du moi s'affaiblir et disparaître, fait à peu près inexplicable si on considère le moi comme une entité indivisible et indestructible.

3° Des émotions.

Les émotions (colère, crainte, amour, aversion, etc.) sont des sensations d'origine centrale, dont le point de départ se trouve dans les centres nerveux eux-mêmes, ce qui n'empêche pas que des sensations internes ou externes ne puissent en être la cause éloignée. Elles sont en général très indéterminées dans le temps et dans l'espace; leur localisation est à peu près impossible, ce qui se rencontre aussi, comme on l'a vu, pour certaines sensations internes qui se rapprochent à ce point de vue des émotions; un autre caractère distinctif, c'est que les sensations sont ordinairement simples, tandis que les émotions sont presque toujours extrêmement composées; mais là encore la limite est presque impossible à tracer entre les émotions et les sensations internes.

Les émotions agissent avec une grande puissance sur toutes les fonctions du corps et en particulier sur les fonctions organiques, et cette action, qui varie suivant la nature même de l'émotion, est quelquefois si forte qu'elle équivaut à une véritable localisation ; ainsi, on a le *cœur serré* dans une grande douleur ; aussi quelques auteurs ont-ils voulu localiser les différentes émotions dans des organes déterminés ; mais il n'y a pas là une véritable localisation dans le sens vrai du mot, l'excitation qui détermine l'émotion ne part pas de l'organe en jeu ; la localisation est toujours consécutive à l'émotion au lieu de la précéder.

Les sécrétions sont influencées d'une façon remarquable par les émotions (larmes, salive, etc.) ; il en est de même de la circulation (rougeur de la honte, etc.) ; mais ce qui domine dans ces cas, ce sont des mouvements musculaires, mouvements émotionnels. Chaque émotion se traduit ainsi dans l'organisme par tout un appareil phénoménal particulier, que la volonté peut quelquefois enrayer, et dont l'ensemble constitue l'expression de cette émotion.

Toutes les émotions sans exception s'accompagnent d'un sentiment de plaisir ou de peine, et, à ce point de vue, les émotions pourraient être considérées comme des modalités de ces deux sentiments fondamentaux, sans qu'on puisse expliquer, malgré toutes les tentatives faites par les psychologues et les philosophes, l'origine et la nature de ces deux espèces de sentiments.

Tous les états de conscience s'accompagnent, quels qu'ils soient, d'une certaine dose d'émotion, agréable ou désagréable ; il n'y a pas d'acte psychique, de sensation, d'idée, de souvenir, qui nous laisse absolument indifférents ; et cette faible dose d'émotion, presque latente, presque inconsciente, qui se trouve dans tous nos actes, joue un rôl considérable dans nos déterminations intellectuelles et dans nos volitions.

3. — Des idées.

Les idées ne sont que des rapports entre des perceptions (actuelles ou rémémorées) ; elles supposent l'existence préalable de sensations ; la sensation est donc l'élément initial de l'intelligence. Ces idées peuvent être individuelles, particulières, ou bien générales, abstraites, mais les idées générales ne sont, suivant l'expression de Berkeley, que des idées particulières annexées à un terme général qui leur donne une signification plus étendue et qui réveille à l'occasion d'autres idées individuelles semblables. Il y a déjà, dans l'idée particulière d'un objet, d'une bille, par exemple, tout un ensemble de sensations, visuelles, tactiles, musculaires, etc., de nature différente (couleur, poli, poids, résistance, forme, etc.). Une idée générale, celle d'une boule, par exemple, se compose d'un ensemble d'idées particulières de boules de grandeur, de couleur, etc., variables, dans chacunes desquelles une seule sensation, la même pour toutes, est retenue par l'intelligence, tandis que les autres sont laissées de côté ; ainsi les notions particulières de couleur, de poli, de résistance, etc., disparaissent et l'on ne voit que le corps rond, c'est-à-dire le corps que la main peut parcourir et palper en déterminant en nous une certaine succession de sensations musculaires et tactiles qui se répète avec les mêmes caractères pour toutes les boules. Les idées générales et les idées particulières ne sont donc pas séparées les unes des autres par un abîme infranchissable ; les premières dérivent immédiatement des secondes, et les secondes dérivent immédiatement de la sensation. Il en est de même des idées abstraites, qui ne sont qu'un degré supérieur des idées générales.

Ce qui a obscurci cette question, c'est que la plupart des psychologues confondent à tort les idées générales et abstraites et l'expression de ces idées par le langage. Les idées générales de temps, d'espace, de coexistence, de succession, etc., existent aussi bien chez l'enfant que chez l'adulte, chez le sauvage que chez l'homme civilisé, chez l'animal que chez l'homme ; et ces relations sont chez tous la condition *sine quâ non* de tous leurs actes psychiques ; mais ce qui leur manque, c'est la formule, c'est l'expression verbale ou écrite de ces relations, de ces idées abstraites. Quoi qu'en disent les philosophes, il n'est pas nécessaire, pour que l'idée abstraite existe, que le langage lui donne une formule, et on peut, comme le prouve l'observation des sourds-muets non éduqués, penser parfaitement sans langage et sans signes.

Les idées étant des relations entre des sensations actuelles ou remémorées, il est probable que les centres cérébraux dans lesquels ces idées prennent naissance sont distincts des centres auxquels aboutissent ou dans lesquels s'emmagasinent les sensations ; mais jusqu'ici la détermination de ces centres est absolument impossible. Tout ce qu'on sait, c'est que les idées ont une sorte d'attraction les unes pour les autres ; que certaines idées ont de la tendance à s'associer à d'autres idées, et que ces associations qui jouent le plus grand rôle en psychologie, sont très probablement en rapport avec des connexions anatomiques entre les divers centres cérébraux. L'école anglaise contemporaine (École associationiste) reconnaît trois modes d'association des idées, par ressemblance, par contiguité dans le temps et dans l'espace, et par causalité ; mais, comme le fait remarquer Renouvier, tous ces faits d'association se rattachent, en dernière analyse, à la grande loi de l'habitude, en vertu de laquelle les connexions une fois produites tendent à se reproduire de nouveau.

La volonté n'a que fort peu d'influence sur ces associations, du moins d'une façon directe, et le mécanisme par lequel se produisent ces associations nous échappe même la plupart du temps. On en a un exemple quand on cherche un mot qui vous échappe, ou qu'on poursuit une idée qui ne se présente pas nettement à l'esprit ; le mot, l'idée apparaissent très souvent subitement, à un moment donné, sans qu'on ait conscience du mécanisme par lequel ce travail cérébral s'est produit.

Cette loi de l'association ou de l'habitude régit la formation des idées, et il est très probable, quoique la démonstration directe soit encore impossible, que les phénomènes intellectuels de mémoire, de jugement, de raisonnement, d'imagination sont soumis à des lois aussi nettement déterminées que tous les autres phénomènes physiologiques. Il n'y a donc pas lieu d'admettre ces facultés de l'âme des psychologistes, sortes de personnalités indépendantes, entrant en lutte les unes avec les autres jusqu'à ce qu'une faculté supérieure les mette d'accord en décidant entre elles ; il n'y a que des phénomènes et des lois, et l'étude des faits psychiques conduira aux lois de la pensée comme celle des faits physiques a conduit aux lois physiques.

4. — *De l'expression et au langage.*

Le langage n'est qu'un mode de l'expression. On a vu plus haut (page 966), que le langage ne peut se séparer des mouvements d'expression ; il n'en est qu'un cas particulier ; seulement, à cause de son importance et des rapports intimes qu'il a avec l'intelligence, il est préférable de l'étudier à part.

1° De l'expression des émotions.

La multiplicité des mouvements musculaires qui accompagnent les différentes émotions rend leur étude détaillée impossible dans un traité élémentaire. Je me contenterai de renvoyer aux ouvrages de Darwin et de Duchenne et de rappeler seulement les principes qui, d'après Darwin, régiraient la manifestation de ces mouvements.

Darwin rattache l'expression des émotions aux trois principes généraux suivants :

1° Un grand nombre de mouvements émotionnels ont été primitivement des mouvements volontaires accomplis dans un but utile à l'individu ; peu à peu, par l'habitude, ces mouvements volontaires se sont associés aux sentiments qui leur avaient donné naissance et sont devenus machinaux et instinctifs ; enfin, ces mouvements associés se sont transmis par hérédité. Ainsi, l'acte de serrer les poings a été primitivement volontaire au moment de combattre un ennemi ; cet acte s'est associé peu à peu au sentiment de la colère et est devenu machinal ; il s'est transmis ainsi par hérédité et aujourd'hui encore nous serrons les poings quand nous sommes en colère comme pour combattre un ennemi absent.

2° Dans certains cas, les mouvements d'expression sont l'opposé des mouvements que produit le sentiment contraire à celui que l'individu éprouve. Ainsi, pour témoigner sa joie, un chien emploie des mouvements contraires à ceux qui expriment la colère. C'est ce que Darwin appelle le principe de l'antithèse ; cependant, la plupart des cas cités par Darwin paraissent susceptibles d'une autre interprétation.

3° Enfin, certains mouvements qui ne rentrent dans aucun des cas précédents ne peuvent s'expliquer que par l'intervention d'une action nerveuse involontaire (diffusion nerveuse de Bain) ; telles sont les larmes, l'action des émotions sur le cœur, etc.

Bain fait appel aussi, pour certains mouvements d'expression, au principe de la spontanéité des mouvements et à l'exubérance de vie musculaire (gambades d'un poulain, d'un chien, d'un enfant).

2° Du langage.

Le langage peut se diviser en langage émotionnel et langage rationnel. Le langage *émotionnel* n'est qu'une forme de l'expression des émotions et rentre par conséquent dans le paragraphe précédent ; ce langage émotionnel est très développé chez l'enfant, le sauvage, et, d'après Max Müller, existerait seul chez l'animal et constituerait ainsi une limite tranchée entre l'animal et l'homme.

Le langage rationnel, au contraire, est le pouvoir de construire et de manier des concepts généraux ; il serait spécial à l'homme et, suivant M. Müller, « le point « où finit l'animal et où l'homme commence est déterminable avec la précision la « plus rigoureuse, parce qu'il a dû coïncider avec le commencement de la période « du langage à radicaux. » Mais est-il vrai qu'il soit impossible de passer du langage émotionnel au langage rationnel ; n'observe-t-on pas ce passage chez l'enfant qui commence à parler, et peut-on préciser chez lui l'instant où l'un fait place à l'autre ?

Le langage rationnel a deux conditions fondamentales : d'abord un certain degré de développement intellectuel, en second lieu un organe cérébral du langage articulé (voir : *Physiologie des hémisphères cérébraux*) ; qu'une de ces conditions vienne à manquer, le langage rationnel ne pourra exister tel qu'il existe chez l'homme. Mais c'est un fait certain que les animaux ont non seulement l'expression des émotions, c'est-à-dire les mouvements vocaux ou mimiques en rapport avec ces émotions, mais qu'ils ont encore des moyens de communiquer entre eux, en un mot qu'ils se comprennent et que certaines idées, très simples il est vrai, mais qui n'en sont pas moins des idées, peuvent s'échanger entre eux. Il n'y a, pour s'en convaincre, qu'à lire les ouvrages de Leroy, Réaumur et de tous les naturalistes qui ont observé les animaux sans parti pris. Il y a donc, même chez l'animal, une sorte de langage rudimentaire qui n'est peut-être pas encore le langage rationnel de Max Müller, mais qui est déjà quelque chose de plus qu'un simple langage émotionnel.

5. — De la volonté.

La différence des actes volontaires et des actes involontaires consiste essentiellement en ceci, que nous n'avons conscience de l'acte involontaire qu'au moment même où il s'accomplit, tandis que l'idée de l'acte volontaire préexiste dans la conscience avant l'accomplissement de l'acte. Si l'on réfléchit que les actes volontaires, par la répétition et l'habitude, deviennent machinaux et automatiques, si l'on se rappelle d'autre part que les actes psychiques ne sont pas instantanés, mais ont une certaine durée, on peut concevoir de la façon suivante le mécanisme des actes volontaires ; soit un mouvement volontaire succédant à une sensation visuelle, par exemple ; il est très probable, d'après les données de l'anatomie et de la physiologie nerveuse, qu'entre le centre de perception et le centre moteur il existe un centre nerveux intermédiaire qui reçoit l'excitation partant du centre sensitif et la renvoie au centre moteur ; ce mouvement volontaire s'accompagnera donc de trois états de conscience successifs correspondant à l'excitation de ces trois centres, une sensation visuelle, une impulsion spéciale ou une tendance au mouvement et une sensation de mouvement ; tant que la durée de ces trois actes successifs est assez longue, ils sont saisis à part et isolément par la conscience, et nous avons, avant le mouvement même, l'idée du mouvement qui va se produire ; nous pouvons alors, si cette idée de mouvement éveille l'activité de certains centres antagonistes, enrayer le processus de façon que l'idée ne passe pas en acte ; mais quand, par la répétition, la durée de ces trois actes successifs est très courte, le terme intermédiaire, c'est-à-dire l'idée du mouvement futur, disparaît, soit qu'elle se confonde avec la notion même du mouvement, soit que sa durée soit trop brève pour que nous en ayons conscience ; on sait, en effet, qu'une excitation doit avoir une certaine durée pour être perçue.

Quant à la question de la volonté libre, ou du libre arbitre, c'est-à-dire à « la faculté de se déterminer avec la conscience qu'on pourrait se déterminer autrement », c'est une question d'un tout autre ordre, que la science ne peut résoudre actuellement et à laquelle chacun peut, dans son for intérieur, donner la solution qui lui plaira. Il ne faut pas oublier cependant qu'une grande partie des phénomènes psychiques qui se passent en nous nous échappent, et qu'il n'y a pour ainsi dire pas de manifestation psychique qui ne soit accompagnée d'un peu d'émotion, autrement dit qu'il doit arriver très souvent que les déterminations qui nous paraissent les plus libres ne soient en réalité que la résultante de notre organisation native, de notre éducation et de sensations ou d'émotions actuelles dont nous n'ayons pas conscience. Les statistiques prouvent que les faits qui paraissent soumis uniquement à la volonté humaine, comme les mariages, les crimes, les suicides, etc., se produisent avec une étonnante régularité et sont soumis à des causes et à des lois parfaitement déterminées. La volonté joue du reste dans nos actions une influence bien moins grande que nous ne le croyons nous-mêmes ; notre vie, nos pensées, nos actions sont bien plus souvent machinales que volontaires et raisonnées, et, étant connus le caractère et les habitudes de la plupart des hommes, on peut prédire à coup sûr, dans la majorité des cas, la détermination qu'ils prendront dans une circonstance donnée. Il est de toute évidence que l'homme a le pouvoir de faire ce qu'il désire, mais est-il libre de désirer ou de ne pas désirer, est-il maître de ses émotions? Mais ce que nous pouvons, et c'est en cela que consiste surtout la volonté, c'est arriver, par le développement de l'intelligence, à prévoir les conséquences de nos actes, de façon que l'idée des inconvénients futurs d'un acte donné soit assez puissante pour contre-balancer l'impulsion qui nous pousse à accomplir cet acte, ce que nous pouvons, c'est nous placer dans des circonstances telles que les impulsions nuisibles qui peuvent exister virtuellement en nous et que nous connaissons n'aient pas l'occasion de se développer et de produire leurs conséquences fâcheuses pour nous ou pour les autres.

6. — Vitesse des processus psychiques.

On a vu (page 539) que la transmission nerveuse demande un certain temps et que l'excitation motrice parcourt environ 33 mètres par seconde, l'excitation sensitive 30 à 35. On a cherché à calculer, par les mêmes procédés, la durée des processus psychiques les plus simples. Le temps qui s'écoule entre une excitation sensitive et le mouvement qui sert de signal et qui indique que l'individu en expérience a perçu la sensation, comprend la série d'actes suivants qui ont tous une certaine durée, fraction déterminée de la durée totale du processus. Ces actes sont les suivants (Exner):

1° Durée de l'excitation latente de l'appareil sensitif; cette durée est très courte; pour les sensations visuelles, elle serait de 0,02 à 0,04 de seconde;

2° Durée de la transmission sensitive depuis l'appareil sensitif jusqu'aux centres nerveux; cette durée est connue;

3° Durée de la transmission sensitive dans la moelle; cette durée est d'environ 0,1749 de seconde pour les excitations partant du pied, 0,1283 pour la main, ce qui donne pour la vitesse de la transmission sensitive dans la moelle 8 mètres environ par seconde, par conséquent une vitesse bien moindre que pour les nerfs;

4° Durée de la transmission cérébrale et des actes cérébraux;

5° Durée de la transmission motrice dans la moelle; elle est pour le pied de 0,1506 de seconde, pour la main de 0,1840, ce qui donne une vitesse de 11 à 12 mètres par seconde;

6° Durée de la transmission motrice depuis la moelle jusqu'au muscle; elle est connue;

7° Durée de l'excitation latente du muscle; cette durée est connue aussi.

La durée de la perception sensitive s'obtiendra donc en retranchant de la durée totale du processus toutes les durées partielles 1, 2, 3, 5, 6 et 7. Exner a trouvé de cette façon les chiffres suivants (l'âge des individus en expérience est placé entre parenthèses après chaque chiffre): 0,2053 de seconde (20 ans); 0,0775 (22); 0,2821 (23); 0,1231 (24); 0,0828 (26); 0,0901 (35); 0,9426 et 0,3050 (76). On voit d'après ces chiffres que la durée d'un même acte cérébral varie suivant les individus et suivant certaines conditions encore peu déterminées, mais où l'âge paraît jouer un rôle important. Ces différences avaient déjà été constatées par les astronomes (Maskelyne, Bessel, etc.). Il y a toujours en effet, entre le passage réel d'un astre devant le fil de la lunette et l'appréciation de ce passage par l'astronome un écart qui constitue ce qu'on a appelé erreur ou équation personnelle. Cette erreur est constante pour un observateur donné, mais elle varie suivant les observateurs, et peut être réduite par l'exercice (Wolff).

La durée de la perception sensitive varie suivant la nature de l'excitation. Elle est de 0,19 environ pour les excitations optiques, de 0,15 pour les excitations acoustiques et tactiles, de 0,15 à 0,23 pour les excitations gustatives.

La durée de l'opération intellectuelle la plus simple succédant à la perception sensitive a été mesurée par V. Kries et Auerbach. Si on emploie deux foyers lumineux, l'un rouge, l'autre bleu, et qu'on fasse apparaître tantôt l'un, tantôt l'autre, sans que l'individu en expérience soit prévenu, avec la convention que l'individu ne fera le signal que pour une des deux couleurs, le signal ne se produira qu'après une opération intellectuelle, ayant pour but de distinguer entre les deux excitations; ce *discernement* exige un certain temps qui augmente la durée de l'équation personnelle, et on peut mesurer ainsi la *durée du discernement*. Cette durée, très variable suivant l'individu, suivant la nature des excitations, va de 1 à 6 centièmes de seconde. C'est là par conséquent la durée de l'acte intellectuel le plus simple.

La fatigue tend à augmenter la durée de tous les actes psychiques. L'attention, au contraire, la diminue.

Donders a imaginé, pour mesurer le temps nécessaire pour les actes psychiques, deux instruments, l'un, le *næmatachomètre*, destiné à donner le minimum de temps nécessaire pour une idée simple, l'autre, le *næmatachographe*, destiné à déterminer la durée d'opérations plus ou moins complexes de l'esprit (*Journal de l'Anatomie*, 1868).

Bibliographie. — MENDENHALL : *Time required to communicate impressions to the sensorium and the reverse* (Amer. journ. of sc. and arts, 1871). — EXNER : *Exp. Unt. der einfachsten psychischen Processe* (Arch. de Pflüger, t. VII, VIII, XI). — V. VINTSCHGAU ET HÖNIGSCHMIED : *Vers. über die Reactionszeit einer Geschmaksempfindung* (id., t. X et XII). — HIRSCH : *Sur quelques recherches récentes concernant l'équation personnelle*, etc. (Bull. de la Soc. des sc. nat. de Neufchâtel, 1874). — WOLF : *Unt. über die persönliche Gleichung* (Viertelj. d. naturf. Ges. in Zürich, 1876). — KRIES ET AUERBACH : *Die Zeitdauer einfachster psychischer Processe* (Arch. für Physiol., 1877). — DIETL ET V. VINTSCHGAU : *Das Verhalten der physiologischen Reactionszeit unter dem Einfluss von Morphium*, etc. (Arch. de Pflüger, t. XVI). — HALL ET V. KRIES : *Ueber die Abhängigkeit der Reactionszeiten vom Ort des Reizes* (Arch. für Physiol., 1879).

7. — Du sommeil.

Les centres nerveux encéphaliques présentent deux états distincts qui se succèdent avec une périodicité assez régulière, l'état de veille et l'état de sommeil. Quand le sommeil est profond, tous les phénomènes de l'activité psychique sont abolis et l'individu se trouve, au point de vue fonctionnel, dans une situation analogue à celle des animaux auxquels on a enlevé les hémisphères ; toutes les fonctions de nutrition, digestion, respiration, circulation, etc., continuent ; les excitations sensitives déterminent des mouvements purement réflexes, en un mot les hémisphères cérébraux cessent de fonctionner comme l'estomac cesse de sécréter dans l'intervalle de deux digestions. Cet état de sommeil profond ne se montre guère que dans les premiers moments du sommeil ; puis, peu à peu le sommeil devient moins profond et les hémisphères cérébraux peuvent fonctionner, mais toujours d'une façon incomplète comme dans le rêve, sous l'influence d'excitations sensitives externes ou internes ; le souvenir seul peut nous apprendre s'il y a des idées formées pendant le sommeil, mais l'observation des dormeurs nous apprend qu'une grande partie des rêves, des idées, des paroles qui ont accompagné le sommeil ne laissent pas de trace dans la conscience, de sorte qu'il est impossible de dire si, même dans le sommeil le plus profond, le repos du cerveau est absolu. Mosso, dans ses recherches sur la circulation cérébrale mentionnées page 1347, a vu que l'appel de son nom suffisait, chez un dormeur, pour modifier la courbe du volume cérébral, sans que pour cela le dormeur se réveillât et sans qu'il eût le moindre souvenir d'avoir entendu son nom. Du reste, il a constaté, pendant le sommeil, l'existence d'oscillations de la courbe du volume du cerveau, oscillations indépendantes de la respiration, et dues probablement à des processus cérébraux ne laissant aucune trace dans la mémoire.

Le *besoin de sommeil* se traduit par une série de sensations que chacun connaît par expérience; sensations musculaires des muscles de la paupière supérieure, sensations des muscles sous-hyoïdiens qui précèdent le bâillement ; pesanteur des membres et de la tête; affaiblissement de la sensibilité et surtout de la sensibilité tactile et musculaire, etc., etc. Pendant le sommeil, le pouls devient moins fréquent, la respiration est plus rare et prend, d'après Mosso, le type presque exclusivement thoracique (voir p. 928). L'élimination d'acide carbonique diminue, toutes les sécrétions sont moins abondantes. J'ai mentionné page 802 les modifications que le sommeil apporte à la composition de l'urine et en particulier la diminution que j'ai observée dans les phosphates, au moins dans la majorité des cas. La cornée est desséchée, la pupille rétrécie, les yeux sont dirigés en dedans et en haut. L'état de la circulation cérébrale a donné lieu à des controverses qui ne sont pas encore tout à fait terminées. Durham, Hammond, Ehrmann, etc., admettent qu'il y a anémie cérébrale et que le cerveau reçoit moins de sang pendant le sommeil ; d'autres auteurs, au contraire, croient qu'il y a une congestion du cerveau, et s'appuient surtout sur la congestion de la conjonctive et la constriction de la pupille observées pendant le sommeil, phénomènes qui indiqueraient une paralysie du sympathique (Langlet); cependant la plupart des physiologistes semblent aujourd'hui se rattacher à l'idée d'une anémie cérébrale, et les expériences de Mosso, Salathé, Franck parlent dans le même sens. En revanche, d'après Mosso, le sang afflue dans les vaisseaux périphériques.

L'*intensité du sommeil* a été mesurée par Kohlschütter par l'intensité du bruit nécessaire pour réveiller un dormeur. Cette intensité, dont il a dressé la courbe, augmente rapidement dans la première heure, puis décroît, d'abord d'une façon rapide, puis lentement, jusqu'au réveil.

La fatigue, tant physique que psychique, l'affaiblissement des excitations extérieures (obscurité, silence, etc.), la répétition des mêmes impressions (monotonie), le froid, la chaleur, la digestion, certaines substances (soporifiques) produisent le sommeil. Un cas de Strümpell montre bien l'influence des excitations sensorielles sur le sommeil. Chez un individu borgne et sourd d'un côté et atteint d'anesthésie générale de la peau et des muqueuses, il suffisait de fermer l'œil sain et de boucher l'oreille saine pour le faire tomber rapidement dans un sommeil profond dont il ne pouvait être tiré que par une excitation de l'oreille ou de la vue.

La cause réelle du sommeil est encore indéterminée, et aucune des nombreuses hypothèses faites jusqu'ici ne l'explique d'une façon satisfaisante. Ce n'est pas une explication que de dire que le sommeil est l'état de repos de la cellule nerveuse. On a cherché, en le comparant à la fatigue musculaire, à le rattacher à l'action épuisante des principes de la désassimilation nerveuse et en particulier de l'acide lactique (Preyer) ; mais cette action somnifère des lactates est loin d'être démontrée. Sommer et quelques autres physiologistes l'expliquent par une diminution d'oxygène, et Pflüger en effet, en privant des grenouilles d'oxygène, a vu ces animaux tomber en une sorte de sommeil ou plutôt de mort apparente. D'autres enfin ont cherché à concilier les deux théories en admettant que le cerveau recevait moins d'oxygène, cet oxygène étant détourné pour oxyder les substances fatigantes (substances *ponogènes*) accumulées dans le cerveau pendant la veille. Je laisse de côté toutes les autres hypothèses faites sur la nature et les causes du sommeil.

On peut jusqu'à un certain point rapprocher du sommeil ordinaire les phénomènes de l'*hypnotisme* et du *somnambulisme provoqué*, phénomènes que je ne ferai que mentionner ici. La fixation du regard, des excitations sensitives de diverse nature (passes dites magnétiques, bruits, etc.) peuvent en effet déterminer, chez les sujets prédisposés, un sommeil qui tantôt ressemble au sommeil normal, tantôt au contraire s'accompagne de phénomènes nerveux très variables (anesthésies, hyperesthésies, troubles de motilité, etc.) pour le détail desquels je renverrai aux ouvrages spéciaux. Je rappellerai seulement qu'un état analogue au sommeil hypnotique peut être produit par l'immobilisation prolongée chez beaucoup d'animaux (oiseaux, grenouilles, etc.), fait décrit depuis longtemps déjà chez le coq par le P. Kircher sous le titre d'*experimentum mirabile*.

Bibliographie. — ATKINSON : *An inquiry as to the cause of sleep* (Ed. med. journ., 1870). — ANONYME : *Einige Beob. über den Schlaf* (Wien. med. Woch., 1870). — LENDER : *Zur Theorie des Schlafes* (Deut. klin., 1871). — CAPPIE : *The causation of sleep*, 1872. — LANGLET : *Sur la physiologie du sommeil*, 1872. — CZERMAK : *Beob. und Vers. über hypnotische Zustände bei Thieren* (Arch. de Pflüger, t. VII). — PREYER : *Ueber eine Wirkung der Angst auf Thiere* (Centralbl., 1873). — ID. : *Schlaf durch Ermüdungsstoffe hervorgerufen* (id., 1875). — HEUBEL : *Ueber die Abhängigkeit des wachen Gehirnzustandes von äusseren Erregungen* (Arch. de Pflüger, t. XIV). — POLIN : *Essai de physiologie sur le sommeil*, 1876. — WILLEMIN : *Sur la physiologie du sommeil*, 1877. — PREYER : *Ueber die Ursache des Schlafes*, 1877. — L. MEYER : *Zur Schlaf machenden Wirkung des Natrum lacticum* (Arch. für pat. An., 1876). — ERLER : *id.* (Centralbl., 1876). — FISCHER : *Zur Frage der hypnotischen Wirkung der Milchsäure* (Zeit. für Psychiatr., 1876). — STRÜMPELL : *Ein Beitr. zur Theorie des Schlafs* (Arch. de Pflüger, t. XV). — BINZ : *Zur Wirkungsweise schlafmachender Stoffe* (Arch. für exp. Pat., t. VI). — QUINCKE : *Ueber den Einfluss des Schlafes auf die Harnabsonderung* (id., t. VII). — RAEHLMANN ET WITKOWSKI : *Ueber das Verhalten der Pupillen während des Schlafes* (Arch. für Physiol., 1878). — PREYER : *Die Kataplexie und der thierische Hypnotismus*, 1878. — DUPUY : *Étude psycho-physiologique sur le sommeil*, 1879. — DELBŒUF : *Le sommeil et les rêves* (Rev. phil., 1879). — WEINHOLD : *Hypnotische Versuche*, 1880. — HEIDENHAIN : *Der sogenannte thierische Magnetismus*, 1880.

Bibliographie de la psychologie physiologique. — BERNSTEIN : *Unt. über den Erregungsvorgang im Nerven und Muskelsystem*, 1871. — DÖNHOFF : *Ueber angeborene Vorstellungen bei Thieren* (Arch. für Physiol., 1878). — A. HERZEN : *Il moto psichico e la coscienza*, 1879. — OBERSTEINER : *Exper. res. on attention* (Brain, t. IV). — HERZEN : *La Loi physique de la conscience* (Rev. phil., 1879). — DELBŒUF : *La Psychologie considérée comme science naturelle*, 1876. — LOTZE : *Principes généraux de psychologie physiologique*, trad. franç., 1876. — CARPENTER : *Principles of mental physiology*, 4ᵉ éd., 1876. — DELBŒUF : *Théorie générale de la sensibilité*, 1876. — LEWES : *The physical basis of Mind*, 1877. — FECHNER : *In Sachen der Psycho-physik*, 1877. — DELBŒUF : *La loi psycho-physique* (Rev. philos., 1878). — G. E. MÜLLER : *Zur Grundlegung der Psychophysik*, 1878. — TH. RIBOT : *La psychologie allemande contemporaine*, 1879. — MAUDSLEY : *Physiologie de l'esprit* (trad. franç., 1879).

Physiologie du système nerveux. — JOBERT DE LAMBALLE : *Ét. sur le système nerveux*, 1838. — LONGET : *Anat. et physiol. du système nerveux*, 1842. — FOVILLE : *Traité de l'anat., de la physiol. et de la pathologie du système cérébro-spinal*, 1844. — ECKHARD : *Physiol. des Nervensystems*, 1854. — SCHIFF : *Unt. zur Physiol. des Nervensystems*, 1855. — CL. BERNARD : *Leçons sur la physiol. et la pathol. du système nerveux*, 1858. — LUYS : *Rech. sur le système nerveux cérébro-spinal*, 1865. — VULPIAN : *Rech. sur la physiol. gén. et comparée du syst. nerveux*, 1866. — POINCARÉ : *Leçons sur la physiologie normale et pathologique du système nerveux*, 1873-1877. — GARNIER : *Ét. chim. sur le système nerveux*, 1877. — BROWN-SÉQUARD : *Rech. montrant la puissance, la rapidité d'action et les variétés de certaines influences inhibitoires*, etc. (Comptes rendus, t. LXXXIX). — ID. :

Rech. exp. sur une nouvelle propriété du système nerveux (id.). — Id.: *Quelques faits relatifs au mécanisme de production des paralysies*, etc. (Arch. de physiol., 1879). — Id.: *Faits nouveaux relatifs à la mise en jeu ou à l'arrêt des propriétés motrices*, etc. (id.). — Rumpf: *Ueber Metalloscopie*, etc. (Memorabil., 1879). — Schiff: *Ueber Metallotherapie*, 1879. — Id.: *Contrib. à l'étude des effets des bobines d'induction sur le système nerveux* (Arch. des sc. phys. et nat., 1879). — V. Anrep: *Ueber Aortenunterbindung beim Frosch* (Centralbl., 1879). — Eckhard: *Physiol. des Rückenmarks und des Gehirns*, etc. (Hermann's Handb. d. Physiol., 1879).

CHAPITRE IV

PHYSIOLOGIE DE LA REPRODUCTION.

La physiologie de la reproduction comprend quatre séries d'actes successifs : 1° la formation des éléments reproducteurs, mâle (spermatozoïde) et femelle (ovule) ; 2° l'union de ces deux éléments ou fécondation ; 3° les modifications qui se passent soit du côté de l'embryon, soit du côté de la mère, depuis la fécondation jusqu'à l'expulsion du fœtus ; développement embryonnaire et grossesse ; 4° l'expulsion du fœtus ou l'accouchement.

I. — DES ÉLÉMENTS DE LA REPRODUCTION.

A. — *Sperme et spermatozoïdes.*

Sperme. — Le sperme est sécrété par le testicule. Mais le sperme éjaculé n'est pas du sperme pur ; c'est un liquide complexe résultant du mélange de la sécrétion testiculaire avec les sécrétions des vésicules séminales, de la prostate et des glandes de Cowper. Le *sperme pur*, tel qu'on le trouve dans le canal déférent, par exemple, est un fluide épais, filant, inodore, d'une couleur blanchâtre ou ambrée, neutre ou à peine alcalin. Il contient des éléments anatomiques particuliers, *spermatozoïdes*, auxquels il doit son pouvoir fécondant et qui seront décrits plus loin (voir page 1368). Le *sperme éjaculé* est un liquide clair, filant, avec des ilots blanc opaque, d'une odeur spéciale, d'une saveur salée ; sa densité est plus forte que celle de l'eau ; il est faiblement alcalin. Après l'éjaculation, il se coagule spontanément en une masse épaisse, gélatineuse, qui plus tard redevient fluide. Sa quantité par éjaculation est de 0^{gr},75 à 6 grammes (Mantegazza).

Le sperme contient des matières albuminoïdes (albumine, albuminate de potasse, spermatine et mucine), de la cholestérine, de la nucléine, de la cérébrine, du protagon et de la lécithine qui proviennent probablement des spermatozoïdes, de la graisse et des sels minéraux, spécialement du chlorure de sodium et des phosphates. Mélangé avec l'eau, le sperme donne un sédiment muqueux ; l'ébullition ne le trouble pas ; l'alcool le coagule complètement. Par l'évaporation lente, il se dépose des cristaux prismatiques, signalés par Robin, et qui sont probablement des albuminates cristallisés.

Voici trois analyses de sperme d'homme, de taureau et de cheval, par Vauquelin (homme) et Kölliker (taureau et cheval).

POUR 1,000 PARTIES.	HOMME.	TAUREAU.	CHEVAL.
Eau...	900,00	822,13	819,40
Parties solides......................................	100,00	177,87	180,60
Spermatine et matières extractives...................	60,000	150,89	164,49
Graisse..	—	21,60	—
Sels...	40,000	25,96	16,11

La *spermatine* se rapproche beaucoup de l'albuminate de potasse et de la mucine.
Sa solution ne se coagule pas par la chaleur, mais elle se trouble par l'acide
acétique; le trouble disparaît par un excès d'acide. Sa solution précipite par le
ferro-cyanure de potassium.

La sécrétion spermatique ne commence que de douze à quinze ans; mais le
sperme ne contient pas encore de spermatozoïdes. Ceux-ci n'apparaissent qu'à l'âge
de seize à dix-sept ans. La sécrétion testiculaire continue jusque dans un âge très
avancé, mais les caractères physiques du sperme sont modifiés : en général sa
consistance diminue et il prend une coloration plus foncée, due à la présence de
plaques grisâtres (sympexions) qui proviennent des vésicules séminales; cependant les spermatozoïdes existent encore, quoique plus rares, dans le sperme des
vieillards (Duplay, Dieu).

Toutes les causes qui excitent l'érection (voir ce mot) augmentent la sécrétion
spermatique.

Les différents liquides qui se mélangent au sperme pur présentent les caractères
suivants :

Le liquide fourni par les *glandules du canal déférent* est, d'après Robin, un peu
visqueux, brunâtre ou gris jaunâtre ; il donne au sperme une consistance déjà
plus fluide et une coloration brunâtre.

Le liquide des *vésicules séminales* est brunâtre ou grisâtre, quelquefois jaunâtre,
plus ou moins opaque, de consistance crémeuse, sans viscosité ; il est riche en
albumine. Il contient des cellules épithéliales et des plaques grisâtres (*sympexions*
de Robin).

Le liquide *prostatique* est blanc, laiteux, alcalin et contient 2 p. 100 de matières
solides qui consistent surtout en matière albuminoïde et chlorure de sodium.

Le liquide des *glandes de Cowper* est filant, visqueux, alcalin.

D'après Robin, l'odeur spermatique n'existerait dans aucun de ces liquides et
ne se développerait qu'au moment de l'éjaculation.

Le sperme est le liquide fécondant; mais le véritable élément fécondant est
constitué par les spermatozoïdes auxquels le sperme sert de milieu ; il ne fait par
conséquent que maintenir leur activité vitale jusqu'au moment de l'éjaculation, et,
quand cette éjaculation se produit, il les entraîne avec lui et les transporte jusque
dans le vagin ou dans la cavité utérine.

Spermatozoïdes. — A l'état de développement complet (fig. 483), ils
ont 0mm,05 de longueur et se composent : 1° d'un renflement antérieur,
tête, pyriforme, aplati, la pointe tournée en avant ; 2° d'un appendice fili-

forme ou *queue*, d'abord un peu renflé (*segment intermédiaire*), puis aplati
et se terminant en pointe à peine visible. Ils sont formés par une substance
homogène réfringente. Ils sont doués de mouvements rapides, comme
spontanés, dus aux ondulations de la queue ; ils parcourent 0ᵐ,004 à 0ᵐ,015
par minute, et, d'après une observation de Sims, ils
peuvent arriver en trois heures de l'orifice de l'hymen
au col de l'utérus. Leurs mouvements sont assez puissants pour déplacer des cristaux calcaires dix fois plus
gros qu'eux. Ils peuvent persister sept à huit jours dans
les organes génitaux de la femme, et on les retrouve
encore sur le cadavre vingt-quatre heures après la mort.
Ces mouvements sont favorisés par les solutions alcalines modérément concentrées et par les sécrétions
normales des organes sexuels ; ils sont paralysés par
l'eau, l'alcool, l'éther, le chloroforme, la créosote, les
acides, les sels métalliques, les solutions concentrées
de sucre, les sécrétions vaginales et utérines trop acides ou trop alcalines, l'électricité, les températures trop

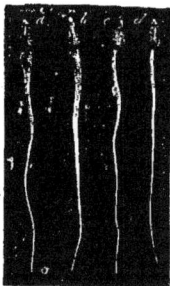

Fig. 483. — *Sperma-
tozoïdes.*

basses ou trop élevées. Parmi les substances indifférentes, on trouve le
chlorure de sodium, le sucre, l'urée, l'albumine, la glycérine, les narcotiques, etc., à moins qu'elles ne soient en solutions trop diluées ou trop
concentrées. (Voir aussi pour les spermatozoïdes et leur mode de formation,
page 600.)

Bibliographie. — WILL : *Ueber die Secretion des thierischen Samens*, 1849. — DUPLAY :
Rech. sur le sperme des vieillards (Arch. gén. de méd., 1852). — KÖLLIKER : *Physiol. Stud.
über die Samenflüssigkeit* (Zeit. für wiss. Zool., 1855). — DIEU : *Rech. sur le sperme des
vieillards* (Journ. de l'Anat., 1867). — MANTEGAZZA : *Sur le sperme de l'homme* (Journ. de
l'Anat. 1868). — CAMPANA : *Note sur la vie et la survie des spermatozoïdes*, etc. (Comptes
rendus, t. LXXXIV).

B. — *Ovulation et menstruation.*

L'ovaire de la femme contient, depuis quinze ans jusqu'à quarante-six
ans environ, des ovules susceptibles d'être fécondés. Tous les vingt-huit
jours, en moyenne, un ovule s'échappe de l'ovaire par la rupture de la
vésicule de de Graaf qui le contenait et cet ovule est recueilli par la trompe.
Cette rupture de la vésicule de de Graaf et cette chute de l'ovule s'accompagnent, du côté de l'utérus, de phénomènes particuliers et spécialement
d'un écoulement sanguin qui constitue la menstruation proprement dite
(règles, menstrues, période menstruelle).

1° Rupture de la vésicule de de Graaf et chute de l'ovule.

La structure et le développement des vésicules de de Graaf et de l'ovule
sont étudiés dans les traités d'anatomie (Voir : Beaunis et Bouchard, *Nouv.
El. d'anat.*, p. 846 et suiv.). A chaque période menstruelle, l'ovaire devient
plus vasculaire, la vésicule de de Graaf se dilate et fait peu à peu saillie à

la surface de l'ovaire jusqu'à ce qu'elle atteigne à maturité la grosseur d'une cerise ; bientôt la paroi de la vésicule s'amincit au niveau de la partie saillante, tandis que les parties profondes au contraire s'hyperhémient et deviennent plus vasculaires ; bientôt, sous la pression excentrique du liquide de la vésicule, une petite fente se produit sur la partie amincie, et l'ovule s'échappe entouré par les cellules du cumulus proligère. Les causes qui déterminent la maturité et la rupture de la vésicule de de Graaf sont encore très obscures. Cette rupture paraît se faire principalement à la fin des règles (Sappey) ; le coït peut la déterminer et l'accélérer sans cependant que son intervention soit nécessaire pour la produire.

Les modifications que subit la vésicule de de Graaf et la formation du corps jaune sont étudiées en anatomie.

2° Menstruation.

Pendant la période menstruelle, l'utérus est le siège d'une fluxion temporaire et de phénomènes particuliers. Il augmente de volume ; sa muqueuse s'épaissit considérablement et se vascularise ; elle prend un aspect criblé dû aux orifices élargis des glandes utérines hypertrophiées ; son adhérence au tissu utérin diminue, son épithélium se détache et même, dans quelques cas, une partie de l'épaisseur de la muqueuse tombe avec lui sous forme de membrane continue ; en même temps ses capillaires se déchirent et fournissent le sang menstruel. Cet écoulement sanguin, qui est le phénomène caractéristique extérieur de la menstruation, dure en moyenne de trois à cinq jours et la quantité de sang peut varier de 100 à 200 grammes. L'écoulement n'a pas d'emblée le caractère sanguin, il est d'abord séreux et séro-sanguin et présente aussi à la fin des règles le caractère de mucus. Le sang menstruel est peu coagulable, à moins que l'écoulement ne soit très abondant ; il peut présenter alors de véritables caillots. Les trompes et le vagin participent aussi à cet état congestif de l'utérus.

La menstruation s'accompagne de phénomènes locaux et généraux ; la femme éprouve une sensation de pesanteur et de chaleur dans la région pelvienne et des douleurs abdominales (crampes utérines) ; les seins sont gonflés et tendus ; le pouls est fréquent, le choc du cœur plus fort, la respiration accélérée ; la sueur a une odeur spéciale ; la miction est plus fréquente ; la quantité d'urée est diminuée ; les traits sont fatigués ; il y a un sentiment de lassitude générale ; l'excitabilité nerveuse et psychique est augmentée.

Il y a une relation intime entre la menstruation et l'ovulation ; cependant les deux actes ne sont pas liés indissolublement l'un à l'autre ; il peut y avoir en effet, exceptionnellement, ovulation sans menstruation et menstruation sans ovulation ; ainsi on a observé des cas de menstruation après l'extirpation des deux ovaires ; mais ces cas exceptionnels ne peuvent infirmer la loi générale, quoique le lien qui rattache ces deux actes l'un à l'autre nous échappe (sang, système nerveux ?). Pflüger compare la menstruation à une greffe chirurgicale, la surface interne de l'utérus, dénudée et saignante, représenterait une véritable plaie d'inoculation par laquelle la nature greffe l'ovule fécondé sur l'organisme maternel ; mais il y a plutôt là une comparaison ingénieuse qu'une explication réelle.

La menstruation peut être rapprochée des phénomènes du *rut* chez les animaux. C'est en effet à l'époque du rut que se fait chez eux l'ovulation et la rupture de la vésicule de de Graaf, et, chez beaucoup d'espèces animales, cette rupture s'accompagne d'un écoulement sanguin par les parties génitales.

La menstruation est suspendue pendant la grossesse et l'allaitement ; cette suspension coïncide avec un arrêt de l'ovulation. Quand la femme n'allaite pas, les règles reparaissent en général six semaines après l'accouchement.

3° Puberté et ménopause.

L'apparition de la fonction menstruelle et l'ovulation qui l'accompagne ne se font qu'à la puberté et habituellement vers l'âge de quinze à seize ans ; la disparition de ces deux actes ou la *ménopause* a lieu vers quarante-six ans environ. La période de fécondité de la femme comprend donc trente à trente et un ans en moyenne, et est par conséquent beaucoup moins étendue que chez l'homme.

La puberté, chez la femme, modifie non seulement les organes génitaux, mais réagit aussi sur presque toutes les parties de l'organisme, système pileux, mamelles, larynx, etc., et sur la plupart des fonctions. La puberté est plus précoce dans les villes que dans les campagnes, dans les climats chauds que dans les climats froids ; on cite même des cas exceptionnels de jeunes filles réglées à huit, quatre et deux ans (menstruations enfantines), sans qu'on puisse affirmer cependant qu'il y ait là une véritable ovulation ; Haller a cependant observé un exemple de grossesse chez une fille de neuf ans.

La ménopause a lieu entre quarante-deux et cinquante ans (46,35 en moyenne). Dans la plupart des cas (70 fois sur 100), la ménopause s'établit peu à peu ; les règles cessent, puis reviennent pour disparaître définitivement, et cette période de transition dure de six à onze mois. Cette cessation des règles et de l'ovulation retentit sur tout l'organisme et spécialement sur les organes génitaux ; les ovaires s'atrophient, ainsi que l'utérus ; les parties génitales externes se flétrissent et perdent leur excitabilité ; les poils du pubis blanchissent et tombent ; les seins s'affaissent ; la voix prend un timbre plus accentué ; le système pileux extra-génital se développe, etc. ; en somme, les caractères de la sexualité tendent à s'affaiblir et à disparaître.

4° Excrétion ovulaire.

L'excrétion ovulaire comprend deux stades : la chute de l'ovule dans le pavillon de la trompe et la progression de cet ovule depuis le pavillon de la trompe jusqu'à l'utérus.

A sa sortie de la vésicule de de Graaf, l'ovule est recueilli par la trompe ; mais le mécanisme de ce phénomène est encore loin d'être bien expliqué. Il est probable que le pavillon vient s'appliquer sur la surface de l'ovaire, soit par une sorte d'érection de la trompe (Haller), soit plutôt par l'action des fibres lisses tubaires ou tubo-ovariennes (Rouget) ; mais l'ouverture du pavillon ne peut embrasser toute la surface de l'ovaire, et il est assez difficile d'expliquer comment le pavillon va juste se placer sur le point où va se rompre la vésicule de de Graaf arrivée à sa maturité, à moins d'admettre que les franges de la trompe ne parcourent la surface de l'ovaire par une sorte de mouvement de reptation et ne déterminent ainsi, par cette excitation mécanique, la rupture de la vésicule de de Graaf. Il est encore plus difficile d'expliquer les cas dans lesquels il n'a pu y avoir d'application du pavillon sur l'ovaire, ainsi quand un ovule provenant d'un ovaire est recueilli par la trompe du côté opposé, comme Léopold l'a observé chez des lapines après l'extirpation de l'ovaire d'un côté et de la trompe du côté opposé (1).

La progression de l'ovule du pavillon de la trompe jusqu'à l'utérus se fait sous l'influence des cils vibratiles de la trompe dont les mouvements le dirigent vers la cavité utérine. Quoique la durée de ce parcours soit presque impossible à déterminer, on peut cependant, en réunissant les observations, l'évaluer de deux à dix jours en moyenne (Sims).

Bibliographie. — Négrier : *Rech. anat. et physiol. sur les ovaires dans l'espèce humaine*, etc., 1840. — Brierre de Boismont : *De la menstruation*, etc., 1842. — Bischoff : *Rech. sur la maturation et la chute périodique de l'œuf* (Ann. des sc. nat., 1844). — Raciborski : *De la puberté et de l'âge critique chez la femme*, 1844. — Voss : *De menstruatione*, 1846. — Pouchet : *Théorie positive de l'ovulation spontanée*, etc., 1847. — Hannover : *An essay on menstruation*, 1851. — Ramsbotham : *The final cause of menstruation* (Med. Times, 1852). — Szukits : *Ueber die Menstruation im Oesterreich* (Zeit d. Ges. d. Aerzte zu Wien, 1856). — Clos : *De l'influence de la lune sur la menstruation* (Bull. Acad. de Belg., 1858). — Strohl : *Rech. statistiques sur la relation qui peut exister entre la période de la menstruation et les phases de la lune* (Gaz. méd., 1862). — Hecker : *Ueber den ersten Eintritt der Menstruation* (Klinik d. Geburtsk., 1864). — Kehrer : *Ueber den Pank'schen tubo-ovarialen Randapparat*, etc. (Zeit. für rat. Med., 1863). — Id. : *Ueberwanderung des Eies beim einem Schafe* (Monatssch. für Geburtsk., 1863). — Pflüger : *Ueber die Bedeutung und Ursache der Menstruation* (Unt. aus d. phys. Lab. zu Bonn, 1865). — Hannover : *Les rapports de la menstruation en Danemark*, etc. (Bull. de l'Acad. de Belg., 1869). — Raciborski : *Traité de la menstruation*, 1868. — Krieger : *Die Menstruation*, 1869. — Mayrhofer : *Ueber die gelben Körper und die Ueberwanderung des Eies* (Wien. med. Wochensch., 1876). — De Sinéty : *Un cas d'ovulation malgré l'absence de menstruation* (Gaz. méd., 1877). — Leopold : *Exper. Nachweis der äusseren Ueberwanderung der Eies* (Arch. für Gynäk., 1879). — Parsenow : *Exp. Beiträge zur Ueberwanderung des Eies*, 1879. — Barié : *Étude sur la ménopause*, 1877.

II. — FÉCONDATION.

A. — Du coït.

Pour que les spermatozoïdes aillent féconder l'ovule, il faut que le sperme arrive dans la cavité utérine; c'est là le but du coït. Pour que l'acte du coït puisse s'effectuer, il faut que le pénis du mâle présente une certaine rigidité, soit en état d'érection. L'érection doit donc précéder le coït, et le coït lui-même a pour terme final l'éjaculation.

(1) Cependant Parsenow, sur 25 lapines, n'a pu réussir une seule fois à constater les mêmes résultats.

1° De l'érection.

Chez l'homme, l'érection porte sur les corps caverneux du pénis et sur le corps spongieux de l'urèthre (bulbe et gland). Le pénis acquiert alors un volume 4 à 5 fois plus considérable que le volume habituel ; il est dur, rigide, chaud et présente une courbure qui s'accommode à la courbure du vagin. Cette érection s'accompagne en outre d'une excitabilité beaucoup plus grande de la muqueuse du gland et du prépuce.

Le mécanisme de l'érection est très controversé. Les mailles du tissu caverneux sont gorgées de sang, et cette augmentation de quantité de sang paraît tenir à deux causes : 1° à un afflux sanguin plus considérable par les artères dilatées, 2° à des obstacles au retour du sang veineux ; mais les causes de cette dilatation artérielle et de cette obstruction veineuses sont très obscures.

Pour ce qui concerne la *dilatation artérielle*, certains auteurs (Kölliker) la considèrent comme une *paralysie* vasculaire réflexe analogue à celle qu'on observe dans les cas de rougeur de la face, par exemple ; d'autres auteurs admettent l'intervention de nerfs vaso-dilatateurs, comme les filets de la corde du tympan (voir : *Innervation vaso-motrice*, page 1273). Quoi qu'il en soit, l'épaisseur de la tunique musculaire des artères du tissu érectile permet une dilatation considérable (active ou passive) de ces artères et un afflux sanguin correspondant.

La *diminution de calibre des veines* doit être cherchée dans des dispositions anatomiques variables pour chacune des veines de retour (compression des veines profondes par la transverse du périnée, de la veine dorsale par le muscle de Houston, invariabilité de grandeur des trous de l'albuginée qui ne permettent pas aux veines qui les traversent de se dilater, etc.).

Cependant, si ces deux conditions suffisent pour amener une dilatation du pénis, cette dilatation hyperhémique n'aurait jamais les caractères de l'érection si l'on ne faisait intervenir des actions musculaires ; ces actions musculaires consistent en des contractions rhythmiques des bulbo- et des ischio-caverneux qui refoulent le sang vers les parties antérieures des organes érectiles, et en des contractions des fibres lisses qui occupent les trabécules du tissu érectile ; en résumé, si c'est à l'afflux sanguin que le pénis doit son volume, c'est à la contraction musculaire qu'il doit sa rigidité.

Le centre nerveux de l'érection se trouve dans la moelle lombaire (Goltz). L'excitation partie de ce centre se transmet au tissu érectile par les nerfs sacrés et le plexus hypogastrique ; l'excitation de ces nerfs, nerfs érecteurs, produit en effet l'érection (Eckhard, Loven). D'après Nikolsky, un seul des deux nerfs admis par Eckhard chez le chien, le postérieur, serait érecteur : l'antérieur ne ferait que rétrécir les vaisseaux. Le nerf érecteur est paralysé par l'atropine, excité par la muscarine et l'asphyxie. Nikolsky compare l'action du nerf érecteur à celle du pneumogastrique sur le cœur. On trouve sur son trajet de petits ganglions microscopiques. L'activité du centre érecteur est réflexe et peut être déterminée par des excitations sensitives périphériques (sensations tactiles), par des états psychiques, par l'irritation de certaines parties des centres nerveux (moelle cervicale, pédoncules cérébraux, etc.).

Chez la femme, l'érection a beaucoup moins d'importance que chez l'homme, mais elle n'en existe pas moins chez elle au moment du coït (clitoris et bulbe du vagin), et, d'après Rouget, les organes génitaux internes seraient aussi le siège d'une véritable érection ; l'utérus se redresse et s'élève ; ses faces deviennent plus convexes, ses bords s'arrondissent, son volume augmente, ses parois s'écartent l'une de l'autre et sa cavité s'entr'ouvre pour recevoir le liquide fécondant ; cette ouverture du museau de tanche a pu être constatée directement chez une femme atteinte de chute de matrice au moment de l'orgasme vénérien produit par l'attouchement du col ; en même temps, le bulbe de l'ovaire se gonfle et la contraction des fibres lisses des ligaments larges et de la trompe applique le pavillon sur l'ovaire.

Hofmann.et V. Basch ont constaté chez la chienne (non pleine) que l'excitation des nerfs érecteurs produit l'ascension du col avec contraction de l'utérus, rétrécissement du vagin et dilatation des vaisseaux utérins ; l'excitation des nerfs hypogastriques au contraire déterminerait la descente et le gonflement du col avec constriction des vaisseaux.

2° Du coït.

L'introduction du pénis en état d'érection dans le vagin détermine, par action réflexe, des mouvements du bassin qui ont pour résultat un frottement mécanique du gland et du pénis contre les bords de la vulve et les parois rugueuses du vagin ; ces frottements, en même temps qu'ils augmentent encore l'intensité de l'érection, exaltent peu à peu la sensibilité de ces parties. Quand les sensations voluptueuses ont atteint un certain degré, l'éjaculation se produit.

Chez la femme vierge, l'introduction du pénis dans le vagin détermine la déchirure de l'hymen, déchirure qui s'accompagne ordinairement d'un écoulement de sang.

3° Éjaculation.

Dans l'intervalle du coït, le sperme, sécrété d'une façon continue par le testicule, s'accumule dans les vésicules séminales où il se mêle au produit de sécrétion de ces réservoirs. Quand l'éjaculation a lieu, les canaux déférents et les vésicules séminales se contractent énergiquement et chassent le liquide dans l'urèthre ; puis tous les muscles du périnée, et en particulier les bulbo-caverneux, sont le siège de contractions rhythmiques par lesquelles le sperme, mélangé aux liquides prostatique, des glandes de Cooper, etc., est projeté dans le fond du vagin et peut-être directement dans le col de l'utérus entr'ouvert. Au moment de l'éjaculation, la sensation voluptueuse, qui atteint ses dernières limites, s'accompagne d'un état général de spasme et d'une exaltation physique et psychique de tout l'organisme, état qui se communique à la femme tantôt simultanément, tantôt plus tard, sans cependant qu'il y ait chez elle une éjaculation comparable à celle de l'homme ; il n'y a qu'une excrétion plus active des glandes de Bartholin et des autres glandes génitales (1). Une fois l'éjaculation

(1) Certains auteurs admettent pourtant une véritable éjaculation chez la femme. Cette

terminée, l'érection cesse et une dépression générale fait suite à l'excitation du coït.

Bibliographie. — KOBELT : *De l'appareil du sens génital*, 1851. — ROUGET : *Rech. sur les organes érectiles de la femme* (Journ. de physiol., 1858). — ECKHARD : *Ueber die Erection des Penis* (Königsb. med. Jahrb., 1861). — ID. : *Unt. über die Erection des Penis beim Hunde* (Beitr. zur Anat., 1862). — HENLE : *Ueber den Mechanismus der Erection* (Zeit. für rat. Med., 1863). — LEGROS : *Des tissus érectiles*, 1866. — ECKHARD : *Zur Lehre von dem Bau und der Erection des Penis* (Beitr. zur Anat., 1867). — ROUGET : *Des mouvements érectiles* (Comptes rendus, 1868). — ECKHARD : *Neue Methode zur Aufsuchung der erigirenden Nerven beim Hunde* (Centralbl., 1868). — ECKHARD : *Ueber den Verlauf der Nerven erigentes*, etc. (Eckhard's Beitr., 1873). — ID. : *Die Erection bei Vögeln betreffend* (Centralbl., 1873). — ID. : *Ueber die Erection der Vögel* (Eckhard's Beitr., 1874). — NIKOLSKY : *Quelques remarques sur la physiologie des nerfs érecteurs* (en russe ; anal. dans : Jahresb. für Anat., 1877). — NIKOLSKY : *Ein Beitrag zur Physiol. der Nervi erigentes* (Arch. für Physiol., 1879).

B. — *Fécondation.*

Après l'éjaculation, le sperme se trouve soit dans la cavité du col, soit dans le fond du vagin. Comment arrive-t-il de là jusqu'à l'ovule ? On a rencontré des spermatozoïdes dans tous les points des voies génitales, jusque sur la surface de l'ovaire. Cette progression des spermatozoïdes ne peut être due aux mouvements des cils vibratiles de l'utérus et des trompes, car le mouvement de ces cils est dirigé vers l'extérieur ; elle ne peut être attribuée qu'aux mouvements propres de ces corpuscules qui en amènent un certain nombre jusqu'aux parties supérieures de la trompe. Du reste, il est démontré que la fécondation a pu avoir lieu par du sperme déposé à l'entrée du vagin dans les cas de persistance de l'hymen.

Pour que la fécondation se produise, il faut que les spermatozoïdes viennent se mettre au contact de l'ovule ; mais le lieu précis où se fait ce contact est encore indéterminé. Suivant les uns, ce serait dans l'utérus que se ferait la fécondation (Sims) ; suivant d'autres, dans la trompe, et c'est peut-être ce qui paraît le plus probable, car on rencontre ordinairement des spermatozoïdes dans les réceptacles de la trompe (Henle). Elle peut cependant se faire aussi sur l'ovaire même, comme le prouvent les grossesses abdominales.

La fécondation a plus de chances de se faire dans les jours qui suivent la chute de l'ovule, ce qui n'empêche pas cependant que, dans l'espèce humaine, elle ne puisse avoir lieu dans toute l'étendue de l'intervalle entre deux menstruations successives. D'après Ahlfeld, les spermatozoïdes féconderaient, non l'ovule de la période menstruelle passée, mais celui de la période menstruelle suivante.

Le mécanisme de la fécondation consiste dans une pénétration réelle du spermatozoïde dans l'ovule (Voir page 602 pour le mécanisme de la fécondation). On admet en général que, pour que la fécondation réussisse, un seul spermatozoïde ne suffit pas, il en faut plusieurs ; s'il y en a trop

éjaculation tient alors à une excrétion abondante et sous forte pression de la glande de Bartholin. D'après Arm. Desprès, les glandes du col sécréteraient aussi à ce moment un liquide analogue au liquide prostatique.

peu, l'ovule avorterait et son développement ne se ferait pas (Newport); cependant des expériences récentes semblent prouver, dans la plupart des cas du moins, l'intervention d'un seul spermatozoïde (Voir page 605). Les phénomènes qui se passent après la pénétration du spermatozoïde dans l'ovule ont été déjà décrits page 604.

Les spermatozoïdes sont les seuls agents essentiels de la fécondation; le sperme ne fait que leur servir de véhicule. Le sperme dépourvu de spermatozoïdes est infécond, et son pouvoir fécondant est en rapport avec le nombre de spermatozoïdes qu'il contient (Spallanzani). Quand les spermatozoïdes ont perdu leurs mouvements, ils perdent en même temps leur pouvoir fécondant.

Habituellement il n'y a qu'un seul ovule mis en liberté à chaque période menstruelle; aussi n'y a-t-il, dans la généralité des cas, qu'un seul ovule de fécondé. Cependant il peut y avoir deux ou plusieurs ovules mis en liberté et fécondés au lieu d'un (fécondations gémellaires, triples, etc). Les jumeaux peuvent provenir de deux ovules distincts ou d'un seul ovule contenant deux vitellus. On observe en moyenne une fécondation double ou gémellaire sur 87 cas de fécondation simple, une fécondation triple (3 ovules) sur 7,600 cas, une fécondation quadruple (4 ovules) sur 330,000 cas, une fécondation quintuple (5 ovules) sur 20 millions de cas.

Quand deux ovules provenant d'une même menstruation sont fécondés par deux coïts différents, il y a *superfécondation*; ainsi une blanche qui aurait eu des rapports sexuels avec un nègre et avec un blanc pourrait donner naissance à deux jumeaux, un mulâtre et un blanc; il n'y en a pas d'exemple authentique. La *superfétation* se produirait quand la seconde fécondation a lieu dans une période plus avancée de la grossesse; il faut donc pour cela : 1° que l'ovulation se continue pendant la grossesse, ce qui est un fait exceptionnel; 2° que le sperme puisse pénétrer jusqu'à l'ovule, ce qui ne peut guère se comprendre que dans les cas d'utérus double.

Le *développement de l'ovule après la fécondation* est essentiellement du ressort de l'anatomie; aussi je ne puis que renvoyer au chapitre *Embryologie* des *Nouveaux éléments d'anatomie* de Beaunis et Bouchard (3e édition, page 964). La même remarque s'applique, du reste, au *développement de l'embryon et du fœtus* et à celui des *annexes du fœtus* (développement de l'œuf).

Bibliographie. — BISCHOFF : *Lettre à M. Breschet sur le détachement et la fécondation des œufs humains* (Comptes rendus, 1843). — PANCK : *Entdeckung der organischen Verbindung zwischen Tuba und der Eierstocke*, etc., 1845. — COSTE : *Du lieu où s'opère la fécondation dans l'espèce humaine* (Gaz. méd., 1847). — KUSSMAUL : *Weit. Beitr. zur Lehre von der Ueberwanderung des menschlichen Eies* (Monatssch. für Geburtsk., 1862). — MAURER : *Von der Ueberwandrung des menschlichen Eies*, 1862. — SCHENK : *Das Säugethierei künstlich befruchtet ausserhalb des Mutterthieres* (Mittheil. aus d. embryol. Inst. d. Univ. Wien, 1878). — PLANTEAU : *De la spermatogénèse et de la fécondation*, 1880. — HENNEGUY : *Des phénomènes qui accompagnent la fécondation de l'œuf* (Rev. des sc. méd., t. XVI).

III. — DE LA GROSSESSE.

L'ovule fécondé se développe dans la cavité utérine et séjourne dans cette cavité jusqu'à ce qu'il ait atteint un développement suffisant, c'est-à-dire jusqu'à ce que le fœtus soit *à terme*. La durée de la grossesse, calculée depuis le jour de la fécondation jusqu'au jour de l'expulsion du fœtus, est en moyenne de 275 à 280 jours (9 mois solaires, 10 mois lunaires) (1).

Les modifications que subit l'organisme féminin pendant la grossesse concernent, d'une part, les organes génitaux et en particulier l'utérus; d'autre part, le reste de l'organisme et l'état général de la femme.

Les modifications de l'utérus dans la grossesse sont étudiées dans les traités d'anatomie (Voir : Beaunis et Bouchard, 3ᵉ édit., page 856) et dans les ouvrages d'accouchements, auxquels je renvoie, de même que pour les modifications que subissent les autres organes génitaux et les diverses fonctions de la femme enceinte.

En dehors de ces modifications, le fait physiologique le plus important est la suspension de l'ovulation et de la menstruation pendant la grossesse.

IV. — DE L'ACCOUCHEMENT.

Procédés d'enregistrement des contractions utérines. — 1° *Tocographe de Poullet.* Cet appareil est construit sur le type du *kymographion de Ludwig* (p. 1041). Il se compose d'un tube en U dont les deux branches contiennent du mercure; une des branches communique avec un ballon en caoutchouc qu'on introduit dans la cavité utérine, l'autre branche sert, à l'aide d'un flotteur et d'une tige verticale portant une plume écrivante, à l'enregistrement des contractions utérines. On peut avoir en même temps la pression intra-abdominale par un ballon introduit dans le rectum et qui communique avec un second manomètre. Schatz, en 1872, avait déjà employé un appareil analogue. — 2° *Utéroscope de Polaillon.* — Dans l'appareil de Polaillon, le ballon utérin communique avec une sorte de sphygmoscope (voir p. 1044 et fig. 383) dont l'ampoule est remplacée par une membrane tendue sur un entonnoir en verre ; le sphygmoscope est relié, comme à l'ordinaire, avec un tambour à levier.

Je renvoie aux traités d'obstétrique pour tout ce qui concerne le mécanisme même de l'accouchement, et me contenterai d'étudier ici les contractions utérines.

La cause qui met en jeu les contractions utérines et détermine l'accouchement est encore inconnue. On sait seulement que l'utérus gravide a une très grande excitabilité et, comme le col est très riche en nerfs, il est possible que la dilatation mécanique du col, qui se produit dans les derniers jours de la grossesse, soit la cause déterminante de ces contractions utérines. Cependant, même dans les cas de grossesse extra-utérine, il y a des contractions de l'utérus au moment de l'accouchement.

Ces contractions ont le caractère des contractions des muscles lisses ; elles sont involontaires; elles se font avec une certaine lenteur (106 secondes en moyenne d'après Polaillon), mais présentent une très grande énergie quand elles ont atteint leur *maximum;* elles sont rhythmiques et se reproduisent périodiquement par accès en partant (chez la femme) du fond de l'utérus, comme on peut s'en assurer, par la palpation, au durcissement de l'organe. Elles s'accompagnent de *douleur* qui débute un peu après et se termine un peu avant la contraction elle-même (Polaillon). Dans ces con-

(1) Voici la durée du développement pour les espèces animales dont on se sert le plus habituellement dans les laboratoires de physiologie : poulet, 21 jours ; souris, 21 jours ; lapin, 4 semaines ; rat, 4 semaines ; chat, 8 semaines ; chien, 9 semaines ; porc, 17 semaines ; mouton, 21 semaines ; singes, 30 semaines ; vache, 9 mois ; âne, cheval, 11 mois.

tractions une partie du travail produit se transforme en chaleur, et la température de l'utérus s'élève d'environ 1 demi-degré.

Le centre des contractions utérines se trouve dans la moelle lombaire.
Goltz a pu faire couvrir une chienne dont la moelle avait été complètement
sectionnée à la partie inférieure de la région dorsale ; la fécondation, la
grossesse, le développement fœtal, l'accouchement, l'allaitement s'accom-
plirent chez elle comme chez une chienne intacte, et ce qu'il y eut de plus
remarquable, c'est que tous les instincts maternels existaient chez elle,
malgré la section de la moelle ; les seules voies de communication entre le
centre médullaire lombaire et les centres cérébraux instinctifs ne pouvaient
être que le sang ou le grand sympathique (Goltz, *Archiv für Physiologie*, 1874).
L'excitation du cervelet, de la moelle allongée, du plexus hypogastrique,
des nerfs érecteurs du plexus sacré, l'excitation du mamelon, le sang
chargé d'acide carbonique, l'anémie (compression de l'aorte), certaines
substances (emménagogues, ergot de seigle) déterminent des contractions
utérines ; il en est de même des excitations directes portées sur l'utérus et
surtout sur le col (corps étrangers, actions mécaniques, etc.). L'excitation
des nerfs sensitifs (ischiatique) peut produire aussi, par action réflexe, des
contractions utérines.

L'expulsion du placenta (*délivrance*) se fait par le même mécanisme que
l'expulsion du fœtus.

Pour les phénomènes qui suivent l'accouchement, pour tout ce qui concerne la lactation, voir les traités d'obstétrique.

Quand la femme n'allaite pas, l'ovulation et la menstruation reparaissent, en général, dans la sixième semaine après l'accouchement. Quand la
femme allaite, la menstruation ne se montre qu'à la fin de la période de la
lactation, c'est-à-dire vers le dixième mois.

Des naissances. — En France, on compte une naissance pour 34,81 habitants,
et 100 naissances pour 84 décès.

Les naissances se répartissent de la façon suivante pour les divers mois de l'année (pour 12,000 naissances) :

MOIS de la naissance.	ÉTATS SARDES. 1828-1837.	BELGIQUE. 1840-1849.	HOLLANDE. 1840-1849.	SUÈDE. 1851-1855.	MOIS de la conception.
Janvier.....	1,016	1,065	1,094	1,013	Avril.
Février.....	1,101	1,157	1,155	1,046	Mai.
Mars.......	1,100	1,150	1,128	1,056	Juin.
Avril.......	1,078	1,078	1,016	1,006	Juillet.
Mai........	989	1,002	921	982	Août.
Juin........	895	945	855	960	Septembre.
Juillet......	943	903	848	922	Octobre.
Août.......	944	920	950	912	Novembre.
Septembre..	1,004	956	1,025	1,116	Décembre.
Octobre....	1,010	934	1,000	1,033	Janvier.
Novembre..	984	931	991	975	Février.
Décembre...	936	959	1,017	979	Mars.

Bibliographie. — SPIEGELBERG : *Exper. Unt. über die Nervencentra und die Bewegung des Uterus* (Zeit. für rat. Med., 1857). — CHRISTIE : *On the contractions of the uterus* (Ed.

med. Journ., 1858). — Krüger : *Nonnulla de mechanismo partus normalis*, 1857. — Schreiber : *Ueber die wahre und alleinige Ursache des Eintritts der Geburtswehen im schwangeren Uterus*, 1861. — Koerner : *De nervis uteri*, 1863. — Id. : *Ueber die motorischen Nerven des Uterus* (Centralbl., 1864). — Kehrer : *Beitr. zur vergl. und exper. Geburtskunde*, 1864. — Obernier : *Exp. Unt. über die Nerven des Uterus*, 1865. — Fran-kenhauser : *Die Bewegungsnerven der Gebärmutter* (Jenaisch. Zeitsch., 1865). — Körner : *Anat. und phys. Unt. über die Bewegungsnerven der Gebärmutter* (Stud. d. phys. Inst. zu Breslau, 1863). — Kehrer : *Beitr. zur vergleich. und exper. Geburtskunde*, 1867. — M. Duncan : *On a lower limit to the power exerted in the function of parturition* (Proceed. of the royal Soc. of Ed., 1867). — Haughton : *On the muscular forces employed in parturition* (Proceed. of the roy. Soc., 1870). — Oser et Schlesinger : *Unt. über Uterusbewegungen* (Centralbl., 1871). — Braxton Hicks : *Uterine contractions during pregnancy* (Journ. of anat., 1871). — Schatz : Arch. für Gynäk., 1872. — M. Duncan : *On the efficient powers of parturition* (Proceed. of the royal Soc. of Ed., 1871). — Loewenhardt : *Berechnung der Dauer der Schwangerschaft* (Arch. für Gynäk., 1872). — Oser et Schlesinger : *Exp. Unt. über Uterusbewegungen* (Wien. med. Jahrb., 1872). — Schlesinger : *Ueber Reflexbewegungen des Uterus* (id., 1873). — Id. : *Ueber die Centra der Gefäss und Uterusnerven* (id.). — E. Cyon : *Ueber die Innervation der Gebärmutter* (Arch. de Pflüger, t. VIII). — Goltz et Freusberg : *Ueber den Einfluss des Nervensystems auf die Vorgänge während der Schwangerschaft* (Arch. de Pflüger, t. IX). — Schlesinger : *Ueber die Centra der Gefäss und Uterusnerven* (Wien. med. Jahrb., 1874). — Oser et Schlesinger : *Erklärung* (id.). — Hofmann et v. Basch : *Ueber Bewegungserscheinungen am Cervix uteri* (Wien. med. Jahrb., 1876). — Id. : *Unt. über die Innervation des Uterus* (id., 1877). — Röhrig : *Exper. Unt. über die Physiol. der Uterusbewegung* (Arch. für pat. Anat., t. LXXVI). — M. Maggia : *La causa del parto* (Speriment., 1879). — Poullet : *Mém. sur le tocographe* (Soc. de chirurgie, 1879). — Polaillon : *Rech. sur la physiologie de l'utérus gravide* (Arch. de physiol., 1880).

CHAPITRE V

PHYSIOLOGIE DE L'ORGANISME.

I. — PHYSIOLOGIE DE L'ORGANISME AUX DIFFÉRENTS AGES.

A. — *Physiologie de l'embryon et du fœtus.*

La physiologie de l'embryon et du fœtus se confond en grande partie avec leur développement anatomique, aussi ne puis-je que renvoyer à ce développement pour la plupart des points. C'est en effet le développement qui est le fait dominant de la vie du fœtus, développement des éléments anatomiques, des tissus, des organes, des appareils. D'une façon générale, les phénomènes physiologiques intimes de l'embryon et du fœtus ne se passent pas autrement que chez l'adulte, seulement le fonctionnement spécial des organes et des appareils présente des différences notables ; quelques organes même, tels que l'œil, restent dans l'inactivité la plus complète ; une grande partie de l'organisme n'a qu'une existence rudimentaire.

Dans les premiers temps de la vie embryonnaire, le sang n'existe pas encore ; il n'y a pas de connexions entre l'ovule et l'utérus, et l'ovule se nourrit par simple imbibition aux dépens des matériaux salins et albumineux dont il s'est entouré à son passage dans la trompe ou qu'il trouve sur la surface de la muqueuse utérine ; les villosités du chorion constituent ainsi de véritables organes d'absorption comparables aux radicelles d'une plante. C'est encore de la même façon que se fait la nutrition de l'embryon pendant la première circulation ou circulation de la vésicule ombilicale. Pendant ces deux premiers stades, l'embryon utilise donc : 1° les matériaux de nutrition de la masse vitelline ; 2° les matériaux de nutrition venant de l'extérieur.

Avec l'établissement de la circulation placentaire commence une nouvelle période. Le sang de l'embryon et du fœtus se trouve en rapport dans le placenta avec le sang artériel de la mère ; il n'y a pas, comme on l'a cru autrefois, mélange des deux sangs ; les deux systèmes vasculaires, maternel et fœtal, restent complétement indépendants l'un de l'autre, mais la ténuité des parois vasculaires qui les séparent permet un échange intime entre les deux sangs (1) ; le sang du fœtus acquiert ainsi les qualités nécessaires pour qu'il puisse servir à la formation des tissus et des organes et à leur fonctionnement très rudimentaire pour la plupart d'entre eux. On peut donc considérer le placenta comme un *organe de nutrition* dans lequel le sang fœtal prend l'albumine, la graisse, les sels, etc., en un mot, tous les matériaux qui entrent dans la constitution des tissus. Il n'y a donc chez le fœtus ni digestion proprement dite, ni absorption alimentaire ; il est dans le cas d'un animal auquel on injecterait directement dans le sang les principes nutritifs, tels que les peptones et les sels minéraux. On a bien admis, il est vrai, que dès les premiers temps de la vie fœtale il se produisait des mouvements de déglutition qui introduisaient du liquide amniotique dans le tube digestif, et on trouve en effet des cellules de l'amnios et du *vernix caseosa* dans le méconium ; mais il est peu probable que ces cellules soient l'objet d'une véritable digestion, d'autant plus que les sécrétions du tube alimentaire paraissent dépourvues de pouvoir digestif pendant la vie fœtale.

Le placenta est-il aussi un organe respiratoire et y a-t-il une *respiration placentaire* ? Un premier fait, très important pour résoudre cette question, c'est que le *sang des artères ombilicales et le sang de la veine ont la même coloration*, et cette coloration n'est ni celle du sang artériel ni celle du sang veineux. Quelques auteurs ont cependant trouvé le sang de la veine ombilicale plus clair, mais en tout cas la différence est toujours excessivement faible. C'est qu'en effet les phénomènes d'oxydation chez le fœtus doivent être réduits au minimum. Chez l'adulte, l'introduction d'oxygène et la production d'acide carbonique sont surtout en rapport avec les actions musculaires et nerveuses ; chez le fœtus, le seul muscle qui se contracte, sauf les quelques contractions des membres de la dernière moitié de la grossesse, c'est le cœur, et l'activité nerveuse est réduite aux actions nerveuses organiques, c'est-à-dire que la plus grande partie des centres nerveux reste inactive ; la désassimilation sera donc chez lui à peu près nulle ; aussi la petite quantité d'urée et d'acide urique qu'on trouve dans l'urine fœtale est-elle plus faible que celle que produit le nouveau-né dans les premières heures de son existence, et la faible proportion d'acide carbonique éliminé par l'activité musculaire et nerveuse ne suffit pas pour changer les caractères extérieurs du sang veineux, quoique les analyses exactes des gaz du sang chez le fœtus nous manquent jusqu'à présent. On peut donc affirmer que, pendant la vie fœtale, les oxydations sont presque nulles, par suite, le besoin d'oxygène très peu marqué, et que, par conséquent, la respiration placentaire, dont on ne peut nier absolument l'existence, est tout à fait rudimentaire. Un fait semble cependant en désaccord avec cette assertion, c'est que la température propre du fœtus est supérieure à celle des organes qui l'entourent ; mais il faut remarquer que le fœtus a déjà la température du sang de la mère, qu'il ne peut éprouver de perte de chaleur, ni par rayonnement, ni par évaporation ni par conductibilité, autrement dit que toute la chaleur produite dans l'organisme ne peut se perdre qu'en abaissant la température du sang maternel placentaire ; on

(1) Les substances solides les plus fines (graisse, encre de Chine, etc.) ne passent pas de la mère à l'enfant (Ahlfeld). Les substances solubles au contraire passent facilement. Elles peuvent aussi passer du fœtus à la mère (Savary). En injectant de la strychnine dans le corps du fœtus, la mère (lapine) meurt de convulsions (Gusserow) ; quand, par contre, l'injection est faite dans la poche de l'amnios, l'absorption ne se ferait pas.

comprend alors comment la plus faible production de chaleur dans l'organisme fœtal devra se traduire par une élévation de température.

Au point de vue de la nutrition, les organes qui présentent le plus d'activité chez le fœtus sont le foie et les organes lymphoïdes. Le foie se développe de très bonne heure, et il est très volumineux à la fin du deuxième mois. Dès le troisième mois, la sécrétion biliaire commence ; au cinquième mois, la partie supérieure de l'intestin grêle contient un mucus jaune clair dans lequel les réactions chimiques décèlent la présence de la matière colorante et des acides biliaires. Dans les derniers mois, le gros intestin est rempli d'une matière brune foncée, inodore, légèrement acide, le *méconium*, mélange de bile, de cellules épithéliales de l'intestin et de *vernix caseosa* (lames épidermiques, duvet, graisse), déglutie avec l'eau de l'amnios. Vers le quatrième mois, le foie commence à renfermer de la substance glycogène, qui y devient abondante vers le milieu de la grossesse ; la question de la *glycogénie embryonnaire* a été étudiée page 861. Le foie paraît être aussi en rapport avec la formation des globules rouges. Les organes lymphoïdes (rate, glandes lymphatiques, etc.) jouent le même rôle que chez l'adulte et sont probablement en relation avec la production des globules blancs.

Les excrétions sont très restreintes chez le fœtus, le peu de *méconium* qu'on trouve à la naissance, l'urine et le *vernix caseosa* constituent les seuls produits excrétés pendant la vie fœtale. Suivant quelques auteurs, la sécrétion rénale ne s'établirait régulièrement qu'après la naissance. En tout cas, le rein fonctionne chez le fœtus ; en donnant de l'acide benzoïque à une parturiente, un peu avant l'accouchement, Gusserow a constaté dans l'urine du fœtus et dans l'eau de l'amnios la présence de l'acide hippurique. Il est prouvé du

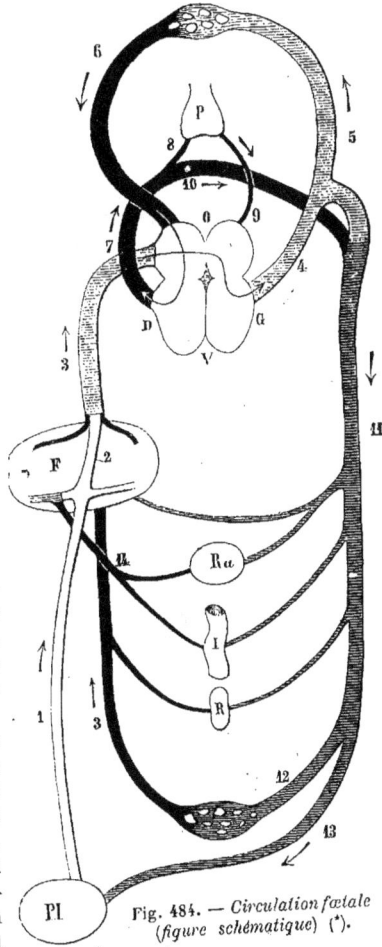

Fig. 484. — *Circulation fœtale (figure schématique)* (*).

(*) O, oreillette. — V, ventricules. — D, cœur droit. — G, cœur gauche. — P, poumons. — Ra, rate. — I, intestin. — R, reins. — Pl, placenta. — F, foie. — 1, veine ombilicale. — 2, canal veineux. — 3, veine cave inférieure. — 4, aorte. — 5, branches aortiques de la tête et des membres supérieurs. — 6, veine cave supérieure. — 7, artère pulmonaire. — 8, ses branches pulmonaires. — 9, veines pulmonaires. — 10, canal artériel. — 11, aorte descendante. — 12, branches pour les extrémités inférieures. — 13, artères ombilicales. — 14, veine porte. La direction des flèches indique la direction du courant sanguin ; la teinte plus ou moins foncée indique la qualité nutritive du sang ; le blanc indique le sang le plus nutritif (artérialisé) ; le noir le sang le moins nutritif (veineux).

reste que l'eau de l'amnios est constituée en partie par l'urine du fœtus.

L'activité nerveuse est à peu près nulle ; les nerfs tactiles sont, parmi les nerfs sensitifs, les seuls qui puissent être excités, et ils ne peuvent éveiller, en tout cas, que des processus psychiques tout à fait rudimentaires. Les mouvements du fœtus qui s'observent dans les derniers mois de la grossesse, sont des mouvements purement réflexes, qui se présentent aussi chez les acéphales.

La *circulation fœtale* placentaire offre des particularités physiologiques importantes qui ont pour base l'absence même de respiration pulmonaire et la disposition anatomique des diverses parties de l'appareil circulatoire, existence du trou de Botal. du canal artériel, du canal veineux, etc. (Voir : Beaunis et Bouchard, *Anatomie*, 3e édition, pages 1015 et suivantes).

La figure 484 représente schématiquement la circulation fœtale placentaire, telle qu'elle a lieu dans les derniers mois.

La circulation placentaire se fait de la façon suivante : le sang revient artérialisé du placenta par la veine ombilicale ; arrivé au foie F, une partie de ce sang passe directement dans la veine cave inférieure par le canal veineux, 2 ; l'autre partie va se distribuer dans le foie par les veines hépatiques afférentes (branches futures de la veine porte) avec le sang que la veine porte, 14, ramène de l'intestin, de la rate, etc. ; ce sang, après avoir traversé le foie, arrive à son tour dans la veine cave inférieure, qui reçoit encore le sang veineux revenant des extrémités inférieures et des reins.

Ce sang, contenu dans la veine cave inférieure, 3, au-dessus du foie, est donc déjà du sang mélangé. Ce sang arrive dans l'oreillette droite et est dirigé immédiate-

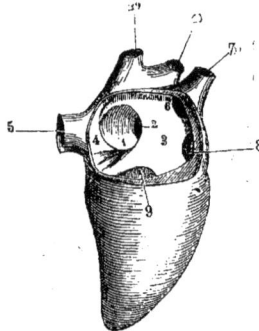

Fig. 485. — *Oreillette droite* (*).   Fig. 486. — *Oreillette gauche* (**).

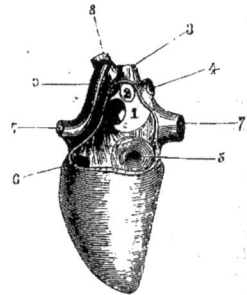

ment par la valvule d'Eustache (fig. 485, 4) dans le trou de Botal (fig. 485 et 486) et dans l'oreillette gauche ; là il se mélange encore au sang veineux qui revient par les veines pulmonaires (fig. 484, 9). De là, ce sang passe dans le ventricule gauche et du

(*) L'oreillette droite est ouverte par sa partie externe et postérieure. — 1, valvule du trou de Botal. — 2, ouverture du trou de Botal conduisant dans l'oreillette gauche. — 3, paroi interne de l'oreillette droite antérieure au trou de Botal. — 4, valvule d'Eustache. — 5, veine cave inférieure. — 6, ouverture de — 7, la veine cave supérieure conduisant dans l'auricule droite. — 9, ouverture conduisant dans le ventricule droit. — 10, veines pulmonaires.

(**) L'oreillette gauche est ouverte par sa partie postérieure et externe : l'embouchure des veines pulmonaires gauches est enlevée. — 1, paroi de l'oreillette antérieure au trou de Botal. — 2, ouverture de la veine pulmonaire antérieure droite, 3. — 4, veine pulmonaire postérieure droite. — 5, orifice auriculo-ventriculaire. — 6, ouverture conduisant dans l'auricule. — 7, veine cave inférieure. — 8, veine cave supérieure. — 9, artères pulmonaires.

ventricule gauche dans l'aorte, 4, qui l'envoie dans la tête et dans les extrémités supérieures. Au-dessous de l'origine des artères destinées à ces parties, le sang de l'aorte subit un nouveau mélange par l'addition du sang qui arrive par le canal artériel, 10.

Après avoir nourri la tête et les extrémités supérieures, le sang revient par la veine cave supérieure, 6, dans l'oreillette droite, de l'oreillette droite dans le ventricule droit et de celui-ci dans l'artère pulmonaire, 7. Les poumons ne fonctionnant pas chez le fœtus, une très petite quantité de sang passe dans les poumons par les branches de l'artère pulmonaire, 8, pour revenir ensuite par les veines pulmonaires, 9, dans l'oreillette gauche ; la plus grande partie passe dans le canal artériel, 10, et va se mélanger au sang contenu dans l'aorte descendante. Ce sang très mélangé se distribue avec l'aorte descendante et va nourrir les extrémités inférieures pour revenir à l'état de sang veineux par la veine cave inférieure ; mais la plus grande partie retourne au placenta par les artères ombilicales pour s'y charger de matériaux nutritifs au contact du sang de la mère.

On voit que les différents organes du fœtus reçoivent un sang qui présente des qualités différentes, suivant les points que l'on considère. Au point de vue de la qualité du sang qu'ils reçoivent, on peut les classer en quatre catégories : 1° le foie ; 2° le cœur, la tête et les extrémités supérieures ; 3° les extrémités inférieures, le tronc et les organes abdominaux ; 4° les poumons.

Le foie reçoit le sang le moins mélangé ; en effet, il reçoit le sang venant directement du placenta, et de plus le sang veineux de l'intestin, de la rate, du pancréas et le sang de l'artère hépatique qui est déjà très mélangé ; mais le sang pur domine dans sa circulation ; le foie se trouve donc en réalité, vis-à-vis des matériaux de nutrition, dans les mêmes relations chez le fœtus qu'après la naissance ; seulement, après la naissance, ces matériaux de nutrition sont absorbés dans l'intestin et lui arrivent par la veine porte. Chez le fœtus, ils sont absorbés dans le placenta et lui arrivent par la veine ombilicale.

La circulation placentaire se distingue donc de la circulation ordinaire par l'absence de petite circulation et par la communication des cœurs droit et gauche. Les quatre cavités du cœur sont utilisées pour la circulation générale ; aussi la tension doit-elle être la même dans le cœur droit et dans le cœur gauche et ne trouve-t-on pas, pendant la vie fœtale, l'inégalité d'épaisseur des parois des deux ventricules, inégalité qui s'accentue rapidement dès que la circulation pulmonaire s'établit. Chez le fœtus à terme, le cœur fait en moyenne 140 pulsations par minute ; ses pulsations sont plus fréquentes chez les fœtus du sexe féminin, et on peut jusqu'à un certain point présumer le sexe du fœtus d'après le nombre des pulsations : si elles dépassent 145, le fœtus est probablement du sexe féminin, il serait du sexe masculin quand elles sont au-dessous de 135 (Dauzats).

Le corps du fœtus à terme contient relativement beaucoup plus d'eau que le corps de l'adulte (fœtus, 74 0/0 d'eau ; adulte 58,5 0/0), et cette proportion relative d'eau est d'autant plus considérable que le fœtus est moins âgé.

La survie de l'embryon et du fœtus et leur résistance vitale est plus considérable que celle de l'adulte. Ainsi les battements du cœur peuvent persister beaucoup plus longtemps après l'ouverture du thorax.

Pour un certain nombre de faits concernant la constitution chimique de l'embryon et du fœtus, voir l'Appendice, titre II.

Bibliographie. — GRYNFELDT : *Rech. sur la nutrition du fœtus* (Rev. méd., 1845). — GUTHERZ : *Die Respiration und Ernährung im Fœtalleben*, 1849. — CL. BERNARD : *De la présence du sucre dans l'urine du fœtus*, etc. (Gaz. méd., 1851). — SCHLOSSBERGER : *Beitr. zur chemischen Kenntniss des Fœtuslebens*, 1856. — BAUMGARTNER : *Der Athmungsprocess im Ei*, 1861. — SCHULTZE : *Die Placentarrespiration des Fœtus* (Jenaische Zeit., 1868). —

Bischoff : *Ueber die Lebenszähigkeit des Fœtus der Warmblüter* (Arch. de Pflüger, t. XV).
— Högyes : *Beitr. zur Lebenszähigkeit des Säugethierfœtus* (Arch. de Pflüger, t. XV). —
E. Pflüger : *Die Lebenszähigkeit des menschlichen Fœtus* (id., t. XIV). — Gusserow : *Zur
Lehre vom Stoffaustauch zwischen Mutter und Frucht* (Arch. für Gynäk., 1878). — Da-
reste : *Rech. sur la suspension des phénomènes de la vie dans l'embryon de la poule*
(Comptes rendus, 1878). — Fehling : *Beitr. zur Physiol. des placentaren Stoffverkehrs*
(Arch. für Gynäk., 1878). — Dauzats : *Rech. sur la fréquence des battements du cœur du
fœtus* (Arch. de tocol., 1879). — Runge : *Ueber den Einfluss einiger Veränderungen des
mütterlichen Bluts und Kreislaufs auf den fœtalen Organismus* (Arch. für exp. Pat., 1879).
— Fehling : *Ueber die physiol. Bedeutung des Fruchtwassers* (Arch. für Gynäk., 1879).
— Maggiorani : *Ueber den Einfluss des Magnetismus auf das befruchtete Ei* (Allg. Wien.
med. Zeit., 1879). — Rawitz : *Ueber die Lebenszähigkeit des Embryos* (Arch. für Physiol.,
1879).

B. — *Physiologie de l'organisme de la naissance à la mort.*

1° Physiologie du nouveau-né.

À la naissance, les conditions d'existence du fœtus sont complètement et subitement changées, et il s'ensuit dans la circulation des modifications capitales qui
mènent à l'établissement de la circulation pulmonaire. Toute communication est
interrompue avec le placenta et, par suite, il survient une oblitération des artères
ombilicales et de la veine ombilicale jusqu'à l'abouchement de la veine porte et du
canal veineux. En même temps, les poumons, en se dilatant pour la première
inspiration, sont le siège d'un afflux sanguin considérable ; le courant sanguin de
l'artère pulmonaire, qui passait presque en entier par le canal artériel dans
l'aorte, est détourné vers les poumons ; le sang passe de moins en moins dans le
canal artériel qui se rétrécit, puis s'oblitère au deuxième ou au troisième jour. Le
sang revient en masse des poumons par les veines pulmonaires qui se dilatent : le
courant sanguin des veines pulmonaires remplit alors l'oreillette gauche et s'oppose à ce que le courant provenant de la veine cave inférieure pénètre dans cette
oreillette par le trou de Botal ; ce trou s'oblitère à son tour dès qu'il ne donne plus
passage au sang, et ainsi s'établit la circulation pulmonaire définitive.

La cause de la première inspiration a été très controversée. On a vu, dans la
physiologie de la moelle allongée (voir page 1300) quelles sont les conditions qui
excitent l'activité du centre inspirateur ; ces conditions (sang chargé d'acide carbonique, excitations sensitives cutanées, etc.) ne se rencontrent pas pendant la
vie fœtale ; on a, en effet, pendant toute cette période, les conditions favorables à
l'apnée, le sang du fœtus étant très oxygéné ; dès que l'interruption de la circulation placentaire a lieu, l'acide carbonique produit dans les contractions du cœur
ne trouvant plus dans le placenta maternel une voie d'élimination, s'accumule
rapidement dans le sang et va exciter le centre inspirateur ; à cette influence du
sang chargé d'acide carbonique s'ajoute l'action excitante de l'air extérieur et du
froid sur la peau habituée à la température uniforme et au contact de l'eau de
l'amnios. Le nombre des respirations est d'environ 44 par minute, le nombre des
pulsations cardiaques est de 130. La température du rectum est de 37°,8 ; mais
elle baisse dans les premières heures de 1° à 1,5, pour remonter ensuite à 37°,5.
Le foie a une circulation moins active, il est moins foncé ; la quantité de bile qu'il
sécrète augmente, et cette augmentation produit l'*ictère des nouveau-nés*. L'urine et
des reins contiennent des cylindres constitués par des cellules épithéliales et des
urates d'ammoniaque. La quantité d'urine contenue dans la vessie à la naissance
est d'environ 8 à 10 centimètres cubes ; la quantité d'urine émise en vingt-quatre
heures est de 50 à 60 grammes. Les glandes mammaires sécrètent souvent un

liquide lactescent. Quelques heures après la naissance, la faim se fait sentir et détermine de l'agitation, des cris et des mouvements de succion ; la vie se partage entre le sommeil et la lactation. Les centres moteurs corticaux sont inactifs ; l'excitabilité des nerfs sensitifs est diminuée ; l'action d'arrêt du pneumogastrique sur le cœur s'obtient plus difficilement chez les animaux nouveau-nés. Ils présentent aussi une résistance plus grande à l'asphyxie, et les propriétés des tissus persistent plus longtemps chez les nouveau-nés que chez l'adulte.

Le nouveau-né diminue de poids pendant les deux ou trois premiers jours et ne regagne qu'au bout de cinq à six jours le poids qu'il avait au moment de la naissance.

2° Première enfance.

La première enfance s'étend depuis les premiers jours de la naissance jusqu'à l'éruption des premières dents de lait, c'est-à-dire jusqu'à sept à huit mois environ. Pendant cette période, la vie est presque exclusivement végétative ; l'alimentation journalière représente le cinquième ou le sixième du poids du corps ; la respiration, la digestion, l'absorption alimentaire sont plus actives relativement que chez l'adulte, et il en est de même pendant toute la période infantile ; le système lymphatique prédomine ; le sang contient plus de globules blancs et moins de globules rouges ; les organes lymphoïdes, la rate, le thymus, les glandes lymphatiques sont très développés ; les selles sont jaune clair, demi-liquides, peu odorantes et contiennent de la bile inaltérée, beaucoup de graisse et de la caséine coagulée. L'urine est émise fréquemment, jusqu'à 10 et 12 fois et plus par jour. Sa quantité en vingt-quatre heures est, à la fin de la première semaine, de 100 à 200 grammes (avec 0^{gr},25 d'urée) ; au milieu de la période de l'allaitement, de 300 à 400 grammes ; à la fin de 700 à 800 grammes. La proportion d'urée atteint 1^{gr},9 à la fin de la septième semaine, 6^{gr},6 au cinquième mois. L'accroissement des organes et des tissus est considérable ; la taille augmente de 30 centimètres dans la première année, et à la fin le poids du corps a triplé. Le système musculaire prend de la force et les mouvements volontaires se montrent peu à peu ; au septième mois, l'enfant tient la tête et le corps droits et cherche à saisir les corps à sa portée ; son activité psychique s'éveille ; au troisième mois, il commence déjà à distinguer les objets extérieurs et à en apprécier la situation et la direction ; il les fixe, il les suit des yeux ; les mouvements d'expression, rire, gesticulation, se dessinent ; à cinq mois, il reconnaît les personnes qui l'entourent et témoigne déjà par ses gestes l'amour ou l'aversion qu'elles lui inspirent.

3° Seconde enfance.

La seconde enfance s'étend depuis la première dentition jusqu'au commencement de la dentition permanente, c'est-à-dire jusqu'à sept ans environ. Le nombre des respirations et des pulsations cardiaques diminue peu à peu ; à deux ans, il y a 111 pulsations par minute, à trois ans 108, à cinq ans 103. On compte, à deux ans, 28 respirations par minute ; à cinq ans, 26 environ. La capacité vitale est de 400 à 500 centimètres cubes à quatre ans, de 900 de cinq ans à sept ans. La quantité d'urine par jour est de 800 à 900 grammes. A quatre ans, l'enfant excrète environ 15 grammes d'urée en vingt-quatre heures. Au début de la deuxième année, l'enfant commence à marcher, et graduellement les mouvements volontaires deviennent mieux coordonnés et plus précis ; bientôt il parle (Voir: pages 610 et 619) et la parole suit pas à pas le développement de l'intelligence. Le sommeil est moins prolongé que dans la période précédente, mais il est presque aussi impérieux. A un an, l'enfant dort plus qu'il ne veille; de cinq à six ans, il dort encore de neuf à dix heures. La voix est grêle, aiguë, féminine, et à six ans atteint environ une octave.

4° Jeunesse.

La jeunesse s'étend depuis le début de la deuxième dentition jusqu'à la puberté. Les organes transitoires (dents de lait, thymus) disparaissent, l'organisme se rapproche peu à peu de son développement complet, et ce développement porte sur tous les appareils, osseux, dentaire, musculaire, circulatoire, etc. Le poids du corps augmente annuellement de $2^k,25$ (garçons) et $2^k,75$ (filles) depuis huit ans jusqu'à douze, et de $5^k,5$ (garçons) et $3^k,75$ (filles) de douze ans jusqu'à dix-sept; la taille s'accroît de 5 centimètres par an chez les garçons et de 4 chez les filles. Le nombre des pulsations cardiaques est de 91 à dix ans, de 82 à quinze ans. La capacité vitale est de 1 700 centimètres cubes de onze à douze ans, de 2 500 centimètres cubes à quatorze ans. La proportion d'urée en vingt-quatre heures est de 18 grammes à huit ans, de 21 grammes à onze ans. L'intelligence participe au développement des autres fonctions, et les notions acquises à cette époque se fixent avec une très grande facilité dans la mémoire; quoique les organes génitaux ne soient pas encore dans leur période d'évolution, les caractères psychiques distinctifs des sexes s'accusent déjà d'une façon très nette dans les jeux et les occupations de la jeunesse.

5° Adolescence.

L'établissement de la puberté marque la limite entre la jeunesse et l'adolescence. L'évolution rapide des organes génitaux modifie profondément toute la constitution ; le système pileux se développe ; la voix prend des caractères particuliers ; la sécrétion sébacée augmente ; la graisse du corps diminue ; la taille prend souvent un accroissement brusque ; la capacité vitale s'accroît très vite, en un mot toutes les parties du corps se hâtent, pour ainsi dire, de suivre le développement des organes génitaux et d'atteindre leur maximum de puissance et de virilité. Jusqu'ici, la vie n'avait qu'un but, le but de la conservation individuelle ; un nouveau but apparaît alors, la conservation de l'espèce, et le besoin instinctif par lequel il se révèle modifie profondément l'activité psychique de l'adolescent. Des sentiments, des désirs, des émotions, des idées nouvelles occupent et dominent l'intelligence.

6° Age viril.

Jusqu'ici l'assimilation l'avait emporté sur la désassimilation ; le corps s'accroissait continuellement. Maintenant il n'en est plus de même ; la croissance s'arrête; l'assimilation l'emporte encore sur la désassimilation, mais l'excès de matériaux nutritifs introduits ne sert plus comme auparavant à l'accroissement de l'individu, il sert à l'accroissement de l'espèce ; il est destiné à fournir les matériaux de la reproduction qui serviront à constituer de nouveaux êtres. L'âge viril comprendra donc la période de virilité de l'homme, période qui peut s'étendre depuis vingt-deux jusqu'à soixante ans. Mais dans cette longue période il convient de distinguer plusieurs stades : un stade d'augment, dans lequel toutes les fonctions principales montrent un accroissement d'énergie et de vigueur, un point culminant, de trente-cinq à quarante-cinq ans environ, dans lequel l'organisme se maintient dans le *statu quo*, à son maximum de développement physique et intellectuel, enfin un stade de décroissance dans lequel la plupart des fonctions marchent plus ou moins vite vers la vieillesse. L'homme conserve pendant toute cette période, et même au delà, le pouvoir reproducteur, mais il n'en est pas de même pour la femme, chez laquelle la période de l'âge mûr se trouve séparée en deux parties par la ménopause (âge critique, âge de retour).

7° Vieillesse.

Il est difficile de préciser le moment où l'âge mûr se termine pour faire place à la vieillesse; c'est qu'en effet le déclin est déjà commencé depuis longtemps; il ne fait que s'accélérer, et cette accélération peut être plus ou moins tardive, plus ou moins rapide; mais il est rare, sauf certains cas exceptionnels, qu'elle se produise brusquement et que l'homme fait devienne un vieillard d'un moment à l'autre. Les causes de ce déclin ont été étudiées ailleurs (page 336), il suffira ici de tracer un tableau rapide des principales fonctions chez le vieillard. Le sang est plus pauvre en principes fixes, en globules et en albumine, plus riche en cholestérine; la respiration est moins active; la capacité vitale diminue; la température du corps est un peu augmentée, quoique le vieillard soit plus sensible au froid ; tous les phénomènes digestifs sont plus lents, plus difficiles; la circulation n'est plus parfaite; les artères ossifiées, les veines dilatées, répartissent le sang d'une façon inégale et amènent des troubles dans le fonctionnement de la plupart des organes; les dents se déchaussent et se perdent : les cartilages s'ossifient; la peau se ride, devient sèche et dure, et la respiration cutanée s'accomplit incomplètement; les cheveux blanchissent et tombent; la taille et le poids du corps diminuent; la maigreur se prononce de plus en plus. Les mouvements musculaires ont perdu leur énergie et leur précision; la tête et les mains tremblent; la marche est moins assurée; le rachis s'incurve; le larynx s'ossifie, les cordes vocales perdent leur élasticité; la voix devient cassée et chevrotante; la contractilité des fibres lisses des différents appareils organiques se perd peu à peu ; la miction est difficile; les digestions laborieuses, la défécation pénible. La sensibilité s'émousse; l'œil devient presbyte, hypermétrope; la latitude d'accommodation se réduit peu à peu à zéro; les milieux transparents se troublent (arc sénile); l'oreille est dure; le toucher moins délicat; les facultés intellectuelles s'affaiblissent ; la mémoire se perd, etc., et ce déclin, s'accentuant toujours de plus en plus, amène la caducité et la décrépitude, si quelque affection intercurrente ne vient pas, ce qui arrive ordinairement, terminer l'existence. Les conditions histologiques de cette rétrogradation fonctionnelle de la vieillesse paraissent être la diminution de la quantité d'eau et la dégénérescence graisseuse de la plupart des éléments anatomiques, l'infiltration calcaire de certains tissus et en résumé une atrophie générale.

II. — DES SEXES.

1° Influence de la sexualité sur l'organisme.

La sexualité influence toutes les fonctions de l'organisme comme le prouvent les modifications profondes qui se produisent à la puberté et à l'âge de retour, et comme le démontrent aussi les résultats de la castration. Chez l'enfant ces modifications sont peu prononcées, quoiqu'on en trouve déjà des traces, mais ce n'est qu'à la puberté que s'accusent les différences sexuelles. Nous allons passer rapidement en revue les principaux caractères qui distinguent, au point de vue physiologique, l'organisme féminin de celui de l'homme.

La taille de la femme est moins élevée (de 7 à 8 centimètres) que celle de l'homme. Jusqu'à douze ans, l'accroissement de la taille suit à peu près la même marche dans les deux sexes ; à partir de cette époque, la taille s'accroît plus vite chez la femme, mais elle atteint aussi plus tôt son point culminant ; il en est de même, du reste, pour la plupart des fonctions de la femme ; elles se développent plus vite, mais leur rétrogradation est précoce. Le poids de la femme est moins considérable (de 9 kil. environ), elle arrive aussi plus tard (cinquante ans) au maximum de son poids. Le sang contiendrait moins de globules et de principes fixes et serait plus riche en eau, mais ces faits méritent confirmation. L'appareil digestif est moins développé, la quantité d'aliments ingérés, et surtout d'aliments d'origine animale, moins considérable. La capacité vitale est plus faible (2,500 centimètres cubes) ; la proportion du carbone brûlé est moindre, et cette différence est plus accentuée encore après la puberté ; la perspiration cutanée est moins intense que chez l'homme ; la respiration est plus fréquente ; il en est de même des battements du cœur, comme le montre le tableau suivant emprunté à Guy :

AGE.	FRÉQUENCE DU POULS.		AGE.	FRÉQUENCE DU POULS.	
	HOMME.	FEMME.		HOMME.	FEMME.
2 à 7 ans......	97	98	42 à 49 ans.....	70	77
8 à 14 —	84	94	49 à 56 —	67	76
14 à 21 —	76	82	56 à 63 —	68	77
21 à 28 —	73	80	63 à 70 —	70	78
28 à 35 —	70	78	70 à 77 —	67	81
35 à 42 —	68	78	77 à 84 —	71	82

La respiration se fait surtout d'après le type costal ou costo-claviculaire. La voix est plus haute, moins intense, d'un timbre plus doux. Le squelette est moins développé ; celui de l'homme forme 10 p. 100 du poids du corps, celui de la femme 8 p. 100 seulement ; les os sont plus grêles, les saillies d'insertion, les crêtes et les dépressions moins marquées ; certains os en particulier et certaines régions (crâne, bassin, etc.) présentent des caractères distinctifs décrits dans les traités d'anatomie ; les articulations sont plus fines, les ligaments et les tendons plus grêles, les muscles moins volumineux ; la force musculaire, mesurée au dynamomètre, est d'un tiers à peu près au-dessous de celle de l'homme. La forme générale du corps, l'attitude, la marche, etc., sont différentes ; la graisse accumulée dans le tissu cellulaire sous-cutané masque les saillies musculaires déjà peu prononcées par elles-mêmes et arrondit les formes ; la ligne serpentine domine chez la femme, ce qui constitue une des conditions de sa beauté (Hogarth): la petitesse de la tête, la délicatesse des traits du visage dont la barbe ne masque aucun détail, la rondeur et la longueur du col, le développement des seins, la déclivité des épaules, la largeur du bassin, la conicité des cuisses, la finesse des extrémités, contrastent avec l'aspect physique de l'homme. Le cerveau est plus petit et moins pesant que celui de l'homme, et ses parties postérieures sont plus développées ; le système nerveux est plus excitable, la sensibilité physique plus vive, les actions réflexes plus intenses.

A ces différences physiques correspondent des différences dans l'intelligence, la sensibilité, le caractère. L'intelligence a plus de vivacité et moins de profondeur, les associations d'idées se font plutôt dans l'espace que dans le temps, par conti-

guité que par causalité ; la femme est plus apte aux idées particulières et individuelles, l'homme à la généralisation et à l'abstraction ; le côté objectif domine
chez la femme, le côté subjectif chez l'homme ; elle est plus passive, l'homme plus
actif ; l'influence de l'éducation première persiste plus longtemps chez elle ; elle
aime le merveilleux et le surnaturel et tombe facilement dans le sentimentalisme,
la religiosité et la superstition ; le doute l'effraye, quelque scientifique qu'il soit,
et elle préfère croire sans vouloir approfondir ni raisonner sa croyance. L'amour,
la maternité, la famille remplissent son existence, et son dévouement, susceptible
de s'exalter jusqu'à l'héroïsme, a plutôt en vue les personnes que les idées. Son
caractère est faible ; elle ne connaît ni l'inflexibilité des principes, ni la puissance
de la raison ; elle se guide d'après ses sentiments, ses passions, ses émotions de
chaque jour ; mais elle est naturellement si bien douée que la raison seule ne
serait pas pour elle un meilleur guide, et que l'homme avec toute sa logique est
bien souvent obligé de s'incliner devant ce merveilleux instinct de la femme.

2º Causes de la différence des sexes.

Il naît en moyenne 106 enfants mâles pour 100 enfants du sexe féminin. Les
conditions qui déterminent le sexe du produit ne sont pas encore connues. On ne
sait ni pourquoi ni à quel moment la sexualité apparaît. Existe-t-elle déjà dans
l'ovule avant la fécondation, quoique le microscope ne révèle aucune différence,
ou est-elle due aux spermatozoïdes, ou bien est-elle postérieure à la fécondation
et tient-elle à la mère elle-même? Il est impossible de répondre à ces questions.

L'alimentation paraît avoir de l'influence sur le sexe. Une nourriture insuffisante
produirait des mâles ; dans les deux tiers des grossesses doubles, les jumeaux
sont mâles. Le nombre des naissances de garçons serait plus grand dans les pays
pauvres que dans les pays riches et dans les villes.

La constitution des parents pourrait aussi, d'après plusieurs auteurs, déterminer
le sexe du parent le plus fortement constitué. L'âge des parents semble aussi avoir
une certaine influence. D'après Hofacker, quand le père est plus âgé que la mère,
il y a plus de garçons que de filles ; quand les âges sont égaux, il y a moins de
garçons que de filles ; quand la mère est plus âgée, il y a beaucoup plus de filles.
Beaucoup de statistiques ne s'accordent pas avec ces lois.

D'après Thury, le sexe dépendrait du degré de maturité de l'œuf au moment où
il est fécondé ; l'œuf qui, au moment de la fécondation, n'a pas atteint un certain
degré de maturité, donne une femelle ; si ce degré est dépassé, il donne un mâle.
Quand un seul ovule descend de l'ovaire, la fécondation donne une femelle au
début de la menstruation, un mâle à la fin. Quand, dans une même période, plusieurs œufs se détachent de l'ovaire, les premiers sont en général moins développés et donnent des femelles ; les derniers sont plus mûrs et donnent des mâles.
On pourrait ainsi obtenir une génisse en faisant saillir une vache au début du rut,
un veau en la faisant saillir à la fin. Cornaz, en suivant ces indications, dit avoir
toujours obtenu des résultats exacts. Mais ces observations ont été combattues par
beaucoup d'expérimentateurs.

Enfin le sang joue peut-être un rôle dans la sexualité. Dans les cas de fœtus
acardiaques dont le sang vient d'un fœtus jumeau, dont les vaisseaux communiquent avec les siens, le fœtus acardiaque a le même sexe que le fœtus sain ; dans
ce cas, le sang déterminerait le sexe et les deux fœtus auraient le même sexe parce
qu'ils auraient le même sang. Presque toujours les jumeaux ont le même sexe
quand ils ont un seul chorion et que leurs vaisseaux placentaires communiquent ;
les jumeaux à placenta séparé sont souvent de sexe différent.

Bibliographie. — H. Ploss : *Ueber die Geschlechtsverhältnisse der Kinder bedingenden Ursachen* (Monatsb. für Geburtsk., 1858). — Preussner : *Ueber die geschlechtbestimmenden Ursachen*, 1860. — Nasse : *Ueber den Einfluss des Alters der Eltern auf das Geschlecht der Früchte* (Arch. für wiss. Heilk., 1858). — Id. : *Beob*, etc. (id., 1860). — Breslau : *Zur Frage über die Ursachen des Geschlechtsverhältnisses*, etc. (N. Zeit. für Hygiene, 1860). — Ploss : *Ein Blick auf die neuesten Beiträge zur Frage über das Sexualverhältniss der Neugeborenen* (Monatsch. für Geburtsk., 1861). — Breslau : *Eine Replik*, etc. (id.). — Martegoute : *Reproduction des sexes à volonté* (Journ. des conn. méd. 1861). — Hampe : *Statist. Beitr. zur Frequenz der Gebarten*, etc. (Deut. Klinik., 1862). — Breslau : *Beitr. zur Würdigung des Hofacker-Sadler'schen Gesetzes*, etc. (Monatssch. für Geburtsk., 1863). — Id. : *Zweiter Beitr.*, etc. (id.). — Boudin : *De l'influence de l'âge des parents sur le sexe des enfants* (Bull. de la Soc. d'anthrop., 1863). — Id. : *id.* (Comptes rendus, t. LVI). — Pappenheim : *De l'influence de l'âge respectif des époux sur le sexe des enfants* (id.). — Thury : *Mém. sur la loi de production des sexes*, etc., 1863. — Pagenstecher : *Ueber das Gesetz der Erzeugung der Geschlechter* (Zeit. für wiss. Zool., 1863). — Rayer : *Sur le Mém. de M. Thury* (Comptes rendus, t. LVII). — Coste : *Production des sexes* (Comptes rendus, 1864). — Flourens : *id.* (id.). — Pagenstecher : *Ueber das Gesetz der Erzeugung der Geschlechter*, etc. (Verhandl. d. nat. hist. med. Ver. zu Heidelberg, 1864). — Thury : *Expér. sur l'origine des sexes* (Bibl. univ. de Gen., 1865). — Coste : *Sur la production des sexes* (Comptes rendus, t. LX). — Lardant : *Mém. sur la production des sexes* (id., t. LXIV). — Whitaker : *On the origin of sexe* (Med. Record, 1875). — Maybofer : *Gegen die Hypothese die menschlichen Eierstöcke enthielten männliche und weibliche Eier* (Arch. für Gynäk., 1876). — Ahlfeld : *Beitr. zur Lehre von den Zwillingen* (id.). — E. Bidder : *Ueber den Einfluss des Alters der Mutters auf das Geschlecht des Kindes* (Zeit. für Geburtsh., 1878).

III. — DE LA MORT.

Lorsqu'on détache une partie du corps du reste de l'organisme, cette partie n'en continue pas moins à vivre pendant un certain temps ; ainsi une jambe coupée conserve encore pendant un temps plus ou moins long l'excitabilité de ses nerfs, la contractilité musculaire, les propriétés vitales de son épiderme, etc. L'interruption de la circulation, la séparation d'avec les centres nerveux n'abolissent donc pas *immédiatement* la vie des éléments, des tissus et des organes ; seulement ils sont fatalement condamnés à mourir au bout d'un temps déterminé, quand ils auront épuisé les matériaux indispensables à la manifestation de l'activité vitale qu'ils possédaient encore au moment de la séparation. Au moment de la mort, l'organisme humain se trouve tout entier dans le cas de cette jambe coupée ; la respiration est arrêtée, le sang ne circule plus, mais chaque organe continue encore à vivre, et la durée de cette vie locale, *post mortem*, varie pour chaque organe suivant sa structure, sa composition chimique, ses rapports, etc. Il faut donc distinguer la *mort générale somatique*, de la *mort locale* ou *moléculaire*. La première suit immédiatement l'arrêt de la circulation et de la respiration, la seconde ne leur succède qu'au bout d'un certain temps, et ce n'est que dans des circonstances exceptionnelles, comme dans la fulguration, que la mort somatique coïncide avec la mort moléculaire et que les éléments et les tissus sont atteints en même temps que les grandes fonctions de l'organisme.

Pour qu'un élément ou qu'un tissu puisse fonctionner, puisse vivre, il faut qu'il réunisse trois conditions : 1° l'abord de l'oxygène ; 2° l'abord des matériaux de nutrition ; 3° une organisation déterminée. Cet élément, ce tissu mourront donc quand l'oxygène ou les matériaux de nutrition ne pourront lui arriver ou quand il sera désorganisé (chimiquement, mécaniquement, etc.). Le sang étant le véhicule de l'oxygène et des matériaux de nutrition, tout ce qui interrompra l'abord du sang (hémorrhagie, ligature, embolie, arrêt du cœur, etc.), tout ce qui empêchera le sang de recevoir de l'oxygène (arrêt de la respiration, destruction des globules rouges, gaz toxiques, comme l'oxyde de carbone, etc.) ou des matériaux de nutrition (inanition) deviendra une cause de mort.

Ces diverses causes de mort peuvent agir sur tous les tissus et sur tous les organes. Quand un organe peu important est atteint, cet organe meurt, mais sa mort n'a pas d'influence fatale sur le reste de l'organisme ; mais si, au contraire, la cause de mort atteint un des organes qui sont nécessaires à la vie générale de l'organisme, le cœur, le poumon, le bulbe, etc., la mort locale de cet organe amène infailliblement, dans un temps plus ou moins court, la mort totale de l'organisme, la mort somatique. Ainsi, si le cœur cesse de battre par quelque cause que ce soit, la circulation s'arrête et la mort est presque immédiate. Du reste, quelle que soit, en dernière analyse, la cause éloignée de la mort, le phénomène qui la précède immédiatement, qui la détermine est toujours un arrêt du cœur et la cessation consécutive de la circulation. Que la mort arrive, comme on dit, par le poumon, par le bulbe, c'est toujours cet arrêt du cœur qui en constitue le fait essentiel.

La *mort naturelle* est excessivement rare, et je ne connais pas, pour ma part, d'exemple de mort arrivée par le simple affaiblissement graduel des organes en dehors de toute lésion pathologique. Presque toujours on meurt d'une maladie intercurrente : la mort dans ce cas est précédée d'une *agonie* dont la durée et les caractères varient suivant la nature de l'affection qui termine l'existence. Dans l'agonie, les différents organes et les différents appareils meurent les uns après les autres : l'organisme meurt en détail, et cette disparition successive des fonctions vitales se termine quand la mort envahit les deux appareils fondamentaux de la respiration et de la circulation.

Quel que soit le genre de mort, l'agonie présente, en général, les caractères suivants : la face est livide, amaigrie (face hippocratique), les pommettes saillantes, les joues pendantes et flasques, le nez effilé et aminci; le front est couvert d'une sueur froide, visqueuse; les yeux sont ternes, sans regard; les paupières à demi baissées; les lèvres décolorées et livides ; la bouche entr'ouverte découvre des gencives desséchées et des dents couvertes d'un enduit brunâtre; le corps est inerte et s'abandonne aux lois de la pesanteur; il est immobile, sauf quelquefois des mouvements involontaires et tremblotants des doigts et des mains; les extrémités sont froides et le froid gagne peu à peu les parties centrales; la respiration est faible ; les mucosités accumulées dans la trachée déterminent à chaque temps de

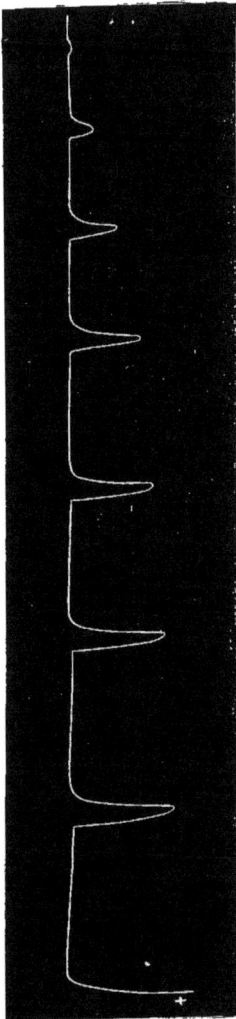

Fig. 487. — Graphique de la dernière respiration.

la respiration un râle trachéal (râle des agonisants) perceptible à distance; les battements du cœur, d'abord plus fréquents, se ralentissent et diminuent d'intensité; le pouls devient imperceptible; la sensibilité s'émousse, l'œil ne voit plus la lumière; le mourant se croit dans l'obscurité: l'ouïe se perd la dernière, il entend encore les personnes qui l'entourent; la voix est éteinte, à peine distincte; la parole est hésitante, embarrassée; il marmotte des mots incompréhensibles; l'intelligence peut être conservée, mais ordinairement elle est affaiblie et quelquefois elle a tout à fait disparu; des lambeaux de sa vie passée, des souvenirs d'enfance, des rêves tantôt agréables, tantôt pénibles, paraissent traverser cette intelligence qui s'en va et en sont comme les dernières lueurs; c'est l'heure des retours sur soi-même, des regrets, des repentirs, mais c'est aussi l'heure des défaillances; il n'y a plus ni volonté ni caractère; l'inertie psychique égale l'inertie physique. Peu à peu tous ces phénomènes s'aggravent; la vie n'est bientôt plus qu'un souffle invisible, qu'une pulsation imperceptible; tout va finir, la dernière expiration se fait (fig. 487), le cœur s'arrête. L'homme n'est pourtant pas un cadavre; les organes, les tissus, les éléments vivent encore d'une vie locale, jusqu'à ce que ces restes d'existence aient disparu aussi, jusqu'à ce que la mort moléculaire ait suivi la mort somatique et laissé le champ libre à la putréfaction cadavérique, seul signe absolument certain de la mort réelle et totale de l'organisme.

De la mortalité. — Sur les 1,200 millions d'hommes qui vivent à la surface du globe, il meurt 80,000 hommes par jour et 55 environ par minute, et il en naît à peu près autant. Sur 22 naissances, on compte un enfant mort-né; dans la première année, il meurt un dixième des nouveau-nés; de 5 ans à la puberté, la mortalité diminue; elle augmente jusqu'à 25 ans; de 30 à 35 ans, elle atteint son minimum, puis elle augmente de nouveau en s'aggravant au fur et à mesure des progrès de l'âge. La table suivante donne, pour la France, la mortalité par sexe et par âge (De Montferrand):

ANNÉE.	SEXE MASCULIN.		SEXE FÉMININ.	
	VIVANTS.	MORTALITÉ.	VIVANTS.	MORTALITÉ.
0	10,000	1,764	10,000	1,527
1	8,236	530	8,473	521
5	7,075	113	7,331	110
10	6,676	55	6,940	45
15	6,475	39	6,743	43
20	6,245	57	6,518	51
25	5,867	67	6,236	57
30	5,597	48	5,956	55
35	5,358	68	5,663	60
40	5,097	50	5,360	63
45	4,820	62	5,038	67
50	4,492	66	4,691	73
55	4,101	86	4,276	96
60	3,646	111	3,761	118
65	3,002	138	3,083	149
70	2,293	151	2,325	156
75	1,477	173	1,482	166
80	760	109	772	112
85	285	60	273	42
90	84	20	84	20
95	19	6	19	6
100	1	—	1	—

La durée de la vie moyenne est, en France, de 37 ans 7 (1852). Dans le premier quart du siècle, elle n'était que de 32 ans 1. On compte un décès sur 41,48 habitants. Le tableau suivant, emprunté à l'*Annuaire du Bureau des longitudes*, donne la population, les naissances et la mortalité en France de 1861 à 1869 :

ANNÉES.	NAISSANCES.	DÉCÈS.	AUGMENTATION de la population.
1861.........	1,005,078	866,597	138,481
1862.........	995,167	812,978	182,189
1863.........	1,012,794	846,917	165,877
1864.........	1,005,880	860,330	145,550
1865.........	1,005,753	921,887	83,866
1866.........	1,006,248	884,573	121,675
1867.........	1,007,755	866,887	140,868
1868.........	984,140	922,038	62,102
1869.........	998,727	914,340	71,911

La mortalité est plus forte dans certaines saisons. Le tableau suivant donne la mortalité pour cent pour cinq pays, par saisons :

	JANVIER. FÉVRIER. MARS.	AVRIL. MAI. JUIN.	JUILLET. AOUT. SEPTEMBRE.	OCTOBRE. NOVEMBRE. DÉCEMBRE.
France.........	28,00	24,93	23,16	23,91
Angleterre............	28,013	25,793	21,903	24,295
Belgique............	31,098	26,125	20,843	21,935
Hollande............	31,30	24,90	21,15	22,65
Prusse..............	28,498	23,867	22,691	24,944

IV. — ACTION DES MILIEUX SUR L'ORGANISME.

A. — *Influences météorologiques.*

1° Température extérieure.

D'une façon générale, le froid active la nutrition, la chaleur la ralentit. Pendant l'hiver, toutes les fonctions digestives sont exaltées ; le corps gagne en poids, il est plus riche en graisse. L'urine est plus abondante, plus aqueuse, mais la quantité absolue d'urée et de principes fixes augmente. Les respirations sont plus fréquentes et plus profondes ; on inspire plus d'oxygène et on élimine plus d'acide carbonique. La température extérieure influence surtout les fonctions de la peau, circulation, sécrétion sudorale, perspiration cutanée (Voir page 719). Quelle que soit la température extérieure, la chaleur propre du corps reste à peu près constante, à moins que le changement de température ne soit porté à l'extrême ; la peau seule subit l'influence de ces variations ; ainsi en hiver la différence entre la température de la peau et celle des organes intérieurs est plus considérable.

En été, les mouvements volontaires sont moins énergiques, les mouvements réflexes plus intenses ; l'excitabilité nerveuse est plus grande, le sommeil plus court et moins profond ; les suicides, les crimes contre les personnes, les affections cérébrales sont plus fréquentes, et cette fréquence démontre l'action de la chaleur sur les centres nerveux.

Les températures auxquelles l'homme peut être exposé varient dans des limites très étendues : depuis — 56°,7 (au fort Reliance) jusqu'à + 47°,4 à l'ombre (Égypte), ce qui suppose une chaleur bien plus intense au soleil ; il y a entre les deux chiffres une différence de 104°. Mais l'homme a pu supporter des températures bien plus considérables. Berger resta 7 minutes (entièrement nu) dans une étuve sèche à 109°,4, et avec des vêtements Blagden a pu supporter des températures de 126° et 129°. Les expériences sur les animaux montrent que la température intérieure du corps ne monte que de très peu de degrés ; quand elle a atteint 45° (mammifères), la mort arrive infailliblement dans le coma. L'action de la chaleur paraît anéantir principalement les fonctions nerveuses et secondairement l'action du cœur.

Le refroidissement artificiel peut être porté beaucoup plus loin. On peut refroidir des lapins jusqu'à + 20° ; à ce point, le cœur bat encore, mais il ne fait plus que 10 à 20 pulsations par minute ; à 15°, il s'arrête et l'animal ne peut plus se remettre. Quand le refroidissement intérieur a été porté à + 20°, avec état de mort apparente, le réchauffement de l'animal ne suffit pas pour le rappeler à la vie si on n'y joint la respiration artificielle. Les animaux hibernants peuvent supporter un refroidissement encore plus considérable ; on a pu, dans un cas, abaisser la température à + 4° sans amener la mort de l'animal. Chez les animaux inférieurs (têtards, grenouilles, etc.), la congélation même peut avoir lieu sans que la vie soit éteinte.

2° Pression atmosphérique.

1° *Diminution de pression*. — A l'état ordinaire, les variations de pression atmosphérique sont trop peu prononcées pour produire, sauf dans certains cas pathologiques, des accidents d'une certaine intensité. Ces accidents ne se montrent que quand ces variations se produisent avec rapidité ou atteignent une intensité considérable ; telles sont les diminutions de pression observées sur les hautes montagnes et dans les ascensions aérostatiques et qui déterminent ce qu'on a appelé *mal des montagnes* ; ce mal des montagnes commence à se produire à une hauteur de 3,000 mètres dans les Alpes, à 4,060 mètres en ballon. Mais l'homme atteint des hauteurs bien plus considérables. Les sommets des Andes renferment un grand nombre de villes à plus de 3,000 mètres (La Paz, 3,726, — Oruro, 3,796, — Puno, 3,923, — Potosi, 4.061, — Calamarca, 4,161, — Tacora, 4,173, etc.), et la ville de Daba, dans l'Hymalaya, est à 4,800, hauteur du mont Blanc. Les explorateurs et les aéronautes ont atteint des altitudes supérieures (ascension du Chimborazo, 6,000 mètres, par Boussingault ; ascension de l'Ibi-Ganim, 7,400 mètres, par V. Schlagintweit ; ascension en ballon de Coxwell à 11,000 mètres, etc.).

Les phénomènes qui accompagnent les diminutions rapides de pression sont les suivants : gonflement des vaisseaux cutanés et des veines superficielles ; hémorrhagies par le nez, la bouche, la muqueuse pulmonaire ; augmentation de la sueur et de la perspiration cutanée ; les respirations sont gênées, fréquentes, irrégulières ; le nombre des pulsations s'accroît ; la voix est moins intense et prend un autre timbre ; les muscles, surtout ceux des extrémités inférieures, se fatiguent facilement ; le tympan se tend et cette tension détermine des bourdonnements d'oreille et de la surdité ; il y a des douleurs de tête, des vertiges et enfin perte de connaissance.

Les recherches de Bert ont montré que les accidents sont dus, dans ces cas, à la diminution de tension de l'oxygène et à la diminution consécutive de la quantité d'oxygène du sang (*anoxyhémie* de Jourdanet), et qu'ils peuvent être combattus avec succès par l'inspiration d'oxygène de façon à ramener la tension de ce gaz au degré convenable.

2° *Augmentation de pression.* — Les phénomènes de l'augmentation de pression (cloches à plongeurs, plongeurs, travail dans l'air comprimé) varient suivant la pression atmosphérique. Quand la pression n'augmente que de quelques atmosphères, les respirations sont irrégulières, moins fréquentes, plus profondes ; l'expiration est plus courte, la pause expiratoire plus prononcée ; la peau pâlit ; les veines superficielles sont affaissées ; le pouls diminue de fréquence ; les mouvements musculaires sont plus faciles, etc. Mais les accidents graves ne se montrent que vers cinq atmosphères, et non pas pendant le séjour dans l'air comprimé, mais au moment de la décompression ; si cette décompression est brusque, les accidents sont dus, comme l'a montré Rameaux, au retour à l'état gazeux des gaz du sang et spécialement de l'azote et de l'acide carbonique (Bert), à l'obturation des capillaires par des bulles gazeuses, obturation qui détermine des lésions anatomiques de différents organes.

Bert a prouvé que les phénomènes qui se produisent dans l'air comprimé sont dus à l'augmentation de tension de l'oxygène et à l'augmentation de proportion d'oxygène du sang. Quand la pression atmosphérique augmente jusqu'à vingt atmosphères, ce qui correspond à quatre atmosphères d'oxygène pur, les phénomènes prennent un caractère de gravité redoutable et la mort arrive avec des convulsions tétaniques et épileptiformes ; cette *action toxique de l'oxygène* se produit quand la quantité d'oxygène du sang atteint 35 centimères cubes pour 100 centimètres cubes de sang, c'est-à-dire est le double de la quantité normale (18 à 20). Toutes les espèces animales, en présence de l'oxygène à ce degré de tension, subissent les mêmes effets. L'air comprimé à vingt atmosphères arrête de même la germination des graines, empêche la putréfaction et les fermentations en tuant les ferments, mais est sans action sur les ferments diastasiques, le suc pancréatique, la pepsine, etc. (Bert).

En résumé, d'après Bert, dont j'emprunte textuellement les conclusions, les modifications dans la pression barométrique n'ont d'influence sur la vie animale et sur la vie végétale que par les changements qu'elles apportent dans la tension de l'oxygène ambiant, et les changements qui en résultent dans les processus chimiques de la nutrition ; et, comme résultat pratique, l'influence des modifications de pression peut être combattue par des modifications inverses dans la composition chimique de l'air, de sorte que la tension de l'oxygène ambiant reste à sa valeur normale (20,9) (1).

L'influence de la *lumière* sur les organismes a déjà été étudiée page 33.

B. — *Toxicologie physiologique.*

J'étudierai dans ce paragraphe un certain nombre de substances qui sont d'un emploi journalier dans les laboratoires de physiologie, soit pour faciliter l'expérimentation sur le vivant (anesthésiques et narcotiques), soit pour pénétrer et analyser le mécanisme des phénomènes vitaux en annihilant ou en exaltant leur activité. Le point de vue toxicologique et thérapeutique sera donc forcément laissé de côté pour s'en tenir au point de vue strictement physiologique.

(1) Voir principalement sur cette question : BERT : *La pression barométrique.*

1° Anesthésiques.

Les anesthésiques produisent tous une sorte d'ivresse, des troubles de la sensibilité, la perte de la conscience et du sommeil. A haute dose, tous les mouvements réflexes sont abolis, et, si leur action se continue, la mort arrive par l'arrêt des mouvements du cœur et de la respiration. Tous les anesthésiques sont volatils et agissent directement sur les centres nerveux, auxquels ils sont apportés par le sang ; tous décomposent et détruisent les globules rouges, mais leur action anesthésique n'est pas liée à cette destruction, qui ne peut s'accomplir avec les faibles doses qu suffisent pour l'anesthésie. Seulement les analogies de composition de la substance nerveuse et des globules rouges (lécithine, graisse, cholestérine), semblent indiquer que cette action anesthésique est due à une altération, quelque légère qu'elle soit, de la substance nerveuse. La durée d'action d'un anesthésique dépend de la rapidité de son élimination et, par conséquent, en grande partie de sa volatilité. Ceux dont l'action est la plus fugace sont aussi ceux qui sont le plus volatils.

1° **Chloroforme**, CHCl³. — L'action du chloroforme comprend deux stades : 1° un stade d'excitation des organes nerveux centraux ; 2° un stade de paralysie. Dans le *stade d'excitation*, le cerveau est congestionné, la face rouge, la pupille rétrécie ; le pouls et la respiration sont accélérés ; chez l'homme, les sensations sont moins nettes, il y a des hallucinations, du délire, de l'agitation, etc. Quelquefois, tout à fait au début, on observe un ralentissement passager du cœur et de la respiration, ralentissement réflexe consécutif à l'irritation des muqueuses nasale et respiratoire par les vapeurs du chloroforme, irritation qui se transmet aux centres d'arrêt du cœur et de la respiration. Le *stade de paralysie* arrive plus ou moins vite et se traduit par les caractères suivants : sommeil, résolution musculaire, perte des réflexes, diminution de fréquence du pouls et de la respiration, pâleur de la face ; on constate aussi une anémie cérébrale. Le ralentissement du pouls et de la respiration dans ce stade est dû à une action directe de la substance sur les centres cardiaque et respiratoire. La pression sanguine artérielle diminue, et la température intérieure du corps s'abaisse. La pupille est élargie par paralysie centrale du sphincter pupillaire ; l'action du sympathique sur la dilatation de la pupille persiste pendant tout le temps de la chloroformisation (1). L'utérus conserve sa contractilité, mais un peu affaiblie. La salivation est augmentée. L'action sur les centres nerveux suit la marche suivante : la conscience du moi se perd la première, puis les cellules sensitives des sens spéciaux sont atteintes ; les sensations conscientes, tactiles, visuelles, etc., disparaissent (la conjonctive conserve la dernière sa sensibilité) ; mais les impressions qui déterminent les réflexes inconscients, tels que la déglutition, subsistent encore ; bientôt ils sont abolis aussi, et il ne reste plus que les impressions qui déterminent les actes automatiques, mouvements du cœur et mouvements respiratoires. La perte de la sensibilité dans les nerfs sensitifs marche de la périphérie au centre ; la peau n'est plus sensible quand les nerfs le sont encore dans leur trajet ; les racines postérieures sont encore excitables quand le tronc nerveux ne l'est plus, et, quand les racines ont perdu leur excitabilité, les cellules nerveuses sont encore sensibles et la strychnine peut encore déterminer

(1) Il y a des divergences sur l'état de la pupille pendant la chloroformisation ; d'après Budin elle est contractée et immobile dans l'anesthésie complète, dilatée dans l'anesthésie incomplète et s'il survient des vomissements.

des convulsions. Quand l'action du chloroforme est portée trop loin, les battements du cœur et la respiration deviennent irréguliers et s'affaiblissent, et la mort arrive par l'arrêt de l'une des deux fonctions. Dans le cas contraire, le réveil est ordinairement rapide.

L'élimination du chloroforme se fait principalement par les poumons. On n'a pas démontré d'une façon certaine sa présence dans les excrétions et les sécrétions.

Les lésions trouvées à l'autopsie consistent en lésions asphyxiques ; le contenu de la cavité crânienne exhale l'odeur du chloroforme ; la rigidité cadavérique se développe très vite ; le cœur est mou et relâché ; on trouve quelquefois des bulles gazeuses dans le sang.

La rapidité de l'intoxication chloroformique dépend du mode d'absorption ; l'absorption est plus rapide par les inhalations ; aussi est-ce la voie la plus usitée, soit qu'on place devant les narines une éponge imbibée de chloroforme (grands animaux), soit qu'on place les animaux sous une cloche dans laquelle on dégage des vapeurs de chloroforme (lapin, chat, rat, etc). Dans certains cas, comme pour les grenouilles, les salamandres, les poissons, on peut employer l'immersion dans l'eau chloroformée. Certaines espèces, chats, lapins, oiseaux, etc., sont excessivement sensibles à l'action du chloroforme. Pour éviter autant que possible le stade d'excitation et l'agitation de l'animal, dues en grande partie à l'action irritante des vapeurs du chloroforme sur les muqueuses nasale et laryngée, on peut faire pénétrer directement ces vapeurs dans la trachée.

2° **Éther.** — L'action de l'*éther*, $C^4H^{10}O$, est à peu près identique à celle du chloroforme. Elle est seulement un peu plus lente, et l'irritation locale est moins forte. Il en est de même de l'action du *sulfure de carbone*, CS^2.

3° **Bromure d'éthyle**, C^2H^5Br. — Cet agent anesthésique agit plus rapidement que le chloroforme, mais son action disparaît aussi plus vite. La période d'excitation est en général peu marquée ou nulle.

4° **Hydrate de chloral**, C^2HCl^3O,H^2O. — *Sur la grenouille*, l'hydrate de chloral à la dose de 0,025 à 0,05 grammes, en injection sous-cutanée, produit un ralentissement de la respiration et un affaiblissement, puis la cessation des réflexes ; cet état dure plusieurs heures. A la dose de 0,1 on a l'arrêt du cœur. Chez les lapins, une injection sous-cutanée de 1 gramme détermine en quelques minutes un ralentissement de la respiration, un rétrécissement de la pupille, et un sommeil profond pendant lequel les réflexes disparaissent ; pour une dose de 2 grammes, le sommeil est très rapide et la mort peut arriver avec un refroidissement graduel de l'animal. *Chez les chiens*, il faut environ 6 grammes pour produire le sommeil. Quand le chloral est administré en injections intra-veineuses par le procédé d'Oré (solution au quart), l'anesthésie s'obtient avec des doses plus faibles, et elle peut être prolongée de façon à permettre les vivisections les plus longues et les plus laborieuses.

L'action du chloral se distingue de celle du chloroforme par l'absence du stade d'excitation. Pour Cl. Bernard, il n'y aurait pas une véritable anesthésie, le chloral serait un hypnotique, et il le rapproche de la morphine.

Liebreich avait admis une décomposition du chloral en chloroforme et acide formique, et dans ce cas les effets du chloral seraient dus au chloroforme dégagé ; mais il ne paraît pas en être ainsi. On n'a retrouvé de chloroforme ni dans le sang, ni dans l'air expiré, et on a constaté dans l'urine la présence du chloral. Arloing croit que les phénomènes sont dus à l'action combinée du formiate de soude et du chloroforme.

5° **Alcool**, C^2H^6O. — L'action de l'alcool est comparable à celle du chloroforme et de l'éther ; comme eux il agit directement sur les centres nerveux, d'abord comme excitant, ensuite comme paralysant. Le stade d'excitation, qui existe chez les animaux à sang chaud, se traduit par une accélération du cœur et de la respiration, de la chaleur de la peau, de l'injection de la conjonctive, etc. Le stade de paralysie s'accompagne de ralentissement du pouls et de la respiration, avec abaissement de température, diminution des réflexes et état soporeux qui se termine par la mort (par arrêt du cœur et de la respiration) si l'intoxication est trop forte. L'action anesthésique de l'alcool est beaucoup plus lente que celle du chloroforme et de l'éther, mais sa durée d'action est plus longue à cause de la lenteur de son élimination. Liebig croyait à une décomposition de l'alcool dans l'organisme avec production d'aldéhyde, d'acide acétique, d'acide oxalique, d'acide carbonique et d'eau, mais les recherches de Lallement et Perrin ont montré qu'une petite partie seulement se transforme dans l'intestin en acide acétique, et que presque tout l'alcool introduit est éliminé en nature par les différentes excrétions, dans lesquelles on le retrouve (urine, lait, bile, perspiration cutanée), et principalement par la respiration. L'alcool est donc transporté en nature par le sang jusqu'aux centres nerveux et agit directement sur les cellules de ces centres.

6° **Nitrite d'amyle**, $C^5H^{11}AzO^2$. — Le nitrite d'amyle produit de la congestion et de la rougeur de la face, de la fréquence du pouls qui devient plus ample, des battements de cœur, de la chaleur de tête, du vertige. Il agit en dilatant les vaisseaux (paralysie vaso-motrice ?), spécialement les vaisseaux de la tête, et en amenant une baisse remarquable de la pression sanguine, avec diminution de température. Il peut produire aussi un diabète temporaire. En inhalation, une dose de 0,75 grammes suffit pour tuer un lapin ; en injection dans les veines, il faut plus d'un gramme. A faible dose il combat l'effet toxique du chloroforme. Son introduction dans le sang diminue les combustions respiratoires.

7° **Protoxyde d'azote**, Az^2O. — Le *protoxyde d'azote* occupe un rang à part, parmi les anesthésiques, tant par sa composition chimique que par son action. Son action est beaucoup plus fugace que celle des substances précédentes, à cause de sa grande volatilité et de la rapidité de son élimination. D'après Hermann, et contrairement à l'opinion de quelques physiologistes, il ne peut suppléer l'oxygène et, employé pur, il produit l'asphyxie ; les grenouilles meurent dans le protoxyde d'azote pur comme dans l'hydrogène. Chez l'homme, il produit une ivresse agréable (gaz hilarant), dont les effets sont bien connus et qu'il est inutile de décrire ici. P. Bert a constaté qu'en le mélangeant à 1/6e d'oxygène et en le comprimant aux 5/6e de son volume, il produisait une anesthésie complète, rapide et sans danger.

8° **Autres anesthésiques**. — Le nombre des substances douées de propriétés anesthésiques est considérable, et, quoique celles qui viennent d'être étudiées soient les plus usitées, il peut être utile pour le physiologiste de connaître les autres anesthésiques qui pourraient être utilisés dans des circonstances données. Tous ces anesthésiques appartiennent aux composés organiques du groupe des corps gras. Seulement la plupart de ces composés n'ont pas encore été l'objet d'une étude approfondie.

Parmi les carbures d'hydrogène, l'hydrure d'amyle, C^5H^{21}, a des propriétés anesthésiques ; parmi les alcools monoatomiques, il en serait de même, outre l'alcool ordinaire ou alcool éthylique, de l'alcool méthylique ou esprit de bois, CH^4O, et de l'alcool amylique, $C^4H^{12}O$. L'aldéhyde, C^2H^4O, l'acétone (?), C^3H^6O, l'éthylène, C^2H^4 (action faible analogue à celle du protoxyde d'azote), et surtout l'amylène, C^5H^{10}, sont aussi des anesthésiques.

Mais les propriétés anesthésiques sont bien plus prononcées dans les produits de substitution chlorés des substances suivantes dont je donne ici l'énumération :

Dérivés chlorés du gaz des marais, CH^4 : chlorure de méthyle, CH^3Cl ; chlorure de méthyle monochloré, CH^2Cl^2 ; chloroforme, $CHCl^3$; perchlorure de carbone, CCl^4.

Dérivés chlorés de l'hydrure d'éthyle, C^2H^6 : chlorure d'éthyle ou éther chlorhydrique, C^2H^5Cl ; chlorure d'éthylène ou liqueur des Hollandais, $C^2H^4Cl^2$; chlorure d'éthylène monochloré (isomère du précédent), $C^2H^4Cl^2$; chlorure d'éthyle tétrachloré (éther anesthésique), C^2HCl^5.

Dérivé chloré du propylène, C^3H^6 : trichlorhydrine, $C^3H^5Cl^3$ (agirait comme le chloral).

Dérivé chloré de l'hydrure d'amyle, C^5H^{12} : chloramyle ou éther amylchlorhydrique, $C^5H^{11}Cl$.

Dérivés chlorés de l'aldéhyde, $C^2H^4O^2$: chloral, C^2HCl^3O ; croton chloral, $C^4H^3Cl^3O$.

Les produits de substitution iodés et bromés paraissent aussi pouvoir agir comme anesthésiques ; tels sont : le bromoforme, $CHBr^3$; l'iodure d'amyle, $C^5H^{11}I$; l'hydrate de bromal, C^2HBr^3O,H^2O (anesthésie générale sans sommeil) ; l'hydrate d'iodal, C^2HI^3O,H^2O.

Enfin certains éthers acides volatils, comme l'éther acétique, $C^4H^8O^3$, agissent comme anesthésiques.

2° Narcotiques.

L'opium et la plupart de ses alcaloïdes ont une double action : une action excitante, convulsive, qui les rapproche de la strychnine, et une action somnifère, soporifique, qui les rapproche des anesthésiques. Si on classe ces alcaloïdes d'après leur action soporifique, on aura, d'après Cl. Bernard, en allant du plus au moins, la série suivante : narcéine, morphine, codéine ; si on les range d'après leur action convulsivante, on a : thébaïne, papavérine, narcotine, codéine, morphine ; si on les classe d'après leur toxicité, on aura : thébaïne (0,1 gramme tue un chien), codéine, papavérine, narcéine, morphine (il faut plus de 2 grammes pour tuer un chien), narcotine.

Morphine, $C^{17}H^{19}AzO^3$. — *Chez la grenouille*, son action ressemble à celle de la strychnine ; il y a d'abord un stade d'agitation : bientôt le moindre contact détermine une crampe tétanique (ce stade manque souvent) ; enfin les appareils réflexes, puis le cœur et la respiration sont paralysés. — *Chez le chien*, une injection intra-veineuse de 0,02 à 0,05 grammes de morphine produit le sommeil au bout d'une minute d'agitation ; les réflexes sont abolis, à l'exception du clignement par l'attouchement de la conjonctive ; le pouls et la respiration sont ralentis ; l'action sur le cœur paraît, du reste, peu marquée ; les petites artères (pour de fortes doses) sont rétrécies, ce qui amène une augmentation de pression sanguine ; la pupille est ordinairement rétrécie ; quelquefois cependant on observe un élargissement pendant le coma ; l'excitabilité et les mouvements de l'intestin sont augmentés. Lorsque la dose atteint plus de 2 à 3 grammes chez le chien, la mort arrive avec des convulsions. — *Chez les lapins*, le sommeil est moins profond et les convulsions se présentent plus facilement; il faut, chez eux, une dose relativement plus forte que chez les chiens. — Les *oiseaux* et spécialement les *pigeons* possèdent une immunité remarquable pour la morphine; il en faut, pour tuer un pigeon, 0,05 à 0,1 gramme en injection sous-cutanée.

La morphine paraît porter son action principalement sur les appareils sensitifs.

L'association de la morphine et du chloroforme est excellente, chez le chien surtout, pour produire l'anesthésie et éviter la période d'excitation. Il suffit de donner de la morphine quelque temps avant les inhalations de chloroforme.

La *narcéine*, $C^{23}H^{21}Az0^9$, produit l'action hypnotique pure; le sommeil est très profond, sans convulsions et s'accompagne d'un ralentissement notable du pouls. La *codéine*, $C^{18}H^{21}Az0^3$, a une action analogue à celle de la morphine; le sommeil est beaucoup plus léger qu'avec la narcéine.

La *thébaïne*, $C^{19}H^{21}Az0^3$, détermine des convulsions analogues à celles de la strychnine. Il en serait de même, quoique avec moins d'intensité, de la *narcotine*, $C^{23}H^{25}Az0^7$, et de la *papavérine*, $C^{20}H^{21}Az0^4$; cependant Baxt considère la papavérine comme exclusivement somnifère. On a décrit dans ces derniers temps un nouveau dérivé de l'opium, la *laudanosine*, qui, à fortes doses, produit de la dyspnée, de la salivation, du ralentissement du cœur, de l'abaissement de pression et des convulsions tétaniques.

Un dérivé de la morphine, l'*apomorphine*, $C^{17}H^{17}Az0^2$, n'a aucune des propriétés essentielles de la morphine, et agit surtout comme vomitif et comme convulsivant.

3° Curare.

Le curare est une substance résineuse, brune, dont les indigènes de certaines parties de l'Amérique du Sud (Orénoque, Guyane) se servent pour empoisonner leurs flèches, et provient probablement de plantes de la famille des *Strychnos* (*S. triplinervia, S. Castelnæi*). Le principal caractère de l'empoisonnement par le curare est une résolution musculaire sans convulsions; tout mouvement volontaire est aboli; les mouvements respiratoires finissent aussi par s'arrêter, tandis que le cœur continue à battre: mais, chez les animaux à sang chaud, l'arrêt de la respiration produit très vite l'arrêt du cœur, tandis que chez les grenouilles, par exemple, le cœur continue à battre.

Le mécanisme de l'action du curare a surtout été étudié par Cl. Bernard. Il a prouvé que cette substance agit sur les extrémités périphériques des nerfs moteurs (plaques motrices terminales) par la série d'expériences suivante: Si on lie l'artère d'un membre sur une grenouille avant l'intoxication ou si on fait la ligature en masse du membre, à l'exception du nerf, ce membre conserve les mouvements volontaires, preuve que les appareils nerveux centraux ne sont pas paralysés par le poison; si on pince ou si on excite la peau de la grenouille dans une région intoxiquée, le membre lié fait des mouvements de fuite, preuve que l'intoxication n'atteint ni les nerfs ni les centres sensitifs. D'un autre côté, les muscles ne sont pas atteints non plus, car ils conservent leur irritabilité. Restent les nerfs moteurs; or, deux expériences prouvent que ces nerfs ne sont paralysés que dans leurs extrémités périphériques: 1° si on lie l'artère d'un membre au niveau du genou, toute la partie crurale du nerf ischiatique sera soumise à l'action du curare; si alors on excite le nerf ischiatique dans le bassin, les muscles de la cuisse ne se contractent pas, parce qu'ils sont dans la sphère du poison, tandis que les muscles de la jambe et de la patte se contractent, preuve que la partie intoxiquée du tronc de l'ischiatique a pu transmettre l'excitation du bassin jusqu'à la jambe ; 2° si on prend deux muscles de grenouille avec leurs nerfs, et qu'après avoir rempli deux verres de montre de solution de curare, on place dans un verre le nerf seul, dans l'autre le muscle seul, dans le premier cas, l'excitation du nerf, quoique plongé dans le curare, détermine la contraction du muscle, dans le second, l'excitation du nerf ne détermine aucune contraction, mais le muscle se contracte s'il est excité directement.

Les extrémités périphériques des nerfs vaso-moteurs sont aussi atteintes, mais beaucoup plus faiblement, par le curare ; aussi avait-on cru d'abord à une immunité qui n'est que relative. Les sécrétions, salive, larmes, urine, sont augmentées ; il y a un diabète temporaire ; la température s'abaisse.

L'absorption du curare peut se faire par la voie stomacale, mais cette absorption est beaucoup plus lente que par les injections sous-cutanées, ce qui l'avait fait nier complètement d'abord ; seulement l'élimination (par les reins) se fait avec trop de rapidité pour que les accidents se développent ; mais, si on extirpe les reins, l'intoxication se produit. L'urine d'animaux curarisés peut empoisonner un autre animal. On a isolé sous le nom de *curarine*, $C^5H^{15}Az$, le principe actif du curare. Son action est beaucoup plus intense.

Les recherches récentes de Vulpian, Couty, Boudet de Pâris ont un peu modifié les idées que, depuis Cl. Bernard, on se faisait de l'action du curare. Il paraît prouvé, en effet, que le curare atteint aussi l'irritabilité musculaire, tant celle des muscles striés que celle du cœur.

Couty a décrit un curare des muscles lisses existant principalement dans le *Strychnos Gardnerii* et qui déterminerait une diminution de tension sanguine.

Le règne végétal fournit un certain nombre de substances qui possèdent une action analogue à celle du curare. Un fait remarquable, c'est que les combinaisons méthyliques, amyliques et éthyliques des alcaloïdes ont des propriétés comparables à celle du curare (méthyl-strychnine, méthyl-vératrine, etc.).

4° Alcaloïdes et autres corps.

1° **Strychnine**, $C^{21}H^{22}Az^2O^2$. — *Chez la grenouille*, de très faibles doses suffisent pour déterminer des convulsions. Ces convulsions ne sont jamais spontanées, mais elles sont produites par la plus légère excitation et se reproduisent par accès de quelques secondes ; elles sont très intenses et comprennent tous les muscles volontaires ; leur cause est centrale, car si on coupe le nerf sciatique avant l'empoisonnement, les convulsions ne se produisent pas, tandis qu'elles se produisent si on lie l'artère du membre. Ces convulsions ont aussi leur origine dans la moelle, car elles persistent après la décapitation. — *Chez les animaux à sang chaud*, la nature réflexe des convulsions est moins évidente et les crampes prennent surtout le caractère de convulsions toniques des extenseurs. Le pouls est ordinairement accéléré, surtout pendant l'accès. Il y a aussi une contracture tétanique des artères qui amène une augmentation de pression sanguine. La mort dans l'empoisonnement par la strychnine a lieu par l'interruption de la respiration. Les oiseaux et les cobayes jouissent d'une certaine immunité vis-à-vis de la strychnine ; il faut, pour les tuer, une dose 5 à 12 fois plus forte que pour le lapin.

L'action de la strychnine paraît consister surtout dans une altération des appareils réflexes de la moelle et du cerveau, sans qu'on en sache exactement le mécanisme. Sur quelle partie de l'arc réflexe agit-elle ? Sur les cellules sensitives ou motrices ou plutôt sur les fibres nerveuses intermédiaires? La question me paraît insoluble actuellement.

La *brucine*, $C^{23}H^{26}Az^2O^4$, a une action identique à celle de la strychnine, mais plus faible.

2° **Atropine**, $C^{17}H^{23}AzO^3$. — *Chez la grenouille*, elle détermine des crampes tétaniques de nature réflexe, mais seulement dans un stade très tardif de l'intoxication. — *Chez les carnivores*, la marche est incertaine et vacillante ; la respiration se paralyse et s'abolit sans convulsions ; le pouls est accéléré (par paralysie des extrémités périphériques du pneumogastrique); la pression artérielle augmentée. Pour de fortes doses, on observe au contraire une paralysie complète des centres moteurs cardiaques et une diminution de pression artérielle. L'intestin, l'utérus, la vessie sont paralysés ; les sécrétions, et en particulier la sécrétion salivaire, sont interrompues ; la pupille est dilatée (mydriase), et cette action de l'atropine s'exerce certainement sur des centres situés dans l'iris et le globe oculaire, car l'effet se produit sur un seul œil dans l'instillation monoculaire, et elle se produit même sur l'œil de la grenouille extirpé de la cavité oculaire. Cette dilatation de la pupille tient à une paralysie du sphincter et peut-être en même temps à une excitation des fibres dilatatrices. Les lapins, les pigeons présentent une immunité remarquable pour l'atropine.

En résumé, l'atropine agit à la fois sur les centres cérébraux et sur les appareils périphériques (action en partie excitante, en partie paralysante), et cette dernière se porte spécialement sur les appareils sécréteurs et sur les appareils d'arrêt (pneumogastrique).

La *daturine*, l'*hyoscyamine*, la *duboisine* ont le même effet que l'atropine.

3° **Fève de Calabar. Physostigmine.** — La fève de Calabar a, sur presque tous les points, une action antagoniste de celle de l'atropine. La sensibilité et la conscience sont conservées jusqu'à la mort ; les muscles volontaires sont paralysés ; les muscles lisses sont le siège de contractions tétaniques (intestin, utérus); la respiration est d'abord accélérée, puis ralentie ; les vaisseaux sont le siège de contractions spasmodiques suivies d'un relâchement ; quant à l'action sur le cœur et la circulation, les opinions sont trop divergentes pour qu'on puisse en tirer une conclusion positive. Les sécrétions, et surtout les sécrétions lacrymale et salivaire, sont augmentées; enfin, action caractéristique, la pupille est rétrécie et il y a crampe de l'accommodation, phénomènes interprétés d'une façon différente par les expérimentateurs.

En résumé, la fève de Calabar agit surtout sur les centres nerveux, mais, chez la grenouille du moins, il y a aussi paralysie des extrémités nerveuses motrices, ce qui a fait rapprocher son action de celle du curare.

4° **Muscarine** (*Agaricus muscarius*). — Comme la fève de Calabar, elle est antagoniste de l'atropine. A la dose de 0,0001 à 0,0002 grammes, chez la grenouille, elle produit l'arrêt diastolique du cœur, mais cet arrêt est dû à une excitation des centres d'arrêt intra-cardiaques, car l'excitation directe des ventricules ramène les pulsations. Cet arrêt du cœur cesse aussi par l'action de l'atropine et de quelques autres substances. Chez les animaux à sang chaud, le cœur est ralenti, les artères sont dilatées, la pression sanguine baisse ; la respiration, d'abord dyspnéique, peut s'arrêter par paralysie centrale ; tous les organes à muscles lisses, y compris la rate, sont à l'état de contraction tétanique ; la pupille est rétrécie, les larmes et la salive s'écoulent en abondance ; en un mot, l'action générale se rapproche de celle de la fève de Calabar ; les sécrétions urinaire, biliaire et pancréatique sont aussi augmentées.

4° Pilocarpine (jaborandi). — Le *jaborandi* a une action qui se rapproche de celle de la fève de Calabar et de la muscarine, avec une action spéciale sur la sueur et sur la salivation. Toutes les sécrétions, du reste, même la sécrétion lactée, sont augmentées. En même temps on observe de la contraction de la pupille, du ralentissement du pouls, une diminution de pression sanguine et, à forte dose, la mort arrive par arrêt du cœur.

6° Vératrine, $C^{32}H^{52}Az0^8$. — L'action de la vératrine est très complexe ; elle agit sur tous les appareils nerveux et musculaires de la circulation, d'abord comme excitante, puis comme paralysante ; à très petites doses, les pulsations du cœur sont accélérées, mais par de fortes doses le cœur se paralyse ainsi que les artères. Elle agit en outre comme excitante d'abord, comme paralysante ensuite, sur beaucoup d'organes centraux, les muscles, etc., et détermine des crampes tétaniques, mais qui ne sont pas de nature réflexe comme celles du tétanos ; il y a, au contraire, au bout d'un certain laps de temps, une dépression des réflexes.

L'*antiarine* (*upas antiar*) a une action comparable sur beaucoup de points à celle de la vératrine.

7° Aconitine, $C^{27}H^{39}Az0^{10}$. — Son action est très variable suivant le mode de préparation ; mais le symptôme dominant est toujours une paralysie du cœur.

8° Digitaline, $C^{27}H^{44}0^{15}$. — Malgré l'emploi fréquent de la digitaline en médecine, son influence sur le cœur, qui constitue le phènomène essentiel de son action, est loin d'être éclaircie. A haute dose, elle produit un ralentissement du cœur, et, si la dose est trop forte, un arrêt en diastole et le cœur ne réagit plus contre les excitations. A doses moyennes, elle produit d'abord une accélération passagère, puis un ralentissement persistant. Le mécanisme de cette action sur le cœur est encore incertain. Agit-elle sur le tissu musculaire du cœur, sur les ganglions intra-cardiaques, sur le pneumogastrique, sur le grand sympathique ? En même temps, les petites artères sont contractées et il y a augmentation de la tension artérielle. Les muscles lisses, estomac, intestin, etc., paraissent contracturés. Les muscles striés, au contraire, sont affaiblis et paralysés, et, pour de fortes doses, ils ont perdu leur contractilité.

On peut placer à côté de la digitaline le principe de l'ellébore et l'émétine.

9° Quinine, $C^{20}H^{24}Az^20^2$. — *Chez la grenouille*, à la dose de 0,015 grammes, elle ralentit les respirations et les mouvements du cœur ; les mouvements volontaires et réflexes diminuent d'intensité ; à la dose de 0,03 à 0,1 gramme, le cœur s'arrête, mais les muscles et les nerfs sont encore excitables. — *Chez les animaux à sang chaud*, à petites doses, elle accélère le cœur ; à doses modérées, elle le ralentit ; à fortes doses, elle l'arrête et produit des convulsions. Son action se porte essentiellement sur les organes nerveux centraux, cerveau, moelle, ganglions du cœur. La quinine tue les organismes inférieurs, infusoires, vibrions, bactéries, amibes d'eau salée, mais elle n'a aucune action sur les champignons ; elle abolit les mouvements du protoplasma et des globules blancs ; elle n'empêche pas les processus digestifs.

La *cinchonine*, $C^{20}H^{44}Az^20$, a la même action que la quinine, seulement à un degré plus faible.

10° **Nicotine**, $C^{10}H^{14}Az^2$. — La nicotine agit à la fois sur la contractilité musculaire et sur le système nerveux (nerfs sensitifs, nerfs moteurs, centres nerveux). Elle détermine d'abord des phénomènes d'excitation (tremblements, convulsions, tétanos intestinal, vésical), puis des phénomènes de paralysie. Elle détermine, suivant le stade de l'empoisonnement, de la diminution de la pression sanguine et des battements du cœur, ou une augmentation de pression et une accélération du pouls. On observe aussi de la sueur, de la salivation, des vomissements.

11° **Santonine**, $C^{15}H^{18}O^3$. — A la dose de 0,3 à 1 gramme chez l'homme, elle détermine de la nausée, des vomissements, des hallucinations, du vertige et un mode particulier de vision ; on voit tout en jaune ; quelquefois auparavant tout le champ visuel se colore en violet, surtout dans les ombres ; puis le jaune remplit le champ visuel, surtout dans les objets clairs. Quoique la santonine jaunisse à la lumière, cette vision jaune ne dépend pas d'une coloration jaune des milieux de l'œil, comme on l'avait supposé, car on ne constate pas cette coloration à l'ophthalmoscope. Il est probable qu'il s'agit plutôt d'une paralysie des fibres du violet, précédée quelquefois d'une excitation passagère. Cependant on voit quelquefois tout en jaune dans l'ictère, ce qui prouve que cette vision jaune peut, dans certains cas, tenir à une diffusion d'une matière colorante dans les milieux de l'œil. A fortes doses, la santonine produit de la perte de connaissance, de la paralysie du cœur, des convulsions tétaniques et la mort. Chez les animaux, on n'observe guère que ces crampes tétaniques.

12° **Seigle ergoté** (*Ergotine* ; *acide sclérotinique*). — Son action est encore très peu connue, et il a été jusqu'ici à peu près impossible d'accorder les faits expérimentaux avec les résultats thérapeutiques. Ainsi la contraction des petites artères, admise théoriquement, n'a pu être constatée d'une façon certaine ; il en est de même de son action sur l'utérus ; sur le cœur, on est un peu mieux fixé, il produit un ralentissement du pouls, et chez les animaux on peut constater l'arrêt du cœur.

5° De quelques gaz toxiques.

1° **Acide carbonique**, CO^2. — L'acide carbonique n'est toxique qu'à très hautes doses ; l'atmosphère peut en contenir 1 p. 100 sans qu'on en soit affecté, et on peut respirer, pendant quelque temps, des mélanges bien plus riches en acide carbonique. Mais, quand la proportion est plus forte, il survient d'abord des phénomènes d'ivresse (vertige, céphalalgie, somnolence, délire, etc.), puis une véritable asphyxie (dyspnée, crampes, paralysie, mort), même quand la proportion d'oxygène dans l'atmosphère artificielle est suffisante. Pendant ce stade dyspnéique, le pouls est ralenti (par excitation du pneumogastrique), les petites artères contractées, la pression sanguine accrue.

Localement, l'acide carbonique détermine de la chaleur à la peau et de l'anesthésie. Le mécanisme d'action de l'acide carbonique a été différemment interprété. Cependant son action délétère ne paraît pas tenir, comme on l'a cru, à une asphyxie par défaut d'oxygène. Elle tient plutôt à une action spéciale du gaz sur les centres respiratoires (dyspnée), les centres vaso-moteurs (crampes vasculaires) et sur les centres d'arrêt du cœur (ralentissement du pouls). Il semble donc qu'il n'y ait, dans cette intoxication, que l'exagération de l'excitation que l'acide carbonique à l'état normal exerce sur ces trois centres et par suite une action directe, encore inconnue, sur la substance nerveuse de ces centres. Il est probable que la mort arrive par la paralysie de fatigue consécutive à l'excitation exagérée de ces centres et l'asphyxie qui en est la conséquence. Beaucoup d'auteurs considèrent l'acide carbonique non comme un gaz toxique, mais comme un gaz simplement irrespirable.

2° **Oxyde de carbone**, CO. — L'oxyde de carbone rend les grenouilles immobiles et sans réaction ; il y a quelquefois de la dyspnée, jamais de crampes ; le cœur et les muscles sont paralysés. Les animaux à sang chaud meurent dans une atmosphère qui contient 1 p. 100 d'oxyde de carbone ; on remarque une dyspnée intense, des crampes, de l'exophthalmie, un élargissement de la pupille et de l'asphyxie ; il y a du sucre dans l'urine. Mais les altérations les plus importantes concernent le sang. Il est d'une couleur rutilante avec une légère teinte bleuâtre ; au spectroscope, il présente des raies d'absorption dans le jaune, semblables aux raies de l'oxyhémoglobine, mais un peu plus rapprochées, raies qui persistent malgré l'addition d'un corps réducteur, comme le sulfure d'ammonium. En effet, l'oxyde de carbone forme avec l'hémoglobine une combinaison cristalline rouge vif, plus tenace que l'oxyhémoglobine. Aussi l'oxyde de carbone décompose l'oxyhémoglobine et en chasse l'oxygène qu'il remplace volume à volume, tandis que l'oxyde de carbone ne peut être déplacé de sa combinaison par l'air ou l'oxygène qu'avec la plus grande lenteur. L'oxyde de carbone produit donc la mort par asphyxie, en empêchant le globule sanguin de fixer l'oxygène dans la respiration. Il est douteux qu'il y ait, outre cela, une action toxique directe du gaz sur les tissus.

3° **Acide cyanhydrique**, CAzH. — L'acide cyanhydrique est la plus toxique des substances connues. Chez la grenouille, il produit la perte des réflexes et la mort sans convulsions ; le cœur se ralentit et s'arrête ainsi que la respiration ; le cœur est rempli d'un sang clair. Chez les animaux à sang chaud, il y a des crampes tétaniques, spécialement des extenseurs, de la dyspnée, ou ralentissement du pouls, de la dilatation pupillaire, de l'exophthalmie, une paralysie générale avec perte des réflexes, de l'abaissement de température avec de la faiblesse du pouls et de la respiration qui finissent par s'arrêter. Le sang est habituellement foncé ; si la mort est très rapide, il est rouge-cramoisi. Les convulsions tétaniques sont peut-être dues à la paralysie du cœur. Le mécanisme d'action de l'acide cyanhydrique est encore inconnu. On ne sait non plus par où se fait son élimination de l'organisme.

Bibliographie. — Cl. Bernard : *Leçons sur les effets des substances toxiques et médicamenteuses*, 1857, et : *Leçons sur les anesthésiques et sur l'asphyxie*, 1875. — Hermann : *Lehrbuch der experimentellen Physiologie*, 1874. — Vulpian : *Leçons sur les substances toxiques.* — Voir aussi les traités de toxicologie.

QUATRIÈME PARTIE

PHYSIOLOGIE DE L'ESPÈCE.

PREMIÈRE SECTION

DE L'ESPÈCE EN GÉNÉRAL.

1° Caractères de l'espèce.

Il y a deux opinions en présence sur le sens qu'il faut donner au mot espèce. Les uns, comme Lamarck, Darwin, etc., considèrent l'espèce comme l'ensemble des individus tout à fait semblables entre eux par leur organisation ou ne différant les uns des autres que par des nuances très légères. Dans cette définition de l'espèce, on fait intervenir non pas un seul caractère, mais tous les caractères anatomiques et physiologiques suivant leur importance fonctionnelle, et il en résulte que, d'après cette opinion, qui me paraît la vraie, l'espèce, de même que la race et la variété, n'est qu'une *catégorie* purement rationnelle et qui n'a par conséquent rien d'absolu.

Les autres, comme Linné, Buffon, Cuvier, Agassiz et la plupart des naturalistes français, considèrent l'espèce comme quelque chose d'absolu, de primordial et d'immuable. La définition *orthodoxe*, qui n'est plus admise que par les théologiens, est la suivante : l'espèce est l'ensemble des individus qui descendent en droite ligne et sans mélange d'un couple unique et primordial. Seulement les naturalistes, voyant l'impossibilité de soutenir un seul moment cette définition, ont introduit dans la notion de l'espèce un facteur nouveau, la reproduction. L'espèce est devenue l'ensemble des individus semblables, susceptibles de se féconder par union réciproque ; puis : l'ensemble des individus semblables susceptibles de se féconder par union réciproque *en donnant des produits féconds ;* puis enfin : l'ensemble des individus semblables susceptibles de se féconder en donnant des produits *indéfiniment* féconds. En résumé, l'invariabilité et la persistance des formes à travers un nombre indéterminé de générations, telle serait la caractéristique de l'espèce (1).

---

(1) Voici la définition de Linné : *Species tot sunt quot diversas formas ab initio produxit Infinitum Ens ; quæ formæ, secundum generationis inditas leges, produxere plures, at sibi semper similes. Ergo species tot sunt quot diversæ formæ seu structuræ hodiedum occurrunt.*

Ce n'est pas ici le lieu de discuter la valeur de ces définitions de l'espèce. Je me contenterai de faire remarquer que, malgré ce criterium si absolu en apparence, les zoologistes et les botanistes sont loin de s'accorder sur le nombre et la limitation des espèces tant animales que végétales, et que des formes intermédiaires viennent à chaque instant faire hésiter le naturaliste et combler la séparation artificielle qu'il introduit entre les différentes espèces (1).

2° De l'origine des espèces.

Aux deux conceptions de l'espèce qui viennent d'être exposées correspondent deux théories différentes sur l'origine des espèces.

Pour les naturalistes orthodoxes, l'espèce est quelque chose de fixe et d'immuable ; les espèces sont permanentes dans l'espace et dans le temps ; elles ne peuvent varier que dans leurs caractères secondaires et accessoires ; elles ont toujours été ce qu'elles sont, elles seront toujours ce qu'elles sont actuellement. Il y a donc eu autant de créations, successives ou simultanées, qu'il y a d'espèces, vivantes ou éteintes, à la surface du globe. Si tous les êtres vivants se ressemblent plus ou moins, si les espèces paraissent liées entre elles par certains caractères communs, c'est d'après une loi d'harmonie universelle, la cause première ayant, dans la série des créations successives, répété le même type sous des formes variables ; la ressemblance des êtres vivants tient à l'unité de l'idée créatrice, *il y a seulement identité de type, il n'y a pas identité d'origine.*

Il est cependant peu de naturalistes qui admettent cette théorie dans toute sa rigueur. La plupart, peu conséquents avec leur principe, font dériver les différentes espèces de quatre ou cinq types primordiaux. Mais ils ne réfléchissent pas que, par cette concession, ils ruinent eux-mêmes leur définition de l'espèce, puisqu'ils admettent qu'un seul type a pu donner naissance à un certain nombre d'espèces différentes, ce qui implique la variabilité de l'espèce. Aussi ceux qui sont entrés dans cette voie, s'ils sont logiques, sont-ils obligés d'y marcher jusqu'au bout, comme l'a fait Darwin lui-même, qui, après avoir admis que tout le règne animal est descendu de quatre ou cinq types primitifs tout au plus, n'admet plus maintenant qu'un seul type primordial.

Ceci nous conduit à la seconde théorie, la seule acceptable dans les données actuelles de la science. Dans cette théorie *il y a non seulement identité de type, il y a identité d'origine ;* la ressemblance des êtres vivants ne tient pas à une simple loi d'harmonie supérieure, à un plan créateur unique, elle tient à une communauté réelle d'origine ; si tous les êtres se ressemblent, dans de certaines limites, c'est qu'ils sont tous issus de la même souche primitive. C'est la théorie connue sous le nom d'*évolution* ou de

---

(1) Dans le *Draba verna* de Linné, Jordan, appliquant logiquement la définition de l'espèce, ne trouve pas moins de deux cents formes distinctes qu'il déclare être de véritables espèces, toutes autonomes et irréductibles entre elles. (Voir Naudin : *Les Espèces affines et la Théorie de l'évolution.* Revue scientifique, 1875, n° 36.)

transformisme, théorie formulée, pour la première fois, par Lamarck, et qui, depuis les travaux de Darwin, a pris rang dans la science. Il n'y a pas d'alternative possible entre les deux opinions : ou bien toutes les espèces ont dû leur apparition à une création, et la science n'a rien à y voir, ou toutes les espèces ont été formées en vertu de lois naturelles, et dans ce cas l'hypothèse de l'évolution est celle qui explique le mieux les faits ; elle est par conséquent, jusqu'à nouvel ordre, la seule que la science puisse et doive accepter : ses lacunes n'accusent que l'imperfection de la science ; la première hypothèse en est la négation.

Par quels procédés les espèces ont-elles pu ainsi se former et apparaître dans le courant des siècles ? C'est le mérite de Darwin, d'avoir déterminé, mieux qu'on ne l'avait fait jusqu'alors, les conditions qui interviennent dans cette formation. Ces conditions sont au nombre de quatre : la variabilité, la concurrence vitale ou la lutte pour l'existence, la sélection naturelle et l'hérédité.

1° *Variabilité*. — Tous les êtres vivants ont une aptitude plus ou moins grande à varier, c'est-à-dire à s'écarter, par quelques caractères, du type de leurs parents immédiats. Ces variations sont ou acquises et dues à des circonstance diverses (influences des milieux, habitudes, etc.), ou innées ou plutôt héritées, c'est-à-dire qu'elles ne sont que le retour d'un caractère qui avait autrefois existé chez un des ascendants et qui avait disparu pendant une ou plusieurs générations. Quand les variations acquises sont légères, il y a formation d'une *variété*; quand elles sont notables, qu'elles portent sur plusieurs caractères ou sur des caractères importants comme ceux de la reproduction, et quand ces caractères sont devenus permanents dans une série de générations, il y a formation d'une *espèce*; l'espèce est donc une variété fixée, la variété une espèce commençante; pour que l'espèce se produise, il faut donc, comme on le verra plus loin, que l'hérédité et les autres conditions interviennent.

2° *Lutte pour l'existence*. — Tous les êtres organisés tendent à se multiplier suivant une progression rapide. L'espèce humaine, dont la reproduction est très lente, peut doubler en nombre dans l'espace de vingt-cinq ans, et si l'on prend la plupart des espèces végétales et animales, la progression est infiniment plus rapide. Il faut donc, et c'est ce qui arrive en effet, que des causes actives de destruction viennent entraver cette multiplication indéfinie. Ces causes sont multiples et ont été très bien étudiées par Darwin ; la plus importante, sans contredit, est le manque de subsistances. La loi de Malthus est applicable non seulement à l'homme, mais à tous les organismes vivants, et le résultat est le même. Dans cette lutte pour l'existence, les individus les plus forts, les plus vigoureux, les plus rusés, ceux qui ont quelque caractère utile, pourront survivre, tandis que les faibles périront, et ce qu'il y a à remarquer, c'est que les variétés intermédiaires dont les caractères sont moins tranchés, moins accusés, tendront à disparaître les premiers, de façon qu'au bout d'un certain temps on ne trouvera plus, par exemple, que les deux variétés extrêmes qui apparaîtront alors comme deux espèces différentes.

3° *Sélection naturelle*. — Parmi les caractères acquis par la variation chez un individu, il en est d'indifférents, mais ceux-là ne jouent aucun rôle dans la formation ou le maintien de l'espèce; aussi ne doit-on avoir égard qu'aux caractères utiles ou aux caractères nuisibles à l'individu. Quand ces caractères sont utiles, l'individu a plus de chances d'existence; il a plus de chances de mort quand ils sont nuisibles. Aussi on comprend comment étant donnés, tel milieu, tel habitat, tel climat, telle condition d'existence, une espèce s'accroîtra tandis qu'une autre finira par disparaître. Il se produit donc *naturellement*, parmi les êtres vivants, une véritable sélection analogue à la sélection artificielle à l'aide de laquelle les éleveurs produisent telle ou telle race. A la sélection naturelle se rattache la *sélection sexuelle*, à laquelle Darwin fait jouer un très grand rôle dans ses derniers ouvrages.

4° *Hérédité*. — Enfin l'hérédité est la dernière condition et la condition indispensable pour la formation des espèces. Pour que la variété devienne espèce, il faut que la variation acquise par l'individu se perpétue et se fixe dans ses descendants, et cette fixation ne se produit que quand les caractères acquis sont utiles à l'individu ou à l'espèce, puisqu'on a vu plus haut que, dans le cas contraire, l'espèce tend à disparaître.

Il y a probablement d'autres causes que celles indiquées par Darwin, mais dans l'état actuel de la question, elles sont les seules qui puissent être invoquées si on veut s'en tenir à l'examen des faits.

On a fait plusieurs objections à la théorie de Darwin. La principale est la suivante : Si toutes les espèces dérivent du même type primordial, on devrait retrouver les formes intermédiaires entre les espèces existantes. Mais, en premier lieu, on retrouve en effet, et chaque jour accroît leur nombre, ces formes de transition, et la meilleure preuve en est dans les divergences qui existent entre les naturalistes et dans les difficultés qu'ils éprouvent dans le classement et la délimitation des espèces. C'est ainsi qu'à la limite des deux règnes, végétal et animal, se trouvent des êtres qu'il est à peu près impossible de rattacher à l'un des deux règnes et qui constituent la transition de l'un à l'autre. C'est ainsi, pour ne citer qu'un exemple, que la lacune entre les vertébrés et les invertébrés semble devoir disparaître. On a trouvé récemment une corde dorsale dans les larves de certains mollusques tuniciers, les ascidies, et dans certaines espèces (*cynthia*) la queue de la larve d'ascidie atteint un degré d'organisation tel qu'elle se rapproche de celle des jeunes poissons ou des têtards de batraciens. Ensuite, comme le fait remarquer Darwin, il ne faut pas considérer deux espèces existantes comme provenant l'une de l'autre, et vouloir à tout prix trouver la forme intermédiaire entre ces deux espèces, mais il faut les considérer comme provenant toutes deux d'un ancêtre commun inconnu. Ainsi le pigeon-paon et le pigeon grosse-gorge ne descendent pas l'un de l'autre, mais ils descendent tous deux du pigeon de rocher et chacun par des formes intermédiaires qui lui appartiennent en propre. En outre, on a vu plus haut que les formes intermédiaires disparaissent plus facilement pour ne laisser subsister que les formes extrêmes. Enfin, les documents géologiques et paléontologiques sont encore trop incomplets pour qu'on puisse objecter à la théorie de Darwin la non-existence de formes intermédiaires dans les terrains fossilifères, d'autant plus que beaucoup de ces formes ont été retrouvées.

Quant à l'objection que jusqu'ici aucune espèce nouvelle n'a été formée sous nos yeux, elle tombe devant ce fait que l'espèce ne se forme que peu à peu et lentement, de sorte que les modifications successives qui se produisent pour faire de la variété une espèce, ne peuvent être saisies à un moment donné, pas plus que nous ne voyons le mouvement de l'aiguille qui parcourt cependant le cadran d'une montre en douze heures. D'ailleurs, si on leur montrait la production d'une espèce nouvelle pouvant se reproduire par le croisement de deux espèces différentes, les adversaires de la théorie s'empresseraient de dire que c'était à tort qu'on considérait ces deux espèces comme différentes puisqu'elles ont pu donner lieu à un produit fécond, et ils en feraient immédiatement des variétés.

Comment maintenant ont pu se produire ces types primordiaux, germes et ancêtres de tous les êtres organisés? Ici encore les deux opinions sont en présence. Les uns admettront une création, les autres, et la solution me paraît préférable, croient qu'il n'y a là qu'une transformation de la matière brute en matière vivante faite sous certaines conditions qui nous échappent et d'après des lois naturelles. Je crois inutile, du reste, de rappeler les hypothèses émises sur ce sujet, puisqu'il est impossible de les vérifier expérimentalement jusqu'à nouvel ordre.

DEUXIÈME SECTION

DE L'ESPÈCE HUMAINE.

1° Des races humaines.

Les caractères distinctifs de l'homme et de l'animal ont été décrits page 39. Je me contenterai ici de donner les caractères essentiels des différentes races humaines. On a admis pour les classifications des races humaines trois bases différentes, variables suivant les auteurs : l'organisation, la langue, l'habitat ; de là trois espèces de classifications des races humaines : les classifications anatomiques, les classifications linguistiques, les classifications géographiques. Dans un traité de ce genre, il ne peut s'agir que d'une classification anatomique, et la langue et l'habitat ne peuvent être utilisés que pour confirmer les données de l'anatomie et de la physiologie.

La classification anatomique s'appuie principalement, outre la forme générale, sur trois sortes de caractères : la couleur de la peau, le système pileux et l'ostéologie, spécialement sur l'ostéologie du crâne.

La plupart des naturalistes suivent la classification adoptée par Blumenbach et divisent l'espèce humaine en cinq races : race blanche ou caucasique, race jaune ou mongole, race brune ou malaise, race rouge ou américaine, race noire ou éthiopienne.

1° *Race caucasique.* — Le cerveau est volumineux ; le crâne est ovale, symétrique, ordinairement mésocéphale (indice céphalique entre 77 et 80), bien développé, et a une capacité qui varie de 1,400 à 1,572 centimètres cubes ; le front est haut, saillant, bombé ; le maxillaire inférieur est petit, les dents verticales, le nez plus ou moins droit, allongé, les cheveux lisses, clairs ou foncés, ayant souvent une tendance à friser. Elle habite l'Europe, l'Arabie, l'Asie-Mineure, la Perse, l'Indoustan et une partie de l'Amérique.

2° *Race mongole.* — Crâne pyramidal ; face large, aplatie, pommettes saillantes ; nez peu proéminent ; yeux écartés, étroits et obliques ; cheveux droits, gros et noirs; barbe rare, peau olivâtre ; taille peu élevée. La puberté se développe très vite dans cette race. Elle habite l'Asie et la partie Nord de l'Amérique.

3° *Race malaise.* — Les Malais présentent des caractères assez variables; ils ont le crâne élargi latéralement, ordinairement brachycéphale; les yeux sont noirs, largement ouverts, le nez épais, les lèvres grosses, les pommettes et la mâchoire saillantes, les cheveux noirs lustrés, la peau brune tirant tantôt sur le jaune, tantôt sur le rouge. La puberté est précoce. Ils habitent la Polynésie, les Philippines, l'archipel de la Sonde, la presqu'île de Malacca, Madagascar, etc.

4° *Race américaine.* — Le front est assez large, mais fuyant et déprimé ; les yeux grands et ouverts, le nez long et saillant, les lèvres assez minces, les cheveux noirs et lisses, la peau rouge ou cuivrée. Elle habite le nouveau continent.

5° *Race nègre.* — Le cerveau est petit, le crâne se caractérise par la dolichocéphalie et le prognathisme ; la capacité crânienne est de 1,347 centimètres cubes en moyenne et peut descendre à 1,228 (Australiens); le front est bas et fuyant, les yeux noirs et enfoncés, le nez large et écrasé à sa racine, les lèvres épaisses, les cheveux noirs, rudes, laineux, la peau noire ou brune, les bras longs, les mollets peu saillants, le pied plat. Ils habitent l'Afrique, l'Australie, Bornéo, Timor, etc.

2° Origine de l'espèce humaine.

L'homme ne peut être isolé du reste des êtres vivants auxquels le rattachent étroitement des affinités histologiques, anatomiques et embryologiques qu'il est impossible de récuser. Tous les éléments de l'organisme humain se retrouvent avec leurs caractères, leurs propriétés, leurs dimensions mêmes, dans l'organisme animal ; qu'on prenne chez l'un et chez l'autre une cellule épithéliale, une fibre musculaire, une cellule nerveuse, et, la plupart du temps, il sera à peu près impossible d'en déterminer la provenance ; il y a évidemment des différences, surtout pour certains éléments et pour des êtres éloignés, mais, d'une façon générale, on peut dire que la ressemblance est la règle, et la différence l'exception. Si l'on prend, au contraire, les êtres les plus rapprochés de l'homme, ce n'est plus de la ressemblance qu'il y a entre les éléments histologiques, c'est de l'identité. La parenté anatomique de l'homme avec les anthropomorphes a déjà été étudiée page 39, et on a vu que, comme l'a démontré Huxley, il y a moins de distance entre l'homme et les singes anthropomorphes qu'entre ceux-ci et les singes inférieurs ; *anatomiquement*, il serait plus facile de faire un homme d'un gorille, qu'un gorille d'un cynocéphale.

On se trouve donc conduit invinciblement à appliquer à l'homme la théorie de l'évolution, appliquée déjà à la formation des espèces animales, et il est difficile de ne pas arriver à cette conclusion si on examine de près les faits d'atavisme cités par Darwin et par Hœckel. Cette parenté généalogique de l'homme peut seule expliquer les organes rudimentaires, les anomalies et une partie des monstruosités qu'on rencontre dans l'organisme humain. Si l'on n'admet pas cette théorie de la descendance de l'homme, il faut renoncer à expliquer une foule de phénomènes physiologiques et pathologiques et considérer comme des *jeux de la nature* des faits qui s'interprètent au contraire facilement si l'on admet la généalogie animale de l'homme et l'influence réversive de l'atavisme.

Cela ne veut pas dire qu'on puisse trouver, dans une des espèces animales vivantes actuellement, les ancêtres directs de l'homme ; il est plus probable, au contraire, que les deux dérivent d'une souche commune, éteinte aujourd'hui, qui aurait donné naissance, en passant par une série de formes intermédiaires, aux anthropomorphes d'une part, aux ancêtres de l'homme primitif de l'autre.

3° L'homme préhistorique.

D'après quelques auteurs (l'abbé Bourgeois), l'homme aurait existé déjà dans la période tertiaire (miocène) ; ainsi on aurait trouvé des silex taillés avec des os de dinothérium. Mais les faits sont trop peu nombreux jusqu'ici pour qu'on puisse admettre sans réserve l'existence de l'homme tertiaire.

L'existence de l'homme quaternaire, au contraire, paraît aujourd'hui parfaitement démontrée. La période de l'existence antéhistorique de l'homme peut se diviser en quatre périodes secondaires auxquels on peut donner le nom d'âge de la pierre brute, âge de la pierre polie, âge de bronze et âge de fer.

1° *Age de la pierre brute.* (*Époque du diluvium, époque paléolitique*). — L'homme de cette époque était contemporain du mammouth, de l'ours des cavernes, du rhinocéros à poils de laine (*r. thicorinus*) et d'autres animaux disparus. Le renne était abondant (âge du renne), ce qui indique un climat différent du climat actuel. Le chien n'existait pas encore à l'état domestique. L'homme se servait d'instruments en corne, en os, en pierre. Les silex étaient d'abord simplement éclatés (âge de la pierre éclatée), puis taillés pour former des haches, des coins, des poinçons, etc. L'homme ne connaissait ni la poterie, ni les métaux ; il ne connaissait pas l'agriculture, car on n'a pu retrouver de céréales. Il était probablement chasseur et, en cas de besoin, anthropophage. C'est à cette époque que se rattachent les *kjökkenmöddings* ou amas de coquilles trouvés en Danemark. Le squelette de cette race préhistorique est peu connu : le tibia est aplati, l'humérus souvent perforé, la région mastoïdienne effacée. C'est à cet âge qu'appartiennent le crâne de Néanderthal, la race de Cro-Magnon, etc., et peut-être le crâne d'Engis. Cette période se divise elle-même en plusieurs époques, d'après les caractères des instruments en silex ou en os et la nature des ossements fossiles.

2° *Age de la pierre polie* (*âge néolithique*). — Les animaux de cette période sont le bos primigenius, l'aurochs, l'élan, le cerf, le sanglier, le porc ; le chien, le bœuf, le mouton, la chèvre, le porc vivaient à l'état domestique ; le cheval était rare, sinon inconnu. L'homme ne connaît encore aucun métal, sauf l'or, mais il polit ses instruments en silex ; il est agriculteur et pasteur ; il connaît le blé et l'orge et fait avec leur farine une sorte de pain ou plutôt de gâteau non levé. Il fabrique une poterie grossière, d'une cuisson très imparfaite, sur laquelle il trace des dessins avec le doigt, avec l'ongle, avec une corde enroulée autour. Il s'habille de peaux de bêtes, mais sait déjà tisser avec le lin et le chanvre quelques étoffes grossières. Les cadavres sont ordinairement ensevelis assis, quelquefois incinérés. Le crâne est brachycéphale, l'arcade sourcilière épaisse. C'est l'époque des grands tumuli et de quelques habitations lacustres.

3° *Age de bronze.* — Les animaux domestiques sont plus nombreux, et parmi eux on trouve le cheval. Il y a encore des instruments en pierre, mais les instruments et les objets de bronze sont très nombreux ; par contre, les objets en cuivre ou en étain pur sont excessivement rares. La monnaie est inconnue. Les poteries sont plus variées, mieux faites. Les ornements des poteries et des objets de bronze sont formés de dessins géométriques (cercles, spirales, etc.) très variés et souvent d'une grande délicatesse d'exécution ; il n'y a pas de figures de plantes ou d'animaux. C'est surtout dans cette période que la vie nomade paraît avoir fait place à la vie sédentaire. C'est l'époque des habitations lacustres, des dolmens, des cercles et des rangées de pierres. Les cadavres sont ordinairement incinérés, ce qui explique la rareté des crânes de cette période ; quelquefois cependant ils sont enterrés assis.

4° *Age de fer.* — Le fer remplace le bronze pour les armes, les haches, les couteaux ; le bronze est encore conservé pour les poignées, les objets d'art, les bijoux. La poterie est mieux faite et ressemble à la poterie romaine ; le verre paraît. Les dessins d'ornementation consistent surtout en imitation de plantes et d'animaux. Les cadavres sont enterrés couchés.

Bibliographie. — LAMARCK : *Philosophie zoologique et Histoire des animaux sans vertèbres,* 1815. — PRICHARD : *Histoire naturelle de l'homme, comprenant des recherches sur l'influence des agents physiques et moraux considérés comme cause des variétés qui distinguent entre elles les différentes races humaines ;* trad. par F. D. Roulin, Paris 1843. — GODRON : *De l'espèce et des races dans les êtres organisés et spécialement de l'espèce humaine,* 2° édition, Paris, 1872. — CH. DARWIN : *De l'origine des espèces ;* trad. par Mme C. Royer, 1862 ; — *La descendance de l'homme et la sélection sexuelle ;* trad. par Moulinié, 1872. — CH. LYELL : *L'Ancienneté de l'homme ;* trad. par Chaper, 2° édition, augmentée d'un précis de Paléontologie humaine par E. Hamy. Paris, 1870. — J. LUBBOCK : *L'homme avant l'histoire ;* trad. par Barbier, 1867. — HUXLEY : *La place de l'homme dans la nature.* Paris, 1868. — AGASSIZ : *De l'espèce et des classifications ;* trad. par Vogeli ; — DE QUATREFAGES : *Charles Darwin et ses précurseurs français,* 1870 ; *Crania ethnica, les crânes des races humaines, décrits et figurés d'après les collections du Muséum d'histoire naturelle de Paris, de la Société d'anthropologie,* etc. Paris, 1881, 1 vol. in-4 avec 100 pl. — HÆCKEL : *Morphologie générale des organismes ;* trad. par Letourneau, 1874. — DURAND DE GROS : *Les Origines animales de l'homme,* 1871. — OTTO SCHMIDT : *Descendance et Darwinisme,* 1875.

CINQUIÈME PARTIE

LE LABORATOIRE DE PHYSIOLOGIE.
TECHNIQUE PHYSIOLOGIQUE.

Les laboratoires sont pour le physiologiste ce que les salles d'hôpital sont pour le médecin. Le laboratoire, dit Cl. Bernard, est la condition *sine qua non* de développement de la médecine expérimentale ; et c'est là, ajouterai-je, que *se préparent* les progrès de la médecine pratique. Leur utilité n'a cependant été comprise que dans ces derniers temps, et tandis qu'en Allemagne il n'était pas d'Université, quelque petite qu'elle fût, qui n'eût son Institut physiologique, en France, les Facultés de médecine en étaient dépourvues. Aujourd'hui, il n'en est plus tout à fait de même, mais il y a encore bien des *desiderata* à combler, bien des progrès à faire. Aussi je crois utile, avant d'aborder l'étude générale de la technique physiologique, de dire en quelques mots ce que doit être un laboratoire de physiologie.

1° Du local.

Un laboratoire de physiologie devrait être, autant que possible, au rez-de-chaussée, au milieu d'une cour ou d'un jardin, dans lequel sont conservés les animaux nécessaires à l'expérimentation, de façon à les avoir toujours sous les yeux et à portée.

Le laboratoire même doit être composé de plusieurs salles correspondant aux diverses catégories d'opérations que le physiologiste est dans le cas de pratiquer ; on y trouvera donc :

1° Une salle de vivisections et de dissection ; elle doit être spacieuse, haute, aérée, très éclairée, dallée en pierre, en un mot construite à peu près sur le modèle des amphithéâtres d'anatomie ; cette salle doit représenter la partie centrale du laboratoire, la pièce dans laquelle toutes les autres s'ouvrent.

2° Une salle plus petite pour la micrographie, les expériences délicates, les appareils de précision (balances, appareils d'électricité, etc).

3° Une salle servant de laboratoire de chimie et possédant l'installation nécessaire pour tout ce qui concerne la chimie physiologique ;

4° Une petite pièce, pouvant être transformée facilement en chambre obscure pour certaines expériences de physique physiologique et spécialement d'optique ;

5° Enfin, s'il est possible, on réservera avec avantage deux pièces servant d'ateliers de moulage et de photographie.

L'installation du laboratoire, en dehors de l'outillage qui sera vu plus loin, comprend deux choses principales, le gaz et l'eau. Cette installation peut se résumer en quelques mots : du gaz et de l'eau partout, de façon à pouvoir conduire où l'on veut, à l'aide de tubes de caoutchouc, le gaz et l'eau dans un point quelconque du laboratoire. Si la pression de l'eau est suffisante, on peut à l'aide d'une trompe de laboratoire faire marcher un petit moteur hydraulique et on a ainsi une force motrice qu'on a bien souvent lieu d'utiliser, par exemple, pour pratiquer la respiration artificielle, pour faire marcher le thermo-cautère Paquelin, pour mettre en mouvement les cylindres enregistreurs, etc. Si la pression d'eau est insuffisante, il faut avoir recours à une petite machine à vapeur.

L'espace intérieur réservé aux animaux doit être dallé, en partie couvert et divisé en circonscriptions distinctes suivant la nature des animaux auxquels, autant que possible, on doit, en outre de l'abri qui les loge, laisser un peu d'espace et une certaine liberté. La grandeur et la forme des niches et des cages seront appropriées à l'espèce d'animaux qu'elles doivent renfermer (chiens, chats lapins, cobayes, poules, etc). Des niches distinctes, séparées des autres, permettront d'isoler complètement les animaux après l'opération. Quelques-unes des niches et des cages auront un fond à jour qui permettra de recueillir les urines. Les cages pour les petits animaux (rats, souris, oiseaux, etc), seront placées dans le laboratoire même, dans la salle des vivisections. Un bassin, avec des plantes aquatiques, recevra les grenouilles, les poissons, les animaux aquatiques dont on peut avoir besoin et alimentera les divers aquariums du laboratoire.

2° Vivisections.

1° *Choix de l'animal.* — Ce choix se déduit de la nature même de l'expérience et du but que se propose le physiologiste. Ici une connaissance parfaite de la structure des animaux les plus employés est indispensable à l'opérateur, et les particularités anatomiques ont la plus grande importance, car elles permettent chez tel animal une opération qui serait impossible sur une autre espèce. C'est là un des points les plus délicats de la technique physiologique et cette connaissance ne s'acquiert que par l'expérience et une expérience prolongée. Des renseignements nombreux sur ces particularités anatomiques se trouvent dans beaucoup de mémoires spéciaux et en particulier dans les ouvrages de Cl. Bernard, (*Leçons de Physiologie opératoire*. Paris 1879.) Ecker (*Icones physiologicæ*), Krause (*Anatomie* étude systématique, à ce point de vue, des principales espèces animales usitées en *des Koninchens*, etc.); mais il nous manque une vivisection.

2° *Contention de l'animal.* — La contention de l'animal peut se faire de trois façons principales différentes, qui du reste peuvent s'associer l'une à l'autre, contention mécanique, anesthésie, immobilisation par le curare.

a. *Contention mécanique.* — Il suffit quelquefois, surtout pour de petits animaux et des opérations très courtes, de les faire maintenir par un aide. Les grenouilles, les petits mammifères, etc., peuvent être piqués simplement sur un liège avec des épingles. Mais pour la plupart des animaux et pour beaucoup d'opérations, il faut des appareils et des procédés spéciaux.

Procédés de contention mécanique. — 1° *Planchettes.* Pour de petits animaux lapins, cobayes, etc., on emploie des planchettes excavées dans leur milieu et percées sur leurs bords de trous dans lesquels passent des courroies qu'on attache aux pattes de l'animal. — 2° *Gouttières.* Schwann, Blondlot, Cl. Bernard ont imaginé des gouttières plus ou moins compliquées pour maintenir les animaux et spécialement les chiens. La figure 488 représente la *gouttière brisée* de Cl. Bernard. A, B est la base de la gouttière ; de cette base s'élèvent les deux ailes C, C' composées de deux pièces dont la supérieure est mobile sur l'inférieure par les charnières e, e'. Sur les côtés, un rapport D, composé de plusieurs pièces (a, b, c) est fermé de façon à pouvoir soutenir les ailes brisées dans les diverses positions latérales qu'on peut leur donner. A l'extrémité A de la gouttière se trouve le mors m, qui se place dans la gueule de l'animal. Ce mors peut glisser sur deux montants verticaux n, n', et peut par l'intermédiaire de la plaque p, p, se fixer dans diverses positions sur la tige S qui le rattache à la gouttière. Le mors est introduit derrière les canines et les mâchoires maintenues par une ficelle comme dans la figure. On peut donner ainsi à l'animal toutes les posi-

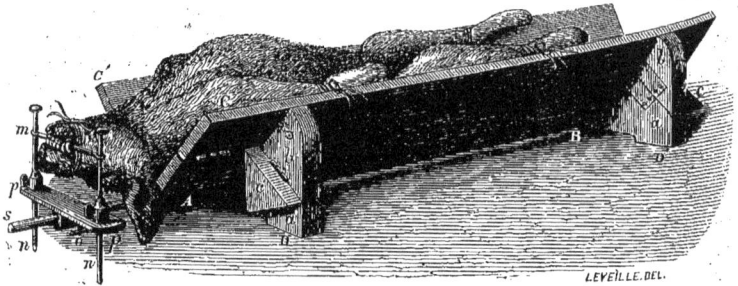

Fig. 488. — *Gouttière brisée de Cl. Bernard.*

tions sur la gouttière. Un mors analogue peut être employé chez le chat. — 3° *Appareil contentif de Czermak.* Cet appareil très employé dans les laboratoires sert surtout pour le lapin. Cet appareil se compose d'une planchette (fig. 489, 0,0.) sur laquelle est attaché l'animal. A l'extrémité de cette planchette est fixée une tige de fer verticale sur laquelle glisse

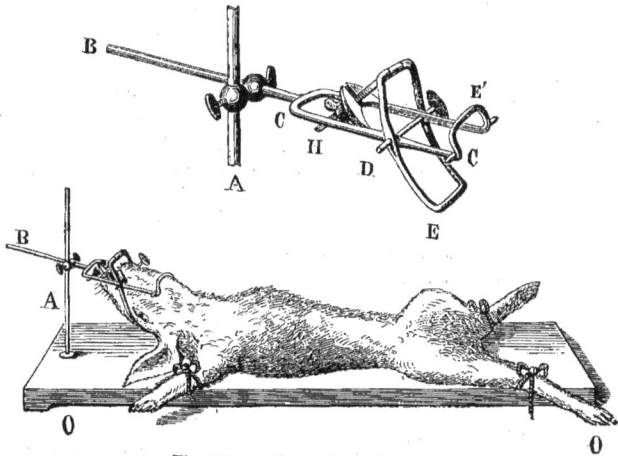

Fig. 489. — *Appareil de Czermak.*

l'appareil de Czermak. Un mors en fer D est introduit derrière les incisives du lapin puis à l'aide de la vis H on rapproche les deux branches E et E' qui s'appliquent l'une sur le crâne, l'autre sur le maxillaire inférieur de façon que la tête est solidement fixée. L'appareil peut du reste s'incliner dans tous les sens suivant les besoins de l'opération. — 4° *Appareil contentif de Tatin.* Cet appareil (fig. 490) se compose d'un demi-anneau qui prend un point d'appui sur l'occipital et est fixé solidement dans n'importe quelle position sur une vis ; un anneau complet, mobile le long de la tige qui supporte le demi-anneau s'applique sur la mâchoire et maintient la tête. Il y en a différents modèles pour le lapin, le chat, le cobaye, le rat, la figure 490 représente l'appareil appliqué sur le rat. — 5° *Table à vivisection de Cl. Bernard.* Cl. Bernard avait imaginé une table à vivisection qui pouvait être employée pour les animaux de taille différente et pour la description de laquelle je renvoie à sa *Physiologie opératoire* (p. 121). — 6° *Contention des animaux de grande taille.* Pour le bœuf, le cheval, etc., on emploie les appareils dont on se sert dans les écoles vétérinaires pour maintenir ces animaux. — Il a été imaginé un grand nombre d'autres appareils dont je ne parlerai pas, les précédents étant les plus usités. Chaque physiologiste trouvera du reste facilement suivant chaque animal et la nature de l'opération qu'il veut entreprendre la disposition instrumentale appropriée.

Il faut toujours se rappeler que la simple contention mécanique de l'animal réagit toujours sur sa circulation et sur sa respiration, et il est prudent d'attendre que l'état normal soit revenu avant de commencer l'opération. Cette précaution est surtout nécessaire quand il s'agit d'étudier le pouls, la pression sanguine, la respiration, la température, etc. Ainsi l'immobilisation d'un animal fait baisser sa température.

Fig. 490. — *Appareil contentif de Tatin.*

b. *Anesthésie.* — L'anesthésie peut être obtenue soit par les anestésiques proprement dits, soit par les narcotiques, substance dont l'action a été étudiée dans la Toxicologie physiologique.

Procédés d'anesthésie. — 1° *Inhalations*. — On peut employer l'éther, le chloroforme, le bromure d'éthyle, etc., en inhalations. Pour les petits animaux, lapin, chat, cobaye, rat, etc., il suffit de les placer sous une cloche dans laquelle on verse l'anesthésique sur une éponge. Pour le chien on peut employer avec avantage la muselière représentée fig. 491 et dont la seule inspection fait com-

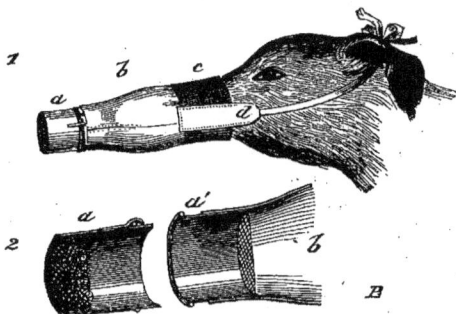

Fig. 491. — *Muselière pour l'anesthésie du chien.* (Cl. Bernard) (*).

prendre le mécanisme. — 2° *Chloral.* Le chloral s'emploie surtout en injections intra-veineuses ; pour le chien il en faut 5 grammes environ. — 3° *Narcotiques*. On emploie de préférence le chlorhydrate de morphine en injections sous-cutanées ou dans les vaisseaux.

c. *Immobilisation par le curare.* — Le curare ayant la propriété de paralyser les nerfs moteurs en laissant intacts les mouvements du cœur et la plupart des fonctions, Cl. Bernard en a profité pour s'en servir comme de moyen contentif. Chez les animaux à sang froid, comme la grenouille, le procédé est très commode et peut être employé facilement. Chez les animaux à sang chaud, la paralysie des nerfs, des muscles inspirateurs arrête bientôt la respiration et par suite les mouvements du cœur. Il faut donc chez eux pratiquer en même temps la respiration artificielle.

(*) 1, Muselière appliquée à l'animal. — 2, coupe de la muselière. — b, corps de la muselière. — d, prolongement portant le lien qui sert à la fixer. — a, boîte recevant l'éponge imbibée de chloroforme.

Procédés pour la respiration artificielle. — Pour pratiquer la respiration artificielle, on introduit dans la trachée une canule à laquelle s'adapte un soufflet avec lequel on souffle de l'air dans les poumons en imitant autant que possible le rythme et l'ampleur des mouvements respiratoires de l'animal ; l'air expiré s'échappe par une ouverture latérale de la canule. La figure 492 représente le soufflet pour la respiration artificielle. Ce soufflet présente deux soupapes, la soupape ordinaire S qui laisse entrer l'air dans le soufflet quand on en écarte les branches, une soupape S' qui laisse échapper l'air du soufflet et des poumons quand les branches du soufflet sont rapprochées (expiration). Ce soufflet peut être mû par la main, mais il y a tout avantage à le faire marcher à l'aide d'un moteur (chute d'un poids, mouvement d'horlogerie, moteur à vapeur, moteur électrique, moteur à eau, pendule, etc.). En tout cas le rythme et l'amplitude des insufflations doivent être réglés d'après la taille et l'espèce de l'animal en expérience. Il existe un grand nombre d'appareils à respiration artificielle mais dont il est inutile de donner une description spéciale. Les *canules trachéales* employées pour la respiration artificielle peuvent présenter différentes formes. Les trois figures suivantes représentent plusieurs modèles différents dus à François-Franck. La canule de la figure 493, qui s'introduit dans la trachée en tournant le biseau de la canule du côté des bronches peut rester fixée sans qu'il y ait besoin de faire de ligature de la trachée. Il en est de même de la plaque trachéale de la figure 494 ; une fois la partie V introduite on fait glisser la plaque mobile V' vers le haut à l'aide d'une soude cannelée. Un pavillon à clapet s, s' peut se fixer soit sur la canule trachéale comme on le voit dans la figure 493 soit sur la plaque trachéale de la figure 494. Quand on veut étudier les gaz de la respiration, ce pavillon à clapet peut être remplacé par le tube à double soupape de la figure 495.

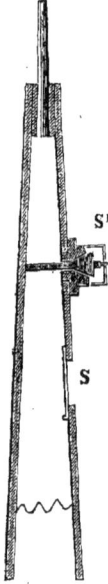

Fig. 492. — *Soufflet pour la respiration artificielle.*

3° *Opération.* — Le mode opératoire varie évidemment suivant l'opération elle-même, il n'y a là qu'à suivre les règles ordinaires de la médecine opératoire ; le physiologiste doit être en effet doublé d'un chirurgien et il doit connaître à fond toutes les ressources de la chirurgie pour pouvoir les employer au besoin.

Aussi n'y a-t-il pas lieu de tracer ici des règles spéciales pour les vivisections ; seulement le but du physiologiste étant tout autre que celui du chirurgien, la marche à suivre est un peu différente. Le chirurgien opère vite, *cito*,

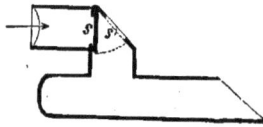

Fig. 493. — *Canule trachéale restant fixée sans ligature.*

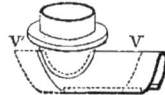

Fig. 494. — *Plaque trachéale à glissière.*

pour arriver le plus tôt possible au but même de l'opération ; le *cito* a beaucoup moins d'importance pour le physiologiste ; au contraire, il peut même avoir des inconvénients ; il doit en effet saisir au passage toutes les manifestations de l'activité vitale qui se produisent sous ses yeux pendant le cours de l'opération, car toutes les circonstances qui ne sont qu'accessoires pour le chirurgien, peuvent mettre le physiologiste sur la voie d'une exploration et quelquefois d'une découverte nouvelle ; il doit donc, sans perdre de vue le but même de l'opération, avoir l'œil sur tout ce qui se passe chez l'animal et dans les organes qu'il voit à nu.

4° *Après l'opération.* — L'observation de l'animal après l'opération constitue une partie délicate de la tâche du physiologiste. Dans beaucoup de cas, le phénomène observé est simple et l'observation en est facile ; mais dans d'autres cas, les phénomènes produits par la vivisection sont si nombreux et se succèdent avec une telle rapidité que leur observation, et par conséquent leur analyse devient d'une extrême difficulté, c'est ce qui arrive la plupart du temps dans les expériences sur les centres nerveux.

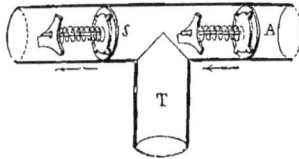

Fig. 495. — *Tube à double soupape se montant sur la canule trachéale.*

Ordinairement les animaux opérés sont isolés les uns des autres et mis à part; il y a lieu en effet de les soumettre à des conditions spéciales (soins, nourriture, observation) qui ne peuvent se faire que dans ces conditions. Quant aux soins chirurgicaux et hygiéniques qu'il faut donner aux animaux opérés, ce sont les mêmes que ceux qui sont employés journellement dans le traitement consécutif des opérations chez l'homme et il n'y a pas lieu d'y insister.

5° *Mise à mort des animaux.* — Pour sacrifier les animaux, on peut employer divers procédés, qui varient naturellement suivant l'expérience qui a été faite sur l'animal. Je me conterai d'énumérer les principaux. Ces procédés sont : l'asphyxie (strangulation, pendaison, ligature de la trachée, ouverture du thorax, etc), la saignée, la section du bulbe, l'injection de l'air dans les veines, l'empoisonnement (acide cyanhydrique, cyanure de potassium, injection d'une grande quantité d'alcool, etc.), l'anesthésie poussée à ses dernières limites, l'électricité, etc.

6° *Autopsie.* — Il n'y a pas non plus de règle particulière à tracer pour l'autopsie. Seulement un principe dont il ne faut pas se départir, c'est, toutes les fois que la chose est praticable, de faire l'autopsie *immédiatement* après la mort. On peut ainsi observer les phénomènes qui se passent dans le corps immédiatement après la mort, ce qu'on n'a jamais l'occasion de faire chez l'homme ; on peut avoir les organes avant que toute altération cadavérique, quelque minime qu'elle soit, se soit produite ; on étudie de suite ceux qui ne peuvent se conserver sans altération (globules sanguins, certains épithéliums, etc.) : on met de suite dans des liquides conservateurs ceux qui doivent être examinés plus tard ; on prend note de la persistance des propriétés vitales dans les divers tissus, etc., etc. Enfin, l'autopsie doit être complète, c'est-à-dire que le physiologiste doit s'aider de toutes les ressources du microscope et de l'analyse chimique.

L'autopsie une fois faite, un autre devoir s'impose, celui de conserver tout ce qui peut présenter un intérêt physiologique ou anatomique ; chaque laboratoire de physiologie doit, au bout de quelques années, posséder un véritable musée de physiologie pathologique et au bout de quelque temps la réunion de toutes ces pièces, dont le numéro d'ordre renvoie à l'histoire détaillée de l'observation, constituera un ensemble précieux de documents.

3° Micrographie.

Le microscope doit être à demeure sur la table du physiologiste. Même en mettant à part les recherches de physiologie élémentaire et histologique qui en demandent l'emploi continu, il n'y a pas de recherche physiologique, quelle qu'elle soit, qui ne puisse exiger, à un moment donné, l'intervention du microscope. Naturellement l'outillage micrographique devra être très complet et tenu toujours au courant des progrès modernes, mais ce n'est pas ici le lieu de développer ce sujet pour lequel je renvoie aux traités spéciaux.

4° Chimie physiologique.

Les mêmes réflexions peuvent s'appliquer à la chimie physiologique qui a pris tant d'extension dans ces dernières années ; sans vouloir exiger du physiologiste une universalité qu'aucun homme ne peut atteindre, il faut cependant que son laboratoire soit outillé pour qu'il puisse y faire toutes les recherches possibles de chimie physiologique. Là encore, c'est aux ouvrages spéciaux que je renverrai le lecteur. Outre les réactifs et les produits usuels, tout laboratoire de physiologie doit posséder une collection de produits de chimie physiologique et de toxicologie.

5° Appareils et instruments.

Outre les appareils et les instruments spéciaux pour les vivisections, la micrographie et la chimie physiologique, le laboratoire de physiologie doit posséder un certain nombre d'appareils et d'instruments fondamentaux. Je vais les passer brièvement en revue.

A. — *Appareils et instruments de mesure.*

1° **Mesure des longueurs.** — *Compas ordinaire.* — *Compas d'épaisseur.* — *Pied à coulisse avec vernier.* — *Cathétomètre.* — *Micromètres,* etc.

2° **Mesure des surfaces.** — La mesure des surfaces sert surtout pour obtenir les moyennes des courbes recueillies par les procédés enregistreurs qui seront étudiés plus loin. On peut y arriver par plusieurs procédés.

Procédés de mesure des surfaces. — 1° *Pr. des carrés.* On prend un papier quadrillé transparent qu'on applique sur la courbe et on compte le nombre de carrés compris entre la courbe et la ligne des abscisses ; ce nombre divisé par la longueur de l'abscisse donne l'ordonnée moyenne. — 2° *Pr. de Volkmann.* — Le papier sur lequel est inscrit le graphique doit être d'une épaisseur très égale et très uniforme de texture. On découpe le papier en suivant la courbe du graphique, la ligne des abscisses et les deux ordonnées extrêmes ; le poids donne le poids total du graphique, et s'il s'agit, par exemple, d'une courbe de température, le poids correspond à la totalité des degrés observés ; ce poids total divisé par le nombre de jours, donnera le poids moyen ou autrement dit la température moyenne par jour. — 3° *Pr. géométrique.* On élève des ordonnées, on prend leur somme et on la divise par le nombre des intervalles. — 4° *Planimètres. Planimètre d'Amsler.* Voir les traités de physique.

3° **Mesure des poids.** — *Balances de précision.* — *Trébuchet.* — *Bascule Roberval,* pour peser les lapins, les chats, les cobayes, etc. *Bascule* pour peser les chien.

4° **Mesure des densités.** — *Densimètres.* — *Alcoomètres.* — *Pèse-urines,* etc.

5° **Mesure des volumes.** — a. *Gaz.* — *Eudiomètres.* — *Gazomètres,* divers compteurs à gaz, etc. — b. *Liquides.* — *Pipettes, burettes* jaugées, etc. — c. *Solides.* — Plonger le corps dans un vase gradué contenant de l'eau ; l'augmentation du niveau du liquide donne le volume du corps. Kersten a imaginé un appareil plus perfectionné (Gscheidlen. Phys. Methodik, p. 31).

6° **Mesure de la pression atmosphérique.** — *Baromètres.*

7° **Mesure de la température.** — *Thermomètres.* — Les thermomètres usités en physiologie sont de plusieurs espèces. Les uns ne servent qu'à donner la température des milieux ambiants, air, eau, etc., et ne présentent rien de particulier. Les autres sont destinés à prendre la température des animaux (aisselle, rectum, bouche, intérieur des cavités et des organes, etc.) et sont par conséquent analogues aux thermomètres à échelle fractionnée, usités en médecine; mais ils doivent être encore plus précis et plus sensibles. Du reste, les règles d'application sont les mêmes que dans l'emploi des thermomètres médicaux, mais elles doivent être observées avec bien plus de rigueur encore. Tous les laboratoires doivent posséder aussi un thermomètre étalon, vérifié, et dont on doit être sûr, avec lequel on puisse de temps en temps comparer les thermomètres ordinaires. Pour l'emploi des appareils thermo-électriques, voir page 1063.

8° **Mesure du temps.** — La mesure du temps peut se faire avec une montre à secondes, un métronome, etc., mais le meilleur procédé consiste à inscrire sur un cylindre enregistreur dont la vitesse est connue le début, les phases diverses et la fin du phénomène qu'on veut étudier; on obtient ainsi avec la plus grande facilité la durée du phénomène et de ses diverses périodes. Voir plus loin: chronographie.

B. — Appareils enregistreurs.

Appareils enregistreurs. — 1° Représentation graphique des phénomènes physiologiques. — Les phénomènes physiologiques peuvent toujours être représentés graphiquement. Supposons, par exemple, qu'on veuille représenter ainsi la température d'un animal pendant une journée; on prend un papier quadrillé offrant une série de lignes verticales, parallèles et équidistantes (ordonnées), coupées par une série de lignes horizontales, parallèles (abscisses). On choisit, au bas de la feuille, une ligne, ligne des abscisses, sur laquelle on marque successivement, en allant de gauche à droite, les heures de la journée; chacune des heures, de 0 à 24, correspond à la base d'une ordonnée. L'ordonnée qui correspond au zéro constitue la ligne des ordonnées; on y marque les degrés du thermomètre en allant de bas en haut, de façon que chaque degré corresponde à l'endroit où les lignes horizontales rencontrent la ligne des ordonnées. On inscrit alors, pour chaque heure de la journée, le degré de température obtenu en plaçant le chiffre à l'intersection de l'abscisse et de l'ordonnée correspondante. Si on réunit les points ainsi obtenus par des lignes, on a une courbe continue qui représente graphiquement la marche de la température dans les 24 heures. En général, les temps et les durées s'inscrivent sur la ligne des abscisses, les intensités sur la ligne des ordonnées. Mais tout phénomène ou toute loi à 2 variables peut toujours se représenter de la même façon. C'est ainsi qu'on a dressé les courbes de la population d'un pays d'année en année, de la mortalité, suivant les âges, etc., etc.

2° Enregistrement graphique direct des phénomènes physiologiques. — Une grande partie des phénomènes physiologiques ne sont autre chose que des phénomènes de mouvement mécanique qui peuvent toujours par conséquent se transmettre à un levier, soit immédiatement, soit s'ils sont trop faibles, après avoir été amplifiés. Si on place à l'extrémité oscillante de ce levier un pinceau et qu'on mette ce pinceau en contact avec une feuille de papier, les oscillations du levier s'inscrivent sur cette feuille et y traceront le graphique du mouvement. Si la feuille est immobile, les graphiques se superposeront, et si le mouvement se fait dans le sens vertical, le pinceau tracera une simple ligne droite verticale; mais si la feuille se déplace d'un centimètre, par exemple, par seconde, le mouvement du levier donnera non plus une ligne verticale, mais une ligne courbe et on aura un graphique ressemblant tout à fait aux graphiques précédents, avec cette seule différence que le mouvement s'est inscrit de lui-même sur la feuille. La rapidité du déplacement de la feuille influera donc sur la forme de la courbe; si la vitesse est très grande, l'étendue de la ligne des abscisses comprise entre les deux extrémités de la courbe sera très considérable; si la vitesse est très faible, cette étendue sera beaucoup moindre. C'est ce que montrent les deux courbes de la contraction musculaire prises avec des vitesses différentes dans la figure 137, page 438 (A, vitesse très faible; B, vitesse assez grande.) Pour faciliter ce mode d'enregistrement direct des phénomènes physiologiques, il a fallu inventer toute une série d'appareils et d'instruments spéciaux et aujourd'hui, grâce aux travaux de Marey principalement, ce mode d'expérimentation est d'un usage journalier en physiologie.

Il y a trois choses à considérer dans l'enregistrement d'un mouvement physiologique, le mouvement lui-même, la transmission du mouvement et le tracé du graphique ou l'enregistrement du mouvement. Ces trois points doivent être examinés successivement.

a. *Mouvement.* — Du mouvement lui-même, il y a peu de chose à dire. Ces mouvements peuvent être accomplis par des gaz (respiration), des liquides (sang) ou des solides (mouvements musculaires), et la disposition des appareils devra être variée suivant la nature même du corps en mouvement. En outre de sa nature, deux choses ont une importance capitale, la vitesse et l'amplitude du mouvement; les mouvements trop rapides ou trop lents sont plus difficiles à enregistrer, on y arrive encore grâce à la perfection des appareils, mais l'amplitude du mouvement présente plus de difficultés; mais ces difficultés ont été surmontées et on enregistre des mouvements aussi imperceptibles que ceux du pouls et aussi étendus que ceux de la course.

b. *Transmission du mouvement.* — La transmission du mouvement jusqu'au levier écrivant peut se faire de plusieurs façons et, dans un appareil donné, il pourra y avoir successivement plusieurs modes de transmission.

Cette transmission peut se faire *par l'air*, comme dans les sonnettes à air. C'est ce qui se fait, par exemple, dans un des appareils les plus utiles en physiologie, le *tambour à levier* ou *tambour inscripteur, tambour du polygraphe*, de Marey (fig. 496). Il consiste en une

Fig. 496. — *Tambour à levier de Marey.*

petite capsule métallique sur l'ouverture de laquelle se trouve tendue une membrane de caoutchouc qui la ferme complètement. Sur la membrane de caoutchouc est collée une petite plaque d'aluminium rattachée par une petite fourchette à un levier écrivant, de façon que tous les mouvements de soulèvement et d'abaissement de la membrane se traduisent par des ascensions et des descentes correspondantes du levier agissant comme un levier du troisième genre. L'intérieur du tambour contient de l'air et communique avec l'extérieur par un tube sur lequel on peut adapter un tube en caoutchouc. Toutes les fois que l'air du tambour subit une augmentation de pression, la membrane de caoutchouc s'élève, et avec elle le levier écrivant; c'est l'inverse quand la pression diminue. Ainsi, si on met en rapport cet appareil avec la trachée de l'animal, ou chez l'homme avec une narine (voir page 434), les variations de pression de l'air des voies aériennes réagissent sur la membrane du tambour et le levier baisse dans l'inspiration et monte dans l'expiration (voir fig. 269, p. 916; les graphiques recueillis par ce procédé). Si on met l'air du tambour en rapport avec la branche libre d'un manomètre, d'un manomètre à mercure, par exemple, les variations de la colonne mercurielle amènent des oscillations correspondantes du levier écrivant. Enfin, au lieu d'être engendrées par les mouvements d'un liquide, les variations de pression de l'air du tambour peuvent se produire par les mouvements de va et vient d'une pièce solide, comme dans le cardiographe de Marey (page 993), le sphygmoscope (pages 1044 et 1055), le pneumographe (page 914), etc.

La transmission du mouvement peut se faire *par les liquides*. C'est ce qui a lieu, par exemple, dans les manomètres à mercure employés pour mesurer la pression sanguine (page 1040); dans ce cas, le levier écrivant est supporté, comme dans le kymographion de Ludwig (page 1043), par une tige qui surmonte un index d'ivoire qui s'élève et s'abaisse avec le niveau du mercure, à moins qu'on ne préfère, comme on vient de le voir tout à l'heure, adapter le tambour du polygraphe à la branche libre du manomètre.

La transmission du mouvement *par les solides* de peut se faire deux façons différentes, par des leviers ou par des ressorts. *Dans les appareils à levier*, dont le type se trouve dans les myographes d'Helmholtz (fig. 127, page 427) et de Marey (fig. 128, page 428), ou dans le sphygmographe du même auteur (page 1020), le levier agit ordinairement comme levier du premier genre, quelquefois comme levier du troisième genre, et dans ces cas le mouvement se trouve habituellement amplifié ; aussi doit-on toujours, dans les graphiques, faire la part de cette amplification du mouvement, facile à calculer, du reste, d'après la longueur des deux bras de levier de la puissance et de la résistance. Cette amplification du mouvement détermine ordinairement, comme le fait remarquer Marey, une déformation du graphique dont il faut tenir compte ; c'est ainsi que, dans le sphygmographe, le levier écrivant décrit un arc de cercle au lieu de décrire un mouvement vertical. En outre, en vertu de la vitesse acquise, le levier tend à s'élever plus haut qu'il ne devrait, son mouvement d'ascension continuant encore après la cessation de l'action qui le soulevait ; pour parer à cet inconvénient, il faut diminuer la masse du levier de façon à lui donner la plus grande légèreté possible, augmenter les frottements de la pointe écrivante contre le papier, et dans certains cas employer des ressorts ou des poids comme dans le sphygmographe et le myographe de Marey.

Dans les *appareils à ressorts*, dont le type est le *kymographion* de Fick (fig. 369, p. 1045), la pression agit sur un ressort métallique comme dans les baromètres anéroïdes et le levier écrivant se trouve rattaché plus ou moins directement à l'extrémité mobile du ressort.

c. *Enregistrement du mouvement.* — Cet enregistrement exige un appareil de réception. Je décrirai seulement les formes les plus usuelles de ces appareils.

Appareil écrivant. — L'*appareil écrivant* consiste tantôt en une pointe, une plume, un ressort mince, effilé, etc., qu'on trempe dans l'encre ou dans une matière colorante et qui trace le graphique sur un papier blanc, tantôt en une pointe sèche qui trace des traits blancs sur un papier enfumé. L'essentiel est que le frottement ne soit pas trop considérable entre le papier et la pointe écrivante.

Appareil de réception. — Cet appareil est toujours constitué par une surface animée d'une certaine vitesse. On a donné différentes formes à ces appareils. Ainsi on a employé des disques tournants comparables au disque rotatif de Newton, des plaques supportées par un pendule oscillant, des plaques mues par un mouvement d'horlogerie, comme dans le sphygmographe de Marey, ou des bandes de papier sans fin se déroulant comme dans les télégraphes de Morse ; c'est ce système qui est employé dans le *polygraphe* de Marey. Un mouvement d'horlogerie fait tourner un cylindre vertical devant lequel passe en le contournant une bande de papier glacé. Cette bande est pressée contre le cylindre au moyen de deux galets d'ivoire qui sont entraînés par la rotation du cylindre ; la feuille de papier est alors conduite comme dans un laminoir et se dévide indéfiniment d'une grosse bobine sur laquelle elle était enroulée (voir : Marey, *Du mouvement dans les fonctions de la vie*, page, 150). Mais le plus usité des appareils de réception est le cylindre enregisteur (fig. 497). Il se compose d'un cylindre dont la rotation est déterminée par un mécanisme d'horlogerie. Ce cylindre peut acquérir, en le plaçant sur des axes différents, des vitesses variables, et en général, dans les appareils perfectionnés, on peut avoir ainsi trois vitesses différentes (cent tours par minute, un tour en dix secondes, un tour en une seconde et demie). Mais ces vitesses sont rendues uniformes et régulières, grâce à l'adjonction à l'appareil d'un régulateur de Foucault qui est représenté dans la figure. Le cylindre peut du reste être placé dans la position verticale ou dans la position horizontale. On fixe sur le cylindre une feuille de papier blanc sur laquelle s'écrivent les graphiques et qu'on noircit en l'exposant à une flamme fuligineuse ou mieux à la flamme d'une petite bougie (rat de cave). Marey a disposé les appareils de façon à pouvoir recueillir sur la même feuille un grand nombre de graphiques ; aussi la figure 135, page 435, représente plusieurs courbes de la contraction musculaire disposées les unes à côté des autres en *imbrication latérale*. Il suffit pour cela de

Fig. 497. — *Cylindre enregistreur.*

faire arriver la dernière contraction musculaire un peu après que le cylindre a accompli un tour entier et ainsi de suite. On emploie dans ce but la disposition suivante représentée dans la figure 495 et due à Marey. Sur l'axe du cylindre sont deux roues dentées concentriques, R, à 100 dents et R' à 99 dents. Sur un support mobile est une autre roue, de 100 dents qui porte une goupille au moyen de laquelle l'extrémité d'une tige oscillante est soulevée à chaque tour de roue ; c'est cette pièce oscillante qui tantôt rompt, tantôt laisse passer le courant excitateur. Si on relie la roue à goupille à la roue R à 100 dents, à chaque révolution électrique il y a une seule excitation qui se reproduit toujours au même instant ; si on la relie à la roue R' de 99 dents, la seconde excitation ne se produit que 1/100e de seconde après la première excitation et on a l'imbrication latérale de la figure 135. Si on la relie à la roue R de 100 dents et qu'on fasse en même temps glisser le myographe sur un

petit chemin de fer ou sur une vis parallèlement à l'axe du cylindre, les secousses musculaires se font toutes exactement au même instant de la révolution du cylindre, mais elles
s'inscrivent les unes au-dessous des autres ; c'est là ce qui constitue l'*imbrication verticale,*
telle qu'on la voit dans la figure 134, page 434. En combinant les deux procédés on obtient
ce que Marey appelle l'*imbrication oblique* qui permet de réunir un grand nombre de gra-

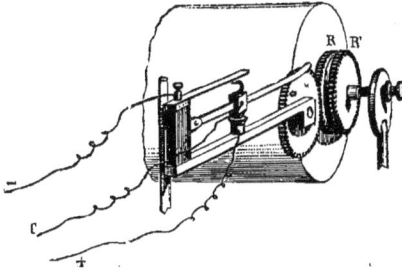

Fig. 498. — *Appareil destiné à exciter les nerfs à certains instants de la rotation
du cylindre* (Marey).

phiques sur une même surface. Au lieu d'actionner les cylindres par un mouvement d'horlogerie, on peut employer soit un moteur à vapeur, soit un moteur à eau, soit un moteur électrique. L'avantage de ces appareils est de donner au cylindre toutes les vitesses que l'on
désire, depuis une rotation très lente jusqu'à une rapidité de rotation permettant de mesurer
facilement des dix-millièmes de seconde.

Pour fixer les graphiques tracés sur un papier enfumé, il suffit de les plonger dans une
solution de gomme laque dans l'alcool.

C. — *Chronographie.*

La mesure de la durée du mouvement se fait facilement puisqu'on connaît la vitesse du cylindre et sa circonférence ; mais si l'on veut arriver à une grande précision, le meilleur moyen est d'enregistrer en même temps les vibrations d'un diapason ; il suffit d'adapter à une des branches d'un diapason dont le nombre des

Fig. 499. — *Chronographe de Marey.*

vibrations est connu, un stylet écrivant et d'enregistrer ces vibrations en
même temps que le mouvement qu'on veut étudier, comme on en a un exemple dans la figure 139, page 441. On connaît ainsi par le nombre de vibrations la
durée exacte d'un mouvement, quelque rapide qu'il soit. Les vibrations du diapason sont entretenues par l'électricité. Au lieu de faire inscrire directement les
mouvements d'un diapason il vaut mieux employer ce diapason comme interrupteur
d'un courant de pile qui actionne un *chronographe* de Marey. Ce chronographe
(fig. 499) se compose d'un style effilé muni d'une masse de fer doux et vibrant à
l'unisson du diapason. A côté du style est un petit électro-aimant qui en entretient
les vibrations. Pour les durées plus longues on peut employer un pendule qui bat

BEAUNIS. — Physiologie, 2ᵉ édit. 90

les secondes, et qui en rompant et en fermant tour à tour un courant de pile, produit des mouvements alternatifs dans un électro-aimant muni d'une pointe écrivante.

Mais il ne suffit pas de connaître la vitesse exacte du cylindre ; il faut connaître la durée du phénomène que l'on étudie et pour cela en inscrire le début et la fin. Ceci se fait au moyen de *signaux*. Quand le phénomène n'a pas une durée extrêmement courte, on peut employer les *signaux à air*. Ces signaux consistent en deux tambours conjugués ; quand on fait mouvoir le levier d'un tambour, celui du second tambour trace sur le cylindre le signal du mouvement. Mais ces signaux à air se transmettent avec un léger retard, voisin de la vitesse de transmission du son. Aussi vaut-il mieux, quand la durée du phénomène est courte, employer les *signaux électriques* et spécialement le *signal de Deprèz*.

Signal de Deprèz. — Ce signal se compose (fig. 500) de deux bobines électro-magnétiques qui, au moment où le courant passe, attirent le fer doux placé au-dessus d'elles et avec

Fig. 500. — *Signal électrique de Marcel Deprèz.*

lui le style écrivant ; dès que le courant est rompu, un ressort antagoniste relève le levier jusqu'à la prochaine clôture. Deprèz a perfectionné ces signaux en combattant les influences qui diminuent leur instantanéité, savoir l'inertie de l'armature et la durée des phases d'aimantation et de désaimantation. Pour cela, il diminue le plus possible la masse du fer doux et du style et donne une force considérable au ressort antagoniste.

Névrotome à signal électrique. — François-Franck a fait construire par Galante un petit appareil pour signaler le moment de la compression ou de la section d'un nerf et

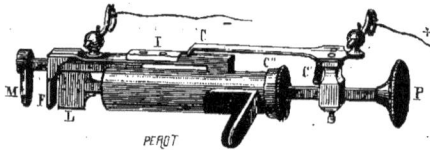

Fig. 501. — *Névrotome à signal électrique.*

la durée de cette section ou de cette compression. Le nerf étant saisi entre les branches M et F de l'instrument, on pousse le piston P qui se termine par une lame L, mousse ou tranchante, suivant les conditions de l'expérience. Cette lame s'engage dans la bifurcation de la branche F, et à l'instant précis où elle touche le nerf, la rupture d'un courant se produit quand le contact C passe sur la pièce isolante I. Quand le nerf a été comprimé ou sectionné, le courant se referme par le contact du point C' et du point C''. Le signal de Deprèz, intercalé dans le circuit, donne l'indication de la rupture et de la fermeture.

D. — *Appareils d'électricité.*

Les appareils d'électricité nécessaires dans un laboratoire de physiologie sont très nombreux et un certain nombre d'entre eux ont été décrits dans le courant de l'ouvrage. Je mentionnerai seulement les plus importants.

A. **Sources d'électricité.** — 1° *Courants constants.* — On peut employer les différentes espèces de piles : piles de Daniell (zinc et cuivre), de Grove (zinc et platine), de Bunsen (zinc et charbon), de Grenet (zinc et charbon ; bichromate de potasse remplaçant l'acide nitrique), de Pincus (chlorure d'argent), de Leclanché (zinc, charbon et chlorhydrate d'ammoniaque), etc., etc. Les piles de Daniell et de Grove sont celles qui présentent le plus de constance. On emploie en général des batteries formées de plusieurs petits éléments, à cause de la résistance des tissus de l'organisme. On peut graduer l'intensité des courants de diverses façons, soit en prenant un plus ou moins grand nombre d'éléments, ce qui est un mauvais système, soit en interposant dans le circuit des résistances (*rhéostats*, colonnes liquides, tissus animaux), soit en employant les courants dérivés (*rhéocordes*) (1). On peut employer aussi les piles thermo-électriques.

2° *Courants induits*. — Des appareils pour produire les courants induits, le meilleur et le plus usité est l'appareil à chariot de Du Bois-Reymond.

L'appareil à chariot de Du Bois-Reymond est disposé de la façon suivante (fig. 502). L'interruption du courant se fait par le même mécanisme que dans l'interrupteur de Wagner. Le courant arrive par la colonne A, passe en *a* dans le ressort du trembleur de l'interrupteur et, quand ce ressort touche la vis *v*, va par cette vis dans la bobine primaire B ; quand elle a parcouru toute la bobine, elle passe dans le petit électro-aimant en fer à cheval

Fig. 502. — *Appareil à chariot de Du Bois-Reymond.*

D, et de là sort par la borne A'. Dès que le circuit est fermé et que le courant inducteur s'établit, l'électro-aimant D attire la pièce de fer doux E ; le trembleur s'écarte de la vis *v* et le courant est interrompu ; dès que le courant s'arrête, l'électro-aimant D n'agit plus, la pièce E se relève par l'élasticité du ressort qui va toucher la vis *v* et le courant passe de nouveau. En même temps, à chaque fermeture et ouverture du courant dans la bobine primaire, il se produit dans la bobine secondaire B' des courants instantanés qu'on peut recueillir à l'aide de deux bornes invisibles dans la figure. La bobine secondaire glisse dans deux rainures et peut être rapprochée plus ou moins de la bobine primaire qu'elle peut même coiffer complètement, et plus on éloigne les deux bobines, plus on diminue l'intensité du courant induit. Enfin deux bornes I permettent de recueillir l'extra-courant. Les courants de rupture et de fermeture sont non seulement de sens contraire, mais ils n'ont ni la même intensité, ni la même durée et n'ont pas la même action physiologique. Le courant de fermeture est plus faible et plus long, le courant de rupture plus fort et plus court, ce qui est dû à ce que le premier est affaibli et ralenti par l'extra-courant de sens contraire et la différence des deux courants est d'autant plus marquée que l'extra-courant de fermeture est plus développé et les tours de la bobine primaire plus nombreux. Helmholtz a remédié à cet inconvénient en modifiant le marteau de Wagner de façon que la spirale de la bobine pri-

(1) Pour la mesure des forces électro-motrices et les procédés de compensation, voir les traités de physique.

maire soit toujours fermée et que les variations du courant ne se fassent que par la fermeture ou la rupture d'un circuit dérivé accessoire (dispositif d'Helmholtz). L'extra-courant de rupture se forme alors et affaiblit le courant de rupture. Les deux courants ont alors à peu près la même intensité d'action. On peut dans l'appareil de Du Bois-Reymond remplacer l'interrupteur de Wagner par d'autres interrupteurs de façon à faire varier dans des limites très étendues le nombre des interruptions.

3° *Électricité statique. Condensateur.* — Le condensateur et son mode d'emploi ont été décrits page 521. Je ne traiterai ici que de la disposition employée par François-Franck pour obtenir des décharges d'une fréquence variable.

Cette disposition est représentée dans la figure 503 (la comparer avec la figure 171, page 521). La modification consiste dans l'addition d'un interrupteur spécial. Une pièce oscillante I, par

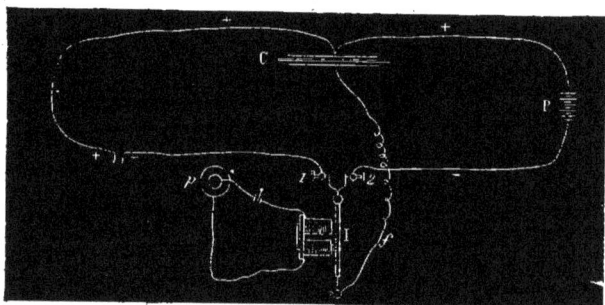

Fig. 503. — *Schéma de la disposition du condensateur pour obtenir une série de décharges d'une fréquence variable.*

ses contacts alternatifs avec les bornes 1 et 2, charge et décharge le condensateur avec une rapidité variable suivant le réglage du trembleur. Ce dernier est mis en mouvement par une pile *p* formant relais dans l'ensemble de l'appareil. Le signal électro-magnétique est placé dans le circuit de cette pile.

L'appareil représenté figure 498 peut être employé avec le condensateur ; dans ce cas le fil C est relié au condensateur.

B. **Appareils accessoires.** — 1° *Appareils pour rompre et fermer le circuit.* — Il existe un grand nombre de ces appareils. Le plus usité est le levier-clef de Du Bois-Reymond.

Le *levier-clef* de Du Bois-Reymond (fig. 504) se compose d'une tablette en caoutchouc durci, sur laquelle sont fixées deux bornes métalliques A et B. Un prisme en laiton qu'on fait basculer à l'aide d'une poignée isolante C établit la communication entre les deux bornes quand on l'abaisse, ou l'interrompt quand on le relève, comme dans la figure ; quand on relève la clef, le courant de la pile passe dans le circuit dérivé A I B ; quand on l'abaisse, le courant passe en entier à travers le prisme en laiton et le circuit A I B ne reçoit rien du courant, à cause de sa résistance bien plus considérable. Le levier-clef peut encore s'employer d'une autre façon ; si on intercale dans le courant, se faisant suite, le nerf et le levier, le circuit est fermé en abaissant le levier, rompu quand on le relève. Le levier-clef ne peut être employé quand le circuit présente une très faible résistance, ainsi il ne peut être utilisé pour fermer le circuit d'une bobine primaire d'un appareil d'induction ; il vaut mieux dans ce cas employer le mercure. Du Bois-Reymond a modifié dans ce sens son levier-clef (*Levier-clef à mercure*).

2° *Interrupteurs.* — Les interrupteurs servent à obtenir des fermetures et des ouvertures rythmiques des courants à des intervalles réguliers. On peut varier à l'infini la forme et la disposition des interrupteurs et quelques-uns de ces appareils

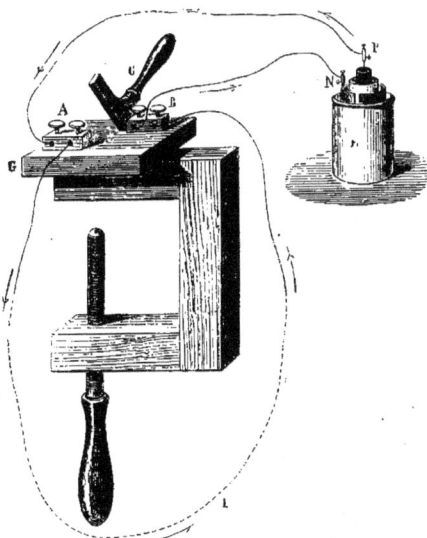

Fig. 504. — *Levier-clef de Du Bois-Reymond.*

ont déjà été décrits plus haut (Interrupteur de Wagner de l'appareil à chariot de Du Bois-Reymond, appareil à rotation de Marey) (fig. 498, etc.). On peut se servir de métronomes à contact métallique ou à contact de mercure, de pendules interrupteurs, de diapasons, de lames vibrantes, etc., etc. Un bon interrupteur doit permettre de faire varier dans des limites très étendues le nombre des interruptions.

3° *Commutateurs.* — Ces appareils permettent non seulement d'interrompre et de rétablir à volonté le courant, mais encore d'en changer instantanément le sens. Un des plus usités est le commutateur de Ruhmkorff.

Fig. 505. — *Commutateur de Ruhmkorff.*

Le *commutateur de Ruhmkoff* (fig. 505) a la disposition suivante. Sur un cylindre d'ivoire i, tournant autour d'un axe à l'aide du bouton E, sont fixées deux bandes longitudinales de cuivre qui communiquent, l'une, a, par le support m, avec le pôle positif de la pile, l'autre, c, par le support m', avec le pôle négatif. Sur le cylindre appuient les extrémités de deux ressorts fixés à deux bornes opposées e et e' d'où partent les fils qui forment le circuit. Si les extrémités des ressorts tombent dans les intervalles des lames métalliques et sont en contact avec l'ivoire, le courant est interrompu ; si le ressort s appuie sur le cuivre, le courant entre par d, va dans la lame de cuivre a, de là dans le ressort s et dans la borne e, parcourt le circuit dans le sens de la flèche, revient à la borne e', va dans le ressort correspondant dans la lame c, et sort par m'. Pour changer le sens du courant, on fait tourner le cylindre de 180°, de façon que la lame c vienne toucher le ressort s. On emploie beaucoup en Allemagne les *gyrotropes* de Pohl (à mercure), de Dujardin, etc.

4° *Galvanomètres.* — Leur description se trouve dans les traités de physique. Je décrirai seulement le *galvanomètre à miroir.*

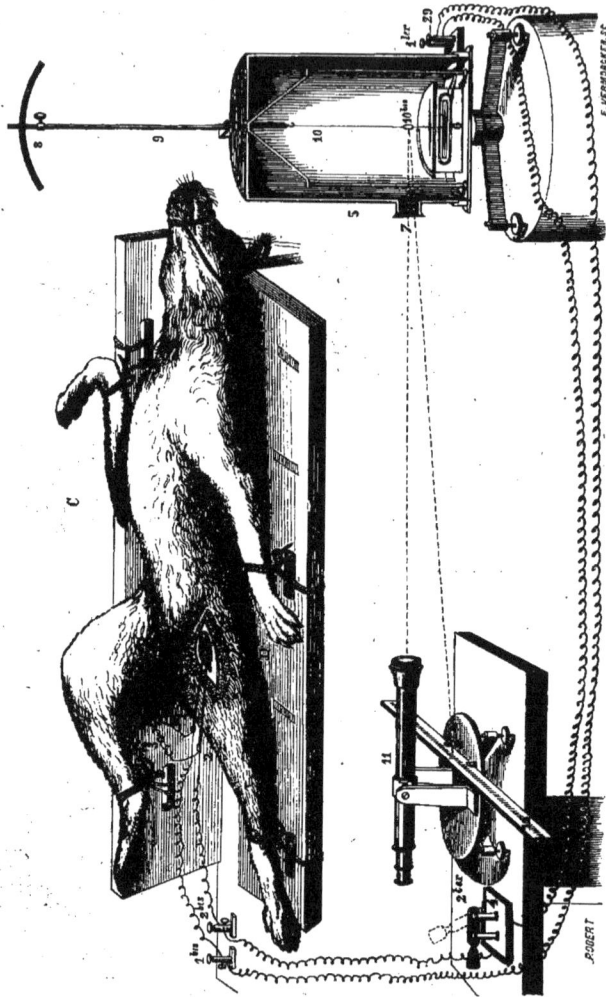

Fig. 506. — *Installation des expériences thermo-électriques* (*).

Le galvanomètre à miroir (fig. 503) est à fil gros et court offrant fort peu de résistance.

(*). 1, 2, sondes thermo-électriques dans les vaisseaux cruraux ; 3, fil unique qui les accouple ; 1 *bis*, 2 *bis*, bornes de la table où se rendent les fils des sondes ; 1 *ter*, 29, bornes du galvanomètre ; 2 *ter*, manette de l'interrupteur ; 4, interrupteur ; 5, cage du galvanomètre ; 6, aiguilles astatiques ; 7, verre plan ; 8, barreau directeur ; 9, tige qui les supporte ; 10, fil de cocon suspenseur ; 10 *bis*, miroir plan ; 11, lunette du viseur ; 12, échelle divisée ; D, gouttière ; C, chien servant à l'expérience. Le courant partant de 1 va à 1 *bis*, puis à 1 *ter*, traverse le galvanomètre, revient à 2 *ter* où on peut l'interrompre en levant la manette dans la position pointillée, va à la borne 2 *bis*, puis à la sonde 2, et revient au point de départ par le fil de jonction 3 (Cl. Bernard).

Le système astatique qui constitue les aiguilles doit être le plus léger possible ainsi que le miroir qu'il supporte. Pour ne pas influencer l'appareil par son voisinage l'expérimentateur fait les lectures à distance à l'aide d'une lunette placée sur un pied en face du miroir. La lunette porte une règle divisée dont les divisions sont réfléchies par le miroir du galvanomètre. Un barreau aimanté (8, fig. 506) permet de diriger le système astatique et de le rendre indépendant des variations d'intensité du magnétisme terrestre. La disposition des aiguilles thermo-électriques a été décrite page 1065.

C. — Appareils d'excitation. — *Electrodes.*

On peut employer des dispositions très variées suivant les parties qu'on veut exciter et un certain nombre de ces dispositions ont déjà été décrites dans le courant du livre (voir fig. 128, p. 428 ; fig. 172, p. 522 ; fig. 176, p. 531 ; fig. 344, p. 997 ; fig. 473, p. 1326). Dans les expériences délicates pour éviter la polarisation, on se sert habituellement d'électrodes dits *impolarisables.*

Les *électrodes impolarisables* sont constitués essentiellement par des lames de zinc amalgamé plongeant dans une solution de sulfate de zinc. On peut leur donner diverses formes ; on peut placer la solution où plonge le zinc amalgamé dans un tube de verre fermé à sa partie inférieure par un bouchon d'argile plastique ; on place, comme dans la figure 142, page 470, les parties dans lesquelles doit passer le courant sur des coussinets de papier à filtrer plongeant dans une solution de sulfate de zinc. Donders a figuré et décrit, dans les *Archives de Pflüger,* t. V, page 3, une forme très commode d'électrodes impolarisables. Les deux électrodes doivent être réunis (en maintenant naturellement leur isolement) et doivent jouir d'une certaine mobilité de façon qu'on puisse leur donner la position qu'on désire : cette mobilité s'acquiert soit en les reliant à leur support par une articulation dite *genou à coquille,* soit, comme le fait Marey, en les rattachant à un tube de plomb qui, grâce à sa flexibilité et à son peu d'élasticité, prend et garde toutes les positions qu'on lui donne (voir fig. 128, p. 428). La figure 507 représente un excitateur imaginé par François-Franck et très commode pour les excitations de nerfs qui doivent avoir une certaine durée. Il se compose de deux anneaux de zinc amalgamé servant d'électrodes et isolés l'un de l'autre par un tube de verre. Le nerf

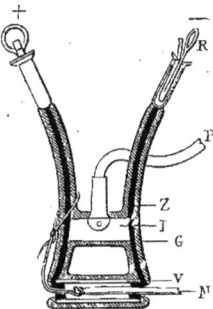

Fig. 507. — *Excitateur de François-Franck* (*).

est attiré dans la cavité du tube et fixé par le fil qui a servi à l'introduire dans le tube excitateur. On fait couler dans le tube une goutte de chlorure de sodium à 1/100ᵉ et la capillarité empêchant le liquide de s'écouler, le nerf ne se dessèche pas.

D. Actions d'induction unipolaires.

— Du Bois-Reymond a constaté que dans certaines circonstances il peut se produire une contraction dans une grenouille préparée, une patte galvanoscopique, par exemple, même quand le circuit est rompu ; ainsi quand la préparation forme le bout d'un circuit d'induction et que l'autre bout du circuit est en rapport avec le sol ou plus facilement encore quand un point de la préparation même communique avec le sol. C'est à ces phénomènes que Du Bois-Reymond a donné le nom d'actions d'induction unipolaires. Ces effets se produisent encore quand les deux extrémités du circuit sont assez rapprochées l'une de l'autre pour qu'elles puissent agir par influence l'une sur l'autre, surtout quand ces extrémités se terminent par de larges surfaces. Ces actions unipolaires se produisent aussi quand la fermeture du circuit est incomplète, par exemple quand la fermeture se fait par un mauvais conducteur comme un nerf. Ainsi un muscle en rapport avec le sol peut se contracter par de forts courants

(*) P, tige en plomb fixée à une plaque d'ivoire I ; Z, tige de zinc amalgamé formant conducteur ; V, tube de verre isolant les deux zincs ; G, gutta-percha isolant l'appareil ; N, nerf introduit dans le tube excitateur et fixé avec un fil.

d'induction qui traversent le nerf du muscle même quand le nerf est lié entre le muscle et les électrodes. Il y a là une cause d'erreur dans les expériences sur les excitations nerveuses avec les courants d'induction. Pour éviter ces effets pour la théorie desquels je renvoie aux mémoires spéciaux, il suffit de prendre les précautions suivantes : ne pas employer de courants trop forts, bien isoler la préparation et relier l'électrode le plus rapproché du muscle au sol par les tuyaux de conduite de l'eau ou du gaz. A la fin de l'expérience on fait l'expérience de contrôle en répétant l'excitation après avoir lié le nerf entre les électrodes et le muscle (1).

Pour les autres appareils et instruments, étuves, régulateurs, etc., voir les ouvrages spéciaux.

6° Personnel du laboratoire.

Tout ce qui vient d'être mentionné peut s'acquérir facilement et de suite ; il suffit de pouvoir faire les dépenses nécessaires ; mais il n'en est pas de même du personnel. Il faut du temps pour avoir un personnel exercé, et le goût des études physiologiques est encore trop nouveau en France pour qu'il ait pu se former un personnel physiologique analogue à celui qui existe pour la chimie, par exemple, ou pour la clinique. Pour un laboratoire installé comme celui qui vient d'être supposé dans les pages précédentes, le nombre des préparateurs devrait correspondre à peu près aux principales catégories de travaux physiologiques et, sans les parquer étroitement dans une spécialité, il devrait y avoir pour les travaux de vivisection, de micrographie, de chimie et de physique, autant de préparateurs distincts.

Quant aux servants de laboratoire, leur nombre est toujours insuffisant ; un seul individu ne peut évidemment suffire à tous les besoins, et dans un laboratoire bien outillé il faudrait au moins trois servants, un pour la chimie et la physique, un pour les vivisections, un pour les soins à donner aux animaux. Mais dans les laboratoires français, nous sommes bien loin de ce nombre.

7° Laboratoire de l'étudiant.

Dans les Facultés de médecine, quelques étudiants seulement peuvent être admis dans les laboratoires de physiologie ; mais si ces laboratoires sont à peine suffisants dans de petites Facultés, comme celle de Nancy, par exemple, il en est à plus forte raison de même dans celle de Paris. Là, en effet, l'immense majorité des étudiants ne sait pas ce que c'est qu'un laboratoire de physiologie, et dans les écoles secondaires il en est de même, vu l'absence complète de laboratoire. On ne peut nier cependant que la physiologie ne soit aussi nécessaire au médecin que l'anatomie et la chimie ; on ne comprendrait pas l'étude de l'anatomie et de la chimie sans travaux pratiques ; n'en est-il pas de même pour la physiologie ? Il m'a semblé qu'il y avait quelque chose à faire dans cet ordre d'idées et que dans l'impossibilité de trouver accès dans des laboratoires qui sont insuffisants ou n'existent pas, chaque étudiant pourrait avoir chez lui et à peu de frais *son laboratoire de physiologie.*

Ce laboratoire pourra comprendre :

1° Les réactifs et les substances les plus nécessaires, eau distillée, acides azotique, sulfurique, chlorhydrique, acétique, sulfhydrique, de l'ammoniaque, de la soude, de la baryte, du chlorhydrate d'ammoniaque, de la teinture d'iode éten-

(1) Voir sur ce sujet : Du Bois-Reymond, *Untersuch.*, t. I, p. 423, et Hermann, *Physiol. des Nervensystems*, dans : *Handb. d. Physiol.*, p. 86. On y trouvera l'historique complet de la question.

due, de l'iodure de potassium, de l'alcool, de l'éther, du chloroforme, du chloral, la liqueur de Barreswil, le réactif de Millon, du papier de tournesol.

2° Les appareils de chimie indispensables, une lampe à alcool avec un support, une douzaine de verres à pied, deux douzaines de tubes à essais, quelques petits ballons, quelques entonnoirs, des agitateurs, quelques tubes de verre de diamètre différent, une fiole à jet, une éprouvette graduée, quelques verres de montre, trois ou quatre capsules en porcelaine de grandeur différente, quelques soucoupes en porcelaine, du papier à filtrer, des bouchons en liège et un perce-bouchons, des tubes en caoutchouc de diverses grandeurs, etc. ; deux grands bocaux servant d'aquarium pour les grenouilles, quelques vases et bocaux pour les préparations, un pèse-urine, un bain de sable, etc.

3° Des instruments ordinaires de dissection, pinces, scalpels fins, ciseaux, etc. ; des planchettes de liège pour fixer les grenouilles, un thermomètre ordinaire et un petit thermomètre médical à échelle fractionnée, une seringue à injection sous-cutanée ou simplement une petite seringue en verre à bout effilé ; la pointe s'introduit par une piqûre faite à la peau de la grenouille avec les ciseaux ; — un sablier marquant la demi-minute ; une balance trébuchet ; — une pince de Pulvermacher ; une petite pile au bichromate ; — un compas ; — un diapason avec une pointe écrivante.

4° Un appareil enregistreur constitué par un disque rotatif, comme les disques rotatifs de Newton, sur lequel on fixe un papier enfumé. Peut-être arrivera-t-on à construire des cylindres enregistreurs faits avec moins de précision et qui suffiraient cependant pour les recherches et pourraient, à cause de leur prix, être abordables aux étudiants. Il me semble qu'un cylindre enregistreur mû simplement par un poids serait facile à construire et suffisant pour la plupart des expériences.

5° Un levier myographique simple, comme celui du myographe de Marey. Ici encore, il serait désirable que les constructeurs pussent en fabriquer à meilleur marché.

6° Un tambour à levier de Marey.

7° Un cardiographe constitué par un simple tambour analogue au tambour de l'explorateur à deux tambours conjugués (voir fig. 335, page 997) et qui pourrait servir à la fois pour la respiration, le cœur et le pouls carotidien.

8° Un microscope avec tout l'outillage nécessaire et les réactifs indispensables, tels qu'ils sont indiqués dans tous les traités de micrographie.

Avec cette installation sommaire dont le total ne dépasse certainement pas 300 fr., l'étudiant peut étudier pratiquement les principales questions physiologiques et répéter les expériences fondamentales, même en se restreignant à un seul animal, la grenouille. Il pourra étudier le sang, la lymphe, l'urine, la bile, la salive et les principaux liquides de l'organisme ; les digestions naturelles peuvent être faites facilement dans l'estomac vivant chez la grenouille ; on peut chez elle pratiquer des fistules gastriques, l'extirpation des poumons, de la rate, la ligature du foie, etc. Les mouvements du cœur et les conditions diverses qui les influencent, les mouvements de l'intestin, de la vessie, etc., y sont d'une observation facile ; les expériences fondamentales sur les muscles, les nerfs, la moelle, l'encéphale, peuvent être répétées sur elle ; le microscope montrera la circulation capillaire dans la membrane interdigitale ou dans le mésentère de la grenouille ; la patte galvanoscopique permettra de déceler les courants électriques des muscles et des nerfs ; enfin, le développement des œufs et des têtards de grenouille fournira un vaste champ d'observations curieuses et instructives. D'un autre côté, l'étudiant peut étudier sur lui-même ou sur ses camarades les mouvements respiratoires et un certain nombre d'autres fonctions ; quelques appareils très simples qu'il peut fabriquer lui-même lui permettront de répéter une partie des expériences de la vision et l'habitueront aux observations délicates sur les sensations. Enfin, avec un bain de sable placé l'hiver dans un poêle, il pourra faire des digestions artificielles et étudier facilement l'action de la salive et du suc gastrique.

Il serait à désirer qu'un constructeur intelligent prît l'initiative de fabriquer ainsi et de réunir dans une caisse portative et peu volumineuse tous les appareils indiqués ci-dessus, on aurait ainsi le *laboratoire de l'étudiant.*

8° De l'emploi clinique des appareils enregistreurs.

Le temps est encore éloigné où les appareils enregistreurs seront employés couramment dans la pratique ordinaire. Cependant dès à présent chaque service d'hôpital devrait être muni d'un certain nombre d'appareils permettant l'inscription graphique des principaux phénomènes, respiration, pouls, battements du cœur, etc. Les recherches de Marey ont tellement perfectionné les appareils enregistreurs que leur maniement est aujourd'hui devenu des plus faciles et qu'en très peu de temps, avec un peu d'exercice, tout médecin peut apprendre à s'en servir d'une façon très convenable.

Les appareils nécessaires dans un service clinique sont les suivants :

1° Le *polygraphe clinique* de Marey qui n'est autre chose qu'un véritable cylindre enregistreur portatif (Voir pour sa description : Marey, *Trav. du laboratoire* 1878-1879 ; page 217).

2° Un *explorateur à tambour de la pulsation du cœur* (Voir : fig. 327, page 993).

3° Un *sphygmographe à transmission* (fig. 456, page 1023).

4° Un *pneumographe* (fig. 266, p. 914).

5° Un *myographe* (fig. 132, p. 431).

6° Un *sphygmographe ordinaire* (Voir page 1020).

La description et le mode d'emploi de ces divers appareils sont donnés dans les paragraphes correspondants, ainsi que l'interprétation des tracés obtenus.

Bibliographie. — CL. BERNARD : *Introduction à l'étude de la médecine expérimentale,* 1865 ; — *Leçons sur les anesthésiques et l'asphyxie,* 1875 ; — *Leçons de physiologie opératoire,* 1879. — MAREY : *Du mouvement dans les fonctions de la vie,* 1868 ; — *La Méthode graphique,* 1879 ; — *Travaux du laboratoire,* 1875-1879, 4 vol. ; — ECKER : *Die Anatomie des Frosches,* 1864. — KRAUSE : *Anatomie des Kaninchens,* 1848. — BURDON-SANDERSON : *Hand-book for the physiological laboratory,* 1873. — CYON : *Methodik der physiologischen Experimente,* 1876. — GSCHEIDLEN : *Physiologische Methodik,* 1876-1881. Voir aussi les traités de micrographie, de physique et de chimie médicale.

9° Anatomie de la grenouille.

C'est en vue du paragraphe précédent que je donne les six figures suivantes destinées à guider l'étudiant dans la connaissance de la constitution anatomique de la grenouille.

Les deux premières figures qui représentent le squelette de la grenouille n'ont pas besoin de légende explicative ; l'étudiant retrouvera facilement dans l'ostéologie de l'homme les noms des divers os du squelette ; les deux figures suivantes représentent l'appareil musculaire ; la cinquième, empruntée à Cl. Bernard, figure le système circulatoire ; la dernière représente, d'après Ecker, l'ensemble du système nerveux.

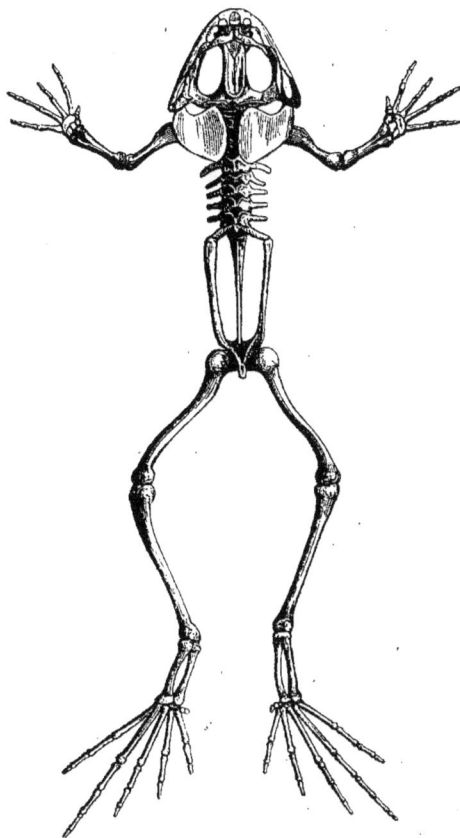

Fig. 508. — *Squelette de grenouille; face dorsale.*

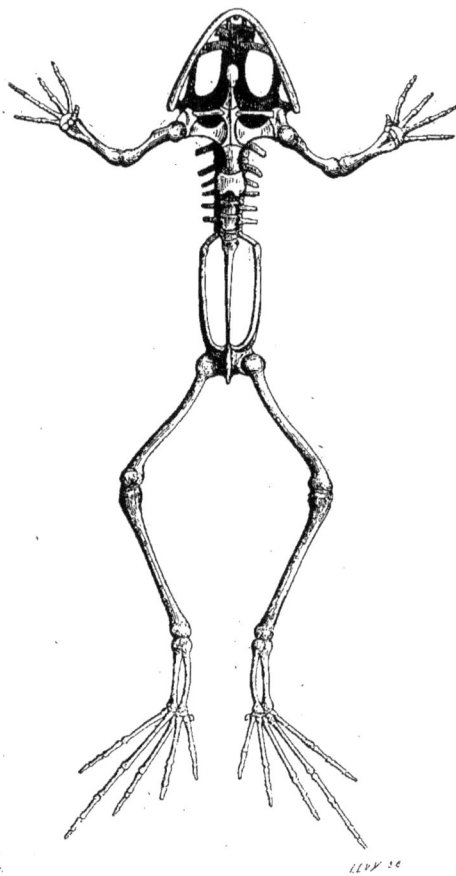

Fig. 509. — *Squelette de grenouille; face antérieure.*

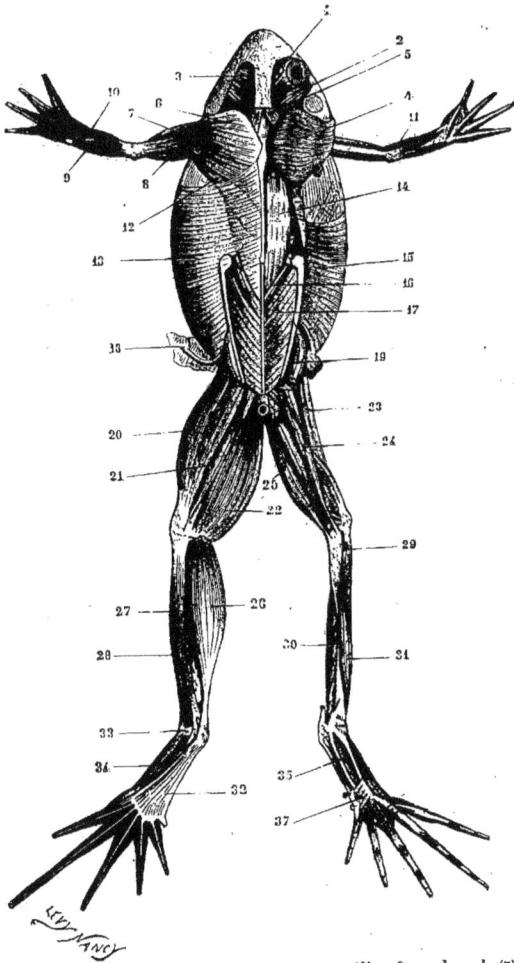

Fig. 510. —*Appareil musculaire de la grenouille; face dorsale* (*).

(*) 1, droit supérieur. — 2, temporal. — 3, releveur du bulbe oculaire. — 4, sous-épineux. — 5, trapèze (angulaire de Cuvier). — 6, dépresseur de la mâchoire inférieure. — 7, deltoïde. — 8, triceps. — 9, extenseur de l'avant-bras. — 10, extenseur commun des doigts. — 11, huméro-radial. — 12, grand dorsal. — 13, grand oblique. — 14, long du dos. — 15, petit oblique. — 16, sacro-coccygien. — 17, iléo-coccygien. — 18, faisceau cutané. — 19, grand fessier. — 20, triceps. — 21, biceps. — 22, demi-membraneux. — 23, psoas et iliaque. — 24, biceps. — 25, demi-tendineux. — 26, gastro-cnémien. — 27, péronier. — 28, tibial antérieur. — 29, court extenseur de la jambe. — 30, tibial postérieur. — 31, fléchisseur antérieur du tarse. — 32, long extenseur du 5ᵉ doigt. — 34, long fléchisseur des doigts. — 35, long adducteur du 1ᵉʳ doigt. — 37, transverse plantaire.

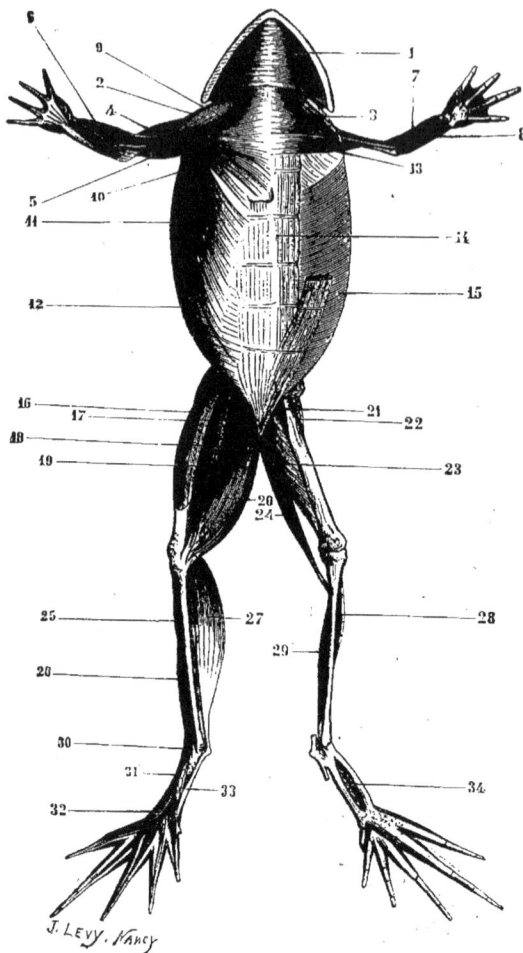

J. LEVY. Nancy

Fig. 511. — *Appareil musculaire de la grenouille; face antérieure* (*).

(*) 1, mylo-hyoïdien. — 2, 3, 4, deltoïde. — 5, triceps. — 6, huméro-radial. — 7, fléchisseur radial du carpe. — 8, fléchisseur des doigts. — 9, sterno-radial. — 10, portion sternale du grand pectoral. — 11, portion abdominale du grand pectoral. — 12, grand oblique. — 13, coraco-huméral. — 14, grand droit de l'abdomen. — 15, grand oblique. — 16, vaste interne. — 17, grand adducteur. — 18, long adducteur. — 19, couturier. — 20, droit interne. — 21, court adducteur. — 22, pectiné. — 23, grand adducteur. — 24, demi-tendineux. — 25, extenseur de la jambe. — 26, tibial antérieur. — 27, gastro-cnémien. — 28, extenseur de la jambe. — 29, tibial postérieur. — 30, péronier. — 31, fléchisseur postérieur du tarse. — 32, long extenseur du 5e doigt. — 33, extenseur du tarse. — 34, long adducteur du 1er doigt.

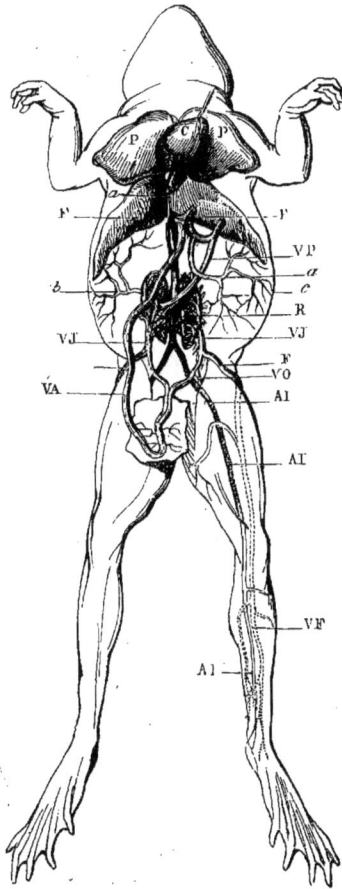

Fig. 512. — *Système vasculaire de la grenouille* (Cl. Bernard) (*).

(*) *a*, veine allant de la veine cave au cœur en traversant le péricarde. — PP, poumons. — C, cœur. — FF, foie. — VP, veine porte. — *bc*, veines épiploïques. — R, reins. — VJ, veines de Jacobson. — F, veine crurale. — AI, artère iliaque et crurale. — VA, veines abdominales allant se rendre au foie. — VF, veine fémorale.

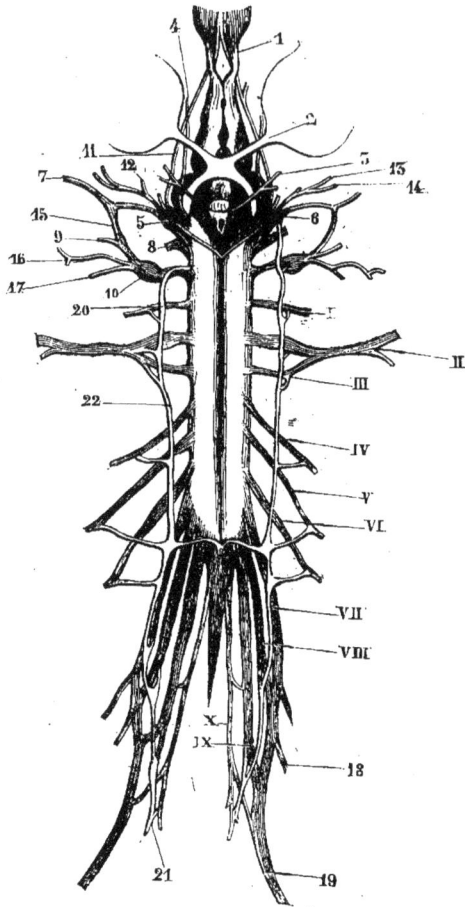

Fig. 513. — *Système nerveux de la grenouille grossi* (en partie d'après Ecker) (*).

(*) 1, nerf olfactif. — 2, nerf optique. — 3, moteur oculaire commun. — 4, pathétique. — 5, trijumeau et ganglion de Gasser. — 7, moteur oculaire externe. — 7, facial, formé par la réunion de l'anastomose du nerf tympanique avec le rameau communiquant du pneumogastrique, 15. — 8, auditif. — 9, glosso-pharyngien naissant du pneumo-gastrique. — 10, pneumo-gastrique et son ganglion. — 11, branche ophthalmique du trijumeau. — 12, nerf palatin. — 13, nerf maxillaire supérieur. — 14, nerf maxillaire inférieur. — 15, rameau communiquant du pneumo-gastrique anastomosé avec le trijumeau. — 16, nerf pour l'estomac et les intestins. — 17, branche cutanée du pneumo-gastrique. — 18, nerf crural. — 19, nerf ischiatique. — 20, premier ganglion du sympathique. — 21, dernier ganglion du sympathique. — 22, cordon du sympathique. — 1 à X, nerfs rachidiens.

APPENDICE :

APPENDICE

Acide acétique. — $C^2H^4O^2$. Cristaux transparents, feuilletés, se changeant à 17° C en un fluide incolore, d'une odeur piquante caractéristique et d'une saveur très acide ; volatil sans résidu. Ne précipite pas par le perchlorure de fer; mais si on sature l'acide par l'ammoniaque, la liqueur devient rouge foncé (acétate de fer). Précipité blanc cristallin par le protonitrate de mercure.

Acide benzoïque. — $C^7H^6O^2$. Aiguilles soyeuses, fusibles à 120°, se volatilisant à 150° ; peu soluble dans l'eau froide ; soluble dans l'alcool et l'éther. (Sa présence dans les urines normales est douteuse.)

Acides biliaires. — Voir : *Bile*.

Acide butyrique. — $C^4H^8O^2$. Liquide incolore, d'odeur vinaigrée (de beurre rance, quand il est impur) ; soluble dans l'eau, l'alcool et l'éther : volatil à 160°. Il précipite de ses solutions concentrées par le chlorure de calcium en gouttes huileuses. Chauffé avec de l'alcool et de l'acide sulfurique, il donne du butyrate d'éthyle (odeur de fraise).

Acide caprique. — $C^{10}H^{20}O^2$. Solide, d'odeur de sueur ; fusible à $+ 70°$; un peu soluble dans l'eau ; miscible à l'alcool et à l'éther en toutes proportions ; le caprate de baryte est à peu près insoluble dans l'eau froide.

·Acide caproïque. — $C^6H^{12}O^2$. Liquide incolore, huileux, d'odeur de sueur ; volatil à 202° ; presque insoluble dans l'eau ; miscible à l'alcool et à l'éther en toutes proportions ; le caproate de baryte se dissout dans 12 parties d'eau froide.

Acide caprylique. — $C^8H^{16}O^2$. Liquide onctueux, d'odeur de sueur ; cristallise à $+ 12°$; insoluble dans l'eau ; miscible à l'alcool et à l'éther en toutes proportions ; le caprylate de baryte est soluble dans 125 parties d'eau froide.

Acide carbolique. — Voir : *Phénol*.

Acide cérébrique. — Voir : *Cérébrine*.

Acide cholalique. — $C^{24}H^{40}O^5$. Amorphe ou cristallise en prismes quadrangulaires (solution éthérée) ou en octaèdres ou tétraèdres (solution alcoolique). Chauffé à 190° à 200°, il se décompose en eau et en dyslysine : $C^{24}H^{40}O^5 = C^{24}H^{36}O^3 + 2H^2O$.

Acide choléique. — Voir : *Acide taurocholique*.

Acide cholique. — Voir : *Acide glycocholique*.

Acide choloïdique. — $C^{24}H^{38}O^4$. Serait un mélange d'acide cholalique, de dyslysine et d'acides biliaires (Hoppe-Seyler).

Acide cryptophanique. — $C^{10}H^{18}Az^2O^{10}$. Acide faible, transparent, peu coloré, auquel Tudichum attribue l'acidité des urines.

Acide damalurique. — $C^7H^{12}O^2$. Liquide huileux, plus dense que l'eau ; insoluble dans ce liquide (Staedeler).

Acide excrétoléique. — Substance granuleuse, de couleur olive, d'odeur de fécule ; fond de 26° à 25° ; insoluble dans l'eau ; soluble dans l'alcool chaud et l'éther : se dépose quand on abandonne au-dessous de 0° une solution alcoolique d'excrétine.

Acide formique. — CH^2O^2. Liquide incolore, d'odeur forte et piquante ; volatil à 100°, sans résidu ; ne précipite pas le nitrate de mercure ; chauffé avec de l'acide sulfurique concentré, il se décompose en eau et en oxyde de carbone : $CH^2O^2 = CO + H^2O$.

Acide glycocholique. — Voir page 705.

Acide hippurique. — Voir page 793.

Acide inosique. — $C^{10}H^{14}Az^2O^{11}$ (?). Liquide sirupeux, acide, d'odeur de bouillon ; soluble dans l'eau ; solidifié par l'alcool. Ses sels sont cristallisables, solubles dans l'eau (sauf les sels métalliques), insolubles dans l'alcool et l'éther.

Acide lactique. — $C^3H^6O^3$. Liquide sirupeux, incolore, inodore, de saveur fortement acide; soluble dans l'eau, l'alcool et l'éther. Chauffé avec du carbonate de chaux ou de zinc, il donne des lactates de chaux et de zinc reconnaissables à leurs cristaux : cristaux prismatiques à 4 pans, avec facettes sur les angles (zinc); sphérules composées d'aiguilles très fines (chaux).

Acide margarique. — Mélange d'acide palmitique et d'acide stéarique.

Acide oléique. — $C^{18}H^{34}O^2$. Liquide huileux, jaunâtre, inodore, insipide, insoluble dans l'eau, soluble dans l'alcool, l'éther et le chloroforme; fond à $+14°$; à $+4°$ se prend en masse cristalline. L'oléate de plomb est soluble dans l'éther (caractère distinctif des oléates et des stéarates).

Acide oxalique. — Voir page 793.

Acide oxalurique. — $C^3H^4Az^2O^4$. Cristaux fins en masse pulvérulente. L'oxalurate d'ammoniaque est peu soluble dans l'eau froide, soluble dans l'eau chaude; le nitrate d'argent en précipite des aiguilles soyeuses d'oxalurate d'argent, solubles dans l'eau chaude et dans l'ammoniaque.

Acide palmitique. — $C^{16}H^{32}O^2$. En masses cristallines; inodore, insipide; fusible à $+62°$; insoluble dans l'eau, soluble dans l'alcool; très soluble dans l'alcool bouillant, l'éther et le chloroforme.

Acide paralactique. — $C^3H^6O^3$. Isomère de l'acide lactique. Il s'en distingue par la solubilité de ses sels qui contiennent moins d'eau de cristallisation; le paralactate de chaux est moins soluble que le lactate; le paralactate de zinc, par contre, est plus soluble.

Acide phénique. — Voir : *Phénol.*

Acide phosphoglycérique. — $C^3H^9PhO^6$. Liquide sirupeux, se décompose facilement par la chaleur en glycérine et acide phosphorique. Ses sels de baryte et de chaux sont solubles dans l'eau froide, insolub es dans l'alcool absolu.

Acide pneumique. — Mélange d'acide lactique et de taurine.

Acide propionique. — $C^3H^6O^2$. Liquide incolore, d'une odeur analogue à l'acide acétique; volatil à $142°$; soluble dans l'eau, dont le chlorure de calcium le précipite en gouttes huileuses. Traité par l'alcool et l'acide sulfurique, il dégage une odeur de fruit, due au propionate d'éthyle. Le propionate de sodium est bien plus soluble que l'acétate.

Acide sarcolactique. — Voir : *Acide paralactique.*

Acide stéarique. — $C^{18}H^{36}O^2$. En masse cristalline, blanche, inodore, insipide; fusible à $69,2$, insoluble dans l'eau, moins soluble dans l'alcool que l'acide palmitique, soluble dans l'alcool bouillant, l'éther et le chloroforme. Le stéarate de plomb est insoluble dans l'éther.

Acide succinique. — $C^4H^6O^4$. Cristallise en aiguilles à 6 pans ou en tables hexagonales. Incolore; volatil à $120°$ avec production de vapeurs suffocantes de saveur et d'odeur spéciales; fond à $180°$; soluble dans 28 parties d'eau froide, plus soluble dans l'eau chaude; soluble dans l'alcool; presque insoluble dans l'éther. En présence des sels d'urane sa solution aqueuse, exposée aux rayons solaires, se décompose en acide propionique et acide carbonique.

Acide sulfocyanhydrique. — $CAzHS$. Les sulfocyanures alcalins sont très solubles dans l'eau et dans l'alcool. Ils donnent avec le perchlorure de fer une coloration rouge caractéristique, mais seulement dans les solutions acides.

R. de Bottger. — Il bleuit un papier imprégné de teinture de gayac, puis trempé après dessiccation dans une solution de sulfate de cuivre à $^2/_{100}$. Voir aussi page 639.

Acide taurocholique. — Voir page 705.

Acide taurylique. — C^7H^8O. Isomère de l'alcool benzilique. Se distingue du phénol par son plus haut point d'ébullition et parce qu'il se solidifie en masse cristalline par l'acide sulfurique concentré (Staedeler).

Acide urique. — Voir page 792.

Albuminate basique. — Desséché, se gonfle dans l'eau sans se dissoudre; mais se dissout dans l'acide acétique et les solutions alcalines. Précipité en flocons, il se dissout dans l'eau légèrement alcaline et donne les réactions de la caséine du lait. Sa solution précipite par l'acide carbonique et ne précipite pas par l'alcool. L'acide chlorhydrique étendu le transforme en syntonine. Il est probablement identique à la caséine.

Albumine acide. — Voir : *Syntonine.*

Albumine de l'œuf. — Mêmes caractères que l'albumine du sérum : mais se dissout à peine dans l'acide nitrique concentré; dialysée, elle ne précipite pas par l'éther.

Albumine du sérum. — Desséchée, substance jaune clair, transparente, vitreuse; soluble dans l'eau; la solution est un peu visqueuse, opalescente et légèrement fluorescente. A $70°$, la chaleur la coagule, à moins que la solution ne soit très alcaline. Dans cette coagulation, il reste toujours dissoute une petite quantité d'albuminate alcalin, et le liquide même devient alcalin. D'après Mathieu et Urbain, l'acide carbonique, dissous dans l'albumine, se combine avec elle sous l'influence de la chaleur et serait la cause de la coagulation. Les solutions d'albumine, privées d'acide carbonique par le vide, deviendraient incoagulables. L'alcool la précipite de ses solutions ; les acides carbonique, acétique, tartrique, phosphorique, les acides étendus, ne la précipitent pas ; les acides concentrés la précipitent, spécialement les acides azotiques, métaphosphorique, picrique, le phénol et le tannin. Les alcalis la transforment en albuminate basique. Elle se dissout dans l'acide nitrique concentré. La plupart des sels métalliques la précipitent. En la privant de tous ses sels par le dialyseur, elle ne précipite plus par la chaleur et par l'alcool (Aronstein), mais elle précipite par l'éther.

Privée de ses sels volatils, et spécialement du carbonate d'ammoniaque, par le vide absolu, elle se transforme en une substance identique aux substances fibrinogène et fibrinoplastique. Maintenue plusieurs jours dans le vide à des températures de 40° à 60°, elle abandonne des quantités considérables de gaz consistant surtout en acide carbonique, hydrogène et une petite quantité d'azote (Gréhant: fermentation butyrique?).

Elle dévie à gauche la lumière polarisée.

Albuminoïdes (matières). — *Caractères généraux des matières albuminoïdes.* — Elles contiennent toutes de l'azote et du soufre ; leur constitution chimique oscille autour de la moyenne suivante : $C^{54}H^7Az^{16}O^{22}S^4$ p. 100. Amorphes ; solubilité dans l'eau et les acides variable ; ordinairement solubles dans les alcalis ; insolubles presque toutes dans l'alcool ; insolubles dans l'éther. Les solutions aqueuses sont neutres. Elles sont fixes ; elles brûlent avec une odeur de corne brûlée en dégageant des produits ammoniacaux et laissent un résidu de cendres qui consiste surtout en phosphate de chaux. Abandonnées à elles-mêmes, elles se décomposent très facilement. Calcinées avec la potasse ou bouillies avec l'acide sulfurique, elles fournissent de la leucine ou de la tyrosine. L'acide azotique concentré, à chaud, les transforme en un corps jaune, acide xanthoprotéique. Traitées par les acides, les alcalis, ou par la décomposition putride, elles donnent les produits de décomposition suivants : acides gras volatils, acide oxalique, acétique, formique, valérianique, fumarique, asparagique, leucine, tyrosine, ammoniaque, etc. ; par les oxydants, acides formique, acétique, propionique, butyrique, valérique, caprique, benzoïque, les aldéhydes de ces acides, bases organiques volatiles, acétonitrile, valéronitrile et propionitrile. Elles dévient à gauche la lumière polarisée.

Elles sont précipitées de leurs solutions par un excès d'acides minéraux forts, par l'acide acétique ou chlorhydrique et le ferrocyanure de potassium, l'acétate basique de plomb, le bichlorure de mercure, le tannin, le carbonate de potasse en poudre.

Réactions des matières albuminoïdes. — 1° Chauffer le liquide et ajouter de l'acide nitrique jusqu'à réaction fortement acide ; il se fait un précipité qui ne change pas par l'addition d'acide.

2° Ajouter de l'acide acétique jusqu'à réaction fortement acide, mélanger avec un volume égal d'une solution concentrée de sulfate de soude et chauffer jusqu'à l'ébullition ; les albuminoïdes sont précipités.

Quand les quantités de substances albuminoïdes sont très faibles, on peut employer les réactions suivantes :

1° *R. de Piotrowski.* — Le liquide se colore en violet si on le chauffe avec une solution de soude ou de potasse avec addition de une ou deux gouttes de sulfate de cuivre.

2° En chauffant avec l'acide nitrique concentré, le liquide prend une couleur jaune, qui passe au rouge-orange par l'action des alcalis (*R. xanthoprotéique*).

3° *R. de Millon.* — On prépare le réactif de Millon en dissolvant à froid 1 de mercure dans son poids d'acide azotique concentré ; on achève la solution en chauffant légèrement ; on ajoute deux volumes d'eau distillée et on décante. Ce réactif donne avec les liquides albumineux une coloration rouge plus prononcée si on chauffe jusqu'à 60 ou 70°.

4° *R. d'Adamkiewicz.* — Tout albuminate prend, quand il est dissous dans un excès d'acide acétique glacial, par l'addition d'acide sulfurique concentré, une belle couleur violette et une faible fluorescence. Cette réaction a lieu aussi avec les peptones.

Albuminose. — Voir : *Peptones.*

Alcaptone. — Corps amorphe, jaune pâle, analogue à la glucose, soluble dans l'eau et dans l'alcool ; réduit l'oxyde de cuivre ; chauffé avec la chaux sodée, dégage de l'ammoniaque.

Alcool. — C^2H^6O. Pour déceler des traces d'alcool dans un liquide, on le distille ; le produit est condensé dans un récipient refroidi et redistillé avec du carbonate de potasse sec. On fait alors avec quelques gouttes du produit les essais suivants :

1° On a une coloration verte par le bichromate de potasse et l'acide sulfurique.

2° On promène sur les parois du ballon condensateur 1 à 3 centimètres cubes d'acide sulfurique concentré et 2 à 3 gouttes d'acide butyrique; il se dégage une odeur de fraise (butyrate d'éthyle).

Allantoïne. — $C^4H^6Az^4O^3$. Petits cristaux transparents, prismatiques, inodores, insipides; neutre; soluble dans l'eau froide (160 parties); insoluble dans l'alcool froid et l'éther; soluble dans l'eau et dans l'alcool bouillants et dans les carbonates alcalins. La solution ammoniacale de nitrate d'argent en précipite des flocons blancs (combinaison d'oxyde d'argent et d'allantoïne) qui se transforment en grains par le repos; l'argent se réduit si on chauffe ce précipité à 100°. L'ozone transforme les solutions alcalines d'allantoïne en urée et acide urique. Sous l'influence des alcalis, l'allantoïne se dédouble en acide oxalique et ammoniaque : $C^4H^6Az^4O^3 + 5H^2O = 2C^2H^2O^4 + 4AzH^3$. Chauffée avec l'eau acidulée, elle se transforme en urée et acide allanturique : $C^4H^6Az^4O^3 + H^2O = CH^4Az^2O + C^3H^4Az^2O^3$; l'acide allanturique lui-même, en s'oxydant, donne de l'acide oxalique et de l'urée : $C^3H^4Az^2O^3 + H^2O + O = C^2H^2O^4 + CH^4Az^2O$.

Ammoniaque. — AzH^3. Ses sels donnent avec le *réactif de Nessler* un précipité brun ou une coloration jaune. Le réactif de Nessler se prépare de la façon suivante : On dissout 2 grammes d'iodure de potassium dans 50 centimètres cubes d'eau et on ajoute du biodure mercurique jusqu'à ce qu'il ne s'en dissolve plus; on laisse refroidir; on étend de 20 centimètres cubes d'eau; on mélange 2 parties de cette solution à 3 parties d'une solution concentrée de potasse et on filtre.

Amyloïde (matière). — $C^{33,6}H^7Az^{15}O^{24}S$ (?). Amorphe, insoluble dans l'eau, l'alcool et l'éther. La teinture d'iode la colore en rouge-brun foncé, ce qui la rapproche de la matière glycogène; mais elle s'en distingue parce qu'avec l'acide sulfurique et la chaleur elle ne donne jamais de glucose. Par l'acide sulfurique concentré et l'iode elle donne une coloration violette. Elle appartient aux substances albuminoïdes et ne doit pas être confondue avec les corpuscules amyloïdes de la substance nerveuse qui sont analogues à l'amidon et bleuissent par l'iode.

Bilifuscine. — $C^{16}H^{20}Az^2O^4$. Poudre brune, presque noire, brillante, à peine soluble dans l'eau, l'éther et le chloroforme; soluble dans l'alcool avec une coloration brune; soluble dans les alcalis avec une coloration brun-rouge. Sa solution alcaline est précipitée en *brun* par les acides.

Biliprasine. — $C^{16}H^{22}Az^2O^6$. Poudre vert foncé; presque noire, brillante; insoluble dans l'eau, l'éther, le chloroforme; soluble dans l'alcool avec une coloration verte qui devient brune par l'addition d'alcalis. Sa solution dans les alcalis est précipitée en *vert* par les acides. Elle se comporte avec l'acide azotique comme les autres matières colorantes de la bile (sauf la coloration verte).

Bilirubine. — Voir pages 703 et 705.

Biliverdine. — Voir page 705.

Butalanine. — $C^5H^{11}AzO^2$. Homologue de la leucine et du glycocolle. Cristallise en prismes incolores peu solubles dans l'eau et l'alcool. Trouvée par Gorup-Besanez dans la rate et le pancréas du veau.

Carnine. — $C^7H^8Az^4O^3$. Grains cristallins, crayeux, peu solubles dans l'eau froide, insolubles dans l'alcool et l'éther. Saveur d'abord insignifiante, puis amère. Par l'eau bromée, elle se transforme en sarcine. Théoriquement, elle peut être considérée comme constituée par la sarcine et l'acide acétique : $C^7A^8Az^4O^3 = C^5H^4Az^4O^4 + C^2H^4O^2$. Elle a été retirée par Weidel de l'extrait de viande.

Caséine. — Voir page 830.

Cérébrine. — $C^{17}H^{33}AzO^3$ (?). Poudre blanche, hygroscopique, qui brunit quand on la chauffe à 80°; se gonfle dans l'eau; insoluble dans l'alcool et l'éther; soluble dans l'alcool bouillant. Ne se décompose que très lentement et incomplètement par la coction avec l'eau de baryte (caractère distinctif d'avec la *lécithine*).

Cérébrote de *Couerbe*. Paraît être du *protagon*.

Cholestérine. — Voir pages 703 et 706.

Cholétéline. — Voir page 705.

Choline. — $C^5H^{13}AzO^2$. Produit de décomposition des acides biliaires. Identique à la *neurine*.

Chondrigène (substance). — $C^{49,9}H^{6,6}Az^{14,5}S^{0,4}O^{28,6}$ %. Substance fondamentale des cartilages; se gonfle dans l'eau; par l'ébullition dans l'eau se transforme en *chondrine*.

Chondrine. — Voir page 347.

Chondroglycose. — Voir page 347.

Collagène (substance). — Voir page 348.

Colorante de la bile (matière). — Voir : *Bilirubine*.

Colorante de l'urine (matière). — Voir : *Urobiline*.

Créatine. — $C^4H^9Az^3O^2$. Prismes rhomboédriques, durs, incolores, de saveur amère, forte, soluble dans l'eau, presque insoluble dans l'alcool, insoluble dans l'éther ; neutre. Chauffée avec l'acide chlorhydrique étendu, elle se transforme en créatinine : $C^4H^9Az^3O^2$ = $C^4H^7Az^3O$ + H^2O. Par l'ébullition avec la baryte, elle se transforme en urée et en sarcosine : $C^4H^9Az^3O^2$ + H^2O = CH^4Az^2O + $C^3H^7AzO^2$. Par son oxydation, elle donne des acides oxalique et carbonique et de la méthyluramine : $C^2H^7Az^3$.

Créatinine. — Voir page 793.

Cystine. — $C^3H^7AzSO^2$. Cristallise en lames rhomboédriques ou hexagonales incolores. Insoluble dans l'eau, l'alcool et l'éther, soluble dans l'ammoniaque (caractère distinctif d'avec l'acide urique), les acides minéraux et l'acide oxalique. Chauffée avec un peu de soude sur une lame d'argent, elle donne une tache brune de sulfure d'argent. Chauffée à l'ébullition avec un mélange d'acétate de plomb et de potasse, elle donne une coloration brune de sulfure de plomb ; la solution doit être exempte de matières albuminoïdes et mucilagineuses contenant du soufre.

Dextrine. — $C^6H^{10}O^5$. Poudre amorphe, transparente, soluble dans l'eau et l'alcool faible, insoluble dans l'alcool absolu et dans l'éther. Sa solution ne précipite pas par l'acétate de plomb. Elle donne une coloration rose avec la teinture d'iode. L'acide sulfurique la transforme en glucose. Elle dévie à droite la lumière polarisée.

Diamide lactylique. — $C^3H^8Az^2O$ (Baumstark). Cristaux peu solubles ; sa solution aqueuse précipite par le sulfate mercurique, il donne des sels solubles avec les acides. Par l'acide nitreux, il donne de l'acide paralactique. Il paraît être un dérivé de l'acide paralactique.

Dyslysine. — $C^{24}H^{36}O^3$. Masse amorphe, presque incolore ; insoluble dans l'eau et l'alcool ; très peu soluble dans l'éther ; soluble dans l'acide cholalique et les cholalates. Produit de décomposition de l'acide cholalique (voir cet acide). Par l'ébullition avec une solution alcoolique de potasse, elle reproduit l'acide cholalique : $C^{24}H^{36}O^3$ + $2H^2O$ = $C^{24}H^{40}O^5$.

Dyspeptone. — Voir : *Suc gastrique.*

Élasticine. — $C^{55,5}H^{7,4}Az^{16,7}O^{20,8}S$ °/₀ (?). Jaune, insoluble dans l'eau, l'ammoniaque, l'acide acétique, l'alcool. Les solutions concentrées de potasse la dissolvent en la décomposant : la solution n'est pas précipitée par les acides ; la solution neutralisée précipite par le tannin.

Élastine. — Voir : *Élasticine.*

Épidermose. — Insoluble dans l'eau, l'alcool et l'éther ; se gonfle dans l'eau et surtout dans l'acide acétique ; l'acide acétique concentré la dissout à chaud. Chauffée avec de l'acide sulfurique étendu, elle donne de la leucine et de la tyrosine.

Excrétine. — Voir page 736.

Fibrine. — Voir page 272.

Gélatine. — Voir pages 347 et 348.

Globuline. — Matière albuminoïde insoluble dans l'eau, soluble dans une solution étendue de chlorure de sodium ; sa solution coagule par la chaleur ; elle est transformée en syntonine par l'acide chlorhydrique étendu. D'après Hoppe-Seyler, elle comprend la vitelline, la myosine, la substance fibrinogène et la substance fibrino-plastique.

Glucose. — Voir page 854.

Glutine. — Voir page 348.

Glycérine. — $C^3H^8O^3$. Liquide huileux, incolore, inodore, sucré ; soluble dans l'eau et l'alcool, insoluble dans l'éther. Chauffé dans un tube avec l'acide phosphorique anhydre ou avec le sulfate acide de potassium, il dégage l'odeur caractéristique de l'acroléine, C^3H^4O. Ses combinaisons avec les acides constituent les glycérides. Les graisses sont des combinaisons de la glycérine avec les acides gras. Ses solutions étendues, en contact avec la levure de bière, se décomposent de 20° à 30° et donnent lieu à la formation d'acide propionique.

Glycine. — Voir : *Glycocolle.*

Glycocolle. — $C^2H^4AzO^2$. Cristaux durs, incolores, de forme rhomboédrique ou prismatique quadrangulaire, de saveur sucrée ; fusible à 170° ; soluble dans l'eau froide ; insoluble dans l'alcool froid et l'éther. Ses solutions ont une réaction acide. Une solution bouillante de glycocolle donne, avec l'hydrate d'oxyde de cuivre, une solution bleue qui abandonne par le refroidissement des aiguilles cristallines bleu foncé. Évaporé avec de l'acide chlorhydrique, il donne un composé cristallin, très soluble dans l'eau et l'alcool. Par la chaleur, le glycocolle se décompose en méthylamine et acide carbonique $C^2H^5AzO^2$ = CH^5Az + CO^2.

Glycogène (substance). — Voir page 848.

Glycose. — Voir page 854.

Graisses. — $C^{76,5}H^{11,94}O^{11,44}$ °/₀. Solides ou liquides à la température ordinaire ; incolores, mais ordinairement colorées dans le corps humain par des matières colorantes (lutéine ?) qu'elles dissolvent facilement ; insipides ; neutres ; insolubles dans l'eau et l'alcool froid ; solubles dans l'alcool bouillant, l'éther, le chloroforme, les huiles volatiles, les solutions d'albumine et de gélatine, les acides biliaires. Sans action sur la lumière polarisée. Elles sont décomposées par la chaleur en acides gras et acroléine, C^3H^4O, reconnaissable à son odeur. Voir : *Stéarine, Palmitine, Oléine*.

Guanine. — $C^5H^5Az^5O$. Poudre amorphe, blanche, insipide, inodore ; insoluble dans l'eau, l'alcool, l'éther et l'ammoniaque. Elle forme des combinaisons salines cristallisables, chlorhydrate et nitrate de guanine. Si on l'évapore sur une lame de platine avec de l'acide nitrique fumant, on a un résidu jaune qui se colore en rouge par la soude, et par la chaleur prend une coloration pourpre. La guanine, sous l'influence de l'acide nitrique, se transforme en xanthine, $C^5H^4Az^4O^2$. Par l'oxydation elle donne de la xanthine, de l'acide parabanique, de l'acide oxalurique et de l'urée.

Hématine. — Voir page 259.

Hématocristalline. — Voir : *Hémoglobine*.

Hématoïdine. — Voir page 259.

Hématoïne. — Cristaux bruns, aiguillés, souvent réunis en étoiles, solubles dans l'acide sulfurique et la potasse ; dépourvue de fer ; extraite du sang traité par le chlore, puis par l'éthyléther ; présente quatre bandes d'absorption spectrale (Preyer).

Hématoline. — Matière dépourvue de fer, produite par l'action de l'acide sulfurique concentré sur la potasse (Hoppe-Seyler) ; insoluble dans l'acide sulfurique et la potasse.

Hématoporphyrine. — Voir page 259.

Hémine. — Voir page 259.

Hémoglobine. — Les acides, au point de vue de leur action sur l'hémoglobine, peuvent se partager en 4 groupes (Preyer). — 1° Les acides qui ne précipitent pas l'hémoglobine, mais ne déterminent dans ses solutions que des changements optiques (acides gras volatils, acides lactique, malique, tartrique, citrique, acides phosphorique, oxalique, etc.). — 2° Acides qui coagulent l'hémoglobine à chaud, pas à froid (acides carbonique, pyrogallique). — 3° Acides qui coagulent à froid (acides nitrique, sulfurique, chromique, chlorhydrique). — 4° Acides qui coagulent à toute température et pour tout degré de concentration (acide métaphosphorique). L'acide borique ne rentre dans aucun de ces groupes et se comporte d'une façon particulière. — Voir aussi page 255.

Hydrobilirubine de Maly. — Voir page 794.

Hypoxanthine. — $C^5H^4Az^4O$. Cristaux microscopiques composés de très fines aiguilles incolores ; peu soluble dans l'eau ; insoluble dans l'alcool et dans l'éther. L'acide nitrique concentré la transforme en xanthine $C^5H^4Az^4O^2$. Elle donne des combinaisons cristallisables, azotate et chlorhydrate d'hypoxanthine ; ce dernier sel est plus soluble que le chlorhydrate de xanthine.

Indican. — Voir page 794.

Indol. — Voir page 736.

Inosite. — $C^6H^{12}O^6 + 2H^2O$. Gros cristaux incolores, solubles dans l'eau, insolubles dans l'alcool et l'éther ; saveur sucrée ; dissout l'hydrate d'oxyde de cuivre sans le réduire par la chaleur.

R. de Schérer. — Évaporer le liquide avec de l'acide nitrique sur une lame de platine, presque jusqu'à siccité : reprendre le résidu par l'ammoniaque et une goutte de solution de chlorure de calcium et évaporer doucement jusqu'à siccité ; on a une coloration rosée.

Kératine. — Voir page 375.

Lactoprotéine. — Substance albuminoïde qui ne précipite ni par les acides, ni par la chaleur, ni par le bichlorure de mercure, mais seulement par le nitrate acide de mercure azoteux. (Existerait dans le lait [Millon et Commaille] ; douteux.)

Lactose. — $C^{12}H^{22}O^{11} + H^2O$. Cristaux durs, incolores, brillants, de saveur faiblement sucrée, solubles dans l'eau, insolubles dans l'alcool et dans l'éther ; il réduit l'oxyde de cuivre comme la glucose. Il donne avec la levûre de bière une fermentation alcoolique incomplète. Avec la craie et le fromage, il donne la fermentation lactique. Il dévie à droite la lumière polarisée.

Lécithine. — $C^{45}H^{83}AzPhO^9$. Masse cristalline, incolore, soluble dans l'alcool, surtout chaud ; soluble dans l'éther, le chloroforme, le sulfure de carbone, le benzol, les huiles grasses. Dans l'eau, elle se gonfle comme de l'empois et donne des gouttelettes irrégulières (*myéline*). Chauffée avec l'eau de baryte, elle se décompose en acide phosphoglycérique, neurine et stéarate de baryte.

Leucine. — $C^6H^{13}AzO^2$. Cristaux très fins, blanc brillant, souvent réunis en sphères ou masses arrondies, réfringentes, insipide, inodore ; soluble dans l'eau et un peu dans l'alcool, insoluble dans l'éther ; neutre. Par l'oxydation, par le permanganate de potasse alcalin, elle se réduit en acides oxalique, valérique, carbonique et ammoniaque.

R. de Schérer. — Évaporer une petite portion avec de l'acide nitrique sur une lame de platine ; il reste un résidu incolore presque invisible qui, chauffé avec quelques gouttes de solution de soude, se colore en jaune ou en jaune brun et se rassemble ensuite en une goutte huileuse qui roule sur le platine.

Lutéine. — Cristaux rouges, microscopiques, insolubles dans l'eau, solubles dans l'alcool, l'éther, le chloroforme, le benzol, les huiles grasses; avec l'acide nitrique elle devient verte, bleue, jaune, puis incolore. Identique à la matière colorante jaune de beaucoup de plantes. Identique à l'hématoïdine (?).

Margarine. — Mélange de stéarine et de palmitine.

Mélanine. — Voir page 377.

Métapeptone. — Voir : *Suc gastrique.*

Méthémoglobine. — Voir page 259.

Mucine. — Voir page 346.

Myéline. — Voir : Lécithine.

Myosine. — Voir page 397.

Naphtylamine. — $C^{16}H^9Az$. Aiguilles incolores, d'odeur désagréable, de saveur amère ; soluble dans l'eau, l'alcool et l'éther.

Neurine. — $C^5H^{13}AzO^2$. Produit de dédoublement de la lécithine et du protagon, sous l'influence des acides et des bases. Identique à la choline.

Névrine. — Voir : *Neurine.*

Nucléine. — Substance du noyau des cellules de pus ; très rapprochée de la mucine et de la matière amyloïde (Miescher).

Oléine. — $C^{57}H^{104}O^6$ ou C^3H^5 $(C^{18}H^{33}O)^3O^3$. Liquide à la température ordinaire ; incolore ; facilement oxydable à l'air et se colore en jaune; soluble dans l'alcool absolu; dissout la palmitine et la stéarine. Représente la masse principale de la graisse du corps.

Osséine. — Voir page 349.

Oxyhémoglobine. — Voir : *Hémoglobine.*

Palmitine. — $C^{51}H^{98}O^6$ ou C^3H^5 $(C^{16}H^{31}O)^3O^3$. Cristallise en fines aiguilles, souvent radiées autour d'un centre (fig. 9, c); soluble dans l'alcool bouillant et l'éther. Point de fusion très variable de 46° à 63°.

Pancréatine. — Voir : *Suc pancréatique.*

Paraglobuline. — Voir : *Fibrine.*

Paralbumine. — Se distinguerait de l'albumine du sérum par deux caractères : le précipité obtenu par l'alcool est soluble dans l'eau; elle se coagule incomplètement par la chaleur (Schérer).

Parapeptone. — Identique à la *syntonine.*

Pepsine. — Voir : *Suc gastrique.*

Peptones. — Voir : *Suc gastrique.*

Phénol. — Voir page 794.

Plasmine de Denis. — Masse molle, blanche, amorphe, précipitée du plasma sanguin par l'addition de sel marin, se dédoublerait dans la coagulation en *fibrine concrète* ou *fibrine ordinaire* et *fibrine soluble* qui reste dissoute dans le plasma salé.

Protagon. — Substance neutre, insoluble dans l'eau, soluble dans l'alcool bouillant et dans les graisses, insoluble dans l'éther. Chauffé avec l'eau de baryte, il donne, entre autres produits, de la glycose, de l'acide phosphoglycérique et un corps presque identique à la neurine, mais qui en diffère par H^2O en moins et a pour formule : $C^5H^{13}AzO$ (Baeyer) : ce corps reproduit la neurine par la simple action de l'eau sur ses sels (Wurtz). Pour Hoppe-Seyler, c'est un mélange de lécithine et de cérébrine ; Baeyer le considère comme un glucoside.

Protéine. — Voir : *Albuminate basique.*

Ptyaline. — Voir : *Salive.*

Pyine. — Substance trouvée dans le pus et analogue à la mucine.

Pyrocatéchine. — Voir page 794.

Sarcine. — Voir : *Hypoxanthine.*

Sarcosine. — $C^3H^7AzO^2$. Homologue supérieur de la glycocolle ou méthylglycocolle. Se forme en traitant à chaud la créatine par l'eau de baryte (voir : *Créatine*). Cristallise en colonnes rhomboédriques incolores, très solubles dans l'eau, peu solubles dans l'alcool, insolubles dans l'éther.

Scatol. — Voir page 736.

Sérine de Denis. — Voir : *Albumine du sérum.* La *sérine pure* de Denis est la substance fibrinoplastique. La sérine ne doit pas être confondue avec la *sérine de la soie*, $C^3H^7AzO^3$.

Séroline de Boudet. — Mélange de cholestérine et de lécithine.

Sérumcaséine. — Voir : *Caséine.*

Spermatine. — Voir page 1368.

Stéarine. — $C^{57}H^{105}O^6$ ou $C^3H^5(C^{18}H^{35}O)^3O^3$. Moins soluble que les autres graisses dans l'alcool bouillant et dans l'éther; cristallise en tables rectangulaires, plus rarement en prismes rhomboédriques. Point de fusion vers 60°.

Stercorine. — Identique à la *séroline.*

Sucres. — Voir : *Chondroglycose, Glycose, Inosite, Lactose, Sucre musculaire.*

Sucre musculaire. — Cristaux peu nets, solubles dans l'eau, moins solubles dans l'alcool que la glycose; réduit l'oxyde de cuivre en solution alcaline. Dévie à droite la lumière polarisée.

Sucre de gélatine — Voir : *Glycocolle.*

Sucre de lait. — Voir : *Lactose.*

Sucre de raisin. — Voir : *Glycose.*

Sulfocyanure de potassium. — Voir : *Acide sulfocyanhydrique.*

Syntonine. — Elle se distingue de l'albumine basique parce que sa solution dans les alcalis étendus et dans les carbonates alcalins est précipitée par la neutralisation (même en présence des phosphates alcalins). Elle a deux autres réactions principales : 1° sa solution dans l'eau de chaux est coagulée en partie par la chaleur; 2° la même solution précipite à chaud par le chlorure de calcium, le sulfate de magnésie et le chlorure de sodium.

Taurine. — $C^2H^7AzSO^3$. Cristaux prismatiques, incolores, solubles dans l'eau, surtout chaude, insolubles dans l'alcool absolu et dans l'éther, solubles dans l'esprit-de-vin chaud; neutre; elle ne précipite pas par l'azotate de baryum.

Triméthylamine. — C^6H^9Az. Isomère avec la propylamine; très soluble dans l'eau.

Trioléine. — Voir : *Oléine.*

Tripalmitine. — Voir : *Palmitine.*

Tristéarine. — Voir : *Stéarine.*

Trypsine. — Voir : *Suc pancréatique.*

Tyrosine. — $C^9H^{11}AzO^3$. Cristallise en aiguilles microscopiques soyeuses, incolores, insipide, inodore; peu soluble dans l'eau froide; insoluble dans l'alcool et dans l'éther. Brûle en donnant l'odeur de corne brûlée. Par l'oxydation, par le bichromate de potasse et l'acide sulfurique, elle donne de l'essence d'amandes amères, de l'acide cyanhydrique, de l'acide benzoïque, formique, acétique, carbonique.

R. de Piria. — Chauffer la substance avec quelques gouttes d'acide sulfurique concentré dans un verre de montre; quand la solution est refroidie, on y ajoute un peu d'eau et de carbonate de chaux, tant qu'il y a une effervescence; on filtre, on évapore à un petit volume et on ajoute deux gouttes de solution neutre de chlorure de fer. S'il y a de la tyrosine, on a une coloration violette.

R. d'Hoffmann. — Mettre la substance dans un verre avec un peu d'eau; ajouter quelques gouttes d'une solution neutre d'azotate de mercure; chauffer et maintenir quelque temps à l'ébullition; il se produit une coloration rose et un précipité rouge.

Urée. — Voir page 791.

Urobiline. — Voir page 794.

Uroglaucine. — C^8H^5Az. Identique à l'indigo. Dérivée de l'indican. Poudre bleue formée d'aiguilles microscopiques insolubles dans l'eau, peu solubles dans l'alcool, solubles dans l'acide sulfurique (Méhu).

Urrhodine. — Isomère de l'uroglaucine. Dérivé de l'indican. Presque noire; rouge en couches minces; insoluble dans l'eau; soluble dans l'alcool, l'éther, le chloroforme, l'eau ammoniacale, l'acide sulfurique (Méhu).

Vitelline. — Se distingue de la myosine parce que l'eau la précipite plus facilement de ses solutions salines; elle ne précipite pas par l'introduction de fragments de chlorure de sodium dans sa solution saline. Elle est transformée aussi en syntonine par l'acide chlorhydrique étendu.

Xanthine. — $C^5H^4Az^4O^2$. Poudre amorphe, blanc jaunâtre ou lamelles cristallines; très peu soluble dans l'eau, insoluble dans l'alcool et dans l'éther, soluble dans l'ammoniaque caustique. Chauffée avec l'acide nitrique, elle donne un résidu jaune, qui, par la soude, se colore en rouge et devient pourpre par la chaleur. Elle forme des sels cristallisables, chlorhydrate et nitrate de xanthine; le chlorhydrate est peu soluble.

Zoamyline. — Voir : *Glycogène (matière).*

II. — RECHERCHES DE L'AUTEUR.

1° **De la génération protoplasmique**, p. 229.
2° **Sur un mode de formation des globules rouges**, p. 263.
3° **Sur la formation du pigment**, p. 377.
4° **De la constitution chimique des muscles paralysés** (p. 409). — 1re *Expérience*. Lapin. Section du nerf sciatique. Examen comparatif des muscles du côté sain et des muscles correspondants du côté paralysé le 27e jour après la section. Les muscles du côté sain sont plus acides ainsi que leur eau d'ébullition. L'analyse donne les résultats suivants rapportés à 1000 parties de muscle :

Muscles du côté sain.	*Muscles du côté paralysé.*
Extrait organique........ 6,559	11,033
Graisse.................. 0,878	1,015
Sels..................... 0,514	0,838
Matière glycogène........ 0,0	traces
Glycose.................. traces	réaction moins nette.

L'extrait comprend la créatine, et les substances telles que la sarcine, la xanthine, etc. — 2e *Expérience*. Lapin. Section du nerf sciatique. Examen 39 jours après la section. Résultats de l'analyse pour 1000 parties de muscle :

Muscles du côté sain.	*Muscles du côté paralysé.*
Eau...................... 775,92	775,62
Graisse.................. 9,3	10,1
Matière glycogène........ 3,4	4,2
Sucre................... 0,0	traces

La graisse des muscles présentait très nettement les caractères mentionnés page 409. — 3e *Expérience*. Lapin. Section du nerf sciatique. Examen 122 jours après la section. Les muscles du côté paralysé ont subi en grande partie la transformation graisseuse; par places à l'œil on constate de véritables ilots de graisse jaunâtre visibles à l'œil nu et au microscope on voit les fibres musculaires remplacées par des traînées de globules gras. L'analyse donne le résultat suivant pour 1000 parties:

Muscles du côté sain.	*Muscles du côté paralysé.*
Graisse.................. 1,891	151,242

La graisse des muscles sains est en gouttelettes jaunâtres, claires, celle des muscles paralysés est plus foncée, comme figée, presque solide; elle a la consistance de l'axonge. Par comparaison avec les muscles sains correspondants, les muscles paralysés ont perdu environ les 4 dixièmes de leur poids (Analyses faites dans le laboratoire de Ritter).
5° **Analyse de la salive**, p. 639.
6° **Action du pneumogastrique sur la digestion stomacale** (p. 678). — Lapine. Ouverture de l'abdomen et section des deux pneumo-gastriques à la partie inférieure de l'œsophage. Guérison de la plaie assez rapide. Dans les vingt premiers jours après l'opération amaigrissement considérable, puis l'animal reprend, engraisse et paraît être dans des conditions tout à fait normales. Le 140e jour après l'opération, je fais l'expérience comparative suivante : j'ouvre l'abdomen de la lapine opérée et je lie le duodénum à son insertion à l'estomac; l'estomac est ensuite ouvert, vidé en partie de son contenu et j'introduis dans l'estomac 15 centimètres cubes d'albumine de blanc d'œuf coagulé. Puis les plaies de l'estomac et de l'abdomen sont fermées par des points de suture et l'animal abandonné à lui-même. La même opération avait été faite préalablement sur une lapine saine de poids à peu près égal. Le lendemain matin je trouve les deux lapines mortes; l'opération ayant été faite à 10 heures du matin, elles avaient vécu au moins 12 heures et probablement un peu plus. Le contenu de l'estomac des deux lapins est examiné avec soin et tout ce qui reste dans les deux estomacs d'albumine coagulée est mis à part et pesé. La pesée donne pour les deux lapines la même quantité d'albumine coagulée, 8, 5 centimètres cubes; il y avait donc eu la même quantité d'albumine digérée, soit 6, 5, dans l'estomac normal et dans l'estomac aux pneumogastriques sectionnés. L'estomac du

lapin aux pneumogastriques coupés était bien moins vasculaire que l'autre ; les tuniques étaient plus minces, plus sèches ; le contenu de l'estomac formait une masse brune, cohérente, solide, tandis que le contenu de l'estomac normal était liquide et formait une bouillie verdâtre. Le foie était peu volumineux (64 grammes), grisâtre, ratatiné, cirrhotique; les limites des lobules marquées par des lignes blanc grisâtre bien dessinées. La vésicule biliaire était petite et contenait une très petite quantité de bile brun rouge, donnant très nettement la réaction de Pettenkofer. Sur le lapin normal, le foie était plus volumineux (73 grammes), brun rouge, pas congestionné; la vésicule était dilatée et remplie de bile rouge verdâtre donnant aussi la réaction de Pettenkofer. Aucun des deux foies ne contenait de sucre. L'examen des pneumogastriques montra que la section avait été complète et qu'il n'y avait pas eu de réunion. A l'examen microscopique des deux pneumo-gastriques au cou, je ne pus constater de fibres dégénérées ; cependant l'animal avait crié et donné des signes de douleur par le pincement du nerf au niveau de l'œsophage. Est-ce un fait de sensibilité récurrente ? Par places j'ai constaté l'existence de grosses fibres nerveuses, trois et quatre fois plus volumineuses que les fibres nerveuses ordinaires.

7° **Sur la présence des acides biliaires dans la bile de l'embryon et du fœtus** (p. 710). — J'ai constaté très nettement la réaction de Pettenkofer sur un certain nombre d'embryons ; embryons de cobaye de 3 millimètres de longueur ; embryons de lapin de 8 millimètres de long. L'examen comparatif avec du sang d'embryon, ou du placenta, les enveloppes de l'œuf, le liquide de l'amnios ne donnait pas la réaction de Pettenkofer. Dans la plupart des cas les précautions étaient prises pour éliminer l'albumine et les graisses. L'examen de la bile d'embryons plus âgés, de fœtus animaux ou humains (7° mois), de nouveau-nés a donné le même résultat. Il en est de même des expériences sur les œufs de poule. Un certain nombre d'œufs de poule sont soumis à l'incubation et les embryons examinés à des heures différentes de l'incubation depuis 48 heures jusqu'à 120 heures (œufs divisés en 7 séries). On voit la coloration violette augmenter peu à peu d'intensité à mesure que la durée de l'incubation augmente, et la première trace de coloration violette apparaît en même temps que le foie commence à se former. Dans une autre expérience, 16 embryons de poulet de 99 heures sont examinés après élimination de l'albumine et des graisses ; la réaction de Pettenkofer se produit, tandis que la réaction comparative avec le jaune de l'œuf ne produit rien. On peut, je crois, conclure de ces expériences que l'embryon, dès les premiers moments de la formation du foie, contient un corps qui donne une coloration violette avec le réactif de Pettenkofer, corps qui n'est autre chose probablement qu'un acide biliaire. Seulement la certitude ne peut être acquise que quand on aura pu isoler ces acides biliaires. La plupart de ces expériences ont été faites en commun avec M. Ritter de Nancy.

8° **Sur la présence des acides biliaires dans la bile de cobaye**, p. 711.

9° **Sur les phosphates de l'urine** (p. 802). — Le tableau suivant donne les résultats des analyses des phosphates de l'urine du 1er décembre 1878 au 15 janvier 1879.

JOURS.	Ph²O⁵ par heure.		JOURS.	Ph²O⁵ par heure.		JOURS.	Ph²O⁵ par heure.	
DÉCEMBRE.	LEVER.	COUCHER.	DÉCEMB.	LEVER.	COUCHER.	JANVIER.	LEVER.	COUCHER.
1	0,145	0,096	16	0,082	0,066	1	0,095	0,085
2	—	—	17	0,074	0,081	2	0,079	0,084
3	0,085	0,067	18	0,081	0,091	3	0,094	0,094
4	—	0,094	19	0,090	0,084	4	0,093	0,081
5	—	—	20	0,085	0,064	5	0,100	0,088
6	—	—	21	0,079	0,093	6	0,084	0,093
7	0,066	0,087	22	0,101	0,081	7	0,076	0,066
8	(0,097) (1)	(0,086) (1)	23	0,092	0,082	8	0,083	0,093
9	0,090	0,074	24	0,080	0,059 (?)	9	0,089	0,085
10	0,100	0,084	25	0,085	0,075	10	0,086	0,088
11	0,106	0,096	26	0,085	0,092	11	0,084	0,084
12	0,101	0,098	27	0,084	0,072	12	0,072	0,098
13	0,084	0,096	28	0,094	0,076	13	0,093	0,085
14	0,086	0,092	29	0,098	0,093	14	0,099	0,098
15	0,116	0,067	30	0,101	0,106	15	0,107	0,082
			31	0,111	0,108			
Moy...	0,097	0,086	Moy..	0,088	0,076	Moy..	0,088	0,086

Moyenne générale du 1er décembre au 15 janvier... { Lever (par heure).   0,091
                                                   { Coucher (par heure). 0,082

(1) Il y a du doute sur ces chiffres, aussi ne sont-ils pas compris dans la moyenne.

Les phosphates des heures passées au lit et les phosphates des heures pendant lesquelles je restais levé ont été dosés à part ; le dosage a été fait par le procédé de l'acétate d'urane tel qu'il est indiqué dans le *Manuel de chimie pratique* de E. Ritter, p. 390. Les chiffres du tableau indiquent, en grammes, la quantité d'acide phosphorique éliminée par les urines *par heure*.

Les détails de cette série d'expériences, dont je ne donne ici que le résultat brut, seront publiés dans un travail à part.

10° **Présence de sulfates dans le lait à l'état normal**, p. 833.

11° **Caractères du colostrum**, p. 836.

12° **De l'existence et des conditions de la présence du sucre dans le foie vivant**, p. 853.

13° **Sur la théorie du fonctionnement du foie**, p. 866.

14° **Non-régénération de la rate après son extirpation partielle**, p. 873.

15° **Élimination des phosphates dans l'inanition chez le lapin et poids des divers organes** (Addition à la page 878). Les tableaux suivants donnent, en grammes, la quantité d'acide phosphorique éliminé en 24 heures par le lapin sous l'influence de l'inanition et de diverses autres conditions. Le procédé de dosage est le même que celui qui a été indiqué plus haut.

I. — Lapin. Inanition absolue.

JOUR de l'inanition.	QUANTITÉ d'urine pour 24 heures en cent. cubes.	RÉACTION de l'urine.	QUANTITÉ de Ph2O5 en 24 heures.	QUANTITÉ d'excréments en 24 heures.
1er	29	alcaline.	0,027	20
2e	19	acide.	0,096	0,17
3e	18	acide.	0,103	0,15
4e	38	acide.	0,250	0,15
5e	47	acide.	0,308	1,5
6e	65	acide.	0,405	9,18
7e	38	acide.	0,200	26,00
8e	77	acide.	0,294	10,00
Mort. 9e	32 (1)	acide.	0,081	5,3 (2)

Le *poids* des divers organes chez ce lapin était le suivant (en grammes) :

Poids total de l'animal................................ 1,365 grammes
Peau et poils.. 173 —
Animal dépouillé....................................... 1,351 —
Perte.. 14 —

Poids des divers organes.

Cerveau (moelle allongée, coupée au niveau du trou occipital... 10gr,48
Poumons (les deux ensemble)............................... 5,17
Cœur vide de sang....................................... 3,00
Reins (les deux ensemble)............................... 13,177
Capsules surrénales (les deux ensemble).................... 0,23
Foie (sans la vésicule)................................. 30,325
Bile de la vésicule..................................... 3,5
Vésicule (sans la bile)................................. 0,175
Estomac (sans son contenu).............................. 34,00
Contenu de l'estomac.................................... 27,00
Intestin grêle (sans son contenu)....................... 35,00
Contenu de l'intestin grêle............................. 7,3
Cæcum.. 27,0
Contenu du cæcum....................................... 52,0
Gros intestin.. 21,52
Contenu du gros intestin............................... 16,82
Rate... 0,427

(1) Urine contenue dans la vessie.
2) Excréments contenus dans le gros intestin.

II. — Lapin. A partir du 7 mars, inanition absolue.

JOURS.	QUANTITÉ d'urine en 24 heures en cent. cubes.	RÉACTION de l'urine.	QUANTITÉ de Ph^2O^5 en 24 heures.	POIDS du lapin en grammes.
Février 21	160	alcaline.	0,112	1774
22	48	alcaline (moins).	0,0345	1739
28	34	alcaline.	0,116	1967
1	31	alcaline.	0,0113	
2 / 3	300	alcaline.	0,357 { 0,178 / 0,178 }	
4	150	alcaline.	0,112	
5	263	très-alcaline.	0,202	
6	282	alcaline.	0,448	
Inanition. 7	214	peu alcaline.	0,118	1901
8	130		0,247	
9 / Mort. 10	145	alcaline.	0,303 { 0,1515 / 0,1515 }	1430

III. — Lapin. A partir du 7 mars, inanition absolue.

JOURS.	QUANTITÉ d'urine en 24 heures en cent. cubes.	RÉACTION de l'urine.	QUANTITÉ de Ph^2O^5 en 24 heures.	POIDS du lapin en grammes.
Février 21	71	alcaline.	0,142	1894
22	118	très alcaline.	0,086	2114
28	0			
Mars 1	62	peu alcaline.	0,122	2002
2 / 3	320	alcaline.	0,369 { 0,1845 / 0,1845 }	
4	251	alcaline.	0,258	
5	214	alcaline.	0,190	
6	271	alcaline.	0,414	
Inanition. 7	218	alcaline.	0,109	1981
8	98	peu alcaline.	0,301	
9 / Mort. 10	250	un peu acide.	0,627 { 0,3135 / 0,3135 }	1519

IV. Lapin. Élimination des phosphates de l'urine à l'état normal.

JOURS.	QUANTITÉ d'urine en 24 h. en cent. cubes.	DENSITÉ.	Alcalinité en Na HO.	Ph^2O^5 par jour.	POIDS de l'animal en grammes.
Avril. 28	305	1021	0,585	0,442	
29	418	1014	0,785	0,322	
30	365	1019	0,584	0,306	
Mai. 1	305	1016	0,293	0,134	
2	510	1014	0,612	0,245	
5	235	1020	0,319	0,247	2959
6				{ 0,313	
Inanition. 7	230	1032	0,402	0,938 { 0,313	
8				{ 0,313	
9			acide.		2482
10				{ 0,262	
11	520	1018	0,374	0,525 { 0,262	
12	305	1014	0,624	0,125	
13	390	1017		0,343	
14	485	1015		0,359	
15	495	1015		0,336	
16	250	1016		0,175	
17	760	1015		0,509	
18	600	1012	0,576	0,396	
19	450	1013		0,212	
20	540	1012		0,318	
21	450	1016		0,756	
22	335	1016		0,215	
23	205	1034		0,355	
24	205	1039		0,375	
25	405	1022		0,425	
26	323	1021		0,342	
27	435	1020		0,431	
28	540	1021		0,529	
29	375	1024		0,521	
30	400	1021		0,404	
31					2619
Juin. 16	240	1033			2725
17	695	1019			
18	645	1019			
19	624	1014		0,430	
20	540	1020		0,590	

16° **Triangle vocal**, p. 955.
17° **Retard du pouls gauche sur le droit**, p. 1027.
18° **Localisation des perceptions visuelles et notion de la profondeur**, p. 1176.
19° **Aiguille œsthésiométrique**, p. 355 et 1193 et fig. 438.
20° **Cas d'insensibilité persistante de la cornée sans troubles trophiques**, p. 1216.
21° **Action trophique du facial**, p. 1231.
22° **Action du pneumogastrique sur la respiration**, p. 1243.
23° **Procédé des injections interstitielles de l'auteur**, p. 1297.
24° **Procédé des aspirations interstitielles de l'auteur**, p. 1298.
25° **Recherches sur la physiologie des tubercules quadrijumeaux**, p. 1314.
26° **Expériences sur le cervelet**, p. 1318.
27° **Des mouvements de rotation**, p. 1325.
28° **Recherche sur la propagation des courants dans la substance cérébrale**, p. 1326.
29° **Sur la constitution chimique de certains tissus du fœtus et sur les sécrétions digestives fœtales.** — 1° 5 *Fœtus de chien du* 57ᵉ *jour*. Réaction des muscles. α. Cœur ; premier fœtus, tissu du cœur franchement neutre ; 2° fœtus, réaction acidule ; 3ᵉ fœtus, réaction neutre ; 4ᵉ et 5ᵉ fœtus, réaction acide. *b.* Muscles des membres, réaction très faiblement acidule au début. Ils ne deviennent franchement acides qu'après l'exposition à l'air. Le cœur ne contient pas de substance glycogène ; il renferme des traces de sucre. Les muscles des membres contiennent une très faible proportion de substance glycogène et pas de sucre. Dans tous les deux on trouve de l'albumine. Les glandes salivaires ne saccharifient pas l'amidon. Le liquide de l'estomac est incolore, faiblement acide ; essayé avec la fibrine, il n'a aucun pouvoir digestif, pas plus du reste que la muqueuse elle-même. Le liquide de l'estomac ne renferme pas d'albumine, il contient des acides biliaires ; la matière colorante de la bile s'y trouve en suspension à l'état de granulations. Le foie contient une forte proportion de glycogène et de sucre. — 2° 5 *Fœtus de chien d'âge indéterminé mais plus avancés;* poids 157 grammes en moyenne. N° 1, cœur neutre, muscles alcalins ; n° 2, cœur légèrement alcalin, muscles alcalins ; n° 3, cœur très légèrement alcalin ; muscles à peine alcalins, presque neutres ; n° 4, cœur neutre, muscles un peu alcalins ; n° 5, cœur et muscles légèrement alcalins. Pas de substance glycogène dans le cœur, traces de substance glycogène dans les muscles ; un peu plus dans le diaphragme que dans les autres. Pas de sucre dans les muscles. Les glandes salivaires saccharifient l'amidon : le contenu de l'estomac est un peu alcalin, filant, jaunâtre ; il contient des acides biliaires ; la muqueuse de l'estomac n'est pas absolument dépourvue de pouvoir digestif, mais ce pouvoir digestif est presque nul. La bile alcaline contient des acides biliaires.
30° **Interprétation des phénomènes de conscience**, p. 1357.

FIN.

TABLE DES MATIÈRES

DU TOME SECOND

QUATRIÈME PARTIE

PHYSIOLOGIE DE L'ESPECE.

CINQUIÈME PARTIE

LE LABORATOIRE DE PHYSIOLOGIE.
TECHNIQUE PHYSIOLOGIQUE.

TABLE ANALYTIQUE

TABLE ANALYTIQUE

DES MATIÈRES

A

B

C

D

E

F

G

H

I

J

K

L

M

N

O

Q

R

S

U

V

X

FIN DE LA TABLE ANALYTIQUE ET DU TOME SECOND ET DERNIER.

ERRATUM.

Page	Ligne	Au lieu de	Lisez
820	27	*amoniémie*	*ammoniémie*
881	12	*inanition*	*inanitiation*
900	37	*station symétrique* ou *station hanchée*	*station insymétrique* ou *station hanchée*
1399	22	le bromoforme, $CHBr^3$; l'iodure d'amyle,	le bromoforme, $CHBr^3$; l'iodoforme, CHI^3; l'iodure d'amyle;

1750-80. — CORBEIL, typ. et stér. CRÉTÉ.